The Physiology of Tropical Fishes

热带鱼类生理学

[巴西] 阿达尔贝托·L.瓦尔
[巴西] 维拉·玛利亚·F.阿尔米达-瓦尔 编著
[加拿大] 戴维·J.兰德尔

林浩然 刘晓春 夏军红 蒙子宁 译

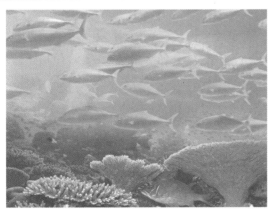

中山大学出版社
·广州·

The Physiology of Tropical Fishes
Adalberto L. Val, Vera Maria F. de Almeida-Val and David J. Randall
ISBN 978-0-12-350445-6
Copyright © 2006, Elsevier Inc. All rights reserved.
Authorized Chinese translation published by Guangzhou Sun Yat-sen University Press Co., Ltd.

《热带鱼类生理学》(林浩然　刘晓春　夏军红　蒙子宁　译)
ISBN 978-7-306-07553-6
Copyright © Elsevier Inc. and Guangzhou Sun Yat-sen University Press Co., Ltd. All rights reserved.

No part of this publication may be reproduced or transmitted in any form or by any means, electronic or mechanical, including photocopying, recording, or any information storage and retrieval system, without permission in writing from Elsevier (Singapore) Pte Ltd. Details on how to seek permission, further information about the Elsevier's permissions policies and arrangements with organizations such as the Copyright Clearance Center and the Copyright Licensing Agency, can be found at our website: www.elsevier.com/permissions.

This book and the individual contributions contained in it are protected under copyright by Elsevier Inc. and Guangzhou Sun Yat-sen University Press Co., Ltd. (other than as may be noted herein).

This edition of The Physiology of Tropical Fishes is published by Guangzhou Sun Yat-sen University Press Co., Ltd. under arrangement with Elsevier Inc.

This edition is authorized for sale in China only, excluding Hong Kong, Macau and Taiwan. Unauthorized export of this edition is a violation of the Copyright Act. Violation of this Law is subject to Civil and Criminal Penalties.

本版由 Elsevier Inc. 授权中山大学出版社在中国大陆地区（不包括香港、澳门以及台湾地区）出版发行。
本版仅限在中国大陆地区（不包括香港、澳门以及台湾地区）出版及标价销售。未经许可之出口，视为违反著作权法，将受民事及刑事法律之制裁。
本书封底贴有 Elsevier 防伪标签，无标签者不得销售。

注 意

本翻译版本由广州中山大学出版社有限公司全权负责。从业者和研究者必须始终依靠自己的经验和知识来评估和使用这里描述的任何信息、方法、配方或实验。由于医学科学的迅速发展，尤其需要对诊断和药物剂量进行独立的核查。在法律允许的最大范围内，爱思唯尔、作者、编辑或撰稿人对翻译或因产品责任、疏忽或其他原因造成的任何人身或财产的损害和/或包含在材料中的任何方法、产品、说明或想法的任何使用或操作不承担任何责任。

版权所有　翻印必究

图书在版编目 (CIP) 数据

热带鱼类生理学/（巴西）阿达尔贝托·L. 瓦尔（Adalberto L. Val），（巴西）维拉·玛利亚·F. 阿尔米达-瓦尔（Vera Maria F. de Almeida-Val），（加）戴维·J. 兰德尔（David J. Randall）编著；林浩然等译. —广州：中山大学出版社，2022.9

书名原文：The Physiology of Tropical Fishes

ISBN 978-7-306-07553-6

Ⅰ.①热… Ⅱ.①阿… ②维… ③戴… ④林… Ⅲ.①热带鱼类—生理学 Ⅳ.①Q959.405

中国版本图书馆 CIP 数据核字（2022）第 094318 号

出 版 人：王天琪
策划编辑：廖丽玲
责任编辑：廖丽玲
封面设计：林绵华
责任校对：赵　婷
责任技编：靳晓虹
出版发行：中山大学出版社
电　　话：编辑部 020-84110283，84113349，84111997，84110779，84110776
　　　　　发行部 020-84111998，84111981，84111160
地　　址：广州市新港西路 135 号
邮　　编：510275　　传　真：020-84036565
网　　址：http://www.zsup.com.cn　E-mail：zdcbs@mail.sysu.edu.cn
印 刷 者：恒美（广州）有限公司
规　　格：787mm×1092mm　1/16　39.5 印张　6 彩插　1162 千字
版次印次：2022 年 9 月第 1 版　2022 年 9 月第 1 次印刷
定　　价：160.00 元

如发现本书因印装质量影响阅读，请与出版社发行部联系调换

本书作者

Vera Maria F. De Almeida-Val(维拉·玛利亚·F. 阿尔米达–瓦尔),巴西,国家亚马孙研究所

Colin J. Brauner(科林·J. 布劳纳),加拿大,不列颠哥伦比亚大学

Shit F. Chew(希特·F. 邱),新加坡,南洋科技大学

Adriana Regina Chippari Gomes(艾德里阿那·丽贾纳·奇帕里·哥麦斯),巴西,国家亚马孙研究所

Konrad Dabrowski(康拉德·达布路斯基),美国,俄亥俄州立大学

Richard J. Gonzalez(理查德·J. 刚查列兹),美国,圣地亚哥大学

Peter A. Henderson(彼得·A. 亨德森),英国,汉普郡,鱼类保护有限公司

Yuen K. IP(袁·K. IP),新加坡,新加坡国立大学

Katherine Lam(凯瑟琳·林),中国,香港特别行政区,香港城市大学

Nívia Pires Lopes(尼维亚·皮尔斯·洛佩斯),巴西,国家亚马孙研究所

William K. Milsom(威廉·K. 米尔森),加拿大,不列颠哥伦比亚大学

Kazumi Nakano(卡祖米·纳坎诺),日本,国立渔业科学研究所

Göran E. Nilsson(戈兰·E. 尼尔森),挪威,奥斯陆大学

Sara Östlund-Nilsson(萨拉·奥斯伦德–尼尔森),挪威,奥斯陆大学

Mário C. C. de Pinna(玛利奥·C. C. 平那),巴西,圣保罗动物博物馆

Maria Celia Portella(玛利亚·西利亚·波特拉),巴西,圣保罗州立大学

David J. Randall(戴维·J. 兰德尔),中国,香港特别行政区,香港城市大学

Stephen G. Reid(斯蒂芬·G. 里德),加拿大,多伦多大学

Lena Sundin(莉娜·珊定),瑞典,哥德堡大学

Eleonora Trajano(埃里奥诺拉·特拉简诺),巴西,圣保罗大学

Tommy Tsui(汤米·崔),中国,香港特别行政区,香港城市大学

Adalberto L. Val(阿达尔贝托·L. 瓦尔),巴西,国家亚马孙研究所

Gilson Luiz Volpato(吉尔森·卢依兹·沃尔帕托),巴西,动物福利研究中心

Jonathan M. Wilson(乔纳森·M. 威尔逊),葡萄牙,波尔多,海洋周围环境跨学科研究中心

Rod W. Wilson(罗德·W. 威尔逊),英国,埃克塞特,埃克塞特大学

Christopher M. Wood(克里斯托弗·M. 伍德),加拿大,麦克马斯德大学

内容简介

本书译自美国科学出版社 2006 年出版的"鱼类生理学"系列专著中的第 21 卷《热带鱼类生理学》(*The Physiology of Tropical Fishes*)。它全面收集和总结了当代在热带鱼类生理学方面发表的科学著作和研究成果,是第一部特别汇集研究在热带生活的大量重要鱼类类群信息资料的专著。全书共 12 章,内容包括:热带环境和热带鱼类的多样性,热带鱼类在热带环境包括潮间带、珊瑚礁、亚马孙不同类型水域中的生长、生物节律、摄食可塑性和营养、心搏呼吸、氧气转移、氨排泄、离子调节、对低氧和高温的代谢与生理调节适应,等等。

本书内容充实、系统全面、概念新颖、论述清晰,是一部学术水平很高的著作。

本书可供鱼类学、鱼类生理学、鱼类养殖生物学、鱼病学、鱼类分子生物学、鱼类遗传育种学等相关学科和研究领域的科学技术工作者和高等院校有关专业的师生们学习参考,亦可作为水产养殖专业工作者与观赏鱼类爱好者的一本有用参考书。

前　　言

　　本书旨在全面介绍热带鱼类生理学的最新研究进展。读者们可以从"鱼类生理学"系列著作的前面20卷中查阅到有关热带鱼类生理学的一些文献资料，而这本《热带鱼类生理学》是第一部收集研究在热带生活的大量重要鱼类类群信息资料的专门著作。热带的环境和生活在那里的鱼类类群一样，是多种多样的。本书并不试图涵盖热带鱼类生理学的所有领域，而是汇集了鱼类对热带环境生理适应的相关课题；正是这些热带环境在进化的历史过程中造就了热带鱼类，并使它们成为值得研究的、令人神往的类群。希望《热带鱼类生理学》能拓展我们对淡水和海洋热带栖息地的特殊性的理解，它们使热带鱼类成为世界上脊椎动物中最具多样性的类群之一。事实上，诸如生长、生物节律、摄食可塑性和营养、心搏呼吸、氧气转移、氨排泄、离子调节、生物化学和生理学适应等课题都是根据热带鱼类对热带环境的特定适应性而提出和讨论的。这些热带环境包括潮间带、珊瑚礁、亚马孙的不同类型水域，它们都是典型的低氧和温暖的水体。这些课题都由高水平的科学家们进行开拓性研究，他们研究热带物种的特异形状以及它们与不断变化的环境之间的许多相互作用。本书的研究进展，使我们深刻认识到对热带鱼类的研究还只是刚刚开始，在我们清晰阐明它们能够在极端的热带环境与生物学的条件下存活的适应性特征之前，还有大量的研究工作可做。我们非常感谢参加本书撰著的所有同事们，感谢他们的积极热情和对本书所做的贡献。我们亦要感谢许多评论员们的建设性评议。我们感谢克莱尔·赫特钦的支持和爱思维尔（Elsevier）出版社提供的各项帮助。最后，但并不是最不重要的，我们感谢"鱼类生理学"系列著作的编辑比尔·霍尔、戴维·兰德尔和托尼·法雷尔，感谢他们的邀请和建立在未来几个世代都是如此重要的现代学科。

阿达尔贝托·L. 瓦尔
维拉·玛利亚·F. 阿尔米达 - 瓦尔
戴维. J. 兰德尔

目　　录

第1章　热带环境　/ 1
  1.1　导言　/ 1
  1.2　热带海洋环境　/ 2
  1.3　热带淡水环境　/ 9
  1.4　世界鱼类分布　/ 23
  1.5　全球气候变化　/ 24
  1.6　未来展望　/ 26
  参考文献　/ 26

第2章　热带鱼类的多样性　/ 38
  2.1　导言　/ 38
  2.2　什么是多样性？　/ 39
  2.3　淡水鱼类耐盐性的进化意义　/ 40
  2.4　系统发生信息对于比较研究的重要性　/ 44
  2.5　淡水热带鱼类　/ 44
  2.6　海洋热带鱼类　/ 54
  2.7　结论　/ 58
  参考文献　/ 59

第3章　热带鱼类的生长　/ 69
  3.1　导言　/ 69
  3.2　描绘生长　/ 70
  3.3　栖息地和种群之间的差异　/ 76
  3.4　生长的季节性　/ 77
  参考文献　/ 80

第4章　生物节律　/ 82
  4.1　导言　/ 82
  4.2　时间生物学的基本概念　/ 83
  4.3　活动节律　/ 88
  4.4　社会组织　/ 96

4.5 生殖 / 100
4.6 洄游 / 105
4.7 昼夜节律的进化和洞穴鱼类 / 106
4.8 展望 / 113
参考文献 / 114

第5章 热带鱼类的摄食可塑性和营养生理 / 124
5.1 食物与摄食 / 124
5.2 消化道的形态学和生理学 / 128
5.3 营养需求 / 147
5.4 环境条件和鱼类觅食对生态系统的影响 / 160
参考文献 / 162

第6章 热带鱼类的心搏呼吸系统：构造、功能和调控 / 187
6.1 导言 / 187
6.2 呼吸的策略 / 187
6.3 呼吸器官 / 188
6.4 通气的作用机理（泵） / 192
6.5 血液循环的型式 / 194
6.6 心泵 / 196
6.7 心搏呼吸的调控 / 197
参考文献 / 216

第7章 氧的转运 / 231
7.1 导言 / 231
7.2 氧和空气呼吸的进化 / 231
7.3 气体交换器官：构造和功能的多样性 / 233
7.4 氧的转运 / 234
7.5 环境对氧转运的影响 / 242
7.6 污染物对氧转运的影响 / 247
7.7 结束语 / 247
参考文献 / 248

第8章 氮的排泄和氨毒解除 / 258
8.1 导言 / 258
8.2 环境pH或温度对氨毒的影响 / 260
8.3 氨毒效应 / 260
8.4 鳃和上皮表面的氨毒解除机理 / 266

8.5 细胞和亚细胞水平的氨毒解除机理 / 276
8.6 渗透调节中含氮终端产物的积累 / 303
8.7 总结 / 306
参考文献 / 308

第9章 离子贫乏酸性黑水域热带鱼类的离子调节机理 / 331
9.1 导言 / 331
9.2 淡水鱼类离子调节的一般作用机理 / 332
9.3 离子贫乏酸性水对模式硬骨鱼的影响 / 335
9.4 离子贫乏酸性水对北美嗜酸性硬骨鱼的影响 / 336
9.5 内格罗河硬骨鱼对离子贫乏酸性水体的适应 / 339
9.6 内格罗河板鳃鱼类对离子贫乏酸性水体的适应 / 352
9.7 有机质在鱼类适应离子贫乏酸性水体中的作用 / 354
9.8 内格罗河硬骨鱼类在离子贫乏酸性水中氨的排泄 / 357
9.9 未来的研究方向 / 360
参考文献 / 362

第10章 亚马孙河流鱼类对低氧和高温环境的代谢和生理调节 / 370
10.1 导言 / 370
10.2 环境的挑战 / 371
10.3 温度对鱼类代谢的影响 / 372
10.4 酶水平反映鱼类的自然史 / 374
10.5 热带鱼类和温带鱼类的能源偏好 / 376
10.6 鱼类红肌的相对数量及其适应性作用 / 382
10.7 氧缺失及其在亚马孙河鱼类中的后果 / 386
10.8 作为研究模式的LDH基因家族：调控的和结构的变化及其进化的适应作用 / 395
10.9 未来展望 / 403
参考文献 / 405

第11章 鱼类对热带潮间带环境的生理适应 / 420
11.1 导言 / 420
11.2 呼吸的适应 / 464
11.3 对高温的生理和分子适应 / 470
11.4 渗透调节 / 473
11.5 耐氨性 / 475
11.6 硫化物耐受性 / 477
11.7 繁殖 / 479

11.8 未来研究 / 485

11.9 结论 / 485

参考文献 / 485

第12章 珊瑚礁鱼类的低氧耐性 / 513

12.1 导言 / 513

12.2 斑点长尾须鲨：一种耐低氧的热带板鳃鱼类 / 513

12.3 珊瑚礁鱼类普遍的低氧耐性 / 516

12.4 结束语 / 521

参考文献 / 522

索引 / 525

彩图 / 607

第1章 热带环境

1.1 导　言

热带气候带约占地球表面的40%，位于北回归线（北纬23.5°）和南回归线（南纬23.5°）之间。该区域的主要生态驱动力是相对稳定的高温和空气湿度。尽管热带地区的气候存在差异，但热带生态系统无论是永久性还是季节性，90%是炎热潮湿的，剩下10%是炎热干燥的，主要包括沙漠生态系统。这些差异是由海拔、地形、风型、洋流、水陆比例、地貌、植被类型及近年来大规模人为制造的环境变化所决定的。

人们为给地球气候作划分做了多种尝试。1936年，Köppen提出了柯本气候分类法（Köppen，1936），基于以下五点进行气候系统分类：①最暖月份的平均气温；②最冷月份的平均气温；③最暖和最冷月份之间的平均热振幅；④气温超过10 ℃的月份数量；⑤冬季和夏季的降雨量。还有两个基于此分类的方法：一是霍尔德里奇分类法，此法还将温度、蒸发量和年降雨量纳入考量，也被称为生命地带分类法（Holdridge，1947）；二是桑斯维特气候分类法，此法将水分和温度指标纳入考量范围（Thornthwaite，1948）。柯本气候分类法"虽然高效，但经验性和有点过时"的特性，已经引起一些人对这一分类法和其他一些类似分类法的反对（Le Houérou et al.，1993）。然而，柯本气候分类法经过多次修正后已经被广泛应用，根据这个方法，全世界的气候可划分为五大气候群，再加一个高原气候群。这六大气候群分别为热潮湿气候群、干旱气候群、温湿中纬度气候群、强中纬度气候群、极地气候群和高原气候群。这些主要类型还可以进一步划分为不同的子类型（McKnight，1992）。根据柯本气候分类法，本书将热带气候分为三大类：Af，热带雨林气候，一年中每个月都雨量充沛；Am，热带潮湿气候，有一个短暂的干旱季节；Aw，热带干湿季气候，其特征是有较长的旱季和湿季的差别（图1.1）。

土壤和水体之间存在着复杂的关系。在许多情况下，水的组成及其主要特征是由周围热带地区高度多样化的土壤决定的，水体也是如此，我们将在本章后面提到。此外，随着陆地上的人为压力急剧增加，越来越多的水生环境正面临严峻的挑战。然而，这些水体往往具有惊人的中和大量不同化学物质的能力（Val et al.，2004；van der Oost et al.，2003）。本章旨在描述热带鱼类的主要水生生境，重点介绍它们的物理、化学和生物特性，以及人为因素和全球变化对这些环境的影响。

多样性是定义热带水生生态系统的关键词，因为它们包括数百种不同类型的水体，具有不同的组成，以及不同的生化和物理特征。此外，单一水体也会发生显著的变化，在旱季某些情况下甚至会消失。最典型的例子就是亚马孙地区许多浅湖和尼日尔的短暂性湖泊会在旱季时消失（Junk et al.，1989；Sioli，1984；Val and Almeida-Val，1995）。在许多情况下，相同或相近气候区域的水体可能具有不同的化学组成和表现。换句话

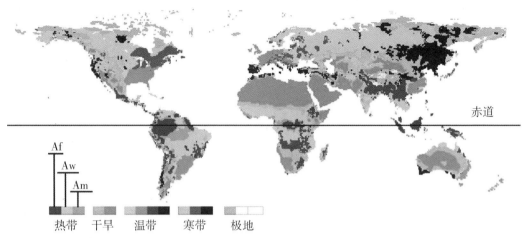

注：热带气候的主要类型（柯本气候分类法），包括受赤道和热带气团控制的所有气候。Af，热带雨林气候，以每年每月相对充沛的降水为特征；Am，热带潮湿气候，有一个短暂的干燥季节；Aw，热带干湿季气候，其特征是有旱季和湿季的分别，在旱季会变凉，但在雨季来临之前会变得非常热。（见书后彩图）（修改自 Strahler, A. N., Strahler, A. H., Elements of Physical Geography. John Wiley & Sons, 1984.）

图1.1　热带气候的主要类型（柯本气候分类法）

说，每个水体都是一个独一无二的生态系统。每个水体都可以被视为一个"活组织"，对每种环境因素做出相应的反应。本章后续各节给出不同水体的生物、化学和物理特征的概括。

1.2　热带海洋环境

海洋环境包含了地球上大约98%的水，大气是最小的水区室，只含有现有水总量的0.001%（表1.1）。海洋环境并不像我们认为的那样安静稳定，事实上，它是一个移动和变化的环境，有各种各样的生物群落，居住着地球上几乎所有的动物门（animal phyla）（Angel, 1997）。例如，在印度周围的一个小区域已经绘制了167个生境，该区域被确定为保护和可持续利用区域（Singh, 2003）。一个海洋生境可以看作由相似生境条件和有机多样性组成的区域。根据当地的地质、水流、温度、深度、光线、气体溶解度、透明度、离子和营养水平等参数，海洋群落生境因地而异。

表1.1　地球各部分的储水量

	体积（1000 km³）	总水量中占比（%）	总淡水量中占比（%）
咸水			
海洋	1338000	96.54	
盐碱地下水	12780	0.93	
咸水湖	85	0.006	

续表1.1

	体积（1000 km³）	总水量中占比（%）	总淡水量中占比（%）
内陆水域			
冰川，永久积雪	24064	1.74	68.70
地下水	10530	0.76	30.06
地面冰，永冻层	300	0.022	0.86
淡水湖	91	0.007	0.26
土壤水分	16.5	0.001	0.05
水蒸气	12.9	0.001	0.04
沼泽，湿地	11.5	0.001	0.03
河流	2.12	0.0002	0.006
纳入生物群	1.12	0.0001	0.003
水资源总量	1386000	100	
淡水资源总量	35029		100

基本上，海洋群落生境要么是中上层的，要么是底栖的。一般来说，生存环境质量会随着接近陆地和水面而下降，因此，近岸水域的群落生境最丰富。中上层的海洋环境可以进一步划分为：①浅海带，即大陆架上方水域，例如，从低潮标记到离岸约200 m；②海洋带或大洋带，即大陆架边缘以外的所有水域。最低潮和最高潮之间的区域称为海岸带或潮间带，受到沿岸地区的深远影响（见第1.3节）。海洋带又被进一步划分为上层带、中层带、深层带、深渊层。上层带，指的是远离大陆架、深度约为200 m的表层水域；中层带，指深度为200～1000 m的水域；深层带，指深度为1000～4000 m的水域；深渊层，深度超过4000 m的水域。浅海带的群落生境在化学、物理和生物参数方面经历季节性变化，而海洋带群落生境的生产力相对较低，但环境更稳定，生活条件的范围更广泛（Lagler et al., 1977）。这些差异是栖息在每个群落生境鱼类区系的主要决定因素（见第11章）。

温度是控制海洋鱼类分布的主要驱动力。在夏季，潮间带小水池的温度可达55 ℃，但在热带海洋环境的表层，温度通常为26～32 ℃（Levinton, 1982）。事实上，在不同的气候区中，水面和深层水层之间的温度变化并不均匀（图1.2）。在热带地区，水深为100～300 m的区域是稳定的温跃层。温跃层将浮游生物限制在温暖的上层水层，从而减少了生活在透光层以下的鱼类的食物数量。

温度和盐度是独立的变量。在北回归线和南回归线之间的热带地区，盐度向赤道方向下降，而温度上升，在赤道达到最高值（Thurman, 1996）。这种变化取决于蒸发和降水的平衡，而在某些情况下，还取决于大气环流。一般来说，由于蒸发作用，地表水的盐度高于深水的盐度。在表层之下，形成了一个盐跃层，在这里，盐度的快速变化与水深有关。在赤道附近，盐跃层可以达到1000 m深。太平洋的平均盐度为35.5‰，大西洋为35.5‰，红海接近40‰。盐度可以变化很大，例如，在里约热内卢的阿拉鲁阿马

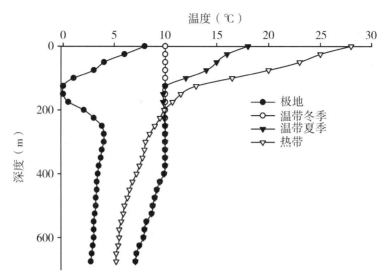

注：无论处于哪个纬度，深水和海底都是相当寒冷的。在低的和中－夏季的纬度存在温跃层。数据汇编于几个研究数据。详情见正文。

图1.2 世界不同气候带温度随海洋深度变化的示意图

(Araruama)潟湖盐度高达90‰，潮汐带小水池由于强烈的蒸发作用，盐度甚至可高达155‰；由于降水和河流径流，波罗的海的盐度低至8‰ (Soares-Gomes and Figueiredo, 2002)。

光照也是海洋生境形成的一个关键因素，因为光合作用完全依赖于这个物理参数。一般可以区分出三个光照区：①透光层，从水面向下约100 m，光照足够进行光合作用，超过5%的太阳光照是可用的；②弱光层，水下100～200 m，光合作用光线弱，太阳光照不足5%；③无光层，完全没有光照可用。这些主要的海洋环境特征决定了环境中有机体相互作用的性质。

1.2.1 浅海带

1.2.1.1 潮上带

潮上带是浪花区，非常多变而难以栖息，需要动物有相当强的适应能力。为数不多的鱼栖息在这里，其中主要有鰕虎鱼、鳗鱼和喉盘鱼 (Bone et al., 1995)。

1.2.1.2 潮间带

潮间带又称为海岸带，其特点是在短时间内出现极端条件，间歇干燥期加剧了这种情况，要求栖息鱼类具有克服温度、离子和呼吸障碍的极端能力（见第11章）。事实上，潮间带是一个苛刻的环境，在这里，动物会受到海浪撞击，并被隔离在水池和泥滩中。最常见的潮间带鱼类是弹涂鱼类和鳚类，它们水陆两栖，从水里出来，在飞溅区或飞溅区以上的泥土或岩石上觅食 (Bone et al., 1995)。许多潮间带鱼类从潮下带出没，如鲾类（鲾科）、鮃鲽类（鮃科和鲽科）、鳎类（鳎科）、北梭鱼（北梭鱼科)、鳗鲡(鳗鲡科)、海鳝(海鳝科)、喉盘鱼(喉盘鱼科)、杜父鱼(杜父鱼科)、角鱼(鲂鮄科)、狮子鱼和圆鳍鱼(圆鳍鱼科)、光蟾鱼(蟾鱼科)、鲉鱼(鲉鱼科)、鰕虎鱼(鰕虎鱼科)、海龙和海马(海龙科)、鼬鳚鱼(鼬鱼科)(Bone et al., 1995)。目前已有许多关于潮间带鱼类生物学(Bone et al., 1995; Graham, 1970; Horn et al., 1998; Horn and Gibson, 1988)和生态生理学的综述(Berschick et al., 1987; Bridges, 1993)。

1.2.1.3 潮下带

内海岸带的鱼类生活条件良好,那里的季节变化几乎是最明显的,光照条件支持高生产力,进而支持高度多样化的鱼类群体。除了在潮间带出现的物种,潮下带还包括海鲫(海鲫科),鳐类(鳐科),鲨鱼(角鲨科),北梭鱼(北梭鱼科),石首鱼、无鳔石首鱼和鼓鱼(石首鱼科),鳕鱼和狭鳕(鳕科),岩鱼(鲉科),隆头鱼(隆头鱼科),蝴蝶鱼和神仙鱼(蝴蝶鱼科),鹦嘴鱼(鹦嘴鱼科),马面鲀和鳞鲀(鳞鲀科),箱鲀(箱鲀科),河豚(鲀科),刺鲀(刺鲀科)及胎鳚(胎鳚科)。它们在外海岸带和珊瑚礁之间来回迁徙,潮下带的鱼类多样性与此相关。

珊瑚礁连接着潮下带和海岸带,是温暖的热带海域里独特的组成部分。到目前为止,生活在浅海的主要鱼类种类与珊瑚礁和环礁有关,是一个丰富的海洋群落典范(Cornell and Karlson, 2000),包括许多小型鱼类。珊瑚礁主要分布在印度洋和西太平洋,在加勒比海和西印度群岛周围。由于珊瑚礁的物理结构和珊瑚的空间分布,珊瑚礁提供了广泛多样性的栖息地。尽管如此,不同地区的珊瑚礁鱼类数量存在显著差异,丰度最高的菲律宾中印度洋-西太平洋珊瑚礁拥有2000多种鱼,而佛罗里达周围的珊瑚礁只拥有500~700种鱼(Sale, 1993)。最近一项对珊瑚礁鱼类物种形成的分析表明,从一个主要起源中心扩散可以同时解释物种丰度和当地群落结构的大范围梯度(Mora et al., 2003)。此外,这些作者成功地展示了印度-太平洋地区是印度洋和太平洋的主要特有分布中心(endemism),从中心(低纬度)到边界(高纬度,南纬30°,北纬30°)的鱼类种类减少,这一点已经在其他生物类群中得到证实。

对珊瑚礁群落的分析很可能受到珊瑚多样性和底层复杂性的影响。许多研究表明,鱼类的丰度与物种丰富度和珊瑚的覆盖范围、避难所的可利用性、结构复杂性和生物特性(如地域性)有关(Caley and John, 1996; Letourneur, 2000; McCormick, 1994; Munday, 2000; Nanami and Nishihira, 2003; Steele, 1999)。已有研究表明,当珊瑚夜间缺氧时,居住其中的宽纹叶鰕虎鱼(*Gobiodon histrio*)会出现缺氧症状(Nilsson et al., 2004;见第12章)。珊瑚礁可能是连续大面积分布、广大间距或斑片状分布,其连通度和物种多样性与丰富度的关系越来越受到关注(Mora and Sale, 2002; Nanami and Nishihira, 2003),因为这些信息和环境管理与保护有关。

外潮下带的生产力相对较低,因此,鱼类的生存条件随季节而变化。光的范围从蓝光到紫光,到达这个区域的底部,进一步限制了它的生产力。鱼类群落贫乏,包括黑线鳕、鳕鱼、狗鳕、大比目鱼、银鲛、盲鳗和鳗鱼。过了这里就是深海区,那是一个基本稳定、黑暗和寒冷的区域，即使在热带海洋中也是如此（Lagler et al.，1977；Lowe McConnell，1987），有一个几乎不为人知的鱼类群落（见《鱼类生理学》第 16 卷）。

1.2.2 海洋带（大洋带）

开放的海洋覆盖了近三分之二的地球表面，是大约 2500 种鱼的栖息地，其中一半鱼类是远洋的。海洋带相对均匀，季节性波动只影响一些地区，尽管条件随深度而变化（Lowe McConnell，1987），它的生产力比浅海带和河口低得多。如上所述，海洋带可以划分为上层带、中层带和深层带。事实上，它们指的是海洋中不同的层，这些层在深度和光照有效性方面不同，所以在生物量、生产力方面也不同。

1.2.2.1 上层带

这个区域是透光区，光合作用在这里发生。尽管有温暖的海水和较高的太阳辐射，但热带海洋的主要生产力范围为 $18 \sim 50 \ g \cdot cm^{-2} \cdot a^{-1}$，而温带的海洋环境能达到一个明显较高的生产力水平，为 $70 \sim 120 \ g \cdot cm^{-2} \cdot a^{-1}$ （Lourenco and Marquez Junior，2002）。事实上，初级生产力往往从赤道向高纬度地区增加，其值到南北回归线大致相同，并在北纬 60°和南纬 60°之间达到峰值（Field et al.，1998）。查看 JGOFS（全球联合海洋通量研究）绘制的全球二氧化碳测量地图，温暖的赤道太平洋很明显是大气中二氧化碳最大且连续的自然来源；相比之下，寒冷的北大西洋、北太平洋和南极洲周围水域则是重要的二氧化碳汇集库，即大量二氧化碳被物理吸收和生物吸收的海洋区域（Takahashi et al.，1999）。鱼类的生活最终依赖于食物链基础的藻类初级生产，这一条件在热带海洋中得以满足，但由于常年恒温和日照的影响，藻类的生产水平相对较低。温暖地区的上层带鱼类区系较寒冷地区的更为丰富（Bone et al.，1995），包括许多在浅海带觅食的物种。上层带鱼类物种包括鲭鱼、金枪鱼（在繁殖过程中迁移到冷水中）、鲨鱼、旗鱼和其他鱼类。

1.2.2.2 中层带

中层带又称为过渡带，栖息的动物依赖于浮游生物和其他从上层带下落的尸体。许多生活在这个区域的鱼类在夜间向上迁移，到上层觅食，在黎明前再次下沉。它们适应黑暗，以节省能源，因为食物稀少；它们适应压力，因为每加深 10 m 就增加 1 个大气压。一般来说，随着深度的增加，鱼的大小、数量和多样性都会减少。热带海洋中层带的鱼类多样性鲜为人知。在南纬 22°～60°之间的巴西海岸 200 n mile（1 n mile≈1852 m）范围内，Figueiredo 等（2002）对南大西洋鱼类进行研究，利用深海拖网捕鱼，共收集了 28357 个标本，隶属于 183 种、84 科、19 目（表 1.2）。其中，86% 的科的种类栖息在上层带和中层带，只有 14% 居住在中层带和深层带。

表 1.2 巴西海岸鱼类多样性

目	科数	物种	POZ*	出现区域
鳗鲡目	4	5	M（60%）	E – M – M/B
鲱形目	2	2	M（100%）	M
胡瓜鱼目	4	6	B（57%）	M – B – M/B
巨口鱼目	8	19	M（76%）	M – B – M/B
仙女鱼目	5	11	M（54%）	E/M – M – M/B – E/M/B
灯笼鱼目	2	38	M（95%）	M – B
月鱼目	3	4	E（67%）	E – E/M
须鳂目	1	1	M（100%）	M
鳕形目	6	10	M（60%）	E/M – M – M/B
蟾鱼目	1	1	E/M（100%）	E/M
鮟鱇目	3	3	M（60%）	E/M – M – M/B
颌针鱼目	2	2	E（100%）	E
金眼鲷目	3	3	M（50%）	E – M – M/B
海鲂目	3	3	M（60%）	E – E/M – M
刺鱼目	2	2	E（67%）	E – E/M
鲉形目	3	7	M（57%）	E/M – M
鲈形目	27	59	E/M（59%）	E – E/M – M
鲽形目	1	1	E/M（100%）	E/M
鲀形目	4	6	E（71%）	E – E/M
观察到的鱼类总数及在各主栖息地的百分比				
总计	84	183	—	E（16%） E/M（30%） M（40%） M/B（9%） B（5%）

*缩写：POZ，主要栖息地（E 为上层带；M 为中层带；B 为深层带；E/M、E/B 为过渡带）。
来源：汇编自 Figueiredo 等（2002）。

1.2.2.3 深层带

这个区域的鱼类完全依赖从上层区域获取来的食物。这些鱼类物种适应高压，适应黑暗，适应食物限制，适应能量节约，它们大多数会发光。深层带的鱼类数量和多样性大大降低。有趣的是，在巴西海岸采集的 6 种严格意义上的深海物种 [热带深海鲑

(*Bathylagus bericoides*)，印度胸翼鱼（*Dolichopteryx anascopa*）、双眼似胸翼鱼（*D. binocularis*）、蝰鱼（*Chauliodus sloani*）、大西洋蝰鱼（*C. atlanticus*）和瓦氏角灯鱼（*Ceratoscopelus warmingii*）]都有很广阔的地理分布。所有采集的标本体积都很小，并有生物发光器官（Figueiredo et al.，2002）。

1.2.3 河口

河口是海水和来自溪流的淡水相互作用的区域。由Cameron和Pritchard（1963）提出的河口定义是最常见和最广泛使用的。该定义指出，河口是一个半封闭的沿海水体，它与开阔的海洋有自由的连接，其中海水被来自陆地排水系统的淡水稀释。然而，由于把河口限制在半封闭的水体中，他们没有认识到从陆地向外延伸的两种类型水体的相互作用所造成的盐度梯度。换句话说，Cameron和Pritchard的定义没有把亚马孙河和密西西比河的排水系统视为河口。从功能上讲，河口可以设想为一个交错带（Lagler et al.，1977），因此，河口包括上游和开放海域盐度梯度的边界。世界上最大的河口都位于热带地区，亚马孙河、奥里诺科河、刚果河、赞比西河、尼日尔河、恒河和湄公河都是非常大的河流，流域广阔。亚马孙河向世界各大洋排放了20%的淡水（Sioli，1984），流量为0.2 Sv（1 Sv = 10^6 m³/s），这在很大程度上影响了西热带大西洋海面的盐度（Masson and Delecluse，2001）。热带河口环境实际上还包括季节性流动的溪流和间歇性与海洋相连的潟湖水体。这些热带河口的化学、物理和生物条件不均衡，对河口生物包括鱼类区系都有很大的影响。总的来说，河口的特征是盐度、潮汐和水流湍流、浑浊和淤积的剧烈变化。没有其他水系会像热带河口那样经历极端的季节性波动。此外，附近的城市（世界上16个最大的城市中有13个在沿海）和工业可能导致河口遭受极端污染。热带河口大致可分为四类：开放河口、河口沿岸水域、沿海潟湖、封闭河口。

1.2.3.1 开放河口

所有流入海洋的大中型热带河流都是开放河口，如上文所提的那些著名的河口。它们从未与海洋隔绝，并经历所有主要的河口环境波动。这些河口有分层现象，淡水覆盖着下面的盐水，可以延伸很长的距离，就像在亚马孙河观察到的那样（河口潮汐）。水层可能有独特的鱼类群体，河口可能是产卵洄游鱼类的洄游路线，甚至是入侵淡水的路线，如在玛瑙斯（Manaus）附近的亚马孙河中部发现的板鳃鱼类（Santos and Val，1998；Thorson，1974）。

1.2.3.2 河口沿岸水域

亚马孙河流域进入大西洋的影响在距离河口400 km处都能感受到，这一距离取决于几个变量，包括潮汐周期和河流水位的季节性变化。类似的情况也发生在许多其他河流上，比如奥里诺科河（委内瑞拉）、恒河（印度）、巴拉那河（巴西），通常很难确定这些环境的边界。从鱼类区系的角度来看，这些热带水域的浅水性和低盐度，加上高浊度，使它们仅部分成为河口（Baran，2000；Blaber，2002；Blaber et al.，1990；Pauly，1985）。

1.2.3.3 沿海湖泊

沿海湖泊，也称为沿海澙湖，是热带海岸线背后的湖泊体。它们是相对较大的水体，这就是它们的独特之处。强烈的季节性波动最终决定了湖海连接的形式和规律。已经确认了沿海湖泊的四种主要亚型：独立湖泊、渗滤湖、分层湖和澙湖入海口。它们的鱼类区系是混合的，有海洋的种群也有河口的种群，比例的差异取决于盐度。

1.2.3.4 封闭河口

封闭河口是在长度和汇水量上都很小的水体，由横跨海口的沙洲定期形成。当它关闭时，淡水从河中进入并填满整个系统。盐度取决于潮汐状态、淡水流入、沙洲排水率和风的调节。一般来说，封闭河口是为当地的生活生产而开发的。

毫无疑问，热带河口是高度复杂多变的水生生态系统。它们是最具生产力的生态系统之一，对维持海洋生物发挥重要作用。此外，河口是许多重要的渔业孵育场，这往往依靠红树林这一河口的组成部分。红树林是由生长在温暖浅水中的耐盐乔木和灌木组成，红树林周围浑浊的海水富含营养，为许多海洋生物提供了庇护。最近一项研究表明，加勒比地区的红树林对邻近的珊瑚礁至关重要（Mumby et al.，2004）。红树林控制着几乎所有已知的热带河口的边界，覆盖世界热带海岸线的四分之一（Blaber, 2002; Wolanki, 1992）。

1.3 热带淡水环境

淡水环境在面积和水量上都比海洋小很多，尽管它们在生境多样性上是相当的。它们只占地球总栖息地的0.8%，而海洋环境占70.8%。全年的恒定高温及几乎没有昼夜变化的热带淡水环境与温带淡水环境形成对比。地球上的水和土地分布不均匀，陆地上的淡水水体也不均匀，这和人口扩散或经济发展无关。与海洋环境相比，淡水水体数量众多，大小、形状、深度和位置各不相同。因此，形成了广泛的水－陆过渡带，即所谓的生态过渡带（ecotone），它在淡水生物中发挥着核心作用。事实上，生态过渡带构成了一些鱼类的栖息地，至少在它们生命的某些时期是这样的（Agostinho and Zalewski, 1995）。实际上，外部和内部过程会影响两个相互作用系统之间的能量流动，即生态过渡带的功能，因此也会影响生命和景观的相互作用（Bugenyi, 2001; Johnson et al., 2001）。淡水水体可大致分为两类环境：静水环境和流水环境。基本上，湖泊、水库和湿地是静水环境，河流和小溪是流水环境。另外，两种类型的淡水水体值得注意，它们是热带鱼的栖息地：泉水和洞穴。

1.3.1 湖泊和池塘

热带湖泊比温带湖泊数量少得多，因为冰川湖在热带地区很少见。热带湖泊大小不一，既有微小的池塘，也有巨大的湖泊，如维多利亚湖的表面积为68635 km^2。然而，绝大多数湖泊都是相对较小的水体——世界上只有88个湖泊的表面积超过1000 km^2，只有 19 个大于 10000 km²，其中 6 个位于热带地区，4 个在非洲（维多利亚湖、尼亚萨湖、乍得湖和图尔卡纳湖），1 个在南美洲（马拉开波湖），1 个在澳大利亚（艾尔湖）。还有一些热带湖泊位于高山之中，大部分是由地壳构造形成的，比如位于南美洲海拔 3812 m 的的喀喀湖、位于非洲海拔 1136 m 的维多利亚湖和海拔 773 m 的坦噶尼喀湖。表 1.3 显示了主要热带湖泊的形态特征。

粗略地说，热带和温带湖泊在太阳年总辐照度方面没有差异，但它们在最低年辐照度方面有差异（Lewis Jr.，1996）。太阳辐照度的变化产生水温梯度，进而引起水的纵向混合。光照控制光合作用，而温度和营养供应又进一步调节光合作用，在温带和热带湖泊之间及热带湖泊之间，光合作用是不同的。尽管年最高温度没有变化，但是热带地区的平均温度从赤道到南北回归线是下降的，因此温带和热带湖泊的差异主要取决于最低温度而不是最高温度。温度的季节变化和水的混合与分层有关，这在温带湖泊中明显存在，在热带湖泊中也不是绝对没有。热带深水湖泊分层，倾向于在一年中的特定时间混合（Lewis，1987）。相比之下，亚马孙流域的一些泛滥平原湖泊每年都受到水力的影响而变得不稳定。在这种情况下，泛滥平原的湖泊每年都被侧向溢出的河流淹没。在热带湖泊中，风也可能比在温带湖泊中更容易促进分层和水的混合，这一动态的过程对热带湖泊和温带湖泊的营养物质循环和生产力都起作用（Lewis，1987）。

整个水体持续的高温和高太阳辐照度为热带湖泊每年高速率的光合作用提供了基本条件。这通常会导致白天的高氧和晚间的低氧。热带湖泊对氧气的化学和生物需求很高。这些条件加在一起会导致湖下层低氧甚至无氧，从而影响整个水体的氧浓度，并极大地影响生物碳、氮、磷的生物地球化学循环。在热带水域，由于磷的化学风化作用在较高温度下更容易发生，且反硝化作用更强，因此热带湖泊湖下层的氮磷比例较低。当深层水和地表水混合时，整个水体都会出现氮缺乏的情况，这种情况并不少见。因此，对热带湖泊来说，氮的缺乏比磷的缺乏更值得关注（Lewis Jr.，2000）。

由于氧气在高温下的溶解度降低，以及各种生物和化学过程的耗氧量增加，热带湖泊的湖下层水比温带湖泊更容易发生缺氧和化学分层。氧气短缺在热带淡水中普遍存在，特别是在洪泛区湖泊、被淹没的森林和永久性的沼泽中（Carter and Beadle，1930；Chapman et al.，1999；Junk，1996；Kramer et al.，1978；Townsend，1996；Val and Almeida-Val，1995）。在这些栖息地中，溶解氧只存在于水体顶部的几毫米，在这水层以下接近于零，甚至为零（图 1.3）。在亚马孙的洪泛区湖泊中，这种氧气是许多鱼类的唯一氧气来源，它们已经进化出了一套不同寻常的适应能力来利用这一水域（Junk et al.，1983；Val，1995；见第 6 章和第 7 章）。亚马孙河泛滥平原的生境多样性、结构和功能已经在其他地方有综述（Junk，1997）。

在热带浅水湖泊中，溶解氧的季节变化是可以观察到的，但它们不像在温带湖泊中那么极端。在热带湖泊中，溶解氧的极端变化往往发生在更短的时间内，例如 24 h。在洪泛区湖泊里，溶解氧可以从中午的饱和水平下降到晚上的接近零的值（Junk et al.，1983；Val，1996）。经过一段时间的养分消耗后，这种情况可能会进一步恶化，因为水生植物（其中多为大型植物）的广泛覆盖限制了水体的辐照度，进一步限制了本来就

表 1.3 主要热带湖泊的形态特征

湖	国家	主要特征	最大深度 (m)	体积 (km³)	表面积 (km²)	流域面积 (km²)	存在时间 (Ma)	年鱼捕捞量 (t/a)
乍得湖 (Lake Chad)	乍得、喀麦隆、尼日尔、尼日利亚	以出产天然打卤苏打而闻名,这种现象有助于保持湖水的新鲜	10.5	72	1540	24264	NA	135500
艾尔湖 (Lake Eyre)	澳大利亚	地壳形成的大盐湖。下游轻微沙漠化,对降雨的微小变化非常敏感	5.7	30.1	9690	NA	NA	NA
马拉开波湖 (Lake Maracaibo)	委内瑞拉	南美洲最大的湖泊,北部半干旱,南部平均降雨量为127 cm	60	280	13010	NA	NA	NA
尼亚萨湖 (Lake Nyasa)	莫桑比克、马拉维和坦桑尼亚	东非大裂谷最南端的湖泊,由单一流域组成	706	8400	6400	6593	NA	21000
坦噶尼喀湖 (Lake Tanganyika)	坦桑尼亚、扎伊尔、赞比亚和布隆迪	非洲第二大湖泊,世界上第二深(仅次于贝加尔湖),最长的湖。它的起源非常古老,只有贝加尔湖这样古老的湖泊能与之匹敌	1430	17800	32890	263000	NA	518400
的的喀喀湖 (Lake Titicaca)	玻利维亚和秘鲁	南美洲最大的湖,世界上海拔最高的湖,世界上最古老的湖泊之一	281	893	8372	58000	1343	6327
图尔卡纳湖 (Lake Turkana)	埃塞俄比亚和肯尼亚	在湖的南部和西部大部分地区发现了第三纪火山岩,而这些时候形成的熔岩流(更新世)在湖的南端形成了一道屏障	109	203.6	6750	130860	12.5	15000
维多利亚湖 (Lake Victoria)	肯尼亚、坦桑尼亚和乌干达	世界上面积第二大的淡水湖;世界上最古老的湖泊之一	84	2750	68800	184000	23	120000

缩写:Ma为百万年;NA为无数据。
来源:Borre et al. (2001);ILEC (2004)。

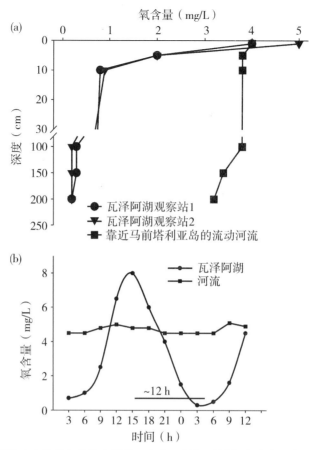

注：(a) 瓦泽阿湖泊水体氧含量随水深的日变化；(b) 瓦泽阿湖泊和河流 24 h 溶解氧的比较。

图 1.3　亚马孙流域水体溶解氧的变化

很弱的光合能力。随后，这些水生植物由于有机分解，对氧气的需求增加。在这些情况下，湖水根据深度分层，湖泊最下层含氧量最低，甚至缺氧。当温跃层被风或其他因素扰动时，水层会混合，导致湖水表层也出现缺氧的情况。当湖泊底层的水与上层的水混合时，水体中硫化氢被置换，这给鱼类带来了额外的挑战（Affonso et al.，2002；Brauner et al.，1995）。热带鱼类对缺氧的适应发生在其生物组织的各个层面，这将在本书的其他章节进行讨论（第 6 章、第 7 章、第 10 章）。

浅水湖单位面积水量较少，但水通量不一定相应减少，因此对水面过程很敏感（Talling，2001）。这和热带深水湖泊形成了鲜明的对比。坦噶尼喀湖是第二大热带湖泊，拥有丰富的物种，主要是当地特有的鱼类。有趣的是，它的高生产力主要来自沿岸，而开放水域的食物网，从生物学角度上看是贫瘠的。水面和底层（1470 m）之间的温度梯度减小，确保了风动混合，从深水层为初级生产带来养分。然而，增加的空气和水面温度似乎增大了水密度的差异，降低了水混合的有效性，已经对初级生产和鱼类产量产生了明显的影响。

许多热带浅水湖泊位于干旱地区的干旱和半干旱地带。它们面积很大，会被不规律地填满水，然后消退、干涸，直到下一次有水流入，因此，水位可能会有很大的波动，通常与盐度的波动一致。随着干旱程度的增加，旱地湖泊降水的时空变化加剧。例如，在半干旱和半湿润地区，降雨是季节性的，而在干旱地区，降雨是不可预测和断断续续的。由于大量的水从这些类型的水体中蒸发掉，留下了带进来的盐类，许多湖泊的盐度都超过了极限。当前广泛接受的淡水湖标准是含盐量不高于 3 g/L。咸水湖的盐度根据季节变化，盐度在 3～300 g/L 范围内变化，这取决于水流入量和降水量。然而，有许多因素引起盐碱化，包括人为因素，如对自然植被的过度砍伐、灌溉用水的过度使用、地下水的性质变化及地表水与地下水之间的相互作用。尽管盐度的增加和变化有其原因，但它需要对居住在这些环境中的生物群落进行重要的生理调节，以维持离子平衡（见第 9 章；Timms et al.，2000；Williams，2000；Williams et al.，1998）。

咸水湖可能是强碱性的，例如东非的苏打湖。肯尼亚裂谷中马加迪湖的水是高碱性（pH = 10）和高缓冲性质的（CO_2 的浓度为 180 mmol/L）。大多数硬骨鱼无法在此条件下生存，因为它们不能排泄氨，除了马加迪湖中的罗非鱼（*Alcolapia grahami*）（Randall et al.，1989；Wood et al.，1989）。最近，一项对马加迪湖和纳特龙湖（东非裂谷另一个苏打湖）中栖息的丽鱼科鱼类的综述表明，有 4 种罗非鱼（Turner et al.，2001）具有与排泄尿素一样的高排泄氮能力（Narahara et al.，1996），或具有一种未知的系统能够避免因体内氨浓度升高而引起神经中毒。

湖水呈酸性的缺离子湖泊及亚马孙流域的酸性洪泛区则情况相反，但挑战也不小。这些水体含有有机碳（DOC），离子含量极低（类似蒸馏水），呈酸性（pH 为 3.0～3.5），经常缺氧（Furch and Junk，1997；Matsuo and Val，2003）。然而，居住在这些水域的鱼种类相对丰富。内格罗港有超过 1000 种鱼（Ragazzo，2002；Val and Almeida-Val，1995），它们能够在优势的环境条件下保持离子平衡（见第 9 章；Gonzalez et al.，1998；Gonzalez et al.，2002；Matsuo and Val，2002；Wilson et al.，1999；Wood et al.，1998）。这种环境下鱼类物种的多样性和在碱性盐湖中发现的鱼类物种多样性形成了对比，碱性盐湖鱼种类较少，初步表明酸性环境的挑战比碱性环境的小，但还有待证实。内格罗港黑水中特异性化合物的存在，如腐殖酸和灰黄霉酸，可能为对抗环境中占优势的酸性离子缺乏条件提供额外的保护作用。在不同类型的初级水混合的地区会出现许多中间的水体状况和特征，例如在亚马孙河的黑水和白水域汇合处形成的开阔湖泊。

火山湖与前面提到的水体有所不同，火山湖可以分成两类：一是有陡壁的火山环形湖，通常是深水湖；二是火山堰塞湖，由火山熔岩流堵塞陡峭的河谷形成，因提供了挡风层而有利于长期成层现象（Beadle，1966，1981）。据 Lewis Jr.（1996）估计，热带地区火山湖占所有天然湖泊的 10%。火山湖广泛分布在非洲和中美洲的部分地区，其中对哥斯达黎加和尼加拉瓜的火山湖研究最为广泛（Chapman et al.，1998；Umana et al.，1999）。根据盐度的不同，火山湖分为盐水湖和稀释湖，后者又进一步分为几个亚型（Pasternack and Varekamp，1997）。总的来说，环形湖的环境条件比堰塞湖更具挑战性，这反映在鱼类的多样性上。丽鱼科和鲤科都有些物种生活在火山湖中（Bedarf et al., 2001; Danley and Kocher, 2001）。

对于鱼类来说，洞穴湖和火山湖一样具有挑战性。洞穴是由大量地下石灰岩溶解而形成的，一般来说，这些石灰岩与几个洞穴相互连接。这些洞穴通常是暴露在空气中的，通过渗透的水可以形成钟乳石、石笋、滴水石和流石。洞穴栖息地本质上是脆弱的，是最未知的环境之一（Culver, 1982）。栖息在洞穴中的鱼类依赖于下沉的物质，因为黑暗的环境阻止了初级生产。一般来说，洞穴鱼类是盲的，它们的种群小，性早熟，种群更替缓慢（见第 4 章；Romero, 2001; Trajano, 1997）。

同样具有挑战性的还有热带高海拔湖泊，总的来说，它呈现出介于温带和热带湖泊之间的温度特征（Chacon-Torres and Rosas-Monge, 1998）。的的喀喀湖是南美洲最大的淡水湖，也是世界上最高的大湖，海拔 3810 m。占地 8400 km^2、容积 932 km^3 的的的喀喀湖由三部分组成，即格兰德（Lago Grande）湖、巴伊亚德普诺（Bahia del Puno）湖和佩奎诺（Lago Pequeno）湖，它们都是流入亚马孙流域的大型内流流域的一部分。尽管的的喀喀湖的水流入了鱼类多样性最丰富的地区，但它本身的鱼类多样性相对较低。一般来说，所有的高海拔湖泊都需要特定的管理规则来保护其生物特性（Borre et al., 2001）。

1.3.2 水库

与湖泊不同的是，水库是人类通过在河流、溪流或河道上修建水坝或开凿沟渠而人工创造的淡水水体。许多水库采用梯级筑坝，由一系列连续的大坝组成。大坝和水库从20 世纪 50 年代的 5000 座增加到 20 世纪 80 年代的 40000 座。如今，包括小型水库在内的大坝和水库估计共有 80 万座，占地面积相当于 4×10^5 km^2。15 m 以上的水坝估计有45000 座，分布在各个地方。大约有 1700 座大型水坝正在建设中。大坝和水库主要用于灌溉（48%）、水力发电（20%）和防洪（32%）。由于面积与体积的比率较大，小水库比大水库生产力更高。此外，小型水库具有热不稳定的特点，在水体中和水－沉积物界面内养分快速交换（Mwaura et al., 2002）。湖泊和水库在许多生态参数方面具有多样性（表 1.4），但没有什么比水坝对河流和河岸鱼类物种的破坏性更大的了，水坝改变了当地生态系统已经适应的条件，导致物种减少。

表 1.4 湖泊和水库的特征比较

湖泊	水库		
主要特征	主要特征	优点	缺点
在冰冻区域尤其丰富；在造山带主要是深而古老的湖泊；浅湖和潟湖主要分布在河流平原和沿海	位于世界各地的大部分地区，包括热带森林、苔原和干旱平原；通常在缺乏浅湖和潟湖的地区分布较多	产生能量（水力发电）	水库建造地的居民流离失所，大量人口迁入水库周边地区，造成相关的社会、经济和健康问题

续表 1.4

湖泊	水库		
主要特征	主要特征	优点	缺点
一般呈圆形水流域	呈狭长形和树枝形	低能量水质得到改善	原有人口条件恶化，水媒疾病传播加剧，健康问题增加
排水面积与表面积比率通常小于 10∶1	排水面积与表面积比率通常大于 10∶1	流域内水资源的保留	可食用的本地河流鱼类种类的损失，农业和木材土地的损失
沿岸带稳定（半干旱区的浅湖除外）	由于人为调节水位，沿岸带会发生变化	创造饮用水和供水	湿地和陆地及水体交错带的丧失，自然洪泛平原和野生动物栖息地的丧失
水位波动幅度一般较小（半干旱区的浅湖除外）	水位波动会较大	建立具有代表性的生物多样性保护区	生物多样性丧失和野生动物的流离失所
较深湖泊的冲刷时间较长	冲刷时间常因深度不足而缩短	增加当地种群的福利	必须对农用土地、渔场和栖息地进行补偿
在自然条件下，流域的泥沙沉积速率通常较慢	沉积物沉积速度往往很快	可能可以提供休闲消遣的场所	当地水质恶化
养分负荷变化较大	通常养分负荷大	加强对下游河流防洪的保护	水库以下河流流速下降，流量变化较大，以及下游温度的降低影响泥沙和营养物的运输
生态演替慢	生态演替往往很快	渔业的可能性增加	阻挡鱼类向上游洄游
动植物种类稳定（通常包括未受干扰的地方特有物种）	动植物区系多变	为干旱期供水做蓄水准备	水库底层和大坝排放物中溶解氧浓度降低，硫化氢和二氧化碳浓度增加
出水口在地表	出水口不确定，但往往在水体某一深度	提高航运能力	珍贵的历史或文化资源（如墓地、遗迹、庙宇）的损失
水流通常来自多个小支流	水流通常来自一条或多条大河	提供持续农业灌溉的潜力增加	美学价值降低，地震活动增加

大多数水坝和水库集中在发达国家的温带和亚热带地区。然而，在南美洲，巴拉那河（Parana River）的许多支流和巴拉那河本身都有高度集中的大型水坝和梯级水库。

这个流域有 50 多个水坝和水库，其中 14 个是大型的（超过 150 m 高）。这种集中度只有美国太平洋沿岸才能与之匹敌。在热带地区，没有哪个地方像非洲热带地区那样，大型水坝和水库如此集中。特别是在赞比西河流域，已经建造 6 座大型水坝，而其他非洲河流流域都有 1 个或 2 个大型水坝。目前，亚洲的河流流域正经历着类似的情况：在不久的将来，6 个主要的大坝将会在恒河上筑起屏障，另外 11 个大坝将会在长江上修建。目前最大的大坝是长江三峡大坝，它将为世界上最大的河流之一的长江筑起屏障（Chen，2002）。

和巴拉那河流域形成对比的是，亚马孙河流域有超过 6000 km 的水流没有被拦截。现在只有 5 座水坝位于亚马孙河的次级支流上（表 1.5）。这些大坝占地辽阔，最大的图库鲁（Tucurui）大坝库区面积达 2400 km^2，第二大的巴尔比纳（Balbina）大坝库区面积达 2300 km^2。在亚马孙地区，筑坝具有特殊的重要性，因为它深刻地影响甚至消除了自然的洪水脉动。如上所述，这是该地区主要的环境驱动力，塑造了所有生物和环境的关系，包括所有鱼类（Gunkel et al.，2003；Junk et al.，1989；Middleton，2002）。

表 1.5 亚马孙河上的水坝

名称	流域	启用时间	容量（MW）	库区面积（km^2）
图库鲁（Tucurui）	托坎廷斯河（Tacantins）	1984	4000	2400
巴尔比纳（Balbina）	瓦图芒河（Uatuma）	1989	250	2300
塞缪尔（Samuel）	雅马里河（Jamari）	1989	216	560
库鲁阿乌纳（Curua-Una）	库鲁阿乌纳河（Curua-Una）	1977	30	78
帕雷当（Payedan）	阿拉瓜里河（Araguari）	1975	40	23
总计			4536	5361

大多数没有水坝的河流为包括鱼类在内的水生动物提供了自由的走廊，这和受调节的河流形成对比，因为水坝阻碍了鱼类的迁徙。热带鱼运动和行为的多样性最大，相对而言，热带水坝造成的生物后果可能和温带地区水坝对鱼类的影响不同。因此，为更好地设计结构，以减少河流筑坝对热带鱼类迁徙造成的干扰，需要多样性的相关信息（Holmquist et al.，1998）。这些结构应该恢复上下游的连通性。与下游连通相比，上游连通更为常见，包括许多便于鱼类通过的结构，而这些问题才刚刚得到解决（Larinier，2000）。学者们广泛分析了大坝对淡水鱼的影响，结果显示，27% 的影响是正面的，73% 的影响是负面的，其中 53% 是大坝下游的影响。大部分的负面影响与阻碍鱼类向上游迁移和改变洪泛区连接有关，尽管这种影响在温带地区（56%）比热带地区（27%）更为频繁（Craig，2000）。

1.3.3 主要江河流域

河流和小溪是向一个特定方向流动的水体。由于这一特点，它们被归类为流水环境。一般来说，它们的源头位于泉水、融雪地甚至湖泊，它们从那里一路流向它们的河口，通常是另一条水道、一个湖泊或海洋。生物、化学和物理特征在这一过程中发生变化，是这些水体中鱼类区系的主要决定因素。事实上，这些特征都是流域特异性的，和区域气候条件有着绝对的关系，而河流几乎是一种"移动的活组织"，对当地条件做出反应。总的来说，世界上所有的河流只携带了淡水总量的0.006%，其中多达68%的淡水被锁定在冰川和永久积雪中，另外30%为地下水。虽然河流只占所有淡水的一小部分，但它在世界范围内受到严重威胁，这主要是由于水坝和水库的建设引起的水文变化，与河流密切相关的许多生态系统发生不可逆转的变化。

主要的热带河流流域在北回归线和南回归线之间地区分布不均（图1.4）。

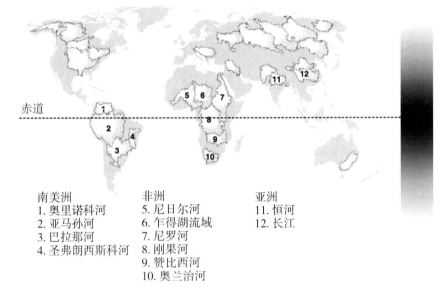

注：热带河流流域（1～12个）沿热带不均匀分布，鱼类的多样性向赤道方向增加（右栏）（见书后彩图）。修改自 the map organized by United Nations Environmental Programme（UNEP）；World Conservation Monitoring Centre（WCMC），World Research Institute（WRI），American Association for the Advancement of Science（AAAS），Atlas of Population and Environment 2001（www. unep. org = vitalwater）。

图1.4　世界主要河流流域

1.3.3.1　南美洲

在南美洲，有四大流域：亚马孙流域、奥里诺科（Orinoco）流域、巴拉那（Parana）流域和圣弗朗西斯科（Sao Francisco）流域。亚马孙流域是迄今为止世界上最大的流域，其流域面积相当于美国陆地总面积。亚马孙河每秒向大西洋排放1.75×10^5 m³的水，占进入所有海洋的淡水总量的20%，造成了一种被当地称为"波罗罗卡"（来自Tupi语，"巨大的吼声"）的现象。它的流量是非洲刚果河的5倍、密西西比河的12倍（Amarasekera et al., 1997；Oltman, 1967；Sioli, 1984）。经历了一个可预测的年度洪水周期，交织的水体创造了一个非常低的地形起伏和广阔的水生景观，是亚马孙地区主要的生态驱动力（Marlier, 1967；Sioli, 1991；Val and Almeida-Val, 1995）。最高水位和最低水位的差值范围从河口附近的 4 m 到雅普拉（Japura）河上游的 17 m。在玛瑙斯港，主航道上出现了 10 m 的峰值，有时甚至更高。亚马孙地区几乎所有的有机－水体栖息地的相互作用都是由这种洪水脉动形成的，尤其是鱼类生物学方面。

亚马孙流域的环境多样性进一步提高，因为存在着不同类型的水，这些水被记录在河流本身的名称中，例如里约内格罗河（黑水）、里约布朗库河（白水）、克拉鲁河（清水）等。水域的颜色与流域的具体情况有关。Sioli（1950）第一个描述这三种主要类型，不仅基于颜色，还基于悬浮固体的数量和类型、pH 和从特定电导测量中得到的溶解矿物含量。Sioli 将河水分为三种基本类型：一是白水，比如亚马孙河，富含从安第斯山脉和安第斯山麓携带而来的悬浮淤泥和溶解矿物，pH 接近 7；二是黑水，原地呈黑色，从灰化土壤中浸出的腐殖酸含量高，pH < 7，离子含量低，与白水相比，透明度高；三是清水，从高度风化的第三纪沉积物排出，从酸性到中性不等，溶解矿物含量低，透明度高，但可能呈绿色（Furch and Junk，1997；Sioli，1950）。亚马孙流域拥有 3000 种鱼（见第 2 章），其中 1000 种以上的鱼在里约内格罗河水域茁壮成长，尽管其矿物质和酸性条件较低（表 1.6），但需要对离子调节进行特别的调整（见第 9 章）。

表 1.6　与索利蒙伊斯（Salmoes）河、亚马孙河和森林溪流相比的里约内格罗河河水的主要特征

特征	内格罗河	索利蒙伊斯河、亚马孙河	森林溪流
钠（mg/L）	0.380 ± 0.124	2.3 ± 0.8	0.216 ± 0.058
钾（mg/L）	0.327 ± 0.107	0.9 ± 0.2	0.150 ± 0.108
镁（mg/L）	0.114 ± 0.035	1.1 ± 0.2	0.037 ± 0.015
钙（mg/L）	0.212 ± 0.066	7.2 ± 1.6	0.038 ± 0.034
氯（mg/L）	17 ± 0.7	3.1 ± 2.1	2.2 ± 0.4
硅（mg/L）	20. ± 0.5	4.0 ± 0.9	2.1 ± 0.5
锶（μg/L）	3.6 ± 1.0	37.8 ± 8.8	1.4 ± 0.6
钡（μg/L）	8.1 ± 2.7	22.7 ± 5.9	6.9 ± 2.9
铝（μg/L）	112 ± 29	44 ± 37	90 ± 36
铁（μg/L）	178 ± 58	109 ± 76	98 ± 47
锰（μg/L）	9.0 ± 2.4	5.9 ± 5.1	3.2 ± 1.2
铜（μg/L）	1.8 ± 0.5	2.4 ± 0.6	1.5 ± 0.8
锌（μg/L）	4.1 ± 1.8	3.2 ± 1.5	4.0 ± 3.3
含磷总量（μg/L）	25 ± 17	105 ± 58	10 ± 7
含碳总量（mg/L）	10.5 ± 1.3	13.5 ± 1.3	8.7 ± 3.8
碳酸根中的碳含量（mg/L）	1.7 ± 0.5	6.7 ± 0.8	1.1 ± 0.4
酸碱度（pH）	5.1 ± 0.6	6.7 ± 0.4	4.5 ± 0.2
电导系数（μS）	9 ± 2	57 ± 8	10 ± 3

来源：Furch（1984）；Furch and Junk（1997）。

卡西基亚雷（Cassiquiare）运河连接里约内格罗河的上游和奥里诺科河，使这两个流域之间的鱼类交换成为可能。奥里诺科河长 2150 km，是世界上流量第三大河流，仅次于亚马孙河和刚果河，平均流量为 36000 m³/s（DePetris and Paolini, 1991）。奥里诺科河的大部分支流，如阿普雷（Apure）河、梅塔（Meta）河和瓜维亚雷（Guaviare）河，都发源于安第斯山脉，从西侧汇入奥里诺科河，携带着大量的沉积物。对鱼类来说，这个河流流域体现了在亚马孙河和南美南部流域的新环境内定居的可能性。

巴拉那（Parana）河流域是南美洲第二大流域。巴拉那河发源于巴西中部东南部高地，向南流动。巴拉那河的主要支流是巴拉圭河，发源于巴西的马托格罗索（Mato Grosso）州，流入阿根廷北部边界附近的巴拉那州。巴拉那河全长 4695 km，径流量为 15000 m³/s，流入布宜诺斯艾利斯（Buenos Aires）和蒙得维的亚（Montevideo）附近的拉普拉塔（Laplata）河口。巴拉那河平均每年携带约 8000 t 悬浮沉积物，主要由贝尔梅赫（Bermejo）河提供，贝尔梅赫河是巴拉圭河的主要支流，其本身的沉积物量为 4500 mg/L。因此，除了被亚马孙河带到大西洋北部的沉积物外，安第斯山脉还提供了大量被带到大西洋南部的沉积物。这个流域的一个特殊的形态特征是具有一个广阔的内部三角洲，长约 320 km，宽超过 60 km，由许多不同的交织水体组成，包括众多的水道、小溪、池塘、河湾和湖泊，其中一些含有黑水，由不同延伸和高度的堤坝和屏障分隔。大部分有关巴拉那河流域的沉积学、形态学和水文特征（表 1.7）已经在其他地方有综述（DePetris and Paolini, 1991）。由于这个流域人口高度聚居，有很大的能源需求，因此巴拉那河是世界上最支离破碎的河，14 座大型堤坝横架于此（大型堤坝：高度大于 150 m，体积大于 1.5×10^7 m³，水库容量至少为 25 km³，或发电量大于 1000 MW）。在美国，只有科罗拉多河和哥伦比亚河的河道沿线有超过 10 座水坝。我们将在后面讨论筑坝对鱼类生态产生的巨大影响。尽管如此，巴拉那河流域仍然栖息着 500 多种鱼（Brasil, 1998）。

表 1.7 巴拉那河流域的沉积学、形态和水文特征

参数	范围	加权平均释放量	物质运输率（10^6 t/a）
水位（m）	1.78～6.69	—	—
透明度（m）	0.09～0.39	—	—
总悬浮固体（mg/L）	49～302	101	—
酸碱度	6.26～7.92	7.19	—
氧化还原电位（mV）	342～502	398	—
电导率（μS/cm）	32～115	57.6	—
碱度（meq/L）	0.21～1.5	0.69	21.5（假设均为碳酸钙）
氯化物（mg/L）	4.2～12.5	6.47	4.2
硬度（meq/L）	0.24～0.72	0.45	14.0（假设均为碳酸钙）
钙（mg/L）	2.18～11.7	6.92	4.2

续表 1.7

参数	范围	加权平均释放量	物质运输率（10^6 t/a）
镁（mg/L）	1.13～2.7	2.09	1.2
钠（mg/L）	1.27～10.1	5.32	3.3
钾（mg/L）	1.64～6.3	3.65	2.2
含磷总量（mg/L）	0.06～2.5	1.1	0.7
二氧化硅含量（mg/L）	16.1～19.7	17.1	11.0
含氧量（mg/L）	4.43～10.8	8.14	4.9
氧饱和度（%）	46.6～115	90.3	—

数据来源：DePetris and Paolini（1991）。

圣弗朗西斯科流域位于巴西东北部。这条河流从中南部地区流出 1609 km，穿过不同的气候区，然后流入大西洋。圣弗朗西斯科流域面积和多瑙河与科罗拉多河相当，也面临类似的问题，比如采矿、灌溉、水力发电和筑坝等杂乱无章的开发项目。由于许多项目没有考虑到环境因素，鱼类多样性受到严重威胁。该流域有 150 种淡水鱼，其中许多是该流域特有的（Britski et al.，1988；Menezes，1996）。

1.3.3.2 非洲

对比南美洲的主要河流流域，非洲的主要河流流域有三个主要问题：一是主要河流基本上是跨国的，需要多个国家联合起来采取有效管理措施；二是地表水的空间分布不均匀，造成许多地区缺水或依赖其他外部来源，至少有 14 个国家遭受水应激或缺水；三是水质和卫生条件下降（UNEP，2002）。河流破碎是非洲的另一个重要问题。该地区有 1200 多个水坝和水库，其中 60% 位于南非（539 个）和津巴布韦（213 个），大部分是为了便于灌溉而修建的。世界上最大的 5 座大坝中有 4 座在其中。非洲河流有部分为内流河，主要指的是乍得湖流域及其周边水系。周边主要河流流入大西洋（刚果河、尼日尔河和奥兰治河）、印度洋（赞比西河）和地中海（尼罗河）。

乍得湖有两条主要河流，沙里（Chari）河和拉贡（Lagone）河，这两条河流提供了流入乍得湖的近 95% 的水。这两条河流起源于喀麦隆的阿达马瓦（Adamawa）高原。这两条河的流域面积在过去几十年经历了大规模的缩小，这是在集水区的土地使用不当、森林砍伐和自然干旱的结果（Birkett，2000）。沙里河及其广阔的冲积平原为丰富的陆生动物群提供了许多特有物种。在这里曾经发现超过 100 种鱼，它们都处于严峻的环境压力下。这些鱼类中有许多只生活在这个流域中。

刚果河流域有能适应热带非洲河流环境的最多样化和最独特的动物群，还有适应刚果河下游大急流的特有种类。在大约 1200 万年前的上新世时期，这是一个封闭的大湖泊。随着时间的推移，在当时只是一条沿海河流的刚果河的河水，冲破了这个巨大湖泊的边缘，顺着一系列岩石形成的河道，向大西洋奔流而去（Beadle，1981）。即使在更新世的干燥时期，刚果河和周围的陆地环境相比仍保持相对稳定。这种水生环境的稳定性和与其他生态区域的隔离被认为是丰富生物群的出现和演化的基础，对刚果河流域丰富的特有淡水动物群区系更是如此（Beadle，1981）。幸运的是，如今的刚果河流域几乎是一个未受干扰的环境，污染减少，森林砍伐率低，大坝数量减少。刚果河流域的大部分自然发展过程都在原始条件下进行，例如洪水脉动、降雨和动物迁徙。就鱼类多样性而言，刚果河流域是第二丰富的环境，有近700种鱼，其中许多是该环境特有的（见第2章），例如生活在刚果河下游急流中的刺鳅（Sping-eels），高度适应当地条件。

尼日尔河流域覆盖西非的9个国家，全长4100 km，是非洲第三大河，河道横穿4个国家。这条河的奇特之处在它最初的名字里就有很好的体现，"埃格鲁尼格鲁"（Egerou negerou），意思是河流中的河流。它的源头位于几内亚的福塔贾隆（Fouta Djalon）高原和宁巴（Nimba）山，流入大西洋，年平均流量为4800 m³/s。这条河的主要集水区都处在干旱地区，降雨量较低（除了几内亚的源头和尼日尔下游），加上有些大坝建在尼罗河和贝努埃（Benue）河上，过去的40年干旱严重影响了该地区。干旱的情况特别令人担忧，因为尼日尔三角洲的盐度发生了相关变化，影响了沿海环境中的生物群。沉积作用在该地区显著增加，也成了该流域的一种新的环境压力。该流域经过2个大区域：马里的内陆三角洲和尼日利亚的尼日尔三角洲。这两个地区的生物多样性很高，只有亚马孙河的生物多样性可与之相媲美。尼日尔河和三角洲湿地的泛滥平原上有一种特殊的植物群，能适应水位的剧烈波动。尼日尔三角洲是一个在国际上具有重要意义的湿地，占地约 $3.2 \times 10^6 \ km^2$，每年生产近 10^5 t的鱼类。尼日尔三角洲环境复杂，独特的生态属性包括沙脊屏障、盐碱红树林、栖息着各种水生动物的季节性沼泽。栖息于此的水生动物适应了这些生态系统的主要生态压力——洪水脉动和大西洋的潮汐倒流。洪水脉动对溶解质也有重大影响。尼日尔有250种鱼，其中20种是这个流域特有的（Abeet et al.，2003；Martins and Probst，1991）。

另一条汇入大西洋的外流河——奥兰治（Orange）河对南非来说是最重要的，其面积超过 $10^6 \ km^2$，流经4个国家：博茨瓦纳、莱索托、纳米比亚和南非。奥兰治河发源于莱索托高地，全长2300 km，在汇入大西洋之前，形成南非和纳米比亚的边界。在从源头流向海洋的途中，奥兰治河的降雨量从源头的1800 mm减少到西边的25 mm。这条河是非洲最发达的河流，总共有29个水坝，其中22个在南非，也是世界上最为胁迫的取水系统，奥兰治河流域在南非的抽水量接近可获得的最大水量——指标为0.8～0.9（水分胁迫指标是指从一个流域抽出的水量与总可用水量的比值）。目前奥兰治河的年平均流量为360 m³/s，约占南非年平均流量的20%。构成该流域的第二条主要河流是瓦尔（Vaal）河，它占据了老威特沃特斯兰德（Witwatersrand）流域，形成于近40亿年前（地球大约有45亿年的历史）。因此，这条河可能是地球上最古老的河流。尽管面临着巨大的人为压力，这个流域还是有27种鱼，其中7种是这条河特有的（Martins and Probst，1991）。

赞比西河流经安哥拉、博茨瓦纳、马拉维、莫桑比克、纳米比亚、坦桑尼亚、赞比亚和津巴布韦等8个国家。赞比西河是非洲第四大河流，也是向东流动的最大河流，从它的源头赞比亚西北部，到它的三角洲，直到莫桑比克中部的印度洋，全长2650 km。

该流域，包括与之相关的湿地，是非洲最大的完整封锁的野生动物栖息地，尽管在许多地方，河流是高度分段的。这条河入海时的平均流量是 3600 m³/s。在赞比西河沿岸有一个奇特的地形，那就是维多利亚瀑布，它标志着赞比西河上游的尽头。赞比西河中下游的鱼类种类非常相似，和上游的有所不同。该流域共有 122 种鱼，其中 15 种为该流域所特有（Lamore and Nilsson，2000；Tumbare，1999；WCD，2000；Winemiller and Kelso-Winemiller，2003）。

尼罗河流域十分独特，面积约 3×10^6 km²，流经 10 个国家：布隆迪、刚果民主共和国、埃及、厄立特里亚、埃塞俄比亚、肯尼亚、卢旺达、苏丹、坦桑尼亚和乌干达，有 1.6 亿人口生活在流域内。尼罗河是世界上最长的河流，它起源于卡格拉（Kagera）河，穿越 6671 km，到达埃及地中海三角洲，每年平均流量为 3100 m³/s。布隆迪的卢维隆沙（Ruvgironza）河是卡格拉河的上游支流之一，被认为是尼罗河的最终源头。这个流域有一系列独特的生态系统，从南部的雨林和山脉到南部苏丹的稀树大草原和沼泽，再到北部贫瘠的沙漠，风景各异：高山、热带森林、林地、湖泊、热带稀树草原、湿地、干旱的土地和沙漠。共有 129 种鱼生活在这个流域中，其中 26 种是尼罗河特有的（Sutcliffe and Parks，1999）。

1.3.3.3 亚洲

扬子江和恒河流域是亚洲两大值得关注的热带流域。扬子江流域是季节性半干旱气候，介于北纬 25°～35°之间，流域面积达 1.81×10^6 km²。该流域南部受热带气候影响较大，一些支流蜿蜒在北回归线上。扬子江，亦即长江，常被称为中国的"赤道"，它把中国分成潮湿的南方和干燥的北方。长江的源头在干燥的青藏高原，从那里奔流 6300 km，于上海汇入东海。这条河流被分为三个部分：一是长江上游，指的是从源头到宜昌市的山区；二是长江中游，流经一个平坦的平原，一直流向汉口；三是长江下游，从汉口一直延伸到东海。3000 多条支流和 4000 多个湖泊组成了一个复杂的湖泊网络，汇集了长江的大部分水，但是最重要的水来自源头冰川的融水。长江流域的严重环境问题包括侵蚀、污染、取水、下游淤积和河流破碎。除此之外，长江上游于 2001 年建成的三峡大坝工程，引起了人们对鱼类多样性和保护的关注。尽管承受着这些环境压力，长江流域的鱼类资源依然丰富，共有 361 种鱼，其中，鲤形目 273 种，占总种数的 75.6%；鲇形目 43 种，占总种数的 11.9%；鲈形目 23 种，占 6.4%；其他 9 目 22 种，占 6.1%。在已确认的 361 个物种中，有 177 种或亚种是长江流域特有的（Chen et al.，2001；Cheng，2003；Fu et al.，2003；Zhang et al.，2003）。

另一个亚洲水文系统是恒河（Genges）流域，它与恒河-布拉马普（Brahmapur）三角洲和孟加拉扇形冲积平原一起组成了当地所称的恒河水系。恒河流域包括 3 个不同的部分：北部有深谷和冰川的喜马拉雅带；恒河冲积区居中，约占整个流域的 56%；南部的高原和丘陵。该流域的部分地区是半干旱气候，河流流量很大程度上依赖于高度不稳定的季风降雨。恒河及其支流流经尼泊尔、印度和孟加拉国三个国家，是印度和孟加拉国一半人口及尼泊尔几乎全部人口的主要淡水来源。恒河发源于海拔 4100 m

的喜马拉雅山脉南麓和德干高原,流域面积为 1.1×10^6 km²。从源头开始,恒河蜿蜒 2525 km,流经印度北方邦、比哈尔邦和西孟加拉邦三个邦,最后流入孟加拉湾。恒河的许多大大小小的支流、湖泊和泛滥平原地区形成了许多复杂的生态系统,如今均受到严重威胁。亚穆纳(Yamuna)河也起源于喜马拉雅山脉,是恒河最大的支流,在阿拉哈巴德(Aelahabad)汇入恒河。亚穆纳河流域占恒河流域的42%。对这一主要支流的生态研究表明,亚穆纳河水质迅速恶化,渔业减少,污染加剧,群落生境发生重大变化。恒河流域有一个特别的恒河-布拉马普特拉(Brahmaputra)三角洲,它是一个巨大的沼泽森林,被誉为"美丽的森林"。来自喜马拉雅山脉及恒河和布拉马普特拉河运输的沉积物,构成了孟加拉扇形冲积平原——孟加拉湾。全球流入海洋的泥沙中,恒河占20%之多,使其成为世界第三大泥沙输送河流。它每年平均排入海洋的水量是 15000 m³/s,也就是说,只占全球流入海洋水量的2%。恒河上游有20个科83种鱼,其中鲤科鱼类最多,有32种。整个流域是141种淡水鱼的家园,其中许多种群濒临灭绝(Gopal and Sah,1993;Rao,2001;Singh et al.,2003)。

一些次级河流流域不包括在本综述中。从生态的观点来看,它们的确是重要的,当研究对象从主要河流流域扩大到区域河流流域时,应予以考虑。这些次级河流流域容纳了一些鱼类,在许多情况下,这些鱼类是这些次级流域特有的,这使它们具有特殊的环境地位。

1.4 世界鱼类分布

合乎情理的证据表明,区域的发展进程影响着区域和地方的多样性。地质影响在确定最初的水体进化史中是重要的。例如,居住在湖里的鱼类种类取决于导致这种水体出现的条件及其最初的定居过程。确实,系统的历史和规模起着重要作用,更老、更大的系统往往比年轻和小型的水系有更多的物种。已知近4500种鱼生活在淡水栖息地。随着在新取样地区发现新的物种加入,这个数字可能会上升一个数量级。淡水鱼占所有鱼类的40%。科学家推测有11000种鱼和6000种软体动物共同组成了主要的淡水动物群。毫无疑问的是,对于世界不同地区物种丰富程度的差异,不能做单一的解释。生态学、进化论、生物地理学、系统学和古生物学的知识都是了解全球鱼类多样性模式所必需的(Rickelefs and Schluter,1993)。

物种丰度向赤道方向明显增加,即从高纬度向低纬度,在同样大小的取样区域内,物种丰度增加,这在淡水和海洋鱼类各种分类群中都有文献记载。诚然,这些物种丰度的纬度梯度应该谨慎地选取,因为它们受到其他位置和环境变量的高度影响,如经度、海拔、深度、地形、干湿情况、土壤类型、物种形成和灭绝率,以及物种的迁移和迁出。历史扰动、环境稳定性和异质性、生产力和生物-环境相互作用等机理也都被列入这些产生系统的纬度变化的过程中,并用以解释热带地区较高的物种丰度(Gaston,2000)。因为这些过程和机理以复杂的方式相互作用,所以和特异性非生物因素的简单关联并不总是被观察到,这并不意外。对生态学家和生物地理学家来说,这是一个棘手的问题，争论也变得越来越复杂。例如，随着气候变化，非本地物种可能跨越边界，成为生物群落的新参与者（Walther et al.，2002）。在许多情况下，生物入侵，特别是鱼类，从淡水生境进入海洋生境，或从海洋生境进入淡水生境，都会造成当地物种丰度的改变。栖息在亚马孙的几个海洋生物种群就是这样，如𫚉鱼、比目鱼、河豚和鳀鱼（Lovejoy et al.，1998）。由于人类造成的全球和局部环境变化，这些入侵倾向于扩大。因此，对于物种多样性的地理变异，无法做出单一的或简单的解释。

已知鱼类中大约40%是淡水鱼类。考虑到地球上水的分布情况（主要河流流域和湖泊部分），这相当于每 15 km³ 淡水中有 1 种鱼，而每 10^5 km³ 海水中才有 1 种鱼。靠近孤立的淡水系统往往为新物种的出现提供了条件，为许多鱼类和无脊椎动物谱系提供了高度的多样性，这与海洋环境相当不同。在许多情况下，物种丰度和地方特殊性呈正相关关系（Watters，1992）。即便如此，人们还是提出了几个假说来解释物种丰度的空间变异性：物种－区域假说（Preston，1962）、物种－能量假说（Wright，1983）和历史假说，如避难理论（Haffer，1969；Weitzman and Weitzman，1987）。这些假说正在激烈讨论中（Oberdorff et al.，1997；Salo，1987）。再者，在我们能够有一个清晰的认知之前，还需要对更多的地方进行采样和探究，目前对物种丰度的空间梯度并没有单一或简单的解释。

对鱼类物种丰度的广泛分析显示，在108个流域中，有27个流域的鱼类物种多样性特别高，其中56%位于热带地区，主要分布在中非、东南亚和南美洲。所分析的热带流域仅占所有热带流域的三分之一左右，因为其中许多水体缺乏数据，甚至包括中型和大型水体。因此，热带内陆水域的鱼类多样性肯定比已知的要高。在南美洲北部，奥里诺科河和亚马孙河流域的鱼类种类很多，特有鱼类也很多。与之旗鼓相当的是非洲流域，以刚果河流域（刚果河、尼罗河、赞比西河、尼日尔河和乍得湖，见上文）为首，拥有700种鱼，其中500种是该流域特有的，其数量约为亚马孙河流域物种的四分之一，特有鱼类种类的三分之一（Nelson，1994；Revenga et al.，2000；Val and Almeida-Val，1995）。

1.5 全球气候变化

三种主要的全球环境变化——全球变暖、水文变化和富营养化对热带水系产生直接影响，并急剧影响鱼类多样性和鱼产量。

1.5.1 全球变暖

地球温度在过去的 100 年里升高了大约 0.6 ℃（Walther et al.，2002），预计在未来的 100 年里将继续升高 1.4～5.8 ℃（IPCC，2001）。毫无疑问，全球变暖将给大部分热带水域带来许多变化。湖泊变暖已经对几个大型热带湖泊的鱼类产生了深远的影响。随着全球变暖，从深海湖泊的缺氧区观察到的养分输入将进一步增加，这将加剧本来已经很严重的季节性分层现象，坦噶尼喀湖、马拉维湖和维多利亚湖均受到这个问题的困扰。除了富营养化，全球变暖的另一个后果是浅湖盐碱化，特别是位于地球干旱地区的浅湖。由于热膨胀及山脉和极地冰川的部分融化，海平面上升。南极和格陵兰冰冠必将影响沿海和河口的生态系统，改变它们的湖沼特征，从而导致物种多样性的丧失。总之，全球变暖将成为生态系统的破坏者，并将导致主要生态驱动力的变化，深刻影响生物多样性，并可能减少热带地区的鱼类分布（IPCC，2001；Verburg et al.，2003；Walther et al.，2002；Williams et al.，2003）。

1.5.2 水文变化

上游水坝、水库和灌溉的取水，在世界范围内引发剧烈的水文变化，在干旱地区和热带水体中更为显著。水坝和水库虽然有很多好处，但它们确实会像其他全球环境压力那样破坏水文循环，这些影响包括自然洪水周期的抑制、河流和边缘湖泊与湿地和泛滥平原的分离、干湿交错带扩展的变化、下游沉积物沉积的变化，以及生境（如瀑布、急流、河岸植被和洪泛平原）的消失。换句话说，水的抽取影响了水生生态系统的生态功能，降低了这些生态系统缓冲人为压力的能力。此外，由于这些区域很多是许多鱼类的孵育场和觅食场，因此这些环境变化导致了鱼类产量的减少。热带水库也容易被漂浮的植物占据（Gunkel et al.，2003；Ramırez and Bicudo，2002；Tundisi，1981）。在上述影响中，筑坝会导致生物群落碎片化，这是人们非常关注的保护问题，种群碎片化后可能会或者可能不会取代它们原来的遗传变异，从而恢复它们原来种群的大小。对于河流中的鱼类而言，这是一个巨大的挑战，对此，科学家们才刚开始着手解决。大型水坝对常驻鱼类来说可能不是问题，而较小的水坝可能会对洄游鱼类造成巨大的干扰，除非有鱼梯确保它们顺利完成繁殖周期。

1.5.3 富营养化

在过去的几十年中，由于面临最大限度地提高粮食生产的压力，作为肥料的氮肥产量急剧增加，这一现象在热带国家尤为突出。一般来说，热带土壤吸收的磷比可持续农业使用所需的要少。当部分含有这两种元素的物质进入热带水体时，会促进它们的富营养化。富营养化导致过量的浮游植物、藻类和扎根水生植物（大型植物）生长，水体氧含量下降，水层中大量氨积累，以及沉积物中几种化合物的再悬浮，使湖的下层缺氧的范围增加。在世界各地的许多水体中发现了超富营养化（磷酸盐浓度大于 100 μg/L，叶绿素 a 浓度大于 25 μg/L）现象，引起关注，特别是在热带地区，这种现象（赤潮）正在导致水域的大面积恶化和大量鱼类死亡。大多数富营养化和超营养化水生境的生物多样性减少，而这种营养状态的范围正在扩大，甚至到达沿海的海洋环境。这些鱼类栖息地，需要严格控制进入淡水水体的磷和进入海洋环境的氮的总量（Wu，2002）。最近对水体富营养化的综述表明，这一现象已经引起人们的关注，法律制定者开始在环境保护措施方面提出一些控制政策（Prepas and Charette，2003）。

1.6 未来展望

热带地区包含世界上大部分的鱼类,也是许多已经扩散到其他地区的鱼类的来源地。相比之下,对温带地区的动物类群的研究比对热带地区的研究更多,因此,我们对温带动物的了解亦要比对热带动物多,包括鱼类。例如,温带季节温度变化对生物的影响是众所周知的,但我们对热带地区的季节和水热变化对生物群的影响都知之甚少。此外,大量人口居住在热带地区,且集中在靠近水体的地方,靠河流或靠海岸生活。庞大且不断增加的人口正在或已经对周围的水生生态系统产生巨大影响,尤其是河流和沿海地区的富营养化所引发的水体低氧问题。当这种情况与全球变暖和过度捕捞(现代捕捞能力远远大于可供利用的鱼类资源)的影响结合在一起时,热带水生生态系统正面临着巨大威胁。不幸的是,我们甚至不知道我们正在失去什么!乐观的是,生态系统的恢复虽然还没有研究透彻,但大体上,热带环境的恢复要比温带区域快得多。因此,当我们开始了解这些系统时,迅速恢复是可能的。事实上,由于时间范围可能缩短,热带地区可能是比较适合详细研究生态系统大规模恢复的地区。

阿达尔贝托·L. 瓦尔　维拉·玛利亚·F. 阿尔米达-瓦尔　戴维·J. 兰德尔　著
蒙子宁　译
林浩然　校

参考文献

Abe, J., Wellens-Mensah, J., Diallo, O. S., and Mbuyil Wa Mpoyi, C. (2003). "Global International Waters Assessment. Guinea Current. GIWA Regional assessment 42." GIWA, Kalmar.

Affonso, E. G., Polez, V. L., Correa, C. F., Mazon, A. F., Araujo, M. R., Moraes, G., and Rantin, F. T. (2002). Blood parameters and metabolites in the teleost fish *Colossoma macropomum* exposed to sulfide or hypoxia. *Comp. Biochem. Physiol.* 133C, 375-382.

Agostinho, A. A., and Zalewski, M. (1995). The dependence of fish community structure and dinamics on floodplain and riparian ecotone zone in Paraná River, Brazil. *In* "The Importance of Aquatic-Terrestrial Ecotones for Freshwater Fish" (Schiemer, F., and Zalewski, M., Eds.), pp. 141-148. Kluwer Academic, Dordrecht.

Amarasekera, K. N., Lee, R. F., Williams, E. R., and Eltahir, E. A. B. (1997). ENSO and natural variability in the flow of tropical rivers. *J. Hydrol.* 200, 24-39.

Angel, M. V. (1997). Pelagic biodiversity. *In* "Marine Biodiversity. Patterns and Processes" (Ormond, R. F. G., Gage, J. D. F., and Angel, M. V., Eds.), p. 449.

Cambridge University Press, Cambridge.

Babkin, V. I. (2003). The Earth and its physical feature. *In* "World Water Resources at the Beginning of the Twenty-first Century" (Shiklomanov, I. A., and Rodda, J. C., Eds.), pp. 1-18. Cambridge University Press, Cambridge.

Baran, E. (2000). Biodiversity of estuarine fish faunas in west Africa. *Naga.* 23, 4-9.

Beadle, L. C. (1966). Prolonged stratification and deoxygenation in tropical lakes. I. Crater lake Nkugute, Uganda, compared with Lakes Bunyoni and Edward. *Limnol. Oceanogr.* 11, 152-163.

Beadle, L. C. (1981). "The Inland Waters of Tropical Africa: An Introduction to Tropical Limnology." Longman, New York.

Bedarf, A. T., McKaye, K. R., Van Den Berghe, E. P., Perez, L. J. L., and Secor, D. H. (2001). Initial six-year expansion of an introduced piscivorous fish in a Tropical Central American lake. *Biol. Invas.* 3, 391-404.

Berschick, P., Bridges, C. R., and Grieshaber, M. K. (1987). The influence of hyperoxia, hypoxia and temperature on the respiratory physiology of the intertidal rockpool fish *Gobius cobitis pallas*. *J. Environ. Biol.* 130, 369-387.

Birkett, C. M. (2000). Synergistic remote sensing of Lake Chad: Variability of basin inundation. *Remote Sensing Environ.* 72, 218-236.

Blaber, S. J. M. (2002). Fish in hot water: The challenges facing fish and fisheries research in tropical estuaries. *J. Fish Biol.* 61, 1-20.

Blaber, S. J. M., Brewer, D. T., Salini, J. P., and Kerr, J. (1990). Biomass, catch rates and patterns of abundance of demersal fishes, with particular reference to penaeid prawn predators, in a tropical bay in the Gulf of Carpentaria, Australia. *Marine Biol.* 107, 397-408.

Bone, Q., Marshall, N. B., and Blaxter, J. H. S. (1995). "Biology of Fishes." Chapman & Hall, New York.

Borre, L., Barker, D. R., and Duker, L. E. (2001). Institutional arrangements for managing the great lakes of the world: Results of a workshop on implementing the watershed approach. *Lakes Reservoirs Res. Manag.* 6, 199-209.

Brasil (1998). Primeiro relatório nacional para a Convenção sobre Diversidade Biológica. Ministério do Meio Ambiente, dos Recursos hídricos e da Amazoônia Legal, pp. 283. Brasília.

Brauner, C. J., Ballantyne, C. L., Randall, D. J., and Val, A. L. (1995). Air breathing in the armoured catfish (*Hoplosternum littorale*) as an adaptation to hypoxic, acid and hydrogen sulphide rich waters. *Canad. J. Zool.* 73, 739-744.

Bridges, C. R. (1993). Ecophysiology of intertidal fish. *In* "Fish Ecophysiology" (Rankin, J. C., and Jensen, F. B., Eds.), pp. 375-400. Chapman & Hall, London.

Britski, H. A., Sato, Y., and Rosa, A. B. S. (1988). "Manual de identificação de peixes da regiaão de Treês Marias (com chaves de identificação para os peixes da bacia do São Francisco)." Cãmara dos Deputados/CODEVASF, Brasília.

Bugenyi, F. W. B. (2001). Tropical freshwater ecotones: Their formation, functions and use. *Hydrobiologia* 458, 33-43.

Caley, M. J., and John, J. S. (1996). Refuge availability structures assemblages of tropical reef fishes. *J. Animal Ecol.* 65, 414-428.

Cameron, W. M., and Pritchard, D. W. (1963). Estuaries. *In* "The Sea" (Hill, M. N., Ed.), Vol. 2, pp. 306-324. Wiley & Sons, New York.

Carter, G. S., and Beadle, L. C. (1930). The fauna of the swampews of the Oaraguayan Chaco in relation to its environment. I. Physico-chemical nature of the environment. *J. Linnean Soc. Zool.* 37, 205-258.

Chacon-Torres, A., and Rosas-Monge, C. (1998). Water quality characteristics of a high altitude oligotrophic Mexican lake. *Aquatic Ecosyst. Health Manag.* 1, 237-243.

Chapman, L. J., Chapman, C. A., Brazeau, D. A., McLaughlin, B., and Jordan, M. (1999). Papyrus swamps, hypoxia and faunal diversification: Variation among populations of *Barbus meumayeri*. *J. Fish Biol.* 54, 310-327.

Chapman, L. J., Chapman, C. A., Crisman, T. L., and Nordlie, F. G. (1998). Dissolved oxygen and thermal regimes of a Ugandan crater lake. *Hydrobiologia* 385, 201-211.

Chen, C. T. A. (2002). The impact of dams on fisheries: Case of the Three Gorges Dam. *In* "Challenges of a Changing Earth" (Steffen, W., Jager, J., Carson, D. J., and Bradshaw, C., Eds.), pp. 97-99. Springer, Berlin.

Chen, X., Zong, Y., Zhang, E., Xu, J., and Li, S. (2001). Human impacts on the Changjiang (Yangtze) River basin, China, with special reference to the impacts on the dry season water discharges into the sea. *Geomorphology* 41, 111-123.

Cheng, S. P. (2003). Heavy metal pollution in China: Origin, pattern and control. *Environ. Sci. Pollution Technol.* 10, 192-198.

Cornell, H. V., and Karlson, R. H. (2000). Coral species richness: Ecological versus biogeographical influences. *Coral Reefs* 19, 37-49.

Craig, J. F. (2000). Large dams and freshwater fish biodiversity. *In* "Dams, Ecosystem Functions and Environmental Restoration. Thematic Review II. 1 prepared as an input to the World Commission on Dams" (Berkamp, G., McCartney, M., Dugan, P., McNeely, J., and Acreman, M., Eds.), pp. 1-58. WCD, Cape Town.

Culver, D. C. (1982). "Cave life: Evolution and Ecology." Harvard University Press, Cambridge.

Danley, P. D., and Kocher, T. D. (2001). Speciation in rapidly diverging systems: Lessons from Lake Malawi. *Mol Ecol.* 10, 1075-1086.

DePetris, P. J., and Paolini, J. E. (1991). Biogeochemical aspects of South American Rivers: The Paraná and the Orinoco. *In* "Biogeochemistry of Major World Rivers. Scope 42" (Degens, E. T., Kempe, S., and Richey, J. E., Eds.), pp. 105-125. John Wiley & Sons, Chichester.

Field, C. B., Behrenfeld, M. J., Randerson, J. T., and Falkowski, P. (1998). Primary production of the biosphere: Integrating terrestrial and oceanic components. *Science* 281, 237-240.

Figueiredo, J. L., Santos, A. P., Yamaguti, N., Bernardes, R. A., and Rossi-Wongtschowski, C. L. D. B. (2002). "Peixes da Zona econômica exclusiva da região sudeste-sul do Brasil. Levantamento com rede de meia água." EDUSP, São Paulo.

Fu, C., Wu, J., Chen, J. C., Wu, Q., and Lei, G. (2003). Freshwater fish biodiversity in the Yangtze River basin of China: patterns, threats and conservation. *Biodiversity Conserv.* 12.

Furch, K. (1984). Water chemistry of the Amazon basin: the distribution of chemical elements among fresh waters. *In* "The Amazon. Limnology and Landscape Ecology of a Mighty Tropical river and Its Basin" (Sioli, H., Ed.), pp. 167-200. W. Junk, Dordrecht.

Furch, K., and Junk, W. J. (1997). Physicochemical conditions in the floodplains. *In* "The Central Amazon floodplain. Ecology of a Pulsing System" (Junk, W. J., Ed.), Vol. 126, pp. 69-108. Springer Verlag, Heidelberg.

Gaston, K. J. (2000). Global patterns in biodiversity. *Nature* 405, 220-227.

Gibson, R. N. (1982). Recent studies on the biology of intertidal fishes. *Oceanogr. Marine Biol. Ann. Rev.* 20, 363-414.

Gonzalez, R., Wood, C., Wilson, R., Patrick, M., Bergman, H., Narahara, A., and Val, A. (1998). Effects of water pH and calcium concentration on ion balance in fish of the rio Negro, Amazon. *Physiol. Zool.* 71, 15-22.

Gonzalez, R. J., Wilson, R. W., Wood, C. M., Patrick, M. L., and Val, A. L. (2002). Diverse strategies for ion regulation in fish collected from the ion-poor, acidic Rio Negro. *Physiol. Biochem. Zool.* 75, 37-47.

Gopal, S., and Sah, M. (1993). Conservation and management of river in India. Case-study of the River Yamuna. *Environ. Conserv.* 20, 243-254.

Graham, J. B. (1970). Temperature sensitivity of two species of intertidal fishes. *Copeia* 1970, 49-56.

Gunkel, G., Lange, U., Walde, D., and Rosa, J. W. (2003). The environmental and operational impacts of Curuá-Una, a reservoir in the Amazon region of Pará, Brasil.

Lakes Reservoirs Res. Manag. 8, 201-216.

Haffer, J. (1969). Speciation in Amazonian forest birds. *Science* 165, 131-137.

Holdridge, L. R. (1947). Determination of world formations from simple climatic data. *Science* 105, 367.

Holmquist, J. G., Schmidt-Gengenbach, J. M., and Yoshioka, B. B. (1998). High dams and marine-freshwater linkages: Effects on native and introduced fauna in the Caribbean. *Conserv. Biol.* 12, 621-630.

Horn, M., Martin, K., and Chotkowski, M. (1998). "Intertidal Fishes: Life in Two Worlds." Academic Press, San Diego.

Horn, M. H., and Gibson, R. N. (1988). Intertidal fish. *Sci. Am.* 258, 54-60.

ILEC (2004). World Lake Database. Survey of the state of the world lakes Vol. 2004. ILEC.

IPCC (2001). "Climate Change 2001: The Scientific Basis." Contribution of Working Group I to the Third Assessment Report of the Intergovernmental Panel on Climate Change (Houghton, J. T., Ding, Y., Griggs, D. J., Noguer, M., van der Linden, P. J., Dai, X., Maskell, K., and Johnson, C. A., Eds.). Cambridge University Press, Cambridge.

Johnson, N., Revenga, C., and Echeverria, J. (2001). Managing water for people and nature. *Science* 292, 1071-1072.

Junk, W. J. (1997). Structure and function of the large central Amazonian river floodplains: Synthesis and discussion. *In* "The Central Amazon Floodplain" (Junk, W. J., Ed.), Vol. Ecological Studies 126, pp. 455-520. Springer Verlag, Heidelberg.

Junk, W. J., Bayley, P. B., and Sparks, R. E. (1989). The flood pulse concept in river-floodplain systems. *In* "Proceedings of the International Large River Symposium" (Dodge, D. P., Ed.), Vol. 106, pp. 110-127. Can. Spec. Publ. Fish. Aquat. Sci., Canada.

Junk, W. J., Soares, M. G., and Carvalho, F. M. (1983). Distribution of fish species in a lake of the Amazon river floodplain near Manaus (lago Camaleao), with special reference to extreme oxygen conditions. *Amazoniana* 7, 397-431.

Junk, W. L. (1996). Ecology of floodplains-a challenge for tropical limnology. *In* "Perspectives in Tropical Limnology" (Schiemer, F., and Boland, E. J., Eds.), pp. 255-265. SBP Academic Publishing bv, Amsterdam.

Köppen, W. (1936). Das geographische system der klimate. *In* "Handbuch der Klimatologie" (Köppen, W., and Geiger, R., Eds.), Vol. Bd. 1, Teil C, pp. 1-44. Gerbrü der Borntraeger, Berlin.

Kramer, D. L., Lindsey, C. C., Moodie, G. E. E., and Stevens, E. D. (1978). The fishes and the aquatic environment of the central Amazon basin, with particular reference to respiratory patterns. *Canad. J. Zool.* 56, 717-729.

Lagler, K. F., Bardach, J. E., Miller, R. R., and May Passino, R. R. (1977). "Icthyology." John Wiley & Sons, New York.

Lamore, G., and Nilsson, A. (2000). A process approach to the establishment of international river basin management in Southern Africa. *Phys. Chem. Earth (B)* 25, 315-323.

Larinier, M. (2000). Dams and fish migration. *In* "Dams, Ecosystem Functions and Environmen-tal Restoration. Thematic Review II. 1 prepared as an input to the World Commission on Dams" (Berkamp, G., McCartney, M., Dugan, P., McNeely, J., and Acreman, M., Eds.), pp. 1-30. WCD, Cape Town.

Le Houérou, H. N., Popov, G. F., and See, L. (1993). "Agro-bioclimatic Classification of Africa." FAO, Rome.

Letourneur, Y. (2000). Spatial and temporal variability in territoriality of a tropical benthic damselfish on a coral reef (Réunion Island). *Environ. Biol. Fishes* 57, 377-391.

Levinton, J. S. (1982). "Marine Ecology." Prentice-Hall, Englewood Cliffs, NJ.

Lewis, W. M., Jr. (1996). Tropical lakes: How latitude makes a difference. *In* "Perspectives in Tropical Limnology" (Schiemer, F., and Boland, K. T., Eds.). SPB Academic Publishing bv, Amsterdam.

Lewis, W. M., Jr. (2000). Basis for protection and management of tropical lakes. *Lakes Reservoirs Res. Manag.* 5, 35-48.

Lewis, W. M. (1987). Tropical limnology. *Ann. Rev. Ecol. Systemat.* 18, 159-184.

Lourenço, S. O., and Marquez Junior, A. G. (2002). Produção primária marinha. *In* "Biologia Marinha" (Pereira, R. C., and Soares-Gomes, A., Eds.), pp. 195-227. Editôra Intercieência, Rio de Janeiro.

Lovejoy, N. R., Bermingham, E., and Martin, A. P. (1998). Marine incursion into South America. *Nature* 396, 421-422.

Lowe McConnell, R. H. (1987). "Ecological Studies in Tropical Fish Communities." Cambridge University Press, Cambridge.

Marlier, G. (1967). Ecological studies on some lakes of the Amazon valley. *Amazoniana* 1, 91-115.

Martins, O., and Probst, J. L. (1991). Biogeochemistry of major African Rivers: Carbon and mineral transport. *In* "Biogeochemistry of Major World Rivers. Scope 42" (Degens, E. T., Kempe, S., and Richey, J. E., Eds.), pp. 127-156. John Wiley & Sons, Chichester.

Masson, S., and Delecluse, P. (2001). Influence of the Amazon River runoff on the tropical Atlantic. *Phys. Chem. Earth (B)* 26, 136-142.

Matsuo, A. Y. O., and Val, A. L. (2002). Low pH and calcium effects on net Na^+ and

K^+ fluxes in two catfishes species from the Amazon River (*Corydoras*: Callichthyidae). *Braz. J. Med. Biol. Res.* 35, 361-367.

Matsuo, A. Y. O., and Val, A. L. (2003). Fish adaptations to Amazonian blackwaters. *In* "Fish Adaptations" (Val, A. L., and Kapoor, B. G., Eds.), pp. 1-36. Science Publishers, Inc., Enfield (NH), USA.

McCormick, M. I. (1994). Comparison of field methods for measuring surface topography and their associations with a tropical reef fish assemblage. *Marine Ecol. Progr. Ser.* 112, 87-96.

McKnight, T. L. (1992). "Physical Geography, a Landscape Appreciation." Prentice Hall, Englewood Cliffs, NJ.

Menezes, N. A. (1996). Methods for assessing freshwater fish diversity. *In* "Biodiversity in Brazil: A First Approach" (Bicudo, C. E. M., and Menezes, N. A., Eds.), p. 326. CNPq, São Paulo.

Middleton, B. A. (2002). The flood pulse concept in wetland restoration. *In* "Flood Pulsing in Wetlands: Restoring the Natural Hydrological Balance" (Middleton, B. A., Ed.), pp. 1-10. John Wiley & Sons, New York.

Mora, C., Chittaro, P. M., Sale, P. F., Kritzer, J. P., and Ludsin, S. A. (2003). Patterns and processes in reef fish diversity. *Nature* 421, 933-936.

Mora, C., and Sale, P. F. (2002). Are populations of coral reef fish open or closed? *Trends Ecol. Evol.* 117, 422-428.

Mumby, P. J., Edwards, A. J., Arias-González, J. E., Lindeman, K. C., Blackwell, P. G., Gall, A., Gorczynska, M. I., Harbone, A. R., Pescod, C. L., Renken, H., Wabnitz, C. C. C., and Llewellyn, G. (2004). Mangroves enhance the biomass of coral reef fish communities in the Caribbean. *Nature* 427, 533-536.

Munday, P. L. (2000). Interactions between habitat use and patterns of abundance in coral-dwelling fishes. *Environ. Biol. Fishes* 58, 355-369.

Mwaura, F., Mavuti, K. M., and Wamicha, W. N. (2002). Biodiversity characteristics of small high-altitude tropical man-made reservoirs in the Eastern Rift Valley, Kenya. *Lakes Reservoirs Res. Manag.* 7, 1-12.

Nanami, A., and Nishihira, M. (2003). Effects of habitat connectivity on the abundance and species richness of coral reef fishes: Comparison of an experimental habitat established at a rocky reef flat and at a sandy sea bottom. *Environ. Biol. Fishes* 68, 186-193.

Narahara, A. B., Bergman, H. L., Laurent, P., Maina, J. N., Walsh, P. J., and Wood, C. M. (1996). Respiratory physiology of the Lake Magadi Tilapia (*Oreochromis alcalicus grahami*), a fish adapted to hot, alkaline and frequently hypoxic environment. *Physiol. Biochem. Zool.* 69.

Nelson, J. S. (1994). "Fishes of the World." John Wiley & Sons, New York.

Nilsson, G. E., Hobbs, J.-P., Munday, P. L., and Östlund-Nilsson, S. (2004). Coward or braveheart: Extreme habitat fidelity through hypoxia tolerance in a coral-dwelling goby. *J. Exp. Biol.* 207, 33-39.

Oberdorff, T., Hugueny, B., and Guégan, J. (1997). Is there an influence of historical events on contemporay fish species richness in rivers? Comparisons between Western Europe and North America. *J. Biogeogr.* 24, 461-467.

Oltman, R. E. (1967). Reconnaissance investigations of the discharge water quality of the Amazon. *Atas Simposio sobre Biota Amazonica* 3, 163-185.

Pasternack, G. B., and Varekamp, J. C. (1997). Volcanic lake systematics. I. Physical constraints. *Bull. Vulcanol.* 58, 528-538.

Pauly, D. (1985). Ecology of coastal and estuarine fishes in Southeast Asia: A Phillipine case study. In "Fish Community, Ecology and Coastal Lagoons: Towards an Ecosystem Inte-gration" (Yáñez-Arancibia, A., Ed.), pp. 499-514. UNAM Press, Mexico City.

Prepas, E. E., and Charette, T. J. V. (2003). Worldwide eutrophication of water bodies: causes, concerns, controls. In "Treatise on Geochemistry" (Lollar, B. S., Ed.), Vol. 9, pp. 311-331. Elsevier, Amsterdam.

Preston, F. W. (1962). The canonical distribution of commonness and rarity: I. *Ecology* 43, 185-215.

Ragazzo, M. T. P. (2002). "Fishes of the Rio Negro. Alfred Russel Wallace." EDUSP. Imprensa Oficial do Estado., São Paulo.

Ramírez, J. J., and Bicudo, C. E. M. (2002). Variation of climatic and physical co-determinants of phytoplankton community in four nictemeral sampling days in a shallow tropical reservoir, southeastern Brazil. *Braz. J. Biol.* 62, 1-14.

Randall, D. J., Wood, C. M., Perry, S. F., Bergman, H., Maloiy, G. M. O., Mommsen, T. P., and Wright, P. A. (1989). Urea excretion as a strategy for survi-val in a fish living in a very alkaline environment. *Nature* 337, 165-166.

Rao, R. J. (2001). Biological conservation of the Ganga River, India. *Hydrobiol.* 458, 159-168.

Revenga, C., Brunner, J., Henninger, N., Kassem, K., and Payne, R. (2000). "Pilot Analysis of Global Ecosystems: Freshwater Systems." WRI Publications, Washington, DC.

Rickelefs, R. E., and Schluter, D. (1993). Species diversity: Regional and historical influences. In "Species Diversity in Ecological Communities" (Ricklefs, R. E., and Schluter, D., Eds.), pp. 350-363. University of Chicago Press, London.

Romero, A. E. (2001). "The Biology of Hypogean Fishes." Kluwer Academic, Dordrecht. Sale, P. (1993). "The Ecology of Fishes on Coral Reefs." Academic Press,

New York.

Salo, J. (1987). Pleistocene forest refuges in the Amazon: evaluation of the biostratigraphical, lithostratigraphical and geomorphological data. *Ann. Zool. Fennici.* 24, 203-211.

Santos, G. M., and Val, A. L. (1998). Ocorrência do peixe-serra (*Pristis perotteti*) no rio Amazonas e comentários sobre sua história natural. *Cieência Hoje* 23, 66-67.

Shiklomanov, I. A. (1993). Worldfreshwaterresources. *In* "Waterin Crisis: AGuidetothe World's Fresh Water Resources" (Gleick, P. H., Ed.), pp. 13-24. Oxford University Press, New York.

Singh, H. S. (2003). Marine protected areas in India. *Ind. J. Marine Sci.* 32, 226-233.

Singh, M., Müller, G., and Singh, I. B. (2003). Geogenic distribution and baseline concentration of heavy metals in sediments of the Ganges River, India. *J. Geochem. Explor.* 80, 1-17.

Sioli, H. (1950). Das wasser im Amazonasgebiet. *Forschung Fortschritt.* 26, 274-280.

Sioli, H. (1984). The Amazon and its main affluents: Hydrogeography, morphology of the river courses and river types. *In* "The Amazon. Limnology and Landscape Ecology of a Mighty Tropical River and Its Basin" (Sioli, H., Ed.), pp. 127-165. W. Junk, Dordrecht.

Sioli, H. (1991). "Amazônia. Fundamentos da ecologia da maior região de florestas tropicais." Vozes, Petrópolis.

Soares-Gomes, A., and Figueiredo, A. G. (2002). O ambiente marinho. *In* "Biologia Marinha" (Pereira, R. C., and Soares-Gomes, A., Eds.), pp. 1-33. Editôra Interciência, Rio de Janeiro.

Steele, M. A. (1999). Effects of shelter and predator on reef fishes. *J. Exp. Marine Biol. Ecol.* 233, 65-79.

Sutcliffe, J. V., and Parks, Y. P. (1999). "The Hydrology of Nile." IAHS Special Publication No. 5, Wallingford.

Takahashi, T., Wanninkhof, R. H., Feely, R. A., Weiss, R. F., Chipmann, D. W., Bates, N., Olafsson, J. C. S., and Sutherland, S. C. (1999). Net sea-air CO_2 flux over the global oceans: An improved estimate based on the sea-air pCO_2 difference. *In* "Proceedings of the 2nd CO_2 in Oceans Symposium" (Nojiri, Y., Ed.), pp. 9-14. CGER/NIES, Tsukuba.

Talling, J. F. (2001). Environmnetal controls on the functioning of shallow tropical lakes. *Hydrobiol.* 458, 1-8.

Thornthwaite, C. W. (1948). An approach towards a rational classification of climate. *Geogr. Rev.* 38, 55-94.

Thorson, T. B. (1974). Occurrence of the sawfish, *Pristis perotteti*, in the Amazon river, with notes on *P. pectinatus*. *Copeia* 1974, 560-564.

Thurman, H. V. (1996). "Introductory Oceanography." Prentice Hall, Englewood Cliffs, NJ.

Timms, B. V. (2001). Large freshwater lakes in arid Australia: A review of their limnology and threats to their future. *Lakes Reservoirs Res. Manag.* 6, 183-196.

Townsend, A. S. (1996). Metalimnetic and hypolimnetic deoxygeneation in an Australian tropical reservoir of low trophic status. *In* "Perspectives in Tropical Limnology" (Schiemer, F., and Boland, E. J., Eds.), pp. 151-160. SPB Academic Publishing bv, Amsterdam.

Trajano, E. (1997). Population ecology of Trichomycterus itacarambiensis, a cave catfish from eastern Brazil (Siluriformes, Trichomycteridae). *Environ. Biol. Fishes* 50, 357-369.

Tumbare, M. J. (1999). Equitable sharing of the water resources of the Zambezi River Basin. *Phys. Chem. Earth* (*B*) 24, 571-578.

Tundisi, J. G. (1981). Typology of reservoirs in southern Brazil. *Verhandl. Int. Vereinigung Theoret. Angewandte Limnol.* 21, 1031-1039.

Turner, G. F., Seehausen, O., Knight, M. E., Allender, C. J., and Robinson, R. L. (2001). How many species of cichlid fishes are there in African lakes? *Mol. Ecol.* 30, 793-806.

Umana, V. G., Haberyan, K. A., and Horn, S. P. (1999). Limnology in Costa Rica. *In* "Limnology in Developing Countries" (Wetzel, R. G., and Gopal, B., Eds.), Vol. 2, pp. 33-62. International Scientific Publications, New Dehli.

UNEP (2002). "Global Environment Outlook 3 (GEO-3)." UNEP, Nairobi.

Val, A. L. (1995). Oxygen transfer in fish: Morphological and molecular adjustments. *Braz. J. Med. Biol. Res.* 28, 1119-1127.

Val, A. L. (1996). Surviving low oxygen levels: Lessons from fishes of the Amazon. *In* "Physiology and Biochemistry of the Fishes of the Amazon" (Val, A. L., Almeida-Val, V. M. F., and Randall, D. J., Eds.), pp. 59-73. INPA, Manaus.

Val, A. L., and Almeida-Val, V. M. F. (1995). "Fishes of the Amazon and Their Environments. Physiological and Biochemical Features." Springer Verlag, Heidelberg.

Val, A. L., Chippari-Gomes, A. R., and Almeida-Val, V. M. F. (2004, in press). Hypoxia and petroleum: Extreme challenges for fish of the Amazon. *In* "Fish Physiology, Toxicology and Water Quality" (Rupp, G., Ed.). Environmental Protection Agency, USA, Montana.

van der Oost, R., Beyer, J., and Vermeulen, N. P. E. (2003). Fish bioaccumulation and biomarkers in environment risk assessment: A review. *Environ. Toxicol. Pharma-*

col. 13, 57-149.

Verburg, P., Hecky, R. E., and Kling, H. (2003). Ecological consequences of a century of warming in Lake Tanganyika. *Science*. 301, 505-507.

Verdin, J. P. (1996). Remote sensing of ephemeral water bodies in western Niger. *Int. J. Remote Sensing* 17, 733-748.

Walther, G. R., Post, E., Convey, P., Menzel, A., Parmesan, C., Beebee, T. J. C., Fromentin, J. M., Hoegh-Guldberg, O., and Bairlein, F. (2002). Ecological responses to recent climate change. *Nature* 416, 389-395.

Watters, G. T. (1992). Unionids, fishes and the species area curve. *J. Biogeogr.* 19, 481-490. WCD (2000). Kariba Dam Case Study. Prepared by Soils Incorporated (Pty) Ltd and Chalo Environmental and Sustainable Development Consultants, Cape Town.

Weitzman, S. H., and Weitzman, M. J. (1987). Biogeography and evolutionary diversification in neotropical freshwater fishes, with comments on the refuge theory. *In* "Biological Diversification in the Tropics" (Prance, G. T., Ed.), pp. 403-422. Columbia University Press, New York.

Williams, S. E., Bolitho, E. E., and Foc, S. (2003). Climate change in Australia tropical rainforest: An impending environmental catastrophe. *Proc. R. Soc. Lond. Ser. B (Biol. Sci.)* 270, 1887-1892.

Williams, W. D. (2000). Dryland lakes. *Lakes Reservoirs Res. Manag.* 5, 207-221.

Williams, W. D., De Deckker, P., and Shiel, R. J. (1998). The limnology of Lake Torrens, an episodic salt lake of central Australia, with particular reference to unique events in 1989. *Hydrobiologia* 384, 101-110.

Wilson, R. W., Wood, C. M., Gonzalez, R. J., Patrick, M. L., Bergman, H. L., Narahara, A., and Val, A. L. (1999). Ion and acid-base balance in three species of Amazonian fish during gradual acidification of extremely soft water. *Physiol. Biochem. Zool.* 72, 277-285.

Winemiller, K. O., and Kelso-Winemiller, L. C. (2003). Food habits of tilapiine cichlids of the Upper Zambezi River and floodplain during the descending phase of the hydrologic cycle. *J. Fish Biol.* 63, 120-128.

Wolanki, E. (1992). Hydrodynamics of mangroves swamps and their coastal waters. *Hydrobiologia* 247, 141-161.

Wood, C. M., Perry, S. F., Wright, P. A., Bergman, H. L., and Randall, D. J. (1989). Ammonia and urea dynamics in the lake Magadi tilapia, a ureotelic teleost fish adapted to an extremely alkaline environment. *Respir. Physiol.* 77, 1-20.

Wood, C. M., Wilson, R. W., Gonzalez, R. J., Patrick, M. L., Bergman, H. L., Narahara, A., and Val, A. L. (1998). Responses of an Amazonian teleost, the tambaqui (*Colossoma macropo-mum*) to low pH in extremely soft water. *Physiol. Zool.* 71, 658-670.

Wright, D. (1983). Species energy theory: an extension of species area theory. *Oikos* 41, 495-506. Wu, R. (2002). Hypoxia: From molecular responses to ecosystem responses. *Marine Pollution Bull.* 45, 35-45.

Zhang, X., Zhang, Y., Wen, A., and Feng, M. (2003). Assessment of soil losses on cultivated land by using the ^{137}Cs technique in the Upper Yangtze River basin in China. *Soil Tillage Res.* 69, 99-106.

第 2 章 热带鱼类的多样性

2.1 导 言

热带地区的鱼类是比较生物学中最引人入胜的研究对象之一。不同种类的热带鱼类表现出的各式各样的辐射和适应性调节几乎涵盖进化生物学中所有的重要现象。在许多情况下，热带鱼类为特定过程的研究提供了独特的案例。

热带鱼类几乎遍布在所有的水生环境，包括永久性的和暂时性的。从高山冰冷的溪流，到缺氧炎热的池塘，再到地下水域，无论多么狭小或多么不宜居，在热带地区几乎不可能遇到没有鱼类生活的水域。在各式各样的生境中，热带鱼类都表现出了极为精巧的适应性变化，通过调整生活方式来应对多样而极端的环境。这种适应往往导致在狭窄范围内出现特化的物种和物种群体，它们只生活在十分特定的生境中而不见于其他区域，这在地方特有性极高的淡水环境中尤其明显。

众所周知，热带鱼类具有多样性，其实际的数量还不清楚，但肯定远大于现有的记载。在新物种被不断发现的同时，大多数热带地区的采样覆盖率仍然有限。对已经取样的地区进行再考察，通常会发现一定数量的新物种。在鲜为人知或从未取过样的地区进行实地调查，则一定会发现许多新的分类群。可以合理预测，几乎在任何未被探索的热带环境中都会有重大的鱼类发现，尤其是那些采样人员难以接触到的环境。热带鱼类善于进入其他地域鱼类无法生活的小型边缘微生境。大河的底部、落叶间隙的积水和临时的水塘只是其中三个例子，最近对它们的调查揭示了超乎人们想象的鱼类多样性（见第1章）。

在大多数生物类群中，物种丰度在热带地区达到最大值，这是生物学家几个世纪以来熟知的模式（至少从 Humboldt 和 Bonpland，1807 年开始），鱼类也不例外（见第 1 章）。造成这一现象的原因是多方面的，也一直是讨论的焦点。无论各种因素的相对重要性如何，人们普遍认为生物多样性是两个主要力量——历史和生态相互作用的结果。不同生物区系的生物、地理、历史决定了当今区域的物种分类组成，而生态决定了生存的物理条件和其他当地生物与非生物因素，它们随时间累积促进了物种的分化，其结果就是所谓的生物多样性。

本章对热带地区鱼类的多样性进行总体概述，目的在于总结热带地区（见第 1 章）淡水和海水环境中鱼类数量及分类组成的最新知识。本章对"热带"区域的划分很广泛，且遵循的是地理的而非生态的边界。研究重点是处在全球热带范围内的水生环境，而不考虑年平均温度。因此，只要位于热带地区，具有亚热带气候、温带气候甚至寒冷气候的高海拔环境都包括在内。此外，本章也会涉及远离热带边界的南纬地区的鱼类，例如南美洲南部和南非南部。尽管这些区域不是严格意义上的"热带"，但它们为理解热带地区鱼类的多样性、历史和组成提供了重要信息。

学者们还针对一些地区，讨论了有关地质演化的假设和特别有趣的鱼类适应案例。进化和系统发生信息将得到优先展示，因为这是理解多样性的内在多维性的唯一方式。在一些特定案例中，提供的信息量和讨论差异很大，并不一定能反映出它们的内在相关性。更确切地说，这是现有知识的不同水平在不同的地理区域和分类学界限上高度不平衡的结果。本评述的主要目的在于强调系统发生模式对于人们理解鱼类适应的重要性。

2.2 什么是多样性？

物种数量是衡量生物多样性最简单的标准，也是非专业人士首先想到的标准。一般认为，一个拥有100个物种的生物区系、地区或区域要比仅包含50个物种的同等单元更具多样性。物种数量可以用比值表示，以便说明每平方公里的物种平均密度或某种等效度量。

然而，仅根据物种数量来衡量的多样性是不完整的。实际上，它只衡量了物种丰度而不是多样性。它的无维度性掩盖了生物多样性是多级构造的事实。多样性是进化历史的一个次生现象。生物之所以多样，是因为它们随着时间的推移，通过谱系分支的延续而变得多样化。这种分支网络是多样性结构的重要组成部分。生物多样化形成的分级模式可以通过系统发生分析进行回溯。

因此，与通常观念相反，物种并不是理解和衡量多样性的基本单位，整个分类单元才是。物种是分类单元之一，许多生物学家认为它是最重要的分类单元，因为它在分类上具有明显的不可还原性，并且直接参与了生物学的过程。也有人指出，所有能区分物种和其他分类单元的属性都是不可靠的（Nelson，1989；de Pinna，1999）。尽管物种水平在生态和实际应用中有特殊的吸引力，但是它在生物多样性评估中几乎无处不在，不利于准确解读这一主题。

分类单元（不只是物种）在多样性评价中的相关性体现在发现新物种时不同分类等级的影响程度不同。腔棘鱼（*Latimeria chalumnae*）自1938年被发现时起便引起了人们的广泛关注。这不仅仅因为它是新种，毕竟每年都会发现数十种新的鱼类。腔棘鱼的发现之所以能成为科学界和非科学界的传奇，是因为它代表了一个长期以来已公认灭绝的谱系仍有生物存在。腔棘鱼虽然是单一物种，但它代表了整个肉鳍鱼类的基础进化枝，这在以前只能通过化石资料得知。从该单一物种获得的数据，结合其余所有肉鳍鱼类（包括四足类）数据，形成一个比较架构，对于理解将近一半脊椎动物的进化至关重要。显然，比起在维多利亚湖再发现一个已存在着（或最近灭绝）数百个近似种的丽鱼（cichlids）新种，腔棘鱼的发现是更为重大的科学突破。

多样性的系统发生维度解释了为什么某些特定区域尽管物种数量相对较少，却被认为包含了生物多样性的重要部分。在一些鱼类区系看似衰退的地区，有时仍然存在残遗种（relicts）。残遗种是指代表一个分类等级上较大进化枝的一个或几个物种。这是系统发生高度不对称的结果，即一个或几个物种构成了其他成百上千个物种的姐妹群

(Stiassny and de Pinna，1994）。造成这种不对称的原因可能是物种分化或灭绝速率的差异。无论是什么原因，姐妹群在理解多样性结构方面具有相当的重要性，而不管其组成物种的相对数量如何。因此，进化枝的多样性与物种的多样性同等重要。

物种数贫乏但进化枝丰富的地区有很多。例如，达荷美缺口（the gap of Dahomey，主要在当今的贝宁）所包含的淡水鱼种类少于其东部和西部地区。然而实际上，达荷美缺口是目前唯一已知存在齿头鲱（*Denticeps clupeoides*）的地方。该物种是齿鲱亚目（Denticipitoidei）仅有的代表种，也是目前所有其他鲱形总目（Clupeomorphs）超过 300 个物种（Grande，1985）的姐妹群。与智利（Chile）面积相当的南美洲南跨安第斯山脉地区（the austral trans-Andean region）也很引人注目。它是许多重要的鱼类进化枝幸存至今的唯一地区。这里是唯一能找到丝鼻鲇科（Nematogenyidae）的仅有代表种丝鼻鲇（*Nematogenys inermis*）的地方。丝鼻鲇科是毛鼻鲇科（Trichomycteridae）的姐妹群，后者是一个大而多样化的进化枝，包含分布于整个南美洲（包括智利）和中美洲部分地区的约 200 个物种（de Pinna，1998）。而二须鲇科（Diplomystidae）是所有其他鲇形目（siluriforms）的姐妹群，包含被广泛认为最"原始"的鲇鱼类群。该科的物种只出现在智利中部和阿根廷（Arratia，1987；Azpelicuet，1994；de Pinna，1998）。该区域也是一些不存在于南美洲其他地区鱼类，如真鲈类（percichthyids）、南乳鱼类（galaxiids）和背眼七鳃鳗类（mordaciids）的家园。显然，南美南部的鱼类物种数量并不能反映其与全球鱼类多样性的相关性。人们必须找出它们所代表的进化枝，才能了解该区域的重要性。这些分类单元的灭绝，尽管在物种数量上微不足道，但对于鱼类学、对于理解鱼类生物多样性和进化而言，将会是巨大的损失。

另一个物种数贫乏但进化枝丰富的例子是马达加斯加。该岛屿是准海鲇科[Anchariidae，可能是海鲇科（Ariidae）的姐妹群]的唯一栖息地，也是丽鱼科的几个基础进化枝类群的家园，如褶丽鱼类（ptychochromines）和副热鲷属（*Paretroplus*）（Stiassny，1991；Stiassny and de Pinna，1994；Stiassny and Raminosoa，1994）。同样，南非南部衰落的鱼类区系仅由几个独特的进化枝组成，如澳岩鳕科（Austroglanididae，含 3 个种）和独有的非洲南乳鱼（galaxiid）种类（Skelton et al.，1995）。

2.3　淡水鱼类耐盐性的进化意义

传统上，根据对咸水的耐受程度可将淡水鱼划分为三类：原生性（primary）、次生性（secondary）和边缘性（peripheral）。前两种类别最初由 Myers 于 1938 年提出，并对鱼类学（特别是在鱼类分布和生物地理学领域）产生了巨大的影响。虽然 Myers 划分法在生物地理学与地理隔离相关范例中的重要性有所下降（Rosen，1976），但在鱼类学研究中仍然被广泛采用。原生性淡水鱼是指生境严格局限于淡水中（溶解盐总量小于 0.5 g/L），并且在咸水中无法存活太久的鱼类。次生性淡水鱼是指通常只生活在淡水中，但在海水或咸淡水中也能生存一段时间的鱼类。它们可以在短时间内自发地进入并散布于对原生性淡水鱼构成障碍的海水中。边缘性淡水鱼（Nichols 于 1928 年提出）主要生活在海洋环境中，但能进入淡水并在淡水中存活很长一段时间。边缘性淡水鱼通常也包括洄游的物种，其生命周期的一部分在淡水中度过，另一部分则在咸水中度过。尽管原生性、次生性和边缘性的确定取决于鱼类对溶解盐的耐受性，但在实际应用中很少以人为设计的耐盐性实验为基础。相反，耐盐性通常是根据鱼类在自然条件下所处的环境来推断的。因此，物种的自然历史信息决定了它是原生性、次生性还是边缘性的淡水鱼。

原生性淡水鱼在大陆生物地理学研究中具有重要意义。原生性淡水鱼无法在非淡水环境中生活，因此，其多样性和进化过程被认为与流域形成的历史密切相关。由于在水生环境之外的散布有限，它们往往比大多数陆生生物更能提供关于陆地演化历史的信息。

根据Myers的原文，原生性、次生性和边缘性类群不仅在生理和生态上存在差异，其差异还体现在系统发生的历史成分方面。原生性淡水鱼类群被认为是"从早期开始，甚至可能从相关类群起源以来，就将其生理上对海水的不耐受性作为家族特征遗传了下来"（Myers，1938）。Myers的这句话意味着，原生性淡水鱼类群对咸水具有同源的不耐受性，即具有一种无法在海洋或河口环境中生存的原始属性。

淡水鱼类群的划分是非常主观的，因为其应用必须借助分类参考书中的物种分布图。而且，三个类群存在许多"例外"，它们的分布格局明显跨越了分类学的划分界线。这些"例外"通常很难被界定为从属于哪一类。例如，骨鳔类（Otophysans）被认为是原生性淡水鱼，这个总目中的大多数物种所处的生境也确实严格限制于淡水。然而，也有例外。在鲇形目中有两个科包含海水物种，它们是海鲇科（Ariidae）和鳗鲇科（Plotosidae）（这两科中也含有一些完全淡水生活的物种）；还有一部分科，如琵琶鲇科（Aspredinidae）和项鳍鲇科（Auchenipteridae）中的一些物种，尽管观察到它们的记录是在河口附近，但它们同样也具有在海水中生存和繁殖的能力。而在鲤形目（Cypriniformes）中，鲤科（Cyprinid）的三齿雅罗鱼属（*Tribolodon*）也生活在海水中。因此，虽然骨鳔类实际上被划分为原生性淡水鱼类群，但并不意味着其中的物种均具有绝对的不耐盐性。

显然，迄今为止，淡水鱼类的划分依赖于以相当主观方式采用的系统发生成分。使问题进一步复杂化的是，部分学者将"次生"一词用作系统发生术语，这并非Myers的本意。在系统发生的术语中，"次生"有时用来指演化为与系统发生已有先例状态类似的情况。人们可以说鲸类是次生水生脊椎动物，而不是原始的水生动物，因为它们的水生习性是从陆地状态演化而来的［如原始的肉鳍鱼类（sarcopterygians）和其他"低等"脊椎动物］。而应用于淡水鱼类划分的"次生"，不一定以系统发生的意义使用。相反，它被用来描述某些生态学或生理学特征的特定状态。当然，这种状态通常也适用于系统发生意义上的次生，即祖先从海洋过渡而来的分类单元。无论如何，术语上的混乱是由概念上的混乱造成的。为了建立更客观、明确的系统发生标准，可以改变淡水鱼类划分的定义，如将耐盐性视为一个三种状态的特性，依次表示为1（原生性）、2（次生性）和P（边缘性）。这一排序假定了某个物种不会直接从原生性直接跃迁为边缘性，反之亦然。次生阶段可能是生境迁移演化中必不可少的中间阶段。即使未观察到实际的次生类群，也可以假设其存在。通过研究大量系统发生史及相关栖息地信息，可以验证该假设的有效性。按照标准最优化程序（Swofford and Maddison，1987）可以将特征状态映射到已知的系统发生史中，将提供一系列栖息地变迁演化信息作为类别划分的定义基础。原生性淡水鱼可被视为具有"严格限制于淡水"这一类似共同衍征的鱼类，这意味着它们对盐水的不耐受性是一种同源的生理特征。次生类别和边缘类别亦同理。处于中间特征状态的次生性淡水鱼类，则可能从两个方向达到当前状态，即由原生性淡水或者边缘性淡水（或海水）状态演变而来。在第一种情况下的次生性淡水鱼类［这里称为"次生类－1"（secondary division-1）］，代表后天获得了一定咸淡水耐受力的淡水群体。在第二种情况下的次生性淡水鱼类［次生类－2（secondary division-2）］，是适应了淡水环境的海水或边缘性淡水群体。

上述系统发生学定义的应用如图2.1所示。分支图显示了16个分类单元，即A～P，每个分类单元均有对应的咸水耐受类别（1. 原生性；2. 次生性；P. 边缘性）。经过简约最优化处理，图2.1显示了每个节点的特征状态编码。状态之间的过渡用黑色矩形表示。由一个节点表示的各单系群可根据该节点上的最优化分类为1、2或P。因此，组"Ⅰ"表示次生类－2，组"Ⅱ"表示原生类，组"Ⅲ"表示次生类－1，末端"P"表示一个边缘类分类单元（一个种或一个单系群）。进化树的根部区域表明整个类群的近祖部（plesiomorphic clivision）是边缘淡水的。本例中所有其他单系群都是原生性淡水进化枝。组"Ⅳ"和组"Ⅴ"对应的节点最优化并不明确，这意味着存在不止一个最大简约的状态转换序列。例如，节点"Ⅳ"可以从上一节点继承状态1，并在末端"H"和"J"中转换到状态2。这在进化树的相应部分上是需要总共两步的步进。又或者，节点"Ⅳ"可以处于状态2，这需要在其节点本身进行转换，并且在分类单元"Ⅰ"中再转换到状态1。该假设同样需要步进两步。因此，节点"Ⅳ"的特征状态最优化是不确定的，即无法确定该类群的原生性或次生性的耐盐特征。但它不会是一个边缘类群，因为这不是理论上可替代的最优化方案之一。

淡水鱼分类的系统发生学定义和其以往概念并不总是一致。例如，丽鱼科（Cichlidae）被视为次生性淡水鱼类，尽管绝大多数丽鱼科鱼类在自然生境中从未接触过海水或咸淡水，其对盐的耐受性也未经检验。迄今为止，将它们划分为次生性淡水鱼，是因为存在某些生活于河口的广盐性丽鱼科鱼，加上丽鱼科属于隆头鱼类（labroids），而隆头鱼类的其他科完全由海水鱼类［隆头鱼科（Labridae）、雀鲷科（Pomacentridae）和海鲫科（Embiotocidae）］组成（Stiassny and Jensen，1987）。与隆头鱼类关系较近的鲈亚目鱼类（Percoids）通常也都是典型的海水鱼类（Stiassny and Jensen，1987）。尽管整个丽鱼科的详细系统发生史尚不明确，但最原始的丽鱼科鱼类似乎包括亚洲的腹丽鱼属（*Etroplus*），以及马达加斯加的副热鲷属（*Paretroplus*）和副非鲫属（*Paratilapia*）（Stiassny，1991），这些种类都是耐盐水的（Reithal and Stiassny，1991）。这一事实使该科被划分为次生类－2淡水鱼类，因为隆头鱼类及其相近鲈亚目鱼类的海洋生境表明，丽鱼科的祖先起源于海水鱼类。当然，根据对溶解盐的耐受性及系统发生关系，丽鱼科中的一些小亚群也可被视作其他类别鱼类。

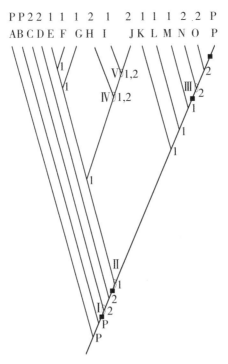

注：分支图解释了淡水鱼的原生性（1）、次生性（2）和边缘性（P）系统发生基本概念。这三类情况被视为按1-2-P排序的多状态特征。进化树已进行了简约最优化处理。各节点最优化的特征状态显示在相应节点的右侧。罗马数字编号并用空心圆标记的节点见文中讨论。黑色矩形表示特征状态转换。末端分类单元标记为 A～P，其各自的特征状态位于其标号上方。

图2.1 淡水鱼的原生性、次生性和边缘性系统发生的基本概念

海鲇科（Ariidae）是另一个隶属于淡水鱼类群［骨鳔类（Otophysi）和鲇形目（Siluriformes）］的海水鱼类群。最近的一个系统发生研究首次对整个海鲇科进行整体分析，并假设雅首海鲇属（*Galeichthys*）和海鳠属（*Bagre*）是所有其他海鲇科鱼类的两个连续姐妹群（Marceniuk，2003）。这两个属仅包括海洋和河口物种，这表明海洋是该科的原始生境。因此，海鲇科作为一个整体，属于边缘性淡水鱼类（由于其生命周期中至少有一部分始终与河口相关，因此不能被视为完全的海洋类群）。淡水的海鲇类群也很多，它们属于次生类-2 或原生类淡水物种（或物种群），具体划分取决于其特定生物学。

澳大利亚的鳗鲇科（Plotosidae）是系统发生结构对淡水类别划分中起关键作用的一个例子。这个科的情况较为复杂，因为其所属的鲇形目（Siluriformes）和骨鳔类（Otophysans）被广泛认为是由原生性淡水鱼类组成的。鳗鲇科通常不被划分为原生性淡水鱼，因为该科有许多物种是海水鱼类；此外，其在澳大利亚和新几内亚也有许多属和种为严格的淡水鱼类。一般认为，这些淡水物种来源于海洋入侵类群，但实际上尚未有具体证据。在鳗鲇科当中的系统发生关系尚不清楚。假设淡水类群出现在进化树的基部位置，例如与科内其他属形成一系列姐妹群，则鳗鲇科是一个原生性淡水类群。这种假设暗示了该科是淡水起源，其海洋类群是后来适应咸水的结果。另外，如果鳗鲇的系统发生关系将海洋类群置于基部，那么淡水类群就是大陆水域的次生入侵者。在得出关于鳗鲇科的系统发生假设之前，尚无法决定应将其划分为哪种类群的淡水鱼类。

2.4　系统发生信息对于比较研究的重要性

在过去的20年里，越来越多研究者试图将系统发生模式作为背景信息应用于进化推论。进化分支图（进化树）的层次结构为理解特征状态的时间序列、同源性和普遍性水平提供了基础。系统发生假说及其相关的特征集是人们理解进化的有力工具。所有的生物学属性都是系统发生史直接或间接造成的结果。

2种或2种以上的生物具有相同特征的原因有两个。其一，它们可能是相关的，并且从拥有相同条件的共同祖先那里继承了这一特征；其二，它们的这一特征可能是独立获得的。系统发生学使生物学家能够区分出相似特征的两种来源。这种区分的重要意义是建立生命现象进化解释的基础。当不同生物具有相似特征是共同祖先造成的结果时，寻找该特征在单个物种内进化的因果解释是徒劳的。在这种情况下，特征的演化是该群体的祖先（而不是后代）活动过程的结果。只有对整个类群进行分析，才可能揭示出对理解特征演化可能非常重要的共同因素。

当不相关生物具有相似性状时，就会出现不同的情况。在这种情况下，可以合理预期存在着一些与性状演化相关的共同因素。随着趋同的情况成倍增加，这种模式的重复是巧合的可能性越来越小。穴居鱼类的眼睛退化和皮肤色素减少出现在许多不相关的类群中，这显然和它们的生存条件有关。在不同的洞穴中，许多无关的鱼类都显示出类似情况，这些事实需要进行归纳。洞穴环境的条件应当与眼睛退化和色素的丧失有因果关系。但若所有的洞穴鱼都属于一个单系群，则因果关系（环境/性状）就不那么可信了，因为它们的视力丧失和色素缺乏可能是继承共同祖先的结果，而这些祖先演化出的上述性状是由和洞穴环境无关的其他因素所致（见第4章）。性状在相似环境中的反复演化才可能表明它们之间存在因果关系，这种关系可以在精确度更高的比较分析基础上进行提炼。例如，在洞穴嗜沙性的物种［如一些毛鼻鲇类（glanapterygine trichomycterids）和淡水的巴西吻斑蛇鳗（ophichthyid eel *Stictorhinus potamius*）］中有类似的眼睛退化和色素减少。比较洞穴和沙石环境中的情况，可以在一个更具体（更具信息量的）的水平上确定因果关系。

2.5　淡水热带鱼类

一直以来，淡水鱼类都被视为能为大陆变迁提供潜在信息的类群。这对于生理上无法跨越海区的原生性淡水鱼类来说更是如此（见前文）。近年针对淡水鱼类之间的系统发生关系已有大量研究，尤其是新热带地区的骨鳔类（Ostariophysans）。如今，淡水区域的生物地理学推论要比海洋区域具有更丰富的系统发生假说。这在某种程度上是大陆水域的单系群受到更严格的地理分布限制的结果，这也降低了收集系统发生研究材料的难度。在物种水平上阐明海洋类群的系统发生史通常需要分析来自广阔地区的材料，它们通常遍布于不同的大洋。显然，这种实际障碍不利于海洋鱼类的系统发生研究，目前进展速度相对于淡水鱼类较慢。

下面将根据淡水鱼类的主要产地进行讨论。比起海洋区域，热带淡水区域的鱼类物种隔离度更高，主要产地之间很少或没有相同的物种。因此，基于淡水鱼类的大陆间关系的推论必然依赖于系统发生亲缘关系的假设，而非单纯的鱼类区系相似性。这一因素使人们对淡水区域的地理分隔模式有比海洋区域更加深入的了解。

2.5.1 新热带（the Neotropics）

新热带地区是淡水鱼种类最丰富的地区，其中已有描述的达 4475 种，尚未描述的至少有 1550 种（Reis et al., 2003；见第 1 章）。物种多样性主要表现在骨鳔类的 3 个目，包括脂鲤目（Characifomes）、鲇形目（Siluriformes）和裸背电鳗目（Gymnotiformes）。裸背电鳗目是新热带地区独有的。鲤形目（Cypriniformes）种类大量分布在除澳大利亚和南极洲以外的所有其他大陆，但在南美洲却没有。这一事实令人费解，也是大陆生物地理学中最耐人寻味、最持久的争议之一。除了骨鳔类下属的目之外，南美洲还有一些传统上划分为原生性淡水鱼的类群：美洲肺鱼科（Lepidosirenidae）的 1 个属、骨舌鱼科（Osteoglossiformes）的 2 个属和南鲈科（Nandidae）的 2 个属。

一个多世纪以来的研究发现，淡水鱼类在南美洲存在许多地方特有的主要栖息区域（Vari, 1988）。这些区域多半沿该大陆的主要河流流域分布：巴拉圭，巴拉那河上游、沿岸，圣弗朗西斯科河东北部，亚马孙河，圭亚那河，奥里诺科河西部、西南部，智利和巴塔哥尼亚河（Paraguay, Upper Paraná, Coastal, São Francisco, Northeast, Amazon, Guianas, Orinoco, Western, Southwestern, Chilean and Patagonian）（Weitzman and Weitzman, 1982; Vari, 1988; Menezes, 1996; Rosa et al., 2003）。迄今为止，亚马孙流域是这里物种最丰富的地区（见第 1 章），人们曾经认为南美洲其他地区的物种是以它为中心而扩散的（Darlington, 1957）。这种观点已经不再被接受，目前亚马孙河被视为有着复杂流域动态历史地区中最具有多样性的一个流域，形成的地理隔离模式反映在当今的单系群分布上（Weitzman and Weitzman, 1982; Vari, 1988; Lundberg et al., 1998）。

尽管在南美洲已经发生了许多地方性的多样化，但已知的跨大陆亲缘关系模式仍有很多，这表明淡水鱼类的多样性在该大陆被分隔之前是相当丰富的。脂鲤目（Characiformes）主要类群之间的关系虽然远未得到很好的解决，但关于这些脂鲤目鱼类之间的关系有了许多一致的假说，这有助于阐明该大陆的生物历史。已知非洲的鳡脂鲤科（Hepsetidae）和新热带的虎脂鲤科（Erythrinidae）、鲻脂鲤科（Lebiasinidae）及鲈脂鲤科（Ctenoluciidae）有亲缘关系（Vari, 1995; Oyakawa, 1998）。脂鲤科（Characidae）作为脂鲤目中最复杂的类群，曾经被认为包括新热带型和非洲型。最近发现，新热带脂鲤的系统发生较为复杂。它的一个属［大鳞脂鲤属（*Chalceus*）］与非洲脂鲤的亲缘关系比任何新热带类群（Zanata and Vari, 出版中）都近。大鳞脂鲤属与红眼脂鲤属

(*Arnoldichthys*)等一些非洲脂鲤（alestids）之间也呈现出了惊人的表型相似性。上述关系的阐明使之前的非洲脂鲤单独成为一个非洲脂鲤科（Alestidae），而大鳞脂鲤属也从脂鲤科分出而进入非洲脂鲤科（Zanata and Vari，出版中）。非洲的琴脂鲤科（Citharinidae）和复齿脂鲤科（Distichodontidae）两个科被认为是非洲和南美洲所有脂鲤的姐妹群。所有这些复杂的模式表明，大部分脂鲤的多样化是早在冈瓦纳大陆（Gondwana）分离之前就形成的。同时，脂鲤群体似乎本质上是冈瓦纳原住鱼类，因为在冈瓦纳大陆之外，没有在其他地方发现其任何化石或现生的脂鲤。虽然脂鲤亲缘关系的洲际间复杂性显示了多样化的古老历史，但其在非洲和南美洲存在大型的单系群也证明了高度的地方性多样化。

在非洲和南美洲，脂鲤的物种数量明显不同。尽管新热带的脂鲤有1000多种，但非洲的脂鲤不足300种。更为惊人的是，脂鲤最原始的进化枝在非洲，这表明它们在该地区存在了更长的时间。为解释这种差异出现了各种推测。其中之一认为，非洲的鲤形目（Cypriniformes）占据了与脂鲤目相似的生态位，尤其是体型较小的类群，它们的物种多样性通常更为集中。与鲤形目的竞争可能限制了非洲的脂鲤多样性。毫无疑问，今天脂鲤目的地理分布范围比过去要小，因为南欧和中东地区存在其化石证据，但未发现该类群的现生代表。

新热带鱼类以12个地方特有的科为代表，再加上分布于北美的北美鲇科（Ictaluridae），以及在环热带（主要于海洋）的海鲇科（Ariidae）。从系统发育上看，新热带是鲇鱼多样性最丰富的大陆。南美洲拥有最"原始"的二须鲇科（Diplomystidae），它被认为是所有其他鲇形目的姐妹群（Lundberg，1970；Arratia，1987；Mo，1991；de Pinna，1993，1998）。鲸形鲇科［Cetopsidae，包括之前的沼鲇科（Helogenidae）］（de Pinna and Vari，1995）似乎是近代所有其他非二须鲇鱼类的姐妹群（de Pinna et al.，论文已提交）。鲇鱼最大的单系群甲鲇超科（Loricarioidea）也集中分布于南美洲。该单系群包括丝鼻鲇科（Nematogenyidae）、毛鼻鲇科（Trichomycteridae）、美鲇科（Callichthyidae）、矮甲鲇科（Scoloplacidae）、视星鲇科（Astroblepidae）和甲鲇科（Loricariidae）（Baskin，1973；de Pinna，1998）。甲鲇科包括1000多个物种。新热带的一些科已被证实在其他大陆拥有近亲。陶乐鲇总科［Doradoidea，包括陶乐鲇科（Doradidae）和项鳍鲇科（Auchenipteridae）］是非洲的倒立鲇科（Mochokidae）的姐妹群。琵琶鲇科（Aspredinidae）是另外一个南亚和东南亚特有类群鮡总科（Sisoroidea）的一部分（de Pinna，1996）。新热带的其他科内部亲缘性则尚未阐明。

在新热带鲇鱼中，最引人注目的特化或许是吸血（hematophagy），可见于毛鼻鲇科（Trichomycteridae）的某些物种。毛鼻鲇类（Trichomycterid）中的寄生鲇亚科（Vandelliinae）所有约20个物种（加上许多未描述的物种）仅在成年时才取食血液。这种营养特殊化在有颌类（gnathostomes）中几乎是唯一的，并且仅另见于吸血蝙蝠（无独有偶，也是新热带种）。由于寄生鲇是一个单系群，因此人们假设吸血特征只是一次进化的结果。出乎意料的是，人们对寄生鲇的生物学知之甚少。直到最近才首次发现该类群的幼体，它们捕食小型水生无脊椎动物（个人观察），与大多数其他毛鼻鲇的摄食相同。幼体标本具有正常的口部结构，类似于该科的非寄生成员。它们会在某段时期经历变态，其间其整个口部结构都会发生巨大的变化，从而形成成体的吸血形态（个人观察）。吸血特征的生理学特化是完全未知的。它们可能产生某种抗凝血剂，因为每次摄食时，相当大量的血液（大约为其身体体积的 2 倍）能够在消化过程中保持液态。大型迁徙鱼类还可能将一些吸血寄生鲇种类带到上游产卵场。如果真是如此，那么大量摄入的血液甚至可能引起寄生鲇体内的激素波动，使其生殖期能与寄主的生殖期同步。目前这些可能性只是推测，但为将来指明了研究思路。

　　鱼类生理学家特别感兴趣的是电鳗目（Gymnotiformes），即南美电鳗（South American electric eels）或美国飞刀鱼（American knifefishes）。这个目是唯一仅有单一产地的骨鳔鱼类。该类群包括 5 个科和 100 多个物种，从阿根廷的拉普拉塔河（Río de La Plata）到墨西哥的恰帕斯州西南部（Southwestern Chiapas）均有分布（Campos-da-Paz and Alberts，1998；Alberts and Campos-da-Paz，1998；Alberts，2001）。它们最显著的特征是产生和探测电场的能力，这一现象于 1958 年被 Lissmann 首次报道。电场是由微弱的放电（在文献中称为发电器官放电，electric organ discharges，即 EOD）产生的，由特殊变性肌肉或神经组织形成的发电器官连续放出。电鳗的体表有无数的电感受器，能够感应其自身电场的微小变化，探测其他来源的电场和放电。电鳗能够利用电场在环境中定位（Heiligenberg，1973），并与其他发电/感电的鱼类相互作用（Hopkins and Heiligenberg，1978）。这种能力与许多有趣的适应有关，它们被统称为电子通信（electrocommunication）。电鳗利用波形和频谱的信息可以识别不同的物种（Hopkins，1974），个体间可以相互识别是否是同类。同样，不同的电信号也用于社交，作为性互动、支配等级、摄食和领地行为的标志（Hagedorn，1986）。尽管电鳗目种类多样，但其中只有一个进化出强烈放电的例子，即电鳗科（Electrophoridae）。该科中的电鳗（*Electrophorus electricus*）能够放出高达 650 V 的电进行捕食和防御。该物种是已知最大的电鳗类（最大的标本长度超过 2 m），也具有飞刀鱼类（knifefishes）典型的规律性弱放电。电鳗目也以具有非凡的再生能力而闻名，大部分或全部后体腔（对其而言是身体的绝大部分）都能再生（Ellis，1913；Anderson，1987）。显然，在自然条件下，它们的身体后部通常因捕食而严重受损。电鳗的结构、行为和生理学引起了研究者的浓厚兴趣，他们针对这一主题曾创办专门的期刊（Bullock and Heiligenber，1986；Heiligenberg，1991）。

　　许多有趣的新热带淡水鱼生物学实例可以在南美的鳉形目（Cyprinodontiformes）中找到。如具有洲际亲缘关系（Transcontinental relationships）的小型亚马孙花鳉科（Poeciliid）的溪花鳉属（*Fluviphylax*）。根据 Costa（1996）的观点，溪花鳉属的 4 个物种组成了溪花鳉族（Fluviphylacini），其本身是非洲的灯鳉族（Aplocheilichthyini）的姐妹群且隶属于花鳉科的灯鳉亚科（Aplocheilichthyinae）。山鳉属（*Orestias*）包括秘鲁中部和智利北部安第斯山脉沿岸的高海拔河流和湖泊的 40 个特有种，是唯一在热带区域之外也有亲缘关系的南美鳉类。一般认为，山鳉属与北半球类群有亲缘关系（Eigenmann，1920；Parenti，1981；Costa，1997）。但该属的姐妹群仍然存在分歧。Parenti（1981，1984）和 Parker 与 Kornfield（1995）认为山鳉属是秘鳉属（*Lebias*，以前称为 *Aphanius*）

的姐妹群，分布于地中海、黑海、红海和阿拉伯海周围的咸水、咸淡水和淡水环境。而Costa（1997）则将山鳉属假定为鳉族（Cyprinodontini）的姐妹群，其中包括秘鳉属及其他分布于美洲北半球部分的属。人们直到最近才注意到新热带溪鳉科（Rivulidae）物种丰度。在过去的16年中，仅一位研究者（W. J. E. M. Costa）描述了目前已知的27个属中的14个，以及235个种中的78个（Costa，2003）。有几种1年生的溪鳉生活在临时水塘中，这些水塘在干旱季节可能会完全枯竭。尽管大多数或所有成年个体都会在这种情况下死亡，但若它们生产了子代，那么这些卵能在干燥的基质中存活到下个雨季。此外，溪鳉（*Rivulus*）的2个种是脊椎动物中唯一已知的自体受精雌雄同体的实例（Harrington，1961）。

南美洲还有着通常不在海洋以外环境生活的鱼类类群的淡水鱼类代表。软骨鱼类（chondrichthyan）近代唯一辐射进入淡水的是刺魟（stingray）中的江魟科（Potamotrygonidae）。目前在该科中发现的18个物种（Carvalho et al.，2003）均分布于沿安第斯山脉带（Cis-Andean），分属于副江魟属（*Paratrygon*）（1种）、近江魟属（*Plesiotrygon*）（1种）和江魟属（*Potamotrygon*）（16种）3个属。江魟科在海洋中的连续姐妹群条尾魟属（*Taeniura*）和窄尾魟属（*Himantura*）有时也被归入该科（Lovejoy，1996）。江魟类在南美分布广泛，但在圣弗朗西斯科（São Francisco）河、巴拉那河上游（upper Parana）和大西洋东部流域（eastern Atlantic drainages）均无分布。

在新热带地区的许多其他原生海洋类群中存在淡水入侵种。南美蛇鳗（Ophichthyid eel）原本已知生境仅为热带海洋环境，却在南美洲出现了地方特有的一个淡水种巴西吻斑蛇鳗（*Stictorhinus potamius*），它分布于托坎廷斯河（Tocantins）到奥里诺科河流域（Orinoco basins）（巴西东北部的巴伊亚州也有报道）。学者采集到的这个物种的样品很少，对其了解也甚少。吻斑蛇鳗属（*Stictorhinus*）似乎有在河床底部掘土的习性（Bohlke and McCosker，1975），并聚集在岩石之间积聚的基质中（G. M. Santos，个人交流）。胎鼬鳚科（Bythidae）的线深鳚属（*Brotulas*）原本是仅生活在珊瑚礁和深水中的海洋类群，却有6个种分布于古巴、尤卡坦州和加拉帕戈斯群岛（Cuba，Yucatan and the Galapagos Islands）的洞穴中淡水或微咸水域（Nielsen，2003）。同样，主要为海水鱼的蟾鱼科（Batrachoididae）在南美洲和中美洲也存在5个淡水种（Collette，2003）。

南美洲是近年来一些鱼类学重大发现的舞台。在过去的30年中，发现了一个新热带鲇鱼的新科矮甲鲇科（Scoloplacidae）（Bailey and Baskin，1976；Schaefer et al.，1989）及各种新的亚科（de Pinna，1992）。这种趋势一直持续到现在。最近的一个引人注目的例子是发现了一种适应叶枯（leaf-litter adapted）的鱼类，它可能与脂鲤目（Characiformes）近缘，但其关系仍不清楚。这种鱼的体形完全不同于新热带鱼，内部和外部解剖学特征令人费解地组合在一起，表明它可能代表了骨鳔类的一个新科。

2.5.2 非洲（Africa）

就淡水鱼类而言，非洲大陆的大部分地区可视为热带。非洲淡水鱼约有2900种。但是，该数字并不能代表每个地区的实际物种密度。非洲大陆的大部分地区极为干旱，缺乏永久性的水体。其北部的大部分地区被撒哈拉沙漠所占据，除了绿洲中的一些机会主义物种外，几乎没有鱼类区系。位于撒哈拉沙漠以北、地中海南岸西北部的马格利布（Maghreb）地区的淡水鱼类区系衰退，而且比起其他非洲种类，它们的亲缘更靠近欧洲种类（Roberts，1975；Greenwood，1983）。这在鲤形目的鲃属（*Barbus*）、拟鳑属（*Pseudophoxinus*）和鳅属（*Cobitis*）及鳉形目的秘鳉属（*Aphanius*）中尤其明显。非原生性淡水鱼类，如欧洲鳗鱼（*Anguilla anguilla*）、鳟鱼（*Salmo trutta*）和三刺鱼（*Gasterosteus aculeatus*）在马格利布的种群也表现出了非-非洲亲缘性（non-African affinities）。显然，阿特拉斯山脉（Atlas Mountains）在马格利布鱼类区系与非洲其他地区鱼类的生物地理隔离中发挥了重要作用。

非洲热带淡水鱼的多样性在地理上局限于撒哈拉以南的非洲地区（sub-Saharan Africa）。即便如此，那里仍然有大片干燥的沙漠和稀树草原，缺乏维持重要鱼类群落所必需的永久性水体。这些因素使大多数非洲鱼类生物多样性限制在湿润的赤道雨林地区。水源最丰富的4个大型流域为刚果流域（Zaire）、尼日尔流域（Niger）、尼罗河流域（Nile）和赞比西河流域（Zambezi），它们是非洲大多数淡水鱼类的家园（参阅第1章）。较小的流域对非洲鱼类的影响程度较小，但对于了解非洲大陆的生物地理学和庇护地方特有性鱼类至关重要。

自Boulenger（1905）以来，非洲被划分为许多鱼类区系区域。Roberts于1975年确认了10个这样的区域，它们反映了非洲大陆淡水鱼的主要分布模式：马格利布（Maghreb）、阿比西尼亚高地（Abyssinian highlands）、尼禄-苏丹（Nilo-Sudan）[包括艾伯特湖、爱德华湖、乔治湖和鲁道夫湖（Lakes Albert, Edward, George and Rudolf）]、上几内亚（Upper Guinea）、下几内亚（Lower Guinea）、扎伊尔（包括基伍湖和坦噶尼喀湖）、东海岸（包括基奥加湖、维多利亚湖和除去马拉维和鲁道夫的东非大裂谷地区）、赞比西（包括马拉维湖）、宽扎（Quanza）和开普（Cape）。

尽管地理疆界相对狭小，但非洲鱼类区系在进化枝和生态学特化方面极为不同。在所有大陆中，非洲的骨鳔鱼类的目数量是最多的，包括种类繁多的鼠鱚目（Gonorynchiformes）、鲤形目（Cypriniformes）、脂鲤目（Characiformes）和鲇形目（Siluriformes），仅缺少了南美洲特有的电鳗目（Gymnotiformes）。此外，非洲是目前唯一发现多鳍鱼目（Polypteriformes）鱼类存在的大陆。多鳍鱼目包含的原始鱼类是辐鳍鱼类（Actinopterygii）中其他所有成员的姐妹群。有趣的是，尽管非洲的多鳍鱼在系统鱼类学中被视为"活化石"，但它们完全不是"生态遗物"。其下的两个有效属——多鳍鱼属（*Polypterus*）和芦鳗属（*Erpetoichthys*）包含至少11个种，其中一些在非洲赤道内地区产量丰富。非洲多鳍鱼类是用于比较分析和了解硬骨鱼进化的绝佳信息来源。在脊椎动物进化领域，多鳍鱼类代表硬骨鱼，而腔棘鱼（coelacanth）代表四足动物。

非洲鱼类区系的另一个引人注目的成员是非洲肺鱼属（*Protopterus*）。它形成了南美洲的美洲肺鱼属（*Lepidosiren*）的姐妹群，二者同属于美洲肺鱼目（Lepidosireniformes）。与只有单一物种的美洲肺鱼属相反，非洲肺鱼属包含4个明显分化的物种。

非洲的骨舌总目（Osteoglossomorpha）在种类和进化枝方面都比其他任何大陆的更

加多样化。非洲骨舌鱼（*Heterotis niloticus*）是南美巨骨舌鱼（*Arapaima gigas*）的姐妹群，两者均属于巨骨舌鱼科（Arapaimidae）。全齿鱼科（Pantodontidae）仅有单一物种——非洲齿蝶鱼（*Pantodon bucholzi*），它是非洲特有的鱼类。主要分布于亚洲的驼背鱼科（Notopteridae）在非洲有2个代表种。非洲特有的象鼻鱼科（Mormyridae），表现出了其他任何骨舌鱼类都无法比拟的对辐射的适应。该科有200多个物种，在非洲大陆分布广泛，仅不存在于马格里布（Maghreb）和开普（Cape）地区。象鼻鱼特别值得关注，因为它们的电感应和电适应性与南美电鳗类似。这种生理特性可能与象鼻鱼类丰富的多样性相关。裸臀鱼科（Gymnarchidae）是单型科（monotypic family），并且与象鼻鱼近缘，具有相同的电定位和交流能力。

非洲的脂鲤目（Characiformes）约有210种，相对于新热带同类而言要少得多。脂鲤目在非洲大陆上只有4个科：复齿脂鲤科（Distichodontidae）、琴脂鲤科（Citharinidae）、鲑脂鲤科（Alestidae）和鳡脂鲤科（Hepsetidae）。然而，非洲脂鲤的系统发生关系较为复杂，它们并未构成一个单系群。非洲特有的复齿脂鲤科和琴脂鲤科形成一个单系群，被认为是非洲和南美洲所有其他脂鲤的姐妹群（Vari，1979）。鳡脂鲤科（Hepsetidae）仅有一个非洲特有种，却被囊括在一个南美类群的进化枝中，包括虎脂鲤科（Erythrinidae）、舒脂鲤科（Ctenoluciidae）和鳉脂鲤科（Lebiasinidae）（Vari，1995；Oyakawa，1998）。目前，将鲑脂鲤科定义为包括南美的大鳞脂鲤属（*Chalceus*）和一些非洲的属（Zanata and Vari，出版中）。鲑脂鲤科（不包括大鳞脂鲤属）是最大的非洲脂鲤特异性辐射类群。尽管非洲的脂鲤物种数量相对较少，但包含该目中体型最大的物种条纹狗脂鲤（*Hydrocynus goliath*），体长最长达1.3米（Weitzman and Vari，1988）。

鲇形目在非洲淡水中表现出很高的多样性，尽管在特有种类和较高等级的进化枝方面的多样性不及南美洲。倒立鲇科（Mochokidae）、平鳍鮡科（Amphiliidae）、脂鲿科（Claroteidae）、电鲇科（Malapteruridae）和澳岩鲿科（Austroglanididae）是非洲特有的类群。而锡伯鲇科（Schilbidae）、胡鲇科（Clariidae）和鲿科（Bagridae）在亚洲亦有分布。河口的海鲇科（Ariidae）则是遍布热带地区。尽管非洲和南美洲无共有的淡水鲇鱼科，但双背鳍鲿科与新热带陶乐鲇类（doradoids）互为姐妹群（Lundberg，1993；de Pinna，1998）。也有证据表明，平鳍鮡科是新热带甲鲇超科（Loricarioidea）的姐妹群（de Pinna，1993，1998；Britto，2003）。索马里贫瘠的鱼类区系中包含穴居（subterranean）的鲇鱼无眼胡鲇（*Uegitglanis zammaronoi*），它似乎是除印度的印度盲胡鲇（*Horaglanis krishnai*）以外所有非洲和亚洲胡鲇（clariids）的姐妹群（de Pinna，1993）。奇特的电鲇科（Malapteruridae）分布于大多数的西非流域和尼罗河中。过去认为该科仅由1个属组成，即电鲇属（*Malapterus*），其下只包含2个或3个种，其中电鲇（*M. electricus*）在非洲大部分地区普遍存在。随后一项详细的研究（Norris，2002）揭示了其意外的多样性，包括一些曾经被认为是其他物种幼体的小型物种。Norris（2002）划分了2个属［电鲇属（*Malapterus*）和副电鲇属（*Paradoxoglanis*）］，共19种，其地方性特有模式和其他非洲淡水鱼相符。这项研究工作的结果表明，电鲇科种类没有呈现出广泛的泛非洲分布（pan-African distribution）。人们从前未能认识到该科内的物种多样性，也许是因为电鲇科类群和其他鲇形目类群之间巨大的形态差异，转移了人们对科内部较小变异的关注（Norris，2002）。鲇形目与电鲇类群的亲缘关系一直是鱼类学家长期争论的焦点。电鲇科具有典型的自形特化（autapomorphic specializations），使它们和其他鲇鱼在形态学上的比较变得困难或不确定。对鲇形目进行的一项初步系统发生分析研究将电鲇属定位为鲿科中的项鲇亚科（Auchenoglanidinae）的姐妹群（de Pinna，1993）。除了 de Pinna（1993）提到的特征外，Mo（1991）提出的一些用于识别项鲇亚科的特征也可以在电鲇科中看到，包括一个圆形的尾鳍和斑驳的体表花纹。尽管这两个特征在整个鲇形目中是高度同质的，但对于非洲鲇鱼而言则是不寻常的，在经过更详细的分析后，它们可能为电鲇科与项鲇亚科的亲缘关系提供进一步的证据。

迄今为止，非洲的鲤形目有 475 个已描述物种，是非洲淡水鱼区系的主要组成部分。尽管非洲大陆东部的一小部分地区（靠近红海直道）具有鳅科（Cobitidae）的 2 个属，但绝大多数的热带非洲鲤形目鱼类属于鲤科（Cyprinidae）。奇特的穴居鲤类坑鱼属（*Phreatichthys*）仅出现在索马里地区干燥的石灰岩地下水道中。这种鱼无色、无眼且无鳞。

非洲淡水鱼中最特殊的爆发性辐射（explosive radiation）例子是在南美洲也有分布的丽鱼科（Cichlidae）。有趣的是，非洲丽鱼科鱼类的演化和多样化似乎和湖沼环境，特别是与东非大裂谷的大湖泊密切相关。非洲湖泊中的丽鱼是脊椎动物中适应性辐射最特殊的情况之一，因而已成为整个鱼类学领域的研究重点。

非洲最南部的温带地区和非洲大陆其他地区在动物区系上截然不同，形成了一个独特的动物地理区域。Skelton（1994）对该地区及整个非洲南部的鱼类分布模式和生物地理学进行了很好的综述。南非的温带地区虽具有地方特有类群，但也缺乏非洲其他地区典型的主要类群，因此备受关注。南非的北部拥有丰富的热带鱼类群落，包括 21 个科的 200 多个原生性和次生性淡水物种，物种多样性往南则在东海岸的纳塔尔地区（Natal region）和西海岸的库内内河（Cunene River）急剧下降，在那里仅发现了 5 个科的 38 个种（Skelton，1986）。澳岩鲿科（Austroglanididae）是该地区的特有物种。它仅包括 3 个物种，且仅见于通向东大西洋的奥兰治和奥利凡特流域（Orange and Olifants basins）。Mo（1991）确立的澳岩鲿科可能与非-非洲类群有亲缘关系，但这方面还需要更多的研究。非洲唯一的南乳鱼类非洲南乳鱼（*Galaxias zebratus*）仅出现于非洲大陆的最南端，这是非洲南部南方生物带亲缘关系（austral affinities）的重要证据。

2.5.3 亚洲（Asia）

亚洲热带地区是唯一一个近代淡水鱼类的发现在种类和程度上都与南美洲相当的地区。与新热带地区一样，这种情况的形成源于丰富的地方特有种和存在大量未开拓的地区。亚洲热带地区包括印度、斯里兰卡、孟加拉国、缅甸、泰国、老挝、柬埔寨、越南、马来西亚、新加坡和印度尼西亚（其中包括由爪哇、苏门答腊和婆罗洲群岛组成的巽他古陆）。后 8 个国家统称为中印半岛（Indochina）或南亚和东南亚（Kottelat，1989）。这个动物地理区域东边以华莱士线（Wallace's line）为界（由 Huxley 修正）。

位于它东部的区域属于澳大利亚地区。尽管热带的南亚和东南亚属于亚洲大陆，但历史上它们很可能与冈瓦纳大陆（Gondwana）而不是劳亚古大陆（Laurasia）有关（Audley-Charles，1983，1987）。从地质学上看，南亚边界的大部分是由冈瓦纳大陆碎块向北移动并与南亚边界碰撞形成的。这意味着，比起欧洲、中亚和北美洲类群，探索南亚和东南亚淡水鱼的系统发生关系应该在非洲、澳大利亚和南美洲的类群中进行。

亚洲热带地区拥有进化枝和种类繁多的鱼类区系，共包含约3000个种和121个科，仅鲤形目就超过1600个种（其中属于鲤科的超过1000种）。有趣的是，亚洲热带地区的边缘性淡水鱼类的科比其他任何大陆都要多，有87个科存在淡水入侵者。这可能是该地区拥有世界上最丰富的海洋鱼类多样性的反映。和其他热带地区一样，南亚和东南亚的淡水鱼类多样性仍未完全阐明。据估计，在印度南部的喀拉拉邦（Kerala）有多达20%的鱼类未被描述（Pethiyagoda and Kottelat，1994）。集中的野外调查通常会使物种丰度出现惊人的增加。例如，对老挝进行的为期11周的采集使该国的已知淡水鱼种类数量增加了80%（Kottelat，1998）。和其他热带地区一样，在东南亚新发现的分类单元中有很大一部分是仅栖息于特殊生境中的小物种。自1991年以来，学界已经对鳗鳅科（Chauduriidae）中的6个种进行了描述，主要对间隙生境和泥炭沼泽森林进行了更加细致的探索。更丰富的物种发现能够使人们对特殊的解剖结构和幼稚形态（paedomorphic）的情况进行更详细的研究（Britz and Kottelat，2003）。过去认为与银鱼（salangids）近缘的透体细鲱科（Sundasalangidae），现在认为是高度幼稚形态的淡水鲱形目（Clupeiforms）鱼类，其物种数量在过去几年中翻了3倍（Siebert，1997）。

亚洲的热带鱼类有许多科仅与非洲共有，如驼背鱼科（Notopteridae）、鲿科（Bagridae）、胡鲇科（Clariidae）、锡伯鲇科（Schilbidae）、攀鲈科（Anabantidae）、虱目鱼科（Chanidae）和刺鳅科（Mastacembelidae）。这些分类单元（均已被确认为单系群）仅在两大洲共有的这种重复模式表明了这些科在印度和东南亚部分地区从非洲分离前就已经分化了。关于东南亚和南美洲的分类单元间的关系有一个例子，即新热带的琵琶鲇科（Aspredinidae）和亚洲独有的鮡总科（Sisoroidea）（de Pinna，1996；Diogo et al.，2003）。它们的亲缘关系令人费解，需要相当不合常规的生物地理学给予解释。作为跨太平洋（trans-pacific）的类群，鮡类（Sisoroids）与一些分布相似的无脊椎动物类群具有相同的分布模式。一个推测是，整个跨太平洋生物区系可能是假想的太平洋大陆（Pacifica）的一部分，该大陆分裂并与环太平洋（Pacific rim）的不同部分碰撞。或者，鮡类可能存在于非洲，但随后在该大陆上灭绝。如果后一种假说是正确的，那么在非洲应该存在尚未发现的鮡类化石。

2.5.4 澳大利亚地区（The Australian Region）

热带澳大利亚地区包括澳大利亚（Australia）和新几内亚（New Guinea）。这两块土地在地质上密切相关，并且该地区的大部分在历史上都是紧密相连的。在最后一次冰期期间，海平面下降到澳大利亚和新几内亚之间的陆地几乎可以相连。在距今6亿年前，后者的南部河流流域便与前者的北部流域汇合（Lundberg et al.，2000）。这种密切关系也反映在其共有的物种多样性上。新几内亚南部和澳大利亚北部约有 50 个同种淡水鱼类。两个区域的鱼类组成也非常相似。

与其他脊椎动物区系一样，澳大利亚的淡水鱼类十分独特。当地的淡水鱼类大约有 200 种，大多数属于鰕虎鱼科（Gobiidae）和塘鳢科（Eleotridae）（约 50 种）、南乳鱼科（Galaxioidea）（26 种）、鯻科（Teraponidae）和真鲈科（Percichthyidae）（43 种）、银汉鱼科（Atherinidae）和黑带银汉鱼科（Melanoteniidae）（约 30 种），以及鳗鲇科（Plotosidae）（约 15 种）。澳大利亚是唯一一个骨鳔类在淡水鱼类中并非优势种群的大陆，仅有鳗鲇科（Plotosidae）和海鲇科（Ariidae）出现于此，并且这两个科除了淡水鱼以外还包含许多海水物种。其他的原生性淡水鱼类很少，但包括许多非常重要的残遗种（relicts）。例如，澳大利亚的澳洲肺鱼属（Neoceratodus），仅栖息于昆士兰州（Queensland）东南部的两个小河系中的部分水域。澳洲肺鱼是最原始的现生肺鱼，它构成了非洲肺鱼属（Protopterus）和美洲肺鱼属（Lepidosiren）的姐妹组。另一种引人注目的淡水鱼类是骨舌总目的硬仆骨舌鱼属（Scleropages），包含 2 个澳大利亚物种。该属的代表种与南美洲的骨舌鱼属（Osteoglossum）的亲缘关系最为接近，在新几内亚和东南亚也有分布。澳大利亚的淡水鱼类区系相对贫乏，显然是由该国大部分地区干旱的气候及与其他淡水丰富地区长期隔绝的历史共同造成的。其中历史原因无疑是最重要的，因为在生物地理上靠近新几内亚的地区更为湿润，物种也更加丰富，但其分类组成仍然与澳大利亚非常接近。当然，部分鱼类的"贫乏"状况可能是人为所致，即该区域物种水平的分类工作开展得不充分的结果（Lundberg et al.，2000）。虽然这很可能是事实，但毫无疑问，澳大利亚和新几内亚的淡水鱼类种类确实有些贫乏。与大多数其他主要陆地相比，主要差别显现在缺少或几乎不存在诸如骨鳔类和丽鱼科等类群。

鳞南乳鱼（Lepidogalasxias salamandroides）是澳大利亚最著名的标志性鱼类之一。直到 1961 年该小型鱼类才被首次描述（Mees，1961），通常认为它是鳞南乳鱼科（Lepidogalaxiidae）的唯一一种。鳞南乳鱼与较低等硬骨鱼（lower teleosts）之间的系统发生关系一直是一个悬而未决的难题。一项关于鳞南乳鱼属（Lepidogalaxias）比较解剖学的详细研究（Rosen，1974）得出的假说是，该鱼与北半球的狗鱼类（esocoids）有关。也有假说将鳞南乳鱼属放在鲑科（Salmonidae）和新真骨鱼类（Neoteleosts）之间未确定的位置（Fink，1984）。最近，在分类学上更广泛的研究（Johnson and Patterson，1996）则得出了一个非常具体的假设，即鳞南乳鱼属是塔斯马尼亚岛（Tasmania）特有的塔岛南乳鱼属（Lovettia）的姐妹群。这两个种在体型和总体方面的显著差异虽然使这种关系令人惊讶，但外部特征强有力地支持了这一假设。还有假说将鳞南乳鱼属置于南乳鱼科类群（galaxioids）中（Williams，1997）。无论如何，鳞南乳鱼属似乎与所有近亲都大相径庭，其异常形态使人们难以进行比较阐释。可移动的脊柱前端（导致其"颈部"可移动）、缺乏外在的眼部肌肉、在临时水塘栖息地的夏眠习性和辅助空气呼吸等特征使鳞南乳鱼与所有其他南乳鱼科类群区分开来。探索在塔岛南乳鱼属或其他南乳鱼类中是否也存在鳞南乳鱼的显著生理特化（Berra and Pusey，1997）将是另一个有趣的课题。

新几内亚的淡水鱼类约有 350 种（Allen，1991；Lundberg et al.，2000），大部分也

是澳大利亚的优势种。新几内亚没有的澳大利亚类群包括肺鱼亚纲（Dipnoi）、南乳鱼科（Galaxioids）和真鲈科（Percichthyidae）。新几内亚也有澳大利亚没有的一些淡水类群，如类似鲈鱼的双边鱼科（Chandidae）。新几内亚的鱼类区系似乎不像澳大利亚那样为人所知，但在这两个地区经常有一些惊人的发现（Lundberg et al., 2000）。

作为一个整体，澳大利亚和新几内亚的生物地理关系和南美洲，特别是南美洲的南部有着密切的关系。真鲈科（Percichthyids）、南乳鱼科（Galaxioids）和骨舌鱼科（Osteoglossidae）等类群几乎仅为这两个地区所共有，是前冈瓦纳大陆南部相连的明显标志。

2.6　海洋热带鱼类

与淡水鱼类一样，热带地区也包含丰富的海洋鱼类。在海洋和淡水环境中，每单位水体积的物种密度存在着显著差异。海洋和淡水环境之间的多样性模式差异主要体现在科的水平上。每块主要陆地都有淡水鱼类各种地方特有的科。相反，在热带海洋区域很少有地方特有的科，反映了热带海岸鱼类区系的科组成具有明显的同质性（Bellwood，1998）。同样的现象也适用于更高的分类学级别，如大多数珊瑚礁鱼类都属于鲈形目（Perciformes）（Robertson，1998）。在淡水中，大多数物种都属于骨鳔总目（Ostariophysi），而其在海洋环境中的代表种则非常有限。

海洋环境中的偶然历史性因素在决定不同鱼类多样性水平方面的重要性不亚于淡水。在海洋和淡水环境中，种群隔离的具体动力学和机理虽然各不相同，但它们的相对重要性相似。最近历史时期的一些动物区系变化例子表明，在决定鱼类区系组成时，海域地质历史和当地生态因素同样重要。地中海东部是一个温暖水域，但和地中海的其他区域有着相同的衰退的鱼类区系（少于550种）。地中海西部及其向大西洋的入口位于大西洋的冷水区，对热带物种形成了屏障，否则热带物种可能会从热带地区扩散到地中海东部。苏伊士运河（the Suez Canal）的开通证明了是历史因素而非生态因素决定了地中海鱼类区系的贫乏。自1869年以来，在物种丰富的红海（the Red Sea）和温暖但物种贫乏的东地中海之间人为产生的相连，导致超过50种印度－西太平洋物种进入地中海并在地中海建立了种群（Golani，1993）。显然，和所有生物区系一样，鱼类动物区系的组成和丰度是当地生态条件及一系列历史和地质事件的结果。

鱼类的多样性在不同的热带海域相差甚远，下文将分别描述。由于与生物地理学推断相关，大多数热带海洋类群的系统发生信息远少于淡水类群。因此，目前可用的大多数假设主要依赖于严格来说不属于系统发生的比较分析信息。相反，区系组成的相似性是大多数海水鱼类生物地理学讨论的主要基础。尽管这样的比较通常不完全准确，但它为人们了解主要热带海域之间相似性的主要模式及可能的历史关系提供了初步的思路。

2.6.1　印度洋－西太平洋（Indo-West Pacific）

毫无疑问，所有海洋区域中多样性最丰富的区域是印度洋－西太平洋，其覆盖范围从非洲东南部跨越红海、阿拉伯半岛（Arabian Peninsula）、南亚和东南亚、新几内亚（New Guinea）、澳大利亚、夏威夷（Hawaii）和南太平洋群岛（South Pacific Islands）。据估计，在印度洋-西太平洋大约有4000种鱼（Springer，1982；Myers，1989），其数量远远超过任何其他海域。当然，生态因素与物理因素和印度洋-西太平洋的鱼类物种丰度息息相关。众所周知，该地区拥有最广泛和最多样化的造礁珊瑚群落（reef-building corals）（Rosen，1988）。热带鱼类的多样性和珊瑚礁密切相关，事实上，整个海洋动物区系的多样性也是如此（Briggs，1974）。问题是该地区珊瑚多样性的原因是什么。一种可能是该地区极其复杂的地理结构：被分成了成千上万个大小不一的岛屿。分割的海岸线不仅扩大了适合珊瑚生长的海岸区域，而且还增加了景观复杂性，从而增加了地理隔离、物种形成和特化的机会。更新世（Pleistocene）的海平面波动也可能是决定印度洋-太平洋鱼类多样性的一个相关因素。海平面波动可能会构成动态屏障，即在低海平面时期形成陆地屏障将海域隔离开来，此后海平面上升又淹没这些屏障（Randall，1998）。海岸线越复杂，这种波动就越有可能形成孤立的滨海鱼类小区。

印度洋-太平洋海域物种多样性的中心在菲律宾和印度尼西亚，在那里大约有2500个种。这种多样性向东急剧减少：新几内亚的海水鱼类物种有2000个，澳大利亚有1300个，新喀里多尼亚（New Caledonia）有1000个，萨摩亚（Samoa）有915个，社会群岛（Society）有633个，夏威夷（Hawaii）有557个，皮特凯恩岛（Pitcairn）有250个，复活节岛（Easter）有125个（Planes，2002；Randall，1995）。显然，物种数量是随着陆地面积和相关海岸面积的减小而减少的。多种理论试图解释这种递减，但仍未得到普遍认可的结论。一些模型提出了关于物种形成速率和扩散途径的推论，但对不同动物群体的遗传数据分析与其衍生的生物地理意义（derivative biogeographical implications）是相当矛盾的（Planes，2002）。大多数类群尚未获得规模足够大的详细系统发生假说去为解决这些问题提供重要的线索。

显然，定居（colonization）是印度洋-太平洋区域的物种丰度差异显著的重要原因。目前学界已经证明一些鱼类的生物学特性和它们所处的海岛之间的相关性。例如，Randall（1995）发现，夏威夷群岛"科"的代表种和印度洋-太平洋海区的预期比例不完全相符。鰕虎鱼科（Gobiidae）通常是印度洋-太平洋海域物种最丰富的科，但在夏威夷却只有27个种。类似地，雀鲷科（Pomacentridae）、鳚科（Blenniidae）和天竺鲷科（Apogonidae）的代表种也很少。Randall（1995）注意到这些科的物种通常是口孵化或产沉水性卵的，这与其相对较短的浮游幼虫期有关。夏威夷与其他珊瑚礁地区之间距离遥远，这可能成为没有较长浮游期物种的障碍。相对应地，一些科，如海鳝科（Muraenidae）和刺尾鱼科（Acanthuridae），其幼虫期长，在开放水域中逗留时间也较长，其在夏威夷水域的代表种则比印度洋-太平洋海区的预期比例要大（Randall，1995）。

Springer（1982）提供了对印度洋-太平洋鱼类丰度递减的另一种解释。他详尽调查了不同分类单元的分布情况（主要是鱼类，但也有其他类群），并得出结论，太平洋板块构成了明确的生物地理区域，不能仅仅将其理解为印度洋-太平洋大区中的一个物种贫瘠分支。太平洋岩石圈板块位于太平洋海盆大部分地区之下，它的西部除外（对应于菲律宾、欧亚和印度-澳大利亚板块的交汇处）。Springer认为，与太平洋板块相对应区域的动物区系组成可能应从太平洋板块本身的历史来说明，而不应认为是从物种丰富的印度洋-西太平洋地区扩散而来。

红海属于印度洋-西太平洋生物地理区域，但通常被视为其附属地（Briggs, 1974）。和印度洋相比，它的鱼类区系相对衰退，大约有800个物种。多样性向北部逐渐减少，这种模式不仅限于鱼类（Kimor, 1973）。这一事实非常奇怪，因为流经亚丁湾（Gulf of Aden）的海水理论上能带来大量的浮游生物和幼虫。说明红海动物区系相对衰退的理论有多种。一个必须考虑的物理条件是存在以巴布-埃尔曼德海峡（Babel Mandeb）为代表的瓶颈，该海峡只有20 km宽，在某些地方仅有100 m深。这可能解释了为何红海的中层带鱼类区系如此贫乏（只有8个种），不到印度洋已知的300种的3%（Johnson and Feltes, 1984）。如今，红海的含盐量比印度洋高得多，这是蒸发率高加上淡水输入少的结果。有人提出，过去的事件，包括红海的完全隔绝和其海平面在最后一个冰期降低了90~200 m（Sewell, 1948），可能造成了高盐度条件，因而不适合大多数生物生活。这也导致了古地中海（Tethys Sea）动物区系中所有残存生物的湮灭；也可以解释如今在重建联系之后，红海中的印度洋生物盛行的情况。也有一些学者不同意这种观点，他们认为，红海中没有存在无生命时期的化石证据（Por, 1972; Klausewitz, 1980）。

2.6.2 东太平洋（Eastern Pacific）

东太平洋区域，又称为巴拿马区域（Panamanian Region），其鱼类种类数量远少于印度洋-西太平洋，不到900种。实际上，其鱼类区系与西大西洋的亲缘关系似乎比与其余太平洋地区更接近。西大西洋和东太平洋之间共有几种姐妹种，这表明它们以前是连续的生物区系，直到310万~350万年前被巴拿马地峡（Isthmus of Panama）分开（Coates and Obando, 1996）。一些分布在地峡两侧的物种目前还没有明显分化。南美洲寒冷的南端是一个古老的屏障，阻止热带鱼类通过南部路线扩散。

东太平洋中印度洋-西太平洋物种（或姐妹种）的相对稀少令人困惑，因为两者间缺乏明显的物理障碍。事实上，86%的印度洋-西太平洋物种没有到达南美洲的西海岸（Briggs, 1974）。Briggs（1974）提出，没有海岸和珊瑚礁的辽阔海域成为阻止印度洋-西太平洋物种在东太平洋地区定居的屏障，它也称为东太平洋屏障。当然，这种屏障作用还不完全，在墨西哥和哥斯达黎加沿海的一些岛屿上仍然发现了一些西太平洋物种（Helfman et al., 1997）。另外，印度洋-西太平洋的物种数量从印度尼西亚-菲律宾地区向东急剧减少，可能是太平洋板块的历史不同于印度洋-西太平洋的结果。如果真是这样，那么东太平洋鱼类区系也有可能和该地区下面的岩石圈板块——纳斯卡板块（Nazca Plate）的历史有关。

2.6.3 西大西洋（Western Atlantic）

西大西洋的热带部分是指从北美南部海岸开始，向南延伸至墨西哥湾、加勒比海和南美洲热带海岸的区域。该地区是鱼类多样性第二丰富的地区，约有1200种鱼。在热带西大西洋乃至整个大西洋中，物种丰度的中心是加勒比海。加勒比海大约有700种鱼，该地区被视为鱼类物种形成和聚集的中心（Rocha，2003）。通常将热带西大西洋的其他地区在不同程度上视为加勒比海中心的分支。

亚马孙河的河口及其大量流出的淡水，长期以来一直被认为是西大西洋沿岸近海海洋动物区系的主要屏障。在亚马孙河口附近存在一个巨大的珊瑚礁缺口，其海岸向北一直延伸到奥里诺科河三角洲。该缺口延伸约2500 km，位于亚马孙河口以北（见第1章），南赤道洋流（Southern Equatorial Current）使其偏向西北偏北。向北远至圭亚那的沿海盐度均有所降低（Eisma and Marel，1971）。由亚马孙河的涌入引起的水体及其底部类型的变化在珊瑚礁分布中形成了一个缺口，这一缺口也反映在大部分沿海海洋生物类群中。因此，传统上将热带西大西洋分为北部和南部两半，这应该是沿海海洋鱼类种群隔离的反映（Briggs，1974）。然而，亚马孙河口作为海岸鱼类的屏障作用并不是绝对的。亚马孙河沿岸淡水似乎主要分布在表层。在此之下，密度较大的盐水占主导地位。研究证明，一些典型的珊瑚礁底栖鱼类区系就栖息在亚马孙河口的浅水层之下（Collette and Rutzler，1977）。当然，该地区的鱼类与珊瑚无关，因为水层的光线太暗且浑浊，无法支持珊瑚生长。它们与海绵有关，海绵提供了在结构上与珊瑚礁相似的固体基质。不过这种固体基质似乎是孤立的小型斑块（Moura，2003），且底部大部分都是软泥。相对连续的固体基质在特立尼达（Trinidad）南部到巴西马拉尼奥州（Maranhao）地区并不存在（Moura et al.，1999）。亚马孙河的海洋屏障似乎确实对一些类群是有影响的，并且使某些鱼类出现特异性分化。详细的分类学研究证明了西大西洋南部的某些种群实际上是不同的物种（Moura et al.，2001）。越来越明显的情况是，不能简单地将西大西洋南部的沿海鱼类区系视为加勒比海鱼类群落的退化分支（Moura and Sazima，2003）。最近甚至有证据表明，来自西大西洋南部的一些物种在东大西洋而非加勒比海具有姐妹种（Heiser et al.，2000；Muss et al.，2001；Rocha et al.，2002）。亚马孙河口屏障作用的不完全也反映在物种对（species pairs）的相对相似性上。亚马孙屏障的形成时期大约为1000万年前，但是被其分隔的物种对似乎比被巴拿马地峡分隔的物种对更为相似，而巴拿马地峡的绝对屏障形成时期大约为300万年前（Rocha，2003）。

澳大利亚大堡礁岛屿（Great Barrier Reef）周围的珊瑚礁所容纳的鱼类种数大约是加勒比海的类似岛屿的2倍。这种巨大的差异是由各区域之间的物种分类组成差异而非多样化的速率差异造成的（Westoby，1985）。这意味着，历史的制约而非生态学是加勒比海与大堡礁之间珊瑚礁物种多样性差异的决定性因素。有人提出，加勒比海地区珊瑚礁鱼类灭绝的更新世（Pleistocene）发展过程要比印度洋-太平洋地区更为频繁和广泛（Ormond and Roberts，1997；Bellwood，1997）。同样的因素也曾用来解释西大西洋南部与加勒比海地区相比物种更少的原因（Moura，2003）。

尽管以亚马孙河口为代表的屏障模式长期存在，但通常认为西大西洋南部的物种和它们在加勒比海与墨西哥湾的近亲是相同的物种。然而，近年来更详细的分类学研究表明，在各种不同情况下物种会出现特异性的分化（Moura，2003）。

2.6.4 东大西洋（Eastern Atlantic）

热带海岸鱼类物种最少的地区是东大西洋，只有约500种被记载，不到西大西洋的一半。部分原因可能是采样不完全，因为就动物调查而言，针对该地区的研究也是最少的。东大西洋从北部的塞内加尔延伸到南部的安哥拉，其最显著的物理特征是几内亚湾。它还包括几个主要岛屿，例如佛得角（Cape Verde）、圣赫勒拿岛（St Helena）和阿松森岛（Ascension）。鱼种的相对贫乏似乎和珊瑚环境的普遍稀缺有关（Rosen，1988）。最有利于珊瑚生长的纬度地区会受到几条大河入海的影响，如刚果河、沃尔特河（Volta）和尼日尔河。这些淡水流入会导致浑浊度升高和沉积物堆积，这样的环境是不适宜造礁珊瑚物种生存的。将近一半的东大西洋物种是地方特有的（Briggs，1974），说明该地区与其他海域的隔离作用较强。另外，其与西大西洋共有100多个相同的物种，多于其他任何海域。这种相似性可能是共有海洋生物区系在冈瓦纳大陆分离初期形成的地理隔离所致，当时原始大西洋（Proto-Atlantic）的两岸仍很接近。尽管这个假说很可能成立，但仍需要根据大西洋两岸不同物种的系统发生假设进行详细验证。印度洋–太平洋也有若干东大西洋的类群。但是，其中大多数或是泛热带的，或是在西大西洋也有分布，因此，它们作为亲缘关系证据的价值仍有待考究。在东大西洋发现的印度洋–太平洋物种似乎仅仅是一些跨越好望角（Cape of Good Hope）的类群，它们并非来源于共同祖先的生物区系。

2.7 结　论

热带鱼类的非凡多样性是进化生物学研究最丰富的领域之一。然而，由于动物区系的复杂性，要求对其进行多方面的描述和理解。要正确地了解热带鱼类的多样性，首先需要一个只能由系统发生关系假说提供的时间背景。生物多样性是层次化的，反映了物种和其他类群进化的分化结构。演化的分支模式反映在系统发生关系（进化分支图）及其衍生的系统发生分类中。历史因素，包括其偶然性，是决定鱼类区系多样性和分类学组成的主要因素。生态因素仅能在历史背景的限制下加以解释，表现为与地质信息结合的系统发生模式。对不同地区鱼类区系的研究表明，大陆、河流流域和海洋流域的演变对于促进鱼类多样性具有相当程度的影响。

多样性评估需要的远不止是单位面积物种数量的计算。在评估一个动物区系的多样性时，分类学代表性或物种多样性是比物种数量重要得多的度量指标。许多地区物种匮乏，但有其紧密相关的鱼类区系，如南美洲南部（Austral South America）和南非的开普地区（Cape region in South Africa）包含着极具代表性的独特谱系，它们形成了大进化枝的姐妹群，揭示了大陆间的演化信息。

热带鱼类的生理适应是一种生物属性，与其他属性一样，也依赖于演化历史。因此，比较生理学的研究在很大程度上依赖于系统发生研究的结果。相对地，比较生理学的结果也可能是阐明系统发生关系的重要信息来源。某些适应性的反复出现，如辅助性的空气呼吸，对应了各种不同谱系中的相似需求（Graham，1997；见第 10 章）。在某些情况下，适应性是同源的，并且是后代类群继承单一事件的结果。反之，在其他一些情况下它们则反映出趋同的情况，而这可能阐明了特定特征演化的触发因素。评估适应性的同源性或非同源性，需要对进行比较的生物实体的演化有详细的了解，而这可以通过系统发生假设获得。通过在进化分支图上绘制生理属性并优化其各种状态，就有可能估计观察到的每种状态所经历的事件数量。这些信息能使我们区分哪些特征是遗传的结果，哪些是进化演变的结果（Harvey and Pagel，1991；Harvey et al.，1996）。近期因素和历史因素的分开是理解生理适应性和其他适应性进化的基础。

此外，一个愈发明显的问题是，热带地区的鱼类生物多样性可能被严重低估了。造成这种情况的原因有两个。第一个也最明显的原因是，在热带地区尤其是淡水生境，仍有许多未探明的区域和生境。鉴于许多鱼类，特别是原生性淡水类群所表现出的地方特有性水平，未经取样的地区很可能隐藏着以前没有记录过的类群。第二个不太明显的原因是，基本分类法普遍不尽如人意，这是目前专业人才短缺的结果。令人惊奇的是，如果适当地对其进行修正，经常会发现物种的数量远远多于先前估计的数量。在某些情况下，数量的增长是成倍的，甚至比预期的增长高出一个数量级（Vari and Harold，2001；Norris，2002）。

玛利奥·C.C. 平那　著

蒙子宁　译

林浩然　校

参考文献

Alberts, J. S. (2001). Species diversity and phylogenetic systematics of American knifefishes (Gymnotiformes, Teleostei). *Misc. Publ.*, *Mus. Zool.*, Univ. Michigan, 190, 1-27.

Alberts, J. S., and Campos-da-Paz, R. (1998). Phylogenetic systematics of gymnotiformes with diagnoses of 58 clades: A review of available data. *In* "Phylogeny and Classification of Neotropical Fishes" (Malabarba, L., Reis, R. E., Vari, R. P., Lucena, Z. M., and Lucena, C. A. S., Eds.), pp. 419-446. Edipucrs, Porto Alegre.

Allen, G. R. (1991). Field guide to the freshwater fishes of New Guinea. Christensen Research Institute (Madang, Papua New Guinea) Publ. 9, 1-268.

Anderson, M. J. (1987). Molecular differentiation of neurons from ependyma-derived cells in tissue cultures of regenerating teleost spinal chord. *Brain Res.* 388, 131-136.

Arratia, G. (1987). Description of the primitive family Diplomystidae (Siluriformes, Teleostei, Pisces): Morphology, taxonomy and phylogenetic implications. *Bonner Zool. Monogr.* 24, 1-123.

Audley-Charles, M. G. (1983). Reconstruction of eastern Gondwanaland. *Nature* 306, 48-50.

Audley-Charles, M. G. (1987). Dispersal of Gondwanaland: Relevance to evolution of the angiosperms. *In* "Biogeographical Evolution of the Malay Archipelago" (Whitmore, T. C., Ed.), pp. 5-25. Oxford Monographs in Biogeography, Clarendon Press, Oxford.

Azpelicueta, M. M. (1994). Three east-Andean species of *Diplomystes* (Siluriformes: Diplomystidae). *Ichthyol. Expl. Freshwaters* 5, 223-240.

Bailey, R. M., and Baskin, J. N. (1976). *Scoloplax dicra*, a new armored catfish from the Bolivian Amazon. *Occ. Pap. Mus. Zool., Univ. Mich.* 674, 1-14.

Baskin, J. N. (1973). Structure and relationships of the Trichomycteridae. Unpublished PhD Dissertation, City University of New York, New York.

Bellwood, D. R. (1997). Reef fish biogeography: Habitat association, fossils and phylogenies. Proceedings of the 8th International Coral Reef Symposium 1, pp. 379-384.

Bellwood, D. R. (1998). What are reef fishes? Comment on the report by D. R. Robertson: Do coral-reef fish faunas have a distinctive taxonomic structure? *Coral Reefs* 17, 187-189.

Berra, T. M., and Pusey, B. J. (1997). Threatened fishes of the world: *Lepidogalaxias salaman-droides* Mees, 1961 (Lepidogalaxiidae). *Environm. Biol. Fishes* 50, 201-202.

Böhlke, J. E., and McCosker, J. E. (1975). The status of the ophichthyid eel genera *Caecula* Vahl and *Sphagebranchus* Bloch, and the description of a new genus and species from freshwaters in Brazil. *Proc. Acad. Natl Sci. Philadelphia* 127, 1-11.

Boulenger, G. A. (1905). The distribution of African fresh water fishes. *Rep. Meet. Br. Assoc. Adv. Sci (S. Afr.)* 75, 412-432.

Briggs, J. C. (1974). "Marine Zoogeography." McGraw-Hill, New York.

Britto, M. R. (2003). Análise filogenética da ordem Siluriformes com ênfase nas relações da superfamília Loricarioidea (Teleostei: Ostariophysi). PhD Dissertation, Instituto de Biociências, Universidade de São Paulo.

Britz, R., and Kottelat, M. (2003). Descriptive osteology of the family Chaudhuriidae (Teleostei, Synbranchiformes, Mastacembeloidei), with a discussion of its relationships. *Am. Mus. Novitates* 3418, 1-62.

Bullock, T. H., and Heiligenberg, W. (1986). "Electroreception." Wiley-Interscience, New York.

Campos-da-Paz, R., and Alberts, J. S. (1998). The gymnotiform "eels" of tropical America: A history of classification and phylogeny of the South American electric knifefishes (Teleostei: Ostariophysi, Siluriphysi). In "Phylogenyand Classificationof Neotropical Fishes" (Malabarba, L., Reis, R. E., Vari, R. P., Lucena, Z. M., and Lucena, C. A. S., Eds.), pp. 401-417. Edipucrs, Porto Alegre.

Carvalho, M. R., Lovejoy, N. R., and Rosa, R. S. (2003). Family Potamotrygonidae (river stingrays). In "Checklist of the freshwater fishes of South and Central America" (Reis, R. E., Kullander, S. O., and Ferraris, C. J., Jr., Eds.), pp. 22-28. Edipucrs, Porto Alegre.

Coates, A. G., and Obando, J. A. (1996). The geologic evolution of the Central American isthmus. In "Evolution and Environment in Tropical America" (Jackson, J. B. C., Budd, A. F., and Coates, A. G., Eds.), pp. 21-56. University Chicago Press, Chicago.

Collette, B. B. (2003). Lampridae (p. 952), Batrachoididae (pp. 1026-1042), Belonidae (pp. 1104-1113), Scomberesocidae (pp. 1114-1115), Hemiramphidae (pp. 1135-1144). In: Carpenter 2003 [ref. 27006] Western Central Atlantic. CAS Ref No.: 26981.

Collette, B., and Rutzler, K. (1977). Reef fishes over sponge bottoms off the mouth of the Amazon River. Proc. 3rd. Int. Coral Reef Symp. 305-310.

Costa, W. J. E. M. (1996). Relationships, monophyly and three new species of the neotropical miniature poeciliid genus *Fluviphylax* (Cyprinodontiformes: Cyprinodontoidei). *Ichthyol. Explor. Freshwaters* 7, 111-130.

Costa, W. J. E. M. (1997). Phylogeny and classification of the Cyprinodontidae revisited (Teleostei: Cyprinodontiformes): Are Andean and Anatolian killifishes sister taxã *J. Comp. Biol.* 2, 1-17.

Costa, W. J. E. M. (2003). Family Rivulidae (South American annual fishes). In "Checklist of the freshwater fishes of South and Central America" (Reis, R. E., Kullander, S. O., and Ferraris, C. J., Eds.), pp. 526-548. Edipucrs, Porto Alegre.

Darlington, P. J. (1957). "Zoogeography: the Geographical Distribution of Animals." John Wiley & Sons, New York.

Diogo, R., Chardon, M., and Vandewalle, P. (2003). Osteology and myology of the cephalic region and pectoral girdle of *Erethistes pusillus*, comparison with other erethistids, and comments on the synapomorphies and phylogenetic relationships of the Erethistidae (Teleostei: Siluriformes). *J. Fish Biol.* 63, 1160-1175.

Eigenmann, C. H. (1920). On the genera *Orestias* and *Empetrichthys*. *Copeia* 89, 103-106.

Eisma, D., and Marel, H. W. (1971). Marine muds along the Guyana coast and their origin from the Amazon basin. *Contr. Mineral. Petrol* 31, 321-334.

Ellis, M. M. (1913). The gymnotoid eels of tropical America. *Mem. Carneg. Mus* 6, 109-195. Fink, W. L. (1984). Basal euteleosts: relationships. *In* "Ontogeny and Systematics of Fishes" (Moser, H. G., et al., Eds.), pp. 202-206. *Am. Soc. Ichthyol. Herpetol*, Spec. Publ. no. 1.

Golani, D. (1993). The biology of the Red Sea migrant *Saurida undosquamis* in the Mediterranean and comparison with the indigenous confamilial *Synodus saurus* (Teleostei: Synodontidae). *Hydrobiologica* 27, 109-117.

Graham, J. B. (1997). "Air-breathing Fishes-Evolution, Diversity and Adaptation." Academic Press, San Diego.

Grande, L. (1985). Recent and fossil clupeomorph fishes with materials for revision of the subgroups of clupeoids. *Bull. Am. Mus. Natl Hist.* 181, 231-372.

Greenwood, H. P. (1983). The zoogeography of African freshwater fishes: Bioaccountancy or biogeography? *In* "Evolution, Time and Space: The Emergence of the Biosphere" (Sims, R. W., Price, J. H., and Whalley, P. E. S., Eds.), pp. 179-199. Systematics Association Special Vol. 23. Academic Press, London.

Hagedorn, M. (1986). The ecology, courtship and mating of gymnotiform electric fish. *In* "Electroreception" (Bullock, T. H., and Heiligenberg, W., Eds.), pp. 497-525. Wiley, New York.

Harrington, R. W. (1961). Oviparous hermaphroditic fish with internal self fertilization. *Science* 134, 1749-1750.

Harvey, P. H., and Pagel, M. D. (1991). "The Comparative Method in Evolutionary Biology". Oxford Series in Ecology and Evolution. Oxford University Press, Oxford.

Harvey, P. H., Leigh-Brown, A. J., Maynard-Smith, J., and Nee, S. (1996). "New Uses for New Phylogenies." Oxford University Press, Oxford.

Heiligenberg, W. F. (1973). Electrolocation of objects in the electric fish *Eigenmannia* (Rhamphichthyidae, Gymnotoidei). *J. Comp. Physiol.* 91, 223-240.

Heiligenberg, W. F. (1991). "Neural nets in electric fish." MIT Press, Cambridge.

Heiser, J. B., Moura, R. L., and Robertson, D. R. (2000). Twonewspeciesofcreolewrasse (Labridae: *Clepticus*) from opposite sides of the Atlantic. *Aqua-J. Ichthyol. Aquatic Biol.* 4, 67-76.

Helfman, G. S., Collette, B. B., and Facey, D. E. (1997). "The Diversity of Fishes." Blackwell Science, Inc., Malden, MA.

Hopkins, C. D. (1974). Electric communication in fish. *Am. Sci.* 62, 426-437.

Hopkins, C. D., and Heiligenberg, W. (1978). Evolutionary design for electric signals and electoreceptors in gymnotoid fishes of Surinam. *Behav. Ecol. Sociobiol.* 3, 113-134.

Humboldt, A., and Bonpland, A. (1807). "Essai sur la géographie des plantes accompagné d'un tableau physique des régions équinoxiales." Schoell, Paris; reprint: Arno Press, New York, 1977.

Johnson, G. D., and Patterson, C. (1996). Relationships of lower euteleostean fishes. In "Interrelationships of Fishes" (Stiassny, M. L. J., Parenti, L. R., and Johnson, G. D., Eds.), pp. 251-332. Academic Press, San Diego.

Johnson, R. K., and Feltes, R. M. (1984). A new species of *Vinciguerria* (Salmoniformes: Photichthyidae) from the Red Sea and Gulf of Aqaba, with comments on the Red Sea mesopelagic fish fauna. *Fieldiana*, *Zoology* 22 (new series), 1-35.

Kimor, B. (1973). Plankton relations of the Red Sea, Persian Gulf and Arabian Sea. In "The Biology of the Indian Ocean" (Zeitschel, B., and Gerlach, S. A., Eds.), Ecological Studies. Analysis and Synthesis, Vol. 3, pp. 221-255. Springer Verlag, New York.

Klausewitz, W. (1980). Tiefenwasser-und tiefsee fische aus dem Roten Meer. I. Einleitung und neunachweis für *Bembrops adenensis* Norman, 1939 und *Histiopterus spinifer* Gilchrist, 1904. *Senckenb. Biol.* 61 (1/2), 11-24.

Kottelat, M. (1989). Zoogeography of the fishes from Indochinese inland waters with an annotated check-list. *Bull. Zoölogisch Mus.*, *Univ. Amsterdam* 12, 1-54.

Kottelat, M. (1998). Fishes of the Nam Theum and the Xe Bangfai basins, Laos, with diagnoses of twenty-two new species (Teleostei: Cyprinidae, Balitoridae, Cobitidae, Coiidae and Odontobutidae. *Ichthyol. Expl. Freshwaters* 9, 1-128.

Lissmann, H. W. (1958). On the function and evolution of electric organs in fish. *J. Exp. Biol.* 35, 156-191.

Lovejoy, N. R. (1996). Systematics of myliobatoid elasmobranchs, with emphasis on the phylog-eny and historical biogeography of neotropical freshwater stingrays (Potamotrygonidae, Rajiformes). *Zool. J. Linn. Soc.* 117, 207-257.

Lundberg, J. G. (1970). The evolutionary history of North American catfishes, Family Ictaluridae. Unpublished PhD Dissertation (Zoology), University of Michigan, Ann Arbor.

Lundberg, J. G. (1993). African-South American freshwater fish clades and continental drift: Problems with a paradigm. In "Biological Relationships between Africa and South America" (Goldblatt, R., Ed.), pp. 156-199. Yale University Press, New Haven, CT.

Lundberg, J. G., Marshall, L. G., Guerrero, J., *et al.* (1998). The stage for Neotropical fish diversification: A history of tropical South American rivers. In "Phylogeny and Classification of Neotropical Fishes" (Malabara, L. R., *et al.*, Eds.), pp. 13-48. Editora da Pontificia Universidade Católica do Rio Grande do Sul, Porto Alegre.

Lundberg, J. G., Kottelat, M., Smith, G. R., Stiassny, M. L. J., and Gill, A. C.

(2000). So many fishes, so little time: An overview of recent ichthyological discovery in continental waters. *Ann. Missouri Bot. Gard.* 87, 26-62.

Marceniuk, A. P. (2003). Relações filogenéticas e revisão dos gêneros da família Ariidae (Ostariophysi, Siluriformes). Unpublished PhD Dissertation, Instituto de Biociências. Universidade de São Paulo, São Paulo.

Mees, G. F. (1961). Description of a new fish of the family Galaxiidae from Western Australia. *J. R. Soc. W. Australia* 44, 33-38.

Menezes, N. A. (1996). Methods for assessing freshwater fish diversity. *In* "Biodiversity in Brazil: A First Approach" (Bicudo, C. E. M., and Menezes, N. A., Eds.), pp. 289-295. CNPq, São Paulo.

Mo, T. (1991). "Anatomy and Systematics of Bagridae (Teleostei), and Siluroid Phylogeny." Koeltz Scientific Books, Koenigstein.

Moura, R. L. (2003). Riqueza de espécies, diversidade e organização de assembléias de peixes em ambientes recifais: um estudo ao longo do gradiente latitudinal da costa brasileira. PhD Dissertation, Insituto de Biociências, Universidade de São Paulo.

Moura, R. L., and Sazima, I. (2003). Species richness and endemism levels of the Brazilian reef fish fauna. *Proc. 9th Int. Coral Reef Symp.* 9, 956-959.

Moura, R. L., Figueiredo, J. L., and Sazima, I. (2001). A new parrotfish (Scaridae) from Brazil, and revalidation of *Sparisoma amplum* (Ranzani, 1842), *Sparisoma frondosum* (Agassiz, 1831), *Sparisoma axillare* (Steindachner, 1878) and *Scarus trispinosus* Valenciennes, 1840. *Bull. Marine Sci.* 68, 505-524.

Moura, R. L., Gasparini, J. L., and Sazima, I. (1999). New records and range extensions of reef fishes in the Western South Atlantic, with comments on reef fish distribution along the Brazilian coast. *Rev. Bras. Zool.* 16, 513-530.

Muss, A., Robertson, D. R., Stepien, C. A., Wirtz, P., and Bowen, B. W. (2001). Phylogeography of *Ophioblennius*: The role of ocean currents and geography in reef fish evolution. *Evolution* 55, 561-572.

Myers, G. S. (1938). Fresh-water fishes and West Indian zoogeography. *Smith. Rep.* 3465, 339-364.

Myers, R. S. (1999). "Micronesian Reef Fishes." Coral Graphics, Guam.

Nelson, G. J. (1989). Species and taxa: systematics and evolution. *In* "Speciation and Its Consequences" (Otte, D., and Endler, J., Eds.), pp. 60-81. Sinauer Associates, Sunderland.

Nichols, J. T. (1928). Fishes from the White Nile. *Am. Mus. Novitates* 319.

Nielsen, J. G. (2003). Family Bythidae (viviparous brotulas). *In* "Checklist of the Freshwater Fishes of South and Central America" (Reis, R. E., Kullander, S. O., and Ferraris, C. J., Eds.), pp. 507-508. Edipucrs, Porto Alegre.

Norris, S. M. (2002). A revision of the African electric catfishes, family Malapteruridae (Teleostei, Siluriformes), with erection of a new genus and descriptions of fourteen new species, and an annotated bibliography. *Ann. Mus. r. Afr. Centr.*, *Zool.* 289, 1-155.

Ormond, R. F. G., and Roberts, C. M. (1997). The biodiversity of coral reef fishes. In "Marine Biodiversity: Patterns and Processes" (Ormond, R. F. G., Gage, J. D., and Angel, M. V., Eds.), pp. 216-257. Cambridge University Press, Cambridge.

Oyakawa, O. T. (1998). Relações filogenéticas das famílias Pyrrhulinidae, Lebiasinidae e Erythrinidae (Osteichthyes: Characiformes). PhD Dissertation, Instituto de Biociências Universidade de São Paulo, São Paulo.

Parenti, L. R. (1981). A phylogenetic and biogeographic analysis of cyprinodontiform fishes (Teleostei, Atherinomorpha). *Bull. Am. Mus. Natl Hist.* 168, 335-557.

Parenti, L. R. (1998). A taxonomic revision of the Andean killifish genus *Orestias* (Cyprinodontiformes, Cyprinodontidae). *Bull. Am. Mus. Natl. Hist.* 178, 107-214.

Parker, A., and Kornfield, I. (1995). Molecular perspective on the evolution and zoogeography of cyprinodontid killifishes (Teleostei, Atherinomorpha). *Copeia* 1995, 8-21.

Pethiyagoda, R., and Kottelat, M. (1994). Three new species of fishes of the genera *Osteochilichthys* (Cyprinidae), *Travancoria* (Balitoridae) and *Horabagrus* (Bagridae) from the Chalakudy River, Kerala, India. *J. South Asia Natl Hist.* 1, 97-116.

de Pinna, M. C. C. (1992). A new subfamily of Trichomycteridae (Teleostei, Siluriformes), lower loricarioid relationships and a discussion on the impact of additional taxa for phylogenetic analysis. *Zool. J. Linn. Soc.* 106, 175-229.

de Pinna, M. C. C. (1993). Higher-level phylogeny of Siluriformes (Teleostei, Ostariophysi), with a new classification of the order. Unpublished PhD Dissertation, City University of New York, New York.

de Pinna, M. C. C. (1996). A phylogenetic analysis of the Asian catfish families Sisoridae, Akysidae, and Amblycipitidae, with a hypothesis on the relationships of the neotropical Aspredinidae. *Fieldiana*, *Zool.* 84, 1-83.

de Pinna, M. C. C. (1998). Phylogenetic relationships of neotropical Siluriformes (Teleostei: Ostariophysi): Historical overview and synthesis of hypotheses. In "Phylogeny and Classification of Neotropical Fishes" (Malabarba, L., Reis, R. E., Vari, R. P., Lucena, Z. M., and Lucena, C. A. S., Eds.), pp. 279-330. Edipucrs, Porto Alegre.

de Pinna, M. C. C. (1999). Species concepts and phylogenetics. *Rev. Fish Biol. Fisheries* 9, 353-373. de Pinna, M. C. C., and Vari, R. P. (1995). Monophyly and phylogenetic diagnosis of the family Cetopsidae, with synonymization of the Helogenidae (Teleostei: Siluriformes). *Smiths. Contr. Zool.* 571, 1-26.

de Pinna, M. C. C., Ferraris, C. J., and Vari, R. P. (submitted) A phylogenetic study of the neotropical catfish family Cetopsidae, with a new classification of the subfamily Cetopsinae (Ostariophysi, Siluriformes).

Planes, S. (2002). Biogeography and larval dispersal inferred from population genetic analysis. In "Coral Reef Fishes. Dynamics and Diversity on a Complex Ecosystem" (Seale, P. F., Ed.), pp. 201-220. Academic Press, New York.

Por, F. D. (1972). Hydrobiological notes on the high-salinity waters off the Sinai Peninsula. *Mar. Biol.* 14 (2), 111-119.

Randall, J. E. (1993). Zoogeographic analysis of the inshore Hawaiian fish fauna. In "Marine and Costal Biodiversity in the Tropical Island Pacific Region: Vol. 1, Species Systematics and Information Management Priorities" (Maragos, J. E., *et al.*, Eds.), pp. 193-203. Pacific Science Association, Bishop Museum, Honolulu.

Randall, J. E. (1998). Zoogeography of shore fishes of the Indo-Pacific region. *Zool. Studies* 37, 227-268.

Reis, R. E., Kullander, S. O., and Ferraris, C. J. (2003). Checklist of the freshwater fishes of South and Central America EDIPUCRS, Porto Alegre.

Reithal, P. N., and Stiassny, M. J. L. (1991). The freshwater fishes of Madagascar: A study of an endangered fauna with recommendations for a conservation strategy. *Conserv. Biol.* 5, 231-243.

Roberts, T. R. (1975). Geographical distribution of African freshwater fishes. *Zool. J. Linn. Soc.* 57, 249-319.

Robertson, D. R. (1998). Do coral-reef fish faunas have a distinctive taxonomic structure? *Coral Reefs* 17, 179-186.

Rocha, L. A. (2003). Patterns of distribution and processes of speciation in Brazilian reef fishes. *J. Biogeogr.* 30, 1161-1171.

Rocha, L. A., Bass, A. L., Robertson, D. R., and Bowen, B. W. (2002). Adult habitat preferences, larval dispersal, and the comparative phylogeography of three Atlantic surgeonfishes (Teleostei: Acanthuridae). *Mol. Ecol.* 11, 243-252.

Rosa, R. S., Menezes, N. A., Britski, H. A., Costa, W. J. E. M., and Groth, F. (2003). Diversidade, padrões de distribuição e conservação dos peixes da Caatinga. In "Ecologia e Conservação da Caatinga" (Leal, I. R., Tavarelli, M., and Cardoso daSilva, J. M., Eds.), pp. 135-180. Editora Universitária da UFPE, Recife.

Rosen, B. R. (1988). Process, problems and patterns in the biogeography of reef corals and other tropical marine organisms. *Helgolander wiss meeresunters* 42, 269-301.

Rosen, D. E. (1974). Phylogeny and biogeography of salmoniform fishes and relationships of *Lepidogalaxias salamandroides*. *Bull. Am. Mus. Natl Hist.* 153, 265-326.

Rosen, D. E. (1976). A vicariance model of caribbean biogeography. *Syst. Zool.* 24,

431-464.

Schaefer, S. A., Weitzman, S. H., and Britski, H. A. (1989). Review of the neotropical catfish genus *Scoloplax* (Pisces: Loricarioidea: Scoloplacidae) with comments on reductive characters in phylogenetic analysis. *Proc. Acad. Natl Sci. Philadelphia* 141, 181-211.

Sewell, R. B. S. (1948). The free-swimming planktonic Copepoda. Geographical distribution. *Sci. Rep. John Murray Exped.* 1933-34 8 (3), 317-592.

Siebert, D. (1997). Notes on the anatomy and relationships of *Sundasalanx* Roberts (Teleostei, Clupeidae), with descriptions of four new species from Borneo. *Bull. Natl Hist. Mus. Lond.* (*Zool.*) 63, 13-26.

Skelton, P. H. (1986). Distribution patterns and biogeography of non-tropical southern African freshwater fishes. *In* "Palaeoecology of Africa and the Surrounding Islands" (Van Zinderen Bakker, E. M., Coetzee, J. A., and Scott, L., Eds.), pp. 211-230. A. A. Balkema, Rotterdam.

Skelton, P. H. (1994). Diversity and distribution of freshwater fishes in East and Southern Africa. *Ann. Mus. r. Afr. Centr.*, *Zool.* 275, 95-131.

Skelton, P. H., Cambray, J. A., Lombard, A, and Benn, G. A. (1995). Patterns of distribution and conservation status of freshwater fishes in South Africa. *S. Afr. J. Zool.* 30, 71-81.

Springer, V. G. (1982). Pacific plate biogeography, with special reference to shore fishes. Smithson. *Contr. Zool.* 465, 1-182.

Stiassny, M. L. J. (1991). Phylogenetic intrarelationships of the family cichlidae: an overview. *In* "Cichlid Fishes: Behaviour, Ecology and Evolution" (Keenleyside, M. H. A., Ed.), pp. 1-35. Chapman & Hall, London.

Stiassny, M. J. L., and Jensen, J. S. (1987). Labroid intrarelationships revisited: Morphological complexity, key innovations, and the study of comparative diversity. *Bull. Mus. Comp. Zool.* 151, 269-319.

Stiassny, M. L. J., and de Pinna, M. C. C. (1994). Basal taxa and the role of cladistic patterns in the evaluation of conservation priorities: A view from freshwater. *In* "Systematics and Conservation Evaluation" (Forey, P. L., *et al.*, Eds.), pp. 235-249. The Systematics Association Special Vol. 50. Clarendon Press, Oxford.

Stiassny, M. J. L., and Raminosoa, N. (1994). The fishes of the inland waters of Madagascar. *Ann. Mus. r. Afr. Centr.*, *Zool.* 275, 133-149.

Swofford, D. L., and Maddison, W. P. (1987). Reconstructing ancestral character states under Wagner parsimony. *Math. Biosci.* 87, 199-229.

Vari, R. P. (1979). Anatomy, relationships and classification of the families Citharinidae and Distichodontidae. *Bull. Br. Mus. Natl Hist.* (*Zool.*) 36, 261-344.

Vari, R. P. (1995). The neotropical fish family Ctenoluciidae (Teleostei: Ostariophysi: Characiformes): Supra and intrafamilial phylogenetic relationships, with a revisionary study. *Smith. Contr. Zool.* 564, 1-97.

Vari, R. P. (1988). The Curimatidae, a lowland Neotropical fish family (Pisces: Characiformes); distribution, endemism, and phylogenetic biogeography. *In* "Proceeding of a Workshop on Neotropical Distribution Patterns" (Vanzolini, P., and Heyer, W. R., Eds.), pp. 343-377. Academia Brasileira de Ciências, Rio de Janeiro.

Vari, R. P., and Harold, A. S. (2001). Phylogenetic study of the neotropical fish genera *Creagrutus* Günther and *Piabina* Reinhardt (Teleostei: Ostariophysi: Characiformes), with a revision of the Cis-Andean species. *Smith. Contr. Zool.* 613, 1-239.

Weitzman, S. H., and Vari, R. P. (1988). Miniaturization in South American freshwater fishes; an overview and discussion. *Proc. Biol. Soc. Wash.* 101, 444-465.

Weitzman, S. A., and Weitzman, M. (1982). Biogeography and evolutionary diversification in Neotropical freshwater fishes, with comments on the refuge theory. *In* "Biological Diversification in the Tropics" (Prance, G., Ed.), pp. 403-422. Columbia University Press, New York.

Westoby, M. (1985). Two main relationships among the components of species richness. *Proc. Ecol. Soc. Aust.* 14, 103-107.

Williams, R. R. G. (1997). Bones and muscles of the suspensorium in the galaxioid *Lepidogalaxias salamandroides* (Teleostei: Osmeriformes) and their phylogenetic significance. *Rec. Aust. Mus.* 49, 139-166.

Zanata A. M. and Vari, R. P. (in press) The family Alestidae (Ostariophys. i, Characiformes): A phylogenetic analysis of a trans-Atlantic clade. *Smith. Contr. Zool.*

第3章 热带鱼类的生长

3.1 导　　言

　　本章描述一个常用来表示热带鱼类生长的方程式，并展示人类所能获得的热带鱼类生长速率的范围和最大的体型。聚焦于热带海洋鱼类，我们提出了一个疑问：热带海洋鱼类的生长是否表现出在其他地区的鱼类所没有表现出来的特殊性状？由于缺乏大量的年度水温变化数据，我们认为热带海洋鱼类的生长速率较快且不受季节变化的影响。然而，其他的因素也会影响鱼类的生长，如局部生产力和有效含氧量，因此，依然不清楚热带鱼类是否会比寒冷水体中的鱼类生长得更快或者更为稳定。

　　要想知道鱼类的生长速率就必须知道鱼类的年龄。温带鱼类的鳞、耳石、棘和骨骼都会表现出冬季生长产生的滞缓现象，因此，通过这些鱼体的硬质结构可以确认鱼类经历了多少个冬季。有时候这些结构的确认也相当困难，由于许多温带鱼类的产卵季节很短，所以常用长度频率图（length frequency graphs）来追踪一个群体或者一个年龄段个体的生长速率。在热带地区，很明显的季节生长滞缓可能不会发生。人们发现，水文状态发生变化或者产卵后，鱼类的生长会减缓。然而，每年生长滞缓产生的次数存在差异，所以无法用生长滞缓来推测年龄。此外，产卵季节在温带水域中延长很多，长度频率图能表示出一些同年度内的多种生长模型，但是无法鉴别年份之间的差别。考虑到这些困难和热带鱼类区系的规模，我们对温带鱼类生长过程的了解要远多于热带鱼类也就不足为奇了。对于大量未经商业开发的小型海洋鱼类和热带淡水鱼类我们还知之甚少。当我们考虑到下文有关结论的相关性时，要记住获得的生长相关资料的不全面和存在的偏差。

　　学者曾观察到热带鱼类每年仅有1次生长滞缓，例如，Fabre 和 Saint-Paul（1998）在研究大量亚马孙河的条纹裂齿脂鲤（*Schizodon fasciatus*）后发现，1月和2月性腺发育成熟时鳞片上有环带产生。在水深和食物获取每年都有显著差异的栖息地，水位下降的季节（7—11月）产生最大的生长速率，并表现明显的繁殖季节性。亚马孙河的水深具有明显的季节变化，一些鱼类有可能出现季节性的生长和繁殖模式。但是如果限制条件不是很显著的话，每年的生长滞缓现象就不会出现。Jepsen 等（1999）注意到亚马孙河流系统中的丽鱼属（*Cichla*）鱼类每年只产卵1次，但在水质理化特征季节性不明显的水库中每年可以多次产卵并出现生长滞缓，对这种现象至今依然没有合理的解释。

　　近年来，耳石的显微结构已经用于鉴定寿命较短的热带海洋鱼类的年龄。例如，Kimura（1995）使用日增长量来研究坦噶尼喀（Tanganyika）湖鲱科的中非甲梭鲱（*Stolothrissa tanganicae*）和小齿沼泽长颌鲱（湖梭鲱）（*Limnothrissa miodon*）的生长速率。值得注意的是，用此方法计算的生长速率显著快于之前通过长度频率分析法

（length-frequency）计算的生长速率。统计日增长量对于研究发育中的仔鱼和幼鱼是一种很好的方法，但是，通常也很难证实统计到的所有生长数据都是日增长量。

由于鱼类没有或只有有限的控制其体温的能力，而在温带、南极和北极水域中，鱼类的生长通常都是温度限制的，因此，毫无疑问的是，在温暖的温带和热带水域中都能存活的鱼类在较温暖的热带水体中具有更高的生长速率。例如，Lowe-McConnell（1987）指出中国草鱼（*Ctenopharyngodon idella*）在马六甲（Malacca）和马来西亚（Malaysia）的水塘中每天可增重 10 g，1 龄即可达到性成熟，而在华南地区，每天增长 3.5 g，3～5 龄才性成熟。此外，热带鱼类如在生命的早期在冷水中度过，其生长速率会降低。但是，这些研究局限于商业的种类，热带水域中是否有潜在的增长速率依然未知。

鱼类的生长速率随着种群密度的变化而变化，这种密度可能是自然状态下的，也可能是人为的操作。未经开发的或很少捕捞的种群相对于过度开发的同一种类的种群而言具有较低的生长速率。到目前为止，我们认为决定生长速率的关键因素是可获得的食物的数量。热带水域中最引人关注的是小型鱼类比它们在温带中的同伴更能适应各种干扰。这可能是对食物的需求较为迫切而迫使它们冒较大的风险。Edwards（1985）的研究证实澳大利亚海域的 3 种热带笛鲷科（Lutjanidae）鱼类——马拉巴笛鲷（*Lutjanus malabaricus*）、多牙紫鱼（*Pristipomoides multidens*）和紫鱼（*Pristipomoides typus*）的生长速率低于北海（North Sea）的大西洋鳕（*Gadus morhua*），这可能与其开发水平比较低有关。在比较热带和温带鱼类生长速率时不可能考虑到种群的大小。然而，可以预期的是，相同生长速率的热带种群和温带种群所获得的食物是趋向于相等的。

3.2　描绘生长

为了比较不同鱼类种群的生长模式，有必要描述生长的数学模式。基本要求是简单而普遍适用的方程式，可以依据任何一个给定的年龄段的平均体长和体重而给出相应的大小。以年为单位绘制平均体长和年龄关系时会得到一条曲线，其增长率随着年龄的增长而不断下降（图 3.1），该体长接近一个最大的渐近长度，该长度命名为 L_∞。体重也随着年龄的增加而渐近式的增加，但是生长曲线却是"S"形的（图 3.2）。回折点（inflection point）通常出现在渐进体重（asymptotic weight）的 1/3 处，渐近体重命名为 W_∞。

已有许多文献描述生长方程，其中有许多可信的方程式能够描述一般的鱼类生长特征，但都不是完全令人满意。我们需要一个最简单最少参数的方程式描述鱼类的基本生长特征。常用的有冯·贝塔朗菲（von Bertalanffy）方程、逻辑斯谛（logistic）方程和理查森模型（Richardson model）。最常用的描述鱼类生长的是 von Bertalanffy 方程（Bertalanffy and Müller，1943）：

$$L(t) = L_\infty (1 - e^{-Kt})$$

其中，$L(t)$ 代表在一定时间的体长或年龄为 t 时的体长，L_∞ 为渐近长度，K 为生长参数，t 为从出生至测量时的时间。生长参数 K 值越大，鱼类的生长速率越快。

该方程作为标准方程已经广泛地应用于鱼类种群的生长评估。该公式的使用可在文献列表中找（http://homepage.mac.com/mollet/VBGF/VBGF_Ref.html.）。当该方程与现场数据相吻合时，第三项 t_0 包含在冯·贝塔朗菲方程中。这个调整参数可用于评估孵化期幼鱼的大小。对于典型鱼类，该方程很好地吻合了在某个年龄段观察到的体长，并且恰当地描述了生长速率随着年龄的增长而降低。

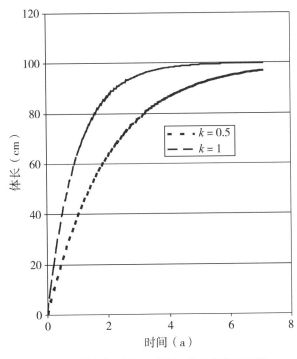

注：曲线假设了两种鱼，它们的最大的（渐近式的）体长都接近100 cm。它们仅仅是生长参数 K 值不同。需要注意的是，具有高 K 值的鱼类最初生长较快且更快接近渐近长度。

图 3.1 von Bertalanffy 生长曲线

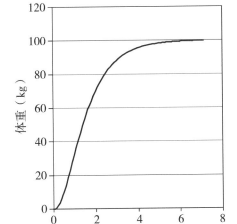

图 3.2 以体重而非体长为参数绘制的 von Bertalanffy 生长曲线

热带鱼类和较寒冷水域鱼类的生长特征都符合 von Bertalanffy 方程，这表明生活在热带和较寒冷水域的鱼类之间依照体型或年龄的生长模式并没有根本上的区别。然而，正如接下来我们要讨论的，该方程式没有考虑季节因素，因此对季节分明的水域中鱼类的生长时空模式的表述并不准确。

应该注意的是，当使用一种生长方程式比较不同种群或者不同物种时，我们展示的是依年龄段的种群大小的普遍化。群体中不同个体的实际生长模式是多种多样的，例如，可以被个体自身经历过的一些事物所改变，如食物的匮乏、氧气的浓度、温度、感染、寄生虫、鳍类捕食者及由遗传因素所决定的个体特征。

3.2.1 热带种群的 von Bertalanffy 参数

通过鱼类基础数据库（http://www.fishbase.org/search.cfm）获得种群中鱼个体的 K 和 L_∞ 的值。当一个物种有多组数据可供使用时，这些参数都包含在分析中。在种群分布的地理范围内，甚至在不同的年份之间，许多物种生长速率和最大体型都具有较大的变化范围，因此这种分析也是恰当的。

图3.3 表示热带鱼类 von Bertalanffy 生长常数 K 值的频次分布。分布严重偏向左侧倾斜并具有长尾，所研究的种群中90%的 K 值小于1.6。值得注意的是，缺乏低于0.25的 K 值。这就意味着在热带鱼类生活史策略中没有出现非常低的平均生长率。

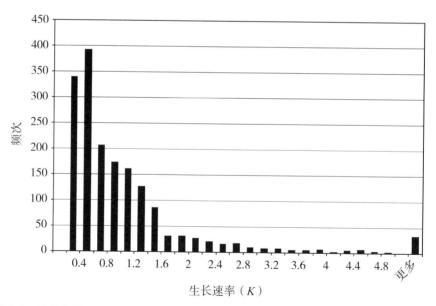

图3.3 热带鱼类 von Bertalanffy 生长常数 K 值的频次分布（包含在鱼类基础数据库中）

比较热带鱼类和较寒冷水体中鱼类生长速率 K 的分布是非常有趣的。没有一种热带鱼类发生向左偏移，与热带鱼类的分布相比时，较寒冷水体中的鱼类的 K 值在0.8～1.6之间的频次显著减少（图3.4）。很明显的是热带鱼类生长速率 K 值在0.8以上的频次要高于较寒冷水体中的鱼类的。

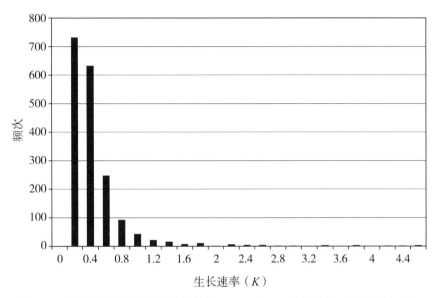

图 3.4　鱼类基础数据库中非热带鱼类 von Bertalanffy 生长常数 K 值的频次分布

渐近体长表现出了相似的向左倾斜，反映了大多数热带鱼类体型较小（图 3.5）。一般而言，体型越小生长速率越快，这在 $\log L_\infty$ 和 $\log K$ 的散布点可以很明显看到（图 3.6）。然而，这些数据比较分散，也有一些生长迅速的热带鱼类体长超过 1 m。亚马孙流域体型最大的鱼类——骨舌鱼科（osteoglossid）的巨骨舌鱼（Arapaima gigas）就是最好的例子（Queiroz, 2000）。一些金枪鱼的种类也生长迅速，3～4 龄性成熟时体长超过 1 m。

3.2.2　热带鱼类比寒冷地区的鱼类生长较快吗？

由于鱼类是冷血的且低温会限制它们的生长速率，因此热带鱼类就可能比温带和极地区的鱼类生长迅速。亚马孙河的热带鱼类种群繁多且营养受到限制，因此个体所能获得的食物量是限制生长的因素。对鱼类基础数据库中热带鱼类和非热带鱼类生长常数进行比较，结果很清晰地表明热带鱼类具有更快的平均生长速率（表 3.1，见第 5 章）。

表 3.1　热带和非热带鱼类的生长常数 K 的平均值、中位数以及 25% 区间值、75% 区间值

地点	K 的平均值	K 的中位数	25% 区间	75% 区间
热带	0.78	0.530	0.240	1.030
温带	0.4	0.250	0.150	0.410

然而，如果热带鱼类具有一个较小的最小体型，K 和 L_∞ 之间的关系可能受人为因素（图 3.6）的影响。在一些栖息地，如热带淡水水域，与温带水体相比，很明显可观察到很大数量的小种类。小型溪流栖息地是一个典型的例子。在亚马孙森林溪流中，一个范围明确的溪流水下落叶群落包含 20～30 种小型鱼（Henderson and Walker, 1986），

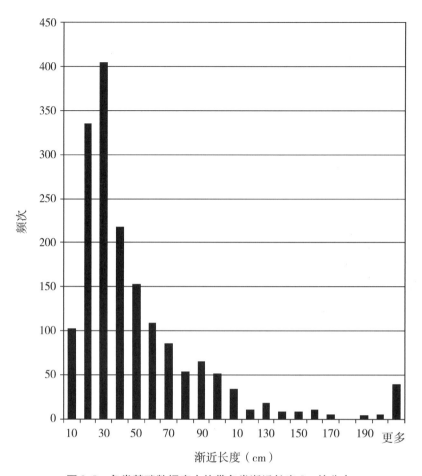

图 3.5 鱼类基础数据库中热带鱼类渐近长度 L_∞ 的分布

它们当中的许多种类达到性成熟时身体质量都比以鲑科鱼类占据优势的北欧或北美温带河流中的任何一个种类要小。考虑到这种可能性的存在，L_∞ 分为 10 个组分别进行双因素方差分析，覆盖 10 cm 的范围，每个种群划分为热带或非热带。即使考虑到随着 L_∞ 的增加 K 值下降的事实，热带鱼类依然具有一个较高的平均生长常数 K（$p<0.001$，见表 3.2）。

表 3.2 双因素方差分析研究 L_∞ 和热带与非热带的位置对 von Bertalanffy 生长常数 K 值平均值和幅度的影响

差异来源	DF	SS	MS	F	p
L_∞	9	767.460	85.273	178.123	<0.001
热带位置	1	86.558	86.558	180.806	<0.001
相互作用	9	155.115	17.235	36.001	<0.001
剩余值	3516	1683.222	0.479		
总计	3535	2968.193	0.840		

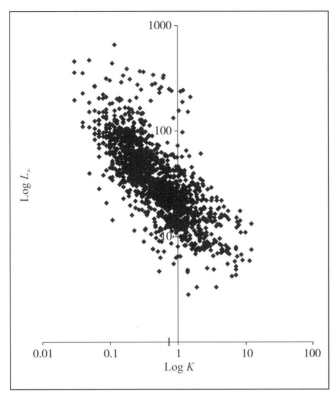

图 3.6　鱼类基础数据库中热带鱼类种群生长常数 K 和 L_∞ 之间的关系

上述分析清楚地论证了热带鱼类达到渐近线的普遍趋势，它们达到最大体长要快于温带鱼类，这个结论可能由于一些热带或寒带鱼类的特别种群而会有一些偏差，这种情况只在世界上一个地区出现过。因此，对温带和热带水域中最具代表性的特定种群进行详细研究是有意义的。在淡水和海水中分布最广的一个科是鲱科。克鲁士卡尔-华拉氏试验（Kruskal-Wallis Tests）分析比较了热带和非热带种群的 K 值（表3.3），给出了1自由度为 $H = 207.788$ 统计数值，而热带鲱科鱼类表现出了一个极大的 K 值（$p \leqslant 0.001$）。和一般的鱼类一样，非热带鲱科鱼类种群的 L_∞ 的中位数显著大于热带鱼类的，但即使考虑到这些差别，热带鱼类的 K 的中位数依然较大。这项研究结果和 Milton 等 (1993) 的结论一致：与温带鲱科鱼类相比，热带鲱科鱼类的生命周期较短，但具有较高的生长速率。另外一种广泛分布的科——鳀科，也表现出热带鱼类较高的中值增长常数（$H = 33.641$ 以1自由度，$p \leqslant 0.001$，见表3.4）。

表 3.3　Kruskal-Wallis Test 对热带和非热带鲱科鱼类 K 值具有显著差异的检验结果

地点	N	K 的中位数	25% 区间	75% 区间
热带	188	1.050	0.690	2.015
非热带	278	0.385	0.290	0.530

表 3.4 Kruskal-Wallis Test 对热带和非热带鳀科鱼类生长常数 K 值具有显著差异的检验结果

地点	N	K 的中位数	25%区间	75%区间
非热带	81	0.580	0.328	1.063
热带	135	0.385	0.813	1.715

虽然已有明确的证据证实热带鱼类通常朝向它们最大体长的生长比较快,热带鱼类中观察到的最小生长常数和北极与南极水域种群的生长常数值是类似的。当然亦有一些热带种类及栖息地中的生长速率并不快,或者可能并不会出现。虽然热带鱼类比寒冷水域中的鱼类朝向成年体型的生长较快,但是很明显,在夏季的生长季节,一些温带鱼类的生长速度很快。很可能是整个生长季节的长度而不是最大的日增长率使热带鱼类具有较快的生长速率。

3.3 栖息地和种群之间的差异

同一物种在不同栖息地之间所能达到的生长速率具有很大的差异。Lowe-McConnell (1987) 指出,湖泊中鱼类的生长速率远快于河流,因此得出结论:湖泊能提供更充沛的食物。栖息地之间生长速率的存在差异在商业养殖中已经得到了充分的印证。表 3.5 显示非洲伦氏罗非鱼 (*Tilapia rendalli*) 的 K 值和 L_∞ 值的差异,K 值有着 0.13~3.79 的巨大的变化范围,在其他种类中亦存在相同的现象。

表 3.5 伦氏罗非鱼 (*Tilapia rendalli*) 不同种群的 von Bertalanffy 生长常数

地点	K	L_∞
乌干达	3.79	13.1
赞比亚	3.19	13.8
赞比亚	1.1	20.8
赞比亚	0.75	29.1
马达加斯加	0.67	22.5
赞比亚	0.62	21.7
马达加斯加	0.53	21.8
马达加斯加	0.53	27.2
马达加斯加	0.52	30.1
马达加斯加	0.5	24.9
赞比亚	0.48	24.3
赞比亚	0.47	27.8
赞比亚	0.46	26.3
马达加斯加	0.32	24.4
南非	0.31	26.5
南非	0.23	33.1

续表 3.5

地点	K	L_∞
赞比亚	0.19	33.9
南非	0.18	40.2
南非	0.16	41.1
津巴布韦	0.14	40
津巴布韦	0.14	48.5
赞比亚	0.13	39.9

注：数据摘自鱼类基础数据库。

3.4　生长的季节性

考虑到冬天没有一个严格的界限，因此可以设想热带鱼类的生长并没有季节的模式。正如上述的生长速率，比较热带和非热带鱼类的季节性，我们需要有季节性生长的数字来描述（见第 4 章）。

如果以小于 1 年的时间间隔绘制生长图谱，我们就会观察到生长速率随着季节的变化而变化，而这会导致一年中有些时期没有出现生长。这种生长模式对于生活在靠近它们分布范围的南方极限或北方极限的鱼类尤为明显。例如，图 3.7 表示一种海水比目鱼——鳎鱼（Solea solea）的生长，它们具有广泛的地理分布范围，从北非、地中海到英国北方水域均有分布。图 3.7 中显示，在英国水域中，从秋季到仲春很长一段时间内，鳎鱼没有生长现象发生。生长的停止显然是与水温有关，正如在较为温暖的年份生长季节延长一样。

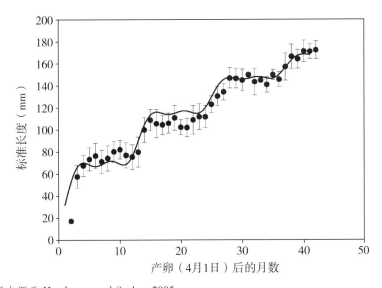

注：数据来源于 Henderson and Seaby，2005。

图 3.7　英国水域中鳎鱼（Solea solea）生命周期中前 2 年的生长情况

季节性不仅是温带水域的特征，在具有干旱和潮湿季节的热带淡水同样表现明显。许多热带泛滥平原，降雨量的季节性差异会导致水深的急剧变化和大片森林被淹没。栖息地的这种变化会使生长和繁殖具有严格的季节性。飓风和其他热带风暴的发生所引起的季节性差异使热带海域中出现明显的气候差异。因此，浅海和海岸栖息地经常具有一定程度的季节性。甚至在深水栖息地，水温和水压等物理因素及海水的化学性质几乎和它们在地球上一样是稳定的，但由于地表水的输入同样会具有季节性，例如马尾藻海（Sargasso Sea）（Deuser and Ross，1980；Sayles et al.，1994）。

然而，没有一个简单的方程可以完全令人满意地描述季节性生长模式，其中最流行的是具有季节调整功能的 von Bertalanffy 方程，它具有相对简单的优点，也是上述非季节性生长模型的拓展。Ursin（1963a，b）首次发表季节性的 VBGF，Cloern 和 Nichols（1978），Pauly 和 Gaschutz（1979），Appeldoorn（1987），Somer（1988），Soriano 和 Pauly（1989）做了改进并建立拟合方法。

生长模型的方程为

$$L_t = L_\infty \{1 - \exp[K(t-t_0) + S(t) - S(t_0)]\}$$

其中，L_∞，K 和 t_0 限定在标准 VBGF 内，及

$$S(t) = (CK/2\pi)\sin \pi(t - t_s)$$

和

$$S(t_0) = (CK/2\pi)\sin \pi(t - t_s)$$

参数 C 为振动幅度（$0 \leq C$）。如果 $C=0$，模式回复为标准的 von Bertalanffy 方程时；如果 $C=1$，年周期中的某个时间点的生长为 0（图3.8）。参数 t_s 是振动的起始点（作为年的分数；$0 \leq t_s < 1$），生长最慢的点出现在 $t_s + 0.5$ 处。

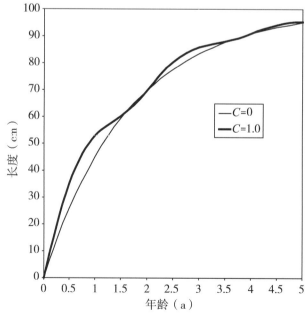

图3.8 一个季节性变化的 von Bertalanffy 生长方程案例（表示为 $C=0$ 和 $C=1$ 的曲线）

Pauly 和 Ingles（1981）及 Longhurst 和 Pauly（1987）指出，热带鱼类即使不生活在类似于泛滥平原这种具有明显季节性的水域，生长速率同样具有季节性。季节性温差小于 2 ℃ 也足以引起生长速率的改变。季节性振动的振幅与温度的季节性差异有关，温度变化大于 10 ℃ 时 C 值大约为 1.0——可以认为处于冬季且生长速率为 0。上述季节调整后的生长曲线适用于多种热带鱼类，但不适用于一些具有较长冬季的温带地区的种类，因为该方程不能充分地模拟较长的冬季，此时的生长速率为 0（图 3.7）。事实上，冬季同样生长的错觉在温带地区并不少见，因为较小的个体会消耗掉自身储存的脂肪而最先饿死，导致测量到的种群平均体型增大（Henderson et al.，1988）。这样就会夸大一些温带种群的生长速率。

鱼类基础数据库 POPGROWTH 表中包含到目前为止大部分已经发表的鱼类预估的 C 值及与夏季 – 冬季温差的匹配估计值（ΔT：月平均值的差异，单位为℃）。如图 3.9 所示，一些季节性生长差异甚至会发生在季节温差为 2 ℃ 的情况下。

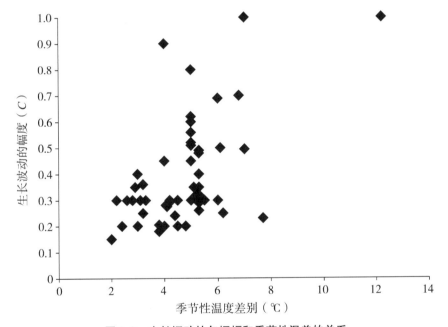

图 3.9　生长振动的年振幅和季节性温差的关系

注：资料来源于 FishBase 网站，作者为 D. Pauly。

彼得·A. 亨得森　著

刘晓春　译

林浩然　校

参考文献

Appeldoorn, R. S. (1987). Modification of a seasonally oscillating growth function for use with mark-recapture data. *J. Cons. Int. L'Explor. Mer.* 43, 194-198.

BertalanVy, L. von, and Müller, I. (1943). Untersuchungen über die Gesetzlichkeit des Wach-stums. VIII. Die Abhängigkeit des Stoffwechsels von der Korpergrösse und der Zusammen-hang von Stoffwechseltypen und Wachstumstypen. *Rev. Biol.* 35, 48-95.

Cloern, J. E., and Nichols, F. H. (1978). A von Bertalanffy growth model with a seasonally varying coefficient. *J. Fish. Res. Board Can.* 35, 1479-1482.

Deuser, W. G., and Ross, E. H. (1980). Seasonal change in the flux of organic carbon to the deep Sargasso Sea. *Nature* 283, 364-365.

Edwards, R. R. C. (1985). Growth rates of Lutjanidae (snappers) in tropical Australian waters. *J. Fish Biol.* 26, 1-4.

Fabre, N. N., and Saint-Paul, U. (1998). Annulus formation on scales and seasonal growth of the Central Amazonian anostomid *Schizodon fasciatus*. *J. Fish Biol.* 53, 1-11.

Henderson, P. A., Bamber, R. N., and Turnpenny, A. W. T. (1988). Size-selective over wintering mortality in the sand smelt, *Atherina boyeri* Risso, and its role in population regulation. *J. Fish Biol.* 33, 221-233.

Henderson, P. A., and Seaby, R. M. (2005). The role of climate in determining the temporal variation in abundance, recruitment and growth of sole (L) in the Bristol Channel. *J. Mar. Biol. Ass. UK.* 85, 197-204.

Henderson, P. A., and Walker, I. (1986). On the leaf-litter community of the Amazonian black-water stream Tarumazinho. *J. Trop. Ecol.* 2, 1-17.

Jepsen, D. B., Winemiller, K. O., Taphorn, D. C., and Rodriguez-Olarte, D. (1999). Age structure and growth of peacock cichlids from rivers and reservoirs of Venezuela. *J. Fish Biol.* 55, 433-450.

Kimura, S. (1995). Growth of the clupeid fishes, *Stolothrissa tanganicae* and *Limnothrissa miodon*, in the Zambian waters of Lake Tanganyika. *J. Fish Biol.* 47, 569-575.

Longhurst, A. R., and Pauly, D. (1987). "Ecology of Tropical Oceans." Academic Press, San Diego, CA.

Lowe-McConnell, R. H. (1987). "Ecological Studies in Tropical Fish Communities." Cambridge University Press, Cambridge.

Milton, D. A., Blaber, S. J. M., and Rawlinson, N. J. F. (1993). Age and growth of three species of clupeids from Kiribati, tropical central south pacific. *J. Fish Biol.* 43, 89-108.

Pauly, D., and Gaschütz, G. (1979). A simple method for fitting oscillating length growth data, with a program for pocket calculators. *I. C. E. S. CM* 1979/6: 24. De-

mersal Fish Cttee.

Pauly, D., and Ingles, J. (1981). Aspects of the growth and natural mortality of exploited coral reef fishes, pp. 89-98. *In* "The Reef and Man. Proceedings of the Fourth International Coral Reef Symposium" (Gomez, E. D., Birkeland, C. E., Buddemeyer, R. W., Johannes, R. E., Marsh, J. A., and Tsuda, R. T., Eds.), Vol. 1. Marine Science Center, University of the Philippines, Quezon City.

Queiroz, H. L. (2000). Natural history and conservation of pirarucu, *Arapaima gigas*, in Amazo-nian *va'rzea*: Red giants in muddy waters. PhD thesis, University of St Andrews, Scotland.

Sayles, F. L., Martin, W. R., and Deuser, W. G. (1994). The response of benthic oxygen demand to particulate organic carbon supply in the deep sea near Bermuda. *Nature* 371, 686-689.

Somer, I. F. (1988). On a seasonally oscillating growth function. *Fishbyte* 6, 8-11.

Soriano, M., and Pauly, D. (1989). A method for estimating the parameters of a seasonally oscillating growth curve from growth increments data. *Fishbyte* 7, 18-21.

Ursin, E. (1963a). On the incorporation of temperature in the von Bertalanffy growth equation. *Medd. Danm. Fisk. Havunders. N. S.* 4, 1-16.

Ursin, E. (1963b). On the seasonal variation of growth rate and growth parameters in Norway pout (*Gadus esmarki*) in Skagerrak. *Medd. Danm. Fisk. Havunders. N. S.* 4, 17-29.

第 4 章 生物节律

4.1 导　　言

　　生物节律是生物学中最有趣和最令人兴奋的研究领域之一。水生生物也不例外；已经有许多关于这些生物所表现的不同节律类型的研究。尽管这方面的文献非常多，但关于鱼类的研究却很少，更不用说热带鱼了。虽然如此，这些研究主要还是针对经典的昼夜周期。

　　本章讨论热带鱼的节律波动过程是否受到自身时序系统的控制。昼夜周期的重要性也是要分析的。在不考虑自身时序系统控制的情况下，分析了社会性组织（优势顺位、聚群、学习和交流）、迁移和繁殖等过程与节律性的关系。本章总结了这一领域的一些重要文献，包括用于发电的水坝导致渔业和环境变化的实际考虑。

　　虽然我们所使用的大多数例子和淡水鱼类有关，但是这些生物模型所产生的大部分一般性概念对海洋鱼类也是有效的。在某些情况下，甚至和鱼类之外的动物群体之间的关系也需要一个较为广泛的解释。此外，穴居鱼类与生活在具有明暗周期和其他剧烈环境波动中的物种形成了一些对比。在这一章中，也对内源性决定生物节律的进化进行了讨论。

　　和已进行过深入研究的哺乳动物（尽管研究集中在少数几个物种，主要是啮齿动物）相比，对鱼类有关的时间生物学研究相对较少，而且只关注到少数几个物种，尤其是来自温带地区的物种。在自然条件下和在实验室中的研究，在数量上有着很大的差距，而在质量上，就数据种类而言，绝大多数关于鱼类的出版物都是有关实验室研究的。

　　在能精确控制变量的实验室中设置简化的环境可以准确地研究生物钟的性质，从而揭示不同类群的时间调控机理的主要特征，包括生物节律的外源的或内源的性质、振动器（oscillators）的数目和解剖位置、内外偶联（entrainment）的作用机理、振动器之间的耦合及其相关功能、授时（zeitgebers，德语，指计时者）因子的层次结构在不同物种中的作用、掩蔽等。然而，因为时间生物学研究是非常费时的，而且它的相关性和方法论知识可能并没有广泛地在鱼类学家中传播，所以只详细研究了相对很少的物种，对于硬骨鱼类来说尤其如此。硬骨鱼类是脊椎动物中最多样化的群体，全世界有 47000 多种（Nelson，1994），而只有几十种在实验室里被研究过。在许多情况下，这些都是人工饲养了许多世代的商业鱼类，例如来自亚洲温暖地区且有详细研究的金鱼（*Carassius auratus*），或者在当地市场购买的没有明确背景的鱼类和来自亚洲热带地区的斑马鱼（*Danio rerio*）。即使是捕获的野生实验动物，也很少有文献提供精确的原产地，且很少提供关于该地区的自然条件数据。在某些情况下，甚至没有给出实验条件的详细描述。文献中经常没有体现出地理的和方法上的差异，而这可能解释不同作者对同一物种所获结果的差异。

另外，能够提供关于鱼类自然栖息地的必要信息的自然条件研究在数量上仍然有限，并且数据在质量上的差距阻碍了与实验室数据的联系——在更加复杂的自然条件下，关于鱼类活动节律的数据仍然非常简单，部分原因是野外工作的固有困难所造成的方法上的局限性。迄今为止，在热带地区进行的大多数实地研究都是基于浮潜或佩戴潜水器在潜水期间的直接观察。这些研究主要集中于生活在清澈透明水域的鱼类，如热带珊瑚礁、清澈水流和湖泊。在日周期的夜间进行直接观察则需要人工照明。许多鱼类对光线高度敏感，甚至对暗淡的红光也会作出反应，这可能会干扰它们正常的节律。在实验室里，光的脉冲对鱼类活动的节律性有显著的影响，但也观察到野外的一些鱼类被光照时没有明显的反应，可这并不是它们的节律没有受到破坏的确凿证据。更复杂的技术是最近才出现的，而且大多限于中型至大型鱼类，例如电子标签允许对个体进行持续的记录以避免直接观察造成的偏差。

时间生物学野外研究的另一种方法是在日周期或年周期的不同时间进行一系列采集，对采集到的个体进行计数然后释放（Naruse and Oishi, 1996）。这种方法是假设个体越积极活动，其被抓获的概率就越高，因此，多的捕捉次数和其在种群的活动峰值相对应，而捕获和释放一尾特定的鱼并不影响其后续的捕获概率。虽然会有明显的偏差，但这种方法可以得到一个对研究种群的运动节律的粗略估计。同样，可在分析日周期的不同时间采集的鱼胃内容物的基础上对摄食节律进行研究，重点关注饱食程度、猎物类型和消化水平。

总之，野外和实验室的研究工作各有其优缺点，却同样是充实鱼类节律性知识的重要来源。我们需要有关鱼类行为和栖息地条件的自然数据，以理解在物种和个体当中节律变化的生态意义（Naruse and Oishi, 1996），这有助于规划实验室的研究，而这些研究反过来又将进一步指导野外研究。整合这两方面的数据对于结果的一致解释是必要的，从中可提出生态生理学和进化时间生物学的假说。

4.2　时间生物学的基本概念

热带地区大致为南北回归线之间的区域，包括澳大利亚、印度、非洲、中美洲和南美洲的部分地区，以及印度尼西亚和新几内亚等地。因此，也包括大西洋、太平洋和印度洋的热带部分。与温带地区相比，这些栖息地的特点是气候和光周期的波动不那么剧烈。相反，其他不一定和温带或热带相关的环境周期可能相当强烈，比如月周期、潮汐运动和一天的昼夜期。然而，在热带（主要是靠近赤道的地区）最明显的环境变化是湿季和干季的区别。这为探讨生物周期（主要是由生物钟内源性控制的节律）提供了有意义的案例。

在很长的一段时间里，对生命的生物节律认知是经验上的，直到18世纪初对这些节律的科学研究的出现，可以认为这是时间生物学的诞生（Menna-Barreto, 1999；该作者还提供了大量的关于生物节律基本概念的文献）。如今，时间生物学是生物科学中发展最迅速的领域之一，这既是生物节律在生物体中广泛分布的结果，也是这些节律影响几乎所有生物体活动的事实。因此，大多数生物科学领域的实验设计必须考虑到"时间作为可变因素"。

环境因素的节律性给动物带来了特别的挑战：如何预测这些"可修改的"周期性事物，以便更好地应对它们。因此，这种预期机制可能是生物体的一种固有特征。事实上，周期性的环境事物，如明暗交替、温度波动、气候季节变化、月周期、潮汐运动、雨季等，可能是地球上生命起源之前的状况。因此，有机进化是受到这些周期性环境波动的深刻影响，从而可预期其将发生的生物机制。

对环境周期性变化的反应有两种：一是被动反应，即环境因素对生物体的直接影响[产生掩蔽效应（masking effects），时间生物学术语]；二是主动反应，其节律是生物体固有的，和一种环境周期一起运行，从环境周期中调节但不引起节律（一种诱导效应）。

生物学意义还可归因于环境周期被动施加的生物节律（掩蔽效应）。这种直接的联系为动物更好地利用环境资源提供了有效的生物条件。例如，对于那些一年多次繁殖的鱼来说，比如丽鱼科（Cichlidae）的尼罗罗非鱼，产卵集中在较温暖的月份与食物供应的可获得性和后代发育有较好的温度有关。此外，在一些鱼类中检测到的季节性代谢变化也可能是对水温的直接（被动）反应（Wilhelm Filho et al.，2001），而不是任何内源性节律。此外，大多数亚马孙鱼类调整红细胞的 ATP 和 GTP 浓度以响应氧气可获性的自然波动（Val，1993）。然而，由自我维持的生物时间系统（睡眠和清醒、运动-活动节律等）积极控制的反应是这里讨论的主要案例。

4.2.1 由时序系统控制的生物节律

生物节律与环境周期是同步的。例如，游泳、进食、激素释放（Bromage et al.，2001）、睡眠（Kavanau，1998，2001）、社会交往（Nejdi et al.，1996）和学习（Reebs，1996）都是和一天中黑暗与光明周期相关的活动。其他描述得很清楚的是与潮汐活动、温度变化、雨季和季节性光周期波动有关的活动。

第一个解释生物周期和相应环境周期之间联系的假设指出，这些生物节律是对周期性环境的被动反应。这个"外源性时钟假说"提供了一个较为简单的解释，正如帕西莫南科学定律（Parcimonian's Law of Science）所预期的那样。然而，20 世纪的研究在"内源性时钟假说"的基础上给出了更好的解释。但是，这个讨论并不容易做出结论，我们将在后面说明。为了更好地理解这一点，本章对生物节律的基本特征进行了解释。Schwassmann（1971）、Hill（1976）、Aschoff（1981b）、Brady（1987）、Aschoff（1990）、Ali（1992）、Marques 和 Menna-Barreto（1999）及 Menna-Barreto（1999）就时间生物学的基本概念给出了广泛的描述。

周期性活动可以用正弦曲线来表示，即在一个时间尺度上高低交替的活动周期，如图 4.1 所示。周期性活动与环境周期相关联[图 4.1（a）]，在这种情况下，这些周期彼此处于同一阶段。在图 4.1（b）中，这些周期是不一致的。周期的阶段用希腊字母 φ 表示。当生物周期超过相应的环境周期，φ 为负值；当落后于相应的环境周期，φ 为正值。一个周期（cycle）的时期（period）（用希腊字母 τ 表示）指出了相邻对称位置的两点之间的距离 [图 4.1（a）]。时期越短，在相同的时间间隔内周期就越频繁，频率越高。频率是时期的倒数。

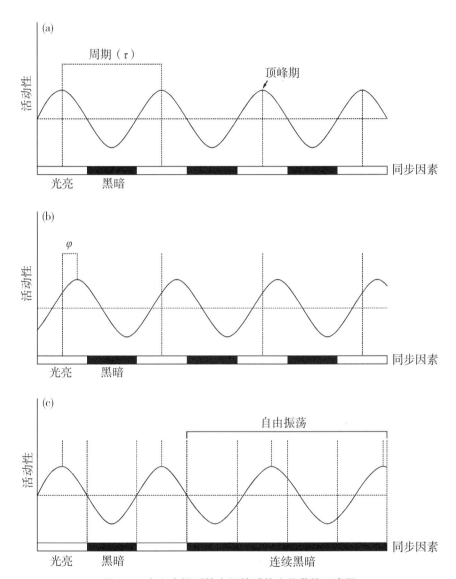

图 4.1　本文中提到的主要性质的生物节律示意图

生物节律与环境节律的同步性在很长一段时间内就已经被人们所知道。在关于生物时序系统的外源性或内源性性质的讨论中，这种在没有环境周期的情况下的生物节律行为已经阐明了许多内容。经典的研究表明，即使相匹配的环境周期被去除，鱼类和许多其他生物的大多数生物节律依然是持续的。在这种情况下，这些生物节律被认为是自由运行，而且生物节律的时期与环境节律的时期并不完全相同［图4.1（c）］。例如，每日活动节律的时期可能是24 h，而动物自由奔跑的节律可能是较短或较长的时期。由于这些节律（动物和环境）有相似但不完全相同的时期，这种生物节律被称为近似节律（circarhythm, circa是拉丁词，意为"近似，大概"）。因此，它们被分为近似昼夜节律（约24 h）、近似潮汐节律（约12 h）、近似月周期（约28 d）等。近似昼夜节律是研究最多、最好理解的，通常是生物节律理论的背景，并用于节律的分类。因此，时期小于24 h的节律被称为高节律（超日，高频率），而那些长于24 h的节律被称为低节律（亚日，低频率）。

尽管自由运行现象引起了人们对内源性起搏点的注意，但外源时钟假说的辩护者认为这种反应是意料之中的，因为真正的生物时钟不是由环境因素选择和控制的；相反，它是某种地球物理力量不断周期变化的结果。然而，外源时钟假说的辩护者面临的另一个问题是，如果起搏点是外源性的，并且应该对同一区域和同一时间的所有个体产生同等影响，那么如何解释个体的差异性。在这场由Hill（1976）详细描述的争论中，"外源驱动"假说的支持者通过假设计时器的生化或生物物理结构可以受到个体条件的影响来解释，从而反映出个体之间的微小差异。虽然外源性时钟是精确的，但显露过程（活动、颜色变化等）的表现和这个外源性时钟没有精确的联系。他们用机械表作类比，在机械表中，指针没有牢固地附着在手表的驱动装置上。这样，手表就可以精确地工作，因为指针可以自由地稍微快或慢地转动。从生物学角度来看，显露过程可能会逐渐滞后或超过外源性时钟，因此，它们显示的是一个近似的周期节律，而不是外源性时钟的确切节律。

这个争论持续了很多年，内源性时钟假说的追随者们对这些批评做出了回应。他们将周期节律的转移比作血液从一个人转移到另一个人，从而加强了他们的假设。仓鼠的移植实验显示，移植的视交叉上核（SCN）与宿主的视交叉上核同步（van Esseveldt et al., 2000年），强烈表示了内源性节律。而且，自20世纪80年代以来，人们对时序系统的遗传和分子基础有了较为深入的理解，并明确拒绝了外源假说。

虽然生物节律是内源性控制的，但这些节律和环境因素保持着紧密的联系，而不是由环境因素所决定的。环境因素被称为授时因子（zeitgebars），它们只是调节有机体内源的节律性活动（图4.1）。

生物节律与环境周期的时期不完全相同，而授时因子有助于这些节律的同步。当内源性节律与环境周期相比有较短的时期时，将这些环境周期和时期校正，更多的是延迟周期的开始（如增加活动的开始）而不是加速内源性周期结束时的进程（高强度活动结束）。反之，当内源性周期的时期长于环境周期时，主要是通过在周期结束时加快进程来实现调整的。从单细胞到多细胞生物，无论是白天活动还是夜间活动，这种周期的调整在不同物种中几乎是普遍存在的（Marques and Menna-Barreto, 1999）。因此，生物节律是由环境因素（授时因子，也称为相位因子）所调控的，这个过程被称为内外偶联、导引（entrainment）。这是一个非常重要的特征，因为生物节律可以保持其对环境的内源独立性，但仍然和环境有联系。

自由运行周期的另一个有意义的特性是相对于环境温度的独立性。温度对生物过程的影响很容易用 Q_{10} 来理解，Q_{10} 是表示在温度变化 10 ℃ 的情况下生物过程的强度增加或减少的系数。因此，$Q_{10} = 2$ 意味着如果温度升高（或降低）10 ℃，新陈代谢将加倍（或减少一半）。通过使用频率值，有可能计算一个节律的 Q_{10}。当温度升高而使节律频率缩短时，可预期 Q_{10} 高于 1.0；如果温度下降，这个值将低于 1.0。然而，内源性时序系统控制的生物节律的 Q_{10} 非常接近 1.0（通常为 0.8～1.2）（Hill，1976）；也就是说，尽管温度波动，但它几乎没有变化。这种不依赖温度的独立性具有生物学意义，因为在一天或更长的一段时间内（月、季、年等）温度通常发生剧烈变化，但动物能够维持其正常的周期过程。

生物节律与环境温度的这种独立性是相对的。这些节律可以被温度因素所控制，比起恒温动物，这种现象在变温动物中更明显（Schwassmann，1971）。此外，有相当多的证据表明，温度会影响几种鱼的成熟，包括热带和亚热带鱼类（Bromage et al.，2001）。在这种情况下，温度对性腺有直接影响。显然，这不是对生物时序系统产生的影响，而是对由它们控制的活动产生的影响。

4.2.2 时序系统的组织结构和遗传学基础

由内源性时序系统控制的生物节律依赖于内部的振动子（细胞自主计时起搏器）产生自我维持的节律性。这些振动子组合成一个多振荡系统，Moore-Ede 等（1976）精确地证明了这一点。这些振动子是由来自输入路径的外部信号控制的（将外部环境信息传导到振动子的一系列活动）。振动子的节律性通过输出途径传导到它所控制的生物。这就形成了一个等级组织，其中包括内部的反馈机制。振动子（自主计时器）给被动结构或功能以节律，从而相应地波动。

松果体是参与生物节律的结构之一（Matty，1985）。Bromage 等（2001）在一篇综述中描述了鱼体内这个腺体的自我维持活动。他们报告了离体研究显示的松果体释放褪黑激素的自由运行活动。因此，亮暗（Light-dark，LD）方案下的组织在黑暗中增加了褪黑激素的释放。这个周期维持在 DD 的状态下，但和在 LD 周期中的表现有所不同。事实上，有些鱼类的松果体在培养液中会摆动，而其他种类的鱼则不会（Underwood，1990）。在七鳃鳗中，昼夜节律振动子调节褪黑激素的节律性产生是毫无疑问的，褪黑激素对运动活动产生昼夜节律性的影响（Menaker et al.，1997）。在狗鱼中，时间控制着褪黑激素合成的两种酶（褪黑激素合成的第一种酶色氨酸羟化酶；N-乙酰转移酶：这条合成链的倒数第二种酶）；但在鳟鱼中却没有，这表明，在鳟鱼中，调节这两种酶表达的单一昼夜系统已经被破坏（Coon et al.，1998）。

单细胞生物（细胞中也有振动子）内源性节律的存在支持了时序系统是细胞作用机理的一部分。最近在遗传学上关于生物时序系统的研究进展已经阐明了基因是如何参与测量时间的。尽管在分子遗传学领域出现了这个非常特殊的命名，但一般术语"时钟基因"（clock gene）已经被用来指编码任何振动子系统元素的基因，也许"时序系统基因"（timing-system gene）是更好的命名。

尽管生物时序系统的遗传基础在逻辑上是可预期的，但在 1971 年，Konopka 和 Benzer 第一次详细描述了化学诱变果蝇的生物钟突变的证据。这些突变体的昼夜节律周期长于或短于 24 h，甚至出现无节律的（arrhythmic）。这些节律的不同表现都出现在相同的基因位点，称为时期（period，per）。Ralph 和 Menaker（1988）偶然发现仓鼠体内的昼夜节律 *tau* 突变，对纯合子的动物产生非常短的 20 h 的周期。其他研究表明，突变会改变激素分泌的昼夜节律模式（Lucas et al., 1999），甚至还发现一个独立的昼夜节律振动子是视网膜中褪黑激素节律的驱动因素（Tosini and Menaker, 1996）。这种突变也扰乱了随日长而变化的季节性生殖和内分泌反应（Stirland et al., 1996）。如今，尽管主要研究昆虫和哺乳动物，但内外偶联（导引）和自由运行的分子基础已经被证明（Young, 2000）。基因表达的昼夜节律调节已在单细胞生物、脊椎动物和无脊椎动物中得到证明。Carter 和 Murphy（1996）提出了哺乳动物生物钟的基因-生化机制。因此，一个包括 mRNA、蛋白质合成和修饰蛋白在内的自动调节环是"时钟基因"的基础：时间信息来源于该周期机制的持续时间。

4.3　活动节律

昼夜节律直接涉及个体和群体的时间和空间组织，以及对重复活动的预测和反应（Boujard and Leatherland, 1992）。昼夜节律模式是动物中可观察到的最明显的节律。因此，它们成为时间生物学研究的主要对象，包括在野外和实验室进行的实验工作，也就不足为奇了。日常活动节律从外部上表现为交替活动和休息阶段的活动型式、栖息地探索、进食及种内和种间相互关系（学习、争斗行为、领土防御、交配、捕食者和猎物的相互作用）。在生态环境中，物种特有的活动时间模式的重要性似乎是显而易见的：它们代表了生理状态、运动活动和发育步骤等功能的调整，以适应环境的时间变化，以及集中或取代个体之间的相互作用（繁殖、竞争、捕食者和猎物的相互作用）（Lamprecht and Weber, 1992）。不同种间活动阶段的差异是参与鱼类群落组织的一个重要因素，当每个物种集中其大部分活动（探索行为、摄食、相互作用等）时，可以按照每日周期的阶段对鱼类群落进行生态分离。

一般来说，对鱼类活动节律的研究主要集中在单一的或远亲的物种上，在许多情况下，鱼类的选择更多的是为了方便，而不是因为特定的时间生物学优势。因此，所研究的物种是否构成了时间生物学调查的最佳模型系统是值得怀疑的（Spieler, 1992）。作为一个例外，我们可以引用 Erckens 和 Martin（1982a, b）的工作，他们比较研究了墨西哥脂鲤科（tetra characin）的墨西哥丽脂鲤（*Astyanax mexicanus*）和它的洞穴衍生种类，另一种丽脂鲤——*A. antrobius*。

由于缺乏密切相关物种的比较数据和影响被研究种群的自然条件的可靠数据，实验室中发现的节律的生态生理学和进化意义的解释被大大限制。首先，因为没有对种群栖息地的恰当认识，我们不能肯定这些节律是不是完全由人工实验室环境产生的假象，而这种人工环境不会出现在自然栖息地。其次，如果不运用比较的方法，就无法区分所研究的节律表现涉及的历史（系谱）因素和生态因素。

众所周知，亮暗（LD）周期是动物的主要授时因子（Aschoff，1981a）。在鱼类中，昼夜节律被认为是一系列行为的和生理的变量（Boujard and Leatherland，1992）。在此，我们重点关注活动节律，并强调昼夜节律。广义活动包括一系列行为：身体移动/游泳（利用可用空间的自发运动，通过游泳或在底部移位，与进食无关）、进食、繁殖、社会互动。移动和进食活动在野外很难区分，但实验室研究表明它们是不同节奏的表达，而在鱼类中两者联系则相当松散。这些在数量上占主导地位的活动，理所当然地受到了时间生物学家更多的关注。

根据每日周期鱼类集中其大部分活动（探索行为、进食、社会相互活动）的晨昏性时相，鱼类被分为昼行、夜行或黄昏型（及其混合型）（Ligo and Tabata，1996）。Eriksson（1978）和 Sanchez-Vazquez 等（1996）分别确定夜行模式为在一个周期的黑暗阶段分别有 67% 或 65% 以上的活动发生，昼行模式则是指在这一阶段的活动不到 33% 或 35%，而在这些数值之间的则是随机的。

根据鱼类的主要活动阶段对其进行分类是第一步，在许多情况下，这也是野外自然时间生物学研究的主要目标。与实验室工作相比，野外研究通常量化不足，而且通常没有给出个体差异的精确数字。不过，它们提供了生态方面的有关资料，揭示了在种群水平的主要趋势。在热带鱼类中，一些出版物包括基于自然主义研究的溪流和沿海鱼类活动节律的数据（Lowe-McConnell，1964，1987；Sazima and Machado，1990；Sazima et al.，2000a，b）。

实验室研究表明鱼类的活动模式具有高度的灵活性，而哺乳动物似乎对活动有着相对严格的内部控制。活动阶段的变化不仅体现在密切相关的物种当中（如在一个属内），而且也在一个物种内，甚至在不同时间的同一个体内。对同一物种报告的不同活动模式，可能是独立研究中记录技术和数据分析的差异造成的人为现象，但也可能反映了活动中地理、栖息地和季节的变化。

双相位的能力，即从昼行到夜行的行为或从夜行到昼行的行为，在一些温带物种［如鳟属所有种、江鳕（*Lota Lota*）、杜父鱼属所有种、棕鲴（*Ictalurus nebulosus*）］中得到了证明，它们显示了每日活动模式的季节性反转。事实上，昼夜节律的季节变化是众所周知的。例如，在实验室条件下，鳟鱼（*Salmo trutta*）和大西洋鲑鱼（*S. salar*）在夏季主要是白天活动，在冬季主要是夜间活动，而在短暂的时期（春季和秋季）则是黄昏时活动或静止不动（Eriksson，1978）。同样，花足杜父鱼（*Cottus poecilopus*）和米氏杜父鱼（*C. gobio*）在夏季的白天和冬季的夜晚也很活跃。相反，江鳕（*Lota lota*）在夏季的夜间活跃，在冬季的白天活跃（Boujard and Leatherland，1992）。热带青鳉（*Oryzias latipes*）冬季白天在表层活动，但夜间在底部活动，在夏季任何水层都变为白天活动（Naruse and Oishi，1996）。

棕鲴（*Ictalurus nebulosus*）是一种典型的夜间活动鲇鱼，当 12∶12 的 LD 周期的光亮时相的光强度非常低（约 1 lx）时，倾向于变成白天活动（Eriksson，1978）。然而，夜行和昼行的个体都明显地表现出黄昏进食活动。据报道，金鱼（*Carassius auratus*）的运动节律和进食节律有双重和独立的阶段。Sanchez-Vazquez 等（1996）的研究表明大多数个体倾向于白天活动，但也有一些表现出夜间活动；然而，有些白天活动的鱼表现出夜间摄食的行为，反之亦然，而且摄食时间的变化也和某些个体的活动模式相反。Ligo 和 Tabata（1996）也观察到在 LD 周期下的鲫鱼（*C. auratus*）有很多的个体差异；大多数被研究的金鱼在光敏感期都很活跃，但有些在暗敏感期很活跃，而有些在光敏感期和暗敏感期都很活跃。此外，一些个体会自发地改变活动模式，表明了该物种的高度灵活性。同样地，另一种经过深入研究的实验室模型——原来的热带斑马鱼（*Danio rerio*）——在所有测试的实验条件（LD、DD 和 LL）下，在活动节律的阶段性、周期和振幅等方面都表现出相当大的个体差异，而且在 21 ℃时，表现出显著节律比例的个体要高于在其他温度下的。大多数个体在昏暗的 LD 周期下是白天活动的，并且没有观察到活动模式之间的自发变换（Hurd et al.，1998）。其他物种的活动时期也证明有类似的变化，如泥鳅（*Misgurnus anguillicaudatus*）、细鳞大马哈鱼（*Oncorhynchus gorbuscha*）和青鳉（*Oryzias latipes*）（Ligo and Tabata，1996）。据报道，一些物种的活动时期存在性别和年龄相关的差异（Naruse and Oishi，1996），而在斑马鱼中也证明了温度和性别之间存在显著的相互作用（Hurd et al.，1998）。

双相位能力是一种高度可适应的昼夜节律系统的特征，似乎是一种常见的鱼类特征，尤其对于温带鱼类，是一种适应光周期、温度和食物供应季节性变化的应变能力。双相位能力似乎不能适应在季节性变化不像温带那样明显的热带地区。然而，在有明确雨季周期的热带地区，食物的有效性在数量和质量方面可能每年都有重要的波动。在大型的热带混浊河流中，如亚马孙流域的白水河，在几米水深的地方便达到能观察到棕鲴（*Ictalurus nebulosus*）的光阈值（1 lx）。因此，这些大型热带河流中的许多鱼类暂时或永久生活在这个阈值之下，甚至生活在自由活动的条件下（永久黑暗），这取决于深度和鱼类对光线的敏感性。在热带鱼中，双相位能力是一个有意义的和令人兴奋的未来研究领域。

众所周知，除了光照之外，摄食也会影响鱼类的节律，这一点在一些鱼类得到了证实。除了广义的运动节律外，进食也可能影响特定的行为，包括趋光性和斗争性行为，以及一些生理变量，如周期中的皮质醇水平。另外，对于一个物种，并不是所有的节律都是由进食引起的，例如，对于青鳉（*Oryzias latipes*），进食引起的是斗争的行为，而不是生殖行为。也有报告指出，运动节律不受进食时间的影响（Spieler，1992）。

昼夜节律系统中最具特色和最具适应性的组成部分是食物预期活动（food anticipatory activity，FAA），即在进食前数小时，活动开始显著增加。食物预期性活动节律与光刺激的节律表现出同样的振荡特性。定时喂食可作为诱导 FAA 的有效授时因子。对于绿背菱鲽（*Rhombosolea tapirina*），一次餐食的大小和持续时间都和 FAA 的发展有关，这表明这种鱼能够评估每日餐食的能量和时间影响。在食物缺乏期间，FAA 可能会持续（残留振荡）数天（绿背菱鲽、太阳鱼、大嘴鲈鱼和玉筋鱼是 3 d，金鱼是 3～10 d），表明 FAA 是由内源性食物激发的昼夜节律振动器所介导的（Purser and Chen，2001）。

在不同的摄食时间下，鱼类之间的行为差异可在一个适应的生态环境中得到解释。

从适应性的角度来看，在定期食物供应的情况下准备喂食的好处是不言而喻的（Boujard and Leatherland，1992）。当鱼有足够的食物和足够的时间进食时，就不需要预计用餐时间。然而，当食物获取时间和/或食物大小受到限制时，摄食活动的同步就可以确保不会错过喂食的窗口，也可以通过在食物充裕时储备在消化系统内以最大限度地利用食物（Purser and Chen，2001）。这是自然栖息地的常见情况，因为食物有效供应的周期性减少，或者，为了减少竞争而缩小食物生态位（food niche）。

在一些鱼类（及一些鸟类和哺乳动物）中观察到运动模式和进食模式之间的相对独立性，这表明存在两个独立的、松散关联的时序机制，有独立的振动子参与，分别为在解剖学和功能上彼此不同（Spieler，1992；Sanchez-Vazquez et al.，1996；Purser and Chen，2001）的光激发（light-entrainable）振动子和食物激发（food-entrainable）振动子（分别缩写为 LEO 和 FEO）。

从原生生物到动植物的许多生物的研究结果都提供了强有力的证据——内部时钟或多或少地严格控制着活动模式。有证据表明鱼体内存在内源性昼夜节律，包括活动模式、鳞片和耳石的生长，以及视觉（Boujard and Leatherland，1992）。然而，由于在某些物种中没有检测到自由运行的昼夜节律，因此关于鱼类活动的内源性和外源性控制的问题仍然是有争议的。

与四足动物，特别是与哺乳动物相比，鱼类自由运行节律通常更不稳定。许多研究人员发现，在恒定条件下，各种淡水和海洋硬骨鱼会有昼夜节律的振动（主要是身体运动），例如，鲫鱼（*Carassius auratus*）、纵纹鱲（*Zacco temmincki*，鲤科）、董氏条鳅（*Nemacheilus barbatulus*，爬鳅科）、白亚口鱼（*Catostomus commersoni*，胭脂鱼科）、鲇鱼（*Silurus asotus*，鲇科）、香鱼（*Plecoglossus altivelis*，香鱼科）、江鳕（*Lota lota*，江鳕科）、底鳉（*Fundulus heteroclitus*，鳉科）、欧洲鳎鱼（*Solea vulgaris*，鳎科）；热带物种有斑马鱼（*Danio rerio*，鲤科）、墨西哥丽脂鲤（*Astyanax mexicanus*，脂鲤科）、麦穗小油鲇鱼（*Pimelodella transitoria*）和项鲇属（*Taunayia*）［油鲇科（Pimelodidae），鮠鲇亚科（Heptapterinae）］、金色海猪鱼（*Halichoeres chrysus*，隆头鱼科）（Boujard and Leatherland，1992；Sanchez-Vazquez，1996；Hurd et al.，1998；Trajano and Menna-Barreto，1995，2000；Gerkema et al.，2000）。

总的来说，鱼类中具有自由运行的昼夜节律和振动信号能量的个体比例通常低于哺乳动物的。在斑马鱼中，高达 73% 的鱼在 DD 条件下表现出自由运行的昼夜节律，其余表现为不稳定或无节律的（arrhythmic）（Hurd et al.，1998）；约 75% 的鲇鱼（*Silurus asotus*）在不同强度的恒定光下表现出昼夜节律（Tabata，1992）。此外，在持续黑暗中生活的几种鱼在几周内会失去昼夜活动模式（Tabata，1992；Gerkema et al.，2000）。美洲西鲱（*Alosa sapidissima*）、海鲇（*Arius felis*）、斑点叉尾鮰（*Ictalurus punctatus*）和鳟鱼（*Salmo trutta*），不能检测到自由运行的节律（Boujard and Leatherland，1992；Ligo and Tabata，1996）。相比之下，研究发现巴西的鲇鱼、麦穗小油鲇鱼（*Pimelodella transitoria*）在连续几个月的黑暗生活中，表现出自由运行的昼夜节律。同样，在持续黑暗中进化几代的小穴居油鲇鱼（*Pimelodella kronei*）的几个实验样品也表现出明显的自由运行的昼夜运动模式（Trajano and Menna-Barreto，1995），在一种白天活动的金色海猪鱼（*Halichoeres chrysus*）也观察到与 LD 条件有关运动的精确联系，表现出内源性控制系统的预期行为特征。热带和温带物种在昼夜节律系统稳定性方面可能存在的差异还需进一步研究。

有证据表明硬骨鱼昼夜节律系统包含多个自我维持的振动器，而且至少有 2 个器官——松果体器官和视网膜（包含振动器）。视网膜、松果器官和大脑深处的光感受器将参与光信号转导，以建立鱼类的昼夜节律（Ligo and Tabata，1996）。在一些鱼类中，这些器官中的每一个都可能单独参与运动活动的调节。对鲇鱼（*Silurus asotus*）的实验表明，这些感光器官在昼夜节律组织中具有不同的功能作用。侧眼主要在较强的光照条件下参与，松果器官可能主要在 DD 条件下参与，而在昏暗光照条件下，当眼睛和松果器官的光信息整合时，两者都参与昼夜节律的结构组织中（Tabata，1992）。

来自实验室研究的数据表明，鱼类振动器是彼此松散耦合的。这些振动器之间的弱耦合，或缺乏来自特定的使这些振动器互相同步的授时因子的引导信号，能够解释在鱼类活动节律中观察到的变异性，包括某些动物的明显无节律性（arrhythmicity）。斑马鱼的数据表明，温度可能是影响这种耦合的环境条件之一（Hurd et al.，1998）。振动子与显露节律（overt rhythms，如运动活动）之间的耦合强度，可能会根据内部的、生理的和外部的环境条件而在个体间和个体内发生变化，从而产生硬骨鱼生物节律系统的可塑性。在温带物种中观察到的运动模式季节变化支持了这一假设，表明这种灵活性是一种生存的策略，对于在不断变化的环境中生存的变温动物来说尤为重要（Ligo and Tabata，1996）。

一个时间整合的多振动子系统，包括光激发和食物激发的振动子，可认为是有适应性的，因为把所有的昼夜节律系统都纳入相同的授时因子可能不是很有利的。喂食前的昼夜节律活动可以最大限度地利用周期的食物资源，但这并不一定会改变与消化无关的其他行为或生理功能的昼夜节律组织结构（Boujard and Leatherland，1992）。昼夜节律系统不仅和运动与进食活动有关，也和生殖节律有关。在一个随时间改变的食物资源的情况下，挨饿肯定是不适应的，但如果所有的节律都和一个新的进食时间相一致，从而在一个非最佳季节或一天的时间里产卵，也同样是不适应的（Spieler，1992）。阶段性的灵活性及摄食节律和运动节律之间一定程度的独立性可以看作鱼类对相对稳定的水生环境的适应性反应，但会受到某些周期性变化的生物因子的影响（Sanchez-Vazquez et al.，1996）。

活动的时间段（白天与夜间的行为）经常看作一个分类相关的特征。事实上，野外研究指出了这是科或属的普遍趋势。这是意料之中的，因为在生态学（如摄食模式、社会行为）和解剖学（与食物种类相关的摄食器官，适应特定光照条件的感觉系统）上的相似性产生了共同的谱系。

在热带淡水鱼类中，鲇形目（Siluriforms）与电鳗目（Gymnotiformes）和海水鱼类中的鳂科（Holocentrids）、鲉科（Scorpaenids）、鮨科（Serranids）、天竺鲷科（Apogonids）、大眼鲷科（Priacanthids）及笛鲷科（Lutjanids）一样，通常被认为是夜间

或黄昏活动的种类（由实验室研究支持的结论）。而淡水的脂鲤目（Characiforms）和丽鱼科（Cichlids）主要是日间活动的种类，像大多数珊瑚礁鱼类一样，如蝴蝶鱼科（Chaetodontids）、雀鲷科（Pomacentrids）、隆头鱼科（Labrids）、刺尾鱼科（Acanthuridae）、鳞鲀科（Balistids）、鲀科（Tetraodontids）和刺鲀科（Diodontids），以及捕食鱼类，如狗母鱼科（Synodontids）、管口鱼科（Aulostomids）、烟管鱼科（Fistulariids）、颌针鱼科（Belonids）和舒科（Sphyraenids）。尽管如此，还是发现许多例外的情况，这充分说明了不同类型硬骨鱼类的生态可塑性特征，因此，下结论的时候必须谨慎。

这种可塑性似乎因不同的分类群而异。鲤形目鱼类［鲃科（Barbs），鲤科（Carps）、鳅科（Loaches）］，其中许多种类都是已知的日间活动的、视觉导向鱼类，它们似乎有特别的灵活性，正如文献报道的金鱼和泥鳅（*Misgurnus anguillicaudatus*）所展示的个体的变异性和双相活动的能力，以及一些穴居鲤形目种类的存在（Romero and Paulson, 2001），说明它们的确或者很可能起源于夜间活动的地上生活种类。即使是在更加同源纯系的夜间活动、化学感觉导向的鲇形目鱼类也有例外。例如，在通常认为的夜间活动的毛鼻鲇属（*Trichomycterus*）鲇鱼（Trichomycteridae 毛鼻鲇科）和钩鲇属（*Ancistrus*）甲鲇鱼（Loricariidae 甲鲇科）中，也有日间活动种类的报道（Buck and Sazima, 1995; Casatti and Castro, 1998）。夜间摄食对于小的甲鲇鱼来说是不常见的。但 Sazima 等（2000a）报道一种在黄昏和夜间觅食的亚马孙矮脚鲇（*Scoloplax empousa*）［矮甲鲇科（Scoloplacidae）］，发现它们可以通过视觉搜索猎物，因为作者观察到它们的眼睛移动（在水族馆）和头部定向（在野外）。

据报道，肉食性的锯脂鲤科（Serrasalmidae）鱼类主要是日间活动的，但是在这种很明显的同源纯系分类群内也观察到群内变异的情况。Sazima 和 Machado（1990）在野外研究的 3 个种，其中多斑锯脂鲤（*Serrasalmus marginatus*）和暗带锯脂鲤（*S. spilopleura*）这两种更大型的个体会将进食活动延长至清晨，而像纳氏臀点脂鲤（*Pygocentrus nattereri*）这种中型至大型的个体，则主要在黎明和夜间进食，夜间可持续至 22：00 时左右。

海岸边的鰕虎鱼类，许多生活在潮间带，一般认为它们是以日间活动为主的。然而，Thetmeyer（1997）比较研究了属于两个不同属的两种鱼——黄体尻鰕虎鱼（*Gobiusculus flavescens*）和小长臀鰕虎鱼（*Pomatoschistus minutus*），发现了活动能力和耗氧量的每日节律，但是活动的时相因不同的种类而异：黄体尻鰕虎鱼（*Gobiusculus flavescens*）在白天最活跃，而小长臀鰕虎鱼（*P. minutus*）在黑夜中活动达到峰值。在这些鱼类中，它们的活动似乎和觅食（猎物类型、底栖摄食或离底摄食）、种群密度及存在捕食者等因素密切相关，而这些因素可能会引发鱼类活动节律的转换。

由于月光、星光、大气光（来自高层大气的光，与太阳辐射引起的气体光化学反应有关）及生物荧光的存在，浅水栖息地即使是在夜间也不存在绝对的黑暗。许多鱼类具有很高的光敏性，其中一些鱼类能够感知低至 0.01 lx 或更低的光强度（Eriksson, 1978），这些光量可以使生活在浅海栖息地、池塘、清澈河流及更大型水体浅层的鱼类在夜间进行视觉定位和觅食（Thetmeyer, 1997）。因此，对于来自这些栖息地的视觉导向鱼类来说，出现系统发生的或者个别昼夜双相活动的鱼并不奇怪。

对于来自浅水栖息地和/或透明水域的鱼类来说，昼夜的差异更为明显。但对于生活在大河浑浊水域、深湖和海洋底部附近的鱼类，情况并非如此。许多鱼类的昼夜节律系统表现相对较弱，这可能是对海洋和深的淡水生境中白天和黑夜之间辐射度的差异相对较小的一种反应（Gerkema et al., 2000）。硬骨鱼高度灵活的昼夜节律系统，可以让这些鱼类对光照水平的非日常变化进行调整，从而使它们适应在不同水层之间的移动及由于降雨引起短期至中期浊度的变化等。

在共生关系中，如清洁活动（去除寄生虫、病患或受伤组织及其他鱼体的黏液），在一些礁栖鱼类群落已经进行了详细的研究，清洁鱼和患病鱼的活动可以起到相互的作用。霓虹鰕虎鱼，菲格罗霓虹鰕虎鱼（*Elacatinus figaro*），在黎明时开始清洁活动，并在傍晚前结束；白天活动的患病鱼主要在午后进行清洁，而夜间活动的鱼大多在接近黄昏的时候进行清洁。霓虹鰕虎鱼在清晨和下午的两个清洁活动高峰分别对应于患病鱼在夜间和白天已经进食，因此有时间寻找清洁的地点（Sazima et al., 2000b）。

除运动、游泳和进食行为外，其他行为也表现出昼夜节律。吞气行为就是这种情况，典型的有兼性或专性的空气呼吸鱼类，以适应缺氧的水环境。在潮池和热带缓慢移动的浅水淡水及受到暂时干旱影响的溪流中，氧气浓度会定期（每日或季节性）降低，空气呼吸使鱼类得以生存。此外，在兼性呼吸空气的印度鲇鱼［囊鳃鲇科（Heteropneustidae）］和胡鲇［胡鲇科（Clariidae）］中，研究了呼吸空气行为的节律性，测定的是表面活动（间歇性偏离空气–水界面以大口呼吸空气的频率）（Maheshwari et al., 1999）。除了24 h节律外，在两种鱼的表层活动中都检测到了近似年节律，峰值出现在产卵前（性腺发育时间）至产卵（生殖活动）期间。在大口呼吸活动的年曲线和水的溶解氧之间呈现负相关，证实了栖息地中的氧浓度是调节鱼类空气呼吸频率的重要因素的观点。

在日常生活中，溶解氧（dissolved oxygen，DO）的变化通常并不重要，但空气呼吸鱼类可能出现吞气行为的昼夜节律（可能是内源性的）。与许多鲇鱼一样，囊鳃鲇（*Heteropneustes fossilis*）和蟾胡鲇（*C. batrachus*）是夜间活动的，夜间空气呼吸频率的增加可能和运动活动所需氧气的增加有关。另外，在一个季节性的尺度上，这些鲇鱼的呼吸活动在一个复杂的情况下增加，其特征是最初的氧气消耗阶段伴随着温度的升高（季风之前），另一个阶段是需要能量的生殖活动，这是在充满氧气的后季风环境中进行的（Maheshwari et al., 1999）。总之，吞吸空气行为的节律将代表和鱼类需求相关的氧气周期性有效可用的适应，要么是由于栖息地溶解氧的减少（干旱、温度升高——典型的热带地区），要么是由于鱼类需求的增加（运动活动、繁殖等的增强）。

对于热带生电的鱼类，在青电鳗（*Eigenmannia virescens*）中发现了放电昼夜节律的证据（Deng and Tseng, 2000）。在LD（12：12）和DD条件下均能检测到昼夜节律，且昼夜节律振荡器是具有温度补偿的，为内源性的控制放电昼夜节律提供了依据。对于夜间活动的生电鱼，意想不到的是中午能观察到用于定向和取食的电流峰值。这是另一个有趣的领域，将开放以便对未来热带鱼类的时间生物学进行研究。

鱼类趋光行为中存在的日节律早就有报道。例如，Davis（1962）注意到蓝鳃太阳鱼在突然（随机）暴露于强光下的光休克反应在 24 h LD 周期的黑暗阶段持续时间缩短。对热带穴居鱼类（troglobitic fishes）的研究也为趋光行为的昼夜差异提供了证据。在光反应选择室的实验中，无眼胡鲇（*Uegitglanis zammaronoi*）在光相中比在暗相中有稍强的光负性行为（Ercolini and Berti, 1978），而德氏小鬐鲐（*Barbopsis devecchii*）则相反（Ercolini and Berti, 1978）。根据 Pradhan 等（1989）的说法，印度洞穴生活的条鳅（*Nemacheilus evezardi*）在其趋光行为中呈现出显著的昼夜节律，这可能与进餐时间同步。然而，这些研究中使用的方法不能区分在趋光行为上暴露于 LD 周期的掩蔽效应或者该功能中的真正内源性昼夜节律。

在非昼夜的短期振荡中，潮汐节律一直存在于沿海鱼类中，许多生活在潮间带的物种在恒定条件下表现出近似潮汐的活动节律。恒定光照强度和水温的实验室研究描述了幼年大口鰕虎鱼（*Chasmichthys gulosus*）在潮汐状态下与地理差别相关的种群差别（Sawara，1992）：来自具有节律性潮汐模式和较大潮差的岩石海岸的个体表现出不完全的昼夜活动节律（周期约为 12 h），但对于来自具有不规则潮汐模式和较小潮差的岩石海岸鱼类，没有检测到这种节律。

已经证明几种授时因子（zeitgebers）在不同程度上对多种生物的近似潮汐的活动节律起作用：光强度的周期变化、淹没、机械搅动、温度、盐度和潮汐流动引起的静水压力。这些授时因子中，似乎最可靠的是静水压力，因为它较少受到天气条件和季节变化的影响（Northcott et al.，1991a）。近似潮汐时期 - 反应曲线在无眉鳚（*Lypophrys pholis*）中可以得到证实，因为它们通过近似潮汐的内源震动器，其周期为每 12.5 h 一次。另外，无昼夜成分的节律可以在无眉鳚的潮汐节律中检测到（Northcott et al.，1991b）。

在自然栖息地，鱼的昼夜时间控制似乎比在实验室环境中更严格、更精确。如果根据实验室研究将某一种特定鱼类划分为白天活动或夜间活动的鱼类可能相当危险，因为对同一物种观察到的差异很大，而在野外则更为直截了当，争议也更少。尽管在实验室条件下经常不稳定，但在自然栖息地，活动节律很可能是由众多的时间轴严格控制的，这些时间轴相互作用，并与生物体相互作用，产生在野外观察到的明显节律（overt rhythm）。鉴于时间组织在鱼类群落结构中的重要性，自然界预期会有更严格和稳定的物种特异性行为。例如，在自然栖息地存在潜在竞争对手的情况下，鱼类可能会调整它们的行为，以减少对相似资源的利用。

中部非洲基武湖（Lake Kiwu）的鱼类群落很好地说明了时间生态分离（temporal ecological separation）对密切相关种类共存的作用，在那里发现了 13 种丽鱼科朴丽鱼属（*Haplochromis*）的鱼。Ulyel 等（1991）比较研究了这些物种中的 4 种，研究的基础是分析在每日周期的不同时间捕获样品的胃内容物。所研究的物种主要是白天活动的，在日出时变得活跃，直到日落后几个小时，但差异不仅在活动峰值的数量（1 个或 2 个）和时间上，而且在当天捕获物的种类上，可能是由于捕获物活动的时间上差异的结果。这可以认为是减少物种间接触和竞争的生态策略的一个例子，对于在和谐共生中发现的密切相关的非特异性摄食鱼类来说尤其重要，说明了在鱼类群落组织中空间和时间开发和不同层次资源利用的重要性。

总之，在自然栖息地，行为的表达可能反映了外部因素（如食物的可获得性、潜在竞争对手、捕食者和配偶的存在）的相对作用，这些因素可以掩盖或消除节律，以及内源的影响（内部时钟）（Burrows and Gibson，1995）。这导致了生物节律只有在合适的环境条件下才能得到充分表达的说法（Gerkema et al.，2000）。另外，一个内在的高度灵活和适应性强的昼夜节律系统为差别选择提供了物质基础，并且可能是在鱼类中观察到的巨大多样性的基础因素之一（关于热带鱼的多样性，见本书第2章）。

4.4 社会组织

4.4.1 优势顺位（dominance rank）

在一个群体中的个体之间建立社会等级是许多生物生活中的一个重要方面。由此产生的社会地位，最初是通过公开的对抗建立的，然后通过不太具有攻击性的相遇来维持，主要以展示为特征，这避免了特定群体之间的严重损害（Haller and Wittenberger，1988）。

尽管如此，社会等级还是增加了生物体的能量消耗，许多研究报告了社会压力对热带和非热带物种中从属鱼类的生化、生理和行为后果（Ejike and Schreck，1980；Schreck，1981；Haller and Wittenberger，1988；Volpato et al.，1989；Zayan，1991；Fernandes and Volpato，1993；Haller，1994；Volpato and Fernandes，1994；Alvarenga and Volpato，1995）。这种压力状态的特点是从属者新陈代谢加快。然而，由于等级斗争，优势者的新陈代谢也增加了。也就是说，群体中的社会等级是一种适应，它是由每条鱼的能量成本维持的，主要是对从属鱼的能量成本。这种成本可能导致痛苦，因为生长、繁殖和免疫系统可能受到损害甚至抑制（Moberg，1999）。

在新陈代谢和社会等级之间的联系中，Alvarenga 和 Volpato（1995）表明热带尼罗罗非鱼的能量成本主要是以前等级历史的结果，而不是社会等级的结果。他们表明，优势鱼和从属鱼的新陈代谢与战斗和其他攻击性行为呈正相关，每对鱼可以表现出非常多样的攻击性相互作用。也就是说，在低攻击性群体中，从属鱼的新陈代谢可能比攻击性群体中体型和性别匹配的优势鱼都要低。

关于社会秩序和生物节律，一个随时间周期性变化的优势－从属关系尚未被描述。然而，社会性相互作用可能有不同的强度，不仅是由于成群的时间，也是由于个体活动的日常变化。鱼越活跃，它们就越有可能相遇并发生争斗。这种活动的昼夜节律是评估群体中社会性相互作用的因素之一，在研究等级鱼类时必须仔细考虑。此外，还发现了攻击性的季节性变化，但这可能主要是激素节律的被动结果（Matty，1985）。例如，睾酮是一种有季节性节律释放的生殖激素（Crim，1982；Matty，1985），它会增加领域性鱼类的攻击性（Munro and Pitcher，1985）。因此，将群体中攻击性的节律变化归因于某个时间系统，应该权衡这两个主要原因——活动性和激素的波动。

4.4.2 聚群

鱼群是指一群鱼,它们之间保持着社会关系(Pitcher,1986)。它们可以或不能表现出结群行为。这样的成群对个体鱼的生活有着重要的影响。Pitcher(1986)总结了鱼类成群的好处,鱼群的生物适应价值与鱼群的内在优势有关,即减少被捕食风险,改善摄食和归巢。

一些热带鱼,如丽鱼科(Cichlidae)和脂鲤科(Characidae),有群聚特征。尼罗罗非鱼主要在幼鱼和雅鱼阶段及在口育儿期间表现出一定程度的社会行为(McBay,1961)。Barki 和 Volpato(1998)研究了尼罗罗非鱼的社会行为,寻求社会性学习的作用。他们观察了保持正背鳍突变体(与相应的对照组相关)的朴实正常鱼从自由游泳的早期到 2 个月,发现背侧的展示是受到社会学习影响的一个特征。这些鱼破坏了它们正常的部分背鳍展示(一个重要的侵略性显示,以维持社会地位和领土,并避免捕食者),从而显示出另一种优势,形成群聚而不是单独生活的好处。此外,Helfman 等(1982)的研究表明,加入群聚的年幼鲷科鱼类甚至可以通过跟随较大的鱼来学习迁徙的路线。

新热带淡水美鲇科(Callichthyidae)(属于硬骨鱼类鲇形目)的种类表现出不同程度的结群行为。Paxton(1997)研究了两种兵鲇属(*Corydoras*)鱼——小兵鲇(*C. pygmaeus*)和安毕卡兵鲇(*C. ambiacus*)的结群行为,它们分别代表开放水域和底栖的鱼类。这两种鱼都在黄昏时分活动,尽管前者白天活动更多。然而,这种节律是被动的受光控制还是主动的内源性仍不确定。Paxton(1997)发现,安毕卡兵鲇(*C. ambiacus*)结群的程度比小兵鲇(*C. pygmaeus*)要强些,而且两种鱼在白天结群的程度都要比黄昏时大。Paxton(1997)认为视觉对这些鱼类的结群是一个比嗅觉更为重要的因素,这一点在早期的其他鲇鱼中已有所体现(Browen,1931;Paxton,1997 引用)。这是非常有趣的,因为这些是鲇鱼,其嗅觉被公认为最重要的感觉形式(Liley,1982;Pfeiffer,1982;Giaquinto and Volpato,2001)。这意味着每种感觉模式的相对重要性更多的是取决于特定的选择压力,而不是整个群体的广泛需求。

鱼群的相对稳定性取决于鱼群中每尾鱼的行为同步性。虽然个体行为可能会破坏这种秩序,但由同一个环境信号引起的定时系统所促进的个体同步性,对于稳定群体来说无疑具有重要意义,这是时间生物学对研究社会行为最显著的贡献之一。

还应考虑到鰕虎鱼类和穴居海虾(burrowing alpheid shrimps)的种间同步行为。它们的活动节奏(洞穴内外)彼此相对同步(Karplus,1987),因此,它们可以优化在这种相互联系所花费的时间。鱼停留在洞穴内,洞口关闭(没有外部光的信号),因此它们主要在内源性节律的引导下开始活动。活动在不同物种(甚至考虑到显著的分类差别——虾和鱼)当中的这种同步性,从时间生物学的角度显示了种内群集的重要作用。

4.4.3 鱼群

鱼群指的是一个高度组织化的鱼群体,它们排列的相对位置决定了整个鱼群的运动。这是一个无领导的社会群体，基于相似年龄和体型的鱼类在一定时间进行相似活动而相互吸引。鱼群是一些鱼的一种适应特征，Pitcher（1986）讨论了鱼群的好处在于最优惠的觅食、波浪传播的效益、对生长的社会促进作用、同步合作以迷惑捕食者，以及提高警觉性。此外，许多热带鱼在繁殖前会长距离迁徙（Winemiller and Jepsen，1998；Silvano and Begossi，2001），通常会形成鱼群。这里着重体现了鱼群与时间生物学的关系。

事实上，鱼群可能出现在一年中的某些时期，因此呈现出季节的或年周期的节律。鱼群在一天中会发生变化，昼出鱼类在夜间活动减少（或没有），但在有些情况下，鱼群也会让鱼类持续几天游动（在长距离迁徙中）。在这种情况下，这些鱼的休息－觉醒周期应该是怎样的？它们在长途旅行中睡觉吗？这是了解睡眠功能的一个有趣的研究领域，鱼类生物学在这方面起重要作用。睡眠不足的行为后果会对机体造成严重的损伤，这些鱼类如何适应这种持续游泳的状况？

正如 Stopa 和 Hoshino（1999）指出的，一些鱼类（Tobler and Borbely，1985）有反弹睡眠（剥夺一段时间后的睡眠补偿），表明睡眠在许多远离系统发生相关的物种中的重要性。也就是说，睡眠对鱼类的体内平衡非常重要，因此一些鱼类不睡觉的假设可能是对观察结果的误解。

但是，Kavanau（1998）强调，在一些鱼类中，没有发现明显的静止行为模式，因此表明缺乏睡眠。然而，这位作者认为，"睡眠功能"仍然保留着。睡眠或安静的清醒是使中枢神经系统能够处理在先前活动中获得的复杂信息（主要是视觉信息）的状态。这种大脑状态更新了与这些先前经历相关的神经回路．频繁使用神经回路能维持经验的和继承的记忆。自发的振动活动亦能更新神经回路（Kavanau，1998）。因此，鱼类活动（睡眠－清醒、休息－活动、休息的清醒活动－清醒）的昼夜周期性变化与记忆电路更新的需求有关。由此产生的问题是，对于那些不需要睡眠、休息或休息－清醒的鱼类或者相关状态，这些周期应该如何表现？

一种可能性是，在这种情况下，鱼会进行单个大脑半球睡眠（unihemispheric sheep）。也就是说，每次只一个大脑半球进入睡眠。这已经在海豚得到了描述，当大脑半球（通常是另一侧）睡觉时，海豚会闭上一只眼睛的眼睑（它们的视神经在视神经交叉处完全交叉，因此在这一水平以下的神经控制部分会反转）（Cloutier and Ahlberg，1996）。然而，鱼类在持续游泳期间不太可能出现单个大脑半球睡眠，因为在这些鱼类持续游泳时从未报道过眼部阻塞（鲨鱼眼球转动或一些硬骨鱼瞳孔缩小）（Kavanau，1998）。

也许是另一种行为模式取代了这些鱼类的睡眠或休息功能。当鱼成群游动时，它们所处的环境或多或少类似于睡眠或平静清醒时的环境，这有利于更新记忆回路（将感官处理的干扰降到最低）。根据 Kavanau（1998）的观点，鱼群活动的基本功能和促进大脑活动有关；当鱼群活动时，只需要较少的感觉功能。鱼群内部位置的鱼不需要"听""闻""尝"或处理复杂的视觉信息，它们只需要知道自己处在相对于最近的邻居的位置，这得益于侧线的重要作用（Kavanau，1998）。同样，在迁徙过程中，一些鸟类也不需要单个大脑半球睡眠。在长达数天数千公里的飞行过程中，它们几乎不需要视觉输入，因为没有详细的信息可以看到，而且它们大部分时间都在昏暗的光线或黑暗中飞行（地面或天空的视觉信号并不需要详细的视觉处理）（Kavanau，1998）。

简而言之，鱼群组织具有低刺激输入的特点，因此，在这种情况下，鱼可以在游泳时更新记忆。这种想法把睡眠的概念扩大到一个更普遍的状态，具有同样的生物学功能，即神经回路的更新。

4.4.4 通讯

环境信号是动物节律的外在同步器。潮汐活动（对于沿海鱼类）和日光周期是调节节律阶段最明显的授时因子（zeitgebers）。尽管如此，种内交流也可能有助于种内结群的同步性。对于群居的鱼类，Jordao 和 Volpato（2000）认为成群也是由化学信号调节的。他们发现，当面对捕食者时，细鳞肥脂鲤（*Piaractus mesopotamicus*）会释放化学物质来驱散同种的鱼。另外，当面对同一水域的非捕食者异种时，细鳞肥脂鲤会以化学方式吸引同类。在夜间，鱼类成群比较弱，视觉的交流是必要的，而其他的交流方式亦很重要。声音在夜间可能被鱼用来保持鱼群，捕食者可能会拦截声音，从而使结群带来的抵抗捕食者的好处大大降低（Hawkins，1986）。化学交流为这些鱼类提供了足够的信息，以避免群体分散，并安全地保证夜间的结群（Liley，1982）。其实，"成群的物质"（schooling substance）已经在一些鱼类物种中显示出来，例如小鳑鲏（*Phoxinus phoxinus*）和鳗鲇（*Plotosus anguillaris*）（Matty，1985）。此外，化学信号能识别个体，可以用于鉴别在尼罗罗非鱼中描述的等级状态（Giaquinto and Volpato，1997），这是化学物质在鱼类结群中可能发挥作用的另一个重要现象。在一些鱼类，在一年中的某些时期（如为了繁殖），或者在一天中的某个时期，可能会出现结群，其周期性和形成结群的化学物质周期性释放相一致。事实上，吸引雄性或雌性的生殖信息素在特定的季节释放，从而提供了一种调控周期性活动的化学引诱剂。这些化学节律是由内部的计时系统控制，而结群节律是这种化学变化的被动结果。

在光线不足甚至没有光线的情况下，其他的感觉方式对保持结群也很重要。电子定位是特别有趣的。南美的硬骨鱼，电鳗目（Gymnotiform）鱼类生活在混浊和黑暗的条件下，比如亚马孙河上游的"白色"水域。在南美洲的"黑水"河中也发现它们。在 Rio Negro 和 Rio Branco 的交汇处，人们在 5～10 m 深的水中捕到电鳗（Bullock，1969）。在这种环境下，几米的垂直运动就使鱼暴露在光线强度明显的差异之下。

Zupanc 等（2001）证明小吻翎电鳗（*Apteronotus leptorhynchus*）对光照强度的反应会改变发电器官放电（electric organ discharge，EOD），而内源性节律对放电的影响较小。尽管 EOD 的变化很小，但它可以分为两类：一是"唧唧声"，即频率和振幅的复杂调制，持续十到几百毫秒；二是"GFRs"（gradual frequency rises，频率逐渐上升），其特征是 EOD 频率相对快速上升，然后基线值缓慢下降（持续时间一般为 100 ms～1 min）。Zupanc 等（2001）发现"唧唧声"在夜间占主导地位，当这些鱼表现出较高的活动性时。然而，"GFRs"在光照期较为频繁。但是，这些节律并不是内源性产生的；相反，这些作者表明这是明显的对外部光强度的依赖性。"唧唧声"可能在两条鱼之间的对抗相互作用中起到通知信号的作用，从而减少相邻同类的干扰（Engler et al.，2000）。Zupanc 等（2001）提出"唧唧声"的对抗捕食者的功能，因为这种 EOD 模式在鱼类较活跃的时候出现较为频繁。此外，考虑到这些鱼类生活的河流栖息地特征，这些作者得出结论，这种动态环境（垂直活动剧烈改变外部光强度）有利于通过环境光来控制自发的 EOD 调节和运动活动，而不是通过一个内源的定时系统。

Stopa 和 Hoshino（1999）描述了新热带电鱼，裸背鳗（*Gymnotus carapo*）的行为睡眠。这种鱼表现出一种特殊的睡眠姿势，相对静止，增加感觉阈值，以及这种状态的可逆性，这是推断睡眠发生的最普遍的行为标准。然而，在睡眠时，这些鱼仍然保持着 EOD，这是一种独立于控制行为睡眠的反应，因此可以忽略不计这种鱼 EOD 和行为睡眠伴随模式的假说。然而，这些作者认为，在行为性睡眠期间维持 EOD 也具有适应性价值，因为它可能有助于发现潜在的捕食者。也就是说，在表现出正常的清醒-睡眠节律的同时，它们仍然保持着感觉通道来不断地观察周围的环境。

其他交流方式也有助于鱼类的结群活动。行为学研究表明，虽然具体的方式还不清楚，但鱼类非常特异性的内部条件可能会微妙地相互交流。在热带尼罗罗非鱼中，Volpato 等（1989）描述了两尾大小相同的鱼彼此分离并保持相同的鳃盖运动频率。在水族馆的一块隔板被轻轻地掀开以确保配对后，其中一条鱼的鳃盖运动频率几乎翻了一番，而另一条鱼则保持不变。尽管没有发现他们之间的对抗，这种分歧仍然存在。几分钟后，打斗开始了，通气频率较高的鱼成为这对鱼的从属者。这些作者将其解释为从属鱼类对显著的社会应激源的植物性神经系统反应。这清楚地表明，在打斗之前，这些鱼之间发生了微妙的交流。在这种情况下，化学物质和声音可能起了作用。

鱼类的声发射已被广泛报道（Bone and Marshall，1982；Hawkins，1986）。它的产生有几种方式（磨牙、磨锉棘和鳍条、打嗝、放屁或吞咽空气，或是通过气鳔的作用）。声音通常与社会性互相活动有关，和攻击性物种有关（Bone and Marshall，1982；Hawkins，1986）。然而，这种行为与时间生物学的关系在文献中较为罕见。

在一些鱼类中描述了声音发射的昼夜变化（Brawn，1961；Takemura，1984；Nakazato and Takemura，1987）。豆娘鱼（*Abudefduf luridus*）是一种出现在西非海岸浅水区的鱼类，它表现出声音发射的昼夜节律（Santiago and Castro，1997）。根据这些作者的说法，这种鱼发出声音的频率在日出和日落时增加，在中午时急剧减少。鱼类较高的发声时期和摄食活动有关（Miyagawa and Takemura，1986；Nakazato and Takemura，1987），但这种联系的生物学意义仍然不清楚。

4.5 生　殖

根据 Schwassmann（1971）的观点，环境信号所带来的生殖节律具有生物学意义，因为：①繁殖发生在有利的季节，因此子代最有可能存活；②它保证了短期产卵鱼类中两性同时性成熟（如一些鲇鱼类和脂鲤科鱼类），可能对长期繁殖的鱼类（如丽鱼科）

并不重要。在温带地区，这种环境信号主要是光周期和温度。然而，对于热带鱼类来说，授时因子就非常不同。

在热带中部地区，"冷"和"暖"季节被"干燥"和"潮湿"季节所取代。尽管如此，"干燥"时期并不一定是干燥的，只代表着相当少的降水。大多数热带鱼类，主要是那些集中在北纬10°和南纬10°之间的热带鱼，在繁殖期一场好雨后很快就会产卵（Bone and Marshall，1982）。然而，一些渔民并不能通过在鱼缸中人工降雨来促进洄游鱼类产卵［如似平嘴鲇（*Pseudoplatystoma coruscans*）和肥脂鲤（*Piaractus mesopotamicus*）］。像这些例子一样，关于环境信号引发热带鱼的繁殖，仍然存在许多疑问。虽然有几个候选的引导信号（降雨、大气压力、月相、水透明度等）目前得到一些渔民和科学家的认可，但科学的支持仍然薄弱。

正如 Bromage 等（2001）所说，要完全接受近似年的周期是由授时因子导致内源性节律的结果，必须达到五个条件：一是节律必须超过1年（最好是几个周期）；二是在不同步的情况下，周期必须接近1年，但明显长于或短于1年；三是周期应受到环境信号的影响；四是预计温度不会影响节律；五是节律应该显示一个时相 – 反应曲线（暴露在光周期中的节律的相位）。

可惜的是，大多数早期对鱼类的研究不适合这种基于内源性节律的研究，因为在每项研究中，上述这些"标准"中只有一部分得到了研究。Sundararaj 等（1982）是为数不多的证明热带囊鳃鲇（*Heteropneustes fossilis*）的雌性具有内源性自我维持的繁殖年周期的学者。虹鳟是一种非热带鱼，对它的研究（Randall et al.，1999；Bromage et al.，2001 引用）展示产卵时间的季节时相 – 反应曲线，证实了内源性计时系统参与了这近似年的过程。

虽然环境信号的鉴定相当困难，但近似年的节律仍然清晰。Tan-Fermin 等（1997）对热带淡水的大头胡鲇（*Clarias macrocephalus*）进行了研究，探索一年中不同时期和激素诱导生殖之间的关系。他们测试了促黄体生成激素释放激素类似物（LHRHa）与 pimozide 联合使用对初始卵大小、排卵率、产卵量、受精、孵化和卵黄吸收后幼鱼存活率的影响。这项研究的特点是使用同一批和同一年龄组的鱼。产卵是在自然产卵期的第二个月（2月）、繁殖前（5月）、繁殖高峰期（8月）和11月底诱导。这一实验设计将鱼的大小（一年中增长）作为一个附加因素，与一年中的周期一起作用，从而允许对数据的曲解。然而，研究结果与雌鱼体型大小无关，因此证实了就一年时期的作用而言的结论。这些作者发现，所有研究的参数在繁殖前和繁殖高峰期（5月和8月）较高，而在已过去的季节较低；有些仅在11月增加。这清楚表明这种鱼在繁殖过程中出现一个近似年的反应性波动，而产生这种周期的具体信号仍不清楚。

在巴西热带鱼类中，情况并不是那么不同。已知几种鱼的繁殖期见表4.1。然而，渔民们知道，根据前几个月的气候历史，这些繁殖期可能会有所变化。在实际活动中观察到，温暖的年份缩短了生殖周期，因而在一个假定的自我维持的节律中，可以推断一个清晰的环境调节作用。

表 4.1　在巴西中部和东南部的一些淡水洄游鱼类的繁殖月份

科	种类	自然繁殖的时间
鲮脂鲤科（Prochilodontidae）	鲮脂鲤（*Prochilodus* spp.）	11月至次年4月
兔脂鲤科（Anastomidae）	兔脂鲤（*Leporinus* sp.）	10月至次年2月
油鲇科（Pimelodidae）	似平嘴鲇（*Pseudoplatystoma corruscans*）	12月至次年3月
	条纹似平嘴鲇（*Pseudoplatystoma fasciatum*）	12月至次年3月
脂鲤科（Characidae）	大鳞缺帘鱼（*Brycon orbygnianus*）	11月至次年1月
	头缺帘鱼（*Brycon cephallus*）	11月至次年1月
	大颚小脂鲤（*Salminus maxillosus*）	12月至次年1月
	细鳞肥脂鲤（*Piaractus mesopotamicus*）	11月至次年2月

注：季节集中在以下几个月：6—9月（冬天），9—12月（春天），12月至次年3月（夏天），3—6月（秋天）。

对于只在特定季节繁殖的哺乳动物，光周期是主要的信号。它们是视觉感知的，并通过神经通路传导到脑中的松果体。这个腺体每天有节律地分泌褪黑激素，调控生殖活动。鱼类出现类似的褪黑激素节律，这种节律也受到光周期的控制。这就建立了褪黑激素和生殖时间之间的联系。

产卵与月运周期（lunar cycles）的同步也是一个有趣的问题。它在许多海洋硬骨鱼中很常见，特别是在热带地区（Schwassman，1971；Johannes，1978；Taylor，1984；Rahman et al.，2000）。白斑篮子鱼（*Siganus canaliculatus*）生活在太平洋的不同区域，表现出近似年的繁殖周期。但是，在生殖期间，性腺成熟指数和血清卵黄蛋白原水平分别在新月和月亏期前后达到峰值。Rahman等（2000）报道了生殖激素的节律性变化，并认为月周期性是睾丸活动同步的主要因素。Hoque等（1999）也揭示了海洋鱼类的月周期和生殖同步，即性腺成熟指数和血清卵黄蛋白原分别在新月和月亏期前后达到峰值。

根据鱼类产卵的年节律可在一年中的特定时间向市场提供一定规模的鱼。许多渔民已采用控制光周期、降雨、温度和激素的技术来确定向产业提供幼鱼的合适时间。随着人们对计时系统如何控制繁殖有更多的了解，更好的商业养鱼方式将会开发出来。

巴西最重要的食物鱼类是那些在繁殖前迁移了几百或几千公里的鱼类，如鲮脂鲤（*Prochilodus scrofa*）、细鳞肥脂鲤（*Piaractus mesopotamicus*）、大盖巨脂鲤（*Colossoma mcropomum*）、大颚小脂鲤（*Saliminus maxilosus*）、头缺帘鱼（*Brycon cephalus*）、大鳞缺帘鱼（*Brycon orbygnianus*）等，以及条纹兔脂鲤（*Leporinus fasciatus*）、南美似平嘴鲇（*Pseudoplathystoma coruscans*）、条纹似平嘴鲇（*Pseudoplatystoma fasciatum*）、祖鲁鳋（*Pauliceia luetkeni*）和铲吻长鲇（*Sorubim lima*）。所有这些鱼在巴西有着巨大的经济利益，因为每种鱼在一年内可以长到1 kg左右，几年后可以达到几十千克。

在自然界中，繁殖之前依靠长距离迁徙的鱼类在人工诱导产卵方面表现出更大的差异，因为迁徙对性腺发育至关重要。因此，人工诱导这些热带鱼类产卵是必要的。20世纪30年代初，Rodolph von Ihering 在靠近赤道的东北部地区开发了垂体激素诱导鱼类产卵的方法。目前，这种利用鲤鱼脑垂体提取液诱导产卵的方法在巴西渔业界和全球范围内广泛推广。它包括对雌鱼进行2次注射（用生理盐水配制），间隔6～12 h，雄鱼只注射1次（与雌鱼的第二次注射相一致）。在第二次激素注射后的几个小时内，通常人工操作（腹部被挤压）以诱导鱼的卵子和精子的释放。受精发生在卵子水合之前的一个小容器中。

关于激素诱导这些热带鱼类的产卵，一个有趣的问题是如何确定开始挤压的时间（压迫腹部迫使鱼释放配子）。渔民计算所谓的"度数小时"（degree-hour），即注射第二剂垂体提取物后一段时间内每小时的平均水温之和。如 Ceccarelli 等（2000）所述，表4.2展示了每种鱼的预期"度数小时"。总数达到预期的"度数小时"范围后，挤压鱼类腹部通常每30 min 进行1次，直到成功释放配子。通常在第一次或第二次试验中都能获得良好的结果，说明这种方法是适当可行的。这清楚地表明，激素诱导鱼类产卵的有效性和温度的作用有关，而不是时间依赖性的。

一些研究人员认为，对繁殖季节前一年（或几个月）的"度数小时"计算是这些热带鱼类将进入繁殖时期的最佳指标。这一想法和表4.1所列举的生殖期的变化是一致的。事实上，该表的数据是对在巴西不同地区同一种鱼类观察结果的总和，它代表了大约25个纬度的差异。因此，气温的日变化可能从南部地区的相对较大的变化到北部和东北部地区（较靠近赤道）的一天只有几摄氏度的变化。

在渔业的人工诱导繁殖过程中，给雌鱼体内注射第二剂垂体提取物（雄鱼体内注射第一剂）后，将雌雄鱼放到同一个鱼缸中。这种做法提高了繁殖的成功率。雄鱼–雌鱼求偶过程与多种刺激因子有关。化学物质（通常是性外激素）、声音和视觉呈现是最常见的，但它们的相对重要性取决于所涉及的鱼种类。例如，小口鲮脂鲤（Curimbata）在快要产卵前会发出声音（即使在水体外也能听到）（Ceccarelli et al., 2000）。繁殖过程中的运动行为（主要是追逐和侧尾拍打）是绝大多数鱼类中最普遍的行为模式。在鱼类中诱导或促进繁殖的其他重要信号是性外激素，或配偶释放的其他化学物质（Liley, 1982）。这些先天的机理是使鱼类繁殖得以实现的补偿条件，从而聚集在鱼类的整个历史中，其特征在于通过自我维持的振动器和环境信号来调节鱼类的繁殖能力。

表4.2 在一些巴西淡水鱼类人工诱导繁殖过程中配子排出所需的"度数小时"

科	种	温度/℃	度数小时[a]
鲮脂鲤科	鲮脂鲤（*Prochilodus* spp.）	23～25	190～240
上口脂鲤科	兔脂鲤（*Leporinus* sp.）	23～25	210～220
油鲇科	南美鸭嘴鲇（*Pseudoplatystoma corruscans*）	24	约255
	条纹似平嘴鲇（*Pseudoplatystoma fasciatum*）	约24	约255
脂鲤科	大鳞缺帘鱼（*Brycon orbygnianus*）	约24	140～160

续表 4.2

科	种	温度/℃	度数小时[a]
	头缺帘鱼（*Brycon cephallus*）	23～25	150～160
	大颚小脂鲤（*Salminus maxillosus*）	23～25	130～150
	细鳞肥脂鲤（*Piaractus mesopotamicus*）	约25	240～320
	大盖巨脂鲤（*Colossoma macropomum*）	约27	约290

注：在本表中，"度数小时"是从注射鲤鱼垂体提取液的最终剂量到通过轻压鱼腹部能使配子排出所经历的时间内每小时的平均水温之和。数据改编自 Woynarovich 和 Horvath（1980）、Sallum 和 Cantelmo（1999）、Ceccarelli 等（2000）。

a：这些值受到鱼的大小和处理条件的影响。增加激素的剂量或使用激素的频率，"度数小时"就会降低。在温暖的水域，"度数小时"也会降低。缩短第一剂和第二剂激素之间的时间间隔会降低"度数小时"。

在激素诱导过程中，调控鱼的应激反应已经提供了良好的结果。安静的环境、较暗和较好的水质，以及对每一条鱼细心的手工操作，都是最常见的护理形式。环境的颜色处理是一种初期的选择，它可以为鱼类繁殖提供更为良好的条件。Volpato（2000）在头缺帘鱼（*Brycon cephalus*）的第一次和第二次注射垂体提取物之间的时间段内，测试了环境颜色的影响。在比较了鱼性腺发育的相似外部指标（腹部大小和轻轻按压腹部释放配子的能力）后，它们中有一半的个体保存在一个覆盖着绿色玻璃纸的鱼缸中，剩下的在白光下（对照组）。Volpato 发现，在覆盖着绿色玻璃纸的鱼缸中，9 只雌鱼中有 8 只成功产卵，而在对照组中，9 只雌鱼中只有 4 只成功产卵。在绿色环境下，雄鱼比对照组释放更多的精子。Volpato 等（2004）发现尼罗罗非鱼（*Oreochromis niloticus*）在蓝光（100～120 lx）下繁殖较为频繁和强烈。这些结果充分显示了环境的颜色对鱼类的繁殖具有调节作用。Volpato 和 Barreto（2001）发现，对于尼罗罗非鱼，蓝色的环境颜色消除了皮质醇在面对压力时特有的升高，而这种升高和光照强度无关。虽然生殖近似年节律（reproductive circannual rhythm）可能由内部时间系统控制，但短期的调整是由环境因素来提前或推迟产卵的确切时间。

对于非一年周期的（non-annual）繁殖鱼类，丽鱼科（Cichlidae）值得特别关注。尼罗罗非鱼（*Oreochromis niloticus*）以其高繁殖能力而闻名。在孵化后，幼鱼迅速生长，并在 3 个月内达到成熟期。尽管如此，尼罗罗非鱼在冬天便停止产卵（Rothbard，1979）。Goncalves-de-Freitas 和 Nishida（1998）描述了尼罗罗非鱼的产卵集中在下午，但没有测试到清晰的昼夜内生节律（circadian endogenous rhythmicity）。Reebs 和 Colgan（1991）发现，另外两种丽鱼科（Cichlidae）的鱼——黑带丽体鱼（*Cichlasoma nigrofasciatum*）和彩虹多棘始丽鱼（*Herotilapia multispinosa*），夜间鳍的扇形拍打增加，但无法表现出这种节律的自我维持特性。在夜间，水中溶解氧的减少主要是由于水生植物的呼吸作用和缺乏光合作用（Reebs et al.，1984），因此，夜间鳍的扇形拍打活动增加可能至少代表了一种可调节增加卵呼吸的条件。

4.6 洄　　游

有些鱼类每年都要竭尽全力从下游回到它们出生地的上游。一旦这些所谓的溯河鱼类（anadromic fishes）到达它们的目的地，它们就能够繁殖。相反，降河鱼类（catadromic fishes）会顺流而下。然而，洄游的生物学意义并不仅仅和生殖诱导有关。Ramirez-Gil 等（1998）研究亚马孙河（Amazonian）的一种洄游鱼类——油鲇科（Pimelodidae）的大鳍美须鲶（*Callophysus macropterus*），发现洄游有助于遗传流动（genetic flow），从而解释了从两个遥远地区捕获的该物种个体之间的遗传相似性。

然而，每年的繁殖迁徙仅限于特定的季节和月份（表 4.1 显示了一些巴西鱼类繁殖迁徙的时间）。这种时间集中的生态意义是显而易见的，因为它保证了一个较好的摄食和幼鱼与鱼苗发育时期，而且也保证了雌雄两性在同一时间达到成熟（Schwassmann，1971）。

这些鱼是如何知道洄游的时间的？换句话说，是什么环境信号引发鱼类的洄游？是什么信号驱使鱼到达正确的位置？对于大多数洄游鱼类来说，这些都是关于洄游的基本问题，但这些问题仍然没有得到解决。对鲑鱼和其他温带鱼类的研究表明，这种近似年周期的导引作用（entrainment）是由光周期或每天光的照射量决定的。然而，一些争议仍然存在，因为在其他物种（包括热带的鱼类），这些节律的自由运行并没有被检测到（Bromage et al., 2001）。驱使鲑鱼洄游"回家"的环境因素曾在几篇关于洄游的文章中提到。

雌性虹鳟保持在恒定的光照和黑暗模式、恒定的温度及恒定的摄食率条件下生活 4~5 年，产卵周期为 11~15 个月。这显示了产卵的节律，虽然没有外界的时间信号（较长的天数或较温暖的天气）出现，表明这种节律是受内源性节律调控的。当使用人工光照时，日照时间会扩大或压缩（与自然季节周期相比），产卵时间分别会推迟或提前。尽管热带鱼环境信号可能和温带鱼类差别很大，但它们也有类似的调控条件。

尽管许多学者都致力于研究温带鱼类的洄游，但对热带鱼类的洄游还知之甚少。Buckland 在 1880 年（根据 Hara，1986）提出假设：化学信号引导鲑鱼回家的重要性几乎是肯定的（Hara，1970，1986；Cooper and Hirsch，1982），然而，引起细鳞肥脂鲤（*Piaractus mesopotamicus*）（Pacu）、南美似平嘴鲇（*Pseudoplatystoma coruscans*）（Pintado）、小口鲮脂鲤（*Prochilodus scrofa*）（Curimbata）、大颚小脂鲤（*Salminus maxilosus*）（Dourado）和许多其他南美洄游鱼类洄游的因素仍然是从对鲑鱼类的研究中推断出来的。

由于靠近赤道的热带河流全年都处于相当恒定的光周期和温度下，因此其他的环境信号更有可能控制这一地区鱼类的洄游。在这些降水变化非常明显的地区，如亚马孙地区（Amazon region），鱼类的游动应该与此有关。因为大多数的洄游是在同一河流的同一方向进行的，所以水流导向的洄游也是意料之中。Winemiller 和 Jepsen（1998）总结了在热带河流的洄游受到季节影响的重要文献，重点介绍了食物网（food webs）的影响。

在洄游过程中，鱼处于极端的环境中，因此可能会发生一些形态、生化和生理上的变化（Farrell et al.，1991；Leonard and McCormick，1999）。由于洄游是一种有节律的活动（通常是每年 1 次），这些其他的变化不应归因于任何计时系统，应归因于控制洄游的生物计时系统的被动结果，而洄游加强了这种生物学的变动。

对洄游鱼类来说，筑坝发电是一个普遍存在的问题，通常会阻止它们向上游洄游（Pringle，1997；Fievet et al.，2001a，b）。有三种主要的技术来克服这个障碍：鱼梯、电梯和替代的养殖种群。鱼梯是用大台阶建造的（大约 8 m × 5 m），每个台阶高约 0.8 m。整个鱼梯的长度可达 500 m 或更长。水从上游水库流下台阶，流入河里。这种水流强烈地吸引着最低水位（河流）的洄游鱼类逆流而上。这些鱼一找到第一个台阶就会跳起来，然后依次向上游到楼梯的尽头。另一种技术是使用电梯。在靠近河面时，从强大的水下水泵中流出的水流把鱼吸引到电梯门（一个大水箱）。当它们到达电梯门时，门会关上，整个水箱会被移动到水库中。

虽然这两种方法都能有效地运输鱼类，从而解决筑坝带来的问题，但也会对鱼类种群产生一定的影响。梯级技术只允许一些鱼逆流而上，这是一个真正的人为选择压力。鱼梯下面的鱼是什么样子的？它们是否类似于那些可以到达鱼梯上层的鱼，从而可以继续洄游的旅程？在巴西的圣保罗西部，圣保罗能源公司（Energy Company of Sao Paulo，CESP）发起的一个研究项目表明能够逆流而上到达鱼梯上方的鱼比不能向上游动的鱼更长且更重（Volpato，未发表）。然而，这种个体大小的选择似乎不可能在用电梯运送鱼时那样发生，但这需要进行测试。

第三种方法是根据巴西法律的要求，在各自的河流中培养洄游鱼类，并将幼鱼（总长度约为 10 cm）放流在水坝上方。这种方法的主要目的是确保放生的鱼还能继续生长繁殖。为了解决这个问题，300000 尾带有土霉素标记的细鳞肥脂鲤（*Piaractus mesopotamicus*）的鱼苗在巴西圣保罗（Sao Paulo，Brazil）西部 Jupia 电力公司（CESP and Volpato，未发表）的水库里释放。7 个月后，开始捕获这些鱼种，以评估有标记和无标记捕获鱼的比例。初步结果表明，一些有标记的鱼是可以重新被捕获的。这个水库约为 544 km^2，对整个群体数量的推断仍然为时过早，因为捕获部分集中在这个大水库的某些地区，死亡率还不清楚。细鳞肥脂鲤（*Piaractus mesopotamicus*）也是一种成群的鱼类，因此使这个推论更加困难。尽管如此，捕获的带标记的鱼证实了放生的鱼能够在自然环境中生存。这种克服水坝引起鱼类洄游到江河上游问题的方法必须仔细考虑，因为必须对人工养殖种群的遗传结构进行准确的检测，以避免自然种群发生剧烈的变化。

4.7　昼夜节律的进化和洞穴鱼类

地下或地下区域组成了相互联系的地下空间网络，从细小的微孔到可供人类使用的更大的空间（洞穴），其大小不一，里面充满水或空气，存在于各种岩石中，但主要分布于有可溶岩，特别是石灰岩显露的喀斯特地区（karst areas）。生物圈的这一领域包括各种不同的栖息地，从相互连接的裂缝、沟洞穴、熔岩管、间隙生境、潜水面（phreatic）、冲积层到栖息含水层等（Juberthie，2001）。值得注意的是，"洞穴"是一个以人类为中心的概念，和人体的大小与移动能力有关——事实上，洞穴通常被嵌入到一个越来越大的空间连续体中，许多较小型的脊椎动物和无脊椎动物可以自由通过。

由于和大多数物种生活的地上（epigean）环境接触有限，地下生境通常是永久性的黑暗，因此没有光周期，这是它们从生物学角度来说最为相关的特征，较容易同洞穴联系在一起。同样，这些生境的特点是环境趋于稳定。由于土壤和下层土壤的绝缘特性，地下洞穴内的日温差最小。因此，除非存在一定数量和合适位置的大开口允许和地表进行重要的交换，否则这些空间的空气和水的温度趋向于和地表环境的年平均温度相等。由于水的热惯性，渗入地下的表层溪流是地下温度每天变化的另一个来源。因此，对于在地表生活的物种来说，重要的授时因子在地下生境中是不存在的，特别是光亮-黑暗周期和较不频繁的温度日周期。

另外，由于地表的雨水周期，许多地下生态系统或多或少受到明显的季节性影响。食物可获得性的周期性增加、被冲进洞穴的有机物和洪水引起的温度波动对水生生物来说更为重要，并且是地下生活的生物每年或每半年的潜在授时因子。此外，食物可获得性的每日变化也可能是经常出现在地下栖息地的动物（穴居动物）周期性鸟粪（guano）沉积的结果，这些动物每天离开洞穴觅食，如蝙蝠和一些用回声定位的鸟类。这是在昼夜节律范围内运行的一种可能的授时因子。

在地下环境中经常会发现一些生物体，它们并不是偶然出现的生物体，而是自然栖息地的一部分（或全部），可以分为：洞穴游客（trogloxenes），通常在洞穴中出现的生物，但它们为了完成其生命周期必须定期返回地表；洞穴爱好者（troglophiles），兼性地下物种，能在地下和地表生境中完成其生命周期；洞穴生命体（troglobites），它们只能生活在地下（Holsinger and Culver，1988）。由于遗传隔离的结果，洞穴生命体可能发展出一系列与地下生活（穴居形态性，troglomorphisms）相关的自表型（autapomorphy）（独有的特征状态）。大多数穴居形态性与缺乏光照有关：在这种情况下，由于中性突变的积累、能量经济的选择或多效性的因素，其结构和行为（如视觉器官、黑色素）可能会面临退化（Culver and Wilkens，2001）。因此，一般可以通过一定程度的眼睛和色素的退化来区分洞穴生命体。

日常活动模式是许多生物最明显的时间生物学行为特征之一，从原生生物到动植物，以及季节性繁殖模式。因此，毫不奇怪，它们会构成一个主要争论点，提出许多关于生物进化的起源和功能问题，尤其是昼夜节律的情况（人们普遍认为生殖周期发生时，是对繁殖额外成本所需营养物质的季节可获得性的反应，不过，也应该考虑另一种假说，即对子代有利生存条件的预期）。

基本上，关于昼夜节律的出现和维持所涉及的因素，有两种主要的进化假设：内部的与外部的生态选择。根据第一个观点，昼夜节律对于确保适当的代谢反应顺序很重要，然后这些代谢反应可以分配到振荡（维持内部时态组织）的不同阶段。生态因素包括适应功能（运动、摄食等）对环境日常变化的优势；集中或扰乱个体之间的相互作用（交配、竞争、捕食）；允许测量一天的长度，这是调整季节性繁殖等功能所必需的（Lamprecht and Weber，1992）。

穴居物种，特别是那些在恒定环境中进化的物种，为验证这些假设而提供了很好的机会。在很多情况下，这类物种的进化世代过程中缺少24 h的授时因子，可以预测，如果外部因素对昼夜节律提供主要选择性力量，它们就会在洞穴生物中出现某种程度的退化，如用来观察的眼睛、黑色素沉着和其他与光照有关的特征。另外，如果内部秩序对于维持昼夜节律是至关重要的，这些特征就不会在洞穴动物中丢失。

多项研究指出，在甲虫，甲壳类和鱼类等不同种类的洞穴动物中，昼夜活动成分的丧失或减弱，这表明这种节律性对于维持内部时态秩序不是必需的（Lamprecht and Weber，1992）。然而，在这些研究中使用了不同的数据分析方法来检测振荡，包括视觉检查活动度图，这可能还不够可靠。为了支持这一普遍的论点，需要对大量不相关的洞穴物种进行更多的研究，而鱼类是一个很好的材料，因为它们的体型较大，而且在实验室中相对容易保存。

已知的洞穴鱼超过100种，分布在除欧洲以外的所有大陆，也分布在许多岛屿（如古巴、马达加斯加）。中国、墨西哥、巴西和东南亚是洞穴鱼类物种丰富度最高的国家。大多数是鲇形目（一些科在美洲、非洲、亚洲也有一些），或鲤形目，主要是鲤科（cyprinids）（一些鲤科在非洲）（balitorids）（在整个亚洲热带）和爬鳅科。这些淡水鱼很容易适应地下生活。脂鲤目是另外一群重要的新热带淡水鱼群，在洞穴动物群落中代表性稍差。同样，另一种重要的淡水鱼，丽鱼类（cichlids），没有洞穴生物的衍生种类。这些都是地下生命能力低的很好例子（Trajano，2001）。

鲇形目鱼类对地下生活的预先适应是明显的，它们一般是夜行性的，是化学导向的鱼类，大多数是杂食性或广幅性肉食动物；但鲤形目鱼类则不是这样，它们像脂鲤目一样，包括许多白天活动的，是视觉导向的物种。对于后者，预先适应地下生活，必须在最亲近的地表近亲（epigean relatives）中寻找，它们可能保留了洞穴动物祖先所表现出的适应前的特征状态。

值得注意的是，这些鱼类表现出不同程度的穴居形态，较为明显的表现是眼睛和色素形成的不同程度退化，表明它们在不同的时间隔离在地下栖息地。与它们的地表近亲相比，一些鱼类的眼睛和色素形成只有轻微的减少，其他鱼类则表现出相当大的个体差异性，其种群包括退化但仍然可见的眼睛和色素形成的个体，以及那些外表无眼和褪色的个体；还有一些是同质性无眼（homogeneously anophthalmic）和褪色的。由于这种退化似乎大多是渐进的，因此，可以假定穴居形态退化的程度提供了一个粗略的隔离时间的测量。因此，变异的种群被认为是近代洞穴动物，而在整个种群中观察到的具有高级退化特征的种群则被认为是古代洞穴动物。然而，在许多鱼类当中已经证明，它们具有感受和对光作出反应的能力，甚至包括一些最先进的洞穴动物，显然是通过眼外和松果体外的受体进行光的感受和反应（Langecker，1992）。

在热带地区，尽管物种相对丰富，但只对少数洞穴鱼类进行了详细研究，并着重在节律性方面：盲的墨西哥丽脂鲤［脂鲤目，丽脂鲤科，丽脂鲤属（*Astyanax*）］，来自印度的条鳅（*Nemacheilus evezardi*）［平鳅（*Oreonectes evezardi*）］（鲤形目，爬鳅科），和来自巴西的鲇鱼（鲇形目）。

墨西哥脂鲤科的脂鲤，在 Huastecan 省的洞穴中有 29 个种群，显示出不同程度的穴居形态，构成了罕见的穴居形态特征鱼类。对这一现象的解释取决于它们假定的地表祖先墨西哥丽脂鲤（*Astyanax mexicanus*）［斑条丽脂鲤（*A. fasciatus*）］的不同寻常的特征。与大多数丽脂鲤属（*Astyanax*）不同，它会预先适应洞穴生活，比如在黄昏活动，有在黑暗中觅食的能力，以及在化学刺激下有产卵行为（Wilkens，1988）。到目前为止，墨西哥洞穴脂鲤（Mexican cave tetras）是研究得最为深入的穴居鱼类，发表了数百篇论文（到 20 世纪 70 年代中期大约有 200 篇，Mitchell et al.，1977）。由于这些洞穴种群会和地表生活的且有眼、有色素的墨西哥丽脂鲤发生基因渗入（introgress），产生可育的杂交品种，因此着重把这些品种在实验室进行遗传研究，包括行为方面。然而，生物钟学领域方面的研究并不多，关于运动活力的昼夜节律性的论文也相对较少（Thines et al.，1965；Erckens and Weber，1976；Thines and Weyers，1978；Erckens and Martin，1982a，b；Cordiner and Morgan，1987）。

这些研究是在不同相位长度的自由运行条件（DD）和 24 h 亮暗周期（LD）下进行的，在有眼睛的地表生活的鱼类（墨西哥丽脂鲤）和两种（可能）不同的穴居动物种群进行比较，它们中的一种是特化的、完全无眼的种群——乔氏丽脂鲤（*A. antrobius*）（具体名称受到质疑），来自 El Pachon 洞穴；另一种可能来自 La Chica 洞穴（是商业鱼类）。后者是 *A. jordani*，其特征是在眼睛发育和色素沉着方面存在中间表型，它是一种杂交种的种群，是地表鱼类的基因型（地表生活的鱼类周期性地进入洞穴）渗入一个已经建立的穴居种群所导致的。商业鱼类中的绝大多数都来自这个种群。

在墨西哥丽脂鲤中，检测到自由运行的活动节律，正如预期的一个地表生活的鱼类那样。所有应用的 LD 周期（12∶12，6∶6，4∶4，16∶8）作为授时因子，引导其运动活力，在启动 LD 时，不需要切换时间就可以进入。此外，在几乎所有应用的 LD 中，除了主要的引导频率外，还观察到非同步的昼夜节律。从 LD 过渡到 DD 后，在一个或几个周期内观察到残余振荡（后振荡）。这些结果表明存在内源性昼夜节律振荡器，其效应在强迫（隐蔽）条件下重叠，但在自由运行条件下变得明显。这种被动系统反应范围几乎是无限的（Erckens and Martin，1982a）。另外，在系统发生上古老的乔氏丽脂鲤（*A. antrobius*），虽然活动受到所有 LD 的影响，但是信号能量低于测试地表生活的鱼类，从 LD 过渡到 DD 后，总的活动节律立即消失（没有残余振荡），在任何一个周期频率偏离 24 h 的 LD 中，除了引导频率外，还能观察到昼夜节律。这种鱼的活动对变化的环境条件的反应不像墨西哥丽脂鲤那样一致迅速，但该系统几乎不需要一个切换时间来与强制的 LD 同步。作者的结论是，乔氏丽脂鲤的内部时态与它的地表生活的祖先相比是被简化了：被动系统已经发展成一个极其被动的系统，无法同步，因此昼夜节律振荡器受到了退化，但它并没有完全丢失（Erckens and Martin，1982b）。

来自 La Chica 的 *Astyanax jordani* 似乎在这方面也是处于中间状态的，因为从 LD（12∶12）过渡到 DD 后观察到 1～2 个残留振荡（Erckens and Weber，1976）。Cordiner

和 Morgan（1987）也对商业鱼类进行了研究，他们指出了这些穴居鱼类体内生物钟的持久性。这些作者记录了自由运行的昼夜节律（Erckens and Weber，1976），这些节律通常被明显随机的、超昼夜的振荡所掩盖。

值得注意的是，我们观察到地表鱼类和洞穴鱼类的表面和底部活动之间的昼夜节律存在差异。在墨西哥丽脂鲤和乔氏丽脂鲤的 LD 周期的黑暗相中都观察到表面活动最大，而在光亮相时观察到底部活性最大。此外，在乔氏丽脂鲤中，从 LD（12∶12）过渡到 DD 后，表面检测到自由运行节律，但在底部和总活动未检测到自由运行节律（Erckens and Martin，1982a，b）。Cordiner 和 Morgan（1987）观察到，可能来自 La Chica 的洞穴鱼类在光照阶段待在水箱上层的时间比在黑暗中要少，因为在黑暗中运动活动的分布更加均匀。

对四种巴西鲇鱼的运动节律进行了研究：毛鼻鲇科的厚唇毛鼻鲇（trichomycterid，*Trichomycterus itacarambiensis*）、鮰鲇类（heptapterines）的克路氏小油鲇（*Pimelodella kronei*）（图 4.2）、一种双带巴西项鲇（*Taunayia* sp.）和来自巴西东北部迪亚曼蒂纳高地国家公园（Chapada Diamantina，NE Brazil）的一个未被描述的鱼类（Trajano and Menna-Barreto，1995，1996，2000）。前两种鱼在眼睛发育和色素形成方面表现出相当大程度的个体差异（包括后一种鱼中三分之一的个体是真正的白化患者）（Trajano and Pinna，1996），这表明这两种鱼在地下生境中隔离的时间较短（近代的穴居动物），而后面两种鱼均为无眼和褪色，被认为是古代的穴居动物。所有的这些洞穴鱼类属于典型的夜间活动的类群，在已知和可利用的情况下，也对地表生活的姊妹种类做了研究以进行比较。

据报道，这些巴西鲇鱼在自由运行的昼夜节律及其他节律的频率和周期性等方面存在高度的个体差异。这与观察到的其他性状的变异是一致的。在特化程度较低的穴居克路氏小油鲇（*P. kronei*）中，显示出显著昼夜节律的样本比例较高（在所研究的 9 尾鲇鱼中有 7 尾表现出这种特性），同时在昼夜节律中叠加了较高数量的次昼夜（超日）的节律和超昼夜的（亚日的）节律。其次是厚唇毛鼻鲇（*T. itacarambiensis*），显然也是近代穴居生物，以及来自迪亚曼蒂纳高地国家公园的新的鮰鲇，一种形态上特化的洞穴鱼类，每 6 尾被研究的鲇鱼中有 3 尾显示出明显的昼夜节律，包括厚唇毛鼻鲇（*T. itacarambiensis*）中表现出着色和白化特性的样本（Trajano and Menna Barreto，1995，1996）。然而，根据洞穴相关的形态，其他周期的平均节律数在厚唇毛鼻鲇（*T. itacarambiensis*）中较高。另一种形态特化程度较高的穴居生物，一种项鲇属鱼类（*Taunayia* sp.），这种鱼类的节律性较弱：3 尾被研究的样本中没有 1 尾表现出自由运行的昼夜节律，2 尾完全无节律，甚至没有表现出次昼夜（超日）的节律，这是在所研究的巴西鲇鱼中出现的唯一情况。另外，所有被研究的地表生活的鲇鱼，一种小油鲇（*P. transitoria*）（7 尾样本）和双带巴西项鲇（*Taunayia bifasciata*）（2 尾样本）表现出强烈的、显著的自由运行活动的昼夜节律成分。与脂鲤科丽脂鲤属（*Astyanax*）种群的洞穴生活一样，项鲇属（*Taunayia*）的地表和底部活动的时间模式也存在差异：在自由运行的条件下，1 尾被研究的标本在地表活动中表现出了显著的昼夜节律，但在底部和

注：图片来自 José Sabino（见书后彩图）。

图 4.2　巴西东南部里贝拉山谷喀斯特地区的洞穴中一种洞穴鼬鲇科（heptapterid）盲鲇鱼、克路氏小油鲇（*P. kronei*）的头部

总活动中却没有表现（Trajano and Menna-Barreto, 2000）。

在克路氏小油鲇（*P. kronei*）、厚唇毛鼻鲇（*T. itacarambiensis*）和来自迪亚曼蒂纳高地国家公园（Chapada Diamantina）的新鼬鲇的自由运行昼夜节律中观察到的个体变异可能是由以下 1 个或多个因素造成的：①克路氏小油鲇和厚唇毛鼻鲇和地下栖息地隔离的时间相对较短，而在整个种群中，时间调控机理的遗传改变往往需要很长时间；②在现今发现，影响温度周期的授时因子对克路氏小油鲇起作用，LD 周期对来自迪亚曼蒂纳高地国家公园的一个新的鼬鲇（*heptapteri*）中起作用；③对于克路氏小油鲇和厚唇毛鼻鲇（可能）来说，生活在入口附近的鲇鱼有昼夜节律，这是为了防止白天在洞穴外被捕捉，因为在白天它们更容易受到捕食者和气候变化的影响（Trajano and Menna-Barreto, 1995, 1996）。

在 LD 12∶12 的周期条件下，研究了来自迪亚曼蒂纳高地国家公园的一种新的鼬鲇和一种项鲇属（*Taunayia*）的鱼（Trajano and Menna-Barreto, 2000; Trajano et al., 2001）。在这两种鱼中，其活动为这些周期所调控，但没有观察到剩余的振荡，表明这可能是一个掩蔽效应（图 4.3）。

对穴居鱼类和地表近缘鱼类（乔氏丽脂鲤和墨西哥丽脂鲤；克路氏小油鲇和麦穗小油鲇；项鲇和双带巴西项鲇）（*Astyanax antrobius* × *A. mexicanus*; *Pimelodella kronei* × *P. transitoria*; *Taunayia* sp. × *T. bifasciata*）使用相同的方法在相同的条件下进行比较，这为洞穴鱼类时间调控机理的进化回归假说提供了很好的证据，要么是影响振荡器本身，要么是振荡器之间的解偶联（uncoupling），以及它们的至少一项相关功能——在这

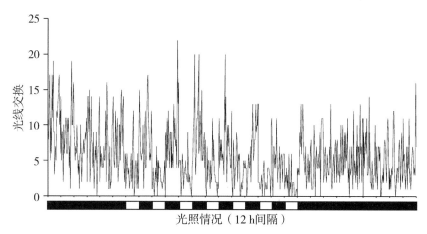

注：此图为样本在 DD（3 天）、LD（7 天）及 DD（4 天）连续 14 天记录。活动是 IR 红外光束从 6 个光电管每 30 min 交叉 1 次（Trajano and Menna-Barreto, 2000）。

图 4.3　巴西洞穴鲇鱼，项鲇属（*Taunayia* sp.）（鲇形目，鲱鲇科）1 尾样本的运动活动

种情况下，即为运动的活动。对一些被研究的鱼类来说，视网膜退化可能也和鱼类昼夜节律振荡器所在的松果体感光器的退化有关，这可能涉及几种穴居鱼类中被证实的昼夜节律系统的瓦解。

因此，洞穴鱼类的数据支持了外部生态因素作为稳定昼夜节律选择的主要因素的观点。在不同种类的鲇鱼中，运动节律性的逐渐减少和眼睛、色素形成等特征的退化速度相当，表明这种退化可能涉及类似的过程。在永久黑暗的地下环境中，就像眼睛、黑色素沉着和其他与光相关的特征在功能上变得中性，一些穴居鱼类的运动活动的时间调控机理（可能还有其他昼夜节律功能）的退化可能是有害突变积累的影响（Culver and Wilkens, 2001）。可以假设在没有稳定的选择消除这种突变的地下动物中，就如同在地表生活的物种所做的那样，地表生活的祖先所具有的生态选择的昼夜节律可能会因为穴居生活而消失。

在巴西鱼类样本的研究中，始终没有发现特别的次昼夜（超日）的节律和超昼夜的（亚日）节律。这些鱼类在运动活动的非昼夜节律成分的数量和周期上都表现出很大的变化，无论是在地表生活的还是在穴居生活的样本中。这使解释这种节律的生物学意义变得困难。

对印度爬鳅科（balitorid）的条鳅（*Nemacheilus evezardi*）进行了几项关于昼夜节律和近似年节律的研究，其中重点是移动活动、吸气行为和趋光行为（Pradhan et al., 1989；Biswas et al., 1990a，b；Biswas, 1991）。在这些研究中，条鳅（*N. evezardi*）这个名字同时用于地表生物和地下生物，虽然后者表现出对地下生活有明确的特征（例如，眼睛和色素形成的退化，吸气行为），而在地表生物中没有表现出来，这也证明了其作为一个单独物种存在的地位。地表生活的条鳅（*N. evezardi*）基本上是生活在底层，表现出集群行为（没有观察到洞穴中的条鳅，它们是不合群的）（Pradhan et al.,

1989)。地表生活的条鳅在黄昏时很活跃，最大的运动活动是在黑暗阶段的早期，白天的大部分时间都隐藏在石头下面（Biswas，1991）。这是另一个地表生活的鱼类预先适应地下生活的例子。

生境的差异只是在地下生活的条鳅（*N. evezardi*）发生了呼气行为（与额外吸氧有关的浮出水面活动）。与生活在富含氧气的山间溪流中的地表种群相比，洞穴种群居住在小水池中，在旱季氧气浓度较低。在自由运行条件下，对空气吸入活动检测到显著的昼夜节律和近似年节律（Biswas et al.，1990a）。地表活动中昼夜节律的半近似年的或近似年的调节可能是对导致水中氧浓度季节性波动的降雨情况的一种反应。然而，作者无法在每日范围上识别与洞穴内地表活动同步的授时因子。考虑到表面活动可能是一般运动活动的一种表现，而地下生活的条鳅（*N. evezardi*）显然是一种新近改善的小型穴居生物，这种洞穴条鳅的昼夜活动节律可能代表了一种遗迹的、祖征的特征，而这种特征是从它们的地表祖先那里保留下来的。

Biswas 等（1991b）研究了产卵前、产卵时和产卵后三个阶段的运动活动和浮出水面的频率，比较了地表个体（自然 LD 周期）和地下个体（低于 DD 周期）。在产卵前阶段，地表和地下条鳅的总活动都有明显的节律，但只有在产卵期和产卵后阶段的地表鱼类表现显著的节律。只在产卵前和产卵期观察到和空气吸入有关的浮出行为的显著昼夜节律。地下条鳅总的活动水平和表层活动水平在产卵前和产卵期较低，产卵后突然增加，而地表条鳅的总活动水平没有变化。这些结果表明，繁殖状况对洞穴种群和地表种群的昼夜节律的表达影响不同。

最后，巴西中部戈亚斯州的甲鲇科隐眼钩鲇（armored catfish, *Ancistrus cryptophthalmus*），可能是受 LD 周期（日温度周期）以外的授时因子影响的穴居鱼类的一个例子。在 Angelica 洞穴中发现的部分种群生活在不透光区，但离洞穴阴沟（一条地表河流的输入）不远。我们观察到暴露在岩石基质上的鲇鱼数量日变化，上午较多，下午明显减少，可能是由于在观察的 4 个小时内（10：00—14：00）水温升高了 1 ℃（E. Bessa and E. Trajano，个人观测数据）。这可能是在隐蔽栖息地每日波动的结果，它和 24 h 的环境温度周期同步。

4.8 展　　望

尽管有大量关于鱼类生物节律研究的文献，但是热带鱼在这方面的研究却少得多。热带鱼类的巨大的数量为测试关于内在同步的性质、机理和意义的假说提供了有用的生物材料。此外，由于热带地区提供了一些不太明显的授时因子，被动节律（掩蔽效应）也非常重要。特别是对具有经济利益的鱼类而言，了解调节鱼类繁殖的环境因素是必要的，这也是一个有发展前景的研究领域。在这方面，影响性腺发育的洄游因子和环境颜色对热带鱼类行为和生理的影响仍值得重视。

分子生物学和遗传学的蓬勃发展给许多生物学家和时间生物学家以深刻的印象。的确，这是一个令人兴奋的领域，主要提供关于生物时序系统的遗传调控的非常具体的信息。事实上，精确地理解调控内在同步性的分子作用机理可能是发展基于生物节律的技术的关键点。然而，为了全面理解生物节律的全球现象，不能忽视整体的观点，因此生态的和行为的研究仍然很有意义。

吉尔森·卢依兹·沃尔帕托　埃里奥诺拉·特拉简诺　著

刘晓春　译

林浩然　校

参考文献

Ali, M. A. (1992). "Rhythms in Fishes." Plenum Press, New York. Alvarenga, C. M. D., and Volpato, G. L. (1995). Agonistic profile and metabolism in alevins of the Nile tilapia. *Physiol. Behav.* 57, 75-80.

Aschoff, J. (1981a). Freerunning and entrained circadian rhythms. *In* "Handbook of Behavioral Neurobiology; Biological Rhythms" (Aschoff, J., Ed.), ffol. 4, pp. 81-93. Plenum Press, New York.

Aschoff, J. (1981b). "Handbook of Behavioral Neurobiology; Biological Rhythms," Vol. 4. Plenum Press, New York.

Aschoff, J. (1990). From temperature regulation to rhythm research. *Chronobiol. Int.* 7, 179-186.

Barki, A., and Volpato, G. L. (1998). Early social environment and the fighting behaviour of young *Oreochromis niloticus* (Pisces, Cichlidae). *Behaviour* 135, 913-929.

Biswas, J. (1991). Annual modulation of diel activity rhythm of the dusk active loach *Nemacheilus evezardi* (Day): A correlation between day length and circadian parameters. *Proc. Indian Natl. Sci. Acad.* B57 5, 339-346.

Biswas, J., Pati, A. K., and Pradhan, R. K. (1990a). Circadian and circannual rhythms in air gulping behaviour of cave fish. *J. Interdiscipl. Cycle Res.* 21, 257-268.

Biswas, J., Pati, A. K., Pradhan, R. K., and Kanoje, R. S. (1990b). Comparative aspects of reproductive phase dependent adjustments in behavioural circadian rhythms of epigean and hypogean fish. *Comp. Physiol. Ecol.* 15, 134-139.

Bone, Q., and Marshall, N. B. (1982). "Biology of Fishes." Chapman & Hall, New York. Boujard, T., and Leatherland, J. F. (1992). Circadian rhythms and feeding time in fishes. *Environm. Biol. Fish.* 35, 109-131.

Brady, J. (1987). Circadian rhythms: Endogenous or exogenous. *J. Comp. Physiol.* 161A, 711-714. Brawn, V. M. (1961). Sound production by the cod (*Gadus callarias* L.). *Behaviour* 18, 239-255.

Bromage, N., Porter, M., and Randall, C. (2001). The environmental regulation of maturation in farmed finfish with special reference to the hole of photoperiod and melatonin. *Aquaculture* 197, 63-98.

Buck, S. M. C., and Sazima, I. (1995). An assemblage of mailed catfishes (Loricariidae) in southeastern Brazil: Distribution, activity, and feeding. *Ichthyol. Explor. Freshwaters* 6, 325-332.

Bullock, T. H. (1969). Species differences in effect of electroreceptor input on electric organ pacemakers and other aspects of behavior in electric fish. *Brain Behav. Evolut.* 2, 85-118.

Burrows, M. T., and Gibson, R. N. (1995). The effects of food, predation risk and endogenous rhythmicity on the behaviour of juvenile plaice, *Pleuronectes platessa* L. *Anim. Behav.* 50, 41-52.

Carter, D. A., and Murphy, D. (1996). Circadian rhythms and autoregulatory transcription loops-going round in circles? *Mol Cell. Endocrinol.* 124, 1-5.

Casatti, L., and Castro, R. M. C. (1998). A fish community of the São Francisco River headwaters riffles, southeastern Brazil. *Ichthyol. Explor. Freshwaters* 9, 229-242.

Ceccarelli, P. S., Senhorini, J. A., and Volpato, G. L. (2000). "Dicas em Piscicultura." Santana, Botucatu.

Cloutier, R., and Ahlberg, P. E. (1996). Morphology, characters, and the interrelationships of basal sarcopterygians. *In* "Interrelationships of Fishes" (Stiassny, M. L. J., Parenti, L. R., and Johnson, C. D., Eds.), pp. 445-479. Academic Press, New York.

Coon, S. L., Bégay, V., Falcón, J., and Klein, D. C. (1998). Expression of melatonin synthesis genes is controlled by a circadian clock in the pike pineal organ but not in the trout. *Biol. Cell* 90, 399-405.

Cooper, J. C., and Hirsch, P. J. (1982). The role of chemoreception in salmonid homing. *In* "Chemoreception in Fishes" (Hara, T. J., Ed.), pp. 343-362. Elsevier, Amsterdam.

Cordiner, S., and Morgan, E. (1987). An endogenous circadian rhythm in the swimming activity of the blind Mexican cave fish. *In* "Chronobiology and Chronomedicine" (Hildebrandt, G., Moog, R., and Raschke, F., Eds.), pp. 177-181. Verlag Peter Lang, Frankfurt.

Crim, L. W. (1982). Environmental modulation of annual and daily rhythms associated with reproduction in teleost fishes. *Can. J. Fish. Aquat. Sci.* 39, 17-21.

Culver, D. C., and Wilkens, H. (2001). Critical review of the relevant theories of the evolution of subterranean animals. *In* "Ecosystems of the World 30. Subterranean Ecosystems" (Wilkens, H., Culver, D. C., and Humphreys, W. F., Eds.), pp. 381-398. Elsevier, Amsterdam.

Davis, R. E. (1962). Daily rhythm in the reaction of fish to light. *Science* 137, 430-432.

Deng, T. -S., and Tseng, T. -C. (2000). Evidence of circadian rhythm of electric discharge in *Eigenmannia virescens* system. *Chronobiol. Int.* 17, 43-48.

Ejike, C. B., and Schreck, C. B. (1980). Stress and social hierarchy rank in coho salmon. *T. Am. Fish. Soc.* 109, 423-426.

Engler, C., Fogarty, C. M., Banks, J. R., and Zupanc, G. K. H. (2000). Spontaneous modulations of the electric organ discharge in the weakly electric fish, *Apteronotus leptorhynchus*: A biophysical and behavioral analysis. *J. Comp. Physiol. A* 186, 645-660.

Erckens, W., and Martin, W. (1982a). Exogenous and endogenous control of swimming activity in *Astyanax mexicanus* (Characidae, Pisces) by direct light response and by a circadian oscillator. I. Analysis of the time-control systems of an epigean river population. *Z. Naturforsch.* 37 c, 1253-1265.

Erckens, W., and Martin, W. (1982b). Exogenous and endogenous control of swimming activity in *Astyanax mexicanus* (Characidae, Pisces) by direct light response and by a circadian oscillator. II. Features of time-controlled behaviour of a cave population and their comparison to a epigean ancestral form. *Z. Naturforsch.* 37 c, 1266-1273.

Erckens, W., and Weber, F. (1976). Rudiments of an ability for time measurement in the cavernicolous fish *Anoptichthys jordani* Hubbs and Innes (Pisces, Characidae). *Experientia* 32, 1297-1299.

Ercolini, A., and Berti, R. (1977). Morphology and response to light of *Uegitglanis zammaranoi* Gianferrari, anophthalmic phreatic fish from Somalia. *Monit. Zool. Ital.* Suppl. 9/8, 183-199.

Ercolini, A., and Berti, R. (1978). Morphology and response to light of *Barbopsis devecchii* Di Caporiacco (Cyprinidae), microphthalmic phreatic fish from Somalia. *Monit. Zool. Ital.* Suppl. 10/15, 299-314.

Eriksson, L. -O. (1978). Nocturnalism versus diurnalism-dualism within fish individuals. In "Rhythmic Activity of Fishes" (Thorpe, J. E., Ed.), pp. 69-89. Academic Press, New York. Van Esseveldt, K. E., Lehman, M. N., and Boer, G. J. (2000). The suprachiasmatic nucleus and the circadian time-keeping system revisited. *Brain Res. Rev.* 33, 34-77.

Farrell, A. P., Johansen, J. A., and Suarez, R. K. (1991). Effects of exercise-training on cardiac performance and muscle enzymes in rainbow trout, *Oncorhynchus mykiss*. *Fish Physiol. Biochem.* 9, 303-312.

Fernandes, M. O., and Volpato, G. L. (1993). Heterogeneous growth in the Nile tilapia: Social stress and carbohydrate metabolism. *Physiol. Behav.* 54, 319-323.

Fièvet, E., Dolédec, S., and Lim, P. (2001a). Distribution of migratory fishes and shrimps along multivariate gradients in tropical island streams. *J. Fish Biol.* 59, 390-402.

Fièvet, E., Tito de Morais, L., Tito de Morais, A., Monti, D., and Tachet, H. (2001b). Impacts of an irrigation and hydroelectric scheme in a stream with a high rate of diadromy: Can down-stream alterations affect upstream faunal assemblages? *Arch. Hydrobiol.* 151, 405-425.

Gerkema, M. P., Videler, J. J., Wiljes, J. de, van Lavieren, H., Gerritsen, H., and Karel, M. (2000). Photic entrainment of circadian activity patterns in the tropical labrid fish *Halichoeres chrysus*. *Chronobiol. Int.* 17, 613-622.

Giaquinto, P. C., and Volpato, G. L. (1997). Chemical communication, aggression, and conspecific recognition in the fish Nile tilapia. *Physiol. Behav.* 62, 1333-1338.

Giaquinto, P. C., and Volpato, G. L. (2001). Hunger suppresses the onset and the freezing component of the antipredator response to conspecific skin extract in pintado catfish. *Behaviour* 138, 1205-1214.

Gonçalves-de-Freitas, E., and Nishida, S. M. (1998). Sneaking behavior of the Nile tilapia. *Bol. Te'c. CEPTA* 11, 71-79.

Haller, J. (1994). Biochemical costs of a three day long cohabitation in dominant and submissive male *Betta splendens*. *Aggressive Behav.* 20, 369-378.

Haller, J., and Wittenberger, C. (1988). Biochemical energetics of hierarchy formation in *Betta splendens*. *Physiol. Behav.* 43, 447-450.

Hara, T. J. (1970). An electrophysiological basis for olfactory discrimination in homing salmon; a review. *J. Fish. Res. Board Can.* 27, 565-586.

Hara, T. J. (1986). Role of olfaction in fish behaviour. In "The Behaviour of Teleost Fishes" (Pitcher, T. J., Ed.), pp. 152-176. Croom Helm, London and Sydney.

Hawkins, A. D. (1986). Underwater sound and fish behaviour. In "The Behaviour of Teleost Fishes" (Pitcher, T. J., Ed.), pp. 114-151. Croom Helm, London and Sydney.

Helfman, G. S., Meyer, J. L., and McFarland, W. N. (1982). The ontogeny of twilight migration patterns in grunts (Pisces: Haemulidae). *Anim. Behav.* 30, 317-326.

Hill, R. W. (1976). "Comparative Physiology of Animals; an Environmental Approach." HarperCollins, New York.

Holsinger, J. R., and Culver, D. C. (1988). The invertebrate cave fauna of Virginia and a part of Eastern Tennessee: Zoogeography and ecology. *Brimleyana* 14, 1-162.

Hoque, M. M., Takemura, A., Matsuyama, M., Matsuura, S., and Takano, K. (1999). Lunar spawning in *Siganus canaliculatus*. *J. Fish Biol.* 55, 1213-1222.

Hurd, M. W., Debruyne, J., Straume, M., and Cahill, G. (1998). Circadian rhythms of locomotor activity in zebrafish. *Physiol. Behav.* 65, 465-472.

Iigo, M., and Tabata, M. (1996). Circadian rhythms of locomotor activity in the goldfish *Carassius auratus*. *Physiol. Behav.* 60, 775-781.

Johannes, R. E. (1978). Reproductive strategies of coastal marine fishes in the tropics. *Environ. Biol. Fish.* 3, 65-84.

Jordão, L. C., and Volpato, G. L. (2000). Chemical transfer of warning information in non-injured fish. *Behaviour* 137, 681-690.

Juberthie, C. (2001). The diversity of the karstic and pseudokarstic hypogean habitats in the world. *In* "Ecosystems of the World 30. Subterranean Ecosystems" (Wilkens, H., Culver, D. C., and Humphreys, W. F., Eds.), pp. 17-39. Elsevier, Amsterdam.

Karplus, I. (1987). The association between gobiid fishes and burrowing alpheid shrimps. *Oceanogr. Mar. Biol. Ann. Rev.* 25, 507-562.

Kavanau, J. L. (1998). Vertebrates that never sleep: Implications for sleep's basic function. *Brain Res. Bull* 46, 269-279.

Kavanau, J. L. (2001). Brain-processing limitations and selective pressures for sleep, fish schooling and avian flocking. *Anim. Behav.* 62, 1219-1224.

Konopka, R. J., and Benzer, S. (1971). Clock mutants of *Drosophila melanogaster*. *Proc. Natl Acad. Sci.* 68, 2112-2116.

Ladich, F. (1989). Sound production by the river bullhead, *Cottus gobio* L. (Cottidae, Teleostei). *J. Fish Biol.* 35, 531-538.

Lamprecht, G., and Weber, F. (1992). Spontaneous locomotion behaviour in cavernicolous animals: The regression of the endogenous circadian system. *In* "The Natural History of Biospeleology" (Camacho, A. I., Ed.), pp. 225-262. Monografias del Museo Nacional de Ciencias Naturales, Madrid.

Langecker, T. G. (1992). Light sensitivity of cave vertebrates. Behavioral and morphological aspects. *In* "The Natural History of Biospeleology" (Camacho, A. I., Ed.), pp. 295-326. Monografias del Museo Nacional de Ciencias Naturales, Madrid.

Leonard, J. B. K., and McCormick, D. (1999). Changes in haematology during upstream migration in American shad. *J. Fish Biol.* 54, 1218-1230.

Liley, N. R. (1982). Chemical communication in fish. *Can. J. Fish. Aquat. Sci.* 39, 22-35.

Lowe-McConnell, R. H. (1964). The fishes of the Rupununi savanna district of British Guiana, South America. Part 1. Ecological groupings of fish species and effects of the seasonal cycle on the fish. *J. Linn. Soc.* (*Zool.*) 45, 103-144.

Lowe-McConnell, R. H. (1987). "Ecological Studies in Tropical Fish Communities." Cambridge University Press, Cambridge.

Lucas, R. J., Stirland, J. A., Darraw, J. M., Menaker, M., and Loudon, A. S. I.

(1999). Free running circadian rhythms of melatonin, luteinizing hormone, and cortisol in Syrian hamsters bearing the circadian *tau* mutation. *Endocrinology* 140, 758-764.

Maheshwari, R., Pati, A. K., and Gupta, S. (1999). Annualvariationinair-gulpingbehaviouroftwo Indian siluroids, *Heteropneustes fossilis* and *Clarias batrachus*. *Ind. J. Anim. Sci.* 69, 66-72.

Marques, N., and Menna-Barreto, L. (1999). "Introdução ao Estudo da Cronobiologia." EDUSP and I'cone Editora, São Paulo.

Matty, A. J. (1985). "Fish Endocrinology." Croom Helm, London and Sydney.

McBay, L. G. (1961). The biology of *Tilapia nilotica* Linnaeus. *Proc. Annu. Conf. Southeast Assoc. Game Fish Comm.* 15, 208-218.

Menaker, M., Moreira, L. F., and Tosini, G. (1997). Evolution of circadian organization in vertebrates. *Braz. J. Med. Biol. Res.* 30, 305-313.

Menna-Barreto, L. (1999). Human chronobiology. *ARBS Annu. Rev. Biomed. Sci.* 1, 103-131.

Mitchell, R. W., Russell, W. H., and Elliott, W. R. (1977). Mexican eyeless characin fishes, genus *Astyanax*: Environment, distribution, and evolution. *Spec. Publ. Mus. Texas Tech. Univ.* 12, 1-89.

Miyagawa, N. B., and Takemura, A. (1986). Acoustical behaviour of scorpaenoid fish *Sebasticus mamoratus*. *Bull. Japn Soc. Sci. Fish.* 52, 411-415.

Moberg, G. P. (1999). When does stress become distress? *Lab. Anim.* 28, 22-26.

Moore-ede, M. C., Schmelzer, W. S., Kass, D. A., and Herd, J. A. (1976). Internal organization of the circadian timing system in multicellular animals. *Fed. Proc.* 35, 2333-2338.

Munro, A. D., and Pitcher, T. J. (1985). Steroid hormones and agonistic behavior in a cichlid teleost, *Aequidens pulcher*. *Horm. Behav.* 19, 353-371.

Nakazato, M., and Takemura, A. (1987). Acoustical behavior of Japanese parrot fish *Oplenathus fasciatus*. *Nippon Suisan Gakkaishi* 53, 967-973.

Naruse, M., and Oishi, T. (1996). Annual and daily activity rhythms of loaches in an irrigation creek and ditches around paddy fields. *Environm. Biol. Fish.* 47, 93-99.

Nejdi, A., Guastavino, J. M., and Lalonde, R. (1996). Effects of the light-dark cycle on a water tank social interaction test in mice. *Physiol. Behav.* 59, 45-47.

Nelson, J. S. (1994). "Fishes of the World." John Wiley and Sons, NewYork.

Northcott, S. J., Gibson, R. N., and Morgan, E. (1991a). Phase responsiveness of the activity rhythm of *Lipophrys pholis* (L.) (Teleostei) to a hydrostatic pressure pulse. *J. Exp. Mar. Biol. Ecol.* 148, 47-57.

Northcott, S. J., Gibson, R. N., and Morgan, E. (1991b). The effect of tidal cycles of hydrostatic pressure on the activity of *Lipophryspholis* (L.) (Teleostei). *J. Exp. Mar.*

Biol. Ecol. 148, 35-45.

Paxton, C. G. M. (1997). Shoaling and activity levels in *Corydoras*. *J. Fish Biol.* 51, 496-502.

Pfeiffer, W. (1982). Chemical signals in communication. *In* "Chemoreception in Fishes" (Hara, T. J., Ed.), pp. 306-326. Elsevier, Amsterdam.

Pitcher, T. J. (1986). Functions of shoaling behaviour in teleosts. *In* "The Behaviour of Teleost Fishes" (Pitcher, T. J., Ed.), pp. 294-337. Croom Helm, London and Sydney.

Pradhan, R. K., Pati, A. K., and Agarwal, S. M. (1989). Meal scheduling modulation of circadian rhythm of phototactic behaviour in cave dwelling fish. *Chronobiol. Int.* 6, 245-249.

Pringle, C. M. (1997). Exploring how disturbance is transmitted upstream: Going against the flow. *J. North Am. Benthol. Soc.* 16, 425-438.

Purser, G. J., and Chen, W. -M. (2001). The effect of meal size and meal duration on food anticipatory activity in greenback flounder. *J. Fish Biol.* 58, 188-200.

Rahman, M. S., Takemura, A., and Takano, K. (2000). Lunar synchronization of testicular development and plasma steroid hormone profiles in the golden rabbitfish. *J. Fish Biol.* 57, 1065-1074.

Ralph, M. R., and Menaker, M. (1988). A mutation of the circadian system in golden hamster. *Science* 241, 1225-1227.

Ramirez-Gil, H., Feldberg, E., Almeida-Val, V. M. F., and Val, A. L. (1998). Karyological, biochemical, and physiological aspects of *Callophysus macropterus* (Siluriformes, Pimelodidae) from the Solimões and Negro rivers (Central Amazon). *Braz. J. Med. Biol. Res.* 31, 1449-1458.

Reebs, S. G. (1996). Time-place learning in golden shiners (Pisces: Cyprinidae). *Behav. Process* 36, 253-262.

Reebs, S. G., and Colgan, P. W. (1991). Nocturnal care of eggs and circadian rhythms of fanning activity in two normally diurnal cichlid fishes, *Cichlasoma nigrofasciatum* and *Hetotilapia multispinosa*. *Anim. Behav.* 41, 303-311.

Reebs, S. G., Whoriskey, F. G., and FitzGerald, G. J. (1984). Diel patterns of fanning activity, egg respiration, and the nocturnal behavior of male three-spined sticklebacks, *Gasterosteus acu-leatus* L. (*f. trachurus*). *Can. J. Zool.* 62, 329-334.

Romero, A., and Paulson, K. M. (2001). It's a wonderful hypogean life: A guide to the troglomorphic fishes of the world. *In* "The Biology of Hypogean Fishes" (Romero, A., Ed.), pp. 13-41. Kluwer Academic, Dordrecht.

Rothbard, S. (1979). Observations on the reproductive behavior of *Tilapia zillii* and several *Sarotherodon* spp. under aquarium conditions. *Bamidgeh* 31, 35-43.

Sallum, W. B., and Cantelmo, A. O. (1999). Cultivo e Reprodução das Principais Espécies de Peixes UFLA/FAEPE, Lavras.

Sánchez-Vázquez, F. J., Madrid, J. A., Iigo, M., and Tabata, M. (1996). Demand feeding and locomotor circadian rhythms in the goldfish, *Carassius auratus*: Dual and independent phasing. *Physiol. Behav.* 60, 665-674.

Santiago, J. A., and Castro, J. J. (1997). Acoustic behavior of *Abudefduf luridus*. *J. Fish Biol.* 51, 952-959.

Sawara, Y. (1992). Differences in the activity rhythms of juvenile gobiids fish, *Chasmichthys gulosus*, from different tidal localities. *Japan. J. Ichthyol.* 39, 201-209.

Sazima, I., and Machado, F. A. (1990). Underwater observations of piranhas in western Brazil. *Environm. Biol. Fish.* 28, 17-31.

Sazima, I., Machado, F. A., and Zuanon, J. (2000a). Natural history of *Scoloplax empousa* (Scoloplacidae), a minute spiny catfish from the Pantanal wetlands in western Brazil. *Ichthyol. Expl. Freshwaters* 11, 89-95.

Sazima, I., Sazima, C., Francini-Filho, R., and Moura, R. L. (2000b). Daily cleaning activity and diversity of clients of the barber goby, *Elacatinus figaro*, on rocky reefs in southeastern Brazil. *Environm. Biol. Fish.* 59, 69-77.

Schreck, C. B. (1981). Stress and compensation in teleostean fishes: Response to social and physical factors. *In* "Stress and Fish" (Pickering, A. D., Ed.), pp. 295-321. Academic Press, London.

Schwassmann, H. O. (1971). Biological rhythms. *In* "Fish Physiology" (Hoar, W. S., and Randall, D. J., Eds.), pp. 371-428. Academic Press, London.

Silvano, R. A. M., and Begossi, A. (2001). Seasonal dynamics of fishery at the Piracicaba river (Brazil). *Fish. Res.* 51, 69-86.

Spieler, R. E. (1992). Feeding-entrained circadian rhythms in fishes. *In* "Rhythms in Fishes" (Ali, M. A., Ed.), pp. 137-147. Plenum Press, NewYork.

Stirland, J. A., Mohammad, Y. N., and Loudon, A. S. I. (1996). A mutation of the circadian timing system (*tau* gene) in the seasonally breeding Syrian hamster alters the reproductive response to photoperiod change. *Proc. R. Soc. Lond. B Biol.* 263, 345-350.

Stopa, R. M., and Hoshino, K. (1999). Electrolocation-communication discharges of the fish *Gymnotus carapo* L. (Gymnotidae: Gymnotiformes) during behavioral sleep. *Braz. J. Med. Biol. Res.* 32, 1223-1228.

Sundararaj, B., Vasal, S., and Halberg, F. (1982). Circannual rhythmic ovarian recrudescence in the catfish *Heteropneustes fossilis* (Bloch). *Adv. Biosci.* 41, 319-337.

Tabata, M. (1992). Photoreceptor organs and circadian locomotor activity in fishes. *In* "Rhythms in Fishes" (Ali, M. A., Ed.), pp. 223-234. Plenum Press, New York.

Takemura, A. (1984). Acoustical behaviour of the freshwater goby *Odontobutis obscura*. *Bull. Jap. Soc. Scient. Fish.* 50, 561-564.

Tan-Fermin, J. D., Pagador, R. R., and Chavez, R. C. (1997). LHRHa and pimozine-induced spawning of Asian catfish *Clarias macrocephalus* (Gunther) at different times during an annual reproductive cycle. *Aquaculture* 148, 323-331.

Taylor, M. H. (1984). Lunar synchronization of fish reproduction. *T. Am. Fish. Soc.* 133, 484-493.

Thetmeyer, H. (1997). Diel rhythms of swimming activity and oxygen consumption in *Gobiusculus flavescens* (Fabricius) and *Pomatoschistus minutus* (Pallas) (Teleostei: Gobiidae). *J. Exp. Mar. Biol. Ecol.* 218, 187-198.

Thinès, G., and Weyers, M. (1978). Résponses locomotrices du poisson cavernicole *Astyanax mexicanus* (Pisces, Characidae) á des signaux périodiques et apériodiques de lumière et de température. *Int. J. Speleol.* 10, 35-55.

Thinès, G., Wolff, F., Boucquey, C., and Soffie, M. (1965). Etude comparative de l'activité du poisson cavernicole *Anoptichthys antrobius* Alvarez et son ancêtre épigé *Astyanax mexicanus* Philipe. *Ann. Soc. R. Zool. Belg.* 96, 61-115.

Tobler, I., and Bórbely, A. A. (1985). Effect of rest deprivation on motor activity in fish. *J. Comp. Physiol.* 157, 817-822.

Tosini, G., and Menaker, M. (1996). Circadian rhythms in cultured mammalian retina. *Science* 272, 419-421.

Trajano, E. (2001). Ecology of subterranean fishes: An overview. *Environ. Biol. Fish.* 62, 133-160.

Trajano, E., Duarte, L., and Menna-Barreto, L. (2001). Subterranean organisms as models for chronobiological studies: The case of troglobitic fishes. Abstracts of the 25th Conference of the International Society for Chronobiology, p. 48. Antalya.

Trajano, E., and Menna-Barreto, L. (1995). Locomotor activity pattern of Brazilian cave catfishes under constant darkness (Siluriformes, Pimelodidae). *Biol. Rhythm Res.* 26, 341-353.

Trajano, E., and Menna-Barreto, L. (1996). Free-running locomotor activity rhythms in cave-dwelling catfishes, *Trichomycterus* sp., from Brazil (Teleostei, Siluriformes). *Biol. Rhythm Res.* 27, 329-335.

Trajano, E., and Menna-Barreto, L. (2000). Locomotor activity rhythms in cave catfishes, genus *Taunayia*, from eastern Brazil (Teleostei: Siluriformes: Heptapterinae). *Biol. Rhythm Res.* 31, 469-480.

Trajano, E., and Pinna, M. C. C. (1996). A new cave species of *Trichomycterus* from eastern Brazil (Siluriformes, Trichomycteridae). *Rev. Françc. d'Aquariol* 23, 85-90.

Ulyel, A. -P., Ollevier, F., Ceusters, R., and Thys van den Audenaerde, D.

(1991). Food and feeding habits of *Haplochromis* (Teleostei: Cichlidae) from Lake Kivu (Central Africa). II. Daily feeding periodicity and dietary changes of some *Haplochromis* species under natural conditions. *Belg. J. Zool.* 121, 93-112.

Underwood, H. (1990). The pineal and melatonin: Regulators of circadian function in lower vertebrates. *Experientia* 46, 120-128.

Val, A. L. (1993). Adaptation of fishes to extreme conditions in fresh water. *In* "Vertebrate Gas Transfer Cascade: Adaptations to Environment and Mode of Life" (Bicudo, J. E., Ed.), pp. 43-53. CRC Press, Boca Raton.

Volpato, G. L. (2000). Aggression among farmed fish. *In* "Aqua 2000: Responsible Aquaculture in the New Millenium" (Flos, R., and Creswell, L., Eds.), *European Aquaculture Society Special Publication* 28, 803.

Volpato, G. L., and Barreto, R. E. (2001). Environmental blue light prevents stress in the fish Nile tilapia. *Braz. J. Med. Biol. Res.* 34, 1041-1045.

Volpato, G. L., and Fernandes, M. O. (1994). Social control of growth in fish. *Braz. J. Med. Biol. Res.* 27, 797-810.

Volpato, G. L., Duarte, C. R. A., and Luchiari, A. C. (2004). Environmental color affects Nile tilapia reproduction. *Braz. J. Med. Biol. Res.* 37, 479-483.

Volpato, G. L., Frioli, P. M. A., and Carrieri, M. P. (1989). Heterogeneous growth in fishes: Some new data in the Nile tilapia *Oreochromis niloticus* and a general view about the causal mechanisms. *Bol. Fisiol. Animal* 13, 7-22.

Wilhelm Filho, D., Torres, M. A., Tribess, T. B., Pedrosa, R. C., and Soares, C. H. I. (2001). Influence of season and pollution on the antioxidant defenses of the cichlid fish acará (*Geophagus brasiliensis*). *Braz. J. Med. Biol. Res.* 34, 719-726.

Wilkens, H. (1988). Evolution and genetics of epigean and cave *Astyanax fasciatus* (Characidae, Pisces). *Evol. Biol.* 23, 271-367.

Winemiller, K. O., and Jepsen, D. B. (1998). Effects of seasonality and fish movement on tropical river food webs. *J. Fish Biol.* 53, 267-296.

Woynarovich, E., and Horváth, L. (1980). The artificial propagation of warm-water finfishes-a manual for extension. *FAO Fish. Tech.* 201, 1-183.

Young, M. W. (2000). Lifés 24-hour clock: Molecular control of circadian rhythms in animal cells. *Trends Biochem. Sci.* 25, 601-606.

Zayan, R. (1991). The specificity of social stress. *Behav. Process.* 25, 81-93.

Zupanc, M. M., Engler, G., Midson, A., Oxberry, H., Hurst, L. A., Symon, M. R., and Zupanc, G. K. H. (2001). Light-dark-controlled changes in modulations of the electric organ discharge in the teleost *Apteronotus leptorhynchus*. *Anim. Behav.* 62, 1119-1128.

第5章　热带鱼类的摄食可塑性和营养生理

5.1　食物与摄食

5.1.1　摄食行为、领地、群体觅食、食物偏好和质量

摄食过程由9种定型的行为模式构成：颗粒物摄取、大口吞入、用水送下、吐出水分、选择性保留食物、输送食物、碾碎、研磨、吞下。这些运动的顺序和频率根据食物的类型、大小和质地而进行调整（Sibching，1988）。对食物摄入量和食物处理机理的较好理解揭示了种内可塑性和种间营养相互作用。因此，这些知识对于管理多个物种群落和最大限度地提高多种养殖系统的生产力至关重要。

鲤鱼（*Cyprinus Carpio*）在各大洲的鱼类群落中都确立为杂食性鱼类的一员，其摄食和处理食物的复杂性需要考虑口腔开口的大小、上颌的突出部分、咽腔的形状、腭部和舌后器官的形状、鳃筛、咽部咀嚼器、味蕾的分布、口咽表面的黏液细胞和肌纤维（Sibching，1988）。问题是，杂食动物如何在食物和非食物材料之间实现明显的高度选择性？Sibching（1988）假设选择性保留是由于有效地排出小的废弃物，同时在咽顶和底部之间保留食物，那里的味蕾密度为820个/平方毫米，是所有鱼类中报告的最高密度。鲤鱼这种解剖上的适应可能导致了咽部咀嚼效率的丧失，而咽部咀嚼器官是草食性鱼类和软体动物咽部嚼碎者的主要器官。因此，鲤鱼在处理细长的植物材料和捕猎其他鱼类的能力非常有限。草鱼（*Ctenophyngodon idella*）使用咽齿咀嚼植物，觅食（评估和进食）和咀嚼（口部运输和咀嚼食物）所花费的时间分别为16%～56%和13%～56%，这取决于摄入的植物（伊乐藻属、浮萍属、香蒲属及其他）的多少（Vincent and Sibching，1992）。有趣的是，所有的植物都以相同的下颌运动频率被咀嚼，而和它们的坚韧或令人不快的味道无关。植物材料受到牙齿的前后研磨，然后横向拉开，在牙齿之间被磨碎。在小于1 mm^2的颗粒中，损耗（以植物细胞破碎面积衡量）经常达到40%，但若颗粒较大，则迅速下降到10%以下。

两种典型的热带鱼类，大盖巨脂鲤（*Colossoma macropomum*）和双齿巨脂鲤（*C. bidens*），具有较宽、多齿状和锐利的口齿特征（Goulding，1980）。双齿巨脂鲤和在亚马孙雨季以种子和水果为食的大盖巨脂鲤相比，前颌齿形成三角形，可能是为了适应更多样化的食物。亚马孙中部的脂鲤目幼鱼在10～30 mm体长时主要以枝角类（浮游动物）为食，在30～50 mm体长时转变为主要以丝状藻类和野生水稻种子为食（Araujo-Lima et al.，1986）。成年的大盖巨脂鲤在进食种子之前会将种子碾碎，而另一些脂鲤鱼类，如缺帘鱼（*Brycon sp.*）可以去掉贝类的壳而只摄取较有营养的部分。

与温带草食性鱼类（Horn，1989）相比，热带岩岸鱼类很少研究（Ferreira et al.，

1998）。南美海岸鱼类的主要发现并不出人意料，较大型鱼摄食海藻的次数、摄入率和肠道饱满度都有所增加。更有趣的是，学者们发现，尽管不同的食物处理方法大相径庭，鱼每天还是填满它们的消化道 2.5～3.0 次。鹦嘴鱼类通过咽部将水藻磨成微小颗粒，具有最快的食物排泄速度；月尾刺尾鱼（Acantharus bahianus）可能有共生细菌（Clements and Choat, 1995），肠道排泄速度要慢得多，而且会随季节而变化。在鹦嘴鱼中，与性别相关的摄食策略（雄性是单独捕食，而雌性是 3～8 尾成群摄食）没有被提及。

来自非洲维多利亚湖的以软体动物为食的丽鱼类看似粉碎小型双壳类并将其吞下，没有吐壳，但在粉碎腹足类后会再次用水冲洗并吐出贝壳碎片（Hoogerhoud, 1987）。摄取的软体动物类型对鱼的垂直运动有深远的影响，因为摄取贝壳的速度会导致鱼鳔体积的变化。因此，为了保持中性浮力，维多利亚湖丽鱼类只能空着肚子从 5 m 深的地方游到水面。摄食后，根据被吃掉的软体动物贝壳的吐出率，它们只能垂直游到水面 0.4～2.0 m。换句话说，腹腔内肠道内容物和鱼鳔之间的空间分隔影响了鱼类的行为、对食物的反应、避免捕食者，以及与同种鱼的"社交"。Meyer（1989）指出，在来自尼加拉瓜吉罗亚湖（Lake Jiloa）的一种摄食软体动物的丽鱼科鱼类橘色双冠丽鱼（Cichlasoma citrinellum）中，咽腭结构的双峰分布决定了对软壳或硬壳猎物的偏好。两种形态特化的共存，猎物丰度的季节性和年际变化防止了两种类型鱼类中任何一种形态的竞争性灭绝。

Gianquinto 和 Volpato（2001）证明，在非危险条件下，不喂食或喂饱的南美鲶鱼——似平嘴鲶（Pseadoplatystoma coruscans）对提供食物的反应相似，而将其暴露于皮肤提取物下（含有警戒物质）则显著增加了喂食个体对食物反应的潜伏期。换句话说，饥饿抑制了警示信号，缺少食物的鲶鱼更愿意冒险去捕食。热带系统中鱼类的水生化学信号必须可靠，在多变的环境条件下要稳定，并且生产所需成本更低。热带脂鲤类的几种鱼使用强极化的嘌呤 – N – 氧化物（如次黄嘌呤 – 3 – N – 氧化物），嘌呤降解通道的副产物，是它们的警戒信息素（Brown et al., 2001）。这种信息素在同种的和同域异种的取食行为中的作用还有待进一步研究。例如，纳氏臀点脂鲤（Pygocentus nattereri）通常做出非随机的常规结群，以避免种内的攻击和自相残杀（Magurran and Queiroz, 2003）。事实上，占据鱼群外围区域的较小的鱼表现出较强的摄食动机，而位于鱼群中部较安全区域的大鱼，攻击速度较慢。

食物偏好是在不同环境的适应辐射和定居过程中形成的。形态、生理和行为的变化是根据营养的差异而演变的。非洲中部的湖泊和其中的丽鱼科动物群落是一个独特的例子，说明了适应性辐射是如何与开发不同食物来源的能力联系在一起的。Sturmbauer 等（1992）提供了一个来自坦噶尼喀湖的腐食性和微藻食性丽鱼科鱼类——直颌岩丽鱼（Petrochromis orthognathus）的实例。这种具有特别长的肠道（6～10 倍体长）的丽鱼科鱼类吞食硅藻，并"装备"了一种标志性酶——昆布多糖酶，这种酶能够消化在硅藻中存在但在绿藻和蓝藻中没有的多糖。鱼类是唯一能够产生内源性昆布多糖酶的脊椎动物。

De Silva 等（1984）研究了热带水库中以动物、植物或碎屑为基础食物的鱼类喂养食物的品质问题。他们提供了斯里兰卡几个水库中莫桑比克帚齿罗非鱼（*Sarotherodon mossambicus*）胃内容物的近似分析。蛋白质、脂肪和碳水化合物的含量分别为 18.5%～35.1%、5.9%～9.8% 和 11.6%～34.7%。考虑到食物中动物、植物或碎屑的种类可能分别达到了水库（种群）的 60.3%、94.4% 或 88.4%，这些数值显示出相对较大的变化。De Silva 等指出，邻近水库中食碎屑或肉食的鱼类具有巨大的可塑性，除非碎屑食用超过 70%，否则营养物的利用（消化率）不会发生重大变化。然而，这并不完全是高生长率、营养食物链的高效率或该物种"前所未有的成功"的直接证据。丽鱼科鱼类具有巨大的摄食可塑性，但它们仍然需要稳定均衡的食物，正如 Hassan 和 Edwards（1992）所报道的那样，两种浮萍之间粗纤维浓度的差异（6.9% 和 11.7%）导致尼罗罗非鱼的生长显著不同。更重要的是，仅以浮萍、青萍属或紫萍属为食，8～10 周后就会导致生长速度下降或失明。只以 1 种植物为食可能会导致鱼类死亡。当发光鹦鲷（*Sparisoma radians*）只喂食海草——梨形画笔藻（*Penicillus pyriformis*）（高碳酸钙含量）时，死亡比饥饿组更快（Lobel and Ogden，1981）。来自美属维尔京群岛的鹦嘴鱼在只喂食 5 种不同的海草时也会死亡或者表现出高死亡率。最有营养价值的植物，也最常在自然栖息地中被食用，在没有附生植物（藻类）的情况下也会导致鱼类 60% 以上的死亡。显然，能量价值丰富的海草和捕食者的偏好并不等同于草食性鱼类的最高品质的食物。

Appler（1985）比较了水网藻（*Hydrodictyon reticulatum*）在尼罗罗非鱼（*Oreochromis niloticus*）和齐氏罗非鱼（*Tilapia zilli*）食物中的利用。当 17% 的动物蛋白（鱼粉）被藻类蛋白替代时，齐氏罗非鱼的体重增加了 5%，而尼罗罗非鱼的体重降低了 10%。然而，50% 动物蛋白的替代使这两个物种的生长都减少了约 50%。有趣的是，只有当食物中有一小部分含有藻类物质时，齐氏罗非鱼的"食草性"才能和对生长的积极影响联系在一起。Appler 和 Jauncey（1983）还得出结论，用团集刚毛藻（*Cladophora glomerata*）代替鱼粉蛋白，会使尼罗罗非鱼幼鱼的生长速度下降一半，每天分别下降 3.1% 和 1.85%。Bitterlich（1985b）以前肠和后肠的栅藻细胞数为标志，比较了斯里兰卡水库中无胃鲤鱼和有胃莫氏罗非鱼的浮游植物和碎屑的摄食质量。她的结论是，主要以硅藻为食的罗非鱼利用了超过 90% 的有效营养物质，而无胃鲤鱼无法有效消化藻类，只能摄取它们 25%～40% 的营养物质。然而，碎屑物质为有胃鱼提供高营养价值的结论是值得怀疑的。如果没有其他原因，脂质降解将导致必需脂肪酸的损失。Harvey 和 Macko（1997）分析了海洋硅藻和蓝藻类细菌在有氧和缺氧条件下微生物介导的脂质降解。他们的结论是，即使在 19 ℃，总脂肪酸甲酯在 3 d 内迅速下降，并在氧化腐烂后 20 d 内下降到 10%（蓝藻类细菌）或 0%（硅藻）。在缺氧条件下，浮游植物脂质降解过程中的多不饱和脂肪酸浓度在 20 d 内下降到微量。在热带环境的缺氧条件下，碎屑中的主要脂质成分可能会丢失。

5.1.2 昼夜节律

热带生态系统在透明度和可见度方面变化很大，这些条件造成了猎物和捕食者之间不同类型的相互作用。然而，在大多数情况下，增加的光合作用会导致营养物质的积累，相反，光抑制也会发生，从而阻止光合作用，在夜间会导致储备物质的降解。人们经常假设，营养成分的变化将会关联、诱导和构成鱼类的摄食周期。

由于下午的光合作用，以藻类为食的海洋鱼类在藻类能量积累的高峰期可以观察到摄食。然而，对蛋白质或碳水化合物的简单化学分析不能很好地解释鱼类摄食的昼夜模式（Zoufal and Tborsky，1991）。有证据表明，摄食周期不是内源的，而是通过10~20代的自然选择建立的。Zemke-White 等（2002）分析了这种鱼–藻相互作用的其他成分，并记录了来自澳大利亚大堡礁的食草性黑眶锯雀鲷（*Stegastes nigricans*）的摄食模式和藻类营养成分的增加相匹配，其中的营养成分主要是甘油半乳糖吡喃苷（floridoside）（主要糖醇化合物存在于海藻、江蓠属、鱼栖苔属中）。作者检测了鱼肠道中的 α-半乳糖苷酶活性，并提供了证据，证明这种营养物质在下午3时左右增加了51%~82%，显著影响了摄食效率。

然而，如果觅食效率和食物品质能够从藻类摄食鱼类扩展到利用动物和其他混合食物的鱼类，这可能会对野生的和受调控鱼类养殖条件下的觅食模式产生影响。进食时间、进食最接近的成分和鱼类活动（代谢节律）之间的对应关系是解释夜间摄食的短盖肥脂鲤（*Piaractus brachypomus*）比白天摄食的鱼生长快35%~50%的差异的这种假说的基础（Baras et al.，1996）。在夜间喂食的鱼通过限制它们的活动以期节省能量，而实验却证明了相反的结果。与在白天摄食的鱼相比，夜间摄食的鱼在夜间更活跃，在活动性方面和在白天并没有差别（Baras，2000）。作者推测，夜间摄食的鱼生长得更快，因为它们表现的相互斗争较少，而且可能较有效地沉积食物蛋白质。蓝罗非鱼（*Oreochromis aureus*）属于食物随变型（food conformer），其摄食行为和前一天的进食时间相适应，且生长率不随进食时间的变化而变化。

赤道洋流说明了鱼类群落与其潜在的无脊椎动物猎物之间昼夜节律的相互作用，这在其他水生生态系统中可能被忽视。在月平均温度24~25℃、变化为1℃的水体中，水生无脊椎动物数量的平均昼夜漂移比率为10（Jacobsen and Bojsen，2002）。无脊椎动物的昼夜比率只和溪流中甲鲇科的丰度有关。虽然学者们不能确定是什么导致了这种相关性，但他们的先验预期并未得到证实。对漂流周期性的一个可能的解释是鲇鱼在水底层夜间觅食，并在溪流中造成物理干扰。

5.1.3 索饵洄游和繁殖

De Godoy（1959）描述了小口鲮脂鲤（*Prochiodus Scrofa*）从莫吉瓜苏河上游向南美洲格兰德河摄食区500多千米的降河洄游。这种鱼和近缘的另一种鲮脂鲤（*P. platensis*），是在水底部泥沙中摄食的鱼类，成年后以大型植物部分分解形成的有机泥浆为食（Bayley，1973）。在同样距离的溯河洄游中，没有合适的食物来源（Bayley证实 *P. platensis* 是空腹的），迫使鱼使用身体储备的能源物质。通过计算 P. platensis 的生长，发现进入成熟期的 2 龄鱼（雄性）的总长度为 31.2 cm，在接下来的 4～5 年内，体长增加了 3～5 cm。这清楚地说明了长时间迁徙的直接影响，以及有理由充分推测在水底部泥沙中摄食的脂鲤鱼容易有营养不良的问题。亚马孙大盖巨脂鲤（Colossoma macropomum）每年在洪水泛滥的森林中停留 4～7 个月，主要以果实和种子为食（Goulding and Carvalho，1982）。由于这种饮食习惯，鱼在体内储存了高达 10% 的内脏脂肪，在其他组织（肌肉）也有大量脂肪储备。汛期过后，大盖巨脂鲤在大河中度过枯水期。溯河洄游在雨水泛滥、平原淹没前 1～2 个月开始，导致大盖巨脂鲤在营养贫乏且浑浊的白水河和支流中产卵。大盖巨脂鲤从白水河到泛滥平原的索饵洄游距离可达 200 多千米。亚马孙河中部的年度洪水有规律地发生，并引起鱼类和果实与种子等作物植物之间复杂关系的发展（Araujo-Lima and Goulding，1998）。脂鲤类是破坏种子的主要捕食者，而大的陶乐鲇科的石陶乐鲇被 Goulding 和 Carvalho（1982）描述为由"一些水生植物的根和叶"的消费者变成了主要的种子散发器，因为石陶乐鲇不能咀嚼和破坏这些种子（Kubitzki and Ziburski，1994），后一位作者研究了单个散布过程所达到的距离。如果种子能在脂鲤消化道内存留 1 周，那么每天 20～30 km 的溯河洄游距离将是一个很长的距离。亚马孙鲇鱼——长肢准项鳍鲇（Auchenipterichthys longimanus）的体长可达 25 cm，体内有 20 种植物的种子，有浮起也有下沉的，有些果实的大小可达鱼长度的 20%（Mannheimer et al.，2003）。长肢准项鳍鲇作为采矿淤泥退化湖区最丰富的鱼类种类，可能成为黑水河森林大规模再生的一个贡献者，因为它们通过洄游使种子得以传播。

Horn（1997）分析了美洲中部热带雨林中一种主要的河岸树种——无花果树（Ficus glabrata）的种子被一种缺帘鱼（Brycon guatemalensis）传播的情况。这种河边鱼类的体长 29～46 cm，以果实为主要食物。这些种子在 15～33 h 后随粪便排出仍可存活。第一次发芽的时间稍长，但这种植物的种子通过鱼的肠道后生长得较快。和亚马孙地区每年的洪水规律相反，新热带雨林的特点是每年发生 15～30 次不可预测的洪水。这些频繁的洪水使河流鱼类得以洄游并进入陆地生态系统中。因此，无花果等果实成为它们的重要食物，而洪水期间逆流而上的鱼类又传播这些种子（Banack et al.，2002）。随着热带地区森林持续的砍伐，种子的传播更加依赖于鱼-树的相互作用。

5.2 消化道的形态学和生理学

5.2.1 仔鱼-稚鱼过渡过程中消化道的"变态"

在仔鱼-稚鱼转化过程中，消化道发育的个体发生变化可分为三种类型：①无胃且消化道缠绕复杂程度增加的鱼（鲤科）；②进食后才形成胃结构的"无胃"幼鱼（白鲑属、鲇科、锯脂鲤科）（Segner et al.，1993）；③能够开始吞入食物的仔鱼期或幼鱼期，此时胃已作为一种显著特征而存在（鲑鳟鱼类、丽鱼类）（Dabrowski，1984，1986a；Stroband and Dabrowski，1981）。

就仔/稚鱼能够利用的食物类型而言，消化系统的形态特征会有很大的影响，特别是在生长速度最快的个体发育早期［鲤鱼幼鱼每日生长速度可达 50%（Bryant and Matty，1981），非洲胡鲇幼鱼每日生长速度可达 30%～50%（Terjesen et al.，1997）］。丽鱼科例外，因为在使用卵黄囊储备之前，它们的消化道似乎已经完全形成，有功能的胃和细长的肠（图 5.1）。和其他大多数硬骨鱼不同，丽鱼科的稚鱼要经过一段时间的内源性（卵黄囊）和外源性的"混合"摄食。这种调节将重点转向幼鱼的母体－子代之间的营养转移上，而不是仅仅依赖于仔鱼的外部食物摄取量及其质量（营养物的存在及其可利用性）。举个例子，虽然罗非鱼稚鱼的密度和尾部的水交换可能导致产生原生动物作为补充食物，但是开始摄食的尼罗罗非鱼稚鱼能够依靠最初几周内获得的浮游植物（小球藻、栅藻）而生长（Pantastico et al.，1982）。Pantastico 等（1986）在一项类似设计的研究中，以淡水藻类饲料投喂低密度（2 尾/升）的遮目鱼（*Chanos chanos*）幼鱼而得出结论，颤藻和色球藻的混合支持它们保持最佳生长状态。然而，40 d 仅仅生长了 6～16 mg。在这类实验中需要引入以浮游动物为食的对照组，以便得出一个关于仔鱼消化道利用藻类作为唯一食物来源的效率问题的结论。在 20 ℃ 的环境下，轮虫和小型浮游动物在 20 min 内就被以浮游生物为食的鲤科鱼类的肠液溶解，而且轻微的机械摩擦使这些生物变成一堆碎屑物质，难以辨认（Bitterlich and Gnaiger，1984）。大多数浮游植物细胞在肠道中未被消化，Segner 等（1987）证明，以小球藻为食的虱目鱼幼鱼，其肠道的组织病理学和饥饿条件下的是不同的，肠细胞中含有形状怪异的细胞核、扩大分枝的线粒体和细胞内空泡化，因而得出小球藻在虱目鱼幼鱼消化道中起着额外的应激作用的结论。

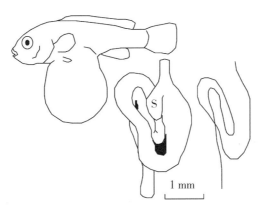

注：外源摄食开始时，可见大的卵黄囊、胃和复杂的肠卷曲型。该资料复制已获作者和伦敦林奈学会许可（Yamaoka，1985）。

图 5.1　一种岩丽鱼（*Petrochromis polyodont*）卵黄囊幼鱼的消化道

大多数新热带鱼幼鱼孵化时内源性储备相对较小，外源性摄食是在消化道尚未完全分化为胃肠道系统的几天后开始的。因为它是温带气候鱼类，但较高的水温和随之增强的代谢率加大饥饿的可能性，所以外源性摄食的开始时间是热带鱼生存的最关键时期之一。一般来说，热带鱼幼鱼孵化时，肠道呈"明显"未分化的直管状，横卧在卵黄囊上，口和肛门紧闭。在体内营养期，幼鱼必须在形态和生理上发生变化，以便于寻找、摄食和消化食物。

仔鱼早期消化道的主要变化和肠道、胰脏和肝脏的发育有关。这些结构出现在细鳞肥脂鲤（*Piaractus mesopotamicus*）幼鱼（图5.2）和孵化后不久取样的条纹似平嘴鲇（*Pseudoplatystoma fasciatum*）幼鱼中（Portella and Flores-Quintana，2003a）。在第一次摄食时，胃结构缺失，但肠道分化成三个部分，就和早期对黄边胡鲇（*Clarias lazera*）的描述一样（Stroband and Kroon，1981）。肠道由单层柱状上皮组成，在细鳞肥脂鲤的幼鱼中也有三个细胞形态不同的节段，微绒毛顶端边缘的分化，大脂滴的存在（第一节）或不存在（第二节和第三节），胞饮泡的存在（第二节）或不存在（第一节和第三节）都是明显的。和仔/稚鱼肠道相似的超微结构变化在其他硬骨鱼中也曾观察到（Albertini-Berhaut，1988）。

在孵化后1 d取样的条纹似平嘴鲇（*Pseudoplatystoma fasciatum*）仔鱼（约3.86 mm，标准长度）体内，在其消化道前部和卵黄囊之间观察到未分化的圆形细胞，这些细胞是肝脏和胰脏的前体。在2日龄幼鱼体内，可以清楚地观察到这两个结构，而且还可观察到其外分泌胰脏包括两个部分，一个靠近肝脏，另一个在卵黄囊上方。胰脏细胞呈嗜碱性，有许多嗜酸性酶原颗粒，它们随个体生长发育而增加（Portella and Flores-Quintana，2003a）。细鳞肥脂鲤（*Piaractus mesopotamicus*）仔鱼的肝组织在孵化后2 d已经组成良好（DAH），但胰脏细胞分布得似乎较分散，只有4日龄的仔鱼（总长约5.5 mm）形成了类似叶状的结构（Tesser，2002）。然而，Pena等（2003）提供的证据表明，在刚孵化的斑带副鲈（*Paralabrax maculatofasciatus*）幼鱼中发现的小斑块状的未分化细胞群为肝脏和胰脏，类似于在非洲鲇鱼仔鱼描述的结构（Verreth et al.，1992）。当养殖水温为28 ℃时，条纹似平嘴鲇（5.65 mm TL）和细鳞肥脂鲤（5.5～6 mm TL）仔鱼的卵黄囊分别在第3天和第5天被完全吸收，而斑带副鲈在水温为25 ℃时卵黄囊在第3天被完全吸收。肠节段的分化发生在条纹似平嘴鲇（Protella and Flores-Quintana，2003a）和斑带副鲈3日龄的时候。两种鱼的口咽壁和早期食管上皮都呈现为鳞状，在胃之前的最后一段有一些褶皱和可见的结缔组织。在条纹似平嘴鲇（*Pseudoplatystoma fasciatum*）的食管内含有一些在3日龄斑带副鲈（*Paralabrax maculatofasciatus*）中没有的黏液和PAS阳性细胞。在条纹似平嘴鲇观察到了胃的雏形，为单层立方形细胞，PAS阴性，刷状边缘较短，但是斑带副鲈的立方形细胞中没有刷状边缘（Pene et al.，2003）。

条纹似平嘴鲇的肠为柱状上皮，有部分褶皱和黏液杯状细胞，呈中度PAS阳性。肠细胞呈发达的刷缘。在6日龄的斑带副鲈幼鱼中也发现同样的特征（Pena等，2003）。PAS阳性反应在条纹似平嘴鲇和斑带副鲈中增强，肝脏空泡化程度也增大，表明肝糖原的储存和肝脏功能（Bouhic and Gabaudan，1992；Pena et al.，2003）。在条纹似平嘴鲇体内，可观察到胰脏细胞呈腺泡状排列，胞浆嗜碱性，胞核圆形，含有大量嗜酸性酶原颗粒。条纹似平嘴鲇消化道继续发育，食管黏膜细胞增多，肠内皱褶增多，肝细胞和肠黏膜细胞中PAS反应强度增大，也呈现AB中等阳性反应。

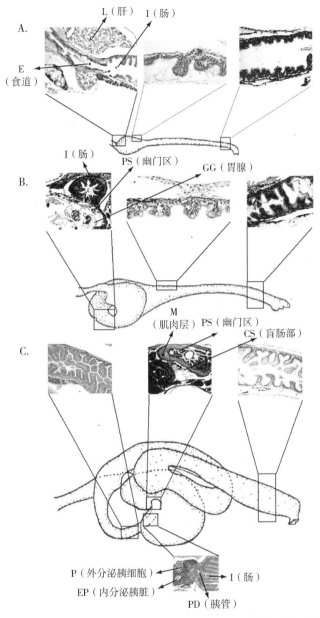

注：A、B 和 C 分别指发育时间为 6 min、12 min 和 22 min 的幼鱼的长度大小。消化道形态图引自 Yamanaka, N., Fisheries Institute, Sao Paulo (1988)。A. 纵向切片穿过肝（L）、食管（E）、前肠和后肠（I）。"假定胃"区的肠（I）呈单层柱状细胞排列的黏膜皱褶，中肠切片可见少量黏液细胞，后肠内有扁平的皱褶和肠细胞含有大量核上空泡。B. 幽门区（PS）和部分胃体区与胃腺（GG）。幽门括约肌附近的肌层（I）显示黏膜皱褶、黏膜下层和肌层。前肠可见大量黏液杯状细胞。C. 前肠皱褶发达，单层上皮，有柱状可吸收的肠细胞和杯状细胞。胃的幽门区（PS）为非腺性，单细胞上皮为立方形，肌层发达。在胃体部（CS），可以辨认出胃腺。杯状细胞后肠黏膜皱褶较小，扁平，黏液细胞较少。胰腺外分泌细胞（P）呈腺泡状排列，胞浆嗜碱性，有酶原颗粒。内分泌胰腺（EP）也存在。胰管（PD）开口进入肠道的幽门区。

图 5.2　细鳞肥脂鲤（*Piaractus mesopotamicus*）个体发育过程中的消化道变化

从对可变食物的适应性增强和对复杂蛋白质的消化能力的角度来看（Grabner and Hofer，1989），胃的分化可以认为是鱼类胃肠道发育过程中的重要活动（Govoni et al.，1986）。在 5 日龄（总长 18 mm）的鳄雀鳝（*Atractosteus spatula*）稚鱼体内，尽管同时利用了卵黄囊储备，但仍形成了胃，胃蛋白酶也具有活性（pH = 2.0）（Mendoza et al.，2002）。在已增加体重数倍的条纹似平嘴鲶（*Pseudoplatystoma. fasciatum*）中（Portella and Flores-Quintana，2003a），在孵化后 10 d（11.3 mm SL）观察到第一个胃腺，然而在细鳞肥脂鲤观察到胃腺的体长仅为 7～10.3 mm TL；对于斑带副鲈，孵化后 16 d 观察到第一个胃腺（Tesser，2002；Pena 等，2003），而机鲻（*Mugil platanus*）则是在孵化后 38 d 才观察到（Galvao et al.，1997a）。在 27.5 ℃ 饲养条件下的非洲胡鲇（*Clarias gariepinus*），胃的发育比其他鱼要早许多，在摄食开始后的 4 d 或孵化后的 6 d 出现，此时幼鱼总体长已达 12.1 mm（Verreth et al.，1992）。虽然黄边胡鲇（*Clarias lazera*）在第 4 天就已经出现了第一个胃腺，但是根据分泌颗粒的胞吐现象，有功能的胃出现在总体长大约 11 mm 的幼鱼中，这是在 23～24 ℃ 条件下受精后大约 12 d 的时候（Stroband and Kroon，1981）。然而，如果胃功能的标准是胃蛋白酶原活化所需的 pH 和胃蛋白酶活性的最佳值，那么非洲鲇鱼的幼鱼须大于 11.5 mm 才能满足这一要求。令人惊讶的是，在一种丽鱼科观赏性绿盘丽鱼（*Symphysodon aequifasciata*），在孵化后的第 10 天就发现了胃，但是在几天后才发现明显的胃蛋白酶样活性（Chong et al.，2002a）。这种鱼和另一种中美洲丽鱼中的双冠丽体鱼（*Cichlasoma citrinellum*），在早期阶段食用非常特殊的食物，即其亲本的黏液。尽管如此，这两种鱼的幼鱼和它们的亲本分开后以活饵料为食也可存活下来（Schutz and Barlow，1997）。

12 日龄的条纹似平嘴鲶幼鱼（15.2 mm SL），胃部发育良好，分为腺区和非腺区，肌肉层分化良好。中肠黏膜皱襞发育良好，黏膜细胞丰富，第二节黏膜刷状边缘下的吸收性肠细胞呈现核上空泡。从这个阶段开始，在条纹似平嘴鲶观察到的修饰仅涉及组织结构的大小（肥大）和复杂性（增生）的发展（Portella and Flores-Quintana，2003a）。Pene 等（2003）也报告称斑带副鲈在孵化后 16 d 的腺区前 - 中部分和非腺区域的后部分别对应于胃的主体和幽门部分。作者提到胃发育之后，斑带副鲈前肠核上空泡的大小和数量减少。在非洲鲇鱼中，在第一次摄食 24 h 后，在肠道的第一部分观察到含有吸收脂质的空泡（作者根据常规操作造成的结构空洞而做出的假设），在肠的后半部分，这些空泡的大小明显减小（Verreth et al.，1992）。然而，在摄取了辣根过氧化物酶后，鲇鱼的幼鱼呈现出卤虫无节细体的"被囊状"，对肠道第二段细胞进行酶活性阳性染色（Stroband and Kroon，1981），这证实了非洲鲇鱼通过内吞和细胞内消化作用来吸收蛋白质大分子的能力。对于生活在温水中的鲤（*Cyprinus carpio*），Fishelson 和 Becker（2001）描述了尾游离期和受精后 3 d，鱼胚胎的肝脏和胰脏第一次被检测到时它们的发育过程。这些器官由中胚层的细胞胚芽组成，为体腔间皮包围，在孵化后 2 d 或受精后 9 d（5.6 mm TL），该胚芽原基分裂，使肝脏和胰脏分离；在个体较大的幼鱼，肝胰脏才形成，在细鳞肥脂鲤幼鱼的肝脏中也观察到一些胰岛（T. Ostaszewska，个人通讯），外分泌性胰腺组织也见于这种鱼的门静脉 - 肝系统周围、肠系膜脂肪组织、肝脏和脾脏

(Ferraz de Lima et al., 1991)。细鳞肥脂鲤成鱼的胰腺组织主要集中在幽门盲肠周围，但并不是一个完全分离的器官。

5.2.2 胃、肠、直肠和食物-形态之间的关系

冷水和热带鱼类正在采取肠的吸收表面不断扩大的策略。在冷水性鲑科鱼类的虹鳟中，平均有70个盲囊，其总长度是肠道总长的6倍。幽门盲囊的绒毛膜表面积是整个肠道的2倍（Bergot et al., 1975）。一些热带脂鲤科鱼类也具有许多幽门盲囊，然而，对它们的吸收面积和功能却缺乏分析。Frierson 和 Foltz（1992）对奥利亚罗非鱼（*Oreochromis. aureus*）和齐氏罗非鱼（*Tilapia zilli*）的肠道表面积进行了分析，他们把这两种罗非鱼划分为主要以碎屑和大型植物为食的鱼。这两种鱼的相对肠道长度相差不大，100 mm 和 200 mm 体长的鱼的相对肠道长度分别接近 3.5 和 7（图 5.3），主要区别是肠道直径不同（奥利亚罗非鱼的肠道直径大约是齐氏罗非鱼的 4.5 倍），这可能是其食物为大型植物的一种适应，需要摄入大块的食物。然而，当结合肠道折叠和微绒毛尺寸来计算表面积时，这两者的结果就十分接近（奥利亚罗非鱼和齐氏罗非鱼在鱼的标准体型总体长为 145 mm 的情况下测得的结果分别为 1819 cm^2 和 1504 cm^2）。由于罗非鱼 90% 的吸收表面是微绒毛，因此可以计算出黏膜性表面。和 206 mm 的虹鳟对比（Bergot et al., 1975），将会显示出主要的分类学和/或饮食形态相关差异。然而，鳟鱼肠黏膜总表面积为 132 cm^2（其中幽门区面积为 91.7 cm^2），仅略小于罗非鱼。当然，这一领域还需要进一步研究。

在两个不同大小级别（总范围为 14~29 cm）的南美淡水鱼——大鳞缺帘鱼（*Brycon orbignyanus*）和弗氏兔脂鲤（*Leporinus fridericci*）肠道的功能解剖和形态计量学的一系列描述中，Seixas-Filho 等（2000a, b）描述了两个肠环模式的相似性。这两种鱼的肠道可分为前肠、中肠和后肠，回肠直肠瓣膜明显缺失。幽门盲囊位于前肠第一环。在弗氏兔脂鲤中，它们的数量（8~13）比在大鳞缺帘鱼中（42~93）要少。大鳞缺帘鱼的相对肠道长度（图 5.3）在 1.17~1.03 之间变化，而弗氏兔脂鲤的相对肠道长度则在 1.09~1.1 之间变化。作者得出的结论是，这些数值和这两个鱼类的杂食性摄食行为是相容的。Seixas-Filho 等（2001），回肠-直肠瓣膜和肠瓣内陷的存在将南美似平嘴鲇（*Pseudoplatystoma coruscan*）的肠道分为内侧部分和直肠部分。基于中肠的最后一环，作者认为这些适应是信号杂食性的（signaling omnivory）或优先肉食性的（preferential carnivory）。

Albrecht 等（2001）报道了两个近缘种的消化道解剖学和组织学特征，它们分别是弗氏兔脂鲤（*Leporinus fridericci*）和带纹兔脂鲤（*Leporinus taeniofasciatus*）。幽门盲囊数分别为 12 个和 10 个，相对肠道长度分别为 1.25 和 1.14。其中，取样鱼的大小范围（9.8~48 cm）可能是肠道拉长的原因。观察值的结果和这两种鱼被归类为杂食性的分类一致。最显著的差异是带纹兔脂鲤胃的贲门部和幽门部之间存在一条括约肌，这可能表明它是以恒定的速率进食，食物在胃的前室被部分消化，当食物填满时，消化在幽门部完成。

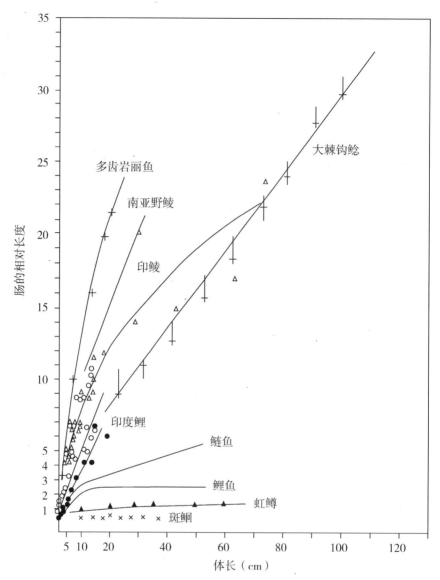

注：这里对多齿岩丽鱼（*Petrochromis polyodon*）（Yamaoka，1985）的数据进行了重新计算，假设"交点"测量的系数为 2。大棘钩鲇（*Ancistrus spinosus*）的数据来自 Kramer 和 Bryant，1995A；南亚野鲮（*Labco rohita*）的数据来自（Girgis，1952）。

图 5.3　几种鱼肠道相对长度（以体长表示）的变化
（Dabrowski，1993；Kafuku，1975）

大体来说，食用大量食物、藻类和碎屑组成的食物会使肠道伸长。Hofer（1988）分析了斯里兰卡一个湖泊中 8 种相对肠道长度为 1.4～6.1 的鲤科鱼类，得出的结论是，杂食性鱼类每个体长所表达的黏膜表面是食浮游植物鱼类的 2 倍。显然，生物体内不同的策略正在发挥作用。在巴拿马溪流群落中，4 目 21 种鱼的肠长与体长的对数斜率呈正异速生长（allometric）（Kramer and Bryant，1995a）。大棘钩鲇（*Ancistrus spinosus*）（甲鲇科）的相对肠长从标准体长 10 cm 时的 4.6 增加到 120 cm 时的 34（图 5.3），这是文献中记录最长的测量。以鳞片和较小的鱼为食的肉食性鱼类肠道生长的异速生长系数最低（Kramer and Bryant，1995b）。

为了补偿持续高的增长率和朝向更多食物（营养浓度较低）的代谢需求的转变，一种策略是肠道吸收表面积异速生长增加，如在丽鱼类看到的（Yamaoka，1985）。然而，肠的个体发育等长的（isometric）生长可能伴随着黏膜表面、肠径和肠壁厚度的异速生长（Hofer，1989）。在温水的鲤科鱼类中，消化道通过时间会有很大的不同，这取决于不同物种之间可能有2%～10%的肠道储存容量。基于包括各种鱼类大小范围的个体发育变化的相对肠道长度的多物种分析，作为主要成分的从动物食物到植物食物的转变可以建模为一个下降的线性回归，可解释83%的变异（Piet，1998）。作者的结论是，在斯里兰卡低地水库的鱼类中，个体发育过程中的形态变化解释了热带水库群落中鲤科、胡鲶鱼科和丽鱼科鱼类的食物变化。Albertini-Berhaut（1987）证实了地中海鲻科（鲻属和梭属）4种动物的肠道长度呈线性增长。体长50～100 mm的稚鱼肠道的相对长度从体长的2倍增加到4倍，这对应着食物从以动物（甲壳类）为主转变为以硅藻和其他藻类为主。

硬骨鱼的消化道研究已经引起了学术界相当大的兴趣，因为它和食物相关的形式多种多样（Albrecht et al.，2001）。然而，关于新热带鱼类区系（世界上最具形态多样性的陆缘鱼类群落）的知识（Vari and Malabarba，1998年），仍然在很大程度上未被探索，许多南美洲鱼类缺乏描述性信息（Albrecht et al.，2001年）。Delariva和Agostinho（2001）研究了巴拉那河中的6种亚热带甲鲶科鱼，发现它们都有相同的肠道排列，其特征是在腹腔腹区靠近水平平面上有一个环式网，但不同鱼类的相对肠长度存在差异。以细粒碎屑为食的南美锉鳞甲鲶（*Rhinelepis aspera*）具有较薄的胃壁和较长的肠道，而诸如巴拉拿大钩鲶（*Megalancistrus aculeatus*）和小嘴下口鲶（*Hypostomus microstomus*）等鱼类，它们丢弃基质，以较粗的材料为食，动物猎物的发生率较高，它们的胃发育良好，肠道较短。这种系统的相关性被证明是检验食物–形态关系的极佳选择。正如Pouilly等（2003）所论证的一样，分类学上的相关性可能会加强基于检验鱼类系统发育多样性类群而得出的结论。

对3种双边鱼［长棘双边鱼（*Ambassius products*）、南非双边鱼（*Ambassius. natalensis*）和眶棘双边鱼（*Ambassius gymnocephalus*）］在南非印度洋纳塔尔海岸不同河口取样的消化道形态与食物的关系进行了研究（Martin and Blaber，1984）。可膨胀的胃以明显的肌肉收缩（括约肌）终止和较低的相对消化道长度，表明这三种鱼都有捕食和肉食的习性。然而，在Mdloti河口采集的长棘双边鱼和南非双边鱼的相对肠道长度低于从其他栖息地采集的标本，作者认为，在Mdloti河口，食物较少，这可能会对肠道长度产生影响。

Souza等（2001a）用光学显微镜研究了南美似平嘴鲶（*Pseudoplatystoma coruscans*）幼鱼胃的组织学与其食性的关系。他们描述了单层柱状黏膜上皮细胞的保护作用。固有层由疏松的结缔组织组成，在贲门部是腺状的，在幽门区是非腺状的。腺体为单管型，不分枝或稍分枝。这些腺体中的分泌细胞负责盐酸和胃蛋白酶原的产生，并被命名为泌酸胃酶细胞（oxyntopeptis cell）（Souza et al., 2001b）。在细鳞肥脂鲤（*Piaractus mesopotamicus*）成鱼的胃中，用透射电子显微镜检测到非常相似的泌酸胃酶细胞（Ares et al., 1999）。

柱状上皮也是弗氏兔脂鲤和带纹兔脂鲤胃的铺面（revetinent），它们在贲门部分以腺体形式出现，在幽门区以非腺体形式出现，因此显示出功能性差异（Albrecht et al., 2001）。幽门盲肠黏膜具有与小肠相似的组织结构，由有明显刷状缘的单层柱状吸收细胞上皮和两种杯状细胞组成，这一结构表明吸收区增加了。Rodlet 细胞仅见于弗氏兔脂鲤，虽然出现在胃肠系统中，但它们似乎对消化没有作用。

对尼罗罗非鱼（*Oreochromis niloticus*）消化系统的组织学特征进行了研究，发现在结构中存在一定的差异（Al-Hussaini and Kholy, 1953; Caceci et al., 1997; Smith et al., 2000）。Morrison 和 Wright（1999）进行了一项旨在解释这些差异的研究，然而，没有提到被检查的鱼的大小，也没有提到营养史。在胃中，从食道入口穿过胃的前部到幽门瓣膜，有一个由黏液细胞组成的大管状腺区形成一个旁路，绕过胃的袋状部分。这一区域含有横纹肌，因此可能是一种处理不需要的物质的途径，要么将其吐弃，要么将其迅速传送到肠道。胃幽门和囊状区柱状细胞的顶端细胞质呈 PAS 阳性反应。在贲门部，虽然胃腺颈部仍有发达的大杯状细胞，但仍可观察到典型的胃腺，可能会分泌具有保护黏膜免受胃内极酸性内含物影响的物质。幽门区的肌肉仅向胃的主要部分延伸一小段距离，它们由内环状和外纵走的平滑肌层组成。在从管状到胃腺的过渡区，平滑肌壁较厚。肠上皮由柱状上皮和小杯状细胞组成，其结构大小和食道中的小黏液细胞相似。管状腺中的大型黏液细胞也有类似的组织化学反应。回肠-直肠瓣膜将肠和直肠分开。

5.2.3　消化机制

基于肠道黏液在消化和吸收过程中的重要性，有人提出了一种假说来解释颌针目鱵科克氏圆吻星鱵（*Arrhamphus sclerolepis krefftii*）的食草性（Tibbetts, 1997）。这种鱼缺乏许多可以增加消化和吸收效率的消化道（酸性胃、长的肠、幽门盲囊）适应能力，克氏圆吻星鱵有一个非常短而直的消化道，大约为 0.5 个身体长度，这表明它是肉食性的（Al Hussaini, 1946）。然而，Tibbetts（1997）认为相对肠道长度的标准不能有效地预测鱵鱼的营养习性，因为草食性的鱵科鱼类与根据它们的形态特征所推断的相矛盾。此外，克氏圆吻星鱵（*Arrhamphus sclerolepis krefftii*）的肠道通过时间短，肠直径大，这也产生了同化效率低的推测。然而，消化道（尤其是咽部和食道区）中存在丰富的黏液细胞，肠道内容物周围有一层黏液，这使作者研究消化道黏液细胞的组织化学及黏液在鱵鱼消化中的重要性。咽磨是鱵科鱼类唯一的浸解过程，Tibbetts（1997）认为，植物细胞释放的颗粒和溶解的营养物质和咽部与食道黏液细胞产生的酸性糖蛋白（AGP）密切接触，这种高黏度的黏液吸收水分和水溶性营养物质，在咽部运输过程中与食物混合成为凝胶，形成一个圆筒状的食物。在肠道中，消化和吸收过程作用于处在黏液基质中的营养物质。Tibbetts（1997）提出，除了收获和聚集颗粒及润滑消化道外，黏液还在提高食物利用率方面发挥作用。

5.2.4 消化酶

近 20 年来，人们对鱼类仔鱼消化系统及其相关酶的时序发育（chronalogical derelopment））进行了深入的研究，特别是对具有水产养殖潜力的海水鱼类的幼鱼。然而，关于热带鱼类幼鱼消化酶的早期个体发育研究较少。

一些作者强调了活体生物作为第一食物的重要性，提出幼鱼可以利用食物中的酶来改善消化过程，直到消化道完全分化和发育（Dabrowski and Glogowski, 1977; Lauff and Hofer, 1984; Munilla-Moran et al., 1990; Kolkovski et al., 1993; Galvao et al., 1997b）。Kolkovski 等（1993）发现，在温带海洋鱼类金头鲷（*Sparus aurata*）幼鱼的饲料中添加酶，同化率增加 30%，生长速率提高 200%。相反，在舌齿鲈（*Dicenterarchus labrax*）仔鱼没有发现添加酶对它的影响（Kolkovski, 2001）。新近的研究认为，远东拟沙丁鱼（*Sardinops melanoticus*）（Kurokawa et al., 1998）和舌齿鲈（*Dicenterarchus labrax*）（Cahu and Zambonino-Infante, 1995）仔鱼消化道中浮游动物外源酶的作用并不显著。因此，对于外源酶对仔鱼消化过程的影响这一说法并非能够得到学者一致接受。Kolkovski（2001）指出，活的食物来源的酶有助于仔鱼的消化和同化，但它们的作用可能是在食物水解的直接酶活性以外的功能上。另一种关于猎物自溶产物刺激胰蛋白酶原分泌和（或）激活内源性酶原的可能性的假说（Dabrowski, 1984; Person Le-Ruyer et al., 1993）需要进一步研究。Garcia-Ortega 等（2000）用休眠卤虫（*Artemia*）的脱壳包囊进行非洲胡鲇（*Clarias*）仔鱼的饲养试验，得出结论：和鱼的"匀浆消化道"中的酶活性相比，"活生物"对蛋白水解酶的作用没有任何影响。对此，鱼类种类之间的差异是一个看似合理的解释。然而，这一结论所基于的方法必须首先得到验证。Pan 等（1991）发现卤虫无节幼体的自溶可能是由于这些生物体中存在组织蛋白酶，和丝氨酸内蛋白酶相比，其对底物亲和力有差别，在生化分析中只能勉强识别。Applebaum 等（2001）确定了美国红鱼（红拟石首鱼）幼鱼糜蛋白酶活性的最适 pH（7.8）和最适温度（50 ℃）。然而，作者强调，用生化分析（合成底物）监测的蛋白水解活性可能部分来自其他蛋白酶（组织蛋白酶）。孵化后第 1 天的酶谱（zymograms）显示，具有酪蛋白溶解活性的蛋白质和与丝氨酸内蛋白酶相对应的分子量（28 ku）的蛋白质区并没有出现条带。

根据 Cahu 和 Zambonino-Infante（2001）的说法，鱼苗并不缺乏消化酶，在鱼苗的形态和生理发育过程中，消化功能的开始遵循一个时间顺序。事实上，所研究的大多数仔鱼在第一次外源摄食之前没有胃，在开口时就有碱性蛋白酶［牙鲆（*Paralichthys olivaceus*）（Sriastava et al., 2002）；金头鲷（*Sparus aurata*）（Moyano et al., 1996）；塞内加尔鳎（*Solea senegalensis*）（Ribeiro et al., 1999）；条纹狼鲈（*Morone saxatilis*）（Baragi and Lovell, 1986）；尖吻鲈（*Lates calcarifer*）（Walford and Lam, 1993）；舌齿鲈（*Dicenterarchus labrax*）（Cahu and Zambonino-Infante, 1994）］。Verri 等（2003）在体外强迫 4~10 d 的斑马鱼（*Danio Rerio*）仔鱼（受精后）摄取 0.04% 间甲酚紫溶液中的颗粒，以测量体内肠道 pH（7.5）。仔鱼腔内上皮细胞刷状边缘膜的微小气候（microclimate）对肽类的运输至关重要。

Sriastava 等（2002）通过整体原位杂交，证实了牙鲆（*Paralichthys olivaceus*）首次摄食（受精后 3 d）时胰腺中胰蛋白酶、糜蛋白酶、脂肪酶、弹性蛋白酶、羧肽酶 A 和 B 等 mRNA 前体的表达情况。体外实验表明，一些蛋白质（甲状腺球蛋白、白蛋白和乳酸脱氢酶）能迅速裂解成多肽，而另一些蛋白质（铁蛋白或过氧化氢酶）则不能水解。基于文献资料，Sriastava 等（2002）总结了仔鱼早期的消化过程：食物颗粒被吞食并在没有任何预消化的情况下到达肠腔；在肠腔内，胰蛋白酶将食物中的蛋白质裂解成氨基酸和多肽；此外，由于肠道上皮氨基肽酶的作用，多肽被消化成氨基酸和较小的肽；单体氨基酸被肠细胞吸收，其余的肽被第二节肠上皮通过胞饮作用吞饮吸收。在没有胃的情况下，蛋白质消化首先发生在幼虫的肠道，肠道里的 pH>7，直到胃腺的发育和 HCl 的分泌使 pH<7（Walford and Lam，1993；Stroband and Kroon，1981）。Yamada 等（1993）从尼罗罗非鱼胃中纯化了一种蛋白水解酶，该酶在 pH=3.5 和温度为 50 ℃ 时活性最高，这和大多数其他用鱼胃蛋白酶进行研究中的 pH 有很大的不同，其胃粗提取物的最大活性为 1.8～2.5。罗非鱼胃蛋白酶被胃蛋白酶抑制剂所抑制，属于天冬氨酸蛋白酶。

对于热带鲇鱼——条纹似平嘴鲇（*Pseudoplatystoma fasciatum*）（1～2 DAH，约 3.86 mm SL），在内源性摄食时就已经检测到胰蛋白酶活性（Portala et al.，2004），同时在仔鱼胰腺的组织切片上也观察到了酶原颗粒（Portala and Flores-Quintana，2003a）；胰蛋白酶和糜蛋白酶活性在外源摄食（3 DAH，5.65 mm SL）后不久升高；30 日龄（26.8 mm SL）后，两种内肽酶活性均有不同程度的升高；胃蛋白酶样活性在 10 日龄（11.3 mm SL）时增强，并与胃中第一个胃腺的出现和胰腺碱性蛋白酶活性的下降相一致；淀粉酶活性从孵化后 6 日龄（DAH）开始升高。

在尖吻鲈（*Lates calcarifer*）仔鱼中也发现胃具有功能后胰蛋白酶样活性下降的类似趋势（Walford and Lam，1993），但条纹似平嘴鲇的胃腺外观和胃蛋白酶活性增加的同步性并不明显（Portella et al.，2004）。在第 13 天，出现了明显的胃，但胃蛋白酶样活性只在第 17 天有所上升，此时为预定为胃区域的 pH<7。Chong 等（2002a）在一种热带丽鱼科鱼类——绿盘丽鱼（*Sy-mphysodon aequifasciata*）中观察到胰蛋白酶活性自孵化后开始保持，外源摄食后升高，10 日龄达高峰；20 日龄胰蛋白酶样活性再次升高；糜蛋白酶活性在首次摄食时很低，15 日龄时开始升高。绿盘丽鱼早期幼鱼胰酶活性较高，至 25 日龄时胃蛋白酶活性很低，但在 30 日龄时活性显著升高。在绿盘丽鱼幼鱼中，尽管在孵化后第 10 天出现胃，但在几天后才观察到胃蛋白酶活性。在广盐性鱼类——机鲻（*Mugil Platanus*）中，在第一次摄食时就检测到胰蛋白酶活性，而在孵化 29 d 后才检测到糜蛋白酶和胃蛋白酶活性（Galvao et al.，1997b）。

在德克萨斯州温暖的沿海水域（27.6 ℃）的海洋硬骨鱼——红拟石首鱼（*Sciaenops ocellatus*）中，胰蛋白酶、淀粉酶和脂肪酶的活性在孵化时就可以检测到，并在首次摄食前的 3 d 达到最高活性（Lazo et al.，2000）。在接下来的几天里，活性有所下降，随后又在 10 日龄时再次上升。与他们最初的假设相反，笔者得出结论，在红拟石首鱼幼鱼发育的早期，饲料的种类（活体的，或混合的活体的和人造的食物）、活的生物体的存在对所分析酶类的可能影响是不显著的。笔者的结论是：食物类型似乎不是调节第一次摄食的胰蛋白酶、脂肪酶和淀粉酶活性的控制因素。这一结论和已知的其他动物的消化过程形成鲜明对比。然而，这一结论可能是不准确的，首先，因为"快照"活性（snapshot activity）的测量没有考虑消化过程的动态（合成、分泌、酶原激活、重吸收和降解）（Rothman et al., 2002）；其次，酶原和激活的酶活性没有明显区别（Hjelmel et al., 1988）；最后，没有试图对蛋白酶和其他细胞质抑制剂进行量化。Lazo 等（2000）解决了来自非消化组织的酶活性问题，并指出类胰蛋白酶活性仅为消化道酶活性的 2%～7%。然而，这种方法并没有考虑到存在于全身的或"剔除内脏全身"的蛋白酶抑制剂。

和这些发现相反的是，Peres 等（1998）的结论是：当两个平行摄食组（饱食和 1/8 饱食的水平）对卤虫（*Artemia*）蛋白质摄入量不同时，饱食组的胰蛋白酶比活性明显较高。蛋白水解酶反应和观察到的生长速率高度相关。然而，当 20～40 日龄的舌齿鲈（*Dicentrarchus labrax*）幼鱼摄食蛋白质含量为 29.2% 或 59.9%（以鱼粉为基础）的饲料时，胰蛋白酶活性没有显著差异。对实验设计的进一步分析表明，如果结合这样一个事实考虑，结果并不令人惊讶：在实验的前 10 d，鱼没有生长（意味着没有进食，或者没有饲料利用），在这期间，两个处理的体重增加都可以忽略不计。由此可以推测，尽管饮食中蛋白质的浓度不同，但摄入的绝对量是相同的，产生了相同的增长率。换句话说，测量蛋白质的摄入量并将这些水平和酶活性的反应相联系会较为合适。

胰蛋白酶、糜蛋白酶和胃蛋白酶活性存在于在广盐性鱼类机鲻（*Mugil platanus*）的 1 龄幼鱼中（Galvao et al., 1997b）。Albertini-Berhaut 等（1979）发现，在 pH = 2.2（以每克胃的或溶解性的可提取蛋白表示）下测量金鲻（*Mugil auratus*）、薄唇鲻（*Mugil capito*）和沟鳞鲻（*Mugil saliens*）的胃比活度，发现它在 15～135 mm 仔鱼到幼鱼标准长度之间呈指数下降。作者将胃蛋白酶活性的下降与鲻鱼饲料的剧烈变化联系在一起，在这些饲料中，动物性食物的大小为 10～30 mm，混合食物的大小为 30～55 mm，从 55 mm 大小的食物开始，底栖硅藻和多细胞藻类占主导地位。用鲻鱼（*Mugil caphalus*）成鱼（个体大小未列出）的幽门盲囊纯化（92 倍）胰蛋白酶，并对其最适 pH（8.0）和最适温度（55 ℃）进行了研究。鲻鱼胰蛋白酶的热稳定性远低于牛胰蛋白酶。当牛胰蛋白酶似乎对降解有抵抗力时，它在 75 ℃ 以上就失活（Guizani et al., 1991）。合成的丝氨酸蛋白酶抑制剂（synthetic serine protease inhibitor, SBTI）对鲻鱼胰蛋白酶的抑制率为 93%，而对真鲷粗酶制剂的抑制率为 61%～83%（Diaz et al., 1997）。

和肠上皮细胞刷状边缘相关的肠道酶在一些鱼类的首次摄食时存在，而在另一些鱼类中则不存在。Segner 等（1989b）在淡水性鱼类白鲑（*Coregonus lavaretus*）的仔鱼中未观察到氨基肽酶活性，而在海水鱼类金头鲷（*Sparus auratus*）（Moyano et al., 1996）和大菱鲆（*Scophthalmus maximus*）（Couisin et al., 1987）中观察到该酶活性。Kurokawa 等（1998）经过免疫组织化学分析，发现日本牙鲆（*Paralichthys olivaceus*）上皮细胞刷状缘氨肽酶的合成在孵化前开始，在首次摄食前完成。从外源摄食开始，梭状鲻

(*Mugil platanus*) 的幼鱼表现出羧肽酶 A 和 B 的活性。Cahu 和 Zambonino-Infante（2001）发现海鲈仔鱼的亮氨酸-丙氨酸肽酶活性很高，但到第 25 天就下降了。Ribeiro 等（1999）报道，塞内加尔鳎（*S. senegalensis*）幼鱼也有相同的模式。细胞质酶活性的降低伴随着刷状边缘酶（如碱性磷酸酶）活性的增加（Cahu and Zambonino-Infante, 1997；Ribeiro et al., 1999）。这些变化是鱼类在发育中肠道细胞最终分化的特征（Arellano et al., 2001）。

肠道中食物的存在诱导了胰酶的合成过程，而饥饿使它们失去活力。Chakrabarti 和 Sharma（1997）证明用浮游动物投喂喀拉鲃（*Catla catla*）仔鱼 4 d 后，停止投喂导致蛋白水解活性下降到一半以下，表明这是防止消化酶损失的有效机制。

关于热带幼鱼和成鱼消化酶的信息很少，在有些情况下是相互矛盾的。绿盘丽鱼（*Symphysodon aequifasciata*）胃部的酸性蛋白酶最适 pH 为 2~3，肠区有碱性蛋白酶，有两个最适 pH 范围（8~9 和 12~13），表明该鱼类的肠腔中存在两组碱性蛋白酶（Chong et al., 2002b）。特异性生化分析显示存在胰蛋白酶和糜蛋白酶，以及金属蛋白酶和非胰蛋白酶/糜蛋白酶丝氨酸蛋白酶。这些特点使作者提出了一种类似于在其他鱼类中发现的蛋白质消化模型，即内切蛋白酶水解，然后由外切蛋白酶释放单个氨基酸。Yamada 等（1991）从尼罗罗非鱼肠道分离的丝氨酸蛋白酶在温度为 55 ℃时活性最高，最适 pH 为 8.5~9.0。

Porella 等（2002）测定了人工饲料投喂的 1 年龄条纹似平嘴鲇（*Pseudoplatystoma fasciatum*）的肝脏、胰脏、中肠两部分和直肠中胰蛋白酶、糜蛋白酶、淀粉酶和脂肪酶的活性。结实胰脏中的酶活性最高。在分析的所有节段的管腔内均可观察到糜蛋白酶和脂肪酶。高水平的胰蛋白酶活性表明该酶对这种鱼具有重要意义。条纹似平嘴鲇幼鱼胃内有胃蛋白酶样活性。Uys 和 Hecht（1987）报道，一种非洲鲇鱼——尖齿胡鲇（*Clarias gariepinus*）的消化酶活性也有类似的趋势。然而，Olatunde 和 Ogunbiyi（1977）报道 3 种热带锡伯鲇科（Schillbeidae）鱼类［非洲草鲇（*Physailia pellucida*）、尼罗龙骨鲇（*Eutropius niloticus*）、锡伯鲇（*Schibe mystus*）］中胃蛋白酶的活性高于胰蛋白酶样活性。Seixas-Filho 等（2000c）认为肠腔中的胰蛋白酶活性和鱼类的摄食有关；然而两种杂食性鱼类——大鳞缺帘鱼（*Brycon orbygnianus*）和弗氏兔脂鲤（*Leporinus fridericci*）的活性比相差 10 倍，而肉食性鱼类南美似平嘴鲇（*Pseudoplatystoma coruscan*）的胰蛋白酶活性居中。

Sabapathy 和 Teo（1993）报道，胰蛋白酶样活性仅出现于肉食性鱼类尖吻鲈（*Lates Calcarifer*）的肠道和幽门盲囊中，而草食性的白斑篮子鱼（*Siganus canaliculatus*）胰蛋白酶样活性出现在整个消化道。以每个消化道组织质量计算，食肉鱼类胃中的蛋白水解活性在消化道组织中要高出 20 倍，而草食性白斑篮子鱼胰蛋白酶样活性在消化道组织中要高出 20 倍。这些结论虽然有意义，但由于没有提供关于营养状况的数据，因此如果不是误导性的，在很大程度上仍然是推测的。白斑篮子鱼食道中的胃蛋白酶样活性几乎是胃中的 10 倍，这一发现需要重新检验，因为很可能发生了交叉污染。在食道和胃中也发现了大量的胰蛋白酶样活性，这似乎表明是鱼死后的一些变化。作者没有分析这些鱼类的食道中是否存在可能与胃蛋白酶原产生有关的"胃"分泌腺，因此这一结果仍有待重新分析。在莫桑比克帚齿罗非鱼（*Sarotherodon mossambicus*）中，消化道腔中的总蛋白水解活性沿消化道急剧下降（Hofer and Schiemer，1981）。据报道，在肉食性鱼类中，蛋白水解活性远高于其他酶（Hofer and Schiemer，1981；Kuzmina，1996；Hidalgo et al.，1999），尽管缺少明确的比较（例如，单位反应产物的表达，葡萄糖、氨基酸）。

Reimer（1982）分析了分泌到胃肠腔而不是分泌到组织匀浆中的酶的活性，并以递增的方式给出了热带黑鳍缺帘鱼（*Brycon melanopterus*）的活动类别，显示了特定处理中活性的巨大个体差异。然而，没有提供关于食物接受度的数据，因此，蛋白质水平不同的食物摄入量（11%，28%和57%）可能有相当大的差异，因为每条鱼的绝对蛋白质摄入量可能会掩盖食物中"蛋白质百分比"的影响。作者认为胰蛋白酶和脂肪酶活性对饲料中各自底物水平的增加有积极的反应。

在热带的条纹似平嘴鲃幼鱼中，胰脏的蛋白水解活性表现为胰蛋白酶的活性高于糜蛋白酶（Portella et al.，2002）。然而，这种比较不包括对特定底物亲和力的校正。在欧鲇（*Silurus glanis*）（Jonas et al.，1983）和蟾胡鲇（*Clarias batrachus*）（Mukhopadhyay et al.，1977）中发现胰蛋白酶比糜蛋白酶有同样的优势。然而，在白鲢（*Hypophthalmichthys molitrix*）和鲤鱼（*Cyprinus carpio*）中，糜蛋白酶的活性几乎是胰蛋白酶的4倍（Jonas et al.，1983）。根据 Zendzian 和 Barnard（Buddington and Doroshev，1986）的报道，在几种脊椎动物中已经发现了胰蛋白酶/糜蛋白酶比率的种间变异。Garcia Carreno 等（2002）研究了大鳞缺帘鱼（*Brycon orbygnianus*）（一种生活在亚马孙河、巴拉那河和乌拉圭河的鱼）组织中的蛋白水解活性，然后将胃和肠内容物洗净，并在水中匀浆后，发现胃蛋白酶（血红蛋白为底物）的最适 pH 为 2.5，在 pH = 4 时活性降至零。这项研究工作的第一个矛盾是，作者提供了胃蛋白酶在 pH = 5 时不稳定的证据，但他们用水（pH = 6.5）从组织中提取酶。在缺帘鱼（*Brycon*）中，肠道碱性蛋白酶活性在 pH 为 10.0～10.5 时达到高峰，作者解释了肠道内胰蛋白酶样活性（基于对 TLCK 特异性抑制剂的反应）是胰脏酶类重吸收过程的结果。

Sabapathy 和 Teo（1995）鉴定了温水鱼类篮子鱼蛋白水解酶胰蛋白酶、类糜蛋白酶和亮氨酸氨基肽酶在最适的 pH（8～9）中孵育时最适温度分别为 55 ℃、30 ℃和 60 ℃。海洋草食性鱼类胰蛋白酶的最适 pH 和食浮游植物的鲤科鱼类的最适 pH 一致（Bitterlich，1985a）。在热带的大盖巨脂鲤胃蛋白酶样活性和碱性蛋白酶活性的最适温度分别为 35 ℃和 65 ℃，并且这些数值和这些蛋白酶的热稳定性相对应。例如，从大盖巨脂鲤盲肠分离的蛋白酶在 55 ℃中孵育 90 min 后仍保持活性（De Souza et al.，2000）。

在条纹似平嘴鲃的肝脏中也检测到胰脏酶类。在一些鱼类中，胰脏可以在腹腔内弥散（Fange and Grove，1979），组织学研究表明，除了致密的胰脏外（Portala and Flores-Quintana，2003b），胰脏组织也渗透到条纹似平嘴鲃的肝中（未发表的数据）。在一种近缘物种——南美似平嘴鲃中也观察到胰腺外分泌系统（Souza et al.，2001b；Seixas-

Filho et al.，2001），而内分泌细胞嵌入肠道组织中。Benitez 和 Tiro（1982）从虱目鱼（milkfish）消化道的 9 个不同区域制备了酶提取物，包括食道、胃、肠、胰脏和肝脏。用合成底物测定胰蛋白酶和糜蛋白酶样活性，用酪蛋白测定总蛋白酶活性。在使用一系列缓冲液后，发现最适 pH 为 9.5～10.0，最大活性出现在 60 ℃。作者认为，遮目鱼食道中的螺旋状皱褶和大量黏液腺应视为酪蛋白溶解活性的部位。然而，虱目鱼胃中缺乏可测量的胃蛋白酶活性和 Lobel（1981）的发现相矛盾，Lobel 指出，以绿藻为食的虱目鱼的胃液 pH 是鱼类中记录到的最低 pH 之一（pH = 1.9）。Lobel（1981）的结论是，在不研磨食物的情况下，鱼的薄壁胃，如盖刺鱼科和雀鲷科（Pomacanthidae and Pomacentridae），能够形成 3.4（2.4～4.2）的 pH，其释放藻细胞内容物的效果与研磨一样有效。事实上，Lobel（1981）还证实，在鲻鱼（*Mugil cephalus*）和粒唇鲻（*Crenimugil crenilabru*）中，胃的 pH 约为 7.2。在遮目鱼（*Chanos Chanos*）中收集的数据更多地揭示了藻类食物对胃液 pH 的影响。在富含底栖单细胞藻类的池塘中采样的遮目鱼胃液的 pH 为 7.8，而在以丝状绿藻（硬毛藻）为主要食物的池塘中养殖的鱼胃液显示酸性（pH 为 4.28～4.62）（Chiu and Benitez，1981）。

鱼饲料中的许多植物成分都含有抗蛋白酶。El-Sayed 等（2000）在尼罗罗非鱼中用不同来源的大豆蛋白替代鱼粉蛋白，发现所有处理组的鱼生长率都有所下降。离体蛋白酶抑制试验或者饲料蛋白水解度和在生长试验中估计的大豆蛋白生物学价值并不一致。

在条纹似平嘴鲇（*Psedudoplatystoma fasciatum*）的胰脏、肝脏和前肠中观察到淀粉酶活性（Portala et al.，2002），表明该鱼类能够消化碳水化合物，并在它们的天然饵料中食用植物。胰脏组织渗入肝脏内的可能性提示该器官的淀粉酶活性起源。其他鲇形目动物，如蟾胡鲇（*Clarias batrachus*）（Mukhop adhyay，1977）、尖齿胡鲇（*Clarias. gariepinus*）（Uys et al.，1987）和锡伯鲇（*Schilbe mystus*）（Olatunde and Ogenbiyi，1977），也具有较高的淀粉酶活性。Das 和 Tripathi（1991）发现草鱼（*Ctenopharyngodon idella*）肝胰脏的淀粉酶活性高于肠道，而遮目鱼（*Chanos Chanos*）的淀粉酶是主要的碳水化合物酶（Chiu and Benitez，1981）。Hidalgo 等（1999）指出，淀粉分解活性是在营养习性（肉食性或草食性）中比蛋白水解活性更可靠的指标。例如，他们的发现表明鲤鱼（*Cyprinus carpio*）和丁鲹（*Tinca tinca*）的蛋白水解活性分别占虹鳟鱼（*Oncorhynchus mykiss*）总蛋白水解活性的 99.8% 和 69.8%。相反，鳟鱼的淀粉酶活性仅占鲤鱼活性的 0.72%。

在 1 年龄的条纹似平嘴鲇的胰脏、肝脏、肠道和直肠中发现了脂肪酶活性（Portala et al.，2002），胰脏和中肠远端的活性较高，且高于直肠。Borlongan（1990）还证明脂肪酶在遮目鱼肠的所有节段都有活性，主要在前肠、胰腺和幽门盲肠。Das 和 Tripathi（1991）报道了草鱼肠道和肝胰脏中的脂肪酶活性，而 Olatunde 和 Oganbiyi（1977）在几种鲇鱼的消化道中没有发现脂肪酶活性，包括非洲草鲇（*Physailia pellucida*）、尼罗龙骨鲇（*Eutropius niloticus*）和锡伯鲇（*Schilbe mystus*）。已报道的最活跃的脂肪酶活性出现在尼罗罗非鱼幼鱼（10～12 个月大）的前两个肠段的刷状边缘（Tengjaroenkul et al.，2000）。

在条纹似平嘴鲃幼鱼的胃中发现了相当强的脂肪酶活性（Portela and Pizauro，未发表的数据），这些结果不同于 Koven 等（1997）报道的大菱鲆（*Scophthalmus maximus*）胃和前肠的脂肪酶活性低于中肠和直肠。遮目鱼脂肪酶活性有两个最适 pH 范围，一个是微酸性（6.8～6.4），另一个是碱性（8.0～8.6）。这些结果表明肠道和胰脏脂肪酶的存在，以及遮目鱼在脂肪消化方面的生理多样性（Borlongan，1990）。

内源纤维素酶在热带鱼消化道中的存在和作用有些矛盾，尽管大多数作者将这种活性和鱼肠道中的共生细菌联系在一起。在蟾胡鲇（*Clarias batrachus*）中，使用微晶纤维素作为底物的检测方法检测到纤维素酶活性（Mukhopadhyay，1977）。然而，这种底物和 Na-羧甲基纤维素不能被遮目鱼消化道不同节段的提取物水解（Chiu and Benitez，1981）。Das 和 Tripathi（1991）使用抗生素（四环素）分离草鱼消化道中的细菌纤维素酶和内源纤维素酶，观察到处理后纤维素酶活性显著下降。Saha 和 Ray（1998）最近的一项研究（也使用了四环素）得出结论，鲤科鱼类南亚野鲮（*Labeo rohita*）的纤维素酶活性主要来自肠道细菌。Prejs 和 Blaszczyk（1977）发现，肠道内容物的纤维素酶活性取决于摄入的植物或植物碎屑的类型，尽管纤维素酶活性和饲料中纤维素的浓度没有关系。

5.2.5 肠营养物运输：鱼类对蛋白质、肽、氨基酸、糖、维生素的吸收

营养物质的肠道跨上皮运输反映了鱼类一般倾向于食用含有较多碳水化合物（草食动物和杂食动物）或较多蛋白质/氨基酸（食肉动物）的食物。季节性、摄食迁移和个体发育导致食物调节，这些调节也反映在肠道营养物质的运输/摄取上。营养吸收变化的机理基础可以通过刷状缘膜囊泡（BBMV）、完整的肠组织制品（体外）和"整个动物"方法来分析，即沿着消化道来测量营养获取。第一种方法曾用来测量以 60% 或 17% 碳水化合物的饲料喂食 4 周的莫桑比克罗非鱼（*Oreochromis mossambicus*）对氨基酸（脯氨酸）和葡萄糖的吸收（Titus et al.，1991）。作者得出的结论是，该鱼类食物中碳水化合物的增加，维持在生长可接受温度的较低值（24～25 ℃），会导致葡萄糖较高的最大吸收速率。作者没有提到的是，改变碳水化合物来源（植物性食物）也会改变蛋白质的含量，低碳水化合物和高碳水化合物日粮中鱼粉的蛋白质含量分别为 65% 和 4%。罗非鱼饲料中蛋白质浓度对 Na 介导的 L-脯氨酸（非必需氨基酸）摄取没有显著影响。在 4 个实验的 2 个实验中，以高蛋白饲料投喂的鱼，饲料的 BBMV 制剂中脯氨酸摄取的 K_m（Michaelis 常数）值高出 2.5～3 倍，这表明转运蛋白与底物的相互作用和/或亲和力增强。换句话说，氨基酸转运是由食物中的蛋白质水平调节的，但这种解释显然超出了作者的意图。从罗非鱼中获得的类似制剂中不可缺少的苯丙氨酸的亲和力（K_m 值）是脯氨酸的 10 倍（Reshkin and Ahearn，1991）。这项研究很重要，因为它首次在热带鱼体内证明了二肽氨基酸被不同的转运蛋白吸收，并且具有更高的亲和力（Phe-Gly 和 Phe 的亲和力分别为 9.8 mmol/L 和 0.74 mmol/L）。二肽含有的必需苯丙氨酸在 10 s 内被静脉内水解 95%。肠上皮细胞中细胞间水解的证据为我们对刷状缘膜水解的理解增加了一个新的维度（图 5.4）。Thamotharan 等（1996a）进一步研究了罗非鱼刷缘膜

囊泡摄取二肽的机制。结果表明，二肽为 Na - 独立的通过黏膜表面进行转运，质子梯度是依赖性的、可饱和的（高亲和力）和非饱和的（低亲和力，1～10 mmol/L）的机理。有趣的是，当 BBMV 制剂预先加载一套不同的二肽（一些含有不可缺少的氨基酸；Gly-Leu、Gly-Phe），对 Gly-Sar（非水解二肽）的摄取未受显著影响，既不抑制，也不反式刺激。作者得出结论，只有一些二肽分享共同的转运蛋白，而另一些是相对特异的。Verri 等（2003）报道，哺乳动物 PEPT1 型的肽转运蛋白在斑马鱼（*Danio rerio*）幼鱼消化道分化之前，受精后 4 d（28 ℃）的近端小肠大量表达。这说明无胃硬骨鱼类的幼鱼在首次外源性摄食时，已完全适应碱性条件下二肽的高容量运输系统。为了完成这一研究，Thamotharan 等（1996b）检测了罗非鱼中二肽的基底外侧（浆膜）转运蛋白，并得出结论，这些二肽转运蛋白明显不同于黏膜转运蛋白。前者的特征是 Gly-Sar 二肽转运可以被其他二肽分子所抑制，并且明显的共享转运蛋白。从尼罗罗非鱼（*Oreochromis niloticus*）肠道中分离的氨基肽酶最适温度为 40～50 ℃，对底物有显著的特异性（亲和力）[K_m 值在 0.1 mmol/L（Ala-pNA）至 2.0 mmol/L（Val-pNA）之间]（Taniguchi and Takano, 2002）。

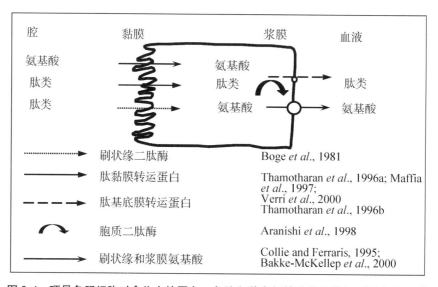

图 5.4　硬骨鱼肠细胞对食物中的蛋白、多肽和游离氨基酸的吸收和/或水解与吸收

在温水的鲤鱼，肠道细胞质中的二肽酶在 pH = 9 和温度为 60 ℃ 的时候对底物 L - 亮氨酸 - 甘氨酸的作用最强（Aranishi et al., 1998）。这种酶具有的特异性主要以 X - 甘氨酸和 L - 亮氨酸 - X 肽为靶标，尽管在这组多肽中，对 L-Lys-Gly 和 L-Met-Gly 的作用效率分别为 1% 和 5%，而对 L - 亮氨酸 - 甘氨酸的作用效率为 100%。在肠上皮细胞中有许多细胞质二肽酶，然而，在粗提取物中，它们对多种肽类具有较为广泛的活性。例如，L-lys-Gly 和 L-Met-GLy 对主要（对照）底物（L-Leu-Gly）的水解率分别为 8% 和 12.3%。有些底物完全没有水解，如 Gly-L-Tyr 或 L-Pro-Gly。

这些发现指出，完整的二肽跨上皮转运在鱼类中可能和在哺乳动物中观察到的一样重要，并且比游离氨基酸的转运具有更大的数量意义（图5.4）。完整的肽转运与肠黏膜的水解能力相一致，早期在罗非鱼幼鱼中以刷状边界二肽酶的形式存在（Tengjaroenkul et al.，2000年），可以解释在鱼消化道中食物二肽混合物吸收和利用的性质。Dabrowski 等（2003a）证明，以二肽为基础的食物促进冷水性鲑鱼的生长，而以游离氨基酸混合物为基础的食物不能促进生长并导致第一次投喂的虹鳟稚鱼体重下降。以二肽为基础的食物喂养热带鱼类的幼鱼仍需要测试。

鱼胃的消化确实导致游离氨基酸的释放非常有限，然而，虹鳟胃中蛋白质水解物中占比例最大的成分是 300～1700 Da（MW）的小肽（Grabber and Hofer，1989）。在温水的鲤鱼和冷水的虹鳟中，游离氨基酸的高摩尔浓度保持直到后肠腔，尽管在无胃鲤鱼（543 mmol/L）中，显示了比鳟鱼（147 mmol/L）较高的游离氨基酸浓度（Dabrowski，1986b）。这一现象和肽类（占总蛋白质氨基酸的 50%，小于 10 kDa 的肽）的比例较高的情况一致，意味着蛋白质水解物的主要作用是确保氨基酸持续稳定地供应到蛋白质合成位点。部分水解可维持胃泌素和胆囊收缩素的免疫反应性，并可能导致外分泌的刺激和消化加速（Cancore et al.，1999）。

在概述消化道水平上氮化合物吸收的机理之后，我们可以转向 Bowen 等（1984）提出的推测性解释。他认为，氨基酸是一种碎屑中的有机氮，"是某种未知形式的非蛋白质氮的一部分"。然而，在另一项研究中，同一作者提供了定量数据，即氨基酸总量（单位：mg/g）（Bowen，1984）和氨基酸定量（单位：mg/100 mg）相对比（Bowen，1980）。根据 Bowen（1980）的数据，罗非鱼胃中 1 g 灰分中 197 mg（蛋白质）和 674 mg（非蛋白质）氨基酸的浓度相当于 100 mg 食物中 1.97 mg 和 6.74 mg 氨基酸。这种浓度可能是碎屑物质的特征，但与任何植物或动物材料（100 mg 干重含 20～60 mg 氨基酸）相比是极低的。在浮游植物大量繁殖期间，溶解的氨基酸结合起来，由至少 60% 的 1000 Da 小肽和大量游离氨基酸组成，用于细菌生产（转化为溶解蛋白质氨基酸）（Coffin，1989；Rosenstock and Simon，2001）。除了应该用标准的茚三酮法检测的肽外，没有迹象表明某些"未知"氨基酸组分的可测定量。实际上，Mambrini 和 Kaushik（1994）报道，当尼罗罗非鱼日粮中 25% 或 50% 的蛋白质为 6 种非必要的氨基酸混合物替代并投喂给鱼时，有 10% 和 50% 的生长受到抑制，同时氨排泄率下降，尿素排泄率几乎翻了 1 倍。作者认为过量的非必要氨基酸降低了罗非鱼的蛋白质合成率，而游离氨基酸进入中间代谢，导致脱氨和尿素合成增强。为了将这些结果扩展到生态环境中，我们可以认为，除了"碎屑聚集物"（缺乏几乎可以消除体重增加的必需的甲硫氨酸）以外的蛋白质来源肯定是罗非鱼食物中必需氨基酸的来源。一个偶然的抽样可能错过了富含蛋白质的食物来源。换言之，该例外在食碎屑鱼类中很难支持我们所知道的基于营养需求的快速生长。

在温水的鲇鱼体内，肠道对维生素的吸收仅为核黄素、生物素、烟酰胺、叶酸（Casirola et al.，1995）和抗坏血酸（Buddington et al.，1993）。在鲇鱼中，与核黄素和生物素具有的可饱和的吸收机理不同，烟酰胺和叶酸的吸收不受其浓度增加的抑制，似乎是通过简单的扩散转移。核黄素和生物素在鲇鱼肠道细胞上的转移是由特定的载体介导的。抗坏血酸通过高亲和力、钠依赖性转运蛋白转运，少量通过被动流入而被吸收（Maffia et al., 1993）。Buddington 等（1993）计算得出，在相对较低的温度下（20 ℃），鲇鱼肠道吸收还原的抗坏血酸的能力仍然超过了估计的每日需要量 3 个数量级。

Viella 等（1989）在罗非鱼刷状缘和基底膜小囊泡肌醇转运的研究中发现，草食性罗非鱼肠道刷状缘对肌醇的表观结合能力显著较高于肉食性的欧洲鳗鲡（*Anguilla anguilla*），但表观最大摄取率较低。然而，上皮基底外侧膜没有出现这种适应。

5.2.6 肠道微生物区系和共生生物体

细菌菌群通常存在于和微藻与浮游动物的营养链或与配合饲料相联系的鱼类环境中。细菌可能被轮虫或其他浮游动物摄取。细菌可以释放营养物质而为浮游动物利用。另外，细菌可以直接被幼鱼（Nicolas et al., 1989）和成鱼（Beveridge et al., 1989; Rahmatullah and Beveridge, 1993）摄入。Nicolas 等（1989）指出，藻类培养中的细菌没有从轮虫中分离出来，而且大多数轮虫中的细菌都没有在鱼的幼体中发现，这表明细菌非常有选择性地选择它们的群落生境（biotope）。鱼类消化道中释放的细菌胞外酶活性可能是细菌菌群提高鱼类肠道食物利用率的众多属性之一。Hansen 和 Olafsen（1999）证明了细菌在鲆鱼幼体后肠（第二段）的内吞作用，但在热带鱼中没有类似的报道。

在温水鱼类和热带鱼类中，肠道细菌菌群参与维生素（及最有可能的其他必需营养物）合成，在合成数量上似乎比寒冷的和冷水鱼类还重要一些（见第 5.3 节）。然而，Sugita 等（1992）指出，必需营养素的净食物需求可能与维生素产生菌群（前肠菌群）和维生素消耗菌群（后肠菌群）的代谢能力有差别。因此，作者认为，在食用生物素的情况下，冷水性的香鱼（*Plecoglossus altivelis*）具有大量的生物素产生菌群，并不需要食物维生素来源。温水性鲤鱼和金鱼的肠道菌群主要消耗生物素，完全依赖于食物中的生物素需求。

温水鱼类摄取自由生活的和与颗粒结合的细菌，它们在水中的浓度和在胃中发现的菌落数量相关（Beveridge et al., 1989）。根据从一系列稀释的肠道液体中培养出的活菌菌落计数，4 种鲤科鱼类的幼鱼和主动摄取紫红色杆菌（chromobacterium violaceum）的能力有关，但通过饮水摄入的机理已被排除（Rahmutullah and Beveridge, 1993）。然而，由于细菌的世代时间不到 1 h，因此在长达 4 h 的实验中没有考虑细菌复制和细胞解体（裂解）的过程。在类似条件下，尼罗罗非鱼对游离细菌的摄取率比鲤鱼高 4～5 个数量级。

红海中的食草性鱼类，双斑刺尾鱼（*Acanthurus nigrofuscus*）成鱼的幽门盲肠小而又很少，但其肠体比（相对肠道长度）根据不同季节在 2.1～3.9 之间（Montgomery 和 Pollak，1988a）。尽管如此，这种鱼的肠道中仍有 70～200 μm 长的共生大型细菌——费氏刺骨鱼菌（*Epulopiscium fishelsoni*）（Montgomery and Pollak, 1988b）和"大细菌"（Schultz and Jorgensen, 2001）。在夜间（非喂食）采集的双斑刺尾鱼，胃和幽门区的胃 pH 降至 2.4 和 2.9，表明摄入的藻类对肠腔的中和作用有显著影响。共生菌体的最大密度出现在肠道长度的 40%～60% 位置（Fishelson et al., 1985），对应于肠腔 pH 从 7.5 到 6.5 的显著变化。随着巨型细菌数量下降 3 个数量级，pH 再次上升至 7.7。总的来说，细菌共生体对食草性热带双斑刺尾鱼的消化生理产生强烈的季节性和昼夜性变化的影响（Fishelson 等，1987），但它们可能有助于藻类食物消化和营养物质积累的机理尚未得到解决。还有其他研究人员在 22.9 ℃下研究海洋温水舵科鱼类——长体舵鱼（*Kyphosus cornelli*）和悉尼舵鱼（*Kyphosus. sydneyanus*），他们发现肠道内的微生物群出现在消化道的特殊部位，能够产生挥发性脂肪酸（Rimmer and Wiebe，1987）。这是首次报道在鱼类的藻类碳水化合物的发酵消化。这些鱼类的独特特征包括：消化道延长（相对肠道长度与体长比为 3.3～5.8）、盲的消化囊（盲肠）与邻近的瓣膜，富含多样的微生物区系和大型纤毛虫。Clements 和 Choat（1995）对 5 个科的 32 种鱼进行了全面的记述，其中包括刺尾鱼科和舵科的鱼类，它们能够通过在乙酸浓度为 3～40 mmol/L 的后肠中发酵产生挥发性脂肪酸。这些鱼类血液中大量的醋酸盐和其他短链脂肪酸表明，藻类多糖和蛋白质的发酵是一种重要的能量来源。因此，Fishelson 等（1985）在刺尾鱼肠道中发现了巨型细菌，从而说明了它们在消化过程中的作用。现在有确凿的证据表明，发酵是一个相当普遍的过程，有助于许多海洋鱼类、主要是草食性鱼类的营养。

5.3 营养需求

5.3.1 蛋白质的数量和质量

尽管鱼类对必需氨基酸的需求量是可测量的，然而蛋白质的需求量则不可测量，但讨论经常转向蛋白质的需求量，因此可能会产生许多争议。Bowen（1987）比较了 13 种硬骨鱼类和高等脊椎动物（鸟类和哺乳动物），非常有力的论证是，基于摄入蛋白质的质量所达到的生长或体重的增长，没有理由认为鱼类与陆地恒温动物的蛋白质需求存在差异。由于蛋白质用于不同的生理目的，随意提供或限制日粮时所确定的最大生长所需的蛋白质有明显不同，而根据鱼的大小和水温，需求量将明显不同（以单位质量表示时为 2 个数量级）。在上述比较中没有考虑到这些因素。显然，鱼类的食物摄入量和蛋白质浓度无关，而和每日蛋白质摄入量有关，即和特定生长率线性相关（Tacon and Cowey，1985）。尽管在某些情况下的证据不足以令人信服，但有观点认为水温不会影响食物蛋白质的需求量（Hidalgo and Alliot，1988）。然而，对典型热带鱼类的研究却缺失了。与动物蛋白质相比，饲料（植物、碎屑、细菌）中较低的蛋白质浓度和这些物质的较低生物学价值有关，这一事实也使问题变得复杂起来。Bowen（1980，1984）认为，"碎屑的非蛋白质氨基酸"可以解释为什么委内瑞拉巴伦西亚湖（Lake Valencia, Venezuela）的莫桑比克帚齿罗非鱼（*Sartherodon mossambius*）和阿根廷的里约拉普拉塔河（Rio de la Plata）的条纹鲮脂鲤（*Prochiodus platensis*）生长迅速。这两种鱼生活在截然不同的环境中，但它们的食物中的微生物和碎屑是相同的。出现的第一个问题是氨基酸"非蛋白质"来源的数量和质量（Dabrowski，1982，1986a）。胃内容物氨基酸组成表达的差异约为 1 个数量级。对必需氨基酸浓度的解释具有误导性，因为和需要量相比，蛋氨酸在碎屑中的含量严重不足（表 5.1）。

表 5.1 冷水和热带鱼类的氨基酸需要量（以食物蛋白质百分比表示）

	太平洋鲑鱼[1]	罗非鱼属[2]	鲤科鱼[3]	遮目鱼[4]
水温	14～16 ℃	27 ℃	27 ℃	28 ℃
氨基酸				
精氨酸	6.0	4.20	4.80	5.2
组氨酸	1.6	1.72*	2.45*	2.0*
异亮氨酸	2.4	3.11*	2.35	4.0*
亮氨酸	3.8	3.39	3.70	5.1*
赖氨酸	4.8	5.12*	6.23*	4.0
甲硫氨酸	3.0	3.21*	3.55*	3.2*
苯基丙氨酸	6.3	5.59	3.70	5.2
苏氨酸	3.0	3.75*	4.95*	4.5*
缬氨酸	3.0	2.80	3.55*	3.6*
色氨酸	0.7	1.00*	0.93*	0.6

* 表示值高于鲑鱼。

资料来源：[1]Akiyama et al., 1985；[2]Santiago and Lovell, 1988；[3]*Catla catla*; Ravi and Devaraj, 1991；[4]Borlongan and Coloso, 1993。

就营养需求而言，在热带鱼中研究最多的是尼罗罗非鱼，尽管在某种程度上它作为热带鱼的"代表性"鱼类尚有争议。De Silva 等（1989）总结了在水温（23～31 ℃）和鱼类大小（0.8 mg～70 g）的范围内分析的 4 种丽鱼科动物蛋白质需求量的数据，并计算出含有 34% 蛋白质的饲料可以支持最大的生长。Wang 等（1985）关于蛋白质的最佳水平的结论是基于蛋白质含量为 30% 而不是 40% 使尼罗罗非鱼得到较好的生长性能，其中鱼的重量仅增加 2.0～2.5 倍。这点体重的增加对于营养需求估算来说是远远不够的。Santiago 等（1982）证明了尼罗罗非鱼幼鱼的饲料添加的鱼粉超过 63% 时会抑制鱼的生长。

为了寻求尼罗罗非鱼幼鱼（0.8 g）和稚鱼（个体体重为 40 g）更精确的蛋白质需求，Siddiqui 等（1988）进行了研究，分别提出了 40% 和 30% 蛋白质的最佳水平。然而，这项研究受到过度使用鱼粉和"高蛋白"食物中高含量的灰分（14.8%）对生长率产生的不利影响。Kaushik 等（1995）以一种精准的方式提出尼罗罗非鱼最好的选择配方来配制蛋白质需求的食物。作者使用恒定比例的鱼粉：大豆粉（动物：植物）的蛋白质比例（1:3），并证明体重继续增加直到食物中的蛋白质增加到 38.5%。此外，Kaushik 等（1995）能够证实早期在鲤鱼幼鱼中的发现，即禁食罗非鱼的内源氮（氨）

排泄量显著低于饲料中蛋白质含量高达16%的鱼类的内源氮（氨）排泄量。这可以解释为，在蛋白质摄入量较低的情况下，食物能源（碳水化合物和脂质）对内源性蛋白质的使用影响很小。这对于在野外的情况具有深远的影响：在野外情况下，许多鱼类通过低蛋白（食草性）的食物可以节省体内蛋白质消耗并改善肥满度（condition factor）。

在罗非鱼饲料中高灰分浓度的情况下，鱼粉比例进一步增加到83%，似乎会进一步抑制罗非鱼的生长率，并导致海水中罗非鱼杂交种（Shiau and Huang，1989）和红头丽体鱼（*Cichlasoma synspilum*）（Olvera-Novoa et al.，1996）对低的"最佳"蛋白质的需求变得不切实际。加工鱼粉在丽鱼饲料中的生物价值有限，这可以追溯到Kesamaru和Miyazono（1978）的研究，他们证明了小麦胚芽蛋白的价值高于鱼粉蛋白。当在一系列研究中使用半纯化的酪蛋白明胶饲料来确定尼罗罗非鱼繁殖效率和仔鱼产量及质量的最佳蛋白质水平时，这一争议在某种程度上得到了明确结果（Gunasekera et al.，1995，1996）。生长较快、成熟较早、卵的高受精率、高幼鱼孵化率和雌鱼摄食含35%~40%蛋白质的饲料有关。在27℃饲养的快速生长和早熟（4月龄）的热带小蜜鲈（*Colisa lalia*）快速生长实验中也得出了类似的结论（Shim et al.，1989）。蛋白质含量为45%的饲料可获得最大生长率，而含35%蛋白组的雌性卵巢最大。与饲喂低蛋白饲料（5%~15%；孵化率分别为23.7%~77.3%）超过20周相比较，饲喂45%蛋白质饲料的雌鱼的卵质量最高（孵化率为94.1%）。很明显，低质量的饲料（低蛋白质含量）容易使鱼繁殖失败。

亚马孙河以果实为食的鱼，如大盖巨脂鲤（*Colossoma macropomum*），在淹没的森林中食用种子和果实，这是一种营养较为丰富的食物，但其蛋白质浓度相对较低，为4.1%~21.3%（Roubach and Saint-Paul，1994）。热带森林中的一些果树提供的果实含有极高的脂肪浓度［如干物质中高达65%脂肪含量的比基阿木（*Caryocar villosum*）］（Marx et al.，1997）。但是，在Roubach和Saint-Paul的实验中，鱼的生长速度与饲料中的蛋白质浓度有关，一般每天蛋白质摄入不超过1.3%。最佳条件为29.1℃喂食48%蛋白质的饲料，1.5 g的大盖巨脂鲤幼鱼体重以每天4.6%的速度增加，而30 g的大盖巨脂鲤幼鱼以24∶22的鱼粉∶豆粕的比例喂养生长得最好，在蛋白质含量为40%时生长率最高，日增重为1.7%（55 g·kg$^{-0.8}$，van der Meer et al.，1995）。有趣的是，初始体重为30 g和96 g的鱼在饲料中蛋白质含量为40%时生长率最高，尽管最大增长率明显降低，分别为22.7 g·kg$^{0.8}$和15.3 g·kg$^{-0.8}$。这些结果与Vidal Junior等（1998）的估计大相径庭，他们得出结论，个体体重为37~240 g的大盖巨脂鲤在仅含21%蛋白质的饲料中增重最大。这种差异令人费解，因为它们的食物配方非常相似。然而，与池塘中的生长相比，在水族箱中进行的大盖巨脂鲤实验往往低估了它们的生长潜力（Melard et al.，1993）。

众所周知，大盖巨脂鲤成年后会吃掉等量的果实、种子和浮游动物（Goulding and Carvalho，1982）。当在25℃下接受以酪蛋白为基础的纯化蛋白质食物时，若幼鱼食物中蛋白质含量为47.7%，则其体重增加率最高（Hernandez et al.，1995）。这可能与本实验中使用的幼鱼大小（8.4 g）有关，其消化道尚未适应大量低营养能量的食物。在水温为 25~29 ℃ 和盐度为 28~34 的条件下，体重 2.8 g 的遮目鱼幼鱼的蛋白质需要量估计为 43%（Coloso et al.，1988）。然而，在整个试验过程中，鱼只增加了 139% 的体重，而饲料中添加了高达 32% 的必需游离氨基酸混合物。如果实际食物或天然食物中的粗蛋白可获得性下降，可能会导致需求量被低估。来自巴拉那河和乌拉圭河的大鳞缺帘鱼（*Brycon orbygnianus*）投喂以酪蛋白和明胶为基础的半纯饲料，在含有 29% 蛋白质的饲料中生长最好，但当蛋白质水平提高到 36% 时，饲料转化率最好（Carmoe Sa and Fracalossi，2002）。温水的草鱼幼鱼体重为 0.2 g，温度保持在 23 ℃，当饲料蛋白含量为 43%~52% 时，生长速度最快（Dabrowski，1977）。需要强调的是，在高蛋白浓度下（Sheeller，2000），缺帘鱼和草鱼的两项研究中用纯化蛋白质和以鱼粉为基础的饲料做对比，都没有观察到生长抑制。这是一个重要的考虑因素，因为它将蛋白质需要量中的人工制品（不精确的说明）与不可缺少的氨基酸需要量联系起来。换句话说，不需要将蛋白质作为食物成分，因为氨基酸是生长所必需的化合物。例如，Ravi 和 Devaraj（1991）注意到当纯化的氨基酸混合饲料中添加的几种氨基酸（苯丙氨酸、苏氨酸、色氨酸和缬氨酸）超过明显的最适生长水平时，喀拉鲃（*Catla catla*）的生长受到显著抑制（表 5.1）。这些结果可能和实验中设定的摄食率有关，该摄食率设定为每天增加 10% 的鱼体重，而增重仅为每天 2.6%~3.5%。体重增加的减少可能是饲料的浪费造成的。

硬骨鱼类在食物中需要 10 种必需的氨基酸，热带鱼也不例外（表 5.1）。热带鱼类对大多数氨基酸的需要量似乎比冷水性鲑鱼高，其中精氨酸和苯丙氨酸的需要量差异明显。正如前面提到的（Dabrowski and Guderley，2002），罗非鱼幼鱼（个体质量为 15~87 mg）氨基酸需要量的数据是在较长时间内收集的，体重比初始时增加了 15~79 倍（Santiago and Lovell，1988）。相比之下，喀拉鲃（*Catla catla*）的数据只表示体重增加了 1.6~2 倍，它们的生长速度要慢得多（Ravi and Devaraj，1991）。显然，游离氨基酸混合饲料是达到可接受的鱼类生长速度的关键，包括热带鲤科鱼类南亚野鲮（*Labeo rohita*）（Khan and Jafri，1993）。如果在 6 周内体重增加 20%~25%，是否能提供有意义的氨基酸定量需求估计，还有待验证。相比之下，在尼罗罗非鱼幼鱼中，使用蛋白质含量高达 82% 结晶氨基酸的饲料效果很好，在同一时期体重增加了 1672%~7902%（Santiago and Lovell，1988）。

在水温为 25 ℃ 的条件下，温水的鲤鱼必需氨基酸的需要量在最高生长率时为每天 1.5%~3.5%（Nose，1979）。如前所述（Dabrowski，1986a），这些预估是基于经常表现出低于最大增重量达 10% 的鱼类做出的。这必然会导致某种程度的结果偏差，如在鲤鱼饲料中添加 2 种水平的赖氨酸和 3 种摄食率的情况（图 5.5；Viola and Arieli，1989）。根据 Nose（1979）的说法和图 5.5，鲤鱼最大生长所需的赖氨酸应该高于 2.6%，而早先估计的次优增长率为 2.2%。热带鱼类对氨基酸的需求量显然没有被深入研究，还缺乏在生长的最佳水温下或者在最优化的饲料配方下确定的数据。

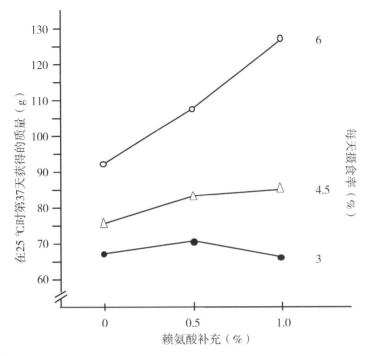

注：数据来源：Viola and Arieli, 1989。

图 5.5　欧洲鲤鱼补充赖氨酸的效果（初始重 125 g）

5.3.2　脂质和脂肪酸

在所研究的大多数丽鱼科鱼类中，投喂含脂肪量为 10% 的饲料在头 2 周内生长最好，比不含脂肪的饲料促进生长高达 150%（Chou and Shiau, 1996）。巴拉那河流域的亚热带鲇鱼——南美似平嘴鲇（*Pseudoplatystoma coruscans*）在 25 ℃ 的条件下，食用含 18% 脂质的饲料可获得最佳生长状态（Martino et al., 2003）。在这项研究之后，他们比较了不同脂肪酸类型（猪油和鱿鱼肝油）的脂质作为单一来源或混合来源的情况。由于鱼的体重增加了近 10 倍，因此没有发现差异。鱼尸体中多不饱和脂肪酸（PUFA）的比例（20∶5n3 和 22∶6n3）在不同处理之间有所差异，反映了添加猪油在饲料中的饱和脂肪性质。同样，Maia 等（1995）在细鳞肥脂鲤的肌肉提取的中性脂肪组分中没有发现多不饱和脂肪酸，这很可能反映了它们以植物成分为基础的食物。Viegas 和 Guzman（1998）比较了用粗棕榈油（CPO）逐步替代脱臭大豆油（DSO）在大盖巨脂鲤幼鱼饲料中的应用，虽然幼鱼（14g 初始体重）的体重增长有些不稳定，但 6% 的 CPO（11.6% 的总食物脂肪）达到增重 10 倍的最好效果。然而，CPO 含有相当数量的类胡萝卜素（500～700 mg/kg）和生育酚（560～1000 mg/kg），它们在精炼、漂白和脱臭过程中会被热破坏（Edem, 2002），因此与 DSO 的比较也可能表明了类胡萝卜素和维生素 E 在大盖巨脂鲤食物中的重要性。与 DSO（61% 不饱和物）相比，CPO（10.5% 不饱和物）中必需的 n3 和 n6 脂肪酸含量较低，从而降低了大盖巨脂鲤中的亚油酸盐和亚麻酸盐。

脂质是鱼类和所有其他脊椎动物常见的必需亚油酸和亚麻酸的来源。热带鱼类延长和降低脂肪酸饱和度的能力是一种代谢特征，可能会在物种之间有所不同，因此可能会限制它们的生长。然而，在肉食性和草食性鱼类之间，冷水性鱼类和热带鱼类之间似乎存在着脂肪酸需要量和食物最适脂质含量的差别，而较为明确的是淡水鱼类和海水鱼类之间的差别。在鲑鳟鱼类和大多数海水鱼类中，对亚麻酸（18：3n3）或其衍生物（PUFA）的需求是如此之大，以至于人们经常质疑或忽视对亚油酸（18：2n6）的需求。

相反，尼罗罗非鱼和吉利罗非鱼最大生长所需的亚油酸量分别为饲料的0.5%和1%，花生四烯酸（20：4n6）也能满足这一需求，而对亚麻酸的需求往往被忽略。当尼罗罗非鱼被喂食含有1%亚油酸盐作为唯一多不饱和脂肪酸的实验饲料时，在所有n3系列的二十碳和二十二碳的脂肪酸中都发现了来自标记亚麻酸的放射性碳，主要存在于磷脂中（Olsen et al.，1990）。用高含量n3的PUFA食物投喂的罗非鱼显示来自亚油酸盐和亚麻酸盐前体的放射性标记碳掺入PUFA的速率要低得多。作者认为，罗非鱼的去饱和酶和延伸酶完全能够将亚油酸转化为花生四烯酸盐（作为主要的终产物），而将二十二碳六烯酸作为delta-4去饱和酶的适宜产物。亚油酸/亚麻酸向较长链多不饱和脂肪酸的转化受到饲料中22：6n3水平升高的抑制。这种现象可能对证明丽鱼科鱼中n3和n6系列的食物要素出现差异有关。例如，和其他植物来源的油（玉米或大豆油）相比，补充鱼肝油（其中所含的n3含量较高）使罗非鱼的生长速率最高；然而，根据产卵频率和每只雌性鱼产卵的数量衡量，这与最差的繁殖性能相吻合（Santiago and Reyes，1993）。

在对鲤鱼幼鱼的研究中，Radunz-Neto等（1996）使用了补充2%磷脂的对照食物来代替无脂食物。在干饲料的基础上，仅这种脂质来源就分别提供了0.192%和0.014%的n6和n3，并使鱼的体重增加了50倍以上。该结果说明，当必须考虑到纯化食物中的卵黄脂质储备和痕量时，很难证明鱼对必需脂肪酸的需求。但是，Radunz-Neto等（1996年）的研究结果表明，在含有磷脂的饲料中添加0.25%的亚油酸，可使鲤鱼在饲养21 d内的生长速度提高27%。在接下来的5 d内，当饲喂亚油酸/亚麻酸缺乏的食物时，鲤鱼幼鱼的生长抑制达到67%，缺乏症状变得明显。Takeuchi（1996）确认了鲤鱼和草鱼（成鱼为草食性）对n6和n3的要求，并补充了关于草鱼在不含n6和n3，但添加月桂酸甲酯（C 12：0）的饲料中观察到的病理学新信息。尽管Meske和Pfeffer（1978）描述了以植物（藻类）蛋白为主的饲料投喂的草鱼幼鱼中有类似的病理现象，但草鱼85%的种群表现出脊柱异常，如脊柱前凸，这些症状以前从未与脂质缺乏相关。其他实验进一步阐明维生素E（生育酚）缺乏是一个起作用的因素（contributing factor）。鲤科鱼类肝脏极性脂质中的蜂蜜酒脂肪酸（20：3n9）沉积增加，是脂质代谢异常的标志，这对温水性鱼类和热带鱼类的脂质生理学具有重要价值。在亚热带的小口鲮脂鲤（*Prochiodus scrofa*）的幼鱼中，用鳕鱼油衍生的多不饱和脂肪酸富集的轮虫投喂，并没有使这些脂肪酸在鱼体中出现（Portala et al.，2000年）。相反，用微藻（含

20∶5n3）饲养的轮虫投喂 21 天，齐氏罗非鱼幼鱼的体脂含量以 22∶6n3（10.7%～14.3%）为主（Isik et al.，1999）。遗憾的是，作者没有提供罗非鱼体内花生四烯酸（20∶4n6）浓度的数据，且轮虫脂类中两种主要脂肪酸之一的亚油酸盐的作用如何仍然是未知的。在 4 种处于幼鱼或早期幼鱼阶段（只要卤虫泡囊是可被食用的）的热带水族馆鱼类中，无论是淡水枝角类裸腹蚤属（*Moina*）或去壳的卤虾，鱼体中的脂肪酸都能准确反映脂质的食物来源（Lim et al.，2002）。例如，亚麻酸是卤虫属（*Artemia*）中最主要的 PUFA，比裸腹蚤属（*Moina*）高 10 倍，其在鱼体内的积累比例相同（10∶1）。4 种热带鱼类均能合成 22∶6n3，但是不同种类之间的差异很显著。

尽管大多数淡水鱼都依照丽鱼科鱼类所描述的对 n3 和 n6 的既定要求，但 Henderson 等（1996）仍对此进行了研究，他们首次解决有关热带锯脂鲤科（*Serrasalmid*）鱼类、草食性金四齿脂鲤（*Mylossoma aureum*）和肉食性纳氏臀点脂鲤（*Serrasalmus nattereri*）的问题。作者指出，这两种鱼的脂肪酸组成明显受到植物（n6 与 n3 的比为 34.7）或动物（n6 与 n3 的比为 4.4～6.2）的食物中可供脂肪酸模式的影响。尽管食物中存在这些比例（以亚油酸为主），但草食性金四齿脂鲤的特征在于 delta-6、delta-5 和 delta-4 去饱和酶的活性高，并且能够将亚油酸盐转化为 22∶6n3（占总脑脂质的 4.9%）。在草食性锯脂鲤中，亚油酸被转化为花生四烯酸（在肝脏中占 5.4%），与肉食性锯脂鲤（在肝脏中占 7.6%）相比，亚油酸的含量相当高。很明显，delta-5 去饱和酶活性的丧失及无法在海洋肉食鱼类中利用 C18 不饱和前体的现象，不适用于这种热带肉食性动物。然而，必须注意的是，当温度接近热带水域的特征时，草食和肉食热带鱼类在 25 ℃（9 个月实验条件下摄食的实际水温）下，脂肪酸组成的一些特征可能会发生巨大的变化。Craig 等（1995）在海洋温水鱼类中发现，将水温从 26 ℃ 降低到慢性致死温度（3～9 ℃）6 周内，会使极性脂质中高度不饱和脂肪酸的增加。这一点在最初以植物、低 n3 饲料（玉米油）喂养的鱼类中尤为明显。与 25 ℃ 的研究相比，由于环境温度降低，鱼类中的去饱和酶和延伸酶增加了活性（Hager and Hazel，1985），关于提高到 32～35 ℃ 对锯脂鲤的脂肪代谢有何影响还有待研究。在 15 ℃、20 ℃ 和 25 ℃ 三种温度下养殖的尼罗罗非鱼，n3 与 n6 的比在 15 ℃ 时最高，但预定在 30～35 ℃（最适生长温度）范围内的趋势只是推测的（Tadesse et al.，2003）。罗非鱼肌脂中 22∶6n3 的比例随着水温的升高而降低，而花生四烯酸、亚油酸和亚麻酸的比例则呈现相反的趋势。

亚马孙河中浮游动物食性的低眼鲇（*Hypophthalmus* sp.），其肌肉总脂质中脂肪酸成分包括必需的 n3、n6 的 C18 前体，2.4% 的 22∶6n3 和 2.5% 的 20∶4n6，它们的数量受一年的干燥或潮湿时期的影响不大（Inhamuns and Franco，2001）。

5.3.3 维生素

温水鱼类，特别是热带鱼类，在消化道中一般有充足的微生物量，以提供大量作为外在来源的水溶性维生素（Burtle and Lovell，1989；Limsuwan and Lovell，1981）。尼罗罗非鱼幼鱼在 28 ℃ 的情况下，肠道中钴胺的合成使粪便中这种维生素的水平比食物中增加了 100 倍以上（Lovell and Limsuwan，1982）。Sugita 等（1990）发现罗非鱼肠道内容物中的细菌（气单胞菌、假单胞菌）具有合成维生素 B_{12} 的能力，并认为罗非鱼具有良好的厌氧菌群，使它们比斑点叉尾鲴鱼较具有优势。当饲料中添加钴时，估计罗非鱼幼鱼单位体重的钴胺合成量（7.1 g）比斑点叉尾鱼高近 10 倍。抗生素琥珀酰磺胺醇的使用抑制了罗非鱼肠道中钴胺的合成。可以推测，在具有细长肠道的较大型丽鱼科鱼中（图 5.3），细菌合成维生素的重要性将会进一步增强。迄今为止确定的热带鱼类定性和定量维生素需要量（表 5.2）和在鲑鱼、鲤鱼或斑点叉尾鲴中确定的相似。Kato 等（1994）报道了红鳍东方鲀在 22～28.5 ℃中对水溶性维生素的质量需求。这种鱼在摄食 7～12 周后才表现出对肌醇、叶酸和抗坏血酸的需求，而仅在 2～3 周后由于缺少胆碱或烟酸而导致生长明显受到抑制。

Burtle 和 Lovell（1989）证明肌醇的从头合成发生在斑点叉尾鲴的肝脏和肠道中，但没有关于食物需求的报道。然而，早期的发现表明鲤鱼肠道菌群也可能提供大量的肌醇。相反，Meyer-Burgdorff 等（1986）发现鲤鱼在不含肌醇的饲料喂养 3～5 周后出现出血、皮肤损伤和鳍侵蚀等现象。在观察到病理的变化之后，鲤鱼的食物摄入量减少了。鲤鱼对肌醇的最适需求量约为每千克饲料 1200 mg。这一发现意义重大，因为肌醇和磷脂酰肌醇一样是细胞膜的结构成分，对经历水温变化的动物至关重要。

维生素 C 一直是热带硬骨鱼中研究最广泛的维生素，如前所述，抗坏血酸被证明是亚马孙河硬骨鱼的必需品，无论它们的食性是什么（Fracalossi 等，2001）。由于亚马孙泛滥平原森林每年 1—5 月被水淹没，水果和坚果是食果性鱼类食物中最重要的组成部分（Goulding，1980；Araujo-Lima and Goulding，1998）。水果的营养成分，例如腰果（*Anacardium occidentale*）和卡姆果（*Myrciaria dubia*），都含有高水平的抗坏血酸，分别为 400～518 mg/100 g 和 1570 mg/100 g（Egbekun and Otiri，1999；Justi et al.，2000）。如果将这些数值和许多种微藻中常见的抗坏血酸浓度（130～300 mg/100g；Brown et al.，1999；Brown and Hohmann，2002）结合起来，可以得出结论，热带草食性和杂食性鱼类获得的抗坏血酸浓度是其最佳生长所需水平的 100 倍（表 5.2）。

抗坏血酸是由亚马孙地区的软骨鱼类、淡水尖嘴魟和肺鱼（Dipnoi）的代表合成的（Fracalossi et al.，2001）。一些作者报道了在鲤鱼（Sato et al.，1978）的肝胰脏和罗非鱼（Soliman et al.，1985）的肾脏中存在古洛糖酸内酯氧化酶（负责合成抗坏血酸最后一步的酶）的活性。但是，这些结果由于所用方法的不准确性而大打折扣（Moreau and Dabrowski，2001）。同样，一些解决尼罗罗非鱼需求的研究使用了最低水平的抗坏血酸补充剂 500 mg/kg（根据保留量估算为 146 mg/kg）（Soliman et al.，1994）。这些作者估计尼罗罗非鱼的维生素 C 需求量为 420 mg/kg 干饲料，这比丽鱼科鱼（表 5.2）和其他鱼类的大多数研究要高出 10 倍。这种高估可以归因于使用比色法进行抗坏血酸分析，而没有对干扰物质进行校正（Moreau and Dabrowski，2001）。

Shiau 和 Hsu（1995）认为"抗坏血酸单磷酸酯和抗坏血酸硫酸酯具有和罗非鱼的维生素 C 来源相似的抗坏血病活性"。然而，对饲料中两种酯的等量和肝脏中抗坏血酸浓度反应之间的关系的检测表明，在食用抗坏血酸硫酸盐型的鱼中，抗坏血酸水平降低了20%~40%。因此，和作者的结论相反，罗非鱼利用抗坏血酸硫酸盐的能力较差，和鲤科鱼类与鲑科鱼类没有差别。Shiau 和 Hsu（2002）研究了杂交罗非鱼中维生素 C 和维生素 E 的相互作用，并选择了两种水平的抗坏血酸补充剂，而不是较典型的双变量设计，分别为"不含维生素 C"和"不含维生素 E"。仅仅 8 周后，不含维生素 E 和"最佳维生素 C"的试验组体重增长明显较低，而补充 3 倍高水平的维生素 C 可防止生长抑制。这是一个有意义的发现，考虑到在两个"无维生素 E"组之间生育酚的组织浓度中没有发现差异。明显的是，所观察到的不是抗坏血酸的"维生素 E 贫乏作用"，而是抗坏血酸降低了肝脏中积累的氧自由基的毒性作用（测定为肝硫代巴比妥酸反应性物质，TBARS）。

Soliman 等（1986）发现，当亲代鱼喂食不含抗坏血酸的食物（实验组）21 周时，在莫桑比克罗非鱼中，孵化率显著降低（实验组为54%，对照组为89%），并且新孵化仔鱼的脊柱畸形率增加（实验组为57%，对照组为1.28%）。这种罗非鱼在利用卵黄储备的基础上，从胚胎发育到幼鱼阶段的生长中，脊椎变形和畸形是由于内源性摄食中缺乏抗坏血酸。

还有一些评论也是必要的，关于星丽鱼（地图鱼）（*Astronotus ocellatus*）对抗坏血酸的需求（表5.2）可"有效防止生长衰退和维生素 C 缺乏症"（Fracallosi 等，1998）。在该实验中，接受无维生素 C 食物的鱼在 26 周的时间内体重仅增加了 1 倍，同时肝脏中的抗坏血酸浓度非常低（6 μg/g）。低于 20 μg/g 的浓度表明鲑科鱼类体内缺乏维生素 C（Matusiewicz et al.，1994）。因此，对于星丽鱼，要以较快的生长速率进行研究，就必须更准确地解决它们对营养的需求。

Lim 等（2002）称，在网纹花鳉（孔雀鱼）（*Poecilia retciulala*）的饲料中抗坏血酸的含量增加会使该鱼对渗透压（35 ng/L）应激的抵抗力增强。然而，考虑到在对照的卤虫中没有发现抗坏血酸，并且滋养的虾中抗坏血酸的含量是浮游动物的正常水平的1/10，因此提出的数据令人怀疑。

当饲料中脂肪含量分别为5%和12%，每千克饲料 α-生育酚含量分别为 50 mg 和 75 mg 时，杂交罗非鱼（*O. niloticus* × *O. aureus*）对食物的利用率最高，蛋白质沉积效率亦最高（Shiau and Shiau，2001）。然而，添加的油（玉米油和鳕鱼肝油）被去除了生育酚；没有提供关于食物中维生素 E 实际水平的数据，也没有报告缺乏迹象。Baker 和 Davies（1997）发现，以鱼粉为基础的饲料（60%）在 27 ℃下不添加或添加 5~100 mg/kg α-生育酚对非洲胡鲇（*Clarias gariepinus*）的生长没有影响。在这项研究中，鱼的体重增加了 12 倍。根据生育酚的组织浓度和肝脏中的脂质过氧化物值，估计需要量为 35 mg/kg。

Segner 等（1989a）证明了热带鱼的生长需要虾青素（表 5.2）。Kodric-Brown（1989）进一步表明，雄性网纹花鳉喂食 25 mg/kg 的虾青素和角黄素的饲料比不补充维生素 A 源的同类饲料更受雌性欢迎，交配成功率更高。因此，食物中的营养素可能会对热带鱼类种群中的遗传信息流产生影响。

补充 100 mg/kg 的吡哆醇可导致鱼体重下降、严重贫血和5%的红细胞比容，而在低蛋白（28%）饲料喂养的条件下，其他处理组的红细胞比容为18%～21%（Shiau and Hsieh，1997）。据报道，喂食含高吡哆醇食物的斑点叉尾鮰患有贫血症（Andrews and Murai，1979）。在冷水鱼类中，贫血与低吡哆醇食物有关。在囊鳃鲇（*Heteropneustes fossilis*）的幼鱼中，当食物中吡哆醇含量为0～27.2 mg/kg时，Shaik Mohamed（2001）报告了厌食、昏睡、体色苍白，以及食物中吡哆醇含量不足时的死亡率。另外，总体增长极其缓慢，喂食15周后，体重仅增加105%～215%。估计需求量为3.2 mg/kg，可能和鱼类最大生长所需的剂量不同。

杂交罗非鱼在葡萄糖（38%）补充饲料喂养下的体重增加只有糊精补充饲料喂养的一半，而烟酸水平对食物转化系数的影响则小得多（Shiau and Suen，1992）。因此，因摄入不同食物，烟酸需要量的差异在20～120 mg/kg之间，与总体代谢差异有关。结果，"在次优生长条件下确定"的营养需求（Shiau and Suen，1992）可能会产生误导。

罗非鱼食用缺乏维生素D_3的饲料16周，体重增加了15倍以上才观察到生长抑制（Shiau and Hwang，1993）。这可能就是这项研究在显示温水鱼类维生素D需求的失败尝试中被单独接受的原因。生长抑制伴随着显著降低的肥满度和骨骼钙的浓度，而血浆钙和磷在试验过程中没有差异（表5.2）。然而，基于提供的数据需求水平只是一个近似值，因为所有补充维生素D的组合之间的体重增加存在差异，为平均值的+15%。O'Connell和Gatlin（1994）得出结论，生长并不需要食物中的维生素D_3，或利用食物中的Ca来使蓝罗非鱼（*O. aureus*）矿化（mineralization）。这种矛盾可能是因为在Shiau和Hwang的研究中，蓝罗非鱼的生长速度比杂交罗非鱼慢得多（24周内增长了25倍），而且没有达到身体储备维生素D的有限"稀释"，以表明缺乏维生素D。在早期的研究中，Ashok等（1998）认为温水的鲤科鱼类野鲮（*Labeo rohita*）不需要维生素D作为基本营养素。然而，没有给出鱼在黑暗中饲养并喂食6个月缺乏维生素D_3的食物的生长速度和最终体重，在实验处理之前也没有分析肝脏中维生素D_3的水平。因此，这些结果至多只能当作不确定的结果作为参考，基于之前的研究，体重需要增加15～20倍才能证明缺乏脂溶性维生素。与对照组相比，喂食不含维生素D_3的食物的鱼在肝组织中要么检测不到（黑暗条件），要么显著降低（光照条件）。Ashok等（1998）认为淡水鱼中的维生素D"不是一种必需的营养素"的结论多少是没有根据的。

同一组的研究人员试图将维生素D不必要的这一结论推广到莫桑比克罗非鱼（*O. mossambicus*），因为维生素D_3及其羟基衍生物在血液钙和磷水平、肠道钙吸收或鳃钙结合蛋白活性的变化中没有明显的作用（Rao and Raghuramulu，1999）。然而，这些结论是基于腹腔注射维生素D_3 3 d后处死并取样的鱼得出的。没有证据表明对照组鱼缺乏这种维生素，所以作者实际上用注射了额外剂量维生素D的罗非鱼做了实验，结果是"没有反应"。Wendelaar Bonga等（1983）曾在莫桑比克罗非鱼（*O. mossambicus*）证明，1,25-二羟基维生素D对罗非鱼的无细胞性骨（acellular bone）有拮抗作用，注射这种衍生物可导致骨中钙和磷的减少（脱矿作用）。因此，维生素D_3及其羟基化衍生物在鱼类中可能具有完全不同的生理作用。

表 5.2　丽鱼科鱼类和其他热带鱼类对维生素的需求

维生素	种类	浓度（mg/kg）	缺乏迹象	参考文献
泛酸	奥利罗非鱼	10	厌食，鳍和尾巴出血，呆滞，棍状鳃，细胞内增生性病变	Soliman and Wilson, 1992a
维生素 B$_2$	奥利罗非鱼	6	身体短小，嗜睡，晶状体白内障，鳍侵蚀，贫血	Soliman and Wilson, 1992b
	莫桑比克罗非鱼×尼罗罗非鱼	5	厌食症、晶状体白内障、身体短小	Lim et al., 1993
维生素 E	尼罗罗非鱼	50～100	肝体指数低，肿胀，肝色苍白（水温低，20 ℃）	Satoh et al., 1987
抗坏血酸	奥利罗非鱼	50	脊柱侧弯，鳍、口和气鳔出血；鳃片缩短增厚，鳃软骨细胞不规则	Stickney et al., 1984
	尼罗罗非鱼×奥利罗非鱼	20	色素缺失，鳍坏死，全身出血	Shiau and Hsu, 1995
	丽体鱼	40	炎症反应，表皮海绵样变，肌肉炎症，鳃增厚，水肿，增生，胰脏腺泡细胞萎缩	Chavez de Matinez, 1990; Chavez de Martinez and Richards, 1991
	星丽鱼	25	盖骨和颌骨畸形，眼睛鳍出血，脊柱前凸	Fracalossi et al., 1998
	细鳞肥脂鲤	50	鳃丝增生，鳃丝肥大，鳃板扭曲，鳃丝末端炎性浸润	Martins, 1995
	非洲胡鲇	46	颅骨破裂、出血和背鳍侵蚀	Eya, 1996
	大神仙鱼	120	未观察到	Blom et al., 2000
胆碱	尼罗罗非鱼	3000	生长低于或超过要求，食欲减退，晶状体白内障，体型短小	Kasper et al., 2000
	尼罗罗非鱼×奥利罗非鱼	1000	肝脏脂质水平降低	Shiau and Lo, 2000

续表 5.2

维生素	种类	浓度（mg/kg）	缺乏迹象	参考文献
吡哆醇（维生素 B_6）	尼罗罗非鱼×奥利罗非鱼	4 和 15，蛋白质含量分别为 28% 和 36%	厌食，共济失调，水肿，3 周内死亡；高剂量贫血	Shiau and Hsieh, 1997
维生素 A 原（虾青素）	尼罗罗非鱼	71～132	肝细胞的病理结构改变	Segner et al., 1989b
烟酸	尼罗罗非鱼×奥利罗非鱼	26，食物中含 38% 的葡萄糖；120，食物中含 38% 糊精	皮肤和鳍出血和损害，口鼻畸形，眼球突出，鳃细丝水肿，肝脏脂肪浸润。	Shiau and Suen, 1992
胆钙化醇（D3）	尼罗罗非鱼×奥利罗非鱼	375 IU/kg	血浆中的血红蛋白，肝体指数和碱性磷酸酶降低（比对照组低 28%，12% 和 55%）	Shiau and Hwang, 1993
生物素	蟾胡鲇	0.1 1.0*	未观察到 食欲减退，皮肤黝黑，抽搐	Shiau and Chin, 1999 Shaik Mohamed et al., 2000

*偏离作者建议的数值（2.5 mg/kg）。

5.3.4 矿物质

鱼类可以从水生环境中吸收一些矿物质，尽管磷、镁、铁、铜、锰、锌、硒和碘的食物重要性已在许多淡水鱼类和海水鱼类中有记录。但是鱼类对饲料钙和钾的定量要求有些难以捉摸，因为它取决于水中的浓度及淡水中的鳃和皮肤或海洋环境中的胃肠道（饮水）的吸收。Robinson 等（1987）在不含钙的水中饲养奥利罗非鱼（*O. aureus*），并使用以酪蛋白为基础的纯化食物确定最佳生长需要 0.8% 的钙和 0.5% 的磷。食物含钙组在 0.17% 和 0.7% 之间的生长差异分别引起增重 727% 和 1112%，但未观察到对身体组成的影响。Watanabe 等（1980 年）在喂养尼罗罗非鱼（*O. niloticus*）的富含磷（1.4% 的磷）的食物中添加单磷酸钠，但对其生长没有任何影响。用含鱼粉衍生磷和钙的饲料喂养罗非鱼未观察到骨骼结构异常，从而得出结论：和无胃鱼类相比，罗非鱼具有较高的利用较复杂的磷酸盐源的能力。

有趣的是，在淡水中以低或高镁含量食物维持的莫桑比克罗非鱼（*O. mossambicus*），喂食 3 周后没有观察到肠道外摄取镁或生长受抑制的显著差别（Van der Velden et al., 1991）。但是，他们既没有提供增长数据，也没有提供食物利用数据。当尼罗罗非鱼饲喂无镁饮食 10 周时，和补充 0.6%~0.77% 镁的食物相比，生长抑制非常显著。Dabrowska 等（1989a）得出结论，尼罗罗非鱼在摄食高蛋白饲料时需要 0.5%~0.7% 的镁。然而，氧化镁和硫酸镁对罗非鱼生长的支持作用有效性分别比醋酸镁低 15% 和 28%。这表明有机镁源在罗非鱼中具有明显较高的生物利用度。与饲喂醋酸镁的饲料组相比，添加硫酸镁和氧化镁使罗非鱼体内钙和磷的含量几乎翻了一番（Dabrowska et al.，1989b）。这些相互作用似乎对鱼类的生长、矿化作用及可能的内分泌调节都非常重要，但在投喂和分析食物组成时却经常被忽视。

5.3.5　碳水化合物和纤维素

鱼类通常不耐葡萄糖，食物中碳水化合物"过量"的迹象包括血浆中的高葡萄糖水平和高胰岛素血症（Moon，2001）。出人意料的是，允许葡萄糖以不依赖钠的方式通过组织膜的葡萄糖转运蛋白，称为 $GLUT_{1-4}$，该物质在罗非鱼的骨骼肌中未能被检测到（Wright et al.，1998）。GLUT 的表达受胰岛素调节。然而，在鱼类中，和哺乳动物相反，胰岛素受体的数量远远少于胰岛素样生长因子-1（IGF-1）受体的数量（Navarro et al.，1999）。因此，杂交罗非鱼（$O.\ niloticus \times O.\ aurea$）对含葡萄糖的食物（34%）的利用率要比含等量淀粉的食物的差得多，这不足为奇（Shiau and Liang，1995）。用间接标记法测得的表观葡萄糖和淀粉的吸收率很高，分别为 92.6% 和 92.9%，但作者未能确定两个实验组之间体重增加 3 倍之差的原因。鉴于 Anderson 等（1984）早先的一项研究，这一点特别耐人寻味，他们将饲料中葡萄糖的利用率与蔗糖、糊精和淀粉的利用率进行比较，喂养体重为 2 g 的尼罗罗非鱼幼鱼 63 d。结果表明，当饲料中碳水化合物的比例从 10% 增加到 40% 时，鱼类的生长速度显著提高，在 10%、25% 和 40% 的等量水平碳水化合物来源之间没有显著差异。在蔗糖、糊精和淀粉的情况下，食物百分比的增加使食物蛋白质利用率的显著提高，即通过碳水化合物产生节省蛋白质能量的效果。罗非鱼饲料中葡萄糖的增加没有表现出这种影响。因此，迫切需要解释热带鱼饲料中碳水化合物的比例和类型如何影响蛋白质在体内的利用和保留。食物的吸收机理和高水平血浆葡萄糖随着葡萄糖的食物有效性可能会使氨基酸和/或水溶性维生素的吸收失调（GLUT 转运蛋白由抗坏血酸共享；Vera et al.，1993），这需要在食草性热带鱼/食果性热带鱼中加以解决。

根据一项研究，罗非鱼的食物中含有 40% 的淀粉可以改善鱼体的性能。Kihara 和 Sakata（1997）认为，这种提高利用率的部分原因可能是肠道内的发酵过程和产生容易吸收的短链脂肪酸，如醋酸、丙酸和丁酸盐。因此，尽管纤维素的微生物降解作用也在肠道中发生，但丽鱼和许多其他鱼类中的微生物活动可能有助于利用一些饲料碳水化合物中原本无法消化的部分。Wang 等（1985）的结论是，20% 的纤维素对尼罗罗非鱼的生长有负面影响，尽管饲料中的高脂肪含量（15%）可能会减少鱼类的摄食量（作者使用自由摄食的方法），并导致同样的"净"生长抑制效应。Dioundick 和 Stom（1990）得出一个较权威的结论，和 5% 的最适水平相比，维持在 29 ℃，含 10% 纤维素的饲料对莫桑比克罗非鱼（$O.\ mossambicus$）的生长有抑制作用。然而，对数据的检查表明，鱼的最终体重没有明显的差异。Anderson 等（1984）提供的证据似乎是迄今为止最令人信服的。只有高于 10% 的纤维素水平才会对丽鱼科鱼类的食物利用率产生负面影响。根据 Anderson 等（1984）和其他人提供的证据，食用添加纤维素（10%～40%）的饲料的罗非鱼的生长呈线性下降，因此，食用添加 19%～46% 纤维素（或 16.8%～35.4% 的纤维）的饲料的奥利罗非鱼（*O. aureus*）的蛋白质与能量比的优化结果应该被认为是令人非常不满意的（Winfree and Stickney，1981）。事实上，最有可能是由于纤维素降低了营养物的有效利用，蛋白质含量为 34%～56%（酪蛋白/白蛋白）的饮料支持罗非鱼的较低生长率，饲料效率差（饲料/增重，1.9～4.2）。对于热带丽鱼科鱼类来说，含有超过 10% 纤维素的食物是不合适的。

5.4 环境条件和鱼类觅食对生态系统的影响

5.4.1 季节和极端环境

格氏罗非鱼（*Oreochromis alcalicus grahami*）是一种适应于温度超过 42 ℃ 的碱性温泉的鱼，这种环境经常处于缺氧状态，在 pH=9.98 的高氨氮环境中采用排尿素型代谢和吸入空气中的氧气来维持生存。（Randall et al.，1989；Franklin et al.，1995）。尿素的合成为精氨酸的合成创造了条件，而精氨酸的合成是大多数硬骨鱼所不具备的代谢特征（见第 8 章）。巧合的是，以螺旋藻属为主要代表的嗜碱厌氧蓝藻出现在马加迪湖（Dubinin et al.，1995），并构成它们的主要食物（Walsh P.，个人通讯）。螺旋藻蛋白所含的精氨酸几乎是鱼蛋白质的 2 倍，然而，莫桑比克罗非鱼食物中的蓝藻蛋白质的总体含量极低（Olvera-Novoa et al.，1998）。由此可以提出几个看似合理的解释：①用于测试螺旋藻蛋白含量的鱼很小，生长中无法较好地利用螺旋藻；②对蛋白质利用效率起决定性作用的格氏罗非鱼和莫桑比克罗非鱼的消化生理之间存在主要差异；③食物中的精氨酸在以精氨酸为底物的亲和力系统中代谢迅速。

在水生环境中，由于环境变化和经过鱼鳃的扩散能力而出现的氧气局限为胚胎发育（Dabrowski，2003b）、食物摄取和生长留有余地。Van Dan 和 Pauly（1995）证明，对于活跃摄食的鱼类，氨基酸和脂质的氧化作用用去 90%～95% 的总氧需要量，而在最高的摄食率时，生物合成的代价吸收了 45% 的总能量。这种情况并不包括热带鱼类可以无限制地进入大气层的氧气中（如雀鳝、骨舌鱼），或者处在氧气超饱和的状态下。

5.4.2 草食动物和鱼类肉食动物对生态系统的影响

水生生态系统的总体生产力由初级生产者的营养物的有效性、可用性来调节。换句话说，消费者较高层营养水平的增加将向下层串联，并改变较低层营养水平。在以浮游植物和浮游动物为食的情况下，罗非鱼（*Tilapia galilea*）对群落水平的影响已经清楚地表现为在中等鱼类密度下浮游动物和大型甲藻（*Peridinium* sp.）数量下降，而微型浮游生物（小于 10 μm）的丰度达到最高（Drenner et al.，1987）。如预期的那样，在鱼密度最高且去除初级生产者（甲藻）的处理组中，尽管这些鱼严重营养不良且体重减轻，叶绿素浓度和微小浮游生物密度不断下降。这项研究的启示是，为了实现系统生产力的提高，需要引入使鱼类种群密度增强的方法。然而，对热带生态系统中草食性（或杂食性）消费者密度变化的反应往往是违反直觉的。Diana 等（1991）表明，肥沃池塘中尼罗罗非鱼密度增加 3 倍会导致类似的生物量产量，但成鱼的生长率会下降。这表明，即使在最低的鱼类密度下，这些生态系统的承载能力（生产力）也达到了。然而，尽管在较高的鱼密度下罗非鱼的生长受到限制，但在浮游动物或浮游植物生产力方面没有检测到任何反应。因此，对热带地区这些池塘"自上而下"的控制产生了意想不到的结果。

在淡水生态系统中，亚马孙平原降水泛滥可以认为是极端的环境，被洪水淹没的森林中的大型植物和树木分别提供了净初级生产力的 65% 和 28%（Melack et al.，1999）。因此，从直觉上讲，藻类不能单独支持二级消费者，营养物质必须通过微生物循环间接进入食物链。然而，正如 Leite 等（2002）所证明的那样，在亚马孙地区 8 种鱼的幼鱼中，微小的藻类可能是促成幼鱼生长的主要植物。Lewis 等（2001）表明，在奥里诺科河，来自泛滥平原森林的大型植物和凋落物构成了潜在有效碳的 98%。$\delta^{15}N$ 相对于藻类碳源的营养变化表明，鱼（18 种，生物量的 50%）主要是肉食性的（营养级 2.8，其中 3.0 是初级肉食动物），只有 20%（鱼的生产量）可以与藻类消费直接相关。作者认为，奥里诺科河泛滥平原的鱼类依赖藻类的而不是维管束植物的碳，可能是因为前者的营养价值较高，而这一结论"很难被接受"（参见关于食物偏好的部分）。如果解释是藻类物质相对于食物链中转移的维管束植物碎屑具有"营养优势"，那么这种进化的诱因是难以排除的。因此，这种对热带河流营养动态的描述使早期关于营养网络中草食动物和腐食者（水生大型植物和衍生碎屑的消费者）处于优势的概念受到质疑（Winemiller，1990）。

蓝细菌在自然界中是不同毒性的菌株的混合物，因此浮游植物对这些初级生产者的影响将是相当复杂的。Keshavanath 等（1994）在尼罗罗非鱼中发现，随着有毒菌株在群体中所占比例的增加（超过 25%），对蓝藻-铜锈绿微囊藻（*Microcystic aeruginosa*）的摄食率呈线性下降。然而，滤过率与摄取率和细胞表面特性及颗粒与分泌黏液的结合率相关，而不是和细胞外释放的微囊藻毒素相关，后者在早期曾认为更为重要（Beveridge et al.，1993）。

尼罗罗非鱼有效地使用"过滤泵"，这是一种介于随机过滤和颗粒摄入之间的过程。鳃耙和咽颚产生的黏液增加了摄食的效率。最后一种机理使尼罗罗非鱼与其亲近种类（*O. esculentus*）之间，以小绿藻和群体蓝藻为食的能力有所不同（Batjakas et al.，1997），并以此能在维多利亚湖生存。随着湖泊水相的人为变化，浮游植物的优势群落也随之发生变化。在不断变化的环境中，一种适应能力更强、食物范围更广（以及特殊的形态结构）的物种已经淘汰了那些专一摄食的物种。

快速生长的淡水虾（*Cardina nilotica*）是维多利亚湖沿岸地带尼罗河鲈鱼幼鱼——尼罗尖吻鲈（*Lates niloticus*）的主要食物成分，尽管根据 $\delta^{13}C$ 研究表明，摇蚊或其他一些底栖生物亦可能对此有作用。更有趣的是，对 $δ^{15}N$ 的研究表明桡足类和枝角类并不是尼罗尖吻鲈的主要食物。一种中上层本土鲤科鱼——新耙波拉鱼（*Rastrineobola argentea*）是成年尼罗尖吻鲈的重要食物来源。维多利亚湖的稳定同位素数据提供了2条食物链的定量证据，这两条食物链对尼罗尖吻鲈渔业有影响。根据声学调查，尼罗尖吻鲈种群在1999—2001年间显著下降（Getabu et al.，2003）。在水深大于40 m时，氧气耗竭[（1.2±0.7）mg/L]是过去导致朴丽鱼（*Haplochromis*）数量下降的原因之一，而在目前的水平上不利于耐氧性较差的大型尼罗河鲈鱼。Balirwa 等（2003）推断本土浮游动物、新耙波拉鱼和一些朴丽鱼科鱼类的复苏并不意味着新的食物网络结构将变得缺少活力。可以预见的是，水浊度的一些变化可能已经导致朴丽鱼科鱼类之间的杂交，而复苏的种群已经表现出遗传上的嵌合型群体。

康拉德·达布路斯基　玛利亚·西利亚·波特拉　著
刘晓春　译
林浩然　校

参考文献

Aires, E. D., Dias, E., and Orsi, A. M. (1999). Ultrastructural features of the glandular region of the stomach of *Piaractus mesopotamicus* (Holmberg, 1887) with emphasis on the oxyntopep-tic cell. *J. Submicr. Cytol. Path.* 31, 287-293.

Akiyama, T., Arai, S., Murai, T., and Nose, T. (1985). Threonine, histidine and lysine requirements of chum salmon fry. *B. Jpn Soc. Sci. Fish.* 51, 635-639.

Albertini-Berhaut, J. (1987). L-intestin chez Mugilidae (poisons; Teleosteens) a differentes etapes de leur croissance. I. Aspects morphologiques et histologiques. *J. Appl. Ichthyol.* 3, 1-12.

Albertini-Berhaut, J. (1988). L'Intestin chez les mugilidae (Poissons Teleosteens) à differentes étapes de leur croissance. II. Aspectes ultrastructuraux et cytophysiologiques. *J. Appl. Ichthyol.* 4, 65-78.

Albertini-Berhaut, J., Alliot, E., and Raphel, D. (1979). Evolution des activites proteolytiques digestives chez les jeunes Mugilidae. *Biochem. Syst. Ecol.* 7, 317-321.

Albrecht, M. P., Ferreira, M. F. N., and Caramaschi, E. P. (2001). Anatomical features and histology of the digestive tract of two related neotropical omnivorous fishes (Characiformes; Anostomidae). *J. Fish Biol.* 58, 419-430.

Al-Hussaini, A. H. (1946). The anatomy and histology of the alimentary tract of the bottom-feeder *Mulloides auriflamma*. *J. Morphol.* 78, 121-153.

Al-Hussaini, A. H., and Kholy, A. A. (1953). On the functional morphology of the alimentary tract of some omnivorous fish. *P. Egyptian Acad. Sci.* 4, 17-39.

Anderson, J., Jackson, A. J., Matty, A. J., and Capper, B. S. (1984). Effects of dietary carbohy-drate and fibre on the tilapia *Oreochromis niloticus* (Linn.). *Aquaculture* 37, 303-314.

Andrews, J. W., and Murai, T. (1979). Pyridoxine requirements of channel catfish. *J. Nutr.* 109, 533-537.

Applebaum, S. L., Perez, R., Lazo, J. P., and Holt, G. J. (2001). Characterization of chymotrypsin activity during early ontogeny of larval red drum (*Sciaenops ocellatus*). *Fish Physiol. Biochem.* 25, 291-300.

Appler, H. N. (1985). Evaluation of *Hydrodictyon reticulatum* as protein source in feeds for *Oreochromis* (*Tilapia*) *niloticus* and *Tilapia zillii*. *J. Fish Biol.* 27, 327-334.

Appler, H. N., and Jauncey, K. (1983). The utilization of a filamentous green alga (*Cladophora glomerata* (L) Kutzin) as a protein source in pelleted feeds for *Sarotherodon* (Tilapia) *niloticus* fingerlings. *Aquaculture* 30, 21-30.

Aranishi, F., Watanabe, T., Osatomi, K., Cao, M., Hara, K., and Ishihara, T. (1998). Purification and characterization of thermostable depeptidase from carp intestine. *J. Mar. Biotechnol.* 6, 116-123.

Araujo-Lima, C., and Goulding, M. (1998). So Fruitful a Fish. In "Ecology, Conservation, and Aquaculture of the Amazon's Tambaqui." "Biology and Resource Management in the Tropics Series" (Balick, M. J., Anderson, A. B., and Redford, K. H., Eds.). Columbia University Press, New York.

Araujo-Lima, C. A. R. M., Portugal, L. P. S., and Ferreira, E. G. (1986). Fish-macrophyte relationship in the Anavilhanas Archipelago, a black water system in the Central Amazon. *J. Fish. Biol.* 29, 1-11.

Arellano, J. M., Storch, V., and Sarasquete, C. (2001). A histological and histochemical study of the oesophagus and oesogaster of the Senegal sole, *Solea senegalensis*. *Eur. J. Histochem.* 45, 279-294.

Ashok, A., Rao, D. S., and Raghuramulu, N. (1998). Vitamin D is not an essential nutrient for Rora (*Labeo rohita*) as a representative of freshwater fish. *J. Nutr. Sci. Vitaminol.* 44, 195-205.

Baker, R. T. M., and Davies, S. J. (1997). The quantitative requirement for a-tocopherol by juvenile African catfish, *Clarias gariepinus* Burchell. *Anim. Sci.* 65, 135-142.

Bakke-McKellep, A. M., Nordrum, S., Krogdahl, A., and Buddington, R. K. (2000). Absorption of glucose, amino acids, and dipeptides by the intestines of Atlantic salmon (*Salmo salar* L.). *Fish Physiol. Biochem.* 22, 33-44.

Balirwa, J. S., Chapman, C. A., Chapman, L. J., Cowx, I. G., Geheb, K., Kaufman, L., Lowe-McConnell, R. H., Seehausen, O., Wanink, J. H., Welcomme, R. L., and Witte, F. (2003). Biodiversity and fishery sustainability in the Lake Victoria basin: An unexpected marriage. *Bioscience* 53, 703-715.

Banack, S. A., Horn, M. H., and Gawlicka, A. (2002). Disperser-vs. establishment-limited distribution of a riparian fi tree (*Ficus insipida*) in a Costa Rican tropical rain forest. *Biotropica* 34, 232-243.

Baragi, V., and Lovell, R. T. (1986). Digestive enzyme activities in stripped bass from first feeding through larval development. *Trans. Am. Fish. Soc.* 115, 478-481.

Baras, E. (2000). Day-night alternation prevails over food availability in synchronizing the activity of *Piaractus brachypomus* (Characidae). *Aquat. Living Resour.* 13, 115-120.

Baras, E., Melard, C., Grignard, J. C., and Thoreau, X. (1996). Comparison of food conversion by pirapatinga *Piaractus brachypomus* under different feeding times. *Progr. Fish Cult.* 58, 59-61.

Batjakas, I. E., Edgar, R. K., and Kaufman, L. S. (1997). Comparative feeding efficiency of indigenous and introduced phytoplanktivores from Lake Victoria: Experimental studies on *Oreochromis esculentus* and *Oreochromis niloticus*. *Hydrobiologia* 347, 75-82.

Bayley, P. B. (1973). Studies on the migratory characin, *Prochilodus platensis* Holmberg 1889, (Pisces, Characoidei) in the River Pilcomayo, South America. *J. Fish Biol.* 5, 25-40.

Benitez, L. V., and Tiro, L. B. (1982). Studies on the digestive proteases of the milkfish *Chanos chanos*. *Mar. Biol.* 71, 309-315.

Bergot, P., Solari, A., and Luquet, P. (1975). Comparaison des surfaces absorbantes des CÆCA pyloriques et de l'intestin chez la truite arc-en-ciel (*Salmo gairdneri* Rich.). *Ann. Hydrobiol.* 6, 27-43.

Beveridge, M. C. M., Baird, D. J., Rahmatullah, S. M., Lawton, L. A., Beattie, K. A., and Codd, G. A. (1993). Grazing rates on toxic and non-toxic strains of cyanobacteria by *Hypophthalmichthys molitrix* and *Oreochromis niloticus*. *J. Fish Biol.* 43, 901-907.

Beveridge, M. C. M., Begum, M., Frerichs, G. N., and Millar, S. (1989). The ingestion of bacteria in suspension by the tilapia *Oreochromis niloticus*. *Aquaculture* 81, 373-378.

Bitterlich, G. (1985). Digestive enzyme pattern of two stomachless filter feeders, silver carp, *Hypophthalmichthys molitrix* Val. bighead carp, *Aristichthys nobilis* Rich. *J. Fish Biol.* 27, 103-112.

Bitterlich, G. (1985). The nutrition and stomachless phytoplanktivorous fish in comparison with *Tilapia*. *Hydrobiologia* 121, 173-179.

Bitterlich, G., and Gnaiger, E. (1984). Phytoplanktivorous or omnivorous fish? Digestibility of zooplankton by silvercarp, *Hypophthalmichthys molitrix* (Val.). *Aquaculture*

40, 261-263.

Blom, J. H., Dabrowski, K., and Ebeling, J. (2000). Vitamin C requirements of the angelfish *Pterophylum scalare*. *J. World Aquacult. Soc.* 32, 115-118.

Boge, G., Rigal, A., and Peres, G. (1981). Rates of in vivo intestinal absorption of glycine and glycylglycine by rainbow trout (*Salmo gairdneri* R.). *Comp. Biochem. Physiol.* 69A, 455-459.

Borlongan, I. G. (1990). Studies on the digestive lipases of milkfish, *Chanos chanos*. *Aquaculture* 89, 315-325.

Borlongan, E. G., and Coloso, R. M. (1993). Requirements of juvenile milkfish (*Chanos chanos* Forsskal) for essential amino acids. *J. Nutr.* 123, 125-132.

Bouhic, M., and Gabaudan, J. (1992). Histological study of the organogenesis of the digestive system and swim bladder of the Dove sole *Solea solea*. *Aquaculture* 102, 373-396.

Bowen, S. H. (1980). Detrital nonprotein amino acids are the key to rapid growth of *Tilapia* in Lake Valencia, Venezuela. *Science* 207, 1216-1218.

Bowen, S. H. (1984). Detrital amino acids and the growth of *Sarotherodon mossambicus*-a reply to Dabrowski. *Acta Hydroch. Hydrob.* 12, 55-59.

Bowen, S. H. (1987). Dietary protein requirements of fishes-a reassessment. *Can. J. Fish. Aquat. Sci.* 44, 1995-2001.

Bowen, S. H., Bonetto, A. A., and Ahlgren, M. O. (1984). Microorganisms and detritus in the diet of a typical neotropical riverine detritivore, *Prochilodus plantesis* (Pisces: Prochilodontidae). *Limnol. Oceanogr.* 29, 1120-1122.

Brown, G. E., Adrian, J. C., Jr, Kaufman, I. H., Erickson, J. L., and Gershaneck, D. (2001). Responses to nitrogen-oxides by Characiforme fishes suggest evolutionary conservation in Ostariophysan alarm pheromones. *In* "Chemical Signals in Vertebrates 9" (Marchlewska-Koj, A., Lepri, J. L., and Muller-Schwarze, D., Eds.). Kluwer Academic/Plenum Publishers, New York.

Brown, M. R., Mular, M., Miller, I., Farmer, C., and Trenerry, C. (1999). The vitamin content of microalgae used in aquaculture. *J. Appl. Phycol.* 11, 247-255.

Brown, M. R., and Hohmann, S. (2002). Effects of irradiance and growth phase on the ascorbic acid content of *Isochrysis* sp. T. ISO (Prymnesiophyta). *J. Appl. Phycol.* 14, 211-214.

Bryant, P. L., and Matty, A. J. (1981). Adaptation of carp (*Cyprinus carpio*) larvae to artificial diets. 1. Optimum feeding rate and adaptation age for a commercial diet. *Aquaculture* 23, 275-286.

Buddington, R. K., and Doroshev, S. I. (1986). Development of digestive secretion in white sturgeon juveniles. *Comp. Biochem. Physiol.* 83A, 233-238.

Buddington, R. K., Puchal, A. A., Houpe, K. L., and Diehl Ⅲ, W. J. (1993). Hydrolysis and absorption of two monophosphate derivatives of ascorbic acid by channel catfish *Ictalurus punctatus* intestine. *Aquaculture* 114, 317-326.

Burtle, G. J., and Lovell, R. T. (1989). Lack of response of channel catfish (*Ictalurus punctatus*) to dietary myoinositol. *Can. J. Fish. Aquat. Sci.* 46, 218-222.

Caceci, T., El-Habback, H. A., Smith, S. A., and Smith, B. J. (1997). The stomach of *Oreochromis niloticus* has three regions. *J. Fish Biol.* 50, 939-952.

Cahu, C., and Zambonino-Infante, J. L. (1994). Early weaning of sea bass (*Dicentrarchus labrax*) larvae with a compound diet: effect on digestive enzymes. *Comp. Biochem. Physiol.* 109A, 213-222.

Cahu, C., and Zambonino-Infante, J. L. (1995). Effect of molecular form of dietary nitrogen supply in sea bass larvae: Response of pancreatic enzymes and intestinal peptidase. *Fish Physiol. Biochem.* 14, 209-214.

Cahu, C., and Zambonino-Infante, J. L. (1997). Is the digestive capacity of marine fish larvae sufficient for compound diet feeding? *Aquacult. Int.* 5, 151-160.

Cahu, C., and Zambonino-Infante, J. L. (2001). Substitution of live food by formulated diets in marine fish larvae. *Aquaculture* 200, 161-180.

Cancre, I., Ravallec, R., Van Wormhoudt, A., Stenberg, E., Gildberg, A., and Le Gal, Y. (1999). Secretagogues and growth factors in fish and crustacean protein hydrolysates. *Mar. Biotech-nol.* 1, 489-494.

Carmoe Sa, M. V., and Fracalossi, D. M. (2002). Dietaryproteinrequirementandenergytoprotein ratio for piracanjuba (*Brycon orbignyanus*) fingerlings. *Rev. Bras. Zootecn.* 31, 1-10.

Casirola, D. M., Vinnakota, R. R., and Ferraris, R. P. (1995). Intestinal absorption of water-soluble vitamins in channel catfish (*Ictalurus punctatus*). *Am. Physiol. Soc.* R490-R496.

Chakrabarti, R., and Sharma, J. (1997). Ontogenic changes of amylase and proteolytic enzyme activities of Indian major carp, *Catla catla* (Ham.) in relation to natural diet. *Indian. J. Anim. Sci.* 67, 932-934.

Chavez de Martinez, M. C. (1990). Vitamin C requirement of the Mexican native cichlid *Cichlasoma urophthalmus* (Günther). *Aquaculture* 86, 409-416.

Chavez de Martinez, M. C., and Richards, R. H. (1991). Histopathology of vitamin C deficiency in a cichlid, *Cichlasoma urophthalmus* (Günther). *J. Fish Dis.* 14, 507-519.

Chiu, Y. N., and Benitez, L. V. (1981). Studies on the carbohydrases in the digestive tract of the milkfish *Chanos chanos*. *Mar. Biol.* 61, 247-254.

Chong, A. S. C., Hashim, R., Chow-Yang, L., and Ali, A. B. (2002a). Characterization of protease activity in developing discus *Symphysodon aequifasciata* larva. *Aquac. Res.* 33, 663-672.

Chong, A. S. C., Hashim, R., Chow-Yang, L., and Ali, A. B. (2002b). Partial characterization and activities of proteases from the digestive tract of discus fish, *Symphysodon aequifasciata*. *Aquaculture* 203, 321-333.

Chou, B. -S., and Shiau, S. -Y. (1996). Optimal dietary lipid level for growth of juvenile hybrid tilapia, *Oreochromis niloticus* x *Oreochromis aureus*. *Aquaculture* 143, 185-195.

Clements, K. D., and Choat, J. H. (1995). Fermentation in tropical marine herbivorous fishes. *Physiol. Zool.* 68, 355-378.

Coffin, R. B. (1989). Bacterial uptake of dissolved free and combined amino acids in estuarine waters. *Limnol. Oceanogr.* 34, 531-542.

Collie, N. L., and Ferraris, R. P. (1995). Nutrient fluxes and regulation in fish intestine. *In* "Metabolic Biochemistry" (Hochachka, P. W., and Mommsen, T. P., Eds.), pp. 221-239. Elsevier Science, Amsterdam.

Coloso, R. M., Benitez, L. V., and Tiro, L. B. (1988). The effect of dietary protein-energy levels on growth and metabolism of milkfish (*Chanos Chanos Forsskal*). *Comp. Biochem. Physiol.* 89A, 11-17.

Couisin, J. C. B., Baudin-Laurencin, F., and Gabaudan, J. (1987). Ontogeny of enzymatic activities in fed and fasting turbot, *Scophthalmus maximus* L. *J. Fish Biol.* 30, 15-33.

Craig, S. R., Neill, W. H., and Gatlin III, D. M. (1995). Effects of dietary lipid and environmental salinity on growth, body composition, and cold tolerance of juvenile red drum (*Sciaenops ocellatus*). *Fish Physiol. Biochem.* 14, 49-61.

Dabrowska, H., Günther, K-D., and Meyer-Burgdorff, K. (1989a). Availability of various magnesium compounds to tilapia (*Oreochromis niloticus*). *Aquaculture* 76, 269-276.

Dabrowska, H., Meyer-Burgdorff, K., and Günther, K. -D. (1989b). Interaction between dietaryprotein and magnesium level in tilapia (*Oreochromis niloticus*). *Aquaculture* 76, 277-291.

Dabrowski, K. (1977). Protein requirements of grass carp fry (*Ctenopharyngodon idella* Val.). *Aquaculture* 12, 63-73.

Dabrowski, K. (1982). *Tilapia* in Lakes and aquaculture-ecological and nutritional approach. *Acta Hydroch. Hydrobiol.* 10, 265-271.

Dabrowski, K. (1984). The feeding of fish larvae: Present "state of art" and perspectives. *Reprod. Nutr. Dev.* 24, 807-833.

Dabrowski, K. (1986a). Ontogenetical aspects of nutritional requirements in fish. *Comp.*

Biochem. Physiol. 85A, 639-655.

Dabrowski, K. (1986b). Protein digestion and amino acid absorption along the intestine of the common carp (*Cyprinus carpio* L.), a stomachless fish: An *in vivo* study. *Reprod. Nutr. Dev.* 26, 755-766.

Dabrowski, K. (1993). Ecophysiological adaptations exist in nutrient requirements of fish: True or false? *Comp. Biochem. Physiol.* 104A, 579-584.

Dabrowski, K., and Guderley, H. (2002). Intermediary metabolism. *In* "Fish Nutrition" (Halver, J. E., and Hardy, R., Eds.), pp. 309-365. Academic Press, New York.

Dabrowski, K., and Glogowski, J. (1977). The role of exogenic proteolytic enzymes in digestion processes in fish. *Hydrobiologia* 54, 129-134.

Dabrowski, K., Lee, K. -J., and Rinchard, J. (2003). The smallest vertebrate, teleost fish, can utilize synthetic dipeptide-based diets. *J. Nutr.* 133, 4225-4229.

Dabrowski, K., Rinchard, J., Ottobre, J. S., Alcantara, F., Padilla, P., Ciereszko, A., de Jesus, M. J., and Kohler, C. C. (2003). Effects of oxygen saturation in water on reproductive performances of pacu *Piaractus brachypomus*. *J. World Aquacult. Soc.* 34, 441-449.

Das, K. M., and Tripathi, S. D. (1991). Studies on the digestive enzymes of grass carp, *Ctenopharyngodon idella* (Val.). *Aquaculture* 92, 21-32.

De Godoy, P. (1959). Age, growth, sexual maturity, behaviour, migration, tagging and trans-plantation of the curimbata (*Prochilodus scrofa* Steindachner, 1881) of the Mogi Guassu River, Sao Paulo State, Brasil. *Anais. Acad. Brasil. Cienc.* 31, 447-477.

Delariva, R. L., and Agostinho, A. A. (2001). Relationship between morphology and diets of six neotropical loricariids. *J. Fish Biol.* 58, 832-847.

De Silva, S. S., Gunasekera, B. M., and Atapattu, D. (1989). The dietary protein requirements of young tilapia and an evaluation of the least cost dietary protein levels. *Aquaculture* 80, 271-284.

De Silva, S. S., Perera, M. K., and Maitipe, P. (1984). The composition, nutritional status and digestibility of the diets of *Sarotherodon mossambicus* from 9 man-made lakes in Sri Lanka. *Environ. Biol. Fish.* 11, 205-219.

De Souza, R., Ferreira dos Cantos, J., Da Silva Lino, M. A., Almeida Vieira, V. L., and Bezerra Carvalho, L., Jr (2000). Characterization of stomach and pyloric caeca proteinases of tambaqui (*Colossoma macropomum*). *J. Food Biochem.* 24, 189-199.

Diana, J. S., Dettweiler, D. J., and Lin, C. K. (1991). Effect of Nile tilapia (*Oreochromis niloticus*) on the ecosystem of aquaculture ponds, and its significance to the trophic cascade hypothesis. *Can. J. Fish. Aquat. Sci.* 48, 183-190.

Diaz, M., Moyano, F. J., Garcia-Carreño, F. L., Alarcón, F. J., and Sarasquete,

M. C. (1997). Substrate-SDS-PAGE determination of protease activity through larval development in sea bream. *Aquacult. Int.* 5, 461-471.

Dioundick, O. B., and Stom, D. I. (1990). Effects of dietary α-cellulose levels on the juvenile tilapia, *Oreochromis mossambicus* (Peters). *Aquaculture* 91, 311-315.

Drenner, R. W., Vinyard, G. L., Hambright, K. D., and Gophen, M. (1987). Particle ingestion by *Tilapia galilaea* is not affected by removal of gill rakers and microbranchiospines. *Trans. Am. Fish. Soc.* 116, 272-276.

Dubinin, A. V., Gerasimenko, L. M., and Zavarzin, G. A. (1995). Ecophysiology and species diversity of cynaobacteria from Lake Magadi. *Microbiology* 64, 717-721.

Edem, D. O. (2002). Palm oil: Biochemical, physiological, nutritional, haematological, and toxicological aspects: A review. *Plant Food Hum. Nutr.* 57, 319-341.

Egbekun, M. K., and Otiri, A. O. (1999). Changes in ascorbic acid contents in oranges and cashew apples with maturity. *Ecol. Food Nutr.* 38, 275-284.

El-Sayed, A. -F. M., Nmartinez, I., and Moyano, F. J. (2000). Assessment of the effect of plant inhibitors on digestive proteases of Nile tilapia using *in vitro* assays. *Aquacult. Int.* 8, 403-415.

Eya, J. C. (1996). "Broken-skull disease" in African catfish *Clarias gariepinus* is related to a dietary deficiency of ascorbic acid. *J. World Aquacult. Soc.* 27, 493-498.

Fange, R., and Grove, D. (1979). Digestion. In "Fish Physiology" (Hoar, W. S., Randall, D. J., and Brett, J. R., Eds.). Academic Press, New York.

Ferraz de Lima, J. S., Ferraz de Lima, C. L. B., Krieger-Axxolini, J. H., and Boschero, A. C. (1991). Topography of the pancreatic region of the Pacu, *Piaractus mesopotamicus* Holmberg, 1887. *Bull. Tec. CEPTA, Pirassununga.* 4, 47-56.

Ferreira, C. E. L., Peret, A. C., and Coutinho, R. (1998). Seasonal grazing rates and food processing by tropical herbivorous fishes. *J. Fish Biol.* 53A, 222-235.

Fishelson, L., and Becker, K. (2001). Development and aging of the liver and pancreas in the domestic carp, *Cyprinus carpio*: From embryogenesis to 15-year-old fish. *Environ. Biol. Fish.* 61, 85-97.

Fishelson, L., Montgomery, L. W., and Myrberg, A. H., Jr. (1987). Biology of surgeonfish *Acanthurus nigrofuscus* with emphasis on change over in diet and annual gonadal cycles. *Mar. Ecol. Prog. Ser.* 39, 37-47.

Fishelson, L., Montgomery, W. L., and Myrberg, A. A., Jr. (1985). A unique symbiosis in the gut of tropical herbivorous surgeonfish (Acanthuridae: Teleostei) from the Red Sea. *Science* 229, 49-51.

Fracalossi, D. M., Allen, M. E., Yuyama, L. K., and Oftedal, O. T. (2001). Ascorbic acid biosynthesis in Amazonian fishes. *Aquaculture* 192, 321-332.

Fracalossi, D. M., Allen, M. E., Nichols, D. K., and Oftedal, O. T. (1998). Oscars,

Astronotus ocellatus, have a dietary requirement for vitamin C. *J. Nutr.* 128, 1745-1751.

Franklin, C. E., Johnston, I. A., Crockford, T., and Kamunde, C. (1995). Scaling of oxygen consumption of Lake Magadi tilapia, a fish living at 37 ○C. *J. Fish Biol.* 46, 829-834.

Frierson, E. W., and Foltz, J. W. (1992). Comparison and estimation of absorptive intestinal surface areas in two species of cichlid fish. *Trans. Am. Fish. Soc.* 121, 517-523.

Galvão, M. N. S., Fenerich-Verani, N., Yamanaka, N., and Oliveira, I. (1997a). Histologia do sistema digestivo de tainha *Mugil platanus* Gunther, 1880 (Ostheichthyes, Mugilidae) durante as fases larval e juvenil. *Bol. Inst. de Pesca* 34, 91-100.

Galvão, M. S. M., Yamanaka, N., Fenerich-Verani, N., and Pimentel, C. M. M. (1997b). Estudos preliminares sobre enzimas digestivas proteolíticas da tainha (*Mugil platanus*) Gü nther 1880 (Osteichthyes, Mugilidae) durante as fases larval e juvenil. *Bol. Inst. Pesca* 24, 101-110.

Garcia-Carreno, F. L., Albuquerque-Cavalcanti, C., Toro, M. A. N., and Zaniboni-Filho, E. (2002). Digestive proteinases of *Brycon orbignyanus* (Characidae, Teleostei): Characteristics and effects of protein quality. *Comp. Biochem. Physiol. Part B* 132, 343-352.

Garcia-Ortega, A., Verreth, J., and Segner, H. (2000). Post-prandial protease activity in the digestive tract of African catfish *Clarias gariepinus* larvae fed decapsulated cysts of *Artemia*. *Fish Physiol. Biochem.* 22, 237-244.

Getabu, A., Tumwebaze, R., and MacLennan, D. N. (2003). Spatial distribution and temporal changes in the fish populations of Lake Victoria. *Aquat Living Resour.* 16, 159-165.

Gianquinto, P. C., and Volpato, G. L. (2001). Hunger suppresses the onset and the freezing component of the antipredator response to conspecific skin extract in pintado catfish. *Behaviour* 138, 1205-1214.

Girgis, S. (1952). On the anatomy and histology of the alimentary tract of an herbivorous bottom-feeding cyprinoid fish, *Labeo horie* (Cuvier). *J. Morphol.* 90, 317-362.

Goulding, M. (1980). "The Fishes and The Forest. Explorations in Amazonian Natural History." University of California Press, Berkeley, Los Angeles and London.

Goulding, M., and Carvalho, M. L. (1982). Life history and management of the tambaqui (*Colossoma macropomum*, Characidae): An important Amazonian food fish. *Revta bras. Zool.*, S. Paulo. 1, 107-133.

Govoni, J. J., Boehlert, G. W., and Watanabe, Y. (1986). The physiology of digestion in fish larvae. *Environ Biol. Fish.* 16, 59-77.

Grabner, M., and Hofer, R. (1989). Stomach digestion and its effect upon protein hydrolysis in the intestine of rainbow trout (*Salmo gairdneri* Richardson). *Comp. Biochem. Physiol.* 92A (1), 81-83.

Guizani, N., Rolle, R. S., Barshall, M. R., and Wei, C. I. (1991). Isolation, purification and characterization of a trypsin from the pyloric caeca of mullet (*Mugil cephalus*). *Comp. Biochem. Physiol.* 98B, 517-521.

Gunasekera, R. M., Shim, K. F., and Lam, T. J. (1995). Effect of dietary protein level on puberty, oocyte growth and egg chemical composition in the tilapia, *Oreochromis niloticus* (L.). *Aquculture* 134, 169-183.

Gunasekera, R. M., Shim, K. F., and Lam, T. J. (1996). Influence of protein content of broodstock diets on larval quality and performance in Nile tilapia, *Oreochromis noloticus* (L.). *Aquaculture* 146, 245-259.

Hager, A. F., and Hazel, J. R. (1985). Changes in desaturase activity and the fatty acid composition of microsomal membranes from liver tissue of thermally-acclimating rainbow trout. *J. Comp. Physiol. B* 156, 35-42.

Hansen, G. H., and Olafsen, J. A. (1999). Bacterial interactions in early life stages of marine cold water fish. *Microbial Ecol.* 38, 1-26.

Harvey, H. R., and Macko, S. A. (1997). Kinetics of phytoplankton decay during stimulated sedimentation: changes in lipids under oxic and anoxic conditions. *Org. Geochem.* 27, 129-140.

Hassan, M. S., and Edwards, P. (1992). Evaluation of duckweed (*Lemna perpusilla* and *Spirodela polyrrhiza*) as feed for Nile tilapia (*Oreochromis niloticus*). *Aquaculture* 104, 315-326.

Henderson, R. J., Tillmanns, M. M., and Sargent, J. R. (1996). The lipid composition of two species of Serrasalmid fish in relation to dietary polyunsaturated fatty acids. *J. Fish Biol.* 48, 522-538.

Hernandez, M., Takeuchi, T., and Watanabe, T. (1995). Effect of dietary energy sources on the utilization of protein by *Colossma macropomum* fingerlings. *Fish. Sci.* 61, 507-511.

Hidalgo, F., and Alliot, E. (1988). Influence of water temperature on protein requirement and protein utilization in juvenile sea bass, *Dicentrarchus labrax*. *Aquaculture* 72, 115-129.

Hidalgo, M. C., Urea, E., and Sanz, A. (1999). Comparative study of digestive enzymes in fish with different nutritional habits. Proteolytic and amylase activities. *Aquaculture* 170, 267-283.

Hjelmeland, K., Pedersen, B. H., and Nilssen, E. M. (1988). Trypsin content in intestines of herring larvae, *Clupea harengus*, ingesting inert polystyrene spheres or live crustacea prey. *Mar. Biol.* 98, 331-335.

Hofer, R. (1988). Morphological adaptations of the digestive tract of tropical cyprinids and cichlids to diet. *J. Fish Biol.* 33, 399-408.

Hofer, R. (1989). Digestion. *In* "Cyprinid Fishes, Systematics, Biology and Exploitation" (Winfield, I. J., and Nelson, J. S., Eds.). Chapman & Hall, London.

Hofer, R., and Schiemer, F. (1981). Proteolytic activity in the digestive tract of several species of fish with different feeding habitats. *Oecologia* 48, 342-345.

Hoogerhoud, R. J. C. (1987). The adverse effects of shell ingestion for molluscivorous cichlids, a constructional morphological approach. Netherlands. *J. Zool.* 37, 277-300.

Horn, M. H. (1989). Biology of marine herbivorous fishes. *Oceanogr. Mar. Biol.* 27, 167-272.

Horn, M. H. (1997). Evidence for dispersal of fig seeds by the fruit-eating characid fish *Brycon guatemalensis* Regan in a Costa Rican tropical rain forest. *Oecologia* 109, 259-264.

Inhamuns, A. J., and Franco, M. R. B. (2001). Composition of total, neutral, and phospholipids in mapara (*Hypopthalmus* sp.) from the Brazilian Amazonian area. *J. Agr. Food Chem.* 49, 4859-4863.

Işik, O., Sarihan, E., Kuşvuran, E., Gul, Ö., and Erbatur, O. (1999). Comparison of the fatty acid composition of the freshwater fish larvae *Tilapia zillii*, the rotifer *Brachionus calyciflorus*, and the microalgae *Scenedesmus abundans*, *Monoraphidium minitum* and *Chlorella vugaris* in the algae-rotifer-fish larvae food chains. *Aquaculture* 174, 299-311.

Jacobsen, D., and Bojsen, B. (2002). Macroinvertebrate drift in Amazon streams in relation to riparian forest cover and fish fauna. *Arch. Hydrobiol.* 155, 177-197.

Jónás, E., Rágyanszky, M., Oláh, J., and Boross, L. (1983). Proteolytic digestive enzymes of carnivorous (*Silurus glanis* L.), herbivorous (*Hypophthalmichthys molitrix* Val.) and omnivorous (*Cyprinus carpio* L.) fishes. *Aquaculture* 30, 145-154.

Justi, K. C., Visentainer, J. V., Evelázio de Souza, N., and Matusushita, M. (2000). Nutritional composition and vitamin C stability in stored camu-camu (*Myrciaria dubia*) pulp. *Arch. Latinam. Nutr.* 50, 405-408.

Kafuku, T. (1975). An ontogenetical study of intestinal coiling pattern on Indian major carps. *Bull. Freshwater Fish. Res. Lab.* 27, 1-19.

Kasper, C. S., White, M. R., and Brown, P. B. (2000). Choline is required by tilapia when methionine is not in excess. *J. Nutr.* 130, 238-242.

Kato, K., Ishibashi, Y., Murata, O., Nasu, T., Ikeda, S., and Kumai, H. (1994). Qualitative water-soluble vitamin requirements of Tiger Puffer. *Fisheries Sci.* 60, 589-596.

Kaushik, S. J., Doudet, T., Medale, F., Aguirre, P., and Blanc, D. (1995). Protein and energy needs for maintenance and growth of Nile tilapia (*Oreochromis niloticus*). *J. Appl. Ichthyol.* 11, 290-296.

Kesamaru, K., and Miyazono, I. (1978). Studies on the nutrition of *Tilapia nilotica*. II. The nutritive values of diets containing various dietary proteins. *Bull. Fac. Agric. Miyazaki Univ.* 25, 351-359.

Keshavanath, P., Beveridge, M. C. M., Baird, D. J., Lawton, L. A., Nimmo, A., and Codd, G. A. (1994). The functional grazing response of a phytoplanktivorous fish *Oreochromis niloticus* to mixtures of toxic and non-toxic strains of the cyanobacterium *Microcystis aeruginosa*. *J. Fish Biol.* 45, 123-129.

Khan, M. A., and Jafri, A. K. (1993). Quantitative dietary requirement for some indispensable amino acids in the Indian major carp, *Labeo Rohita* (Hamilton) fingerling. *J. Aquacult. Trop.* 8, 67-80.

Kihara, M., and Sakata, T. (1997). Fermentation of dietary carbohydrates to short-chain fatty acids by gut microbes and its influence on intestinal morphology of a detritivorous teleost tilapia (*Oreochromis niloticus*). *Comp. Biochem. Physiol.* 118A, 1201-1207.

Kodric-Brown, A. (1989). Dietary carotenoids and male mating success in the guppy: And environmental component to female choice. *Behav. Ecol. Sociobiol.* 25, 393-401.

Kolkovski, S. (2001). Digestive enzymes in fish larvae and juveniles: implications and applications to formulated diets. *Aquaculture* 200, 181-201.

Kolkovski, S., Tandler, A., Kissil, G. W., and Gertler, A. (1993). The effect of dietary exogenous digestive enzymes on ingestion, assimilation, growth and survival of gilthead seabream (*Sparus aurata*, Sparidae, Linnaeus) larvae. *Fish Physiol. Biochem.* 12, 203-209.

Koven, W. M., Henderson, R. J., and Sargent, J. R. (1997). Lipid digestion in turbot (*Scophthal-mus maximus*): *In-vivo* and *in-vitro* studies of the lipolytic activity in various segments of the digestive tract. *Aquaculture* 151, 155-171.

Kramer, D. L., and Bryant, M. J. (1995a). Intestine length in the fishes of a tropical stream: 1. Ontogenetic allometry. *Environ. Biol. Fish* 42, 115-127.

Kramer, D. L., and Bryant, M. J. (1995b). Intestine length in the fishes of a tropical stream: 2. Relashionship to diet-the long and short of aconvoluted issue. *Environ Biol. Fish* 42, 129-141.

Kubitzki, K., and Ziburski, A. (1994). Seed dispersal in flood plain forests of Amazonia. *Biotropica* 26, 30-43.

Kurokawa, T., Shiraishi, M., and Suzuki, T. (1998). Quantification of exogenous protease derived from zooplankton in the intestine of Japanese sardine *Sardinops melanoticus* larvae. *Aquaculture* 161, 491-499.

Kuzmina, V. V. (1996). Influence of age on digestive enzyme activity in some freshwater teleosts. *Aquaculture* 148, 25-37.

LauV, M., and Hofer, R. (1984). Proteolytic enzymes in fish development and the importance of dietary enzymes. *Aquaculture* 37, 335-346.

Lazo, J. P., Holt, G. J., and Arnold, C. R. (2000). Ontogeny of pancreatic enzymes in larval red drum *Scianops ocellatus*. *Aquacult. Nutr.* 6, 183-192.

Leite, R. G., Araujo-Lima, C. A. R. M., Victoria, R. L., and Martinelli, L. A. (2002). Stable isotope analysis of energy sources for larvae of eight fish species from the Amazon floodplain. *Ecol. Freshw. Fish* 11, 56-63.

Lewis, W. M., Jr., Hamilton, S. K., Rodriguez, M. A., Saunders, III, J. F., and Lasi, M. A. (2001). Food web analysis of the Orinoco floodplain based on production estimates and stable isotope data. *J. N. Am. Benthol. Soc.* 20, 241-254.

Lim, C., Leamaster, B., and Brock, J. A. (1993). Riboflavin requirement of fingerling red hybrid tilapia grown in seawater. *J. World Aquacult. Soc.* 24 (4), 451-458.

Lim, L. C., Cho, Y. L., Dhert, P., Wong, C. C., Nelis, H., and Sorgeloos, P. (2002). Use of decapsulated *Artemia* cysts in ornamental fish culture. *Aquac. Res.* 33, 575-589.

Limsuwan, T., and Lovell, R. T. (1981). Intestinal synthesis and absorption of vitamin B-12 in channel catfish. *J. Nutr.* 111, 2125-2132.

Lobel, P. S. (1981). The trophic biology of herbivorous reef fishes: Alimentary pH and digestive capabilities. *J. Fish Biol.* 19, 365-397.

Lobel, P. S., and Ogden, J. C. (1981). Foraging by the herbivorous parrotfish *Sparisoma radians*. *Mar. Biol.* 64, 173-183.

Lovell, R. T., and Limsuwan, T. (1982). Intestinal synthesis and dietary nonessentiality of vitamin B_{12} for *Tilapia nilotica*. *Trans. Am. Fish Soc.* 111, 485-490.

Maffia, M., Ahearn, G. A., Vilella, S., Zonno, V., and Storelli, C. (1993). Ascorbic acid transport by intestinal brush-border membrane vesicles of the teleost *Anguilla anguilla*. *Am. J. Physiol. Reg.* 1. 264, R1248-R1253.

Maffia, M., Verri, T., Danieli, A., Thamotharan, M., Pastore, M., Ahearn, G. A., and Storelli, C. (1997). H^+-glycyl-L-proline cotransport in brush-border membrane vesicles of eel (*Anguilla anguilla*) intestine. *Am. J. Physiol. Reg.* 1. 272, R217-R225.

Magurran, A. E., and Queiroz, H. L. (2003). Partner choice in piranha shoals. *Behaviour* 140, 289-299.

Maia, E. L., Rodriguez-Amaya, D. B., and Hotta, L. K. (1995). Fatty acid composition of the total, neutral and phospholipids of pond-raised Brazilian *Piaractus mesopota-*

micus. *Int. J. Food Sci. Tech.* 30, 591-597.

Mambrini, M., and Kaushik, S. J. (1994). Partial replacement of dietary protein nitrogen with dispensable amino acids in diets of Nile tilapia, *Oreochromis niloticus*. *Comp. Biochem. Physiol.* 109A, 469-477.

Mannheimer, S., Bevilacqua, G., Caramaschi, E. P., and Scarano, F. R. (2003). Evidence for seed dispersal by the catfish *Auchenipterichthys longimanus* in an Amazonian lake. *J. Tropic. Ecol.* 19, 215-218.

Martin, T. J., and Blaber, S. J. M. (1984). Morphology and histology of the alimentary tracts of Ambassidae (Cuvier) (Teleostei) in relation to feeding. *J. Morphol.* 182, 295-305.

Martino, R. C., Trugo, L. C., Cyrino, J. E. P., and Portz, L. (2003). Use of white fat as a replacement for squid liver oil in practical diets for surubim *Pseudoplatystoma coruscans*. *J. World Aquacult. Soc.* 34, 192-202.

Martins, M. L. (1995). Effect of ascorbic acid deficiency on the growth, gill filament lesions and behavior of pacu fry (*Piaractus mesopotamicus* Holmberg, 1887). *Braz. J. Med. Biol. Res.* 28, 563-568.

Marx, F., Andrade, E. H. A., and Maia, J. G. (1997). Chemical composition of the fruit pulp of *Caryocar villosum*. *Z. Lebensm Unters For.* 204, 442-444.

Matusiewicz, M., Dabrowski, K., Volker, L., and Matusiewicz, K. (1994). Regulation of saturation and depletion of ascorbic acid in rainbow trout. *J. Nutr. Biochem.* 5, 204-211.

Melack, J. M., Forsberg, B. R., Victoria, R. L., and Richey, J. E. (1999). Biogeochemistry of Amazon floodplain lakes and associated wetlands. *In* "The Biogeochemistry of the Amazon Basin and Its Role in a Changing World" (McClain, M., Victoria, R., and Richey, J., Eds.). Oxford University Press, Oxford.

Melard, Ch., Orozco, J. J., Uran, L. A., and Ducarme, Ch. (1993). Comparative growth rate and production of *Colossoma macropomum* and *Piaractus brachypomus* (*Colossoma bidens*) in tanks and cages using intensive rearing conditions. *In* "Production, Environment and Quality" (Barnabe, G., and Kestemont, P., Eds.). *European Aquacult. Soc. Spec. Publ.* 18, 433-442.

Mendoza, R., Aguilera, C., Rodriquez, G., González, M., and Castro, R. (2002). Morphophysiological studies on alligator gar (*Atractosteus spatula*) larval development as a basis for their culture and repopulation of their natural habitats. *Rev. Fish Biol. Fisher.* 12, 133-142.

Meske, Ch., and Pfeffer, E. (1978). Growth experiments with carp and grass carp. *Arch. Hydrobiol. Beih.* 11, 98-107.

Meyer, A. (1989). Cost of morphological specialization: Feeding performance of the two morphs in the tropically polymorphic cichlid fish, *Cichlasoma citrinellum*. *Oecologia* 80, 431-436.

Meyer-Burgdorff, von K. -H., Becker, K., and Günther, K. -D. (1986). M-Inosit: Mangelerscheinungen and bedarf beim wachsender spiegelkarpfen (*Cyprinus carpio* L.). *J. Anim. Physiol. An. N.* 56, 232-241.

Montgomery, W. L., and Pollak, P. E. (1988a). *Epulopiscium fishelsoni* N. G., N. Sp., a protist of uncertain taxonomic affinities from the gut of an herbivorous reef fish. *J. Protozool.* 35, 565-569.

Montgomery, W. L., and Pollak, P. E. (1988b). Gut anatomy and pH in a Red Sea surgeonfish, *Acanthurus nigrofuscus*. *Mar. Ecol. Prog. Ser.* 44, 7-13.

Moon, T. W. (2001). Glucose intolerance in teleost fish: Fact or fiction? *Comp. Biochem. Physiol. Part B* 129, 243-249.

Moreau, R., and Dabrowski, K. (2001). Gulonolactone oxidase presence in fishes: activity and significance. *In* "Ascorbic Acid in Aquatic Organisms" (Dabrowski, K., Ed.), pp. 13-31. CRC Press, Boca Raton, FL.

Morrison, C. M., and Wright, J. R., Jr (1999). A study of the histology of the digestive tract of the Nile tilapia. *J. Fish Biol.* 54, 597-606.

Moyano, F. J., Diaz, M., Alarcón, F. J., and Serasquete, M. C. (1996). Characterization of digestive enzyme activity during larval development of gilthead seabream *Sparus aurata*. *Fish Physiol. Biochem.* 15, 121-130.

Mukhopadhyay, P. (1977). Studies on the enzymatic activities related to varied pattern of diets in the air-breathing catfish, *Clarias batrachus* (Linn.). *Hydrobiologia* 52, 235-237.

Munilla-Moran, R., Stark, J. R., and Barbour, A. (1990). The role of exogenous enzymes in digestion in cultured turbot larvae, *Scophthalmus maximus* (L.). *Aquaculture* 88, 337-350.

Navarro, I., Leibush, B. N., Moon, T. W., Plisetskaya, E. M., Banos, N., Mendez, E., Planas, J. V., and Gutierrez, J. (1999). Insulin, insulin-like growth factor-I (IGF-1) and glucagons: The evolution of their receptors. *Comp. Biochem. Physiol.* 122B, 137-153.

Nicolas, J. L., Bobic, E., and Ansquer, D. (1989). Bacterial flora associated with a trophic chain consisting of microalgae, rotifers and turbot larvae: influence of bacteria on larval survival. *Aquaculture* 83, 237-248.

Nose, T. (1979). *In* "Summary report on the requirements of essential amino acids for carp Proceedings of World Symposium on Finfish Nutrition and Fishfeed Technology," 20-23 June, 1978, pp. 145-156. Heenemann, Berlin.

O'Connell, J. P., and Gatlin, III, D. M. (1994). Effects of dietary calcium and vitamin

D_3 on weight gain and mineral composition of the blue tilapia (*Oreochromis aureus*) in low-calcium water. *Aquaculture* 125, 107-117.

Olatunde, A. A., and Ogunbiyi, O. A. (1977). Digestive enzymes in the alimentary canal of three tropical catfish. *Hydrobiologia* 56 (1), 21-24.

Olsen, R. E., Henderson, R. J., and McAndrew, B. J. (1990). The conversion of linoleic acid and linolenic acid to longer chain polyunsaturated fatty acids by *Tilapia* (*Oreochromis*) *nilotica in vivo*. *Fish Physiol. Biochem.* 8 (3), 261-270.

Olvera-Novoa, M. A., Dominguez-Cen, L. J., Olivera-Castillo, L., and Martinez-Palacios, C. A. (1998). Effect of the use of the microalga *Spirulinamaxima* as fish meal replacement in diets for tilapia, *Oreochromis mossambicus* (Peters), fry. *Aquacult. Res.* 29, 709-715.

Olvera-Novoa, M. A., Gasca-Leyva, E., and Martinez-Palacios, C. A. (1996). The dietary protein requirements of *Cichlasoma synspilum* Hubbs, 1935 (Pisces: Cichlidae) fry. *Aquacult. Res.* 27, 167-173.

Ostaszewska, T. (personal communication).

Pan, B. S., Lan, C. C., and Hung, T. Y. (1991). Changes in composition and proteolytic enzyme activities of *Artemia* during early development. *Comp. Biochem. Physiol.* 100A, 725-730.

Pantastico, J. B., Baldia, J. P., and Reyes, D. M., Jr. (1986). Feed preference of milkfish (*Chanos chanos* Forsskal) fry given different algal species as natural feed. *Aquaculture* 56, 169-178.

Pantastico, J. B., Espegadera, C., and Reyes, D. (1982). Fry-to-fingerling production of tilapia nilotica in aquaria using phytoplankton as natural feed. *Philipp. J. Biol.* 11 (2-3), 245-254.

Peña, R., Dumas, S., Villalejo-Fuerte, M., and Ortiz-Galindo, J. L. (2003). Ontogenetic development of the digestive tract in reared spotted sand bass *Paralabrax maculofasciatus* larvae. *Aquaculture* 219, 633-644.

Peres, A., Zambonino Infante, J. L., and Cahu, C. (1998). Dietary regulation of activities and mRNA levels of trypsin and amylase in sea bass (*Dicentrarchus labrax*) larvae. *Fish Physiol. Biochem.* 19, 145-152.

Person-Le Ruyet, J., Alexandre, J. C., Thébaud, L., and Mugnier, C. (1993). Marine fish larvae feeding: Formulated diets or live prey? *J. World Aquacult. Soc.* 24 (2), 211-224.

Piet, G. J. (1998). Ecomorphology of size-structured tropical freshwater fish community. *Environ. Biol. Fish* 51, 67-86.

Portella, M. C., and Flores-Quintana, C. (2003a). Histology and histochemistry of the digestive system development of *Pseudoplatystoma fasciatum* larvae. World Aquaculture

2003, Book of Abstracts, p. 590. Salvador, Bahia, Brazil.

Portella, M. C., and Flores-Quintana, C. (2003b). Histological analysis of juvenile *Pseudoplatys-toma fasciatum* digestive system. World Aquaculture 2003, Book of Abstracts, p. 591. Salvador, Bahia, Brazil.

Portella, M. C., Pizauro, J. M., Tesser, M. B., and Carneiro, D. J. (2002). Determination of enzymatic activity in different segments of the digestive system of *Pseudoplatystoma fascia-tum*. World Aquaculture 2002 Book of Abstracts, p. 615. Beijing, China.

Portella, M. C., Pizauro, J. M., Tesser, M. B., Jomori, R. K., and Carneiro, D. J. (2004). Digestive enzymes activity during the early development of surubim *Pseudoplatystoma fasciatum*. World Aquaculture 2004 Book of Abstracts. Honolulu, Hawaii.

Portella, M. C., Verani, J. R., Tercio, J., Ferreira, B., and Carneiro, D. J. (2000). Use of live and artificial diets enriched with several fatty acid sources to feed *Prochilodus scrofa* larvae and fingerlings, 1. Effects on body composition. *J. Aquacult. Trop.* 15, 45-58.

Pouilly, M., Lino, F., Bretenous, J. -G., and Rosales, C. (2003). Dietary-morphological relationships in a fish assemblage of the Bolivian Amazonian floodplain. *J. Fish Biol.* 62, 1137-1158.

Prejs, A., and Blaszczyk, M. (1977). Relationships between food and cellulase activity in fresh-water fishes. *J. Fish Biol.* 11, 447-452.

Radunz-Neto, J., Corraze, G., Bergot, P., and Kaushik, S. J. (1996). Estimation of essential fatty acid requirements of common carp larvae using semi-purified artificial diets. *Arch. Anim. Nutr.* 49, 41-48.

Rahmatullah, S. M., and Beveridge, M. C. M. (1993). Ingestion of bacteria in suspension Indian major carps (*Catla catla*, *Lubeo rohita*) and Chinese carps (*Hypophthalmichthys molitrix*, *Aristichthys nobilis*). *Hydrobiologia* 264, 79-84.

Randall, D. J., Wood, C. M., Perry, S. F., Bergman, H., Maloiy, G. M. O., Mommsen, T. P., and Wright, P. A. (1989). Urea excretion as a strategy for survival in a fish living in a very alkaline environment. *Nature* 337, 165-166.

Rao, D. S., and Raghuramulu, N. (1999). Vitamin D_3 and its metabolites have no role in calcium and phosphorus metabolism in *Tilapia mossambica*. *J. Nutr. Sci. Vitaminol.* 45, 9-19.

Ravi, J., and Devaraj, K. V. (1991). Quantitative essential amino acid requirements for growth of catla, *Catla catla* (Hamilton). *Aquaculture* 96, 281-291.

Reimer, G. (1982). The influence of diet on the digestive enzymes of the Amazon fish Matrinchã, *Brycon* cf. *melanopterus*. *J. Fish Biol.* 21, 637-642.

Reshkin, S. J., and Ahearn, G. A. (1991). Intestinal glycyl-L-phenylalanine and L-phenylalanine transport in a euryhaline teleost. *Am. J. Physiol.* 29, R563-R569.

Ribeiro, L., Sarasquete, C., and Dinis, M. (1999). Histological and histochemical develop-ment of the digestive system of *Solea senegalensis* (Kaup, 1858) larvae. *Aquaculture* 171, 293-308.

Rimmer, D. W., and Wiebe, W. J. (1987). Fermentative microbial digestion in herbivorous fishes. *J. Fish Biol.* 31, 229-236.

Robinson, E. H., LaBomascus, D., Brown, P. B., and Linton, T. L. (1987). Dietary calcium and phosphorus requirements of *Oreochromis aureus* reared in calcium-free water. *Aquaculture* 64, 267-276.

Rosenstock, B., and Simon, M. (2001). Sources and sinks of dissolved free amino acids and protein in a large and deep mesotrophic lake. *Limnol. Oceanogr.* 46 (3), 644-654.

Rothman, S., Liebow, C., and Isenman, L. (2002). Conservation of digestive enzymes. *Physiol. Rev.* 82, 1-18.

Roubach, R., and Saint-Paul, U. (1994). Use of fruits and seeds from Amazonian inundated forest in feeding trials with *Colossoma macropomum* (Cuvier, 1818) (Pisces, Characidae). *J. Appl. Ichthyol.* 10, 134-140.

Sabapathy, U., and Teo, L. H. (1993). A quantitative study of some digestive enzymes in therabbitfish, *Siganuscanaliculatus* andtheseabass, *Latescalcarifer*. *J. Fish. Biol.* 42, 595-602.

Sabapathy, U., and Teo, L-H. (1995). Some properties of the intestinal proteases of the rabbitfish, *Siganus canaliculatus* (Park). *Fish Physiol. Biochem.* 14 (3), 215-221.

Saha, A. K., and Ray, A. K. (1998). Cellulase activity in rohu fingerlings. *Aquacult. Int.* 6, 281-291.

Santiago, C. B., and Lovell, R. T. (1988). Amino acid requirements of growth of Nile tilapia. *J. Nutr.* 118, 1540-1546.

Santiago, C. B., and Reyes, O. S. (1993). Effects of dietary lipid source on reproductive performance and tissue lipid levels of Nile tilapia *Oreochromis niloticus* (Linnaeus) broodstock. *J. Appl. Ichthyol.* 9, 33-40.

Santiago, C. B., Bañez-Aldaba, M., and Laron, M. A. (1982). Dietary crude protein requirement of *Tilapia nilotica* fry. *Kalikasan, Philipp. J. Biol.* 11, 255-265.

Sato, M., Yoshinaka, R., and Yamamoto, Y. (1978). Nonessentiality of ascorbic acid in the diet of carp. *B. Jpn Soc. Sci. Fish* 49, 1151-1156.

Satoh, S., Takeuchi, T., and Watanabe, T. (1987). Requirement of *Tilapia* for a-tocopherol. *Nippon Suisan Gakk.* 53, 119-124.

Schultz, H. N., and Jorgensen, B. B. (2001). Big bacteria. *Annu. Rev. Microbiol.* 55, 105-137.

Schutz, M., and Barlow, G. W. (1997). Young of the Midas cichlid get biologically active nutrients by eating mucus from the surface of their parents. *Fish Physiol. Biochem.* 16, 11-18.

Segner, H., Arend, P., Von Poeppinghausen, K., and Schmidt, H. (1989a). The effect of feed astaxanthin to *Oreochromis niloticus* and *Colisa labiosa* on the histology of the liver. *Aquaculture* 79, 381-390.

Segner, H., Rosch, R., Schmidt, H., and von Poeppinghausen, K. J. (1989b). Digestive enzymes in larval *Coregonus lavaretus* L. *J. Fish Biol.* 35, 249-263.

Segner, H., Burkhardt, P., Avila, E. M., Storch, V., and Juario, J. V. (1987). Effects of *Chlorella*-feeding on larval milkfish, *Chanos chanos*, as evidenced by histological monitoring. *Aquaculture* 67, 113-116.

Segner, H., Rösch, R., Verreth, J., and Witt, U. (1993). Larval nutritional physiology: Studies with *Clarias gariepinus*, *Coregonus lavaretus* and *Scophtalmus maximus*. *J. World Aquacult. Soc.* 24, 121-134.

Seixas Filho, J. T., Brás, J. M., Gomide, A. T. M., Oliveira, M. G. A., and Donzele, J. L. (2000a). Anatomia funcional e morfometria dos intestinos e dos cecos pilóricos do Teleostei (pisces) de água doce *Brycon orbignyanus* (Valenciennes, 1849). *Rev. Bras. Zootecn.* 29, 313-324.

Seixas Filho, J. T., Brás, J. M., Gomide, A. T. M., Oliveira, M. G. A., and Donzele, J. L. (2000b). Anatomia funcional e morfometria dos intestinos e dos cecos pilóricos do Teleostei (pisces) de água doce piau (*Leporinus friderici*, Bloch, 1794). *Rev. Bras. Zootecn.* 29, 2181-2192.

Seixas-Filho, J. T., Almeida-Oliveira, M. G., Donzele, J. L., Mendonca-Gomide, A. T., and Menin, E. (2000c). Trypsin acitivity in the chime of three tropical teleost freshwater fish. *Rev. Bras. Zootecn.* 29, 2172-2180.

Seixas-Filho, J. T., Moura-Bras, J., Mendonca-Gomide, A. T., Almeida-Oliveira, M. G., Lopes-Donzele, J., and Menin, E. (2001). Functional anatomy and morphometry of the intestine of fresh water teleoste (Pisces) de agua doce surubim (*Pseudoplatystoma coruscans*-Agassiz, 1829). *Rev. Bras. Zootecn.* 30, 1670-1680.

Shaik Mohamed, J. (2001). Dietary pyridoxine requirement of the Indian catfish, *Heteropneustes fossilis*. *Aquaculture* 194, 327-335.

Shaik Mohamed, J., Ravisankar, B., and Ibrahim, A. (2000). Quantifying the dietary biotin requirement of the catfish, *Clarias batrachus*. *Aquacult. Int.* 8, 9-18.

Shearer, K. D. (2000). Experimental design, statistical analysis and modelling of dietary nutrient requirement studies for fish: A critical review. *Aquaculture* 6, 91-102.

Shiau, S. -Y., and Chin, Y. -H. (1999). Estimation of the dietary biotin requirement of juvenile hybrid tilapia, *Oreochromis niloticus* x *O. aureus*. *Aquaculture* 170, 71-78.

Shiau, S. -Y., and Hsieh, H. -L. (1997). Vitamin B_6 requirements of tilapia *Oreo-*

chromis niloticus x *O. aureus* fed two dietary protein concentrations. *Fisheries Sci.* 63, 1002-1007.

Shiau, S. -Y., and Hsu, T. -S. (1995). L-ascorbyl-2-sulfate has equal antiscorbutic activity as L-ascorbyl-2-monophosphate for tilapia, *Oreochromis niloticus* x *O. aureus*. *Aquaculture* 133, 147-157.

Shiau, S. -Y., and Hsu, T. -S. (2002). Vitamin E sparing effect by dietary vitqamin C in juvenile hybrid tilapia, *Oreochromis niloticus* x *O. aureus*. *Aquaculture* 210, 335-342.

Shiau, S., and Huang, S. (1989). Optimal dietary protein level for hybrid tilapia (*Oreochromis niloticus x O. aureus*) reared in seawater. *Aquaculture* 81, 119-127.

Shiau, S. -Y., and Hwang, J. -Y. (1993). Vitamin D. requirements of juvenile hybrid tilapia *Oreochromis niloticus* x *O. aureus*. *Nippon Suisan Gakk.* 59, 553-558.

Shiau, S. -Y., and Liang, H. -S. (1995). Carbohydrate utilization and digestibility by tilapia, *Oreochromis niloticus* x *O. aureus*, are affected by chromic oxide inclusion in the diet. *J. Nutr.* 125, 976-982.

Shiau, S. -Y., and Lo, P. -S. (2000). Dietary choline requirements of juvenile hybrid tilapia, *Oreochromis niloticus* x *O. aureus*. *J. Nutr.* 130, 100-103.

Shiau, S. Y., and Shiau, L. F. (2001). Re-evaluation of the vitamin E requirements of juvenile tilapia (*Oreochromis niloticus x O. aureus*). *Anim. Sci.* 72, 529-534.

Shiau, S. -Y., and Suen, G. -S. (1992). Estimation of the niacin requirements for tilapia fed diets containing glucose or dextrin. *J. Nutr.* 122, 2030-2036.

Shim, K. F., Landesman, L., and Lam, T. J. (1989). Effect of dietary protein on growth, ovarian development and fecundity in the dwarf gourami, *Colisa Lalia* (Hamilton). *J. Aquacult. Trop.* 4, 111-123.

Sibbing, F. A. (1988). Specializations and limitations in the utilization of food resources by the carp, *Cyprinus carpio*: A study of oral food processing. *Environ. Biol. Fish* 22, 161-178.

Siddiqui, A. Q., Howlader, M. S., and Adam, A. A. (1988). Effects of dietary protein levels on growth, feed conversión and protein utilization in fry and young tilapia, *Oreochromis niloticus* (1988). *Aquaculture* 70, 63-72.

Smith, B. L., Smith, S. A., and Laurance, T. A. (2000). Gross morphology and topography of the adult intestinal tract of the tilapia fish. *Oreochronis niloticus* L. *Cells, Tissues, Organs* 166, 294-303.

Soliman, A. K., Jauncey, K., and Roberts, R. J. (1985). Qualitative and quantitative identification of L-gulonolactone oxidase activity in some teleosts. *Aquacult. Fish Manag.* 1, 249-256.

Soliman, A. K., and Wilson, R. P. (1992a). Water-soluble vitamin requirements of tilapia, J. Pantothenic acid requirement of blue tilapia, *Oreochromisaureus*. *Aquaculture* 104, 121-126.

Soliman, A. K., and Wilson, R. P. (1992b). Water-soluble vitamin requirements of tilapia, K. Riboflavin requirement of blue tilapia, *Oreochromis aureus*. *Aquaculture* 104, 309-314.

Soliman, A. K., Jauncey, K., and Roberts, R. J. (1986). The effect of dietary ascorbic acid supplementation on hatchability, survival rate and fry performance in *Oreochromis mossambicus* (Peters). *Aquaculture* 59, 197-208.

Soliman, A. K., Jauncey, K., and Roberts, R. J. (1994). Water-soluble vitamin requirements of tilapia: Ascorbic acid (vitamin C) requirement of Nile tilapia, *Oreochromis niloticus* (L.). *Aquacult. Fish Manag.* 25, 269-278.

Souza, S., Menin, E., Juarez Lopez, D., and Fonseca, C. (2001a). Histologia do estômago de alevinos de surubim e sua relação com o hábito alimentar. Anais da 38 Reunião Anual da Sociedade Brasileira de Zootecnia. Piracicaba, SP, Brazil, 1435-1436.

Souza, S., Menin, E., Fonseca, C., and Juarez Lopez, D. (2001b). Sistema endócrino difuso enteropancreático em alevinos de surubim e sua potencialidade para o controle das secreções digestivas. Anais da 38 Reunião Anual da Sociedade Brasileira de Zootecnia. Piracicaba, SP, Brazil, 1437-1438.

Srivastava, A. S., Kurokawa, T., and Suzuki, T. (2002). mRNA expression of pancreatic enzymes precursors and estimation of protein digestibility in first feeding larvae of the Japanese flounder, *Paralichthys olivaceus*. *Comp. Biochem. Physiol.* 132A, 629-635.

Stickney, R. R., McGeachin, R. B., Lewis, D. H., Marks, J., Riggs, A., Sis, R. F., Robinson, E. H., and Wurts, W. (1984). Response of *Tilapia aurea* to dietary vitamin C. *J. World Maricult. Soc.* 15, 179-185.

Stroband, H. W. J., and Dabrowski, K. (1981). Morphological and physiological aspects of the digestive system and feeding in fresh water fish larvae. In "La Nutrition des Poissons" (Fontaine, M., Ed.), pp. 355-376. Paris, Actes du Colloque CNERNA Paris, May 1979.

Stroband, H. W. J., and Kroon, A. G. (1981). The development of the stomach in *Clarias lazera* and the intestinal absorption of protein macromolecules. *Cell Tissue Res.* 215, 397-415.

Sturmbauer, C., Mark, W., and Dallinger, R. (1992). Ecophysiologyof Aufwuchs-eatingcichlidsin Lake Tanganyika: Niche separation by trophic specialization. *Environ. Biol. Fish* 35, 283-290.

Sugita, H., Miyajima, C., and Deguchi, Y. (1990). The vitamin B12-producing ability of intestinal bacteria isolated from tilapia and channel catfish. *Nippon Suisan Gakk.* 56, 701.

Sugita, H., Takahashi, J., and Deguchi, Y. (1992). Production and consumption of biotin by the intestinal microflora of cultured freshwater fishes. *Biosci. Biotech. Bioch.* 56, 1678-1679.

Tacon, A. G. J., and Cowey, C. B. (1985). Protein and amino acid requirements. In "Fish Energetics. New Perspectives" (Tyler, P., and Calow, P., Eds.). Johns Hopkins University Press, Baltimore, MD.

Tadesse, Z., Boberg, M., Sonesten, L., and Ahlgren, G. (2003). Effects of algal diets and temperature on the growth and fatty acid content of the cichlid fish *Oreochromis niloticus* L. -a laboratory study. *Aquatic Ecol.* 37, 169-182.

Takeuchi, T. (1996). Essential fatty acid requirements in carp. *Arch. Anim. Nutr.* 49, 23-32.

Taniguchi, A. Y., and Takano, K. (2002). Purification and properties of aminopeptidase from *Tilapia* intestine-digestive enzyme of *Tilapia*-IX-. *Nippon Suisan Gakk.* 68, 382-388.

Tengjaroenkul, B., Smith, B. J., Caceci, T., and Smith, S. A. (2000). Distribution of intestinal enzyme activities along the intestinal tract of cultured Nile tilapia, *Oreochromis niloticus* L. *Aquaculture* 182, 317-327.

Terjesen, B. F., Verreth, J., and Fyhn, H. J. (1997). Urea and ammonia excretion by embryos and larvae of the African catfish *Clarias gariepinus* (Burchell, 1822). *Fish Physiol. Biochem.* 16, 311-321.

Tesser, M. B. (2002). Desenvolvimento do trato digestório e crescimento de larvas de pacu, *Piaractus mesopotamicus* (Holmberg, 1887) em sistemas de co-alimentação com náuplios de *Artemia* e dieta microencapsulada. Centro de Aqü icultura da Universidade Estadual Paulista. Master Dissertation.

Thamotharan, M., Gomme, J., Zonno, V., Maffia, M., Storelli, C., and Ahearn, G. A. (1996a). Electrogenic, proton-coupled, intestinal dipeptide transport in herbivorous and carnivorus teleosts. *Am. J. Physiol.* 39, R939-R947.

Thamotharan, M., Zonno, V., Storelli, C., and Ahearn, G. A. (1996b). Basolateral dipeptide transport by the intestine of the teleost *Oreochromis mossambicus*. *Am. J. Physiol.* 39, R948-R954.

Tibbetts, I. (1997). The distribution and function of mucous cells and their secretions in the alimentary tract of *Arrhamphus sclerolepis* Krefftri. *J. Fish Biol.* 50, 809-820.

Titus, E., Karasov, W. H., and Ahearn, G. A. (1991). Dietary modulation of intestinal nutrient transport in the teleost fish tilapia. *Am. J. Physiol.* 30, R1568-R1574.

Uys, W., and Hecht, T. (1987). Assays on the digestive enzymes of sharptooth catfish,

Clarias gariepinus (Pisces: Clariidae). *Aquaculture* 63, 301-313.

Uys, W., Hecht, T., and Walters, M. (1987). Change in digestive enzyme activities of *Clarias gariepinus* (Pisces: Clariidae) after feeding. *Aquaculture* 63, 243-250.

Van Dam, A. A., and Pauly, D. (1995). Simulation of the effects of oxygen on food consumption and growth of Nile tilapia, *Oreochromis niloticus* (L.). *Aquacult. Res.* 26, 427-440.

Van der Meer, M. B., Machiels, M. A. M., and Verdegem, M. C. J. (1995). The effect of dietary protein level on growth, protein utilization and body composition of *Colossoma macropomum* (Cuvier). *Aquacult. Res.* 26, 901-909.

Van der Velden, J. A., Kolar, Z. I., and Flik, G. (1991). Intake of magnesium from water by freshwater tilapia fed on a low-Mg diet. *Comp. Biochem. Physiol.* 99A (1/2), 103-105.

Vari, R. P., and Malabarba, L. R. (1998). Neotropical/Icthyology: an overview. *In* "Phylogeny and Classification of Neotropical Fishes" (Malabarba, L. R., Reis, R. E., Vari, R. P., Lucena, Z. M. S., and Lucena, C. A. S., Eds.), pp. 7-11. EDIPUCRS, Porto Alegre, Brazil.

Vera, J. C., Rivas, C. I., Fischbarg, J., and Golde, D. W. (1993). Mammalian facilitative hexose transporters mediate the transport of dehydroascorbic acid. *Nature* 364, 79-82.

Verreth, J. A. J., Torreele, E., Spazier, E., and Sluiszen, A. V. der. (1992). The development of a functional digestive system in the African catfish *Clarias gariepinus* (Burchell). *J. World Aquacult. Soc.* 23, 286-298.

Verri, T., Maffia, M., Danieli, A., Herget, M., Wenzel, U., Daniel, H., and Storelli, C. (2000). Characterisation of the H^+/peptide cotransporter of eel intestinal brush-border membranes. *J. Exp. Biol.* 203, 2991-3001.

Verri, T., Kottra, G., Romano, A., Tiso, N., Peric, M., Maffia, M., Broll, M., Argenton, F., Daniel, Hannedore, and Storelli, C. (2003). Molecular and functional characterisation of the zebrafish (*Danio rerio*) PEPT1-type peptide transporter. *FEBS Lett.* 549, 115-122.

Vidal Junior, M. V., Donzele, J. L., Silva Camargo, A. C., Andrade, D. R., and Santos, L. C. (1998). Levels of crude protein for tambaqui (*Colossoma macropomum*), in the phase of 30 to 250 grams 1. The tambaquis performance. *Rev. Bras. Zootecn.* 27 (3), 421-426.

Viegas, E. M. M., and Guzman, E. C. (1998). Effect of sources and levels of dietary lipids on growth, body composition, and fatty acids of the tambaqui (*Colossoma macropomum*). *World Aquacult.* 66-70.

Vilella, S., Reshkin, S. J., Storelli, C., and Ahearn, G. A. (1989). Brush-border inositol transport by intestines of carnivorous and herbivorous teleosts. *Am. J. Physiol. -Gastr. L.* 256, G501-G508.

Vincent, J. F. V., and Sibbing, F. A. (1992). How the grass carp (*Ctenopharyngodon idella*) chooses and chews its food-some clues. *J. Zool.* 226, 435-444.

Viola, S., and Arieli, Y. (1989). Changes in the lysine requirement of carp (*Cyprinus Carpio*) as a function of growth rate and temperature. Part I. Juvenile fishes in cages. *Isr. J. Aquacult. -Bamid.* 41, 147-158.

Walford, J., and Lam, T. (1993). Development of digestive tract and proteolytic enzyme activity in sea bass (*Lates calcarifer*) larvae and juveniles. *Aquaculture* 109, 187-205.

Walsh, P. (Personal communication).

Wang, K., Takeuchi, T., and Watanabe, T. (1985). Effect of dietary protein levels on growth of *Tilapia nilotica*. *B. Jpn. Soc. Sci. Fish.* 51, 133-140.

Watanabe, T., Takeuchi, T., Murakami, A., and Ogino, C. (1980). The availability to *Tilapia nilotica* of phosphorus in white fish meal. *B. Jpn. Soc. Sci. Fish* 46, 897-899.

Wendelaar Bonga, S. E., Lammers, P. I., and vander Meij, J. C. A. (1983). Effects of 1, 25-and 24, 25-dihydroxyvitamin D_3 on bone formation in the cichlid teleost *Sarotherodon mossambicus*. *Cell Tissue Res.* 228, 117-126.

Winemiller, K. O. (1990). Spatial and temporal variation in tropical fish trophic networks. *Ecol. Monogr.* 60, 331-367.

Winfree, R. A., and Stickney, R. R. (1981). Effects of dietary protein and energy on growth, feed conversion efficiency and body composition of *Tilapia aurea*. *J. Nutr.* 111 (6), 1001-1011.

Wright, J. R., Jr, O'Hali, W., Yang, H., Han, X. -X., and Bonen, A. (1998). GLUT-4 deficiency and severe peripheral resistance to insulin in the teleost fish tilapia. *Gen. Comp. Endocrinol.* 111, 20-27.

Yamada, A., Takano, K., and Kamoi, I. (1991). Purification and properties of proteases from tilapia intestine. *Nippon Suisan Gakk.* 57, 1551-1557.

Yamada, A., Takano, K., and Kamoi, I. (1993). Purification and properties of protease from tilapia stomach. *Nippon Suisan Gakk.* 59, 1903-1908.

Yamanaka, N. (1988). Descrição, desenvolvimento e alimentação de larvas e pré juvenis de pacu *Piaractus mesopotamicus* (Holmberg, 1887) (Teleostei, Characidae), mantidos em confinamento. Tese de Doutoramento PhD thesis, Instituto de Biociências. Universidade de São Paulo, Brazil.

Yamaoka, K. (1985). Intestinal coiling pattern in the epilithic algal-feeding cichlids (Pisces, Teleostei) of Lake Tanganyika, and its phylogenetic significance. *Zool.*

J. Linn. Soc. -Lond. 84, 235-261.

Zemke-White, W. L., Choat, J. H., and Clements, K. D. (2002). A reevaluation of the diel feeding hypothesis for marine herbivorous fishes. *Mar. Biol.* 141, 571-579.

Zoufal, R., and Taborsky, M. (1991). Fish foraging periodicity correlates with daily changes of diet quality. *Mar. Biol.* 108, 193-196.

第6章　热带鱼类的心搏呼吸系统：构造、功能和调控

6.1　导　　言

本书的前面几章已经概括介绍热带水生环境的多样性特征（时间和空间的），以及引起热带鱼类所产生的适应辐射（adaptive radiation）。这些水体的高温，以及通常伴随的低氧和高碳酸（hypercardia）/酸中毒，亦使热带鱼类的心搏呼吸策略产生显著的适应辐射，以增强在这种状态下的生存能力。本章的主题是热带鱼类呼吸和循环系统的构造、功能和调控。遗憾的是篇幅所限，不能对这一课题的各个方面都做详尽的论述。不过，幸运的是，在构造和功能中所观察到的许多适应性都已经成为一些优秀综述的课题，读者可以详细查阅（Randall et al., 1981；Val and Almeida-Val, 1995, 1999；Val et al., 1996；Graham, 1997；Maina, 2003）。在此，本章将着重于我们对热带鱼类心搏呼吸过程调控的最近研究进展，并对构造和功能作简要的综述，以便能准确地对调控的作用机能进行论述。

6.2　呼吸的策略

绝大多数热带鱼类都和它们的温带同类一样持续地呼吸水分。它们大部分都建立呼吸策略（行为的、形态的、解剖学的、生理学的和生物化学的），或者是避免低氧状况，增加氧气从环境转移到组织，减少氧的需求，或者是这种措施的一些结合。因此，许多热带鱼类没有建立特别的作用机理以应对诸如低氧/缺氧的恶劣状况，而是持续地感受和监控环境状况并洄游到较好的水域。这些洄游通常是短距离的，在不流动的水域和有较强水流的水域之间移动（Junk et al., 1983；Wootton, 1990）。其他的种类在水环境的氧气水平降低时并不离开它们的生境，而是通过一系列生理学的和生物化学的调节，简单地增加氧气的提取和/或减少对氧气的需求。这些策略和温带鱼类所采用的相类似。所涉及的作用机理包括不同血红蛋白组成的调节，红细胞内有机磷水平的调整，改变血细胞比容/［血红蛋白］和代谢阻抑，这些几乎都由儿茶酚胺能调控（Milligan and Wood, 1987；Perry and Kinkead, 1989；Nikinmaa, 1990；Randall, 1990；Val et al., 1992；Almeida-Val and Val, 1993；见第7章）。然而，这些都是缓慢的过程（Hochachka and Somero, 1984；Wootton, 1990），并不能保护鱼类在氧气来源突然发生急剧变化时免受影响，例如，温度降低引起水柱的转换，氧气丰富的表层水迅速地被缺氧的水柱底层水所替换（Val and Almeida-Val, 1995）。

为了应对这些较为严重的状况，许多水中呼吸的热带鱼类能够在富含氧气的水体表层增强分液滑动（skimming）。这种行为在许多非相关的鱼类中亦观察到，表明行为的

趋同性。一些鱼类对实行水层表面呼吸（aquatic surface respiration，ASR）并没有特殊的适应性；另一些种类形成膨大的下唇，起着漏斗的作用，把表层水引导通过鳃部，例如巴西的鱼类，巨脂鲤（*Colosoma macropomum*）、肥脂鲤（*Piaractus mesopotamicus* 和 *P. brachypomum*）、缺帘鱼（*Brycon*）的一些种类（*B. erythropterum* 和 *B. cephalus*）、齿脂鲤（*Mylossoma duriventris*）、金四齿脂鲤（*M. aureus*），以及马加底湖（Lake Magadi）的非洲鱼类，罗非鱼（*Oreochromis alcalicus*）和鲤科的鲃鱼（*Barbus neumagyer*）（Braum and Junk，1982；Kramer and McClure，1982；Val and Almeida-Val，1995；Olowo and Chapman，1996）。

在热带鱼类对付低氧/缺氧水域的呼吸适应中，最值得注意的是采用空气呼吸。有些鱼类是兼性空气呼吸，只在水体中氧含量低时采用，另一些鱼类是专性空气呼吸，它们主要（如果不是全部）从空气中摄取氧气。还有许多鱼类采用这两种策略，或者是发育时期中的功能，或者是环境条件的需要。因此，许多攀鲈（*Anabis*）、胡鲇（*Clarius*）、囊鳃鲇（*Heteropneustes*）和骨舌鱼（*Arapaima*）在生命开始时是鳃呼吸，随着发育的进展缓慢地成为兼性空气呼吸，而到它们成熟时是专性空气呼吸（Johansen et al.，1970；Rahn et al.，1971；Singh and Hughes，1971；Stevens and Holeton，1978）。片鳞脂鲤（*Piabucina*）在水中含氧量正常的情况下是兼性空气呼吸的，但在低氧情况下是专性空气呼吸鱼类（Graham，1997）。雀鳝（*Lepisosteas*）在低温时兼性空气呼吸，但在较高温度中氧气摄取增加时进行专性空气呼吸（Rahn et al.，1971）。但是，在所有的例子中，专性空气呼吸鱼类都在一定程度上保留着两种形式的呼吸作用，当它们被迫呼吸空气以摄取氧气时，通常都保持着专性水中呼吸鱼类所具有的 CO_2 排泄和 pH 调节的功能。

鱼类空气呼吸相关的适应性是多种多样和引人注目的。在下面的章节中将做简要的论述。

6.3 呼吸器官

6.3.1 水中呼吸

生活在低氧水体的水中呼吸鱼类呼吸器官的主要适应是和鳃的扩散能力相联系的。这里分析种间的和种内的适应。

任何种类的鳃扩散能力都可通过鳃弓的数量、每个鳃弓上鳃丝的数量和长度、沿着鳃丝的鳃瓣空间、每个鳃瓣的表面积、水分/血液界面的厚度，以及水流通过鳃筛阻力的变动而增加（Hughes，1984）。在鱼类所有的分类群中，任何的或者所有的这些变数的变化都如同生活方式和生境的功能那样发生（见第 7 章）。

任何个体的鳃扩散能力亦能够通过几种途径发生变化。这些包括在任何一段时间增加鳃瓣灌注的数量（亦就是可用于气体转移的功能面积；Booth，1978），使血液改变方向而通过处在鳃水流中的鳃瓣薄片，并且减少淋巴的空间（Randall et al.，1981）。所有作用的结果就是减少血液和水流之间的扩散距离,以及增加水流穿过气体交换的鳃表面积。

6.3.2 空气呼吸

引人注目的一小部分热带鱼类采用另一种呼吸策略是空气呼吸。利用空气作为氧气来源可以使一些热带鱼类相对地不受到水中溶解氧波动的影响。空气呼吸鱼类的数量和生活在相同生境中的其他鱼类相比是小的,它们是热带最不寻常的鱼类,并且和天然低氧水体的影响相联系。生活在热带之外的溶氧水平正常水域中的空气呼吸鱼类成比例地减少(Carter and Beadle, 1931; Beebe, 1945; Packard, 1974; Kramer and Graham, 1976; Junk et al., 1983)。鱼类用来将气体转移到血液中的身体部位和表面是多种多样的。只有少数鱼类用它们的鳃在空气中进行气体交换,不过,这是极少的例子,大多数空气呼吸鱼类利用其他的表面进行气体交换。

Graham(1997)对鱼类用来进行空气中气体交换的空气呼吸器官(ABO)的构造提出一个简明的分类图解。他认为"空气呼吸已经进化发展了很长时间,并且是独立专行的,空气交换点的位置主要受到易于吞进空气、能贮存气体的身体部位及能够发生必要的血管化等构造有节制的影响。"其图解将这些构造分为三类:①和皮肤相关的构造;②和头部或者沿着消化道的器官相关的结构;③肺和呼吸作用的气鳔图[6.1(a)]。

6.3.2.1 皮肤的气体交换

许多鱼类在水体之外的时间(两栖鱼类)会利用它们的皮肤进行空气中的气体转移;尽管其失水不受控制,并且其作为氧气摄取的器官受到限制,但皮肤是适合于CO_2排泄的(Graham, 1997)。然而,大多数空气呼吸鱼类保持在水中(水生空气呼吸),鳃和/或皮肤成为CO_2排泄(进入水中)的主要部位,而其他的特化交换表面成为从空气中摄取氧的主要部位,正常情况下很少量参与CO_2的排泄。

6.3.2.2 和头部或消化道相关的器官

鳃通常不用于空气呼吸,由于表面张力和失去水分支持的浮力而衰萎,使潮湿的鳃瓣在空气中黏结在一起。鳃为了进行空气呼吸而发生的变化包括增加鳃结构的支撑(如鳃瓣内的软骨杆或者柱细胞质的挺硬物质)、加宽鳃瓣空间、次级鳃瓣增厚和黏液隔离(mucus-sequestering)(Graham, 1973)。这就减少了鳃的表面积,通常只有它们非空气呼吸同类的一半左右,能够利用鳃在空气和水中进行气体交换(表6.1,见本书第7章; Fernandes et al., 1994; Graham, 1997)。

口腔、咽腔、鳃腔和鳃盖表面都曾被指出具有进行空气中气体交换的特化呼吸上皮,其中至少包括16个属的空气呼吸鱼类。它们大多数或者是两栖的(在水体之外度过一段时间),或者在空气呼吸时把空气含在口腔内。空气呼吸的形态结构变化包括加强血管化(vascularization)和扩展盲管或囊袋而形成精密复杂的上皮表面[图6.1(b)~(d)]。

一些鱼类[3种鳢鱼(*Channa*)、黄鳝(*Monopteras*)和大多合鳃鱼类(*Symbranchids*)]利用颅骨邻近鳃上方咽喉顶部的房室作为空气呼吸器官(ABO)。衬托在房

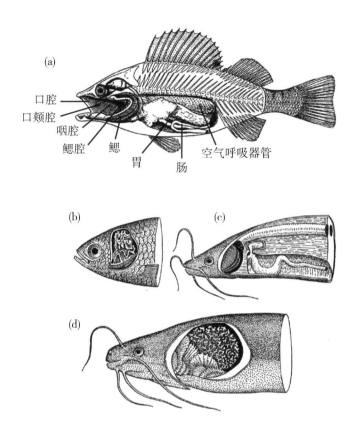

注：(a) 鱼体中矢切面的图解，表示已知的适应于空气呼吸的各个部位；(b) ~ (d) 说明各种辅助空气呼吸器官。(b) 攀鲈 (*Anabas testudinosus*)；(c) 印度囊鳃鲇 (*Heteropneustes fossilis*)；(d) 非洲胡鲇 (*Clarius lazera*)。(Greenwood, 1961)

图 6.1　鱼类用于气体交换构造的分类图解

室四周的呼吸上皮呈血管玫瑰花丛状，它们是由许多血管乳突呈波纹型式突入 ABO 的腔室内组成，以增加血液-空气的接触［图 6.1（d）；Munshi et al., 1994；Graham, 1997］。

其他一些鱼类的空气呼吸构造由它们的鳃和鳃腔或两者衍生而来。它们包括胡鲇科、囊鳃鲇科和攀鲈亚目的鱼类。空气呼吸器官由鳃上腔组成，它含有树枝状器官和衬以血管上皮的鳃扇（gill fan）。攀鲈亚目鱼类的迷宫器官（由一种错综复杂的叠层骨骼组成）是 ABO 中最为精密的［图 6.1（b）、(c)；Munshi et al., 1961；Peter, 1978；Graham et al., 1995］。

消化道的一部分，包括食道［阿拉斯加黑鱼 (*Dallia pectoralis*)、鳚鱼 (*Blennius pholis*)］、鳔管［鳗鲡 (*Anguilla*)］、胃［甲鲇 (*Loricariids*) 和毛鼻鲇 (*Trichomycterids*)］和肠［鳅鱼 (*Cobitids*) 和美鲇 (*Callichthyids*)］（Graham, 1997），在一些鱼类中亦都表明起着 ABO 的作用。

6.3.2.3　肺和呼吸作用的气鳔

最后，至少有 24 属 47 种硬骨鱼类使用肺或者呼吸作用的气鳔进行呼吸。划分肺或者气鳔作为 ABO 有几组不同的指标，其中 Graham（1997）提出的图解可能是最完整和清晰的。根据这个图解，气鳔在胚胎时期从消化道的侧方或背方发生，不成对，通常亦没有一个开口（可能保留一个鳔管的开口，亦可能没有），在大多数情况下，平行地接受体循环的血流，缺少特化的肺循环［图 6.2（a）、（c）、（e）］。另外，肺在胚胎时期从消化道的腹壁发生，成对，在消化道底部有一个瓣膜开口，还有专门的肺循环，离肺的小血管直接把回流血液导入心脏（而不是导入大静脉）［图 6.2（b）、（d）、（f）］。这个图解表明只有肺鱼类［澳洲肺鱼（*Neoceratodus*）、南美肺鱼（*Lepidosiren*）和非洲肺鱼（*Protopterus*）］和多鳍鱼类［多鳍鱼（*Polypterus* 和 *Erpetoichthys*）］具有肺。弓鳍鱼（*Amia*）、雀鳝及硬骨鱼类的许多种类具有气鳔。在这些鱼类当中。呼吸的气鳔在构造的复杂程度方面有很大差别（Graham，1997）。

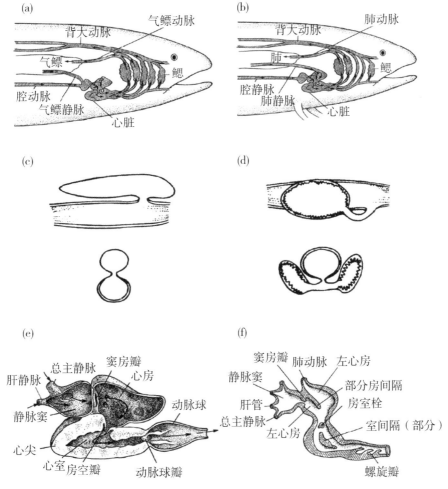

注：(a) 硬骨鱼类的空气呼吸器官；(b) 肺鱼类，肺的一般性血液循环模式；(c) 和 (d) 表示从侧面和横切面观察空气呼吸器官和肺与食道的联系；(e)（硬骨鱼类）和 (f)（肺鱼类）表示两个类群鱼类心脏的一般结构模式，以及从空气呼吸器官（气鳔或肺）的静脉血液流回心脏的差别。(Kardong，2002)。

图 6.2 划分肺或者气鳔作为 ABO 的几组不同的指标

具有发达 ABO 的鱼类，它们的鳃部构造存在着有矛盾冲突的功能需求。这是由于大量富含 O_2 的血液由 ABO 排出而流回心脏，在进入体循环之前还必须经过鳃部。在这个过程中，可能会使 O_2 大量丢失在低氧的水中（Randall et al., 1988）。因此，许多鱼类显现减少有功能的鳃表面积（见第 7 章）。这方面包括鳃弓和次级鳃瓣的数量减少，次级鳃瓣增厚，或者形成鳃血管旁路（shunt）。这些变化的范围通常都取决于鱼类对空气呼吸的依赖程度。

值得注意的是，利用鳃或者利用其他器官进行空气呼吸的鱼类，它们的鳃表面积明显减少，有的是防止鳃丝衰萎，增强 O_2 的摄取，有的是防止 O_2 的丢失。

6.4 通气的作用机理（泵）

不管是哪一种气体交换器官，都必须主动地通过呼吸表面以增加水或者空气的扩散率。这需要肌肉的作用。在皮肤气体交换的情况下，需要全身的运动或者较为特殊的运动。例如，黄鳝（*Monopterus albus*）刚孵化的幼鱼中，大量血管化的胸鳍推动水流向后流过身体表面和卵黄囊。血液在表面皮肤的血管中向前方流动，这就使血液和水分在对流中进行气体交换（Liem，1988）。

对于大多数鱼类，口腔和鳃盖腔在鳃"幕"的两侧形成双重的泵。肌肉的作用产生吸力使口腔和鳃盖腔同时扩展，鳃盖关闭并经过口汲取水分。然后，肌肉的作用产生吸力使口腔和鳃盖腔同时紧缩，口关闭，迫使水分浸没鳃"幕"后经过鳃盖流出体外，由于口腔和鳃盖腔之间压力的微小差别，水流朝着同一个方向几乎是持续不断地通过鳃部（Hughes，1984）。

采用水表面呼吸作用让富含氧气的表面水膜灌注鳃部的鱼类都保持着相同的作用机理。然而，这些鱼类中的有些种类口部具有瓣膜，在通气周期口腔紧缩时使口腔紧闭以防止水分回流，直到口张开，表层水分分液滑动[巨脂鲤（*Colossoma*）；Sundin et al., 2000]。瓣膜由薄的上皮组成，它在上颌和下颌边缘延伸，起袋状瓣膜作用。这些瓣膜在口腔活动周期的负压扩张时相朝向口的顶部和底壁萎陷，而在正压的挤压时相则注满水分并紧闭口部。这样，它们防止水通过张开的口回流，使鱼的口还保持张开时能够有效地在鳃部通气。

这个系统在空气呼吸鱼类只是略微变动。通氧作用通常只由口腔泵的作用而产生。在辐鳍鱼类，这个作用过程有 4 个时相，而在肉鳍鱼类只有 2 个时相。在辐鳍鱼类的例子，最初的口腔扩张是在口紧闭和空气由 ABO 引入口腔时发生。ABO 的弹性反冲及 ABO 肌肉壁的挤压可能有助于这种作用。对于没入水中的鱼，流体静力压梯度亦有助于这种空气移动。然后，在口腔紧缩时，空气通过口或者鳃盖排出体外。在第二次口腔扩张时通过张开的口吸入新鲜的空气，接着鳃盖和口紧闭，口腔紧缩而把空气挤进空气呼吸器官内［图 6.3（b）］（Liem，1988；Brainerd，1994）。在肉鳍鱼类，最初的口腔扩张是把空气呼吸器官先前吸入的空气和来自环境的新鲜空气同时引进口腔内。再就是，肺的排空是由肺壁内的肌肉收缩、流体静力压作用及口腔扩张产生的负压等共同引起的弹性反冲作用所致。在下一步，口腔压缩，两颌和鳃盖顺序紧闭，驱使混合的空气进入肺内。多余的则由口，鳃盖或鼻孔排出体外 ［图 6.3（a）］（McMahon，1969；Brainerd，1994）。

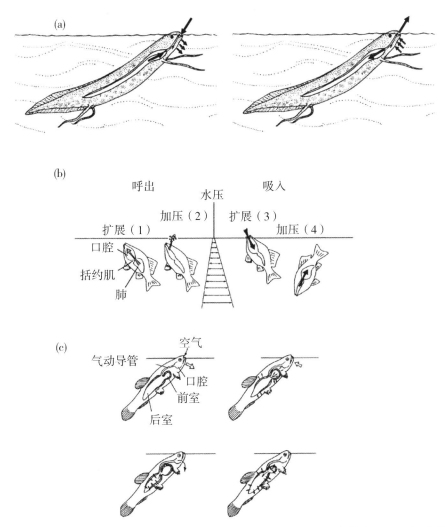

注：（a）肉鳍鱼类的 2 次搏击口腔泵；（b）大多数辐鳍鱼类的 4 次搏击泵；（c）单带红脂鲤（*Hoplerythrinus*）采用修饰的泵作用机理。（Randall et al.，1981；Kardong，2002）。

图 6.3　泵的作用机理

在总的趋势中有例外。一种淡水亚马孙鱼，单带红脂鲤（*Hoplerythrinus*）采用修饰的气鳔作为空气呼吸器官，它的括约肌将气鳔分为前室和后室。单带红脂鲤冲出水面把空气吞入口腔，沿着鳔管进入 ABO 的前室。括约肌接着关闭，让后室中已经利用的空气退出到口腔内并经鳃盖排出体外。然后，括约肌张开，前室的肌肉壁收缩，将新鲜空气送进血管化的后室 ［图 6.3（c）］（Randall et al.，1981）。由于和口腔、咽喉、鳃腔和鳃盖表面相关的构造已经进化发展到多种多样，在这些构造进行通气的总的进化趋势中出现例外情况亦就不足为奇了。这方面的详细论述已经超出了本章的范围，但我们可以查阅 Graham（1997）权威性著作。

另一个值得注意的例子是多鳍鱼（*Polypterus* 和 *Erpetoichthys*），它们利用肺排空的弹性反冲吸气呼吸（aspiration breathing）。这些鱼类的呼出由肺壁的收缩所驱动，这种收缩亦能使体壁变形。随后，肺壁肌肉放松，在肺内产生负的反冲压力，由硬鳞强化的皮肤和体壁加强了这种压力，从而对肺起到充氧的作用（Purser，1926；Brainerd et al.，1989）。对于夏眠的非洲肺鱼（*Protopterus*）（Lomholt et al.，1975）用肺和巨骨舌鱼（*Arapaima*）（Farrell and Randall，1978）用空气呼吸器官（ABO）进行抽吸方式充盈空气的说法还没有得到证实（Delaney and Fishman，1977；Greenwood and Liem，1984）。

6.5　血液循环的型式

水中呼吸鱼类的基本血液循环型式是单次的系列型式，在每个完整的循环周期中血液只流经心脏一次。按照这个循环路线，血液由心脏发出，进入鳃和身体各部分组织，然后回到心脏，因此，在回到心脏之前必须至少通过两个毛细血管床。可以意料的是，鱼类空气呼吸构造独立起源的多种多样变化必定会引起血液循环的多样性产业化。正如 Graham（1997）指出的，大多数的变化都是为了缓解单次血液循环所产生的三个基本问题。具有辅助空气呼吸器官的大多数鱼类，充氧的血离开空气呼吸器官后就进入总的静脉循环中（图 6.4、图 6.5）。这样，产生的第一个问题是充氧血和脱氧血混合引起的静脉混合血逆流而行（stemming）。第二个问题是这些混合的血再次进入鳃部，当鱼类在缺氧的水中进行空气呼吸时，氧气会从血液丢失到水中。解决这两个问题的一个途径是使全部空气呼吸器官有序地置于鳃和体循环之间，而这样的话，血液在回到心脏之前就需要流经三个毛细血管床。提高压力以充分抵消水流阻力是必然的，这将导致其自身的问题。可以设想这就是从所有空气呼吸器官出来的血都一律直接回到静脉循环中的原因，使我们回到第一个问题。详尽论述缓解这些问题的修饰变化超出了本章的范围，它们包括传入的动脉供给型式（血液可以直接从腹大动脉，从传入的或传出的鳃动脉，或者从后鳃的背大动脉输送到呼吸器官）和传出的静脉回流型式的修饰。Graham（1977）介绍了八种进入空气呼吸器官的传入的与传出的血液循环型式，并且指出由于上述问题的局限，在所有的情况下，都需要调节血流到空气呼吸器官，鳃和体循环，以增强气体交换，并使这些问题的影响降到最低。有关水中呼吸时血液流向鳃部的分路（shunting），空气呼吸时血液离开鳃而流向空气呼吸器官的作用机理，都已经在许多空气呼吸的辐鳍鱼类中被发现（Graham，1997）。

在这个发展趋势中，肺鱼类是明显的例外。对于肺鱼类，血液离开肺，经过独立分开的肺静脉直接回流心脏［图 6.2（b）］。在系统发生方面，左心房和右心房的分开首先出现在肺鱼类，从肺部形成分隔的肺循环。如下所述，虽然它们的心脏在解剖上没有完全分隔开，从肺部和体循环进入心脏的血液并不混合，而充氧的和脱氧的血流出心脏时是进入不同组合的主动脉弓。肺鱼类和其他硬骨鱼类一样，第一对咽裂退化，没有呼

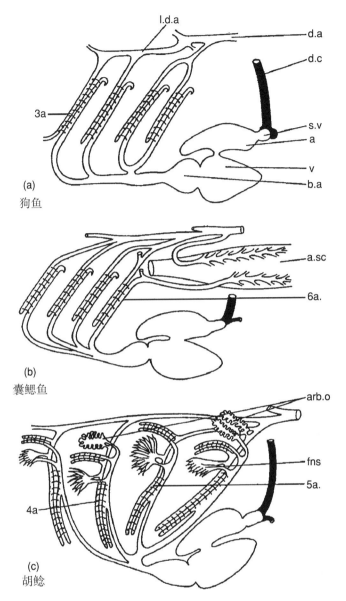

注:(a)为没有发生变化的水中呼吸鱼类——狗鱼(*Esox*);(b)(c)为两种水中呼吸鱼类,(b)为囊鳃鱼(*Saccobranchus*),(c)为胡鲇(*Clarias*)。缩写词:a,心房;arb.o,树枝状器官;a.sc.,气囊;b.a,动脉球;d.a,大动脉;d.c,居维叶导管;fns,扇状构造;l.d.a,外侧背大动脉;s.v,静脉窦;v,心室;3a、4a、5a、6a分别为第三、第四、第五、第六对主动脉弓。(Satchell,1976)

图6.4 鱼类鳃部血液循环图解(充氧血液回流到背大动脉)

吸功能。澳洲肺鱼(*Neoceratodus*)保留5对咽裂开口于功能完全的鳃部,由4对主动脉弓供给血液。非洲肺鱼(*Prototerus*)功能的鳃进一步退化,第三和第四对鳃完全消失,但它们的主动脉弓仍存留。所有的肺鱼类,最后主动脉弓的传出小动脉形成肺动脉,但通过短小的动脉导管(ductus arteriosus)保持着和背大动脉的联系[图6.2(b)]。从

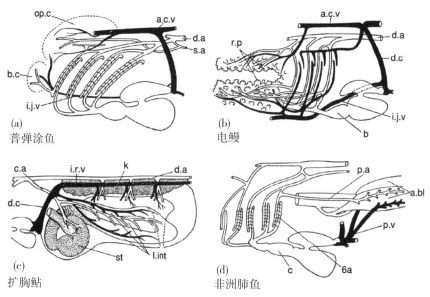

注：(a) 普弹涂鱼；(b) 电鳗；(c) 护胸鲇；(d) 非洲肺鱼。缩写词：a.bl，气鳔；a.c.v，前主静脉；b，动脉球；b.c，口腔；c，动脉圆锥；c.a，腹腔动脉；i.j.v，内颌静脉；i.r.v，肾间静脉；k，肾脏；l.int，肠内环；op.c，鳃盖腔；p.a，肺动脉；p.v，肺静脉；r.p，呼吸乳突；s.a，锁骨下动脉；st，胃。其他缩写词和图 6.4 相同。（Satchell，1976）

图 6.5 鱼类鳃部血液循环图解（充氧血液回流到中央静脉）

肺流回心脏的充氧血经过没有鳃的第三对和第四对鳃弓时分流，直接流到身体的组织中。从身体各部回流的静脉血经过后面的鳃弓（第五对和第六对）时分流，然后转入肺。除了充氧血优先的分流到前面的鳃弓之外，还有一些次级的作用机理，包括在鳃毛细血管基部和动脉导管的分流，将血流重新分配以进行水或空气呼吸（Johansen，1970；Deleney et al.，1974）。

6.6 心 泵

硬骨鱼类的心脏由四个基本的腔室组成，分别为静脉窦、心房、心室和动脉圆锥，在每个室之间有单向的瓣膜［图6.2（e）］。和其他的腔室一样，肌肉质的动脉圆锥能够收缩，起着辅助泵的作用，在心室舒张开始后帮助保持血液流入腹大动脉。在硬骨鱼类，第四个室是弹性而没有收缩能力的动脉球，它起着被动的弹性储存池作用，在心室舒张时保持血液流入腹大动脉。肺鱼类的心脏是由这个基本的结构修饰而成的。静脉窦仍然是接收从体循环流回来的血液。但是，单个的心房由一个内房隔部分的将它分隔开，形成右的和左的心房。澳洲肺鱼（Neoceratodus）的肺静脉将血液从肺流回，和身体各部流回的血液一样在静脉窦内排空。非洲肺鱼（Prototerus）和南美肺鱼（Lepidosiren）的肺静脉直接进入左心房内排空［图6.2（f）］。这些鱼类没有房室瓣，而是有一个房室活塞，心室亦由一个心室间瓣部分的分隔开。在肺鱼类当中，美洲肺鱼心房和心室内在的左右分隔程度最大,而澳洲肺鱼最小。心室间瓣、房室活塞及心房间隔等一起形成通过心脏的内通道,从而将从身体和肺回流的血液部分的分隔开。动脉圆锥内的螺旋瓣膜亦有助于分开这两种血流[图6.2(f)]。从肺回流的充氧,进入左通道而从身体各部回流的脱氧血进入右通道,然后这两个血流都从动脉圆锥流出来,分别流进不同组合的主动脉弓(Kardong,2002)。

6.7 心搏呼吸的调控

呼吸作为一种条件节律,由位于脑干内的中枢呼吸节律发生器产生。呼吸节律发生器在阈下水平起作用,需要一些外在的(有倾向性的)输入使其输出提高到一个阈值之上并且表达,进而激发呼吸运动神经元/神经的活性,控制呼吸肌肉而产生呼吸活动(Richter,1982;Ballintijn and Juch,1984;Feldman et al.,1990)。有一些较为普遍的有倾向性的输入调节,由化学感受器感受水中和血液中 O_2 与 CO_2/pH 水平的呼吸节律,机械感受器监测呼吸器官的延伸或置换,而在较高的脑中枢,至少是在哺乳类,可以通过兴奋和睡眠状态影响呼吸。

如前所述,在热带经常出现的低氧和无氧状况已经形成一系列值得关注的具有特化循环通道的呼吸器官,以开拓利用水和空气作为呼吸介质。这些呼吸器官的通气和扩散必需紧密地控制;在采取不同呼吸策略当中,还不清楚呼吸调控系统差别的程度是怎样的,以及在热带鱼类和温带、极地等的鱼类相比较,呼吸调控是否存在差别。一方面,由于呼吸的根本重要性,可以合乎情理地设想呼吸调控系统不仅在世界不同区域的各种不同的鱼类当中,甚至在整个脊椎动物当中,都是相似的;另一方面,热带鱼类出现许多不同的呼吸器官和呼吸策略,亦可以合理的设想存在着一系列不同的呼吸调控作用机理,反映了进化发展的多样性及从水栖生活向陆栖生活的进化过渡(Ultsch,1996)。

鱼类由位于鳃弓和口-鳃腔的外周化学感受器和机械感受器产生和呼吸相关的传入输入(Burleson et al.,1992;Perry and Gilmour,2002;Sundin and Nilsson,2002)。其他的传入可以称为一般性的传入和输入,而不是特异性的呼吸相关的反馈作用,亦能影响呼吸,特别是呼吸型式(Reid et al.,2003)。可论证的是,在热带和非热带鱼类,调控呼吸的最重要外界因子是环境内(水和/或空气)的 O_2 水平,其次是 PH/CO_2 水平,以及随后动脉血和/或脑脊液(CSF)内的 O_2 水平和 pH/CO_2 水平。由此,本章关于心搏呼吸调控系统的讨论,主要内容将着重热带鱼类化学感受器的作用,一系列综述已经总结了当今有关 O_2 和 pH/CO_2 化学感受器调控鱼类心搏呼吸作用的研究成果(Smatresk,1988;Perry and Wood,1989;Burleson et al.,1992;Milsom,1995,1996,2002;Graham,1997;Gilmour,2001;Remmers et al.,2001;Perry and Gilmour,2002)。至今主要的研究是阐述温带鱼类心搏呼吸作用调控的作用机理,而对热带鱼类化学感受器相关心搏呼吸功能的研究正在不断增长。不同类群的化学感受器在心搏呼吸调控中的相对作用在不同的鱼类中是高度变异的。在最大程度上,这种变异性已经防止建立一种试图解析化学感受器介导鱼类呼吸调控及这些系统进化的全面完成而又让目的论者满意的模式。

Milsom（1996）提出一系列有关化学感受器在热带鱼类心搏呼吸调控作用中的问题，它们多半还未能解答。这些问题包括：①鱼类具有 O_2 的中枢化学感受器吗？②所有鱼类都具有水感受的（外在定向的）和血液感受的（内在定向的）O_2 化学感受器吗？如果有的话，它们存在于所有的鳃弓吗？③鳃的 O_2 化学感受器经常引起心血管的和通氧的反应吗？④从鳃的 O_2 化学感受器发出的传入纤维是否包含在不同的神经内？⑤O_2 化学感受器还存在于鱼类身体的那些部分？⑥O_2 化学感受器的输入在 O_2 - 随变者和双模式（水和空气）呼吸者中如何转化？⑦鱼类是否具有 pH/CO_2 化学感受器？如果有，它们定位在哪里？这些问题获得清晰的回答之前，将不可能出现一个热带或者其他地带鱼类呼吸调控的单个模型，用以令人满意的解析从大量种类中得到的所有数据资料。

尽管本章的论述着重于数量有限的热带鱼类调控系统的研究，但亦适当的包括温带鱼类，特别是空气呼吸鱼类（Graham，1997）的研究事例。我们都认识到在各种鱼类当中存在着变异性，但目前还没有一个模式能够恰当的解析这些鱼类的心搏呼吸调控，本章将尽可能着重于普遍化（generalization），以便阐明热带鱼类心搏呼吸调控的最重要方面。此外，我们论述将着重于在诸如低氧（低的环境 O_2）和高碳酸（高的环境 CO_2）的挑战中调节心搏呼吸变化的作用机理。

6.7.1 水呼吸鱼类

6.7.1.1 水呼吸鱼类的外周化学感受器

热带和温带鱼类外周 O_2 和 pH/CO_2 化学感受器的主要位置是在鳃和口 - 鳃腔。热带鱼类的外周化学感受器既能内在定向和监测血液中的 O_2、CO_2 和 pH 水平，亦能外在定向和监测水中 O_2、CO_2 和 pH 的变化（Smatresk，1988；Burleson et al.，1992；Sundin et al.，1999，2000；Rantin et al.，2002；Milsom et al.，2002；Florindo et al.，2002；Reid et al.，2000，2003）。在鳃弓上的化学感受器由第九对脑神经（吞咽神经）和/或第十对脑神经（迷走神经）的分枝支配，而在口 - 鳃腔的化学感受器由第五对脑神经（三叉神经）和/或第七对脑神经（面神经）的分枝支配（图 6.6）（Milsom et al.，2002）。

鱼的鳃和呼吸器官含有由交感 - 肾上腺谱系衍生的嗜铬细胞样的神经内分泌（神经上皮）细胞（neuroepithelial cells，NEC）（Zaccone et al.，1997；Sundin and Nilsson，2002）。这些细胞，或者至少它们的一个群体，很可能是外周的化学感受器，是哺乳类/鸟类颈动脉体和两栖类/爬行类颈动脉迷路和主动脉弓感受 O_2 的球细胞的类似物。最近的研究证明，两种温带鱼类——斑点鲖（*Ictalurus punctatus*）和斑马鱼（*Danio rerio*）鳃中的 NEC 显示 O_2 敏感的 K^+ 电流（Barleson，2002；Jonz and Nurser，2002），而这是在低氧时哺乳类 O_2 - 敏感细胞引起呼吸反射的标志。从外周化学感受器细胞发出的传入神经纤维到达脑干内的感觉核。Taylor 等的综述（1999，2001）详细阐明脊椎动物，包

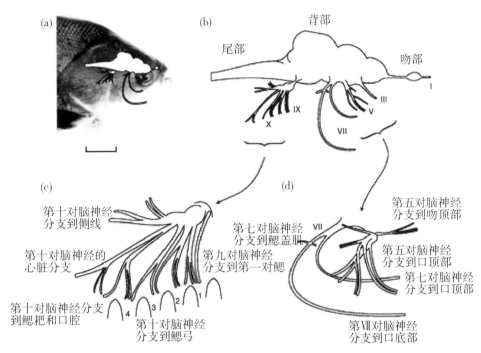

注：(a) 和鱼外部解剖相关的神经定位；(b) 各个脑神经根起源的放大图示；(c)、(d) 第五对、第七对、第九对和第十对脑神经分支的详细图示。(Milsom et al.，2002)。

图6.6 脑神经根发出神经分布于巨脂鲤（Tambaqui）的鳃和口-鳃腔的化学感受器

括水-呼吸和空气呼吸鱼类的心搏呼吸功能中枢调控的神经解剖学基础。

外周化学感受器的定位（即鳃和口-鳃腔），分布（即鳃弓）和刺激感觉模式（即 O_2、CO_2 或 pH）已经在一些温带鱼类中阐明（Burleson et al.，1992；Perry and Gilmour，2002）。在这些研究的基础上，目前普遍认为血液感受的（内在的）和水中感受的（外在的）化学感受器群体在环境处于低氧时调节呼吸作用增强，而如同在下一小节中阐述的，水中感受的化学感受器启动对低氧的心血管反应。高碳酸通气反应的化学感受器官调控是比较复杂的，将在下一小节中论述。(Gilmour，2001)。

6.7.1.2 低氧的通气反应

热带鱼类的低氧通气反应，包括呼吸频率和呼吸振幅的增加（Milsom，1996）。低氧通气反应的总量度受到一些因素影响，诸如低氧耐性（Rantin et al.，1992，1993）、鳃表面积（Fernandes et al.，1994；Severi et al.，1997）、体重（Kalinin et al.，1993）、活动水平（De Salvo Souza et al.，2001）和环境温度（Fernandes and Rantin，1989）。在低氧时，虽然大多数鱼类开始增强呼吸，而为了保持 O_2 的摄取（即它们是 O_2 的调节者），许多鱼类有一个临界的 O_2 阈值，低于这个阈值，不管通气的水平如何，水中的 O_2 的分压（Pw_{O_2}）都不足以保持 O_2 的摄取。这时，鱼成为氧的随变者，血液的 O_2 水平和代谢降低。

在去神经的实验中，切断分布在口-鳃腔的第五对和第七对脑神经的分支及分布在鳃的第九对和第十对脑神经的分支（图6.6），并且结合注射化学感受器的刺激剂氰化钠（NaCN）到鳃循环和/或吸入的水中，已经揭示 2 种热带鱼和呼吸相关的外周化学感受器的分布和刺激模式（stimulus modality）。虎利齿脂鲤（traira）在低氧时，呼吸频率增加主要由位于所有鳃弓上第九对和第十对脑神经的支配的外在 O_2 受体所启动，而呼吸振幅的增加由鳃外的 O_2 化学感受器引起（Sundin et al.，1999）。在巨脂鲤（tambaqui），低氧通气反应的频率成分由所有鳃弓上内在与外在的 O_2 受体启动，而呼吸振幅的增加由鳃外的化学感受器引起（Sundin et al.，2000）。Milsom 等（2002）证明巨脂鲤的鳃外受体位于口-鳃腔内，由三叉神经（第五对脑神经）和面神经（第七对脑神经）的神经支配。

Sundin 等（1999）还报道虎利齿脂鲤的鳃外第一对鳃弓上 2 个水感受的 O_2 化学感受器群体在低氧时抑制通气作用。其中一群化学感受器由第九对脑神经支配，在低氧时抑制呼吸振幅增加；而第二群化学感受器由第十对脑神经的鳃前枝支配，抑制呼吸频率的增加。Burleson 和 Smatresk（1990）在斑点鮰观察到类似的现象。

在虎利齿脂鲤的研究中，当水的 P_{O_2} 分别达到 80 Torr 和 60 Torr 时，呼吸频率和呼吸振幅开始增加；而对于巨脂鲤，当水的 P_{O_2} 接近 120 Torr 时，呼吸频率和呼吸振幅才开始增加。在最近对低氧的虎利齿脂鲤研究中（Perry et al.，2004），当它们处在水中 Pw_{O_2} 为 60～80 Torr 时，动脉 P_{O_2}（Pa_{O_2}）水平下降到 40～60 Torr。以这项研究得到的在体 O_2 平衡曲线为基础，虎利齿脂鲤的 p50 大约是 8.5 Torr。这样，虎利齿脂鲤处在 P_{O_2} 为 60～80 Torr 的低氧水中时未必会改变正常氧气水平的 O_2-血红蛋白饱和度。对巨脂鲤研究（Brauner et al.，2001）报道 2.4 Torr 的 p50 值，表明这种鱼对低氧的高度耐性。显然，虎利齿脂鲤和巨脂鲤在低氧条件下，当 Pa_{O_2} 下降而动脉 O_2 含量仍保持升高时，就开始增强通气作用。这些研究表明由内在定向的化学感受器介导的通气增强是由动脉 P_{O_2} 的降低而不是动脉 O_2 含量的降低所引起。

6.7.1.3 低氧的心血管反应

心血管系统的主要功能是转运物质到细胞或者从细胞把物质转运出来。因此，调节心血管系统尽可能减少能量耗费及使呼吸器官最大限度地摄取氧气对鱼类是非常重要的。当处于低氧状况时，水呼吸鱼类鳃中发生血流动力学的变化是为了能够最大限度地进行气体交换，而这些取决于改变心脏活动状态和调整身体的与鳃的血管阻力所造成的水流和压力的变化。

1. 全身的反应

鱼类对低氧的一般反应是心脏活动缓慢，即低氧的心动过缓（hypoxic bradycardia）。心率降低可以反射性地由胆碱能的迷走心动抑制纤维引起（Smith and Jones，1978；Fritsche and Nilsson，1989；Barleson and Smatresk，1990），或者，如果接着发生的血氧过少（低氧血）足够严重，可以由心肌细胞的直接作用引起（Rantin et al.，1993）。

在耐低氧的鱼类，如虎利齿脂鲤（*Hoplias malabaricus*），缓慢分级的低氧并不会产生持续的心动过缓，直到水的氧张力下降到 20 mmHg 以下；而相近的耐低氧稍差的另一种利齿脂鲤（*Hoplias lacerdae*），在 35 mmHg 时就出现心动过缓（Rantin et al.，

1993）。一种不耐低氧的鱼—大颚小脂鲤（dourado，*Salminus maxillosus*）（De Salvo Souza et al.，2001），在 Pw_{O_2} 为 70 mmHg 时就出现心动过缓。水的氧张力引起心率的持续降低是和临界 P_{O_2} 相一致的；这时，代谢率亦开始下降，而且心肌对低氧的敏感性出现差别，它和每种鱼类对生境和生活方式的选择是相一致的（Rantin et al.，1993；De Salvo Souza et al.，2001）。如果低氧急剧发展，虎利齿脂鲤（Sundin et al.，1999）和巨脂鲤（*Colossoma macropomum*）（Sundin et al.，2000）在 P_{O_2} 大约为 100 mmHg 时就出现心率的反射性降低。对虎利齿脂鲤和巨脂鲤进行选择性鳃神经分支的去神经研究，证明由急剧发生低氧所引起的心动过缓是由第九对和第十对脑神经支配的鳃氧受体反射性介导的（Sundin et al.，1999，2000；图 6.7）。这些受体（在至今研究过的所有 6 种鱼）都是外在定向与监测呼吸水体的（Milsom et al.，Sundin et al.，1999），虎利齿脂鲤是个例外。然而，大多数研究并非试图去说明（采用阿托品或者去神经）分级低氧引起的心动过缓是否有氧气受体参与，或者是心血氧过少（hypoxemia）直接的结果。

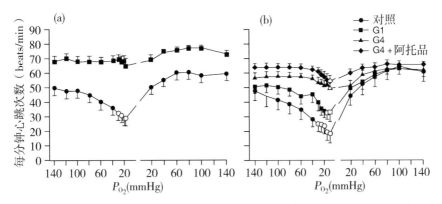

注：(a) 虎利齿脂鲤（*Hoplias malabaricus*）；(b) 巨脂鲤（*Colossoma macropomum*）。实心圆圈表示正常的鱼（对照），没有进行去鳃神经的手术。方块表示鱼第一对鳃弓的第九对脑神经分枝和第十对脑神经的鳃前分枝被切断（G1）。三角形表示鱼分布在所有 4 个鳃弓的第九对脑神经分枝和第十对脑神经的鳃分枝都被切断（G4）。菱形表示 G4 的鱼用阿托品进行预先处理（G4 + 阿托品）。注意：虎利齿脂鲤的低氧心动过缓在第一对鳃弓（G1）的去神经后就已经被排除，而巨脂鲤一直保留，直到所有 4 个鳃弓（G4）都去神经后才被排除。阿托品是用来证实巨脂鲤 G4 组心率降低是血氧过少对心肌细胞的直接作用，和神经传递无头。空心圆圈表示和开始数值相比，有显著差别（Sundin et al.，1999，2000）。

图 6.7　虎利齿脂鲤和巨脂鲤对急剧低氧的心率反应和恢复情况

低氧心动过缓的适应意义还没有确定，延长的心脏充盈时间可能不会减轻心脏的能量消费，腹大动脉较低的舒张压使心肌本身较有效能地进行 O_2 提取（Farrell et al.，1989）。在这方面值得注意的是，巨脂鲤瞬间暴露于略低于其临界 P_{O_2} 张力 22 mmHg 的低氧状况（20 mmHg/h）下，在心率回复到低氧前的状态之前，心动过缓只保持 60 min（Randall and Kalinin，1994）。这意味着这种鱼类的心脏在其临界氧张力之下功能仍然良好，只是暂时需要心率降低可能产生的有利作用。同样令人感兴趣的是，鱼类胚胎和发育早期的幼鱼，甚至在严重的低氧情况下也不出现心动过缓（Holeton，1971；Barrionuevo and Burggren，1999）。

伴随着低氧心动过缓的是全身血管阻力升高。取决于外周血管收缩的量度，这可能导致血压升高，保持血液的稳压（如同巨脂鲤；Sundin et al.，2000），或者轻微的低血压（如同虎利齿脂鲤；Sundin et al.，1999）。全身血管阻力的反射性升高似乎是肾上腺素能的调控（Fritsche and Nilsson，1990；Wood and Shelton，1980），而血管反射的化学感受器调控还包括鳃外的部位。

2. 鳃的反应

尽管阐述热带鱼类对环境低氧的鳃血管反应的资料还不多，它们和在温带鱼类中观察到的反应不会有多大的差别。通常，鱼类对低氧反应所产生的鳃血管的血管运动变化主要是增大呼吸表面积和增强 O_2 摄取。低氧使虹鳟在体的鳃血管阻力增加（Holeton and Randall，1967；Sundin and Nilsson，1997），亦使虹鳟和大西洋鳕鱼游离灌注的头部鳃血管阻力增加（Ristori and Laurent，1977；Pettersson and Johansen，1982）。对体鳃微血管的视觉观察表明低氧使虹鳟的近端出鳃丝动脉产生反射性的胆碱能收缩（Sundin and Nilsson，1997），增加灌注压力，进而促进鳃瓣募集（Booth，1978），以及鳃瓣层流动（Farrell et al.，1980）。如果反射性心动过缓为每搏输出量伴随性的升高所补偿（Fritsche and Nilsson，1989；Sundin，1995；Wood and Shelton，1980），脉搏压接着升高亦会募集之前没有灌注的鳃瓣（Farrell et al.，1980）。降低的心脏频率通过增加血液在次级鳃瓣的平衡时间可能亦会增强 O_2 摄取（Holeton and Randall，1967）。这些血流动力学变动的总和必将增强水流经过鳃的 O_2 摄取。

水中低氧对于血液循环中儿茶酚胺的释放亦是一种潜在的刺激。在体和离体使用肾上腺素都能增强鳃的 O_2 摄取（Perry and Reid，1992；Randall and Perry，1992；Reid et al.，1998），其中包含 α-肾上腺素受体介导远端次级鳃瓣的收缩和 β-肾上腺素介导近端次级鳃瓣的扩张。这些作用能增加次级鳃瓣的呼吸表面积，从而增强气体交换（Nilsson，1984；Nilsson and Sundin，1998；Sundin and Nilsson，2002）。

此外，对下口鲇（*Hypostomus plecostomus*）的研究已表明平滑的和横纹的鳃弓连肌收缩能影响到鳃瓣之间互连隔区内的动脉系统，从而改变鳃丝顶端的灌注压力，并有助于鳃瓣的募集（Fernandes and Perna，1995）。

鳃内复杂的微血管亦能使血液从输入的或输出的鳃动脉分流而进入鳃丝中央的静脉系统内：在这种情况下，从出鳃动脉出来的分流血，如同在不能耐受低氧的鳟鱼所观察到的那样（Sundin and Nilsson，1997），能够给位于靠近中央静脉系统（CVS）的需要能量的氯细胞以 O_2 和营养物质。来自鳃动脉的分流血，如同在能耐受低氧的斑点长尾须鲨（*Hemiscyllium ocellatum*）（生活在有时为低氧条件的澳大利亚东北部的礁平台；K-O. Stens-Lokken, L. Sundin, G. Renshaw and G. E. Nilsson，未发表的观察报告，见第12章）所观察到的，能使"静脉的"血从心脏出来绕道经过次级鳃瓣的呼吸单元。这样就可以防止在极端低氧的情况下氧气从血液丢失到水中，对空气呼吸鱼类是特别重要的。

6.7.1.4 碳酸过高的通气反应

如同在环境的低氧中那样，大多数水-呼吸鱼类处于碳酸过高（水 P_{CO_2}；Pw_{CO_2} 升高）的水中，亦会引起呼吸增加（Gilmour，2001；Remmers et al.，2001；Milsom，2002）。最近对热带和温带鱼类的研究结果表明环境中的 CO_2 能直接刺激鱼类的呼吸，而不是通过由 Bohr 和 Root 效应介导的影响血液 O_2 含量的间接作用（Perry and Wood，1989）。

去神经的研究证明虎利齿脂鲤（traira）在碳酸过高的水中引起呼吸频率增加的化学感受器是定位在所有的鳃弓上。鳃外的化学感受器亦参与呼吸振幅的增加（Reid et al.，2000）。对于巨脂鲤（tambagui），当水中碳酸过高时通气率的增加是由所有鳃弓上的化学感受器介导的，但通气振幅并不增加（Sundin et al.，2000）。值得注意的是，在大脑切除使呼吸增加部分恢复而接着去鳃神经的巨脂鲤表明存在着嗅觉的化学感受器，它们能在暴露于 CO_2 的情况下抑制呼吸活动（Milsom et al.，2002）。在南美肺鱼（*Lepidosiren paradoxa*）（Sanchez and Glass，2001）和其他脊椎动物中（Coates，2001）亦曾报道抑制呼吸的 CO_2 化学感受器。

对于虎利齿脂鲤和巨脂鲤，注射 HCl 到吸入的水中或者鳃循环内并不引起呼吸的或心血管的任何反应。这表明在碳酸过高水中引起心搏呼吸反射的化学感受器对水中或者血液的 CO_2 敏感，而对 pH 的变化没有反应。然而，这并不排除激活化学感受体的最终刺激而引起化学感受器细胞内的 pH 变化。确实，这种解释是和现今哺乳类颈动脉体内 pH/CO_2 感受的细胞作用机理相一致的（Gonzalez et al.，1994）。

在对巨脂鲤进行的一系列实验中（Perry et al.，2004），采用体外的血环（biood loop）测定血液的气体水平，实验试图确定对 CO_2 的通气反应是由内在的（血液）还是外在的（水）的定向受体所引起。在动脉内注射一种碳酸酐酶抑制剂，乙酰唑磺胺（acetazolamide），引起 CO_2 在动脉血中大量滞留，没有伴随着通气增强。另外，处在碳酸过高的水中（5% CO_2 平衡的水）引起呼吸明显增加。再者，如果碳酸过高的水迅速地为空气平衡的正常碳酸水所取代，呼吸就立即回复到静止水平，尽管动脉的 P_{CO_2} 还保持升高一段时间。研究结果表明巨脂鲤对 CO_2 的通气反应是由外在的（水感受的）CO_2 化学感受器而不是内在的血液感受的受体所介导。另外，使用酸性的、碱性的、低氧的、高氧的和高碳酸的生理盐水灌注脑部以试图改变通气活动，结果都没有产生作用，表明这种鱼类没有中枢化学感受器（Milson et al.，2002）。

考虑到在碳酸过高水中，鱼类呼吸增加是由 Bohr 与 Root 效应对 O_2-血红蛋白结合的作用使动脉 O_2 含量减少所引起的（Perry and Wood，1989）。对虎利齿脂鲤和巨脂鲤研究的结果表明，在碳酸过高的水中，当不受血液 O_2 含量变化的影响时，特异性 pH/CO_2 化学感受器能引起呼吸增加和心血管的反射作用（Gilmour，2001）。这和最近对温带鱼类如虹鳟和太平洋鲑鱼的研究结果是一致的（McKendry and Perry，2001；McKendry et al.，2001）。

6.7.1.5 碳酸过高的心血管反应

1. 全身的反应

硬骨鱼类［虎利齿脂鲤（Reid et al., 2000）、巨脂鲤（Sundin et al., 2000）、鳟鱼（Perry et al., 1999）和板鳃鱼类（Kent and Peirce Ⅱ, 1978; McKendry et al., 2001）］对水中碳酸过高（外在的高碳酸血症）的一般反应是心动过缓。这和对低氧的反应只是表面的相似，以虎利齿脂鲤和巨脂鲤鳃神经的选择性去神经的研究结果做对比，可以显示一些差别。例如，巨脂鲤引起碳酸过高的心动过缓的受体定位在第一对鳃弓，而引起低氧心动过缓的受体则分布在所有的鳃弓上（Sundin et al., 2000）。相反，对于虎利齿脂鲤，介导碳酸过高的心动过缓的受体大多数定位在所有的鳃弓上（Reid et al., 2000），而引起低氧心动过缓的受体只分布在第一对鳃弓上（Sundin et al., 1999）。斑点鲴处在低氧时表现极度的心动过缓，但对高碳酸血症的酸中毒没有任何心血管反应。综合这些研究结果可以说明参与介导低氧和碳酸过高反应的受体是不同的。

提高外界环境的 CO_2 水平使巨脂鲤（Sundin et al., 2000）和鳟鱼（Perry et al., 1999）的血压升高，但使虎利齿脂鲤（Reid et al., 2000）和鲨鱼（McKendry et al., 2001）的血压降低。鳟鱼的高血压是 α-肾上腺素受体介导血管收缩的结果（Perry et al., 1999）。虎利齿脂鲤轻微的低血压可能是由身体血管收缩的主动性抑制作用所引起，而这种血管收缩源自第一对鳃弓的受体受到刺激（Reid et al., 2000）。这和这种鱼类在环境低氧时，观察到第一对鳃弓上是阻抑低氧呼吸反应的抑制性信号位点的结果相一致（Sundin et al., 1999）。鲨鱼的血管变化是由于胆碱性能作用（McKendry et al., 2001）的结果。

鱼类对碳酸过高的心血管反应的生理学意义还不很清楚，尽管大家都认为它们能够增强气体的转移（Perry et al., 1999）。

2. 鳃的反应

水中碳酸过高使鲨鱼鳃的阻力增加（Kent and Peirce Ⅱ, 1978），但对鳟鱼鳃的阻力没有影响（Perry et al., 1999）。

6.7.1.6 水呼吸鱼类的呼吸型式形成

最近已经阐明巨脂鲤的呼吸型式连续体（continuum），其范围从有规则的连续呼吸到频率循环交替（连续的呼吸出现快和慢的循环交替），到传统的阵发式呼吸（呼吸为没有主动通气的时期分隔开），最后是没有呼吸或呼吸暂停时期（Reid et al., 2003）。图6.8展示巨脂鲤频率循环交替和阵发式呼吸的例子。呼吸型式连续体的位置在任何的一定时间都受到化学感受器（O_2 和 pH/CO_2）活动的影响，亦可能受到鳃的机械感受器和非呼吸相关的传入迷走交通输入的影响。此外，调节呼吸型式的 O_2 和 pH/CO_2 化学感受器已经显示不受通气总体水平的影响，即不受呼吸频率和呼吸振幅变化的影响。

小头五指岩鳕（*Ciliata mustela*）是一种温带的潮间带鱼类，通常生活在欧洲的北海沿岸，具有一种新奇的化学感受系统，能调节呼吸的总体水平和呼吸型式。这种鱼的前背鳍由小鳍条缘膜组成，含有大约500万个次级感觉细胞，称为孤立化学感觉细胞（solitary

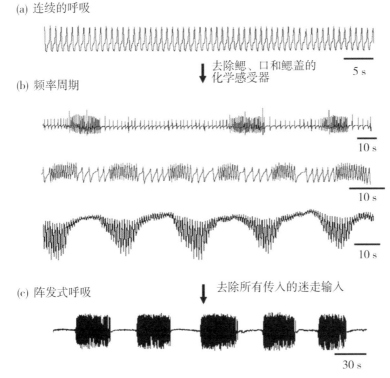

注：(a) 连续的呼吸；(b) 频率循环交替的三个例子；(c) 阵发式呼吸。(Reid et al., 2003)

图 6.8　在大脑切除、脊髓切断和人工通气的巨脂鲤观察的呼吸型式例子

chemosensory cell，SCC)（Kotrschal et al.，1993)。这些细胞能感觉其他鱼类的身体黏液。这些细胞受到刺激能引起呼吸停止，接着呼吸型式失调，呼吸率完全降低 (Kotrschal et al., 1993)。至今，已经在七鳃鳗、鲂鮄和岩鳕检测到这种细胞。这种 SCCA 是否在许多鱼类中起着调控呼吸的作用还不清楚。可能的是，在巨脂鲤修饰呼吸型式的非特异性传入的迷走交通支 (Reid et al., 2003) 是来自和 SCC 相似的某些外在因素。

虽然对温带鱼类机械感受器在呼吸调控中的作用已经进行了许多研究 (De Graff and Ballintijn, 1987; De Graff et al., 1987; Burleson et al., 1992)，但对热带水呼吸鱼类还未曾做过类似的研究。

6.7.1.7　水表面的呼吸

在环境的低氧处于中等到严重的状态中，一些水呼吸的热带和温带鱼类进行水表面呼吸 (aquatic surface respiration, ASR)。这包括在良好充氧的水表层分液滑动 (skimming) 经过鳃部 (Kramer and McClure, 1982)。有些鱼类对于 ASR 没有特殊的适应，但另一些鱼类［如亚马孙鱼类巨脂鲤 (*Colossoma macropomum*) 和银四齿脂鲤 (*Mylossoma duriventris*)，非洲鱼类罗非鱼 (*Oreochromis alcalicus*) 和非洲鲤科鱼类鲃鱼 (*Barbus neumayeri*)］形成膨胀的下唇，起着漏斗的作用将外面水引导到鳃中。生活在缺氧的稠密莎草沼泽中的鲃鱼和生活在良好充氧溪流中的同种鱼类相比，ASR 的氧阈值要低些 (Olowo and Chapman, 1996)。除了进行 ASR，非洲马加底湖 (Lake Magadi) 的罗非鱼在严重低氧的情况下亦进行空气呼吸（Narahara et al.，1996）。

有些鱼类，如澳洲鰕虎鱼（Gee and Gee，1991）和新西兰的黑新乳鱼（*Neochanna diversus* Stokell；McPhail，1999），利用一种保持在口腔内的空气气泡进行水表面呼吸。这种"口腔气泡"起着两个主要的呼吸功能。其一，它能增强水即将到达鳃之前的氧含作用（Burggren，1982；Gee and Gee，1991；Thompson and Withers，2002）；其二，它起流体静力的作用，帮助头部位置处在水的表层以促进有效的分液滑动。Gee 和 Gee（1995）证明口腔空气气泡在几种澳大利亚鰕虎鱼帮助提升头部和身体的作用（图6.9）。此外，这些作者推想 ASR 及进行 ASR 时口腔空气气泡具有的浮力调节作用是这些鱼类空气呼吸进化过程中的关键。

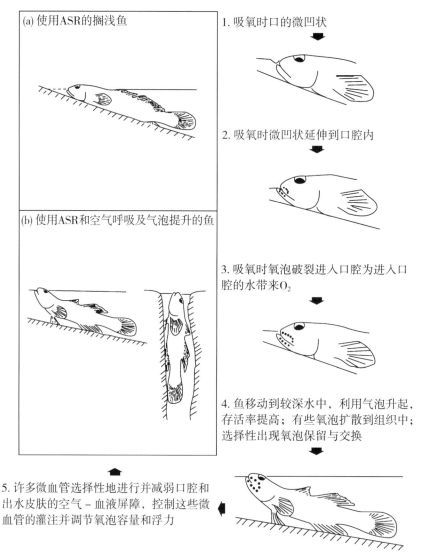

注：引自 Gee 和 Gee，*J. Exp. Biol.*，1995，198，79-89。经 Company of Biologists Ltd 准许后复制。

图6.9　鰕虎鱼在水表面呼吸或空中呼吸时口腔的空气气泡起着流体静力压的提升作用

Rantin 等（1998）报道一种肥脂鲤（pacu，*Piaractus mesopotamicus*）在水 P_{O_2} 低于 34 Torr 时就开始进行水表面呼吸，而如果不让鱼类进入水表面就会出现明显的低氧心动过缓情况。Rantin 和 Kalinin（1996）证明巨脂鲤在水 P_{O_2} 下降到 50 Torr 时开始进行水表面呼吸。根据 Kramer 和 McClure（1982）的报道，水 P_{O_2} 降低到 8～24 Torr 时，他们研究的 31 种热带鱼中有 29 种花费 50%～90% 的时间进行水表面呼吸。这些数学和 Gee 等（1978）报道的相似，他观察了 26 种温带鱼，其中 22 种进行水表面呼吸。

对巨脂鲤动脉内注射肾上腺素并不影响唇部膨胀（Moura，1994）。Sundin 等（2000）证明将巨脂鲤完全去神经后鳃变小，但不影响下唇膨胀，亦不会阻止鱼进行水表面呼吸（Sundin et al.，2000；Rantin et al.，2002）。Florindo 等（2002）将巨脂鲤支配口-鳃腔的第五对和第七对脑神经切断，在严重的低氧情况下，并不影响膨胀下唇的发育。另外，单独去掉第五对脑神经可以阻止鱼进行水表呼吸。这表明水表面呼吸是依赖于口-鳃腔内由第五对脑神经支配的 O_2 化学感受器的刺激作用，而唇部的膨胀则不是这样的。虽然 Sundin 等（2000）的研究结果表明由第九和第十对脑神经支配的鳃 O_2 受体的刺激作用是引起唇部膨胀的部分原因，而其他的因素（如内分泌和旁分泌），不包括从第五对和第七对脑神经的化学感受器输入，亦都必定会参与。

6.7.1.8 血液循环的儿茶酚胺会影响热带鱼类呼吸吗？

尽管儿茶酚胺对调控鱼类呼吸的作用还有争论（Randall and Taylor，1991），目前的证据都表明血液循环的儿茶酚胺对呼吸并不产生兴奋性的影响（Perry et al.，1992）。Milsom 等（2002）给巨脂鲤动脉内注射肾上腺素，观察到呼吸频率、呼吸振幅和总体通气作用呈现剂量依存的下降。采用索他洛尔（Sotalol，一种 β-肾上腺素受体拮抗物）做预处理，能消除肾上腺素引起的呼吸频率下降，但不影响呼吸振幅的降低。索他洛尔的处理亦影响到低氧通氧反应的频率组成，在较低的水 P_{O_2} 时呼吸频率达到峰值，和非索他洛尔处理的鱼相比，在严重的低氧情况下呼吸频率确实下降（Milsom et al.，2002）。研究结果并不支持血液循环的儿茶酚胺在低氧通气反应中的兴奋性作用，亦不清楚在那里注射儿茶酚胺能产生对它们的影响。采用肾上腺素灌注巨脂鲤的脑，加入和不加入索他洛尔同时灌注，对大脑切除、脊髓切断和人工的通气制品的呼吸产生了混合性的影响（Reid，Sundin and Milson，未发表的观察结果）。

6.7.1.9 总结：水-呼吸鱼类

热带水-呼吸鱼类的呼吸调控模式看来和温带水-呼吸鱼类是相似的。我们对虎利齿脂鲤和巨脂鲤的研究没有得到一个热带鱼类呼吸调控的统一完整的模式，但亦揭示了它们出乎意料的复杂程度。尽管这会产生一定程度的挫折感，而形形色色的受体作用和构型存在于如此丰富多样的鱼类类群当中是不会令人惊奇的。

6.7.2 空气呼吸鱼类

这一节主要着重于化学感受器刺激的反应，尽管它们并不是热带空气呼吸鱼类心搏呼吸调控中起关键作用的唯一因素。无疑，在热带环境中水中氧含量的日周期和季节周期变动对空气呼吸策略的多样性和热带鱼类空气呼吸的进化起了很大作用。然而，环境的季节节律未必在通气的调控中起重要作用，而对呼吸挑战的反应往往不受水中 O_2 水平变化的影响。因此，Maheshwari 等（1999）报道，将囊鳃鲇（*Heteropneustes fossilis*）和蟾胡鲇（*Clarias batrachus*）保持在实验室的恒定条件下（包括 Pw_{O_2}）15 个月，在夏季（其正常的特征是环境的 O_2 水平降低）和在相当于强烈的生殖活动时期（水中 O_2 水平正常饱和的时间），空气呼吸的频率增加。这些研究结果表明内源的季节性节律能影响热带鱼类的空气呼吸，而和水中 O_2 水平无关。环境灾害，例如原油泄漏，亦能影响空气呼吸，正如 Brauner 等（1999）曾证明护胸鲇（*Hoplosternum littorale*）暴露在原油的水溶性分部中引起空气呼吸增加（Val and almeida-val，1999）。行为因素亦能影响空气呼吸。例如，因为对水表面的突然袭击而增加捕食的危险，视觉的和听觉的信息对通气的调控起重要作用，甚至会超过效力很大的化学感受器输入（Kramer and Graham，1976；Smith and Kramer，1986）。此外，氧气的有效性是许多鱼类空气呼吸的关键调节因素。氧气有效性不仅和呼吸策略紧密联系，而且和上亚马孙盆地特费区（Tefe）64 种电鳗目鱼类产生各种不同类型电信号的能力相关（Grampton，1998）。

通常认为空气呼吸鱼类通氧调控的作用机理要比在水呼吸鱼类中看到的呼吸调控的 O_2-吸取系统较为复杂些（Smatresk，1988）。这里，围绕空气呼吸鱼类通气调控的主题提出三组相关的问题。第一，空气呼吸的反射性反应都是由外周的化学感受器发动的吗？如果不是，那么，一种"空气呼吸节律"是中枢发起？或者是通过由传入的外周输入修饰的中枢作用机理的组合而发起？第二，如果空气呼吸是由外周的化学感受器发动，那么，外在定向的化学感受器监测空气和水中气体水平（O_2 和 CO_2）对启动空气呼吸的作用是什么？第三，空气呼吸是否由内在定向的化学感受器监测血液气体水平而开始？如果是，那么，这些鱼类还存在和呼吸相关的中枢 pH/CO_2 化学感受器吗？

鱼类的空气呼吸是周期性的，换句话说，空气呼吸器官并不是持续地进行通气。空气呼吸在两栖类〔如牛蛙（*Rana catesbeiana*）〕亦是周期性的，和鱼类一样；牛蛙的蝌蚪显示鳃和肺通气，而成体进行肺通气和口腔振动。口腔振动相当于发展中的鳃通气。一些研究表明牛蛙存在着分开的中枢节律发生器（central rhythm generator，CRG），分别调控口腔（鳃）通氧和鳃通气（Torgerson et al.，2001；Wilson et al.，2002）。单独分开的空气呼吸中枢节律产生的作用机理很可能存在于鱼类。Pack 等（1992）证明肺的机械感受器实际上对非洲肺鱼（*Protooterus*）的鳃通气没有影响，但影响到空气呼吸，这就支持了肺和鳃通气是在中枢各自独立发生的观点。

空气呼吸的和水呼吸的调控系统很可能是互相影响的。例如，去除蟾胡鲇（*Clarias batrachus*）左侧空气呼吸器官（树枝状器官），使拒不进入空气中的鱼增加水呼吸频率，但对进入空气中的鱼不受影响（Gupta and Pati，1998）。肺鱼类中如非洲肺鱼的空气呼吸机械作用亦表明在口腔/鳃的中枢节律发生器（CRG）和肺的中枢节律发生器（CRG）之间必须进行有效的协调作用。非洲肺鱼空气呼吸过程使用一种两次搏击的泵。

它包括口腔浮出水面张开，同时声门打开和呼气，然后把空气装入口腔内没入水中。仅在进入水中后口腔的肌肉把空气泵进肺内（Bishop and Foxon，1968；McMahon，1969；Delaney et al.，1977）。非洲肺鱼水呼吸的情况有所不同，在呼出时，中枢输出亦必需打开声门括约肌，并在口腔紧缩时（肺充气）保持声门张开。已阐述牛蛙口腔的和肺的中枢节律发生器（CRG）之间的相互作用（Wilson et al.，2002），并且表明肺通气神经回路（neural circuitry）的进化发展要早于空气呼吸的出现和进行呼吸气体交换的空气呼吸器的特化（Perry et al.，2001）。

最后，必需提到的是空气呼吸器官对于空气呼吸鱼类的 O_2 提取起着关键作用，而皮肤和鳃是 CO_2 交换的重要部位。结果是，在肺测定的 CO_2 产生和 O_2 耗费的比率，即呼吸商（RQ），小于1，而在皮肤或者在鳃测定的 RQ 大于1，这都涉及 O_2 和 CO_2 的交换过程及酸–碱平衡。曾经争论的是，在鱼类中，CO_2 排出的型式是适合于调控 HCO_3^- 经过鳃的活动，而在这种型式下，CO_2 经过空气呼吸器官的丢失会降低鱼调节 pH 的能力（Randall et al.，1981）。这属于下一章的课题。

6.7.2.1 低氧的通气反应

1. 兼性空气呼吸鱼类

从一个调控系统来看，兼性空气呼吸鱼类很可能和专性水呼吸鱼类相似，而专性空气呼吸鱼类很可能具有许多和陆生空气呼吸脊椎动物（如两栖类）共同的调控作用机理。兼性空气呼吸鱼类在正常氧气水平的情况下进行水呼吸，而在轻微到中等程度低氧时仍继续水呼吸。然而，在达到临界 O_2 阈值时，O_2 从水中提取不能够满足持续的 O_2 摄取的正常水平，鱼开始空气呼吸。开始空气通气的刺激很可能来自鳃和/或口–鳃腔的化学感受器，并且可能包括不同部位的水感受的和血液感受的化学感受器。

Graham（1997）提供了一份关于许多空气呼吸鱼类进行空气呼吸的水 P_{O_2} 阈值表。单带红脂鲤（jeju，*Hoplerythrinus unitaeniatus*）是一种兼性空气呼吸鱼类，利用修饰的气鳔作为空气呼吸器官（Kramer，1977）。根据 Farrell 和 Randall（1978）的观察，这种鱼经常进行阵发式的空气呼吸，甚至在正常情况下每三分钟大约呼吸三次。最近研究单带红脂鲤对水低氧的反应（Lopes et al.，2002），当水 P_{O_2} 降低到 40 mmHg 时开始冲出表面。选择性地单独去除第九对脑神经鳃前枝并不影响它们冲出水面来回的频率或者空气呼吸所花费的持续时间。但是，将第九对脑神经和第十对脑神经分布在所有鳃弓的分枝都切断，空气呼吸就完全消除。这些研究结果表明分布在鳃弓上的化学感受器启动单带红脂鲤的空气呼吸。但它没有说明空气呼吸是由水感受的还是血液感受的化学感受器所引起。这亦是从一项对温带兼性空气呼吸鱼——弓鳍鱼（*Amia calva*）研究中得出的结论（Mckenzie et al.，1991），而另一项研究结果则不是这样的（Hedrick and Jone，1993），鳃的去神经只是阻抑而不是消除低氧的空气呼吸反应。

对于大多数空气呼吸鱼类，鳃通气增加使空气呼吸开始，而在一次空气呼吸之后鳃通气受到抑制。这种型式在许多鱼类已经观察到，包括非洲肺鱼（*Protopterus*）、南美肺鱼（*Lepidosiren*）、非洲芦鳗（*Expetoichthys*）、一种空气呼吸鱼（*Leoiisosteus*）、弓鳍鱼

（*Amia*）、长鳍钩鲇（*Ancistrus*）、裸背鳗（*Gymnotus*）、攀鲈（*Anabas*）和片鳞脂鲤（*Piabucina*）（Smatresk，1988；Graham，1997）。如同 Graham（1997）指出的，因为血液从大多数这些鱼类的呼吸器官回流到身体的静脉循环并迅速进入鳃，而在一次空气呼吸后立即抑制鳃通气，有助于减少空气呼吸器官获得的 O_2 丢失到经过鳃的水中的可能性。

2. 专性空气呼吸鱼类

专性空气呼吸鱼类依靠空气呼吸来提取 O_2，可以合理地设想它们的水感受的（外在的）O_2 化学感受器在呼吸调控中的作用要比水呼吸鱼类或者兼性空气鱼类小得多。对于许多专性空气呼吸鱼类，水低氧对它们的鳃通气影响很小或者没有影响［如非洲肺鱼（*Protopterus*）、南美洲肺鱼（*Lepidosiren*）、电鳗（*Electrophores*）、黄鳝（*Monopterus*）、澳洲肺鱼（*Neoceratodus*）和合鳃鱼（*Synbranchus*）］。而其他一些鱼类，水低氧时鳃的通气作用降低［非洲芦鳗（*Expetoichthys*）、泥鳅（*Misgurnus*），以及盔甲鲇鱼类的护胸鲇（*Hoplosternum*）、弓背鲇（*Brochis*）和片鳞脂鲤（*Piabucina*）等］。还有一些专性空气呼吸鱼类在水低氧时增加鳃通气作用［如非洲肺鱼的幼鱼、多鳍鱼（*Polyterus*）、囊鳃鲇（*Heterpneustes*）、胡鲇（*Clarias*）］。由于水低氧能够影响一些专性空气呼吸热带鱼类的鳃通气，而且水低氧对血液 O_2 水平有最低程度的影响，因此，水感受的 O_2 化学感受器存在于这些鱼类中。然而，还不清楚外在的 O_2 受体激活为什么会改变一些专性空气呼吸鱼类的呼吸活动。外在的 O_2 化学感受器在专性空气呼吸鱼类中的存在和作用很可能是鱼类空气呼吸进化过程的一个中间阶段，在这时期鳃的通气还在较小的程度上影响血液的 O_2 水平。

对于专性空气呼吸鱼类，是什么启动空气呼吸？非洲肺鱼的鳃去神经后，鳃通气的增加被消除，且空气呼吸的增加也减少了（Lahiri et al.，1970）。这表明鱼的空气呼吸是由外周 O_2 的化学反射所引起，而不是由于呼吸节律的中枢作用机理和模式而产生。外在的 O_2 化学感受器能改变专性空气呼吸鱼类的鳃通气，可以合理地推想空气呼吸是由血液 O_2 水平而不是水 O_2 水平的下降所引起，它激活外周的（即鳃和/或口-鳃腔）的内在 O_2 化学受体。在 Sanchez 等（2001b）的研究中，将南美洲肺鱼（*Lepidosiren paradoxa*）暴露在分开的水低氧和空气低氧的状态下，或两者混合的状态下。水低氧对通气（频率和潮气量）没有影响，而空气低氧及空气低氧和水低氧的混合导致空气呼吸显著增加，表现为呼吸频率增加而潮气量没有变化。这些研究结果和先前对澳洲肺鱼（*Neoceratodus*）（Johansen et al.，1967），非洲肺鱼（*Protopterus*）（Johansen and Lenfant，1968）或电鳗（*Electrophorus*）（Johansen et al.，1968）的研究结果相一致，水低氧并不刺激肺通气；但是和对下口鲇（*Hypostomus*）的研究结果相反（Graham and Baird，1982）。其他的研究亦报道肺鱼在空气低氧时呼吸活动增加（Jesse et al.，1987；Fritsche et al.，1993）。

南美洲肺鱼（*Lepidosiren*）的鳃通气并不参与 O_2 的提取，Sanchez 等（2001b）提到的水低氧很可能对血液 O_2 状态没有任何影响，这表明南美洲肺鱼对空气低氧的通气反应由血液感受的 O_2 化学感受器所引起。这些研究结果可以说明是血液 O_2 水平而不是水 O_2 水平的变化刺激专性空气呼吸鱼类的空气呼吸活动。另外，动脉 O_2 含量降低（通过贫血症），在空气氧气含量正常的情况下并不使呼吸增加，表明引起空气呼吸的刺激模式是 Pa_{O_2} 减少而不是血液氧含量降低。这样的解释和哺乳类 O_2 感受的细胞模型（Gonzalez et al.，1994）及水呼吸鱼类的研究一致。

6.7.2.2 碳酸过高的通气反应

1. 外周的化学感受器

水的碳酸过高对空气呼吸的影响是变化不定的。例如，非洲肺鱼（Johansen and Lenfant，1968）、澳洲肺鱼（*Neoceratodus*）（Johanson et al.，1967）和乌鳢（*Channa argus*）（Glass et al.，1986）对水的碳酸过高反应是增加通气，而对于电鳗（*Electrophores*）（Johansen et al.，1968）和泥鳅（*Misgurnus* anguillicaudatus）（McMahon and Burggren，1987），提高水的 CO_2 水平对空气呼吸的影响很小。淡水空气呼吸鱼类主要依靠水作为介质来排出 CO_2，难以理解的是水的碳酸过高引起的是空气呼吸（主要作用是 O_2 提取）增加，而不是引起水呼吸（主要作用是排出 CO_2）加强。然而，有记载，肺鱼在夏蛰时藏身在干燥的地下茧内（Herder et al.，1999），利用肺进行 O_2 和 CO_2 交换，鳃没有起作用。在这种情况下，呼吸是阵发性的，一阵一阵的呼吸为呼吸暂歇期所分开（De Laney and Fishman，1977）。

Sanchez 和 Glass（2001）研究水的和空气的碳酸过高对南美洲肺鱼（*Lepidosiren paradoxa*）肺通气的影响。当水的 P_{CO_2} 由 10 Torr 增加到 35 Torr 时，对肺通气没有影响，但当 P_{CO_2} 达到 55 Torr 时，呼吸明显增加，表现为呼吸频率增加。另外，空气碳酸过高（P_{CO_2} = 55 Torr）并结合水的正常碳酸水平，对呼吸没有影响。这些研究结果说明几个要点，而重要的是空气呼吸鱼类呼吸调控的潜在复杂度。乍一看，空气呼吸的鱼类会增加通气以应对水的碳酸过高反应，但不会对空气中的碳酸过高做出反应，这在目的论上似乎并不令人满意。然而，这些作者亦报道南美洲肺鱼的呼吸道存在 CO_2 受体，能够抑制呼吸活动。两栖类（如牛蛙）亦具有上呼吸道（嗅觉）的 CO_2 受体，当受到刺激时能抑制呼吸（Coates，2001）。南美洲肺鱼的鳃虽然退化，还一直保留着 CO_2 交换的部位，大约 70% 的 CO_2 经过鳃排出体外（Johansen，1970）。因此，水的碳酸过高很可能会使动脉 P_{CO_2} 增加，这显然会激活内在定向的 CO_2 受体而引起通气。虽然空气的碳酸过高亦会使动脉 P_{CO_2} 升高，并且刺激同样的内在 CO_2 受体，但激活这些受体产生的刺激作用可能已经为呼吸道 CO_2 受体的抑制作用所抵消。这样的解释可以说明，对于空气呼吸鱼类，为何水的碳酸过高会引起空气呼吸增加，而空气的碳酸过高则不会这样。这些研究结果并不排除这种可能性：水感受的 pH/CO_2 化学感受器亦参与发动对水 P_{CO_2} 水平的反应而启动空气呼吸。内在定向的 CO_2 受体的可能位置将在下文中讨论。

2. 肺（呼吸道）受体

除了 Sanchez 和 Glass（2001）阐述的 CO_2 敏感的呼吸道受体之外，空气呼吸还具有肺（空气呼吸器官，ABO）的机械感受器。在陆生脊椎动物中，肺牵张感受器（pulmonary stretch receptor，PSR）监测肺充气的总程度（缓慢适应受体释放的紧张性成分），以及在呼吸又呼吸基础上发生的阶段性充气和放气（缓慢适应受体释放的阶段性成分）。在吸气时，肺牵张感受器激活以结束一次呼吸，从而起着吸气切断的作用（肺牵张反射，Hering-Breuer reflex；Milsom，1990）。肺鱼类的肺放气引起肺呼吸（Smith，1931）并增加呼吸频率（Delaney et al.，1974），表明它们存在类似的肺牵张反射。虽然对热带鱼类肺机械感受器的研究不多，但它们很可能起着与较高等脊椎动物相似的作用（Delaney et al.，1983；Pack et al.，1990，1992），如同温带空气呼吸鱼类——眼斑雀鳝（*Lepisosteus oculatus*）（Smatresk and Azizi，1987）那样。

以游离的肺制品进行研究，Delaney 等（1983）证明南美洲肺鱼和非洲肺鱼存在快的和慢的适应机械感受器。这些受体在渐进的肺充气时增加它们的释放率，并且对肺容量和肺充气率的变化产生反应。这些反应和兼性空气呼吸鱼类［雀鳝（*Lepisosteus*）（Smatresk and Azizi，1987）、弓鳍鱼（*Amia*）（Milsom and Jones，1985）及两栖类（McKean，1969；Milson and Jones，1977）］的牵张受体反应相似，但不完全一样。Delaney 等（1983）研究肺鱼的机械感受器，它们显示 CO_2 敏感性，当肺的 CO_2 水平增加时，它们的发放速率下降。

Pack 等（1990）在非洲肺鱼观察到肺内压增加延长了呼吸之间的时间间歇，而在呼吸之间间隔早期的肺充气要比间隔较晚期的肺充气对呼吸之间的间歇持续时间有较大的影响。对切除大脑和切断脊髓的非洲肺鱼进行研究，Pack 等（1992）证明肺充气使呼吸持续时间减少，而这并不受到肺通气的气体组成（空气，O_2 或 N_2）影响，但切断迷走神经后可消除这种反应。注意到肺牵张受体（PSR）经过迷走神经的肺分枝到达脑部。在哺乳类观察到类似的潮气量和呼吸持续时间之间的关系，以及切断迷走神经的影响（Milson，1980）。

Pack 等（1992）的研究结果表明肺鱼类神经回路对呼吸计时的反应已经得到良好发育，而且和哺乳类起功能作用的调控系统相似。这个观察和 Perry 等（2001）提出的观点一致，即认为对空气呼吸的发生起作用的神经作用机理早在空气呼吸系统出现和空气呼吸器官使用包括肺与呼吸相关的气体交换之前已经很好发展。此外，哺乳类使用一个吸氧泵进行呼吸，而低等脊椎动物包括肺鱼（De Laney and Fishman，1997）利用一个口压力泵进行呼吸。Pack 等（1992）亦认为调控呼吸计时的神经回路必定和形成呼吸运动输出型式的线路不同。

这些研究表明，和其他空气呼吸的脊椎动物一样，肺鱼类（推测或可能包括其他空气呼吸鱼类）的空气呼吸器官中具有机械感受器，感受肺充气率和/或肺容量，以及起着终止吸气的作用。

3. 中枢化学感受器

从水生生活过渡到陆生生活意味着空气而不是水成为主要的呼吸介质（Ultsch，1996）。这就使空气呼吸鱼类的动脉 HCO_3^-/CO_2 水平升高，并且和水呼吸鱼类相比，有较高的 CO_2 以驱使呼吸活动。虽然陆生动物的外周化学感受器对碳酸过高的通气反应起着作用，但主要的稳态 CO_2 呼吸驱动力来自位于延脑腹侧方表面的中央化学感受器，该化学感受器可感知脑脊髓液中 pH/CO_2 的变化（Srnatresk，1990；Ballantyne and Schied，

2001）。直到最近，文献资料都认为鱼类不具有中枢呼吸化学感受器。但最近的证据，至少是空气呼吸鱼类，开始挑战这个看法（Wilson et al.，2000；Sanchez et al.，2001a；Gilmour，2001；Remmers et al.，2001；Milsom，2002）。

对一些鱼类进行鳃的去神经实验得到的结论是，在不同的状况下对不同的通气反应（频率和振幅）成分，鳃的去神经能够引起高度变化；而且，有些鱼类在鳃外有受体，能对 CO_2/H^+ 变化而引起通气反应。水呼吸鱼类鳃外受体最明显的证据可能是来自丁鲹（Hughes and Shelton，1962）和七鳃鳗（Rovainen，1977）的脑灌注研究的中枢 CO_2/H^+ 化学感受器，但这个证据还远未能得到认可（Milsom，2002）。试图证明中枢化学感受器在调控鳐鱼、弓鳍鱼、鳟鱼和巨脂鲤水呼吸中的作用的研究都没有成功（Graham et al.，1990；Wood et al.，1990；Hedrick et al.，1991；Burleson et al.，1992；Sundin et al.，2000；Milsom et al.，2002）。所有这些研究成果表明这些鱼类正常的碳酸过高反应是改变外界环境的 CO_2，并且没有提供中枢化学感受器存在的证据。

最近的一些研究报告表明，一些空气呼吸鱼类的中枢 CO_2/H^+ 化学感受器可能对这些反应起作用。这些研究使用全骨鱼类雀鳝（*Lepisosteus osseus*）和硬骨鱼类五彩搏鱼（*Betta splendens*）离体的脑干-脊髓制品进行。用高 CO_2/低 pH 溶液灌注这些鱼类游离的脑干使运动输出增加，可能是肺呼吸的表现，但对想象的鳃通气没有影响（Wilson et al.，2000）。对这个结果的解析不是明确的（Milsom，2002）。对另一种全骨鱼类弓鳍鱼（*Amia calva*），用酸中毒和碱中毒溶液灌注完整鱼的脑干，对通气没有影响（Hedrick et al.，1991）。另外，对南美洲肺鱼（一种肉鳍鱼类，属于进化为较高等脊椎动物的谱系）用不同 pH 的模拟脑脊液（CSF）灌注第四脑室，产生良好的反应（Sanchez et al.，2001a）。

基于这些零碎的研究成果，可能有几种解释。如果七鳃鳗存在着中枢化学感受器，那就表明中枢 CO_2 受体出现早在无颌类和板鳃类的起源之前，并且可能在一些种类出现次生性的丢失。如果中枢 CO_2 受体只存在于表现出不同类型空气呼吸的几种鱼，那么它们曾经出现过多次的可能性是存在的，并和空气呼吸的进化相联系。若一些辐鳍亚纲鱼类对脑脊液 pH 变化的反应是有关生理学方面的，则可能性就是中枢 CO_2 受体只存在于真正的肺鱼类，而且在起源进化为肉鳍鱼类、两栖类和陆生脊椎动物的过程中只出现过一次。

6.7.2.3 海洋和潮间带鱼类的空气呼吸

海洋空气呼吸鱼类依靠皮肤呼吸和修饰的鳃进行空气呼吸，没有在许多淡水鱼类中出现的特化空气呼吸器官（Jonansen，1970）。因此，它们是双模式的鳃呼吸者，像许多淡水空气呼吸鱼类那样亦利用鳃进行空气呼吸。这两个鱼类类群的主要差别是两栖鱼类经常离开良好充气的水到陆地上活动。和利用辅助结构进行空气呼吸的鱼类相比较，对两栖鱼类（海洋的和淡水的）的呼吸调控作用机理了解得很少。两栖鱼类在两种介质（水和空气）中使用鳃。

许多潮间带鱼类，如鳚科和杜父鱼科鱼类，是兼性空气呼吸鱼类，和它们的温带同类相似,具有特殊的行为的和生理的特征,能够进行空气呼吸和在水外生存(Martin,1996;见第11章和第12章)。许多种类能在空气中交换 O_2 和 CO_2(Martin,1993,1995;Bridges,1988),依靠碳酸酐酶的活性在空气中排出 CO_2(Pelster et al.,1988)。

弹涂鱼[鰕虎鱼科:澳洲鰕虎鱼(*Oxudercinae*)]是潮间带鱼类,适应两栖生活方式,在印度-太平洋和西非的潮间淤泥滩中长时间地停留在空气中(Clayton,1993;见第11章)。当处于空气中时,它们能够保持相对稳定的 O_2 摄取率和 CO_2 排泄率(Steeger and Bridges,1995;Graham,1997)。Ishimatsu 等(1999)将亚洲弹涂鱼(*Periophthalmodon schosseri*)暴露在空气中3 h,水低氧(Pw_{O_2}<7 Torr),并强使它们进入氧含量正常的水中。尽管暴露于空气中和水低氧对血液的气体水平没有影响,但强使它们进入水中使血液 O_2 含量和血红蛋白 - O_2 饱和度降低50%,表明它们很不适应水中提取 O_2。这和 Takeda 等(1999)的研究结果一致,他们报道这种鱼类能够迅速偿还空气呼吸时而不是水呼吸时的氧债。Aguillar 等(2000)将亚洲弹涂鱼(*P. schosseri*)处在水低氧和空气低氧的状态下。处在水低氧时并不影响通气,但处在吸入的空气 P_{O_2} 接近37 Torr 时引起总的呼吸活动增强,表现为呼吸频率和潮气量增加。这些反应和前面报道对肺鱼的研究结果相似。空气的碳酸过高亦能引起呼吸活动增强,特别表现为呼吸频率增加,而潮气量没有变化。这些研究结果表明,在低氧时介导这种亚洲弹涂鱼呼吸活动增强的 O_2 化学感受器很可能是内在定向的(血液感受的),而无须考虑 CO_2 感受的位置(Ishimatsu et al.,1999;Aguilar et al.,2000)。在从这些鱼类中得到的研究结果试图参与构建热带鱼类呼吸调控系统的模型之前,还需要对海洋和潮间带鱼类做进一步的研究。

6.7.2.4 心血管的反应

低氧和碳酸过高能够使空气呼吸鱼类的空气呼吸器官或辅助构造增强通气作用,在这种情况下,要将低氧和碳酸过高对这些鱼类心血管系统的影响从对空气呼吸的影响中区分开来是非常困难的。清楚的是,在进行气体交换的鳃和空气呼吸器官与辅助构造之间必须是感觉和运动的整合,使心输出量和血流分布增强这些鱼类的双模式气体交换。

(1)心反应。对于大多数空气呼吸鱼类,空气呼吸和心动过速相联系,增加进入空气呼吸器官(ABO)的血流,降低鳃的通气作用(Graham,1997)。值得注意的是,正如 Graham(1997)指出的,心动过速在肺鱼类和雀鳝(*Lepisosteus*)中是最不明显的。这些鱼类都有肾上腺素能的(交感神经的)心神经支配,它们出现轻微的心动过速是由释放一种低静止的迷走(副交感神经)紧张所引起的。在一些鱼类中已经证明外在定向的鳃化学感受器和空气呼吸器官的机械感受器对这种心动过速起着作用(McKenzie et al.,1991;Roberts and Graham,1985;Graham et al.,1995)。

表6.1 一些空气呼吸和非空气呼吸鱼类的鳃面积（单位：cm³）对身体质量（单位：g）和身体总表面积（单位：cm³）的比率

种类	鳃面积/身体质量	鳃面积/身体面积
两栖类呼吸鱼类		
弹涂鱼 Periophthalmus cantonensis[1]	1.24	0.38
P. koelreuteri[5]		0.46
P. dipus[5]		0.35
P. chrysospilos[5]		0.34~0.36
P. vulgaris[5]		0.27~0.32
P. schlosseri[9]		0.20~0.50
P. chrysospilos[9]		0.25~0.3
大弹涂鱼 Boleophthalmus chinensis[1]	0.94	0.56
B. viridis[5]		0.72
B. boddarli[6]		0.68~0.83
B. boddarli[6]		0.52
B. boddarli[6]		0.65~0.75
水栖空气呼吸鱼类		
囊鳃鲇 Heteropneutes fossilis[2]	0.32	0.34
攀鲈 Anabas testudineus[3]	0.39	0.40
乌鳢 Channa argus[1]	0.85	0.38
胡鲇 Clarias argus[7]	0.83	0.48
C. mossambicas[8]	0.17	
非空气呼吸鱼类		
鰕虎鱼 Gobius jozo[5]		1.00
G. auratus[5]		1.17
G. caninus[5]		1.40
鮟鱇 Lophius piscatorius[4]	1.96	2.99
日本鳗鱼 Anguilla japanica[1]	3.32	1.45
隆头鱼 Tautoga onitus[4]	3.92	4.35
鲤鱼 Cgprinus carpio[1]	4.16	1.74
鲫鱼 Carassius auratus[1]	4.49	2.91
门齿鲷 Stenotomas chrysops[4]	5.06	4.78
狐鲣 Sarda sarda[4]	5.95	11.55
鲻鱼 Mugil cephalus[4]	9.54	6.54
鲭鱼 Scomber scombrus[4]	11.58	8.38
油鲱 Brevoortia tyrannus[4]	17.73	18.28
裸狐鲣 Gymno sarde alleterata[4]	19.39	48.54

参考：[1]Tamura 和 Moriyama，1976；[2]Hughes 等，1974；[3]Hughes 等，1973；[4]Gray，1954；[5]Schottle，1931；[6]Biswas 等，1981；[7]Munshi，1985；[8]Maina 和 Maloiy，1986；[9]Low 等，1990；来源：Graham，1997。

（2）血管舒缩反应：在至今所有的研究中，空气呼吸开始增加血流到空气呼吸器官中，在随后的呼吸中血流逐渐缓慢减退，并保持到其 O_2 水平在空气呼吸器官中降低。血流在胆碱能的和肾上腺素能的调控下重新分布。对于非洲肺鱼，乙酰胆碱收缩肺动脉但扩张动脉导管并在空气呼吸之间的间隙期间将血液从肺分流离开而进入体循环中（Johansen and Reite et al.，1967；Johansen et al.，1968；Laurent et al.，1978）。对于单带红脂鲤（Hoplerythrinus），鳃的胆碱能刺激导致选择性的灌注后鳃弓，从而有助于增加血流到腹腔动脉和空气呼吸器官（Smith and Grannon，1978）

6.7.2.5　总结：空气呼吸鱼类

对空气呼吸鱼类心搏呼吸调控的研究已经产生了一连串令人感兴趣的课题以提供进一步研究。这些课题包括牵连在一起的关于对呼吸的多种中枢节律发生器的进化，感受 CO_2/pH 的中枢化学感受器的进化，部分分隔的心脏、中枢的心脏支路及从低氧心动过缓到低氧心动过速开关的进化。对范围广泛的热带鱼类，从低氧耐性和低氧不耐性的水呼吸鱼类到进行水表面呼吸的、兼性空气呼吸鱼类和专性空气呼吸鱼类所不断进行的研究和未来的研究，幸运的话，最终一定会建立一个鱼类心搏调控的完整模型。

斯蒂芬·G. 里德　莉娜·珊定　威廉·K. 米尔森　著

林浩然　译、校

参考文献

Aguilar, N. M., Ishimatsu, A., Ogawa, K., and Huat, K. K. (2000). Aerial ventilatory responses of the mudskipper, *Periophthalmodon schlosseri*, to altered aerial and aquatic respiratory gas concentrations. *Comp. Biochem. Physiol. A* 127, 285-292.

Almeida-Val, V. H. M., and Val, A. L. (1993). Evolutionary trends of LDH isozymes in fishes. *Comp. Biochem. Physiol.* 105B, 21-28.

Ballantyne, D., and Scheid, P. (2001). Central chemosensitivity of respiration: A brief overview. *Respir. Physiol.* 129, 5-12.

Ballintijn, C. M., and Juch, P. J. W. (1984). Interaction of respiration with coughing, feeding, vision and oculomotor control in fish. *Brain. Behav. Evol.* 25, 99-108.

Barrionuevo, W. R., and Burggren, W. W. (1999). O_2 consumption and heart rate in developing zebrafish (*Danio rerio*): Influence of temperature and ambient O_2. *Am. J. Physiol.* 276, R505-R513.

Beebe, W. (1945). Vertebrate fauna of a tropical dry season mud-hole. *Zoologica* 30, 81-87.

Bishop, I. R., and Foxon, G. E. H. (1968). The mechanism of breathing in the South American lungfish, *Lepidosiren paradoxa*: A radiological study. *J. Zool. Lond.* 154,

263-271.

Biswas, N., Ojha, J., and Munshi, J. S. D. (1981). Morphometrics of the respiratory organs of an estuarine goby, *Boleophthalmus boddaerti*. *Japan. J. Ichthyol.* 27, 316-326.

Booth, J. H. (1978). The distribution of blood flow in the gills of fish: Application of a new technique to rainbow trout (*Salmo gairdneri*). *J. Exp. Biol.* 73, 119-129.

Brainerd, E. L. (1994). The evolution of lung-gill bimodal breathing and the homology of vertebrate respiratory pumps. *Am. Zool.* 34, 289-299.

Brainerd, E. L., Liem, K. F., and Samper, C. T. (1989). Air ventilation by recoil aspiration in polypterid fishes. *Science* 246, 1593-1595.

Braum, E., and Junk, W. A. (1982). Morphological adaptation of two Amazonian characoids (Pisces) for surviving in oxygen deficient waters. *Int. Rev. Gesamten. Hydrobiol.* 67, 869-886.

Brauner, C. J., Ballantyne, C. L., Vijayan, M. M., and Val, A. L. (1999). Crude oil exposure affects air-breathing frequency, blood phosphate levels and ion regulation in an air-breathing teleost fish, *Hoplosternum littorale*. *Comp. Biochem. Physiol. C.* 123 (2), 127-134.

Brauner, C. J., Wang, T., Val, A. L., and Jensen, F. B. (2001). Non-linear release of Bohr protons with hemoglobin-oxygenation in the blood of two teleost fishes: Carp (*Cyprinus carpio*) and tambaqui (*Colossoma macropomum*). *Fish Physiol. Biochem.* 24, 97-104.

Bridges, C. R. (1988). Respiratory adaptations in intertidal fish. *Am. Zool.* 28, 79-96.

Burggren, W. W. (1982). "Air gulping" improves blood oxygen transport during aquatic hypoxia in the goldfish *Carassius auratus*. *Physiol. Zool.* 55, 327-334.

Burleson, M. L. (2002). Oxygen-sensitive chemoreceptors in fish: Where are they? How do they work? *In* "Cardiorespiratory Responses to Oxygen and Carbon Dioxide in Fish," pp. 25-27. International Congress of the Biology of Fish, Extended abstract.

Burleson, M. L., and Smatresk, N. J. (1990). Effects of sectioning cranial nerves IX and X on cardiovascular and ventilatory responses to hypoxia and NaCN in channel catfish. *J. Exp. Biol.* 154, 407-420.

Burleson, M. L., and Smatresk, N. J. (2000). Branchial chemoreceptors mediate ventilatory responses to hypercapnic acidosis in channel catfish. *Comp. Biochem. Physiol. A.* 125, 403-414.

Burleson, M. L., Smatresk, N. J., and Milsom, W. K. (1992). Afferent inputs associated with cardioventilatory control in fish. *In* "Fish Physiology" (Randall, D. J., and Farrell, A. P., Eds.), Vol XIIB, pp. 389-426. Academic Press, New York.

Carter, G. S., and Beadle, L. C. (1931). Notes on the habits and development of *Lepi-*

dosiren paradoxa. J. Linn. Soc. Lond. Zool. 37, 197-203.

Clayton, D. A. (1993). Mudskippers. *Oceanogr. Mar. Biol. Annu. Rev.* 31, 507-577.

Coates, E. L. (2001). Olfactory CO_2 chemoreceptors. *Respir. Physiol.* 129, 219-229.

Crampton, W. G. R. (1998). Effects of anoxia on the distribution, respiratory strategies and electric signal diversity of gymnotiforms fishes. *J. Fish Biol.* 53, 307-330.

De Graff, P. J., and Ballintijn, C. M. (1987). Mechanoreceptor activity in the gills of the carp. II. Gill arch proprioceptors. *Respir. Physiol.* 69 (2), 183-194.

De Graff, P. J., Ballintijn, C. M., and Maes, F. W. (1987). Mechanoreceptor activity in the gills of the carp. I. Gill filament and gill raker mechanoreceptors. *Respir. Physiol.* 69, 173-182.

DeLaney, R. G., and Fishman, A. P. (1977). Analysis of lung ventilation in the aestivating lungfish *Protopterus aethiopicus*. *Am. J. Physiol.* 233 (5), R181-R187.

DeLaney, R. G., Lahiri, S., and Fishman, A. P. (1974). Aestivation of the African lungfish, *Protopterus aethiopicus*: Cardiovascular and respiratory functions. *J. Exp. Biol.* 61, 111-128.

DeLaney, R. G., Lahiri, S., Hamilton, R., and Fishman, A. P. (1977). Acid-base balance and plasma composition in the aestivating lungfish (*Protopterus*). *Am. J. Physiol. Regul. Integr. Comp. Physiol.* 232, R10-R17.

DeLaney, R. G., Laurent, P., Galante, R., Pack, A. I., and Fishman, A. P. (1983). Pulmonary mechanoreceptors in the dipnoi lungfish *Protopterus* and *Lepidosiren*. *Am. J. Physiol.* 244 (3), R418-R428.

De Salvo Souza, R. H., Soncini, R., Glass, M. L., Sanches, J. R., and Rantin, F. T. (2001). Ventilation, gill perfusion and blood gases in dourado, *Salminus maxillosus* Valenciennes (*Teleosti, Characidae*), exposed to graded hypoxia. *J. Comp. Physiol. B.* 171, 483-489.

Farrell, A. P., and Randall, D. J. (1978). Air-breathing mechanics in two Amazonian teleosts, *Arapaima gigas* and *Hoplyerythrinus unitaeniatus*. *Can. J. Zool.* 56, 939-945.

Farrell, A. P., Daxboeck, C., and Randall, D. J. (1979). The effect of input pressure and flow on the pattern and resistance to flow in the isolated perfused gill of a teleost fish. *J. Comp. Physiol.* 133, 233-240.

Farrell, A. P., Sobin, S. S., Randall, D. J., and Crosby, S. (1980). Intralamellar blood flow patterns in fish gills. *Am. J. Physiol.* 8, R428-R436.

Farrell, A. P., Small, S., and Graham, M. S. (1989). Effect of heart rate and hypoxia on the performance of a perfused trout heart. *Can. J. Zool.* 67, 274-280.

Feldman, J. L., Smith, J. C., Ellenberger, H. H., Connelly, C. A., Lui, G. S., Greer, J. G., Lindsay, A. D., and Otto, M. R. (1990). Neurogenesis of respiratory rhythm and pattern: Emerging concepts. *Am. J. Physiol.* 259 (5, Pt. 2), R879-886.

Fernandes, M. N., and Perna, S. A. (1995). Internal morphology of the gill of a loricariid fish, *Hypostomus plecostomus*: Arterio-arterial vasculature and muscle organization. *Can. J. Zool.* 73, 2259-2265.

Fernandes, M. N., and Rantin, F. T. (1989). Respiratory responses of *Oreochromis niloticus* (Pisces, Cichlidae) to environmental hypoxia under different thermal conditions. *J. Fish Biol.* 35, 509-519.

Fernandes, M. N., Rantin, F. T., Kalinin, A. L., and Moron, S. E. (1994). Comparative study of gill dimensions of three erythrinid species in relation to their respiratory function. *Can. J. Zool.* 72, 160-165.

Florindo, L. H., Kalinin, A. L., Reid, S. G., Milsom, W. K., and Rantin, F. T. (2002). The role of orobranchial chemoreceptors on the control of aquatic surface respiration in tambaqui, *Colossoma macropomum*. In "Cardiorespiratory Responses to Oxygen and Carbon Dioxide in Fish." International Congress on the Biology of Fish, pp. 51-67.

Fritsche, R., and Nilsson, S. (1989). Cardiovascular responses to hypoxia in the Atlantic cod, *Gadus morhua*. *Exp. Biol.* 48, 153-160.

Fritsche, R., and Nilsson, S. (1990). Autonomic nervous control of blood pressure and heart rate during hypoxia in the cod, *Gadus morhua*. *J. Comp. Physiol.* 160B, 287-292.

Fritsche, R., Axelsson, M., Franklin, C. E., Grigg, G. G., Holmgren, S., and Nilsson, S. (1993). Respiratory and cardiovascular responses to hypoxia in the Australian lungfish. *Respir. Physiol.* 94, 173-187.

Gee, J. H., and Gee, P. A. (1991). Reactions of gobioid fishes to hypoxia: Buoyancy and aquatic surface respiration. *Copeia.* 1991, 17-28.

Gee, J. H., and Gee, P. A. (1995). Aquatic surface respiration, buoyancy control and the evolution of air-breathing in gobies (*Gobiidae*; Pisces). *J. Exp. Biol.* 198, 79-89.

Gee, J. H., Tallman, R. F., and Smart, H. J. (1978). Reactions of some great plains fishes to progressive hypoxia. *Can. J. Zool.* 56, 1962-1966.

Gilmour, K. M. (2001). Review. The CO_2/pH ventilatory drive in fish. *Comp. Biochem. Physiol.* A. 130, 219-240.

Glass, M. L., Ishimatsu, A., and Johansen, K. (1986). Responses of the aerial ventilation to hypoxia and hypercapnia in *Channa argus*, an air-breathing fish. *J. Comp. Physiol.* 156, 165-174.

Gonzalez, C., Almarez, L., Obeso, A., and Rigual, R. (1994). Carotid body chemoreceptors: From natural stimuli to sensory discharge. *Physiol. Rev.* 74, 829-898.

Graham, J. B. (1973). Terrestrial life of the amphibious fish *Mnierpes macrocephalus*. *Mar. Biol.* 23, 83-91.

Graham, J. B. (1997). "Air-Breathing Fishes: Evolution, Diversity and Adaptation." Academic Press, San Diego and London.

Graham, J. B., and Baird, T. (1982). The transition to air breathing in fishes. I. Environmental effects on the facultative air breathing of *Ancistrus chagresi* and *Hypostomus plecostomus* (Loricariidae). *J. Exp. Biol.* 96, 53-67.

Graham, J. B., Lai, N. C., Chiller, D., and Roberts, J. L. (1995). The transition to air-breathing in fishes: V. Comparative aspects of cardiorespiratory regulation in *Synbranchus marmoratus* and *Monopterus albus* (Synbranchidae). *J. Exp. Biol.* 198, 1455-1467.

Graham, M. S., Turner, J. D., and Wood, C. M. (1990). Control of ventilation in the hypercapnic skate *Raja ocellata*: I. Blood and extradural fluid. *Respir. Physiol.* 80 (2, 3), 259-277.

Gray, J. E. (1954). Comparative study of the gill area of marine fishes. *Biol. Bull.* 107, 219-225.

Greenwood, P. H. (1961). A revision of the genus *Dinotopterus* BLGR (Pisces, Clariidae) with notes on the comparative anatomy of the suprabranchial organs in the Clariidae. *Bull. Br. Mus.* 7, 215-241.

Greenwood, P. H., and Liem, K. F. (1984). Aspiratory respiration in *Arapaima gigas* (Teleostei, Osteoglossomorpha): A reappraisal. *J. Zool., London* 203, 411-425.

Gupta, S., and Pati, A. K. (1998). Effects of surfacing prevention and unilateral removal of air-breathing organs on opercular frequency in an Indian air-breathing catfish, *Clarias batrachus*. *Indian J. Anim. Sci.* 68 (9), 997-1000.

Harder, V., Souza, R. H. S., Severi, W., Rantin, F. T., and Bridges, C. R. (1999). The South American lungfish-adaptations to an extreme environment. *In* "Biology of Tropical Fishes" (Val, A. L., and Almeida-Val, V. M. F., Eds.), Chapter 7, pp. 87-98. INPA, Manaus.

Hedrick, M. S., and Jones, D. R. (1993). The effects of altered aquatic and aerial respiratory gas concentrations on air-breathing patterns in a primitive fish (*Amia calva*). *J. Exp. Biol.* 181, 81-94.

Hedrick, M. S., Burleson, M. L., Jones, D. R., and Milsom, W. K. (1991). An examination of central chemosensitivity in an air-breathing fish (*Amia calva*). *J. Exp. Biol.* 155, 165-174.

Hochachka, P. W., and Somero, G. N. (1984). "Biochemical Adaptation." Princeton University Press, Princeton, NJ.

Holeton, G. F. (1971). Respiratory and circulatory responses of rainbow trout larvae to carbon monoxide and to hypoxia. *J. Exp. Biol.* 55 (3), 683-694.

Holeton, G. F., and Randall, D. J. (1967). Changes in blood pressure in the rainbow trout during hypoxia. *J. Exp. Biol.* 46, 297-305.

Hughes, G. M. (1984). Measurement of gill area in fishes: Practices and problems. *J. Mar. Biol. Assn. U. K.* 64, 637-655.

Hughes, G. M., and Shelton, G. (1962). Respiratory mechanisms and their nervous control in fish. *Adv. Comp. Physiol. Biochem.* 1, 275-364.

Hughes, G. M., Dube, S. C., and Munshi, J. S. D. (1973). Surface area of the respiratory organs of the climbing perch, *Anabas testudineus* (Pisces: Anabantidae). *J. Zool. London* 170, 227-243.

Hughes, G. M., Singh, B. R., Guha, G., Dube, S. C., and Munshi, J. S. D. (1974). Respiratory surface areas of an air-breathing siluroid fish *Saccobranchus* (= *Heteropneustes*) *fossilis* in relation to body size. *J. Zool. London* 172, 215-232.

Ishimatsu, A., Aguilar, N. M., Ogawa, K., Hishida, Y., Takeda, T., Oikawa, S., Kanda, T., and Huat, K. K. (1999). Arterial blood gas levels and cardiovascular function during varying environmental conditions in a mudskipper, *Periphthalmodon Schlosseri*. *J. Exp. Biol.* 202, 1753-1762.

Jesse, M. J., Shrub, C., and Fishman, A. P. (1967). Lung and gill ventilation of the African lungfish. *Respir. Physiol.* 3, 267-287.

Johansen, K. (1970). Air-breathing in fishes. *In* "Fish Physiology" (Hoar, W. S., and Randall, D. J., Eds.), Vol. IV, pp. 361-411. Academic Press, New York.

Johansen, K., and Lenfant, C. (1968). Respiration in the African lungfish, *Protopterus aethio-picus*. II Control of breathing. *J. Exp. Biol.* 49, 453-468.

Johansen, K., and Reite, O. B. (1967). Effects of acetylcholine and biogenic amines on pulmonary smooth muscle in the African lungfish, *Protoperus aethiopicus*. *Acta Physiol. Scand.* 71, 248-252.

Johansen, K., Lenfant, C., and Grigg, G. C. (1967). Respiratory control in the lungfish, *Neoceratodus forsteri* (Krefft). *Comp. Biochem. Physiol.* 20, 835-854.

Johansen, K., Lenfant, C., and Schmidt-Nielsen, K. (1968). Gas exchange and control of breathing in the electric eel, *Electrophorus electricus*. *Z. Vergl. Physiol.* 61, 137-163.

Johansen, K., Hansen, D., and Lenfant, C. (1970). Respiration in a primitive air breather, *Amia calva*. *Respir. Physiol.* 9, 162-174.

Jonz, M. G., and Nurse, C. A. (2002). A potential role for neuroepithelial cells of the gill in O_2 sensing. *In* "Cardiorespiratory Responses to Oxygen and Carbon Dioxide in Fish." International Congress on the Biology of Fish. Extended abstract, pp. 29-33.

Junk, W. J., Soares, G. M., and Carvalho, F. M. (1983). Distribution of fish species in a lake of the Amazon river floodplain near Manaus (Lago Camaleão), with special reference to extreme oxygen conditions. *Amazioniana* 7 (4), 397-431.

Kalinin, A. L., Rantin, F. T., and Glass, M. L. (1993). Dependence on body size of respiratory function in *Hoplias malabaricus* (*Teleosti*, *Erythrinidae*) during graded hypoxia. *Fish Physiol. Biochem.* 12 (1), 47-51.

Kardong, K. V. (2002). "Vertebrates: Comparative Anatomy, Function, Evolution," 3rd edn. McGraw-Hill, New York.

Kent, B., and Peirce II, E. C. (1978). Cardiovascular responses to changes in blood gases in dogfish shark, *Squalus acanthias*. *Comp. Biochem. Physiol.* 60C, 37-44.

Kotrschal, K., Peters, R., and Atema, J. (1993). Sampling and behavioral evidence for mucus detection in a unique chemosensory organ-the anterior dorsal fin in rocklings (*Ciliata mustela*, *Gadidae*, *Teleostei*). *Zoologische Jahrbucher-Abteilung fur Allgemeine zoologie und physiologie der tiere* 97 (1), 47-67.

Kotrschal, K., Royer, S., and Kinnamon, J. C. (1998). High voltage electron microscopy and 3-D reconstruction of solitary chemosensory cells in the anterior dorsal fin of the gadid fish *Ciliata mustela* (Teleostei). *J. Struct. Biol.* 124, 59-69.

Kramer, D. L. (1977). Ventilation of the respiratory gas bladder in *Hoplyerythrinus unitaeniatus* (Pisces, *Characoidei*, *Erythrinidae*). *Can. J. Zool.* 56, 931-938.

Kramer, D. L., and Graham, J. B. (1976). Synchronous air breathing, a social component of respiration in fishes. *Copeia* 1976, 689-697.

Kramer, D. L., and McClure, M. (1982). Aquatic surface respiration, a widespread adaptation to hypoxia in tropical freshwater fishes. *Environ. Biol. Fish* 7, 47-55.

Lahiri, S., Szidon, J. P., and Fishman, A. P. (1970). Potential respiratory and circulatory adjustments to hypoxia in the African lungfish. *Ann. Rev. Physiol.* 29, 1141-1148.

Laurent, P., Delaney, R. G., and Fishman, A. P. (1978). The vasculature of the gills in the aquatic and aestivating lungfish (*Protopterus aethiopicus*). *J. Morph.* 156 (2), 173-208.

Liem, K. F. (1988). Form and function of lungs: The evolution of air breathing mechanisms. *Am. Zool.* 28, 739-759.

Lomholt, J. P., Johansen, K., and Maloiy, G. M. O. (1975). Is the aestivating lungfish the first vertebrate with sectional breathing? *Nature* 257, 787-788.

Lopes, J. M., Boijink, C. L., Kalinin, A. L., Reid, S. G., Perry, S. F., Gilmour, K. M., Milsom, W. K., and Rantin, F. T. (2002). Abstract. Cardiovascular and respiratory reflexes in the air-breathing fish, jeju (*Hoplerythrinus unitaeniatus*): O_2 Chemoresponses. *In* "Cardiorespi-ratory Responses to Oxygen and Carbon Dioxide in Fish." Proceedings from the International Congress on the Biology of Tropical Fishes, pp. 69-74.

Low, W. P., Ip, Y. K., and Lane, D. J. W. (1990). A comparative study of the gill morphometry in the mudskippers-*Periophthalmus chrysospilos*, *Boleophthalmus boddaerti* and *Periophthalmadon schlosseri*. *Zool. Sci.* 7, 29-38.

Maheshwari, R., Pati, A. K., and Gupta, S. (1999). Annual variation in air-breathing behavior in two Indian siluroids, *Heteropneustes fossilis* and *Clarias batrachus*. *Indian J. Anim. Sci.* 69 (1), 66-72.

Maina, J. N. (2003). Functional morphology of the vertebrate respiratory systems. *In* "Biological Systems in Vertebrates" (Dutta, H. M., and Kline, D. W., Eds.), Vol. 1. Science Publishers, Enfield, NH.

Maina, J. N., and Maloiy, G. M. O. (1986). The morphology of the respiratory organs of the African air-breathing catfish (*Clarius mossambicus*): A light, electron and scanning microscopic study, with morphometric observations. *J. Zool. Lond.* 209A, 421-445.

Martin, K. L. M. (1993). Aerial release of CO_2 and respiratory exchange ratio in intertidal fishes out of water. *Environ. Biol. Fishes* 37, 189-196.

Martin, K. L. M. (1995). Time and tide wait for no fishes: Intertidal fishes out of water. *Environ. Biol. Fishes* 44, 165-181.

Martin, K. L. M. (1996). An ecological gradient in air-breathing ability among marine cottid fishes. *Physiol. Zool.* 69 (5), 1096-1113.

McKean, T. A. (1969). A linear approximation of the transfer function of pulmonary mechano-receptors of the frog. *J. Appl. Physiol.* 27, 775-781.

McKendry, J. E., and Perry, S. F. (2001). Cardiovascular effects of hypercapnia in rainbow trout (*Oncorhynchus mykiss*): A role for externally-oriented receptors. *J. Exp. Biol.* 204, 115-125.

McKendry, J. E., Milsom, W. K., and Perry, S. F. (2001). Branchial CO_2 receptors and cardiorespiratory adjustments during hypercarbia in Pacific spiny dogfish (*Squalus acanthias*). *J. Exp. Biol.* 204, 1519-1527.

McKenzie, D. J., Burleson, M. L., and Randall, D. J. (1991). The effects of branchial denervation and pseudobranch ablation on cardioventilatory control in an air-breathing fish. *J. Exp. Biol.* 161, 347-365.

McMahon, B. R. (1969). A functional analysis of the aquatic and aerial respiratory movements of an African lungfish, *Protopterus aethiopicus*, with reference to the evolution of the lung ventilation mechanism in vertebrates. *J. Exp. Biol.* 51, 407-430.

McMahon, B. R., and Burggren, W. W. (1987). Respiratory physiology of intestinal air-breathing in the teleost fish *Misgurnus anguillicaudatus*. *J. Exp. Biol.* 133, 371-393.

McPhail, J. D. (1999). A fish out of water: Observations on the ability of the black mudfish, *Neochanna diversus*, to withstand hypoxic water and drought. *NZ. J. Mar. Freshwater Res.* 33 (3), 417-424.

Milligan, C. L., and Wood, C. M. (1987). Regulation of blood oxygen transport and red cell pHi after exhaustive activity in rainbow trout (*Salmo gairdneri*) and starry flounder (*Platichthys stellatus*). *J. Exp. Biol.* 133, 263-282.

Milsom, W. K. (1990). Mechanoreceptor modulation of endogenous respiratory rhythm in vertebrates. *Am. J. Physiol.* 259 (5, Pt. 2), R898-R910.

Milsom, W. K. (1995). The role of CO_2/pH chemoreceptors in ventilatory control. *Braz. J. Med. Biol. Res.* 11-12, 1147-1160.

Milsom, W. K. (1996). Control of breathing in fish: Role of chemoreceptors. In "Physiology and Biochemistry of the Fishes of the Amazon" (Val, A. L., and Almeida-Val, V. M. F., Eds.), pp. 359-377. INPA, Manaus.

Milsom, W. K. (2002). Phylogeny of CO_2/pH chemoreception in vertebrates. *Respir. Physiol. Neurobiol.* 131, 1-2: 29-41.

Milsom, W. K., and Jones, D. R. (1977). Carbon dioxide sensitivity of pulmonary receptors in the frog. *Experientia* 33, 1167-1168.

Milsom, W. K., and Jones, D. R. (1985). Characteristics of mechanoreceptors in the air-breathing organ of the holostean fish, *Amia calva*. *J. Exp. Biol.* 117, 389-399.

Milsom, W. K., Reid, S. G., Rantin, F. T., and Sundin, L. (2002). Extrabranchial chemoreceptors involved in respiratory reflexes in the neotropical fish; *Colossoma macropomum* (The Tambaqui). *J. Exp. Biol.* 205, 1765-1774.

Milsom, W. K., Sundin, L., Reid, S. G., Kalinin, A. L., and Rantin, F. T. (1999). Chemoreceptor control of cardiovascular reflexes. In "Biology of Tropical Fishes" (Val, A. L., and Almedia-Val, V. M. F., Eds.), Vol. 29, pp. 363-374. INPA, Manaus.

Moura, M. A. F. (1994). Efeito da anemia, do exercício físico e da adrenalina sobre o baço e eritrócitos de *Colossoma macropomum* (Pisces). MSC thesis, PPG INPA/FUA.

Munshi, J. S. D. (1961). The accessory respiratory organs of *Clarias batrachus* (Linn.). *J. Morphol.* 109, 115-139.

Munshi, J. S. D. (1985). The structure, function and evolution of the accessory respiratory organs of air-breathing fishes of India. *Fortsch. Zool.* 30, 353-366.

Munshi, J. S. D., Roy, P. K., Ghosh, T. K., and Olson, K. R. (1994). Cephalic circulation in the air-breathing snakehead fish, *Channa punctata*, *C. gachua*, and *C. marulius* (*Ophiocephali-dae*, *Ophiocephaliformes*). *Anat. Rec.* 238, 77-91.

Narahara, A., Bergman, H. L., Laurent, P., Maina, J. N., Walsh, P. J., and Wood, C. M. (1996). Respiratory physiology of the Lake Magadi Tilapia (*Oreochromis alcalicus grahami*), a fish adapted to a hot, alkaline and frequently hypoxic environment. *Physiol. Zool.* 69 (5), 1114-1136.

Nikinmaa, M. (1990). "Vertebrate Red Blood Cells. Adaptations of Function to Respiratory Requirements." Springer, Berlin, Heidelberg, and New York.

Nilsson, S. (1984). Innervation and pharmacology of the gills. In "Fish Physiology"

(Hoar, W. S., and Randall, D. J., Eds.), Vol. XA, pp. 185-227. Academic Press, Orlando, FL.

Nilsson, S., and Sundin, L. (1998). Gill blood flow control. *Comp. Biochem. Physiol.* 119A, 137-147.

Olowo, J. P., and Chapman, L. J. (1996). Papyrus swamps and variation in the respiratory behavior of the African fish *Barbus neumayeri*. *African J. Ecol.* 34 (2), 211-222.

Pack, A. I., Galante, R. J., and Fishman, A. P. (1990). Control of interbreath interval in the African lungfish. *Am. J. Physiol.* 259 (1), R139-R146.

Pack, A. I., Galante, R. J., and Fishman, A. P. (1992). Role of lung inflation in control of air breath duration in African lungfish (*Protopterus annectens*). *Am. J. Physiol.* 262 (5), R879-R884.

Packard, G. C. (1974). The evolution of air-breathing in Paleozoic gnathostome fishes. *Evolution* 28, 320-325.

Pelster, B., Bridges, C. R., and Grieshaber, M. K. (1988). Physiological adaptations of the intertidal rockpool teleost *Blennius pholis L.*, to aerial exposure. *Respir. Physiol.* 71, 355-374.

Perry, S. F., and Gilmour, K. M. (2002). Sensing and transfer of respiratory gases at the fish gill. *J. Exp. Zool.* 293 (3), 249-263.

Perry, S. F., and Kinkead, R. (1989). The role of catecholamines in regulating arterial oxygen content during acute hypercapnic acidosis in rainbow trout (*Salmo gairdneri*). *Resp. Physiol.* 77, 365-377.

Perry, S. F., and Reid, S. D. (1992). Relationship between blood O_2 content and catecholamine levels during hypoxia in rainbow trout and American eel. *Am. J. Physiol.* 32, R240-R249.

Perry, S. F., and Wood, C. M. (1989). Control and coordination of gas transfer in fishes. *Can. J. Zool.* 67, 2961-2970.

Perry, S. F., Fritsche, R., Hoagland, T. M., Duff, D. W., and Olson, K. R. (1999). The control of blood pressure during external hypercapnia in the rainbow trout (*Oncorhynchus mykiss*). *J. Exp. Biol.* 202, 2177-2190.

Perry, S. F., Kinkead, R., and Fritsche, R. (1992). Are circulating catecholamines involved in the control of breathing by fishes? *Rev. Fish Biol. Fisheries* 2, 65-83.

Perry, S. F., Reid, S. G., Gilmour, K. M., et al (2004). A comparison in three tropical teleosts exposed to acute hypoxia. *Am. J. Physiol.* 287, R188-R197.

Perry, S. F., Wilson, R. J. A., Straus, C., Harris, M. B., and Remmers, J. E. (2001). Which came first, the lung or the breath? *Comp. Biochem. Physiol.* 129A, 37-47.

Peters, H. M. (1978). On the mechanism of air ventilation in anabantoids (*Pisces*: *Te-*

leostei). *Zoomorphologie* 89, 93-123.

Pettersson, K., and Johansen, K. (1982). Hypoxic vasoconstriction and the effects of adrenaline on gas exchange efficiency in fish gills. *J. Exp. Biol.* 97, 263-272.

Purser, G. L. (1926). *Calamoichthys calabaricus* (Smith. J. A). Part I. The alimentary and respiratory systems. *Trans. R. Soc., Edinb.* 54, 767-784.

Rahn, H., Rahn, K. B., Howell, B. J., Gans, C., and Tenney, S. M. (1971). Air breathing of the garfish (*Lepisosteus osseus*). *Respir. Physiol.* 11, 285-307.

Randall, D. J. (1990). Control and co-ordination of gas exchange in water breathers. In "Advances in Comparative and Environmental Physiology. Vertebrate Gas Exchange: From Environmental to Cell" (Boutilier, R. G., Ed.), pp. 253-278. Springer, Berlin, Heidel-berg, and New York.

Randall, D. J., and Perry, S. F. (1992). Catecholamines. In "Fish Physiology" (Hoar, W. S., and Randall, D. J., Eds.), Vol. XIIB, pp. 255-301. Academic Press, Orlando, FL.

Randall, D. J., and Taylor, E. W. (1991). Control of breathing in fishes: Evidence for a role of catecholamines. *Rev. Fish Biol. Fisheries* 1, 139-157.

Randall, D. J., Burggren, W. W., Farrell, A. P., and Haswell, M. S. (1981). "The Evolution of Air-Breathing Vertebrates." Cambridge University Press, Cambridge.

Rantin, F. T., and Kalinin, A. L. (1996). Cardiorespiratory function and aquatic surface respiration in *Colossoma macropomum* exposed to graded and acute hypoxia. In "Physiology and Biochemistry of the Fishes of the Amazon" (Val, A. L., and Almeida-Val, V. M. F., Eds.), pp. 169-180. INPA, Manaus.

Rantin, F. T., Florindo, L. H., Kalinin, A. L., Reid, S. G., and Milsom, W. K. (2002). Cardiorespiratory responses to O_2 in water-breathing fish. In "Cardiorespiratory Responses to Oxygen and Carbon Dioxide in Fish." International Congress on the Biology of Fish, pp. 35-50.

Rantin, F. T., Glass, M. L., Kalinin, A. L., Verzola, M. M., and Fernandes, M. N. (1993). Cardio-respiratory responses in two ecologically distinct erythrinids (*Hoplias malabaricus* and *Hoplias lacerdae*) exposed to graded environmental hypoxia. *Environ. Biol. Fishes* 36, 93-97.

Rantin, F. T., Guerra, C. D. R., Kalinin, A. L., and Glass, M. L. (1998). The influence of aquatic surface respiration (ASR) on cardio-respiratory function of the serrasalmid fish *Piaractus mesopotamicus*. *Comp. Biochem. Physiol.* 119A, 991-997.

Rantin, F. T., Kalinin, A. L., Glass, M. L., and Fernandez, M. N. (1992). Respiratory responses to hypoxia in relation to mode of life of two erythrinid species (*Hoplias malabaricus* and *Hoplias lacerdae*). *J. Fish Biol.* 41, 805-812.

Reid, S. G., Bernier, N. J., and Perry, S. F. (1998). The adrenergic stress response in fish: Control of catecholamine storage and release. *Comp. Biochem. Physiol.* 120C, 1-27.

Reid, S. G., Sundin, L., Kalinin, A. L., Rantin, F. T., and Milsom, W. K. (2000). Cardiovascular and respiratory reflexes in the tropical fish, traira (*Hoplias malabaricus*): CO_2/pH chemoresponses. *Respir. Physiol.* 120, 47-59.

Reid, S. G., Sundin, L., Florindo, L. H., Rantin, F. T., and Milsom, W. K. (2003). The effects of afferent input on the breathing pattern *continuum* in the tambaqui. *Respir. Physiol. Neuro-biol.* 36, 39-53.

Remmers, J. E., Torgerson, C., Harris, M. B., Perry, S. F., Vasilakos, K., and Wilson, R. J. A. (2001). Evolution of central respiratory chemoreception: A new twist on an old story. *Respir. Physiol.* 129, 211-217.

Richter, D. E. (1982). Generation and maintenance of the respiratory rhythm. *J. Exp. Biol.* 100, 93-107.

Ristori, M. T., and Laurent, P. (1977). Action de l'hypoxie sur le systéme vasculaire branchial de la tête perfusée de truite. *C. R. Acad. Sci., Ser. Biologiques* 171, 809-813.

Roberts, J. L., and Graham, J. B. (1985). Adjustments of cardiac rate to changes in respiratory gases by a bimodal breather, the Panamanian swamp eel, *Synbranchus marmoratus*. *Am. Zool.* 25, 51A.

Rovainen, C. M. (1977). Neural control of ventilation in the lamprey. *Fed. Proc.* 36 (10), 2386-2389.

Sanchez, A. P., and Glass, M. L. (2001). Effects of environmental hypercapnia on pulmonary ventilation of the South American lungfish. *J. Fish Biol.* 58, 1181-1189.

Sanchez, A. P., Hoffmann, A., Rantin, F. T., and Glass, M. L. (2001a). Relationship between cerebro-spinal fluid pH and pulmonary ventilation of the South American lungfish, *Lepidosiren paradoxa* (Fitz.). *J. Exp. Zool.* 290, 421-425.

Sanchez, A., Soncini, R., Wang, T., Koldkjaer, P., Taylor, E. W., and Glass, M. L. (2001b). The differential cardio-respiratory responses to ambient hypoxia and systemic hypoxaemia in the South American lungfish, *Lepidosiren paradoxa*. *Comp. Biochem. Physiol.* 130A, 677-687.

Satchell, G. H. (1976). The circulatory system of air-breathing fish. *In* "Respiration of Amphib-ious Vertebrates" (Hughes, G. M., Ed.), pp. 105-123. Academic Press, London.

Schöttle, E. (1931). Morphologie und physiologie der atmung bei wasser-, schlamm-, und landlebenden Gobiiformes. *Z. Wiss. Zool.* 140, 1-114.

Severi, W., Rantin, F. T., and Fernandez, M. N. (1997). Respiratory gill surface of the serrasalimid fish, *Piaractus mesopotamicus*. *J. Fish Biol.* 50, 127-136.

Singh, B. N., and Hughes, G. M. (1971). Respiration of an air-breathing catfish *Clarias batrachus* (Linn.). *J. Exp. Biol.* 55, 421-434.

Smatresk, N. J. (1988). Control of the respiratory mode in air-breathing fishes. *Can. J. Zool.* 66, 144-151.

Smatresk, N. J. (1990). Chemoreceptor modulation of endogenous respiratory rhythms in vertebrates. *Am. J. Physiol.* 259 (5, Pt. 2), R887-R897.

Smatresk, N. J., and Azizi, S. Q. (1987). Characteristics of lung mechanoreceptors in spotted gar, *Lepisosteus oculatus*. *Am. J. Physiol.* 252 (6), R1066-R1072.

Smith, H. W. (1931). Observations on the African lungfish, *Protopterus aethiopicus*, and on evolution from water to land environments. *Ecology* 12, 164-181.

Smith, D. G., and Gannon, B. J. (1978). Selective control of branchial arch perfusion in an air-breathing Amazonian fish *Hoplerythrinus unitaeniatus*. *Can. J. Zool.* 56, 959-964.

Smith, F. M., and Jones, D. R. (1978). Localization of receptors causing hypoxic bradycardia in trout (*Salmo gairdneri*). *Can. J. Zool.* 56 (6), 1260-1265.

Smith, R. S., and Kramer, D. L. (1986). The effect of apparent predation risk on the respiratory behavior of the Florida gar (*Lepisosteus platyrhincus*). *Can. J. Zool.* 64, 2133-2136.

Steeger, H.-U., and Bridges, C. R. (1995). A method for long term measurement of respiration in intertidal fishes during simulated intertidal conditions. *J. Fish Biol.* 47, 308-320.

Stevens, E. D., and Holeton, G. F. (1978). The partitioning of oxygen uptake from air and from water by the large obligate air-breathing teleost pirarucu (*Arapaima gigas*). *Can. J. Zool.* 56, 974-976.

Sundin, L. (1995). Responses of the branchial circulation to hypoxia in the Atlantic cod, *Gadus morhua*. *Am. J. Physiol.* 268, R771-R778.

Sundin, L., and Nilsson, G. E. (1997). Neurochemical mechanisms behind gill microcircula-tory responses to hypoxia in trout: In vivo microscopy study. *Am. J. Physiol.* 272, R576-R585.

Sundin, L., and Nilsson, S. (2002). Branchial innervation. *J. Exp. Zool.* 293, 232-248.

Sundin, L., Reid, S. G., Kalinin, A. L., Rantin, F. T., and Milsom, W. K. (1999). Cardiovascular and respiratory reflexes in the tropical fish, traira (*Hoplias malabaricus*): O_2 chemo-responses. *Respir. Physiol.* 116, 181-199.

Sundin, L., Reid, S. G., Rantin, F. T., and Milsom, W. K. (2000). Branchial receptors and cardiovascular reflexes in a neotropical fish, the tambaqui (*Colossoma macropomum*). *J. Exp. Biol.* 203, 1225-1239.

Takeda, T., Ishimatsu, A., Oikawa, S., Kanda, T., Hishida, Y., and Khoo, K. H. (1999). Mudskipper *periophthalmodon schlosseri* can repay oxygen debts in air but not in water. *J. Exp. Zool.* 284 (3), 265-270.

Tamura, O., and Moriyama, T. (1976). On the morphological feature of the gill of amphibious and air-breathing fishes. *Bull. Fac. Fish. Nagaski Univ.* 41, 1-8.

Taylor, E. W., Al-Ghamdi, M. S., Ihmied, I. H., Wang, T., and Abe, A. S. (2001). The neuroanatomical basis of central control of cardiorespiratory interactions in vertebrates. *Exp. Physiol.* 86 (6), 771-776.

Taylor, E. W., Jordan, D., and Coote, J. H. (1999). Central control of the cardiovascular and respiratory systems and their interactions in vertebrates. *Physiol. Rev.* 79 (3), 855-916.

Thompson, G. G., and Withers, P. C. (2002). Aerial and aquatic respiration of the Australian desert goby *Chlamydogobius eremius*. *Comp. Biochem. Physiol.* 131A, 871-879.

Torgerson, C. S., Gdovin, M. J., and Remmers, J. E. (2001). Sites of respiratory rhythmogenesis during development in the tadpole. *Am. J. Physiol.* 280 (4), R913-R920.

Ultsch, G. R. (1996). Gas exchange, hypercarbia and acid-base balance, paleocology, and the evolutionary transition from water-breathing to air-breathing among vertebrates. *Palaeo-geol. Palaeoclim. Palaeoecol.* 123, 1-27.

Val, A. L., and Almeida-Val, V. M. F. (1995). "Fishes of the Amazon and Their Environment." Springer-Verlag, Berlin.

Val, A. L., and Almeida-Val, A. M. F. (1999). Effects of crude oil on respiratory aspects of some fish species of the Amazon. *In* "Biology of Tropical Fishes" (Val, A. L., and Almeida-Val, V. M. F., Eds.), Chapter 22, pp. 277-291. INPA, Manaus.

Val, A. L., Affonso, E. G., and Almeida-Val, V. M. F. (1992). Adaptive features of Amazon fishes: Blood characteristics of Curimatã (*Prochilodus cf nigricans*, Osteichthyes). *Physiol. Zool.* 65 (4), 832-843.

Val, A. L., Almeida-Val, V. M. F., and Randall, D. J. (1996). "Physiology and Biochemistry of the Fishes of the Amazon." INPA, Manaus.

Wilson, R. J. A., Harris, M. B., Remmers, J. E., and Perry, S. F. (2000). Evolution of air-breathing and central CO_2/pH respiratory chemosensitivity: New insights from an old fish. *J. Exp. Biol.* 203, 3505-3512.

Wilson, R. J. A., Vasilakos, K., Harris, M. B., Straus, C., and Remmers, J. E. (2002). Evidence that ventilatory rhythmogenesis in the frog involves two distinct neuronal oscillators. *J. Physiol.* (*London*) 540 (2), 557-570.

Wood, C. M., and Shelton, G. (1980). The reflex control of heart rate and cardiac output in the rainbow trout: Interactive influences of hypoxia, hemorrhage, and systemic vasomotor tone. *J. Exp. Biol.* 87, 271-284.

Wood, C. M., Turner, J. D., Munger, R. S., and Graham, M. S. (1990). Control of ventilation in the hypercapnic skate *Raja ocellata*: II. Cerebrospinal fluid and intracellular pH in the brain and other tissues. *Respir. Physiol.* 80 (2, 3), 279-298.

Wootton, R. J. (1990). "Ecology of Teleost Fishes." Chapman & Hall, New York.

Zaccone, G., Fasulo, S., Ainis, L., and Licata, A. (1997). Paraneurons in the gills and airways of fishes. *Micro. Res. Tech.* 37, 4-12.

第 7 章 氧的转运

7.1 导　　言

世界上生存的脊椎动物，保守估计有50000种。其中，鱼估计有20000～30000种，约占脊椎动物总数的一半（Lauder and Liem，1983；Nelson，1984；Val and Almeida-Val，1995；Castro and Menezes，1998）。根据Moyle和Cech（1996），58%的硬骨鱼类生活在海水中，41%生活在淡水中，只有1%洄游在这两种生境之间。热带鱼大约是鱼种类总数的75%，虽然它们在鱼类当中占有优势，但对它们生理学的研究了解要比温带鱼类差得多。热带鱼类在所有生物学的机体组成水平上，从形态学到行为，从色彩型式到它们对环境状况挑战的驯化/适应的生理学能力，都显示着巨大的多样性。显然，热带鱼类组成脊椎动物的一个独特的类群。本章将主要着重于对热带鱼类氧气转移的阐述，重点是亚马孙和印度的淡水鱼类，因为它们是最大宗的类群。在可能与需要的情况下，亦参考其他热带鱼类和新热带鱼类资料。本章将讨论O_2转移的基本内容，包括水呼吸和空气呼吸鱼类之间的差别，以及在影响O_2转运的热带系统内出现的环境变数是如何变化的和热带鱼类是怎样补偿的。

7.2 氧和空气呼吸的进化

对一定的P_{O_2}，空气中的O_2含量要比水中高得多，准确的数值随着温度而变化。在蒸馏水中，空气对水的O_2含量比率在0 ℃大约是20∶1，在20 ℃时是30∶1，在40 ℃时是38∶1（Dejours，1988）。因此，从处于吸入与呼出介质之间ΔP_{O_2}稳定的通气介质中获得一定的O_2提取，水的通气容量将是空气的20～40倍。在鱼类中，由于鳃的逆流式结构，这个值要较低一些，使和穿过空气呼吸鱼类的气体交换器官相比，有较多的ΔP_{O_2}穿过鳃。然而，还有一个复合因子，即水的黏度大约是空气的60倍，因此，在水介质中呼吸相比于在空气中呼吸是高代价的。

O_2和CO_2经过气体交换器官的扩散作用是被动的，只由各自的分压差别所驱动。经过鳃的扩散率是遵循Fick的扩散定律（Fick's Law of Diffusion）：

$$R = \frac{D \times A \times \Delta p}{d}$$

其中，R为扩散率，D为各自的气体扩散常数，A为发生扩散的面积，Δp为血液和水之间气体分压的差别，d为扩散发生经过的距离。在进化过程中，通过增加表面积（A），降低扩散距离（d），增加气体浓度的差别（Δp），使氧气能够最大限度地经过鳃扩散。这在温带和热带鱼类都有详细的阐述。

淡水的热带环境经历以天数和季节为基础的严重低氧，如果局限于在一种水介质中呼吸，就会受到严重挑战。栖息在这些水域中的鱼类必需或者依靠行为的、形态的及生物化学/生理学的调节直接的或者通过空气呼吸间接地应对低氧环境。

空气呼吸早在热带鱼类进化过程中出现，可能是对水中低溶解氧的反应，因为大气中的 O_2 低于现今的水平（Dudley，1998）。空气呼吸的第一个类群是肺鱼群，早在泥盆纪（Devonian）出现，现存的种类包括：南美肺鱼（*Lepidosiren paradoxa*）、澳洲肺鱼（*Neoceratodus forsteri*）和非洲肺鱼（*Protopterus*）。在它们之后是一群能够空气呼吸的鱼类，使用大量的多样性构造进行气体交换（表7.1）。学者们曾经推想空气呼吸已经独立的进化多达68次（Graham，1997）。

表 7.1 亚马孙河选择的鱼科（fish families）的空气呼吸器官。鱼科是依照 Nelson（1984）从一般化的到特化的组织安排

科	空气呼吸器官				
	肺	气鳔	皮肤	胃肠	咽的、鳃的和口的盲突
南美肺鱼科	√				
巨骨舌鱼科	√				
虎脂鲤科	√	√			
陶乐鲇科			√		
美鲇科			√		
甲鲇科			√		
吻电鳗科					√
电鳗科				√	
合鳃鱼科				√	

热带空气呼吸鱼类可以区分为两个类型，两栖的和水生的。属于两栖类型的鱼类能够在水外的期间呼吸空气，因为它们会面临干旱的时期，或者是它们为寻求新的水体而要在陆上活动，护胸鲇属（*Hoplosternum*）的鱼类属于这个类群。对于水生的空气呼吸鱼类，依照它们从水中提取氧的效能梯度，可分为兼性的和连续的（专性的）空气呼吸鱼类。兼性空气呼吸鱼类通常在水中低氧时或者氧的需求增加时呼吸空气。这个类群包括几个科的鱼类：甲鲇科、虎脂鲤科、陶乐鲇科、吻电鳗科、合鳃鱼科和美鲇科（Val and Vlmeida-Val，1995；Brauner and Val，1996；Graham，1997）。连续的或者专性的空气呼吸鱼类，经常进行空气呼吸而不顾及水中的氧含量如何，包括肺鱼类，以及巨骨舌鱼（*Arapaima gigas*）和电鳗（*Electrophorus electricus*）等。

7.3 气体交换器官：构造和功能的多样性

对于水呼吸鱼类，鳃是气体交换的主要部位，尽管在许多情况下，经过皮肤提取的 O_2 占有明显的百分比。所有的空气呼吸鱼类都具有鳃。然而，鳃的总表面积大大减少，O_2 提取通常由不同形式的空气呼吸器官（air-breathing orgen，ABO）进行（有些情况下起着支配作用）

7.3.1 水呼吸鱼类

通常，热带水呼吸鱼类鳃的形态学和总的鳃表面积与已经研究清楚的温带鱼类相似（Fernandes，1996；见第6章）。虽然硬骨鱼类鳃的内在与外表形态学表现明显的多样性，它通常由四个鳃弓组成，每个鳃弓有两列鳃丝。每个鳃丝的每侧包含一排空间相等的鳃瓣；从不同鳃弓的相邻鳃丝的鳃瓣顶端形成细密的筛，能使水最大限度地和鳃瓣接触。通过鳃瓣的血流由副交感神经和交感神经系统及体液的儿茶酚胺调节（Sundin，1999），引导血流对着水流逆向流动，从而最有利于进行气体交换。鳃丝由软骨杆支撑，在呼吸活动周期由收肌和展肌调节它们活动（Hughes，1984；Laurent，1984）。

在水呼吸鱼类中，鳃的总表面积和需氧代谢的需求之间呈现正的相关关系，活动性较强的鱼类如金枪鱼，具有较大的鳃表面积（Hughes，1972；Brill，1996），而不大活动的鱼类具有较小的鳃表面积（Hughes，1966）。除氧的需求之外，氧的有效性亦影响到鳃的表面积。例如，虎利齿脂鲤（Hoplias malabaricus），一种能生活在非常低氧水中的水呼吸鱼类，它的鳃表面积几乎是栖息在充氧良好的相近种类利齿脂鲤（Hoplias lacerdae）的3倍（Fernandes et al.，1994），而且其鳃表面积和鳟鱼的相近（Fernandes et al.，1996）。虎利齿脂鲤鳃表面积的增加主要是增加单个鳃瓣的表面积，通过增加鳃丝长度，即增加鳃瓣的总数而达到（Fernandes et al.，1994）。在虎利齿脂鲤，相对于另一种利齿脂鲤（H. lacerdae），其鳃表面积的增加是和超过吸入水 P_{O_2} 范围的鳃通气容量的较低比率（Kalinin et al.，1996）及较低的临界 P_{O_2}（Rantin et al.，1992）相关的。这两种鱼的活动性都不高，而且和生活在相似温度中的其他热带鱼类相比，代谢率是低的（Cameron and Wood，1978；Rantin et al.，1992）。因此，虎利齿脂鲤（H. malabaricus）比利齿脂鲤（H. lacerdae）具有较大的总鳃表面积很可能是和生活在遭受较多低氧的环境中有关。

7.3.2 空气呼吸鱼类

兼性空气呼吸鱼类的鳃丝退化但仍具有鳃瓣，所以还能进行气体交换和酸-碱平衡。例如，一种空气呼吸鱼类，单带红脂鲤（Hoplerythrinus unitaeniatus），和其非常相近的水呼吸鱼类虎利齿脂鲤（H. malabaricus）相比，鳃瓣的表面积减少。但是，尽管表面积减少，单带红脂鲤（H. unitaeniatus）的鳃还是能够在正常溶氧水中充分满足对代谢氧气的需求。然而，这似乎和在虎利齿脂鲤（*H. malabaricus*）观察到的以较高的鳃通气和较低的水 O_2 提取来保持同样的代谢率有联系（Mattais et al.，1996）。兼性空气呼吸鱼类在处于低氧状态时在一定程度上依靠空气呼吸。空气呼吸器官（ABO）有不同的类型，简单的如口腔、咽、食道或鳃腔的上皮与构造的修饰，以及鳃、皮肤、胃或肠的变化。亦观察到鳔管和气鳔较为复杂的改变（Graham，1997）。

专性空气呼吸鱼类是指鱼在含氧量正常情况下通过空气呼吸至少满足它们一部分的氧代谢需求。通常，专性空气呼吸鱼类和水呼吸鱼类及兼性空气呼吸鱼类相比，鳃的总表面积对比身体质量明显减少，这种型式已经详细描述（Graham，1997）。较少受到关注的是空气呼吸鱼类在发育过程中鳃的表面积和鳃的形态学变化。空气呼吸的硬骨鱼类巨骨舌鱼（*Arapaima gigas*），为这方面的研究提供一个很好的模型。刚孵化不久，巨骨舌鱼就开始空气呼吸，当它们发育到 10 g（大约 1 个月）时，它们可以淹没在水中 20 min 而不进入空气中（Brauner 和 Val 的个人观察）。它们长到 0.6～1.0 kg（4～5 个月）时，能够较多地依靠空气呼吸，可以淹没在水中 10 min 而不进入空气中（Brauner 和 Val 的个人观察），能从空气中获得大约 80% 的 O_2 提取量（Stevens and Holeton，1978；Brauner and Val，1996）。在这个相当短的期间，鳃的形态学发生显著变化。10 g 的鱼，鳃瓣粗短，但能成形，富含线粒体的细胞出现在鳃瓣基部，如同在水中呼吸鱼类所观察到的那样（图 7.1、图 7.2）。随着巨骨舌鱼的生长，鳃瓣之间的空间充满发育中的细胞，包括富含线粒体的细胞；鳃瓣逐渐消失，直到用扫描电镜在鳃丝上都看不到鳃瓣。和鳃表面积显著减少（图 7.1）相联系的是水和血液之间的扩散距离大大增加（图 7.2）。沿着鳃丝的一定距离，有成双的富含线粒体细胞（Brauner et al.，2004a）。因此，在发育过程中，巨骨舌鱼的鳃瓣由和水呼吸鱼类相似的典型鳃构造转化为表面积低、扩散距离大、充满富含线粒体细胞的器官。这种鳃的表面一直起着大量排出 CO_2 的作用（Randall et al.，1978；Brauner and Val，1996），但是，和在水呼吸鱼类观察到的相比，它可能在离子调节或酸-碱平衡中起较大的作用。

7.4 氧的转运

从环境中提取 O_2 取决于呼吸介质的通气作用，鳃或空气呼吸器官的灌注，以及 O_2 经过呼吸上皮的扩散作用，这方面已有许多综述阐明（Randall and Daxboeck，1984；Dejours，1988；Graham，1997）。一旦进入血液内，大量的氧就转运而和血红蛋白（Hb）结合，包围在红细胞内。O_2 的转运和释放由 Hb 的特性及所处的环境决定，亦受到红细胞的调节。

7.4.1 全血

1. 血液-氧亲和力

描述全血 O_2 转运特征最常用的参数是 P_{50}，它表示 P_{O_2} 在血液中的氧的饱和度是 50%。较低的 P_{50}，就有较大的血液对 O_2 的亲和力，就能更有效地把 O_2 从水中脱离出

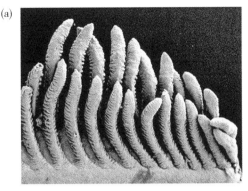

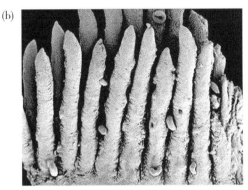

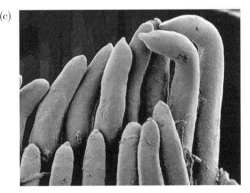

注：（a）身体质量为 10 g；（b）身体质量为 100 g；（c）身体质量为 1 kg（尺度标准相当于 500 μm）。（Branner et al.，2004a）

图 7.1　专性空气呼吸硬骨鱼类巨骨舌鱼（*Arapaima gigas*）三个不同形状大小鳃的电镜扫描

来。然而，较高的 P_{50} 提高了使 O_2 卸离组织的 P_{O_2}，从而有利于 O_2 的释放。在体的全血 P_{50} 可以认为是这些互相冲突的压力之间的一种折中状态。全血 P_{50} 的值是许多相互作用变数的函数，包括红细胞内 Hb 的浓度、Hb 对 O_2 的内在亲和力、Hb 对配体（特别是 Cl^-、ATP 和 GTP）的敏感性及它们在红细胞内相对浓度，还有温度和其他的（Nikinmaa，1990）。此外，不同的环境条件能使 P_{50} 值发生变化。尽管大量相互作用的因素与可塑性和环境的驯化/适应相联系，在野外捕获的鱼类全血中 P_{50} 的值是全血 O_2 转运特征中一个有用的指标，特别是涉及低氧的耐性方面。

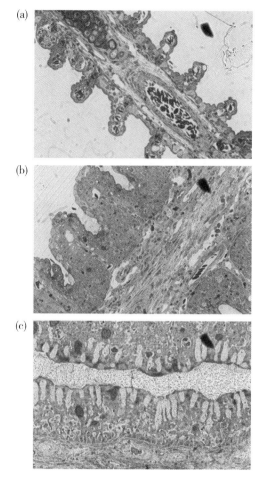

注:(a) 身体质量为 10 g;(b) 身体质量为 100 g;(c) 身体质量为 1 kg(MR 表示富含线粒体细胞)。(Branner et al., 2004a)

图 7.2 专性空气呼吸硬骨鱼类巨骨舌鱼(*Arapaima gigas*)三个不同形状大小鳃的光学显微镜图

对于热带鱼类,全血 P_{50} 值存在明显的多样性。Johansen 和 Lenfant(1972)最早提出,空气呼吸鱼类的 P_{50} 比水呼吸鱼类高,可能有利于 O_2 释放到组织中,并且减少和空气呼吸相联系的 O_2 提取的限制因素。然而,在一项对 40 种亚马孙鱼全血亲和力的较为详尽深入的研究中(Power et al., 1979),以呼吸的模式为基础并不支持这种关系;而血液 P_{50} 最可靠的预报因素和鱼类栖息的水流速率相关。他们发现,生活在"快速"流动而充氧较好水中的鱼,血液 P_{50} 的值大约为 50%,大于那些生活在"缓慢"流动、O_2 水平变化不定并且经常低氧水中的鱼。这项调查研究展现了鱼类显著的系统发生多样性,而当研究水呼吸和空气呼吸鱼类的密切联系时[如虎利齿脂鲤(*Hoplias malabaricus*)和单带红脂鲤(*Hoplerythrinus unitaeniatus*),或者巨骨舌鱼(*Arapaima gigas*)和骨舌鱼(*Osteoglossum bicirrhosum*)](Johansen et al., 1978a, b),空气呼吸鱼类具有比水呼吸鱼类较低的血液亲和力。P_{50} 和呼吸模式之间关系的一般原则还有争论(Graham, 1997),但是,在全血 P_{50} 和环境水流速率之间,更确切些,是和环境水的 O_2 水平之间似乎存在着联系。

2. 血细胞比容

除血液-氧亲和力之外,一个影响 O_2 释放的主要因素是血液的总血红蛋白含量。温度升高能导致和驯化温度相联系的鱼类血细胞比容(Hct)增加,从 25 种在野外捕获后得到恢复的亚马孙鱼类提取的 Hct 和血液 Hb,并未显示其值和浓度比那些温带鱼类高些。亚马孙鱼类的血细胞比容值是 21%～35.5%,血液 Hb 浓度是 0.82～1.65 mmol/L。一般来说,活动性较强的鱼,Hct 和 Hb 的水平较高(Marcon et al.,1999)。空气呼吸鱼类和水呼吸鱼类相比亦显示较高的 Hct 和总的血液 Hb(Val and Almeida-Val,1995)。

3. 玻尔效应(Bohr Effect)

玻尔效应说明和血液 pH 变化相联系的 Hb-O_2 亲和力的变化(Riggs,1988;Jensen et al.,1998)。通常都认为玻尔效应对于增强 O_2 释放到组织中起重要作用,因为 CO_2 从组织扩散到血液中,导致血液 pH 降低。当血液 pH 降低一定程度时,玻尔效应的量度较大,O_2 释放到组织中的能力就较大。CO_2 脱水产生质子(proton),由于霍尔丹效应(Haldane effect),当 O_2 卸离到组织中时,质子和 Hb 结合(Christiansen et al.,1914)。霍尔丹效应是玻尔效应的交互作用(Wyman,1973)。因此,面对与霍尔丹效应相关的质子结合,在稳态条件下,出现玻尔系数($\Delta \log P_{50}/\Delta pH$)的最优值使 O_2 最大限度地释放到组织中。这个最优值已经被计算出来,为 -0.35～-0.5(Lapennas,1983)。

对 34 种跨越 32 个属和 18 个科的亚马孙鱼全血的测定,玻尔系数分布颇为广泛,范围为 -0.1～-0.79(图 7.3)。对这些分类类群的每一个分别计算玻尔系数的平均值,分别为:种类,-0.38±0.03;属,-0.39±0.06;科 -0.42±0.04。对这个类群的 5 个目计算玻尔系数,平均值是 -0.39±0.06。因此,虽然在亚马孙鱼类当中观察到大范围的玻尔系数,但不顾及系统发生的定群水平而计算得到的平均值,都落在 Lapennas(1983)计算的使 O_2 最大限度释放的最优值范围之内。这些数据表明玻尔系数似乎最适于这些鱼类的 O_2 释放。因为许多温带硬骨鱼类的玻尔系数都大大超过 0.35,曾推断这些硬骨鱼类的 Hb 可能更适合 CO_2 而不是 O_2 的转运(Jensen,1989,1991)。温带鱼类和热带鱼类之间在这方面是否存在确实的差别,还有待于进一步研究。由于在热带生态系统中低氧频繁出现,玻尔系数的最优化对 O_2 的释放是完全合乎情理的。

4. 鲁特效应(Root Effect)

鲁特效应明确表示,在大气的 O_2 水平下,当血液 pH 降低时,血液携带 O_2 的能力下降(Root,1931)。鲁特效应只出现于硬骨鱼类[弓鳍鱼(*Amia calva*)是例外](Weber et al.,1976),并且在 Hb 的水平中,鲁特效应被认为是夸张的玻尔效应(Brittain,1987)。尽管付出很大努力,鲁特效应的完整分子基础还没有阐明(Mylvaganam et al.,1996;Fago et al.,1997)。然而,在生理学上,对气体的转运,鲁特效应比玻尔效应有非常不同的含义。鲁特效应和一种网状物(一种能在毛细血管内产生大的局部酸中毒的构造),驱使 O_2 从 Hb 进入眼或气鳔内(Pelster and Weber,1991)。于是,硬骨鱼类 Hb 的特性和网系统在硬骨鱼类形成一种 O_2 倍增(multiplication)系统的基础,

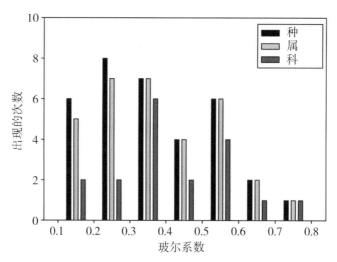

注：出现次数（number of occurrences）的值是以种数、属数或科数的观察定群为基础而得到。(Powers et al., 1979)。

图7.3 从34种亚马孙鱼类全血中测定的玻尔系数量度图

这在动物界是前所未有的，并且能够在动脉血产生超过20倍的氧张力（Fairbanks et al., 1969）。这个系统使鱼能够调节气鳔容量，当鱼停留在不同的深度时能维持中性的浮力，而且是生存至今的硬骨鱼类爆炸性辐射的一种主要的性状（Moyle and Cech, 1996）。

然而，对亚马孙鱼类56个属的研究首次证明鲁特效应最适合和脉络膜网（choroid rete）而不是气鳔的出现相联系（Farmers et al., 1979）。最大的鲁特效应是在具有网状物（retia）的鱼类中观察到（Val and Almeida-Val, 1995）。Hb组分的数量、活动性水平、低氧耐性、营养水平或者生境适应性等和鲁特效应的出现之间似乎没有联系（Val and Almeida-Val, 1995）。通常，对裸背鳗类（Gymnotoidei）、鲇鱼类（Siluroidei）及大多数空气呼吸鱼，鲁特效应非常少或者没有（Farmer et al., 1979）。然而，用剥离的溶血剂（stripped hemolyzate）证明至少有两种空气呼吸鱼——巨骨舌鱼（Arapaima gigas）和单带红脂鲤（Hoplerythinus unitaeniatus）出现明显的鲁特效应。因为空气呼吸鱼类典型的比水呼吸鱼类具有较高的血液P_{CO_2}和较低的血液pH，所以早在1931年就指出空气呼吸鱼类的Hb对pH相对的不敏感（Carter, 1931），亦就不会出现鲁特效应。对于大部分鱼类，情况就是这样。对于巨骨舌鱼（A. gigas）和单带红脂鲤（H. unitaeniatus），pH=5.5的溶血剂试验证实鲁特效应的存在（Farmers et al., 1979）。然而，在另一项分析中，没有观察到巨骨舌鱼（A. gigas）的溶血试验中出现鲁特效应，直到pH降低到6.2以下（图7.4），而这是不可能在体内发生的（例外的是在一个类似网状的结构内），那里的静止红细胞内pH为7.2±0.02（Brauner and Val，未发表的研究结果）。因而，空气呼吸鱼类具有鲁特效应就不会感到意外，如果它不减少在体的鳃或空气呼吸器官对O_2的提取。必须注意的是这些空气呼吸鱼类出现鲁特效应是在没有有机磷酸盐的情况下证实的，因为这种磷酸盐有助于增强鲁特效应和增加起始的pH（Pelster and Weber，1990）。

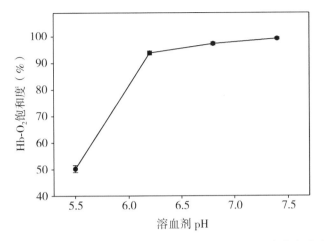

注：在每个 pH 中的 Hb-O_2 饱和度依照 Farmer 等（1979）采用分光光度法进行测定。（$n = 6$，Brauner and Val，未发表的研究结果）。

图 7.4　巨骨舌鱼（*Arapaima gigas*）溶血试验中鲁特效应的量度

5. 非线性玻尔效应

在几种硬骨鱼类，玻尔效应的量度是非线性的分布在氧平衡曲线（oxygen，equilibrium curve，OEC）上（Jensen，1986；Brauner et al.，1996；Lowe et al.，1998），几乎全部的效应都出现在 50% 和 100% Hb-O_2 饱和度之间。非线性玻尔效应对 O_2 和 CO_2 的转运及酸-碱调节有很大影响，并取决于作为气体交换的氧平衡曲线（OEC）的区（Brauner and Randall，1998）。非线性玻尔效应已经认为是具有鲁特效应的硬骨鱼类 Hb 的一个普通的特征（Brauner and Jensen，1999），并且发现存在于巨脂鲤（*Colossma macropomum*）（Brauner et al.，2001）和马加底湖罗非鱼（Narahara et al.，1996）的血液中。由于在热带鱼类中已经观察到 Hb 特征的丰富多样性，因此这个类群提供了一个很好的机会以进一步深入探讨鱼类非线性玻尔效应普遍存在的功能重要性和分子基础（Brauner and Jensen，1999）。

7.4.2　血红蛋白

大多数热带鱼类具有多样性的 Hb，和在温带鱼类观察到的情况相似（图 7.5）。对 77 个属硬骨鱼类的调查发现，只有 8% 的鱼类具有单个的成分。在骨鳔超目（Ostariophysi）（包括脂鲤类，裸背鳗类和鲇鱼类）和棘鳍超目（Acanthopterygii），Hb 的同种型（isoform）数量分别是 3.3 ± 0.15 和 6.7 ± 0.38（Fyhn et al.，1979）。在鱼类行为或生境偏爱和 Hb 同种型数量之间没有明显的联系。如此多的鱼类具有多样 Hb 的原因至少部分和基因复制及在鱼类当中广泛分布的多倍体有关；然而，还留待争论的问题是 Hb 的多重性是否起适应的作用。

不同的同种型具有不同的特征。具有一个静负电荷的（阳极的组分）趋向于低的氧

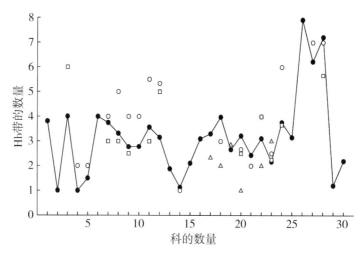

注：科是沿着横坐标从一般的到特化的安排。观察到多样的 Hb 出现在几乎所有的鱼科中。不同的符号表示不同的作者采用不同的血红蛋白分离方法进行分析的鱼类。（本图来自 A. L. Val 和 V. M. F. Almeida-Val 的《亚马孙鱼类和它们的环境》一书，经 Springer Science and Business Media 允许而复制）。

图7.5 亚马孙河流域一些选择的科鱼类血红蛋白组分的平均数量

亲和力，大的玻尔/霍尔丹效应和经常有一个鲁特效应。具有一个净正电荷的（阴极的组分）趋向于高的氧亲和力，小的或不存在玻尔/霍尔丹效应（Weber and Jensen，1988；Weber，1990）。已经阐明鱼类具有多样性的 Hb，其 Hb 性质的差别有利于分工进行氧的转运，例如，在面对严重的酸中毒时，阴极的组分还能一直和 O_2 结合（Weber，1990）。这种策略只需要 2 个同种型，但有些种类，如亚马孙鱼类，美鲶（*Hassar* sp.）显示多达 12 个（Fyhn et al.，1979）。有迹象表明可以按照季节，发育时期和溶解氧水平切换不同的 Hb 同种型（Val and Almeida-Val，1995），而且在亚马孙鱼类观察到的高水平异质性可能和它们所处环境的变异性有关（Fyhn et al.，1979；Riggs，1979）。

另一个假设是 Hb 的多重性可以减少 Hb 在红细胞内结晶的可能性。血红蛋白在其溶解度的限度内存在于红细胞内，脱氧的 Hb 要比带氧的 Hb 难溶解些。热带鱼类通常经历明显的低氧或者甚至缺氧的状态，脱氧的红细胞可能会遭遇 Hb 结晶的危险。按照相律（phase rule），不同组分的饱和蛋白质溶液比单个组分的饱和蛋白质溶液含有较多的蛋白质。多种 Hb 同种型的存在可能减少 Hb 结晶的机会而不影响红细胞的 Hb 浓度，或者甚至会增加总的 Hb 浓度。至于在红细胞的 Hb 浓度和 Hb 同种型数量之间是否存在着联系，还有待研究。

7.4.3 红细胞功能

Hb 在红细胞的包囊作用（encapsulation）便于通过调整细胞内的环境而精确调节 Hb 的功能。影响许多鱼类 Hb 的两个最重要的因子是有机磷酸盐和 pH。

1. 有机磷酸盐水平

大多数鱼类的 Hb 对有机磷酸盐敏感（Weber and Jensen，1988），它起着 Hb-O_2 亲和力负的别构调节物（allosteric modifiers）作用。在通常情况下，有机磷酸盐和位于稳定 T-状态的两个 β-链之间中央腔的特异性氨基酸残基结合（Nikinmaa，1990；Jensen et al.，1998）。从而，全血的 P_{50} 部分由存在于红细胞内有机磷酸盐的类型和/或绝对浓度所决定。在许多鱼类中，主要的有机磷酸盐是 ATP（腺苷三磷酸）和 GTP（鸟苷三磷酸），两者归属为 NTP（核苷三磷酸）（Val，2000），ATP 在鱼红细胞内经常呈现比 GTP 有较大的丰度。由于 GTP 能够比 ATP 形成多一个氢和珠蛋白链残基结合，而经常比 ATP 具有较强的别构剂（allosteric effector）作用（Val，1995；Marcon et al.，1999）。但并非经常这样，对于有些热带鱼类，ATP 的效应等于或者较大于 GTP，其基础还不清楚（Val，2000）。有些热带鱼类的 Hb 亦对其他的磷酸盐，如 2,3DPG 起反应，如在翼甲鲇（*Pterygoplichthys spp*，Isaacks et al.，1978）和护胸鲇（*Hoplosternum littorale*）（Affonso，1990；Val，1993）中观察到的。在很少见的例子中，IPP（肌醇五磷酸）（Val，2000）曾发现在红细胞内。然而，肌醇五磷酸广泛存在于鸟类和爬行类，至今只在 3 种鱼中出现：巨骨舌鱼（*Arapaima gigas*）（Isaacks et al.，1977）和 2 种板鳃鱼（Borgese and Nagel，1978）。另一种酯，肌醇二磷酸（IP_2），出现在 2 种空气呼吸鱼中[豹纹翼甲鲇（*Liposarcus pardalis*）和东非肺鱼（*Protopterus aethiopicus*）]，但 IP_2 对 Hb-O_2 亲和力的影响尚未确定。

除了在鱼类红细胞中发现有机磷酸盐类型和浓度的种间差别之外，还观察到个体发生出现差别的例子。最值得注意的是巨骨舌鱼（*Arapaima gigas*），在发育过程中有机磷酸盐的类型和浓度都出现很大差别。在幼鱼时，巨骨舌鱼还没有空气呼吸，具有高水平的 ATP 和 GTP。当它们长大而变得较为依靠空气呼吸时，红细胞的 IPP 水平增加，而 ATP 和 GTP 水平降低（Val et al.，1992）。因为和 IPP 相比，ATP 和 GTP 都是效能较差的别构剂，这就能够保证当鱼进行水呼吸时，全血对有 O_2 高的亲和力，而当鱼主要从空气中提取 O_2 时，全血对的 O_2 亲和力较低。

2. 红细胞的 pH 调节和 β-肾上腺素能的反应

许多硬骨鱼类的 Hb 呈现鲁特效应（Farmer et al.，1979；Ingerman and Terwilliger，1982；Brittain，1987；Cossins and Killey，1991；Pelster and Weber，1991；Val et al.，1998），当红细胞的细胞内 pH 降低时血液携带 O_2 的能力下降（Nikinmaa，1990）。处在低氧状况下或者经过耗尽的游动之后，鱼类会经历一种普遍的酸中毒，可能通过鲁特效应而显著降低血液的氧携带能力。在这个情况下，为了保证 O_2 的提取，许多硬骨鱼类的红细胞具有一种肾上腺素能的作用机理，在细胞外酸中毒的情况下能够调节红细胞的 pH（Nikinmaa，1990）。儿茶酚胺，特别是肾上腺素和去甲肾上腺素，当动脉血的饱和度下降到 50% 以下时释放到血液内（Perry 和 Reid，1992），它们刺激红细胞的 β-肾上腺素能受体。这就激活红细胞的 Na^+/H^+ 交换，接着引起一串活动，最后使红细胞体积增加，[Na^+] 和 pH 及 NTP 水平降低（Nikinmaa，1990）。这些作用机理及其作用过程在温带鱼类中已经详细阐明，但热带鱼类是否释放儿茶酚胺，以及热带鱼类中是否普遍存在红细胞的肾上腺素能反应还有待研究。

仅有的一项研究是对暴露在环境低氧中的新热带鱼类测定儿茶酚胺的释放，3 种鱼中的 2 种——单带红脂鲤（*Hoplerythrinus unitaeniatus*）和虎利齿脂鲤（*Hoplias malabaricus*）在动脉 P_{O_2} 水平相当于接近 50% Hb-O_2 饱和度时释放儿茶酚胺。第三种鱼，肥脂鲤（Pacu，*Piaractus mesopotamicus*）并不释放可以检测到的儿茶酚胺（Reid et al.，2002；Perry et al.，2004）。在所有这些例子中，儿茶酚胺的释放都要比在不耐低氧的虹鳟观察到的少得多。

最近对亚马孙鱼类的研究证明离体的红细胞肾上腺素能反应存在于 4 种脂鲤目（Characiformes）鱼类中的 2 种：巨脂鲤（*Colossomas macropomum*）和真唇脂鲤（*Semaprochilodus insignis*）出现反应，而白锯脂鲤（*Serrasalmas rhombeus*）和兔脂鲤（*Leporinus fasciatus*）没有反应。2 种鲇形目的鱼——蓝鸭嘴鱼（*Pinirampus pirinampu*）和翼甲鲇（*Pterygoplichthys multiraotiatus*）亦没有这种反应（Val et al.，1998）。在另一项研究中（Brauner et al.，2000），确认巨脂鲤存在红细胞的肾上腺素能反应，而值得注意的是，这种反应出现在肥脂鲤，但暴露在低氧中，似乎并不释放儿茶酚胺（Reid 等，2002）。肾上腺素能激活的红细胞 Na^+/H^+ 交换在红腹锯脂鲤（和在白锯脂鲤观察的结果一致；Val et al.，1998）或者在骨舌鱼类（osteoglossids）[双须骨舌鱼（*Osteoglossum bicirrostum*）和巨骨舌鱼（*Arapaima gigas*）] 都不明显。受到肾上腺素能刺激而降低红细胞 NTP 水平的是肥脂鲤（*Piaractus mesopotamicus*），但和在鲑鳟鱼类观察到的相比，其变化的程度是轻微的（小于 10%）。其他的亚马孙鱼类，包括脂鲤类和鲇鱼类，亦曾经报道在类似的实验流程中没有出现肾上腺素能介导的红细胞 NTP 水平的变化（Val et al.，1998）。

7.5　环境对氧转运的影响

热带气候是指靠近赤道的地带，普遍的特征是温暖、耐热和恒定的光周期（见第 1 章）。有些热带气候具有很大的年降雨量，形成广阔的热带雨林，例如南美洲的亚马孙地区、非洲中部的刚果地区和亚洲的印度尼西亚群岛。这些雨林地带大多数经历某种程度降水量年周期的波动，从而导致由雨量而不是由光周期和/或温度限定的季节（即洪水季节对干旱季节）。降水量明显的年周期波动对水环境造成巨大的影响（其中对海洋环境的影响稍小一些），使鱼类出现惊人的多样性。

在热带淡水系统，干旱季节能使江河水位下降 10 m 或更多（Junk et al.，1989），明显缩短江河的水流并且分离出大大小小的水体。在这种情况下，藻类和植物广泛生长，经常观察到水中 O_2 和 CO_2 张力出现明显的日波动。环境中 O_2（低氧、碳酸过高）、CO_2、温度、水位的变化，以及导致鱼类游动或者贫血的状况，都会影响到 O_2 的转运，而在有些情况下能为热带鱼类所补偿。

7.5.1　低氧

热带水域特别是亚马孙流域的一个显著特征是低氧的威胁，鱼类在这种情况下必须尽可能维持需氧的代谢活动。热带鱼类的适应范围很广，包括行为的、形态的、生理的和生物化学的。处于低氧中的第一道防线是行为，如果可能就避免低氧。当不能回避低氧时，经常采用呼吸的、心搏的和血液学的调节功能。

热带鱼类处于低氧状态下至少有 2 种行为的改变：改变在水柱中的位置和侧洄游（lateral migration）。曾报道一些鱼类改变在水柱内的位置并且阐明为适应趋同现象（adaptive convergence），因为它们发生在亲缘关系距离远的鱼类当中。处于低氧状态下，锯脂鲤类，如巨脂鲤（*Colossoma*）和齿脂鲤（*Mylossoma*），缺帘鱼类［缺帘鱼（*Brycon*）和靶脂鲤（*Hyphessobrycon*）］，一些丽鱼类［星丽鱼（*Astronotus* 和 *Herus*）］及淡水的江魟（*Potamotrygon*），都游动到水柱的上层区，靠近溶解氧较为丰富的水 - 空气界面。尽管这种行为反应在水中低氧时有助于保证 O_2 的提取，但亦增加被捕食的危险性（Graham，1997）。有些鱼类在游动到空气 - 水界面时伴随着体色的变化以减少被捕食的危险。体色变化的调控机理还不清楚，但可能是受到类似于对低氧的其他生理和生物化学的调节作用（Hochachka，1996；Hochachka et al.，1997；Ratcliffe et al.，1998）。

在许多热带水域，由于植物/藻类光合作用减弱和呼吸作用增强，日落伴随着水中溶解氧减少（Junk et al.，1983；Val et al.，1999）。水中的氧水平能够在日落 2 h 内完全耗尽（Val and Almeida-Val，1995；Val and Antunes de Maura，未发表研究结果）。不足为奇的是，黄昏成为一些鱼类洄游回到主要河道或者开阔水面的信号，那里的溶解氧比较稳定。这种游动称为侧洄游，在亚马孙（Goulding，1980；Lowe McConnell，1987）、巴西中央部低地沼泽（Antunes de Moura，2000）和非洲（Benecht and Quensiere，1982）的一些鱼类中曾经记述。

如果低氧不能回避，除空气呼吸外，一种最突出的适应出现在巨脂鲤（*Colossoma macropomum*），鱼的下唇变得明显膨大，形成宽阔的表面用以促进在水 - 空气界面的水中进行分液滑动（skimming）。相对于那些不进入水表层的鱼类，在水 P_{O_2} 为 35 mmHg 时，这种作用机理能增加约 30% 的动脉血氧含量（Val，1995）。虽然，不像巨脂鲤那样引人注目，亚马孙的其他一些鱼类亦观察到利用膨大的唇部在水表面分液滑动，如齿脂鲤（*Mylossoma*）、缺帘鱼（*Brycon*）和石斧脂鲤（*Triportheus*），而这亦可以认为是适应趋同现象的实例。

在不能利用这些独特的形态适应的鱼类，低氧通常导致自发性活动和代谢耗氧量降低（Brauner et al.，1995；Almeida-Val et al.，2000），鳃的通氧率增加（Rantin et al.，1992）及心动过缓（Rantin et al.，1995），如同在温带鱼类观察到的那样（Randall，1982）。

除了心搏呼吸的调节以对付低氧之外，在水呼吸鱼类经常观察到和肾上腺素能介导的红细胞膨大并从脾脏释放出来相联系的血细胞比容（Hct）增加（Moura，1994），以及由于红细胞 NTP 与 Hb 比率降低而使血液 - 氧亲和力增加（Val and Almeida-Val，1995；Val，2000）。值得注意的是，25 种亚马孙淡水鱼类的 NTP 与 Hb 比率，大约是海水鱼类的一半，这可能和亚马孙鱼类经常遭遇较严重的低氧状态有关（Marcon et al.，1999）。在空气呼吸鱼类，血液 - 氧亲和力增加的幅度似乎和空气呼吸确保 O_2 转运的相对重要性相联系。对于肺鱼类，尽管增加空气呼吸频率，和中等程度水中低氧（P_{O_2}为60 mmHg）相联系的是，血液-氧亲和力增加14%（Kind et al.，2002）。水中氧水平进一步降低到40 mmHg并不会引起血液-氧亲和力进一步增强。在兼性空气呼吸的下口鲇（*Hypostomus* sp.），处在极度的低氧（P_{O_2}为20~25 mmHg）状态下，由于细胞内GTP水平降低，血液-氧亲和力增加30%。

7.5.2 高含氧量

由于高水平的光合作用，高含氧量通常出现在白天植被和藻类稠密的天然水系统中。稠密的植被是许多热带环境的特征，而水中的氧水平能达到大气水平的250%（Kramer et al.，1978）。鱼类除了气鳔和视网膜能日常经受非常高的P_{O_2}之外，高含氧量对身体组织是有害的（Pelster，2001）。处在200%的大气氧水平中6 h内，高含氧量能引起鳃内氧化细胞损伤（Liepelt et al.，1995），并且影响氧的转运。生活在日常高氧含量水中的鱼类是否能够增强对付氧化细胞损伤的能力，目前还不清楚。

高含氧量水对热带鱼类的红细胞磷酸盐水平变化的影响产生一些有争议的研究结果。在丽鱼类的星丽鱼（*Astronotus ocellatus*），暴露在P_{O_2}为360 mmHg中15 d，对红细胞NTP水平没有影响；但处在同样的状态下，巨脂鲤（*Colossoma*）的NTP水平降低（Marcon and Val，1996）。温带鱼类的鲽鱼（*Pleuronectes platessa*）暴露在P_{O_2}为300 mmHg中亦使红细胞的ATP水平降低（Wood et al.，1975）。热带的白锯脂鲤（*Serrasalmus rhombeus*）暴露在高含氧量（300 mmHg）中6 h，虽然ATP水平没有变化，但GTP水平增加2倍（A. L. Val，未发表研究结果）。增加红细胞的GTP可以降低血液-氧亲和力，从而使处于高含氧量时减少组织的损伤；但在一些研究当中，高含氧量对红细胞NTP水平的影响是极其变化不定的，难以得出一般性的结论以说明在高含氧量的状况下NTP水平是如何调节的。

7.5.3 碳酸含量过高

环境中的碳酸含量过高通常出现在热带的淡水系统中，特别是覆盖稠密植被丛的区域，CO_2张力可能升高到60 mmHg（Heisler，1982）。除了CO_2对通气率的直接影响之外（见第6章），短时间暴露于碳酸过高的状况下还影响在Hb水平中的O_2转运。在许多脊椎动物中，CO_2和Hb的末端氨基结合，稳定T-状态，而降低Hb-O_2亲和力。在鱼类中，α-亚基的末端氨基是乙酰化的，不适于和CO_2结合（Farmer et al.，1979；Riggs，1979），而β-亚基则优先于CO_2而和有机磷酸盐结合（Gillen and Riggs，1973；Weber and Lykkeboe，1978），结果，CO_2对Hb-O_2转运的直接影响很小。然而，通过pH的作用，碳酸含量过高能通过玻尔效应降低Hb-O_2亲和力，而通过鲁特效应降低血液的O_2携带能力。碳酸含量过高对氧转运的影响程度取决于酸中毒的量度和玻尔效应与鲁特效应的大小。如前所述，许多硬骨鱼类面对和血液循环中儿茶酚胺升高相关的细胞外的酸中毒，有能力调节红细胞的pH。在鳟鱼，暴露在碳酸含量过高的水中时释放儿茶酚胺，在这种情况下至少能部分保护Hb-O_2转运（Perry et al.，1989）。只有一项研究是说明热带鱼类遭受低氧时是否释放儿茶酚胺（Reid et al.，2002）。还没有进行暴露在碳酸含量过高水中的类似研究。因此，短时间碳酸含量过高的酸中毒对热带鱼类在体氧转运的影响，尚有待研究。

和长时间碳酸含量过高相联系的酸中毒可以在 24～72 h 内由血浆 HCO_3^- 水平的升高而得到补偿；而血浆 HCO_3^- 水平的升高和主要在鳃进行的 Cl^-/HCO_3^- 交换或 Na^+/H^+ 交换相关（Heisler，1993；Larsen and Jensen，1997）。一旦酸中毒得到补偿，对氧转运的影响就比较小。在碳酸含量过高的水中，酸-碱调节主要受到水离子组成的影响，水中 Cl^-、HCO_3^- 和 Ca^{2+} 都增加虹鳟 pH 补偿的比率和程度（Larsen and Jensen，1997）。许多热带淡水系统，如亚马孙河，其特征是稀薄的离子，在里约内格罗（Rio Negro），水的总传导率低至 9 μS/cm，而水中的 Cl^-、Na^+ 和 Ca^{2+} 分别为 50 μmol/L、17 μmol/L 和 5 μmol/L（Val and Almeid-Val，1995）。结果是，这些缺离子水在碳酸含量过高时，酸-碱调节可能受到妨碍。空气呼吸的豹纹翼甲鲇（*Liposarcus pardalis*）就是这样的例子。当暴露在水中碳酸含量过高为 7～40 mmHg 时，导致非常有限的酸碱调节能力，血液 pH 从 7.90 下降到 6.99，在随后的 4 d 都很少变化（Bruner et al.，2004b）。

豹纹翼甲鲇（*Liposarcus pardalis*）缺少肾上腺素能调节红细胞 pH 的能力（Brauner et al.，2004b），但是，它的 Hb 对 pH 的变化是相对不敏感的（Bossa et al.，1982），从而防止对氧转运的损害。如果所有生活在离子稀薄的水域中的鱼类，在碳酸含量过高时酸-碱调节能力都是有限的，那么，碳酸含量过高对它们氧转运的影响可能要比生活在离子含量较高水域中的鱼类大些，这些还有待于研究。

7.5.4 水位

如同亚马孙地区，发生河水泛滥年周期是最大的季节变化之一。江河水位的年变化能引起高达 10 m 的差别（Junk，1979），可以认为这是生活在这些系统中的生物有机体最重要的环境信号之一（Junk et al.，1989）。

几种鱼〔如巨脂鲤（*Colossoma macropomum*）、齿脂鲤（*Mylossoma duriventris*）和翼甲鲇（*Pterygoplichthys multiradiatus*）〕，在低的和高的水位之间，3～5 Hb 组分的相对浓度有所不同（Val，1986；Val and Almeida-Val，1995）。Hct 和血液 Hb 总水平的变化亦和水位有关（Val and Almeida-Val，1995）。在齿脂鲤（*Mylossoma duriventris*）（从亚马孙河，Marchantaria 岛的 Varzea 湖采集），在低水位季节，当溶解氧高时，红细胞的 ATP 和 GTP 水平最高。这就会产生洪水泛滥季节和干旱季节之间全血氧亲和力的差别（Monteiro et al.，1987）。

在低水位季节，许多鱼类陷入沿亚马孙河 Varzea 湖的退潮水域中，那里深度低氧和温暖（Junk et al.，1983；Val and Almeida-Val，1995；Val et al.，1999）。处在如此应激的环境状态中的鱼类，其血细胞比容（Hct）值要显著高于身体得到复原的同种鱼类或者从附近流动江河中采集的鱼类。

在许多情况下，一定的生理学/生物学参数的变化是间接的和水位相联系，而直接相关的是其他特异性环境因子的变化，如溶解氧、温度、硫化氢等。在水位变化中，最大的直接影响是液体静力压。海洋鱼类和哺乳类为应付高的液体静力压（高达 200 个标准大气压）而呈现解剖的、生物化学的和生理学的适应性（Castellini et al.，2002），但在热带浅的淡水环境中，液体静力压的变化很小，似乎不会对鱼类产生任何直接的影响。

7.5.5 温度

温度升高使 Hb-O_2 亲和力降低（Nikinmaa，1990）；当鱼同时面临水的氧溶解度降低和氧需求量增加时必需得到补偿。对于巨脂鲤（*Colossoma macropomum*），当温度由 19 ℃ 升到 29 ℃，pH 为 7.1 时，Hb-O_2 亲和力降低 3 倍（Val，1986）。高于 30 ℃，巨脂鲤减少氧的消耗，反映代谢率全面下降（Saint-Paul，1983）。对兼性空气呼吸鱼类下口鲇（*Hypostomus regani*），提高驯化温度（20 ℃、25 ℃ 和 30 ℃）导致 Hct 由 21% 到 26% 的进展式增加而红细胞体积没有变化（Fernandes et al.，1999）。这些数据表明温度升高引起红细胞生成增加（或者至少增加脾脏释放红细胞），如同曾经在虹鳟（Tun and Houston，1986）和金鱼（Houston and Murad，1992）观察到那样。当处在温度升高状态下，血液携带氧的能力增强，这可能有利于代谢率升高时确保适宜的氧递送；曾经认为在许多环境状态下，为保证氧转运，血液中血红蛋白含量的变化要比 P_{50} 的变化重要得多（Brauner and Wang，1997）。

当温度升高时，护胸鲇（*Hoplosternum littorale*）增加空气呼吸频率，并且同时增加红细胞 2，3DPG 水平，这可能有助于氧在组织中释放出来。在这些情况下，ATP 和 GTP 没有发生变化（Val and Almeida-Val，1995）。

7.5.6 运动

对摄食、洄游、逃避捕食或者产卵所进行的游泳活动大大增加了氧的需求量（Brett，1972）。当处在这些状态时，鱼需要调整几个血液参数以便增加 O_2 转运到组织中。洄游性的鲮脂鲤科（Prochilodontids）鱼类，旗尾鲮脂鲤（*Semaprochilodus insignis*）和鲮脂鲤（*Semaprochilodus taeniurus*）（在亚马孙名为 jaragui），和非洄游的鱼类相比较，显示红细胞内的 ATP 和 GTP 水平降低，而血液循环中的红细胞和血细胞比容增加（Val et al.，1986）。成为对照的是，观赏鱼类中的大神仙鱼（*Pterophylum scalare*）和绿盘丽鱼（*Symphysodum aequifasciata*），短时间的爆发性游泳引起 Hct 增加，但 NTP 没有变化（Val et al.，1994b）。这些研究结果表明和鱼类急性暴露在低氧状态中相比，由短时间爆发性游泳活动所引起的调节作用发生得较为缓慢些。

7.5.7 贫血

贫血和环境的低氧相似，使身体内部低氧，但它是由血液携带氧气能力下降所引起。贫血引起和鱼类在环境低氧中产生的生理反应不同。因为鱼类必需改善将 O_2 释放到组织中而不是促使在鳃中提取 O_2（Val et al.，1994a；Brauner and Wang，1977）。在至今所进行研究的鱼类中，温带鱼类和热带鱼类在进展性的贫血中都观察到 NTP 与 Hb

比率的显著增加（Val，2000），这可能是对氧转运能力降低的一种补偿作用机理。这还需要进行功能性的研究来证实。

7.6　污染物对氧转运的影响

尽管出现许多人为造成的环境污染物，但原油的毒害作用在诸如亚马孙地区已经成为主要的关注，因为最近在那里发现大的原油储量。原油是非常复杂的混合物，包括上千个大的和短链的碳氢化合物（烃）。短链的烃毒性最大，是水溶性的组分（water-soluble fraction，WSF），不过，由于它们主要是芳香族的，在水环境中趋向于相对短寿而非残留的（Neff，1979）。长链的烃毒性小得多，但它们持久残留，在空气-水界面形成一种黏滞的屏障，造成一种物理性威胁。在许多系统中，WSF 特别受到关注，因为大多数鱼类是水呼吸的，它们并不进入空气-水界面。在亚马孙和其他热带地区域，经常遭受低氧，空气-水界面为空气呼吸鱼类及在水表面分液滑动（skimming）的鱼类所频繁利用。因此，水溶性组分（WSF）和长链的烃都是令人担心的。通常，鱼类暴露在 WSF 中引起不同的反应，从未能观察到的反应到离子调节的破坏和鳃 Na^+，K^+-ATP 酶的损伤（Boese et al.，1982）。在护胸鲇（*Hoplostermum littorale*），处在水溶性组分（WSF）中引起空气呼吸频率增加，而吞入原油使离子调节受到某种损害，并且产生低氧血症（hypoxemia），表现为全血的 ATP 与 Hb 比率和 GTP 与 Hb 比率降低（Brauner et al.，1999）。对于兼性空气呼吸鱼类护胸鲇（*Hoplostermum littorale*），和豹纹翼甲鲇（*Liposarcus pardalis*）及在水表面分液滑动的巨脂鲤（*Colossoma macropomum*），它们暴露在低氧中并和空气-水界面的油接触，和暴露在低氧中而没有接触油的鱼相比，证明血液-氧的含量降低（Val and Almeida-Val，1999）。暴露在水溶性组分（WSF）中引起护胸鲇（*Hoplostermum littorale*）Hct 和血液 Hb 水平升高，但是，这为在 24 h 内出现的高达 80% 的高铁血红蛋白水平所抵消。巨脂鲤（*Colossoma macropomum*）暴露在原油中，72 h 内高铁血红蛋白水平达到 70% 以上（Val and Almeida-Val，1999），表明 O_2 的转移受到严重限制。

7.7　结　束　语

关于鱼类的氧转运及它们如何受到环境状况的影响已经进行了详细的研究，但是，主要的研究结果都来自几种温带的模式鱼类。地球上的脊椎动物几乎半数是鱼类，而 75% 的鱼类生活在热带高度多样性的生境中。尽管至今所研究的少数几种温带鱼类和热带鱼类之间的氧转运有许多相似之处，但仍存在着极大的潜在可能去发现新的作用机理和变异，以确立热带鱼类及整个鱼类的与氧转运相关的原理。

科林·J. 布劳纳　阿达尔贝托·L. 瓦尔　著
林浩然　译、校

参考文献

Affonso, E. G. (1990). Estudo sazonal de caracteristicas respiratórias do sangue de *Hoplosternum littorale* (Siluriformes, Callichthyidae) da ilha da Marchantaria, Amazonas. MSc thesis, PPG INPA/FUA, Manaus.

Almeida-Val, V. M. F., Val, A. L., Duncan, W. P., Souza, F. C. A., Paula-Silva, M. N., and Land, S. (2000). Scaling effects on hypoxia tolerance in the Amazon fish *Astromotus ocellatus* (Perciformes, Cichlidae): Contribution of tissue enzyme levels. *Comp. Biochem. Physiol.* 125B, 221-226.

Antunes de Moura, N. (2000). Influência de fatores físico-químicos e recursos alimentares na migração lateral de peixes no lago Chocororé, Pantanal de Barão de Melgaço, estado de Mato Grosso. *In* "Programa de Pós Graduação em Biologia Tropical e Recursos Natur-ais." p. 88. INPA/UFAM, Manaus, AM.

Bartlett, G. R. (1978). Phosphates in red cells of two lungfish: The South American, *Lepidosiren paradoxa*, and the African, *Protopterus aethiopicus*. *Can. J. Zool.* 56, 882-886.

Bénech, V., and Quensiére, J. (1982). Migrations de poisson vers le lac Tchad á la décrue de la plaine inondée du Nord Cameroum. *Revue du Hydrobiologie Tropicale* 15, 253-270.

Boese, B. L., Johnson, V. G., Chapman, D. E., and Ridlington, J. W. (1982). Effects of petroleum refinery wastewater exposure on gill ATPase and selected blood parameters in the pacific staghorn sculpin (*Leptocottus armatus*). *Comp. Biochem. Physiol.* 71, 63-67.

Borgese, T. A., and Nagel, R. L. (1978). Inositol pentaphosphate in fish red blood cells. *J. Exp. Zool.* 205, 133-140.

Bossa, F., Savi, M. R., Barra, D., and Brunori, M. (1982). Structural comparison of the haemoglobin components of the armoured catfish *Pterygoplichthys pardalis*. *Biochemical J.* 205, 39-42.

Brauner, C. J., and Jensen, F. B. (1999). O_2 and CO_2 Exchange in Fish: The nonlinear release of Bohr/Haldane protons with oxygenation. *In* "Biology of Tropical Fishes" (Val, A. L., and Almeida-Val, V. M. F., Eds.), pp. 393-400. INPA, Manaus.

Brauner, C. J., and Randall, D. (1998). The linkage between the oxygen and carbon dioxide transport. *In* "Fish Physiology" (Perry, S. F., and Tufts, B. L., Eds.), Volume 17, pp. 283-319. Academic Press, New York.

Brauner, C. J., and Val, A. L. (1996). The interaction between O_2 and CO_2 exchange in the obligate air breather, *Arapaima gigas*, and the facultative air breather *Liposarcus pardalis*. *In* "Physiology and Biochemistry of the Fishes of the Amazon" (Val, A. L.,

Almeida-Val, V. M. F., and Randall, D. J., Eds.), pp. 101-110. INPA, Manaus.

Brauner, C. J., and Wang, T. (1997). The optimal oxygen equilibria curve: A comparison between environmental hypoxia and anemia. *Am. Zool.* 37, 101-108.

Brauner, C. J., Ballantyne, C. L., Randall, D. J., and Val, A. L. (1995). Air breathing in the armoured catfish (*Hoplosternum littorale*) as an adaptation to hypoxic, acidic, and hydrogen sulphide rich waters. *Can. J. Zool.* 73, 739-744.

Brauner, C. J., Ballantyne, C. L., Vijayan, M. M., and Val, A. L. (1999). Crude oil exposure affects air-breathing frequency, blood phosphate levels and ion regulation in an air-breathing teleost fish, *Hoplosternum littorale*. *Comp. Biochem. Physiol. C*: 123, 127-134.

Brauner, C. J., Gilmour, K. M., and Perry, S. F. (1996). Effect of haemoglobin oxygenation on Bohr proton release and CO_2 excretion in the rainbow trout. *Resp. Physiol.* 106, 65-70.

Brauner, C. J., Matey, V., Wilson, J. M., Bernier, N. J., and Val, A. L. (2004a). Transition in organ function during the evolution of air-breathing; insights from *Arapaima gigas*, an obligate air-breathing teleost from the Amazon. *J. Exp. Biol.* 207, 1433-1438.

Brauner, C. J., Vijayan, M. M., and Val, A. L. (2000). Organic phosphate, pH and ion regulation in normoxic and hypoxic red blood cells of Amazonian fish following adrenergic stimulation. *In* "International Congress on the Biology of Fish. Surviving Extreme Physiological and Environmental Conditions" (Val, A. L., Wilson, R., and MacKinlay, D., Eds.), pp. 9-11. American Fisheries Society.

Brauner, C. J., Wang, T., Val, A. L., and Jensen, F. B. (2001). Non-linear release of Bohr protons with haemoglobin-oxygenation in the blood of two teleost fishes; carp (*Cyprinus carpio*) and tambaqui (*Colossoma macropomum*). *Fish Physiol. Biochem.* 24, 97-104.

Brauner, C. J., Wang, T., Wang, Y., Richards, J. G., Gonzalez, R. J., Bernier, N. J., Xi, W., Patrick, M., and Val, A. L. (2004b). Limited extracellular but complete intracellular acid-base regulation during short term environmental hypercapnia in the armoured catfish, *Liposarcus pardalis*. *J. Exp. Biol.* 207, 3381-3390.

Brett, J. R. (1972). The metabolic demand for oxygen in fish, particularly salmonids, and a comparison with other vertebrates. *Resp. Physiol.* 14, 151-170.

Brill, R. W. (1996). Selective advantages conferred by the high performance physiology of tunas, billfishes, and dolphin fish. *Comp. Biochem. Physiol.* 133A, 3-15.

Brittain, T. (1987). The Root effect. *Comp. Biochem. Physiol.* 86B, 473-481.

Cameron, J. N., and Wood, C. M. (1978). Renal function and acid-base regulation in two Amazonian erythrinid fishes: *Hoplias malabaricus*, a facultative air breather. *Can.*

J. Zool. 56, 917-930.

Carter, G. S. (1931). Aquatic and aerial respiration in animals. Biol. Rev. 6, 1-35.

Castellini, M. A., Rivera, P. M., and Castellini, J. M. (2002). Biochemical aspects of pressure tolerance in marine mammals. Comp. Biochem. Physiol. 133A, 893-899.

Castro, R. M. C., and Menezes, N. A. (1998). Estudo diagnóstico da diversidade de peixes do estado de São Paulo. In "Biodiversidade do Estado de São Paulo, Brasil," Vol. 6, "Verteb-rados" (Castro, R. C. M., Ed.), pp. 1-13. FAPESP, São Paulo.

Christiansen, J., Douglas, C. G., and Haldane, J. S. (1914). The absorption and dissociation of carbon dioxide by human blood. J. Physiol. Lond. 48, 244-277.

Cossins, A. R., and Kilbey, R. V. (1991). Adrenergic responses and the Root effect in erythrocytes of freshwater fish. J. Fish Biol. 38, 421-429.

Dejours, P. (1988). "Respiration in Water and Air: Adaptations, Regulation, Evolution." Elsevier, Amsterdam.

Dudley, R. (1998). Atmospheric oxygen, giant paleozoic insects and the evolution of aerial locomotor performance. J. Exp. Biol. 201, 1043-1050.

Fago, A., Bendixen, E., Malte, H., and Weber, R. E. (1997). The anodic hemoglobin of *Anguilla anguilla*. Molecular basis for allosteric effects in a Root-effect hemoglobin. J. Biol. Chem. 272, 15628-15635.

Fairbanks, M. B., Hoffert, J. R., and Fromm, P. O. (1969). The dependence of the oxygen-concentrating mechanism of the teleost eye (*Salmo gairdneri*) on the enzyme carbonic anhydrase. J. Gen. Physiol. 54, 203-211.

Farmer, M., Fyhn, H. J., Fyhn, U. E. H., and Noble, R. W. (1979). Occurrence of Root effect hemoglobins in Amazonian fishes. Comp. Biochem. Physiol. 62, 115-124.

Fernandes, M. (1996). Morpho-functional adaptations of gills in tropical fish. In "Physiology and Biochemistry of the Fishes of the Amazon" (Val, A. L., Almeida-Val, V. M. F., and Randall, D. J., Eds.), pp. 181-190. INPA, Manaus.

Fernandes, M., Rantin, F., Kalinin, A., and Moron, S. (1994). Comparative study of gill dimensions of three erythrinid species in relation to their respiratory function. Can. J. Zool. 72, 160-165.

Fernandes, M., Sanches, J., Matsuzaki, M., Panepucci, L., and Rantin, F. T. (1999). Aquatic respiration in facultative air-breathing fish: Effects of temperature and hypoxia. In "Biology of Tropical Fishes" (Val, A. L., and Almeida-Val, V. M. F., Eds.), pp. 341-350. INPA, Manaus.

Fyhn, E. H., Fyhn, H. J., Davis, B. J., Powers, D. A., Fink, W. L., and Garlick, R. L. (1979). Hemoglobin heterogeneity in Amazonian fishes. Comp. Biochem. Physiol. 62, 39-66.

Gillen, R. G., and Riggs, A. (1973). Structure and function of the isolated hemoglobins of the American eel (*Anguilla rostrata*). *J. Biol. Chem.* 248, 1961-1969.

Goulding, M. (1980). "The Fishes and the Forest. Explorations in Amazonian Natural History." University of California Press, Los Angeles.

Graham, J. B. (1997). "Air-Breathing Fishes. Evolution, Diversity and Adaptation." Academic Press, San Diego.

Heisler, N. (1982). Intracellular and extracellular acid-base regulation in the tropical fresh-water teleost fish *Synbranchus marmoratus* in response to the transition from water breathing to air breathing. *J. Exp. Biol.* 99, 9-28.

Heisler, N. (1993). Acid-base regulation. *In* "The Physiology of Fishes" (Evans, D. H., Ed.), pp. 343-378. CRC Press, Boca Raton, FL.

Hochachka, P. W. (1996). Oxygen sensing and metabolic regulation: Short, intermediate and long term roles. *In* "Physiology and Biochemistry of the Fishes of the Amazon" (Val, A. L., Almeida-Val, V. M. F., and Randall, D. J., Eds.), pp. 233-256. INPA, Manaus.

Hochachka, P. W., Land, S. C., and Buck, L. T. (1997). Oxygen sensing and signal transduction in metabolic defense against hypoxia: Lessons from vertebrate facultative anaerobes. *Comp. Biochem. Physiol.* 118A, 23-29.

Houston, A. H., and Murad, A. (1992). Erythrodynamics in goldfish, *Carassius auratus* L.: Temperature effects. *Physiol. Zool.* 65, 55-76.

Hughes, G. M. (1966). The dimensions of fish gills in relation to their function. *J. Exp. Biol.* 45, 177-195.

Hughes, G. M. (1972). Morphometrics of fish gills. *Respir. Physiol.* 14, 1-25.

Hughes, G. M. (1984). General anatomy of the gills. *In* "Fish Physiology" (Hoar, W. S., and Randall, D. J., Eds.), Vol. XA, pp. 1-63. Academic Press, New York.

Ingerman, R. L., and Terwilliger, R. C. (1982). Presence and possible function of Root effect hemoglobins in fishes lacking functional swim bladders. *J. Exp. Zool.* 220, 171-177.

Isaacks, R. E., Kim, D. H., and Harkness, D. R. (1978). Inositol diphosphate in erythrocytes of the lungfish, *Lepidosiren paradoxa*, and 2, 3 diphosphoglycerate in erythrocytes of the armored catfish, *Pterygoplichthys* sp. *Can. J. Zool.* 56, 1014-1016.

Isaacks, R. E., Kim, H. D., Bartlett, G. R., and Harkness, D. R. (1977). Inositol pentaphosphate in erythrocytes of a fresh water fish, pirarucu (*Arapaima gigas*). *Life Sciences* 20, 987-990.

Jensen, F. B. (1986). Pronounced influence of Hb-O_2 saturation on red cell pH in tench blood *in vivo* and *in vitro*. *J. Exp. Zool.* 238, 119-124.

Jensen, F. B. (1989). Hydrogen ion equilibria in fish haemoglobins. *J. Exp. Biol.* 143,

225-234.

Jensen, F. B. (1991). Multiple strategies in oxygen and carbon dioxide transport by haemoglo-bin. *In* "Physiological Strategies for Gas Exchange and Metabolism" (Woakes, A. J., Greishaber, M. K., and Bridges, C. R., Eds.), pp. 55-78. Cambridge University Press, Cambridge.

Jensen, F. B., Fago, A., and Weber, R. E. (1998). Hemoglobin structure and function. *In* "Fish Physiology" (Perry, S. F., and Tufts, B. L., Eds.), Vol. 17, pp. 1-32. Academic Press, New York.

Johansen, K., and Lenfant, C. (1972). A comparative approach to the adaptability of O_2-Hb affinity. *In* "Oxygen Affinity of Hemoglobin and Red Cell Acid Base Status" (Rorth, M., and Astrup, P., Eds.), pp. 750-783. Munksgaard, Copenhagen.

Johansen, K., Mangum, C. P., and Lykkeboe, G. (1978a). Respiratory properties of the blood of amazon fishes. *Can. J. Zool.* 56, 891-897.

Johansen, K., Mangum, C. P., and Weber, R. E. (1978b). Reduced blood O_2 affinity with air breathing in osteoglossid fishes. *Can. J. Zool.* 56, 891-897.

Junk, W. (1979). Macrófitas aquáticas nas várzeas da Amazônia e possibilidades de seu uso na agropecuária. INPA, Manaus.

Junk, W. J., Bayley, P. B., and Sparks, R. E. (1989). The flood pulse concept in river-floodplain systems. *In* "Proceedings of the International Large River Symposium" (Dodge, D. P., Ed.), Vol. 106, pp. 110-127. *Can. Spec. Publ. Fish. Aquat. Sci.*, Canada.

Junk, W. J., Soares, M. G., and Carvalho, F. M. (1983). Distribution of fish species in a lake of the Amazon river floodplain near Manaus (lago Camaleao), with special reference to extreme oxygen conditions. *Amazoniana* 7, 397-431.

Kalinin, A., Rantin, F., Fernandes, M., and Glass, M. L. (1996). Ventilatory flow relative to intrabuccal and intraopercular volumes in two ecologically distinct erythrinids (*Hoplias malabaricus* and *Hoplias lacerdae*) exposed to normoxia and graded hypoxia. *In* "Physiology and Biochemistry of the Fishes of the Amazon" (Val, A. L., Almeida-Val, J. M. F., and Randall, D. J., Eds.), pp. 191-202. INPA, Manaus.

Kind, P., Grigg, G., and Booth, D. (2002). Physiological responses to prolonged aquatic hypoxia in the Queensland lungfish *Neoceratodus forsteri*. *Resp. Physiol.* 132, 179-190.

Kramer, D. L., Lindsey, C. C., Moodie, G. E. E., and Stevens, E. D. (1978). The fishes and the aquatic environment of the central Amazon basin, with particular reference to respiratory patterns. *Can. J. Zool.* 56, 717-729.

Lapennas, G. N. (1983). The magnitude of the Bohr coefficient: Optimal for oxygen delivery. *Resp. Physiol.* 54, 161-172.

Larsen, B. K., and Jensen, F. B. (1997). Influence of ionic composition on acid-base regulation in rainbow trout (*Oncorhynchus mykiss*) exposed to environmental hypercapnia. *Fish Physiol. Biochem.* 16, 157-170.

Lauder, G. V., and Liem, K. F. (1983). The evolution and interrelationships of the Actinopterygian fishes *Bull. Mus. Comp. Zool.* 150, 95-197.

Laurent, P. (1984). Gill internal morphology. *In* "Fish Physiology" (Hoar, W. S., and Randall, D., Eds.), Vol. XA, pp. 73-172. Academic Press, New York.

Liepelt, A., Karbe, L., and Westendorf, J. (1995). Induction of DNA strand breaks in rainbow trout *Oncorhynchus mykiss* under hypoxic and hyperoxic conditions. *Aquatic Toxicology* 33, 177-181.

Lowe, T. E., Brill, R. W., and Cousins, K. L. (1998). Responses of the red blood cells from two high-energy-demand teleosts, yellowfin tuna (*Thunnus albacares*) and skipjack tuna (*Katsuwonus pelamis*), to catecholamines. *J. Comp. Physiol. B* 168, 405-418.

Lowe McConnell, R. H. (1987). "Ecological Studies in Tropical Fish Communities." Cambridge University Press, Cambridge.

Marcon, J. L., and Val, A. L. (1996). Intraerythrocytic phosphates in *Colossoma macropomum* and *Astronotus ocellatus* (Pisces) of the Amazon. *In* "International Congress of the Biology of Fishes. The Physiology of Tropical Fish" (Val, A. L., Randall, D. J., and MacKinlay, D., Eds.), pp. 101-107. American Fisheries Society, San Francisco.

Marcon, J., Chagas, E., Kavassaki, J., and Val, A. L. (1999). Intraerythrocyte phosphates in 25 fish species of the Amazon: GTP as a key factor in the regulation of Hb-O_2 affinity. *In* "Biology of Tropical Fishes" (Val, A. L., and Almeida-Val, V. M. F., Eds.), pp. 229-240. INPA, Manaus.

Mattias, A. T., Moron, S. E., and Fernandes, M. (1996). Aquatic respiration during hypoxia of the facultative air-breathing *Hoplerythrinus unitaeniatus*. A comparison with the water-breathing *Hoplias malabaricus*. *In* "Physiology and Biochemistry of the Fishes of the Amazon" (Val, A. L., Almeida-Val, V. M. F., and Randall, D. J., Eds.), pp. 203-211. INPA, Manaus.

Monteiro, P. J. C., Val, A. L., and Almeida-Val, V. M. F. (1987). Biological aspects of Amazonian fishes. Hemoglobin, hematology, intraerythrocytic phosphates and whole blood Bohr effect of *Mylossoma duriventris*. *Can. J. Zool.* 65, 1805-1811.

Moura, M. A. F. (1994). Efeito da anemia, do exercício físico e da adrenalina sobre o baço e eritrócitos de *Colossoma macropomum* (Pisces). PPG INPA/FUA.

Moyle, P. B., and Cech, J. J. Jr (1996). *Fishes: An Introduction to Ichthyology*. Prentice Hall, Englewood Cliffs, NJ.

Mylvaganam, S. E., Bonaventura, C., Bonaventura, J., and Getzoff, E. D. (1996). Structural basis for the Root effect in haemoglobin. *Nature* 3, 275-283.

Narahara, A., Bergman, H. L., Laurent, P., Maina, J. N., Walsh, P. J., and Wood, C. M. (1996). Respiratory physiology of the Lake Magadi tilapia (*Oreochromis alcalicus grahami*), a fish adapted to a hot, alkaline, and frequently hypoxic environment. *Physiol. Zool.* 69, 1114-1136.

Neff, J. M. (1979). "Polycyclic Aromatic Hydrocarbons in the Aquatic Environment: Sources, Fates and Biological Effects." Applied Science Publishers Ltd, Essex.

Nelson, J. S. (1984). "Fishes of the World." John Wiley & Sons, New York.

Nikinmaa, M. (1990). "Vertebrate Red Blood Cells. Adaptations of Function to Respiratory Requirements." Springer-Verlag, Heidelberg.

Pelster, B. (2001). The generation of hyperbaric oxygen tensions in fish. *News in Physiological Science* 16, 287-291.

Pelster, B., and Weber, R. E. (1990). Influence of organic phosphates on the root effect of multiple fish haemoglobins. *J. Exp. Biol.* 149, 425-437.

Pelster, B., and Weber, R. E. (1991). The physiology of the Root effect. *In* "Advances in Comparative and Environmental Physiology," Vol. 8, pp. 51-77. Springer-Verlag, Berlin.

Perry, S. F., and Reid, S. D. (1992). Relationship between blood O_2-content and catecholamine levels during hypoxia in rainbow trout and American eel. *Am. J. Physiol.* 263, R240-R249.

Perry, S. F., Kinkead, R., Gallaugher, P., and Randall, D. J. (1989). Evidence that hypoxemia promotes catecholamine release during hypercapnic acidosis in rainbow trout (*Salmo gairdneri*). *Resp. Physiol.* 77, 351-364.

Perry, S. F., Reid, S. D., Gilmour, K. M., Boijink, C. L., Lopes, J. M., Milsom, W. K., and Rantin, F. T. (2004). A comparison of adrenergic stress responses in three tropical teleosts exposed to acute hypoxia. *Am. J. Physiol. Regul. Integr. Comp. Physiol.* 287, R188-R197.

Powers, D. A., Fyhn, H. J., Fyhn, U. E. H., Martin, J. P., Garlick, R. L., and Wood, S. C. (1979). A comparative study of the oxygen equilibria of blood from 40 genera of amazonian fishes. *Comp. Biochem. Physiol.* 62, 67-85.

Randall, D. J. (1982). The control of respiration and circulation in fish during exercise and hypoxia. *J. Exp. Biol.* 100, 275-288.

Randall, D. J., and Daxboeck, C. (1984). Oxygen and carbon dioxide transfer across fish gills. *In* "Fish Physiology" (Hoar, W. S., and Randall, D. J., Eds.), Vol. XA, pp. 263-307. Academic Press, New York.

Randall, D. J., Farrell, A. P., and Haswell, M. S. (1978). Carbon dioxide excretion in the pirarucu (*Arapaima gigas*), an obligate air-breathing fish. *Can. J. Zool.* 56, 977-982.

Rantin, F., Kalinin, A., Glass, M. L., and Fernandes, M. (1992). Respiratory responses to hypoxia in relation to mode of life of two erythrinid species (*Hoplias malabaricus and Hoplias lacerdae*). *J. Fish Biol.* 41, 805-812.

Rantin, F., Kalinin, A., Guerra, C., Maricondi-Massari, M., and Verzola, R. (1995). Electron-cardiographic characterization of myocardial function in normoxic and hypoxic teleosts. *Braz. J. Med. Biol. Res.* 28, 1277-1289.

Ratcliffe, P. J., O'Rourke, J. F., Maxwell, P. H., and Pugh, C. W. (1998). Oxygen sensing, hypoxia-inducible factor-1 and the regulation of mammalian gene expression. *J. Exp. Biol.* 201, 1153-1162.

Reid, S., Gilmour, K. M., Perry, S. F., and Rantin, T. (2002). Hypoxia-induced catecholamine secretion in jeju, traira and pacu. *In* "Proceedings of the International Congress on the Biology of Fish. Tropical Fishes: News and Reviews" (Val, A., Brauner, C., and McKinlay, D., Eds.), pp. 1-3. American Fisheries Society.

Riggs, A. (1979). Studies of the hemoglobins of Amazonian fishes: An overview. *Comp. Bio-chem. Physiol.* 62A, 257-272.

Riggs, A. F. (1988). The Bohr effect. *Ann. Rev. Physiol.* 50, 181-204.

Root, R. W. (1931). The respiratory function of the blood of marine fishes. *Biol. Bull. Mar. Biol. Lab. Woods Hole* 61, 427-456.

Saint-Paul, U. (1983). Investigation on the respiration of the neotropical fish, *Colossoma macropomum* (Serrasalmidae). The influence of weight and temperature on the routine oxygen consumption. *Amazoniana* VII, 433-443.

Stevens, E. D., and Holeton, G. F. (1978). The partitioning of oxygen uptake from air and from water by the large obligate air-breathing teleost pirarucu (*Arapaima gigas*). *Can. J. Zool.* 56, 974-976.

Sundin, L. (1999). Hypoxia and blood flow control in fish gills. *In* "Biology of Tropical Fishes" (Val, A. L., and Almeida-Val, V. M. F., Eds.), pp. 353-362. INPA, Manaus.

Tun, N., and Houston, H. (1986). Temperature, oxygen, photoperiod, and the hemoglobin system of the rainbow trout (*Salmo gairdneri*). *Can. J. Zool.* 64, 1883-1888.

Val, A. L. (1986). Hemoglobinas de Colossoma macropomum Cuvier, 1818 (Characoidei, Pisces): Aspectos adaptativos (Ilha da Marchantaria, Manaus, AM). Instituto Nacional de Pesquisas da Amazonia e Universidade do Amazonas, Manaus, AM.

Val, A. L. (1993). Adaptations of fish to extreme conditions in fresh waters. *In* "The Vertebrate Gas Transport Cascade: Adaptations to Environment and Mode of Life" (Bicudo, K. E. P. W., Ed.), pp. 43-53. CRC Press, Boca Raton, FL.

Val, A. L. (1995). Oxygen transfer in fish: Morphological and molecular adjustments. *Braz. J. Med. Biol. Res.* 28, 1119-1127.

Val, A. L. (2000). Organic phosphates in the red blood cells of fish. *Comp. Biochem. Physiol.* 125A, 417-435.

Val, A. L., and Almeida-Val, V. M. F. (1995). "Fishes of the Amazon and their Environments. Physiological and Biochemical Features." Springer Verlag, Heidelberg.

Val, A. L., and Almeida-Val, V. M. F. (1999). Effects of crude oil on respiratory aspects of some fish species of the Amazon. *In* "Biology of Tropical Fishes" (Val, A. L., and Almeida-Val, V. M. F., Eds.), pp. 277-291. INPA, Manaus.

Val, A. L., Affonso, E. G., Souza, R. H. S., Almeida-Val, V. M. F., and Moura, M. A. F. (1992). Inositol pentaphosphate in the erythrocytes of an Amazonian fish, the pirarucu (*Arapaima gigas*). *Can. J. Zool.* 70, 852-855.

Val, A. L., Marcon, J. L., Costa, O. T. F., Barcellos, F. M., Maco Garcia, J. T., and Almeida-Val, V. M. F. (1999). Fishes of the Amazon: Surviving environmental changes. *In* "Ichthyology. Recent Research Advances" (Saksena, D. N., Ed.), pp. 389-402. Science Publishers Inc., Enfield, NH.

Val, A. L., Mazur, C. F., Salvo-Souza, R. H., and Iwama, G. (1994a). Effects of experimental anaemia on intra-erythrocytic phosphate levels in rainbow trout, *Oncorhynchus mykiss*. *J. Fish Biol.* 45, 269-279.

Val, A. L., de Menezes, G. C., and Wood, C. M. (1998). Red blood cell adrenergic responses in Amazonian teleosts. *J. Fish Biol.* 52, 83-93.

Val, A. L., Moraes, G., Barcelos, J. F., Roubach, R., Yossa-Perdomo, M. I., and Almeida-Val, V. M. F. (1994b). Effects of extreme environmental conditions on respiratory parameters of the ornamental fish *Pterophylum scalare* and *Symphysodon aequifasciata*. *In* "Physiology and Biochemistry of the Fish of the Amazon" (Val, A. L., Randall, D. J., and Almeida-Val, V. M. F., Eds.), p. 64. INPA, Manaus, Amazon.

Val, A. L., Schwantes, A. R., and Almeida-Val, V. M. F. (1986). Biological aspects of Amazonian fishes. VI. Hemoglobins and whole blood properties of *Semaprochilodus* species (Prochilodontidae) at two phases of migration. *Comp. Biochem. Physiol.* 83B, 659-667.

Weber, R. E. (1990). Functional significance and structural basis of multiple hemoglobins with special reference to ectothermic vertebrates. *In* "Comparative Physiology; Animal Nutrition and Transport Processes; 2. Transport, Respiration and Excretion: Comparative and Environmental Aspects. II. Blood Oxygen Transport: Adjustment to Physiological and Environmental Conditions" (Truchot, J. P., and Lahlou, B., Eds.), Vol. 6, pp. 58-75. Karger, Basel.

Weber, R. E., and Jensen, F. B. (1988). Functional adaptations in hemoglobins from ectothermic vertebrates. *Ann. Rev. Physiol.* 50, 161-179.

Weber, R. E., and Lykkeboe, G. (1978). Respiratory adaptations in carp blood: Influences of hypoxia, red cell organic phosphates, divalent cations and CO_2 on hemoglobin-oxygen affinity. *J. Comp. Physiol.* 128, 127-137.

Weber, G., Sullivan, G. V., Bonaventura, J., and Bonaventura, C. (1976). The hemoglobin system of the primitive fish, *Amia Calva*: Isolation and functional characterization of the individual hemoglobin components. *Biochim. Biophys. Acta* 434, 18-31.

Wood, S. C., Johansen, K., and Weber, R. E. (1975). Effects of ambient P_{O_2} on hemoglobin-oxygen affinity and red cell ATP concentrations in a benthic fish, *Pleuronectes platessa*. *Resp. Physiol.* 25, 259-267.

Wyman, J. (1973). Linked functions and reciprocal effects in haemoglobin: A second look. *Adv. Prot. Chem.* 19, 223-228.

第8章 氮的排泄和氨毒解除

8.1 导　　言

鱼类主要通过氨基酸代谢方式产生氨。摄入的蛋白质通过水解作用产生氨基酸,这种代谢会释放氨。氨主要在鱼类的肝脏中产生(Pequin and Serfaty, 1963),但是鱼类的其他组织也会产生氨(Walton and Cowey, 1977)。氨是鱼类肌肉在剧烈运动时通过氨基酸的转氨基作用及随后谷氨酸脱氨基作用和/或腺苷酸脱氨基作用下产生的(Driedzic and Hochachka, 1976)。大多数水生动物通过排出消化和代谢过程中产生的多余的氨来保持体内较低的氨含量水平。

热带地区具有约 30 ℃的高温。鱼类对食用蛋白质的需求会随着温度的升高而增加,这可能是由氨基酸氧化作用的增加而导致的(Delong et al., 1958)。Wood(2001)评述了温度对氨代谢的影响,认为随着温度的升高,由蛋白质氧化作用引起的有氧代谢的比例也会增加。也就是说,由于蛋白质代谢率和利用率的提高,氨的合成会随着温度的升高而增加。然而,该结论是基于对温带鱼类的研究结果获得的,因此可能并不适用于热带鱼类。随着温度升高,热带鱼类的摄食量和氨排泄量显著增加(Leung et al., 1999a),但是温度对蛋白质代谢的影响尚不清楚。虽然鱼类集约化养殖方式在东南亚具有主导地位,但和温带鱼类相比,特别是鲑科鱼类,我们对这些鱼类的了解要少很多。在进行比较研究时,我们需要注意的是,和温带地区的鱼类养殖方式相比,热带和亚热带养殖鱼类投喂的饵料不是颗粒饲料,而是具有高蛋白质的杂鱼。这种养殖方式中,氮在环境中的损失要比温带地区的高很多(Leung et al., 1996b)。

在水溶液中,氨以 NH_3 和 NH_4^+ 这两种形态存在,它的化学平衡反应可以写成 $NH_3 + H_3O^+ \rightleftharpoons NH_4^+ + H_2O$。在本书中,$NH_3$ 代表未电离的分子氨,NH_4^+ 代表铵离子,氨指 NH_3 和 NH_4^+ 两种形态。总氨(TAmm)是[NH_3]和[NH_4^+]的总和,而且 NH_3 与 NH_4^+ 平衡反应中的 pK 的范围为 9.0~9.5。因此,水溶液中的总氨由两部分组成——气态 NH_3 和阳离子 NH_4^+。在温度和 pK 已知的情况下,可以通过 Henderson-Hasselbalch 方程计算出各组分的量:$NH_4^+ = TAmm/[1 + antilog(pH - pK)] = TAmm-NH_3$。生物膜对 NH_4^+ 的渗透性不强,但对 NH_3 的渗透性较强,因此,在大多数情况下,氨是以 NH_3 的形式通过膜。

氨通常以 NH_3 的形式通过鳃排出鱼类体表,进入环境水体中(图 8.1A)。在酸性条件下,通过鳃扩散出的 NH_3 会转化为 NH_4^+,存在于水体中。因此,环境酸性条件能促进氨的排泄。若环境中的 pH 高,则 NH_3 扩散到环境的过程会受到抑制,从而导致氨在鱼体内发生积累。若鱼离开水面,氨排泄也会减少。此外,有机物的分解和肥料的使用会增加环境水体中的氨含量,而这也会导致鱼体内氨含量的升高。氨在环境水体和鱼体之间的分配比例取决于这两种体系的pH。

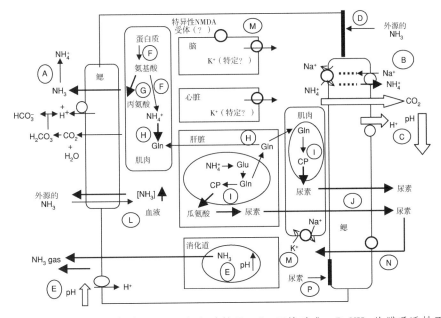

注:A. NH_3 排泄和 NH_3 扣留;B. NH_4^+ 主动转运;C. 环境酸化;D. NH_3 的膜通透性下降;E. NH_3 挥发;F. 蛋白质水解和氨基酸代谢的减少;G. 部分氨基酸代谢和核苷酸的形成;H. 谷氨酰胺合成;I. 尿素合成;J. 尿素排泄;L. 血液中的氨合成;M. 特殊的 NMDA 受体和 K^+ 特异性通道条件下细胞水平极端氨耐受性;N. 尿素的主动吸收;P. 对尿素的膜通透性下降。

图8.1 鱼类常见氮排泄和氨毒解除策略示意图

氧气在水中的溶解度随着温度的升高而降低,因此热带地区水体中的氧气含量比温带地区要低。温度越高,光合作用和呼吸速率也随之增加,所以热带地区水体氧气的生成和消耗都会增加。在夜间,氧气生成减少,但呼吸速率仍保持很高,水体会经常出现低氧现象。总之,热带水生环境温暖,但经常处于低氧状态。因为在热带水体中低氧现象频繁出现,所以鱼类中空气呼吸方式会经常发生。随着空气呼吸能力的提高,一些热带鱼类(如弹涂鱼、鲇鱼等)能够离开水面,并在陆地进行短途旅行,还有一些热带鱼类(如泥鳅和海鳗)甚至在干旱期间能在半固态泥土中挖洞。空气暴露将导致鱼类氨排泄量减少,从而造成体内氨氮负荷的增加,许多热带鱼类对此已经进化出一种适应性机理。类似的机理还被用于避免因摄食造成的氨产量的增加和因环境氨含量升高造成组织氨的增加。这些机理还包括主动将 NH_4^+ 排泄到水中,通过挥发作用将 NH_3 排入空气中,减少氨的合成,并且将氨转化成毒性较小的物质,比如谷氨酰胺或尿素。有些热带鱼类通过降低皮肤对 NH_3 的渗透性,以避免环境中的 NH_3 流入,或通过酸化环境以扣留水中的 NH_4^+。所有的这些机理都已在不同热带鱼类中被发现。鱼类的反应方式是多种多样的,这主要由鱼类的行为和它们所生存的自然环境决定。

8.2 环境 pH 或温度对氨毒的影响

在许多研究和综述中，氨毒是以水中 [NH_3] 衡量的。这是因为 NH_3 浓度梯度是氨吸收速率的一个重要决定性因素，尤其在淡水动物中。水体的 pH 对 [NH_3] 与 [NH_4^+] 化学反应平衡具有显著影响，并因此影响着水体的 [NH_3]。氨的急性和慢性毒性在水中以总氨（TAmm）表示，随着 pH 的增高而增大；如果水体的 pH 超过 9.5，非常低水平的 TAmm 就有毒性（Ip，Chew et al.，2001a）。尽管水本身是无氨的，但许多鱼类不可以在极端碱性水体中生存，因为它们不能以足够速率排出氨。氨毒以水中 [NH_3] 表示，会随着 pH 减小而增大，这可能是由水中 [NH_4^+] 的增加带来的额外毒性作用导致。

Thurston 等（1981）观察到，随着温度的升高，水体中的 [NH_3] 的毒性降低。用 TAmm 表示的各种鱼类的急性毒性数据表明，在淡水系统中，在 3~30℃ 之间，温度升高对毒性的影响最小（USA 环境保护局，1998）。因此，在温度较低的温带水域收集的许多数据可能不适用于栖息地温度在 30℃ 左右的热带鱼类。

8.3 氨毒效应

8.3.1 常见影响

体内积累的氨是有毒的（Ip，Chew et al.，2001a）。当暴露在 NH_3 浓度为 3 μg/mL（176.5 μmol/L）时，虹鳟（*Oncorhynchus mykiss*）容易兴奋。任何鱼类可见的对鱼缸的干扰或在鱼缸上方的活动都会导致鱼类慌乱逃生，会撞向鱼缸的侧面（Olson and Fromm，1971）。当 NH_3 浓度为 36 μmol/L 时，虹鳟会发生抽搐并死亡（Arillo et al.，1981）。水体中的氨含量上升会减少摄食，并抑制生长（Hampson，1976；Alderson，1979；Dabrowska and Wlasow，1986）。银大麻哈鱼游泳能力下降的原因（Randall and Wicks，2000），可能是鱼体内的 NH_4^+ 含量上升造成肌肉去极化（Taylor，2000）。

慢性环境氨暴露会导致鳃增生（Burrows，1964；Reichenbach-Klinke，1967；Smart，1976；Thurston et al.，1978），以及黏液的生成、生长和持久力的变化（Lang et al.，1987）。暴露在 NH_3 浓度为 5 μg/mL（294.1 μmol/L）时，虹鳟的鳃小片会变小和变厚，并具有球状末端。许多鳃丝表现出有限的增生，其细胞中有包含蛋白质的囊泡（Olson and Fromm，1971）。随着氨浓度增加，暴露于氨胁迫的鳟鱼出现排尿率的增加（Lloyd and Orr，1969）。

虹鳟暴露于氨中会引起血细胞百分比的变化，导致有核红细胞数量的增加（Dabrowska and Wlasow，1986）。与此同时，白细胞总数明显减少，导致红细胞与白细胞的比例增加。从银大麻哈鱼获得的结果也表明，暴露在氨中，会导致循环系统中的未成熟红细胞百分比增加。在 0.72 mg NH_3-N/L（42.3 μmol/L）条件下，血红蛋白和红细胞值降低到贫血水平（Buckley et al.，1979）。

鱼类长期暴露在氨胁迫环境中会导致应激激素皮质醇含量的增加，使它们更容易受到应激和疾病的影响，因为免疫系统受到皮质类固醇的抑制（Mommsen and Walsh，1992）。当鲤鱼（Cyprinus carpio）暴露于不同浓度的氨中，其儿茶酚胺的含量会随着氨浓度增加而增加。

氨作用于包括鱼类在内的脊椎动物的中枢神经系统，会引起通气过度、极度兴奋、昏迷、最终死亡。氨气能够穿过哺乳动物的血脑屏障（Sears et al.，1985），而且高氨水平能够改变血脑屏障的很多方面（Cooper and Plum，1987）。此外，NH_4^+ 能够替代 K^+，影响膜的通透性。

8.3.2 对鳃离子运输的影响

淡水硬骨鱼通过主动吸收 Na^+ 和 Cl^- 来补偿被动的离子损失。这些离子的吸收是通过直接或间接耦合各自 H^+ 和 HCO_3^- 交换的方式进行的。然而，这些离子交换的确切机理至今仍有争议。目前被大多数人认可的 Na^+ 吸收机理是在 Na^+/H^+ 反向转运蛋白（NHE）的帮助下直接耦合 Na^+/H^+ 的交换，或者由空泡型质子泵（vH^+-ATPase）驱动，通过上皮膜上的 Na^+ 通道（ENaC），间接对 Na^+ 进行吸收。后一种机理被更广泛地接受（Lin and Randall，1995；Marshall，2022；见第9章）。通常认为 Cl^-/HCO_3^- 阴离子交换蛋白（AE）促进 Cl^- 吸收，并且 AE 还涉及直接耦合交换机理（Wilson et al.，2000a）。细胞质碳酸酐酶能够为 vH^+-ATPase、NHE 和 AE 提供一个由 CO_2 水合作用形成的 H^+ 和 HCO_3^- 的细胞内库。这些交换过程在酸碱调节中也起到重要作用。

海洋鱼类能够通过主动排出离子来抵消被动运输得到的离子。在鱼鳃中发现的继发性主动转运 Cl^- 的机理，与其他分泌 NaCl 的器官（海鸟的盐腺、鲨鱼的直肠腺）的机理相同。Cl^- 通过基底外侧的 $Na^+:K^+:2Cl^-$ 协同转运蛋白（NKCC）进入特化泌氯细胞中。这种转运是由 Na^+,K^+-ATPase 维持的跨基底外侧膜的 Na^+ 浓度梯度驱动的。基底外侧的 K^+ 通道重吸收 K^+。细胞内的 Cl^- 通过 CFTR Cl^- 通道沿着电化学梯度从细胞顶部到达细胞外（Marshall，2002；见第9章）。Na^+ 的流出是通过细胞旁通路进行的。这种细胞旁通路位于氯细胞和邻近辅助细胞之间的紧密连接复合物处（Sardet et al.，1979）。Na^+/H^+ 和 Cl^-/HCO_3^- 交换过程在海洋鱼类酸碱调节过程中也起到重要作用（Claiborne et al.，2002）。

NH_4^+ 可以通过许多前面提到的离子转运蛋白进行转运。证据主要来自离体实验中对哺乳动物同源的离子转运蛋白的研究，这其中包括 Na^+,K^+-ATPase、NKCC、NHE 和 ENaC（Kinsella and Aronson，1981；Knepper et al.，1929；Wall，1996；Nakhoul et al.，2001a）。NH_4^+ 与 H^+ 或 K^+ 竞争转运位点，因此这可能不利于这些离子和其他非直接离子的调节。反过来说，NH_4^+ 与这些离子转运蛋白的相互作用可能会有好的一面，我们将会在第8.4节进行介绍。到目前为止，在鱼类中，只有证据证明 Na^+,K^+-ATPase 是氨毒的潜在目标，尽管这种效应可能是种类特异性的（Mallery，1983；Randall et al.，

1999；Salama et al.，1999）。

尽管已经知道氨对离子转运有着潜在的不利影响，但是环境氨暴露对离子转运的不利影响的唯一直接证据来自对温带虹鳟（*O. mykiss*）的在体研究（Twitchen and Eddy，1994；Wilson et al.，1994）或者体外头部灌注实验（Avella and Bornancin，1989），以及金鱼（*Carassius auratus*）的在体研究（Maetz and García Romeu，1964；Maetz，1973）。在 Avella 和 Bornancin（1989；1 mmol/L NH_4Cl）及 Wilson 等（1994；1 mmol/L NH_4Cl），以及 Maetz 和 García Romeu [1964；小于 0.2 mmol/L $(NH_4)_2SO_4$] 的研究中，高环境氨浓度（HEA）的急性暴露抑制了 Na^+ 的流入。

根据对淡水鱼类离子转运过程的研究所获得的信息，认为存在两种可能的解释。在环境介质中加入氨通常会造成上皮细胞发生急性细胞内碱化效应，这是因为 NH_3 通过自由扩散进入细胞后会与细胞内的 H^+ 结合，从而增加细胞内的 pH（pH_i）。pH 的增加会降低 vH^+-ATPase 对 H^+ 的获得性，而 vH^+-ATPase 可经由 ENaC 通路驱动 Na^+ 的吸收。值得关注的是，在生理范围内，更高的 pH_i 在离体囊泡实验中会降低 V-ATPase 的活性；然而，在完整的细胞中，pH 似乎不是主要的活性调节因子（Gluck et al.，1992）。pH_i 的波动是通过改变那些离子转运蛋白的最适 pH，从而对离子蛋白转运过程造成不利的影响。此外，NH_4^+ 可以通过 ENaC 直接干扰 Na^+ 的吸收。在表达小鼠 ENaC 的爪蟾卵母细胞中，氨已被证明能抑制 Na^+ 的转运，但这并不是由于环境中的 NH_4Cl 对 pH_i 的影响（Nakhoul et al.，2001a）。研究表明，ENaC 对 NH_4^+ 的渗透性和选择性起到了重要作用。

在金鱼（*C. auratus*）中，Maetz 和 García Romeu（1964）未发现 HEA 暴露对 Cl^- 吸收有一致的影响。这表明，这种有害作用是针对 Na^+ 吸收——特殊的 Na^+ 吸收细胞（PVCs）或吸收机理（NHE，ENaC），而不是上皮细胞和所有离子吸收的普遍机理。在斑点叉尾鮰（*Ictalurus punctatus*）中也有证据表明，HEA 胁迫不会影响 Cl^- 稳态（血浆和组织 Cl^- 水平），而在相同条件下，血浆中的 Na^+ 水平会受到干扰（Tomasso et al.，1980）。

在 Wilson 等（1994）对鳟鱼的研究中，在暴露于 HEA 胁迫的最初数小时内 Na^+ 吸收得到恢复，24 h 后显著升高。Twitchen 和 Eddy（1994）也观察到在暴露 HEA 约 24 h 的条件下 Na^+ 吸收显著升高。这些结果表明对 pH_i 和/或 ENaC 的不利影响能够被补偿。它们同样也说明了，长期暴露于 HEA 条件下，Na^+/NH_4^+ 直接交换机理可能开始起作用；然而，基于 1∶1 交换机理，Na^+ 吸收增加的速率只能部分解释为 NH_4^+ 的排泄（Wilson et al.，1994）。这种增加可能仅仅代表了对 Na^+ 吸收中断的一种补偿。

在 Twitchen 和 Eddy（1994）关于虹鳟幼鱼的研究中，并没有发现 HEA 暴露（高达 28.2 μmol/L NH_3–N 或 5.2 mmol/L TAmm-N）时对 Na^+ 吸收有不利影响。当氨浓度大于 6.4 μmol/L NH_3–N（1.2 mmol/L TAmm-N）时，会刺激 Na^+ 流出。这种流出的增加很有可能是因为鳃的 Na^+ 渗透性增加（Gonzalez and McDonald，1994），通过基本载量实验（base load）也可以观察到这一现象（Goss and Wood，1990）。鳃渗透性改变的机理尚不清楚，可能与细胞旁通路调节相关（Madara，1998）。Na^+ 流出的增加可能是为了

直接补偿 NH_3 进入产生的碱化效应,这主要是通过降低强离子浓度差,从而降低 pH_i 而得以实现的(Stewart,1983;Goss and Wood,1990)。HEA 暴露会导致多尿现象(Lloyd and Orr,1969),还会增加鳃的通气性和血液流动性,这也会导致鱼类 Na^+ 的流失。

除了氨对离子转运蛋白的这些可能的直接作用,细胞内氨的增加也可能会破坏用于驱动离子转运(vH^+-ATPase 和 Na^+,K^+-ATPase)的 ATP 供应。Begum(1987)的研究表明,暴露于 1 mmol/L NH_4Cl 2 d,会破坏罗非鱼〔热带的莫桑比克罗非鱼(*Oreochromis mossambicus*)〕鳃葡萄糖代谢功能,并降低其氧化能力(降低琥珀酸脱氢酶和细胞色素 C 氧化酶活性)。和以上结果相关联的发现是,亚致死浓度下的氨能够破坏温带九刺鱼(*Pungitius pungitius*)和热带日本黄姑鱼(*Nibea japonica*)鳃和皮肤上皮细胞的线粒体(Matei,1983,1984;Guillén et al.,1994)。其他器官(肝脏和脑)中也有类似的发现(Arillo et al.,1981)。

已知 HEA 胁迫易使鳃发生组织病理学变化,这会潜在地破坏离子运输(Smart,1976;Daoust and Ferguson,1984)。上皮完整性的破坏将会对离子转运和其他细胞活动产生不良后果。HEA 胁迫单独能引起鳃黏液细胞的增殖,这也影响着通过鳃间的扩散距离(Ferguson et al.,1992)。

8.3.3 对血液 pH 和血浆离子浓度的影响

当 HEA 暴露时,血浆 pH 预计会增加,这是因为具有弱碱性的 NH_3 从水中扩散进入鱼体内。在标准血浆 pH 水平下,NH_3 能结合 H^+ 造成 pH 的增加。Avella 和 Bornancin(1989)在暴露于 1 mmol/L NH_4Cl 的淡水鳟鱼头部灌注实验过程中充分地证明了这一点,在 HEA 暴露过程中,灌注液中的氨浓度也增加了。Cameron 和 Heisler(1983)发现高环境 pH(pH_{env})和 HEA 胁迫条件能够在淡水虹鳟体内引起血浆碱中毒。然而,大多数在体研究的结果并不一致,因为在类似的暴露条件下,血浆 pH 升高是非统计显著性的和短暂性的,如虹鳟(*O. mykiss*)(Smart,1978;Wilson and Talor,1992;Wilson et al.,1994)、温带的多刺床杜父鱼(*Myoxocephalus octodecimspinosus*)(Claiborne and Evans,1988)、热带的大弹涂鱼(*Periophthalmodon schlosseri*)(Ip,Randall et al.,2004)。

在海洋鱼类中,具有渗透性质的旁细胞连接方式代表另一种氨以 NH_4^+ 形式进入体内的可能途径。然而,这与杜父鱼(*M. octodecimspinosus*)研究中获得的导致血浆 pH 改变的结论并不一致(Claiborne and Evans,1988)。HEA(75 mmol/L NH_4Cl,pH = 7.0)胁迫对生活在热带咸水中的弹涂鱼(*P. schlosseri*)的血浆 pH 也没有影响,然而,其血液氨水平会增加(Ip,Randall et al.,2004)。生活在热带淡水的泥鳅(*Misgurnus anguillicaudatus*),暴露于 30 mmol/L TAmm-N(pH = 7.2;Tsui et al.,2002)48 h,血液 pH 也没有变化。在同一项研究中,48 h 的空气暴露,会导致内源性氨出现 4 倍的积累(Chew et al.,2001),这会造成血液的碱中毒。氨的亚致死暴露(64~194 μmol/L NH_3-N)会造成热带淡水罗非鱼〔齐氏罗非鱼(*Tilapia zilli*)〕血液的碱中毒(El-

Shafey，1998）。对这些热带鱼类的研究结果进行解释时需要注意，因为血液样本并不是从设置导管的鱼体得到。血浆的 pH 受到鱼体麻醉、对鱼的手工操作及穿刺取血等的影响。然而，由于这些鱼往往体型较小（≪100 g），这些操作是不可避免的（Wood，1993）。

淡水鱼类中的鲇鱼（75 μmol/L NH_3 - N or 17 mmol/L TAmm-N；Tomasso et al.，1980）、鳟鱼鱼苗（24 h 36 μmol/L NH_3 - N，15.8 mmol/L TAmm-N；Paley et al.，1993）和幼鱼（24 h 6.5～28.2 μmol/L NH_3 - N，1.2～5.2 mmol/L TAmm-N；Twitchen and Eddy et al.，1994）暴露于 HEA 时都造成 Na^+ 损失。然而，在这些研究中，使用较低的环境氨浓度水平对血浆和机体的 Na^+ 和 Cl^- 水平没有影响。在另外两项对虹鳟的研究中，血浆氨水平并没有受到影响（4 d 0.5 mmol/L TAmm-N pH = 8.25 处理，Veddel et al.，1998；24 h 1 mmol/L TAmm-N pH = 8 处理，Wilson and Taylor，1992）。其后对海水和咸淡水（33%海水）适应的鳟鱼的研究也获得了类似的观察结果。

将海水驯化的温带的大西洋鲑鱼（*Salmo salar*）急性暴露于 HEA（18.2 μmol/L NH_3 - N；1.8 mmol/L TAmm-N），死前会导致血浆渗透压和离子水平大幅度增加；然而，亚致死的 HEA（1.5 μmol/L NH_3 - N；1.8 mmol/L TAmm-N）对血浆离子水平没有影响（Knoph and Thorud，1996）。在温带的成年大菱鲆（*Scophthalmu smaximus*）长期暴露于 6.4～57 μmol/L NH_3 - N 时，其血浆的渗透性和 Na^+ 水平都会降低（Person Le Ruyet et al.，1997）。

除大菱鲆外，淡水和海水温带硬骨鱼的数据表明，在较高的（致死的）环境氨浓度下，会导致离子调节障碍和失效；在较低的（亚致死的）浓度下，鱼类能够调节其血浆离子水平。

对于大弹涂鱼（*P. schlosseri*），在暴露于 HEA（6 d 暴露浓度分别为 8 mmol/L TAmm-N 和 100 mmol/L TAmm-N；36 μmol/L NH_3 - N 和 446 μmol/L NH_3 - N）时，血浆［Na^+］（和［Cl^-］）增加。尽管环境氨浓度明显高于温带硬骨鱼的致死量，但这种浓度水平对弹涂鱼仍是亚致死的（Peng et al.，1998；Randall et al.，1999）。对于弹涂鱼的数据解释还存在争议，因为这种鱼能够主动进行氨排泄，一般认为 Na^+/NH_4^+ 交换参与了这一过程。血浆的［Na^+］增加可能简单地反映了 Na^+/NH_4^+ 交换的增加。这一观点在有关 NH_4^+ 主动排泄的章节部分（第 8.4 节）得到了详细阐述。在 Buckley 等（1979）的研究中，在 HEA 胁迫（1.1～19.4 μmol/L NH_3 - N；0.2～3.4 mmol/L TAmm-N）条件下淡水中长期驯化的银大马哈鱼（*Oncorhynchus kisutch*），并没有改变其血氨浓度，但是造成了血浆中［Na^+］的增加。这可能是某种 NH_4^+/Na^+ 交换机理（非强制性的 NH_4^+/Na^+ 交换或 Na^+ 吸收与 H^+ 排泄的耦合）诱导的结果（Salamon et al.，1999）。

HEA 胁迫条件对其他热带鱼的血浆离子水平、流量和 pH 的影响数据仍然缺乏，但我们预料大多数热带鱼对 HEA 胁迫的响应和其温带的近缘种类类似，而不是和大弹涂鱼（*P. schlosseri*）类似。这种大弹涂鱼是例外，具有特殊的消除氨的能力，从而应对大的内向浓度梯度的能力，因此不太可能是典型的"热带鱼类"。

8.3.4 细胞和亚细胞水平的影响

在小鼠中，脑内高氨水平能够诱导细胞外谷氨酸的增加，这是由神经元释放的增加和/或重吸收的减少造成的（Hilgier et al.，1991；Bosman et al.，1992；Rao et al.，1992；Schmidt et al.，1993；Felipo et al.，1994）。有研究认为，氨的毒性是由大脑中 NMDA 型谷氨酸受体过度活化介导的（Marcaida et al.，1992），会导致脑内 ATP 的缺乏（Marcaida et al.，1992；Felipo et al.，1994）；氨的毒性增加细胞内 Ca^{2+} 及细胞外 K^+ 浓度，并导致细胞死亡。左旋肉碱能够阻止急性氨毒，是因为它能增加谷氨酸对使君子酸（quisqualate）型谷氨酸受体的亲和力，从而阻止谷氨酸神经毒性（Felipo et al.，1994）。阻断 NMDA 受体的拮抗剂，如 MK-801，在大鼠中，能显著降低氨的毒性（Marcaida et al.，1992；Hermenegildo et al.，1996），对泥鳅（$M.\ anguillicaudatus$）也有同样的效果（K. N. T. Tsui, D. J. Randall and Y. K. Ip，未发表数据）。因此，有人认为升高的氨水平会导致谷氨酸水平的增加和 NMDA 受体的过度活化。然而，Hermenegildo 等（2000）认为，NMDA 受体的活化先于细胞外谷氨酸的增加。用 MK-801 阻断 NMDA 受体也能防止细胞外谷氨酸的增加。曾有人提出，NH_4^+ 能够替代 K^+，并且能够影响枪乌贼巨大轴突的膜电位（Binstock and Lecar，1969）。此外 Beaumont 等（2000）认为，在鳟鱼组织氨含量上升时测得的肌肉纤维去极化水平（ $-87\sim-52$ mV），和测量的 NH_4^+ 穿过细胞膜的梯度的预测效果相匹配。因此，认为 NMDA 受体的过度活化是由细胞外 NH_4^+ 的增加引起的神经元去极化造成的。NMDA 型谷氨酸受体过度活化导致细胞内的 Ca^{2+} 增加，从而能激活 Ca^{2+} 依赖的酶，包括蛋白激酶、磷酸酶和蛋白酶。这将会导致 MAP-2 的改变，以及 PKC 介导磷酸化与伴随的 Na^+,K^+-ATPase 活化的减少。提高 ATPase 活性将导致更大量 ATP 的消耗，这可以解释大脑 ATP 的缺乏；反过来，会逆转 Na^+ 依赖的谷氨酸吸收机理。细胞外谷氨酸的增加是 NMDA 受体活化的结果，而不是原因。因此，氨毒的主要原因是 NH_4^+ 对神经元的去极化作用，导致 NMDA 受体过度活化，进而造成细胞的死亡（Randall and Tsui，2002）。

在许多脊椎动物中，氨水平上升与大脑中谷氨酰胺水平上升有关（Ip, Chew et al.，2001a；Brusilow，2002）。鳟鱼摄食完后的高氨期间，谷氨酰胺合成酶（GS）活性增加（Wicks and Randall，2002），降低了大脑中氨波动的幅度。然而也曾经认为高谷氨酰胺水平能引起中毒（Brusilow，2002）。有人提出谷氨酰胺生成和积累的增加会引起星形胶质细胞体积的增大，造成细胞功能紊乱、脑水肿和死亡。L-蛋氨酸 S-亚砜亚胺（MSO）抑制 GS，减少水肿，减弱氨诱导的脑细胞外 K^+ 的增加，并且减轻了氨毒（Brusilow，2002）。因此，谷氨酰胺的生成会加重或减轻氨毒，这具体取决于生成的地点和所涉及的鱼的种类（见第 8.5 节）。

谷氨酰胺的生成需要细胞质和线粒体共同参与。谷氨酰胺的生成通常需要线粒体基质中的谷氨酰胺脱氢酶（GDH）和细胞质中的 GS。如果鱼类在高氨情况下生产了大量的谷氨酸，同样地也需要大量的 α-酮戊二酸（α-KG）和 NADH。α-KG 的消耗会使它远离三羧酸循环，而且 NADH 的氧化会破坏氧化还原平衡。这也导致经过电子传递链产生的 ATP 减少（Campbell，1973）。从线粒体流出的大量谷氨酸会干扰 NADH 通过苹果酸-天冬氨酸穿梭进入线粒体内膜。此外，GS 反应对 ATP 的需求增加可能是氨暴露下虹鳟脑中 ATP 减少的原因（Smart，1978；Arillo et al.，1981；Mommsen and Walsh，1992）。

因此，氨毒可能是由于膜去极化和脑内 K^+ 的升高导致的，而 NMDA 受体的活化，谷氨酰胺介导星形胶质细胞肿胀，以及三羧酸循环中间体的消耗和氧化还原平衡的破坏加剧了这一现象。这些机理不是相互排斥的，它们的作用是可以叠加的。MSO 和 MK-801 等药物可以改善氨毒，但不能阻止氨毒。

8.4 鳃和上皮表面氨毒解除机理

8.4.1 NH_4^+ 的主动转运

当 NH_3 分压梯度（ΔP_{NH_3}）和 NH_4^+ 电化学梯度是向内的，不能促进净排泄时，需要主动消除 NH_4^+，维持氮平衡（图 8.1B）。在 HEA 和/或碱性条件及空气暴露情况下，需要主动排泄 NH_4^+ 以维持正氮平衡。相较于尿素合成等解毒和储存方法，活化 NH_4^+ 在能量上是一种更有利的选择。2 mol 的 NH_4^+-N 合成 1 mol 尿素需要 5 mol ATP，而通过 Na^+,K^+（或 NH_4^+）-ATPase（1 ATP：2 K^+ 或 NH_4^+：3 Na^+）消除 2 mol 的 NH_4^+-N 仅需要 1 mol ATP。有一些热带鱼类，如弹涂鱼（Randall et al.，1999；Chew，Wong et al.，2003；Ip，Randall et al.，2004）、非洲尖牙鲇（Ip，Subaidah et al.，2004），在大的内向的离子浓度梯度情况下，它们可以排出大量的氨，表明 NH_4^+ 的主动排泄机理正在被利用。除了这些，大弹涂鱼（P. schlosseri）已经广泛应用于 NH_4^+ 的排泄机制研究。

大弹涂鱼（P. schlosseri），属于鲈形目，虾虎鱼科。它是一种两栖动物，常见于新加坡、印度尼西亚、新几内亚、马来西亚半岛、沙捞越和泰国河口的泥质海岸和河流的潮汐地带（Murdy，1989）。大弹涂鱼是食肉动物，可以长到 27 cm，是唯一一种没有在热带以外发现的弹涂鱼。和其他弹涂鱼一样，大弹涂鱼在泥土中挖洞，并且在繁殖季节在洞中产卵和孵化。

在应对较大的向内的 NH_3 和 NH_4^+ 浓度梯度（至少 30 mmol/L TAmm-N，pH=7.2；Randall et al. 1999；Ip，Chew et al. 2001a）时，热带鱼类中的大弹涂鱼具有维持其血浆氨浓度和进行氨排泄的非常出众的能力。Ip 和 Randall 等（2004）采用更短的时间（1 h）开展的研究表明，当最大为 20 mmol/L TAmm-N，pH 为 7 或 8 的 HEA 胁迫存在时，净总氨通量（net total ammonia flux，J_{AMM}）明显增强。为了明确 NH_4^+ 主动运输是否真的发生，我们还需要排除其他可能的解释。这些解释主要包括以下两个方面：一是通过边界层酸化作用对 NH_3 扩散进行扣留（$NH_3 + H^+ \rightarrow NH_4^+$）；二是经由具有渗透性的紧密连接复合物位置，实现 NH_4^+ 细胞旁扩散，从而降低电化学梯度（Ip, Chew et al., 2001a；Wilkie，2020）。

NH_3 扣留会大打折扣，因为通过向环境介质中加入缓冲液（HEPES 或 TRIS）消除边界层酸性的条件并不会影响 J_{AMM}（Wilson et al., 2000b；Chew, Hong et al., 2003）。添加 V-ATPase 抑制剂巴佛洛霉素 A_1，显著降低了净酸通量（net acid flux, J_{ACID}），但没有改变 J_{AMM}（Ip, Randall et al. 2004）。

NH_4^+ 细胞旁排泄可能是氨排泄的另一个途径，然而，对跨上皮电位（transepithelial potential, TEP）的测量没表明，在 HEA 胁迫时，它对 J_{AMM} 有贡献（TEP = +10 mV；Randall et al., 1999）。同样，虽然大弹涂鱼的鳃中具有高密度的富含线粒体的细胞（mitochondria-rich cells, MRCs），但是很少具有渗透性的紧密连接复合物。这种连接复合物通常在低渗调节中与 Na^+ 流出有关联（Wilson et al., 1999）。其余可行的解释为 NH_4^+ 的主动消除。

NH_4^+ 消除的机理可以通过使用离子转运蛋白特异的抑制剂来确定。由于许多离子大小相似（水化半径），因此在一些离子转运蛋白中，NH_4^+ 可以替代 K^+。有研究表明，肾脏的 Na^+, K^+-ATPase 可以将 NH_4^+ 转运到细胞中（Wall, 1996）。对于大弹涂鱼，Randall 等（1999）发现，在 HEA 胁迫时，活化的 J_{AMM} 对 Na^+, K^+-ATPase 的抑制剂乌本苷敏感，并且 NH_4^+ 能够在正常生理 K^+ 浓度下刺激 ATPase。此外，Mallery（1983）研究表明，NH_4^+ 能够刺激亚热带毒棘豹蟾鱼（*Opsanus tau*）鳃上的 Na^+, K^+-ATPase。这和 Salama 等（1999）在温带虹鳟鱼上的发现形成了对比，即在正常生理 K^+ 水平下，NH_4^+ 不会刺激对乌本苷敏感的 ATPase 活性。

NHE 对 NH_4^+ 也有着很高的选择性（Kinsella and Aronson, 1981）。对于大弹涂鱼，氨氯吡嗪脒对 NHE 的抑制可以降低 J_{AMM}（Randall et al., 1999）。Wilson 等（2000b）将 NHE 2–like 和 3–like 蛋白免疫定位到鳃 MRCs 的顶部隐窝。血浆 Na^+ 水平会随着 HEA（Randall et al., 1999）和环境 Na^+ 水平的升高而增加，当渗透压保持恒定时，J_{AMM} 会增加（Kok, 2000）。Frick 和 Wright（个人通讯）在红树林鳉鱼［花斑溪鳉（*Rivulus marmoratus*）］上发现，5 mmol/L NH_4Cl 能导致淡水驯化的鳉鱼 100% 死亡，尽管这浓度远低于暴露在咸淡水中的致死浓度。这表明 Na^+ 对处于高氨胁迫下的花斑溪鳉的存活具有作用。NH_4^+ 主动排泄的淡水鱼类必须使用 NHE 替代策略，因为在它们的生活环境中 Na^+ 水平很低。

碳酸酐酶可逆催化 CO_2 水合反应和 HCO_3^- 脱水反应，并且能为离子交换（特别是 Na^+/H^+ 和 Cl^-/HCO_3^- 离子交换）提供酸碱等价物（Henry and Heming, 1998）。对于大弹涂鱼，使用抑制 CA 的乙酰唑胺能显著抑制 J_{AMM}（Kok, 2000；Wilson et al., 2000b）。通过免疫定位技术，能在大弹涂鱼鳃上富含线粒体细胞的顶部细胞质区域检测到碳酸酐酶（Wilson et al., 2000b），这有力表明鳃是 NH_4^+ 主动消除位点。活化的 J_{AMM} 也被证明主要是在头部区域发生（Ip, Randall et al., 2004）。大弹涂鱼的鳃为了适应空气呼吸方式而被高度修饰，并且具有高密度的富含线粒体的细胞（Low et al., 1988,

1990；Wilson et al.，1999）。

Wilson 等（2000b）认为，类囊性纤维化跨膜受体（CFTR-like）阴离子通道被免疫定位于 MRCs 的顶部隐窝，可能参与了 HCO_3^- 定向流出的过程。这样净酸排泄（J_{ACID}）和 J_{AMM} 缺乏相关性就能得到合理的解释，其中一个重要的例子就是十二指肠中 CFTR 参与了 HCO_3^- 排泄过程（Hogan et al.，1997）。然而，有研究表明，十二指肠的 CFTR 不能直接促进 HCO_3^- 跨膜运动（Praetorius et al.，2002）。相反，CFTR 在 HCO_3^- 排泄和 Cl^- 回收中起间接作用，而 HCO_3^- 流出是由 Cl^-/HCO_3^- 离子交换（AE）调节的。对此有相关支持证据，即 J_{AMM} 对 SITS 敏感，而 SITS 是一种 CFTR 不敏感的 Cl^-/HCO_3^- 交换抑制剂（Kok，2000）。因此，在修订的大弹涂鱼模型中，HCO_3^- 流出由 AE 介导，通过顶部 CFTR Cl^- 通道交换和回收 Cl^-。

另一种眼珠突出的弹涂鱼——薄氏大弹涂鱼（*Boleophthalmus boddaerti*；鲈形目，鰕虎鱼科）与大弹涂鱼共同栖息在红树林泥滩（新加坡和马来西亚半岛）。它是一种草食鱼类，在退潮时啃食表面的海藻，常在泥滩发现。不像大弹涂鱼，薄氏大弹涂鱼有着广泛的地理分布，甚至在亚热带地区也有发现。

薄氏大弹涂鱼也有逆浓度梯度排泄氨的能力，但是这种浓度梯度的幅度会更小（8 mmol/L TAmm-N，pH=7；Kok，2000；Chew，Hong et al.，2003）。氨排泄也分别表现出对 NHE、Na^+, K^+-ATPase 抑制剂氨氯吡嗪脒和乌本苷的敏感性，并能被环境增加的 Na^+ 水平所刺激（Kok，2000）。可惜的是，虽然有薄氏大弹涂鱼暴露于盐度变化的样本资料，但是仍没有其暴露于氨胁迫的 TEP 测量数据（Lee et al.，1991）。因此，我们不能准确地评估 NH_4^+ 电化学梯度。如果我们假设与从大弹涂鱼得到的值相似，那么 NH_4^+ 主动消除机理在这种鱼类中似乎是可行的。然而，不像大弹涂鱼，在 $pH_{env}>8$ 或者氨浓度大于 20 mmol/L 时，薄氏大弹涂鱼的 NH_4^+ 主动消除机制不具备维持 J_{AMM} 的能力（Kok，2000；Chew，Hong et al.，2003）。

另一种可能在鱼类排泄中发挥作用的潜在机制是 NH_4^+ 转运蛋白。在植物和微生物中，NH_4^+ 通过 NH_4^+ 转运蛋白转运穿过细胞膜（AMT；Howitt and Udvardi，2000）。NH_4^+ 是植物重要的氮来源，这一机理已被深入研究。在高等植物的根和叶中，一种对 NH_4^+ 吸收具有高亲和力的单向转运机理已经被阐明。NH_4^+ 吸收是由质子动力提供的，这种动力是由细胞质膜上的 P 型 H^+-ATPase 产生的。在动物中，与 AMT 具有部分同源性的 Rh 型 B 糖蛋白被认为是哺乳动物氨转运蛋白（Heitman and Agre，2000；Liu et al.，2001）。更重要的是，近来的研究表明 Rh 型 B 糖蛋白可以介导 NH_4^+ 转运（Marini et al.，2000；Westhoff et al.，2002）。这是鱼类氨排泄研究未来值得探索的领域。

8.4.2 环境酸化

对于生活在接近中性和碱性条件下的水呼吸方式的鱼类，水经过鳃时，排出的 CO_2 通过水合反应产生 HCO_3^- 和 H^+，并且这些鱼类还会在较小程度上直接分泌 H^+，从而导致水发生酸化（Wright et al.，1989）。水合反应非常迅速且不一定需要细胞外的 CA

（Henry and Heming，1998）。鳃的功能相当于一个逆流交换器，并且其通气量一般非常大，排出水的酸化作用对靠近上皮表面的边界层的氨形态有影响。边界层酸化作用对改变氨化学平衡反应向着 NH_4^+ 的形成非常重要，因为降低了 NH_3 浓度，从而维持了 ΔP_{NH_3} 跨鳃梯度（Wright et al.，1989；Wilson et al.，1994）。一般来说，跨鳃 ΔP_{NH_3} 梯度能解释大部分的 J_{AMM}（Cameron and Heisler，1983）。

对生活在体积有限的静水（水坑、潮水池或者有水的地洞）中的鱼类而言，它们 CO_2 和 H^+ 排泄导致的酸化作用可能对 pH_{env} 产生显著的影响。降低 pH_{env} 对环境氨的升高有明显的优势，在这种条件下，降低更具渗透性的 NH_3 浓度也具有相似的结果。

如果大弹涂鱼（P. schlosseri）生活在一个人造洞穴里 5～6 d，环境氨浓度会增加到 10 mmol/L（Ip，Randall et al.，2004）。大弹涂鱼具有主动排泄 NH_4^+ 的能力，因此不需要担心如何维持 ΔP_{NH_3} 跨鳃梯度从而维持 J_{AMM}（见第 8.4 节）。然而，NH_3 表现出一般的膜通透性，并且会在适当浓度梯度条件下通过扩散进入动物体内（Barzaghi，2002）。这些现象已经为实事所证明，只有暴露在 30 mmol/L TAmm-N 且高 pH_{env}（pH = 9）时是致死的（Kok，2000；Barzaghi，2002）。这种弹涂鱼已经显示具有能力通过增加 CO_2 排泄（M_{CO_2}）和净酸排泄（J_{ACID}）机制来对 HEA 和高 pH_{env}（会增加 f_{NH_3}）作出反应（Kok，2000；Ip，Randall et al.，2004）。令人惊讶的是，M_{CO_2} 大量增加并没有伴随氧气吸收（M_{O_2}）的补偿增加。因此，呼吸交换比（RER，$M_{CO_2}:M_{O_2}$）从 1（50% 海水，pH = 7）跃升至约 10。高 pH_{env}（pH = 9）导致最大的 RER，而在 50～75 mmol/L NH_4Cl，pH = 7，50% 海水的条件下，HEA 胁迫导致的 RER 值为 6～7。高 pH_{env} 和 HEA 的结合可产生其他效应（25～50 mmol/L NH_4Cl，pH = 8，50% 海水）。放射性同位素标记研究表明，葡萄糖、三羧酸循环中间产物和某些氨基酸可以作为排出的过量 CO_2 的底物。

J_{ACID}，相当于滴定酸通量（titratable acid flux，J_{TA}）和 J_{AMM} 的总和，酸性环境（pH = 6）能够抑制它，碱性环境（pH = 8.5）对其刺激作用最大（4 倍）。在 pH 为 7 和 8，NH_4Cl 为 20 mmol/L 时，HEA 胁迫能最大程度刺激 J_{ACID}。J_{AMM} 不受外界 pH（pH 为 6～9）的影响；然而，当 HEA 存在时，J_{AMM} 意外地显著增加了。对于暴露于 25～75 mmol/L NH_4Cl 的大弹涂鱼，其血氨水平不受影响。这种增加 M_{CO_2} 和 J_{ACID} 以降低环境 pH 的机理能够把通过 NH_3 扩散导致的氨吸收降低至最小（Randall et al.，1999；Ip，Randall et al.，2004）。

对大弹涂鱼开展的体内抑制剂研究表明，至少 50% J_{ACID} 对特定 V 型 H^+-ATPase 抑制剂巴佛洛霉素 A_1 敏感（Ip，Randall et al.，2004）。已通过免疫定位方法将 H^+-ATPase 定位于鱼的鳃上富含线粒体细胞的顶部细胞质区域（Wilson et al.，2000b）。使用巴佛洛霉素抑制 J_{ACID}，对 J_{AMM} 无影响，表明氨排泄与酸化无关（可能和 NH_3 在边界层的扣留相关）。缓冲液作用于 J_{AMM} 没有造成 pH 扰动，这一观察结果支持以上观点。这和其他硬骨鱼（鳟鱼）的依赖 ΔP_{NH_3} 的氨排泄方式形成对照（Cameron and Heisler，1983；Wilson et al.，1994）。

CA 抑制剂乙酰唑胺和 Cl^-/CO_3^- 交换抑制剂 SITS 能够显著降低 J_{ACID}（Kok，2000；

Wilson et al., 2000b)。鳃部的 MRCs 中存在 CA。CA 可能在催化 CO_2 水合作用及给各种离子转运蛋白提供细胞内的 H^+ 和 HCO_3^- 方面起到重要作用。值得注意的是，对巴佛洛霉素敏感的 H^+-ATPase 显著有利于 J_{ACID}。NH_3 水合作用会消耗质子，从而给顶部的 Na^+/NH_4^+ 交换提供 NH_4^+。对 SITS 敏感的 Cl^-/HCO_3^- 交换可能在清除积累的 HCO_3^- 方面起到重要作用，因为 HCO_3^- 的积累将会影响 CO_2 水合反应和 H^+ 的供应。另外一种可能是，那些抑制剂通过使红细胞 CA 和 AE 失去功能来影响 CO_2 向鳃的运输。如果这样，M_{CO_2} 也会受到抑制，但是目前缺乏相关数据。

对于大弹涂鱼，这些酸化机理对维持 J_{AMM} 似乎是不必要的，因为研究显示，将缓冲液加入环境介质中可调节边界层 pH 水平，并消除对质子泵的抑制作用，但是对 J_{AMM} 不起作用（Wilson et al., 2000a）。相反，酸化作用能够通过降低介质中 NH_3 的浓度从而防止 NH_3 进入。

碱性条件和 HEA（恒定 pH）环境胁迫条件下，薄氏大弹涂鱼（B. boddaerti）增加了 CO_2 的产生和排泄（Koh, 2000; Kok, 2000）。碱化作用增加了 M_{CO_2}，从而导致呼吸交换比（RER）升高到约 10（$M_{CO_2}:M_{O_2}$），因为 pH_{env}（pH 为 6～9）增加时，M_{O_2} 并不会受到很大的影响。环境氨的增加（8 mmol/L NH_4Cl 和 15 mmol/L NH_4Cl，pH=7，50% 海水）会诱发这种鱼产生相似的反应。在薄氏大弹涂鱼中，虽然 O_2 的消耗在增加，但是过量的 CO_2 可能来自三羧酸循环，这意味着 O_2 在线粒体氧化还原平衡中没有被用作终端电子受体。这还表明 NADH 在缺氧条件下能够被氧化成 NAD，尽管速率要比正常氧条件下慢一些。这些结果都表明在薄氏大弹涂鱼中有一种特殊的 NADH 脱氢酶，可以在无 O_2 条件下再生 NAD（Koh, 2000）。

与大弹涂鱼相似，薄氏大弹涂鱼的鳃上也有对巴佛洛霉素敏感的 ATPase，并且随着 pH_{env} 的升高，J_{ACID} 也增加（Y. K. Ip and S. F. Chew，未发表数据）。然而，不像大弹涂鱼，薄氏大弹涂鱼不能对 HEA 作出增加 J_{ACID} 的反应。

8.4.3 上皮表面对 NH_3 的较低通透性

为了更好地讨论氨进入细胞膜的问题，我们需要简要地回顾这一领域的最新进展（见综述 Boron et al., 1994; Zeidel, 1996）。人们认为 NH_3 通过溶解-扩散机理穿过细胞膜，包括它在膜脂溶解，双分子层的扩散，在膜另一侧的重新出现。测定的 NH_3 的油水分配系数（约 0.1）并不是特别高，然而，由于 NH_4^+ 的电荷和较大的体积，其渗透性比 NH_3 小得多。普遍认为磷脂酰基链的"扭结"（降低了包装体积）有助于 NH_3 扩散穿过双分子层。在这方面，双分子层的构成成分是膜通透性的关键。在人工制备的囊泡实验中，Lande 等（1995）能够通过采用与脂质流动性呈正相关的具有较高通透性的膜成分改变膜脂质的流动性，从而调节 NH_3 的通透性。一般来说，不饱和脂肪酸碳氢化合物链具有较高的流动性和通透性，而饱和脂肪酸的通透性较低。特定浓度的胆固醇增加了膜包装程度，从而减少了脂肪酸的流动性（Zeidel, 1996）。除了脂质成分外，通透性也受到双分子层不对称性影响，不对称性是由内部跨膜蛋白和外部类黏液蛋白层的存在导致的（Lande et al.，1994）。研究表明，单片层（single leaflet）组成的变化会影响膜的通透性，而膜外层流动性受到最大程度限制，并且最可能代表了分子扩散的屏障（Negrete et al.，1996；Hill et al.，1999）。

上皮细胞是极化细胞，其顶部和基底侧膜被紧密连接复合物分开。这两个区域的组成和性质完全不同，还可以进行独立修饰。在考虑顶部和基底侧膜通透性时，需要注意的很重要的一点就是不同的表面积。对于一个典型细胞来说，顶膜的面积是基底侧膜面积的1/15。因此，尽管膜的通透性特性是一样的，但是因为它较小的面积，顶膜会给跨上皮扩散带来更大的阻碍。在有着广泛的基底侧管系统的鳃泌氯细胞，其顶部与基底侧的表面积比值会更小。

因为 NH_3 脂溶性很低，所以水通道的存在会大大提高 NH_3 的流量。现有直接证据表明，NH_3 可通过水通道蛋白（AQP1）穿过细胞膜（Nakhoul et al.，2001b）。水通道蛋白（AQP3）已在鱼类的鳃中发现（Cutler and Cramb，2002；J. Fuentes，个人通信），虽然只出现在基底侧膜和细胞内囊泡（Lignot et al.，2002）。在一项研究中，Wilkie（2002）已经发现 AQP 定位于顶部，这有助于 NH_3 跨上皮流动，但是对水的流动不利，因为海洋鱼类和淡水鱼类鳃部存在高渗透压梯度。根据上述关于顶膜与基底侧膜屏障功能的讨论，我们推测鳃上的 AQP 不可能在 NH_3 跨上皮流动中起着重要作用。

除了上述跨细胞通路外，细胞旁通透性也是上皮通透性的重要组成。紧密连接复合物在分子通过细胞旁路时提供大门或障碍功能。它不是上皮细胞的静态特征，而是动态的，受到生理调节，并具有离子选择性（Madara，1998；Yap et al.，1998；Denker and Nigam，1998）。鱼类对环境盐度增加的反应促进了 Na^+ 顺着电化学梯度流出，是调节细胞旁通透性的最好例子（Evans et al.，1999；见第9章）。

研究发现，胃和尿道中的几种细胞类型对 NH_3 的通透性相对较低。Kikeri 等（1989）发现铵作用于小鼠 Henle 上支的骨髓管腔，初始 pH_i 变化是朝着酸的方向进行。使用呋塞米（furosemide）能够从药理上阻止酸性变化。NH_4^+ 对 pH_i 无影响。因此，Kikeri 等（1989）得出结论，相对而言，NH_3 对这些膜是不渗透的。尽管 Good（1994）在后续的研究实验中发现 NH_3 通过基底侧膜快速流出，之后研究证实了兔子尿道中细胞质膜（Yip and Kurtz，1995）及其他具有低通透性的动物细胞膜的存在。Singh 等（1995）对兔子结肠隐窝细胞细胞腔（顶部的）表面的研究提供了关于 NH_3 低通透性的一个很巧妙的证明。兔子膀胱细胞顶膜对 NH_3 具有低通透性，而且还具有不同于其他膜的组成，70%～90% 的膜面积被一种称作为尿通斑蛋白（uroplakins）的准晶体所占据（Chang et al.，1994）。因此，相对高的 NH_3 通透性是细胞膜功能的正常特性，只有当磷脂组成改变或者脂质被蛋白质替代时，膜通透性才会降低（Marcaggi and Coles，2001）。

大弹涂鱼（*P. schlosseri*）对环境氨有着极高的耐受力，在面对较大的内向的 NH_3 和 NH_4^+ 梯度时，有能力阻止其血氨含量的升高（Randall et al.，1999）。除了能用鳃主动排泄 NH_4^+（见第8.4节），大弹涂鱼的皮肤表面对氨也具有低通透性。Ip 和 Randall 等（2004）使用一种尤斯灌流室证明了大弹涂鱼的皮肤的通透性比牛蛙（*Rana catesbiana*）

腹部皮肤的低。大弹涂鱼的皮肤因皮肤呼吸方式而具有高度血管化的特性，在暴露于 HEA 胁迫期间，皮肤的 NH_3 低通透性对于减少 NH_3 的流入及防止 NH_3 的回流是必须的，从而使鳃部的 NH_4^+ 主动转运过程更加有效。

尽管没有直接测定大弹涂鱼皮肤的膜流动性，但是基于胆固醇水平和磷脂组成的测定结果可以预测其皮肤膜流动性较低（Ip，Randall et al.，2004）。大弹涂鱼皮肤的胆固醇水平非常高（4.5 μmol/g）。这导致了非常高的胆固醇与磷脂比值（大于 6），相比之下，其他硬骨鱼的比值小于 1，即高的 NH_3 通透性（pNH_3），因为它们为 J_{AMM} 而利用了 ΔP_{NH_3}（Wood，1993；Ip，Chew et al.，2001a；Wilkie，2002）。兔子膀胱细胞顶膜具有较低的 NH_3 通透性，主要包含尿斑蛋白（uroplakins；占 70%～90% 膜面积）。Marcaggi 和 Coles（2001）据此提出，只有当正常的脂质被蛋白质取代时，细胞膜相对较高的 NH_3 通透性才会下降。对大弹涂鱼皮肤的研究结果表明（Ip，Randall et al.，2004），胆固醇可能在降低 NH_3 通透性方面起到类似的作用。

磷脂酰胆碱可以稳定脂质双分子层（Lande et al.，1995），而且是大弹涂鱼皮肤含丰富的磷脂（50%）（Ip，Randall et al.，2004）。磷脂酰乙醇胺含量低（小于 15%）和较高的膜流动性有关。磷脂酰胆碱与磷脂酰乙醇胺比值可以作为膜流动性的指标，相较于温带硬骨鱼（1.7；*Anguilla rostrata* and *O. mykiss*；Crockett，1999）而言，大弹涂鱼皮肤中的比值（3.4）更高。其饱和脂肪酸（52%）和不饱和脂肪酸（28% 单不饱和脂肪酸和 20% 多不饱和脂肪酸）的比例相较于鳟鱼（*O. mykiss*）皮肤中的比例而言也是高的（Barzaghi，2002；Ip，Randall et al.，2004）。这再一次证明了这种弹涂鱼皮肤膜流动性很低。

大弹涂鱼暴露于 HEA（30 mmol/L NH_4Cl，pH = 7，50% 海水，6 d），其皮肤胆固醇含量显著增加到 5.5 μmol/g（Ip，Randall et al.，2004）。另外，在适应 HEA 胁迫后，大弹涂鱼皮肤中结构紧密且疏水性的鞘磷脂水平也会增加（Ip，Randall et al.，2004）。鞘磷脂对膜流动性的影响和胆固醇类似（Lande et al.，1995）。这些结果表明，长时间暴露于 HEA 胁迫，大弹涂鱼可进一步通过降低膜流动性来减少皮肤氨通透性（Ip，Randall et al.，2004；图 8.1 D）。

大弹涂鱼鳃的 ATPase 水平是鱼类中最高的（Randall et al.，1999），这可能是皮肤对低膜流动性作出的反应。另外，大弹涂鱼局限于热带地区，这可能是因为皮肤细胞膜的低流动性使它必须栖息于高温环境（Ip，Randall et al.，2004）。

8.4.4　NH_3 的挥发

在许多氨排泄陆生无脊椎动物中，NH_3 挥发明显有利于总氨的消除和水分的保存（Greenaway，1991；Wright and O'Donnell，1993）。然而，在脊椎动物中，氨排泄的陆生动物非常罕见，具有明显 NH_3 挥发的动物类型也非常罕见。这并不意味着氨的挥发不会发生在非氨排泄的脊椎动物中，比如人类，只是这种方式对于其消除含氮废物是可以忽略不计的（Jacquez 等，1959；Robin 等，1959）。

绝大多数硬骨鱼类都是氨排泄的。最早针对温带潮间带的鳚鱼（*Blennius pholis*）开展了氨挥发研究，发现氨挥发仅占其总氨排泄量的 8%（Davenport and Sayer，1986；13 ℃）。在这个或多数例子中，空气暴露胁迫造成氨排泄量急剧下降，主要是通气水流量的减少使鱼类氨排泄所需的正向扩散梯度丧失而导致的（Ip, Chew et al.，2001a）。然而，一些研究发现具有氨排泄方式的热带鱼类能够挥发大量的氨（Rozemeijer and Plaut，1993；Frick and Wright，2002b；Tsui et al.，2002）（图 8.1 E）。

热带气候特有的高温和湿度特征，以及上述实验条件，增加了氨排泄到覆盖体表的水膜的可能性，是使氨被大量挥发的重要因素。其中最重要的是温度对蒸发速率的影响。温度升高，氨平衡常数（pKamm）会下降。在特定的 pH [$NH_3 = 1/(10pKamm - pH + 1)$] 条件下，当温度为 20 ℃ 和 30 ℃ 时，pKamm 分别为 9.4 和 9.0，会使 NH_3 成分增加。

值得注意的是，虽然热带气候为氨大量挥发提供了先决条件，但并不是所有热带鱼类都能利用氨挥发实现氮平衡，从而离水长期存活 [小于陆栖 J_{AMM} 的 1%：*P. schlosseri*, *B. boddaerti*（Y. K. Ip, J. M. Wilson and D. J. Randall，未发表数据）和中华乌塘鳢（*Bostrichthys sinensis*）（Leong，1999）]。

8.4.4.1 泥鳅

泥鳅 *Misgurnus anguillicaudatus*（鲤形目，鳅科）栖息在江河、湖泊和池塘，有些生活在沼泽、稻田和泥底。从缅甸到中国都可以发现这种鱼类（北纬 53° 到南纬 27°）。在旱季，它将自己掩埋进泥土，到雨季才会出现。在空气暴露时，它利用肠呼吸，能够挥发大量的氨（陆栖 J_{AMM} 的 56%；25 ℃；Tsui et al.，2002）。相较于水栖息条件下的对照速率而言（约 750 $\mu mol \cdot kg^{-1} \cdot h^{-1}$；Chew et al.，2001；Tsui et al.，2002），陆栖条件下的 J_{AMM} 要低得多（5%～15%）。氨挥发速率随着空气暴露时间而增加（1～4 d；Tsui et al.，2002）。对于 *M. anguillicaudatus* 而言，它能将皮肤和内脏 pH 增加到 8.2，在 20 ℃ 和 30 ℃ 下，f_{NH_3} 分别为 4.7% 和 13.7%。Tsui 及其合作者（2002）的研究结果表明了温度的重要性。在 10 ℃ 的温差下，氨挥发速率几乎增加了 1 倍（31% 和 57%）。总氨排泄的非挥发成分不受温度的影响，表明这不仅有温度对代谢率的影响，还有大量内源性氨生成的影响。

通过挥发消除氨分为两个步骤。第一步，氨必须通过上皮表面从体内（血浆）转运到动物体外（腔内液体或体表水膜）；第二步，氨必须从外部液体挥发。在陆生无脊椎动物中，已有一些详细研究的机理，因此可供参考和比较。

跨上皮运输。氨通过 NH_3/NH_4^+ 被动运输或 NH_4^+ 主动运输进入上皮细胞。在陆生等足类动物（*Porcellio scaber*）中，被动运输可能占主导地位（Wright and O'Donnell，1993），然而在方蟹（*Geograpsus grayi*）中，NH_4^+ 主动排泄非常重要（Greenaway and Nakamura，1991；Varley and Greenaway，1994）。在泥鳅、红树林鳉鱼（花斑溪鳉）和高跳弹鰕虎鱼，氨通过跨上皮转运进入覆盖身体表面水层的机理尚不清楚。由于鳉鱼和泥鳅皮肤血管丰富，因此皮肤成为一个明显的排泄位点（Jakubowsko，1958；Grizzle and Thiyagarajah，1987）。泥鳅的肠道也很有可能是排泄位点，因为它具有气体交换功能

(McMahon and Burggren, 1987)(图 8.1 E)。

在 HEA（4.2 mmol/L）和离水条件（5.1 mmol/L），泥鳅血浆总氨浓度会增加到特别高的水平，这表明氨排泄是在 ΔP_{NH_3} 的条件下通过 NH_3 扩散实现的（Chew et al., 2001；Tsui et al., 2002）。离水条件也会导致血液 pH 的增加，从而导致血液 NH_3 的增加。另外，血氨浓度的增加可能仅仅和 J_{AMM} 抑制有关。通过 Tsui 等（2002）测定的数据，我们可以计算出该物种是否涉及 NH_3 被动运输梯度。25 ℃，24 h 空气暴露条件下，动物生活的小水体（1 mL）中的氨浓度增加到 20 mmol/L（Tsui et al., 2002）。这就有理由假设覆盖皮肤表面的氨浓度至少会同样高。边界层的 pH 是 8.2，因此 P_{NH_3} 会达到 6.368 Pa。即使在经过 48 h 空气暴露后，其血浆 P_{NH_3} 也只有 0.272 Pa，测定的血液 pH 为 7.5，TAmm 约为 5.1 mmol/L（pKamm 和 αNH_3 值来自 Boutilier et al., 1984）。如果以上假设是正确的，ΔP_{NH_3} 梯度指向内部，因此 NH_3 的被动排泄不能用来作为解释氨排泄进入皮肤表面边界层进而发生挥发的原因。在陆生等足类动物 P. scaber 中，被动扩散占主导地位，血淋巴氨浓度能够增加到 100 mmol/L，与腹外液体浓度达到平衡（Wright and O'Donnel, 1993）。

对于陆生的方蟹（*Gecarcoidea grayi*）和地蟹（*G. natalis*），其尿液含有 NaCl 和低氨，尿液通过鳃排出，也通过鳃对 NaCl 进行重吸收和 NH_4^+ 排泄（Greenaway and Nakamura, 1991）。在 G. grayi 中，Na^+ 和 Cl^- 分别与 NH_4^+ 和 HCO_3^- 交换，并且分别对氨氯吡嗪脒和 SITS 敏感，这表明 NHE 和 AE 参与了这一过程（Varley and Greenaway, 1994）。NHE 的 Na^+ 和 NH_4^+ 交换作用对于增加鳃中的液态氨起到重要作用，同时通过 Cl^- 和 HCO_3^- 交换机制碱化鳃液在促进氨的挥发中起到重要作用（占 G. grayi 排泄的总含氮废物的 82%；Greenaway and Nakamura, 1991）。氯依赖性碱化作用（Chloride-dependent alkalinization）也出现在沙蟹（*Ocypode quadrata*；de Vries and Wolcott, 1993）鳃中。

碱化和挥发。外部含氨液体碱化（图 8.1E）能够增加气态氨的比例（f_{NH_3}）和浓度，从而加强挥发。方蟹和沙蟹都能利用碱化作用增强挥发性，但是陆生等足类动物并不可以（Wright and O'Donnel, 1993）。这是有意义的，因为后一类情况是由于扩散被用于跨上皮氨的运输，增加的 pH_{env} 能导致 NH_3 回流进入动物体内。因此，通过碱化作用有效增强挥发性的先决条件是低的 NH_3 上皮渗透性。

在空气暴露下，*M. anguillicaudatus* 皮肤和肠表面的 pH 增加大于 8，这与氨挥发增加有关（Tsui et al., 2002）。泥鳅可以肠内呼吸，具有高度血管化（上皮内毛细血管）的肠（McMahon and Burggren, 1987），可以从水表面吞入空气，通过消化道吸收 O_2。这种方式也提供了一个便利的通过氨排泄和挥发机理进行氨消除的场所。另外一个发现显示，在 HEA（30 mmol/L NH_4Cl）暴露时，泥鳅具有挥发氨的能力，这表明肠是一个重要的场所，因为在这些情况下，皮肤途径会丧失（Tsui et al., 2002）。在 HEA 暴露时，并没有影响挥发性的增强，这清晰地表明，肠道是氨挥发的重要场所。事实上，如果动物不能接触空气，那么氨挥发不会发生（Tsui et al., 2002）。用来吸收 O_2 排出 CO_2 的空气，可作为氨排泄的场所。

边界层 NH_3 的挥发会导致 pH 降低，因为每个 NH_3 分子挥发会留下一个质子。其作用是能够减少氨作为 NH_3 的比例，从而降低挥发分压梯度。因此，为了维持氨挥发，需要通过边界的碱化来加强氨挥发。如果像陆蟹一样，能通过 HCO_3^- 排泄实现碱化，其余质子缓冲会形成 CO_2，CO_2 也会挥发出体外。

对于泥鳅中 NH_3 被动排泄、表面碱化及极高的氨耐受性（100 mol/L；Y. K. Ip and S. F. Chew，未发表数据）的"非此即彼"争论表明，上皮 NH_3 通透性可能保持很低的水平，并且 NH_4^+ 主动排泄进入边界层是跨上皮 NH_4^+ 运输的主要机理。当暴露于 HEA 和陆地条件时，身体表面 pH 的增加也表明了 NH_3 的酸扣留（促进 NH_3 扩散）对于 J_{AMM} 而言不是重要的机理。因此，边界层的碱化作用和预测的低 NH_3 渗透性的组合都将增加 ΔP_{NH_3}，从而有利于 NH_3 挥发，且能阻止 NH_3 通过回流进入动物体内。

最近，在小鼠肠胃中证实了顶端的 Cl^-/HCO_3^- 交换器的存在，并被认定为阴离子转运蛋白 1（PAT1 或 SCl26A6；Wang et al.，2002）。PAT1 在小鼠结肠中也有弱表达。小鼠肠道中 PAT1 的表达模式和泥鳅肠道内碱化区域有关，这可能显示了肠内碱化机理。在硬骨鱼类中，有确凿证据表明肠内顶端的 Cl^-/HCO_3^- 交换器主要参与了 HCO_3^- 排泄（Wilson et al.，2002）。

最初，胃被视为碱化位点是很奇怪的，因为消化过程中有大量的 HCl 分泌。然而，胃黏膜实际是通过产生紧密的薄的 HCO_3^- 膜和厚黏液层保护自己免受管腔上皮中流动的强酸（pH=1）的不利影响（Flemström and Isenberg，2001）。胃近黏膜 pH 水平是由对 DIDS 敏感的 HCO_3^- 转运机制维持的。HCl 来源于胃腺的胃黏膜壁细胞，在非摄食期间不分泌酸（Trischitta et al.，1998）。在泥鳅中，Cl^-/HCO_3^- 交换机理是通过中和胃酸来减轻对肠胃上皮的损伤，我们可以推测，这种机理被用于增加氨的挥发。未来有关泥鳅肠道 PAT1 的表达和药理学抑制作用的研究可能会获得很有意义的结果。

8.4.4.2 红树林鳉鱼和跳弹鳚

红树林鳉鱼（花斑溪鳉，*Rivulus marmoratus*），分布于北美洲、中美洲和南美洲，从美国佛罗里达州东部海岸到古巴、牙买加、巴西、墨西哥及整个加勒比地区都有发现。它栖息在浅泥底的沟渠、海湾、盐沼及其他咸水环境。它还经常在泥洞中被发现。*R. marmoratus* 能够离水生存 1 个月，其氨排泄速率为水生条件下氨排泄速率的 57%（1000 $\mu mol \cdot kg^{-1} \cdot h^{-1}$；Frick and Wright，2002b；28～30 ℃）。Frick 和 Wright（2002b）指出，氨挥发机理能解释陆生 J_{AMM} 的 42% 比例（23% 的水生条件氨排泄速率），并且在暴露期间（长达 11 d），其速率非常稳定。

跳弹鳚（*Alticus kirki*；鲈形目，鳚科）在莫桑比克到印度的潮间带，均有发现。它生活在潮上带，以及潮湿阴暗有坑的石灰岩洞中，当受到扰动时会从一个洞跳到另一个洞。离开水体 24 h 后，*A. kirki* 以其水生条件下氨排泄速率的 28% 比例排泄含氮废物（氨+尿素）（1140 $\mu mol \cdot kg^{-1} \cdot h^{-1}$ 对 327 $\mu mol \cdot kg^{-1} \cdot h^{-1}$；25 ℃；Rozemeijer and Plaut，1993）。与泥鳅和红树林鳉鱼不同，*A. kirki* 超过 50% 的氮排泄量以尿素的形式进行排泄，而 *R. marmoratus*（Frick and Wright，2002b）和 *M. anguillicaudatus*（Chew et al., 2001) 中尿素排泄所占的比例分别只有 20% 和 5%。跳弹鰕的陆生 J_{AMM} 占陆生氮排泄总量的 45%（147 $\mu mol \cdot kg^{-1} \cdot h^{-1}$），氨挥发组分（93 $\mu mol \cdot h^{-1} \cdot kg^{-1}$）占陆生氮排泄总量的 28%，或者占陆生 J_{AMM} 的 63%。有趣的是，尿素挥发占陆生氮排泄总量的 27%（87 $\mu mol \cdot h^{-1} \cdot kg^{-1}$）（Rozemeijer and Plaut, 1993）。另外，其他两种的尿素挥发量没有测定，但是由于陆生条件尿素排泄率仍然很低，预计尿素挥发量会更小（Chew et al., 2001; Frick and Wright, 2002b）。

8.5 细胞和亚细胞水平的氨毒解除机理

8.5.1 蛋白质水解和/或氨基酸分解代谢的减少

为了减缓体内氨的积累，鱼类可能通过氨基酸分解代谢作用降低氨产生的速率来增加排泄（图 8.1F）。组织中游离氨基酸（FAA）的稳态浓度是通过降解率和生成率（通过蛋白水解或合成）之间的平衡来维持的。这两个速率的改变将导致 FAA 浓度的变化。具有改变这些速率的能力对于一些短期内必须经历水资源短缺的鱼来说是一个很有价值的策略，因为它可以减缓内源性氨的积累。这一策略对一些鱼类的生存可能必不可少，特别是在体内氨含量达到亚临界水平之后，这些鱼类将暴露在高氨含量的环境中。

8.5.1.1 弹涂鱼

空气暴露后，*P. schlosseri* 和 *B. boddaerti* 的氨和尿素排泄率下降，只有极少量的氨在它们的组织中积累（Lim et al., 2001）。当暴露在持续黑暗的陆地环境中，弹涂鱼处于静止状态时，*P. schlosseri* 肝脏和血浆中的总 FAA（TFAA）水平显著下降（Ip, Chew et al., 2001a; Lim et al., 2001），*B. boddaerti* 肌肉中的 TFAA 会减少。由于实验样本未摄食，推测蛋白质降解速率应高于蛋白质合成速率，从而使蛋白质发生净水解。如果蛋白水解速率保持相对恒定，且不受空气暴露的影响，就会有 FAA 的积累，从而 TFAA 含量的增加。因此，在这两种弹涂鱼的某些组织中观察到 TFAA 含量的下降，表明同时发生了蛋白质水解率和氨基酸分解代谢率的下降。此外，蛋白水解率的下降可能大于氨基酸分解代谢率的下降，使各种 FAA 稳态浓度及 TFAA 浓度的降低。

通过对 *P. schlosseri* 和 *B. boddaerti* 氨排泄和累积平衡的分析，得出上述结论（Lim et al., 2001）。但很明显，氨排泄率的下降远大于氨生成率的下降，从而导致氨在这两种弹涂鱼的组织器官中积累。

降低蛋白质和氨基酸分解代谢率构成了一个有效的策略，以减缓内部氨的积累。然而，它也妨碍了氨基酸作为自身运作的能量来源的利用。这对于通常在陆地上活跃的鱼类而言可能不是一个有用的机理（如 *P. schlosseri*）（Kok et al., 1998）。为了克服这一问题，*P. schlosseri* 一般采用部分氨基酸分解代谢，同时抑制氨生成的策略。这使弹涂鱼可以利用蛋白质和氨基酸作为能量来源，在不释放氨的前提下在陆地上进行活动。

8.5.1.2 泥鳅和乌塘鳢

泥鳅（*M. anguillicaudatus*）能在干旱时钻进泥中并在其中存活很长一段时间。暴露于陆地环境 24 h 后，减少的氨排泄量和增加的氮积累量之间的差值为 -99 μmol，且这一差值随着时间的延长而增大，48 h 和 72 h 分别达到 -274 μmol 和 -558 μmol（Chew et al.，2001）。空气暴露 48 h 后，氮的积累量似乎达到了饱和。因此，Chew 等（2001）得出结论，*M. anguillicaudatus* 对空气暴露具有高耐受性，部分原因是它能够抑制蛋白质水解和氨基酸分解代谢。

中华乌塘鳢（*Bostrichyths sinensis*）隶属于鲈形目，辐鳍亚纲，塘鳢科。它们的腹鳍是分开的，而鰕虎鱼的腹鳍是融合的，呈杯状，因此乌塘鳢与鰕虎鱼属于不同科。在印度到澳大利亚及中国台湾的印度-太平洋地区，都可以发现 *B. sinensis*。在中国南部和香港，*B. sinensis* 是一种重要的食用鱼。它栖息在咸淡水中，寻找河口岩石的缝隙。在自然环境中，当退潮时，*B. sinensis* 会被动地暴露在空气中，因为它会停留在水面以上的缝隙中。

对 150 尾 *B. sinensis* 的氮平衡数据的分析表明，在最初空气暴露的前 24 h，*B. sinensis* 的氨生成水平没有下降（Ip，Lim et al.，2001）。减少的氨排泄量相当于 370 μmol 氮，可以完全由肌肉中积累的 441 μmol 谷氨酰胺-N 得以体现。空气暴露 72 h 后，体内氮排泄减少量（1110 μmol）和氮保留量（595 μmol）之间的差异更大。因此，长期暴露于陆地环境中，*B. sinensis* 的蛋白质水解和氨基酸分解代谢出现降低的现象（Ip，Lim et al.，2001）。

8.5.1.3 黄鳝

黄鳝（*Monopterus albus*）是一种必须呼吸空气的硬骨鱼，隶属于合鳃鱼科，合鳃目，辐鳍亚纲。它分布在印度到中国南部、马来西亚和印度尼西亚的热带地区（北纬 34°到南纬 6°）。黄鳝有着棒型躯体，成熟时最大长度可达 100 cm，没有鳞，也没有胸鳍和腹鳍。它的背鳍、尾鳍和臀鳍融合在一起，减少了皮肤褶皱。*M. albus* 生活在泥泞的池塘、沼泽、沟渠和稻田里，在干燥的季节，它们会在潮湿的泥土中挖洞，在没有水的情况下可存活很长一段时间。因此，它在夏季会经历干旱胁迫，而在农业施肥过程中也会有氨的负荷。虽然 *M. albus* 可以忍受稻田的季节性排水，但在没有水的情况下，它只能在市场上存活几天。

由于泥中没有水来覆盖鳃或身体表面，*M. albus* 在排泄内源性生成的氨方面存在困难。在暴露于空气（正常氧气对照组）6 d 的样本组织中，会出现氨和谷氨酰胺积累，但没有发现尿素积累的现象（Tay et al.，2003），表明在此实验条件下内源性氨可以脱毒转化为谷氨酰胺。相比之下，在泥中掩藏 6 d 的样本肌肉中氨会发生积累，但是在所有被研究的组织和器官中谷氨酰胺或谷氨酸含量并没有增加（Chew et al.，2005）。将样本埋在泥中 40 d 也可以得到类似的结果（Chew et al.，2005）。虽然停留在泥中可以防止皮肤表面的水分蒸发，但样本必需暴露在缺氧环境中。事实上，在泥中埋藏 6 d 的样本中，肌肉中的能量电荷和 ATP 含量有所下降（S. F. Chew and Y. K. Ip，未发表数据）。在泥浆低氧条件下，ATP 生成受到抑制；由于谷氨酰胺合成是能量依赖性的，这种方式显然已被 *M. albus* 放弃作为降低氨毒的主要策略。相反，抑制内源性氨的产生是避免氨毒的主要策略。在泥中，M. albus 降低氨生成过程和蛋白水解率与氨基酸分解代谢率的降低有关。这可能是鱼类抵御氨毒性最有效的策略，因为与谷氨酰胺或尿素合成相比，它不会给鱼类带来额外的能量需求。与此同时，它减缓了体内氨浓度的积累，因为鱼进入一个反应迟钝的阶段来忍受这个不利的时期。环境缺氧胁迫可能是一个比增加内部氨浓度去启动抑制氨的生成过程的更有效的信号。这也许可以解释为什么 M. albus 在泥中可以生长 40 d，但在空气中不能存活超过 10 d。

8.5.1.4 月鳢和云斑尖塘鳢

月鳢（Channa asiatica），隶属于辐鳍鱼纲、鲈形目、鳢科。月鳢是一种呼吸空气的动物，分布在亚洲：中国台湾、中国南部和斯里兰卡。月鳢是中国南方一种珍贵的淡水食用鱼。在那里，人们相信食用这种鱼有助于伤口的恢复。它是一种食肉鱼类，生活在缓慢流动的溪流和河岸附近的裂缝中。在自然栖息地，它可能会在干燥季节遭遇空气暴露胁迫。与 P. schlosseri 不同的是，C. asiatica 无法利用胸鳍在陆地上活动，离开水后也不会表现出任何觅食、占领领地或求偶行为。当被困在水坑里时，它会通过棍状躯体运动挣扎着回到水里，这可能会持续几分钟。挣扎了一段时间，如还没能回到水中，它就会一动不动，并且保持不动状态。只是偶尔通过棍状躯体运动，会持续很长一段时间。不同于弹涂鱼（lp, Chew et al., 2001b），在 48 h 的空中暴露下，C. asiatica 体内含氮排泄废物的减少完全是通过组织氮积累的平衡（Chew, Wong et al., 2003）。因此，在空气暴露期间，不可能像弹涂鱼一样，月鳢蛋白质水解率和氨基酸分解代谢率会降低（lp, Chew et al., 2001b）。这就意味着，仅就氮代谢而言，C. asiatica 还无法达到弹涂鱼在陆地上的生存能力。

云斑尖塘鳢（Oxyeleotris marmoratus）也是一种塘鳢鱼，隶属于塘鳢科。但是，它的体型（大于 1 kg）要比 B. sinensis 大得多，而且不停留在缝隙里。它可以在亚洲泰国到印度尼西亚河流、沼泽、水库和沟渠中找到。它被认为是东亚大部分地区的美食，出口的鱼价格很高。O. marmoratus 是一种兼性空气呼吸动物，能在陆地环境下生存 7 d。在自然环境中，在主动离水或栖息地干燥时，它会遭遇缺水胁迫。通常，它在陆地上不活动。当暴露在陆地条件 72 h，它的氨基酸分解代谢不会减少。相反，在空气暴露期间，蛋白质和/或氨基酸代谢可能会增加，因为谷氨酰胺积累的水平远远超过了大量氨基酸解毒所需的水平，而在此期间有毒物质无法排出（Jow et al., 1999）。因此，它对空气暴露胁迫的适应能力不如 B. sinensis。由此可见，在热带硬骨鱼中，在空气暴露期间降低内源性氨生成速率的能力并不常见。

8.5.1.5 肺鱼

肺鱼目鱼类是一种古老的鱼类，隶属于肉鳍亚纲，其特征是在食道的腹侧有一个肺开口。肺鱼的鳃变小了，不能进行呼吸，所以它们完全依靠空气呼吸。肺鱼虽然不能在陆地上大范围地活动，但它们可以离开水存活很长一段时间。在非洲、南美和澳大利亚分别发现了三个不同的科：非洲肺鱼科、南美肺鱼科和澳大利亚肺鱼科。非洲肺鱼通常生活在沼泽边缘和河流、湖泊的死水中。在干燥季节，它们［东非肺鱼（Protopterus *aethiopicus*）和非洲肺鱼（*P. annectens*）]在地下泥茧中夏眠，或者藏身在陆地上的一层干黏液中[细鳞非洲肺鱼（*P. dolloi*）]（Poll，1961）。肺鱼可以在这种状态下生存 1 年多，尽管通常它们只在一个雨季结束到下一个雨季开始时夏眠。非洲肺鱼已经在实验室的恒温条件下存活了 3 年（Smith，1930），Smith 计算出它们有足够的代谢资源可以使其存活 5 年。肺鱼夏眠时可以大大降低氨的生成（Janssens and Cohen，1968a，b）。南美肺鱼生活在亚马孙河流域和巴拉圭-巴拉那河流域。它喜欢水流很小的静水。在干燥时期，它会在泥土中挖洞，深度为 30~50 cm，并用黏土封住入口，留下 2~3 个洞呼吸。在夏眠期间新陈代谢减少。澳大利亚肺鱼可以在静止或缓慢流动的水（通常在深水池）中被发现。在干旱时期，它可以通过呼吸空气来忍受静滞的环境。然而，澳大利亚肺鱼缺乏在干旱期夏眠的能力。

细长的肺鱼，细鳞非洲肺鱼（*P. dolloi*）是一种发现于中非刚果河流域中下游地区的肺鱼。细鳞非洲肺鱼在离开水的时候仍然有夏眠的能力。但不同于其他非洲肺鱼，它不在茧中夏眠。在旱季，细鳞非洲肺鱼在沼泽的泥中建巢，雄性保卫卵和幼鱼巢，而雌性可以在开放水域被发现。因此，*P. dolloi* 可作为理想样本和通常暴露于地面的热带硬骨鱼直接比较。在空气暴露过程中，由于没有水可以冲洗鳃和皮肤表面，*P. dolloi* 氨排泄率显著降低至水生对照条件的 8%~16%（Chew，Ong et al.，2003）。然而，暴露在空气中 6 d，肌肉、肝脏、大脑和血浆中的氨含量没有显著增加。另外，实验动物的氨排泄率仍然很低，在随后的 24 h 再次用水浸泡期间未能恢复到对照组的水平。这些结果表明：内源氨的生成大大减少，且内源氨被有效地解毒成尿素。事实上，暴露于空气胁迫的鱼肝脏中，谷氨酸、谷氨酰胺和赖氨酸水平都呈现显著下降的趋势，从而使 TFAA 含量的下降。这间接证实了细鳞非洲肺鱼已经降低了其蛋白质水解和/或氨基酸分解代谢的速率，以抑制氨的生成。在陆地上黏液茧中 40 d 的夏眠过程中，*P. dolloi* 同样会减少氨的生成（Chew，Chan et al.，2004）。此外，Chew、Ho 等（2004）的研究结果表明 *P. dolloi* 能降低氨氮负荷期间氨的生成。

8.5.2　部分氨基酸分解代谢和丙氨酸形成

某些氨基酸（如精氨酸、谷氨酰胺、组氨酸和脯氨酸）可以转化为谷氨酸。谷氨酸可以在谷氨酸脱氢酶（GDH）的催化下进行脱氨基反应，产生 NH_4^+ 和 α-KG（Campbell，1991）。后者随后进入三羧酸循环。在谷丙转氨酶（ALT）催化作用下，谷氨酸也可以与丙酮酸发生转氨基反应，生成 α-KG 而不释放氨（Ip，Chew et al.，2001a，b；Chew，Wong et al.，2003）。在丙酮酸持续供应的情况下，转氨作用可以促进某些氨基酸碳链的氧化，而不会使氨对内部环境造成不利影响。对于内源性氨排泄困难的鱼类，某些氨基酸的部分分解代谢引起丙氨酸的形成（图 8.1G），同时降低了氨基酸分解代谢水平（图 8.1F）。一般来说，这是减少体内氨积累的最有效的方法。它允许氨基酸作为能源在不利条件下使用，而且不会对内部环境造成不利影响。然而，这不能被认为是氨解毒的一种策略，因为氨没有被释放出来，而是再转化成了丙氨酸。现有资料表明，这主要是陆地上比较活跃的鱼类主要采用的一种策略，但那些在自然栖息地面临氨氮负荷情况的鱼类却不会采用。

组织中同时存在苹果酸脱氢酶和谷丙转氨酶（ALT）是鱼类进行部分氨基酸分解代谢的先决条件。在这个途径中，苹果酸通过三羧酸循环生成，进而在苹果酸酶作用下生成丙酮酸。然后，丙酮酸通过 ALT 催化作用发生转氨基反应生成丙氨酸（图 8.2）。为了使这一机理发挥作用，产生的 α-KG 必须回到三羧酸循环，以维持用于转氨的丙酮酸的供应，因此在此过程中不释放内源性氨（Chew，Wong et al.，2003）。然而，α-KG 在氨化方向上也作为 GDH 反应的底物，这种反应也恰好出现于线粒体中。如果 α-KG 转化为谷氨酸，部分氨基酸的分解代谢就不能进行。因此，ATP 将不会产生，在陆地环境中内源性氨将开始以更高的速率积累。故 GDH 的氨化或脱氨化反应都必须进行调整，以减少从 α-KG 向谷氨酸转化的碳流动（图 8.2）。

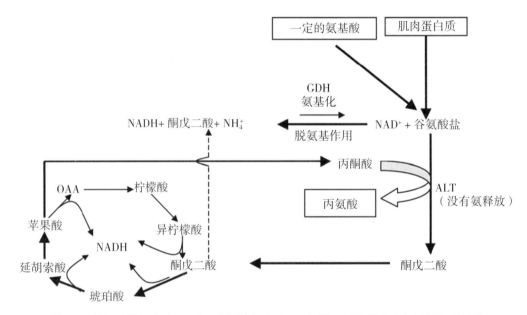

图 8.2 谷氨酸脱氢酶（GDH）、谷丙转氨酶（ALT）及三羧酸循环参与了部分氨基酸分解代谢过程，在不释放氨的情况下形成丙氨酸

8.5.2.1 弹涂鱼

暴露于陆地暗光环境中，大弹涂鱼（*P. schlosseri*）组织中一些必需氨基酸（如异亮氨酸、亮氨酸、脯氨酸、丝氨酸、赖氨酸和缬氨酸）的含量增加（Ip，Chew et al.，2001b）。实验期间样本不摄食，这可能表明在这样的实验条件下氨基酸通过蛋白质水解进行了动员。同时，肌肉、肝脏和血浆中丙氨酸水平升高，肌肉和血浆中 TFAA 浓度显著升高（Ip et al.，1993；Ip，Chew et al.，2001b）。在正常情况下，氨基酸的碳链可以通过三羧酸循环完全氧化为 CO_2 和 H_2O，并且通过电子传递链，产生 ATP 和/或其等效物。对于暴露在陆地环境中的 *P. schlosseri*，碳链可能只发生部分氧化。α-酮戊二酸可以通过三羧酸循环部分代谢成为苹果酸，然后在苹果酸脱氢酶的作用下转变成丙酮酸。这将导致 ATP 生产效率的降低，因为氨基酸没有完全氧化。然而，由于 *P. schlosseri* 在

陆地上难以排泄氨，使丙氨酸形成的部分氨基酸分解代谢机理将以 ATP 的形式提供能量，但是没有 NH_4^+ 的释放（Ip, Chew et al., 2001b）。这将允许利用一些氨基酸作为能量来源，同时使氨的积累达到最小。

当 *P. schlosseri* 在陆地环境中暴露 3 h，被迫运动直到力竭。研究发现，尽管肌肉中的乳酸含量增加了，但糖原水平没有变化。肌肉中氨和丙氨酸水平也增加了，氨积累水平是在水生条件下的鱼的 2 倍（Ip, Chew et al., 2001b）。通过部分氨基酸分解代谢产生丙氨酸的效率明显依赖于空气暴露的时间。对于在陆地环境中暴露 24 h 后被迫在陆地上活动的 *P. schlosseri*，其糖原水平没有变化，氨也没有发生进一步积累。然而，肌肉中丙氨酸的含量增加了 4 倍，而且积累的量比在水生条件下的鱼的含量要高得多。这种适应性降低了 *P. schlosseri* 对碳水化合物的依赖，保留了糖原存储，因此可以在陆地上维持较高的代谢率（Kok et al., 1998）。水生生活使 *P. schlosseri* 肌肉中糖原含量减少，而增加了乳酸、氨和丙氨酸水平（Ip, Chew et al., 2001b）。由此可以推断，在这种情况下，糖原和氨基酸都被调动起来。

暴露于陆地暗光环境条件下，*B. boddaerti* 的肌肉中丙氨酸、谷氨酰胺或谷氨酸没有出现任何显著的积累，这表明在空中暴露时，*B. boddaerti* 不依赖蛋白质作为能量来源。不像 *P. schlosseri*，*B. boddaerti* 使用糖原作为代谢燃料，以支持其在陆地上的活动。这种策略在短时间内能提供有限的能量，因此，在陆地上短时间的活动后，肌肉 ATP 含量下降到对照值的 1/10。经过运动后鱼类样本的肌肉中积累了高水平的氨，这些结果表明，长时间远离水对 *B. boddaerti* 是非常不利的。事实上，*B. boddaerti* 比 *P. schlosseri* 栖息的地方离水边更近。

8.5.2.2 月鳢

在空中暴露 48 h 后，月鳢（*C. asiatica*）肌肉中丙氨酸含量从 3.7 μmol/g 增加到 12.6 μmol/g，增加了 4 倍（Chew, Wong et al., 2003）。积累的丙氨酸占同期氨排泄不足量的 70%。这样就可以利用一些氨基酸作为能源，同时氨的积累量达到最小。平衡常数与质量作用比值表明，水生样本肌肉和肝脏中的 ALT 反应有更大的朝丙氨酸形成方向进行的趋势（S. F. Chew and Y. K. Ip，未发表数据）。在暴露于陆地环境 48 h 的样本的肝脏中，这种趋势（比率为 13.22）以更小的幅度得以维持。然而，肌肉中的比值仅为 0.423，说明该实验条件有利于促进丙氨酸的降解。肌肉中丙氨酸降解和积累（12 μmol/g）趋势之间的明显矛盾是由于对代谢物进行了原位区分造成的，这种方式在计算质量作用比率时没有考虑（S. F. Chew and Y. K. Ip，未发表数据）。这也可能表明在 *C. asiatica* 中可能存在 ALT 同工酶，其在肌肉中的同工酶有利于丙氨酸的形成。

另外，空气暴露显著降低了 *C. asiatica* 肌肉和肝脏中 GDH 的氨化活性（Chew, Wong et al., 2003）。这可以看作一种在不利条件下降低内源性氨的积累速率，是通过部分氨基酸分解代谢途径促进丙氨酸形成的重要适应方式（图 8.2）。然而，当氨必须通过谷氨酸和谷氨酰胺的形成来解毒的时候，在氨氮负荷过程中处理外源氨并不是一个好的策略（图 8.3）（Ip, Chew et al., 2001a）。与此相反，Iwata 等（1981）报道称，空气暴露后，弹涂鱼 Periophthalmus modestus（以前为 P. cantonensis）肌肉和肝脏中的氨化 GDH 活性显著增加。他们（Iwata et al., 1981）将结果解释为氨（内源性）通过 α-KG 的氨基化反应被解毒生成氨基酸。然而，若 GDH 一方面通过脱氨作用释放氨（Mommsen and Walsh, 1992），另一方面如 Iwata 等（1981）所提出的，将释放的氨同时还原为谷氨酸，则这种方式是没有意义的。如果丙氨酸确实是通过部分氨基酸分解代谢形成的，那么各种氨基酸（如谷氨酸、缬氨酸和亮氨酸）的氨基基团就不会被物理释放，而是接着重新形成氨基酸。相反，它是通过转氨基作用形成的。作为底物的谷氨酸可以通过其他氨基酸获得氨基（Ip, Chew et al., 2001a, b），而不是通过 NH_4^+ 的 GDH 反应获得（Chew, Wong et al., 2003）。

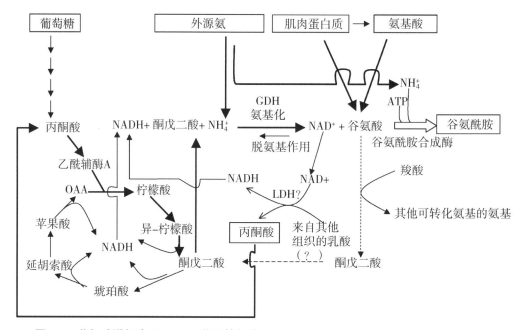

图 8.3 谷氨酸脱氢酶（GDH）、谷丙转氨酶（ALT）以及三羧酸循环参与解毒氨生成谷氨酰胺的过程；氧化还原平衡和三羧酸循环中间体的缺失相关问题的可能解决方式

和大弹涂鱼（P. schlosseri）（Ip, Chew et al., 2001b）不同，尽管在空中暴露过程中，C. asiatica 可以利用部分氨基酸分解机理减少氨的产生，但它无法通过增加部分氨基酸分解速率来维持其陆地上的活动（Chew, Wong et al., 2003）。这一差异至少可以部分地解释，为什么在相似的条件下，P. schlosseri 能在陆地上保持长时间的活动，而 C. asiatica 进行短时间的活动就要试图回到水中。

8.5.3 谷氨酰胺的合成、氧化还原平衡和三羧酸循环中间体缺乏的可能解决方式

在暴露于 HEA 时，谷氨酰胺对于解毒鱼体内特别是大脑中的外源性和内源性氨具有重要的作用（Levi et al., 1974; Arillo et al., 1981; Dabrowska and Wlasow, 1986;

Mommsen and Walsh, 1992; Peng et al., 1998)（图 8.1H）。将氨转化为谷氨酰胺可以避免氨毒。谷氨酰胺由谷氨酸和 NH_4^+ 合成，该反应由肌肉和/或肝脏中的 GS 催化。谷氨酸可以反过来由 α-KG 和 NH_4^+ 通过 GDH 催化生成，或由 α-KG 和其他氨基酸通过各种转氨酶催化而来（图 8.3）。换句话说，1 mol 谷氨酰胺的形成可以吸收 2 mol 氨（Campbell，1973）。与丙氨酸的产生相反，谷氨酰胺的形成是高能量需求的。谷氨酰胺通过 GS 产生的每个酰胺基都需要 1 mol ATP。如果反应开始于氨和 α-KG，解毒 1 mol 的氨可等价于水解 2 mol 的 ATP（Ip，Chew et al.，2001a）。因此，就能量消耗而言，谷氨酰胺的形成要比尿素的形成更有效（每摩尔通过氨甲酰磷酸合成酶Ⅲ – CPS Ⅲ 解毒的氨需要 2.5 mol ATP）。更重要的是，谷氨酰胺在合成后储存在体内，当环境条件较为有利时，可用于其他合成过程（如合成嘌呤、嘧啶、黏多糖等）。尿素是一种可渗透生物膜的不带电的小分子，一旦被合成就很容易地排出体外，实际上以尿素形式排出体外意味着氮和碳损失到环境中。

谷氨酰胺的合成从谷氨酸开始或是从 α-KG 开始，和细胞内 GS 的分布有关。鱼体内的 GDH 是一种线粒体酶（Campbell，1973）。它通过脱氨作用，解毒内源性氨，产生谷氨酰胺或尿素（通过 CPS Ⅲ），对于 GS 来说，定位于线粒体是必要的。然而，线粒体 GS 会使外源氨（如 HEA）的解毒效率降低，这是因为 NH_3 必须穿过质膜和线粒体膜才能与线粒体 GS 接触。NH_3 进入细胞质后与 H^+ 结合形成 NH_4^+，并且氨开始发挥其毒性作用。因此，如果 GS 的功能是解毒外源性和内源性氨，那么它应该位于细胞质中。在内源性氨解毒的情况下，细胞质 GS 必须能够通过线粒体内的谷氨酸转运蛋白，和线粒体内的 GDH 协同起作用。

事实上，在板鳃类中，主要依靠肝脏 CPS Ⅲ 对尿素合成进行渗透调节，有两种 GS 同工酶分别存在于大脑和肝脏中，且分别位于细胞质和线粒体中（Smith et al.，1983）。氨确实对大脑有毒性作用，但细胞质 GS 是必不可少的，能够避免氨毒而保护大脑（Korsgaard et al.，1995）。鱼类的大脑中 GS 活性处于高水平，氨的结合常数为微摩尔量级（Mommsen and Walsh，1991；Peng et al.，1998；Ip，Chew et al.，2001b）。因此，鱼类在氨暴露情况下，其大脑往往是谷氨酰胺含量增加最多的器官。

属于塘鳢科的塘鳢鱼（云斑尖塘鳢和乌塘鳢）和属于合鳃鱼科的黄鳝都是例外，因为它们可以在空气暴露下将非大脑组织的内源性氨解毒成谷氨酰胺（Ip，Chew et al.，2001b；Tay et al.，2003）。显然，在氨氮负荷过程中，它们还可以将内源氨和外源氨解毒为谷氨酰胺（Anderson et al.，2002；Ip，Tay et al.，2004）。由于塘鳢鱼和黄鳝分别在陆地和泥土中保持静止，肌肉活动所需能量的减少可能为它们提供了机会，能利用谷氨酰胺的合成作为一种解除氨毒的手段。海湾豹蟾鱼（*Opsanus beta*）是另一个独特的例子。在活动受限期间，它将内源性氨解毒成谷氨酰胺，以抑制氨的排泄（Walsh and Milligan，1995）。

8.5.3.1 塘鳢鱼

鱼类肝脏 GS 活性是多变的（Campbell and Anderson，1991）。在非尿素渗透性鱼类的肝脏中，其低于检测水平。鱼类肌肉 GS 活性从弱到不显著（Mommsen and Walsh，1992）。在这方面，中华乌塘鳢（B. sinensis）是特殊的，因为对照组的胃、肠（前肠和后肠）、肝脏和肌肉中都检测到高活性的 GS（Anderson et al.，2002）。这可能部分解释了在较长时间空中暴露（长达 7 d）和 HEA 胁迫（大于 30 mmol/L NH_4Cl，pH = 7）期间它所具有的生存能力。

云斑尖塘鳢（O. marmoratus）是一种兼性空气呼吸动物，能够在陆地环境下存活数天，在空气暴露时肌肉中的氨含量不会显著增加（Jow et al.，1999）。然而，暴露在陆地环境下的 O. marmoratus 肌肉中的谷氨酰胺含量在 72 h 内会增加 3 倍（Jow et al.，1999）。肝脏中的谷氨酰胺含量在空气暴露 24 h 的时候达到峰值，而肌肉中的谷氨酰胺含量只有在空气暴露 24 h 之后才达到峰值。这表明，在肝脏中形成的谷氨酰胺可能稍后被输送到肌肉，而肌肉是谷氨酰胺的贮存库。结果，血浆中谷氨酰胺的稳态浓度得到维持。

在空气暴露的最初 24 h 内，中华乌塘鳢（Bostrichyths sinensis）可将内源性氨解毒为谷氨酰胺（5.42 μmol/g）。超过 24 h 后，可能通过减少蛋白质水解和氨基酸分解代谢来减少内源性氨的生成，从而避免氨积累到极限的状态。可能正因为如此，谷氨酰胺的形成只是一种短期策略。暴露于陆地条件下的样本的肌肉和肝脏中的谷氨酸水平保持相对不变（Ip，Chew et al.，2001a）。在空气暴露 48 h 后，B. sinensis 肌肉中的谷氨酰胺含量恢复到对照水平，说明长期空气暴露过程中积累的谷氨酰胺可能通过合成代谢途径转化为其他含氮化合物。

暴露于 HEA 的 B. sinensis，其肌肉和肝脏中的氨含量分别增加到 13 μmol/g 和 9 μmol/g，而血浆中的氨含量达到 2.8 μmol/mL（Anderson et al.，2002）。这表明氨在非大脑组织中积累。然而，Korsgaard 等（1995）提出的鱼类关于积累氨并耐受其毒性的假设是否适用于这一情形，是值得怀疑的。氨可能被隔离在这些非脑组织中以达到解毒的目的。暴露于 15 mmol/L NH_4Cl，其肌肉谷氨酰胺水平增加 3 倍，达到 8.1 μmol/g。肝脏中的谷氨酰胺水平从检测不出的水平升高到 3.3 μmol/g。这种鱼的肌肉和肝脏显然能够将氨解毒为谷氨酰胺。事实上，这是已知的第一种通过增加非大脑组织（肝脏、肌肉和肠）中 GS 的表达来对环境氨做出反应的非尿素渗透性硬骨鱼（Anderson et al.，2002）。最初，人们认为只有大脑中的 GS 可以被亚致死浓度的环境氨所诱导（Korsgaard et al.，1995；Peng et al.，1998）。

B. sinensis 的肝脏 GS 主要存在于细胞质中（Anderson et al.，2002）。因此，与大脑中的情况类似（Cambell and Anderson，1991），这种鱼类肝中 GS 细胞质区室化的存在方式消除了氨在解毒前穿透线粒体膜的必要性，氨可能转化成酰胺态氮，而不是谷氨酰胺的胺态氮。板鳃类和全头类中的谷氨酰胺合成酶是两种同工酶。在肝脏线粒体中，存在较大的同工酶，而在大脑细胞质中，存在较小的同工酶（Smith et al.，1983；Ritter et al.，1987）。最近，从鳟鱼（Murray et al.，2003）和蟾鱼（Walsh et al.，2003）中分离出了不止一个 GS 基因。在中华乌塘鳢中也发现了两个 GS 基因（包含于鳟鱼序列的谱系中）。由于它们的序列相似，这些基因似乎是一个基因座的等位基因（Anderson et al., 2002）。然而，目前还不能确定在 B. sinensis 中是否存在功能性 GS 同工酶。不同组织中的 GS 对氨氮负荷的反应不同（如肝脏和胃）（Anderson et al., 2002），这一事实间接表明，存在 GS 同工酶或者有多种不同的组织特异性启动子参与。

谷氨酰胺的形成需要谷氨酸作为底物。谷氨酸在线粒体基质中形成，而且 GDH 是一种线粒体酶。当氨在鱼体内积累时，如果要产生大量的谷氨酸，就需要同样大量的 α-KG 和 NADH。α-KG 的消耗会使它脱离三羧酸循环，而 NADH 的氧化会破坏氧化还原平衡。它还会通过电子传递链导致 ATP 产量的减少。因此，必须有一种机理，专门处理氧化还原平衡和供应谷氨酸合成的 α-KG，但是在云斑尖塘鳢和乌塘鳢尚未发现。另外，从这两种塘鳢鱼的肝脏中分离出来的线粒体含有高水平的乳酸脱氢酶（K. N. T. Tsui, D. J. Randall, and Y. K. Ip，未发表数据）。其他地方（如肌肉）产生的乳酸可以作为丙酮酸和 NADH 生成的底物，供应 α-酮戊二酸，并补充 NADH 以形成谷氨酸（图 8.3）。

8.5.3.2 黄鳝

Tay 等（2003）发现 M. albus 肌肉中的谷氨酰胺含量在暴露于陆地环境 72 h 和 144 h 后分别增加了 6 倍和 4.5 倍，其绝对值分别为 10.11 μmol/g 和 7.62 μmol/g。在肝脏中，谷氨酰胺水平的增加更为剧烈，在 72 h 和 144 h 分别达到 39 倍和 31 倍。空气暴露 24 h 后，大脑中谷氨酰胺水平从 1.57 μmol/g 增加到 5.19 μmol/g，此后保持相对稳定。M. albus 的大脑具有很高水平的 GS 活性，可能是已知鱼类中最高的，这可能显著促进了其对空气和 HEA 暴露的高耐受性（120 mmol/L NH_4Cl，pH = 7，至少 144 h）。在暴露于 75 mmol/L NH_4Cl，pH = 7，144 h 后，肌肉、肝脏和大脑中谷氨酰胺水平分别增加到 10.8 μmol/g、17.01 μmol/g 和 9.42 μmol/g（Ip, Tay et al., 2004），这比以相似的时间暴露于陆地条件的样本对应值还要大一些（Tay et al., 2003）。暴露于 HEA 144 h 后样本的肝脏（2.8 倍）和肠道（1.5 倍）中谷氨酰胺合成酶活性显著增加。如 B. sinensis 一样（Anderson et al., 2002），M. albus 的肝脏是氨解毒的主要场所，肠道似乎除了作为消化/吸收器官，还有其他功能。显然，在空气暴露过程中，M. albus 的肌肉对谷氨酰胺合成的增加起着相对次要的作用（Tay et al., 2003）。其原因可能是肌肉需要采取部分氨基酸分解代谢的策略，为活动提供能量，以便在泥中钻洞。

Lim、Chew 等（2004）注射 NH_4HCO_3（按鱼体重，注射量为 10 μmol/g）到 M. albus 腹腔中，提高体内氨的水平，以阐明抗外源性氨毒性的策略。在注射 NH_4HCO_3 后的 24 h 内，氨排泄率显著增加，这说明 M. albus 主要采用了通过增强氨排泄以去除大部分外源性氨的策略。注射 NH_4HCO_3 6 h 后，组织氨含量显著升高，特别是大脑中（Lim, Chew et al., 2004），这些结果支持 M. albus 在细胞和亚细胞水平对氨毒具有高耐受性的结论。注射 12 h 后，肌肉、肝脏和肠道中谷氨酰胺合成酶的活性显著增强，还伴随着肌肉和肝脏中谷氨酰胺显著增加（Lim, Chew et al., 2004）。注射 NH_4HCO_3 后 6 h，大脑中的谷氨酰胺含量也显著增加（Lim, Chew et al., 2004）。这些结果证实了 M. albus 通过谷氨酰胺合成机理对体内的氨进行解毒。

8.5.3.3 海湾豹蟾鱼

海湾豹蟾鱼（O. beta）隶属于蟾鱼科，是一种亚热带鱼类，发现于佛罗里达（美国）、小巴哈马群岛（巴哈马）和整个墨西哥湾。它通常生活在海草床和沿海的海湾和潟湖岩礁区及沿海浅滩。O. beta 的肝脏 GS 定位于线粒体和细胞质中（Anderson and Walsh，1995）。在限制活动区域或拥挤的条件下，它从氨排泄转化为尿素排泄方式。然而，出现这种现象的原因是内源性氨解毒成谷氨酰胺，关闭了氨排泄途径，而不是尿素生成机理的活化（Walsh and Milligan，1995）。暴露于限制活动区域或拥挤条件下的样本中，细胞质 GS 的活性增加了 5 倍以上，但线粒体 GS 和 CPS 的活性相对不变（Walsh et al.，1994；Walsh and Milligan，1995；Julsrud et al.，1998）。在这种条件下，GS mRNA 与蛋白浓度也增加了约 5 倍（Kong et al.，2000）。由于限制活动期间，GS 活性的增加与血浆皮质醇的激增相关，因此认为皮质醇在这种鱼的 GS 表达的转录调节过程中起着潜在的重要作用（Kong et al.，2000）。Wood、Hopkins 等（1995）认为 GS 的诱导可以将氨转化为谷氨酰胺，而谷氨酰胺中的酰胺基可以转化为尿素，从而起到阻止氨排泄的作用。尿素可以被暂时储存在体内，然后以脉动的方式迅速释放到环境中，这可能和鱼类定期被限制在小空间内避难或繁殖期间减少捕食或保持氮含量有关（Walsh et al.，1994；Walsh，1997）。从 O. beta 中分离出了 2 个 GS 基因（Walsh et al.，2003）。RT-PCR 和 RACE-PCR 结果显示，从鳃组织中发现了第二个 GS cDNA，其核苷酸和氨基酸序列与之前从肝脏克隆的 cDNA 相似度仅为 73%。最初的"肝"GS 在任何组织都表达，而新的"鳃"GS 主要在鳃中表达。鳃 GS 的活性在可溶性区室中表现出明显的特有表达模式，而肝 GS 在其他组织的细胞质和线粒体中均具有活跃表达。在持续用水进行鳃内通气和血液中充满高氨浓度的情况下，O. beta 仍能显著地停止鳃氨排泄（Wang and Walsh，2000）。鳃 GS 可能在氨的扣留中发挥重要作用，以尽量减少氨从鳃泄漏到环境中（Wood，Hopkins et al.，1995）。

Rodicia 等（2003）使用 $^{15}NH_4Cl$ 研究 O. beta 是否能将环境中的氨（3.8 mmol/L NH_4Cl）代谢成其他毒性较弱的产物。他们（Rodicia et al.，2003）观察到这种进入氨基酸库的氨积累方式并不是一种重要的代谢归宿；所有组织中的蛋白质合成都得到显著加强。因此，他们得出结论，氨基酸合成可能只是氨解毒过程中合成蛋白质的一个阶段。然而，如果是这样的话，氨基酸组分富集程度必须大于蛋白质组分富集程度，除非认为 O. beta 的蛋白质合成将偏爱并且选择那些 ^{15}N 标记的氨基酸类型。另一种解释是，实验动物的蛋白质合成速率在没有降低的情况下，出现了蛋白质水解抑制；与对照组相比，这将导致实验组蛋白质组分中 ^{15}N 的富集程度更高。Rodicia 等（2003）获得的结果实际上表明，当 O. beta 暴露于 HEA 时，氨解毒的主要产物为尿素，小部分为谷氨酰胺，而且这两个过程很可能主要发生在肝脏中。

8.5.3.4 弹涂鱼

两栖弹涂鱼，B. boddaerti 和 P. schlosseri，在空气暴露期间不会积累谷氨酰胺（Ip，Chew et al.，2001b；Lim et al.，2001）。相反，谷氨酰胺的形成只是在这些鱼类面临亚致死浓度的环境氨时作为外源和内源氨解毒的手段（Peng et al., 1998）。在氨氮负荷情况下，TFAA 在实验鱼的大脑、肝脏和肌肉中的浓度增加，主要是由于谷氨酰胺水平的增加（Peng et al., 1998）。对于暴露于亚致死氨浓度的弹涂鱼，*P. schlosseri* 和 *B. boddaerti* 的脑内谷氨酰胺水平分别增加到 28 μmol/g 和 15 μmol/g（Peng et al., 1998）。虽然谷氨酰胺也在肝脏中积累，但其水平远低于大脑中的水平（Peng et al., 1998）。因此，*P. schlosseri* 显然依赖两个不同的生化途径——丙氨酸合成途径和谷氨酰胺合成途径，以便分别处理陆地上的活动和 HEA 暴露胁迫。这两种生化途径是如何调控的还不清楚。*P. schlosseri* 暴露在陆地条件下 24 h，丙氨酸会出现积累（Ip et al., 1993; Ip, Chew et al., 2001b），但肌肉中氨化的 GDH 活性没有改变（Ip et al., 1993）。尽管胺化与脱胺比率明显增加，但是肝脏中的 GDH 活性（胺化和脱胺）降低（Ip et al., 1993）。这可能代表了退潮时 *P. schlosseri* 在陆地上活动对空气暴露的适应（减少内源性氨的产生）和在涨潮或繁殖季节时停留在洞穴中对氨氮负荷的适应（为内源性和外源性氨解毒）之间的折中方案。

8.5.4 鸟氨酸-尿素循环（ornithine-urea cycle）中尿素合成

尿素（和/或氧化三甲胺，TMAO）在完全水生的鱼类的氮输出中构成了重要的组成部分（Campbell and Anderson, 1991; Wood, 1993; Saha and Ratha, 1998）。它可以通过三种途径产生：一是鸟氨酸-尿素循环（ornithine-urea cycle, OUC）（Campbell and Anderson, 1991; Anderson, 2001），二是精氨酸分解常规转变，三是尿酸分解转变。只有第一种途径是合成（合成代谢）途径，后两种途径通过分解代谢产生尿素。重要的是要区分尿素生成（ureogenesis；图 8.1I）和尿素排出（ureotely；图 8.1J）的意义。尿素生成意味着具有功能性尿素循环活性的 OUC 酶的存在，至少维持低速率的尿素生成。另外，尿素排出指尿素是氮排泄的主要产物。只有少数硬骨鱼是尿素排泄的，而目前研究的大部分热带硬骨鱼并没有将尿素生成途径作为内源或外源氨解毒的主要策略。这一事实和认为尿素排出途径在主要分布于热带地区两栖习性鱼类中占有优势趋势的观点相反（Mommsen and Walsh, 1989, 1992; Wright, 1995; Walsh, 1997; Saha and Ratha, 1998; Wright and Land, 1998; Hopkins et al., 1999）。

大多数早期的研究都是基于比较鱼类的尿素和氨的排泄率进行的，这些鱼首先都养殖在水中作为对照，接着暴露在空气中一段时间，然后再放回到水中（Graham, 1997）。这种想法认为暴露后的排泄模式将代表空气暴露期间氮代谢的变化。因此，研究重点是样本在再次进入水体后是否转变为尿素排出方式。然而，要关注的主要问题是，在空气暴露过程中，尿素合成途径是否对内源性氨的解毒起主要作用。这实际上需要对样本的氮需求量进行定量分析。尽管鱼在再次进入水体中显示出了尿素排出机制，然而尿素生成途径在处理氨毒性方面的作用尚不清楚。这是因为其他机理可以同时运行，发挥更重要的作用。同样的论点也适用于 HEA 暴露的鱼类。重点不应是氨暴露是否引起尿素排出或尿素生成，而应该是尿素合成途径是否在解毒体内大量内源性和外源性氨积累中起主要作用，以及是否有其他策略也参与了氨毒解除的过程。

到目前为止，可以肯定的是，在空气暴露过程中，许多成年热带硬骨鱼生成的内源性氨没有通过 OUC 解毒成尿素。其中包括：大弹涂鱼（*P. schlosseri*, *B. boddaerti*）（Lim et al., 2001）和金点弹涂鱼（*Periophthalmus chrysospilos*）（Y. K. Ip and S. F. Chew, 未发表资料）；云斑尖塘鳢（*O. marmoratus*）（Jow et al., 1999）；中华乌塘鳢（*B. sinensis*）（Ip, Lim et al., 2001）；泥鳅（*M. anguillicaudatus*）（Chew et al., 2001）；月鳢（*C. asiatica*）（Chew, Wong et al., 2003）；非洲胡鲇（*Clarias gariepinus*）（Ip and Chew, 未发表数据）；黄鳝（*M. albus*）（Tay et al., 2003）；以及不同时期暴露在陆地环境中的红树林鳉鱼（花斑溪鳉）（*R. marmoratus*）（Frick and Wright, 2002b）。它们中的一些（*P. schlosseri*, *O. marmoratus* 和 *B. sinensis*）具有所有的 OUC 酶，但其中一些酶，特别是 CPS 活性过低，无法实现循环功能。其他的鱼类没有发现全部 OUC 酶，但可能通过精氨酸分解和尿酸分解途径产生尿素（Wright and Land, 1998）。鱼体内尿素的形成高度依赖能量。每合成 1 mol 尿素，会有 5 mol ATP（而某些具有氨甲酰磷酸合成酶 I - CPS I 的非洲肺鱼为 4 mol）被水解为 ADP，相当于每吸收 1 mol 氮需要 2.5 mol ATP。这可能是成年硬骨鱼很少通过 OUC 合成尿素的主要原因（Ip, Chew et al., 2001a）。

虽然碱性的马加迪湖罗非鱼（*A. grahami*）在自然环境中可以将内源性氨解毒成尿素（Wilkie and wood, 1996），然而，由于 OUC 酶表达的结果，内源性氨解毒成尿素的机理（图 8.1I）显然不是硬骨鱼适应碱性水环境的普遍机理。对产自美国内华达州碱性（pH = 9.5）金字塔湖的 4 种硬骨鱼的研究表明，含氮废物的排泄过程主要是以氨排泄方式进行的（Wilkie et al., 1993, 1994）。尿素排泄可能是尿酸分解的结果，因为肝脏中存在高水平的尿酸分解酶和极低水平的 OUC 酶（McGeer et al., 1994）。土耳其东部凡湖（Lake Van）的 pH 为 9.8，在其塔氏油白鱼（terek, *Chalcalburnus tarichi*）中发现了类似的结果（Danulat and Kempe, 1992）。塔氏油白鱼的 OUC 途径合成能力较低，但在细胞和组织水平上对氨有较高的耐受性。

尽管印度的一些鲇鱼，囊鳃鲇（*Heteropneustes fossilis*）和蟾胡鲇（*Clarias batrachus*）中已经证实存在完整的 OUC，而且这些 OUC 显然拥 I 型和 III 型特征的 CPS 活性（Saha and Ratha, 1994; Saha et al., 1997, 1999），但是尿素合成途径是否在耐受高环境氨的能力方面起主要作用还存在争议。将净流入的外源性氨解毒成尿素，然后将其排出，会导致能量以及维持内向驱动的 NH_3 梯度的很高代价。可能正因为如此，在面对 HEA 胁迫的鱼类中，尿素生成与尿素排出途径结合的方式并没有被普遍采用，如弹涂鱼（Iwata, 1988; Iwata and Deguchi, 1995; Peng et al., 1998; Randall et al., 1999）、乌塘鳢（Anderson et al., 2002）、云斑尖塘鳢（Ip and Chew, 未发表结果）、泥鳅（Tsui et al., 2002）、红树林鳉鱼（Frick and Wright, 2002a）、非洲胡鲇（Ip, Subaidah et al., 2004）、月鳢（Chew, Wong et al., 2003）和黄鳝（Ip, Tay et al., 2004）。

无论是内源性（陆地或碱性环境条件）或外源性及内源性（HEA）氨的解毒，对尿素生成途径的依赖意味着必须进化出尿素转运蛋白以便促进尿素排泄（见下述的马加迪湖罗非鱼和海湾豹蟾鱼）。这和板鳃鱼类依赖于尿素生成途径进行的渗透调节相反，它们依赖尿素转运蛋白来减少尿素的损失（见第8.6节）。

8.5.4.1 肺鱼

鱼类-四足动物的转变（fish-tetrapod transition）是脊椎动物进化史中最伟大的事件之一。空气呼吸方式是由鱼类进化而来的（例如肺鱼），但是在陆地长时间的呼吸是四足动物的特征。与此类似的是，四肢和强壮的骨骼组织结构出现在肉鳍鱼中，但是失去鳍条和出现手指是四足动物的特征（Forey，1986）。肺鱼完全依靠空气呼吸，可以在离开水后存活很长一段时间。肺鱼和四足动物，特别是两栖动物，在气体交换和排泄生理、肺循环和心脏结构方面相似处甚少（Forey et al.，1991；Schultze，1994）。

与澳洲肺鱼（*Neoceratodus forsteri*）和南美肺鱼（*Lepidosiren paradoxa*）的同类不同，非洲肺鱼，如东非肺鱼（*P. aethiopicus*）和非洲肺鱼（*P. annectens*），可以在地下泥茧中长时间夏眠（Smith，1935；Janssens and Cohen，1968a，b），并且比澳大利亚无夏眠的肺鱼（Goldstein et al.，1967）有着更强的OUC能力（Janssens，1964；Forster and Goldstein，1966；Janssens and Cohen，1966）。在陆地上，由于缺乏水冲洗鳃和皮肤表面，阻碍了氨的排泄，导致氨在体内积累。氨是有毒的（Ip，Chew et al.，2001a），因此，非洲肺鱼离开水后必须防御氨毒。以前对*P. aethiopicus*和*P. annectens*的研究表明，它们是产尿的（Janssens and Cohen，1966，Mommsen and Walsh，1989）。和四足动物相似，它们具有利用以NH_4^+为底物的线粒体CPS Ⅰ和主要存在于肝脏细胞质中的精氨酸酶（Mommsen and Walsh，1989）。另外，目前我们知道腔棘鱼、海洋板鳃鱼类和一些硬骨鱼类具有可以利用以谷氨酰胺为底物的CPS Ⅲ（Anderson，1980；Mommsen and Walsh，1989；Randall et al.，1989），而且在肝线粒体中存在精氨酸酶。人们推测CPS Ⅲ被CPS Ⅰ取代及线粒体精氨酸酶被胞质精氨酸酶取代的事实发生在现存肺鱼进化出来之前的某个时期（Mommsen and Walsh，1989）。

细鳞非洲肺鱼（*P. dolloi*）在陆地上的干燥黏液层中夏眠（Brien，1959；Poll，1961），而*P. aethiopicus*和*P. annectens*在泥中结茧夏眠。非洲肺鱼很可能是通过一系列的过程进化而来，即空气呼吸，从而迁移到陆地上，然后钻到泥里。夏眠可以发生在陆地或泥浆中，但后者明显比前者具有某些优势，如避免被捕食。因此，Chew、Ong等（2003）推测，具有挖掘泥土能力的肺鱼可能是一种更高级的进化形式。事实上，他们（Chew，Ong et al.，2003）证明，和腔棘鱼、板鳃鱼类和一些硬骨鱼一样，*P. dolloi*在肝脏中具有CPS Ⅲ，但并不像之前的其他非洲肺鱼那样具有CPS Ⅰ。然而，和其他非洲肺鱼与四足动物相似，肝精氨酸酶主要存在于细胞质中。到目前为止，还没有在*P. aethiopicus*和*P. annectens*的肝脏中检测到GS活性（Campbell and Anderson，1991），可能是因为它们具有CPS Ⅰ，而不是CPS Ⅲ。由于*P. dolloi*有CPS Ⅲ，因此对它来说，肝线粒体中有GS是必要的，以便提供从头合成尿素所需的谷氨酰胺。事实上，*P. dolloi*肝的线粒体和细胞质组分都有GS活性。因此，Chew、Ong等（2003）认为，*P. dolloi*是一种较为原始的现存肺鱼，代表了鱼类-四足动物过渡过程中缺失的一环。然而，有必要重新检查*P. aethiopicus*和*P. annectens*中出现的CPS类型，以确认它们是否具有CPS

Ⅰ。如果它们具有 CPS Ⅲ，那么肺鱼在 CPS Ⅲ 进化到 CPS Ⅰ 过程中扮演的角色必须重新评估。

在离水后夏眠的 79～128 d 中，*P. aethiopicus* 体内会积累尿素（Janssens and Cohen，1968a）。然而，有研究称，尿素积累并不意味着尿素合成速率的增加（Janssens and Cohen，1968a），尽管动物在整个夏眠期间似乎一直在进行糖异生（Janssens and Cohen，1968b）。这一明显的争论是由两个对抗的因素引起的：尿素生成速率的增加和氨生成速率的下降。在空气暴露的初始阶段，氨生成速率开始下降之前，理论上必须提高尿素从头合成的速率，用于对正常（或略低于正常）速率产生的和不能排泄的氨进行解毒。进入夏眠较长一段时间后，氨的产生率会受到抑制（Smith，1935；Janssens，1964），随后导致尿素从头合成的速率降低，造成先前研究中观察到的结果（Janssens and Cohen，1968a，b）。Chew、Ong 等（2003）分析后提出假设，认为 *P. dolloi* 在空气暴露后，如果不夏眠，那么尿素合成的速率会增加。

在空气暴露期间，由于缺乏水冲洗鳃和皮肤表面，*P. dolloi* 的氨排泄率显著下降，仅相当于水生条件对照组的 8%～16%。然而，暴露在空气中 6 d，肌肉、肝脏、大脑和血浆中的氨含量没有显著增加，另外，实验动物的氨排泄率仍然很低。在随后 24 h 水生生活期间并未恢复到对照组水平（Chew，Ong et al.，2003）。这些结果表明内源性氨的生成大大减少，且内源性氨被有效地解毒成尿素。在暴露于陆地环境 6 d 的样本中，肌肉（8 倍）、肝脏（10.5 倍）和血浆（12.6 倍）中的尿素水平显著增加。此外，暴露于陆地环境 3 d 或 3 d 以上的样本中，尿素排泄率显著增加（Chew，Ong et al.，2003）。总的来说，这意味着 *P. dolloi* 在 6 d 的空气暴露过程中增加了尿素的合成速率。空气暴露导致肝脏 OUC 能力增加，显著增加 *P. dolloi* 的 CPS Ⅲ（3.8 倍）、精氨酸琥珀酸合成酶 + 裂解酶（1.8 倍）及更重要的 GS（2.2 倍）的活性（Chew，et al.，2003）。这些事实对以上的实验结果提供了支持。

在再次放回到水中的情形下，*P. dolloi* 的尿素排泄率相对于对照组增加了 22 倍（Chew et al.，2003），这可能是鱼类中增加最多的尿素排泄率。这些结果表明，与海洋板鳃类不同的是，*P. dolloi* 可能具有促进尿素在水中排泄的机理，然而这些机理和变态的两栖动物相比，并没有很好地在陆地中发挥作用。

Chew、Chan 等（2004）报道，实验室内空气暴露条件下，*P. dolloi* 在一层干燥黏液中，度过短（6 d）或长（40 d）的夏眠期间，会出现减轻内源性氨毒的策略。尽管夏眠 6 d 后氨和尿素排泄率下降，但 *P. dolloi* 肌肉、肝脏、大脑和肠道中的氨含量保持不变。对于夏眠 40 d 的样本，其肌肉、肝脏和肠道中的氨含量反而显著下降，说明氨的产生率出现了下降。然而，和之前关于 *P. aethiopicus* 的研究结果相反（Janssens and Cohen，1968a，b），*P. dolloi* 在 40 d 的夏眠期间，尿素合成速率显著增加（Chew，Chan et al.，2004），生产的多余尿素主要储存在体内。

毫无疑问，将氨解毒成尿素的能力是肺鱼在陆地上成功夏眠的原因之一。然而，文献中关于肺鱼对氨氮负荷反应的信息很少。在自然界中，*P. dolloi* 在干旱时偶尔会面对空气暴露，但在水还没有完全干涸、导致氨排泄量减少之前，外源氨在环境介质中是高浓度的，会对肺鱼形成氨氮负荷。因此，随着 ΔP_{NH_3} 梯度的逆转，外源氨可能会穿透皮肤和鳃表面进入鱼的身体。在实验室中，P. dolloi 能在 pH 为 7 的条件下耐受高达 100 mmol/L NH$_4$Cl 至少 6 d（Chew，Ho et al.，2004）。

在 pH 为 7 时含有 30 mmol/L 或 100 mmol/L NH$_4$Cl 的环境介质中，ΔP_{NH_3} 和 NH$_4^+$ 的浓度梯度都是向内的。但 P. dolloi 暴露于这两种浓度的 NH$_4$Cl 后，血氨浓度非常低，分别为 0.288 mmol/L 和 0.289 mmol/L，两者具有可比性。那么，P. dolloi 是如何在大的 NH$_3$ 和 NH$_4^+$ 梯度情况下维持如此低的血浆氨含量的呢？理论上这可以部分地通过从头合成尿素，随后进行尿素排泄的方式来实现。然而，即便如此，氨去除的速率必须足够快，才能平衡内源性氨生成和外源性氮流入水平。对暴露于 30 mmol/L NH$_4$Cl 条件下样本的氮需求量的分析，发现 6 d 实验期间，氨的生成量减少（Chew，Ho et al.，2004）。另外，还发现尿素的合成速率上调，以解毒内源性氨和外源性净流入的氨。由于皮肤的低 NH$_3$ 通透性和 P. dolloi 是空气呼吸动物，这种合成速率可能会很弱（Chew，Ho et al.，2004）。

正是由于血浆氨浓度维持在低水平，才会有持续的 NH$_3$ 流入 P. dolloi 体内。P. dolloi 可能负担起这样的策略，因为它的身体表面对 NH$_3$ 的通透性很低。Chew、Ho 等（2004）在 pH 为 7，氨浓度梯度下降 10% 为 0.003 $\mu mol \cdot min^{-1} \cdot cm^{-2}$ 时，估算了通过 P. dolloi 表皮的氨通量，发现这种氨浓度梯度甚至低于大弹涂鱼 P. schlosseri 的梯度（0.01 $\mu mol \cdot min^{-1} \cdot cm^{-2}$）（Ip，Randall et al.，2004）。水生硬骨鱼鳃上皮表面对 NH$_3$ 具有较高的通透性，因为其主要功能是气体交换。对 P. dolloi，鳃上皮有效面积的减少也有助于减少外源性 NH$_3$ 的流入。在 HEA 胁迫（30～100 mmol/L NH$_4$Cl）条件下，P. dolloi 和 P. schlosseri 均维持较低的内部氨水平，尽管其机理不同，即分别是尿素合成和 NH$_4^+$ 主动转运。因此，为使这些机理有效，它们都需要减少 NH$_3$ 的流入。目前尚不清楚 P. dolloi 或其他肺鱼是否能如 P. schlosseri 和 B. boddaerti 一样，通过排泄酸对 NH$_3$ 进行解毒。

Mommsen 和 Walsh（1991）假设，由于产生尿素氮的成本要比氨氮高得多，因此海洋板鳃鱼类可能会以氨氮而不是尿素氮的形式释放出超过渗透调节需要的额外外源氮。到目前为止，能够回答这一假设的唯一信息来自一项研究。在该研究中，将氨以 1500 $\mu mol \cdot kg^{-1} \cdot h^{-1}$ 的速度灌注入角鲨 6 h（Wood，Part et al.，1995）。在灌输过程中，氨基氮和尿素氮排泄的增加幅度相似，但前者的增加速度更快，整个氨基氮负荷（实际上为 132%）在 18 h 内排出。因此，就海洋板鳃鱼类而言，Mommsen 和 Walsh（1991）的假设是正确的。能量消耗是氨能否被解毒为尿素的主要问题，由于没有同时供应额外的能源，灌输/注射来源的氨以氨态氮排泄才是有利的。此外，与内源性氨不同，灌输/注射到鱼体内的氨并不来自细胞内部，必须穿过细胞质膜和线粒体膜才能接触到 OUC 酶。这意味着，一旦灌输/注射的氨被血液吸收，它更有可能通过鳃排出体外。

另外，摄食会导致食物消化后吸收的多余氨基酸的分解代谢，特别是肝脏中的线粒体通过联合脱氨基作用将造成亚细胞区室内的内源性氨的释放（Compell，1991）。因此，内源性产生的氨更有可能激活肝细胞内的 OUC。此外，摄食后能提供充足的能量，可以避免尿素生成过程中对大量能量的需求问题。因此，摄食实验的结果可能和向鱼中灌输/注射氨的实验结果不同，并将为 OUC 在排尿鱼类中的生理作用提供新的思路。

Ip 等（2005）在没有食物供应的情况下，将 NH_4Cl 注射到 P. dolloi 的腹腔，并证实大多数注射的氨在 24 h 内以氨本身的形式排出。这显然与 Chew、Ho 等（2004）观察的结果相矛盾，他们认为 P. dolloi 能够通过上调尿素合成速率和排泄速率在高浓度（30 mmol/L 或 100 mmol/L NH_4Cl）的环境氨中存活。引起争议的一个明显原因是高浓度环境氨的存在阻碍了 P. dolloi 内源性氨的排泄（Chew, Ho et al., 2004）。但当氨（以 NH_4Cl 形式）注射到鱼的腹腔时，氨的排泄却完全没有受到影响。在后一种情况下，注入的氨虽然会导致细胞外液中氨的浓度短暂增加，但因为没有逆转 ΔP_{NH_3}，所以很容易被排出体外（Ip et al., 2005）。这些观察结果促使 Ip 等（2005）提出，与胞外氨浓度相比，P. dolloi 尿素的合成更容易对胞内（内源性）的氨浓度产生反应。此外，他们（Ip et al., 2005）推测，摄食可能导致 P. dolloi 尿素合成量的增加。

事实上，在投喂后 6 h 和 15 h，P. dolloi 的氨排泄率显著增加（Lim, Wong et al., 2004）。同时，在第 3 h 和第 18 h 之间，尿素排泄率显著增加。在投喂后 12～21 h 期间，以尿素氮形式排泄的总氮的比例显著增加，超过 50%（Lim, Wong et al., 2004）。因此，可以推断，P. dolloi 在摄食后，会短暂地由氨排泄方式转变为尿素排泄方式。在投喂后 12 h，尿素氮在各组织中的积累量大于氨氮在各组织中的积累量，这间接说明摄食使 P. dolloi 中尿素合成速率的增加。这和该鱼腹腔注射 NH_4Cl 的实验结果不同，80%注射的氨量中，很大一部分以氨的形式在随后的 24 h 内被排出体外（Ip et al., 2005）。摄食后更有可能诱导尿素合成，因为它提供了充足的能源供应和导致肝细胞内源性氨的生成。正如在其他鱼类中所观察到的那样（Wicks and Randall, 2002），在第 24 h，谷氨酰胺含量显著增加，尽管这一事实显示 P. dolloi 的大脑可能面临氨毒胁迫（Lim, Wong et al., 2004），但是 P. dolloi 的尿素合成能力显然足以防止体内血氨水平大幅上升（Lim, Wong et al., 2004）。

8.5.4.2 马加迪湖罗非鱼

罗非鱼（Oreochromis alcalicus grahami）在肯尼亚的马加迪湖和纳库鲁湖（引进的）被发现。它能在 16～40 ℃ 和高碱性环境（pH = 10）中生长。这种罗非鱼具有很强的通过 OUC 将内源性氨解毒为尿素的能力（Walsh et al., 1993）。事实上，这是水生硬骨鱼中拥有完全尿素排泄方式的第一个例子（Randall et al., 1989; Wood et al., 1989, 1994）。肝中含有大量的 OUC 酶且具有很强的 GS 活性。后者为 CPS Ⅲ 提供其所需的一种底物（谷氨酰胺）。此外，该物种的肌肉中存在 CPS Ⅲ 和所有其他 OUC 酶，其活性水平足以对尿素排泄率做出合理的解释（Lindley et al., 1999）。此外，肌肉 CPS 使用 NH_4^+ 作为底物。因此，GS 与 OUC 不需要紧密耦合，而且 GS 在肌肉中表达水平不高（Lindley et al., 1999）。Wood 等（1994）证明 80%的尿素排泄发生在马加迪湖罗非鱼的前端（鳃）。这种鱼鳃中尿素转运蛋白的性质和浓度，以及鳃膜的脂质组成，目前尚不清楚。

当暴露于 500 μmol/L 溶解 NH_3 的马加迪湖水中时,马加迪湖罗非鱼尿素排泄量增加了 3 倍,这是一个相当可观的数量,因为尿素排泄率基础水平较高(Walsh et al., 1993)。这是一个罕见的发现,因为尿素合成过程是能源高需求的;将外源氨解毒为可排泄的尿素会进一步增加氨的净流入。和 *P. dolloi* 的情况类似,如果皮肤的 NH_3 通透性较低,这种策略也会有效。但是,目前还没有这方面的资料,也不确定长时间氨暴露时,*O. a. grahami* 是否像大弹涂鱼 *P. schlosseri* 一样,会改变(降低)皮肤对氨的通透性。

相比之下,生活在萨加那河的尼罗罗非鱼 *Oreochromis nilotica*(Sagana Lake;pH = 7.0),暴露于氨后,尿素排泄量没有增加(Wood et al., 1989)。从这种罗非鱼中检测不到 CPS Ⅲ 活性(Wright, 1993)。和马加迪湖罗非鱼不同的是,暴露于 HEA 的 *O. nilotica* 的 OUC 酶的活性没有变化,但一种尿酸分解酶(尿囊素酶)的活性增加。因此,与马加迪湖罗非鱼不同,尼罗罗非鱼尿素生成似乎是通过尿酸分解和精氨酸分解途径来实现的。

8.5.4.3 海湾豹蟾鱼

海湾豹蟾鱼(*Opsamus beta*)在肝脏中有完整的 OUC 酶,其水平可和海洋板鳃鱼类相媲美(Mommsen and Walsh, 1989;Anderson and Walsh, 1995)。然而,在最小胁迫条件下,它主要是氨排泄的(Walsh et al., 1990;Walsh and Milligan, 1995)。长期空气暴露和 HEA 暴露(Walsh et al., 1990, 1994)及摄食均可诱导高的尿素排泄率(Walsh and Milligan, 1995)。*O. beta* 增加尿素排泄能力似乎和潮间带环境低潮时的空气暴露无关(Hopkins et al., 1999)。相反,海草床中高浓度的氨似乎是其自然栖息地尿素排泄量增加的重要诱因。*O. beta* 具有很高的 96 h LC_{50} 值;当 pH = 8.2 时,LC_{50} 值为 9.75 mmol/L TAmm(或 519 μmmol/L NH_3)(Wang and Walsh, 2000)。然而,合成和排泄尿素的能力似乎并不是决定蟾鱼科鱼类的环境氨耐受性的唯一因素。适度尿素排泄的毒棘豹蟾鱼 *Opanus tau* 的 96 h LC_{50} 值(pH = 8.2 时为 19.72 mmol/L TAmm 或 691.2 μmol/L NH_3)比完全尿素排泄的 *O. beta* 的更大。此外,氨排泄的斑光蟾鱼 *Porichths notatus* 的 96 h LC_{50} 值为 6.0 mmol/L TAmm(或 101.3 μmol/L NH_3)(Wang and Walsh, 2000)。因此,这一群体可能具有其他策略应对环境的氨胁迫。

应激胁迫下,特别是在高密度养殖条件下或在小隔离池内单独养殖时,*O. beta* 也会进行尿素排泄(Walsh et al., 1994;Walsh and Milligan, 1995)。然而,在此条件下,这种明显地向完全尿素排泄方式的转变,不是由于激活了尿素排泄方式,而是由于氨排泄方式的关闭。有人提出鳃 GS 可能在氨的扣留中发挥作用,它可以通过渗透作用最小化排出鳃的氨量(Wood, Hopkins et al., 1995)。在 *O. beta* 的鳃细胞质中,发现了除"肝"GS 基因外还存在另外一个 GS 基因,支持了这一观点(Walsh et al., 2003)。在从氨排泄过渡到尿素排泄方式的过程中,其体外 CPS 最大的活性没有变化(Walsh and Milligan, 1995),表明 CPS Ⅲ 蛋白水平稳定。然而,有效的变构激活物 N-乙酰谷氨酸的表达水平在其活动限制期间增加了 1 倍（Julsrud et al., 1998），表明 CPS Ⅲ 通过变构调控的方式上调表达。在向尿素排泄方式转变间，CPS Ⅲ 的 RNA 表达水平也增加了（Kong et al., 2000），这显示通过皮质激素诱导的蛋白质水解作用导致蛋白质周转过程普遍增加（Milligan, 1997; Mommsen et al., 1999），同时，维持一定浓度的酶来解除低速产生的内源性氨的毒性是必要的。

O. beta 的尿素排泄过程是高度搏动式的，几乎每天所有的尿素负荷都通过鳃在 0.5~3.0 h 时间内被一次排泄出体外（见 Wood, Hopkins et al., 1995; Walsh, 1997; Wood et al., 1997, 1998; Gilmour et al., 1998; Walsh and Smith, 2001）。尿素排泄是通过类尿素转运（UT）蛋白的扩散促进的，蟾鱼鳃中的 UT 蛋白和哺乳动物肾脏 UT-A2 及角鲨肾脏 ShUT 具有高度的同源性。在搏动式尿素排泄期间，*O. beta* 的鳃对尿素的通透性增加了 35 倍。转运蛋白可能通过和富含 tUT 转运蛋白的细胞内囊泡的质膜融合而被招募到扁平细胞的细胞膜上（Walsh and Smith, 2001）。对转运蛋白的激活作用似乎是在血浆皮质醇总体水平最低之前发生的。这表明激素参与了这一过程（Wood et al., 1998）。

8.5.4.4 气囊呼吸鲇鱼

印度囊鳃鲇（或 Singhi 鲇鱼），*H. fossilis*，隶属于囊鳃鲇科（囊鳃鲇），常见于巴基斯坦、印度、孟加拉国、缅甸和泰国。它主要生活在池塘、沟渠、沼泽和湿地中，但有时也出现在泥泞的河流中。它可以在空气中生存很长一段时间，对 HEA 胁迫有较高的耐受性。*H. fossilis* 是尿素排泄的鱼类，并具有功能性的 OUC（Ratha et al., 1995; Saha and Ratha, 1987, 1989, 1998）；它的 OUC 可以在氨氮负荷过程中上调。印度囊鳃鲇对空气或氨暴露胁迫具有很高的耐受性，然而，尿素合成及其排泄方式似乎对其高耐受能力并没有起"主要"作用。

Saha 等（2001）得出结论，由于尿素合成及可能的其他生理适应能力，*H. fossilis* 在缺水条件下在潮湿的泥炭中能存活数月。然而，他们的结果存在矛盾，这引起了人们对尿素合成是否是 *H. fossilis* 缺水情况下处理氨毒的主要机制的质疑。根据他们的结果（Saha et al., 2001：图 1），在湿润土壤中生活 1 个月后的样本，48 h 内氨基氮和尿素氮的总排泄量分别为 34.5 μmol/g 和 25 μmol/g。因此，50 g 鱼在此恢复期排出的总氮量为 (34.5+25) μmol/g × 50 g = 2975 μmol。然而，他们的研究结果（Saha et al., 2001：表 1）表明，50 g 鱼包含 1.5 g 肝、0.5 g 肾、20 g 肌肉、0.2 g 大脑以及 1.0 mL 的血浆，在潮湿土壤中生活 1 个月的 50 g 样本中，积累的氨基氮和尿素氮量分别为 117.03 μmol 和 212.98 μmol。这些值合计共有 330 μmol，与 Saha 等（2001）在讨论中报道 18 μmol/g 的氨基酸和 24 μmol/g 的尿素氮的数值不一样，并不能解释随后 48 h 的恢复期间在水中排泄的 2975 μmol 的总氮量。相反，他们的研究结果（Saha et al., 2001）显示，在缺水胁迫时，这种鲇鱼主要的应对策略是抑制氨的产生以及细胞和亚细胞水平上耐受氨胁迫的能力。离水 1 个月后，其肌肉中的氨含量达到 8.34 μmol/g，尿素含量仅为 4.96 μmol/g。

Saha 和 Ratha（1990）将 *H. fossilis* 暴露于 25 mmol/L、50 mmol/L 或 75 mmol/L NH$_4$Cl 中 28 d，观察到整个期间大多数情况下鱼从环境中吸收氨。他们的研究还表明，在第 10 天到第 12 天，尿素排泄量增加了 1.5～2.0 倍，并且此后一直维持在这个水平。因此，他们的结论是：长时间的高氨胁迫使 *H. fossilis* 产生了从氨排泄到尿素排泄方式的转变。然而，他们并没有可靠的实验结果证实这样的结论。他们（Saha and Ratha, 1990：表 1）发现禁食 14 d 的对照样本的氨排泄速率为 7.82 μmol·48 h^{-1}·g^{-1}，而暴露于 75 mmol/L NH$_4$Cl 浓度 14 d 的一个样本氨吸收速率为 56.37 μmol·48 h^{-1}·g^{-1}。假设在 75 mmol/L NH$_4$Cl 浓度测试环境中氨的排泄完全受到阻碍，则总氨量记录为 7.82 + 56.37 = 64（μmol·48 h^{-1}·g^{-1}）。然而，观察到的尿素排泄率仅增加 2.86 − 0.96 = 1.90（μmol·48 h^{-1}·g^{-1}）（Saha and Ratha, 1990：表 2）。因此，尿素排泄率的增加仅占积累氨量（64 μmol·48 h^{-1}·g^{-1}）的 2.96%。另一个不可思议的地方是从环境介质中吸收氨的速率随着环境介质 NH$_4$Cl 浓度的增加而增加（Saha and Ratha, 1990：表 1），但尿素排泄的速度在所有测试的 NH$_4$Cl 浓度条件下保持相对恒定（Saha and Ratha, 1990：表 2）。如果 *H. fossilis* 在氨暴露下采用尿素生成和尿素排泄方式作为"主要"的反应策略，我们可以预期尿素排泄率的增加和环境中氨的水平成一定比例。正如 Graham（1997）所指出的："矛盾的是，一些研究发现具有 OUC 酶的物种并不具有尿素排泄的能力；事实上，尿素也仅占囊鳃鲇所排出氮总量的很小一部分（即使是在 75 mmol/L NH$_4$Cl 浓度条件下）"。然而，在组织氨耐受性和氨解毒成尿素的能力之间，前者比后者在面对 HEA 胁迫时对 *H. fossilis* 显得更为重要。氨暴露第 14 d（75 mmol/L NH$_4$Cl 浓度），肌肉中的氨含量达到 17.17 μmol/g，但是其尿素氮只有 4.32 μmol/g。

8.5.4.5 空气呼吸鲇鱼

胡鲇（*Clarias batrachus*）隶属于胡鲇科。常见于亚洲的湄公河和湄南河流域、马来半岛、苏门答腊和爪哇岛，栖息在沼泽、池塘、沟渠、稻田和洪水过后低洼处的水塘中。有研究发现，在雨季，*C. batrachus* 会从湄公河干流或其他永久水体横向迁徙到洪泛区，在旱季开始时返回永久水体。在陆地上，它可以通过辅助呼吸器官进行呼吸。

C. batrachus 在水中是氨排泄的，能耐受长期的空气或 HEA 暴露胁迫。Saha 和 Ratha（1998）的研究表明，*C. batrachus* 如 *H. fossilis* 一样，在其肝脏中具有独特 CPS 的功能性 OUC。因此，有人认为，这种鲇鱼 HEA 耐受性是由于具有将氨解毒成尿素和形成 FAA 的能力（Saha and Ratha, 1998）。当面临碱性环境胁迫时，这些是解除内源性氨毒的有效策略（Saha, Kharbuli et al., 2002）；但当面临 HEA 胁迫时，这种策略对这种鱼并没有效果。事实上，Saha 和他的同事报道 *C. batrachus* 的结果在这方面存在明显的争议。

Saha 和 Das（1999）通过向肝脏灌注含有 NH$_4$Cl 的生理盐水，发现 *C. batrachus* 的肝细胞可以吸收氨并向流出的液体中释放尿素。就 NH$_4$Cl 的灌注速率而言，氨的流入和尿素的流出都是饱和的。另外，他们（Saha and Das, 1999）认为，注入 NH$_4$Cl 后，除鸟氨酸氨甲酰基转移酶外，其余肝脏 OUC 酶的活性都会上调。他们的结论是，有

40%～50% 肝脏吸收的外源性氨，被转化为尿素氮。然而，这里有两个明显的问题。首先，肝脏中的氨积累到了非常高的水平（大于 28 $\mu mol/g$），实际上证实了肝细胞解除氨毒的主要策略是组织的氨耐受性，而不是通过 OUC 形成尿素的机理。其次，有研究认为肝脏的尿素氮流出量为 0.44 $\mu mol \cdot min^{-1} \cdot g^{-1}$（Saha and Das，1999；图 8.1），这等于尿素 0.22 $\mu mol \cdot min^{-1} \cdot g^{-1}$，或尿素 13.2 $\mu mol \cdot h^{-1} \cdot g^{-1}$。然而，在该研究中，最高的 CPS 活性（尿素 8.68 $\mu mol \cdot h^{-1} \cdot g^{-1}$；Saha and Das，1999：表 2）也无法解释如此高的尿素流出率。因此，尿素的合成是否在 C. batrachus 的肝脏氨毒解除中起"主要"作用是值得怀疑的。

在另一份研究报告中，Saha 等（2000）观察到高浓度 NH$_4$Cl（5 mmol/L 或 10 mmol/L）灌注实验的 C. batrachus 肝脏中，尿素氮（0.55 $\mu mol \cdot min^{-1} \cdot g^{-1}$）的排出量要远低于非必需 FAA（4.00～4.75 $\mu mol \cdot min^{-1} \cdot g^{-1}$）的排出量。因此，他们认为合成各种非必需的 FAA（可能来自渗透的外源氨）是 C. batrachus 进行氨解毒的主要策略。然而，他们的结果并不支持这样的结论。由于氨吸收是一个饱和过程（Saha and Das，1999），据此推断，在灌注 10 mmol/L NH$_4$Cl 时，氨的吸收速率约为 0.9 $\mu mol \cdot min^{-1} \cdot g^{-1}$（Saha and Das，1999）。和谷氨酰胺与天冬酰胺的每个分子含有 2 个氮分子不同，1 mol FAA 只有 1 mol 氮分子。因此，其总氮排泄率为 0.55 +4.75 $\mu mol \cdot min^{-1} \cdot g^{-1}$ 或 5.3 $\mu mol \cdot min^{-1} \cdot g^{-1}$。这一数值远远大于氨的吸收率，说明释放的 FAA 不是来自对外源氨的解毒。另外，在实验组的肝脏中，必需 FAA 的含量有显著的增加。这实际上表明，FAA 是蛋白质水解后被释放的结果。一种可能的解释是，在这种氨（5 mmol/L 或 10 mmol/L NH$_4$Cl）灌注的非生理条件下，氨基酸分解代谢速率一般会降低，从而减少内源性氨的产生；但由于细胞处于一种不利的状态，蛋白质开始通过蛋白质水解作用以一个异常的速度进行降解，从而引起 FAA 的释放。值得注意的是，Saha 等（2000）向 C. batrachus 的肝脏灌注了非常高浓度的氨（5 mmol/L 或 10 mmol/L NH$_4$Cl）。这样的实验条件是不符合生理的，因为大脑会受到不利影响（图 8.1），而且在血液中氨的浓度达到如此高的水平之前，鱼早就死亡了。

随后，Saha、Dutta 等（2002）通过对活体样本的研究得出结论，C. batrachus 在 HEA 胁迫中能存活下来主要依靠尿素生成作用，而不是非必需氨基酸的合成。这与 Saha 等（2000）早前的结论相反。更重要的是 Saha、Dutta 等（2002，在图 8.2 和表 8.7 之间）的结果明显自相矛盾。氨排泄+氨流入的差值达到 400 $\mu mol \cdot h^{-1} \cdot kg^{-1}$（Saha, Dutta et al.，2002；图 8.2），从中我们可以计算出 7 d 的总和（400 $\mu mol \cdot h^{-1} \cdot kg^{-1}$ × 24 h ×7 d ×100 g/1000 g 或 6720 $\mu mol/100$ g）。然而，表 7 中报告的量为 47.2 mmol 或 47200 $\mu mol/100$ g，比计算的数值高出 6 倍多。我们对尿素排泄的量也进行了类似的计算。在其图 2 中（Saha, Dutta et al.，2002），暴露于 NH$_4$Cl 胁迫 7 d，样本排泄的过剩的尿素氮量可以这样计算：(120 +200 +320 +320 +320 +320 +320 +320) $\mu mol \cdot h^{-1} \cdot kg^{-1}$ ×24 h ×100 g/1000 g 或 4608 $\mu mol/100$ g。但是，其表 7 给出的数据为 35.3 mmol 或 35300 $\mu mol/100$ g，这一数值是其图 2 中报告的数据的 9 倍以上。根据其表 7 中报告的结果，Saha、Dutta 等（2002）得出 100 g 样本中理论上应该积累了 47.2 mmol 的氨，

其中 35.5 mmol 以尿素氮的形式排泄出来，因此加强尿素合成在 C. batrachus 氨解毒中发挥了主要作用。对于 100 g 的样本，尿素排泄率为 35.5 mmol/7 d（尿素氮），相当于 35500 μmol/(2×7 d×24 h) 或 105.7 μmol/h（尿素）。100 g 鱼的 2 g 肝脏中 CPS Ⅲ 活性为 17.36 μmol/h（8.68 μmol·h^{-1}·g^{-1}；Saha and Das，1999，表 2），基于这种活性水平，以上的尿素合成率是永远达不到的。此外，该研究报告还存在其他问题。首先，他们（Saha，Dutta et al.，2002）认为，暴露于 25 mmol/L NH$_4$Cl 浓度 7 d 后，血氨浓度只有 2.47 μmol/mL，证实了早先研究中使用的 NH$_4$Cl 浓度（Saha et al.，2000）是不符合生理规律的。在 ΔP_{NH_3} 向内驱动的情况下，探究该种鱼类是如何保持如此低的血氨浓度的机理，对于理解 C. batrachus 如何处理外源氨至关重要，但报道中没有继续进行讨论。C. batrachus 主动进行 NH$_4^+$ 排泄的可能性也没有考虑。其次，在暴露第 1 天，所有的非必需氨基酸从 40.28 μmol/g 大幅增加到 53.92 μmol/g，在第 3 天和第 7 天分别达到 58.07 μmol/g 和 58.25 μmol/g，之后趋于平稳（Saha，Dutta et al.，2002，表 3）。然而，肌肉中氨含量从第 3 天到第 7 天持续增加。考虑到肌肉占躯体大部分质量，其 TFAA 含量的任何变化，都将反映 FAA 在氨解毒中的作用。因此，Saha、Dutta 等（2002）关于 C. batrachus 在 7 d 的氨氮负荷中氨被解毒为 FAA 的结论可能是无效的。

胡鲇科的另一成员北非胡鲇鱼（Clarias gariepinus），最初发现于尼日尔河和尼罗河以及非洲的林波波河、奥兰治河-瓦尔河和库内纳河水系。它已被引入欧洲和亚洲，目前在亚洲许多地区广泛分布和养殖。它能承受水资源和温度的广泛波动（Donnely，1973），但其肝脏中不具有 CPS 酶（Terjesen et al.，2001；Ip，Subaidah et al.，2004）。长期空气暴露或氨氮负荷（100 mmol/L NH$_4$Cl，pH=7，5 d）条件下，C. gariepinus 不能将氨解毒为尿素或氨基酸。相反，它有能力根据浓度梯度排出氨（Ip，Subaidah et al.，2004），尽管涉及的机理似乎和 P. schlosseri 不同。当在少量淡水中养殖 4 d 后，C. gariepinus 可以持续排出氨，还能将其汇集在环境介质中，达到 8 mmol/L TAmm（Ip，Subaidah et al.，2004）。目前还不清楚为什么 C. gariepinus 和 C. batrachus（根据 Saha 和同事的报道）虽然属于同一个属，并且可以成功杂交，但它们处理氨毒性的策略却完全不同。更重要的是，Ip、Subaidah 等（2004）未能从新加坡和印度尼西亚来源的 C. batrachus 肝中检测到 CPS（Ⅰ 或 Ⅲ）活性。因此，需要重新评价尿素对空气呼吸鲇鱼的氨解毒作用。

8.5.4.6 鲻鰕虎鱼

属于鰕虎鱼科的鲻鰕虎鱼属（Mugilogobius）鱼类是底栖的半咸水或海洋生物，广泛分布于热带地区。它们分布在东南亚和印度-西太平洋地区：印度尼西亚、马来西亚、菲律宾和泰国。阿部鲻鰕虎鱼（Mugilogobius abei）生活在日本（Mukai et al.，2000）。Iwata 等（2000）报道了 M. abei 肌肉和皮肤及鳃上拥有一个功能性的 OUC。Kajimura 等（2002）后来发现，这种鰕虎鱼呈现出日变化的氮排泄节律。在 pH$_{env}$=7.6，2 mmol NH$_4$Cl 环境下，M. abei 可存活 8 d（Iwata et al.，2000）。它在氨氮负荷过程中由氨排泄转化为尿素排泄方式，并能在多个组织中利用 OUC 合成尿素。然而，相比马加迪湖罗非鱼（大于 75 mmol/L，pH_{env} = 10）、大弹涂鱼（100 mmol/L，pH_{env} = 7）、海湾豹蟾鱼（10 mmol/L，pH_{env} = 8.2）和鲇鱼（30～75 mmol/L，pH_{env} = 7）而言，*M. abei*（2 mmol/L，pH_{env} = 7.6）表现出相对更低的环境氨耐受性。实际上，Iwata 等（2000）认为 *M. abei* 将净流入的"外源性"氨解毒成尿素是值得怀疑的。暴露于 2 mmol/L NH_4Cl 的最初 4 d，氨排泄量的亏缺额度为 36.5 μmol/g。但这一时期尿素氮的排泄增加量仅为 20.5 μmol/g，所以体内积累的总尿素氮为 7.78 μmol/g。因此，在不考虑外源性氨进入体内情况下，28.28 μmol/g 尿素氮只占 4 d 内产生的内源性氨的 78%。

Iwata 等（2000）的结果实际上证实了细胞和亚细胞的水平对氨的耐受性是 *M. abei* 抗环境氨毒的主要策略。2 mmol/L NH_4Cl（pH_{env} = 7.6）暴露 4 d 后，肌肉氨含量从 4.98 μmol/g 增加到 13.95 μmol/g，全身氨含量从 3.92 μmol/g 增加到 11.43 μmol/g。可能由于鱼的体型较小，血液 pH 和血氨浓度没有测定。然而，血氨水平必须同时升高才是合乎逻辑的。在正常血液 pH 为 7.3～7.6 的情况下，血浆 TAmm 升高到 1.5～2.0 mmol/L，这将会降低或消除 ΔP_{NH_3}，而在实验开始时 ΔP_{NH_3} 梯度是直接向内的。如果事实如此，尿素（和谷氨酰胺）的合成主要是解毒内源性氨以维持体内新建立的较高的氨稳态水平。其优点是显而易见的——随后的尿素排泄完全和环境介质中氨的存在无关。从这个意义上说，鲻鰕虎鱼采取的策略可以和马加迪湖罗非鱼相媲美。然而，目前还没有关于促进 *M. abei* 尿素排泄的机理的信息。

8.5.4.7 乌鳢

早些时候，Ramaswamy 和 Reddy（1983）得出结论，在空气暴露时，缘鳢（*Channa gachua*）会转变为尿素排泄方式。然而，他们的实验设计存在问题，结果也存在矛盾，使这一结论受到质疑。首先，他们研究报告中，再次进入水中后，缘鳢排泄的过量尿素氮超过了空气暴露时理论上可以被保留的氨基氮不足量的 3 倍（Chew，Wong et al.，2003）。其次，他们没有检测鱼躯体的肌肉中的尿素和氨含量，也没有检测 OUC 酶。

最近对月鳢（*C. asiatica*）的研究（Chew，Wong et al.，2003）表明，它不具有功能性 OUC，因此不能通过这一途径将氨解毒为尿素。暴露于陆地条件下，样本的尿素排泄率没有变化支持了这一论点。另外，在 48 h 的空气暴露后，肌肉、肝脏和血浆中的尿素含量没有大的变化。低水平尿素合成能力并不一定和一个功能性 OUC 有关。*C. asiatica* 肝中精氨酸酶的活性足以解释 48 h 实验期间尿素的生成量。

8.5.4.8 弹涂鱼

Gordon 等（1969，1978）报道，弹涂鱼（*Periophthalmus sorbinus*）暴露在陆地环境中 12 h，其尿素产量增加了 3 倍以上。然而，Gregory（1977）未能从另外两种弹涂鱼，*P. expeditionium* 和 *P. gracilis*，以及大青弹涂鱼（*Scartelaos histophorous*）中检测到一些 OUC 酶的活性，包括 CPS、精氨酸琥珀酸合成酶和精氨酸琥珀酸裂解酶。结果表明，*P. expeditionium* 和 *P. gracilis* 肝脏是通过尿酸分解合成尿素的，这涉及尿酸氧化酶、尿囊素酶和尿囊酸酶。精氨酸酶和尿酸氧化酶的活性很高，足以说明这两种鱼肝脏中分泌的尿素量（Gregory，1977）。Morii（1979）和 Morii 等（1978，1979）的研究表明，另一种弹涂鱼，*P. modestus*［之前称为广州弹涂鱼（*P. cantonensis*）］和大弹涂鱼（*Boleophthalmus pectinitrostris*）空气暴露期间积累的氨不能解毒成尿素。Iwata 等（1981）和 Iwata（1988）报道，*P. modestus* 的尿素产量在暴露于氨或空气后保持不变，且当 *P. modestus* 暴露在 ^{15}N 标记的氨中时，尿素氮只检测到微量标记（Iwata and Deguchi，1995）。最近，Lim 等（2001）证实从 *Boleophthalmus boddaerti* 的肝脏线粒体中检测不出 N-乙酰谷氨酸激活的 CPS 活性（检测限制量为 0.001 $\mu mol \cdot min^{-1} \cdot g^{-1}$）。综合所有这些结果，可以得出结论，尿素从头合成的机理可能不会在弹涂鱼（*Periophthalmus* spp.），大青弹涂鱼（*Scartelaos* spp.）或大弹涂鱼（*Boleophthalmus* spp.）中发生。

尽管关于线粒体 CPS 的类型还不确定，到目前为止，唯一一种拥有完整肝脏 OUC 酶的弹涂鱼是大弹涂鱼（*P. schlosseri*）(Lim et al., 2001)。然而，和其他种类的弹涂鱼一样，在不利环境条件下，如空气暴露（Ip et al., 1993; Lim et al., 2001）、碱性环境（Chew, Hong et al., 2003）、环境氨（Peng et al., 1998; Randall et al., 1999），*P. schlosseri* 没有出现将氨解毒成尿素的机理。相反，*P. schlosseri* 采取了其他策略来进行氨毒解除。然而，随着这些策略的成功采用，为什么需要在成年的 *P. schlosseri* 肝脏中表达 OUC 仍是一个谜。这种弹涂鱼是肉食性的（其他弹涂鱼是草食或杂食性的），Ip、Lim 等（2004）推测 *P. schlosseri* 的 OUC 的出现可能和其摄食高蛋白质的食性相关（红树林螃蟹和小型鱼类），并且其 OUC 还参与摄食后解除氨毒的过程。

在投喂后的前 3 h 内，*P. schlosseri* 的氨排泄率和尿素排泄率分别增加了 1.70 倍和 1.92 倍（Ip, Lim et al., 2004）。投喂后 3 h，*P. schlosseri* 的血浆和大脑的氨水平及肌肉和肝脏的尿素含量均显著下降（Ip, Lim et al., 2004）。这些结果表明，摄食后，*P. schlosseri* 预计到分解代谢将会把消化吸收的过量氨基酸转变为氨，从而提前将原本存在于某些组织中的氨排出体外。摄食后 6 h，肌肉、肝脏和血浆中的尿素含量显著增加（分别为 1.39 倍、2.17 倍和 1.62 倍），在 3～6 h 的期间，尿素合成率明显增加了 5.8 倍（Ip, Lim et al., 2004）。体内积累的多余尿素在 6～12 h 内被完全排出，在这段时间内，尿素氮占排出氨的百分比显著增加至 26%，但从未超过 50%（Ip, Lim et al., 2004）。尿素合成的增加可能已在 *P. schlosseri* 肝脏中发生，因为尿素含量在肝脏中增加最多。这些结果表明，一个充足的能源供应，如摄食，是诱导尿素合成的先决条件。摄食后，氨排泄量和尿素合成量的增加，有效地防止了 *P. schlosseri* 摄食后氨的激增。因此，与其他鱼类不同（Wicks and Randall, 2002），*P. schlosseri* 在摄食后 24 h 内，脑部氨含量显著下降，在 12 h～24 h 伴随脑部谷氨酰胺含量的显著下降（Ip, Lim et al., 2004）。

8.5.4.9 鱼类胚胎

Griffith（1991）提出，在有颌鱼类长期的胚胎发育过程中，合成尿素是为了避免氨毒。利用放射性标记的碳酸氢盐作为 OUC 的底物，Depeche 等（1979）证明了虹鳟鱼和虹鳉鱼在胚胎发育早期合成尿素。尿素水平在胚胎发育末期下降，在成年鳟鱼的分离组织中没有发现 $^{14}C-HCO_3^-$ 被整合到尿素中（Depeche et al., 1979）。虹鳟鱼的尿素合成机理在卵受精后不久就启动的一个原因是胚胎在没有转运机理的情况下必须移除含氮废物（Wright et al.，1995）。与成年鱼不同，由于鳃还没有发育，胚胎不能主动将水泵过鳃。因此，尿素合成机理是一种去除和维持氨在毒性阈值以下水平的手段（Wright and Land，1998；Wright and Fyhn，2001）。极低的 CPS Ⅲ 水平已被证明与鸟氨酸氨甲酰基转移酶的表达相关（Wright et al.，1995；Chadwick and Wright，1999；Terjesen et al.，2000）。对于发育中的胚胎而言，在生长和发育过程中，以合成代谢的目的（如嘌呤和嘧啶的合成）保留氨基酸分解代谢过程中释放的大部分氮是必要的，因此其尿素合成的速率可能低于氨基酸周转速率。与尿素合成机理相比，部分氨基酸分解代谢和/或谷氨酰胺的形成机理（但不会产生尿素）可能在鱼类胚胎发育过程中避免氨毒方面起着更重要的作用。因此，检查鱼类胚胎中 GS 同工酶的类型和区室分布非常有必要，因为它将揭示鱼类胚胎发育过程中细胞质 CPS Ⅱ 和线粒体 CPS Ⅲ 之间（都是以谷氨酰胺为底物）及合成代谢和分解代谢过程之间的复杂关系。到目前为止，还没有相关的文献报道。

非洲胡鲇（*C. gariepinus*）在大雨后不久产卵，胚胎依附在暂时淹没地区的几厘米深水中的植被上（Greenwood，1955；Bruton，1979）。在 *C. gariepinus* 发育早期，尿素占胚胎中总氮排泄量的 62%，在卵黄囊期和饥饿幼虫期，占总氮排泄量的 20%，在摄食的幼虫变态后期，占总氮排泄量的 44%（Terjesen et al.，1997）。相比之下，水生生活的 *C. gariepinus*（Eddy et al.，1980）和蟾胡鲇（*C. batrachus*）（Saha and Ratha，1989）成鱼减少了尿素的排泄，分别占总氮排泄量的 13% 和 15%。基于 *C. gariepinus* 卵黄囊期和饥饿幼虫期体内精氨酸的消耗速率，Terjesen 等（1997）估计精氨酸分解约占尿素排泄的 1/3，这表明尿素合成的其他途径也具有功能。

8.5.5 细胞和组织的极端耐氨性

在热带鱼类中，对环境氨的高耐受性通常和细胞与亚细胞水平对氨的高耐受性有关（表 8.1）。这些鱼类细胞和组织中较高的氨耐受性使它们能够耐受体内高水平氨的积累。这对经常暴露于 HEA 胁迫的鱼类是有利的，因为血液中高浓度的氨会减少向内的 ΔP_{NH_3}，从而减少氨氮负荷时 NH_3 的流入。这种现象已经在各种鲇鱼（Saha and Ratha，1998；Saha Dutta et al.，2002）、鲻鰕虎鱼（Iwata et al.，2000）、黄鳝（Ip，Tay et al.，2004）、泥鳅（Chew et al.，2001；Tsui et al.，2002）及窄尾魟（*Himantura signifier*）（Ip et al.，2003）中观察到。通常，积累的氨在鱼体内的分布并不均匀。有些鱼肌肉中氨含量会高得多，而其他的，比如云斑尖塘鳢（*O. Marmoratus*），可以耐受大脑中极高水平的氨（Y. K. Ip and S. F. Chew，未发表资料）。以泥鳅为例，它有一种独特的能力，在空气暴露 48 h 后，它可以在大脑中维持低于血液中的氨水平。目前还不清楚这些鱼类特别是其大脑中的细胞和组织，是如何耐受高水平的内部氨的。很可能它们已经发展出了 K^+ 特异性的 K^+ 通道、K^+ 特异性的 Na^+，K^+-ATP 酶，和/或特殊的 NMDA 受体（图 8.1M）。和其他鱼类与哺乳动物相比较，这些鱼类可能能够忍受更高水平的在大脑星形胶质细胞中积累的谷氨酰胺含量（Brusilow，2002）。众所周知，哺乳动物的大脑不能耐受大于 2 μmol/g 的氨水平，超过这个水平脑病就会发生（Cooper and Plum，1987）。因此，那些大脑中能够耐受高氨水平的热带鱼类是研究高等脊椎动物进化过程中中枢神经系统氨毒解除机理可能丢失的理想对象。

表 8.1 不同鱼类氨毒解除（内源性和外源性）所采用的策略总结

鱼的种类	上皮水平的防御				细胞水平的防御				
	NH_4^+ 主动泵出	环境酸化	NH_3 挥发	NH_3 低膜通透性	降低蛋白水解和/或氨基酸代谢	丙氨酸积累	谷氨酰胺积累	尿素从头合成	细胞组织氨耐受性
鲻鰕虎鱼									
M. abei	—	—	—	—	—	—	—	Yes	Likely
鲇鱼									
C. batrachus	No	No	—	—	No	—	—	Yes?	Likely
C. gariepinus	Yes	No	No	Likely	Yes	No	No	No	Yes
H. fossilis	No	No	—	—	No	—	—	Yes?	Likely
淡水魟鱼									
H. signifer	—	No	—	—	Yes	No	No	Yes	Minor
P. motoro	—	No	—	—	Likely	No	No	No	Yes
海湾豹蟾鱼									
O. beta	—	—	—	—	—	—	No	Yes	Minor
肺鱼									
P. dolloi	No	Yes	No	Likely	Yes	No	No	Yes	Yes
马加迪湖罗非鱼									
A. grahami	—	—	—	Likely	—	No	No	Yes	No
红树林鳉鱼									
R. marmoratus	—	—	Yes	—	Yes	Minor	Minor	No	Yes
弹涂鱼									
P. schlosseri	Yes	Yes	No	Yes	Yes	Yes	Yes	Minor (feeding)	Yes
B. boddaerti	Minor	Yes	No	—	Yes	Yes	Yes	No	Yes
乌塘鳢									
B. sinensis	No	No	No	—	Yes	No	Yes	No	Yes
O. marmoratus	No	No	No	—	Yes	No	Yes	No	No
乌鳢									

续表 8.1

鱼的种类	上皮水平的防御				细胞水平的防御				
	NH_4^+ 主动泵出	环境酸化	NH_3 挥发	NH_3 低膜通透性	降低蛋白水解和/或氨基酸代谢	丙氨酸积累	谷氨酰胺积累	尿素从头合成	细胞组织氨耐受性
C. asiatica	No	No	No	—	No	Yes	No	No	Minor
C. gaucha	—	—	—	—	—	—	—	Yes?	—
黄鳝 M. albus	No	Yes	No	—	Yes	No	Yes	No	Yes
泥鳅 M. anguillicaudatus	No	Yes	Yes	—	Yes	Minor	Minor	No	Yes

注：Yes 表示采用其中一个的主要策略；Yes? 表示需要证实是否采用了主要策略；Minor 表示采用了一个次要的策略；Likely 表示疑似采用了策略，但需要核实；—表示目前未获得信息；No 表示没有采用。

8.5.5.1 泥鳅

虽然浸入水中的 M. anguillicaudatus 血氨下降到与其他兼性空气呼吸鱼类似的水平，但空气暴露的样本的血氨水平是异常高的。在空气暴露后，各种具有空气耐受性的硬骨鱼的血浆氨浓度均小于 1.6 μmol/mL（Ramaswamy and Reddy，1983；Saha and Ratha，1989）。相比之下，在暴露于陆地环境 6 h 后，M. anguillicaudatus 的血浆中氨含量从 0.81 μmol/mL 上升到 2.46 μmol/mL（Chew et al.，2001），48 h 达到最高水平（5.09 μmol/mL）。据我们所知，在空气暴露期间，没有其他鱼类能在血浆中积累如此高的氨含量。这种能力可能不仅对抵御空气暴露胁迫很重要，而且对稻田施肥后 HEA 胁迫中的存活也很重要。事实上，48 h 的氨暴露后，M. anguillicaudatus 的血氨水平（从 0.92 μmol/mL）上升到 4.2 μmol/mL（Tsui et al.，2002）。在第 48 h 的时候，由于 pH_{env} 略有下降（从 7 下降到 6.8），环境介质中的 NH_3 浓度略有下降，为 0.106 mmol/L。暴露于该环境介质的样本的血液 pH 和血浆氨浓度分别为 7.349 和 4.2 mmol/L，血浆中 NH_3 水平估计升高至 0.052 mmol/L。这将大大降低 NH_3 的梯度（从 17 倍到 2 倍）。血浆氨水平的升高会恢复到一个相对有利的血浆-水 ΔP_{NH_3} 梯度，从而减少外源氨的流入（图 8.1 L）。

HEA 暴露下的 M. anguillicaudatus 肌肉和肝脏中氨含量显著增加。肌肉和肝脏中氨水平很高，分别为 18.9 μmol/g 和 17.5 μmol/g（Tsui et al.，2002）。空气暴露 48 h 后，M. anguillicaudatus 肌肉中有谷氨酰胺的积累，但当暴露于 HEA 时，却没有发生谷氨酰胺的积累。因此，尽管存在氨解毒的机理，但当外源性氨发生净流入时，这些机理并没有启动。相反，*M. anguillicaudatus* 采取了允许内部氨浓度增加的策略，以减少氨流入。

在小鼠中观察到 MK-801 是 NMDA 型谷氨酸受体的选择性拮抗剂（Marcaida et al.，1992），可以降低泥鳅的氨毒（K. N. T. Tsui and D. J. Randall，未发表结果）。因此，*M. anguillicaudatus* 一定具有 NMDA 受体，而且该受体能被氨激活，从而增加了这种鱼体内氨的毒性。然而，泥鳅的 NMDA 受体可能具有导致高氨耐受性的特点。另外，这种泥鳅和其他采用类似策略应对氨毒的泥鳅，可能具有对 K^+ 高底物特异性的 Na^+，K^+-ATPase 和 K^+ 通道（图 8.1 M），这有利于在高浓度的细胞外氨存在时维持细胞内 K^+ 浓度和静息膜电位。这对大脑和心肌细胞尤其重要，尽管骨骼肌和一些非兴奋性细胞也会受到影响。

8.6 渗透调节中含氮终端产物的积累

和淡水相比，海水中的水与离子调节的差异，可能使作为氮分解代谢主要最终产物的氨排泄在海洋环境中存在不利的影响（Campbell，1973）。然而，对作为渗透组分的尿素积累显然是有利的，在板鳃鱼类、全头鱼类和腔棘鱼中现今也可以观察到 OUC 在这方面的功能。这种利用氮分解代谢的最终产物而不是利用氨基酸本身来进行渗透调节的方式具有能量优势，因为氨基酸的碳分解代谢所产生的能量不会丢失（Campbell，1973）。此外，与离子不同的是，尿素不需要特定的转运蛋白就可以在鱼体内各个区室的膜间迅速地达到平衡（Ballantyne and Chamberlin，1988）。实际上，板鳃鱼类红细胞或实质性肝细胞中缺乏特异性的尿素转运蛋白（Ballantyne，2001）。另外，尿素（和 TMAO）对板鳃鱼类的正浮力有很大的作用（Withers et al.，1994a，b）。

渗透调节中采用尿素渗透性策略需要鱼的生化结构发生一些重大变化（Ballantyne，1997）。尿素对大分子结构和功能的干扰效应必须通过同时积累稳定溶质（如 TMAO）来进行抵消（Hochachka and Somero，1984；Yancey，2001）。另外，尿素可能会影响非酯化脂肪酸与血清白蛋白的结合，导致板鳃鱼类缺乏血清白蛋白。这限制了脂质作为可运输的分解代谢燃料的作用，并导致它们被酮体所取代（Ballantyne et al.，1987；Ballantyne，1997，2001）。

Kirschner（1993）对尿素渗透性策略（避免饮用海水）和低渗性策略（饮用海水并排泄过量的盐分）进行了详细的能量比较，认为这两种渗透调节策略的成本相当，占标准代谢的 10%～15%。然而，Walsh 和 Mommsen（2001）认为，有关尿素转运和 TMAO 生化反应的不确定性显示低渗性策略会更为经济。另外，尿素渗透性策略可能存在其他的缺点：一是它需要食肉动物提供大量的氮以合成尿素；二是它改变了脂质和碳水化合物的代谢方式，然而这些方式与食草性和其他摄食模式兼容性不好；三是它限制了鱼的生殖/发育的选择，因为在幼鱼的高表面积-体积比率时期存在着潜在的溶质损失。

一些鱼类为了保留尿素用于渗透调节，其有效的尿素渗透性必须降低。在现代板鳃鱼类中，尿素通透性的有效降低似乎是由于鳃（图 8.1N）和肾脏中存在特殊的次级

（Na^+偶联）主动运输的尿素转运蛋白，以及鱼鳃中发生了脂质组成修饰，以达到较高的胆固醇-磷脂比（图8.1P）（Fines et al.，2001；Walsh and Smith，2001）。在适应策略方面，该原理与降低NH_3的有效渗透率相同，其作用是阻止NH_3的进入。

8.6.1 海洋板鳃鱼类

海洋板鳃动物（鲨鱼、鳐鱼和魟鱼）在热带水域很常见。它们是尿素排泄动物，通过鳃以尿素的形式排出大部分含氮废物（Perlman and Goldstein，1999；Shuttleworth 1988；Wood，1993；Wood，Hopkins et al.，1995；Wood，Part et al.，1995）。这些动物表现出渗透适应性的低离子调节机制（osmoconforming hypoionic regulation），能够维持体液渗透压等于或略高于环境渗透压（Yancey，2001）。它们主动调节细胞外液体，使其具有比环境低得多的盐浓度，而渗透差异被细胞外（及细胞内）含氮有机渗透物所平衡。与大多数硬骨鱼不同的是，海洋板鳃鱼类是尿素渗透性的并具有和功能活化的OUC（Anderson，1980）。鳃部低的氨通透性可能对维持尿素水平很重要，因为氨是主要的血浆氮的传输载体，而且在鳃部的损失将妨碍它在肝脏中被用于尿素的合成。Wood、Part等（1995）估算角鲨鳃的尿素氮和氨态氮的通透性分别约为典型硬骨鱼类的7%和4%。海洋板鳃鱼类采用CPS Ⅲ酶通过OUC合成尿素（Campbell and Anderson，1991；Anderson，1980，1991，1995，2001），主要用于渗透调节（Ballantyne，1997；Perlman and Goldstein，1999；Anderson，2001）。尿素在组织中保持高浓度（300~600 mmol/L）。这是通过鳃对尿素的低通透性和尿素在鳃（Smith and Wright，1999）和肾脏中的重吸收机理来实现的（Walsh and Smith，2001）。猬鳐（*Raja erinacea*）的肾脏尿素转运蛋白的下调可能在降低组织尿素水平以应对外界渗透压变化的过程中起到关键作用（Morgan et al.，2003a）。Morgan等（2003b）进一步证明刷状缘膜囊对尿素的吸收是由背部区域根皮素敏感的不饱和的单转运蛋白及腹部区域根皮素敏感的Na^+尿素转运蛋白共同进行的。这对猬鳐肾脏尿素的重吸收至关重要。

8.6.2 淡水板鳃鱼类

在东南亚（泰国、印度尼西亚和巴布亚新几内亚）和南美洲（亚马孙河流域）的热带水域，一些板鳃类物种迁徙到低盐度水域，在那里它们降低了血液盐分、尿素和TMAO的水平。在肌肉中，尿素和TMAO水平比离子减少得多，通常它们都保持相似的比率（Yancey，2001）。对亚马孙河淡水魟鱼来说，尿素减少是由合成减少（Forster and Goldstein，1976）和（或）较高的肾脏清除率造成的（Goldstein and Forster，1971）。江魟（*Potamotrygon* spp.）是狭盐性亚马孙河魟鱼，适应长期的淡水生活。尽管它的与尿素合成有关的某些酶水平较低（Anderson，1980），但它几乎不在原位保留尿素或氧化三甲胺，也不能在实验室盐度胁迫下积累尿素（Thorson et al.，1967；Gerst and Thorson，1977）。

巴塘哈里河发源于巴里桑山脉，向东流经印尼占碑全境，最后流入中国南海。在苏门答腊岛占碑的巴塘哈里河流域发现的大窄尾魟（*Himantura signifer*）（魟科）是一种刺鲼。人们认为它只在淡水中生活。在实验室中，*H. signifier* 能在淡水（0.7‰）无限期地存活或在半咸水（20‰）中至少存活 2 周。

在淡水中，*H. signifier* 的血浆渗透压（416 mosmolal）相对于外部环境（38 mosmolal）保持高渗透性（Tam et al.，2003）。血浆中大约有 44 mmol/L 尿素，其余渗透压主要由 Na^+（167 mmol/L）和 Cl^-（164 mmol/L）组成。在淡水中，它具有不完全的尿素排泄能力，以尿素的形式排泄最多 45% 的含氮废物。它在肝脏中有一个功能性的 OUC。肝脏 CPS Ⅲ 和 GS 的活性与其他海洋板鳃动物相似。

当 *H. signifier* 连续 8 d 时间暴露在盐度从 0.7‰ 增加到 20‰ 的环境中，氨排泄率会持续下降（Tam et al.，2003）。暴露于盐度 20‰ 环境 4 d 后，氨排泄率仅为淡水对照组的 1/5。在盐度 20‰ 的水中，氨在肌肉和血浆中的含量没有变化，但在肝脏中观察到下降。据推测，氨被用作尿素合成的底物，并被储存以便在较高的盐度下用于渗透调节。事实上，在盐度 20‰ 的水里，肌肉、大脑和血浆中的尿素水平显著增加（Tam et al.，2003）。另外，某些游离氨基酸在肌肉（β-丙氨酸、甘氨酸和肌氨酸）和大脑（β-丙氨酸、甘氨酸、谷氨酸和谷氨酰胺）中，被用作细胞内渗透物。

在血浆中，渗透压增加到 571 mosmolal，其中尿素、Na^+ 和 Cl^- 分别贡献 83 mmol/L、231 mmol/L 和 220 mmol/L（Tam et al.，2003）。这几乎与环境是等渗透的（540 mosmolal）。暴露于 20‰ 盐度水中的样本组织中积累的尿素总量相当于 8 d 期间氨排泄的差值，间接说明在较高盐度下尿素合成率有所增加。在盐度分别为 5‰、10‰ 和 15‰ 的水中，尿素排泄率也显著下降（Tam et al.，2003）。然而，当刺鲼在第 5 天水中盐度达到 20‰ 时，尿素排泄率又回到了对照组水平（3.5 $\mu mol \cdot d^{-1} \cdot g^{-1}$），可能是由于血浆（83 mmol/L）和环境介质（0 mmol/L）之间急剧增大的尿素梯度造成的。

相比之下，当地的蓝斑条纹鲼（*Taeniura lymma*）血浆尿素浓度为 380 mmol/L，在全浓度海水（30‰）中，其尿素排泄率为 4.7 $\mu mol \cdot d^{-1} \cdot g^{-1}$（Tam et al.，2003）。因此，大窄尾鲼（*H. signifier*）为了在淡水环境中生存，似乎降低了保留尿素的能力。结果是，它不能在全浓度海水中很好地生存，尽管它比氨排泄方式的南美江鲼（*Potamotrygon motoro*）（江鲼科），具有更高的广盐性（Wood et al.，2002）。与 *P. motoro* 不同，*H. signifier* 保留了产生尿素的能力，证明了 *H. signifier* 在氨氮负荷时具有将氨解毒为尿素的能力，而 *P. motoro* 却缺乏这一能力（Ip et al.，2003）。*P. motoro* 栖息在亚马孙流域的淡水河中，包括尼格罗河的离子含量低的酸性黑河，而黑河在南美洲已经从海洋分离数百万年了（Lovejoy，1997），*P. motoro* 并不具有功能性的 OUC（Goldstein and Forster，1971）。在 pH_{env} = 7，含 10 mmol/L 的 NH_4Cl 的淡水中，*H. signifier* 的肌肉、脑和血浆中都有氨的积累。其采用的主要策略是允许氨在体内特别是在血浆中积聚，以减缓外源性氨的净流入（Ip et al.，2003）。在氨胁迫的第 1 天，尿素排泄率（3 $\mu mol \cdot d^{-1} \cdot g^{-1}$）未发生变化，在此期间氨排泄率（7.3 $\mu mol \cdot d^{-1} \cdot g^{-1}$）可能完全受阻。随后，直到氨胁迫的第 4 天，尿素排泄率持续增加，达到 7.4 $\mu mol \cdot d^{-1} \cdot g^{-1}$。肌肉尿素含量没有变化，说明肌肉能够释放过量的尿素而不影响渗透调节。因此，这是一种理想的用于研究尿素转运蛋白上调和下调机理的鱼。

8.6.3 腔棘鱼

腔棘鱼，即矛尾鱼，*Latimeria chalumnae*（肉鳍鱼类），在科摩罗的大科摩罗岛和昂儒昂岛或南非附近发现。在印度尼西亚苏拉威西岛北部的西里伯斯海，发现了另一种矛尾鱼，*L. menadoensis*（Holder et al.，1999）。腔棘鱼栖息在陡峭的岩石海域，白天在洞穴里栖息，只有晚上才出来觅食。它们采用尿素渗透适应的方式使用尿素，与板鳃鱼类非常相似（Griffith et al.，1974）。然而，它们不具有与板鳃鱼类相同的肾脏相关的尿素恢复能力（Griffith et al.，1976）。腔棘鱼体内保留尿素的确切机理目前尚不清楚。有趣的是，研究报告显示腔棘鱼的总渗透压略低于海水渗透压（Griffith and Pang，1979），这表明有失水的趋势。腔棘鱼似乎是唯一广泛使用尿素作为渗透物的硬骨鱼，代表了最"原始"的有广泛的 OUC 的硬骨鱼。目前，文献中关于腔棘鱼 CPS 类型的信息存在争议。Goldstein 等（1973）在 *L. chalumnae* 肝脏中检测到了利用 NH_4^+ 作为底物的 CPS（因此，可能是 CPS Ⅰ），其水平与鲨鱼肝脏的 CPS 相当。后来，Mommsen 和 Walsh（1989）报道，*L. chalumnae* 肝脏中具有 CPS Ⅲ 活性（Walsh and Mommsen，2001）。腔棘鱼与肺鱼密切相关（Benton，1990；Yokobori et al.，1994）。鉴于 CPS 在鱼类－四足动物过渡中的重要进化地位，当未来有机会时，重新评估腔棘鱼中 CPS 的类型很重要。

8.7 总　　结

大多数热带硬骨鱼是氨排泄的动物，产生氨并通过 NH_3 的扩散从鳃排出。体内氨的积累可能是由于无法排泄或转化含氮废物，或是由环境中净流入的 NH_3 造成的。尽管这三种情况都可能导致鱼类组织中氨水平的增加，但区分被解毒的氨的来源非常重要，这在文献中经常被忽略。

当面临碱性环境、陆地条件或低水平环境（外源性）氨时，鱼类难以排出内源性产生的氨（图8.4、表8.1）。除了少数种类，鱼类在不利条件下非常容易受到组织氨水平升高的影响。然而，有些鱼类可以利用多种生理机理避免内源性氨毒，因此表现出对空气暴露的高耐受性。抑制蛋白质水解和/或氨基酸分解代谢可能是一些鱼类在空气暴露过程中普遍采用的机理。其他的鱼类，比如大弹涂鱼（*P. schlosseri*）这种鱼以氨基酸作为陆地上活动的能量来源，会利用部分氨基酸分解代谢，减少氨的生产，从而导致丙氨酸的积累。有些鱼类会将多余的内源性氨转化为毒性较低的化合物，包括谷氨酰胺和其他氨基酸以便储存。少数鱼类具有活性 OUC，将内源性氨转化尿素，用于储存或排泄。在环境氨含量稍高的情况下，*P. schlosseri* 可以通过氨离子的主动转运机理继续排出内源性氨。有迹象表明，在空气暴露或氨氮负荷时，一些鱼类可以调控体表的 pH 水平，以促进 NH_3 挥发。

相比之下，在面临 HEA 胁迫导致的 P_{NH_3} 相反的梯度时，鱼类不仅需要解毒内源性氨，还需要解毒进入体内的外源性氨（图8.5、表8.1）。对外源性氨的处理，最有效的

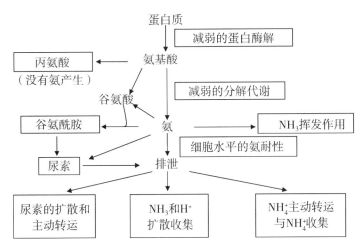

图8.4 鱼类通常采用的防御内源性氨毒的策略总结

方法是通过增加 CO_2 和酸（H^+）排泄以降低在环境介质中 NH_3 浓度。这意味着，实际上，NH_3 是对 NH_4^+ 进行了外部解毒，形成了"环境解毒"策略。另一种方法是在体内积累高水平的氨，特别是在血液中，重建一个更有利的 P_{NH_3} 梯度，以减少外源性氨的流入，甚至恢复氨的排泄。当氨在体内积聚时，只要浓度低于临界水平，通过将氨解毒成谷氨酰胺的方式就会对大脑提供保护。有研究指出，一些鱼类在氨氮负荷过程中会将氨"固定"为游离氨基酸。尽管积累程度不同，然而，必需氨基酸的同时积累在所有情况下都意味着氨基酸分解代谢的减少，从而降低了内源性氨的产生。此外，该策略通常是辅助氨在组织和血液中的积累。作为一个单个的活动过程，"固定"渗透进来的外源氨似乎是不合适的，因为这种方式会简单地连续性地、吸入更多外源性氨。同样的论点也适用于鱼类的尿素形成，在严重的氨氮负荷期间，这是高度依赖能量的。

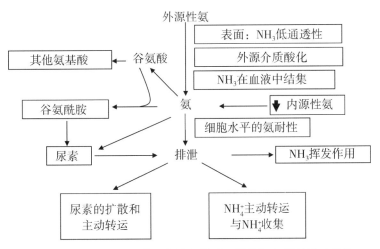

图8.5 鱼类通常采用的防御外源性（环境的）氨毒的策略总结

有些鱼类（板鳃鱼类、全头鱼类和腔棘鱼）将合成和积累尿素作为一种渗透压调节方式（尿素渗透性的机理）。尿素是氮分解代谢的最终产物，利用它进行渗透压调节具有能量优——氨基酸的碳分解代谢所产生的能量不会损失。为了能够保留尿素进行渗透压调节，有效的尿素渗透性必须降低。这种机理在现存的海洋板鳃鱼类中可以看到，如通过改变鳃的脂质组成及通过鳃和肾脏中特殊的次级主动（Na^+偶联）尿素转运蛋白实现对尿素的重吸收。然而，对于那些重新适应淡水或咸水环境的板鳃鱼类来说，尿素合成能力和/或尿素保留能力必然会降低。

希特·F. 邱　乔纳森·M. 威尔逊　袁·K. IP　戴维·J. 兰德尔　著

夏军红　译

林浩然　校

参考文献

Alderson, R. (1979). The effect of ammonia on the growth of juvenile Dover sole, *Solea solea* (L.) and turbot, *Seophthalmus maximus* (L.). *Aquaculture* 17, 291-309.

Anderson, P. M. (1980). Glutamine-and N-acetylglutamate-dependent carbamoyl phosphate synthetase in elasmobranchs. *Science* 208, 291-293.

Anderson, P. M. (1991). Glutamine-dependent urea synthesis in elasmobranch fishes. *Biochem. Cell Biol.* 69, 317-319.

Anderson, P. M. (1995). Urea cycle in fish: Molecular and mitochondrial studies. *In* "Fish Physiology," Vol. 14. "Ionoregulation: Cellular and Molecular Approaches to Fish Ionic Regulation" (Wood, C. M., and Shuttleworth, T. J., Eds.), ch. 3, pp. 57-83. Academic Press, New York.

Anderson, P. M. (2001). Urea and glutamine synthesis: Environmental influences on nitrogen excretion. *In* "Fish Physiology," Vol. 20 (Wright, P. A., and Anderson, P. M., Eds.), ch. 7, pp. 239-277. Academic Press, New York.

Anderson, P. M., and Walsh, P. J. (1995). Subcellular localization and biochemical properties of the enzymes of carbamoyl phosphate and urea synthesis in the Batrachoidid fishes *Opsanus beta*, *Opsanus tau*, and *Porichthys notatus*. *J. Exp. Biol.* 198, 755-766.

Anderson, P. M., Broderius, M. A., Fong, K. C., Tsui, K. N. T., Chew, S. F., and Ip, Y. K. (2002). Glutamine synthetase expression in liver, muscle, stomach and intestine of *Bostrichyths sinensis* in response to exposure to a high exogenous ammonia concentration. *J. Exp. Biol.* 205, 2053-2065.

Arillo, A., Margiocco, C., Melodia, F., Mensi, P., and Schenone, G. (1981). Ammonia toxicity mechanisms in fish: Studies on rainbow trout (*Salmo gairdneri* Rich).

Ecotoxicol. Environ. Saf. 5, 316-325.

Avella, M., and Bornancin, M. (1989). A new analysis of ammonia and sodium transport through the gills of the freshwater rainbow trout (*Salmo gairdneri*). *J. Exp. Biol.* 142, 155-175.

Ballantyne, J. S. (1997). Jaws: The inside story. The metabolism of elasmobranch fishes. *Comp. Biochem. Physiol.* 118B, 703-742.

Ballantyne, J. S. (2001). Amino acid metabolism. In "Fish Physiology" Vol. 20. "Nitrogen Excretion" (Wright, P. A., and Anderson, P. M., Eds.), ch. 3, pp. 77-107. Academic Press, New York.

Ballantyne, J. S., and Chamberlin, M. E. (1988). Adaptation and evolution of mitochondria: Osmotic and ionic considerations. *Can. J. Zool.* 66, 1028-1035.

Ballantyne, J. S., Moyes, C. D., and Moon, T. W. (1987). Compatible and counteracting solutes and the evolution of ion and osmoregulation in fishes. *Can. J. Zool.* 65, 1883-1888.

Barzaghi, C. (2002). The mudskipper *Periophthalmodon schlosseri* increases acid (H^+) excretion and alters the skin lipid composition during short term and long term exposure to ammonia, respectively. MSc thesis, National University of Singapore.

Beaumont, M. W., Taylor, E. W., and Butler, P. J. (2000). The resting membrane potential of white muscle from brown trout (*Salmo trutta*) exposed to copper in soft, acidic water. *J. Exp. Biol.* 203, 229-236.

Begum, S. J. (1987). Biochemical adaptive responses in glucose metabolism of fish (*Tilapia mossambica*) during ammonia toxicity. *Current Science* 56, 705-708.

Benton, M. J. (1990). Phylogeny of the major tetrapod groups-morphological data and divergence dates. *J. Mol. Evol.* 30, 409-424.

Binstock, L., and Lecar, H. (1969). Ammonium ion currents in the squid giant axon. *J. Gen. Physiol.* 53, 342-361.

Boron, W. F., Waisbren, S. J., Modlin, I. M., and Geibel, J. P. (1994). Unique permeability barrier of the apical surface of parietal and chief cells in isolated perfused gastric glands. *J. Exp. Biol.* 196, 347-360.

Bosman, D. K., Deutz, N. E. P., Maas, M. A. W., van Eijik, H. M. H., Smit, J. J. H., de Haan, J. G., and Chamuleau, R. A. F. M. (1992). Amino acid release from cerebral cortex in experimental acute liver failure, studied by *in vivo* cerebral cortex microdialysis. *J. Neuro-chem.* 59, 591-599.

Boutilier, R. G., Heming, T. A., and Iwama, G. K. (1984). Physicochemical parameters for use in fish respiratory physiology. In "Fish Physiology," Vol. XA. "Gills: Anatomy, Gas Transfer, and Acid-Base Regulation" (Hoar, W. S., and Randall, D. J., Eds.), pp. 403-429. Academic Press, San Diego.

Brien, P. (1959). Ethologie du *Protopterus dolloi* (Boulenger) et de ses larves. Signification des sacs pulmonaires des Dipneustes. *Ann. Soc. R. Zool. Belg.* 89, 9-48.

Brusilow, S. W. (2002). Reviews in Molecular Medicine-Hyperammonemic Encephalopathy. *Medicine* 81, 240-249.

Bruton, M. N. (1979). The breeding biology and early development of *Clarias gariepinus* (Pisces: Clariidae) in Lake Sibaya, South Africa, with a review of breeding in species of the subgenus *Clarias* (*Clarias*). *Trans. Zool. Soc. Lond.* 35, 1-45.

Buckley, J. A., Whitmore, C. M., and Liming, B. D. (1979). Effects of prolonged exposure to ammonia on the blood and liver glycogen of coho salmon (*Oncorhynchus kisutch*). *Comp. Biochem. Physiol.* 63C, 297-303.

Burrows, R. E. (1964). Effects of accumulated excretory products on hatchery-reared salmo-nids. Research Report 66, P.12. Fish and Wildlife Service, US Department of the Interior, Washington, DC.

Cameron, J. N., and Heisler, N. (1983). Studies of ammonia in the rainbow trout: Physico-chemical parameters, acid-base behavior and respiratory clearance. *J. Exp. Biol.* 105, 107-126.

Campbell, J. W. (1973). Nitrogen excretion. *In* "Comparative Animal Physiology" (Prosser, C. L., Ed.), 3rd ed., pp. 279-316. Saunders College Publishing, Philadelphia.

Campbell, J. W. (1991). Excretory nitrogen metabolism. *In* "Environmental and Metabolic Animal Physiology. Comparative Animal Physiology" (Prosser, C. L., Ed.), 4th edn., pp. 277-324. Wiley-Interscience, New York.

Campbell, J. W., and Anderson, P. M. (1991). Evolution of mitochondrial enzyme systems in fish: The mitochondrial synthesis of glutamine and citrulline. *In* "Biochemistry and Molecular Biology of Fishes. I. Phylogenetic and Biochemical perspectives" (Hochachka, P. W., and Mommsen, T. P., Eds.), pp. 43-75. Elsevier, Amsterdam.

Chadwick, T. D., and Wright, P. A. (1999). Nitrogen excretion and expression of urea cycle enzymes in the Atlanta cod (*Gadus morhus* L.): A comparison of early life stages with adults. *J. Exp. Biol.* 202, 2653-2662.

Chang, A., Hammond, T. G., Sun, T. T., and Zeidel, M. L. (1994). Permeability properties of the mammalian bladder apical membrane. *Am. J. Physiol.* 267, 1483-1492.

Chew, S. F., Chan, N. K. Y., Tam, W. L., Loong, A. M., Hiong, K. C., and Ip, Y. K. (2004). Nitrogen metabolism in the African lungfish (*Protopterus dolloi*) aestivating in a mucus cocoon on land. *J. Exp. Biol.* 207, 777-786.

Chew, S. F., Gan, J., and Ip, Y. K. (2005). Nitrogen metabolism and excretion in the swamp eel, *Monopterus albus*, during 6 or 40 days of aestivation in mud. *Physiol. Biochem. Zool.* In press.

Chew, S. F., Ho, L., Ong, T. F., Wong, W. P., and Ip, Y. K. (2004). The African lungfish, *Protopterus dolloi*, detoxifies ammonia to urea during environmental ammonia exposure. *Physiol. Biochem. Zool.* 78, 31-39.

Chew, S. F., Hong, L. N., Wilson, J. M., Randall, D. J., and Ip, Y. K. (2003). Alkaline environmental pH has no effect on the excretion of ammonia in the mudskipper *Periophthalmodon schlosseri* but inhibits ammonia excretion in the related species *Boleophthalmus boddaerti*. *Physiol. Biochem. Zool.* 76, 204-214.

Chew, S. F., Jin, Y., and Ip, Y. K. (2001). The loach *Misgurnus anguillicaudatus* reduces amino acid catabolism and accumulates alanine and glutamine during aerial exposure. *Physiol. Biochem. Zool.* 74, 226-237.

Chew, S. F., Ong, T. F., Ho, L., Tam, W. L., Loong, A. M., Hiong, K. C., Wong, W. P., and Ip, Y. K. (2003). Urea synthesis in the African lungfish *Protopterus dolloi* -hepatic carbamoyl phosphate synthetase III and glutamine synthetase are up-regulated by 6 days of aerial exposure. *J. Exp. Biol.* 206, 3615-3624.

Chew, S. F., Wong, M. Y., Tam, W. L., and Ip, Y. K. (2003). The snakehead *Channa asiatica* accumulates alanine during aerial exposure, but is incapable of sustaining locomotory activities on land through partial amino acid catabolism. *J. Exp. Biol.* 206, 693-704.

Claiborne, J. B., and Evans, D. H. (1988). Ammonia and acid-base balance during high ammonia exposure in a marine teleost (*Myoxocephalus octodecimspinosus*). *J. Exp. Biol.* 140, 89-105.

Claiborne, J. B., Edwards, S. L., and Morrison-Shetlar, A. I. (2002). Acid-base regulation in fishes: Cellular and molecular mechanisms. *J. Exp. Zool.* 293, 302-319.

Cooper, J. L., and Plum, F. (1987). Biochemistry and physiology of brain ammonia. *Physiol. Rev.* 67, 440-519.

Crockett, E. L. (1999). Lipid restructuring does not contribute to elevated activities of Na^+/K^+-ATPase in basolateral membranes from the gill of seawater acclimated eel (*Anguilla rostrata*). *J. Exp. Biol.* 202, 2385-2392.

Cutler, C. P., and Cramb, G. (2002). Branchial expression of an aquaporin 3 (AQP-3) homologue is down regulated in European eel *Anguilla anguilla* following seawater acclimation. *J. Exp. Biol.* 205, 2643-2651.

Dabrowska, H., and Wlasow, T. (1986). Sublethal effect of ammonia on certain biochemical and haematological indicators in common carp (*Cyprinus carpio* L.). *Comp. Biochem. Physiol.* 83C, 179-184.

Danulat, E., and Kempe, S. (1992). Nitrogenous waste and accumulation of urea and ammonia in *Chalcalburnus tarichi* (Cyprinidae), endemic to the extremely alkaline Lake Van (Eastern Turkey). *Fish Physiol. Biochem.* 9, 377-386.

Daoust, P. -Y., and Ferguson, H. W. (1984). The pathology of chronic ammonia toxicity in rainbow trout, *Salmo gairdneri* Richardson. *J. Fish Diseases* 7, 199-205.

Davenport, J., and Sayer, M. D. J. (1986). Ammonia and urea excretion in the amphibious teleost *Blennius pholis* (L.) in sea-water and in air. *Comp. Biochem. Physiol.* 84A, 189-194.

de Vries, M. C., and Wolcott, D. L. (1993). Gaseous ammonia evolution is coupled to reprocessing of urine at the gills of ghost crabs. *J. Exp. Zool.* 267, 97-103.

DeLong, D. C., Halver, J. E., and Mertz, E. T. (1958). Nutrition of salmonid fishes. VI. Protein requirements of chinook salmon at two water temperatures. *J. Nutr.* 65, 589-599.

Denker, B. M., and Nigam, S. K. (1958). Molecular structure and assembly of the tight junction. *Am. J. Physiol.* 274, F1-F9.

Depeche, J., Gilles, R., Daufresne, S., and Chapello, H. (1979). Urea content and urea production via the ornithine-urea cycle pathway during the ontogenic development of two teleost fishes. *Comp. Biochem. Physiol.* 63A, 51-56.

Donnely, B. G. (1973). Aspects of behavior in the catfish, *Clarias gariepinus* (Pisces: Clariidae), during periods of habitat desiccation. *Arnoldia Rhod.* 6, 1-8.

Driedzic, W. R., and Hochachka, P. W. (1976). Control of energy metabolism in fish white muscle. *Am. J. Physiol.* 230, 579-582.

Eddy, F. B., Bamford, O. S., and Maloiy, G. M. O. (1980). Sodium and chloride balance in the African catfish *Clarias mossambicus*. *Comp. Biochem. Physiol.* 66A, 637-641.

El-Shafey, A. A. M. (1998). Effect of ammonia on respiratory functions of blood of *Tilapia zilli*. *Comp. Biochem. Physiol.* 121A, 305-313.

Evans, D. H., Piermarini, P. M., and Potts, W. T. W. (1999). Ionic transport in the fish gill epithelium. *J. Exp. Zool.* 283, 641-652.

Felipo, V., Kosenko, E., Minana, M. -D., Marcaida, G., and Grisolia, S. (1994). Molecular mechanism of acute ammonia toxicity and of its prevention by L-carnitine. In "Hepatic Encephalopathy, Hyperammonemia and Ammonia Toxicity" (Felipo, V., and Grisola, S., Eds.), pp. 65-77. Plenum Press, New York.

Ferguson, H. W., Morrison, D., Ostland, V. E., Lumsden, J., and Byrne, P. (1992). Responses of mucus-producing cells in gill disease of rainbow trout (*Oncorhynchus mykiss*). *J. Comp. Path.* 106, 255-265.

Fines, G. A., Ballantyne, J. S., and Wright, P. A. (2001). Active urea transport and an unusual basolateral membrane composition in the gills of a marine elasmobranch.

Am. J. Physiol. 280, R16-R24.

Flemström, G., and Isenberg, J. I. (2001). Gastroduodenal mucosal alkaline secretion and mucosal protection. *News Physiol. Sci.* 16, 23-28.

Forey, P. L. (1986). Relationship of lungfishes. *In* "The Biology and Evolution of Lungfishes" (Bemis, W. E., Burggren, W. W., and Kemp, N. E., Eds.), pp. 75-92. Alan R. Liss, Inc., New York.

Forey, P. L., Gardiner, B. G., and Patterson, C. (1991). The lungfish, the coelacanth and the cow revisited. *In* "Origins of the Higher Groups of Tetrapods: Controversy and Con-sensus" (Schultze, H. P., and Trueb, L., Eds.), pp. 145-172. Cornell University Press, New York.

Forster, R. P., and Goldstein, L. (1966). Urea synthesis in the lungfish: Relative importance of purine and ornithine cycle pathways. *Science* 153, 1650.

Forster, R. P., and Goldstein, L. (1976). Intracellular osmoregulatory role of amino acids and urea in marine elasmobranches. *Am. J. Physiol.* 230, 925-931.

Frick, N. T., and Wright, P. A. (2002a). Nitrogen metabolism and excretion in the mangrove killifish *Rivulus marmoratus* I. The influence of environmental salinity and external ammonia. *J. Exp. Biol.* 205, 79-89.

Frick, N. T., and Wright, P. A. (2002b). Nitrogen metabolism and excretion in the mangrove killifish *Rivulus marmoratus* II. Significant ammonia volatilization in a teleost during air-exposure. *J. Exp. Biol.* 205, 91-100.

Gerst, J. W., and Thorson, T. B. (1977). Effects of saline acclimation on plasma electrolytes, urea excretion, and hepatic urea biosynthesis in a freshwater stingray, *Potamotrygon sp.* Garman, 1877. *Comp. Biochem. Physiol.* 56A, 87-93.

Ghioni, C., Bell, J. G., Bell, M. V., and Sargent, J. R. (1997). Fatty acid composition, eicosanoid production and permeability in skin tissues of rainbow trout (*Oncorhynchus mykiss*) fed control or an essential fatty acid deficient diet. *Prostoglandins, Leukotrienes and Essential Fatty Acids* 56, 479-489.

Gilmour, K. M., Perry, S. F., Wood, C. M., Henry, R. P., Laurent, P., Part, P., and Walsh, P. J. (1998). Nitrogen excretion and the cardiorespiratory physiology of the gulf toadfish, *Opsanus beta*. *Physiol. Zool.* 71, 492-505.

Gluck, S. L., Nelson, R. D., Lee, B. S., Wang, Z. Q., Guo, X. L., Fu, J. Y., and Zhang, K. (1992). Biochemistry of the renal V-ATPase. *J. Exp. Biol.* 172, 219-229.

Goldstein, L., and Forster, R. P. (1971). Osmoregulation and urea metabolism in the little skate *Raja erinacea*. *Am. J. Physiol.* 220, 742-746.

Goldstein, L., Harley-Dewitt, S., and Forster, R. P. (1973). Activities of ornithine-urea cycle enzymes and of trimethylamine oxidase in the coelacanth, *Latimeria chalum-*

nae. *Comp. Biochem. Physiol.* 44B, 357-362.

Goldstein, L., Janssens, P. A., and Forster, R. P. (1967). Lungfish *Neoceratodus forsteri*: Activities of ornithine-urea cycle enzymes. *Science* 157, 316-317.

Gonzalez, R. J., and McDonald, D. G. (1994). The relationship between oxygen uptake and ion loss in fish from diverse habitats. *J. Exp. Biol.* 190, 95-108.

Good, D. W. (1994). Ammonium transport by the thick ascending limb of Henlés loop. *Ann. Rev. Physiol.* 56, 623-647.

Gordon, M. S., Boetius, I., Evans, D. H., McCarthy, R., and Oglesby, L. C. (1969). Aspects of the physiology of terrestrial life in amphibious fishes. I. The mudskipper, *Periophthalmus sobrinus*. *J. Exp. Biol.* 50, 141-149.

Gordon, M. S., Ng, W. W. M., and Yip, A. Y. W. (1978). Aspects of the physiology of terrestrial life in amphibious fishes. Ⅲ. The Chinese mudskipper *Periophthalmus cantonensis*. *J. Exp. Biol.* 72, 57-75.

Goss, G. G., and Wood, C. M. (1990). Na^+ and Cl^- uptake kinetics, diffusive effluxes and acidic equivalent fluxes across the gills of rainbow trout I. Response to environmental hyperoxia. *J. Exp. Biol.* 152, 521-547.

Graham, J. B. (1997). "Air-Breathing Fishes." Academic Press, San Diego.

Greenaway, P. (1991). Nitrogenous excretion in aquatic and terrestrial crustaceans. *Memoirs of the Queensland Museum* 31, 215-227.

Greenaway, P., and Nakamura, T. (1991). Nitrogenous excretion in two terrestrial crabs (*Gecarcoidea natalis* and *Geograpsus grayi*). *Physiol Zool.* 64, 767-786.

Greenwood, P. H. (1955). Reproduction in the catfish, *Clarias mossambicus* Peters. *Nature* 176, 516-518.

Gregory, R. B. (1977). Synthesis and total excretions of waste nitrogen by fish of the *Periophthalmus* (mudskipper) and *Scartelaos* families. *Comp. Biochem. Physiol.* 57A, 33-36.

Griffith, R. W. (1991). Guppies, toadfish, lungfish, coelacanths and frogs-a scenario for the evolution of urea retention in fishes. *Environ. Biol. Fish.* 32, 199-218.

Griffith, R. W., and Pang, P. K. T. (1979). Mechanisms of osmoregulation of the coelacanth: evolution implications. *Occas. Papers Calif. Acad. Sci.* 134, 79-92.

Griffith, R. W., Umminger, B. L., Grant, B. F., Pang, P. K. T., and Pickford, G. E. (1974). Serum composition of the coelacanth, *Latimeria chalumnae* Smith. *J. Exp. Zool.* 187, 87-102.

Griffith, R. W., Umminger, B. L., Grant, B. F., Pang, P. K. T., Goldstein, L., and Pickford, G. E. (1976). Composition of the bladder urine of the coelacanth, *Latimeria chalmumnae*. *J. Exp. Zool.* 196, 371-380.

Grizzle, J. M., and Thiyagarajah, A. (1987). Skin histology of *Rivulus ocellatus*: Apparent adaptation for aerial respiration. *Copeia* 1987, 237-240.

Guillén, J. L., Endo, M., Turnbull, J. F., Kawatsu, H., Richards, R. H., and Aoki, T. (1994). Skin responses and mortalities in the larvae of Japanese croaker exposed to ammonia. *Fisheries Science* 60, 547-550.

Hampson, B. L. (1976). Ammonia concentration in relation to ammonia toxicity during a rainbow trout rearing experiment in a closed freshwater-seawater system. *Aquaculture* 9, 61-70.

Heitman, J., and Agre, P. (2000). A new face of the Rhesus antigen. *Nature Genetics* 26, 258-259.

Henry, R. P., and Heming, T. A. (1998). Carbonic anhydrase and respiratory gas exchange. *In* "Fish Physiology" (Perry, S. F., and Tufts, B. L., Eds.), Vol. 17, pp. 75-111. Academic Press, San Diego.

Hermenegildo, C., Marcaida, G., Montoliu, C., Grisolia, S., Minana, M., and Felipo, V. (1996). NMDA receptor antagonists prevent acute ammonia toxicity in mice. *Neurochem. Res.* 21, 1237-1244.

Hermenegildo, C., Monfor, C. P., and Felipo, V. (2000). Activation of *N*-methyl-D-aspartate receptors in rat brain *in vivo* following acute ammonia intoxication: Characterization by *in vivo* brain microdialysis. *Hepatol.* 31, 709-715.

Hilgier, W., Haugvicova, R., and Albrecht, J. (1991). Decreased potassium-stimulated release of 3HD-aspartate from hippocampal slices distinguishes encephalopathy related to acute liver failure from that induced by simple hyperammonemia. *Brain Res.* 567, 165-168.

Hill, W. G., Rivers, R. L., and Zeidel, M. L. (1999). Role of leaflet asymmetry in the permeability of model biological membranes to protons, solutes, and gases. *J. Gen. Physiol.* 114, 405-414.

Hillaby, B. A., and Randall, D. J. (1979). Acute ammonia toxicity and ammonia excretion in rainbow trout (*Salmo gairdneri*). *J. Fish. Res. Board Can.* 36, 621-629.

Hochachka, P. W., and Somero, G. N. (1984). "Biochemical Adaptation." Princeton University Press, Princeton, NJ.

Hogan, D. L., Crombie, D. L., Isenberg, J. I., Svendsen, P., Schaffalitzky de Muckadell, O. B., and Answorth, M. A. (1997). CFTR mediates cAMP-and Ca^{2+}-activated duodenal epithelial HCO_3^- secretion. *Am. J. Physiol.* 272, G872-G878.

Holder, M. T., Erdmann, M. V., Wilcox, T. P., Caldwell, R. L., and Hillis, D. M. (1999). Two living species of coelacanths? *Proc. Natl. Acad. Sci. USA* 96, 12616-12620.

Hopkins, T. E., Wood, C. M., and Walsh, P. J. (1999). Nitrogen metabolism and excretion in an intertidal population of the gulf toadfish (*Opsanus beta*). *Mar. Freshw.*

Behav. Physiol. 33, 21-34.

Howitt, S. M., and Udvardi, M. K. (2000). Structure function and regulation of ammonium transporters in plants. *Biochim. Biophys. Acta* 1465, 152-170.

Ip, Y. K., Chew, S. F., and Randall, D. J. (2001a). Ammonia toxicity, tolerance, and excretion. *In* "Fish Physiology," Vol. 20. "Nitrogen Excretion" (Wright, P. A., and Anderson, P. M., Eds.), pp. 109-148. Academic Press, San Diego.

Ip, Y. K., Chew, S. F., Leong, I. W. A., Jin, Y., and Wu, R. S. S. (2001b). The sleeper *Bostrichthys sinensis* (Teleost) stores glutamine and reduces ammonia production during aerial exposure. *J. Comp. Physiol. B.* 171, 357-367.

Ip, Y. K., Chew, S. F., Lim, A. L. L., and Low, W. P. (1990). The mudskipper. *In* "Essays in Zoology, Papers Commemorating the 40th Anniversary of Department of Zoology" (Chou, L. M., and Ng, P. K. L., Eds.), pp. 83-95. National University of Singapore Press.

Ip, Y. K., Lee, C. Y., Chew, S. F., Low, W. P., and Peng, K. W. (1993). Differences in the responses of two mudskippers to terrestrial exposure. *Zool. Sci.* 10, 511-519.

Ip, Y. K., Lim, C. B., Chew, S. F., Wilson, J. M., and Randall, D. J. (2001). Partial amino acid catabolism leading to the formation of alanine in *Periophthalmodon schlosseri* (mudskipper): A strategy that facilitates the use of amino acids as an energy source during locomotory activity on land. *J. Exp. Biol.* 204, 1615-1624.

Ip, Y. K., Lim, C. K., Wong, W. P., and Chew, S. F. (2004). Postprandial increases in nitrogenous excretion and urea synthesis in the giant mudskipper *Periophthalmodon schlosseri*. *J. Exp. Biol.* 207, 3015-3023.

Ip, Y. K., Peh, B. K., Tam, W. L., Wong, W. P., and Chew, S. F. (2005). Effects of peritoneal injection with NH_4Cl, urea, or NH_4Cl^+ urea on the excretory nitrogen metabolism of the African lungfish *Protopterus dolloi*. *J. Exp. Zool.* 303A, 272-282.

Ip, Y. K., Randall, D. J., Kok, T. K. T., Bazarghi, C., Wright, P. A., Ballantyne, J. S., Wilson, J. M., and Chew, S. F. (2004). The mudskipper *Periophthalmodon schlosseri* facilitates active NH_4^+ excretion by increasing acid excretion and decreasing NH_3 permeability in the skin. *J. Exp. Biol.* 207, 787-801.

Ip, Y. K., Subaidah, R. M., Liew, P. C., Loong, A. M., Hiong, K. C., Wong, W. P., and Chew, S. F. (2004). The African catfish *Clarias gariepinus* does not detoxify ammonia to urea or amino acids during ammonia loading but is capable of excreting ammonia against an inwardly driven ammonia concentration gradient. *Physiol. Biochem. Zool.* 77, 255-266.

Ip, Y. K., Tam, W. L., Wong, W. P., Loong, A. I., Hiong, K. C., Ballantyne, J. S., and Chew, S. F. (2003). A comparison of the effects of environmental ammonia exposure on the Asian freshwater stingray *Himantura signifier* and the Amazonian freshwater stingray *Potamotrygon motoro*. *J. Exp. Biol.* 206, 3625-3633.

Ip, Y. K., Tay, A. S. L., Lee, K. H., and Chew, S. F. (2004). Strategies adopted by the swamp eel *Monopterus albus* to survive in high concentrations of environmental ammonia. *Physiol. Biochem. Zool.* 77, 390-405.

Iwata, K. (1988). Nitrogen metabolism in the mudskipper, *Periophthalmus cantonensis*: Changes in free amino acids and related compounds in carious tissues under conditions of ammonia loading with reference to its high ammonia tolerance. *Comp. Biochem. Physiol.* 91A, 499-508.

Iwata, K., and Deguichi, M. (1995). Metabolic fate and distribution of ^{15}N-Ammonia in an ammonotelic amphibious fish, *Periophthalmus modestus*, following immersion in 15N-ammonium sulphate: A long term experiment. *Zool. Sci.* 12, 175-184.

Iwata, K., Kajimura, M., and Sakamoto, T. (2000). Functional ureogenesis in the gobiid fish *Mugilogobius abei*. *J. Exp. Biol.* 203, 3703-3715.

Iwata, K., Kakuta, M., Ikeda, G., Kimoto, S., and Wada, N. (1981). Nitrogen metabolism in the mudskipper, *Periophthalmus cantonensis*: A role of free amino acids in detoxification of ammonia produced during its terrestrial life. *Comp. Biochem. Physiol.* 68A, 589-596.

Jacquez, J. A., Poppell, J. W., and Jeltsch, R. (1959). Partial pressure of ammonia in alveolar air. *Science* 129, 269-270.

Jakubowski, M. (1958). The structure and vascularization of the skin of the pond-loach (*Misgurnus fossilis* L.). *Acta Biol. Cracoviensia* 1, 113-127.

Janssens, P. A. (1964). The metabolism of the aestivating African lungfish. *Comp. Biochem. Physiol.* 11, 105-117.

Janssens, P. A., and Cohen, P. P. (1966). Ornithine-urea cycle enzymes in the African lungfish, *Protopterus aethiopicas*. *Science* 152, 358.

Janssens, P. A., and Cohen, P. P. (1968a). Biosynthesis of urea in the estivating African lungfish and in *Xenopus laevis* under conditions of water shortage. *Comp. Biochem. Physiol.* 24, 887-898.

Janssens, P. A., and Cohen, P. P. (1968b). Nitrogen metabolism in the African lungfish. *Comp. Biochem. Physiol.* 24, 879-886.

Jow, L. Y., Chew, S. F., Lim, C. B., Anderson, P. M., and Ip, Y. K. (1999). The marble goby *Oxyeleotris marmoratus* activates hepatic glutamine synthetase and detoxifies ammonia to glutamine during air exposure. *J. Exp. Biol.* 202, 237-245.

Julsrud, E. A., Walsh, P. J., and Anderson, P. M. (1998). N-Acetyl-L-glutamate and the urea cycle in gulf toadfish (*Opsanus beta*) and other fish. *Arch. Biochem. Biophys.* 350, 55-60.

Kajimura, M., Iwata, K., and Numata, H. (2002). Diurnal nitrogen excretion rhythm of the functionally ureogenic gobiid fish *Mugilogobius abei*. *Comp. Biochem. Physiol.* 131B, 227-239.

Kikeri, D., Sun, A., Zeidel, M. L., and Hebert, S. C. (1989). Cell membranes impermeable to NH_3. *Nature* 339, 478-480.

Kinsella, J. L., and Aronson, P. S. (1981). Interaction of NH_4^+ and Li^+ with the renal microvillus membrane Na^+-H^+ exchanger. *Am. J. Physiol.* 241, C220-C226.

Kirschner, L. B. (1993). The energetics of osmotic regulation in ureotelic and hyposmotic fishes. *J. Exp. Zool.* 267, 19-26.

Knepper, M. A., Packer, R., and Good, D. W. (1989). Ammonium transport in the kidney. *Physiol. Rev.* 69, 179-249.

Knoph, M. B., and Thorud, K. (1996). Toxicity of ammonia to Atlantic salmon (*Salmo salar* L.) in seawater-effects on plasma osmolality, ion, ammonia, urea and glucose levels and hematologic parameters. *Comp. Biochem. Physiol.* 113A, 375-381.

Koh, K. T. (2000). Increases in carbon dioxide production and excretion in the mudskipper, *Boleophthalmus boddaerti*, in response to alkaline pH. MSc thesis, National University of Singapore.

Kok, W. K. (2000). Can the mudskipper *Periophthalmodon schlosseri* excrete NH_4^+ against a concentration gradient? MSc thesis, National University of Singapore.

Kok, W. K., Lim, C. B., Lam, T. J., and Ip, Y. K. (1998). The mudskipper *Periophthalmodon schlosseri* respires more efficiently on land than in water and vice versa for *Boleophthalmus boddaerti*. *J. Exp. Zool.* 280, 86-90.

Kong, H., Kahatapitiya, N., Kingsley, K., Salo, W. L., Anderson, P. M., Wang, Y. S., and Walsh, P. J. (2000). Induction of carbamoyl phosphate synthetase III and glutamine synthetase mRNA during confinement stress in gulf toadfish (*Opsanus beta*). *J. Exp. Biol.* 203, 311-320.

Korsgaard, B., Mommsen, T. P., and Wright, P. A. (1995). Urea excretion in teleostean fishes: Adaptive relationships to environment, ontogenesis and viviparity. In "Nitrogen Metabolism and Excretion" (Walsh, P. J., and Wright, P. A., Eds.), pp. 259-287. CRC Press, Boca Raton, FL.

Lande, M. B., Donovan, J. M., and Zeidel, M. L. (1995). The relationship between membrane fluidity and permeabilities to water, solute, ammonia, and protons. *J. Gen. Physiol.* 106, 67-84.

Lande, M. B., Priver, N. A., and Zeidel, M. L. (1994). Determinants of apical membrane permeabilities of barrier epithelia. *Am. J. Physiol.* 267, C367-C374.

Lang, T., Peters, G., Hoffmann, R., and Meyer, E. (1987). Experimental investigations on the toxicity of ammonia: Effects on ventilation frequency, growth, epidermal mucous cells, and gill structure of rainbow trout *Salmo gairdneri*. *Disease of Aquatic Organisms* 3, 159-165.

Lee, C. G. L., Lam, T. J., Munro, A. D., and Ip, Y. K. (1991). Osmoregulation in the mudskipper, Boleophthalmus boddaerti II. Transepithelial potential and hormonal control. *Fish Physiol. Biochem.* 9, 69-75.

Leong, A. -W. I. (1999). Effects of terrestrial exposure on nitrogen metabolism and excretion in *Bostrichthys sinensis*. Honours thesis, National University of Singapore.

Leung, K. M. Y., Chu, J. C. W., and Wu, R. S. S. (1999a). Effects of body weight, water temperature and ration size on ammonia excretion by the areolated grouper (*Epinephelus areolatus*) and mangrove snapper (*Lutjanus argentimaculatus*). *Aquaculture* 170, 215-227.

Leung, K. M. Y., Chu, J. C. W., and Wu, R. S. S. (1999b). Nitrogen budgets for the areolated grouper *Epinephelus areolatus* cultured under laboratory conditions and in open-sea cages. *Mar. Ecol. Prog. Ser.* 186, 271-281.

Levi, G., Morisi, G., Coletti, A., and Catanzaro, R. (1974). Free amino acids in fish brain: Normal levels and changes upon exposure to high ammonia concentrations *in vivo* and upon incubation of brain slices. *Comp. Biochem. Physiol.* 49A, 623-636.

Lignot, J. H., Cutler, C. P., Hazon, N., and Cramb, G. (2002). Immunolocalization of aquaporin 3 in the gill and gastrointestinal tract of the European eel (*Anguilla anguilla* L.). *J. Exp. Biol.* 205, 2653-2663.

Lim, C. K., Chew, S. F., Anderson, P. M., and Ip, Y. K. (2001). Mudskippers reduce the rate of protein and amino acid catabolism in response to terrestrial exposure. *J. Exp. Biol.* 204, 1605-1614.

Lim, C. K., Chew, S. F., Tay, A. S. L., and Ip, Y. K. (2004). Effects of peritoneal injection of NH_4HCO_3 on nitrogen excretion and metabolism in the swamp eel *Monopterus albus*-increased ammonia excretion with an induction of glutamine synthetase activity. *J. Exp. Zool.* 301A, 324-333.

Lim, C. K., Wong, W. P., Chew, S. F., and Ip, Y. K. (2004). The ureogenic African lungfish, *Protopterus dolloi*, switches from ammonotely to ureotely momentarily after feeding. *J. Comp. Physiol. B*. In press.

Lin, H., and Randall, D. J. (1995). Proton Pumps in Fish Gills. In "Fish Physiology" (Wood, C. M., and Shuttleworth, T. J., Eds.), Vol. 14, pp. 229-255. Academic Press, San Diego.

Lindley, T. E., Scheiderer, C. L., Walsh, P. J., Wood, C. M., Bergman, H. L., Bergman, A. L., Laurent, P., Wilson, P., and Anderson, P. M. (1999). Muscle as the primary site of urea cycle enzyme activity in an alkaline lake-adapted tilapia, *Oreochromis alcalicus grahami*. *J. Biol. Chem.* 274, 29858-29861.

Liu, Z., Peng, J., Mo, R., Hui, C. -C., and Huang, C. -H. (2001). Rh type B glycoprotein is a new member of the Rh superfamily and a putative ammonia transporter in mammals. *J. Biol. Chem.* 276, 1424-1433.

Lloyd, R., and Orr, L. (1969). The diuretic response by rainbow trout to sub-lethal concentrations of ammonia. *Wat. Res.* 3, 335-344.

Lovejoy, N. R. (1997). Stingrays, parasites, and neotropical biogeography: A closer look at Brooks *et al.* 's hypotheses concerning the origins of neotropical freshwater rays (Potamotrygonidae). *Syst. Biol.* 46, 218-230.

Low, W. P., Ip, Y. K., and Lane, D. J. W. (1990). A comparative study of the gill morphometry in three mudskippers-*Periophthalmus chrysospilos*, *Boleophthalmus boddaerti* and *Periophthalmodon schlosseri*. *Zool. Sci.* 7, 29-38.

Low, W. P., Lane, D. J. W., and Ip, Y. K. (1988). A comparative study of terrestrial adaptations in three mudskippers-*Periophthalmus chrysospilos*, *Boleophthalmus boddaerti* and *Periophthalmodon schlosseri*. *Biol. Bull.* 175, 434-438.

Madara, J. L. (1998). Regulation of the movement of solutes across tight junctions. *Ann. Rev. Physiol.* 60, 143-159.

Maetz, J. (1973). Na^+/NH_4^+, Na^+/H^+ exchanges and NH_3 movement across the gill of *Carassius auratus*. *J. Exp. Biol.* 58, 255-273.

Maetz, J., and García-Romeu, F. (1964). The mechanisms of sodium and chloride uptake by the gills of a freshwater fish, *Carassius auratus*. II. Evidence for NH_4^+/Na^+ and HCO_3^-/Cl^- exchanges. *J. Gen. Physiol.* 47, 1209-1227.

Mallery, C. H. (1983). A carrier enzyme basis for ammonium excretion in teleost gill-NH_4^+-stimulated Na^+-dependent ATPase activity in *Opsanus beta*. *Comp. Biochem. Physiol.* 74, 889-897.

Marcaggi, P., and Coles, J. A. (2001). Ammonium in nervous tissue: Transport across cell membranes, fluxes from neurons to glial cells, and role in signalling. *Prog. Neurobiol.* 64, 157-183.

Marcaida, G., Felipo, V., Hermenegildo, C., Minana, M. D., and Grisolia, S. (1992). Acute ammonia toxicity is mediated by NMDA type of glutamate receptors. *FEBS Lett.* 296, 67-68.

Marini, A. -M., Matassi, G., Raynal, V., André, B., Cartron, J. -P., and Chérif-Zahar, B. (2000). The human Rhesus-associated RhAG protein and a kidney homologue promote ammonium transport in yeast. *Nature Genetics* 26, 341-344.

Marshall, W. S. (2002). Na^+, Cl^-, Ca^{2+} and Zn^{2+} transport by fish gill: Retrospective review and prospective synthesis. *J. Exp. Zool.* 293, 264-283.

Matei, V. E. (1983). The morpho functional adaptation to ammonium of the cell epithelium chloride cells in the freshwater stickleback *Pungitius pungitius*. *Tsitologiia* 25, 661-

666.

Matei, V. E. (1984). Changes in the ultrastructure of the gill epithelium in the nine-spined stickleback *Pungitius pungitius* under the action of ammonia in hypertonic medium. *Tsitologiia* 26, 371-375.

McGeer, J. C., Wright, P. A., Wood, C. M., Wilkie, M. P., Mazur, C. F., and Iwama, G. K. (1994). Nitrogen excretion in four species of fish from an alkaline/saline lake. *Trans. Am. Fish. Soc.* 123, 824-829.

McKenzie, D. J., Randall, D. J., Lin, H., and Aota, S. (1993). Effects of changes in plasma pH, CO_2 and ammonia on ventilation in trout. *Fish Physiol. Biochem.* 10, 507-515.

McMahon, B. R., and Burggren, W. W. (1987). Respiratory physiology of intestinal air breathing in the teleost fish *Misgurnus anguillicaudatus*. *J. Exp. Biol.* 133, 371-393.

Milligan, C. L. (1997). The role of cortisol in amino acid mobilization and metabolism following exhaustive exercise in rainbow trout (*Oncorhynchus mykiss* Walbaum). *Fish Physiol. Biochem.* 16, 119-128.

Mommsen, T. P., and Walsh, P. J. (1989). Evolution of urea synthesis in vertebrates: The piscine connection. *Science* 243, 72-75.

Mommsen, T. P., and Walsh, P. J. (1991). Urea synthesis in fishes: Evolutionary and Biochemical Perspectives. *In* "Biochemistry and Molecular Biology of Fishes, 1. Phylogenetic and Biochemical Perspectives" (Hochachka, P. W., and Mommsen, T. P., Eds.), pp. 137-163. Elsevier, Amsterdam.

Mommsen, T. P., and Walsh, P. J. (1992). Biochemical and environmental perspectives on nitrogen metabolism in fishes. *Experentia* 48, 583-593.

Mommsen, T. P., Vijayan, M. M., and Moon, T. W. (1999). Cortisol in teleosts: Dynamics, mechanisms of action, and metabolic regulation. *Rev. Fish Biol. Fisheries* 9, 211-268.

Morgan, R. L., Ballantyne, J. S., and Wright, P. A. (2003a). Regulation of a renal urea transporter with reduced salinity in a marine elasmobranch, *Raja erinacea*. *J. Exp. Biol.* 206, 3285-3292.

Morgan, R. L., Wright, P. A., and Ballantyne, J. S. (2003b). Urea transport in kidney brush-border membrane vesicles from an elasmobranch, *Raja erinacea*. *J. Exp. Biol.* 206, 3293-3302.

Morii, H. (1979). Changes with time ammonia and urea concentrations in the blood and tissue of mudskipper fish, *Periophthalmus cantonensis* and *Boelophthalmus pectinirostris* kept in water and on land. *Comp. Biochem. Physiol.* 64A, 235-243.

Morii, H., Nishikata, K., and Tamura, O. (1978). Nitrogen excretion of mudskipper fish *Periophthalmus cantonensis* and *Boleophthalmus pectinirostris* in water and on land.

Comp. Biochem. Physiol. 60A, 189-193.

Morii, H., Nishikata, K., and Tamura, O. (1979). Ammonia and urea excretion from mudskipper fishes, *Periophthalmus cantonensis* and *Boleophthalmus pectinirostris* transferred from land to water. *Comp. Biochem. Physiol.* 63A, 23-28.

Mukai, T., Kajimura, M., and Iwata, K. (2000). Evolution of a ureogenic ability of Japanese *Mugilogobius* species (Pisces: Gobidae). *Zool. Sci.* 17, 549-557.

Murdy, E. O. (1989). A taxonomic revision and cladistic analysis of the oxudercine gobies (Gobiidae: Oxudercinae). *Rec. Australian Mus. Supp.* 11, 1-93.

Murray, B. W., Busby, E. R., Mommsen, T. P., and Wright, P. A. (2003). Evolution of glutamine synthetase in vertebrates: Multiply glutamine synthetase genes expressed in rainbow trout (*Oncorhynchus mykiss*). *J. Exp. Biol.* 206, 1511-1521.

Nakhoul, N. L., Hering-Smith, K. S., Abdulnour-Nakhoul, S. M., and Hamm, L. L. (2001a). Ammonium interaction with the epithelial sodium channel. *Am. J. Physiol.* 281, F493-F502.

Nakhoul, N. L., Hering-Smith, K. S., Abdulnour-Nakhoul, S. M., and Hamm, L. L. (2001b). Transport of NH_3/NH_4^+ in oocytes expressing aquaporin-1. *Am. J. Physiol.* 281, F255-F263.

Negrete, H. O., Lavelle, J. P., Berg, J., Lewis, S. A., and Zeidel, M. L. (1996). Permeability properties of the intact mammalian bladder epithelium. *Am. J. Physiol.* 271, F886-F894.

Olson, K. R., and Fromm, P. O. (1971). Excretion of urea by two teleosts exposed to different concentrations of ambient ammonia. *Comp. Biochem. Physiol.* 40A, 999-1007.

Paley, R. K., Twitchen, I. D., and Eddy, F. B. (1993). Ammonia, Na^+, K^+ and Cl^- levels in rainbow trout yolk-sac fry in response to external ammonia. *J. Exp. Biol.* 180, 273-284.

Peng, K. W., Chew, S. F., Lim, C. B., Kuah, S. S. L., Kok, W. K., and Ip, Y. K. (1998). The mudskippers *Periophthalmodon schlosseri* and *Boleophthalmus boddaerti* can tolerate environmental NH_3 concentrations of 446 and 36 mmol/L, respectively. *Fish Physiol. Biochem.* 19, 59-69.

Pequin, L., and Serfaty, A. (1963). L'excretion ammoniacale chez un Teleosteen dulcicole *Cyprinius carpio*. L. *Comp. Biochem. Physiol.* 10, 315-324.

Perlman, D. F., and Goldstein, L. (1999). Organic osmolyte channels in cell volume regulation in vertebrates. *J. Exp. Zool.* 283, 725-733.

Person Le Ruyet, J., Galland, R., Le Roux, A., and Chartois, H. (1997). Chronic ammonia toxicity in juvenile turbot (*Scophthalmus maximus*). *Aquaculture* 154, 155-171.

Poll, M. (1961). Révision systématique et raciation géographique des Protopteridae de l'Afrique centrale. *Ann. Mus. R. Afr. Centr. série in-8° Sci. Zool.* 103, 3-50.

Praetorius, J., Friss, U. G., Ainsworth, M. A., Schaffalitzky de Muckadell, O. B., and Johansen, T. (2002). The cystic fibrosis transmembrane conductance regulator is not a base transporter in isolated duodenal epithelial cells. *Acta. Physiol. Scand.* 174, 327-336.

Ramaswamy, M., and Reddy, T. G. (1983). Ammonia and urea excretion in three species of air-breathing fish subjected to aerial exposure. *Proc. Ind. Acad. Sci. (Anim. Sci.)* 92, 293-297.

Randall, D. J., and Tsui, T. K. N. (2002). Ammonia toxicity in fish. *Marine Pollution Bull.* 45, 17-23.

Randall, D. J., and Wicks, B. J. (2000). Fish: Ammonia production, excretion and toxicity. Paper presented in the Fifth International Symposium on Fish Physiology, Toxicology and Water Quality, 9-12 November, 1998, City University of Hong Kong.

Randall, D. J., Wilson, J. M., Peng, K. W., Kok, T. W. K., Kuah, S. S. L., Chew, S. F., Lam, T. J., and Ip, Y. K. (1999). The mudskipper, *Periophthalmodon schlosseri*, actively transports NH_4^+ against a concentration gradient. *Am. J. Physiol.* 277, R1562-R1567.

Randall, D. J., Wood, C. M., Perry, S. F., Bergman, H., Maloiy, G. M., Mommsen, T. P., and Wright, P. A. (1989). Urea excretion as a strategy for survival in a fish living in a very alkaline environment. *Nature* 337, 165-166.

Rao, V. L. R., Murthy, C. R. K., and Butterworth, R. F. (1992). Glutamatergic synaptic dysfunction in hyperammonemic syndromes. *Metab. Brain Dis.* 7, 1-20.

Ratha, B. K., Sha, N., Rana, R. K., and Chaudhury, B. (1995). Evolutionary significance of metabolic detoxification of ammonia to urea in an ammoniotelic freshwater teleost, *Heteropneustes fossilis*, during temporary water deprivation. *Evol. Biol.* 8, 9, 107-117.

Reichenbach-Klinke, H. H. (1967). Untersuchungen uber die Einwirkung des Ammoniakgehalts auf den Fischorganismus. *Arch. Fischereiwissenschaft* 17, 122-132.

Ritter, N. M., Smith, D. D. Jr., and Campbell, J. W. (1987). Glutamine synthetase in liver and brain tissues of the holocephalan *Hydrolagus colliei*. *J. Exp. Zool.* 243, 181-188.

Robin, E. D., Travis, D. M., Bromberg, P. A., Forkner Jr., C. E., and Tyler, J. M. (1959). Ammonia excretion by mammalian lung. *Science* 129, 270-271.

Rodicia, L. P., Sternberg, L., and Walsh, P. J. (2003). Metabolic fate of exogenous $^{15}NH_4Cl$ in the gulf toadfish (*Opsanus beta*). *Comp. Biochem. Physiol.* 136C, 157-164.

Rozemeijer, M. J. C., and Plaut, I. (1993). Regulation of nitrogen excretion of the amphibious blenniidae *Alticus kirki* (Guenther, 1868) during emersion and immersion. *Comp. Biochem. Physiol.* 104A, 57-62.

Saha, N., and Das, L. (1999). Stimulation of ureogenesis in the perfused liver of an Indian air-breathing catfish, *Clarias batrachus*, infused with different concentrations of ammonium chloride. *Fish Physiol. Biochem.* 21, 303-311.

Saha, N., and Ratha, B. K. (1987). Active ureogenesis in a freshwater air-breathing teleost, *Heteropneustes fossilis*. *J. Exp. Zool.* 241, 137-141.

Saha, N., and Ratha, B. K. (1989). Comparative study of ureogenesis in freshwater air-breathing teleosts. *J. Exp. Zool.* 252, 1-8.

Saha, N., and Ratha, B. K. (1990). Alterations in the excretion pattern of ammonia and urea in a freshwater air-breathing teleost, *Heteropneustes fossilis* (Bloch) during hyperammonia stress. *Ind. J. Exp. Biol.* 28, 597-599.

Saha, N., and Ratha, B. K. (1994). Induction of ornithine-urea cycle in a freshwater teleost, *Heteropneustes fossilis*, exposed to high concentrations of ammonium chloride. *Comp. Biochem. Physiol.* 108B, 315-325.

Saha, N., and Ratha, B. K. (1998). Ureogenesis in Indian air-breathing teleosts: Adaptation to environmental constraints. *Comp. Biochem. Phsyiol.* 120A, 195-208.

Saha, N., Das, L., and Dutta, S. (1999). Types of carbamyl phosphate synthetases and subcellular localization of urea cycle and related enzymes in air-breathing walking catfish, *Clarias batrachus* infused with ammonium chloride: A strategy to adapt under hyperammonia stress. *J. Exp. Zool.* 283, 121-130.

Saha, N., Das, L., Dutta, S., and Goswami, U. C. (2001). Role of ureogenesis in the muddwelled Singhi catfish (*Heteropneustes fossilis*) under condition of water shortage. *Comp. Biochem. Physiol.* 128A, 137-146.

Saha, N., Dkhar, J., Anderson, P. M., and Ratha, B. K. (1997). Carbamyl phosphate synthetase in an airbreathing teleost, *Heteropneustes fossilis*. *Comp. Biochem. Physiol.* 116B, 57-63.

Saha, N., Dutta, S., and Bhattacharjee, A. (2002). Role of amino acid metabolism in an airbreathing catfish, *Clarias batrachus* in response to exposure to a high concentration of exogenous ammonia. *Comp. Biochem Physiol.* 133B, 235-250.

Saha, N., Dutta, S., and Haussinger, D. (2000). Changes in free amino acid synthesis in the perfused liver of an air-breathing walking catfish, *Clarias batrachus* infused with ammonium chloride: A strategy to adapt under hyperammonia stress. *J. Exp. Zool.* 286, 13-23.

Saha, N., Kharbuli, S. Y., Bhattacharjee, A., Goswami, C., and Haussinger, D. (2002). Effect of alkalinity (pH = 10) on ureogenesis in the air-breathing walking catfish, *Clarias batrachus*. *Comp. Biochem. Physiol.* 132A, 353-364.

Salama, A., Morgan, I. J., and Wood, C. M. (1999). The linkage between Na^+ uptake and ammonia excretion in rainbow trout: Kinetic analysis, the effects of $(NH_4)_2SO_4$ and NH_4HCO_3 infusion and the influence of gill boundary layer pH. *J. Exp. Biol.* 202, 697-709.

Sardet, C., Pisam, M., and Maetz, J. (1979). The surface epithelium of teleostean fish gills. Cellular and junctional adaptations of the chloride cell in relation to salt adaptation. *J. Cell Biol.* 80, 96-117.

Schmidt, W., Wolf, G., Grungreiff, K., and Linke, K. (1993). Adenosine influences the high-affinity-uptake of transmitter glutamate and aspartate under conditions of hepatic encephalopathy. *Metabol. Brain Dis.* 8, 73-80.

Schultze, H. P. (1994). Comparison of hypotheses on the relationships of sarcopterygians. *Syst. Biol.* 43, 155-173.

Sears, E. S., McCandless, D. W., and Chandler, M. D. (1985). Disruption of the blood-brain barrier in hyperammonemic coma and the pharmacologic effects of dexaethasone and difluoromethyl ornithine. *J. Neurosci. Res.* 14, 255-261.

Shuttleworth, T. J. (1988). Salt and water balance-extrarenal mechanisms. In "Physiology of Elasmobranch Fishes" (Shuttleworth, T. J., Ed.), pp. 171-200. Springer-Verlag, Berlin.

Singh, S. K., Binder, H. J., Geibel, J. P., and Boron, W. F. (1995). An apical permeability barrier to NH_3/NH_4^+ in isolated, perfused colonic crypts. *Proc. Natl. Acad. Sci.* 92, 11573-11577.

Smart, G. (1976). The effect of ammonia exposure on gill structure of the rainbow trout (*Salmo gairdneri*). *J. Fish Biol.* 8, 471-475.

Smart, G. R. (1978). Investigations of the toxic mechanisms of ammonia to fish-gas exchange in rainbow trout (*Salmo gairdneri*) exposed to acutely lethal concentrations. *J. Fish Biol.* 12, 93-104.

Smith, C. P., and Wright, P. A. (1999). Molecular characterization of an elasmobranch urea transporter. *Am. J. Physiol.* 276, R622-R626.

Smith, D. D., Jr., Ritter, N. M., and Campbell, J. W. (1983). Glutamine synthetase isozymes in elasmobranch brain and liver tissues. *J. Biol. Chem.* 262, 198-202.

Smith, H. W. (1930). Metabolism of the lungfish (*Protopterus aethiopicus*). *J. Biol. Chem.* 88, 97-130.

Smith, H. W. (1935). Lung-fish. *Aquarium* 1, 241-243.

Stewart, P. A. (1983). Modern quantitative acid-base chemistry. *Can. J. Physiol. Pharmacol.* 61, 1444-1461.

Tam, W. L., Wong, W. P., Chew, S. F., Ballantyne, J. S., and Ip, Y. K. (2003).

The osmotic response of the Asian freshwater stingray (*Himantura signifier*) to increased salinity: A comparison to a marine (*Taenima lymma*) and Amazonian freshwater (*Potamotrygon motoro*) stingrays. *J. Exp. Biol.* 206, 2931-2940.

Tay, S. L. A., Chew, S. F., and Ip, Y. K. (2003). The swamp eel *Monopterus albus* reduces endogenous ammonia production and detoxifies ammonia to glutamine during aerial exposure. *J. Exp. Biol.* 206, 2473-2486.

Taylor, E. (2000). *In* "Effects of exposure to sublethal levels of copper on brown trout: Mechanisms of ammonia toxicity." Paper presented in the Fifth International Symposium on Fish Physiology, Toxicology and Water Quality, 9-12 November, 1998, City University of Hong Kong, pp. 51-68.

Terjesen, B. F., Chadwick, T. D., and Verreth, J. A. J. (2001). Pathways for urea production during early life of an air-breathing teleost, the African catfish *Clarias gariepinus* Burchell. *J. Exp. Biol.* 204, 2155-2165.

Terjesen, B. F., Ronnestad, I., Norberg, B., and Anderson, P. M. (2000). Detection and basic properties of carbamoyl phosphate synthetase III during teleost ontogeny: A case study in the Atlantic halibut (*Hippoglossus hippoglossus* L.). *Comp. Biochem. Physiol.* 126B, 521-535.

Terjesen, B. F., Verreth, J., and Fyhn, H. J. (1997). Urea and ammonia excretion by embryos and larvae of the African Catfish *Clarias gariepinus* (Burchell 1822). *Fish Physiol. Biochem.* 16, 311-321.

Thorson, T. B., Cowan, C. M., and Watson, D. E. (1967). *Potamotrygon* spp.: elasmobranchs with low urea content. *Science* 158, 375-377.

Thurston, R. U., Russo, R. C., and Smith, C. E. (1978). Acute toxicity of ammonia and nitrite to cutthroat trout fry. *Trans. Am. Fish. Soc.* 107, 361-368.

Thurston, R. V., Russo, R. C., and Vinogradov, G. A. (1981). Ammonia toxicity to fishes. The effect of pH on the toxicity of the un-ionized ammonia species. *Environ. Sci. Tech.* 15, 837-840.

Tomasso, J. R., Goudie, C. A., Simco, B. A., and Davis, K. B. (1980). Effects of environmental pH and calcium on ammonia toxicity in channel catfish. *Trans. Am. Fish. Soc.* 109, 229-234.

Trischitta, F., Denaro, M. G., Faggio, C., Mandolfino, M., and Schettino, T. (1998). H^+ and Cl^- secretion in the stomach of the teleost fish, *Anguilla anguilla*: Stimulation by histamine and carbachol. *J. Comp. Physiol.* B. 168, 1-8.

Tsui, T. K. N., Randall, D. J., Chew, S. F., Jin, Y., Wilson, J. M., and Ip, Y. K. (2002). Accumulation of ammonia in the body and NH_3 volatilization from alkaline regions of the body surface during ammonia loading and exposure to air in the weather loach *Misgurnus anguillicaudatus*. *J. Exp. Biol.* 205, 651-659.

Twitchen, I. D., and Eddy, F. B. (1994). Effects of ammonia on sodium balance in juvenile rainbow trout *Oncorhynchus mykiss* Walbaum. *Aqua. Toxicol.* 30, 27-45.

USA Environmental Protection Agency (1998). Addendum to "Ambient Water Quality Criteria for Ammonia-1984". National Technical Information Service, Springfield, VA.

Varley, D. G., and Greenaway, P. (1994). Nitrogenous excretion in the terrestrial carnivorous crab *Geograpsus greyi*: Site and mechanism of excretion. *J. Exp. Biol.* 190, 179-193.

Vedel, N. E., Korsgaard, B., and Jenssen, F. B. (1998). Isolated and combined exposure to ammonia and nitrite in rainbow trout (*Oncorhynchus mykiss*): Effects on electrolyte status, blood respiratory properties and brain glutamine/glutamate concentrations. *Aqua. Toxicol.* 41, 325-342.

Wall, S. M. (1996). Ammonium transport and the role of the Na^+, K^+-ATPase. *Min. Electrolyte Metabol.* 22, 311-317.

Walsh, P. J. (1997). Evolution and regulation of ureogenesis and ureotely in (batrachoidid) fishes. *Ann. Rev. Physiol.* 59, 299-323.

Walsh, P. J., and Milligan, C. J. (1995). Effects of feeding on nitrogen metabolism and excretion in the gulf toadfish (*Opsanus beta*). *J. Exp. Biol.* 198, 1559-1566.

Walsh, P. J., and Mommsen, T. P. (2001). Evolutionary considerations of nitrogen metabolism and excretion. *In* "Fish Physiology" (Wright, P. A., and Anderson, P. M., Eds.), Vol. 20, ch. 8, pp. 1-30. Academic Press, New York.

Walsh, P. J., and Smith, C. P. (2001). Urea transport. *In* "Fish Physiology," Vol. 20. "Nitrogen Excretion" (Wright, P. A., and Anderson, P. M., Eds.), ch. 8, pp. 279-307. Academic Press, New York.

Walsh, P. J., Bergman, H. L., Narahara, A., Wood, C. M., Wright, P. A., Randall, D. J., Maina, J. N., and Laurent, P. (1993). Effects of ammonia on survival, swimming and activities of enzymes of nitrogen metabolism in the Lake Magadi tilapia *Oreochromis alcalicus grahami*. *J. Exp. Biol.* 180, 323-387.

Walsh, P. J., Danulat, E., and Mommsen, T. P. (1990). Variation in urea excretion in the gulf toadfish (*Opsanus beta*). *Mar. Biol.* 106, 323-328.

Walsh, P. J., Mayer, G. D., Medina, M., Bernstein, M. L., Barimo, J. F., and Mommsen, T. P. (2003). A second glutamine synthetase gene with expression in the gills of the Gulf toadfish (*Opsanus beta*). *J. Exp. Biol.* 206, 1523-1533.

Walsh, P. J., Tucker, B. C., and Hopkins, T. E. (1994). Effects of confinement/crowding on ureogenesis in the Gulf toadfish *Opsanus beta*. *J. Exp. Biol.* 191, 195-206.

Walton, M. J., and Cowey, C. B. (1977). Aspects of ammoniagenesis in rainbow trout, *Salmo gairdneri*. *Comp. Biochem. Physiol.* 57, 143-149.

Wang, X., and Walsh, P. J. (2000). High ammonia tolerance in fishes of the family batrachoididae (toadfish and midshipmen). *Aquat. Toxicol.* 50, 205-221.

Wang, Z., Petrovic, S., Mann, E., and Soleimani, M. (2002). Identification of an apical Cl^-/HCO_3^- exchanger in the small intestine. *Am. J. Physiol.* 282, G573-G579.

Westhoff, C. M., Ferreri-Jacobia, M., Mak, D.-O. D., and Foskett, J. K. (2002). Identification of the erythrocyte Rh blood group glycoprotein as a mammalian ammonium transporter. *J. Biol. Chem.* 277, 12499-12502.

Wicks, B. J., and Randall, D. J. (2002). The effect of feeding and fasting on ammonia toxicity in juvenile rainbow trout, *Oncorhynchus mykiss*. *Aquatic. Toxicol.* 59, 71-82.

Wilkie, M. P. (2002). Ammonia excretion and urea handling by fish gills: Present understanding and future research challenges. *J. Exp. Zool.* 293, 284-301.

Wilkie, M. P., and Wood, C. M. (1996). The adaptations of fish to extremely alkaline environ-ments. *Comp. Biochem. Physiol.* 113, 665-673.

Wilkie, M. P., Wright, P. A., Iwama, G. K., and Wood, C. M (1993). The physiological responses of the Lahontan cutthroat trout (*Oncorhynchus clarki henshawi*), a resident of highly alkaline Pyramid Lake (pH = 9.4), to challenge at pH = 10. *J. Exp. Biol.* 175, 173-194.

Wilkie, M. P., Wright, P. A., Iwama, G. K., and Wood, C. M. (1994). The physiological adaptations of the Lahontan cutthroat trout (*Oncorhynchus clarki henshawi*) following transfer from well water to the highly alkaline waters of Pyramid Lake, Nevada (pH = 9.4). *Physiol. Zool.* 67, 355-380.

Wilson, J. M., Laurent, P., Tufts, B. L., Benos, D. J., Donowitz, M., Vogl, A. W., and Randall, D. J. (2000a). NaCl uptake by the branchial epithelium in freshwater teleost fish: An immunological approach to ion-transport protein localization. *J. Exp. Biol.* 203, 2279-2296.

Wilson, J. M., Randall, D. J., Donowitz, M., Vogl, A. W., and Ip, Y. K. (2000b). Immunolocalization of ion-transport proteins to branchial epithelium mitochondria-rich cells in the mudskipper (*Periophthalmodon schlosseri*). *J. Exp. Biol.* 203, 2297-2310.

Wilson, J. M., Randall, D. J., Kok, T. W. K., Vogl, W. A., and Ip, Y. K. (1999). Fine structure of the gill epithelium of the terrestrial mudskipper, *Periophthalmodon schlosseri*. *Cell Tissue Res.* 298, 345-356.

Wilson, R. W., and Taylor, E. W. (1992). Transbranchial ammonia gradients and acid-base responses to high external ammonia concentration in rainbow trout (*Oncorhynchus mykiss*) acclimated to different salinities. *J. Exp. Biol.* 166, 95-112.

Wilson, R. W., Wilson, J. M., and Grosell, M. (2002). Intestinal bicarbonate secretion by marine teleost fish-why and how? *Biochim. Biophys. Acta* 1566, 182-193.

Wilson, R. W., Wright, P. A., Munger, S., and Wood, C. M. (1994). Ammonia excretion in freshwater rainbow trout (*Oncorhynchus mykiss*) and the importance of gill boundary layer acidification: Lack of evidence for Na$^+$—NH$_4^+$ exchange. *J. Exp. Biol.* 191, 37-58.

Withers, P. C., Morrison, G., and Guppy, M. (1994a). Buoyancy role of urea and TMAO in an elasmobranch fish, the Port Jackson shark, *Heterodontus portusjacksoni*. *Physiol. Zool.* 67, 693-705.

Withers, P. C., Morrison, G., Hefter, G. T., and Pang, T. -S. (1994b). Role of urea and methylamines in buoyancy of elasmobranches. *J. Exp. Biol.* 188, 175-189.

Wood, C. M. (1993). Ammonia and urea metabolism and excretion. *In* "The physiology of fishes" (Evans, D. H., Ed.), pp. 379-423. CRC Press, Boca Raton.

Wood, C. M. (2001). Influence of feeding, exercise, and temperature on nitrogen metabolism and excretion. *In* "Fish Physiology," Vol. 20. "Nitrogen Excretion" (Wright, P. A., and Anderson, P. M., Eds.), ch. 6, pp. 201-238. Academic Press, New York.

Wood, C. M., Bergman, H. L., Laurent, P., Maina, J. N., Narahara, A., and Walsh, P. J. (1994). Urea production, acid-base regulation and their interactions in the Lake Magadi tilapia, a unique teleost adapted to a highly alkaline environment. *J. Exp. Biol.* 189, 13-36.

Wood, C. M., Gilmour, K. M., Perry, S. F., Part, P., Laurent, P., and Walsh, P. J. (1998). Pusatile urea excretion in gulf toadfish (*Opsanus beta*): Evidence for activation of a specific facilitated diffusion transport system. *J. Exp. Biol.* 201, 805-817.

Wood, C. M., Hopkins, T. E., Hogstrand, C., and Walsh, P. J. (1995). Pulsatile urea excretion in the ureagenic toadfish *Opsanus beta*: An analysis of rates and routes. *J. Exp. Biol.* 198, 1729-1741.

Wood, C. M., Hopkins, T. E., and Walsh, P. J. (1997). Pulsatile urea excretion in the toadfish (*Opsanus beta*) is due to a pulsatile excretion mechanism, not a pulsatile production mechanism. *J. Exp. Biol.* 200, 1039-1046.

Wood, C. M., Matsuo, A. Y. O., Gonzalez, R. J., Wilson, R. W., Patrick, M. L., and Val., A. L. (2002). Mechanisms of ion transport in *Potamotrygon*, a stenohaline freshwater elasmobranch native to the ion-poor blackwaters of the Rio Negro. *J. Exp. Biol.* 205, 3039-3054.

Wood, C. M., Part, P., and Wright, P. A. (1995). Ammonia and urea metabolism in relation to fill function and acid-base balance in a marine elasmobranch, the spiny dogfish (*Squalus acanthias*). *J. Exp. Biol.* 198, 1545-1558.

Wood, C. M., Perry, S. F., Wright, P. A., Bergman, H. L., and Randall, D. J. (1989). Ammonia and urea dynamics in the Lake Magadi tilapia, a ureotelic teleost fish adapted to an extremely alkaline environment. *Respir. Physiol.* 77, 1-20.

Wright, P. A. (1993). Nitrogen excretion and enzyme pathways for ureagenesis in freshwater tilapia (*Oreochromis niloticus*). *Physiol. Zool.* 66, 881-901.

Wright, P. A. (1995). Nitrogen excretion: Three end products, many physiological roles. *J. Exp. Biol.* 198, 273-281.

Wright, P. A., and Fyhn, H. J. (2001). Ontogeny of nitrogen metabolism and excretion. In "Fish Physiology" Vol. 20. "Nitrogen Excretion" (Wright, P. A., and Anderson, P. M., Eds.), ch. 55, pp. 149-200. Academic Press, New York.

Wright, P. A., and Land, M. D. (1998). Urea production and transport in teleost fishes. *Comp. Biochem. Physiol.* 119A, 47-54.

Wright, P. A., Iwama, G. K., and Wood, C. M. (1993). Ammonia and urea excretion in Lahontan cutthroat trout (*Oncorhynchus clarki henshawi*) adapted to the highly alkaline Pyramid Lake (pH = 9.4). *J. Exp. Biol.* 175, 153-172.

Wright, P. A., Randall, D. J., and Perry, S. F. (1989). Fish gill boundary layer: A site of linkage between carbon dioxide and ammonia excretion. *J. Comp. Physiol.* 158, 627-635.

Wright, P. A., Felskie, A. K., and Anderson, P. M. (1995). Induction of ornithine-urea cycle enzymes and nitrogen metabolism and excretion in rainbow trout (*Oncorhynchus mykiss*) during early life stage. *J. Exp. Biol.* 198, 127-135.

Yancey, P. H. (2001). Nitrogen compounds as osmolytes. In "Fish Physiology" Vol. 20. "Nitrogen Excretion" (Wright, P. A., and Anderson, P. M., Eds.), ch. 9, pp. 309-341. Academic Press, New York.

Yap, A. S., Mullin, J. M., and Stevenson, B. R. (1998). Molecular analysis of tight junction physiology: Insights and paradoxes. *J. Membrane Biol.* 163, 159-167.

Yip, K. P., and Kurtz, I. (1995). NH_3 permeability of principal cells and intercalated cells measured by confocal fluorescence imaging. *Am. J. Physiol.* 369, F545-550.

Yokobori, S., Hasegawa, M., and Ueda, T. (1994). Relationship among coelacanths, lungfishes, and tetrapods-A phylogenetic analysis based on mitochondrial cytochrome-oxidase-I gene-sequence. *J. Mol. Evol.* 38, 602-609.

Zeidel, M. L. (1996). Low permeabilities of apical membranes of barrier epithelia: What makes watertight membranes watertight? *Am. J. Physiol.* 271, F243-F245.

第9章 离子贫乏酸性黑水域热带鱼类的离子调节机理

9.1 导　言

目前我们关于淡水鱼离子调节机制的知识大部分来自对少数温带模式鱼类的研究。这些鱼类主要属于鲑科，另有小部分属于鲤科。这些研究显示，为了保持体内的钠离子和氯离子水平高于周围环境淡水中的离子浓度，鱼类需要通过主动吸收离子的方式来平衡扩散导致的损失。尽管鱼类肠道和肾脏在这个过程中发挥了一定作用，但鳃是主要的作用器官。鱼类通过肠道可以从食物中吸收离子（Smith et al., 1989; D'Cruz and Wood, 1998），而鱼类通过肾脏产生尿液保存离子，只有不到10%的离子会在排尿过程中损失（McDonald and Wood, 1981; McDonald, 1983b）。

通过对模式生物的研究，科学家已经非常成功地获得了对鱼类离子调节基本机理的认知，并对鱼类中该系统各成分如何协同运转有了更深刻的了解。但是，人们对该系统的认知水平仍然非常有限。特别是仅仅通过对少数几种分布区域有限的鱼类的研究不可能获得对淡水鱼类所具有的生理适应范围的充分了解。例如，对鳉鱼（cyprinodont, killifish）的研究表明其离子运输系统从根本上和那些模式生物的系统是不同的（Patrick and Wood, 1999; Katoh et al., 2003）。因此，将我们的研究拓展到其他物种，特别是和温带鱼类一样面临各种环境挑战的热带鱼类，会有很多新的收获。事实上，在很多情况下热带鱼类系统中的挑战会更加极端，因此，对热带鱼类的研究会加深我们对环境如何影响鱼类的生理及鱼类如何应对环境改变的生理适应范围的理解。此外，热带物种种类繁多，在系统发生的背景下研究它们的生理学会极大地拓展我们对鱼类生理适应进化机理的理解。

栖息在离子含量极低的酸性亚马孙河系统的内格罗河的鱼类就是一个重要的研究对象。内格罗河位于亚马孙盆地的西北部地区，是亚马孙河最大的支流，长约1700 km，流域面积约7×10^5 km^2。这个地区的土壤是古代冲积泛滥平原的遗迹，大部分由硅酸砂（主要是灰壤）组成，养分难以有效保持（Val and Almeida-Val, 1995）。因此，这一地区土壤长期缺乏养分，河流离子极其贫乏。内格罗河的主河道中典型的钠离子和氯离子水平分别是全球河流离子平均水平的1/16和1/5，水中钙离子水平甚至更低，大概是全球河流平均水平的1/70，见表9.1。在汇入内格罗河的森林小溪流中，离子含量水平会被稀释。由于水中营养水平低，细菌多样性减少，植物材料分解非常慢。大量有机酸，主要是来自部分腐烂的植物材料中的腐殖酸和黄腐酸（Leenheer, 1980; Ertel et al., 1986），导致这条河流呈现茶的颜色，这条河流也因此得名。这些有机物质和低离子水平造成的具有极低缓冲能力的水体相结合，导致水域酸性严重。主河道的pH变动在4.5~6.0之间，但是森林小溪流和洪水泛滥的森林水域会低2个或者更多pH单位（Walker and Henderson, 1996）。

表 9.1 内格罗河、内格罗河流域的森林溪流和世界河流的离子浓度、溶解有机质（DOM，碳单位）及 pH

	内格罗河	森林溪流	世界河流
Na^+（μmol/L）	16.5 ± 5.3	9.4 ± 2.5	270
Cl^-（μmol/L）	47.9 ± 19.5	59.4 ± 10.8	220
Ca^{2+}（μmol/L）	5.3 ± 1.6	1.0 ± 0.9	370
Mg^{2+}（μmol/L）	4.7 ± 1.4	1.5 ± 0.6	170
DOM（碳单位）/（mg/L）	10	—	0
pH	5.1 ± 0.6	4.5 ± 0.2	7.8～8.0

注：内格罗河及森林溪流的值来自 Furch（1984），世界河流的值来自 Wetzel（1983）。

离子含量极低的酸性水域，例如内格罗河的水域，对淡水鱼类的离子调节提出了种种挑战。实际上，一些典型的北美鱼类，例如鲑科或鲤科鱼类，在接触有毒的内格罗河水域后，几个小时之内就会死亡。然而，内格罗河的鱼类是格外丰富和多样的。最近的评估表明，来自 40 多个不同科的 1000 种以上的鱼栖息在内格罗河。内格罗河的鱼类物种包括 1 种肺鱼［南美肺鱼（*Lepidosiren*）］、2 种巨骨舌鱼［巨骨舌鱼（*Arapaima*）和骨舌鱼（*Osteoglossum*）］、几十种裸背鳗科鱼类和许多丽鱼科鱼类。脂鲤目鱼类特别多种多样，有 12 个科，包含好几百种鱼（Val and Almeida-Val，1995）。

因此，内格罗河的鱼类特殊性为在离子贫乏的酸性水域中探索鱼类离子调节的生理适应范围，以及在系统发育水平上对这些特殊进化机理开展研究提供了一个良好的机会。为了更好地阐述这种潜在的问题，我们将首先描述目前对淡水鱼类离子调节机理的理解，然后将介绍离子贫乏酸性水域对模式鲑科鱼类和一些来自北美的嗜酸性鱼类的离子调节机理的影响，最后阐述最近对原产于离子贫乏酸性的内格罗河鱼类离子调节机理的研究如何改变和拓展了我们对鱼类离子调节机理的理解。

9.2 淡水鱼类离子调节的一般作用机理

淡水鱼类体内细胞外液钠离子浓度是 130～160 mmol/L，氯离子浓度是 120～140 mmol/L。这些离子浓度远高于周围淡水的离子浓度（一般不超过 1 mmol/L）。这种离子浓度差异造成了鳃中钠离子和氯离子向环境水中连续扩散的损失。这种扩散主要是通过细胞间的紧密连接处发生的。淡水鱼类鳃上皮细胞的特征是排列紧密（Isaia，1984；Madara，1988）；事实上，鳃上皮细胞的电阻在所有测量的上皮细胞中是最高的（Wood et al.，2002a）。大量研究显示离子外排幅度和水中钙离子浓度相关，表明鳃上皮细胞的低渗透性至少部分是由钙离子结合到紧密连接蛋白而决定的（Hunn，1985；Freda and McDonald，1988；Gonzalez and Dunson，1989a）。

为了应对体内离子扩散损失，维持体内钠离子和氯离子浓度水平，两种离子通过两步过程从水中透过鳃组织被主动运输到血液中（图 9.1）。相关机理已经在最近的一些综述中阐明（Potts，1994；Goss et al.，1995；Perry，1997；Kirschner，1997；Evans et al.，1999；Marshall，1995，2002）。这些综述阐明了我们目前对相关离子调节机理的理解和现有理论的缺点。首先，钠离子和氯离子是分别通过直接或间接交换酸和碱等价物从而得以透过鳃上皮细胞顶端细胞膜的。细胞内碳酸酐酶的催化作用对于提供这些酸（氢离子）和碱（碳酸氢根离子、氢氧根离子）等价物至关重要。一旦进入细胞，钠离子会在钠离子/钾离子-ATP酶的作用下通过基底外侧膜主动排出。氯离子的运输机理尚不清楚。通常情况下，假设它以某种方式和钠离子/钾离子-ATP酶泵提供的能量相关联，但这种方式从未得到令人满意的证明。一种可能是，一旦氯离子穿过顶端细胞膜，相较于细胞外液而言，氯离子在离子细胞的细胞内区室中处在高于电化学平衡的状态，导致它通过基底外侧通道被动排出。

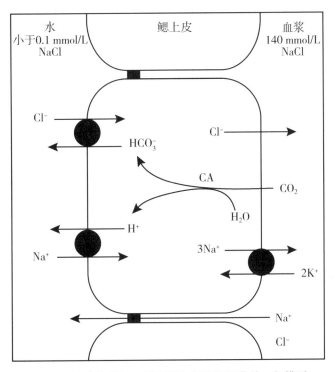

图9.1　淡水鱼类鳃中钠离子和氯离子调节的一般模型

关于钠离子和氯离子穿过顶膜的转运机理还有许多问题。多年来，普遍采用的钠离子吸收模型（图9.2中的选项A）要求通过逆转运蛋白将钠离子与氢离子或铵根进行电中性交换（Maetz and Garcia-Romeu，1964）。根据该模型，当水的pH等于或小于细胞内pH时，这种交换的驱动力必须是在基底外侧膜钠离子/钾离子-ATP酶作用下产生的细胞内低钠离子造成的一定浓度梯度。然而，这方面的模型有一个重大缺陷。对细胞内钠离子（和氯离子）的测量表明其浓度大于30 mmol/L（Wood and LeMoigne，1991；Morgan et al.，1994）。这意味着在钠离子浓度小于或等于1 mmol/L的水域，没有浓度梯度驱动离子交换。原有模型中的这一基本缺陷促使了钠离子跨顶膜转运的替代机理的提出

（Avella and Bornancin，1989；Lin and Randall，1991，1993，1995）。这个新的模型涉及氢离子通过氢离子-ATP 酶主动排出顶膜，在顶膜上产生一个局部的负电位，通过离子特异性通道吸收钠离子（图 9.2 中的选项 B），正如首次描述的两栖动物上皮的盐吸收细胞的作用方式（Ehrenfeld et al.，1985）。该模型的明显优点是不需要一个稳定的氢离子或钠离子化学梯度来驱动转运，而是依赖顶膜处活性生电氢离子的排出所产生的一个高度局部化的电化学梯度，促进钠离子的吸收。

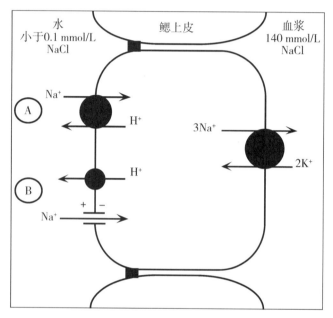

图 9.2　淡水鱼鳃上皮细胞顶端细胞膜钠转运的两种模型

许多研究已经为这一模型提供了新的证据。免疫定位和分子技术研究已经证实了鳃上皮细胞的氢离子-ATP 酶和钠离子通道蛋白的存在（Lin et al.，1994；Sullivan et al.，1995；Wilson et al.，2000）；通过采用药理学抑制剂巴弗洛霉素抑制氢离子-ATP 酶，发现在鳟鱼（Bury and Wood，1999）、鲤鱼和罗非鱼的幼鱼（Fenwick et al.，1999）能强烈抑制钠离子吸收。尽管氢离子-ATP 酶/钠离子通道模型得到支持，然而这个问题并没有完全解决。事实上，一些免疫定位和药理阻断研究表明在某些特定物种的鳃上皮细胞上存在钠离子/氯离子交换蛋白（Wilson et al.，2000；Wood et al.，2002b）。此外，氢离子排出和钠离子吸收之间的关系尚未得到实验证实。

至于氯离子通过顶膜吸收的现象，有相当多的证据表明它是通过氯离子/碳酸氢根交换蛋白进行的（避免了电梯度）。然而，细胞内氯离子浓度大于 30 mmol/L，碳酸氢根浓度大约是 2 mmol/L（Wood and LeMoigne，1991）。因此，与钠离子吸收一样，总体的化学梯度显然是不适宜的，激发这一过程的机制仍然未知。

钠离子和氯离子穿过顶膜的转运过程并不是直接关联的，实际上钠离子/氢离子交换和氯离子/碳酸氢根离子交换可能在相反的方向发生，以补偿系统性酸碱紊乱。如果碳酸氢根和氢离子（氯离子和钠离子运输所需的平衡离子），在鳃上皮细胞中通过碳酸酐酶催化的二氧化碳水合反应生成，那么用于交换碳酸氢根的氯离子的吸收速率可能对参与钠离子吸收的氢离子存在影响。但是，这种间接联系还没有明确的论证。另外，发生在不同的细胞类型中钠离子和氯离子的运输（Goss et al., 1995；Marshall, 2002）可以排除这种联系。

9.3 离子贫乏酸性水对模式硬骨鱼的影响

直到最近，我们所获知的有关淡水鱼类对环境 pH 较低的软水的生理反应知识，大部分来自酸雨问题相关的研究成果。这些研究的实验对象主要是鲑科鱼类，还有小部分是鲤科鱼类和丽鱼科鱼类。这些物种不会自然地出现在酸性水域中，而且对低 pH 的耐受性也不是特别强。Wood（1989）和 Reid（1995）已经全面回顾了酸性水对鲑鱼的影响。在 pH 极低的水中，由于鳃结构被广泛破坏和大量黏液的产生，鱼类会窒息死亡（Packer and Dunson, 1972）。然而，在较温和的 pH 水平下，一些研究表明，酸水主要的毒性作用是干扰离子调节。水中高浓度的氢离子会抑制钠离子和氯离子的主动吸收（Packer and Dunson, 1970；Maetz, 1973；McWilliams and Potts, 1978），同时也极大地增加了离子扩散的损失（McWilliams, 1982；McDonald, 1983a）。离子不平衡导致血浆钠和氯离子浓度水平下降和鳃跨上皮细胞电位的逆转（McWilliams and Potts, 1978）。血浆离子水平的下降会导致体液从细胞外到细胞内室进行渗透再平衡，造成血量减少，血液黏度和血压升高。一旦血浆离子损失超过 30%，相关的心血管衰竭就会杀死鱼（Milligan and Wood, 1982）。

低 pH 如何抑制钠离子和氯离子运输取决于所涉及的机理。当钠离子/氢离子交换被认为是和钠离子吸收有关的机理时，一般地，水中高水平的氢离子会竞争性地抑制钠离子进入逆向转运蛋白的结合位点，或者在非常低的 pH 下，损坏逆向转运蛋白的功能（Wood, 1989）。在最近提出的氢离子-ATP 酶/钠离子通道模型中，必须重新评估氢离子的抑制机理。当外部 pH 下降时，人们认为氢离子流入细胞的速率增加，会导致氢离子-ATP 酶产生驱动钠离子吸收的充分电位变得困难（Lin and Randall, 1991）。不管其机理如何，理论上认为主动吸收的低 pH 极限大约是 4.5～5.5（McDonald, 1983b；Lin and Randall, 1991, 1993）。抑制氯离子吸收的过程更加不清晰，除非氢离子以某种方式破坏氯离子/碳酸氢根的交换，然而，这种方式在中低 pH 水平下不太可能发生。正如 Wood（1989）所提出的，这种抑制作用很可能是通过减少钠离子转运而间接产生的。钠离子吸收的减少可能会导致细胞内氢离子的积聚，从而抑制碳酸氢根的进一步生成。反过来，细胞内降低的碳酸氢根水平意味着可供交换的离子数量减少，也因此减缓氯离子的运输。

在低 pH 抑制离子吸收的同时，它也刺激了体内离子的扩散损失。有大量数据表明，在细胞间的紧密连接处过滤钙离子是低 pH 下促进离子流出的主要机理，这将增强鳃上皮细胞的渗透性。研究表明水中钙离子水平的升高在低 pH 时一定程度上限制了离子流出水平，从而支持了这一主张（McDonald et al.，1980；McWilliams，1982）。事实上，在钙离子水平很高的水中，离子干扰几乎消除了，然而酸碱紊乱现象会提前发生（McDonald et al.，1980）。从数量上说，受到刺激引起的离子流出是目前为止低 pH 环境暴露下发现的较为严重的后果。当离子吸收完全被抑制时，会产生约 400 nmol·g^{-1}·h^{-1} 的失衡，离子流出速度增加至少 5 倍。

如果扩散导致的离子流出不是太严重，那么鱼可能通过降低扩散流出的方式而不是通过恢复离子吸收的方式去启动调整恢复类似的离子平衡（Audet and Wood，1988）。离子扩散损失的降低部分是由于血浆离子水平下降导致的离子梯度减小，但似乎主要是由于鳃渗透性的降低。研究表明，这可能是通过调节细胞体积和/或紧密连接处来实现的，后者可能和催乳素或皮质醇等激素分泌有关，但没有确切的证据表明其具体机理。只要有足够的时间，离子流出减少加上离子少量的内流可以恢复体内离子平衡。然而，直到回到中性 pH 水平的离子吸收完全恢复，离子平衡才能恢复。

9.4　离子贫乏酸性水对北美嗜酸性硬骨鱼的影响

对栖息在美国东部松软、酸性水域的少数北美物种进行了一些研究，获得的大量研究结果和对敏感物种的研究结果性质上相似。特别是两种鱼，暗色九棘日鲈（*Enneacanthus obesus*）和黄鲈（*Perca flavescens*），与鲑科鱼类或鲤科鱼类相比，表现出优异的低 pH 耐受性。暗色九棘日鲈直接转移到 pH = 3.5 的环境中可以生存，在 pH = 3.7 的水体中可以繁殖种群（Graham and Hastings，1984）。黄鲈虽然不像暗色九棘日鲈那样耐受低 pH，但是它们在 pH = 4.3 的水体中生存能力没有明显受到影响（Harvey，1979）。这显示它们比鲑科鱼类更具耐受性。暗色九棘日鲈和黄鲈在低 pH 条件下维持离子平衡的策略主要是鳃的低离子渗透性和对低 pH 环境下刺激引起的离子流出的抵抗。通过同位素法对接近中性 pH 的水中暗色九棘日鲈钠离子流出进行测量，结果表明，暗色九棘日鲈损失钠离子的速度小于 50 nmol·g^{-1}·h^{-1}。这个数值只有对酸敏感的虹鳟和南角美洲鳊（commom shiners）的 1/10。黄鲈的离子流出率没有暗色九棘日鲈那么低，但它们仍然低于对酸敏感物种的流出率。这表明，黄鲈和暗色九棘日鲈的鳃的内在渗透性比对酸敏感的虹鳟和角美洲鳊的鳃的内在渗透性更低。

在低 pH 环境中，暗色九棘日鲈和黄鲈的离子流出率继续保持在较低水平（图 9.3A）。例如，将暗色九棘日鲈转移到 pH = 4.0 时，钠离子流出只是轻微受刺激上升，然后在 24 h 内回到较低的可控制水平（Gonzalez and Dunson，1987，1989a，b）。暗色九棘日鲈的离子流出水平不会受刺激到导致死亡的极限程度，除非水环境的 pH 下降到 3.25 左右或者更低。暗色九棘日鲈，也可能是黄鲈，抗刺激引起的离子流出的能力和鳃的钙离子高亲和力呈正相关。为了评估暗色九棘日鲈鳃的钙离子亲和力，Gonzalez 和 Dunson（1989a）测量了水环境 pH = 3.25 的情况下在不同钙离子浓度范围内暗色九棘日鲈鳃钠离子流出的情况。他们的评估显示，相对于在不含钙离子水中的测量结果，钙离子浓度只有 19 μmol/L 就足够减少 50% 的离子外流。与此相反的是，在较高 pH 下，虹鳟鱼的估计值要高 20～35 倍（表 9.2）。在面对周围水环境中升高的氢离子水平时，钙离子在鳃细胞紧密连接中的高亲和力将有助于维护细胞连接的完整性。

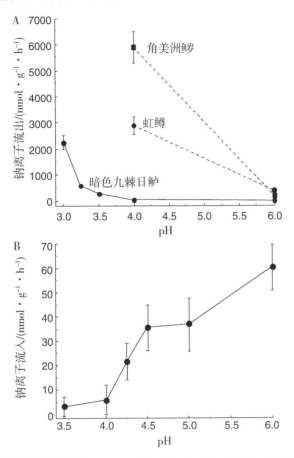

注：对照显示了虹鳟和角美洲鲌（commom shiners）在 pH = 6.0 和 pH = 4.0 下的离子流出情况。数值为平均值 ± 标准误差。（虹鳟和角美洲鲌数据来自 Freda and McDonald, 1988；暗色九棘日鲈数据来自 Gonzalez and Dunson, 1987）

图 9.3 暗色九棘日鲈暴露的第 1 小时内，水的 pH 对钠离子流出（A）和钠离子流入（B）的影响

表 9.2 在低 pH 无钙离子水环境中钠离子流出水平减少 50% 的钙离子浓度估算值

（平均值 ± 标准误差）

种类	pH	钙离子浓度（μmol/L）
虹鳟	4.0	375 ± 110
虹鳟	3.5	675 ± 95
暗色九棘日鲈	3.25	19 ± 22

注：暗色九棘日鲈数据来自 Gonzalez and Dunson, 1989a；虹鳟数据来自 Freda and McDonald, 1988。

长期暴露在低 pH 环境下，暗色九棘日鲈与鳟鱼一样能够显著减少离子扩散损失。但和鳟鱼不同的是，它们的这种能力似乎要大得多。事实上，在持续暴露的情况下，暗

色九棘日鲈可以将离子流出降低到几乎为零。在 pH=4.0 的情况下处理 5 周时间，暗色九棘日鲈离子吸收完全被抑制，它们没有表现出体内钠离子浓度下降的现象。这是整体离子平衡的一个直接指标。此外，在 pH=4.0 时，减少离子流出所采用的调整措施可以降低暴露在更低 pH 水平下的离子损失率（图 9.4）。

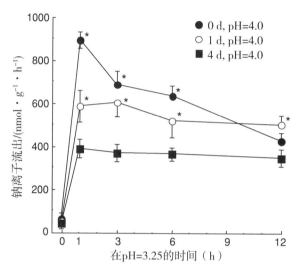

注：图中数值是平均值±标准差。（数据来自 Gonzalez and Dunson，1989a）

图 9.4　暗色九棘日鲈预暴露在 pH=4.0 环境下 0 d、1 d 或 4 d 后转移到 pH=3.25 环境对钠离子流出的影响

由于在离子贫乏的酸性水域中钠离子吸收表现出的特殊性，在低 pH 环境条件下，低的鳃内在渗透性和对离子流出的控制能力对生存至关重要。两种鱼的最大吸收能力都很低，与鳟鱼相比，暗色九棘日鲈的鳃亲和力很低（即高 K_m）（表 9.3）。这就意味着在浓度小于 50 μmol/L 的典型水环境中，暗色九棘日鲈的吸收量为 35～40 nmol·g^{-1}·h^{-1}。因为黄鲈的鳃亲和性较高，所以它们的吸收率要高出大约 4 倍。然而，由于在这些条件下它们的离子流出相差不多（相对于鳟鱼来说仍然很低），两种鱼在这些条件下都处于离子平衡状态。

表 9.3　与酸敏感的虹鳟和角美洲鳊（commom shiners）比较，两种嗜酸性鱼（暗色九棘日鲈和黄鲈）钠离子转运的动力学参数（平均值±标准误差）

种类	K_m（μmol·L^{-1}）	J_{max}（nmol·g^{-1}·h^{-1}）
角美洲鳊	158±54	460±74
虹鳟	48±13	379±35
黄鲈	21±8	249±24
暗色九棘日鲈	125±60	128±26

注：暗色九棘日鲈数据来自 Gonzalez and Dunson，1989a。角美洲鳊、虹鳟、黄鲈数据来自 Freda and McDonald，1988。

离子吸收也对低 pH 表现出一些抗性。暗色九棘日鲈的钠离子吸收过程开始时很低，随着 pH 下降逐步下跌（图 9.3B），并在 pH=4.0 时完全被抑制。进一步，长时间暴露在低 pH 环境下，甚至在之后几周持续暴露的情况下，离子吸收就不能完全恢复（Gonzalez and Dunson，1989a）。这进一步强调了当鱼类处于这个 pH（或更低）的环境时，只有具备极低的离子扩散损失的能力才能生存下来。黄鲈的离子吸收也受到低 pH 的抑制，但不同于暗色九棘日鲈，黄鲈在长期暴露下表现出恢复吸收的能力。例如，48 h 处于 pH=4.0 的环境下，它们完全能够恢复离子吸收达到中性条件时的水平。目前还不知道黄鲈是否能够在较低的 pH 下维持这种离子吸收能力。

暗色九棘日鲈和黄鲈在较小的程度上所表现出来的离子调节模式、低内在渗透性和低吸收率，反映了低 pH 环境下防止离子流出刺激的必要性。离子流出比抑制吸收会导致更大的体内钠离子损失。在离子流出没有变化的情况下，抑制离子吸收只会在这些鱼类中产生约 50 nmol·g^{-1}·h^{-1} 的净损失，然而离子流出可以在 pH=3.25 环境下上升到 600 nmol·g^{-1}·h^{-1}（Gonzalez and Dunson，1989a）。即使在如此低的 pH 下，离子流出能够得到维持，也不会造成明显的定量差异。综合这些特征可以提出一种"等待低 pH 阵发期"的策略，这种策略在没有离子吸收的情况下可以防止体内离子损失。

对这两种耐酸鱼类的离子调节机理的研究提出了几个关于在低 pH 下维持体内离子平衡的要求的基本问题。例如，在这些物种中观察到的低渗透/低吸收的离子调节模式是耐酸的唯一途径吗？低内在渗透性在低 pH 下对控制钠离子损失是至关重要的吗？吸收的特化是不可能吗？或者，鱼类是否可能以某种方式绕过理论上的 pH 限制来吸收并进行离子运输？

9.5　内格罗河硬骨鱼对离子贫乏酸性水体的适应

Dunson 等（1977）的一项早期研究首次表明，内格罗河的鱼类对低 pH 水环境具有极强的耐受性，但没有对这些鱼类的离子调节机理开展研究。20 年后，对亚马孙低 pH 水域的鱼类生理研究证实，鱼类酸性耐受性确实和在内格罗河的出现频率有关，并对相关调节机理提供了研究见解。Wilson 等（1999）比较了在内格罗河水域中自然发生程度不同的 3 种鱼在离子和酸碱交换时对低 pH 的反应。滨岸护胸鲇（*Hoplosternum littorale*）不是自然出现在内格罗河的，而头石脂鲤（缺帘鱼）（*Brycon erythropterum*）大部分时间都生活在另一条河流，白水的布朗库（Rio Branco），但是每年经过内格罗河进行迁徙；大盖巨脂鲤（*Colossoma macropomum*）更长时间生活在内格罗河，甚至在雨季进入被离子贫乏的酸性水域淹没了的丛林去觅食。在连续暴露于 pH 降至 3.5 的水环境中，非土著生活的滨岸护胸鲇是最敏感的，在暴露于 pH=3.5 的环境中 24 h 内死亡。头石脂鲤的耐受性较强，在 pH=3.5 的环境中存活 24 h，但大多数在 pH 恢复到 6.0 的过程中死亡。大盖巨脂鲤是耐受性最强的，在 pH=3.5 的环境下存活 24 h，在接触或随后 pH 恢复为 6 的情况下没有死亡。这些发现表明，异常低的 pH 耐受性是内格罗河鱼类的一个特征，而不是所有亚马孙鱼类的普遍特征。

对结果的检验证实，避免离子紊乱的能力是内格罗河鱼类低 pH 耐受性的基础。例如，处在 pH=3.5 环境下的第 1 小时，滨岸护胸鲇净钠离子和氯离子损失的比率至少是最不敏感的大盖巨脂鲤的 2 倍，它们只存活了最初的几个小时（图 9.5）。暴露在像内格罗河这样低 pH 的水中，水的酸碱交换的测量结果表明没有酸碱紊乱的现象。即使是酸敏感的滨岸护胸鲇在 pH=3.5 时也不会受到酸碱干扰的影响，在这个 pH 下它们会很快死亡。这些鱼类的研究结果在定性上和先前对不太耐受的鲑科鱼类的研究发现相似（Wood，1989）。区别主要是定量方面，耐酸的大盖巨脂鲤的急性毒性阈值至少比鲑科鱼类低 1 个 pH 单位，意味着氢离子阈值只有 1/10。

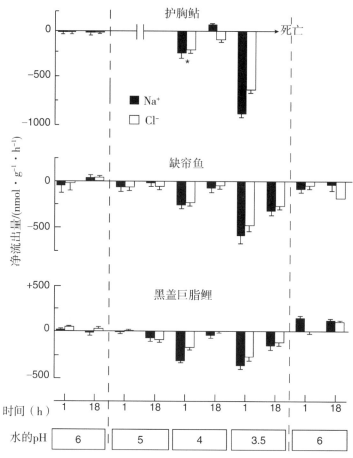

注：将鱼暴露在每个 pH 条件下 24 h、1 h 和 18 h 后分别测量离子流量。数值是平均值 ± 标准误差。暴露于 pH=3.5 的第 1 小时，没有滨岸护胸鲇存活。星号表示 pH=6 条件下和对照有显著差异。（数据来自 Wilson et al.，1999）

图 9.5　不同水环境 pH 渐进变化对亚马孙 3 种鱼的钠离子和氯离子净流量的影响

另一项研究（Wood et al.，1998）通过血管导管重复采血检测了耐酸的大盖巨脂鲤内部生理情况，为离子流出提供了详细的结果，并对相关机理提供了更多的见解。在连续暴露于 pH 低于 3.5 环境期间，大盖巨脂鲤从未出现过大量的血液酸碱扰动，这和

Wilson 等（1999）对酸碱交换的测量结果一致（图9.5）。血液 pH 几乎保持在 7.8 左右（图 9.6C）。此外，血液气体没有扰动现象。在整个暴露过程中，血液 P_{O_2} 保持约 35 Torr，而 P_{CO_2}（二氧化碳分压）为 5 Torr 左右（图 9.6A、B）。即使在 pH = 3.0 时，大盖巨脂鲤表现出强烈的应激反应，血浆皮质醇、葡萄糖和氨显著升高（图 9.7 A、B、C），由于血液乳酸水平保持较低，因此没有酸碱紊乱或氧输送问题。

在 pH = 3.0 环境下，导致应激的主要原因似乎是一种相当大的离子紊乱，正如观察到的血浆钠离子和氯离子浓度的显著下降（图 9.7D）。相较于 pH = 6.5 的水平，钠离子和氯离子浓度都下降了大约 25%。同时，血浆蛋白浓度显著升高，表明水发生渗透变动，这造成了血浆体积的收缩。这些离子紊乱现象和在鲑科鱼类观察到的非常相似，清楚地证实了低 pH 对内格罗河鱼类的主要毒性是由于对离子调节的干扰。唯一的差异是需要更低的 pH（3.0 对 4.5）来引起干扰（即氢离子浓度大于 30 倍）。

暴露于 pH = 3.0 水环境后，再调回到 pH = 6.5 的期间，血浆离子或蛋白质浓度没有恢复（图 9.7D、E），表明在这种低 pH 水平下，大盖巨脂鲤的鳃上皮细胞受到更严重的损伤。有趣的是，在对大盖巨脂鲤的研究中（Wilson et al.，1999），暴露于 pH = 3.5 而非 pH = 3.0 环境后，再调回到中性时，大盖巨脂鲤很快恢复（图 9.5）。综上所述，这些结果表明，大盖巨脂鲤在 pH 为 3.5 和 3.0 之间存在一个鳃部损伤的阈值。相比之下，来自北美的暗色九棘日鲈的研究结果表明，鳃部损伤的阈值发生在 pH 为 4.0 和 3.5 之间（Gonzalez and Dunson，1989a），并且一直到这种损伤开始后病理性离子损失才会发生。因此，大盖巨脂鲤似乎比暗色九棘日鲈更能耐受低 pH 水环境。

由于同位素使用的限制，早期的研究中无法测量单向离子流动，但一些结果为这种高度的低 pH 耐受性的潜在调节机理提供了线索。通过测量显示大盖巨脂鲤的鳃存在异常大的氧分压和二氧化碳分压梯度。例如，在氧分压约为 110 Torr 的水中，动脉血的氧分压仅约为 35 Torr（图 9.6A）；如此大的梯度差（75 Torr）表明大盖巨脂鲤鳃的扩散能力非常低。尽管整个鳃的总表面积非常高（Saint-Paul，1984），但在离子贫乏的酸性环境中，低渗透能力将使离子损失最小化。然而，还没有证明显示气体的低渗透性一定要等同于离子的低渗透性。或者，大盖巨脂鲤的相对较大的跨鳃氧分压和二氧化碳分压梯度可能仅仅是由鳃通气的水流速率降低所致。这本身就是一种减少离子损失的策略，且不需要降低对气体或离子的绝对渗透性。这一策略需要大盖巨脂鲤体内的血红蛋白对氧气具有相对较高的亲和力，以便在动脉氧分压水平较低的情况下维持有效动脉血氧含量。在体的动脉和静脉氧分压和氧含量测量值（图 9.8，见第 6 章和第 7 章）显示的情况确实如此。然而，任何一种淡水鱼控制离子损失的策略（气体/低离子渗透性或降低通气的水流速）都再次指出首要条件是要表现出对低 pH 环境的耐受性。

对大盖巨脂鲤的跨上皮电位（TEP）的测量实验证实了酸碱度对鳃渗透率的影响。在定性上，大盖巨脂鲤 TEP 测量结果显示低 pH 和提高的钙离子浓度的影响与 McWilliams 和 Potts（1978）早先报道的鲑科鱼类的结果非常相似，说明这两种鱼的基本调节机理相似。水的 pH 对鳃的 TEP 有显著影响（图 9.9A）。在 pH = 6.5 和钙离子浓度 20 μmol/L 时，大盖巨脂鲤的 TEP 大约是 −25 mV（内部对外部参考值为 0 mV），随着

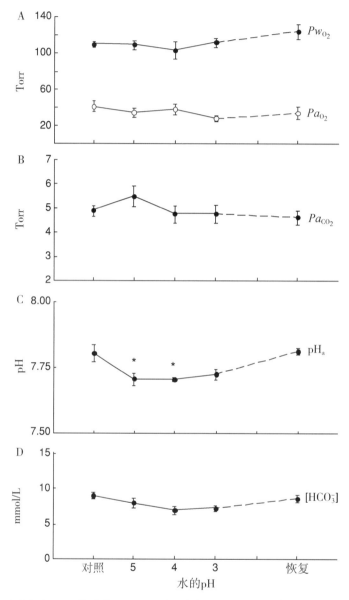

注：（A）相对于水中 Pw_{O_2} 的动脉 Pa_{O_2}；（B）动脉 Pa_{CO_2}；（C）动脉（细胞外）pH_a；和（D）动脉血浆 $[HCO_3^-]$。数值是平均值±标准误差。星号表示 pH=6.5 条件下和对照有显著差异。（数据来自 Wood et al.，1998）

图 9.6　大盖巨脂鲤暴露于不同低 pH 环境条件的效应及其恢复方式

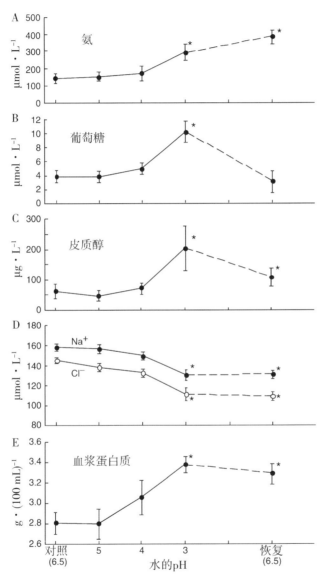

注：(A) 血浆氨、(B) 血浆葡萄糖和全血乳酸、(C) 血浆皮质醇、(D) 动脉血浆[钠离子]和[氯离子]及(E) 血浆蛋白浓度的影响。数值是平均值±标准误差。星号表示 pH=6.5 条件下和对照有显著差异。(数据来自 Wood et al., 1998)

图 9.7　大盖巨脂鲤暴露于不同低 pH 环境条件的效应及其恢复方式

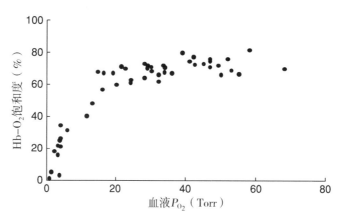

注：考虑到静置条件下在体实验存在一定范围内的体内动脉和静脉的氧气张力，从大盖巨脂鲤尾动脉或者尾静脉植入的导管中采集血液样品（Wood et al.，1998）。血红蛋白含氧饱和度百分比是通过假设血红蛋白的分子量为 68 ku 及血浆的氧溶解度为 0.00148 $\mu mol \cdot L^{-1} \cdot mmHg^{-1}$ 计算得到的［利用 28 ℃下 Boutilier 等（1984）的人类血浆公式］。值得注意的是血液血红蛋白含氧饱和度百分比似乎恰好稳定在血红蛋白上可利用的氧气结合位点的 80% 以上。这可能是在实验期间环境水中出现了低浓度的亚硝酸盐，导致一部分血红蛋白转化为非功能性高铁血红蛋白。根据这些在体血液样品的测量结果，大盖巨脂鲤血红蛋白显示很高的氧气亲和力（$P_{50} < 8$ mmHg）。

图 9.8 大盖巨脂鲤在体的全血样品血红蛋白含氧饱和度百分比与其血液氧分压值（P_{O_2}）

pH 的下降，TEP 逐渐变为正电位；在 pH = 3.0 时，TEP 是 + 35 mV。关于鳃 TEP 的起源还有一些疑问（McWilliams and Potts，1978；Potts，1984；Lin and Randall，1993；Kirschner，1994），对这些发现最简单解释是，当 pH 下降时，整个鳃的通透性升高，但是鳃上皮细胞对氯离子的渗透能力比钠离子的更强，因此 TEP 升高了。

TEP 的测量也揭示了钙离子在决定大盖巨脂鲤鳃的钠离子和氯离子渗透性中的作用。增加水中钙离子浓度对 TEP 有两种影响。在 pH = 6.5 时，以对数级增加钙离子水平将导致 TEP 变为正电位（图 9.9B）。此外，水中较高的钙离子浓度减弱了低 pH 对 TEP 的影响（图 9.9C）。在测试的最高钙离子浓度下，10 mmol/L，pH 的下降对 TEP 几乎没有影响。因此，高钙离子水平与低 pH（高的氢离子浓度）具有相似的作用。Wood 等（1998）提出氢离子和钙离子滴定（中和）了细胞旁通道的负电荷，然后以类似的方式调整了对氯离子和钠离子的相对渗透率，尽管它们对绝对渗透率的影响非常不同；低的 pH 会提高渗透率，而提高钙离子水平会降低渗透率。

考虑到水中钙离子对 TEP 的影响，在大盖巨脂鲤（图 9.9B、C）中，水中钙离子水平升高导致低 pH 下钠离子和氯离子损失的速率降低是正常的现象。在 pH = 3.5 的环境下，随着水中钙离子水平从 20 $\mu mol/L$ 升高到 700 $\mu mol/L$，净离子损失减少了约 70%。有趣的是，在内格罗河水域研究的 3 种鱼中发现了不同的结果（Gonzalez et al.，1998）。基于低 pH 条件下测量到的净钠离子、钾离子和氯离子的比率，推测这三种鱼对低 pH 的耐受性都比大盖巨脂鲤强得多，但是在低 pH 条件下，将水中钙离子浓度从 10 $\mu mol/L$ 提升到 100 $\mu mol/L$ 对离子损失率没有影响（图 9.10）。这些令人惊讶的发现

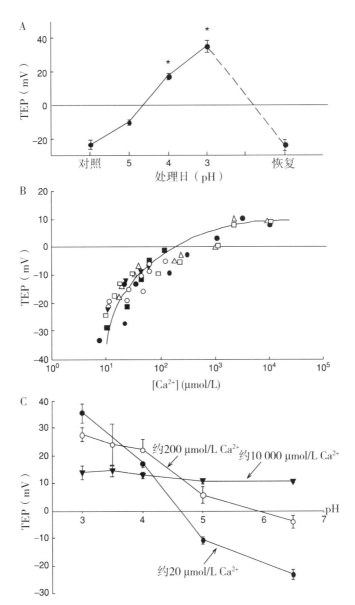

注：(A) 不同低 pH 环境条件对大盖巨脂鲤跨上皮电位（TEP，内部相对外部为 0 mV）恢复方式的影响。数值是平均值±标准误差。星号表示与 pH=6 条件对照值有明显差异。(B) 接近中性条件下水钙离子浓度的急性变化对大盖巨脂鲤 TEP 的影响。每个符号代表一条不同的鱼。(C) 三种不同的水钙离子浓度下，水 pH 的急剧变化对大盖巨脂鲤 TEP 的影响。数值是平均值±标准误差。（数据来自 Wood et al., 1998）

图 9.9 酸碱度对鳃渗透率的影响

可能表明鳃对钙离子具有极高的亲和力，或者也可能意味着水中钙离子对这些内格罗河土著鱼类的鳃渗透能力没有影响。由于测量是在内格罗河水中进行的，该河水含有大量的溶解有机物（DOM），因此也提出了溶解有机物可能是决定鳃部渗透能力的一个因素，这一点将在下文中讨论。

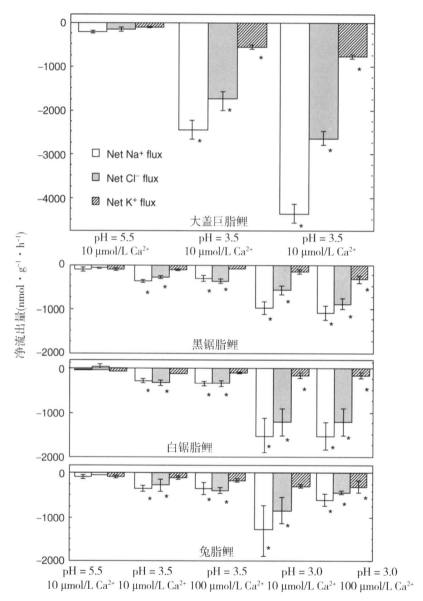

注：数值是平均值±标准误差。星号表示与 pH = 5.5、钙离子浓度 10 μmol/L 条件下的处理有显著差异。（数据来自 Wood et al., 1998）

图 9.10　水中 pH 和钙离子浓度对养殖的大盖巨脂鲤及从内格罗河采集到的黑锯脂鲤（*Serrasalmus niger*）、白锯脂鲤（*Serrasalmus rhombeus*）和兔脂鲤（*Leporinus fasciatus*）中钠离子、氯离子及钾离子净流量（不是钙离子）的影响

从这些早期研究中得出的结论是，内格罗河鱼类比鲑科鱼类（甚至是北美嗜酸性鱼类）更具耐受性，但内格罗河鱼类对低 pH 的基本反应和鲑科鱼类的表现相同。低 pH 耐受性似乎是能够在低 pH 条件下控制离子损失率。这是由鳃的内在低渗透性和对水中钙离子（至少对某些物种）细胞紧密连接的高亲和力促进的。然而，由于同位素使用的限制，我们没有获得关于低 pH 对离子转运的影响或内格罗河鱼类鳃上皮细胞实际离子渗透能力的详细信息。我们接下来的一系列研究主要针对北美水族馆供应商提供的内格罗河鱼类，并能够利用放射性同位素来评估暴露在低 pH 条件下的单向离子流动。这些研究对于了解离子贫乏酸性水域鱼类保持离子平衡所需的特殊机理提供了新的线索，并表明这些机制并不像最初想象的那么简单。

对来自内格罗河的三种脂鲤科和一种丽鱼科鱼类的离子扩散流出机理进行的研究发现，鳃对低 pH 的耐受性并不一定需要内在的低渗透性，这与之前的发现相反。例如，宽额脂鲤（*Paracheirodon innesi*）在 pH = 6.5 条件下钠离子的流出速率是暗色九棘日鲈（图 9.11）的 7 倍，并且对酸的敏感程度和鲑科鱼类相似。然而，暴露在低 pH 时，流出量没有大幅度增加，并且它们可以在 pH = 3.5 条件下无限期存活，而不会明显破坏离子平衡（Gonzalez and Preest，1999）。在 pH = 6.5 时，裸顶脂鲤（*Gymnocorymbus ternetzi*）和阿氏宽额脂鲤（*Paracheirodon axelrodi*）也出现了类似的高流出率（Gonzalez et al.，1997；Gonzalez and Wilson，2001）。相反，检测的唯一丽鱼科鱼类，大神仙鱼（*Pterophyllum scalare*），钠离子流出速率不是很低，大约为 50 nmol·g^{-1}·h^{-1}。在这方面，大神仙鱼和暗色九棘日鲈非常相似。这三种脂鲤科鱼类不具有较低的内在鳃渗透性，但对较低的 pH 水平仍然具有很强的耐受性，这些结果首次表明这种特性不是耐酸性的绝对前提。其关键是获得避免对流出组分产生刺激的能力，而不管内在鳃渗透性水平开始如何都能达到。

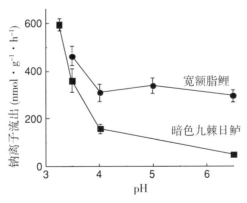

注：数值是平均值 ± 标准误差。（暗色九棘日鲈的数据来自 Gonzalez and Dunson，1987；宽额脂鲤的数据来自 Gonzalez and Preest，1999）

图 9.11　水的 pH 对宽额脂鲤和暗色九棘日鲈钠离子流出的影响

在这些研究中，水中钙离子浓度在控制离子向外扩散流动中的作用还没有得到明确支持。在对裸顶脂鲤和大神仙鱼的研究中，低 pH 下将水中钙离子浓度提高到

500 μmol/L，适度降低了钠离子流出的刺激反应（图 9.12）。然而，在 pH = 3.5 条件下，将钙离子水平提高到相同的程度对宽额脂鲤钠离子外流没有明显影响（图 9.12），对阿氏宽额脂鲤也是如此。有趣的是，提高的水中钙离子水平确实降低了宽额脂鲤在中性 pH 下和暴露在等摩尔三氯化镧（$LaCl_3$）水平下的钠离子流出。三氯化镧是一种强大的钙离子竞争剂，显著刺激了钠离子损失。因此在这些鱼类中，水中的钙离子似乎在决定鳃部渗透能力上起着一定的作用，但在低 pH 时这种作用可能变得不那么重要或者消失，而且还采用了某种和钙离子无关的机理。重要的是，这些鱼类自然栖息水域的钙离子水平可以低至 1 μmol/L，如下文所述，溶解有机物的存在可能降低这种钙离子的生物利用度。这可能代表了在低 pH 条件下产生控制离子流出新机理的一种选择压力。

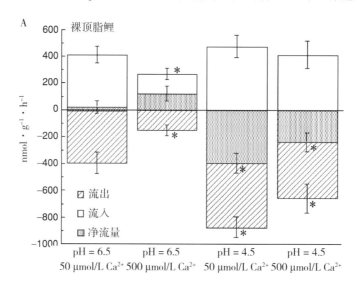

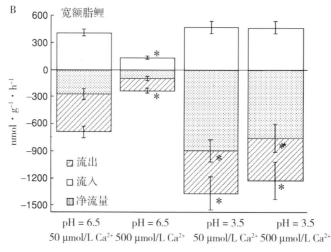

注：数值是平均值 ± 标准误差。星号表示和 pH = 6.5、钙离子浓度 50 μmol/L 条件下的处理有显著差异。（裸顶脂鲤和宽额脂鲤的数据分别来自 Gonzalez et al.，1997；Gonzalez and Preest，1999）

图 9.12　水中钙离子在 pH = 6.5 和 pH = 4.0（裸顶脂鲤）或 3.5（宽额脂鲤）对（A）裸顶脂鲤和（B）宽额脂鲤的钠离子流出的影响

和离子流出类似，所研究的 4 种鱼的钠离子运输模式可分为两类。大神仙鱼（P. scalare）具有很低的钠离子流出率，在离子贫乏的水环境中没有特殊的钠离子吸收机理。对钠离子吸收的动力学分析显示了一个非常低的亲和力（高 K_m），这意味着在其所栖息的离子贫乏水域中，钠离子吸收率非常低（表9.4）。尽管这些吸收率很低，但由于它们的流出量同样很低，它们仍保持离子平衡。在低 pH 时，神仙鱼的离子摄取没有特殊作用机理。随着 pH 的降低，钠离子摄取逐渐受到抑制，并在 pH 为 3.5 时完全停止。同样，大神仙鱼似乎和暗色九棘日鲈非常相似，具有低的内在渗透能力，没有离子运输特殊机理，并且利用一种策略在暴露期间减少离子损失率而等待度过低 pH 的阵发。

表9.4 内格罗河鱼类钠离子转运的动力学参数

种类	$K_m(\mu mol \cdot L^{-1})$	$J_{max}(nmol \cdot g^{-1} \cdot h^{-1})$	钠离子吸收*$(nmol \cdot g^{-1} \cdot h^{-1})$
脂鲤科 Characidae			
P. innesi (pH=6.5[1])	12.9±5.8	448.2±43.5	272
P. innesi (pH=3.5[1])	17.6±10.3	513.3±60.3	273
P. axelrodi[2]	53.7±7.8	773.0±38.2	210
G. ternetzi[3]	27.7±2.7	691.3±19.9	290
Hemigrammus[4]	30.9±5.5	1440.0±75.9	566
胸斧鱼科 Gasteropelecidae			
C. strigata[4]	32.5±6.4	1225.0±74.5	467
鲇科 Siluridae			
Pimelodes[4]	29.7±7.3	1263.9±82.2	509
胡子鲶科 Clariidae			
C. julii[4]	147.8±38.3	3604.6±449.9	430
丽鱼科 Cichlidae			
Apistogramma A[4]	258.5±46.1	1752.5±181.2	126
Geophagus[4]	111.8±30.9	1154.5±135.5	175
S. jurupari[4]	276.7±149.3	457.1±102.9	33
P. scalare[2]	136.1±66.4	428.0±96.7	55
江鲼科 Potamotrygonidae			
Potamotrygon sp.[5]	468.0±100.0	443.0±67.0	19

*使用动力学参数计算出的水中钠离子浓度为 20 μmol/L 时钠离子的吸收速率。

来源：[1]Gonzalez and Preest, 1999；[2]Gonzalez and Wilson, 2001；[3]Gonzalez et al., 1997；[4]Gonzalez et al., 2002；[5]Wood et al., 2002b.

与大神仙鱼相比，脂鲤科的所有种类都具有高度特化的适应离子贫乏和低 pH 环境的离子吸收机理。除了强的离子转运能力，这四种鱼都有很高的离子亲和力。事实上，在淡水鱼的记录中，宽额脂鲤（*P. innesi*）具有最低的钠离子吸收量的 K_m 值。如此之高的离子亲和力和转运能力确保了即使是在离子极度贫乏的水中，也能有高的离子吸收率。在这方面，脂鲤 [宽额脂鲤（*P. innesi*）、阿氏宽额脂鲤（*P. axelrodi*）、裸顶脂鲤（*G. ternetzi*）、半线脂鲤（*Hemigrammus*）] 和北美黄鲈有点相似（表9.2），但脂鲤的最大离子转运能力要高得多。

脂鲤科鱼类的离子转运机理还具有一些额外的特殊之处。也许最令人印象深刻的特点表现在同属的宽额脂鲤和阿氏宽额脂鲤。这两种鱼都显示出对低 pH 环境完全不敏感的钠离子和氯离子吸收系统（图9.13）。在 24 h 处于 pH = 3.5 环境条件下宽额脂鲤体内测得的钠离子和氯离子动力学参数和 pH = 6.5 下测得的参数没有显著区别（表9.4）。即使直接将宽额脂鲤从 pH = 6.5 转移到 pH = 3.25 的条件下，即环境氢离子浓度瞬间升高近 2000 倍，钠离子的吸收也完全不受影响。另外，在低 pH 环境下，当离子向外扩散过程受到影响时，离子的吸收量实际上可以迅速上调。已证明宽额脂鲤和阿氏宽额脂鲤都具有这种快速上调钠离子运输的能力。宽额脂鲤尤其令人印象深刻，在直接转移到 pH = 3.5 后，能够在发生高的离子损失率的 6 h 内上调离子吸收。因此，钠离子转运不仅完全能够抵抗低 pH 环境，而且宽额脂鲤还能够通过快速提高离子吸收能力以应对增加的离子损失。这种高度的酸碱度不敏感性和在低 pH 下对钠离子转运的快速刺激能力，以前在任何淡水鱼类中都没有观察到，显然是生活在极酸性水域鱼类的适应性特征。总之，这些特殊之处将在低 pH 水中起到显著阻止钠离子净损失的作用。

虽然在这些鱼类中，对 pH 不敏感的离子转运机理的适应性意义是明确的，但其转运的基本机理还难以解释。先前回顾的两种现有的钠离子输运模型（图9.2）都需要通过氢离子 - ATP 酶或钠离子/氢离子交换排出氢离子。这些机制是如何降低敏感度的呢？在钠离子/氢离子交换的情况下，较高的钠离子亲和力将减少氢离子的竞争性抑制。氢离子 - ATP 酶/钠离子通道的问题更为复杂。为了吸收钠离子，氢离子泵需要为每个对数单位的 pH 梯度建立一个约 58 mV 的顶端极化（apical polarization）。在 pH = 3.5 的水环境中，从离子细胞胞浆的 pH 到水的 pH 有 3 ~ 4 个对数单位的浓度。这意味着持续的离子吸收需要保持一个非常大的 -174 ~ -232 mV 的顶端电位。

为了检验到目前为止所研究的最特化的鱼类——宽额脂鲤中钠离子和氯离子转运机理的特性，我们在采用一系列阻断不同转运成分的药物抑制剂的情况下测量了离子吸收情况（M. Preest et al.，出版中）。有趣的是，宽额脂鲤实际上几乎对所用的每一种抑制剂都完全不敏感。即使是一种相对非特异性的钠离子/氢离子交换和钠离子通道抑制剂，氨氯吡嗪脒（amiloride），对钠离子的转运也几乎没有影响。暴露在 100 $\mu mol/L^{-1}$ 浓度下（一种能抑制虹鳟超过 90% 的钠离子吸收的药物的浓度；Wilson et al.，1994），只能抑制宽额脂鲤 12% 的钠离子吸收。同样，暴露于高特异性的氨氯吡嗪脒类似物，如钠离子/氢离子交换抑制剂（DMA、MIA、HMA、EIPA）和钠离子通道抑制剂（苯甲酰、甲磺酸酯），对钠离子的转运几乎没有影响。这些发现表明，脂鲤可能具有一种非常不同的离子转运机理，即不涉及以某种形式排出氢离子。或者，脂鲤所拥有的钠离子吸收机理可能已经进化到不再对抑制剂敏感的程度。

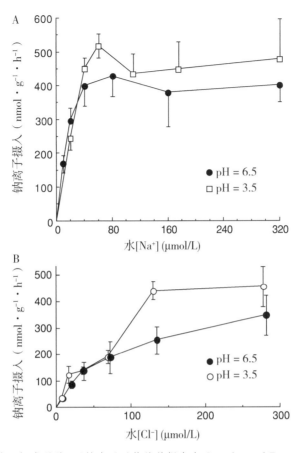

注：数值是平均值±标准误差。（钠离子吸收的数据来自 Gonzalez and Preest，1999；氯离子吸收的数据来自 Preest，Gonzalez and Wilson，未发表结果）

图 9.13　宽额脂鲤在 pH=6.5 和 pH=3.5 时（A）水中钠离子浓度与钠离子吸收速率以及（B）水中氯离子浓度与氯离子吸收速率的关系

从这些研究看来，内格罗河鱼类有两种不同的离子调节模式。第一种模式，如脂鲤科的 3 种鱼显示的，具有离子吸收和流出的高速率、钠离子吸收的高亲和力，以及两者对低 pH 的强抵抗能力。另一种模式，见于丽鱼科的神仙鱼，与暗色九棘日鲈相似，用很低的内在渗透能力去抵抗低 pH 的刺激，但是没有特殊的（酸敏感的）离子吸收系统。脂鲤的模式保障低 pH 的条件下的离子正常运转，而大神仙鱼模式旨在通过极大地限制离子损失率来"等待度过"低 pH 暴露时期。

对直接从内格罗河采集的 8 种鱼的钠离子通量的实验研究证实了这两种离子调节模式（Gonzalez et al.，2002）。对钠离子转运的动力学分析表明，虽然所有 8 种鱼的转运能力相似，但其中 4 种丽鱼科鱼对钠离子转运的亲和力很低（高 K_m），而一种脂鲤［半线脂鲤（*Hemigrammus*）］、鲇鱼［油鲇（*Pimelodes*）］和胸斧鱼（*C. strigata*）的亲和力更高（表 9.4）。因此，对钠离子的低转运亲和力似乎是内格罗河丽鱼科鱼类的普遍特征，并表明这些特征可能在它们对离子贫乏水域定居之前就已出现。另外，对钠离子的高亲和力是脂鲤科和其他几个科鱼类的特点。

从内格罗河采集的 8 种鱼中，有 4 种暴露在低 pH（4 和 3.5）环境中，并且证明它们的耐受性有所不同（图 9.14）。根据对钠离子流出的刺激程度，最具低 pH 耐受性的是胸斧鱼（C. strigata）和一种丽鱼科鱼类［矮丽鱼（Apistogramma）］。尽管具有很高的耐酸性，与大神仙鱼（P. scalare）一样，矮丽鱼（Apistogramma）在低 pH 下不能吸收钠离子。相反，胸斧鱼和兵鲇（Corydoras）都具有很强的耐低 pH 的钠离子转运系统。即使在 pH = 3.5 的环境下，钠离子吸收过程也只是轻微的受到抑制。不过，这两种鱼都没有像宽额脂鲤和阿氏宽额脂鲤那样表现出非常强的 pH 不敏感性。因此，目前我们只有证据表明对 pH 不敏感的钠离子转运机理已经在宽额脂鲤属中进化出来。

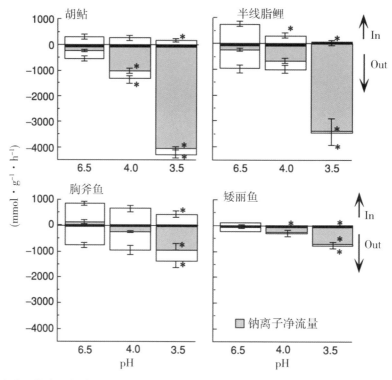

注：数值是平均值 ± 标准误差。星号表示和 pH = 6.5 条件下测量值有显著差异。（数据来自 Gonzalez et al.，2002）

图 9.14 水 pH 对来自内格罗河的 4 种鱼钠离子流量的影响

9.6 内格罗河板鳃鱼类对离子贫乏酸性水体的适应

另外一种直接从内格罗河采集用于研究的鱼是亚马孙淡水的江虹（Potamotrygon sp.）。江虹至少在 1500 万年前进入亚马孙河流（Lovejoy，1996），它们是板鳃类在淡水中生存的唯一一个科（Lovejoy et al.，1998），一些种类甚至栖息在内格罗河离子极度贫乏酸性的水域。和它们生活在海洋与广盐性的具有亲缘关系的种类不同，江虹是排氨的而非排尿素代谢的鱼类（Gerst and Thorson，1977），其调节血液离子和尿素水平的机理和淡水硬骨鱼类相似（Griffith et al.，1973；Bittner and Lang，1980）。钠离子吸收特性的研究（图9.15）揭示了一种具有非常低的亲和力且仅具有中等容量的转运系统（表9.4），其在 pH = 4.0 时受到强烈抑制，转运水平小于对照组值的 20%（Wood et al.，2002b）。在接近中性的环境下，钠离子流出量很低，几乎平衡了极低的流入率（20～50 nmol·g^{-1}·h^{-1}），在内格罗河水 pH = 4.0 时完全没有增加。因此，江魟表现出一种类似于丽鱼科鱼类的离子调节模式，但具有更显著的特性（低吸收性及抗低 pH 的低渗透能力）。事实上，对离子流入和流出的动力学分析表明，这些淡水板鳃鱼类无法通过鳃的调节机理在这种离子贫乏的水中实现完美的离子平衡，因此通过食物的摄取可能对生存至关重要。

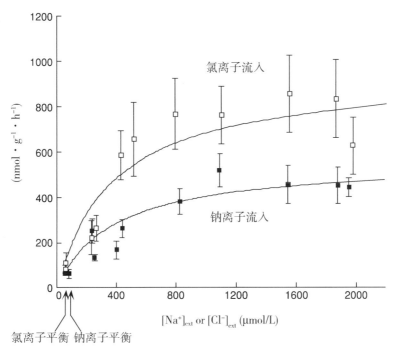

注：数值是平均值 ± 标准误差。氯离子的高交换率反映了重要的交换扩散成分。箭头表示流入和流出速率的平衡点。（数据来自 Wood et al.，2002b.）

图 9.15　内格罗河水环境离子浓度和江魟鱼的钠离子、氯离子吸收速率的关系

对江魟的氯化物交换（图 9.15）进行了测量。江魟是唯一一种直接从内格罗河中采集的软骨鱼类（Wood et al.，2002b）。正如后面所讨论的，其氯离子及钠离子摄取的机理可能和硬骨鱼的不同。然而，氯离子流动表现出与钠流动相同模式，都具有很低的吸收亲和力和低的流出率，后者对低酸性 pH = 4.0 表现出完全抵抗性。有趣的是，氯离子的流入和流出速率都比钠离子的流入和流出速率大，反映了前者进行了大量交换扩散，以至于大量氯离子通过流出调节去适应氯离子流入。这可能是这些板鳃鱼类海洋祖先的进化残迹（Bentley et al.，1976）。

江魟离子转运的药理学分析（Wood et al.，2002b）发现氨氯吡嗪脒（10^{-4} mol/L）

及其类似物，和一种良好的钠离子/氢离子交换阻断剂 HMA（4×10^{-5} mol/L）能强烈抑制钠离子流入。其抑制作用比另外一种钠离子通道阻断剂苯丙胺（4×10^{-5} mol/L）稍微有效。氯化物吸收对二苯乙烯类药物［如 DIDS（10^{-4} mol/L）和 SITS（10^{-4} mol/L）］不敏感，但是氯离子的流入和流出速率被 DPC（10^{-4} mol/L）和硫氰酸盐（10^{-4} mol/L）强烈抑制。后者表明顶端氯离子交换通过氯离子通道或异常的阴离子交换机理发生。

总的来说，这些结果和最近从一种魟科鱼类（江魟的广盐性表亲）获得的结论一致。免疫细胞化学分析揭示了两种类型的鳃离子细胞，一种具有丰富的基底外侧钠离子/钾离子 - ATP 酶，另一种具有丰富的基底外侧氢离子 - ATP 酶（Piermarini and Evans，2000，2001）。在后者中，一种不常见的阴离子交换剂［潘蛋白（pendrin）］已被免疫定位于顶端膜上（Piermarini et al.，2002）。Piermarini 和 Evans（2001）及 Piermarini 等（2002）提出了基底外侧钠离子/钾离子 - ATP 酶在一种细胞类型中激发顶端钠离子/氢离子交换器，而基底外侧氢离子 - ATP 酶在另一种细胞类型中通过潘蛋白激发顶端氯离子和碳酸氢根离子转运。这种模式与前面对"模式"淡水硬骨鱼所讨论的机理完全不同（图9.2），在淡水硬骨鱼调节机理中，氢离子 - ATP 酶是顶端的，能激发钠离子通道。然而，最近 Katoh 等（2003）报道称氢离子 - ATP 酶出现在适应离子贫乏淡水的底鳉（*Fundulus heteroclitus*）鳃离子细胞的基底外侧。这种鱼在淡水中表现出强烈的钠离子吸收，但氯离子吸收量可以忽略（Patrick et al.，1997）。Fenwick 等（1999）报道用巴弗洛霉素阻断氢离子 - ATP 酶能抑制罗非鱼幼鱼和鲤鱼对氯离子和钠离子的吸收。这些数据表明，在离子贫乏的水环境中，硬骨鱼类和板鳃鱼类可能存在多种不同的离子调节机理。

9.7 有机质在鱼类适应离子贫乏酸性水体中的作用

内格罗河的名字来源于其类似黑茶水的颜色。这种颜色由含有腐殖酸、灰黄霉酸和其他有机酸的高含量溶解有机物（DOM）及丛林植被分解产生的各种其他化合物所致（Leenheer，1980；Thurman，1985；Ertel et al.，1986；Kuchler et al.，1994）。这些物质（折合为碳）总浓度可能高达 30 mg/L^{-1}，整个流域的平均值约为该值的一半。黑水广泛分布于世界各地的热带地区，以其低生物生产力而闻名。Janzen（1973）主要基于传闻证据推测，植物"次生化合物"，其中许多是具有已知抑菌或杀虫特性的酚类物质，可能是热带黑水水域动物普遍低丰度和低多样性的原因。这些水体中的营养物质、离子浓度和 pH 都非常低，因此很难将这些现象归因于 DOM 的毒性特征造成的。此外，内格罗河异常高的鱼类多样性也和这种解释相矛盾。当然，DOM 组成成分可能对外来物种有毒，但本地物种似乎已经进化出和它们共存的机理。事实上，Gonzalez 等（1998，2002）推测，在本地鱼类中，黑水环境中的高 DOM 含量实际上可能对低离子浓度和酸性条件下的生物生存有保护作用，尤其是对于鳃渗透能力功能受到限制的情况下。Kullberg 等（1993）早前曾预测，由于水的酸性会降低 DOM 的负电荷，因此在低 pH 条件下，DOM 与生物表面的结合会增加。Campbell 等（1997）的报道提供了在低 pH 条件下 DOM 对藻类和分离的鱼鳃细胞增加结合的直接证据，并推测其是通过氢键或疏水键发生的。Kullberg 等（1993）和 Campbell 等（1997）都认为对膜渗透性的影响可能是稳定的或不稳定的，其特性取决于相互作用的确切机理。

为了寻找支持稳定的观点，实验显示低 pH 环境对天然的内格罗河水中 2 种硬骨鱼的影响要比它们处在由相同浓度的钠离子、氯离子和钙离子但是没有 DOM 的蒸馏水制成的人工培养基中轻微些（Gonzalez et al.，2002）。具体地说，对于内格罗河水域丽鱼科的珠母丽鱼（*Geophagus*），在 pH = 3.75 条件下，钠离子的流入抑制较少，而钠离子的流出完全不受影响，但在相同的 pH 但没有 DOM 的合成水中，流出量显著增加。同样暴露于 pH = 3.75 环境条件下，黑水对油鲇（*Pimelodes*）的这种保护作用受到延缓，但在 pH = 6.5 时恢复。

Wood 等（2003）进一步研究了 DOM 对板鳃鱼类江魟（*Potamotrygon sp.*）的保护作用。这些鱼类同样暴露于 pH = 4.0 条件下的内格罗河水或者离子水平相似但 DOM 可忽略的天然水（"参考水"）中。有趣的是，黑水在接近中性的环境下似乎只导致离子流入和流出动力学关系的轻微变化，从而在较低的环境钠离子和氯离子浓度下达到平衡。然而，在 pH = 4.0 时，黑水的保护效果明显。黑水激发了鱼类双重保护措施，提供对钠离子和氯离子流入的适度支持，使离子流入在低 pH 环境条件下不受显著抑制。更重要的是，黑水能防止在低 pH 条件下的"参考水"中出现的钠离子和氯离子流出加倍现象的发生，并能促使在回到接近中性 pH 条件时离子调节机理更快恢复（图 9.16）。此外，在低 pH 黑水条件时，氨的排泄量显著增加，但在"参考水"存在的情况下则没有。根据 Playle 和 Wood（1989）对鳟鱼的研究结果，推测这些现象可能是对低 pH 暴露期间鳃表面附近的边界层细胞碱性化的适应性。显然，天然黑水对江魟和硬骨鱼在低 pH 条件下的耐受性是有利的，这在离子贫乏的水环境中很常见。

在一定程度上，黑水的作用和钙离子升高的作用相似。在"参考水"中，钙离子浓度增加 10 倍（至 100 μmol/L）能完全保护流出组分，使氨排泄量在 pH = 4.0 条件下增加，但当向内格罗河水中添加相同量的钙离子时，没有获得黑水效应额外的保护作用（Wood et al.，2003）。同样，水中钙离子浓度的大幅度增加，通常能对低 pH 条件下在"模式"硬骨鱼（McDonald et al.，1983；Wood，1989）和至少 1 种原产于内格罗河但在"参考水"条件下的鱼（大盖巨脂鲤；Wood et al.，1998）发生的离子渗漏起到很强的保护作用，但对 3 种内格罗河中耐酸的硬骨鱼没有保护作用（Gonzalez et al.，1998）。Wood 等（2003）对这些数据进行了简单的生物地球化学模拟分析。他们认为黑水 DOM 不会通过阻止氢离子与鳃结合而起作用，并且在低 pH 条件下，DOM 会减少但不会完全阻止钙离子与鳃结合。总之，这些结果表明，DOM 可能在低 pH 条件下通过类似于钙离子的作用机理稳定鳃上皮细胞。很明显，测量黑水及其成分对跨上皮电位的影响将有助于观察它们和钙离子对离子调节机理影响的相似性（图 9.9）。

低 pH 下的 DOM 还有其他"有益"特征，如对水缓冲能力的重要作用，以及众所周知的它们能结合潜在的有毒金属使其不具有生物有效性的能力（Leenheer，1980；Thurman，1985；Kullberg et al.，1993；Kuchler et al.，1994）。内格罗河的铝和铁含量特

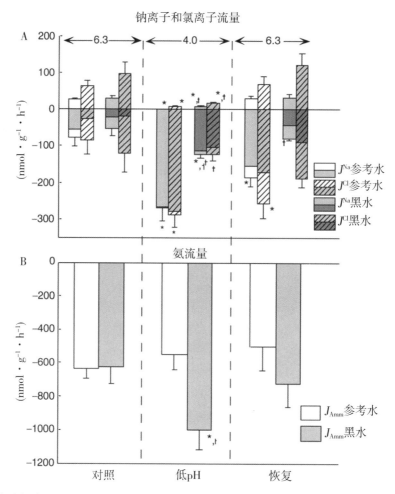

注：向上的柱表示流入，向下表示流出，实心的表示净流量。参考水是有相对低的离子水平和可以忽略不计的 DOM 的自然水。数值是平均值±标准误差。星号表示在接近中性 pH 条件期间相同水环境中和对照值相比有显著差异；短剑符号表示在同样的处理期间，在参考水中的鱼类相对于在黑水环境的鱼类的对照值有显著差异。黑水对低 pH 条件下抑制离子流入有适度的保护作用，对低 pH 条件下的离子流出有显著的保护作用；黑水在低 pH 条件下促进了氨氮流出水平的增加。（数据来自 Wood et al.，2003.）

图 9.16　暴露于 pH = 4.0 条件下 2 h，内格罗河黑水对江魟（potomotrygonid rays）单向流入的保护作用和净氨氮响应

别高（Val and Almeida-Val，1995），这些金属，尤其是铝，在低 pH 时对鱼类毒性很高（Wood，1989）。基于地理化学模拟分析，Wood 等（2003）认为内格罗河测量到的 DOM 水平足以防止任何铝或铁和鱼鳃表面结合。

腐殖酸通常被认为是 DOM 的代表成分。当商业制备的腐殖酸（源自泥炭）以和黑水中测量的总 DOM 相同的浓度添加到参考水中时，它不具有保护作用，而是大大加剧了江魟（*Potamotrygon*）在低 pH 条件下的离子损失（Wood et al.，2003）。然而，Thurman（1985）指出，从泥炭中提取的腐殖酸可能和天然水中的腐殖酸具有非常不同的性质。此外，在典型的黑水环境中，腐殖酸仅占 DOM 的 10% 左右，而较小的灰黄霉酸则更多（40%），其中一半的 DOM 由亲水性酸、羧酸、氨基酸、碳水化合物和其他碳氢化合物组成，其中许多成分还未被阐明。可以想象，这些组分的任何一种或几种组合都可能是重要的保护剂。

9.8 内格罗河硬骨鱼类在离子贫乏酸性水中氨的排泄

氨以氨气（NH_3）或铵根（NH_4^+）的形式存在于水溶液中。水中氨反应（$NH_4^+ + H_2O \rightleftharpoons NH_3 + H_3O^+$）的 pK 约为 9.5（Boutilier et al.，1984）。气体形态 NH_3 在循环反应中以次要成分存在（小于 5%）。此外，由于鱼体通过鳃向水环境中快速排泄氨，鱼类中总氨（$T_{AMM} = [NH_3] + [NH_4^+]$）的循环水平通常非常低（0.05～0.5 mmol/L）。尽管总氨含量低，特别是 NH_3 分压较低，但通常认为淡水鱼鳃细胞膜对氨气的渗透性足以使大部分氨的排泄通过简单气体扩散的方式从鳃排出（见第 8 章）。循环反应中 95% 以上的氨以铵根的形式存在，而自从 Krogh（1939）首次提出这一假设以来，人们就一直尝试理解钠离子吸收机理和通过顶端钠离子/铵根离子交换机理引起铵根排泄之间的直接联系。这种离子交换的想法直观上很有吸引力，因为它利用了内源性有毒含氮废物的排泄物作为从环境中吸收必需钠离子的平衡离子。自 Krogh 以来，许多研究试图证实或者排除钠摄入和氨排泄之间的直接联系。然而，尽管经过了 60 多年的努力，仍然有争议的问题是淡水鱼跨鳃部的大部分氨排泄仅仅是由在分压梯度下 NH_3 气体扩散导致的，还是通过一个涉及顶端和/或基底外侧内源性的铵根/钠离子交换的灵活组合来驱动的（Cameron and Heisler，1983；Wright and Wood，1985；Balm et al.，1988；Wood，1993；Wilson et al.，1994；Wilkie，1997；Salama et al.，1999；Kelly and Wood，2002）。

生活在永久性酸性和离子贫乏水域的鱼类为比较生理学家研究这一问题提供了一个有趣的对象。一方面，内格罗河的平均酸度比氨/铵的 pK 低 4 个 pH 单位以上。这将导致水环境中 NH_3 分压几乎可以忽略不计，从而有利于以 NH_3 排泄的方式从血液扩散到水中。如果这是主要的氨流出途径，我们可以预测，嗜酸性鱼类的氨排泄将是一个简单的过程，没有特别之处，并且 NH_3 排泄速率完全由血浆中的 NH_3 分压控制。另一方面，面对酸性环境中非常高的氢离子浓度，如何越过典型的酸敏感钠离子吸收机理（钠离子/氢离子交换或氢离子-ATP 酶连接的钠离子通道）的限制，利用钠离子/铵根交换机制吸收钠离子就成为一个重要的问题。耐酸的宽额脂鲤是研究这些机理的一种特别有用的模式物种。实验人员经常通过改变周围环境的 pH（也因此改变环境水中 NH_3 和铵根离子的相对数量），调节跨鳃 P_{NH_3} 梯度来研究氨的排泄模式。然而，大多数淡水鱼对钠离子摄取的 pH 敏感性使这一种方式变得非常复杂。由于改变 NH_3 扩散梯度和/或抑制钠离子摄取（及随后铵根交换的可能性）等多种因素的可能影响，对低 pH 下氨排泄的变化进行合理解释有些困难。然而，宽额脂鲤钠离子吸收机理对酸的不敏感性否定了这一复杂性，并能对此类实验做出一个较为清晰的解释。

从表面上看，正如所预测的，宽额脂鲤中氨排泄对降低和增加的 pH 急性反应是直接的（图 9.17）。当环境水从 pH＝6.0 变为到 pH＝5.0 时，几乎造成氨排泄量增加 2 倍（Wilson，1996），而将环境 pH 从 6.8 提高到 7.9 时，造成对氨排泄量小的抑制（12%）（R. W. Wilson, D. L. Snellgrove and D. M. Scott，未发表的数据）。从定性上看，这是根据外部水环境中 NH_3 含量的变化而得出的预期趋势，即在低环境 pH 或高环境 pH 条件下，跨鳃 P_{NH_3} 梯度分别增加或减少。然而，对数据进行仔细分析后，发现这些改变的幅度实际上远未达到预期。硬骨鱼血浆的正常 P_{NH_3} 在 50～100 μTorr 之间（Cameron and Heisler，1983；Wright and Wood，1985；Wilson et al.，1994）。实验水体的平均总氨浓度约为 11 mmol/L，控制条件下（pH＝6.0）大量水体的 P_{NH_3} 浓度非常低（小于 0.2 μTorr），而且氨排泄不局限于跨鳃部 NH_3 的扩散。因此，进一步减少到 1/10（至小于 0.02 μTorr）的大量控制水体的 P_{NH_3} 浓度预计不会对氨排泄产生可测量到的影响。但是，实际上科研人员观察到了氨排泄的大量增加。将内格罗河土著鱼类——大盖巨脂鲤（*Colossoma macropomum*）从环境水 pH＝5.0 迅速转移到 pH＝4.0 时，也观察到了对氨排泄过程的类似刺激作用（Wilson et al.，1999）。当环境水从 pH＝5.0 调整到 pH＝4.0 时，大量控制水体的 P_{NH_3} 的微量背景水平和变化更令人惊讶。相反，将环境水 pH 从 6.8 增加到 7.9（图 9.17B）会导致大量控制水体的 P_{NH_3} 从约 1 μTorr 增加到 15 μTorr，并大大降低跨鳃 P_{NH_3} 梯度，但氨排泄量仅被抑制 12%。只有当宽额脂鲤的血浆 P_{NH_3} 水平和鳃 NH_3 渗透能力显著低于其他硬骨鱼，以及（或）相对于大量控制水体而言，鳃边界层中具有更高的总氨浓度时，这些结果才能和作为氨排泄主要机理的 NH_3 扩散作用具有可比性。

图 9.17B 中的数据显示，宽额脂鲤和一般的硬骨鱼相比还有其他不同的机理。当水 pH 大于 6 时，通过鳃排出的二氧化碳和/或氢离子会在鳃表面附近形成一个相对酸性的边界层（Playle and Wood，1989）。在正常情况下，这种局部酸化通过降低边界层中的 P_{NH_3}，增强跨鳃 P_{NH_3} 梯度来促进氨排泄（Wilson et al.，1994）。事实上，当边界层 pH 缓冲至 6.8 时（图 9.17B），宽额脂鲤的氨排泄量没有受到影响。这表明边界层酸化作用或者没有发生，或者在促进这些鱼类的氨排泄过程中仅起到很小的作用。

和标准淡水硬骨鱼模型不同的证据还来自氨排泄过程对外部钠离子浓度的敏感性，以及在宽额脂鲤中钠离子流入对外部铵根离子浓度的敏感性的检测（图 9.18）。当外部钠离子浓度从 64 μmol/L 降低到接近钠离子吸收 K_m（12 μmol/L）时，氨排泄不受影响（图 9.18A；Wilson，1996）。相反，当外部铵根浓度从 11 μmol/L 升高到 500 μmol/L 时，钠离子吸收被抑制了 27%（图 9.18B）。在后一个实验中，水环境保持在 pH＝6.5，因此环境 P_{NH_3} 也会升高，但只会升高到约 25 μTorr。理论上如果宽额脂鲤的血浆 P_{NH_3} 和其他淡水硬骨鱼相似，25 μTorr 无法逆转 NH_3 在鳃部的扩散。因此，推测这种对钠离子吸收的抑制作用是由于外部升高的铵根离子浓度对顶端钠离子/铵根离子交换的直接影响，而不是和氢离子分泌相关的钠离子吸收所导致的 NH_3 向内扩散（及随后鳃离子细胞或血浆的碱化作用）的间接影响。

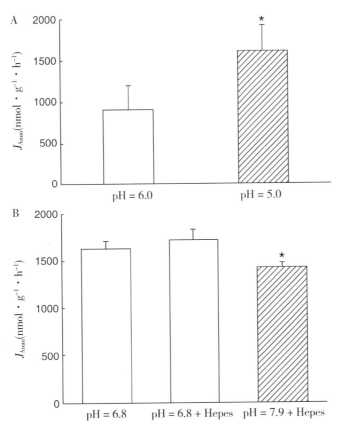

注：(A) 在人工离子贫乏水体中，急性 (1 h) 酸暴露 (pH=5.0) 对宽额脂鲤氨排泄的影响 (NaCl 浓度为 50 μmol/L，CaCl$_2$ 浓度为 50 μmol/L; 数据来自 Wilson，1996)。(B) 在人工离子贫乏水体中，pH=6.8（非缓冲的对照水 pH 相同）或者 pH=7.9 条件下，急性 (1 h) 暴露于 5 mmol/L 的乙磺酸缓冲液对宽额脂鲤氨排泄的影响 (NaCl 浓度为 50 μmol/L，CaCl$_2$ 浓度为 50 μmol/L; Wilson, Snell-grove and Scott，未发表的数据)。星号表示和 pH 为 6.0 或者 6.8 时加乙磺酸的对照值有显著差异。

图 9.17　宽额脂鲤中氨排泄对降低和增加的 pH 的急性反应

鉴于宽额脂鲤钠离子吸收过程对环境酸度和标准药物阻抑剂的显著不敏感性，找到标准模型（通过排出氢离子交换钠离子吸收的机理）替代方法的可能性还需要进一步研究。尽管这种离子交换系统可能不会在两个方向上都起作用（即氨排泄可能有助于推动一定程度的钠离子吸收，但不是反之亦然），但是我们不能排除钠离子吸收可能通过顶端或基底外侧钠离子/铵根交换机理和氨排泄过程发生直接联系。最近报道了猕猴蛋白质可作为微生物、植物和动物中的高亲和性铵转运蛋白 (Marini et al.，2000)，以及各种鱼类和甲壳类动物中主动的铵根分泌的新型作用机理 (Randall et al.，1999; Weihrauch et al.，2002)。很明显，氨排泄的传统观点（和主动的离子摄取机理）有必要质疑。进一步对像宽额脂鲤这样鱼类的非典型系统进行研究将有可能获得新的思路，有助于解释对酸性、离子贫乏水域的适应及一般淡水鱼类的离子调节机理。

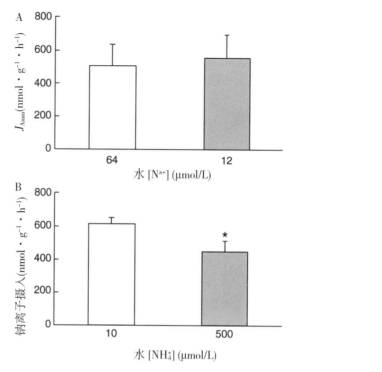

注：（A）在人工离子贫乏水体中，急性（1 h）减少环境中钠浓度（从 64 μmol/L 到 12 μmol/L）对宽额脂鲤氨排泄的影响（数据来自 Wilson，1996）。水［钠离子］降低到接近宽额脂鲤钠离子吸收的 K_m 值。（B）在人工离子贫乏水体中（离子浓度见图9.17命名的离子浓度），急性（1 h）增加环境中铵根浓度（从 10 μmol/L 到 500 μmol/L）对宽额脂鲤单向钠离子吸收速率的影响（Wilson，Snellgrove and Scott，未发表的数据）。水中 pH 保持在 6.5 不变，在此 pH 环境中氨浓度不超过25 μTorr。星号表示和对照值有显著差异。

图9.18　宽额脂鲤在氨排泄过程中对外部钠离子浓度的敏感性及钠离子流入对外部铵根浓度的敏感性

9.9　未来的研究方向

我们只是初步了解了热带鱼类对离子贫乏水域的离子调节的适应性机理。这些水域通常是酸性的，而且通常富含 DOM。以下的方向将是未来研究中富有成果的领域：

（1）考虑到水中钙离子浓度非常低，以及 DOM 降低其生物利用率的能力，为了正常生长摄取钙离子似乎是这些鱼类面临的一个关键问题（表9.1）。迄今为止，仅在江虹属（*Potamotrygon*）中测量到了水中钙离子吸收量，在环境 pH = 4.0，钙离子吸收过程完全被抑制（Wood et al.，2002b）。有关硬骨鱼钙离子代谢过程还需要进行深入研究。

（2）除钠离子外，氯化物是血浆中的另一种主要电解质，并且它在水中的含量几乎和钠离子一样低（表9.1）。目前仅在宽额脂鲤和江虹属（*Potamotrygon*）中对氯离子吸收量进行了测定。氯离子的吸收和损失机理应当和相关硬骨鱼中的钠离子转运进行比较评估。特别是目前我们已知多种温带硬骨鱼基本上缺乏在鳃部吸收氯离子的能力，如鳗鲡（Anguilla）（Hyde and Perry，1987）、底鳉属（Fundulus）（Patrick et al.，1997）。

（3）有报道称，由于自然水体中钠离子和氯离子浓度极低，一些内格罗河硬骨鱼类和板鳃鱼类不能仅仅通过转运水中的离子来实现自身的离子平衡（Gonzalez et al.，2002；Wood et al.，2002b）。因此，应研究食物在离子平衡中的重要性。事实上，一些作者已经讨论过食物作为黑水水域鱼类电解质的一种可能来源，如 Janzen（1973）及 Val 和 Almeida-Val（1995），但从未经过严格评估。D'Cruz 和 Wood（1998）的研究强调了鳟鱼在亚致死性酸应激下食物作为电解质来源的重要性。

（4）实际上，对于该地区鱼类渗透调节和水平衡，或者关于肾脏功能，我们一无所知。早期的报告表明，从尿液中重新吸收电解质可能非常有效（Mangum et al.，1978；Cameron and Wood，1978），但还没有系统的研究。需要对水的渗透能力和肾功能，特别是水中钙离子、DOM 和 pH 对其影响进行研究。

（5）未来研究中的一个挑战将是如何阐明 DOM 对本地物种的离子调节产生保护作用的确切机理。明确 DOM 中的哪些部分起特殊作用，以及这些 DOM 成分是否对非黑水栖息地的外来物种起相同作用。在稳定膜通透性功能方面，应特别注意其表现出的类钙离子效应。

（6）迄今为止，我们都是在通风良好的实验室条件下对这些鱼类的离子调节生理学开展研究。然而，在自然界中，这些鱼类经常遭遇环境低氧，离子调节机理经常因环境高碳酸血症而变得复杂，以至于许多鱼类进化出了额外的空气呼吸或表面－分液滑动的适应机理（Val and Almeida-Val，1995；见第 6 章和第 7 章）。由于离子转运的代价高，人们可能会预测，低氧的最大影响将发生在直接暴露于外部水的鳃组织中。研究低氧和高碳酸血症对这些鱼类离子调节的相互作用将是非常有意义的。

（7）近 10 年来，分子技术的迅猛发展加深了我们对非热带鱼类的离子调节生理学的理解，同时也使我们的知识变得更加丰富（Lin，1994；Sullivan et al.，1995；Wilson et al.，2000；Piermarini and Evans，2000，2001；Piermarini et al.，2002；Katoh et al.，2003）。现在是时候将用于鉴定的免疫细胞化学定位技术、用于特异性转运蛋白定量分析的免疫印迹技术、原位杂交、半定量 RNA 印迹法及可用于定量转运蛋白 mRNA 水平的实时荧光定量 PCR 等技术应用到对这些生活在不寻常的热带环境中的鱼类离子调节器官的研究中。我们应该特别关注这种独特的机理，即至少在宽额脂鲤属的 2 种鱼中，发现其钠离子和氯离子吸收过程在 pH 低至 3.25 的水环境中完全不敏感。

（8）上述许多问题都可以在系统发生的背景下进行研究和阐明。这将会产生关于这些鱼类如何进化出适应离子贫乏酸性水体的生理特化的有价值的信息。例如，在亲缘关系相对较近的宽额脂鲤和阿氏宽额脂鲤的鱼类中，pH 不敏感的离子转运机制是否曾经出现于 2 种鱼的一个祖先？或者，在该属内更早的祖先就已经产生了这种机制？或者由于在这个类群的进化历史中曾经发生多次，这种机理可能在不同物种中更广泛地被发现。这些信息将增加我们对这些生理性状如何进化的理解。

理查德·J. 刚查列兹　罗德·W. 威尔逊　克里斯托弗·M. 伍德　著

夏军红　译

林浩然　校

参考文献

Audet, C., and Wood, C. M. (1988). Do rainbow trout (*Salmo gairdneri*) acclimate to low pH? *Can. J. Fish. Aquat. Sci.* 45, 1399-1405.

Avella, M., and Bornancin, M. (1989). A new analysis of ammonia and sodium transport through the gills of the freshwater rainbow trout (*Salmo gairdneri*). *J. Exp. Biol.* 142, 155-175.

Balm, P., Goosen, N., van der Rijke, S., and Wendelaar Bonga, S. (1988). Characterization of transport Na^+-ATPases in gills of freshwater tilapia. Evidence for branchial Na^+/H^+ (NH_4^+), ATPase activity in fish gills. *Fish Physiol. Biochem.* 5, 31-38.

Bentley, P. J., Maetz, J., and Payan, P. (1976). A study of the unidirectional fluxes of Na^+ and Cl^- across the gills of the dogfish *Scyliorhinus canicula* (Chondrichthyes). *J. Exp. Biol.* 64, 629-637.

Bittner, A., and Lang, S. (1980). Some aspects of osmoregulation of Amazonian freshwater stingrays (*Potamotrygon hystrix*). I. Serum osmolality, sodium and chloride content, water content, hematocrit, and urea level. *Comp. Biochem. Physiol.* 67A, 9-13.

Boutilier, R. G., Heming, T. A., and Iwama, G. K. (1984). Physicochemical parameters for use in fish respiratory physiology. *In* "Fish Physiology" (Hoar, W. S., and Randall, D. J., Eds.), Vol. 10A, pp. 403-430. Academic Press, New York.

Bury, N. R., and Wood, C. M. (1999). Mechanism of branchial apical silver uptake by rainbow trout is via the proton-coupled Na^+ channel. *Am. J. Physiol.* 277, R1385-R1391.

Cameron, J. N., and Heisler, N. (1983). Studies of ammonia in the trout: Physicochemical parameters, acid-base behaviour, and respiratory clearance. *J. Exp. Biol.* 105, 107-125.

Cameron, J. N., and Wood, C. M. (1978). Renal function and acid-base regulation in two Amazonian Erythrind fishes: *Hoplias malabaricus*, a water-breather, and *Hoplerythrinus unitaeniatus*, a facultative air-breather. *Can. J. Zool.* 56, 917-930.

Campbell, P. G. C., Twiss, M. R., and Wilkinson, K. J. (1997). Accumulation of natural organic matter on the surfaces of living cells: Implications for the interaction of toxic solutes with aquatic biota. *Can. J. Fish. Aquat. Sci.* 54, 2543-2554.

D'Cruz, L. M., and Wood, C. M. (1998). The influence of dietary salt and energy on the response to low pH in juvenile rainbow trout. *Physiol. Zool.* 71, 642-657.

Dunson, W. A., Swarts, F., and Silvestri, M. (1977). Exceptional tolerance to low pH of some tropical blackwater fish. *J. Exp. Zool.* 201, 157-162.

Ehrenfeld, J., Garcia-Romeau, F., and Harvey, B. J. (1985). Electrogenic active proton pump in *Rana esculenta* skin and its role in sodium ion transport. *J. Physiol. Lond.* 359, 331-355.

Ertel, J. R., Hedges, J. I., Devol, A. H., Richey, J. E., and de Nazare Goes Ribeiro, M. (1986). Dissolved humic substances of the Amazon River system. *Limn. Oceanogr.* 31, 739-754.

Evans, D. H., Piermarini, P. M., and Potts, W. T. W. (1999). Ionic transport in the fish gill epithelium. *J. Exp. Zool.* 283, 641-652.

Fenwick, J. C., Wendelar-Bonga, S. E., and Flik, G. (1999). In vivo bafilomycin-sensitive Na^+ uptake in young freshwater fish. *J. Exp. Biol.* 202, 3659-3666.

Freda, J., and McDonald, D. G. (1988). Physiological correlates of interspecific variation in acid tolerance in fish. *J. Exp. Biol.* 136, 243-258.

Furch, K. (1984). Water chemistry of the Amazon basin: The distribution of chemical elements among freshwaters. In "The Amazon. Limnology and Landscape Ecology of a Mighty Tropical River and Its Basin" (Sioli, H., Ed.), pp. 167-199. W. Junk, Dordrecht.

Gerst, J. W., and Thorson, T. B. (1977). Effects of saline acclimation on plasma electrolytes, urea excretion, and hepatic urea biosynthesis in a freshwater stingray, *Potamotrygon sp.* Garman 1877. *Comp. Biochem. Physiol.* 56A, 87-93.

Gonzalez, R. J., and Dunson, W. A. (1987). Adaptations of sodium balance to low pH in a sunfish (*Enneacanthus obesus*) from naturally acidic waters. *J. Comp. Phys.* 157, 555-566.

Gonzalez, R. J., and Dunson, W. A. (1989a). Acclimation of sodium regulation to low pH and the role of calcium in the acid-tolerant sunfish *Enneacanthus obesus*. *Physiol. Zool.* 62, 977-992.

Gonzalez, R. J., and Dunson, W. A. (1989b). Differences in low pH tolerance among closely related sunfish of the genus *Enneacanthus*. *Env. Biol. Fishes.* 26, 303-310.

Gonzalez, R. J., and Preest, M. (1999). Mechanisms for exceptional tolerance of ion-poor, acidic waters in the neon tetra (*Paracheirodon innesi*). *Physiol. Biochem. Zool.* 72, 156-163.

Gonzalez, R. J., and Wilson, R. W. (2001). Patterns of ion regulation in acidophilic fish native to the ion-poor, acidic Rio Negro. *J. Fish Biol.* 58, 1680-1690.

Gonzalez, R. J., Wood, C. M., Wilson, R. W., Patrick, M., Bergman, H., Narahara,

A., and Val, A. L. (1998). Effects of water pH and Ca^{2+} concentration on ion balance in fish of the Rio Negro, Amazon. *Physiol. Zool.* 71, 15-22.

Gonzalez, R. J., Dalton, V. M., and Patrick, M. L. (1997). Ion regulation in ion-poor, acidic water by the blackskirt tetra (*Gymnocorymbus ternetzi*) a fish native to the Amazon River. *Physiol. Zool.* 70, 428-435.

Gonzalez, R. J., Wood, C. M., Wilson, R. W, Patrick, M. L., and Val, A. L. (2002). Diverse strategies of ion regulation in fish collected from the Rio Negro. *Physiol. Biochem. Zool.* 75, 37-47.

Goss, G. G., Perry, S. F., and Laurent, P. (1995). Ultrastructural and morphometric studies on ion and acid-base transport processes in freshwater fish. *In* "Cellular and Molecular Approaches to Fish Ionic Regulation, Fish Physiology" (Wood, C. M., and Shuttleworth, T. J., Eds.), Vol. 14, pp. 257-289. Academic Press, London.

Graham, J. H., and Hastings, R. W. (1984). Distributional patterns of the sunfish on the New Jersey coastal plain. *Env. Biol. Fishes.* 10, 137-148.

Griffith, R. W., Pang, P. K. T., Srivastava, A. K., and Pickford, G. E. (1973). Serum composition of freshwater stingrays (Potamotrygonidae) adapted to fresh and dilute sea water. *Biol. Bull.* 144, 304-320.

Hunn, J. B. (1985). Role of calcium in gill function in freshwater fishes. *Comp. Biochem. Physiol.* 82A, 543-547.

Hyde, D. A., and Perry, S. F. (1987). Acid-base and ionic regulation in the american eel (*Anguilla rostrata*) during and after prolonged aerial exposure: Branchial and renal adjustments. *J. Exp. Biol.* 133, 429-447.

Isaia, J. (1984). Water and non-electrolyte permeation. *In* "Fish Physiology" (Hoar, W. S., and Randall, D. J., Eds.), Vol. 10B, pp. 1-38. Academic Press, New York.

Janzen, D. H. (1973). Tropical blackwater rivers, animals, and mast fruiting by the Dipoterocarpaceae. *Biotropica* 6, 69-103.

Katoh, F., Hyodo, S., and Kaneko, T. (2003). Vacuolar-type proton pump in the basolateral plasma membrane energizes ion uptake in branchial mitochondria-rich cells of killifish *Fundulus heteroclitus* adapted to a low ion environment. *J. Exp. Biol.* 206, 793-803.

Kelly, S. P., and Wood, C. M. (2002). The cultured branchial epithelium of the rainbow trout as a model for diffusive fluxes of ammonia across the fish gill. *J. Exp. Biol.* 204, 4115-4124.

Kirschner, L. B. (1994). Electrogenic action of calcium on crayfish gill. *J. Comp. Physiol. B.* 164, 215-221.

Kirschner, L. B. (1997). Extrarenal mechanisms in hydromineral and acid-base regulation in aquatic vertebrates. *In* "The Handbook of Physiology" (Dantzler, W. H., Ed.), pp. 577-622. American Physiological Society, Bethesda, MD.

Krogh, A. (1939). "Osmotic Regulation in Aquatic Animals." Cambridge University Press, London.

Kuchler, I. L., Miekely, N., and Forsberg, B. (1994). Molecular mass distributions of dissolved organic carbon and associated metals in waters from Rio Negro and Rio Solimoes. *Sci. Total Environ.* 156, 207-216.

Kullberg, A., Bishop, K. H., Hargeby, A., Janssen, M., and Petersen, R. C. (1993). The ecological significance of dissolved organic carbon in acidified waters. *Ambio.* 22, 331-337.

Leenheer, J. A. (1980). Origin and nature of humic substances in the waters of the Amazon River Basin. *Acta Amazonica* 10, 513-526.

Lin, H., and Randall, D. J. (1991). Evidence for the presence of an electrogenic proton pump on the trout gill epithelium. *J. Exp. Biol.* 161, 119-134.

Lin, H., and Randall, D. J. (1993). H^+-ATPase activity in crude homogenates of fish gill tissue: Inhibitor sensitivity and environmental and hormonal regulation. *J. Exp. Biol.* 180, 163-174.

Lin, H., and Randall, D. J. (1995). Proton pumps in fish gills. *In* "Cellular and Molecular Approaches to Fish Ionic Regulation, Fish Physiology" (Wood, C. M., and Shuttleworth, T. J., Eds.), Vol. 14, pp. 229-255. Academic Press, London.

Lin, H., Pfeiffer, D. C., Vogl, A. W., Pan, J., and Randall, D. J. (1994). Immunolocalization of H^+-ATPase in the gill epithelia of rainbow trout. *J. Exp. Biol.* 195, 169-183.

Lovejoy, N. R. (1996). Systematics of myliobatoid elasmobranches: With emphasis on the phylogeny and historical biogeography of the neotropical freshwater stingrays (Potamotrygonidae: Rajiformes). *Zool. J. Linn. Soc.* 117, 207-257.

Lovejoy, N. R., Bermingham, E., and Martin, A. P. (1998). Marine incursions into South America. *Nature* 396, 421-422.

Madara, J. L. (1988). Tight junction dynamics: Is paracellular transport regulated? *Cell* 53, 497-498.

Maetz, J. (1973). Na^+/NH_4^+, Na^+/H^+ exchanges and NH_3 movement across the gill of *Carassius auratus*. *J. Exp. Biol.* 58, 255-275.

Maetz, J., and Garcia-Romeau, F. (1964). The mechanism of sodium and chloride uptake by the gills of a fresh-water fish, *Carassius auratus*. *J. Exp. Biol.* 58, 255-275.

Mangum, C. P., Haswell, M. S., Johansen, J., and Towle, D. W. (1978). Inorganic ions and pH in the body fluids of Amazon animals. *Can. J. Zool.* 56, 907-916.

Marini, A. M., Matassi, G., Raynal, V., Andre, B., Cartron, J. P., and Cherif-Zahar, B. (2000). The human Rhesus-associated RhAG protein and a kidney homologue promote ammonium transport in yeast. *Nature Genet.* 26, 341-344.

Marshall, W. S. (1995). Transport processes in isolated teleost epithelia: Opercular epithelium and urinary bladder. In "Cellular and Molecular Approaches to Fish Ionic Regulation, Fish Physiology" (Wood, C. M., and Shuttleworth, T. J., Eds.), Vol. 14, pp. 1-23. Academic Press, London.

Marshall, W. S. (2002). Na^+, Cl^-, Ca^{2+}, and Zn^{2+} transport by fish gills: Retrospective review and prospective synthesis. *J. Exp. Zool.* 293, 264-283.

McDonald, D. G. (1983a). The interaction of environmental calcium and low pH on the physiology of the rainbow trout, *Salmo gairdneria*. I. Branchial and renal net ion and H^+ fluxes. *J. Exp. Biol.* 102, 123-140.

McDonald, D. G. (1983b). The effects of H^+ upon the gills of freshwater fish. *Can. J. Zool.* 61, 691-703.

McDonald, D. G., and Wood, C. M. (1981). Branchial and renal acid and ion fluxes in the rainbow trout, *Salmo gairdneri*, at low environmental pH. *J. Exp. Biol.* 93, 101-118.

McDonald, D. G., Hobe, H., and Wood, C. M. (1980). The influence of environmental calcium on the physiological responses of the rainbow trout, *Salmo gairdneri*, to low environmental pH. *J. Exp. Biol.* 88, 109-131.

McDonald, D. G., Walker, R. L., and Wilkes, R. L. K. (1983). The interaction of environmental calcium and low pH on the physiology of the rainbow trout, *Salmo gairdneri*. II. Branchial inoregulatory mechanisms. *J. Exp. Biol.* 102, 141-155.

McWilliams, P. G. (1982). The effects of calcium on sodium fluxes in the brown trout, *Salmo trutta*, in neutral and acid media. *J. Exp. Biol.* 96, 439-442.

McWilliams, P. G., and Potts, W. T. W. (1978). The effects of pH and calcium concentration on gill potentials in the brown trout, *Salmo trutta*. *J. Comp. Physiol.* 126, 277-286.

Milligan, C. L., and Wood, C. M. (1982). Disturbances in haematology, fluid volume distribution and circulatory function associated with low environmental pH in the rainbow trout, *Salmo gairdneri*. *J. Exp. Biol.* 99, 397-415.

Morgan, I. J., Potts, W. T. W., and Oates, K. (1994). Intracellular ion concentration in branchial epithelial cells of brown trout (*Salmo trutta* L.) determined by X-ray microanalysis. *J. Exp. Biol.* 194, 139-151.

Packer, R. K., and Dunson, W. A. (1970). Effects of low environmental pH on blood pH and sodium balance of brook trout. *J. Exp. Zool.* 174, 65-72.

Packer, R. K., and Dunson, W. A. (1972). Anoxia and sodium loss associated with death of brook trout at low pH. *Comp. Biochem. Physiol.* 41A, 17-26.

Patrick, M. L., and Wood, C. M. (1999). Ion and acid-base regulation in the freshwater mummichog (*Fundulus heteroclitus*): A departure from the standard model for freshwater teleosts. *Comp. Biochem. Physiol.* 122A, 445-456.

Patrick, M. L., Pärt, P., Marshall, W. S., and Wood, C. M. (1997). The characterization of ion and acid-base transport in the freshwater-adapted mummichog (*Fundulus heteroclitus*). *J. Exp. Zool.* 279, 208-219.

Perry, S. F. (1997). The chloride cell: Structure and function in the gills of freshwater fishes. *Ann. Rev. Physiol.* 59, 325-347.

Piermarini, P. M., and Evans, D. H. (2000). Effects of environmental salinity on Na^+/K^+-ATPase in the gills and rectal gland of a euryhaline elasmobranch (*Dasyatis sabina*). *J. Exp. Biol.* 203, 2957-2966.

Piermarini, P. M., and Evans, D. H. (2001). Immunochemical analysis of the vacuolar proton-ATPase B-subunit in the gills of a euryhaline stingray (*Dasyatis sabina*): Effects of salinity and relation to Na^+/K^+-ATPase. *J. Exp. Biol.* 204, 3251-3259.

Piermarini, P. M., Verlander, J. W., Royaux, I. E., and Evans, D. H. (2002). Pendrin immunoreactivity in the gill epithelium of a euryhaline elasmobranch. *Am. J. Physiol.* 283, R983-R992.

Playle, R. C., and Wood, C. M. (1989). Water chemistry changes in the gill microenvironment of rainbow trout: Experimental observations and theory. *J. Comp. Physiol. B.* 159, 527-537.

Potts, W. T. W. (1984). Transepithelial potentials in fish gills. *In* "Fish Physiology" (Hoar, W. S., and Randall, D. J., Eds.), Vol. 10B, pp. 105-128. Academic Press, New York.

Potts, W. T. W. (1994). Kinetics of sodium uptake in freshwater animals: A comparison of ion exchange and proton pump hypotheses. *Am. J. Physiol.* 266, R315-R320.

Preest, M., Gonzalez, R. J., and Wilson, R. W. (2005). A pharmacological examination of the Na^+ and Cl^- transport mechanisms in freshwater fish. *Physiol. Biochem. Zool.*, in press.

Randall, D. J., Wilson, J. M., Peng, K. W., Kok, T. W. K., Kuah, S. S. L., Chew, S. F., Lam, T. J., and Ip, Y. K. (1999). The mudskipper, *Periophthalmodon schlosseri*, actively transports NH_4^+ against a concentration gradient. *Am. J. Physiol. Physiol.-Reg. Int. Comp. Physiol.* 277, R1562-R1567.

Reid, S. D. (1995). Adaptation to and effects of acid water on the fish gill. *In* "Biochemistry and Molecular Biology of Fishes" (Hochachka, P. W., and Mommsen, T. P., Eds.), Vol. 5, pp. 213-227. Elsevier, Amsterdam.

Saint-Paul, U. (1984). Physiological adaptations to hypoxia of a neotropical characoid fish *Colossoma macropomum*, Serrasalmidae. *Environ. Biol. Fishes.* 11, 53-62.

Salama, A., Morgan, I. J., and Wood, C. M. (1999). The linkage between Na^+ uptake and ammonia excretion in rainbow trout: Kinetic analysis, the effects of $(NH_4)_2SO_4$ and NH_4HCO_3 infusion and the influence of gill boundary layer pH. *J. Exp. Biol.* 202, 697-709.

Smith, N. F., Talbot, C., and Eddy, F. B. (1989). Dietary salt intake and its relevance to ionic regulation in freshwater salmonids. *J. Fish Biol.* 35, 749-753.

Sullivan, G. V., Fryer, J. N., and Perry, S. F. (1995). Immunolocalization of proton pumps (H^+-ATPase) in pavement cells of rainbow trout gill. *J. Exp. Biol.* 198, 2619-2629.

Thurman, E. M. (1985). Organic Geochemistry of Natural Waters. Martinus Nijhoff/W. Junk, Dordrecht.

Val, A. L., and de Almeida-Val, V. M. F. (1995). Fishes of the Amazon and Their Environment. Springer, Berlin.

Walker, I., and Henderson, P. A. (1996). Ecophysiological aspects of Amazonian blackwater litterbank fish communities. *In* "Physiology and Biochemistry of Fishes of the Amazon" (Val, A. L., Almeida-Val, V. M. F., and Randall, D. J., Eds.), pp. 7-22. Instituto Nacional de Pesquisas da Amazonia, Manaus.

Weihrauch, D., Ziegler, A., Siebers, D., and Towle, D. W. (2002). Active ammonia excretion across the gills or the green shore crab *Carcinus maenas*: Participation of Na^+/K^+-ATPase, V-type H^+-ATPase and functional microtubules. *J. Exp Biol.* 205, 2765-2775.

Wetzel, R. G. (1983). Limnology. Saunders College Publishing, Philadelphia.

Wilkie, M. (1997). Mechanisms of ammonia excretion across fish gills. *Comp. Biochem. Physiol.* 118A, 39-50.

Wilson, J. M., Laurent, P., Tufts, B. L., Benos, D. J., Donowitz, M., Vogl, A. W., and Randall, D. J. (2000). NaCl uptake by the branchial epithelium in freshwater teleost fish: An immunological approach to ion-transport protein localization. *J. Exp. Biol.* 203, 2279-2296.

Wilson, R. W. (1996). Ammonia excretion in fish adapted to an ion-poor environment. *In* "Physiology and Biochemistry of Fishes of the Amazon" (Val, A. L., Almeida-Val, V. M. F., and Randall, D. J., Eds.), pp. 123-128. Instituto Nacional de Pesquisas da Amazonia, Manaus.

Wilson, R. W., Wood, C. M., Gonzalez, R. J., Patrick, M. L., Bergman, H., Narahara, A., and Val, A. L. (1999). Net ion fluxes during gradual acidification of extremely soft water in three species of Amazonian fish. *Physiol. Biochem. Zool.* 72, 277-285.

Wilson, R. W., Wright, P. M., Munger, S., and Wood, C. M. (1994). Ammonia excretion in freshwater rainbow trout (*Oncorynchus mykiss*) and the importance of gill boundary layer acidification: Lack of evidence for Na^+/H^+ exchange. *J. Exp. Biol.* 191, 37-58.

Wood, C. M. (1989). The physiological problems of fish in acid waters. *In* "Acid Toxicity and Aquatic Animals" (Morris, R., Brown, D. J. A., Taylor, E. W., and Brown, J. A., Eds.), pp. 125-152. Society for Experimental Biology Seminar Series, Cambridge University Press, Cambridge.

Wood, C. M. (1993). Ammonia and urea excretion and metabolism. *In* "The Physiology of Fishes," pp. 379-425. CRC Press, New York.

Wood, C. M., and LeMoigne, J. (1991). Intracellular acid-base responses to environmental hyperoxia and normoxic recovery in rainbow trout. *Resp. Physiol.* 86, 91-113.

Wood, C. M., Kelly, S. P., Zhou, B., Fletcher, M., O'Donnell, M., Eletti, B., and Pärt, P. (2002a). Cultured gill epithelia as models for the freshwater fish gill. *Biochim. Biophys. Acta Biomembranes* 1566, 72-83.

Wood, C. M., Matsuo, A. Y. O., Gonzalez, R. J., Wilson, R. W., Patrick, M. L., and Val, A. L. (2002b). Mechanisms of ion transport in *Potamotrygon*, a stenohaline freshwater elasmobranch native to the ion-poor blackwaters of the Rio Negro. *J. Exp. Biol.* 205, 3039-3054.

Wood, C. M., Matsuo, A. Y. O., Wilson, R. W., Gonzalez, R. J., Patrick, M. L., Playle, R. C., and Val, A. L. (2003). Protection by natural blackwater against disturbances in ion fluxes caused by low pH exposure in freshwater stingrays endemic to the Rio Negro. *Physiol. Biochem. Zool.* 76, 12-27.

Wood, C. M., Wilson, R. W., Gonzalez, R. J., Patrick, M. L., Bergman, H. L., Narahara, A., and Val, A. L. (1998). Responses of an Amazonian teleost, the tambaqui (*Colossoma macropomum*) to low pH in extremely soft water. *Physiol. Zool.* 71, 658-670.

Wright, P. A., and Wood, C. M. (1985). An analysis of branchial ammonia excretion in the freshwater rainbow trout: Effects of environmental pH changes and sodium uptake blockade. *J. Exp. Biol.* 114, 329-353.

第10章 亚马孙河流鱼类对低氧和高温环境的代谢和生理调节

10.1 导　　言

生物体应对长期和短期环境变化的适应性是进化的基本概念之一（Futuyma，1986；Pigliucci，1996；Rose and Lauder，1996；Hochachka and Somero，2002）。这些适应性包括可能产生通过代谢/生理调节以适应短期变化（如LDH同种型的基因调控）的遗传变异，或种群和物种水平的长期变化（如能量代谢水平的整体下调）。在进化过程中，生物个体必须能够应付同一物理参数（温度、压力和氧气）的短期和长期变化。在大多数情况下，其功能反应取决于物种的遗传组成，涉及对代谢过程的调节，并可能产生解剖和形态上的变异（Almeida-Val，Val et al.，1999）。物种的进化变化依赖于遗传突变和选择（广义上），但是仅对遗传变异进行定量评估并不能对任何特定基因型的表型变异范围给予充分解释（Schichting and Pigliucci，1993，1995）。因此，这两种适应过程是相互依赖的，代谢适应和（长期的）遗传变化将改变不同的类群——生理变化可以改变自然选择的类群，而具有不同生理和代谢型式的类群也会因进化过程中产生的遗传突变而发生改变（Walker，1983；Walker，1997；Almeida-Val，Val et al.，1999）。目前，代谢与遗传适应性之间的相互作用可能是对基因调控的反映：调控元件通过触发特定的一系列"变化"，直接对特定的环境刺激因子做出反应（Pigliucci，1996），从而在转录期间诱导代谢的调节。随后，代谢的其他变化（可能是转录后）可能会发生，以允许细微的调节，从而发挥生物体和环境之间完美的相互作用。事实上，许多基因调控过程的发现调和了Hochachka（1988）提出的"统一性与多样性"之间明显的矛盾。这种矛盾是指化学结构的相对稳定性和基因型与表型多样性的对立。

亚马孙河鱼类应对温暖和低氧水域环境的适应性机制是特别值得关注的。这主要是因为，在南方冬季偶尔会有寒潮侵入亚马孙河流域，一天之内可能会导致大量经济鱼类死亡。在高水位时期，这些寒潮在瓦尔泽（洪泛平原）湖和 *igapós*（洪泛森林）中造成富氧、低温的表层水和温暖、缺氧的深水之间的转换（Junk et al.，1983；Val and Almeida-Val，1995；Almeida-Val，Val et al.，1999）。历史上，前哥伦比亚土著人和后来的欧洲移民曾砍伐亚马孙河流域洪水冲积平原上的森林，用于农业生产。因此，这一现象似乎是人类破坏栖息地的结果，因为在天然的森林冠层下，表层水和深水之间的温差不那么明显，没有（或只有微不足道的）寒潮导致的鱼类死亡事件发生。然而，这种现象并不只发生在亚马孙河流域的瓦尔泽湖，也可能发生在其他类型的存在变温层的水体中。

亚马孙生态系统拥有巨大的物种丰富度（大概有3000种鱼）。赤道附近的亚马孙地区气候炎热，拥有广阔原始的生物栖息地，其开阔的湖泊区域被水生大型植物部分覆盖。高树冠的森林区域洪水泛滥，受到昼夜和季节剧烈的氧含量变化的影响。因此，亚马孙生态系统特别适合开展与遗传学上物种形成相关的个体代谢适应性研究（见第1章，Roberts，1972；Böblke et al.，1978；Rapp-Py-Daniel and Leao，1981）。

早期的研究表明，长期和短期的溶氧浓度变化都是亚马孙河流域鱼类分布的决定因素。耐低氧能力在亚马孙河鱼类中尤为常见。这一事实加上相关的热带温度环境，促使鱼类在不同的生物组织结构水平，如动物行为、形态、解剖、生理、代谢和分子水平上，进行了一系列的调节，综合产生的表型可塑性能够使鱼类适应该水域的环境波动性质（Junk et al.，1983；Val and Almeida-Val，1995；Almeida-Val and Farias，1996）。

10.2　环境的挑战

长期以来，亚马孙河流的溶氧有效性（oxygen availability）已被视为生物进化选择压力的载体。寒武纪时期，当时大气含氧量低，水生环境普遍存在低氧和缺氧状况。目前各种原因也造成了亚马孙河流域水体普遍的低氧现象。因此，自寒武纪地质时期以来，溶氧缺乏就已成为该区域水生生物生存的一个普遍限制因素（Randall et al.，1981；Almeida-Val and Farias，1996；Almeida-Val，Val et al.，1999）。在白垩纪期间，冈瓦纳大陆（Gondwanaland）在南半球板块分裂后出现了南美洲和非洲。在第三纪，南美洲西部的安第斯山脉被折叠起来，引起亚马孙河流域出现显著变化。亚马孙河上游支流的太平洋流域被切断，整个亚马孙河流域开始朝向大西洋。因此，一种全新的栖息地开始出现，而河流水位的季节性波动成为亚马孙河流域的主要驱动力（Val and Almeida-Val，1995）。洪水脉动现象（Flood pulses；Junk et al.，1989），即水位年度波动，一般于11月至次年6月期间出现，在亚马孙河流中部平均产生10 m的波峰（见第1章）。洪水脉动淹没了广大的区域，并在淹没的森林（*igapós*）和泛滥平原地区（*várzea*）为鱼类创造了一些新的栖息地。洪水脉动也导致许多水生生物栖息地的出现和消失，如*paranás*（河道）、*igarapés*（小溪）和海滩。在低水位时，退去的潮水会留下小型离散型的水体，即临时湖泊，而在高水位时，这些水体都是相互连接的。在此期间，湖水的化学、物理和生物参数都会发生变化。这种可预测的洪水泛滥现象几乎影响了亚马孙河流域的所有生物。

虽然水中溶氧的波动情况值得关注，但研究温度对亚马孙鱼类新陈代谢的影响也非常重要。其主要原因是这些鱼类在高温下度过生命周期，其不同器官已通过调节新陈代谢水平适应了这些高温环境，甚至在整个生物体水平上进行了调整，如不同的代谢率和不同的代谢标度模式。亚马孙河流域的水温通常在25～32 ℃之间，尽管在某些情况下温度可能更高（Kramer et al.，1978）。这和北温带的水体温度形成了鲜明对比，北温带的水体在冬季接近0 ℃，而在夏季不超过25 ℃。鱼类低温下度过的生命周期通常和能量代谢关键酶的活性升高有关。相反，鱼类对高温的适应性总是和有氧能量代谢相关的酶的活性水平降低有关（Guderley and Gawlicka，1992；Johnston et al.，1985；Jones and Sidell，1982；Way-Kleckner and Sidell，1985）。此外，低温环境下生物具有增强有氧代谢的趋向，特别是会增加对脂肪酸的利用，从而满足生物对能量的需求（West et al.，1999）。除了环境的温度差异，生活在亚马孙河流域的鱼类还可以适应较低的氧气水平。亚马孙 várzea 湖和 igapós 的水层底部可能处于低氧甚至缺氧水平，夜间溶氧水平可以低到 0，而第二天时其泛滥平原地区的溶氧量却可以达到过饱和值（Almeida-Val，Val et al.，1999；Val，1996）。总的来说，亚马孙河流域的鱼类通过代谢抑制、无氧代谢、水表呼吸、空气呼吸或这些适应性的某种组合来应对周围环境变化的挑战（Almeida-Val et al.，1993；Almeida-Val and Hochachka，1995）。空气呼吸和高厌氧电位机制并不相互排斥；在某些情况下，空气呼吸方式对鱼类并不合适，其解决的办法可能是通过无氧代谢途径产生能量。此外，在亚马孙鱼类中发现，厌氧益生菌（Hochachka，1980）中存在无氧功能和代谢抑制的组合方式（Almeida-Val et al.，2000）。

本章将重点讨论环境变化对亚马孙鱼类能量代谢的主要影响。为了实现这一目标，我们将回顾自然环境变化引起的效应，并讨论鱼类对不同温度变化和溶氧状态（自然发生的低氧和缺氧）的一些代谢反应。本章还将考虑代谢的不同标度特性，以及具有关键代谢功能的酶（如 LDH）的转录和转录后水平变化对主要水生环境参数的反应。这些参数（温度和氧气）在亚马孙河的鱼类新陈代谢和水生生态系统中非常重要。因为亚马孙河流水生生态系统受到各种环境因素的影响，所以不可能单独分析处理每种参数条件。环境的复杂性削弱了对一种现象本身的考虑，因此我们有必要对下面几节将要讨论的许多问题进行更全面的分析。第 9 章讨论了鱼类如何适应酸性和离子贫乏水环境，这些环境因子也是亚马孙河流域生物面临的其他严峻的环境挑战。

10.3　温度对鱼类代谢的影响

Hochachka 和 Somero（2002）指出："生物地理分布模式表明，温度是栖息地适宜性的主要决定因素。"事实上，从水生和陆生生物的栖息地可以观察到，生物的分布模式反映了温度的梯度或不连续性，且环境温度在时间和空间上都影响着所有类型的生物。物种更替可随着纬度的变化及在特定纬度沿着温度的垂直梯度的变化而出现；温度从潮下到潮间带海洋生物栖息地过渡的变化和从低海拔到高海拔山区过渡的变化就是很好的例子。一些水生动物通常表现为昼夜垂直迁徙，并选择合适的时间进行觅食。温度对生物体的影响在不同物种中普遍存在，但因物种适应的热环境不同而会有所不同。基本上，环境温度影响了生物体生理的各个方面，因此生命的发生具有严格的地理限制条件（Hochachka and Somero，1984，2002；Prosser，1991）。温度的动态变化及其后果在温带和热带是不同的，特别是在水生生态系统中。当温带水域水温上升到水生生物的耐受上限时，动物就必须应对由于溶氧的减少和新陈代谢率的提高而增加的氧气需求，因此增加了维持正常代谢水平的代价。高温环境胁迫下，受到调节的生理和代谢参数，如耗氧率、血液和组织氧合能力、酸碱状态和细胞能量水平，可能会在有害效应发生之前出现显著性变化（Pörtner，1993；Pörtner and Grieshaber，1993；Sartoris et al.，2003）。在热带地区，一天的不同时间和全年的温度波动方式是不同的。如上所述，várzea 湖和

igapós 的气温可能在夜间下降而在白天上升。然而，其溶氧含量并不会像温带湖泊那样发生相反的变化。在夜间，当温度下降时，会发生其他现象，水层中可能会完全缺氧（Val and Almeida-Val，1995；Almeida-Val，Val et al.，1999；Chippari Gomes，2002）。因此，在极端环境温度下，由于水的物理化学参数变化的复杂性，在温带鱼类中发生的能量消耗和依赖氧的能量生产之间的不平衡现象，可能会在热带鱼类中加剧。

大多数鱼类是体温与水生环境温度一致的生命体，因此被认为是变温生物（Hochachka and Somero，1973，1984，2002）。变温动物缺乏解剖和生理上的手段来维持环境介质和身体之间的热梯度。正如 Hochachka 和 Somero（2002）所述，呼吸系统表面的气体交换是水生变温生物与其环境进行热平衡时所面临的主要压力来源。在呼吸系统表面吸收氧气排出二氧化碳和其他废物（如氨）的过程中，代谢产生的热量迅速散失。由于环境温度较高，这种现象在热带鱼类中可能不太明显。然而，其他环境胁迫的挑战可能会在呼吸表面造成能量消耗，例如低 pH、离子贫乏水和昼夜氧的缺失（详见第 6 章至第 8 章）。许多水呼吸和空气呼吸方式的鱼类同时还需要依靠水表层呼吸，这增加了它们暴露在更高温度和更高辐射水平下的风险。因此，亚马孙河流域的鱼类还面临着许多其他与温度有关的问题。变温生物的呼吸、摄食、生长和运动，在昼夜和季节水平上都受到环境温度变化的剧烈影响。温度对生物活性速率的影响可以通过确定一个过程中的特定温度参数（Q_{10}）来量化，即每 10 ℃ 的变化对所测速率的影响。正如文献中反复描述的，当在正常范围内体温变化时，许多过程如呼吸速率和酶活性的 Q_{10} 接近 2.0 或稍高的数值。当体温超过正常范围之外，Q_{10} 的值可能会与 2.0 严重偏离（Hochachka and Somero，2002）。对于鱼类，代谢率的温度系数大多为 0.05～0.10，对应的 Q_{10} 为 1.65～2.70（Jobling，1994）。

已经广泛研究温度对鱼类新陈代谢的影响，并且有大量关于代谢热补偿的文献报道。这些文献量化了温度对不同适应性的变温动物耗氧率的影响（Pauly，1998；Hölker，2003）。根据 Holker（2003）的研究，生长相关过程所产生的模式，如死亡、繁殖和食物消耗率，可以用适应环境温度来解释，如鱼类的纬度分布。Holker（2003）分析了数据库 FishBase 98 的几个参数，指出热带鱼类平均生活在 20～30 ℃ 的温度范围内，它们的营养水平和食物消耗量都高于冷水鱼类。该作者认为，平均而言，热带鱼类比温带鱼类体型更小，且比温水鱼类的代谢率更高。然而，对亚马孙河鱼类的研究揭示了不同情形。

在亚马孙河流域，专性水呼吸鱼类的新陈代谢率具有从迟缓型到运动型的不同行为模式。正如所预期的那样，亚马孙鱼类和温带鱼类之间的比较研究表明，鱼类活动越迟缓，单位质量消耗的氧气就越少（Val and Almeida-Val，1995）。在不考虑环境中很高温度的情况下，亚马孙河鱼类的有氧代谢能力会受到抑制（Almeida-Val and Hochachka，1995；Driedzic and Almeida-Val，1996；West et al.，1999），这直接反映在它们的代谢率中（图 10.1）。根据相对生长关系公式 $v_{O_2} = aM^b$，其中 a 为质量系数的对数，M 为体重的对数，b 为质量指数，以呼吸率（整个生物体耗氧量）作为体重增加的函数，绘制了三组数据用于简单比较。如 Wootton（1990）所述，变量 b 一般用于鱼类，包括南极鱼类、温带鱼类和热带鱼类；Hammer and Purps（1996）将变量 b 用于热带鱼类，特别是兼性空气呼吸鱼类的研究；而 Almeida-Val 等（2000）将变量 b 用于耐缺氧的星丽鱼（*Astronotus ocellatus*）的研究。图 10.1 显示了鱼类代谢抑制率的明显趋势，近赤道区域的鱼类能更自然适应高温气候。这些数据可以解释为与温度有关，或者是对热带典型低溶氧水域的适应性特征。无论哪种情况，我们都有充分的理由相信鱼类出现了适应性的代谢梯度，而这种梯度从生物地理学的角度看，可能和地理纬度有关。

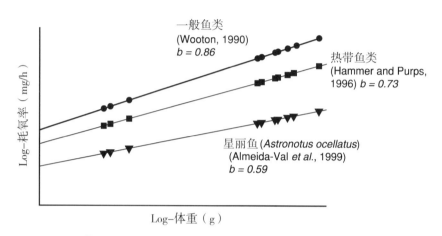

注：如 Almeida-Val 等（1999 年）所述，通过测量完全密封容器中的氧消耗量，并记录容器内一段时间内（约 2 h）的氧浓度变化。将丽星鱼的质量指数和其他鱼类组进行比较，发现与一般鱼类和热带鱼类的质量指数相比，随着动物生长，星丽鱼对有氧代谢的依赖性降低。这一发现有两种可能的解释：①星丽鱼（*A. ocellatus*）保留了更高的抑制代谢率的能力，作为对长期缺氧环境的进化适应性反应；②这是进化上对不同热环境的一种适应方式。有关更多详细信息，请参阅正文。

图 10.1　星丽鱼（*Astronotus ocellatus*）、常见鱼类和热带鱼类的体重与耗氧率之间的关系（特定常规代谢率 $v_{O_2} = mg \cdot g^{-1} \cdot h^{-1}$）

Hochachka 和 Somero（2002）认为，在自然界中发现的与温度相关的生物地理模式清楚地表明，不仅温度对所有生物体存在普遍影响，而且生物体能成功地适应环境温度的变化。事实上，对亚马孙河硬骨鱼类和北温带硬骨鱼类心脏与肌肉组织中能量代谢相关酶活性水平的对比研究表明，这两类鱼类之间的一般差异实际上是由它们适应环境温度的进化史差异所造成的（West et al.，1999）。

10.4　酶水平反映鱼类的自然史

在长期的进化过程中，糖酵解酶的基因被认为是通过常见的诱导或抑制信号来调节的（Hochachka et al.，1996）。因此，生物体的糖酵解调节能力将由器官和组织的酶水平来表示，并反映了生物体的生活方式和呼吸模式。在前面的综述中，我们比较了亚马孙鱼类和温带鱼类的代谢谱，认为无论呼吸类型如何，亚马孙河鱼类通常表现酶活性的下调，并在厌氧和好氧组织中可以观察到糖酵解能力的相对上调（Almeida-Val and

Hochachka，1995）。比较鱼类心脏酶的厌氧代谢和氧化代谢率，即乳酸脱氢酶与柠檬酸合成酶的比率（LDH/CS），无论其呼吸类型如何，北温带硬骨鱼类的无氧代谢能力都低于热带鱼类（Almeida-Val，Val et al.，1999）。除了这些不同的模式发生在不同物种这一事实，人们可以假设，在这些物种的进化过程中，表型和基因调控的可塑性可能先于物种形成，从而使热带鱼类酶水平下调。为了更好地评估这一假设，有必要利用不同组织，特别是心脏的能量代谢酶的活性水平数据，对亚马孙和北温带硬骨鱼类进行一些比较研究（Driedzic and Almeida-Val，1996；West et al.，1999）。

对于亚马孙鱼类，无氧糖酵解代谢所需酶的活性水平与面对缺氧挑战时心室肌纤维维持力量的能力无关（Bailey et al.，1999；West et al.，1999）。此外，相对于兼性空气呼吸的豹纹翼甲鲇（*Liposarcus pardalis*）、滨岸护胸鲇（*Hoplosternun littorale*）和专性空气呼吸的巨骨舌鱼（*Arapaima gigas*）而言，专性水呼吸的耐低氧的星丽鱼（*Astronotus ocellatus*）和大盖巨脂鲤（*Colossoma macropomum*）的这些酶［磷酸果糖激酶（PFK）、丙酮酸激酶（PK）和LDH］的活性水平并不高。催化葡萄糖分解第一步的己糖激酶（HK）活性水平在上述两种鲇鱼中更高，它们在氰化物中毒时表现出更强的维持心室肌纤维收缩的能力，而斑星鱼和大盖巨脂鲤则缺乏这种能力（Bailey et al.，1999）。因此，这些数据显示，酶活性既没有显示出与厌氧糖酵解和动物缺氧耐受性相关，也没有显示出与离体心脏在氧化磷酸化受损的情况下保持性能的能力有关。同样的结果也出现在红肌上，这值得进一步研究。在这些研究中，与厌氧糖酵解途径相关的酶水平在低氧高耐性的心脏中没有表现出升高的值，因此最终的结论是，亚马孙鱼类和北温带硬骨鱼类之间，北温带硬骨鱼类较高水平的酶活性很可能反应了它们的温度适应历史。在这里，环境温度的长期变化推动了鱼类种群间的进化变化。南极物种的酶活性水平通常高于北温带硬骨鱼（Crockett and Sidell，1990；Driedzic，1992），且当北温带的硬骨鱼在适应低温而不是高温环境胁迫时，其酶活性水平也会升高（Jones and Sidell，1982；Johnston et al.，1985；Way-Kleckner and Sidell，1985；Guderley and Gawlicka，1992）。West等（1999）报道的酶活性水平是在25 ℃左右的正常温度下测定的，这比北温带硬骨鱼类的环境适应温度高出10 ℃。和亚马孙鱼类相比，它们心脏的酶活性水平通常要高出1.5～2.2倍，红肌则高出3～4倍。酶活性的Q_{10}随着酶和物种类型的不同而变化很大（Crockett and Sidell，1990；Bailey et al.，1991；Sephton and Driedzic，1991）。根据West等（1999）的报道，如果使其进入生理适应范围，北温带硬骨鱼类的体外酶活性水平将降低一半，两组动物的酶活性水平相似，因而在各自的适应温度下，它们应该具有相同的组织代谢能力。因此，环境温度和鱼类的生活史都是酶活性水平的决定因素：一个物种的生存环境温度越低，与能量代谢相关的许多酶的表达就越高。

上述讨论中的数据是指不考虑物种间的系统发育和呼吸类型情况下，来自不同温度区域的鱼类心脏中和能量代谢有关酶的平均活性水平（Driedzic and Almeida-Val，1996；West et al.，1999）。如上所述，对空气呼吸和水呼吸鱼类代谢特征相关文献的分析揭示了类似的结果，可归纳为：空气呼吸鱼类在有氧和无氧代谢途径中的酶活性绝对水平调节能力较低；与空气呼吸鱼类的氧化组织能力相比，糖酵解速率会上调，但是不同组织会有差异（Almeida-Val and Hochachka，1995）。

然而，在分析了这些绝对酶值数据后，根据组织间的比较，我们认为心脏是许多亚马孙河空气呼吸鱼类的代谢"热点"（Almeida-Val and Hochachka，1995）。亚马孙肺鱼［南美肺鱼（*Lepidosiren paradoxa*）］的心脏氧化性很强，线粒体含量很高，和巨骨舌鱼（*Arapaima gigas*）相比，后者的心脏显示出较低的氧化能力。然而，虽然巨骨舌鱼心脏的氧化能力不如肺鱼的心脏，但和大多数水呼吸者的肌肉相比，它们的肌肉保持着令人印象深刻的高氧化电位（Almeida-Val and Hochachka，1995）。尽管肺鱼在系统进化上比硬骨鱼更特殊，但和高等硬骨鱼类南美沼泽鳗（*Symbranchus marmoratus*）相比，它们表现出相似的新陈代谢模式，后者与肺鱼有着相似的生活方式，在干燥季节也会在泥里挖洞。这两种鱼的心脏都保持着很高的无氧电位，乳酸脱氢酶（LDH）活性水平比大多数哺乳动物心脏高出 5 倍，也比大多数鱼类心脏水平高。巨骨舌鱼和双须骨舌鱼（*Osteoglossum bicirrhosun*）心脏 LDH 活性与金枪鱼相当，后者活性为肺鱼的一半（Almeida-Val and Hochachka，1995）。与其他解释（LDH 被视为一种厌氧能力酶）不同的是，肺鱼和南美沼泽鳗中 LDH 水平如此高的原因，和它们从夏眠中恢复有关，主要是它们心脏的 LDH 基因型动力学水平（LDH-B_4 直系同源型，主要存在于脊椎动物心脏肌肉中）、高的丙酮酸抑制率及较高的乳酸－丙酮酸逆向转化率。这些因素保证当它们从休眠中唤醒并获得足够的氧气时，能有效使乳酸生产过程逆向转换。事实上，在夏眠过程中，亚马孙肺鱼表现出对代谢抑制的特征，使心脏中的乳酸脱氢酶水平从清醒时的每克湿组织大于 1000 个单位（Hochachka and Hulbert，1978），降低到夏眠时每克湿组织小于 100 个单位（Mesquita-Saad et al.，2002）。因此，我们可以得出结论，心脏和肌肉的底物偏好是碳水化合物，而不是脂类（Hochachka，1979；Hochachka and Hulbert，1978）。

空气呼吸的鱼类具有和水生哺乳动物的生化策略相似的某些特征，主要表现为潜水期间（Burggren et al.，1985；Dunn et al.，1983）或夏眠（Mesquita-Saad et al.，2002）的代谢水平相对较低，以及优先使用氧利用效益高的碳水化合物进行代谢。这似乎是一些空气呼吸鱼类的基本原则，但在特定条件下，脂肪燃料会变得更重要。在这一点上，显然底物（燃料）偏好性值得关注。

10.5 热带鱼类和温带鱼类的能源偏好

在有氧条件下，大多数鱼类心肌 ATP 的产生通常是由外源性葡萄糖和脂肪酸的混合分解代谢所支持的。对燃料利用率、离体心脏性能、完整心脏和游离线粒体的耗氧率和 $^{14}CO_2$ 生成率及体外酶活性水平的研究支持了这一观点（Driedzic，1992；Driedzic and Gesser，1994）。在许多北温带硬骨鱼类中，环境温度呈季节性下降，从夏季的 15～25 ℃下降到冬季的 0～5 ℃，使鱼类心脏中有氧脂肪酸代谢增强（Way-Kleckner and Sidell，1985；Sephton and Driedzic，1991；Bailey and Driedzic，1993）。这种特征可以延伸到南极鱼类，它们在 0 ℃ 环境水域中度过生命周期。Crockett 与 Sidell（1990）和 Sidell 与 Crockett（1995）报道了心脏能量代谢对脂肪酸的强烈依赖性和线粒体酶离体较高的活性有关。在厌氧代谢中，使用葡萄糖和糖原所需酶的活性水平对比分析（表10.1）表明，酶 PK 和 LDH 的活性水平在兼性空气和水呼吸的亚马孙河鱼类物种之间相似。HK 的活性水平较高，这可能和心脏中利用葡萄糖作为有氧代谢的燃料有关。根据 Bailey 等（1991）的报道，HK 的高活性水平与间接获得的证据相一致，即细胞外的葡萄糖在低氧条件下被鱼的心脏用作代谢燃料。Driedzic 和 Bailey（1999）认为鱼的心脏有能力在没有氧化代谢的情况下保持高水平的功能表现。根据这些作者的说法，在缺氧条件下，乳酸产生；类似于其他组织，细胞内糖原被动员（Dunn et al.，1983；van Waarde et al.，1983；Driedzic，1988）。然而，细胞外葡萄糖在延续心脏活力方面也很重要。虽然鱼类心脏细胞内的葡萄糖水平通常保持在非常低的水平，但在缺氧期间，肺鱼（Dunn et al.，1983）、金鱼（Shoubridge and Hochachka，1983）和亚马孙河小型丽鱼科鱼类（Almeida-Val and Farias，1996）的心脏葡萄糖含量增加，达到与血液相似的水平。在厌氧条件下，HK 可能是实现正确能量生产的一个重要的速率控制点。使用同一种亚马孙鱼类作为研究模型，West 等（1999）关于心脏酶活性水平的结果及 Bailey 等（1999）关于缺氧条件下离体心脏性能的研究结果表明，滨岸护胸鲶（*Hoplosternun littorale*）心脏肌纤维从氰化物中毒中恢复的能力可能和葡萄糖转运蛋白从细胞内转移到质膜有关。这反过来促使对葡萄糖的摄取增加，并为缺氧条件下的能量需求提供支持，例如氰化物中毒（Driedzic and Bailey，1999）。在随后的研究中，没有其他甲鲶科鱼类的 HK 有类似的表达水平（Lopes，2003）。这表明滨岸护胸鲶组织和器官的燃料偏好性和耐低氧能力值得进一步关注。

从这个讨论中得出的另一个观点是，如 West 等（1999）所述，不管温度适应性和酶活性水平的差异情况如何，热带和温带硬骨鱼类之间的酶活性水平变动范围是非常相似的（表10.1）。这再次表明，与试图建立一般模式相比，仔细分析这些数据可能会揭示出更重要的特征，尤其是鱼类在应对热带地区面临复杂的水生生态系统变化时。事实上，实验室对亚马孙河鱼类进行的大多数研究都基于一定程度上的缺氧（急性低氧、分级低氧或缺氧）。这表明，由于使用葡萄糖储备和生成无氧乳酸，动物的血糖和乳酸水平出现了变化（表10.2）。此外，在对不同的亚马孙河鱼类种类（大多数被认为是耐低氧的）进行了这些实验研究后，我们发现大多数种类都发生了厌氧糖酵解反应，并且有些种类的代谢还受到了抑制，它们主要是那些已知的耐低氧鱼类（表10.2）。

表 10.1 温带鱼类和热带鱼类的心肌酶活性水平

物种名	HK	PK	LDH	HOAD	CS	参考文献
温带鱼类						
Perca flavescens 鲈鱼	23.5±2.4	158.7±9.9	255±11	7.6±0.7	26.2±3	West et al., 1999
Oncorhynchus mykiss 虹鳟	25.6±1.5	71.2±2.6	307±18	17.8±2.3	47.8±3.1	West et al., 1999
Anguilla rostrata 美洲鳗	14.7±0.5	90.0±0.7	726±55	10.3±0.5	38.9±3.0	West et al., 1999
Myxine glutinosa 大西洋盲鳗	1.7	35.9	114.4	1.78	6.92	Driedzic, 1988
Squalus acanthias 白斑角鲨	3.81±0.18	8.85±0.2	—	—	21.12±0.8	Sidell and Driedzic, 1985
Gadus morhua 大西洋鳕	4.92±0.15	46.5±0.9	—	—	9.6±0.4	Sidell and Driedzic, 1985
Morone saxatilis 条纹狼鲈	14.8±1.2	37±2.6	—	—	5.94±0.4	Sidell and Driedzic, 1985
Macrozoarces americanus 美洲大绵鳚	2.45	36.34	127.8	1.79	12.78	Driedzic, 1988
Ictalurus punctatus 斑鮰	13.2±14	58.8±3.6	423±11	5.6±0.1	12.5±0.3	West et al., 1999
热带鱼类						
Colossoma macropomum 大盖巨脂鲤	3.0±0.3	76.5±6.9	573±11	8.7±1.0	13.9±3.0	West et al., 1999
Hoplosternum littorale 滨岸护胸鲇	20.2±2.1	60.0±2.0	235±14	10.7±0.4	20.3±1.5	West et al., 1999
Arapaima gigas 巨骨舌鱼	10.1	27.3±2.8	256±30	2.4±0.4	23.0±2.0	West et al., 1999
Satanoperca aff. jurupari	—	96.6±5	52±6	—	—	Chippari Gomes, 2002
Cicla monoculus	—	12.1±1	13±1	—	—	Chippari Gomes, 2002
Geophagus aff altifrons 珠母丽鱼	—	113.5±6	89.2±14	7.6±0.5	—	Chippari Gomes, 2000
Astronotus ocellatus 星丽鱼	2.4±0.3	46.2±8.1	134±3	5.8±0.4	10.4±0.7	West et al., 1999
Astronotus crassipinnis	—	55±0.5	8.6±0.5	—	19.8±5	Chippari Gomes et al., 2000
Symphysodon aequifasciatus 褐盘丽鱼	—	41.9±5	33.4±2	—	20.3±2	Chippari Gomes et al., 2000

续表 10.1

物种名	HK	PK	LDH	HOAD	CS	参考文献
Glyptoperichthys gibbceps 隆头雕甲鲇	1.4±0.1	27.9±0.87	21.6±0.5	6.8±0.5	79.6±3.7	Lopes, 2003
Platydoras costatus 平囊鲇	2.2±0.7	66.7±9.6	492±114	1.36±0.2	—	Lopes, 2003
Calophysus macropterus	1.3±0.17	57.2±1.4	635±15	18.8±0.7	32.7±1.9	Lopes, 2003
Prochilodus nigricans 鲮脂鲤	1.46	29.1	135.3	6.36	19.98	Lopes, 1999
组间比较						
范围（温带）	2.45~25.6	8.4~158.7	114~726	1.78~17.8	6.92~47.8	
范围（热带）	1.3~20.2	12.1~113.5	8.6~635	1.36~18.8	10.4~79.6	

注：酶活性单位为 $\mu mol \cdot min^{-1} \cdot g^{-1}$（湿重）（mean±SEM）。

表 10.2　不同程度缺氧处理后血浆葡萄糖和乳酸含量的变化

物种名		葡萄糖	乳酸	参考文献
Colossoma macropomum	(N)	75.68	1.6	Chagas, 2001
大盖巨脂鲤	(GH)	135.13*	4.55*	
Platydoras costatus	(N)	36.83 ± 6.48	0.47 ± 0.01	Lopes, 2003
平囊鲇	(AH)	43.86 ± 1.44	0.89 ± 0.09*	
Calophysus macropterus	(N)	50.87 ± 12.04	0.37 ± 0.06	Lopes, 2003
	(AH)	196.64 ± 26.42*	0.35 ± 0.05	
Hoplosternum littorale	(N)	57.73 ± 4.94	3.60 ± 0.47	Lopes, 2003
滨岸护胸鲇	(GH)	70.61 ± 8.40*	4.43 ± 1.02*	
Glyptoperychthys gibbceps	(N)	37.26 ± 2.61	0.91 ± 0.03	Lopes, 2003
隆头雕甲鲇	(AH)	174.31 ± 30.53*	0.20 ± 0.11*	
Liposarcus pardalis	(N)	59.46 ± 3.74	1.62 ± 0.11	Lopes, 2003
豹纹翼甲鲇	(GH)	95.54 ± 11.70*	14.11 ± 1.47*	
Astronotus ocellatus	(N)	41.08	1.5	Muusze et al.,
星丽鱼	(GH)	29.01	16.5	1998
Astronotus crassipinnis	(N)	67.73 ± 4.70	1.49 ± 0.33	Chippari
厚唇星丽鱼	(GH)	232.26 ± 16.80*	17.11 ± 0.73*	Gomes, 2002
Symphysodon aequi-	(N)	23.64 ± 4.81	1.52 ± 0.44	Chippari Gomes,
fasciatus 褐灰丽鱼	(GH)	93.64 ± 23.91*	7.61 ± 0.69*	2002
Heros sp.	(N)	89.00 ± 24.73	1.93 ± 0.36	Chippari Gomes,
	(AH)	85.87 ± 9.88	11.14 ± 1.08*	2000
Uaru amphiacanthoides	(N)	88.02 ± 17.99	2.63 ± 0.93	Chippari Gomes,
三角丽鱼	(AH)	70.56 ± 18.88	14.52 ± 0.64*	2000
Satanoperca jurupari	(N)	111.58 ± 37.29	0.91 ± 0.05	Chippari Gomes,
	(AH)	156.04 ± 37.37	9.69 ± 0.09*	2000
Geophagus altifrons	(N)	147.05 ± 16.29	1.44 ± 0.57	Chippari Gomes,
珠母丽鱼	(AH)	139.20 ± 21.93	10.17 ± 1.26*	2000

注：血浆葡萄糖含量单位为 mg/dL，乳酸水平单位为 μmol/L。* 表示 $P < 0.05$；(N) 表示正常氧含量；(AH) 表示急性低氧；(GH) 表示分级低氧。

葡萄糖动员甚至可能发生在兼性呼吸鱼类，如隆头雕甲鲇 (*Glyptoperychthys gibbceps*)，这并不一定和厌氧代谢途径的激活有关，因为实验过程中观察到了乳酸水平出现了显著下降 (Lopes, 2003)。实验室随后进行了一项以 *G. gibbceps* 为模型的详细研究。MacCormack (2003) 等将该种鱼和近缘的豹纹翼甲鲇 (*Liposarcus pardalis*) 在多种实验条件下进行了比较。如在水族箱受控的低氧条件、模拟池塘中的自然低氧条件及在野外网箱中，我们观察到其心率没有发生显著变化。当在实验室水族箱低氧条件下不能进行空气呼吸时，*G. gibbceps* 增加了鳃的通气率，但 *G. gibbceps* 和 *L. pardalis* 都没有表现出心率的变化，这表明心动过缓机理不是它们对抗低氧的策略之一。另外，*G. gibbceps* 在正常氧含量（平均血糖浓度为 16.88～31.24 μmol/mL）下呈高血糖状态，而在低氧（29.84～51.11 μmol/mL）时有极显著升高。和分级低氧胁迫的反应（乳酸减少）（Lopes，2003；表 10.2）或模拟池塘中自然低氧胁迫的反应（乳酸不会变化）（MacCormack et al.，2003）不同的是，当在室内水缸中受到急性低氧且无法接触空气时，该种鱼的血浆乳酸水平从（1.55±0.81）μmol/mL 增加到（65.91±7.48）μmol/mL（MacCormack et al.，2003）。因此，依赖细胞外葡萄糖作为代谢燃料可能是更好应对低氧胁迫的策略之一，并且可能与其他反应一起发生。这可能取决于呼吸模式和物种的系统发生过程。

Zhou 等（2000）通过研究鲤鱼长时间低氧的代谢反应数据得出结论，认为代谢抑制可使该种鱼在面临低氧胁迫时减少乳酸的积累，从而节省储备能量的使用。重要的是要考虑到，对于栖息在经常低氧水体中的鱼类，如在亚马孙河，自然选择将有利于适应性策略的进化，如不同的酶活性水平、酶动力学的改变和代谢抑制。在我们（Muusze et al.，1998；Chippari Gomes，2002；Lopes，2003）及其他的几个实验（Dunn and Hochacka，1986；Zhou et al.，2000）中，观察到了这些生化适应性及运动活动的减少现象伴随着耗氧率的降低。因此，如上文所述，长期暴露于低氧环境中可导致热带动物代谢率受到抑制（图 10.1）。

在导致代谢抑制的低氧条件下，燃料利用涉及厌氧途径的动员过程。利用储备的碳水化合物，如糖原或氨基酸，几乎总是必要的（Hochachka and Somero，2002）。这些物质同时也是动物发酵的主要燃料。脂质储备在氧气充足的情况下被利用，如穴居肺鱼（Dunn et al.，1983），它们在休眠初期使用脂质作为主要燃料。当这种储备耗尽时，蛋白质被动员起来，氨基酸作为糖异生和分解代谢底物的前体。Dunn 等（1983）认为糖原储存是为了在苏醒和逃避时节省肌肉能量。

根据 Hochachka 和 Somero（2002）的研究，大多数生物学家很早就意识到鱼类在其运动模式和能力方面有很大的不同。有些鱼类能快速起动从而爆发式游动，一些能在中长时间内稳定而缓慢地游动，而另外一些鱼类能长时间和远距离游动。大量的研究表明，红肌、白肌的生化作用在生理调节方面是适应性的和协调的。这些机理能影响燃料和氧气的供应能力，而且作用范围非常广泛，以至于会混淆白肌和红肌的区别。对于某些类群，如鲭鱼类，每克白肌中的线粒体酶浓度可能比某些迟钝的亚马孙鱼类的红色肌肉中的直系同源酶水平要高。在一些亚马孙鱼类的红色肌肉中，厌氧代谢酶的浓度可能比在富含氧气、通常较冷的水域中对低氧更敏感鱼类的白色肌肉还要高。为了更好地说明这个问题，我们将在下一节中回顾一些关于红肌和白肌的生化机理，介绍有关新热带鱼类，特别是亚马孙鱼类的新数据。

10.6 鱼类红肌的相对数量及其适应性作用

鱼类的红肌和白肌纤维通常在空间上呈差异分布状态。红肌中的缓慢氧化纤维与白肌形成对比,后者是厌氧的,显示出特殊的成分同质性。这些纤维的相对数量随着鱼类的若干特征而变化,如在一些物种中,如狗鱼,整个游动肌肉组织是均匀的白肌纤维(快速收缩肌肉)糖酵解系统,而红肌纤维(缓慢收缩肌肉)则极少(Moyes et al., 1992)。在亚马孙河鱼类中,无氧代谢率相对较高的是双须骨舌鱼(*Osteoglossum bicirrhosum*, aruanã, 或 water monkey),其 LDH/CS(柠檬酸合成酶)可以达到800。在亚马孙河鱼类中,双须骨舌鱼的红肌与白肌比例最低。对亚马孙河鱼类红肌与白肌比率的分析,揭示了一个关于环境适应的有趣信息(表10.3)。很明显,具有长时间或长距离游动习惯的鱼类有更多缓慢收缩的红肌,因此白肌/红肌(WM/RM)较低。另外,具有快速收缩、爆发式游动能力的鱼类,其红肌的数量如此之少,以至于骨骼肌中几乎没有红肌纤维。观赏鱼类中的褐盘丽鱼(*Symphysodon aequifasciatus*)就是这一种情况。事实上,除了四点宝石鲷(*Satanoperca acuticepts*)外,高 WM/RM 值在整个丽鱼科中都可见。丽鱼科保留了高度特异性的繁殖习性,大多数种类具有领地意识,表现出积极的亲代抚育行为,因此对快速收缩肌纤维的能力要求很高,以保持爆发式游动。丽鱼科也被认为是一个耐低氧的群体,这一特征可能在每一种鱼类群体中以不同的程度出现(Chippari Gomes, 2002)。红肌比例较高的鱼类或属于活跃物种,如锯脂鲤科(食人鱼),或具有长期和持续游动习性的鱼类,如亚马孙河流域具有集群习性的脂鲤科和鲮脂鲤科鱼类。处于中间位置的其他鱼类群体,具有适度活跃的习性或兼性空气呼吸的习性,其 WM/RM 的值也处于中间水平。红肌纤维具有发达的血液供应、高肌红蛋白和线粒体含量、高浓度的脂类和细胞色素,以及高活性的呼吸酶和柠檬酸循环酶。因此,红肌纤维利用碳水化合物和脂类作为底物,表现出活跃的有氧代谢(Van Ginneken et al., 1999)。然而,大多数鱼类的肌肉组织主要由白肌组成,其能量供应主要依赖于厌氧糖酵解产生。

表10.3 红肌和白肌的相对数量(用总体量的百分比表示)及两者之间的比率

物种名	红肌体指数	白肌体指数	WM/RM
骨舌鱼科 Osteoglossidae			
Osteoglossum bicirrhosum ($n=1$)	0.82	30.94	37.7
脂鲤科 Characidae			
Triportheus flavus ($n=1$)	2.2	26.8	12.2
Triportheus albus ($n=1$)	2.92	28.99	9.9
无齿脂鲤科 Curimatidae			
Curimata inornata ($n=4$)	3.24	33.89	10.5

续表 10.3

物种名	红肌体指数	白肌体指数	WM/RM
Psectrogaster amazonica ($n=3$)	1.77	31.14	17.6
Psectrogaster rutiloides ($n=2$)	2.14	23.57	11
锯脂鲤科 Serrasalmidae			
Pigocentrus nattereri ($n=3$)	1.95	18.74	9.6
Mylossoma duriventre ($n=4$)	4.04	22.41	5.6
Metynnis hypsauchen ($n=4$)	3.91	19.17	4.9
上口脂鲤科 Anostomidae			
Leporinus friderici ($n=2$)	2.58	33.94	13.2
Rhytiodus microlepis ($n=1$)	2.11	25.8	12.2
美鲇科 Callichthyidae			
Hoplosternum litoralle ($n=12$)	0.71	10.49	14.77
甲鲇科 Loricariidae			
Liposarcus pardalis ($n=8$)	1.57	11.36	7.24
陶乐鲇科 Doradidae			
Corydoras sp. ($n=7$)	2.19	9.15	4.18
丽鱼科 Cichlidae			
Satanoperca acuticepts ($n=2$)	1.26	14.36	11.4
Cichlassoma severum ($n=1$)	0.84	22.71	27
Cichla monoculus ($n=4$)	0.69	33.87	40.1
Geophagus altifrons ($n=15$)	0.5	25.28	50.6
Uaru amphiacanthoides ($n=3$)	0.64	27.67	43.1
Astronotus crassipinnis ($n=23$)	0.39	22.73	58.3
Satanoperca jurupari ($n=15$)	0.77	40.46	52.5
Symphysodon aequifasciatus ($n=19$)	0.06	28.18	469.1

注：WM/RM 为白肌体指数/红肌体指数。

这两种肌纤维之间氨基酸、磷酸化化合物和酶活性水平的生化比较已有很好的结果，大多数作者认为它们在对付应激源，特别是低氧胁迫时，显示明显不同的反应方式（Van Ginneken et al., 1999; Hochachka and Somero, 2002）。即使是那些代谢趋势相似的成对物种的对比分析也揭示两种肌纤维因种类特异性而不同，反映出许多特征，包括游动表现的类型和特定的生活方式（Johnston, 1977）。根据表 10.3，鱼类的生活方式和肌节中的红肌发育程度之间存在一定的相关性，这种相关性可能是鱼类红肌和白肌的基本代谢分化受到环境进化压力的影响而自然发生。

为了更好地解释这一问题，我们对两个亲缘关系很近、适应能力不同的鱼——小口鲮脂鲤（*Prochilodus scrofa*，curimbatá）和黑鲮脂鲤（*Prochilodus nigricans*，curimatā）进行了比较。这两种同属鱼有着不同的生活方式，生活在不同的温度环境下（即不同的纬度——前者生活在南回归线附近，后者分布区域更接近赤道），具有不同的迁徙习性。小口鲮脂鲤栖息于巴西东南部的Paraná-Pardo盆地，在产卵季节具有短距离、快速游动的习性，在大河上游"奔跑"，这需要很强的厌氧潜力。黑鲮脂鲤栖息于亚马孙河流域，具有长距离、低速、不间断的游动习惯（全年的迁徙习惯），需要更多的耐力型、慢收缩、氧化肌肉纤维，类似于红肌。进化驱使这两种鱼发展出不同数量的肌肉纤维，如图10.2所示。同样，长期的环境压力，加上不同习性的发展和对不同种类栖息地的不同适应，可以引起长期代谢的和形态的调节，这都取决于适应性的进化遗传过程，如本章开头所述。因此，进化史在确定这些鱼类肌肉纤维的生化特性方面起着重要作用。

注：图中显示红肌的相对数量存在差异：小口鲮脂鲤（*Prochilodus scrofa*，curimbatá）（下）和黑鲮脂鲤（*Prochilodus nigricans*，curimatā）（上）。前者游动距离短，速度快，产卵季节会在大河中逆流而上，需要较高的厌氧电位（白肌较多）；后者具有游动距离长、低速、不断游动的习性（全年迁移的习性），需要更多类似于红肌的耐力型、低抽动、氧化性的肌纤维。两种鱼红肌代谢谱的差异见表10.4和正文。（见书后彩图）

图10.2　两个同属鱼类适应不同温度环境（即不同的纬度）的比较

肌肉酶活性水平的分析结果完全符合它们的生活习性。这两个近缘鱼类的心脏、红肌和白肌中的糖酵解途径（HK、丙酮酸激酶-PK和LDH）、柠檬酸循环（CS、柠檬酸合成酶）、混合功能（苹果酸脱氢酶，MDH）和脂质代谢（β-羟基乙酸-CoA脱氢酶，HOAD）的绝对活性水平总结见表10.4。这些酶的活性水平是在底物饱和的条件下测量的（Moyes et al., 1989, 1992; Driedzic and Almeida-Val, 1996）。在酶的绝对活性水平上，可以观察到相当大的物种差异，反映出它们不同的代谢特征，这和每个物种的生活史有关。与白肌水平相比,这两种鱼的心脏 HK 活性要高一些。除了心脏外,远距离游动的 P. nigricans 的 HK 值比速度快的、爆发性游动的 P. scrofa 要低。如前所述,HK 在糖酵解酶中是独一无二的,因为其在脊椎动物肌肉中的活性和从肝脏而非肌肉的糖原中优先利用葡萄糖产生能量有关,即优先使用游离葡萄糖。对于游向上游的鱼类,如 P. scrofa,厌氧能力非常重要,因为动物(即白肌纤维)必须在低氧环境中维持高能量生产。事实上,这种鱼类的白肌纤维保持了较高的厌氧能力(表10.4),这可以通过糖酵解酶主要是 PK 和 LDH 活性水平的差异看出来。

表 10.4 鲮脂鲤同属鱼类心脏、红肌和白肌酶的绝对活性(Vmax)

酶水平	黑鲮脂鲤 (Prochilodus nigricans)	小口鲮脂鲤 (P. scrofa)	P 值 (t student)
心脏			
HK	1.47 ± 0.12	1.001 ± 0.04	0.0017
PK	29.68 ± 1.09	25.78 ± 0.5	0.0043
LDH(1 mmol/L)	137.52 ± 5.27	123.98 ± 2.93	0.038
LDH(10 mmol/L)	246.64 ± 10.03	248.18 ± 7.92	0.905
CS	18.85 ± 0.44	13.66 ± 0.22	<0.001
MDH	190.14 ± 2.87	185.99 ± 4.07	0.415
HOAD	6.58 ± 0.24	7.98 ± 0.18	0.0002
红肌			
HK	1.53 ± 0.09	5.05 ± 0.31	<0.001
PK	11.85 ± 0.54	25.63 ± 0.6	<0.001
LDH(1 mmol/L)	143.96 ± 21.89	174.77 ± 6.31	0.003
LDH(10 mmol/L)	127.91 ± 5.65	236.07 ± 11.76	<0.001
CS	23.87 ± 0.41	13.03 ± 0.36	<0.001
MDH	105.33 ± 1.19	67.76 ± 1.7	<0.001
HOAD	10.03 ± 0.34	5.8 ± 0.19	<0.001
白肌			
HK	0.016 ± 0.002	0.936 ± 0.034	<0.001
PK	406.24 ± 3.93	475.85 ± 5.73	<0.001
LDH(1 mmol/L)	561.96 ± 21.89	951.82 ± 28.97	<0.001
LDH(10 mmol/L)	573.12 ± 21.32	519.43 ± 13.32	0.046
CS	3.51 ± 0.12	3.09 ± 0.12	0.023
MDH	47.71 ± 1.79	82.74 ± 2.45	<0.001
HOAD	9.71 ± 0.45	1.49 ± 0.14	<0.001

注:酶活性单位为 $\mu mol \cdot min^{-1} \cdot g^{-1}$(mean ± SEM)。资料来源:Lopes(1999)。

如前所述，由于 *P. nigricans* 红肌纤维中富含血液（图 10.2 和表 10.4），具有更多线粒体富集的红肌，因此在氧气充足的环境中，代谢活动会优先利用碳水化合物，拥有连续游动的能力。另外，氧化红肌纤维中存在较高水平的脂质代谢酶 HOAD，以及更高含量的 CS，在 *P. nigricans* 的白肌中，CS 含量也较高。*P. scrofa* 的较低的血液流量和较低的氧负荷表明，红肌和白肌中均保持着较高的厌氧呼吸能力（表 10.4）。在某种程度上，这些结果改变了这样一种观念，即在低温下度过的生命周期通常与能量代谢中关键酶的活性升高有关，如前几节所述，鱼类出现的纬度越高，其酶活性水平就越高。当对生活在不同纬度的两种近缘鱼进行比较时，适应高纬度和低温环境的鱼类通常比生活在更靠近赤道的高温地区的鱼类显示出更低的绝对酶活性水平。此外，绝对酶活性水平是组织特异性的，并和符合其进化生活史的代谢方式相适应。这表明，就一般模式而言，应比较同属或同科的鱼类，以便更好地了解进化在建立代谢特征和形态调节中的作用，而这取决于进化过程中的长期结构性遗传变化的程度。

10.7 氧缺失及其在亚马孙河鱼类中的后果

水体中氧气减少（低氧）是自然界中常见的现象，可能是由人类活动引起的，也可能是自然起源的。急性污染事件可能导致水生生物死亡和/或永久性损害。另外，持续的污染活动可能会导致水体中溶氧量在几年内下降，进而导致物种分布发生变化以及种群数量规模严重下降。但矛盾的是，这也可能导致动物适应新的低氧环境。一些鱼类在进化过程中适应了低氧环境，这将使它们能够更好地应对新环境并在受污染区域中有更好的生存机会。此外，全球范围内不同的环境中会发生自然的阵发式低氧现象，可能对栖息于不同生态系统的水生生物有不同的结果和影响。在湖的冰面以下，低氧现象会自然发生，特别是当光合作用由于降雪而降低，以及冬季冰下由于硝化作用而使耗氧量减少时（Van Ginneken，1996）；某些大型湖泊，如坦噶尼喀（Tanganyika）湖，也因严格的水体分层而发生低氧（Coulter，1991）；此外，养殖池塘也可能由于养殖过量而出现低氧情况（Boyd and Schmitton，1999）。在亚马孙河流域，洪水泛滥每年都会发生（Junk et al.，1989；Val et al.，1998），并导致几种物理化学因素的波动，从而导致氧气的有效性出现季节性变化（见第 1 章）。在亚马孙河的水生生态系统中，可能会发生严重的阵发式低氧，氧气水平可能会下降到低于 2.0 mg/L，每次持续数月（Val et al.，1986；Val et al.，1998）。为了在这种环境下生存，亚马孙的鱼类已经发展出一系列协调的代谢调节方式，以及形态和解剖上的变化，从而形成一系列解决策略来避免低氧造成的压力。就亚马孙河而言，许多特征和过程的相互作用影响溶氧量，包括光合作用、水生大型植物和浮游植物的呼吸、光穿透、有机分解、分子氧扩散、风、水体深度和形状及温度。氧气的长期和短期变化都是亚马孙水体中决定鱼类分布的因素（Almeida-Val，Paula-Silva et al.，1999；Almeida-Val，Val et al.，1999）。

临界氧张力（critical pressure，Pc）是指低于水中的这个氧气张力，鱼耗氧量就开始下降。临界氧张力或阈值因鱼的种类而异。临界氧张力过去有两种定义，分别为初始限量水平（incipient limiting level）和无效应氧阈值（no-effect oxygen threshold），反映了鱼类种群在其生长、发育、活动中不受损害的水平（Davis，1975）。鳟鱼［55% 空气饱和度（air saturation，AS）］、鲤鱼（50% AS）和鳗鱼（35% AS）种群的最小 Pc 值已有研究报道。一些作者提出了"初始致死水平"或"立即致死量"的概念，即动物可以抵抗一段时间但最终死亡的水平，可能是由厌氧代谢的激活导致代谢失衡而引起（Fry et al.，1947；Davis，1975）。其他研究已经将 Pc 描述为依赖于代谢需求和动物向其组织供应氧气能力的参数。因此，所有这些指标（Pc、初始限量水平和初始致死水平）应在限定的实验条件下进行描述。如今许多更准确的方法用于动物（特别是鱼类）的低氧耐受性的研究。众所周知，当暴露于分级低氧条件时，随遇（conformity）和调节是鱼类中两种相互排斥的代谢状态。在过去的几十年中，关于低氧对鱼类影响的研究显著增加，并且有许多数据可供参考（Nikinmaa，2002；Wu，2002）。现今，大多数过程已得到阐明，鱼对低氧的适应性反应可概括为：逃避反应；循环和呼吸系统的适应性；活动性降低至标准代谢率（standard metabolic rates，SMR）；厌氧糖酵解的活化；磷酸肌酸消耗；代谢抑制（在标准代谢率下活动减少）；大脑中抑制性神经递质的释放（Van Ginneken，1996）。最近的分子生物学研究表明，基因调控和信号转导在暴露于低氧环境的脊椎动物中很常见，并且也发生在鱼类中（Soitamo et al.，2001；Powell and Hahn，2002）。就目前的文献资料而言，我们可以认为进化在塑造鱼类更好应对低氧环境的许多机理方面发挥了至关重要的作用。

10.7.1 鱼类如何应对低氧胁迫产生耐受性

鱼类已经出现超过 5 亿年。最近的研究表明，鱼类的进化独立于其他脊椎动物发生了数亿年（Nikinmaa，2002），低氧压时期与重要鱼类的出现时期相吻合，其中就有适应空气呼吸的鱼类群体，如肺鱼类（Dipnoan）。此外，现代类群，如骨舌总目（Osteoglossomorpha）、骨鳔总目（Ostariophysi）和鲈形总目（Plecomorpha），它们都有在天然的低氧水域中生活的代表类群，也发展了一些适应空气呼吸和耐受低氧能力的种类。热带水域的低氧环境使现代骨鳔总目进化历史上出现兼性空气呼吸种类。新热带地区的 3 种甲鲇科鱼已经在它们的消化系统中出现了空气呼吸的适应性进化。这些适应性和鱼鳔的封闭是一致的（Rapp Py-Daniel，2000）。在氧气有效性受到限制的时期，出现了 2 种主要的鱼。总鳍鱼类（叶鳍鱼类）和辐鳍鱼类（条鳍鱼类）在它们的早期进化史中已经发展出了空气呼吸的习性和耐低氧能力。在鱼类出现后，低氧环境主导了第一个地质时期（Berner and Canfield，1989；Graham，1997）。目前大气中的氧气值大约与 2 亿年前相似。因此，鱼类的起源和它们一半的进化史都发生在氧气缺失的环境下。

从那个时期到现在，地球上的一些环境一直处于低氧状态。这种状态的出现可能是持续性的，或至少也是周期性的。诸如热带浅水和温水等水生生态系统，通常是低氧的，甚至在一天的某些时期是缺氧的（Junk，1984；Val，1995；Almeida-Val，Val et al.，1999）。毫不奇怪，这些环境是世界上最多样化的环境之一（见第 1 章和第 2 章）。

在亚马孙河流域，溶氧的多少因许多特征和过程的相互作用而发生变化。季节性变化、日间波动和空间波动都可能发生，并引起复杂的氧气分布模式。在一年的大部分夜间会出现缺氧现象（图10.3）。然而，植被覆盖、水体深度和阳光在白天的氧气供应中起着重要作用。因此，低氧耐受性在亚马孙的鱼类中尤为常见，我们认为这种慢性低氧条件在不同生物组织水平上（行为、形态、解剖、生理、代谢和分子的），通过产生一系列的调节机理，发展出表型可塑性，使它们能够在该水域波动的氧气环境中存活下来（Almeida-Val，Val et al.，1999）。

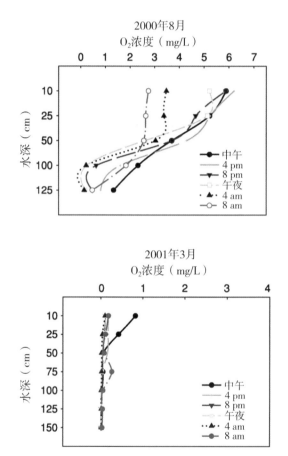

注：数据收集自 Rio Negro 的右侧与 Rio Solimões 交汇的湖内。两个框显示溶氧量随深度、一天中的时间和一年中的时间而变化。这些季节性变化和日间及空间波动可能导致复杂的溶氧分布模式。此外，在一年中的不同时期，在夜间总是可以观察到缺氧状况。（原始数据由 Chippari Gomes 采集，2002年）

图10.3　一年中两个不同时期靠近 Catalão 湖的 várzea 湖水层中的氧气分布

亚马孙河鱼类的出现、多样化和系统演化都和该地区水文地理的特征有关（Lundberg，1998）。由于洪水周期性泛滥、不同的水体类型和物理化学参数差异产生的当今环境异质性是亚马孙河流域鱼近期适应性辐射的主要原因（Junk et al.，1989；Val，1993）。迄今为止，亚马孙地区描述的3000种鱼类在行为、生理、生化和遗传上表现出对其栖息环境的各种适应。这些适应性特征出现的时间似乎和施加在每个个体、群体、物种和不同物种类群上的约束强度和周期性有关。然而，在众多分类学水平上对一些适应策略的描述表明，进化过程中的选择压力可能是由若干慢性限制因素造成的，如短期和长期氧气的变化、水的 pH、离子缺乏、酸度、日间和空间温度波动（Almeida-Val，Val et al.，1999）。因此，适应这种不断变化的环境可能是亚马孙鱼类多样性的主要原因。

10.7.2 对低氧的反应水平

在水生生态系统中，对低氧的反应通常在 5 种水平进行描述：生态、行为、生理、生化和分子。在生态层面，其反应结果可能因环境特征而异。然而，对于大多数环境而言，阵发式低氧的增加可能会产生毁灭性的后果，因为它可能导致生物的大规模死亡，底栖动物数量减少，渔业生产下降，部分水生环境永久受损，群落组成发生改变，最终导致动物多样性下降。但是，亚马孙河流域常见的慢性低氧胁迫压力已经使不同生物的组织水平上出现了适应性，从而增加了物种多样性。此外，物种组成的季节变化可能是由氧气有效性的差异造成的。Junk 等的经典研究（1983）表明，在低氧环境下，存留在湖中的物种主要是那些可以进行空气呼吸的物种或具有一定耐低氧能力的物种。在水呼吸生物中，丽鱼类总是生活在低氧的湖泊中，被认为是具有低氧和缺氧耐受能力的群体（Junk et al.，1983）。在 1 年的时间内，通过调查 Catalão 湖的丽鱼种类，发现鱼类的出现情况与氧气有效性相关（Chippari Gomes，2002）。氧气有效性的变化全年都会发生。在低水位时期，溶氧量大幅下降，浓度低于 1 mg/L。虽然捕获的鱼类数量在一年中有所不同，但我们并不能就这样认为丽鱼的种类丰富度和溶氧有效性有关（Chippari Gomes，2002）。然而，当溶氧达到当年最低水平时，丽鱼的丰度更高（图 10.4）。作为耐低氧鱼类，丽鱼仍生存于低氧和缺氧水域，而对溶氧浓度较为敏感的种类会选择逃离该水域。留在低溶氧湖泊的其他鱼类可以选择直接从空气中进行呼吸或掠过水面获得氧气。大盖巨脂鲤可以通过扩张其下唇，帮助引导更多的溶氧水通过其鳃部。在野外，嘴唇的出现频率和溶氧有效性成反比（图 10.5）。

对亚马孙盆地水生生态系统中鱼类分布模式开展的研究，发现氧气有效性和主要物种偏好的栖息地、迁徙行为（特别是横向迁徙）和适应性特性（即空气呼吸）或水表层呼吸（aquatic surface respiration，ASR）相关联（Junk et al.，1983；Cox-Fernandes，1989；Crampton，1998）。Junk 及其合作者（1983）在 Marchantaria 岛 Catalão 湖的开创性研究，揭示鱼类全年的活动和环境氧含量的变化有关。Crampton（1998）另一项有趣的研究调查了生活于亚马孙河流域上游 Rio Tefé 的电鳗（电鳗目）的分布、迁徙行为和呼吸适应性。作者认为氧气有效性和这些参数都直接相关，并可能对电鳗电信号的组织分布模式产生重要影响。无论这是否和水中的氧气分布有关，亚马孙河流域的电鳗都有各种适应性策略来应对阵发式低氧的发生。有些电鳗甚至在野外和实验条件下都是耐缺氧的物种。在所研究的鱼类中，Crampton（1998）描述了 2 种鱼的呼吸器官、5 种鱼的吸气系统和 12 种鱼的 ASR。然而，这些数据是基于化学诱导下产生的低氧（通过在代

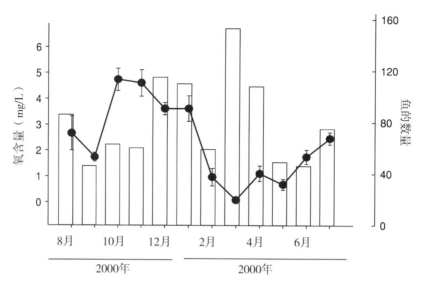

注：丽鱼类的最高丰度和最低的溶氧有效性一致，这可以解释为它们在低氧环境中占据和停留的能力，这在任何其他鱼类群体中都没有观察到。（原始数据来自 Chippari Gomes，2002）

图 10.4　全年的溶氧分布（闭合的圆形符号）（中午测量值）与在 Catalão 湖附近捕获的丽鱼科鱼类丰度（鱼类数量，空柱符号）的关系

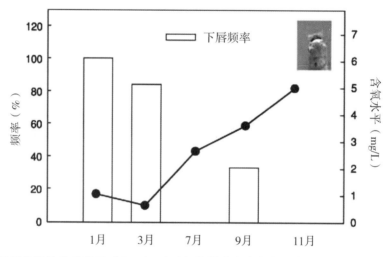

注：大盖巨脂鲤扩张其下唇（入口）以更好地捕获富含氧气的表层水。（1995 年由 Val and Almeida-Val 重新绘制）

图 10.5　捕获的嘴唇扩张的鱼类频率和其溶氧有效性之间的关系

谢室水中使用亚硫酸钠强行使氧气减少）。因此，这些发现必须在不同的实验条件下得到证实，因为亚硫酸钠可能引起离子稳态的急剧变化，并且可以诱导硫血红蛋白的形成，从而导致其他生理效应，如氧转移到组织的生理障碍。尽管如此，一些水呼吸鱼类在受到实验限制而没有 ASR 的情况下，可以在缺氧条件下存活 6 h，这充分证明了这些鱼类能够耐受低氧。如同空气呼吸和 ASR，鱼类的耐低氧能力是一种同质性特征，它不

同于其他脊椎动物，有多个独立的进化起源，是多种环境压力导致适应性辐射的结果。

Hochachka 和 Somero（2002）回顾了鱼类耐低氧的研究，认为除了骨鳔总目（其中已知几个具有显著耐低氧的群体）外，系统发生中耐低氧鱼类的分布似乎是散发性的，这似乎和硬骨鱼类耐低氧机理的多个独立起源一致，而和其他耐低氧脊椎动物群体如海龟和鳍脚类动物不同（Hochachka and Somero，2002）。当采用空气呼吸方式作为对低氧的防御适应时，许多（可能全部）空气呼吸鱼类（被称为"第一批潜水脊椎动物"）显示出和水生海龟相似的令人印象深刻的低氧防御能力（Almeida-Val and Hochachka，1995）。骨鳔总目中包括以热带生活为主的 4 个目鱼类，其中 3 个目出现在热带和亚热带低氧水域。电鳗目（电鳗）、鲇形目（鲇鱼）和脂鲤目（亚口鱼、大盖巨脂鲤、锯腹脂鲤）在亚马孙河流域生存着许多耐低氧种类。这些鱼类的耐低氧能力是多种适应性进化的结果。第四个类群是鲤形目（金鱼、鲤鱼），它们并不出现在南美洲的盆地中，但由于代谢适应作用，它们具有很强的耐低氧能力（Van Waarde et al.，1993）。许多学者提出，空气呼吸方式是鱼类低氧防御适应性和耐低氧能力的指标。对该群体的系统发生研究也表明，这种特性在鱼类中已经进化了很多次（Val and Almeida-Val，1995）。根据 Hochachka 和 Somero（2002）及 Val 和 Almeida-Val（1995）的研究结果，虽然一些谱系后代的耐低氧能力进化来源相同，但在其他许多谱系中，耐低氧能力显然是独立进化的。由于已知存在大量耐低氧的鱼类物种，这些作者认为，耐低氧能力已经在这一类生物中独立地出现了许多次。这些结论是实事清楚且令人信服的。我们现在需要的是开展类似于此前所报道的鳍脚类潜水行为机理的研究，对鱼类低氧适应性的详细进化机理进行分析（Mottishaw et al.，1999）。然而，为了应对类似的环境挑战，许多特征可能是由平行趋同进化产生的，这似乎是理解鱼类这种多样化的群体中类似的复杂生理特征如何独立进化的关键。其中一个最好的例子就是，为了应对亚马孙 *várzea* 湖的长期低氧胁迫环境，鱼类进化发展了 ASR 行为（Almeida-Val，Val et al.，1999）。

10.7.3　水表层呼吸（aquatic surface respiration，ASR）的出现和空气呼吸器官的发育

虽然一些学者已经通过分析血液生理参数、酶水平及其组织表达、通气调节、血液学参数调节、离子调节和行为等来全面研究这些实验对象，但这些适应性策略及其在近缘鱼群中出现的关系尚不清楚。关于水表层呼吸（ASR）策略（一种先天性行为）和遵循这种策略的生理反应之间关系的研究已经用来评估这种策略的有效性（Almeida-Val et al.，1993；Val，1995）。这种适应性可以认为是鱼类的同质性特征，因为在相同的环境压力下这种适应性可以出现在不同的系统发生类群中。这种适应性行为对于栖息在低氧的瓦尔泽湖的鱼类很有用，并且它在几个群体中的进化可能是亚马孙鱼类主要的低氧应对策略之一。丽鱼类（鲈形目）是亚马孙河流域中出现的最先进的硬骨鱼类之一：它们是一个高度特化的类群，具有高度的适应性辐射能力，和处于非洲的同类相比，具有较快的进化速度（Farias et al.，1998）。一部分丽鱼科鱼类表现出 ASR，这种行为在幼鱼身上更为明显。在生长过程中，一些鱼类，如星丽鱼，由于增加了大量特定的 LDH

水平,从而提升了厌氧糖酵解能力,减少了浮出水面的次数,最终提高了它们在低氧条件下的存活率(Almeida-Val, Paula-Silva et al., 1999; Almeida-Val et al., 2000)。这种鱼类大脑中的 LDH 同种型也随之改变。然而,需要强调的是,由于爆发式游动能力的增加,在非耐低氧的鱼群中也观察到了 LDH 规模化增加的特性(Burness and Leary, 1999)。

ASR 的含义很多,如同空气呼吸方式的含义一样,这可以认为是鱼类中的另一个同质性特征。然而,在一些情况下,空气呼吸鱼类的多样性反映了具有一种特定空气呼吸方式鱼类的成功的适应性辐射,如美鲇科(Callichthyidae)和胡鲇科(Clariidae)(Graham, 1997)。化石记录表明,现存鲇鱼中一种高度分化的种类,兵鲇(*Corydoras*),属于美鲇科。这种鱼的记录表明美鲇科和甲鲇科之间在早期新生代就已分化(Lundberg, 1998)。后者是另一种空气呼吸的类型,并没有像美鲇那样成功的扩散。事实上,空气呼吸方式在美甲鲇科出现了 28 次,而甲鲇科中只有 7 个种是空气呼吸鱼类。

和 ASR 类似,ABO 结构无法分类,因为没有人能够区分其同源性或趋同性。已经在 49 个鱼类群体中发现了 ABO 的存在,它们都表现了不同的空气呼吸的解决策略。这些解决策略很可能出现在辐鳍鱼纲中,以应对相同的环境压力——低氧。空气呼吸习性在早期文献中描述为广泛的适应性特征。1910 年,Rauther 将它们描述为呼吸适应性,随后的学者也接受了这一观点(Graham, 1997)。许多学者认为,鱼类呼吸方式的进化是栖息地和行为因素共同作用的结果:低氧和危机的出现。这两个性状都影响了这一行为特征的起源。据推测,除低氧有效性外,没有任何其他环境压力在水生环境中如此普遍存在或在整个脊椎动物进化史中发生过,并可以导致如此多的阵发性空气呼吸策略(Johansen, 1970; Graham et al., 1978)。一些研究人员提出,鱼类空气呼吸的方式是在掠过水面的鱼类身上意外(偶然)出现的(Gans, 1970),或者空气呼吸的方式是由水流的变化所促使的(Hora, 1935)。然而,这些解释是相当少见的。

不管 ABO 呼吸方式是怎么出现,以及 ASR 方式是如何发展的,鱼类已经找到了一种在低氧环境中生存的方法。这些适应能力使它们能够寻求广泛的生态环境(生态位),然而大多数空气呼吸的鱼类还必须应对其他类型的环境条件的限制。Almeida-Val 和 Hochachka(1995)指出,潜水并长时间屏住呼吸会引起鱼类的代谢水平上的变化,即减缓总代谢率、降低氧化酶速率和提高厌氧能力。虽然这些特征最初是在空气呼吸的鱼类中发现的,但进一步的研究表明,低代谢特征在亚马孙鱼类中很常见,和呼吸模式或生活方式无关(Driedzic and Almeida-Val, 1996; West et al., 1999; 表 10.1)。因此,低氧有效性所造成的环境压力可以说是长期代谢调节方式进化的主要驱动力。

低氧胁迫以不同的方式影响空气呼吸的鱼类。专性空气呼吸的鱼类不受水中溶氧浓度的强烈影响,因为它们减少了鳃表面积。其他空气呼吸的鱼类以不同的方式受到低氧胁迫的影响,水中溶氧含量的阈值因物种而异。例如,在亚马孙河鱼类中的一种兼性呼吸鱼类,单带红脂鲤(*Hoplerythrinus unitaeniatus*),当溶氧降至 81 mmHg 时开始空气呼吸(Stevens and Holeton, 1978a),而下口鲇(*Hypostomus* spp.)可能在溶氧降至 21 mmHg、35 mmHg 或 60 mmHg 时采用空气呼吸的方式,这种选择取决于当时的实验温度(Gee,

1976; Graham and Baird, 1982; Fernandes and Perna, 1995)。合鳃鱼（*Symbranchus marmoratus*）是一种高度进化的硬骨鱼类，在开始采用空气呼吸的方式之前可以耐受 33～69 mmHg 溶氧浓度；但除了在旱季进行夏眠外，这些阈值还可能因体型大小和低氧适应能力而有所变化（Bicudo and Johansen, 1979; Graham et al., 1987）。当我们考虑对氧气吸收的呼吸方式的分配比例时，所谓的兼性空气呼吸鱼类（Graham, 1997）表现出各种不同的模式，这些模式受年龄、水氧分压、体型和温度的影响。一些亚马孙鱼类，如巨骨舌鱼，是专性空气呼吸的鱼类，可能通过空气呼吸获得 50%～100% 的氧气，这取决于身体大小和水中的溶氧含量（Stevens and Holeton, 1978b）。在生长过程中，呼吸方式发生改变之后，我们观察到了巨骨舌鱼的生理生化参数也随之变化（Salvo-Souza and Val, 1990）。我们实验室最近的研究表明，这种鱼类心脏的相对质量也会发生变化，与总体重呈负比例的相关关系；当幼鱼开始空气呼吸时，可以观察到强烈的生理生化参数变化（V. M. F. Almeida-Val and C. Moyes，未发表数据）。

ASR 方式受到溶氧有效性的影响。上述所有影响空气呼吸行为的因素也会影响 ASR。因此，在大多数观察到的鱼类中，降低水中溶氧有效性会导致 ASR，并且这种先天对血氧负荷敏感性的行为足以保证大盖巨脂鲤在长期低氧环境下的存活（Val, 1995）。丽鱼类中的星丽鱼（*Astronotus ocellatus*）成鱼可在 28 ℃下耐受 6 h 的低氧水环境（Muusze et al., 1998）。如果可以采用 ASR 方式进行呼吸（S. C. Land，个人通讯），星丽鱼幼鱼能够无限期地在低氧环境下存活，但如果无法接近水面，就不能忍受长期低氧（Almeida-Val, Paula-Silva et al., 1999）。

10.7.4 丽鱼：对抗环境低氧胁迫的优秀"策略家"

丽鱼类是一种高等硬骨鱼类，属于鲈形目（Nelson, 1994），棘鳍鱼超目。丽鱼科是一个多样化的类群，约 1300 种（Kullander, 1998），分布于非洲、马达加斯加、中南美洲、墨西哥、印度南部和斯里兰卡（Kullander and Nijssen, 1989; Kullander, 1998）。绝大多数种类是在非洲的湖泊中发现的（Lowe-McConnell, 1987; Kullander, 1998）。在南美洲发现了丰富的仅次于非洲种类数量的丽鱼类（Nelson, 1994），那里有近 300 种丽鱼，占淡水鱼动物群的 6%～10%。在亚马孙河流域发现了大约 150 种鱼（Lowe-McConnell, 1991），代表了亚马孙地区第三大丰富的鱼类种群（Géry, 1984）。丽鱼在体色、体纹、形态、进食行为、繁殖和适应最多样化环境的能力方面都具有明显的可塑性。丽鱼科的地理分布和遗传进化特征在非洲和南美洲都有很好的文献报道（Kornfield and Smith, 1982; Kornfield, 1984; Greenwood, 1991; Lowe-McConnell, 1991; Ribbink, 1991; Stiassny, 1991）。

在最近的研究中，Farias 和他的同事认为，新热带丽鱼科构成了一个单系的分支，并显示出快速的进化速度，和非洲同类相比，具有更显著的遗传变异水平（Farias et al., 1999）。许多学者将这种结果归因于对异质栖息地的适应能力，以及许多物种形成过程中的快速适应性辐射作用（Fryer and Illes, 1972; Kornfield, 1979, 1984; Stiassny, 1991）。因此，这一类鱼类被认为具有极强的可塑性（Stiassny, 1991; Almeida-Val, Paula-Silva et al., 1999; Almeida-Val, Val et al., 1999)。

同工酶已证明是了解动物和其栖息地之间关系的极好工具（Kettler and Whitt, 1986; Whitt, 1987）。同工酶在鱼类不同器官和组织中的偏向性分布反映了在某些时期发生的代谢调节水平，如应激、生长、迁徙或性成熟。通常基于研究对象的参数和代谢调节方式选择特定的同工酶系统。LDH 同工酶系统（E.C.1.1.1.27）是脊椎动物中研究最多的一种系统，被认为是研究环境变化或动物内在调节对代谢调节影响的最佳工具之一（Almeida-Val et al., 1995; Almeida-Val, Paula-Silva et al., 1999; Almeida-Val, Val et al., 1999）。在脊椎动物中，LDH 是由两个基因编码的 LDH-A 和 LDH-B 两种亚基组成的四聚体。A 亚基主要存在于骨骼肌中，在厌氧状态下，它能非常有效的将丙酮酸转化为乳酸。B 亚基则存在于典型的心肌中，被高浓度丙酮酸抑制，阻止乳酸在这个器官中的积累。这些亚基的随机组合会产生 5 种具有不同性质的同工酶。这些同工酶根据能量需求、氧气有效性和生理功能在不同的组织中有不同的表达模式（Markert and Holmes, 1969; Almeida-Val and Val, 1993）。在暴露于低氧或缺氧环境的动物典型需氧组织（如心脏和大脑）中，可以检测到同工酶 $LDH-A_4$（脊椎动物骨骼肌中占主导地位的同种型）表达的增加（Hochachka and Storey, 1975）。低氧胁迫后，丽鱼需氧组织中的 LDH-B 表达可能会降低，而 LDH-A 表达增加，从而使耐厌氧能力提升（Almeida-Val et al., 1995）。

同工酶系统，尤其是乳酸脱氢酶（LDH），一直是亚马孙河鱼类研究的重点（Almeida-Val et al., 1992; Almeida-Val and Val, 1993）。对鱼类中乳酸脱氢酶（LDH）的代谢分布提出了两种不同的模型：一是同工酶 B_4 在心脏中占优势，表明低氧阵发时以低速率的方式维持有氧代谢；二是所有组织中 LDH-B* 基因的低表达与 LDH-A* 基因的高表达，提示低氧时激活了无氧代谢（Almeida-Val et al., 1993）。首次在野生比目鱼（Markert and Holmes, 1969）和刺鱼（Rooney and Ferguson, 1985）中观察到心脏 LDH-B* 的基因表达水平降低。先前对虹鳟 LDH（Moon and Hochachka, 1971）和鱼类中其他同工酶系统的研究（Hochachka, 1965; Baldwin and Hochachka, 1970; Schwantes and Schwantes, 1982a, b; De Luca et al., 1983; Almeida-Val et al., 1995; Farias et al., 1997），表明不同酶突变体的表达取决于环境参数。我们已经证明，亚马孙河流域丽鱼体内的 LDH 组织分布和这些鱼类耐受低氧环境的能力有关，并在心脏中表现出一定程度的表型变化，因此揭示了它们偏爱的栖息地环境（Almeida-Val et al., 1995）。在亚马孙丽体鱼（*Cichasome amazonarum*）心脏中，存在 2 种 LDH 分布模式是一个很好的例子。根据栖息地中氧有效性，这些鱼类将在心脏内显示出 B_4 或 A_4 同工酶的优先表达（Almeida-Val et al., 1995）。当亚马孙丽体鱼长时间（51 d）暴露于严重低氧（约 30 mmHg）环境时，可观察到 LDH 分布的显著变化。同工酶 A_4 在心脏和大脑中表达的增加，而同工酶 B_4 在肝脏中增加，在骨骼肌中消失。然而，通过采用由新的 LDH 同工酶分布引起的肌肉型动力学实验，针对大脑开展研究，可以观察到最显著的表达变化（Almeida-Val et al., 1995; Val et al., 1998）。

亚马孙河流域丽鱼科的其他种类［星丽鱼（*Astronotus ocellatus*）、单丽鱼（*Cichla*

monoculus)、撒旦鲈（*Satanoperca aff jurupari*）] 表现出和亚马孙丽体鱼在低氧环境下相同的改变 LDH 分布的能力（Chippari Gomes et al., 2003）。珠母丽鱼（*Geophagus* sp.）、神仙鱼（*Pterophylum* sp.）、赫氏菱鳃丽鱼（*Acarichthys heckelli*）、长丽鱼（*Crenicichla* sp.）、高地丽鱼（*Hypselecara* sp.）和盘丽鱼（*Symphysodon* sp.）等物种的分布在所有脊椎动物中都很常见：骨骼肌中同工酶 A_4 占优势，心脏中同工酶 B_4 占优势。在厚唇星丽鱼（*Astronotus crassipinnis*）、英丽鱼属（*Heros* sp.）、英丽鱼（*Heros severum*）、大眼丽鱼（*Acaronia nassa*）和哈氏珠母丽鱼（*Geophagus cff. harreri*）中，心肌 LDH-B^* 表达明显降低。

10.8 作为研究模式的 LDH 基因家族：调控的和结构的变化及其进化的适应作用

就物种数量而言，鱼类通过辐射扩张成为最丰富的脊椎动物类群，是一起大约始于 5 亿年前的进化史上的成功事例。在脊椎动物进化历史上的第一次辐射事件中，连续的基因组复制产生了多种新类型的蛋白质，以及因此产生了新的代谢可能性和适应性机会。基因复制的出现并且持续在有限的 DNA 区域发生，导致出现新的蛋白质或新的转录调控的方法。在进化过程中，复制基因可能和原始基因相似，没有任何特化，或者偏离原始基因，产生一种具有特殊的新的代谢功能蛋白质。这些复制和分化的基因是同源的，产生的蛋白质称为同种型，或者若这些基因与酶有关，则称为同工酶。复制基因的第三个潜在可能性是它们可能变得沉默，即保留在基因组中，但不能被翻译成蛋白质。真正新奇的是全新基因的出现，但这只能是一个例外，因为结构基因和调节基因的关键序列都是相对保守的。因此，单个酶的结构和功能特性有助于评估特定动物类群的进化过程。

同种型或同工酶是单一酶的不同形式，具有完全相同的特异性并催化相同的反应。对 LDH 系统的研究比对其他同工酶系统或基因家族的研究更广泛。研究已经阐明了 LDH 系统应对不同环境的许多代谢适应性特征，以及在鱼类群体进化史中发生的许多机理（Almeida-Val and Val, 1993）。硬骨鱼类 LDH 同工酶的当前分布特征反映了不同时期起源的 3 个复制基因。最近的研究表明，一个古老基因（LDH-C）在脊椎动物进化初期（约 5 亿年前）产生了 LDH-A 基因，该基因在厌氧代谢中高度专一。在连续的基因复制后，LDH-A 产生了 LDH-B。LDH-B 适应于厌氧条件下的生物恢复期，因为在从低氧或夏眠的恢复期间，LDH-B 拥有将乳酸转化为丙酮酸的能力（Hochachka, 1980；Whitt, 1984；Crawford et al., 1989）。

LDH 基因在鱼类中的分布具有组织特异性，并随系统发生而变化，对它们之间同源性的分析可以阐明鱼类所经历的几种适应过程。通过进化复制产生的基因称为旁系同源基因，可以从功能的角度对这些基因进行研究，确定同一物种不同器官中的优先代谢模式。进化过程中，通过物种形成事件产生的基因称为直系同源基因（不同物种中的同一基因），这些基因用于比较代谢研究（Powers et al., 1983；Powers and Schulte, 1998；

Hochachka and Somero，2002）。下面的内容总结了有关亚马孙鱼类这种酶家族的大部分研究。同工酶分析已证明是进化研究及分析环境变化引起的代谢适应的极好工具。对它们的基因调控可以认为是应对水生环境中氧气有效性短期波动的最佳过程之一。

10.8.1 发育过程中厌氧能力的增加

亚马孙河流域的丽鱼 $LDH\text{-}A^*$ 和 $LDH\text{-}B^*$ 基因表达调控的可塑性表明，这些鱼类能够将其代谢建立在厌氧糖酵解的基础上，并在氧有效性低时表达 $LDH\text{-}A^*$。因此，这种可塑性赋予了这些鱼类在低氧浓度地区进行捕食或繁殖的能力。丽鱼是具有强攻击性、亲代抚育和领土意识行为的鱼类（Chellapa et al.，1999）。因此，它们爆发式游动行为是常见的，并且强大的厌氧生存能力对其十分有益。虽然和其他鱼类相比，丽鱼的心脏相对较小（个人观察数据），但厌氧糖酵解作用可能在氧气受限期间发生，并且心脏可以在以消耗葡萄糖为代价的情况下短时间持续工作。LDH-A 同工酶在这种情况下比 LDH-B 同工酶更有帮助。事实上，丽鱼属（Astronotus）的鱼类在成年时能够耐受缺氧环境，它们随着生长而增加的耐低氧能力可能是由于它们厌氧能力的增加（反映在它们的组织和器官中的绝对 LDH 水平），而不是特异性代谢率的降低（Almeida-Val，Paula-Silva et al.，1999；Almeid-Val et al.，2000）。

实验室的研究表明，LDH 酶水平和低氧存活率都是关于体重的函数（图 10.6；Almeida-Val，Paula-Silva et al.，1999；Almeida-Val et al.，2000）。随着鱼的体型增长，在严重低氧条件下生存的能力也会增加。达到失去平衡所需的总时间（即死亡前丧失定向能力）随着动物体型的增加而增加，这表明随着年龄的增长，星丽鱼（Astronotus ocellatus）的耐低氧能力增加（图 10.6；Almeida-Val et al.，2000）。

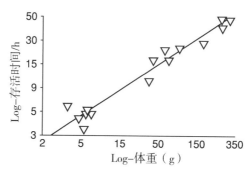

注：对数回归显示了高相关性（$r=0.98$）。重新绘图数据来自 Almeida-Val 等（1999），使用以下回归参数：$a=1.74$ 和 $b=0.59$。这些参数自函数 $Y=1.74W^{0.59}$ 推导而来，其中 Y 表示每只鱼达到死亡前出现不平衡状态所需的时间（单位：h），这个值可解释为低氧存活率；W 为体重（单位：g）。

图 10.6 星丽鱼体重和低氧生存能力的关系

目前还没有任何其他鱼类耐低氧能力的尺度效应的研究报道。考虑到这些群体的低氧防御机制，对这些结果的生理意义进行探究是值得关注的。3 个关键因素决定了任何特定鱼类的低氧耐受性：绝对常规代谢率（routine metabolic rate，RMR）、低氧抑制代谢率（hypoxia suppressed metabolic rate，HMR）和备用厌氧能力（back-up anaerobic power，AP）（主要通过厌氧糖酵解方式弥补剩余能量不足）。如果我们假设 HMR 按比例随 RMR 变化，并且 LDH 活性与 log M（体重）是糖酵解的比例或 AP 的表达式，那么所有上述 3 个参数与体重的关系如图 10.7 所示。这些结果首先在 2000 年提出，从那时起，我们一直在研究关于不同大小的丽鱼（主要为丽鱼属）中基因表达的其他参数情况（Almeida-Val et al.，未发表数据）。

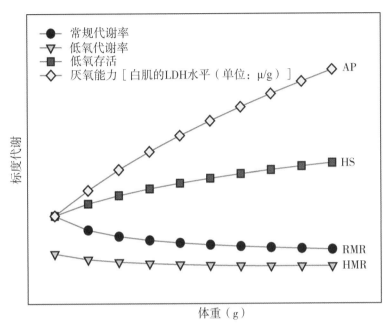

注：使用指数方程分析每个变量（Y）的值与体重（X）的关系，其中 a 和 b 值通过 Sigma 绘图软件获得（首次描述见 Almeida-Val，Paula-Silva et al.，1999 和 Almeida-Val et al.，2000）。随着厌氧能力所起的作用增加，通过抑制代谢率提高低氧存活力的作用减少。这些结果可以解释为白肌指数相对于肝和心脏指数增加，而后者随着生长的增加而降低。

图 10.7　不同大小星丽鱼（*Astronotus ocellatus*）体重与质量特异代谢率、低氧抑制代谢率、低氧存活率和白肌 LDH 水平来源的质量特异厌氧能力之间关系

10.8.2　乳酸脱氢酶的热性质

乳酸脱氢酶（Lactate dehydrogenase，LDH）是一种糖酵解酶，分别使用辅因子 NADH 和 NAD^+ 催化丙酮酸和乳酸的相互转化。其动力学特性中的温度适应性的种间变化反映了物种的热适应性，这和温度影响酶水平的方式相同。根据 Hochachka 和 Somero （2002）的研究，当对不同环境温度下进化的物种中 A_4-LDH 直系同源型催化性能的种间变异进行分析时，观察到了存在酶功能的温度补偿修饰机理。从 18 种不同种类的脊椎动物（鱼类、两栖动物、爬行动物、哺乳动物和鸟类）的数据分析中，这些作者得出结论，动力学特性的种间差异是对不同温度环境条件下适应性进化的反映，而不是物种所属进化谱系的后果。适应温度与催化速率常数（k_{cat}）之间的关系存在于进化树的所有分支中（Hochachka and Somero，2002）。这些数据符合这样一种观点，即适应温度和酶活性水平之间存在关系。这种关系最终反映了脊椎动物的代谢状况和整体代谢率。

对不同物种的直系同源酶的 K_m 值（表观 Michaelis-Menten 常数）的比较，也揭示了一个共同的模式：测量温度的升高导致所有直系同源酶的 K_m 值增加，但在不同物种的正常适应温度下，K_m 值是高度保守的。表观 K_m 可作为酶和底物或辅因子之间亲和性的近似指标。低 K_m 值表示所关注的配体具有高亲和力，高 K_m 数值表示弱结合关系。对不同鱼类的 LDH-A_4 直系同源型的丙酮酸表观 K_m 值的比较表明，较低温度下，酶亲和性较高，并随这些酶的热适应范围进行分布（Hochachka and Somero，2002）。对同属鱼类 LDH-A_4 直系同源型的研究表明，在最大生境温度间的小差异足以产生适应性变化。Holland 等（1997）研究了魣鱼（Sphyraena 属）的 LDH 直系同源型，认为表观 K_m（丙酮酸）值的差异是适应性的，并和它们所处的环境温度有关，即与亚热带和热带同类相比，温带魣鱼的 K_m 值较高。很少数量的序列变化导致魣鱼 LDH-A_4 直系同源型的动力学特性出现差异，因为在南温带物种和亚热带物种的直系同源型之间只在第 8 号位发现了 1 个碱基的序列差异（Hochachka and Somero，2002）。

另一项非常有趣的研究是由 Powers 和合作者进行的，他们将 LDH-B 等位基因和底鳉（Fundulus heteroclitus）栖息地的温度梯度联系起来。Powers 等（1993）认为，在该鱼类中，仅 1~2 个氨基酸替代就足以对发生在北美大西洋北部和南部的群体中 LDH-B 等位基因在动力学和热稳定性方面的差异提供解释。基于分子生物学技术的进一步研究表明，底鳉 LDH-B 基因调控序列有限的突变导致其表达的改变。Schulte（2001）认为，LDH 活性的增加和 LDH-B 调节序列的变化，影响种群之间的表型和基因型差异是对环境温度胁迫做出的适应性反应；这种反应是通过自然选择产生的，而不是遗传漂变影响的结果。对具有不同适应性特征的同科或同属和同种生物的研究表明，几摄氏度的环境温度差异就足够诱导蛋白质产生适应性变化（Hochachka and Somero，2002）。

蛋白质的热稳定性与其构象的柔性有关，而其构象柔性又与蛋白质功能有关。蛋白质不能变得太刚性，主要原因是这些区域参与了配体识别，所以从进化的角度来看，热稳定性是一个重要的问题。另外，从生态学的角度来看，相对维持一种和温度适应无关的动力学特性是有利的，特别是对于生活在高温环境的鱼类，因为对较高温度的适应可能会导致蛋白质结构稳定性的增加（Hochachka and Somero，1984）。通过增加弱键的数量来增加蛋白质结构稳定性的后果之一是其催化效率降低，而活化的能量增加。此外，随着蛋白质稳定性的增加，其催化效率会降低。如果体温与蛋白质热稳定性有关，那么不同环境温度下的鱼类实验应该提供一些关于这种关系的新思路。对于亚马孙鱼类，在较高温度范围内生存可能会选择更稳定的蛋白质。亚马孙鱼类的最佳 K_m 值对应 25~30 ℃。事实上，Hochachka 和 Somero（1968）的初步测量表明，肺鱼 LDH 的最佳 K_m 值对应 30~35 ℃。适应极端热环境的鱼类肌肉 LDH（产生丙酮酸）表观 K_m 值数据显示最佳 K_m 值出现在环境温度范围内（Val and Almeida-Val，1995）。

总之，鱼类可以通过至少 5 种不同的过程来补偿温度变化：①单一途径中底物浓度和产物的变化；②影响酶促反应的调节物浓度的变化；③影响其底物亲和力（K_m）及其速度（v_{max}）的酶构象的变化；④通过基因调节的酶合成的定量变化；⑤异构体（同工酶）的定性变化。因此，从转录到转录后阶段，鱼类的适应能力可以在不同的代谢步骤中实现。一般来说，所有这些机理都会强烈影响其热适应性。在亚马孙地区目前气候条件下，没有观察到长期温度变化，所以温度对代谢变化的影响可能已经减弱。显著的温度下降可能每年都会发生，但往往持续不超过 3 d。短期波动主要通过行为反应来补偿，例如通过迁徙到不同的微生境来避免日常的波动。然而，长期的气候变化为通过转录调节（即基因调节）的方式以调节表型提供了足够的时间，如出现导致酶（或同工酶）的数量或类型变化的基因调控方式。因此，目前自然界中观察到的酶特性是长期进化过程中通过许多世代对基因结构和功能进行遗传修饰的结果。这些变化包括酶的结构变化，以及所导致的物理和化学催化性质的变化。目前许多酶的热稳定性应该是在这些酶过去所经历的应对热环境变化所获得的调节基础上产生的。

10.8.2.1　LDH 热敏感性随亚马孙鱼类主要类群的系统发生而变化

多数酶具有多样的热稳定性特征。不同的同工酶显示出不同的热稳定性，这些特性可用于分析其起源。30 多年来，这些热稳定性质成为有力的工具用作鉴定基因直系同源性，即物种形成过程中产生的两个基因之间的同源性（Wilson et al.，1964；Goldberg and Wuntch，1967；Hauss，1975；D'ávila-Limeira，1989）。例如，MDH 基因、LDH 基因及 PGI 基因编码的同工酶的热稳定特性各不相同。D'ávila-Limeira（1989）在对亚马孙鱼类 LDH 直系同源特性进行研究时，发现了有趣的结果。来自 27 种不同鱼的 LDH-B_4 同工酶的热稳定性差异数据揭示最大热稳定性和种/目系统发生之间存在系统发生关系。与高度特化的群体（如高等硬骨鱼类）相比，非特化群体的 LDH-B_4 热稳定性较低。随后的进一步研究中，我们发现在这两种极端情况中，一些起源于安第斯山脉隆起之前的目，比如无齿脂鲤科，可能经历过各种不同的热状态，显示出极高的热稳定温度（图 10.8；Val and Almeida-Val，1995）。

酶的主要作用是降低化学反应的活化能，使其能够在适度温度下发生。酶结构的灵活性可能出现于配体结合过程；这种修饰可称为诱导拟合（induced fit；Koshland，1973）或手套模型（hand to glove；Hochachka and Somero，1984）。酶构象的变化会伴随着和构象变化相关的能量输入或输出的变化，这可能是活化能变化的原因。Wilson 等（1964）研究了 55 种脊椎动物（从较低等到较高等类群，包括哺乳动物）LDH-B_4 同工酶的热稳定性，结果表明该同工酶的热稳定性增加和该物种的系统发生状态有关。系统发生树的一个分支是哺乳动物，另一个分支是爬行动物和鸟类，后者的 LDH 与鱼类相比具有 20 ℃ 的抗性差异。因此，对于代谢中起重要作用的主要酶而言，热进化历史是影响蛋白质结构热稳定性最为可能的压力。恒温动物，如哺乳动物和鸟类，将体温维持在 37 ℃ 和 39 ℃，显示分别具有更高热稳定性的蛋白质。根据 Hochachka 和 Somero（1984）的研究，对较高温度条件的适应会导致蛋白质结构稳定性的提高，其后果之一是具有更高的结构稳定性，增加了弱键的数量，降低了催化效率。也就是说，随着蛋白

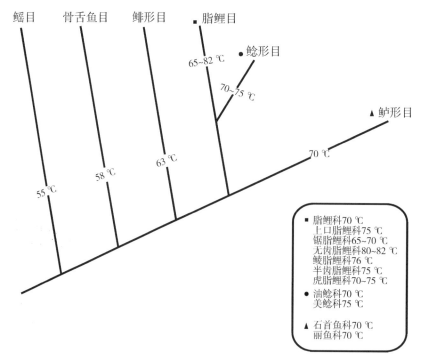

注：图中显示LDH-B*直系同源型的热稳定性和特定鱼类的系统发生位置之间的关系。右边框详细介绍了每个被研究科的LDH-B*直系同源型热稳定性的波动范围。这些结果可能和每个类群的热进化史有关（有关详细说明，请参见正文）。

图10.8　根据Val和Almeida-Val（1995）的报道而修饰的主要鱼类类群的系统发生简图

质稳定性的增加，催化效率会下降。然而，对于亚马孙河流域适应不同温度范围的鱼类而言，随着适应温度的升高，LDH耐热性降低，这显示了一种可以获得更多催化性能的补偿机理（Val and Almeida-Val，1995）。很明显，LDH-B_4同工酶的适应进化会影响耐热性，其直系同源型在较高温度下会失去热稳定性，并且倾向于表现出和热无关的同工酶的特点。

如上所述，对于亚马孙的鱼类，高温下的生活可能会对其蛋白质进行补偿性调整。我们可以通过对它们的功能特性而不是它们的结构特性对许多酶的催化效率进行更有效的研究。酶动力学特性应该受到关注，如K_m值，它可以被热调节并反映物种所处的热环境状态。对于亚马孙鱼类，酶的最佳K_m对应25～30 ℃。肺鱼和金枪鱼肌肉LDH的比较研究表明适应温度对代谢功能具有重要意义。事实上，保持K_m值接近组织中的底物浓度非常重要；否则，酶将不能正常工作或需要更高的活化能才能达到其最佳速率。

10.8.2.2　为什么大盖巨脂鲤不对温度波动做出反应？

细胞内pH随温度变化而变化（Reeves，1977；Somero，1981）。pH和温度的组合对所有生物的酶活性水平的转录后调节有显著影响。根据Hochachka和Lewis（1971）的研究，在碱性pH条件下，鳟鱼肝脏中LDH的温度调节能力可能会受到严重影响。细胞内 pH 的变化对生物有机体是有害的，代谢调节通过降低温度应对生理 pH 变化，从而降低了温度对酶 K_m 的影响。

尽管亚马孙河流域的环境温度波动很小（Val and Almeida-Val，1995），亚马孙鱼类的 LDH 同样受到温度和 pH 的影响。温度和 pH 对大盖巨脂鲤、锯腹脂鲤及银板四齿脂鲤（*Mylossoma duriventris*）LDH 影响的比较研究，显示温度对心肌 LDH 产生了不同的影响（Almeida-Val et al.，1991）。当 pH 接近常态生理值时，心肌 LDH 的值最小。当 pH 为 7.5 时，不同的测定温度下，大盖巨脂鲤的心脏 K_m 值和底物饱和度没有变化。在生理的 pH 下，保持该种鱼类 K_m 值恒定几乎是必要的，因为高温和低氧有效性的组合要求它能增加无氧糖酵解能力并进入富含氧气但保持较高温度的水面。大盖巨脂鲤心脏 LDH 在不同温度范围内的 Q_{10} 值非常低，从 0.9 到 1.5 不等，而银板四齿脂鲤 LDH 的值为 1.0～2.7（Val and Almeida-Val，1995）。对大盖巨脂鲤的热适应研究也得到类似的结果（Farias，1992）。然而，在面对大的环境温度变化范围（广温）时，生活在不同热环境下的温带鱼类实际上保持其 LDH（生产丙酮酸）的 K_m 值接近恒定，而面临狭小的温度变化范围（狭温）的鱼类则表现出对热适应的补偿性反应（Coppes and Somero，1990）。大盖巨脂鲤中 LDH 独立于温度的特性反映了其新陈代谢适应性变化的减少，是对短期日常水面温度波动的补偿反应。这些初步结果还值得进一步研究。

10.8.3　低氧条件下 LDH 和其他基因的控制——精细调节

如前所述，生物有机体应对环境变化的能力取决于变化的大小、变化发生的时间框架及个体遗传组成。通过连续的多个世代可以选择出更适合应对新的环境条件的遗传性变性，从而影响个体遗传组成。因此，环境压力被认为是进化过程中生物组织和功能变化最重要的触发因素之一（Almeida-Val，Val et al.，1999）。DNA 和蛋白质的结构变化可能是可耐受的，不会影响表型变异，即这些变异可能是中性的。这种不变性可能是化学冗余（遗传密码的简并性、DNA 修复、重复基因、蛋白质结构域内可交换的氨基酸）或稳态反应的结果（通过转录和翻译水平的负反馈基因调节、生理稳态、酸碱平衡）。Wilson（1976）呼吁对植物和动物进化过程中基因调控活动的重要性加以关注。作者指出："尽管目前尚无法得出明确的结论，但生物进化似乎主要依赖于调节基因的突变。结构基因突变可能在生物有机体进化中起次要作用。"因此，许多生物有机体的形态、颜色、生理和代谢的变化可能是根据环境变化而发生的。对表型的遗传（或代谢）控制的研究，揭示了不同环境条件下一些基因的表达被打开或相应地被关闭（Walker，1979；Smith，1990；De Jong，1995；Land and Hochachka，1995；Hochachka，1996；Walker，1997；Hochachka et al.，1998）。正如前几节所述，亚马孙鱼类对低氧环境的长期适应性反应涉及氧化代谢抑制。这一观点最初由 Hochachka 和 Randall（1978）提出，并得到了 Driedzic 和 Almeida-Val（1996）和 West 等（1999）的证实。然而，从进化的角度对亚马孙鱼类的即时低氧反应开展的研究还甚少（Almeida-Val，Val et al.，1999）。

尽管已经在离体细胞模型中广泛研究了一些机理，例如大鼠心肌细胞（Webster

et al., 1994)、大鼠肝细胞（Keitzmann et al., 1992, 1993）或水栖的龟肝细胞（Land and Hochachka, 1995），但细胞中的氧传感过程及其生理和生化后果尚未完全了解。目前研究得最好的系统是哺乳动物颈动脉Ⅰ型细胞。所有这些研究表明，当细胞暴露于低氧胁迫环境时，一些DNA位点被抑制而另一些位点被激活。Hochachka（1996）总结了这些数据，并提出某些基因或基因类群的上调或下调取决于低氧胁迫的强度及对这种胁迫的耐受能力。根据他的综述，当细胞暴露于适度低氧环境时，一系列信使mRNA（第一和第二）被氧传感机理激活，将影响数百个核基因和13个线粒体基因。然而，当暴露于严重低氧环境时，大多数DNA位点的调节会降低，导致线粒体密度降低，三羧酸循环酶速率降低，以及厌氧与需氧途径产能比率增加。因此，在大多数低氧反应的组织中，糖酵解速率的上调是确定的。在过去10年中，对哺乳动物细胞的研究已经发现了一种协同参与糖酵解酶表达增加及低氧诱导的有氧代谢途径表达降低过程的转录因子：低氧诱导因子（HIF1）（Firth et al., 1995；Wang et al., 1995；Ebert et al., 1996；Jiang et al., 1996）。Hochachka等（1998）总结了这些研究，并指出大多数糖酵解酶在第二轮基因表达过程中为HIF1诱导。PFK、PGK（磷酸甘油酸激酶，phosphoglycerate kinase）和LDH-A的活化由HIF1所诱导，而HIF1在信号转导途径为氧传感机理激活后随之被合成。在一篇综述中，Nikinmaa（2002）总结了鱼类低氧适应性领域最重要的进展。超过120个基因是低氧调节的（Gracey et al., 2001），哺乳动物中已知有多达40个基因是由低氧诱导的（Semenza, 1999）。在鱼类和哺乳动物中进行的比较研究表明，至少一些基因（如糖酵解酶、LDH、烯醇化酶和磷酸丙糖异构酶）在低氧暴露后上调。在哺乳动物中假定的O_2传感器分子被鉴定为属于脯氨酰羟化酶家族的蛋白质，它催化HIF1α的564号位脯氨酸的羟基化，促进其在低氧细胞中的稳定（Bruick and McKnight, 2001；Yu et al., 2001）。另一种蛋白质，天冬酰胺羟化酶也可能参与HIF1α的稳定化和氧传感过程（Lando et al., 2002）。

Gracey及其合作者（2001）使用cDNA微阵列对长颌姬鰕虎鱼（*Gillichthys mirabili*）进行的研究表明，低氧胁迫条件下鱼类存活的机理涉及三种分子策略：①下调蛋白质合成基因和运动基因的表达以减少能量消耗；②上调用于厌氧ATP产生和糖异生途径的基因表达；③抑制细胞生长和必要的代谢过程的能量消耗。当动物经历低氧时，基因表达具有组织特异性，并且反映出不同的代谢作用。Webster（2003）总结了低氧胁迫在糖酵解酶基因协同调控的进化演变中的作用，认为在昆虫、鱼类、爬行动物、鸟类和哺乳动物及所有可能移动的多细胞生物中，低氧胁迫对这些基因的调节是多因素的，在原核和真菌调控系统中有明确的起源。这些基因由多种低氧反应的转录因子（包括HIF1α）协调或单个调节。HIF1α可能是主要组成成分，并且主要负责协调诱导反应过程。已经在至少8种糖酵解酶基因中报道了HIF1α结合位点，包括PFK、醛缩酶、PK、PGK、烯醇化酶、LDH、HK和磷酸甘油醛脱氢酶（GAPDH）。Webster（2003）还提到已经在鱼类中阐述HIF1通路，这一通路可能是在大约5亿年前的志留纪时期发展起来的，当时海洋高度流动，并且陆地物种正在进化。实际上，这一进化时期和多倍体活动导致的基因组高DNA复制率一致。多倍体活动导致脊椎动物群体的辐射扩张和出现新的复制基因，也就出现了目前所知存在的大多数基因家族。

实验室最近进行的实验表明，依照动物体型大小及暴露于低氧胁迫的时间和强度，至少对基因 LDH-A 而言，低氧胁迫可以诱导或抑制其表达。星丽鱼幼鱼表现出不同的反应，这和它们耐受低氧和缺氧的能力有关。此外，抑制代谢从而抑制 LDH-A 的表达能力和鱼类适应新的低氧环境条件的时间有关（图 10.9）。

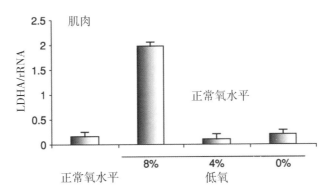

注：实验超过 8 h（$n=5$）。RT-PCR 定量后，进行 DNA 印迹法检测。抑制代谢从而抑制 LDH-A 的表达和鱼适应新环境的时间有关。[基于 Oliveira 等（2002）数据重新绘图]

图 10.9　低氧和缺氧胁迫条件下，星丽鱼（*Astronotus*）幼鱼调节骨骼肌 LDH 合成的差异反应能力

总之，鱼类进化过程中应对低氧环境所采取的多种策略增加了物种多样性，使这一领域成为比较生理学中最有趣的研究方向之一。此外，我们对鱼类低氧耐受的代谢适应机理的了解还远远不够；随着越来越精密的仪器应用于这些领域，我们越来越意识到我们对于鱼类低氧适应方面的知识还远远不够。

10.9　未来展望

本节有两个主要问题值得一提。第一个是由于化石燃料燃烧和森林砍伐，大气中二氧化碳释放量增加，从而导致全球变暖的问题。第二个是由环境污染导致水体低氧在全球范围内蔓延的问题。这两个问题都和本章讨论的主要问题有关：温度和氧有效性。Hochachka 和 Somero（2002）认为，全球变暖肯定会影响温度在控制地球上生物分布模式中的重要作用。因此，了解温度变化对新陈代谢的影响具有实际和经济意义。有一些问题可能值得重点研究：①要扰动一个系统以引起一个种群或一个物种的适应性反应，温度变化的最小值是多少？②现存物种的耐受极限是多少？③一个系统（整体或特定代谢途径）在什么温度下表现最佳？对于包括鱼类在内的大多数脊椎动物来说，这些问题仍然没有得到解答。亚马孙河流域鱼类已经受到环境变化的影响，不仅是温度本身，还包括全球变暖对洪水泛滥年节律的影响（如厄尔尼诺和拉尼娜的影响），它们和亚马孙河流域所有生物的节律和过程密切相关。

低氧是亚马孙河流域的一种自然现象。在整个进化过程中，低氧环境给鱼类带来了

巨大压力，以至于大多数鱼类在整个生命周期或生命的最初阶段都依赖于表层水。然而，由于人为过度输入营养物质和有机物质到环境水体，特别是循环不良的水域，这些地方已经转化为含氧量低的水域，这将很快成为亚马孙流域的一个问题。目前，低氧和缺氧影响到南北美洲、非洲、欧洲、印度、东南亚、澳大利亚、日本和中国数千平方公里的海洋和淡水环境。

虽然亚马孙河流域是典型的低氧环境，但它有自己的节律。就像其他任何生态系统一样，系统中氧含量的任何变化都会干扰鱼类与环境之间的平衡。此外，和我们现代生活方式相关的一些化学污染物，包括聚合物、金属、石油、水产养殖营养物、杀虫剂和除草剂，将不断地对亚马孙河流域鱼类带来新的代谢挑战。在过去的几十年里，沿海和内陆水域的营养水平明显上升，这种增加主要是由于集约化耕作、施肥、砍伐森林和与人口增长同步的生活污水排放造成的。因此，由富营养化和有机污染引起的低氧已被认为是世界上最紧迫的水污染问题之一（Wu，2002）。

在鱼类代谢适应方面，未来的工作将包括利用分子生物学技术对参与环境适应变化的蛋白质的基因调控进行研究。上述糖酵解基因调控的综述中（Webster，2003），值得一提的是 HIF1α 通路和它调控的大多数基因是协同进化的。相同的识别序列对于 HIF1 激活基因是必要的（尽管不是充分的）。众所周知，同样的序列对参与碳水化合物代谢的拟南芥（Arabidopsis）基因在低温、脱水和紫外线的反应是必需的。根据 Webster（2003）的研究，动植物中这一识别序列及其结合蛋白可能是相关的，这可能揭示了低氧反应时根尖基因调控和昆虫、鱼类、鸟类和哺乳动物 HIF1 通路之间的联系。在这一点上，我们仍然推荐对 LDH 基因家族开展研究，它仍然是研究得最好的酶系统之一，也是应对多种环境挑战反应最灵敏的酶之一。底鳉蛋白序列和 LDH-B 表达的变化与不同热环境下种群适应性相关。这表明有许多途径可以用于探讨进化和自然选择在鱼类代谢适应中的作用，如数量遗传学、比较方法、分子群体遗传学（Schulte，2001）。

事实上，这个问题与 Darwin 提出并由 Peter Hochachka 在 20 世纪 60 年代重新表述的问题是一样的："基于一组共同的生物化学结构和过程，并遵循一组共同的物理-化学定律的生命系统是如何适应生物圈中所发现的极为广泛的环境条件的？"关于这个问题的一些答案可以从 Peter Hochachka 及其同事撰写的文献中找到。尤其是在他 1980 年出版的书籍《无氧生活》中，他对亚马孙鱼类适应能力的早期研究见解已经非常清晰。在这本书的序言中，他说："这本书的种子是在 1976 年第一次远征亚马孙河时在其脑海中播下的，在那里氧气是水生生物所面临的最具代表性的野外环境参数之一。"Peter Hochachka 留下的主要遗产之一是他建议遵循和追求阐释机理及其适应性意义，并理解这些机理和适应性的演变。根据 Mangum 和 Hochachka（1998）的研究，我们在早期分析生理系统进化的尝试中遗漏了有力的证据，包括测试方式，以及来自自然选择并由自然选择维持的增强物种适应性的生理适应机理的证据。目前，进化生理学和生物化学中最深入的研究似乎是那些成功地将机理/适应性知识和更大的进化问题相结合的研究。这些研究通常使用分子生物学技术来阐明过程和系统发生。要记住的是，虽然研究工具确实重要，但最重要的是待解决的问题和解决问题的综合方法，而且不应忽视在面临新的环境挑战时代谢和遗传适应的进化代价方面的局部问题。

综上所述，我们认为未来的方法应考虑到上述所有的建议，但在规划有关鱼类代谢适应的新研究方向之前，还应考虑人类活动导致的社会和经济后果。

维拉·玛利亚·F. 阿尔米达–瓦尔

艾德里阿那·丽贾纳·奇帕里·哥麦斯　著

尼维亚·皮尔斯·洛佩斯

夏军红　译

林浩然　校

参考文献

Almeida-Val, V. M. F., and Farias, I. P. (1996). Respiration in fish of the Amazon: Metabolic adjustments to chronic hypoxia. *In* "Physiology and Biochemistry of the Fishes of the Amazon" (Val, A. L., Almeida-Val, V. M. F., and Randall, D. J., Eds.), pp. 257-271. INPA, Manaus.

Almeida-Val, V. M. F., and Hochachka, P. W. (1995). Air-breathing fishes: Metabolic biochemistry of the first diving vertebrates. *In* "Biochemistry and Molecular Biology of Fishes" (Hochachka, P. W., and Mommsen, T., Eds.), Vol. 5, pp. 45-55. Elsevier, Amsterdam.

Almeida-Val, V. M. F., and Val, A. L. (1993). Evolutionary trends of LDH isozymes in fishes. *Comp. Biochem. Physiol.* 105B (1), 21-28.

Almeida-Val, V. M. F., Farias, I. P., Silva, M. N. P., Duncan, W. P., and Val, A. L. (1995). Biochemical adjustments to hypoxia by Amazon cichlids. *Braz. J. Med. Biol. Res.* 28, 1257-1263.

Almeida-Val, V. M. F., Paula-Silva, M. N., Caraciolo, M. C. M., Mesquita, L. S. B., Farias, I. P., and Val, A. L. (1992). LDH isozymes in Amazon fish-III. Distribution patterns and functional properties in Serrasalmidae (Teleostei: Ostariophysi). *Comp. Biochem. Physiol.* 103B (1), 119-125.

Almeida-Val, V. M. F., Paula-Silva, M. N., Duncan, W. P., Lopes, N. P., Val, A. L., and Land, S. C. (1999). Increase of anaerobic potential during growth of an Amazonian cichlid, *Astronotus ocellatus*. Survivorship and LDH regulation after hypoxia exposure. *In* "Biology of Tropical Fishes" (Val, A. L., and Almeida-Val, V. M. F., Eds.), pp. 437-448. INPA, Manaus.

Almeida-Val, V. M. F., Schwantes, M. L. B., and Val, A. L. (1991). LDH isozymes in Amazon fish-II. Temperature effects in LDH kinetic properties from Mylossoma duriventris and Colossoma macropomum (Serrasalmidae). *Comp. Biochem. Physiol.* 98B, 79-

86.

Almeida-Val, V. M. F., Val, A. L., Duncan, W. P., Souza, F. C. A., Paula-Silva, M. N., and Land, S. (2000). Scaling effects on hypoxia tolerance in the Amazon fish *Astronotus ocellatus* (Perciformes: Cichlidae): Contribution of tissue enzyme levels. *Comp. Biochem. Physiol.* 125B, 219-226.

Almeida-Val, V. M. F., Val, A. L., and Hochachka, P. W. (1993). Hypoxia tolerance in Amazon fishes: Status of an under-explored biological "goldmine." *In* "Surviving Hypoxia: Mechanisms of Control and Adaptation" (Hochachka, P. W., Lutz, P. L., Sick, T., Rosenthal, M., and Van den Thillart, G., Eds.), pp. 435-445. CRC Press, Boca Raton, FL.

Almeida-Val, V. M. F., Val, A. L., and Walker, I. (1999). Long- and short-term adaptation of Amazon fishes to varying O_2-levels: Intra-specific phenotypic plasticity and inter-specific variation. *In* "Biology of Tropical Fishes" (Val, A. L., and Almeida-Val, V. M. F., Eds.), pp. 185-206. INPA, Manaus.

Bailey, G. S., and Driedzic, W. R. (1993). Influence of low temperature acclimation on fate of metabolic fuels in rainbow trout (*Onchorhynchus mykiss*) hearts. *Can J. Zool.* 71, 2167-2173.

Bailey, J. R., Sephton, D. H., and Driedzic, W. R. (1991). Impact of an acute temperature change on performance and metabolism of pickerel (*Esox niger*) and eel (*Anguilla rostrata*) hearts. *Physiol. Zool.* 64, 697-716.

Bailey, J. R., Val, A. L., Almeida-Val, V. M. F., and Driedzic, W. R. (1999). Anoxic cardiac performance in Amazonian and north-temperate-zone teleosts. *Can. J. Zool.* 77 (5), 683-689.

Baldwin, J., and Hochachka, P. W. (1970). Functional Significance of Isoenzymes in Thermal Acclimatization. *Biochem. J.* 116, 883-887.

Berner, R. A., and Canfield, D. E. (1989). A new model for atmospheric oxygen over Phanerozoic time. *Am. J. Sci.* 289, 333-361.

Bicudo, J. E. P. W., and Johansen, K. (1979). Respiratory gas exchange in the air-breathing fish, *Synbranchus marmoratus*. *Environ. Biol. Fishes* 4 (1), 55-64.

Böhlke, J. E., Weitzman, S. H., and Menezes, N. A. (1978). Estado atual da sistemática dos peixes de água doce da América do Sul. *Acta Amazonica* 8 (4), 657-677.

Boyd, C. E., and Schmitton, H. R. (1999). Achievement of sustainable aquaculture through environmental management. *Aqua. Econ. Manag.* 3 (1), 59-70.

Bruick, R. K., and McKnight, S. L. (2001). A conserved family of prolyl-4-hydroxilases that modify HIF. *Science* 294, 1337-1340.

Burggren, W., Johansen, K., and McMahon, B. (1985). Respiration in phyletically ancient fishes. *In* "Evolutionary Biology of Primitive Fishes" (Foreman, R. E., Gorbman, A., Dodd, J. M., and Olsson, R., Eds.), pp. 217-252. Plenum Press, New York.

Burness, G. P., and Leary, S. C. (1999). Allometric scaling of RNA, DNA, and enzyme levels: An intraspecific study. *Am. J. Physiol. Regulatory Integrative Comp. Physiol.* 46, R1164-R1170.

Chagas, E. C. (2001). Influência da suplementação de ácido ascórbico (vitamina C) sobre o crescimento e a resistência ao estresse em tambaqui (*Colossoma macropomum*, Cuvier, 1818). MSc thesis INPA-UFAM Pos Graduate Program, Manaus, 80 p.

Chellapa, S., Yamamoto, M. E., and Cacho, M. S. R. F. (1999). Reproductive behavior and ecology of two species of Cichlid fishes. *In* "Biology of Tropical Fishes" (Val, A. L., and Almeida-Val, V. M. F., Eds.), pp. 113-126. INPA, Manaus.

Chippari Gomes, A. R., Paula-Silva, M. N., Val, A. L., Bicudo, J. E. P., and Almeida-Val, V. M. (2000). Hypoxia tolerance in amazon cichlids. *In* "Proceedings of the IV International Congress on the Biology of Fish," pp. 43-54. Aberdeen.

Chippari Gomes, A. R. (2002). *Adaptações metabólicas dos ciclídeos aos ambientes hipóxicos da Amazônia*. Tese de Doutorado, Programa Integrado de Pós-Graduação em Biologia Tropical e Recursos Naturais, Programa de Biologia de A'gua Doce e Pesca Interior, INPA-UFAM, Manaus.

Chippari Gomes, A. R., Lopes, N. P., Paula-Silva, M. N., Oliveira, A. R., and Almeida-Val, V. M. F. (2003). Hypoxia tolerance and adaptations in fishes: The case of Amazon cichlids. *In* "Fish Adaptations" (Val, A. L., and Kapoor, B. G., Eds.), pp. 37-54. Science Publishers, Inc. Enfield, NH.

Coppes, Z. L., and Somero, G. N. (1990). Temperature-adaptive differences between the M_4 lactate dehydrogenases of stenothernal and eurythermal sciaenid fishes. *J. Exp. Zool.* 254, 127-131.

Coulter, G. H. (1991). "Lake Tanganyika and Its Life." Oxford University Press, New York.

Cox-Fernandes, C. (1989). *Estudo das migracções laterais de peixes do sistema lago do Rei (Ilha do Careiro)*. Dissertação de Mestrado, Programa Integrado de Pós-Graduação em Biologia Tropical e Recursos Naturais, Programa de Biologia de A'gua Doce e Pesca Interior INPA-UFAM, Manaus.

Crampton, W. G. R. (1998). Effects of anoxia on the distribution, respiratory strategies and electric signal diversity of gymnotiform fishes. *J. Fish Biol.* 53, 307-330.

Crawford, D. L., Constantino, H. R., and Powers, D. A. (1989). Lactate dehydrogenase B c-DNA from the teleost *Fundulus heteroclitus*: Evolutionary implications. *Mol. Biol. Evol.* 6, 369-383.

Crockett, E. L., and Sidell, B. D. (1990). Some pathways of energy metabolism are cold adapted in Antarctic fishes. *Physiol. Zool.* 63, 472-488.

D'Ávila-Limeira, N. (1989). *Estudos sobre a lactato desidrogenase (LDH) em 27 espécies de peixes da bacia amazônica: Aspectos adaptativos e evolutivos.* Dissertação de Mestrado, Programa Integrado de Pós-Graduação em Biologia Tropical e Recursos Naturais, Programa de Bio-logia de A' gua Doce e Pesca Interior, INPA-UFAM, Manaus.

Davis, J. C. (1975). Minimal dissolved oxygen requirements of aquatic life with emphasis on Canadian species: A review. *J. Fish. Res. Board Can.* 32, 2295-2332.

De Jong, G. (1995). Phenotypic plasticity as a product of selection in a variable environment. *Am. Nat.* 145, 493-512.

De Luca, P. H., Schwantes, M. L. B., and Schwantes, A. R. (1983). Adaptative features of ectothermic enzymes-IV. Studies on malate dehydrogenase of *Astyanax fasciatus* (Characidae) from Lobo Reservoir (São Carlos, São Paulo, Brasil). *Comp. Biochem. Physiol.* 74B, 315-324.

Driedzic, W. R. (1988). Matching of cardiac oxygen delivery and fuel supply to energy demand in teleosts and cephalopods. *Can J. Zool.* 66, 1078-1083.

Driedzic, W. R. (1992). Cardiac Energy Metabolism. In "Fish Physiology" (Hoar, W. S., Randall, D. J., and Farrell, A. P., Eds.), Vol. XIIA, pp. 219-266. Academic Press, New York.

Driedzic, W. R., and Almeida-Val, V. M. F. (1996). Enzymes of cardiac energy metabolism in Amazonian teleosts and the freshwater stingray (*Potamotrygon hystrix*). *J. Exp. Zool.* 274, 327-333.

Driedzic, W. R., and Bailey, G. S. (1999). Anoxia cardiac tolerance in Amazonian and North temperate teleosts is related to the potential to utilize extracellular glucose. In "Biology of Tropical Fishes" (Val, A. L., and Almeida-Val, V. M. F., Eds.), pp. 217-227. INPA, Manaus.

Driedzic, W. R., and Gesser, H. (1994). Energy metabolism and contractility in ectothermic vertebrate hearts: Hypoxia, acidosis, and low temperature. *Physiol. Rev.* 74, 221-258.

Dunn, J. F., Hochachka, P. W., Davison, W., and Guppy, M. (1983). Metabolic adjustments to diving and recovery in the African lungfish. *Am. J. Physiol.* 245, R651-R657.

Dunn, J. F., and Hochacka, P. W. (1986). Metabolic responses of trout (*Salmo Gairdneri*) to acute Environmental Hypoxia. *J. Exp. Biol.* 123, 229-242.

Ebert, B. L., Gleadle, J. M., O'Rourke, J. F., Bartlett, S. M., Poulton, J., and Ratcliffe, P. J. (1996). Isoenzyme-specific regulation of genes involved in energy metabolism by hypoxia: Similarities with the regulation of erythropoietin. *Biochem. J.* 313,

809-814.

Farias, I. P. (1992). *Efeito da aclimataçāo térmica sobre a lactato desidrogenase de Colossoma macropomum e Hoplosternun littorale* (*Amazonas*, *Brasil*). Dissertação de Mestrado, Programa Integrado de Pós-Graduação em Biologia Tropical e Recursos Naturais, Programa de Biologia de A' gua Doce e Pesca Interior INPA-UFAM, Manaus.

Farias, I. P., Ortí, G., Sampaio, I., Schneider, H., and Meyer, A. (1999). Mitochondrial DNA phylogeny of the family Cichlidae: Monophyly and fast molecular evolution of the neotropical assemblage. *J. Mol. Evol.* 48, 701-711.

Farias, I. P., Paula-Silva, M. N., and Almeida-Val, V. M. F. (1997). No co-expression of LDH-C in Amazon cichlids. *Comp. Biochem. Physiol.* 117B, 315-319.

Farias, I. P., Schneider, H., and Sampaio, I. (1998). Molecular phylogeny of neotropical cichlids: The relationships of cichlasomines and heroines. *In* "Phylogeny and Classification of Neo-tropical Fishes. Part 5-Perciformes" (Malabarba, L. R., Reis, R. E., Vari, R. P., Lucena, Z. M., and Lucena, C. A. S., Eds.), pp. 499-508. Edipucrs, Porto Alegre.

Fernandes, M. N., and Perna, S. A. (1995). Internal morphology of the gill of a loricariid fish, *Hypostomus plecostomus*: Arterio-arterial vasculature and muscle organization. *Can. J. Zool.* 73, 2259-2265.

Firth, J. D., Ebert, B. L., and Ratclife, P. J. (1995). Hypoxic regulation of LDH A: Interaction between hypoxia inducible factor I and camp response elements. *J. Biol. Chem.* 270, 21021-21027.

Fry, F. E. J., Black, V. S., and Black, E. C. (1947). Influence of temperature on the asphyxiation of young goldfish (*Carassius auratus* L.) under various tensions of oxygen and carbon dioxide. *Biol. Bull.* 92, 217-224.

Fryer, G., and Illes, T. D. (1972). "The Cichlid Fishes of the Great Lakes of Africa: Their Biology and Evolution." Oliver and Boyd, London.

Futuyma, D. (1986). "Evolutionary Biology" 2nd edn. Sinauer, Sunderland.

Gans, C. (1970). Strategy and sequence in the evolution of the external gas exchangers of ec-tothermal vertebrates. *Forma et Function* 3, 61-104.

Gee, J. H. (1976). Buoyancy and aerial respiration: Factors influencing the evolution of reduced swim-bladder volume of some Central American catfishes (Trichomycteridae, Callichthyidae, Loricariidae, Astroblepidae). *Can. J. Zool.* 54, 1030-1037.

Géry, J. (1984). The fishes of the Amazonia. *In* "The Amazon. Limnology and Landscape Ecology of a Mighty Tropical River and its Basin" (Sioli, H., Ed.), pp. 15-46. W. Junk, Dordrecht.

Goldberg, E., and Wuntch, T. (1967). Electrophoretic and kinetic properties of *Rana Pipiens* LDH isozymes. *J. Exp. Zool.* 165, 101-110.

Gracey, A. Y., Troll, J. V., and Somero, G. N. (2001). Hypoxia-induced gene expression profiling in the euryoxic fish *Gillichthys mirabilis*. *Proc. Natl Acad. Sci. USA* 98, 1993-1998.

Graham, J. B. (1997). "Air-Breathing Fishes: Evolution, Diversity and Adaptation." Academic Press, San Diego.

Graham, J. B., and Baird, T. A. (1982). The transition to air-breathing in fishes: I. Environmental effects on the facultative air-breathing of *Ancistrus chagresi* and *Hypostomus plecostomus* (Loricariidae). *J. Exp. Biol.* 96, 53-67.

Graham, J. B., Baird, T. A., and Stockmann, W. (1987). The transition to air-breathing in fishes. *J. Exp. Biol.* 129, 81-106.

Graham, J. B., Rosenblatt, R. H., and Gans, C. (1978). Vertebrate air-breathing arose in fresh waters and not in the oceans. *Evolution* 32, 459-463.

Greenwood, P. H. (1991). Speciation. *In* "Cichlid Fishes-Behaviour, Ecology, and Evolution" (Keenleyside, M. H. A., Ed.), pp. 86-102. Chapman & Hall, London.

Guderley, H. E., and Gawlicka, A. (1992). Qualitative modification of muscle metabolic organization with thermal acclimation of rainbow trout, *Oncorrhynchus mykiss*. *Fish Physiol. Biochem.* 10, 123-132.

Hammer, C., and Purps, M. (1996). The metabolic exponent of *Hoplosternun littorale* in comparison with Indian air-breathing catfish, with methodological investigation on the nature of metabolic exponent. *In* "Physiology and Biochemistry of the Fishes of the Amazon" (Val, A. L., Almeida-Val, V. M. F., and Randall, D. J., Eds.), pp. 283-297. INPA, Manaus.

Hauss, R. (1975). Wirkungen der Temperaturen auf Proteine. Enzyme und Isozenzyme aus organen des fisches Rhodeus amarus. Bloch. I: Einfluβ der Adaptationstemperatur auf die weiβe Ruckenmuskulatur. *Zool. Anz.* 194, 243-261.

Hochachka, P. W. (1965). Isoenzymes in Metabolic Adaptation of a Poikilotherm: Subunit Relationships in Lactic Dehydrogenase of Goldfish. *Arch. Biochem. Biophys.* 111, 96-103.

Hochachka, P. W. (1979). Cell metabolism, air-breathing, and the origins of endothermy. *In* "Evolution of Respiratory Process" (Wood, S. C., and Lenfant, C., Eds.), pp. 253-288. Marcel Dekker Inc., New York.

Hochachka, P. W. (1980). "Living Without Oxygen." Harvard University Press, Cambridge, MA.

Hochachka, P. W. (1988). The nature of evolution and adaptation: Resolving the unity-diversity paradox. *Can. J. Zool.* 66, 1146-1152.

Hochachka, P. W. (1996). Oxygen sensing and metabolic regulation: Short, intermediate, and long term roles. *In* "Physiology and Biochemistry of the Fishes of the Amazon"

(Val, A. L., Almeida-Val, V. M. F., and Randall, D. J., Eds.), pp. 233-256. INPA, Manaus.

Hochachka, P. W., and Hulbert, W. C. (1978). Glycogen "seas" glycogen bodies, and glycogen granules in heart and skeletal muscle of two air-breathing, burrowing fishes *Can. J. Zool.* 56, 774-786.

Hochachka, P. W., and Lewis, J. K. (1971). Interacting effects of pH and temperature on the K_m values for fish tissue lactate dehydrogenases. *Comp. Biochem. Physiol.* 39B, 925-933.

Hochachka, P. W., and Randall, D. J. (1978). Alpha-Helix Amazon expedition, September-October 1976. *Can. J. Zool.* 56, 713-716.

Hochachka, P. W., and Somero, G. N. (1968). The adaptation of enzymes to temperature. *Comp. Biochem. Physiol.* 27, 659-663.

Hochachka, P. W., and Somero, G. N. (1973). "Strategies of Biochemical Adaptation." W. B. Saunders, Philadelphia.

Hochachka, P. W., and Somero, G. N. (1984). "Biochemical Adaptation." Princeton University Press, Princeton, NJ.

Hochachka, P. W., and Somero, G. N. (2002). "Biochemical Adaptation. Mechanism and Process in Physiological Evolution." Oxford University Press, New York.

Hochachka, P. W., and Storey, K. B. (1975). Metabolic consequences of diving in animals and man. *Science* 187, 613-621.

Hochachka, P. W., Buck, L. T., Doll, C. J., and Land, S. C. (1996). Unifying theory of hypoxia tolerance: Molecular/metabolic defense and rescue mechanisms for surviving oxygen lack. *Proc. Natl Acad. Sci. USA* 93, 9493-9498.

Hochachka, P. W., McClelland, G. B., Burness, C. P., Staples, J. F., and Suarez, R. K. (1998). Integrating metabolic pathway fluxes with gene-to-enzyme expression rates. *Comp. Biochem. Physiol.* 120B, 17-26.

Hölker, F. (2003). The metabolic rate of roach in relation to body size and temperature. *J. Fish Biol.* 62, 565-579.

Holland, L. Z., McFall-Ngai, M., and Somero, G. N. (1997). Evolution of lactate dehydrogenase- A homologs of barracuda fishes (genus *Sphyraena*) from different thermal environments: Differences in kinetic properties and thermal stability are due to amino acid substitutions outside the active site. *Biochemistry* 36, 3207-3215.

Hora, S. L. (1935). Physiology, bionomics, and evolution of air-breathing fishes of India. *Trans. Nat. Inst. Sci. India* I (1), 1-16.

Jiang, B. -H., Rue, E. A., Wang, G. L., Roe, R., and Semenza, G. L. (1996). Dimerization, DNA biding, and transactivation properties of hypoxia-inducible factor 1. *J. Biol. Chem.* 271, 17771-17778.

Jobling, M. (1994). Fish Bioenergetics. Chapman & Hall, London.

Johansen, K. (1970). Cardiorespiratory adaptations in the transition from water breathing to air breathing. Introduction. *Fed. Proc.* 29 (3), 1118-1119.

Johnston, I. A. (1977). A comparative study of glycolysis in red and white muscles of the trout (*Salmo gairdneri*) and mirror carp (*Cyprinus carpio*). *J. Fish Biol.* 11, 575-588.

Johnston, I. A., Sidell, B. D., and Driedzic, W. R. (1985). Force-velocity characteristics and metabolism of carp muscle fibres following temperature acclimation. *J. Exp. Biol.* 119, 239-249.

Jones, P., and Sidell, B. (1982). Metabolic responses of striped bass (*Morone saxatilis*) to temper-ature acclimation. II. Alterations in metabolic carbon sources and distribution of fiber types in locomotory muscle. *J. Exp. Zool.* 219, 163-171.

Junk, W. J. (1984). Ecology of the várzea, floodplain of Amazonian whitewater rivers. *In* "The Amazon. Limnology and Landscape Ecology of a Mighty Tropical River and Its Basin" (Sioli, H., Ed.), pp. 215-244. W. Junk, Dordrecht.

Junk, W. J., Bayley, P. B., and Sparks, R. E. (1989). The flood pulse concept in river-floodplain systems. *In* "Proceedings of the International Large River Symposium" (Dodge, D. P., Ed.), Vol. 106, pp. 110-127. Can. Spec. Publ. Fish. Aquat. Sci., Canada.

Junk, W. J., Soares, M. G., and Carvalho, F. M. (1983). Distribution of fish species in a lake of the Amazon river floodplain near Manaus (lago Camaleao), with special reference to extreme oxygen conditions. *Amazoniana* 7, 397-431.

Keitzmann, T., Schimidt, H., Probst, I., and Jungermann, K. (1992). Modulation of the glucagons-dependent activation of the PEPCK gene by oxygen in rat hepatocyte cultures. *FEBS Lett.* 311, 251-255.

Keitzmann, T., Schmidt, H., Unthan-Feschner, K., Probst, I., and Jungermann, K. (1993). A ferro-heme protein senses oxygen levels which modulate the glucagons dependent activation of the PEPCK gene in rat hepatocyte cultures. *Biochem. Biophys. Res. Comm.* 195, 792-798.

Kettler, M. K., and Whitt, G. S. (1986). An apparent progressive and current evolutionary restriction in tissue expression of a gene, the lactate dehydrogenase-C gene, within a family of bony fish (Salmoniformes: Umbridae). *J. Mol. Evol.* 23, 95-107.

Kornfield, I. L. (1979). Evidence for rapid speciation in African cichlid fishes. *Experientia* 34, 335-336.

Kornfield, I. (1984). Descriptive genetics of cichlid fishes. *In* "Evolutionary Genetics of Fishes" (Turner, U. B., Ed.), pp. 591-617. Plenum Press, New York.

Kornfield, I., and Smith, D. C. (1982). The Cichlid fish of cuatro ciénegas, México:

Direct Evidence of Conspecificity Among Distinct Trophic Morphes. *Evolution* 36, 658-664.

Koshland, H. A. (1973). Protein shape and biological control. *Sci. Am.* 229, 52-64.

Kramer, D. L., Lindsey, C. C., Moodie, G. E. E., and Stevens, E. D. (1978). The fishes and the aquatic environment of the central Amazon basin, with particular reference to respiratory patterns. *Can. J. Zool.* 56, 717-729.

Kullander, S. O. (1998). A phylogeny and classification of the South American Cichlidae (Teleostei: Perciformes). *In* "International Symposium on Phylogeny and Classification of Neotropical Freshwater Fishes," pp. 1-52. Porto Alegre, Brazil.

Kullander, S. O., and Nijssen, H. (1989). "The Cichlid of Surinam (*Teleostei: Labrodei*)." E. J. Brill, Leiden.

Land, S. C., and Hochachka, P. W. (1995). A heme-protein-based oxygen-sensing mechanism controls the expression and suppression of multiple proteins in anoxia-tolerant turtle hepatocytes. *Proc. Natl Acad. Sci. USA* 92, 7505-7509.

Lando, D., Peet, D. J., Whelan, D. A., Gorman, J. J., and Whitelaw, M. L. (2002). Asparagine hydroxylation of the HIF transactivation domain: A hypoxic switch. *Science* 295, 858-861.

Lopes, N. P. (1999). Perfil metabólico de duas espécies de peixes migradores do gênero *Prochilodus* MSc thesis INPA-UFAM Pos Graduate Program, Manaus, 66 p.

Lopes, N. P. (2003). Ajustes metabólicos em sete espécies de Siluriformes sob condições hipóxicas: Aspectos adaptativos. Dissertação de Mestrado, Programa Integrado de Pós - Graduação em Biologia Tropical e Recursos Naturais, Programa de Biologia de A'gua Doce e Pesca Interior INPA-UFAM, Manaus.

Lowe-McConnell, R. H. (1987). "Ecological Studies in Tropical Fish Communities." Cambridge University Press, Cambridge.

Lowe-McConnell, R. H. (1991). Ecology of cichlids in South American and African waters excluding the African Great Lakes. *In* "Cichlid Fishes: Behavior, Ecology and Evolution" (Keenleyside, M. H. A., Ed.), Vol. 3, pp. 61-85. Croom Helm, London.

Lundberg, J. G. (1998). The temporal context for the diversification of neotropical fishes. *In* "Phylogeny and Classification of Neotropical Fishes. Part 1-Fossils and Geological Evidence" (Malabarba, L. R., Reis, R. E., Vari, R. P., Lucena, Z. M., and Lucena, C. A. S., Eds.), pp. 49-68. Edipucrs, Porto Alegre.

MacCormack, T. J., Lindsey, R. S., Roubach, R., Almeida-Val, V. M. F., Val, A. L., and Driedzic, W. R. (2003). Changes in ventilation, metabolism, and behaviour, but not bradycardia, contribute to hypoxia survival in two species of Amazonian armoured catfish. *Can. J. Zool.* 81, 272-280.

Mangum, C. P., and Hochachka, P. W. (1998). New directions in comparative physiology and biochemistry: Mechanisms, adaptations, and evolution. *Physiol. Zool.* 71, 471-484.

Markert, C. L., and Holmes, R. S. (1969). Lactate dehydrogenase isozymes of the flatfish, pleuronectiformes: Kinetic, molecular, and immunochemical analysis. *J. Exp. Zool.* 171, 85-104.

Mesquita-Saad, L. S. B., Leitão, M. A. B., Paula-Silva, M. N., Chippari Gomes, A. R., and Almeida- Val, V. M. F. (2002). Specialized metabolism and biochemical suppression during aestivation of the extant South American lungfish-*Lepidosiren paradoxa*. *Braz. J. Biol.* 62, 495-501.

Moon, T. W., and Hochachka, P. W. (1971). Effect of thermal acclimation on multiple forms of the liver-soluble NADP-linked isocitrate dehydrogenase in the Family Salmonidae. *Comp. Biochem. Physiol.* 40B, 207-213.

Mottishaw, P. D., Thornton, S. J., and Hochachka, P. W. (1999). The diving response mechanism and its surprising evolutionary path in seals and sea lions. *Am. Zool.* 39, 434-450.

Moyes, C. D., Buck, L. T., Hochachka, P. W., and Suarez, R. K. (1989). Oxidative properties of Carp Red and White Muscle. *J. Exp. Biol.* 143, 321-331.

Moyes, C. D., Mathieu-Costello, O., Brill, R. W., and Hochachka, P. W. (1992). Mitochondrial metabolism of cardiac and skeletal muscles from a fast and a slow fish. *Can. J. Zool.* 70, 1246-1253.

Muusze, B., Marcon, J., Van den Thillart, G., and Almeida-Val, V. (1998). Hypoxia tolerance of Amazon fish: Respirometry and energy metabolism of the cichlid *Astronotus ocellatus*. *Comp. Biochem. Physiol.* 120A, 151-156.

Nelson, J. S. (1994). "Fishes of the World" 3rd edn. Wiley, New York.

Nikinmaa, M. (2002). Oxygen-dependent cellular functions-why fishes and their aquatic environment are a prime choice of study. *Comp. Biochem. Physiol.* 133A, 1-16.

Oliveira, A. R., Val, A. L., Paula-Silva, M. N., *et al.* (2002). LDH gene responses to hypoxia and anoxia in *Astronotus crassipinus*. *In* "Responses of Fish to Aquatic Hypoxia" (Randall, D., and MacKinlay, D., Eds.). *Proc. Int. Symp. Congress on the Biology of Fish*, July 2002. Vancouver, Canada, pp. 65-69.

Pauly, D. (1998). Tropical fishes: Patterns and propensities. *J. Fish Biol.* 53 (Supplement A), 1-17.

Pigliucci, M. (1996). How organisms respond to environmental changes: From phenotypes to molecules (and vice versa)? *Tree* 11, 168-173.

Pörtner, H. (1993). Multicompartmental analyses of acid-base and metabolic homeostasis during anaerobiosis: Invertebrate and lower vertebrate examples. *In* "Surviving Hypoxia:

Mechanisms of Control and Adaptation" (Hochachka, P., Lutz, P., Sick, T. J., Rosenthal, M., and Van DenThillart, G. E. E. J. M., Eds.), pp. 330-357. CRC Press, Boca Raton, FL.

Pörtner, H., and Grieshaber, M. (1993). Characteristics of the critical P_{O_2} (s): Gas exchange, metabolic rate and the mode of energy production. In "The Vertebrate Gas Transport Cascade: Adaptations to Environment and Mode of Life" (Bicudo, J. E. P. W., Ed.), pp. 330-357. CRC Press, Boca Raton, FL.

Powell, W. H., and Hahn, M. E. (2002). Identification and functional characterization of hypoxia- inducible Factor 2x from the estuarine teleost, *Fundulus heteroclitus*: Interaction of HIF—2x with two ARNT2 splice variants. *J. Exp. Zool.* 294, 17-29.

Powers, D. A., DiMichele, L., and Place, A. R. (1983). The use of enzyme kinetics to predict differences in cellular metabolism, developmental rate, and swimming performance between LDH-B genotypes of the fish, *Fundulus heteroclitus*. In "Isozymes: Current Topics in Biological and Medical Research," Vol. 10, "Genetics and Evolution," pp. 147-170. Alan R. Liss, New York.

Powers, D. A., and Schulte, P. M. (1998). Evolutionary adaptations of gene structure and expression in natural populations in relation to changing environment: A multidisciplinary approach to address the million-year saga of a small fish. *J. Exp. Zool.* 282, 71-94.

Powers, D. A., Smith, I., Gonzalez-Villasenor, L., DiMichelle, L., and Crawford, D. L. (1993). A multidisciplinary approach to the selectionist/neutralist controversy using the model teleost *Fundulus heteroclitus*. In "Oxford Surveys in Evolutionary Biology" (Futuyma, D., and Antonovics, J., Eds.), Vol. 9, pp. 43-107. Oxford University Press, Oxford.

Prosser, C. L. (1991). Temperature. In "Environmental and Metabolic Animal Physiology" (Prosser, C. L., Ed.), pp. 109-165. Wiley, New York.

Randall, D. J., Burggren, W. W., Farrell, A. P., and Haswell, M. S. (1981). "The Evolution of Air-breathing Vertebrates." Cambridge University Press, Cambridge.

Rapp Py-Daniel, L. (2000). Tracking evolutionary changes in Siluriformes (Teleostei: Ostario-physi). In "International Congress on the Biology of Fish," pp. 57-72. Physiology Section, American Fisheries Society, Aberdeen.

Rapp-Py-Daniel, L. H., and Leão, E. L. M. (1981). A coleção de peixes do INPA: Base do conhecimento científico sobre a ictiofauna amazônica gerada pelo Instituto Nacional de Pesquisas da Amazônia. In "Bases científicas para estratégias de preservação e desenvolvi-mento da Amazônia: Fatos e perspectivas" (Val, A. L., Feldberg, E., and Figliuolo, R., Eds.), pp. 299-312. INPA, Manaus.

Reeves, R. B. (1977). The interaction of body temperature and acid-base balance in ectothermic vertebrates. *Ann. Rev. Physiol.* 39, 559-586.

Ribbink, A. J. (1991). Distribution and ecology of the cichlids of the African Great Lakes. *In* "Cichlid Fishes-Behaviour, Ecology and Evolution" (Keenleyside, M. H. A., Ed.), pp. 36-59. Chapman & Hall, London.

Roberts, T. R. (1972). Ecology of the fishes in the Amazon and Congo basins. *Bull. Mus. Comp. Zool.* 143, 117-147.

Rooney, C. H. T., and Ferguson, A. (1985). Lactate dehydrogenase isozymes and allozymes of nine-spined stickleback *Pungitius pungitius* (L.) (Osteichthyes: Gasteroteidae). *Comp. Biochem. Physiol.* 81B, 711-715.

Rose, M., and Lauder, G. (1996). "Adaptation." Academic Press, San Diego. Salvo-Souza, R. H., and Val, A. L. (1990). O gigante das águas amazônicas. *Ciência Hoje* 11 (64), 9-12.

Sartoris, F. J., Bock, C., Serendero, G., Lannig, G., and Pörtner, H. (2003). Temperature- dependent changes in energy metabolism, intracellular pH and blood oxygen tension in the Atlantic cod. *J. Fish Biol.* 62, 1239-1253.

Schichting, C., and Pigliucci, M. (1993). Evolution of phenotypic plasticity via regulatory genes. *Am. Nat.* 142, 366-370.

Schichting, C., and Pigliucci, M. (1995). Gene regulation, quantitative genetics and the evolution of reaction norms. *Evol. Ecol.* 9, 154-168.

Schulte, P. M. (2001). Environmental adaptations as windows on molecular evolution. *Comp. Biochem. Physiol.* 128B, 597-611.

Schwantes, M. L. B., and Schwantes, A. R. (1982). Adaptative features of ecothermic enzymes: II The effects of acclimation temperature on the malate dehydrogenase of the spot, *Leiostomus xanthurus*. *Comp. Biochem. Physiol.* 72B, 59-64.

Schwantes, M. L. B., and Schwantes, A. R. (1982). Adaptative features of ectotermic enzymes-I. Temperature effects on the malate dehydrogenase from a temperate fish *Leiostomus xanthurus*. *Comp. Biochem. Physiol.* 72B, 49-58.

Semenza, G. L. (1999). Regulation of mammalian O_2 homeostasis by hypoxia-inducible factor 1. *Annu. Rev. Cell Develop. Biol.* 15, 551-578.

Sephton, D. H., and Driedzic, W. R. (1991). Effect of acute and chronic temperature transition on enzymes of cardiac metabolism in white perch (*Morone americana*), yellow perch (*Perca flavescens*), and smallmouth bass (*Micropterus dolumieui*). *Can. J. Zool.* 69, 258-262.

Shoubridge, E. A., and Hochachka, P. W. (1983). The integration and control of metabolism in the anoxic goldfish. *Mol. Physiol.* 4, 165-195.

Sidell, B. D., Crockett, E. L., *et al.* (1995). Antarctic fish tissues preferentially catabolize monoenoic fatty acids. *J. Exp. Zool.* 271, 73-81.

Sidell, B. D., and Driedzic, W. R. (1985). Relationship between cardiac energy metabolism and work demand in fishes. *In* "Respiration, Metabolism, and Circulation" (Gilles, R., Ed.), pp. 386-401. Springer-Verlag.

Smith, H. (1990). Signal perception, differential expression within multigene families and the molecular basis of phenotypic plasticity. *Plant Cell Environ.* 13, 585-594.

Soitamo, A. J., Rabergh, C. M. I., Gassmann, M., Sistonen, L., and Niknmaa, M. (2001). Accumulation of protein occurs at normal venous oxygen tension. *J. Biol. Chem.* 276, 20.

Somero, G. N. (1981). pH-temperature interactions on proteins: Principles of optimal pH and buffer system design. *Mar. Biol. Lett.* 2, 163-178.

Stevens, E. D., and Holeton, G. F. (1978). The partitioning of oxygen uptake from air and from water by erythrinids. *Can. J. Zool.* 56, 965-969.

Stevens, E. D., and Holeton, G. F. (1978). The partitioning of oxygen uptake from air and from water by the large obligate air-breathing teleost pirarucu (*Arapaima gigas*). *Can. J. Zool.* 56, 974-976.

Stiassny, M. L. J. (1991). Phylogenetic interrelationships of the family Cichlidae: An overview. *In* "Cichlid Fishes-Behaviour, Ecology and Evolution" (Keenleyside, M. H. A., Ed.), pp. 1-31. Chapman & Hall, London.

Val, A. L. (1993). Adaptations of fishes to extreme conditions in fresh waters. *In* "The Vertebrate Gas Transport Cascade. Adaptations to Environment and Mode of Life" (Bicudo, J. E. P. W., Ed.), pp. 43-53. CRC Press, Boca Raton, FL.

Val, A. L. (1995). Oxygen transfer in fish: Morphological and molecular adjustments. *Brazil. J. Med. Biol. Res.* 28, 1119-1127.

Val, A. L. (1996). Surviving low oxygen levels: Lessons from fishes of the Amazon. *In* "Physiology and Biochemistry of the Fishes of the Amazon" (Val, A. L., Almeida-Val, V. M. F., and Randall, D. J., Eds.), pp. 59-73. INPA, Manaus.

Val, A. L., and Almeida-Val, V. M. F. (1995). "Fishes of the Amazon and their Environment. Physiological and Biochemical Aspects." Springer-Verlag, Heidelberg.

Val, A. L., Schwantes, A. R., and Almeida-Val, V. M. F. (1986). Biological aspects of Amazonian fishes. VI. Hemoglobins and whole blood properties of *Semaprochilodus* species (Prochilodontidae) at two phases of migration. *Comp. Biochem. Physiol.* 83B, 659-667.

Val, A. L., Silva, M. N. P., and Almeida-Val, V. M. F. (1998). Hypoxia adaptation in fish of the Amazon: A never-ending task. *S. Afr. J. Zool.* 33, 107-114.

Van Ginneken, V. J. T. (1996). Influence of hypoxia and acidification on the energy metabolism of fish. An *In vivo* 31P-MNR and calorimetric study. PhD thesis, State University of Leiden, Leiden.

Van Ginneken, V. J. T., Van Den Thillart, G. E. E. J. M., Muller, J., Van Deursen, S., Onderwater, M., Visée, J., Hopmans, V., Van Vliet, G., and Nicolay, K. (1999). Phosphorylation state of red and white muscle in tilapia during graded hypoxia: An *in vivo* 31P-NMR study. *Am. J. Physiol.* 277, R1501-R1512.

Van Waarde, A., Van den Thillart, G., and Verhagen, M. (1993). Ethanol formation and pH-regulation in fish. *In* "Surviving Hypoxia. Mechanisms of Control and Adaptation" (Hochachka, P. W., Lutz, P. L., Sick, T., Rosenthal, M., and denThillart, G. van, Eds.), pp. 157-170. CRC Press, Boca Raton, FL.

Van Waarde, A., Van den Thillart, G. V. D., and Kesbeke, F. (1983). Anaerobic energy metabolism of the european eel, *Anguilla anguilla* L. *J. Comp. Physiol.* 149, 469-475.

Walker, I. (1983). Complex-irreversibility and evolution. *Experientia* 39, 806-813.

Walker, I. (1979). The mechanical properties of proteins determine the laws of evolutionary change. *Acta Biotheoret.* 28, 239-282.

Walker, I. (1997). Prediction or evolution? Somatic plasticity as a basic, physiological condition for the viability of genetic mutations. *Acta Biotheoret.* 44, 165-168.

Wang, G. L., Jiang, B. -H., Rue, E. A., and Semenza, G. L. (1995). Hypoxia inducible factor 1 is a basic-helix-loop-PAS heterodimer regulated by cellular oxygen tension. *Proc. Natl Acad. Sci. USA* 92, 5510-5514.

Way-Kleckner, N., and Sidell, B. D. (1985). Comparison of maximal activities of enzymes from tissues of thermally acclimated and naturally acclimatized chain pickerel (*Esox niger*). *Physiol. Zool.* 58, 18-28.

Webster, K. A. (2003). Evolution of the coordinate regulation of glycolytic enzyme genes by hypoxia. *J. Exp. Biol.* 206, 2911-2922.

Webster, K. A., Discher, D. J., and Bishopric, N. H. (1994). Regulation of *fos* and *jun* immediate- early genes by redox or metabolic stress in cardiac myocytes. *Circ. Res.* 74, 679-686.

West, J. L., Bailey, J. R., Almeida-Val, V. M. F., Val, A. L., Sidell, B. D., and Driedzic, W. R. (1999). Activity levels of enzymes of energy metabolism in heart and red muscle are higher in north-temperate-zone than in Amazonian teleosts. *Can. J. Zool.* 77, 690-696.

Whitt, G. S. (1984). Genetic, developmental and evolutionary aspects of the lactate dehydrogenase isozyme system. *Cell Biochem. Funct.* 2, 134-137.

Whitt, G. S. (1987). Species differences in isozyme tissue patterns: Their utility for systematic and evolutionary analyses. *In* "Izosymes: Current Topics in Biological and Medical Research" (Ratazzi, M. C., Scandalios, J. G., and Whitt, G. S., Eds.), pp. 2-23. Alan R. Liss, New York.

Wilson, A. C. (1976). Gene Regulation in Evolution. *In* "Molecular Evolution" (Ayala, F. J., Ed.), pp. 225-235. Sinauer Associates Inc., Sunderland.

Wilson, A. C., Kaplan, N. O., Levine, L., Pesce, A., Reichlin, M., and Allinson, W. (1964). Evolution of lactate dehydrogenase. *FASEB Fed. Proc.* 1258-1266.

Wootton, R. J. (1990). "Ecology of Teleost Fishes." Chapman & Hall, New York.

Wu, R. S. S. (2002). Hypoxia: From molecular responses to ecosystem responses. *Mar. Poll. Bull.* 45, 35-45.

Yu, F., White, S. B., Zhao, Q., and Lee, F. S. (2001). HIF-1a binding to VHL is regulated by stimulus-sensitive proline hydroxylation. *Proc. Natl Acad. Sci. USA* 98, 9630-9635.

Zhou, B. S., Wu, R. S. S., Randall, D. J., Lam, P. K. S., Ip, Y. K., and Chew, S. F. (2000). Metabolic adjustments in the common carp during prolonged hypoxia. *J. Fish Biol.* 57, 1160-1171.

第11章 鱼类对热带潮间带环境的生理适应

11.1 导　　言

潮间带是一种处于陆地和海洋之间的特殊生境。它的特征是理化因素会随着日夜交替和潮汐周期而发生变化。在涨潮时，潮间带的环境条件与潮下带类似。在退潮期间，潮间带从水生环境逐渐变为陆生环境，海岸随之暴露于空气中。潮间带鱼类的典型栖息地有红树林、泥滩灌水洞穴、岩石海岸上的潮池、浅海草床，以及浅珊瑚礁。潮间带环境的物理因素，例如温度、盐度、pH、氧气和二氧化碳的含量会根据昼夜、潮汐周期及气候的变化而变化。在热带的潮间带，栖息地这些物理因素的波动是最为剧烈的。在阳光明媚的白天，生活在那里的动物必须面对高温、干燥和盐分增加的问题。在雨季，栖息地的盐度和pH会降低。到了晚上，由于藻类的呼吸作用，pH和氧气含量可能会急剧下降（Truchot and Duhamel-Jouve，1980；Morris and Taylor，1983）。季节性的气候模式可能会导致风应力增加和蒸发现象。在这种极端栖息地进化的鱼类对其具有特殊的生理、行为和形态学适应。在潮间带居住的鱼类对其栖息地有着不同程度的亲和力。它们可以分为两种类型：一部分是在潮间带度过大部分或全部生命周期的鱼类；另一部分是暂住的，它们会在一天、一年或一个潮汐周期中的某个时间段栖息于此。

退潮期间，常驻鱼类滞留在潮间带。它们大多会栖息于庇护所中，庇护所不仅可以防止直接暴露于干燥环境中，还能减少被捕食的风险。庇护所的种类包括充满水的潮汐池、多岩石海岸，以及珊瑚礁潟湖上的岩池等。在红树林、滩涂或海草床上，庇护所可以是充满海水的泥洞。这些常驻鱼类专门生存于潮间带中，并且对潮间带生活具有明显的生理适应。大多数其他鱼类，特别是幼鱼，会随着潮汐进出从而寻找食物并躲避深水捕食者。这类幼鱼出生后的前几个月会在潮间带生活，但随着它们长大，会逐渐向更深的水域迁移。因此，潮间带和浅潮下带是重要的育苗场所。这样就会造成一种结果，就是许多鱼类仅仅会在某个季节出现在潮间带区域，包括在咸水沼泽中的一些底鳉属（*Fundulus*）鱼类（Kneib，1987）、潮汐池中的圆鳍鱼（*Cyclopterus lumpus*）（Moring，1990），以及在沙滩上的一些比目鱼，如扁海鲽（*Pleuronectes platessa*）、河鲽（*Platichthys flesus*）和欧洲鲽（*Limanda limanda*）（Ansell 和 Gibson，1990）。

Bridges（1993）和 Gibson（1993）综述了潮间鱼类的生态生理，行为和形态适应。Blaber（2000）综述了热带和亚热带河口鱼类的生态和适应性。本章侧重于热带潮间带，并从栖息地类型、鱼类可能在其中经历的环境变化的性质及主要的鱼类种群开始。将详细研究热带地区5个最常见的潮间栖息地，即红树林、泥滩、海草床、多岩石海岸的潮汐池和浅珊瑚礁。

11.1.1 环境条件

图 11.1 显示了红树林、河口、海草床和珊瑚礁的全球性分布。红树林、海草床和珊瑚礁中的物种丰富度的地理格局是平行的，也就是说，在高于 20 ℃ 海水冬季等温线所构成的热带地区中，它们都是最高的。这表明这些群落需要类似的环境因素和维持这些物种多样性的生物过程。热带和亚热带海岸线的红树林占地约为 $1.81 \times 10^6 \ km^2$ （Alongi，2002）。全球海草床的面积估计为 $0.6 \times 10^6 \ km^2$（Charpy-Roubaud and Sournia，1990），相当于全球海岸线的 10% 或全球海域的 0.15%。海草覆盖的面积和珊瑚礁，大型藻类和红树林相类似（Duarte，2000；Hemminga and Duarte，2000）。目前，珊瑚礁覆盖着约 $2 \times 10^6 \ km^2$ 的热带海洋，其中最长的是沿澳大利亚东海岸延伸约 2000 km 的大堡礁（the Great Barrier Reef）（Achituv and Dubinsky，1990）。

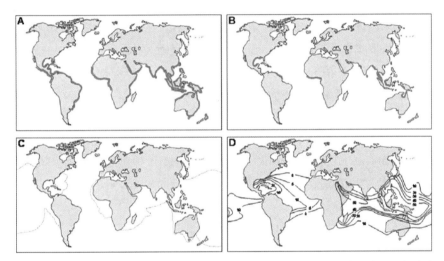

注：（A）红树林的全球分布，以粗灰色线表示；（B）主要河口的全球分布，以粗灰色线表示；（C）海草床的全球分布，界限以虚线表示；（D）珊瑚礁的全球分布，数字表示在轮廓中的珊瑚礁属的数量。

图 11.1　红树林、河口、海草床和珊瑚礁的全球性分布

11.1.1.1　红树林

红树林是潮间带中以沉积物为基础和以红树植物为主体的生境。它们在许多热带河口的入口处很常见。当被高潮覆盖时，这些地区与临海的泥滩共同作为热带河口的基本组成部分，即部分封闭的沿海水体，该水体永久或周期性对外海开放，并且盐度会随着大陆淡水汇入海水与其混合而发生变化（Blaber，2000）。红树林植物通常会密集生长并覆盖广阔的区域。人们认为这种植被为生物有机体提供了遮阴，尤其是幼仔和稚体，免受阳光直射（MacNae and Kalk，1962）。复杂且缠绕的根和茎为鱼群提供了躲避捕食者的避难所（Thayer et al.，1987）。腐烂的凋落物可以为鱼类或其他吃碎屑的动物提供直接食物来源，如哲水蚤（harpacticoid copepods）、端足类（amphipods）和多毛动物

(polychaetes)，它们反过来为鱼类所捕食（Heald and Odum，1970；Odum and Heald，1972）。MacNae（1968），Hutchings 和 Saenger（1987）及 Robertson 和 Alongi（1992）提供了有关红树林分类学和生态学的详细信息。

红树林的水体成分的物理参数存在很大差异。它们可以每天或是季节性地根据天气发生改变，从而使栖息地不断变化。淡水涌入会使盐度下降，而高入射辐射会造成加热和蒸发。这些反过来使温度和盐度增加（Gundermann and Popper，1984）。例如，阿拉伯红树林的年温度范围为 12~35 ℃，盐度高达 40‰~50‰（Sheppard et al.，1992）。在一些大型河口附近的红树林系统中，盐分会出现极大的波动，这主要受降雨和河流流量的调节。根据 Blaber 和 Milton（1990）的记录，所罗门群岛的年盐度范围为 0‰~35‰，温度范围为 27~32 ℃。大雨过后，水流速度从通常的 0.008~0.078 m/s 增加到 0.281 m/s。南佛罗里达红树林的盐度范围为 5.5‰~20‰（Thayer et al.，1987）。波多黎各的南海岸和北海岸的盐度范围分别为 0‰~46‰ 和 0‰~30‰（Austin，1971）。Chong 等（1990）记录了马来西亚红树林中盐度为 20‰~32‰，温度为 24~28 ℃。在佛罗里达州夏洛特港，记录的温度范围为 16.5~39 ℃，盐度为 0‰~30‰，pH 为 4.4~8.5，溶解氧水平为 1.0~7.0 mg/L。红树林孔隙中水的平均溶解氧可能非常低，例如香港红树林在冬天为 2.6 mg/L，夏天为 4.2 mg/L（Zhou，2001）。红树林水体通常呈弱酸性，测得 pH 为 6.8（Zhou，2001），这是因为腐烂过程会产生植物碎屑。在佛罗里达的一个红树林小潮池内有 7 种鱼，氧气水平低至 1~3 μg/mL 时，H_2S 的浓度小于 50 μg/mL（Abel et al.，1987）。表 11.1 提供了已研究鱼类集聚的一些红树林的温度、盐度和溶氧值。

11.1.1.2 泥滩

泥滩是位于潮汐河口，由细粉沙大小到粗沙大小的沉积物所组成的区域。大多数泥滩位于红树林的靠海一侧。与红树林类似，这些生境的物理和生化参数会每天或季节性地波动，并且会受到气候变化的影响。在没有植被冠层遮挡的情况下，滩涂会受到热和蒸发的影响，温度和盐度增加。香港深水湾（Deep Bay）泥滩的温度在晴天会升至 34 ℃，盐度为 2‰~30‰，溶解氧从不足 0.1 mg/L 至 4.5 mg/L（Morton and Lee，2003）。在另一个位于新加坡旁歌（Ponggol）河口的潮间带泥滩中，平均温度在 27.9~32 ℃ 之间，盐度在 26.9‰~29.4‰ 之间，pH 在 7.2~8.4 之间，氨含量在 0.02~0.8 μg/mL 之间，溶解氧在 1.77~5.26 mL/L 之间（Chua，1973）。表 11.2 提供了已研究鱼类集聚的一些泥滩的温度和盐度值。

11.1.1.3 海草床

海草床是位于低盐度地区、眼子菜科（Potamogetonaceae）和水鳖科（Hydrocharitaceae）高密度生长的矮小海洋被子植物的海床（图 11.2）。这些生境是沿海生态系统的重要组成部分，因为它们为无脊椎动物和鱼类提供了营养和育苗环境。海草不论是新鲜叶子还是残渣都可供食用。海草还为小型动物提供了庇护所以躲避大型捕食者，从而增加了这种生境的多样性。Larkum 和 den Hartog（1989）及 Hemminga 和 Duarte（2000）

表 11.1 在热带红树林中记录的鱼类科数，包括红树林的本土栖息物种和相关栖息物种（数字代表物种数量）

地理位置	香港	所罗门群岛	崔尼蒂，澳大利亚	丹皮尔，卡彭，西澳大利亚湾，塔利亚湾，澳大利亚北部	安伯利河口，澳大利亚北部	鳄鱼溪，澳大利亚昆士兰北部	吉登伯勒姆，印度	雪兰莪州，马来西亚	佛罗里达湾	南佛罗里达	印第安河潟湖，佛罗里达中部	巴伊亚德拉巴斯，墨西哥	Caete'河口，巴西	尼科亚湾，哥斯达黎加	东非
月温度范围(℃)	26.2~27	27~32	26~29	17~31.3	~30	21~31, 天气炎热时可能会上升约8℃, 持续约6h	25~32	24~28	21~31		>20		平均25.7	27~31	
月盐度范围(‰)	6~10	0~35		<20	35.7~39	60~35	30~38	15~35	20~32	27~42, 取决于位点	5.5~20 和 可能不足20,最极端会达到200		6 PSU >35 PSU	15~29	
溶解氧(mg/L)									0.05~59.3	~1				5.2~5.7	
深度(m)	低潮时暴露		<0.2 m	<2	0.5~5			涨潮时3 m, 退潮时5 m					4~5		
参考文献	Vance, 1999	Blaber and Milton, 1990	Blaber, 1980	Blaber et al., 1985	Blaber et al., 1989	Robertson and Duke, 1987, 1990	Blaber, 2000	Chong et al., 1990; Sasekumar et al., 1992	Ley et al., 1999	Thayer et al., 1987	Gilmore, 1995	Maeda-Martinez et al., 1982	Barletta et al., 2000	Rojas et al., 1994	Little et al., 1988
备注						最多只有17个科				最多只有25个主要科				只有主要的科	

续表 11.1

科名	俗名	香港	所罗门群岛	崔尼蒂, 澳大利亚	丹皮尔, 西澳大利亚	安伯利河口, 卡彭塔利亚湾, 澳大利亚北部	鳄鱼溪, 澳大利亚昆士兰北部	吉登伯勒姆, 印度	雪兰莪州, 马来西亚	佛罗里达湾	南佛罗里达	印第安河潟湖, 佛罗里达中部	巴伊亚德拉巴斯, 墨西哥	Caete' 河口, 巴西	尼科亚湾, 哥斯达黎加	东非
刺尾鱼科 (Acanthuridae)	刺尾鱼 (Sailfin tang)	1														
无臂鳎科 (Achiridae)	美洲鳎 (American sole)											1				
双边鱼科 (Ambassidae)	玻璃鱼 (Glassfish)				1											
鳗鲡科 (Anguillidae)	淡水鳗鲡 (Freshwater eel)								1							
天竺鲷科 (Apogonidae)	天竺鲷 (Cardinalfish)		9	1			1			1	1					
海鲇科 (Ariidae)	海鲇 (Sea catfish)						1	3	8	1					12	
银汉鱼科 (Atherinidae)	银汉鱼 (Silversides)			4		1	1			4	4	2				1
鲿科 (Bagridae)	鲿鲇鱼 (Bagrid catfish)								3							
鳞鲀科 (Balistidae)	鳞鲀 (Leatherjack)									1						
蟾鱼科 (Batrachoididae)	蟾鱼 (Toadfish)								1	2	1					

第11章 鱼类对热带潮间带环境的生理适应

续表 11.1

地理位置	香港	所罗门群岛	崔尼蒂,澳大利亚	丹皮尔,西澳大利亚	安伯利河口,卡彭塔利亚湾,澳大利亚北部	鳄鱼溪,澳大利亚昆士兰北部	芒登伯勒姆,印度	雪兰莪州,马来西亚	佛罗里达湾	南佛罗里达	印第安河潟湖,佛罗里达中部	巴伊亚德拉巴斯,墨西哥	Caeté河口,巴西	尼科亚湾,哥斯达黎加	东非
颌针鱼科 颌针鱼 (Belonidae) (Needlefish)		1	2					4	2	3	1				1
鳚科 鳚鱼 (Blenniidae) (Blenny)		3	1		1				1	1					
鲆科 左口比目鱼 (Bothidae) (Lefteye flounder)			1	4											
胎鼬鳚科 胎鼬鳚 (Bythitidae) (Viviparous brotula)									2						
鮨科 鮨鱼 (Callionymidae) (Dragonet)		1								1					
鲹科 鲹 (Carangidae) (Jack)		7	4	3	1		11	5	5	2					5
真鲨科 真鲨 (Carcharhinidae) (Requiem shark)		4	1	1					1						1
太阳鱼科 太阳鱼 (Centrarchidae) (Sunfish)									1	2					
玻甲鱼科 虾鱼 (Centriscidae) (Shrimpfish)															
锯盖鱼科 锯盖鱼 (Centropomidae) (Snook)			2				3	1	1	1	1			6	
蝴蝶鱼科 蝴蝶鱼 (Chaedodontidae) (Butterflyfish)		1													

续表 11.1

地理位置	香港	所罗门群岛	崔尼蒂, 澳大利亚	丹皮尔, 西澳大利亚	安伯利河口, 卡彭塔利亚湾, 澳大利亚北部	鳄鱼溪, 澳大利亚昆士兰北部	吉登伯勒姆, 印度	雪兰莪州, 马来西亚	佛罗里达湾	南佛罗里达	印第安河潟湖, 佛罗里达中部	巴伊亚德拉巴斯, 墨西哥	Caete'河口, 巴西	尼科亚湾, 哥斯达黎加	东非
遮目鱼科 遮目鱼 (Milkfish) (Chandidae)	1	2	3	2		3									
宝刀鱼科 宝刀鱼 (Tangs) (Chirocentridae)		1	1												
慈鲷科 罗非鱼 (Tilapia) (Cichlidae)	1						3	1	2						2
胎鳉科 胎鳉 (Climid) (Climidae)										1					
鲱科 沙丁鱼 (Sardine) (Clupeidae)		4	2	2	4	4	6	7	3	3					2
舌鳎科 舌鳎 (Tonguefish) (Cynoglossidae)		1	2					1		1					
鳉科 鳉 (Killifish) (Cyprinodontidae)									9	7	1				
魟科 黄貂鱼 (Stingray) (Dasyatidae)		1		2				3	2	1				1	
刺鲀科 刺鲀 (Spiny puffer) (Diodontidae)									1						
袴鲷科 袴鲷 (Sicklefish) (Drepaneidae)			1					2							
鮣科 鮣鱼 (Remora) (Echeneididae)			1						1						

续表 11.1

地理位置	香港	所罗门群岛	崔尼蒂,澳大利亚	丹皮尔,西澳大利亚	安伯利河口,卡彭塔利亚湾,澳大利亚北部	鳄鱼溪,澳大利亚昆士兰北部	吉登伯勒姆,印度	雪兰莪州,马来西亚	佛罗里达湾	南佛罗里达	印第安河潟湖,佛罗里达中部	巴伊亚德拉巴斯,墨西哥	Caete'河口,巴西	尼科亚湾,哥斯达黎加	东非
塘鳢科 (Eleotridae) 塘鳢 (Sleeper)	6												2	2	
海鲢科 (Elopidae) 海鲢 (Tarpon)		1												1	
鳀科 (Engraulidae) 凤尾鱼 (Anchovy)		3	4	1		3	6	8	2	2		√		4	
白鲳科 (Ephippidae) 蝙蝠鱼 (Batfish)									1					1	
飞鱼科 (Exocoetidae) 飞鱼 (Flyingfish)			3	2											
烟管鱼科 (Fistulariidae) 烟管鱼 (Flutemouth)						1				1					1
底鳉科 (Fundulidae) 鳉 (Killifish)											1				
银鲈科 (Gerreidae) 银鲈 (Mojarra)		4	1	4	2	1	4	2	5	2	2	√		4	
喉盘鱼科 (Gobiesocidae) 喉盘鱼 (Clingfish)									1	1					
鰕虎鱼科 (Gobiidae) 鰕虎鱼 (Goby)	4	25			11	4	>20	8	4	5	3	√	6	4	
线纹鱼科 (Grammistidae) 线纹鱼 (Basslet)														1	

续表 11.1

地理位置	香港	所罗门群岛	崔尼蒂，澳大利亚	丹皮尔，西澳大利亚	安伯利河口，卡卡杜湾，塔利亚北部	鳄鱼溪，澳大利亚昆士兰北部	吉登伯勒姆，印度	雪兰莪州，马来西亚	佛罗里达湾	南佛罗里达	印第安河潟湖，佛罗里达中部	巴伊亚德拉巴斯，墨西哥	Caeté河口，巴西	尼科亚湾，哥斯达黎加，东非
仿仿仿石鲈科（Haemulidae）胡椒鲷/石鲈鱼（Sweetlip/grunt）		3			1		2	3	2	1	√		6
鱚科（Hemiramphidae）鱵（Halfbeak）			4	1	2									
舵鱼科（Kyphosidae）舵鱼（Rudderfish）		1												
隆头鱼科（Labridae）隆头鱼（Wrasse）														
乳香鱼科（Lactariidae）乳香鱼（False trevally）		1												
鲾科（Leiognathidae）鲾鱼（Ponyfish）		7	2	3	4	5	6	7						
雀鳝科（Lepisosteidae）雀鳝（Gar）									1					
裸颊鲷科（Lethrinidae）龙占鱼（Emperorfish）														
松鲷科（Lobotidae）松鲷（Tripletail）									1					
冠带鱼科（Lophiidae）冠带鱼（Crestfish）														1
骨甲鲇科（Loricariidae）甲鲇（Armored catfish）													>1	

续表 11.1

地理位置	香港	所罗门群岛	崔尼蒂,澳大利亚	丹皮尔,西澳大利亚	安伯利河口,卡彭塔利亚湾,澳大利亚北部	鳄鱼溪,澳大利亚塔斯马尼亚	吉登伯勒姆,印度	雪兰莪州,马来西亚	佛罗里达湾	南佛罗里达	印笫安河潟湖,佛罗里达中部	巴伊亚德拉巴斯,墨西哥	Caete'河口,巴西	尼科亚湾,哥斯达黎加	东非
笛鲷科 (Lutjanidae) 笛鲷 (Snapper)		7		2	2		4	2	3	3	1			4	
大海鲢科 (Megalopidae) 大海鲢 (Tarpon)											1				
虹银汉鱼科 (Melanotaeniidae) 虹银汉鱼 (Rainbowfish)															
蜓鰕虎鱼科 (Microdesmidae) 蜓鰕虎鱼 (Wormfish)		1													
单棘鲀科 (Monacanthidae) 单棘鲀 (Japanfilefish)															
银鳞鲳科 (Monodactylidae) 大眼鲳 (Moonfish)		1				1		1							
鲻科 (Mugilidae) 鲻鱼 (Mullet)	1	4	6	6	3	1	7	3	3		2			1	
拟鲻科 (Mugiloididae) 拟鲻 (Weaver)										2					
羊鱼科 (Mullidae) 羊鱼 (Goatfish)		4	1					2							
海鳝科 (Muraenidae) 海鳝 (Moray eel)												√	>1		
鲼科 (Myliobatidae) 鲼鱼 (Eagle and Manta ray)														1	

续表 11.1

地理位置	香港	所罗门群岛	催尼蒂,澳大利亚	丹皮尔,西澳大利亚	安伯利河口,卡彭塔利亚湾,澳大利亚北部	鳄鱼溪,澳大利亚昆士兰北部	吉登伯勒姆,印度	雪兰莪州,马来西亚	佛罗里达湾	南佛罗里达	印第安河潟湖,佛罗里达中部	巴伊亚德拉巴斯,墨西哥	Caete'河口,巴西	尼科亚湾,哥斯达黎加	东非
金线鱼科（Nemipteridae）金线鱼（Spinecheek）															
蛇鳗科（Ophichthidae）蛇鳗（Snake eel）				1											
颌颚鱼科（Opistognathidae）颌颚鱼（Jawfish）													1		
护士鲨科（Orectolobidae）护士鲨（Nurseshark）			1												
箱鲀科（Ostraciidae）箱鲀（Cowfish）									1						
牙鲆科（Paralichthyidae）比目鱼（Flounder）								2							
鲬科（Platycephalidae）鲬鱼（Flathead）		3	1	2		1		4							
鳗鲇科（Plotosidae）鳗鲇（Catfish）					1		2								
胎鳉科（Poeciliidae）胎鳉（Livebearer）									3	2	4		>2		
马鲅科（Polynemidae）马鲅（Threadfin）			3					2						1	
雀鲷科（Pomacentridae）雀鲷（Damselfish）		4													

续表 11.1

地理位置	香港	所罗门群岛	崔尼蒂,澳大利亚	丹皮尔,西澳大利亚	安伯利河口,卡彭塔利亚湾,澳大利亚北部	鳄鱼溪,澳大利亚昆士兰北部	吉登伯勒姆,印度	雪兰莪州,马来西亚	佛罗里达湾	南佛罗里达	印第安河泻湖,佛罗里达中部	巴伊亚德拉巴斯,墨西哥	Caete'河口,巴西	尼科亚湾,哥斯达黎加	东非
石鲈科 (Pomadasyidae)															
鲻银汉鱼科 (Pseudomugilidae) 鲻银汉鱼 (Blue eye)			2												
犁头鳐科 (Rhinobatidae) 犁头鳐 (Guitarfish)			1												
鹦嘴鱼科 (Scaridae) 鹦嘴鱼 (Parrotfish)		1				2									
金钱鱼科 (Scatophagidae) 金钱鱼 (Scat)					1			1							
石首鱼科 (Sciaenidae) 鼓鱼 (Drum)			2				4	10		3					
鲭科 (Scombridae) 鲭/马鲛鱼 (Mackerel)		2							2						
鲉科 (Scorpaenidae) 狮子鱼 (Lionfish)								1							
鮨科 (Serranidae) 石斑鱼 (Grouper)		6										√			
蓝子鱼科 (Siganidae) 蓝子鱼 (Rabbitfish)		2				1	2	3							
鱚科 (Sillaginidae) 鱚 (Northern whiting)		1	2	4	4	1	3	1						9	

续表 11.1

地理位置	香港	所罗门群岛	崔尼蒂,澳大利亚	丹皮尔,西澳大利亚	安伯利河口,卡彭塔利亚湾,澳大利亚北部	鳄鱼溪澳大利亚昆士兰北部	吉登伯勒姆,印度	雪兰莪州,马来西亚	佛罗里达湾	南佛罗里达	印第安河潟湖佛罗里达中部	巴伊亚德拉巴斯,墨西哥	Caete'河口,巴西	尼科亚湾,哥斯达黎加	东非
鳎科(Soleidae) 鳎(Sole)	1		2						1	1					
鲷科(Sparidae) 鲷鱼(Porgy)		1		1	1				3	2	2				
鲟科(Sphyraenidae) 梭鱼(Barracuda)		3		1	1			2	1	1					
毒鲉科(Synanceiidae) 石头鱼(Stonefish)			1												
海龙科(Syngnathidae) 海马和海龙(Seahorse and pipefish)		3				1			5	3					
狗母鱼科(Synodontidae) 蜥鱼(Lizardfish)		1						1							
华海鲇科(Tachysuridae)			2												
鯻科(Terapontidae) 鯻鱼(Perch)		1	1	2	1		3	1							
鲀科(Tetraodontidae) 河豚(Puffer)		2	3	3	3	1		3	2						
真裸皮鲉科(Tetrarogidae) 真裸皮鲉(Waspfish)		1													
射水鱼科(Toxotidae) 射水鱼(Archerfish)		1						1					5		

续表 11.1

地理位置	香港	所罗门群岛	崔尼蒂,澳大利亚	丹皮尔,西澳大利亚	安伯利河口,卡彭塔利亚湾,澳大利亚北部	鳄鱼溪,澳大利亚昆士兰北部	吉登伯勒姆,印度	雪兰莪州,马来西亚	佛罗里达湾	南佛罗里达	印第安河潟湖,佛罗里达中部	巴伊亚德拉巴斯,墨西哥	Caete'河口,巴西	尼科亚湾,哥斯达黎加	东非
三棘鲀科 (Triacanthidae) 三棘鲀 (Triplespine)			1												
带鱼科 (Trichiuridae) 带鱼 (Cutlassfish)								1							
鲂鮄科 (Triglidae) 鲂鮄 (Searobin)										2					
镰鱼科 (Zanclidae) 镰鱼 (Moorish idol)															

表 11.2 在潮间带泥滩或河口中记录的鱼类科,调查时鱼群所处的栖息地并未暴露在空气中(数字代表物种数量)

科名	地理位置	安伯利河口,卡彭塔利亚湾,澳大利亚北部	雪兰莪州,马来西亚	榜鹅河口新加坡
	温度(℃)	25~32	24~28	
	盐度(‰)	15~35	20~32	
	水深(m)	—	<5	潮间带低潮时 −3 m
	参考文献	Blaber et al.,1989	Chong et al.,1990;Sasekumar et al.,1992	Chua et al.,1973
蛙鱼科(Antennariidae)	蛙鱼(Frogfish)			1
天竺鲷科(Apogonidae)	天竺鲷(Cardinalfish)		1	3
海鲇科(Ariidae)	海鲇(Sea catfish)	1	6	
银汉鱼科(Atherinidae)	银汉鱼(Silversides)			2
鲿科(Bagridae)	鲿鲇(Bagrid catfish)		1	
鳞鲀科(Balistidae)	鳞鲀(Leatherjack)			1
蟾鱼科(Batrachoididae)	蟾鱼(Toadfish)			1
颌针鱼科(Belonidae)	颌针鱼(Needlefish)	2	2	1
鲹科(Carangidae)	鲹(Jack)	1	1	2
真鲨科(Carcharhinidae)	真鲨(Requiem shark)	1		
锯盖鱼科(Centropomidae)	锯盖鱼(Snook)	1		2
遮目鱼科(Chanidae)	遮目鱼(Milkfish)		2	
宝刀鱼科(Chirocentridae)	宝刀鱼(Tang)			1
慈鲷科(Cichlidae)	罗非鱼(Tilapia)			1

续表 11.2

地理位置	安伯利河口, 卡彭塔利亚湾, 澳大利亚北部	雪兰莪州, 马来西亚	榜鹅河口新加坡
鲱科(Clupeidae) 沙丁鱼(Sardine)	1	4	4
舌鳎科(Cynoglossidae) 舌鳎(Tonguefish)		1	1
鳉科(Cyprinodontidae) 鳉(Killifish)			1
釭科(Dasyatidae) 黄貂鱼(Stingray)	6	1	
真鲱科(Dorosomidae)			1
俗鲷科(Drepaneidae) 俗鲷(Sicklefish)	1	2	
䲟科(Echeneididae) 䲟鱼(Remora)	1		
鳀科(Engraulidae) 凤尾鱼(Anchovy)	1	5	6
银鲈科(Gerreidae) 银鲈(Mojarra)	1	1	
鰕虎鱼科(Gobiidae) 鰕虎鱼(Goby)		6	8
仿石鲈科(Haemulidae) 石鲈(Sweetlip/grunt)	2	2	
鱵科(Hemiramphidae) 鱵鱼(Halfbeak)			2
乳香鱼科(Lactariidae) 乳香鱼(False trevally)	1		
鲾科(Leiognathidae) 鲾鱼(Ponyfish)	2	2	10
裸颊鲷科(Lethrinidae) 龙占鱼(Emperorfish)			1
笛鲷科(Lutjanidae) 笛鲷(Snapper)	2	1	2
鲻科(Mugilidae) 鲻鱼(Mullet)	4	3	1
羊鱼科(Mullidae) 羊鱼(Goatfish)		1	1
海鳗科(Muraenesocidae) 海鳗(Pike conger)		1	

续表 11.2

地理位置	安伯利河口，卡彭塔利亚湾，澳大利亚北部	雪兰莪州，马来西亚	榜鹅河口新加坡
海鳝科 (Muraenidae) 海鳝 (eel)		1	
鲼科 (Myliobatidae) 鲼鱼 (Eagle and Manta ray)	1	1	
蛇鳗科 (Ophichthidae) 蛇鳗 (Snake eel)	1		
牙鲆科 (Paralichthyidae) 比目鱼 (Flounder)			
弹涂鱼科 (Periophthalmidae)			2
鲬科 (Platycephalidae) 鲬鱼 (Flathead)	2	2	
胡椒鲷亚科 (Plectorhynchidae)			1
鳗鲇科 (Plotosidae) 鳗鲇 (Catfish)		1	3
马鲅科 (Polynemidae) 马鲅 (Threadfins)	1	2	
石鲈科 (Pomadasyidae)			1
鲽科 (Psettodidae)			1
犁头鳐科 (Rhinobatidae) 犁头鳐 (Guitarfish)	1		
鹦嘴鱼科 (Scaridae) 鹦鹉鱼 (Parrotfish)			
金钱鱼科 (Scatophagidae) 金钱鱼 (Scat)	1		1
石首鱼科 (Sciaenidae) 鼓鱼 (Drum)	1	5	
狐鲣亚科 (Scomberomoridae)			1
鲉科 (Scorpaenidae) 狮子鱼 (Lionfish)			1
猫鲨科 (Scyliorhinidae) 猫鲨 (Cat shark)		1	
鮨科 (Serranidae) 石斑鱼 (Grouper)		3	3

续表 11.2

地理位置	安伯利河口，卡彭塔利亚湾，澳大利亚北部	雪兰莪州，马来西亚	榜鹅河口新加坡
蓝子鱼科（Siganidae）蓝子鱼（Rabbitfish）			1
鱚科（Sillanginidae）鱚（Northern whiting）		1	2
鳎科（Soleidae）鳎（Sole）		1	1
鲷科（Sparidae）鲷鱼（Porgies）	1		
舒科（Sphyraenidae）梭鱼（Barracuda）	1		1
鲳科（Stromateidae）鲳鱼（Butterfish）		1	
海龙科（Syngnathidae）海马和海龙（Seahorse and pipefish）			2
狗母鱼科（Synodontidae）蜥鱼（Lizardfish）			1
鲷科（Terapontidae）鲷（Grunter, tigerperch or thornfish）		1	
鲀科（Tetraodontidae）河豚（Puffer）	1	2	1
射水鱼科（Toxotidae）射水鱼（Archerfish）			1
三棘鲀科（Triacanthidae）三棘鲀（Triplespine）			1
带鱼科（Trichiuridae）带鱼（Cutlassfish）		1	1
魟科（Trygonidae）			1

提供了有关海草分类学和生态学的详细信息。与红树林不同，大多数海草床位于潮下带（Blaber，2000）。在本研究中，仅讨论热带潮间带的海草床。由于海草床通常位于内海湾附近，有淡水涌入且水层没有遮蔽，因此这些栖息地的盐度和温度具有较大的季节性变化范围。表 11.3 列出已研究鱼类集聚的一些海草床的温度和盐度。由于海草白天的光合作用和夜晚的呼吸作用，氧气、二氧化碳和 pH 每天都会有很大的波动。然而，这些变量很少被同时记录在和栖息鱼类相关的研究中。

注：见书后彩图。

图 11.2　退潮时暴露出来的百慕大穆列特海湾海草床

11.1.1.4　潮池

潮池是由基岩上的凹陷或隆起而形成的，介于潮汐最高位（在极端暴露的情况下，甚至在大潮极高水位之上）和潮汐最低位之间，并且波浪活动使水流速度足够高以防止沉积物堆积（图 11.3、图 11.4）。即使在同一海岸，潮汐池之间的物理条件也不同。这些因素取决于它们相对于低水位的岸上高度、波浪冲刷程度、水池内部的面积和形状（Emson，1985），以及暴露于阳光的程度。池中生物群（尤其是大型藻类）的存在也是决定水中 pH、氧气和二氧化碳含量的重要因素。大型藻类还创造了隐蔽的微生境和避难所（Emson，1985）。同样，潮池的物理参数很少同时记录在与栖息鱼群相关的研究中（表 11.4）。

11.1.1.5　浅珊瑚礁

潮间带或潮下带珊瑚礁有 3 种基本类型。第一种是岸礁沿着倾斜的海岸线发展，在潮水位很低的时候上层可能会暴露出来；第二种是延伸的浅礁滩包含一条被礁顶包围的海壕；第三种类型就是礁顶本身。尽管珊瑚群落的结构复杂性为鱼类提供了理想的庇护所，使其免于被捕食，但居住在浅珊瑚礁坪中的鱼类却经历了环境物理参数较大的昼夜变化。这些浅珊瑚礁的物理性质受到潮汐带导致的海水水质半日变化和温度、盐度和循

表 11.3 在热带浅海草床上记录的鱼类科（数字代表物种数量，√表示存在）

地理位置	菲律宾	凯恩斯港口，澳大利亚	安伯利河口，澳大利亚北部	鳄鱼溪，澳大利亚北部	雅加达湾印尼西昆士兰北部	印尼爪哇岛	关岛	波多黎各	巴拿马	埃弗格莱兹国家公园，南佛罗里达	印第安河潟湖，佛罗里达中部	百慕大	圣克罗伊，美属维尔京群岛
温度（℃）		22～33	25～30	21～31			3		27～31		>20		25.3～30.2
盐度（‰）		20～37	16～34	30～38					21～38	5.5～20	～<20		
水深（m）		<5	<2	0～3	1			0.5～1	1～2	0.8～1.2	海岸线附近的海洋	潮间带	2～6
参考文献	Fortes, 1990	Coles et al., 1993	Blaber et al., 1989	Robertson and Duke, 1987	Pollard, 1984		Jones and Chase, 1975	Martin and Cooper, 1981	Weinstein and Heck, 1979	Thayer et al., 1987	Gilmore, 1995	Logan and Cook, 1992	Robblee and Zieman, 1984
备注						优势鱼科	优势鱼科				最多仅有25个物种		

科名	俗名													
刺尾鱼科（Acanthuridae）	刺尾鱼（Sailfin tang）	1												
双边鱼科（Ambassidae）	玻璃鱼（Glassfish）		2											
鳗鲡科（Anguillidae）	淡水鳗鲡（Freshwater eel）													
躄鱼科（Antennariidae）	躄鱼（Frogfish）					√	√							
天竺鲷科（Apogonidae）	天竺鲷（Cardinalfish）	10	4	3			√		2					2

续表 11.3

地理位置	菲律宾	凯恩斯港口,澳大利亚	安伯利河口,澳大利亚北部	鳄鱼溪,澳大利亚北部	雅加达湾,印尼爪哇岛	关岛	波多黎各	巴拿马	埃弗格莱兹国家公园,南佛罗里达	印第安河泻湖,佛罗里达中部	百慕大	圣克罗伊,美属维尔京群岛
海鲇科(Ariidae) 海鲇(Sea catfish)		3										
银汉鱼科(Atherinidae) 银汉鱼(Silversides)	1	1	1	1			1		1	1		1
管口鱼科(Aulostomidae) 喇叭鱼/管口鱼(Trumpetfish)												1
鳞鲀科(Balistidae) 炮弹鱼(triggerfish)					√	√			3			2
蟾鱼科(Batrachoididae) 蟾鱼(Toadfish)									1			
颌针鱼科(Belonidae) 颌针鱼(Needlefish)	3				√				1	2		
鳚科(Blenniidae) 鳚鱼(Blenny)	5				√	√		√				
鲆科(Bothidae) 左口比目鱼(Lefteye flounder)		1							2			
鲔科(Callionymidae) 鲔鱼(Dragonet)		2			√		1	2	1			
鲹科(Carangidae) 鲹(Jack)	1	3						3	1	2		
真鲨科(Carcharhinidae) 真鲨(Requiem shark)		2										

续表 11.3

地理位置	菲律宾	凯恩斯港口,澳大利亚	安伯利河口,澳大利亚北部	鳄鱼溪,澳大利亚北部	雅加达湾,印尼爪哇岛	关岛	波多黎各	巴拿马	埃弗格莱兹国家公园,南佛罗里达	印第安河泻湖,佛罗里达中部	百慕大	圣克罗伊,美属维尔京群岛
虾鱼科 (Centriscidae) 虾鱼 (Shrimpfish)	1											
拟鲉鲈科 (Centrogeniidae) 拟鲉 (False scorpionfish)			1									
锯盖鱼科 (Centropomidae) 锯盖鱼 (Snook)		1	2						1			
蝴蝶鱼科 (Chaedodontidae) 蝴蝶鱼 (Butterflyfish)		1	2		✓		2	3		1	1	
遮目鱼科 (Chandidae) 遮目鱼 (Milkfish)	1		3	2								
胎鳚科 (Clinidae) 胎鳚 (Clinid)							4					4
鲱科 (Clupeidae) 沙丁鱼 (Sardine)	1	6	1	3	✓		2	1	3	2		3
康吉鳗科 (Congridae) 康吉鳗 (Garden eel)		1						1				
舌鳎科 (Cynoglossidae) 舌鳎 (Tonguefish)		3										
鳉科 (Cyprinodontidae) 鳉 (Killifish)									2			
豹鲂鮄科 (Dactylopteridae) 飞鱼 (Flying gurnard)								1				

续表 11.3

地理位置	菲律宾	凯恩斯港口,澳大利亚	安伯利河口,澳大利亚北部	鳄鱼溪,澳大利亚北部土兰	雅加达湾,印尼爪哇岛	关岛	波多黎各	巴拿马	埃弗格莱兹国家公园,南佛罗里达	印第安河潟湖,佛罗里达中部	百慕大	圣克罗伊,美属维尔京群岛
柄眼鱼科 (Dactyloscopidae) 柄眼鱼 (Sand stargazer)							1					
魟科 (Dasyatidae) 黄貂鱼 (Stingray)		1										
刺鲀科 (Diodontidae) 刺鲀 (Porcupinefish)								1	1		1	
塘鳢科 (Eleotridae) 塘鳢 (Sleeper)	3		1									
海鲢科 (Elopidae) 海鲢 (Tarpon)	2	2										
鳀科 (Engraulidae) 凤尾鱼 (Anchovy)	1	8	1	2				2	2	2		1
白鲳科 (Ephippidae) 蝙蝠鱼 (Batfish)	2	2						1	1			
飞鱼科 (Exocoetidae) 飞鱼 (Flyingfish)												
烟管鱼科 (Fistulariidae) 烟管鱼 (Flutemouth)	1							1			1	
银鲈科 (Gerreidae) 银鲈 (Mojarra)	1	4		1	√		1	5	2	3	1	
铰口鲨科 (Ginglymostomatidae) 护士鲨 (Nurseshark)								1				

续表 11.3

地理位置	菲律宾	凯恩斯港口,澳大利亚	安伯利河口,澳大利亚北部	鳄鱼溪,澳大利亚北部	雅加达湾,印尼爪哇岛	关岛	波多黎各	巴拿马	埃弗格兹国家公园,南佛罗里达	印第安河潟湖,佛罗里达中部	百慕大	圣克罗伊,美属维尔京群岛
鰕虎鱼科 (Gobiidae) Goby	1	8	5	3		√	4	4	3	2	1	1
仿石鲈科 (Haemulidae) Sweetlip/grunt	1	5						6	4	2		4
鱵科 (Hemiramphidae) Halfbeak	3	4	1	1							3	
金鳞鱼科 (Holocentridae) Squirrelfish and soldierfish							2	1				5
舵鱼科 (Kyphoidae) Rudderfish	1	1			√						1	
隆头鱼科 (Labridae) Wrasse	7		1		√	√		3			2	4
唇䱛科 (Labrisomidae) Labrisomid								3			1	
乳香鱼科 (Lactariidae) False trevally		1										
鲾科 (Leiognathidae) Ponyfish	2	8	6	5								
裸颊鲷科 (Lethrinidae) Emperorfish	7	3	1		√							
笛鲷科 (Lutjanidae) Snapper	8	4	1		√	√	1	7	2		1	2

续表 11.3

地理位置	菲律宾	凯恩斯港口,澳大利亚	安伯利河口,澳大利亚北部	鳄鱼溪,澳大利亚北部	雅加达湾,印尼昆士兰北部	关岛	波多黎各	巴拿马	埃弗格兹国家公园,南佛罗里达	印第安河潟湖,佛罗里达中部	百慕大	圣克罗伊,美属维尔京群岛
单棘鲀科（Monacanthidae）单棘鲀（Japanfilefish）	4	1	3		√			3			4	
银鳞鲳科（Monodactylidae）大眼鲳（Moonfish）	1											
鲻科（Mugilidae）鲻鱼（Mullet）	2	3		1						2	1	
拟鲉科（Mugiloididae）拟鲉（Weaver）	1											1
羊鱼科（Mullidae）羊鱼（Goatfish）	4	1			√			1	1			
海鳝科（Muraenidae）海鳝（eel）	1	1					3	1				
金线鱼科（Nemipteridae）金线鱼（Spinecheek）	3					√						
蛇鳗科（Ophichthidae）蛇鳗（Snake eel）							2					
后颌鱼科（Opistognathidae）颌颚鱼（Jawfish）	1										1	
箱鲀科（Ostraciidae）箱鲀（Boxfish, cowfish or trunkfish）							1	3			3	1
箱鲀科（Ostraciotidae）多角核箱鲀（Cowfish）	1										3	3

续表 11.3

科	地理位置	菲律宾	凯恩斯港口,澳大利亚	安伯利河口,澳大利亚北部	鳄鱼溪,澳大利亚北部	雅加达湾,印尼哇岛	关岛	波多黎各	巴拿马	埃弗格莱兹国家公园,南佛罗里达	印第安河潟湖,佛罗里达中部	百慕大	圣克罗伊,美属维尔京群岛
牙鲆科 (Paralichthyidae)	比目鱼 (Flounder)	1	2	1					2				
鲬科 (Platycephalidae)	鲬鱼 (Flathead)	2	6	2		√							
鳗鲇科 (Plotosidae)	鳗鲇 (Catfish)	1											
马鲅科 (Polynemidae)	马鲅 (Threadfin)		5						1				
雀鲷科 (Pomacentridae)	雀鲷 (Damselfish)	7				√		1	2			1	
石鲈科 (Pomadasyidae)								1					
鲻银汉鱼科 (Pseudomugilidae)	鲻银汉鱼 (Blue eye)				1								
鹦嘴鱼科 (Scaridae)	鹦鹉鱼 (Parrotfish)	1				√	√	6	5	1		1	7
金钱鱼科 (Scatophagidae)	金钱鱼 (Scat)	1											
石首鱼科 (Sciaenidae)	鼓鱼 (Drum)		2						2	3	2	1	
鲉科 (Scorpaenidae)	狮子鱼 (Lionfish)	1	1					1	5			1	3

续表 11.3

地理位置	菲律宾	凯恩斯港口,澳大利亚	安伯利河口,澳大利亚北部	鳄鱼溪,澳大利亚北部	雅加达湾,印尼	昆士兰北部	关岛	波多黎各	巴拿马	埃弗格兹国家公园,南佛罗里达	印第安河泻湖,佛罗里达中部	百慕大	圣克罗伊,美属维尔京群岛
鮨科 (Serranidae) 石斑鱼 (Grouper)	1	1	1						8				1
蓝子鱼科 (Siganidae) 蓝子鱼 (Rabbitfish)	7	5	4	1		✓	✓		1				
鱚科 (Sillanginidae) 鱚 (Northern whiting)	1	3	1	1									
鳎科 (Soleidae) 鳎 (Sole)	1	1			✓					2			
鲷科 (Sparidae) 鲷鱼 (Porgies)			1						3	3	2	2	
舒科 (Sphyraenidae) 舒鱼 (Barracuda)	1	1						1	3	1	1	2	
双髻鲨科 (Sphyrnidae) 双髻鲨 (Hammerhead shark)		1											
鳍电鳗科 (Sternopygidae) 鳍电鳗 (Glass knifefish)									1				
毒鲉科 (Synanceiidae) 石头鱼 (Stonefish)	1												
海龙科 (Syngnathidae) 海马和海龙 (Seahorse and pipefish)	4	1	2		✓		✓	2	2	6	2	3	3
狗母鱼科 (Synodontidae) 蜥鱼 (Lizardfish)	2	1	1						3	1	1		1

续表 11.3

地理位置		菲律宾	凯恩斯港口,澳大利亚	安伯利河口,澳大利亚北部	鳄鱼溪,澳大利亚昆士兰北部	雅加达湾,印尼爪哇岛	关岛	波多黎各	巴拿马	埃弗格兹国家公园,南佛罗里达	印第安河泻湖,佛罗里达中部	百慕大	圣克罗伊,美属维尔京群岛
鲈科 (Teraponidae)	鲈鱼 (Perch)		3		2								
四鳃亚科 Tetrabranchiidae	辐鳍鱼 (Ray-finned fish)		1										
鲀科 (Tetraodontidae)	河豚 (Puffer)	4	8	3	1	√		1	4	1		1	1
鲈科 (Theraponidae)	鲈鱼 (Perch)	2											
射水鱼科 (Toxotidae)	射水鱼 (Archerfish)	1											
三棘鲀科 (Triacanthidae)	三棘鲀 (Tripodfish)		1										
扁虹科 (Urolophidae)	扁虹 (Round ray)								1				
奇康吉鳗科 (Xenocongridae)								1					
镰鱼科 (Zanclidae)	镰鱼 (Moorish idol)	1											

注：见书后彩图。

图 11.3　香港鹤咀半岛受海浪冲刷的滨岸潮池

注：见书后彩图。

图 11.4　百慕大艾波海滩的潮池

环的日变化（Andrews and Pickard，1990）的影响。珊瑚礁的物理性质的昼夜变化程度随着礁石的大小、深度、地形和地理位置的不同而变化（表 11.5）。边缘礁区的温度昼夜变化很大，范围从外缘的 3 ℃ 到靠近海滨位置的 12 ℃。盐度也会下降，特别是在上层水域，主要是在雨季，这是由降雨和河水汇入造成的。由于造礁珊瑚虫有共生的黄藻（Zooxanthellae），该珊瑚礁系统在白天会进行光合作用，而在夜间则会进行呼吸作用。因此，水层中的溶解氧和二氧化碳水平遵循昼夜的光合周期和呼吸周期规律，即当阳光

表 11.4 在热带潮汐池中记录的鱼类科（数字代表物种数量）

科名	俗名	马丁斯湾，巴巴多斯 Mahon and Mahon, 1994 本土栖息物种	马丁斯湾，巴巴多斯 Mahon and Mahon, 1994 暂栖物种	亚塔马林多，哥斯达黎加 Weaver, 1970	萨尔瓦多，巴西 Almeida, 1973	香港 Lam, 1986; Cheung, 1991 et al., 1999	塞舌尔群岛 Chotkowski et al., 1999 最多仅有20科	夏威夷 Gosline, 1965 最多仅有20科
刺尾鱼科(Acanthuridae)	刺尾鱼(Sailfin tang)							1
壁鱼科(Antennariidae)	壁鱼(Frogfish)		1					
天竺鲷科(Apogonidae)	天竺鲷(Cardinalfish)	1				1		
银汉鱼科(Atherinidae)	银汉鱼(Silversides)		1					
鳚科(Blenniidae)	鳚鱼(Blenny)	2		2			5	2
鲆科(Bothidae)	左口比目鱼(Lefteye flounder)			1	1			
油身鱼科(Brotulidae)		1		1				
胎鼬鳚科(Bythitidae)	胎鼬鳚(Viviparous brotula)					1		
鲹科(Carangidae)	鲹(Jack)		1					
旗鳚科(Chaenopsidae)	旗鳚(Blenny)	1		1				
蝴蝶鱼科(Chaedodontidae)	蝴蝶鱼(Butterflyfish)			1				
胎鳚科(Clinidae)	胎鳚(Clinid)			6				
康吉鳗科(Congridae)	康吉鳗(Garden eel)							
杜父鱼科(Cottidae)	杜父鱼(Sculpin)							
柄眼鱼科(Dactyloscopidae)	柄眼鱼(Sand stargazer)				1			

续表 11.4

地理位置	马丁斯湾，巴巴多斯	亚塔马林多，哥斯达黎加	萨尔瓦多，巴西	香港	塞舌尔群岛	夏威夷
喉盘鱼科（Gobiesocidae）喉盘鱼（Clingfish）	1	3				
鰕虎鱼科（Gobiidae）鰕虎鱼（Goby）	5	3	3	2	5	2
线纹鱼科（Grammistidae）			1			
仿石鲈科（Haemulidae）石鲈（Sweetlip/grunt）	1					
金鳞鱼科（Holocentridae）金鳞鱼（Squirrelfish or soldierfish）	4	1	1			1
舵鱼科（Kyphoidae）舵鱼（Rudderfish）						
隆头鱼科（Labridae）隆头鱼（Wrasse）	5	2			2	1
唇䱨科（Labrisomidae）唇䱨（Labrisomid）	13					
狮子鱼科（Liparidae）狮子鱼（Snailfish）		1				
笛鲷科（Lutjanidae）笛鲷（Snapper）	1	1				
蚓鰕虎科（Microdesmidae）蚓鰕虎（Wormfish）	1		1			
蚓鳗科（Moringuidae）蚓鳗（Worm or spaghetti eel）	1					
鲻科（Mugilidae）鲻鱼（Mullet）	1	2				
羊鱼科（Mullidae）羊鱼（Goatfish）	1					
海鳝科（Muraenidae）海鳝（eel）	3	4			3	
蛇鳗科（Ophichthidae）蛇鳗（Snake eel）	3		1			
鼬䲁科（Ophidiidae）鼬䲁（Cusk–eel）						
后颌鱼科（Opistognathidae）颌颚鱼（Jawfish）	1					
须鲨科（Orectolobidae）护士鲨（Carpet or nurse shark）		1				
七夕鱼科/鲛科（Plesiopidae）七夕鱼（Roundhead）					1	

续表 11.4

地理位置	马丁斯湾, 巴巴多斯	亚塔马林多, 哥斯达黎加	萨尔瓦多, 巴西	香港	塞舌尔群岛	夏威夷
盖刺鱼科(Pomacanthidae) 神仙鱼(Angelfish)	1	5				
雀鲷科(Pomacentridae) 雀鲷(Damselfish)	1	2			2	3
石鲈科(Pomadasyidae)		1				
鹦嘴鱼科(Scaridae) 鹦鹉鱼(Parrotfish)	1	1	1		1	
鲉科(Scorpaenidae) 鲉/岩鱼(Scorpionfish or rockfish)		1				
鮨科(Serranidae) 石斑鱼(Grouper)		2			1	
蓝子鱼科(Siganidae) 蓝子鱼(Rabbitfish)				1		
鲷科(Sparidae) 鲷鱼(Porgies)						
鲳科(Stromateidae) 鲳鱼(Butterfish)		1				
海龙科(Syngnathidae) 海马和海龙(Seahorse and pipefish)		1		1	1	
鯻科(Teraponidae) 鯻鱼(Perch)						
鲀科(Tetraodontidae) 河豚(Puffer)		2				
三鳍鳚科(Tripterygiidae) 三鳍鳚(Threefin blenny)			1			
其他科(Other families)					1	

充足时，溶解氧最大（10.4 mg/L），而在傍晚时对氧气需求非常高，此时溶解氧最小（约 5 mg/L），在 20：00—22：00 时需求趋于平稳（Cope，1986）（表 11.5）。

11.1.2 相关鱼类的科

11.1.2.1 红树林

表 11.1 列出了许多研究中的热带红树林鱼类，但很少区分它们是真实栖息还是只和红树林有关。原因之一是许多相关物种的迁徙模式尚未确定。总的看来，大多数鱼类的幼鱼期在红树林中度过，一些远洋种类通常将其作为育苗场所（Birkeland，1985 年；Robertson and Duke，1987），如八带笛鲷（*Lutjanus apodus*）、灰笛鲷（*L. griseus*）、大魣（*Sphyraena barracuda*）和四斑蝴蝶鱼（*Chaetodon capistratus*）（van der Velde et al.，1992）。

红树林物理参数的极端变化限制了在这种多变的条件下可以生存的鱼类的种类数量。有些类别的鱼类专门栖息在红树林中，并且是真正的常驻种，如鰕虎鱼科（Gobiidae）及其亚科、弹涂鱼科（Periophthalminae）、鳚科（Blenniidae）和塘鳢科（Eleotridae）。弹涂鱼科（Periophthalminae）包含弹涂鱼属（*Periophthalmus*）的很多种，它们在同一红树林的不同区域相互交替出现。仅限于红树林栖息地的一些其他鰕虎鱼包括红树林鰕虎鱼，如半鰕虎鱼属（*Hemigobius*）、小鰕虎鱼属（*Gobinellus*）、鰕虎鱼属（*Gobius*）和脂塘鳢属（*Dormitator*）（Por，1984）。其他的一些真正栖息的鱼类包括纤鹦嘴鱼（*Scaricchthys*）[鳚科（Blenniidae）]、沙塘鳢（*Eleotris*）[塘鳢科（Eleotridae）]、月盾鮎（*Selenapsis*）和海鮎（*Arius*）[海鮎科（Ariidae）]、锯盖鱼（*Centropomus*）[锯盖鱼科（Centropomidae）]、连鳍银鲈（*Diapterus*）和真银鲈（*Eugerres*）[银鲈科（Gerreidae）]、圆鲀（*Sphaeroides*）和凹鼻鲀（*Chelonodon*）[鲀科（Tetraodontidae）]，以及一些海龙科（syngnathids）。

11.1.2.2 泥滩

对鱼类的大多数研究都集中在泥滩后部的红树林或海滨前部的潮下带河口（Blaber，2000）。热带、浅滩、潮间带泥滩鱼类的名录很少。仅有的鱼类名录来自北澳大利亚的恩伯利河口（Embley Estuary）和马来西亚的雪兰莪州（Selangor）（Blaber et al.，1989；Chong et al.，1990；Sasekumar et al.，1992）。许多其他研究表明了河口对渔业的重要性，并对潮下带地区进行了采样（Kuo and Shao，1999）。潮间带和潮下带的常驻种在河口鱼类中所占比例很小，并且通常体形较小，幼体包括许多热带和亚热带的物种，如鲱科（Clupeidae）、鲻科（Mugilidae）、石首鱼科（Sciaenidae）、海鮎科（Ariidae）、马鲅科（Polynemidae）、石鲈科（Hemulidae）、鰕虎鱼科（Gobiidae）、鳀科（Engraulidae）、双边鱼科（Ambassidae）、银汉鱼科（Atherinidae）和海龙科（Syngnathidae）（表 11.2）。最常见的物种是长棘双边鱼（*Ambassis productus*）、南非双边鱼（*A. natalensis*）、南非吉氏鲱（*Gilchristella aestuaria*）、南非下鱵鱼（*Hyporhamphus knysnaensis*）和鰕虎鱼类的裸头宽鳃鰕虎鱼（*Croilia mossambica*）、美丽舌鰕虎鱼（*Glossogobius callidua*），以及

表 11.5 浅珊瑚礁的自然条件变化

地理位置	地点	气温日变化(℃)	盐度日变化(‰)	时间	参考文献
太平洋岛屿					
约翰斯顿岛（太平洋中部）	深礁湖和礁坪	上升0.7		9—15时	Wiens, 1962
阿诺环礁,马绍尔群岛	沙滩附近	从29升至34.5		日出前和日出后几小时内	Wells, 1952
奥诺托阿环礁,基里巴斯	海岸附近	上升10.5	升至4.7	5—12时	Cloud, 1952
	礁坪上	上升9.8	升至4.0		
穆雷群岛,（托雷斯海峡,南纬10°,东经144°）	海岸附近	日平均温度范围达到12.5		9月/10月	
查戈斯群岛和佩鲁斯巴纽斯环礁,南纬6°,印度洋环礁		6时最低,18时最高,小于0.2	半日变化约为0.35,1时至14时30分达到最大值,即低潮时		Pugh and Rayner, 1981
大堡礁					
大堡礁泻湖的低群岛	位于礁滩上的水池,水深0.3~2 m	2时至14时30分的温度约为10			Orr, 1933
大堡礁的布里托马特礁	在环礁湖	日温度约为0.3			Wolanski and Jones, 1980
北大堡礁的星期四岛和尤尔通道		半日波动0.7~0.8			Wolanski 和 Ruddick, 1980

续表 11.5

地理位置	地点	气温日变化(℃)	盐度日变化(‰)	时间	参考文献
大堡礁的赫伦岛	靠近岛屿的浅水处	日温度范围为月平均值为 3~5；3 月为最大值 12；日最大温度约为 14			Potts and Swart, 1984
岸礁					Endean et al., 1956
加勒比海的大开曼岛	3—15 时，沿礁坪 3.5~4.5 m 水深处	8—16 时温度范围为 0.12~0.36			Kohn and Helfrich, 1951
夏威夷瓦胡岛的卡内贝湾		傍晚和第二天早上下降 6~9			Bathen, 1968
月桂礁，离波多黎各南岸 4 km					Glynn, 1973
海下湾，香港		夏天约为 29，冬天约为 16	29~33		Cope, 1986

很多弹涂鱼属（*Periophthalmus*）的鱼类（Blaber，2000 年）。

11.1.2.3　海草床

浅滩和潮间带稀疏的海草区主要由几种常见的鰕虎鱼所占据，如三角裙鰕虎鱼（*Drombus triangularis*）和云纹裸颊鰕虎鱼（*Yongeichthys nebulosus*），以及一些小型的银鲈科（Gerridae）、笛鲷科（Lutjanidae）和鱚科（Sillaginidae）的幼鱼（Blaber，2000；表 11.3）。海草床中鱼类群落的物种组成会根据植物类群和生境类型而变化（Blaber，2000）。

海草床是成年和幼年珊瑚礁鱼类的重要觅食区（Robblee and Zieman，1984）。Ogden（1976，1980）表明，就个体数量和现存量而言，草食性鱼类在加勒比海地区极为丰富，它们在白天很活跃，以藻类和海草为食。百慕大主要食海草的鱼种是鹦嘴鱼[鹦嘴鱼科（Scaridae）]，它们可能以日周期从红树林迁移到海草再到珊瑚礁栖息地。Van der Velde 等（1992 年）表明，海草床是诸如黄仿石鲈（*Hemulon flavolineatus*）、蓝仿石鲈（*H. sciurus*）、敏尾笛鲷（*Ocyurus chrysurus*）、绿鹦鲷（*Sparisoma viride*）和小带刺尾鱼（*Acanthurus chirurgus*）等礁栖鱼类的育苗场所。较为持久的海草栖息鱼类包括鳗鱼（eels）、隆头鱼（wrasses）、剃刀鱼（razor fishes）、海龙（pipe fishes）和角鲀（cow fishes）。诸如大魣（barracuda）和射水鱼（sennet fish）之类的捕食者是海草床的常客，它们可能将海草床中常驻鱼类的体形大小限制在足以在叶片中找到避难所的程度（Logan and Cook，1992）。

11.1.2.4　潮池

尽管有很多关于温带潮池鱼类集群的研究（Stepien et al.，1991），但很少有研究热带系统的。表 11.4 总结了热带和亚热带的潮池鱼类种类。在热带潮池中最重要的科是鳚科（Blenniidae）、喉盘鱼科（Gobiesocidae）、鰕虎鱼科（Gobiidae）、唇鳚科（Labrisomidae）、海鳝科（Muraenidae）和蛇鳗科（Ophichthyidae）。Mahon（1994）提供的位于巴巴多斯（Barbados）的潮池鱼类名录中分为真正的和临时的栖息者（表 11.4）。真正栖息物种的代表主要包括鳚科（Blenniidae），鰕虎鱼科（Gobiidae），唇鳚科（Labrisomidae），海鳝科（Muraenidae）和海鳗科（Ophichthidae）。在香港，香港深鰕虎鱼（*Bathygobius hongkongensis*）是潮池的真正栖息者（Lam，1990；图 11.5）。关于热带潮池中真正栖息者的生态学资料很少。

11.1.2.5　浅珊瑚礁

已知鱼类有 100 个科有珊瑚礁的代表种类（Leis，1991）。和珊瑚礁环境最相关的类群是：隆头鱼亚目（Labroid）的 3 个科，即隆头鱼科（Labridae）、鹦嘴鱼科（Scaridae）和雀鲷科（Pomacentridae）；刺尾鱼亚目（Acanthuroid）的 3 个科，即刺尾鱼科（Acanthuridae）、蓝子鱼科（Siganidae）和镰鱼科（Zanclidae）中的唯一的镰鱼属（*Zanclus*）；鲈亚目（Percoidei）的 2 个科，即蝴蝶鱼科（Chaetodontidae）和盖刺鱼科（Pomacanthidae）。与所有潮间带生境相关的鰕虎鱼科（Gobiidae）鱼类也是浅礁的重要

注：见书后彩图。

图 11.5　香港鹤咀半岛的一个中海岸潮池中的一尾香港深鰕虎鱼

组成部分（Hixon，2001）。这些礁栖鱼类的集群通常是在整个珊瑚礁系统中进行研究（Montgomery，1990；Bellwood and Wainwright，2002）。仅包括浅滩和潮间的珊瑚礁区域的鱼类名录则更为有限（表11.6）。

11.1.3　潮间带鱼类的进化

潮间带的不连续性和可变性在鱼类进化中发挥了重要作用。对潮间带鱼类种群的研究显示有很大程度的趋同进化来提高对潮间环境的适应。潮间带也是明显的表型可塑性鱼类进化并迁移到较为稳定的环境（如潮下带的海洋和淡水系统）的地方。

研究表明，热带潮间带生境的特征是物理参数在日尺度和月尺度上出现波动。这些生境也会在更大的时空尺度上发生变化。例如，包括红树林、滩涂和海草床在内的河口区域的范围受到海平面上升（和下降），陆地径流和人为作用等多种相互作用因素的影响。研究表明，红树林在地质时间尺度上对前两个形成对照的因素有反应。菲律宾的红树林出现在大约 BP 6000 至 4500 ^{14}C 年之间，然后海平面先慢后快上升，直到 BP 2500 ^{14}C 年被淹没（Berdin et al.，2003）。亚马孙帕里州的红树林首次出现于大约 BP 7500 ^{14}C 年，随后于约 BP 6700 ^{14}C 年后因相对海平面降低而消退（Behling，2002）。过去 50 年来，自然原因和砍伐导致红树林在较短的时间范围内损失了大约 1/3（Alongi，2002）。造成这种红树林损失的主要因素是全球变暖引起的海平面上升和人为干扰（Field，1995；Ellison and Farnsworth，1996；Nicholls et al.，1999；Vilarrubia and Rull，2002）。海平面上升也是造成河口区水流变化和河道大小变化的原因（Wolanski and Chappell，1996）。珊瑚礁斑块分布的程度和模式也是过去海平面变化及其与大片陆地相互作用的结果（Hubbard，1988）。

表 11.6 在浅珊瑚礁或礁滩上记录的鱼类科（数字代表物种数量，√表示存在）

科名	地理位置	南太平洋	普拉塔斯岛（东沙），中国南海	圣布拉斯群岛，加勒比海，巴拿马	斯里兰卡	巴哈马岛
温度（℃）			22～30	26～32		
盐度（‰）				33～35		
水深（m）			0～5	近岸礁	浅礁滩	点礁（patch reef）为 3～7 m，顶峰为 1～3 m
参考文献		Wright, 1993	Chen et al., 1995	Wilson, 2001	Ohman et al., 1997	Alevizon et al., 1985
备注					仅有主要物种	
俗名						
刺尾鱼科（Acanthuridae）	刺尾鱼（Sailfin tang）	√	3	3	2	2
北梭鱼科（Albulidae）	北梭鱼（Bonefish）	√				
鳖鱼科（Antennariidae）	鳖鱼（Frogfish）		1			
绒皮鲉科（Aploactinidae）	绒皮鲉（Velvetfish）			6		
天竺鲷科（Apogonidae）	天竺鲷（Cardinalfish）		7	6		
管口鱼科（Aulostomidae）	管口鱼/喇叭（Trumpetfish）		1	1		1
鳞鲀科（Balistidae）	鳞鲀（Triggerfish）	√	3	2		1
蟾鱼科（Batrachoididae）	蟾鱼（Toadfish）			1		
颌针鱼科（Belonidae）	颌针鱼（Needlefish）	√				
鳚科（Blenniidae）	鳚鱼（Blenny）		6	9		

续表 11.6

地理位置	南太平洋	普拉塔斯岛（东沙），中国南海	圣布拉斯群岛，加勒比海，巴拿马	斯里兰卡	巴哈马岛
鲆科（Bothidae） 左口比目鱼（Lefteye flounder）			4		
犀鳕科（Bregmacerotidae） 犀鳕（Codlet）			1		
乌尾鲛科（Caesionidae） 乌尾鲛（Fusilier）				2	
鲹科（Carangidae） 鲹（Jack）	∨		4		
锯盖鱼科（Centropomidae） 锯盖鱼（Snook）			1		
旗鳚科（Chaenopsidae） 旗鳚（Pike-, tube- and flagblenny）					
蝴蝶鱼科（Chaedodontidae） 蝴蝶鱼（Butterflyfish）		12	2	2	4
遮目鱼科（Chandidae） 遮目鱼（Milkfish）					
康吉鳗科（Congridae） 康吉鳗（Conger and garden eel）	∨	1	1		
鲯鳅科（Coryphaenidae） 鲯鳅（Dolphinfish）	∨				
舌鳎科（Cynoglossidae） 舌鳎（Tonguefish）	∨				
豹鲂鮄科（Dactylopteridae） 飞鲂弗（Flying gurnard）			1		
魟科（Dasyatidae） 黄貂鱼（Stingray）		1			
刺鲀科（Diodontidae） 刺鲀（Porcupinefish）	∨	1	2		
䲟科（Echeneididae） 䲟鱼（Remora）					
海鲢科（Elopidae） 海鲢（Tarpon）			1		
飞鱼科（Exocoetidae） 飞鱼（Flyingfish）	∨				
烟管鱼科（Fistulariidae） 烟管鱼（Flutemouth）	∨				
银鲈科（Gerreidae） 银鲈（Mojarra）			1		

续表 11.6

地理位置	南大平洋	普拉塔斯岛（东沙），中国南海	圣布拉斯群岛，加勒比海，巴拿马	斯里兰卡	巴哈马岛
喉盘鱼科（Gobiesocidae）喉盘鱼（Clingfish）			2		
鰕虎鱼科（Gobiidae）鰕虎鱼（Goby）		11	7		
线纹鱼科（Grammistidae）		1			
燕魟科（Gymnuridae）燕魟（Ray）	✓				
仿石鲈科（Haemulidae）石鲈（Sweetlip/grunt）	✓	3	2	3	
鱵科（Hemiramphidae）鱵鱼（Halfbeak）	✓				
金鳞鱼科（Holocentridae）金鳞鱼（Squirrelfish or soldierfish）	✓	1	3		
舵鱼科（Kyphoidae）舵鱼（Rudderfish）	✓				
隆头鱼科（Labridae）隆头鱼（Wrasse）	✓	17	9	4	
唇䱛科（Labrisomidae）唇䱛（Blenny）			5		
鲾科（Leiognathidae）鲾鱼（Ponyfish）	✓				
裸颊鲷科（Lethrinidae）龙占鱼（Emperorfish）	✓	2			
笛鲷科（Lutjanidae）笛鲷（Snapper）	✓	2	7	3	
单棘鲀科（Monacanthidae）单棘鲀（Japanfilefish）			3		
鲻科（Mugilidae）鲻鱼（Mullet）	✓		1		
羊鱼科（Mullidae）羊鱼（Goatfish）	✓	7	1	2	
海鳝科（Muraenidae）海鳝（eel）	✓	2	1		
鲼科（Myliobatidae）鲼鱼（Eagle and Manta ray）					
双鳍电鳐科（Narcinidae）电鳐（Apron, electric and sleeper ray）					

续表 11.6

地理位置		南太平洋	普拉塔斯岛（东沙），中国南海	圣布拉斯群岛，加勒比海，巴拿马	斯里兰卡	巴哈马岛
金线鱼科 (Nemipteridae)	金线鱼 (Spinecheek)	√	4			
箱鲀科 (Ostraciidae)	箱鲀 (Boxfish, cowfish or trunkfish)		1			
真鲈科 (Percichthyidae)	真鲈 (Temperate perch)					
拟鲈科 (Pinguipedidae)	拟鲈 (Sandperch)		1			
鲬科 (Platycephalidae)	鲬鱼 (Flathead)	√				
鳃棘鲈科 (Plectropomids)		√				
鳗鲇科 (Plotosidae)	鳗鲇 (Catfish)					
马鲅科 (Polynemidae)	马鲅 (Threadfin)			1		
盖刺鱼科 (Pomacanthidae)	神仙鱼 (Angelfish)		1	4	1	
雀鲷科 (Pomacentridae)	雀鲷 (Damselfish)		19	12	8	2
大眼鲷科 (Priacanthidae)	大眼鲷 (Bigeye)		1	1		
拟线鲅科 (Pseudogrammidae)		√				
蛇鲻科 (Sauridae)		√				
鹦嘴鱼科 (Scaridae)	鹦嘴鱼 (Parrotfish)	√	8	3	1	6
鲭科 (Scombridae)	鲭/马鲛鱼 (Mackerel)	√		3		
鲉科 (Scorpaenidae)	狮子鱼 (Lionfish)	√	3			
鮨科 (Serranidae)	石斑鱼 (Grouper)	√	4	7		3
蓝子鱼科 (Siganidae)	蓝子鱼 (Rabbitfish)		2		1	
鱚科 (Sillanginidae)	鱚 (Northern whiting)					

续表 11.6

	地理位置	南太平洋	普拉塔斯岛（东沙），中国南海	圣布拉斯群岛，加勒比海，巴拿马	斯里兰卡	巴哈马岛
鳎科（Soleidae）	鳎（Sole）	√				
剃刀鱼科（Solenostomidae）	鬼龙鱼（Ghost pipefish）					
鲷科（Sparidae）	鲷鱼（Porgies）					
魣科（Sphyraenidae）	梭鱼（Barracuda）	√	1	2		
海龙科（Syngnathidae）	海马和海龙（Seahorse and pipefish）		1	2		
狗母鱼科（Synodontidae）	蜥鱼（Lizardfish）		2	1		
鲷科（Teraponidae）	鲷（Grunter or thornfish）			3		
鲀科（Tetraodontidae）	河豚（Puffer）	√				
三鳍鳚科（Tripterygiidae）	三鳍鳚（Threefin blenny）			1		
瞻星鱼科（Uranoscopidae）	鲼（Stargazer）			1		
镰鱼科（Zanclidae）	镰鱼（Moorish idol）		1			

潮间带在空间尺度上也是碎片化的。每一种潮间带生境的形成，基本上都是由于不同程度的波浪作用，使海岸线交替地暴露和遮蔽。也就是说，每种生境类型都是斑块状和不连续的，例如，岩石海岸通常被绵延的沙滩分开，反之亦然；红树林和泥滩仅出现在有遮蔽的海湾中，而珊瑚礁的出现受纬向的温度梯度的限制并处于温暖的海洋循环型式内。那些有不同程度隔离的潮间带地区，如岩石海岸，是鱼类群落在趋同进化后能够增强它们对潮间带环境适应能力的地方（Horn，1999）。温带岩石海洋鱼类在3个功能特征上证明了这种趋同适应，即耐旱、呼吸空气和亲代抚育（Horn，1999）。

这表明，居住在大波动环境中的种群在整个表型可塑性方面有所增加（Soares et al.，1999）。在一个种群基因型内的表型可塑性被认为是适应环境的最重要机理（Bradshaw，1965）。这一点已经在潮间带的鱼——花斑溪鳉（*Rivulus marmoratus*）得到证实，它在对生物（食物）和非生物（温度和盐度）因素的反应中表现出相当显著的表型变异（Lin and Dunson，1995）。

Chiba（1998）提出的模型表明，在最不稳定的环境中，能够促进低的内在生长率和高的负载力性状，即个体小、繁殖力高和体型简单，会更倾向于进化。在大灭绝期间，生活在不稳定浅海的类群比生活在稳定深海的类群有更高的灭绝率（Jablonski，1986；Hallam，1987）。然而，在正常时期或正常灭绝的情况下，情况正好相反（Ward and Signor，1983）。因此，机会主义（Opportunistic）生活史（r-策略）的特征在潮间带等压力较大的环境中会更有利。

古生物学研究表明，潮间带是大多数鱼类（和其他脊椎动物）的发源地，也是鱼类征服开放海洋和淡水系统的地方，以及四足动物进入陆地领域的地方（Schultze，1999）。

化石记录表明，无颌类出现于5.1亿年前至4.39亿年前奥陶纪的潮间带中。这些潮间带脊椎动物更频繁地出现在下古生代［前志留纪（4.39亿年前至4.09亿年前）和泥盆纪（4.09亿年前至3.63亿年前）］的岩石中。许多早期鱼类，如志留纪和泥盆纪早期的盾皮类、软骨鱼近亲的蒙古鲨（Mongolepids）、志留纪早期至二叠纪晚期的棘鱼类，都出现在浅海和潮间带沉积物中（Goujet，1984；Karatajute-Talima and predtechensky，1995；Schultze，1996a）。最早的硬骨鱼也出现在志留纪晚期的海岸带区域。

这些早期鱼类可能已经从海洋环境迁移到淡水中。已知的从志留纪早期到二叠纪晚期的棘鱼类直到泥盆纪晚期埃斯屈米纳克形成（Upper Devonian Escuminac Formation）时期才出现在淡水环境中。异棘鲨（*Xenacanths*）是一群软骨鱼类，在石炭纪（3.63亿年前至2.90亿年前）和二叠纪（2.90亿年前至2.45亿年前）的淡水和潟湖海洋沉积物中很常见（Schultze，1996a）。志留纪和泥盆纪早期海洋近岸沉积物中存在鳞片，代表这里出现了最早的辐鳍鱼类（actinopterygians）（Schultze，1996a）。辐鳍鱼类在泥盆纪时就已经散布到开阔的海洋环境中，并且可能在那个时候也已经进入了淡水环境。在石炭纪，大多数鱼类，板鳃类（elasmobranchs）、棘鱼类（acanthodians）、辐鳍鱼类（actinopterygians）、空棘鱼类（actinistians）、扇鳍鱼类（rhipidistians）和肺鱼类（dipnoans）在海洋和淡水环境中都有发现（Schultze，1999）。和四足动物亲缘关系最近的希望螈目（Elpistostegalia）属于出现在泥盆纪晚期的潮间带沉积物的沿海区鱼类（Schultze，1996b）。希望螈目和早期四足动物表现出对潮间带和潮上带的适应，例如高的眼眶位置和中位骨支撑，和如今的弹涂鱼眼睛类似（Schultze，1997）。

已知的最古老的造礁珊瑚虫出现在三叠纪中期（2.45 亿年前至 2.08 亿年前）的浅水区特提斯海（Tethys sea），随后在侏罗纪晚期（2.08 亿年前至 1.46 亿年前）开始造礁，并在白垩纪晚期形成了"现代"的热带珊瑚礁（Wells，1956；Rosen，1988）。一般认为，在特提斯海沿岸，红树林系统最早出现于白垩纪晚期（1.46 亿年前至 0.65 亿年前）和第三纪早期（距今 6500~1600000 年），随后，属的多样化出现于第三纪晚期（Hutchings and Saenger，1987；Ellison et al.，1999）。最古老的海草化石出现在白垩纪，然后在始新世晚期出现了现代的海草（大约 4000 万年前；Hemminga and Duarte，2000）。珊瑚礁鱼类的早期类型是鲈形目，起源于白垩纪晚期（约 7500 万年前），然后现代珊瑚礁鱼类的最早记录是在始新世（约 5000 万年前）（Bellwood，1996，1997；Bellwood and Wainwright，2002）。鱼的目（order）在始新世（1 亿年前至 5000 万年前）明显增加（Budyko et al.，1985），这时全球平均气温大约是 23 ℃（Budyko et al.，1985）。5000 万年前全球平均气温在 20 ℃左右波动，随后降低至如今的 15 ℃。像红树林、海草床和珊瑚礁这类热带生态系统，在那个时候应该有更广泛的纬度分布。红树林和潮间带海草床的鱼类，和珊瑚礁鱼类类似，是在这些广泛分布的热带生态系统出现后进化而来的。虽然潮间带鱼类和开放水域鱼类都出现在三叠纪之前，但和这些相对现代的生态系统相关的鱼类仍然更有可能来自潮间带和浅水物种，而不是远海物种，这遵循了"环境稳定性下降，表型可塑性增加"的规律（Soares et al.，1999）。有一个例子可以支持浅海是鱼类物种形成的地方，即地质年龄非常年轻，100 万~800 万年前由火山喷发形成的亚述尔群岛（Azores Archipelago）。在那里的 462 种海洋鱼类中，包括浅水、远洋和深水鱼类，只有 1 种浅水鱼是当地特有的（Morton and Britton，2000）。因此，这种特有的鱼应该是 100 万~800 万年前在亚速尔群岛的浅水中进化而来的。

11.1.4　全球变暖对热带浅水环境的潜在影响

由于气候变化，预计在未来 50 年全球气温将升高 2~4 ℃（Southward et al.，1995；Somero and Hofmann，1997）。如此大的温度变化会影响动物的生理和生态现状，尤其是当温度变化接近温度耐受上限时。由于一些水生动物生活在接近温度耐受极限的环境中，因此哪怕水温仅升高几摄氏度，都可能威胁到它们的存活（Logue et al.，1995）。

厄尔尼诺现象会加剧全球变暖对水生动物的影响，特别是在夏季，因为它会使赤道太平洋海洋的温度升高。例如，1997—1998 年的厄尔尼诺/南方振动（ENSO）异常剧烈（Izaurralde et al.，1999），导致了那年的气温是 150 年来最热的（Wilkinson et al.，1999）。在 1998 年的 ENSO 期间，印度洋的气温经常比正常温度高 3~5 ℃，从而导致珊瑚礁变白并死亡（Wilkinson et al.，1999）。1998 年，在印度安达曼群岛附近（Ravindran et al.，1999）和澳大利亚大堡礁（Berkelmans and Oliver，1999）周围也观察到了严重的珊瑚礁褪色。有报告表明，在 1997—1998 年 ENSO 期间，加利福尼亚附近的鱼类种群动态受到影响（Richards and Engle，2001；Sánchez-Velasco et al.，2002）。1996年、1998 年和 1999 年秋季，新西兰的海表温度（SST）高于平均水平并且发现了很多新的鱼类物种出现（Francis et al.，1999）。1982—1983 年，在栖息于加利福尼亚中部和北部海岸的寡平鲉（*Sebastes entomelas*）和黄尾平鲉（*Sebastes flavidus*）中也发现了耳石生长的减少，这与剧烈的厄尔尼诺现象相吻合（Woodbury，1999）。加拉帕戈斯群岛的 44 种珊瑚礁鱼类雀鲷科（Pomacentridae）中有 41 种的耳石生长受到了抑制，原因是环境和（或）生长条件发生了重大变化，这与 1982—1983 年厄尔尼诺事件的发生时间相对应（Meekan et al.，1999）。这些报告表明，在 ENSO 期间，海洋温度升高了仅几摄氏度就会对广阔海域珊瑚礁的存活和鱼类的种群动态产生重大影响。

Reid 等（1995，1998）报道，对较低的环境温度额外升高 2 ℃ 可使虹鳟鱼（*Oncorhynchus mykiss*）幼鱼的生长率和蛋白质转化率提高约 16%。然而，夏季最高外周气温升高 2 ℃ 会导致鱼的生长率和蛋白质转化率都降低 20%。这些结果表明，环境水温可以显著影响鱼类细胞蛋白的转化和生长速率，额外温度的影响可以根据原始环境温度及季节而改变（Morgan et al.，2001）。也有可能存在一个临界阈值温度，当温度低于该阈值时，对生长和蛋白质转化率产生正效应，而当温度高于该阈值时则为负的效应。若当前的环境温度已经接近该阈值温度，则水温的轻微升高可能会对鱼类的生理机能和新陈代谢产生重大影响。实际上，Nakano 等（2004）发现，当海洋温度仅升高 1 ℃ 时，条纹豆娘鱼（*Abudefduf vaigiensis*）细胞内 HSP70 表达模式和生长速率就发生了变化。在实验室进行的热激实验中，观察到在 32 ℃ 时鱼的死亡率为 50%，这仅比当时的海洋温度高了 2 ℃。这些报告提出了一种可能性，即尽管全球年平均温度的增长率较低，但夏季的白天最高温度只要增加几摄氏度就可能使许多变温动物致命，特别是在热带潮间带环境中，那里的鱼类已经暴露在相当高的温度下。

这样看来，全球变暖将导致那些无法让自身重新分布的温带物种灭绝，然而，由此导致在更广泛的浅海区域可能会重复始新世发生的那些现象。也就是，热带生态系统和鱼类的纬度分布较广，鱼类种类通过适应热带环境条件而变得更为多样化。

11.2 呼吸的适应

如第 11.1 节所述，热带潮间带环境与诸如温度、pH、盐度、氧气和二氧化碳水平等物理参数的快速变化有关。在白天浸水期间，升温极大地影响了鱼类的代谢率。温度仅改变 1 ℃ 即可改变 10% 的生物反应速率（Hochachka and Somero，1984；Prosser，1986；Cossins and Bowler，1987）。随着温度的升高，细胞中对 ATP 的需求量也随之增加，进而需要在肝脏和肌肉等器官中产生更多的 ATP。代谢随着温度的升高而升高，从而使 ATP 供应与需求匹配。鳃通气速率和心脏血液输出量随温度升高而增加，以维持向组织输送氧气。潮间带和非潮间带鱼类的耗氧率对温度变化的反应方式相似（Bridges，1988）。另外，水中低氧是潮间带环境中的常见现象。氧气低的有效性加剧了由温度升高而导致的能量需求增加的问题。因此，栖息于这些环境中的鱼类必须具有适应缺氧的能力，以维持对身体的足够能量供应。

许多热带潮间带鱼类呼吸空气大概是为了适应水中低氧。但是，呼吸空气的鱼类需要处理由水中呼吸到空气呼吸过渡有关的额外问题。这些问题将于下文以几个合适的适应形式一起进行论述。在本节中，将介绍在鳃、口咽腔、皮肤和血液中观察到的呼吸适应。还将提出有关潮间带特定适应可能存在的一些思考（见第 12 章）。

11.2.1　鳃的适应

11.2.1.1　形态的适应

在空中暴露期间，由于缺少水分产生的浮力，鱼鳃面临萎缩的问题，并且由于水表面张力而导致次生鳃瓣粘连的问题。两者都减少了气体交换的有效表面积。此外，鳃还面临着干燥的危险。一些热带潮间带鱼类具有很适合于空气呼吸的鳃。不同种类的鱼类占据不同的生态位。一些种类会占据高潮区，另一些种类则更倾向于低潮区，并为此花费更多时间沉浸在水里。这些鱼类鳃的形态是不同的，反映了它们的生活方式。有些适合呼吸空气，有些则不太适合。对 3 种占据不同生态位的弹涂鱼的鳃进行的比较研究表明，它们在适应性方面存在差异（Low et al.，1988）。许氏齿弹涂鱼（*Periophthalmodon schlosseri*）所在的潮间带泥滩洞穴位置比薄氏大弹涂鱼（*Boleophthalmus boddaerti*）更高。金点弹涂鱼（*Periophthalmus chrysospilos*）栖息在靠近泥滩的滨海带。就生活方式而言，许氏齿弹涂鱼在陆地上花费的时间最多，其次是金点弹涂鱼，然后是薄氏大弹涂鱼。事实证明，这三种弹涂鱼的次级鳃瓣表面高度折叠，大大增加了它们用于气体交换的表面积（Low et al.，1988）。鳃上皮细胞上也有凸起脊，可能起到对黏液的支撑作用。黏液可能具有两个功能：防止干燥和防止薄片之间因摩擦而受损。

除上述适应外，许氏齿弹涂鱼还具有分支的鳃丝。与未分支的鳃丝相比，这会产生更大的表面积并从鳃弓获得更多的骨骼支撑。许氏齿弹涂鱼鳃中最有意义的适应方法可能是它具有广泛融合的次级鳃瓣。水将被这种融合形成的鳃瓣之间的空间截留，这可以进一步降低暴露在空气中的干燥风险。在弓鳍鱼（*Amia calva*）中也发现了类似的次级鳃瓣融合（Daxboeck et al.，1981）。但是，这种融合会增加水在次级鳃瓣之间流过的阻力，使鳃不适合进行水中呼吸。与薄氏大弹涂鱼相比，许氏齿弹涂鱼具有更少、更短的鳃丝，因此鳃的面积更小。随后的研究表明，许氏齿弹涂鱼在陆地上的呼吸比在水中更有效率（Kok et al.，1998；Takeda et al.，1999）。另外，金点弹涂鱼的次生鳃瓣不融合，但鳃丝尖端的体积缩小。这种形态使其拥有较大的和空气接触的鳃表面积，即使鳃丝粘在一起，它也可以与空气接触。薄氏大弹涂鱼的鳃最适合水中呼吸。它具有最大的表面积和最长鳃丝的最大数量。鳃丝较长也意味着薄氏大弹涂鱼不太适合呼吸空气。这是因为鳃丝越长，它在空气中越容易塌陷和粘连。Kok 等（1998）表明，它在水中呼吸的能力比在空气中强。

11.2.1.2　生化适应

鱼鳃通常被认为是消耗乳酸的器官（Mommsen，1984）。因此，氧化乳酸的心脏型乳酸脱氢酶（LDH）被认为是鳃中主要的同工酶。然而，Low 等（1992）发现，在许氏齿弹涂鱼（*Periophthalmodon schlosseri*）和金点弹涂鱼（*Periophthalmus chrysospilos*）的鳃中，肌肉型 LDH 是主要的同工酶。如第 11.1 节所述（Low et al.，1988；Kok et al.，1998；Takeda et al.，1999），这可能是因为这两种鱼鳃的形态不能很好地适应在水中呼吸。暴露于缺氧水体（0.8 μL/mL）6 h 后，金点弹涂鱼和许氏齿弹涂鱼鳃中的乳酸含量显著增加，而可以在水中完美地进行呼吸的薄氏大弹涂鱼则没有（Ip and Low，1990；Ip et al.，1990；Low et al.，1993）。肌肉型 LDH 属于丙酮酸还原型，当氧气供应不足时，可促进组织中的氧化还原平衡。此外，发现许氏齿弹涂鱼鳃中的许多糖酵解酶［如磷酸果糖激酶 – 1（PFK – 1）和丙酮酸激酶（PK）］的活性均高于薄氏大弹涂鱼（Low et al.，1993）。因此，尽管与薄氏大弹涂鱼鳃相比，许氏齿弹涂鱼鳃的水中呼吸效率较低，但鳃仍可通过维持厌氧糖酵解而在低氧状态下发挥作用。加上第 11.1 节所述的鳃的独特形态，许氏齿弹涂鱼鳃的高糖酵解能力可以看作对热带潮间带环境中呼吸空气和低氧的一系列适应。

11.2.1.3　空气中的二氧化碳排放

热带潮间带鱼类面临着暴露在空气中时排泄二氧化碳的潜在问题。二氧化碳在溶液中以 CO_2 分子或是 HCO_3^- 的形式存在，并且在生理 pH 范围内，二氧化碳大多以后一种形式存在于溶液中。细胞膜对带电荷的 HCO_3^- 是不可渗透的，因此二氧化碳必须以 CO_2 分子的形式穿过膜。在水生呼吸过程中，穿过呼吸上皮细胞膜和进入周围水环境中的大部分 CO_2 分子通过水合作用变成 HCO_3^-。空气中的呼吸作用并非如此，其中 CO_2 分子会像在空气中一样始终保持该形态。这造成了一种结果，假设其他因素（如通气量）相同，水生呼吸的鱼体 – 环境的 P_{CO_2} 梯度要比空中呼吸的 P_{CO_2} 梯度大。因此，当潮间带鱼类从水中出来时，二氧化碳的排泄可能成为一个挑战。血液气体数据表明，暴露于空气中 24 h 后许氏齿弹涂鱼中的总二氧化碳含量显著增加（Kok et al.，1998）。

尽管有数据显示血液中的二氧化碳含量会升高，但许多潮间鱼的呼吸交换率（RE，respiratory exchange ratio）不论是在空气中还是在水中都保持不变。已经获得的 RE 都在 0.7～1.0 之间（Bridges，1988；Martin，1993，1995）。这意味着这些潮间带鱼类即使在空气中也具有排泄二氧化碳的能力。弹涂鱼在空气暴露期间，血液中二氧化碳含量的增加（Kok et al.，1998）导致血液中 P_{CO_2} 含量升高，因此鱼体 – 环境之间的 P_{CO_2} 梯度增加，从而保持了在空气中正常排泄二氧化碳。这种现象可能也发生在其他潮间带鱼类中。

与血管内内皮细胞膜相关的碳酸酐酶（CA）最近发现存在于两栖类、爬行动物、鸟类和哺乳类动物的气体交换器官中（Stabenau and Heming，2003）。另外，硬骨鱼的鳃中只有细胞内 CA。尽管软骨鱼的鳃中已发现血管内 CA（Wood et al.，1994；Wilson et al.，2000b；Gilmour et al.，2002），但在硬骨鱼的鳃中未发现。然而，有报道称，血管内 CA 存在于弓鳍鱼（*Amia calva*）的气鳔中，它是一种呼吸空气的硬骨鱼（Gervais and Tufts，1998）。许多热带潮间带鱼类是呼吸空气的。有些鱼甚至在空气中主要依靠鳃来进行气体交换,如许氏齿弹涂鱼(*Periophthalmodon schlosseri*)(Kok et al.,1998)。因此,产生了一个有趣的问题:这些热带潮间带鱼类的鳃中是否存在血管内 CA?

碳酸酐酶催化分子 CO_2 和 HCO_3^- 的相互转化,并在二氧化碳的运输和排泄中起重要作用。在血浆中二氧化碳运输主要是以 HCO_3^- 的形式。在硬骨鱼的鳃中,没有血管内 CA,HCO_3^- 必须通过 Cl^-/HCO_3^- 交换器进入红细胞(RBC),通过 RBC 内部的细胞内 CA 转化为分子 CO_2,扩散透过 RBC 细胞膜进入血浆,然后扩散透过鳃上皮细胞的细胞膜进入环境水中(Tufts and Perry,1998)。二氧化碳排泄过程中的限速步骤(rate-limiting step)被认为是受到 HCO_3^- 通过 Cl^-/HCO_3^- 交换器进入 RBC 的影响(Perry and Gilmour,1993)。如果绕开 Cl^-/HCO_3^- 交换的步骤,血管内 CA 的存在可以潜在地加快上述过程。这些可认为是血管内 CA 在气体交换器官中的生理功能(Heming et al.,1993,1994)。

但是,正如 Henry 和 Swenson(2000)指出的那样,气体交换器官中由血管内 CA 引起的二氧化碳排泄量增加并不明显。这是因为 RBC 比气体交换器官具有更多的 CA 活性,且比血浆具有更大的缓冲能力。血浆中为 HCO_3^- 的脱水反应供应的质子可能较为有限,红细胞内血红蛋白的质子供应相对要大得多(Heming and Bidani,1992)。因此,尽管血浆中 CA 的有效性,但大多数 HCO_3^- 脱水反应仍会在 RBC 内部发生。血管内 CA 的活性很可能涉及影响离开气体交换器官的血液中的 pH/CO_2 不平衡(Gilmour,1998)。

不管血管内 CA 的生理功能如何,实际上许多空气呼吸鱼类在气体交换器官中都具有这种酶,这可能表明它们存在于空气呼吸的潮间鱼类的鳃甚至是皮肤中。

11.2.2 口咽腔和皮肤的适应

与鳃相比,对鱼类口咽腔和皮肤的研究相对较少。关于鳃的较多研究可能是由于鳃不仅大量参与了气体交换,而且参与了含氮废物的排泄及渗透调节和酸碱调节。然而,皮肤和一些鱼类的口咽腔仍大量参与了呼吸作用(Tamura et al.,1976;Nonnotte and Kirsch,1978;Steffensen et al.,1981;Meredith et al.,1982;Sacca and Burggren,1982)。Feder 和 Burggren(1985)全面地综述了脊椎动物中的皮肤气体交换。本小节将重点讨论热带潮间鱼类皮肤和口咽腔的呼吸作用。

对于经常离开水域的鱼类来说,通过皮肤进行呼吸是一种重要适应(Randall et al.,1981)。这是因为在出水期间,鳃通常会因为鳃丝的塌陷而不能作为有效的呼吸器官(这可能不包括具有特殊适应性的鳃)。许多热带潮间带鱼类在出水时都严重依赖皮肤呼吸,例如,银线弹涂鱼(*Periophthalmus sobrinus*)(Teal and Carey,1967)、大头沼爬鳉(*Mnierpes macrocephalus*)(Graham,1973)、弹涂鱼(*Periophthalmus cantonensis*)和青弹涂鱼(*Boleophthalmus chinensis*)(Tamura et al.,1976)、穴栖无眉鳚(*Blennius pholis*)(Pelster et al.,1988)和臀斜杜父鱼(*Clinocottus analis*)(Martin,1991)。值得注意的是,皮肤本身通常具有高的耗氧率,可能是由于它具有调节离子和产生黏液的功能。Nonnotte(1981)发现,许多鱼类(如虹鳟鱼和鲫鱼)的皮肤耗氧率等于或超过了氧气穿过皮肤的转运总量。其他一些鱼类（如鳎鱼和比目鱼）的皮肤耗氧率低于皮肤吸收率（Graham，1976；Nonnotte and Kirsch，1978），并且其中的部分氧气必须从血液中补充。因此，热带潮间鱼类的皮肤呼吸是否有利于皮肤本身以外的器官，仍有待确定。

在青弹涂鱼（*Boleophthalmus chinensis*）和弹涂鱼（*Periophthalmus cantonensis*）中发现，与水下淹没相比，离水期间它们对皮肤呼吸的依赖性增加了（Tamura et al.，1976）。自 Tamura 等（1976）的工作以来，还没有关于潮间带鱼类在空气和水中皮肤呼吸作用的相对重要性的类似研究，尽管有一些研究是关于淡水鱼类的（Sacca and Burggren，1982）。目前尚不清楚热带潮间带呼吸空气鱼类对皮肤呼吸依赖性增加是否是它们普遍选择的适应措施。有人提出，空气暴露期间皮肤中毛细血管的募集是皮肤呼吸增加的作用机理（Sacca and Burggren，1982）。

热带潮间带鱼类皮肤的组织学研究表明，毛细血管渗透到表皮中是对呼吸的一种适应。这就导致了空气-血液扩散距离减少。在不同种类的弹涂鱼中，检测到经常暴露于空气中的头部和背部皮肤中的空气-血液扩散距离缩小在 $2\sim6~\mu m$ 范围内（Al-Kadhomiy and Hughes，1988；Yokoya and Tamura，1992；Zhang et al.，2000；Park，2002）。相比之下，经常浸在水中的腹部和尾部，皮肤中的毛细血管通常位于表皮以下的区域（Zhang et al.，2000）。花斑溪鳉（*Rivulus marmoratus*）背部前段和背部中段的毛细血管也位于表皮下 $1~\mu m$ 以内（Grizzle and Thiyagarajah，1987）。

在离水期间，鱼的表皮可能有干燥的风险。两栖型潮间带鱼类（如弹涂鱼和鳎鱼）的皮肤表面很黏（Whitear and Mittal，1984；Yokoya and Tamura，1992）。Lillywhite 和 Maderson（1988）提出，分泌到表皮上的黏液层是对离水的一种适应，因为它可以减少表皮细胞的直接蒸发。杯状细胞存在于大弹涂鱼（*Boleophthalmus pectinirostris*）的皮肤中，是黏液产生的部位（Yokoya and Tamura，1992）。然而，弹涂鱼（*Periophthalmus cantonensis*）和大西洋弹涂鱼（*Periophthalmus koelreuteri*）的皮肤中，没有出现杯状细胞（Yokoya and Tamura，1992）。这些鱼的黏液是由表皮中的上皮细胞产生的。除黏液层外，在大弹涂鱼属（*Boleophthalmus*）和弹涂鱼属（*Periophthalmus*）的皮肤中层还发现了空泡细胞（Whitear，1986，1988；Yokoya and Tamura，1992）。这些细胞除黏液外还含有大量水分，可以进一步防止干燥。在热带潮间鱼类中，口咽腔也被认为是一个重要的呼吸器官，因为口咽腔内部血管很丰富。许多鱼类的口咽腔的容积很大，这使得鱼在低氧含量的水中时可以容纳大量空气。此外，在许氏齿弹涂鱼（*Periophthalmodon schlosseri*）中观察到，鳃盖骨又大又薄，容易变形，从而在屏气时可以增大口咽腔的容积（Aguilar et al.，2000）。许氏齿弹涂鱼口咽腔中的毛细血管在上皮内，血液与水之间的扩散距离小于 $1~\mu m$（Wilson et al.，1999）。

总之，在严重依靠空气呼吸鱼类的皮肤和口咽腔的表皮中发现了毛细血管。这种形态学的布局减少了血液与空气之间的扩散距离，从而提高了气体交换效率。对于经常直接暴露在空气中的皮肤部分，通常会有黏液，以最大限度地减少表皮干燥。

11.2.3 血液适应

鱼类血液的气体功能是将氧气从摄取部位转运到利用它的地方，并将二氧化碳按反方向运输。但是，要确切地了解血液是如何进行转运的及不同参数如何影响所涉及的过程则相对较为困难。血红蛋白浓度和红细胞比容值的增加提高了血液的携氧能力，并增加了氧气进入血液和从血液释放的能力。已知温度、pH、有机磷酸盐浓度及 O_2 和 CO_2 含量的增加会影响血红蛋白的氧亲和力（Weber and Wells，1989；Nikinmaa，1990）。因此，对这些参数中的一些或全部进行调节以保证在变化的外部环境中维持适当的氧气输送是很复杂的。

尽管已经花费了大量精力对鱼类的血液特性及其环境适应性进行了研究，但是关于热带潮间鱼类的数据仍然很少。目前尚不清楚热带潮间带鱼类的血液如何适应环境参数不断地变化。尽管如此，由于大多数热带潮间带鱼类是呼吸空气的，因此对其他两栖鱼类血液的研究可能会增进我们对这一类群鱼类血液适应性的了解。所有空气呼吸鱼类所面临的一个问题是，呼吸器官（air breathing organ，ABO）从空气中获取的氧气将通过鳃流失到低氧水（它们会经常遇到的）中，因为 ABO 和鳃是连在一起的。但是，许多鱼类都有分流系统，使含氧的血液绕过鳃（Ishimatsu and Itazawa，1983）；或者血红蛋白的亲和力很高，可以减少从血液穿过鳃到水中的氧气损失（Daxboeck et al.，1981）。有研究观察到，空气呼吸鱼类的血红蛋白浓度和红细胞比容值很高（Graham，1997）。血红蛋白浓度和红细胞比容值是从对银线弹涂鱼（*Periophthalmus sobrinus*）和薄氏大弹涂鱼（*Boleophthalmus boddaerti*）血液的一些研究中获得的，血红蛋白浓度和红细胞比容值很高（血液血红蛋白浓度为 14%～17%，红细胞比容约为 50%）（Pradhan，1961；Vivekanandan and Pandian，1979；Manickam 和 Natarajan，1985）。有学者认为，随着对空气呼吸的依赖性增加，血氧亲和力通常会下降（Lenfant and Johansen，1967；Johansen and Lenfant，1972）。这可能被视为有利于组织中氧气的释放（由于空气中氧气供应的增加，氧气运载不是问题）。对亚马孙河中水生呼吸和空气呼吸的淡水鱼类 Hb 的氧亲和力的一项对比研究支持了这一理论（Johansen et al.，1978）。但是，Powers 等（1979）进行的另一项研究的结果似乎否定了这一理论。这些作者未能发现在水生呼吸鱼类和空气呼吸鱼类中 Hb 的氧亲和力之间存在显著差异。Morris 和 Bridges（1994）后来解决了这个明显的矛盾。当他们检测 pH 与 P_{50}（Hb 的氧亲和力达到 50% 的 P_{O_2}）之间的关系，而不是 Powers 等（1979 年）的研究所检测的 P_{CO_2} 与 P_{50} 之间的关系，其中存在一个明显的趋势，即从水生呼吸到专性空气呼吸鱼类，它们的 P_{50} 值会逐渐增加（Morris and Bridges，1994）。然而，Graham（1997）指出，来自 2 种热带潮间带鱼长颌姬鰕虎鱼（*Gillichthys mirabilis*）和大西洋弹涂鱼（*Periophthalmus barbarus*）的研究数据冲击了这一趋势，因为前者（一种兼性空气呼吸的鱼）显示的血红蛋白的氧亲和力低于后者（一种两栖型的鱼）。未来需要做进一步的比较，以确认是否存在这种趋势。

在处理热带潮间带鱼类的血液适应问题时，也许最有趣也是最具挑战性的主题是如何忍耐环境参数（例如 pH、温度、CO_2 和 O_2 水平）的快速变化。例如，当被困在少量水中而面临温度升高和环境氧气含量降低的胁迫时，它们是会降低血液中有机磷酸盐（如 ATP 和 GTP）的浓度以提高血红蛋白的氧亲和力呢（Wood and Johansen，1972；Greaney and Powers，1978；Val et al.，1995；Val，2000），还是会调整血红蛋白浓度和红细胞比容值以增加携氧能力？它们的血红蛋白是否会具有极小或没有玻尔或鲁特效应（Bohr or Root effect），以便在高温、高碳酸血症和/或低 pH 下仍能进行正常生理活动？考虑到在热带潮间带环境中发现的栖息地范围，我们可能会期望不同鱼类的适应具有多样性，每种鱼都有一系列特征以适应本土栖息地。Val（2000）表明，某些热带种类的红细胞 GTP 和 ATP 浓度会在几分钟内发生变化，其速度足以弥补短期缺氧。GTP 变化比 ATP 变化更快。尚不清楚这种变化是否会发生在潮间鱼类中。

另一个可能对热带潮间带鱼类有利的特征是血红蛋白多重性。许多鱼类具有 1 种以上的血红蛋白（Riggs，1970，1979；Weber，1990）。阳极溶解的血红蛋白（等电点 pI 低）对温度和 pH 较敏感，通常会伴随着较大的玻尔或鲁特效应。阴极血红蛋白（具有较高的 pI）对温度和 pH 相对不敏感，并且可能具有较高的氧亲和力。Brix 等（1998，1999）从他们对新西兰鱼类的研究中得出结论，那些在氧含量不稳定生境中的鱼类倾向于拥有阴极血红蛋白。由于热带潮间带环境具有氧含量不稳定的特点，因此我们可以期望那里的鱼类也具有阴极血红蛋白。未来进一步的研究可以验证这一假设。

总之，潮间带热带鱼类的血液可能具有适应性，即使在快速的环境变化中也能保持相对恒定的血红蛋白氧亲和力。据推测，红细胞的 GTP 和 ATP 水平会迅速变化，以补偿因环境参数变化产生的效应。血红蛋白的多重性也可能是在这些鱼类中发现的另一种适应。

11.3　对高温的生理和分子适应

一般来说，鱼类无法维持周围环境和它们身体之间的热不平衡，因为水的比热很高，氧含量很低，以及鳃的相关设计会促进鱼体与环境之间的快速热交换。鲭亚目（Scombroidei）的一些种类具有血管热交换器，使它们能够在身体的有些区域维持明显高于周围环境的温度（Block and Finnerty，1994），其他鱼类可能会表现出与高水平运动有关的肌肉温度短暂升高。除了这些例外，大多数鱼类的体温都保持与周围水相差在 ±1 ℃ 以内（Hazel and Prosser，1974）。水温的变化会直接影响鱼类的体温，从而影响其代谢过程。

鱼类的热生理是多种多样的。当处于低潮期时，鱼类栖息的潮池与海洋隔离开来，潮池的水温会迅速升高。鱼类可以通过周围和中央热感受器感知环境温度的变化（Crawshaw，1977，1979）。当周围环境温度升高时，鱼类首先可以通过选择海洋或河流中较冷的水来调节温度（行为温度调节）。但是，在浅水区（如在潮池中），鱼的选择可能会受到限制。通常，鱼必须处在高温中，直到温度自然下降（如在涨潮时）。当遭受到这些明显的热波动时，这些广温性的鱼类似乎具有一些有利于生存的生理特征。

11.3.1 细胞蛋白的稳定性

酶控制着生物体内的化学反应。酶是不耐热的蛋白质，需要特定且复杂的 3D 构象才能发挥作用，并且会在高温下变性。如上所述，当温度升高时，机体的整体代谢率通常会升高。但是，当温度超过酶变性的阈值时，随着这种变性酶的数量增加，代谢率会降低。使细胞蛋白质变性的最低温度和动物的狭温性与广温性有很大的关系（Somero, 1995; Somero et al., 1996）。生物体几乎占据了地球的每个角落，生境温度范围从 -50 ℃ 到 110 ℃ 不等。然而，生物体只有 20 个氨基酸可以构成其所有细胞蛋白。Fields (2001) 综述了蛋白质稳定性对物种特异性热生境的惊人适应。通过对氨基酸序列稍稍修饰，生物体就可以在生理温度范围内保持功能蛋白的稳定性和灵活性之间的适当平衡。例如，在一个测试温度下，适应温暖环境的物种中的 A_4-乳酸脱氢酶（LDH）丙酮酸的米氏常数（K_m）值低于适应寒冷环境的物种的米氏常数（K_m），表明适应温暖环境的物种的 A_4-LDH 本质上在高温下具有更高的稳定性。在正常体温下对来自各种热生境的鱼类的同源 M4-LDH 进行分析时，丙酮酸的 K_m 值与生理体温下丙酮酸的静止浓度似乎是一致的，这意味着 LDH 最理想的功能温度已经进化到适应该物种的栖息地温度（Hochachka and Somero, 1984; Moerland, 1995; Fields, 2001）。广温性鱼类细胞蛋白质稳定性的基本机制尚未深入研究。但是，Fields (2001) 报道，与其他温带和南极的鱼类相比，一种极端广温性的潮间带鰕虎鱼，刺毛姬鰕虎鱼（*Gillichthys seta*）的丙酮酸的 A_4-LDH 的 K_m 值在变化的温度中更为稳定不变，表明该物种可以在广泛的温度范围内保持 A_4-LDH 的酶-底物亲和力。

当温度发生变化时，细胞内 pH 是决定细胞蛋白质功能的最重要因素之一（Sartoris et al., 2003），也就是说，温度升高时组织 pH 会降低。温度引起的细胞内 pH 的调节在广温性物种中通常是通过离子主动转运来实现的，而狭温性物种中则通常依赖被动转运机理，从而导致广温性物种中的细胞内 pH 变化要比狭温性物种慢一些（Sartoris and Portner, 1997; Portner and Sartoris, 1999）。同样，主动调节温度依赖 pH 的能力似乎对于栖息在热不稳定环境（如潮间带和河口）中的物种来说至关重要。有学者提出，较慢的 pH 变化对于栖息在热波动环境中的物种是有利的，它可以最大限度地减弱由于水温波动造成的快速且频繁的 pH 变化（Sartoris et al., 2003）。

11.3.2 分子伴侣

包括鱼类在内的各种生物能够通过表达少量特定的蛋白（热休克蛋白 HSPs 或应激蛋白 SPs）来应对不利条件或胁迫（如温度的急剧升高）（Gross, 1998）。热休克蛋白（HSPs）在生物体的热耐受性中起着关键作用（Lindquist and Craig, 1988; Sanchez and Lindquist, 1990; Pranddle et al., 1998; Soto et al., 1999）。它们在新合成蛋白质的折叠与转运，以及应激源导致蛋白变性受损的修复中起到了分子伴侣的作用（Hartl, 1996）。HSPs 的细胞水平与动物抗逆性之间的关联已为各种野外和实验室的研究所证实（Feder and Hofmann, 1999），而且，研究者认为 HSPs 的细胞水平是决定细胞保护水平、防止细胞的热损伤的重要因素，有助于提升动物的全身热耐受性。Ulmasov 等（1992）证明了在生理温度下几种蜥蜴的栖息地温度范围和 HSP70 水平之间存在相关性。Norris 等（1995 年）还报道了一种热带食蚊鱼——小花鳉（*Poeciliopsis gracilis*）的 HSP70 含量与其在 41 ℃下的存活时间呈正相关。这些作者得出的结论是，HSP70 表达的增加可能有助于提高这种鱼类的应激反应。

尽管热休克蛋白具有广泛的功能，这些功能对于细胞蛋白质稳态至关重要，但这些功能都基于热休克蛋白识别非结构化蛋白质的能力（Morimoto et al., 1990；Freeman et al., 1999；Santoro, 2000）。由于不同物种的细胞蛋白质变性的阈值温度是不同的，因此 HSP 的功能重要性可能会因物种所处的热生境不同而发生变化。事实上，对 HSPs 表达的基因表达中和细胞信号通道中进行重编程的灵活性在不同物种间似乎存在差异，这取决于其耐热性或适应能力（Horowitz, 2001）。HSP 的功能可能在进化过程中受到栖息地温度的影响，因此它可以通过减少环境温度变化对细胞蛋白质稳定性的影响来提高进化适应性。此外，合成 HSP 及维持这些蛋白质的功能可以代表细胞的主要能量需求（Hawkins, 1985；Houlihan, 1991；Martin et al., 1991）。Hightower 等（1999）证明增加 70 ku HSP（HSP70）水平的阈值温度和鱼类花鳉（*Poeciliopsis*）的热偏好之间密切相关。

潮间带无脊椎动物中细胞热休克反应的功能重要性已得到广泛研究。已知 HSP70 是在各种生物中由热刺激诱导的最丰富的蛋白质，并且认为它在应激条件下的生物耐受与存活中起重要作用（Parsell and Lindquist, 1993）。Hofmann 和 Somero（1996）证明北方潮间带的海湾贻贝（*Mytilus trossulus*）的 HSP70 合成诱导温度阈值低于南方的地中海贻贝（*M. galloprovincialis*），后者在较高温度下合成与诱发 HSP70 的整体强度要比前者高。Tomanek 和 Somero（1999）指出，潮间带较高区域的海蜗牛鳃中的 HSP70 升高和达到峰值的阈值温度高于潮间带低处的海蜗牛。Tomanek 和 Somero（2000）还证明，潮间带中部海蜗牛（*Tegula funebralis*）的各种 HSP 水平能比位于潮间带低处至潮下带的应激前海蜗牛（*T. brunnea*）更快地增加和回复到应激前水平（pre-stress level）。作者推想 *T. funebralis* 可能比 *T. brunnea* 更有能力赶在下一个低潮发生之前修复日间低潮期受到的蛋白质损伤。

尽管对 HSP 功能重要性的研究尚未像无脊椎动物那样在潮间带鱼类中开展，但 Nakano 和 Iwama（2002）证明，2 种潮间带杜父鱼的细胞 HSP70 的反应与它们栖息的热生境有关。寡杜父鱼（*Oligocottus maculosus*）和斯氏寡杜父鱼（*Oligocottus snyderi*）在阿拉斯加湾和加利福尼亚中部之间的北美洲西海岸潮间带很常见（Morris, 1960, 1962；Green, 1971），它们在形态、生态、摄食等方面很相似（Nakamura, 1970, 1971）。但是，寡杜父鱼在潮池高位和低位都有分布，而斯氏寡杜父鱼的垂直分布在低潮时并不会越过潮池低位和潮下带（Green, 1971；Nakamura, 1976a, b）。潮池高位的水温波动比低位更大（Green, 1967；Nakamura, 1976a）。因此，这种独特的垂直分布可能反映了这些物种的热耐受性差异。事实的确如此，面对更高的温度，寡杜父鱼比斯氏寡杜父鱼拥有较高的热耐受性（Nakamura, 1970, 1976a）。Nakano 和 Iwama（2002）证明，寡杜父鱼的 HSP70 具有更高的致死温度和诱发温度，它的肝脏 HSP70 水平对水温变化较不敏感，它比斯氏寡杜父鱼具有较高的天然组装的 HSP70 水平。作者得出结论，热敏感度较低的寡杜父鱼可能通过拥有大量的细胞 HSP70 来提高热耐受性，从而使其能够栖息在潮间带上部，承受相对较大且无法预测的水温波动。

11.4　渗透调节

11.4.1　离子调节

潮间带生境的鱼类每天都面临盐度变化，盐度变化通常是周期性的，并受潮汐影响。盐度的突然下降也可能是由强降雨和从河流输入的淡水，而盐度的增加可能是由低潮时过度蒸发造成的。大多数热带潮间带鱼类，尤其是河口鱼类，雨季时栖息地的盐度会从 30‰~33‰ 下降到 20‰~25‰。盐度小于 25‰ 可能会对热带海洋鱼类造成渗透压调节的问题。河口等潮间带生境的盐度变化会影响鱼类的空间分布类型（Martin，1988；Sheaves，1998；Prodocimo and Freire，2001）。热带和亚热带的大部分河口鱼类是广盐性的，能够适应从几乎是淡水（盐度小于 1‰）到至少 35‰ 的盐度（Blaber，2000）。例如，印度洋-太平洋海域具有较强耐盐性的鱼类有：海鲢（*Elops machnata*）（0‰~155‰）、康氏石鲈（*Pomadasys commersonnii*）（0‰~90‰）、镰大眼鲳（*Monodactylus falciformis*）（0‰~90‰）、鲻鱼（*Mugil cephalus*）（0‰~90‰）、平鲷（*Rhabdosargus sarba*）（1‰~80‰）、大鳞梭（*Liza macrolepis*）（1‰~75‰）、蠕纹篮子鱼（*Siganus vermiculatus*）（2‰~55‰）、南非吉氏鲱（*Gilchristella aestuaria*）（0‰~90‰）和南非双边鱼（*Ambassis natalensis*）（0‰~52‰）（Whitfield et al.，1981；Gundermann and Popper，1984；Whitfield，1996）。后两种也记录在高盐水域中，其他热带河口鱼类记录在淡水或 1‰ 盐度的水域中（Blaber，2000）。虽然生活在潮间带栖息地的广盐性鱼类能够承受较大的盐度范围，但它们有盐度偏好，例如，柯克氏跳弹鳚（*Alticus kirki*）可以生活在盐度 0‰~67‰ 之间的环境中，但它更偏好 30‰~40‰ 盐度的环境（Brown et al.，1991）。这种对盐度的偏好可能表示鱼在渗透调节中需要投入的最小能量。许多研究报道，鱼类调节渗透压的能量消耗大约占总能源预算的 10%，水体盐度会影响鱼类的代谢率、发育和生长（Plaut，1999a，b；Bœuf and Payan，2001）。

海洋鱼类的渗透调节发生在肾脏、鳃、皮肤、肠道、膀胱，以及在板鳃鱼类（elasmobranchs）中的一种特殊的盐直肠腺中（Rankin et al.，1983；Karnaky，1998）。激素系统也参与了盐水适应过程（Hanke et al.，1993；Evans，2002）。Evans（2002）综述了交叉激素系统（crossover hormonal systems）如何控制离子通过鳃上皮的运动。循环因子包括催乳素、皮质醇、生长激素和类胰岛素生长因子、甲状腺激素、钠尿肽、精氨酸催产素和血管紧张素，局部驱动因子包括肾上腺素/去甲肾上腺素、前列腺素、一氧化氮和内皮素（Evans，2002）。热带潮间带鱼类的部分离子调节机理已在弹涂鱼得到证明（Sakamoto et al.，2000；Sakamoto and Ando，2002）。

弹涂鱼能在 20% ～100% 盐度的海水中生存，并能在适应环境后耐受淡水（Clayton，1993）。在高盐度情况（新加坡海岸原位 30‰～34‰ 盐度海水）下，金点弹涂鱼（*Periophthalmus chrysospilos*）的 Na^+ 的内流和外流率都很高，Na^+，K^+-ATP 酶活性也增强。长期适应高盐度会使血浆 Na^+ 和 Cl^- 浓度增加。血浆中钠钾浓度的调节是短期的，但对高盐度的鱼类来说则是长期的，这会使血浆中 Na^+ 和 K^+ 含量增加。它们通过增加茚三酮物质（NPS）对细胞内的等渗调节进行了相应的调整（Lee et al.，1987）。在高盐度情况下，金点弹涂鱼（*P. chrysospilos*）肌肉和肝脏内起氨基化或去氨基化作用的谷氨酸脱氢酶（glutamate dehydrogenase，GDH）的水平也会增加（Chew and Ip，1990）。弹涂鱼（*Periophthalmus cantonensis*）在暴露于 80% 海水中时，GDH 和游离氨基酸也表现出类似的增加反应（Iwata et al.，1981）。当金点弹涂鱼暴露于低渗环境时，细胞核和催乳素细胞的体积会增加，这说明催乳素在淡水渗透调节中发挥重要作用（Ogasawara et al.，1991）。

在新加坡泥滩原地 8‰～25‰ 的微咸水体中，薄氏大弹涂鱼（*Boleophthalmus boddaerti*）的 NPS 和 GDH 水平相比于在高盐度水体中没有变化（Chew and Ip，1990）。这是因为薄氏大弹涂鱼每天 2 次自然地暴露在潮汐和盐度波动中，持续合成和降解用于渗透调节的 NPS 和 FAA 是低效能的。这种弹涂鱼是选择了行为适应来避免低盐度，也就是说，它们待在充满海水的洞穴里，或者在退潮时移到泥滩觅食。这种鱼的鳃部 Na^+ 和 K^+ 激活的腺苷三磷酸酶（Na^+，K^+-ATPase）和 HCO_3^- 与 Cl^- 刺激的腺苷三磷酸酶（Cl^-，HCO_3^--ATPase）分别对高渗和低渗适应很重要（Ip et al.，1991）。这种鱼的水矿物调节也依赖于皮质醇的分泌（Lee et al.，1991）。弹涂鱼（*Periophthalmus modestus*）的胸鳍下方皮肤中氯细胞或多线粒体细胞的顶端隐窝在海水中会开启以分泌盐分，在淡水中则会封闭以耐受低渗性直至涨潮（Sakamoto et al.，2000；Sakamoto and Ando，2002）。

11.4.2 酸碱调节

在夜间退潮期间，由于生物体的呼吸作用，在热带潮间带环境中经常发生高碳酸血症（hypercapnia）和低氧症（hypoxia）。因为藻类的光合作用，低碳酸血症（hypocapnia）和高氧血症（hyperoxia）会在白天退潮期间发生。Nakano 和 Iwama 观察到加拿大温哥华岛（Vancouver Island）西海岸的一个潮池的溶解氧含量，白天的溶解氧超过 200%，夜间溶解氧降至低于 10%（未发表的数据）。高碳酸血症会导致鱼血液内 P_{CO_2} 增加及 pH 下降，因为鱼会直接从水环境中吸收二氧化碳（Heisler et al.，1976；Toews et al.，1983）。高氧血症对鱼血液有着和外界高碳酸血症相同的影响（Heisler et al.，1988），但作用机理不同。高氧期间，鱼类会通过氧气的利用率来调节通气率使其降低。这种高氧引起的通气率下降会导致二氧化碳排泄量减少，并导致血液中二氧化碳分压升高及 pH 降低。从水中呼吸过渡到空气呼吸的影响和水中高碳酸血症与高氧血症是一样的（Daxboeck et al.，1981；Heisler，1982；Ishimatsu and Itazawa，1983；Pelster et al.，1988）。由于潮间带鱼类一般较小，血管插管通常是不可能的。因此，有关在高碳酸血症、缺氧和空气呼吸中进行酸碱调节呼吸的精确实验很少。这是因为鱼的酸碱状态对轻微的干扰很敏感，插管是获得鱼的血样的唯一可靠方法。然而，Pelster 等（1988）表明，一种岩池硬骨鱼——穴栖无眉鳚（Blennius pholis）在空中暴露 3 h 后，静脉血 pH 从 7.69 显著下降达到 7.49。伴随着血液中 P_{CO_2} 和乳酸盐的增加。尚不清楚血液的 pH 稍后会不会恢复正常。但是，无论如何穴栖无眉鳚不会持续暴露这么长时间。可以忍受血液 pH 的下降是因为 RBC 和其他细胞具有较高的缓冲能力，在这些细胞中会发生大量酶反应，这些反应会受到 pH 变化的影响。对于许氏齿弹涂鱼（P. schlosseri），这个情况就不同了。暴露于空气中 1 h 后，血液 pH 显著增加，并且在空气中暴露 6 h 后仍显著高于在水中的数值（Ishimatsu et al.，1999）。空中暴露 1 h 后，血液中 P_{CO_2} 短暂降低，但后来又恢复到与对照值一样。血液 pH 升高的部分原因可能是空中暴露过程中排泄减少导致血氨水平升高（Ishimatsu et al.，1999）。另外，许氏齿弹涂鱼可以耐受血液 pH 的增加，这可能是因为细胞内较高的缓冲能力。

穴栖无眉鳚和许氏齿弹涂鱼是为数不多的可以进行血管插管的潮间鱼类。从有限的可用数据来看，尚不可能得出有关热带潮间鱼类酸碱调节的任何一般性结论。穴栖无眉鳚像其他兼性呼吸鱼类一样对暴露于空气中做出了反应，许氏齿弹涂鱼则以相反的方式做出反应。尚不知道许氏齿弹涂鱼是不是有此反应的唯一鱼类。发现新的大型潮间带鱼类将会促进对酸碱调节的进一步研究。

11.5 耐 氨 性

热带潮间环境通常具有很高的氨水平。在退潮期间，由于岸边的水环境与海隔绝，栖息于此的生物体的排泄会使水中氨积累到很高的水平。有机物的分解也可能导致氨含量升高。例如，从泥滩洞穴收集的水中，氨的浓度可能高达 3 mmol/L（Ip et al.，2004）。此外，在暴露于空气期间，鱼鳃失去了水的浸润，由于缺少水来带走排泄物，因此氨的排泄出现了阻碍。排出的氨在鳃上的水层边界中积累，这使氨的排出变得越来越困难。因此，在暴露于空气期间，氨会在鱼体内积聚，一直待在这些环境中的鱼类必须处理这种有毒物质。对氨的毒性及鱼类对这一问题的适应性有一些综述（Ip, Chew et al.，2001a；Randall and Tsui，2002；Chew et al.，2005）。但是，并不是所有描述的耐氨性机理都在热带潮间带鱼类中存在。本节将重点介绍上述研究报道及在热带潮间带鱼类中最有可能观察到的对氨的适应。

有研究发现，许氏齿弹涂鱼（Periophthalmodon schlosseri）可以逆着浓度梯度在鳃中主动转运 NH_4^+（Randall et al.，1999），同时有学者提出了一个解释主动运输机理的模型（Wilson et al.，2000a）。使用免疫组化技术，研究人员发现 Na^+/H^+ 交换器（Na^+/H^+ exchangers，NHEs）、囊性纤维化跨膜转导调节因子（CFTR）类似的阴离子通道、液泡型 H^+-ATPase（V-ATPase）和碳酸酐酶（CA）位于线粒体富集（MR）鳃细胞的顶隐窝区域。Na^+/K^+-ATP 酶（钠钾泵）和 $Na^+/K^+/2Cl^-$ 协同转运蛋白与 MR 细胞的基底外侧膜有关（Wilson et al.，2000a）。有学者提出，NH_3 通过扩散进入 MR 细胞，

并与 H^+ 结合生成 NH_4^+。CO_2 的水合作用产生了 H^+，它亦可导致形成 HCO_3^-。这些 HCO_3^- 是通过顶端类 CFTR 阴离子通道离开细胞。然后形成的 NH_4^+ 可以被顶膜上的 NHEs 清除。研究人员认为细胞基底外侧膜上的 Na^+/K^+-ATP 酶仅在逆浓度梯度的情况下参与氨的排泄。V-ATP 酶和 $Na^+/K^+/2Cl^+$ 协同转运蛋白在此过程中的作用尚不清楚。

有研究表明一些生物会改变细胞膜对氨的渗透性以适应高氨环境（Ip et al., 2004）。氨在溶液中以两种形式存在：NH_3 和 NH_4^+。生物膜通常可渗透 NH_3，但不能渗透 NH_4^+。因此，NH_3 可以进入鱼体内并对其产生影响。膜对 NH_3 的渗透性与膜的流动性有关（Lande et al., 1995）。膜的流动性又受脂质组成的影响（Zeidel, 1996）。许氏齿弹涂鱼（Periophthalmodon schlosseri）的皮肤中胆固醇含量很高（4.5 $\mu mol/g$），并且可能具有较低的膜流动性和对 NH_3 的渗透性（Ip et al., 2004）。另外，暴露于 30 mmol/L NH_4Cl，pH = 7 的环境 6 d 后，许氏齿弹涂鱼皮肤胆固醇水平显著增加。鞘磷脂（sphingomyelin）（高含量导致膜流动性低）含量也显著增加（Ip et al., 2004）。显然，这是对环境的高氨胁迫的适应。

经常离水的热带潮间鱼类由于排泄量减少而不得不处理体内氨的积累问题。当许氏齿弹涂鱼（P. schlosseri）和薄氏大弹涂鱼（B. boddaerti）在完全黑暗的环境下暴露于空气中时，蛋白水解和氨基酸分解会减少（Lim et al., 2001）。各种组织中的氨排泄和稳态游离氨基酸也减少了（Lim et al., 2001）。在这种环境中的弹涂鱼会变得不太活跃。活动减少是导致观测到的蛋白水解和氨基酸分解代谢降低现象的原因，这会减少氨的产生，从而减轻了氨的积累问题。

蛋白质和氨基酸是鱼类的主要能量来源（Moon and Johnston, 1981）。氨基酸完全分解的代谢终产物之一是氨。如上所述，在暴露于空气中时，会阻止氨的排泄，并在体内积累。热带潮间带鱼类外出活动需要能量，因此有可能加剧暴露于空气期间的氨代谢问题。许氏齿弹涂鱼（P. schloseri）在陆地上活动时通过进行部分氨基酸分解代谢来解决该问题（Ip, Lim et al., 2001）。氨基酸的氨基被丙氨酸氨基转移酶催化转移到丙酮酸中，导致丙氨酸的形成。由此形成的 α-酮戊二酸酯被送入三羧酸循环（Krebs cycle）并经历部分分解代谢。最终结果是在没有氨基酸产生氨的情况下获得能量。在 12 h 黑暗 12 h 光照条件下把许氏齿弹涂鱼（P. schlosseri）暴露于空气中后，观测到了丙氨酸的积累（Ip, Lim et al., 2001）。

氨在鱼脑中被解毒后形成谷氨酰胺（Arillo et al., 1981; Iwata, 1988; Mommsen and Walsh, 1992; Peng et al., 1998）。在热带潮间带鱼类的脑中也观察到了同样的现象。例如，当暴露于亚致死浓度的氨气中时，许氏齿弹涂鱼（P. schlosseri）和薄氏大弹涂鱼（B. boddaerti）的大脑中的谷氨酰胺水平分别增加到 28 $\mu mol/g$ 和 15 $\mu mol/g$（Peng et al., 1998）。谷氨酰胺由谷氨酸和氨形成，并由谷氨酰胺合成酶（GS）催化。谷氨酸转由谷氨酸脱氢酶（GDH）催化，由 α-酮戊二酸酯和氨形成。这种策略优于尿素的解毒作用，因为它解毒每摩尔氨需要的能量较小（Ip, Chew et al., 2001b）。然而，在氨装载（loading）的情况下，这两种弹涂鱼不会在其他组织（如肝脏和肌肉）中积累谷氨酰胺（Peng et al., 1998）。

除了将氨解毒成谷氨酰胺外，在一些潮间鱼类中还观察到尿素形成（Mommsen and Walsh，1992；Rozemeijer and Plaut，1993）。海湾豹蟾鱼（*Opsanus beta*）在面临空间限制和拥挤问题时会从排氨转变成排尿（Walsh et al.，1994）。尿素产量的增加是氨解毒为谷氨酰胺的结果，因为谷氨酰胺是尿素循环酶，氨甲酰磷酸合成酶Ⅲ（CPSⅢ）的底物（Wood et al.，1995）。在这种情况下，肝脏中的 GS mRNA 和蛋白质水平也有所增加（Kong et al.，2000）。在柯克氏跳弹䲁（*Alticus kirki*）中，含氮废物总排泄量的50%以上是在空中暴露期间以尿素形式排出（Rozemeijer and Plaut，1993）。但是，尚未研究这种尿素快速形成的机理。

11.6 硫化物耐受性

对于浅海生境中的各种生物来说，硫化物是一个重要的环境因素，包括不溶性的硫化氢 H_2S，二硫化物离子 HS^- 和硫化物阴离子 S^{2-}。即使在低浓度范围内（$\mu mol/L$），它也对大多数鱼类有剧毒（Smith et al.，1977）。在海洋环境中，硫化物通过有机物的厌氧分解而产生，而主要是由沉积物中细菌硫酸盐的还原作用而产生（Jørgensen and Fenchel，1974）。盐沼、封闭海湾和河口的特点是沉积物中硫化物浓度为微摩尔至毫摩尔级的（Bagarinao，1992）。因此，居住在潮间带环境中的鱼类经常暴露于一定浓度的硫化物中（Grieshaber and Volkel，1998年）。来自陆地污染形式的人为有机碳输入也导致河流和沿海生境中硫化氢的增加（Bagarinao，1992）。Bagarinao（1992：表1）列出了从浅海生境记录的一些硫化物数值。大部分数值来自孔隙水。以热带地区为例，巴哈马的埃克苏马岛（Exuma）的红树林根部和非植被地区孔隙水的硫化物浓度在 1100～4125 $\mu mol/L$ 之间（Nickerson and Thibodeau，1985）；墨西哥湾东花园（East Flower Garden，Gulf of Mexico）盐水渗漏量达 2200 $\mu mol/L$（Brooks et al.，1979；Powell et al.，1983），美国亚拉巴马州（Alabama）的多芬岛（Dauphin Island）的米草（*Spartina*）海草床潮间带沉积物浓度为 1～8 mmol/L（Lee et al.，1996）。沉积物中的一些硫化物会渗入到上层的水层中，从而影响鱼类（Fenchel，1969）。盐沼的硫化物浓度呈昼夜波动（Ingvorsen and Jorgensen，1979），且随季节变化，通常在冬季低，在夏季和初秋高，和有机质生产率和硫酸盐还原率的季节性波动相一致（Bagarinao，1992）。

急性和致命的硫化物中毒主要是由于血红素位点和细胞色素 aa_3 的可逆结合而抑制了细胞色素 c 氧化酶的作用（Nicholls，1975）。除了是一种呼吸作用毒物，通过呼吸道上皮吸收的硫化物还会严重损害红细胞（RBC）功能（见第7章）。在红细胞中，硫化物会抑制多种酶，如谷胱甘肽过氧化物酶、超氧化物歧化酶和过氧化氢酶（Khan et al.，1987）。氧气的转运也会因硫血红蛋白（SHb）的形成而受损，其中二价铁 SHb 与 O_2 结合的亲和性要比 Hb 低得多（Carrico et al.，1978）。硫化物还通过抑制钠钾泵（Na^+/K^+-ATPase）影响跨过鱼类 RBC 细胞膜的离子转运（Völkel et al.，2001）。

比起海水鱼类，对淡水鱼类硫化物浓度耐受性水平研究较多。例如，白斑狗鱼（*Esox lucius*）（Adelman and Smith，1970；Oseid and Smith，1972）、斑点叉尾鮰（*Ictalurus punctatus)（Torrans and Clemens，1982）、亚马孙河的鱼群（AVonso and Waichman，1996）、江河的丝尾鳠（*Mystus nemurus*）（Hoque et al.，1998）和一些温带远洋鱼类（Bagarinao and Vetter，1989）。唯一被研究的热带潮间带鱼类是薄氏大弹涂鱼（*Boleophthalmus boddaerti*），硫化物的96 h LC_{50}值（暴露96 h半致死浓度）为0.567 mmol/L（Kuah et al.，印刷中）。总的来说，潮间带鱼类对硫化物的耐受性高于远洋鱼类，即生活在富含硫化物的生境中的鱼类对硫化氢的耐受性较高（Bagarinao and Vetter，1989，1992；Brauner et al.，1995）。在温带生态系统中，对于生活在潮间带沼泽中的鱼类来说，例如北美底鳉（*Fundulus parvipinnis*）、长颌姬鰕虎鱼（*Gillichthys mirabilis*）和鲻鱼（*Mugil cephalus*），要达到半致死浓度（死亡率50%）的总硫化物水平超过1200 μmol/L，对于外海湾和开阔海岸的鱼类，半致死浓度的总硫化物水平则是介于30～950 mmol/L之间。同时，北美底鳉和长颌姬鰕虎鱼也表现出较高的硫化物耐受性，96 h LC_{50}值分别为700 μmol/L和525 μmol/L（Bagarinao and Vetter，1989）。

尽管热带潮间带海洋生境是可能发生高浓度硫化物的环境，但仅在对南佛罗里达河口的大西洋大海鲢（*Megalops atlanticus*）和马来西亚的薄氏大弹涂鱼（*Boleophthalmus boddaerti*）的研究中证明了硫化物对鱼类的毒性及它们对硫化物的耐受性。大西洋大海鲢处于变态发育阶段的仔鱼会在出生2～3个月后聚集到河口区域，幼鱼则出现在浅池中，其中的H_2S浓度可达到250 μg/mL（Abel et al.，1987）。在实验室条件下，将总硫化物逐步增加直至232 μmol/L，它们仍能存活。硫化物（高达150.9 μmol/L）和酸性条件会使大海鲢降低鳃的气体交换速率并增加呼吸空气的频率（Geiger et al.，2000）。还有其他研究表明，硫化物浓度升高可能会引起某些鱼类的空气呼吸行为，长颌姬鰕虎鱼（*Gillichthys mirabilis*）在硫化物浓度大于700 μmol/L时转为空气呼吸（Bagarinao and Vetter，1989）。当H_2S含量达到123 μmol/L时，一种红树林鱼——花斑溪鳉（*Rivulus marmoratus*）会跳出水面并进行皮肤呼吸（Abel et al.，1987）。滨岸护胸鲇（*Hoplosternum littorale*）会进行空气呼吸来应对H_2S胁迫（Brauner et al.，1995）。在Bagarinao和Vetter（1989）进行的一项河口鱼类研究中，11种鱼中只有2种能够在暴露于1.5 μmol/L硫化物的条件下存活下来，其中之一就是能进行空气呼吸的长颌姬鰕虎鱼（Todd and Ebeling，1966）。

鱼类还有其他几种应对高硫化物含量的生理适应。例如，转向厌氧糖酵解，硫化物结合蛋白的固定及线粒体的酶催氧化。有研究证明耐硫化物的3种鱼——北美底鳉（*Fundulus parvipinnis*）、长颌姬鰕虎鱼（*Gillichthys mirabilis*）和鲤鱼（*Cyprinus carpio*）的血红蛋白对SHb形成的敏感性较低（Bagarinao and Vetter，1992；Völkel and Berenbrink，2000）。Bagarinao和Vetter（1989，1990）研究了耐硫化物的北美底鳉对硫化物的适应性，包括厌氧代谢作用及血红蛋白和线粒体的特征。在低硫浓度环境下，北美底鳉的血液既不明显催化硫化物的氧化，也不结合硫化物。暴露于200 μmol/L和700 μmol/L硫化物浓度几天后，北美底鳉的乳酸盐浓度显著增加，这证明代谢转变为厌氧糖酵解。因此，他们认为可以用线粒体的硫化物氧化作用来解释鳉鱼对硫化物的高耐受性（Bagarinao and Vetter，1993）。Bagarinao和Vetter（1990）还表明北美底鳉肝脏内的线粒体在此过程中会将硫化物氧化成硫代硫酸盐并产生 ATP，而对硫化物敏感的远洋鱼类副棘鲆（*Sanddab*）的线粒体氧化硫化物的速率要低得多。他们得出结论，具有高硫化物亲和力和高硫化物氧化能力的线粒体是鱼类红细胞能够防止细胞内硫化物达到细胞外浓度的主要解毒机制。迄今为止，大多数耐硫化物的无脊椎动物的研究也表明硫化物氧化是一种主要的解毒机理，其中硫代硫酸盐是主要的氧化产物（Grieshaber and Völkel，1998）。

然而，薄氏大弹涂鱼（*Boleophthalmus boddaerti*）对硫化物的耐受性不是由于对硫化物不敏感的细胞色素氧化酶的存在，也不是由于转变为厌氧发酵所导致的（Kuah et al.，待发表 b）。硫化物的解毒作用主要发生在肝脏中，其中涉及在常氧或低氧状态下半胱氨酸氨基转移酶（CAT），3 - 巯基丙酮酸硫转移酶（MPST）和硫氰酸酶（rhodanese）解毒硫化物的不同机理，它们分别主要产生硫酸盐和硫烷硫（Sulfane sulfur）（Kuah et al.，待发表 a，b）。

一些肉食性鱼类的幼鱼（例如大西洋大海鲢）具有抵御潮间带不利情况（包括高硫化物含量）的能力，这可能使它们在关键的幼年期可以利用到红树林生境。这些生境中有丰富的猎物，如花鳉、青鳉和鲻鱼（Lewis et al.，1983）。因此，充足的食物供给使它们能够迅速生长并获得躲避捕食者的各种庇护所（Geiger et al.，2000 年）。硫化物适应的生态作用似乎也可能适合于热带潮间带系统，那里有富含硫化物的红树林或滩涂环境、大量可作为猎物的无脊椎动物和小型常驻鱼类。

11.7 繁 殖

11.7.1 性地位

面对自然条件不断变化的栖息地，热带潮间带和浅水域鱼类显示出许多繁殖策略。那些占据着一定栖息地类型的硬骨鱼类群中似乎存在着一种普遍的性策略模式。例如，大多数热带河口鱼类是雌雄异体的，即性别独立的，每个个体一生都保持相同的性别，但有几个雌雄同体的例外，比如说性别转变（Blaber，2000）。某些重要经济物种，如锯盖鱼科（Centropomidae）的尖吻鲈（*Lates calcarifer*）和锯盖鱼（*Centropomus undecimalis*）、鲱科（Clupeidae）的托氏鲥（*Tenualosa toil*）和长尾鲥（*T. macrura*）、鲉科（Platycephalidae）及鲷科（Sparidae）的澳洲棘鲷（*Acanthopagrus australis*），是雄性先熟的。鮨科（Serranidae）的石斑鱼属（*Epinephelus*）大多数种类和溪鳉科（Rivulidae）的花斑溪鳉（*Rivulus marmoratus*）是雌性先熟的。

性别变化通常是受社会行为控制的，这在珊瑚礁中更为普遍。已证实许多礁栖鱼类是雌性先熟的，如波氏刺尻鱼（*Centropyge potteri*）。鹦嘴鱼科（Scaridae）和隆头鱼科（Labridae）的某些种类是雄性异型的（diandric）。这些物种的种群可能包括幼年鱼（未成熟），雌雄同体的雌性（无法改变性别的雌性），雌雄同体的雌性（以后会改变性别的雌性），初生雄性（不能改变性别的雄性）和次生雄性（来源于性逆转的雌性）。

雌雄异体存在于蝴蝶鱼科（Chaetodontidae）。这些蝴蝶鱼与单个伴侣交配并长期配对（Jobling，1995）。

雌雄同体礁栖鱼类的性别可塑性已被证实是由存在于前脑视前区（preoptic area, POA）的促性腺激素释放激素（gonadotropin releasing hormone，GnRH）和精氨酸催产素（arginine vasotocin，AVT）神经元的数量和大小的形态学变化（二态性）控制的（Foran and Bass，1999；Bass and Grober，2001）。POA 神经元的数量和大小在这些鱼改变性别或从无领地/不求偶的雄性变成有领地/求偶的雄性时发生改变。在热带礁栖鱼类中，如被称为蓝头隆头鱼（Bluehead wrasse）的双带锦鱼（*Thalassoma bifasciatum*）、被称为小丑鱼（Anemonefish）的黑双锯鱼（*Amphiprion melanopus*）和被称为鞍背隆头鱼（Saddle wrasse）的杜佩锦鱼（*Thalassoma duperrey*）等，可以看到单向性转变和 POA 神经元的变化。冲绳磨虾虎（*Trimma okinawae*）可逆性别变化与 AVT 细胞大小的可逆变化有关（Grober and Sunobe，1996）。

根据体型优势假说（the size-advantage hypothesis）（Ghiselin，1969；Warner，1975）认为，在某一性别中大体型比在另一性别中有更大的优势，只要改变性别的成本不高，这种选择就会有利于改变性别。因此，这一假设预测了先雌制（protogyny）允许较大体型雄性获得许多交配机会，先雄制（protandry）则促进了较大体型雌性的种群繁殖力（Turner，1993）。花斑溪鳉（*Rivulus marmoratus*）生活在红树林的小池塘中，那里的物理因素会有很大的波动，例如极端的盐度和温度以及高的硫化物含量（第 11.6 节），而且这些变化在不同的地方有差异，这是一种雌雄异形、雌性先熟的雌雄同体鱼类。这种不寻常的繁殖策略可能是为了应对寻找配偶和保存最适合于应对当地特定环境遗传型的问题而进化得来的（Lin and Dunson，1999；Blaber，2000）。

11.7.2 生殖行为

潮间带岩岸的常驻鱼类表现出领地性的生殖行为，即雄性选择产卵地吸引雌性产卵，卵受精后在巢中照料直到孵化（Gibson，1982）。对这些现象的观察研究大多数是在温带至亚热带水域进行的（Gibson，1982，1993；Coleman，1999；DeMartini，1999），很少在热带进行。

对于那些要离开水繁殖的个体来说，可交配的时间仅限于低潮时期，并且仅限于白天，因为这种行为依赖于视觉交流。求偶行为的吸引阶段通常用身体运动的形式来表现，如珊瑚礁鱼类三鳍鳚科（Tripterygiidae）的一些种类和鳚科（Blenniidae）的斑纹动齿鳚（*Istiblennius zebra*），它们的身体会垂直于水平面并转圈，然后跃入空中，就像金点弹涂鱼（*Periophthalmus chrysospilos*）和卡路弹涂鱼（*Periophthalmus kalolo*）一样（MacNae，1968；Magnus，1972；Phillips，1977；Wirtz，1978）。跳弹鳚（*Alticus saliens*）和虫纹犁齿鳚（*Entomacrodus vermiculatus*）展现出求偶行为以吸引雌性进入巢穴（Abel，1973）。穴居鳚（Hole-dwelling blennies）在头部也显示出鲜明的颜色图案，以吸引伴侣（Gibson，1993）。另外有研究证明，亚热带成熟的雄性孔雀拟凤鳚（*Blennius pavo*）会从臀鳍上的一个特殊腺体分泌信息素来吸引雌性（Zander，1975）。Losey（1969）

发现高鳚属（Hypsoblennius）的其他成熟雄性会被正在求偶的雄性产生的信息素所吸引，守卵的雄性和雌性则对此没有反应。这种反应被认为是通过吸引尚未交配的雄性来促进群体求偶，并可能增强性接受能力。因此，这种性促进信息素对种族具有选择性优势，因为它增加了异性接触的数量，并可能使更多配对形成并促进产卵同步（Losey，1969）。

在热带的雄性鳚科（Blenniidae）和鰕虎鱼科（Gobiidae）鱼中会发生占领巢穴和偷袭巢穴的策略。在鳚科（Blenniidae）的三鳍鳚属（Tripterygion）的一些鱼类中，没有领地的小体型雄性会聚集在一对正在产卵的配对鱼类周围。有人认为这些"卫星雄鱼"可能企图给这尾雌鱼所产的卵授精，从而产下后代且不必加以照料守护（Wirtz，1978）。在岩石或鹅卵石海岸的深鰕虎鱼（Bathygobius fuscus）中，巢穴占领者体型始终大于 55 mm，较小的个体同时扮演巢穴占领者和偷袭者的角色。较小的雄鱼采用巢穴占领策略，将体型大的巢穴占领者从种群中移除。有人认为偷袭的雄性会根据社会地位来改变它们的战术（Taru et al.，2002）。在与珊瑚礁相关的细纹肌塘鳢（Eviota prasina）和温带的小眼长臀鰕虎鱼（Pomatoschistus microps）中也观察到了雄鱼的偷袭战术（Sunobe and Nakazono，1999；Taru et al.，2002）。

在潮间岩岸生境中繁殖的许多鱼类都需要双亲的照顾，特别是对卵的守护（Almada and Serrao Santos，1995；Coleman，1999）。这种友好的亲代抚育通常与体外受精及雄性巢穴依附联系在一起。可以认为这种行为能够确保雄性与其所保护的卵有高度的遗传相关性，巢穴依附可使雄性吸引一连串的雌性并为卵子受精，同时保护好之前的雌性所产的卵（Gibson，1982）。护卵的作用是保护它们免受捕食者侵害，保持清洁并为发育提供充足的氧气。不用双亲照料的雌鱼可以进食、生长并增加生育能力。这种行为模式已经在鰕虎鱼科（Gobiidae）和鳚科（Blenniidae）中的杜氏大弹涂鱼（Boleophthalmus dussumieri）、卡路弹涂鱼（Periophthalmus kalolo）、深鰕虎鱼（Bathygobius fuscus）和矶塘鳢（Eviota abax）中得到了证实（Magnus，1972；Gibson，1982；Taru and Sunobe，2000；Taru et al.，2002）。许氏齿弹涂鱼（Periophthalmus schlosseri）的幼鱼在充满水的"J"形洞穴产卵室内受到保护并在潮湿空间中发育。空气通过成年鱼口咽腔中的洞穴水携带而来。这种在洞穴中积聚空气的行为为居住在洞穴中的鱼和正在发育的胚胎提供了重要的氧气储备（Ishimatsu et al.，1998）。已经在很多弹涂鱼的产卵室中检测到了这种储备空气，包括杜氏大弹涂鱼（Boleophthalmus dussumierei）、中华钝牙鰕虎鱼（Oxuderces dentatus）、金点弹涂鱼（Periophthalmus chrysospilos）和青弹涂鱼（Scartelaos histophorus）（Ishimatsu et al.，1998）。另外，洞穴水还具有较高的氨含量，这可能会阻止其他动物进入洞穴（Ip et al.，2004）。然而，对于弹涂鱼（Periophthalmus cantonensis），亲本双方都不保护卵（Kobayaski et al.，1971）。对亚热带和温带岩石海岸鱼类的雄性亲本抚育的研究更为广泛并且有文献记载，代表的科有鳚科（Blennidae）、蟾鱼科（Batrachoididae）、杜父鱼科（Cottidae）、鰕虎鱼科（Gobiidae）、喉盘鱼科（Gobiesocidae）、六线鱼科（Hexagrammidae）、锦鳚科（Pholidae）和线鳚科（Strichaeidae）（Gibson，1982；Coleman，1999；Swenson，1999）。

有一些潮间带鱼类也显示出不同程度的母体照料。例如，南非的胎鳚科（Clinidae）的一些鱼类是胎生的（Prochazka，1994），加州银汉鱼科（Atherinidae）的雌性加州滑银汉鱼（*Leuresthes tenuis*）则把卵埋在沙里（Clark，1938）。由此看来，热带潮间带鱼类很少提供孵化点以外的照顾，以下几种鱼除外：丽鱼科（Cichlidae）采用的是口孵（Mouthbrooding）形式；在以海龙科（Syngnathidae）中的海龙（pipefishes）和海马（seahorses）为代表的鱼类中发现了外部携卵和育儿袋携卵（Vincent et al.，1995）。孵化后的照料（Post-hatching care）发生在斑光蟾鱼（*Porichthys notatus*）中，而且这种现象也可能发生在温带潮间海岸的近缘物种中。

生殖激素水平与行为之间有着密切的关系（Liley and Stacey，1983）。睾丸雄激素和促性腺激素能够刺激多种硬骨鱼的雄性行为，生殖内分泌状态是通过 GnRH 的作用介导的。在光鳃鱼（*Chromis dispilus*）中，繁殖期间检测到促性腺激素Ⅱ（dGtH-Ⅱ）水平升高，但在育雏阶段则较低。血浆的睾酮水平也显示出类似的模式，而在抚幼早期，血浆的 11-酮基睾酮和 17，20′-二羟基-4-孕烯-3-酮往往保持较高的水平（Pankhurst and Peter，2002）。

在热带，孵化的卵也显示出对潮间带生活的适应。在银线弹涂鱼（*Periophthalmus sobrinus*）中，卵只要湿润的空气就能够完全发育而不需要浸入水中。涨潮淹没时会迅速孵化出幼鱼（Brillet，1975）。它们具有良好的趋光性，这有助于它们找到离开产卵洞穴的路。

11.7.3 月同步性

温带潮间带的成熟亲鱼和珊瑚礁鱼类产卵的月同步现象已有大量文献记载（Taylor，1984，1990；DeMartini，1999）。表 11.7 列出了生活在热带潮间带和岩礁的鱼类例子。似乎每种鱼类的产卵周期都有其自身的适应性意义。例如，银汉鱼目（atheriniform），如底鳉属（*Fundulus*），主要的生殖适应是在潮间带的高处产卵。因此，月同步产卵是产卵机理的次要特征。Pressley（1980）观察到，2 种雀鲷（damselfish）——金色小叶齿鲷（*Microspathodon chrysurus*）和长崎雀鲷（*Pomacentrus nagasakiensis*）的产卵活动和春潮周期的特定阶段没有重合，但和月亮最亮的时候相应。有人提出，月光可以改善夜间产卵的条件，并使成鱼或幼鱼更容易躲避捕食者（Taylor，1984）。杜佩锦鱼（*Thalassoma duperrey*）、蓝首锦鱼（*Thalassoma lucasanum*）和六丝多指马鲅（*Polydactylus sexfilus*）（表 11.7）在涨潮或退潮时能产出具有浮游能力的卵。这可以让卵在退潮时在水面上散开，有助于减少被捕食风险，这是潜在的反捕食者适应性（Taylor，1984）。雄性暗纹动齿鳚（*Istiblennius enosimae*）会保护卵，直到在春潮后胚胎孵化为止。有人认为，这种半月的产卵周期可以确保新孵化的胚胎从离开出生的潮池后能够最大限度地散开（Sunobe et al.，1995）。

表 11.7 热带鱼类在繁殖中表现出的月周期性

物种分类	周期	产卵时间	栖息地	卵孵化地	参考文献
鳉科（Cyprinodontidae）					
大底鳉（*Fundulus grandis*）	半月周期	在大潮时产卵	河口	植物上或沙子中	Greeley and MacGregor, 1983
长吻底鳉（*F. similis*）	半月周期	在大潮时产卵	河口	沙子中	Greeley, 1982
笛鲷科（Lutjanidae）					
金带笛鲷（*Lutjanus fulvus*）	月周期	在满月前 1 周的晚上产卵	珊瑚礁	分散孵化	Randall and Brock, 1960
雀鲷科（Pomacentridae）					
波氏刺尻鱼（*Centropyge potteri*）	月周期		珊瑚礁	分散孵化	Lobel, 1978
金色小叶齿鲷（*Microspathodon chrysurus*）	月周期	从满月前几天开始在巢穴中守护卵直至新月后几天，即仅在满月前和新月前产卵	珊瑚礁	巢穴孵化	Pressley, 1980
长崎雀鲷（*Pomacentrus nagasakiensis*）	月周期	仅在满月和新月前产卵	岩石等	巢穴孵化	Moyer, 1975
隆头鱼科（Labridae）					
杜佩锦鱼（*Thalassoma duperrey*）	半月周期（?）	在大潮时产卵	珊瑚礁	分散孵化	Ross, 1983
蓝首锦鱼（*T. lucasanum*）	半月周期（?）	在大潮时产卵	珊瑚礁	分散孵化	Warner, 1982
马鲅科（Polynemidae）					
六丝多指马鲅（*Polydactylus sexfilis*）	月周期	在下弦月前后几天的晚上达到产卵高峰，即在小潮产卵	海滨带	分散孵化（浮游）	May et al., 1979

续表 11.7

物种分类	周期	产卵时间	栖息地	卵孵化地	参考文献
鳚科（Blenniidae）					
暗纹动齿鳚（Istiblennius enosimae）	半月周期	在小潮时产卵	岩石性蓄潮池		Sunobe, 1995
石首鱼科（Sciaenidae）					
眼斑拟石首鱼（Sciaenops ocellatus）	半月周期	满月或新月之夜达到产卵高峰	河口		Peters and McMichael, 1987
蓝子鱼科（Siganidae）					
点篮子鱼（Siganus guttatus）	月周期	每年的新月和满月之间在菲律宾产卵，以及4—9月之间在冲绳产卵	红树林		Hara et al., 1986; Rahman et al., 2000

11.8 未来研究

尽管潮间带热带环境是最严峻的生境之一,但我们对潮间带生物生理适应性的了解还远远不够。关于鱼类生理学的大多数研究都是针对温带鱼类进行的。因此,我们要依靠对温带鱼类的观察而得出关于热带潮间带鱼类对温度升高可能反应的探讨。但是,已经有一些关于热带潮间鱼类的研究,如弹涂鱼和鳉鱼。实际上,对弹涂鱼氮代谢的研究为我们对鱼类的探讨提供了新的见解(Ip, Chew et al., 2001a, b; Ip, Lim et al., 2001; Chew et al., 2005)。

已经知道,一些热带鱼类可能是由于温度仅升高 2 ℃ 而大量死亡(Nakano et al., 2004),我们认为热带潮间鱼类受全球变暖的影响是最大的。因此,热带潮间鱼类可以作为良好的动物模型,以进一步了解对极端热环境的生理适应和分子适应,并评估自然因素和人类活动引起温度升高的实际影响。

11.9 结　　论

潮间带的鱼类生存是艰难的,因为潮汐周期与天气条件的变化相结合,会使孤立的潮池和浅海中水的理化条件产生快速而强烈的波动。在热带地区,潮间带的岸区环境压力更为严重,尤其是在退潮时。在这种变化的环境中进化的鱼类会表现出对氧气、水温、盐度及高浓度氨化物与硫化物波动的生理和生物化学适应。它们还具有呼吸的和生殖的适应性以应对潮间带环境。

凯瑟琳·林　汤米·崔　卡祖米·纳坎诺　戴维·J. 兰德尔　著

蒙子宁　译

林浩然　校

参考文献

Abel, D. C., Koenig, C. C., and Davis, W. P. (1987). Emersion in the mangrove forest fish *Rivulus marmoratus*: A unique response to hydrogen sulphide. *Env. Biol. Fish.* 18, 67-72.

Abel, E. F. (1973). Zur Öko-Ethologie des amphibisch lebenden Fisches *Alticus saliens* (Foster) und von *Entomacrodus vermiculatus* (Val.) (Blennioidae, Salariidae) unter besondere Berucksichtigung des Fortpflanzungsverhaltens. *Sber. Ö st. Akad. Wiss. Abteil I* 181, 137-153.

Achituv, Y., and Dubinsky, Z. (1990). Evolution and Zoogeography of coral reefs. *In* "Ecosystems of the World. 25: Coral Reefs" (Dubinsky, Z., Ed.), pp. 1-9. Elsevier Science, Amsterdam.

Adelman, I. R., and Smith, L. L. (1970). Effect of hydrogen sulphide on Northern pike eggs ands sac fry. *Trans. Am. Fish. Soc.* 3, 501-509.

Affonso, E. G., and Waichman, A. V. (1996). Hydrogen sulfide tolerance in Amazon fish. In "The Physiology of Tropical Fish Symposium Proceedings, International Congress on the Biology of Fishes, San Francisco State University, July 14-18, 1996" (Val, A., Randall, D., and MacKinlay, D., Eds.), pp. 75-79. Physiology Section, American Fisheries Society, United States.

Aguilar, N. M., Ishimatsu, A., Ogawa, K., and Khoo, K. H. (2000). Aerial ventilatory responses of the mudskipper, *Periophthalmodon schlosseri*, to altered aerial and aquatic respiratory gas concentrations. *Comp. Biochem. Physiol.* 127A, 285-292.

Al-Kadhomiy, N. K., and Hughes, G. M. (1988). Histological study of different regions of the skin and gills in the mudskipper, *Boleophthalmus boddaerti* with respect to their respiratory function. *J. Mar. Biol. Assn UK* 68, 413-422.

Alevizon, W., Richardson, R., Pitts, P., and Servis, G. (1985). Coral zonation and patterns of community structure in Bahamian reef fishes. *Bull. Mar. Sci.* 36, 304-318.

Almada, V. C., and Serrao Santos, R. (1995). Parental care in the rocky intertidal: A case study of adaptation and exaptation in Mediterranean and Atlantic blennies. *Rev. Fish. Biol. Fish.* 5, 23-37.

Almeida, V. G. (1973). New records of tidepool fishes from Brazil. *Pape'is Avulsos Zool. S. Paulo* 26, 187-191.

Alongi, D. M. (2002). Present status and future of the world's mangrove forest. *Environ. Conserv.* 29, 331-349.

Andrews, J. C., and Pickard, G. L. (1990). The physical oceanography of coral reef systems. In "Coral Reefs" (Dubinsky, Z., Ed.), pp. 11-48. Elsevier Science, Amsterdam.

Ansell, A. D., and Gibson, R. N. (1990). Patterns of feeding and movement of juvenile flatfishes on an open sandy beach. In "Trophic Relationships in the Marine Environment" (Barnes, M. and Gibson, R. N., Eds.), pp. 191-207. Aberdeen University Press, Aberdeen.

Arillo, A., Margiocco, C., Medlodia, F., Mensi, P., and Schenone, G. (1981). Ammonia toxicity mechanism in fish: Studies on rainbow trout (*Salmo gairdneri* Rich.). *Ecotoxicol. Environ. Saf.* 5, 316-325.

Austin, H. M. (1971). A survey of the ichthyofauna of the mangroves of western Puerto Rico during December, 1967-August, 1968. *Carib. J. Sci.* 11, 27-39.

Bagarinao, T. (1992). Sulfide as an environmental factor and toxicant: Tolerance and adapta-tions of aquatic organisms. *Aquatic Toxicol.* 24, 21-62.

Bagarinao, T., and Vetter, R. D. (1989). Sulfide tolerance and detoxification in shallow-water marine fishes. *Mar. Biol.* 103, 251-262.

Bagarinao, T., and Vetter, R. D. (1990). Oxidative detoxification of sulphide by mitochondria of the California killifish *Fundulus parvipinnis* and the speckled sanddab Citharichthys stigmaeus. *J. Comp. Physiol. B* 160, 519-527.

Bagarinao, T., and Vetter, R. D. (1992). Sulfide-haemoglobin interactions in the sulphidetolerant salt marsh resident, the California killifish Fundulus parvipinnis. *J. Comp. Physiol. B* 162, 614-624.

Bagarinao, T., and Vetter, R. D. (1993). Sulphide tolerance and adaptation in the California killifish, *Fundulus parvipinnis*, a salt marsh resident. *J. Fish Biol.* 42, 729-748.

Barletta, M., Saint-Paul, U., Barletta-Bergan, A., Ekau, W., and Schories, D. (2000). Spatial and temporal distribution of *Myrophis punctatus* (Ophichthidae) and associated fish fauna in a northern Brazilian intertidal mangrove forest. *Hydrobiologia* 426, 65-74.

Bass, A. H., and Grober, M. S. (2001). Social and neural modulation of sexual plasticity in toleost fish. *Brain Behav. Evol.* 57, 293-300.

Bathen, K. H. (1968). A descriptive study of the physical oceanography of Kaneohe Bay, Oahu, Hawaii. *Hawaii Inst. Mar. Biol. Tech. Rep.* 14, 1-353.

Behling, H. (2002). Impact of the Holocene sea-level changes in coastal, eastern and Central Amazonia. *Amazoniana* 17, 41-52.

Bellwood, D. R. (1996). The Eocene fishes of Monte Bolca: The earliest coral reef fish assem-blage. *Coral Reefs* 15, 11-19.

Bellwood, D. R. (1997). Reef fish biogeography: Habitat association, fossils and phylogenies. *Proc. 8th Int. Coral Reef Symp.* 1, 379-384.

Bellwood, D. R., and Wainwright, P. C. (2002). The history and biogeography of fishes on coral reefs. *In* "Coral Reef Fishes" (Sale, P. F., Ed.), pp. 5-32. Elsevier Science, California, USA.

Berdin, R. D., Siringan, F. P., and Maeda, Y. (2003). Holocene relative sea-level changes and mangrove response in southwest Bohol, Philippines. *J. Coast. Res.* 19, 304-313.

Berkelmans, R., and Oliver, J. K. (1999). Large-scale bleaching of corals on the Great Barrier Reef. *Coral Reefs* 18, 55-60.

Birkeland, C. (1985). Ecological interactions between mangroves, seagrass beds and coral reefs. UNEP Regional Seas Reports and Studies No. 73. UNEP, Nairobi.

Blaber, S. J. M. (1980). Fishes of the Trinity Inlet system of North Queensland with notes on the ecology of fish faunas of tropical Indo-Pacific estuaries. *Aust. J. Mar. Freshwat. Res.* 31, 137-146.

Blaber, S. J. M. (2000). *Tropical Estuarine Fishes. Ecology, Exploitation and Conservation*. Blackwell Science, London.

Blaber, S. J. M., and Milton, D. A. (1990). Species composition, community structure and zoogeography of fishes of mangrove estuaries in the Solomon Islands. *Mar. Biol.* 105, 259-267.

Blaber, S. J. M., Brewer, D. T., and Salini, J. P. (1989). Species composition and biomasses of fishes in different habitats of a tropical Northern Australian estuary: Their occurrence in the adjoining sea and estuarine dependence. *Estuar. Coast. Shelf Sci.* 29, 509-531.

Blaber, S. J. M., Young, J. W., and Dunning, M. C. (1985). Community structure and zoogeographic affinities of the coastal fishes of the Dampier region of north-west Australia. *Aust. J. Mar. Freshwat. Res.* 36, 247-266.

Block, B. A., and Finnerty, J. R. (1994). Endothermy in fishes: A phylogenetic analysis of constraints, predispositions, and selection pressures. *Environ. Biol. Fish.* 40, 283-302.

Bœuf, G., and Payan, P. (2001). How should salinity influence fish growth? *Comp. Biochem. Physiol. C* 130, 411-423.

Bradshaw, A. D. (1965). Evolutionary significance of phenotypic plasticity in plants. *Adv. Genetics* 13, 115-155.

Brauner, C. J., Ballantyne, C. L., Randall, D. J., and Val, A. L. (1995). Air breathing in the armoured catfish (Hoplosternum littorale) as an adaptation to hypoxic, acidic and hydro-gen sulphide rich waters. *Can. J. Zool.* 73, 739-744.

Bridges, C. R. (1988). Respiratory adaptations in intertidal fish. *Am. Zool.* 28, 79-96.

Bridges, C. R. (1993). Ecophysiology of intertidal fish. In "Fish Ecophysiology" (Rankin, J. C., and Jensen, F. B., Eds.), pp. 375-400. Chapman & Hall, London.

Brillet, C. (1975). Relations entre territoire et comportement aggressif chez *Periophthalmus sobrinus* Eggert (Pisces, Periophthalmidae) au laboratoire et en milieu natural. *Z. Tierpsy-chol.* 39, 283-331.

Brix, O., Clements, K. D., and Wells, R. M. G. (1998). An ecophysiological interpretation of hemoglobin multiplicity in three herbivorous marine teleosts species from New Zealand. *Comp. Biochem. Physiol. A* 121, 189-195.

Brix, O., Clements, K. D., and Wells, R. M. G. (1999). Haemoglobin components and oxygen transport in relation to habitat distribution in triplefin fishes (Tripterygiidae). *J. Comp. Physiol. B* 169, 329-334.

Brooks, J. M., Bright, T. J., Bernard, B. B., and Schwab, C. R. (1979). Chemical aspects of a brine pool at the East Flower Garden Bank, northwest Gulf of Mexico. *Lim-

nol. Oceanogr. 24, 735-745.

Brown, C. R., Gordon, M. S., and Chin, H. G. (1991). Field and laboratory observations on microhabitat selection in the amphibious Red Sea rockskipper fish *Alticua kirki* (Family Blenniidae). *Mar. Behav. Physiol.* 19, 1-13.

Budyko, M. I., Ronov, A. B., and Yanshin, A. L. (1985). "History of the Earth's Atmosphere." Springer-Verlag, Berlin.

Carrico, R. J., Blumberg, W. E., and Peisach, J. (1978). The reversible binding of oxygen to sulfhaemoglobin. *J. Biol. Chem.* 253, 7212-7215.

Charpy-Roubaud, C., and Sournia, A. (1990). The comparative estimation of phytoplanktonic and microphytobenthic production in the oceans. *Mar. Microb. Food Webs* 4, 31-57.

Chen, J., Shao, K., and Lin, C. (1995). A checklist of reef fishes from Tingsha Tao (Pratas Island), South China Sea. *Acta Zool. Taiwan* 6, 13-40.

Cheung, P. S. (1991). An intertidal survey of Cape d'Aguilar, Hong Kong with special reference to the ecology of high-zoned rock pools. MPhil thesis, University of Hong Kong, Hong Kong.

Chew, S. F., and Ip, Y. K. (1990). Differences in the responses of two mudskippers, *Boleophthalmus boddaerti* and *Periophthalmus chrysospilos* to changes in salinity. *J. Exp. Zool.* 256, 227-231.

Chew, S. F., Wilson, J. M., Ip, A. Y. K., and Randall, D. J. (2005). Nitrogen excretion and defense against ammonia toxicity. *In* "Fish Physiology" (Val, A. L., Almeida-Val, V. M. F., and Randall, D. J., Eds.), Vol. 22, pp. 307-395. Academic Press, New York.

Chiba, S. (1998). A mathematical model for long-term patterns of evolution: Effects of environmental stability and instability on macroevolutionary patterns and mass extinctions. *Paleo-biology* 24, 336-348.

Chong, V. C., Sasekumar, A., Leh, M. U., and D'Cruz, R. (1990). The fish and prawn communities of a Malaysian coastal mangrove system, with comparisons to adjacent mudflat and inshore waters. *Estuar. Coast. Shelf Sci.* 31, 703-722.

Chotkowski, M. A., Buth, D. G., and Prochazka, K. (1999). Systematics of intertidal fishes. *In* "Intertidal Fishes: Life in Two Worlds" (Horn, M. H., Martin, K. L. M., and Chotkowski, M. A., Eds.), pp. 297-355. Academic Press, San Diego, CA.

Chua, T. E. (1973). An ecological study of the Ponggol Estuary in Singapore. *Hydrobiologia* 43, 505-533.

Clark, F. N. (1938). Grunion in southern California. *Calif. Fish Game* 24, 49-54.

Clayton, D. A. (1993). Mudskippers. *Ocean. Mar. Biol. Ann. Rev.* 31, 507-577.

Cloud, P. E. (1952). Preliminary report on the geology and marine environment of Onotoa Atoll, Gilbert Islands. *Atoll Res. Bull.* 12, 1-73.

Coleman, R. M. (1999). Parental care in intertidal fishes. *In* "Intertidal Fishes: Life in Two Worlds" (Horn, M. H., Martin, K. L. M., and Chotkowski, M. A., Eds.), pp. 165-180. Academic Press, San Diego, CA.

Coles, R. G., Lee-Long, W. J., Watson, R. A., and Derbyshire, K. J. (1993). Distribution of seagrasses, and their fish and penaeid prawn communities, in Cairns harbour, a tropical estuary, Northern Queensland, Australia. *Aust. J. Mar. Freshwat. Res.* 44, 193-210.

Cope, M. (1986). Seasonal, diel and tidal hydrographic patterns, with particular reference to dissolved oxygen, above a coral community at Hol Ha Wan, Hong Kong. *Asian Mar. Biol.* 3, 59-74.

Cossins, A. R., and Bowler, K. (1987). "Temperature Biology of Animals." Chapman & Hall, London.

Crawshaw, L. I. (1977). Physiological and behavioral reactions of fishes to temperature change. *J. Fish. Res. Board Can.* 34, 730-734.

Crawshaw, L. I. (1979). Responses to rapid temperature change in lower vertebrate ectotherms. *Am. Zool.* 19, 225-237.

Daxboeck, C., Barnard, D. K., and Randall, D. J. (1981). Functional morphology of the gills of the bowfin *Amia calva*, with special reference to their significance during air exposure. *Respir. Physiol.* 43, 349-364.

DeMartini, E. E. (1999). Intertidal spawning. *In* "Intertidal Fishes: Life in Two Worlds" (Horn, M. H., Martin, K. L. M., and Chotkowski, M. A., Eds.), pp. 143-164. Academic Press, San Diego, CA.

Duarte, C. M. (2000). Benthic ecosystems: Seagrasses. *In* "Encyclopedia of Biodiversity" (Levin, S. L., Ed.), Vol. 5, pp. 255-268. Academic Press, San Diego, CA.

Ellison, A. M., and Farnsworth, E. J. (1996). Anthropogenic disturbance of Caribbean man-grove ecosystems: Past impacts, present trends, and future predictions. *Biotropica* 28, 549-565.

Ellison, A. M., Farnsworth, E. J., and Merkt, R. E. (1999). Origins of mangrove ecosystems and the mangrove biodiversity anomaly. *Global Ecol. Biogeogr.* 8, 95-115.

Emson, R. H. (1985). Life history patterns in rock pool animals. *In* "The Ecology of Rocky Coasts" (Moore, P. G., and Seed, R., Eds.), pp. 220-222. Hodder and Stoughton, London. Endean, R., Stephenson, W., and Kenny, R. (1956). The ecology and distribution of intertidal organisms on certain islands of the Queensland coast. *Aust. J. Mar. Freshwat. Res.* 7, 317-342.

Evans, D. H. (2002). Cell signalling and ion transport across the fish gill epithelium. *J. Exp. Zool.* 293, 336-347.

Feder, M. E., and Burggren, W. W. (1985). Cutaneous gas exchange in vertebrates: Design, patterns, control and implications. *Biol. Rev.* 60, 1-45.

Feder, M. E., and Hofmann, G. E. (1999). Heat-shock proteins, molecular chaperones, and the stress response: Evolutionary and ecological physiology. *Annu. Rev. Physiol.* 61, 243-282.

Fenchel, T. (1969). The ecology of marine microbenthos IV. Structure and function of the benthic ecosystem, its chemical and physical factors and the microfauna communities with special reference to the ciliated protozoa. *Ophelia* 6, 1-182.

Field, C. D. (1995). Impact of expected climate-change on mangroves. *Hydrobiologia* 295, 75-81.

Fields, P. A. (2001). Review: Protein function at thermal extremes: Balancing stability and flexibility. *Comp. Biochem. Physiol. A* 129, 417-431.

Foran, C. M., and Bass, A. H. (1999). Preoptic GnRH and AVT: Axes for sexual plasticity in toleost fish. *Gen. Comp. Endocrin.* 116, 141-152.

Fortes, M. D. (1990). "Seagrasses: A Resource Unknown in the ASEAN Region." Interna-tional Center for Living Aquatic Resources Management, Manila, Philippines.

Francis, M. P., Worthington, C. J., Saul, P., and Clements, K. D. (1999). New and rare tropical and subtropical fishes from northern New Zealand. *N. Z. J. Mar. Freshwat. Res.* 33, 571-586.

Freeman, M. L., Borrelli, M. J., Meredith, M. J., and Lepock, J. R. (1999). On the path to the heat shock response: Destabilization and formation of partially folded protein intermediates, a consequence of protein thiol modification. *Free Radic. Biol. Med.* 26, 737-745.

Geiger, S. P., Torres, J. J., and Crabtree, R. E. (2000). Air breathing and gill ventilation frequencies in juvenile tarpon, *Megalops atlanticus*: Responses to changes in dissolved oxygen, temperature, hydrogen sulphide, and pH. *Environ. Biol. Fish.* 59, 181-190.

Gervais, M. R., and Tufts, B. L. (1998). Evidence for membrane-bound carbonic anhydrase in the air bladder of bowfin (*Amia calva*), a primitive air-breathing fish. *J. Exp. Biol.* 201, 2205-2212.

Ghiselin, M. T. (1969). The evolution of hermaphrodism among animals. *Q. Rev. Biol.* 44, 180-208.

Gibson, R. N. (1982). Recent studies on the biology of intertidal fishes. *Oceanogr. Mar. Biol. Ann. Rev.* 20, 363-414.

Gibson, R. N. (1993). Intertidal teleosts: Life in a fluctuating environment. *In* "Behaviour of Teleost Fishes" (Pitcher, T. J., Ed.), 2nd edn., pp. 513-536. Chapman & Hall, London.

Gilmore, R. G. (1995). Environmental and biogeographic factors influencing ichthyofaunal diversity: Indian River Lagoon. *Bull. Mar. Sci.* 57, 153-170.

Gilmour, K. M. (1998). Causes and consequences of acid-base disequilibria. *In* "Fish Physiology" (Perry, S. F., and Tufts, B., Eds.), Vol. 17, pp. 321-348. Academic Press, New York.

Gilmour, K. M., Shah, B., and Szebedinszky, C. (2002). An investigation of carbonic anhydrase activity in the gills and blood plasma of brown bullhead (*Ameiurus nebulosus*), longnose skate (*Raja rhina*), and spotted ratfish (*Hydrolagus colliei*). *J. Comp. Physiol. B* 172, 77-86.

Glynn, P. W. (1973). Ecology of a Caribbean coral reef. The *Porites* reef flat biotope: Part I: Meteorology and hydrography. *Mar. Biol.* 20, 297-318.

Gosline, W. A. (1965). Vertical zonation of inshore fishes in the upper water layers of the Hawaiian Islands. *Ecology* 46, 823-831.

Goujet, D. (1984). "Les Poissons Placodermes du Spitsberg: Arthrodires Dolichothoraci de la Formation de Wood Bay (Dévonien Inferieur)." Cahiers de Paléontologie, Centre National de la Recherche Scientifique, Paris.

Graham, J. B. (1973). Terrestrial life of the amphibious fish *Mnierpes macrocephalus*. *Mar. Biol.* 23, 83-91.

Graham, J. B. (1976). Respiratory adaptations of marine air-breathing fishes. *In* "Respiration of Amphibious Vertebrates" (Hughes, G. M., Ed.), pp. 165-187. Academic Press, New York.

Graham, J. B. (1997). "Air-breathing Fishes: Evolution, Diversity, and Adaptation." Academic Press, San Diego, CA.

Greaney, G. S., and Powers, D. A. (1978). Allosteric modifiers of fish hemoglobins: *In vitro* and *in vivo* studies of the effect of ambient oxygen and pH on erythrocyte ATP concentrations. *J. Exp. Zool.* 203, 339-350.

Greeley, M. S., Jr. (1982). Tide-controlled reproduction in the longnose killifish, Fundulus similes. *Am. Zool.* 22, 870.

Greeley, M. S., Jr., and MacGregor, R. M., III. (1983). Annual and semilunar reproductive ecycles of the gulf killifish, *Fundulus grandis*, on the Alabama gulf coast. *Copeia* 1983, 711-718.

Green, J. M. (1967). A field study of the distribution and behavior of *Oligocottus maculosus* Girard, a tidepool cottid of the Northeast Pacific Ocean. PhD thesis, University of British Columbia, Vancouver.

Green, J. M. (1971). Local distribution of *Oligocottus maculosus* Girard and other tidepool cottids of the west coast of Vancouver Island, British Columbia. *Can. J. Zool.* 49, 1111-1128.

Grieshaber, M. K., and Völkel, S. (1998). Animal adaptations for tolerance and exploitation of poisonous sulphide. *Annu. Rev. Physiol.* 60, 33-53.

Grizzle, J. M., and Thiyagarajah, A. (1987). Skin histology of *Rivulus ocellatus marmoratus*: Apparent adaptation for aerial respiration. *Copeia* 1987, 237-240.

Grober, M. S., and Sunobe, T. (1996). Serial adult sex change involves rapid and reversible changes in forebrain neurochemistry. *Neuroreport* 7, 2945-2949.

Gross, M. (1998). "Life on the Edge: Amazing Creatures Thriving in Extreme Environments." Plenum Press, New York.

Gundermann, N., and Popper, D. M. (1984). Notes on the Indo-Pacific mangal fishes and on mangrove related fisheries. *In* "Hydrobiology of the Mangal" (Por, F. D. and Dor, I., Eds.), pp. 201-206. W. Junk, The Hague.

Hallam, A. (1987). End-Cretraceous mass extinction event: Argument for terrestrial causation. *Science* 238, 1237-1242.

Hanke, W., Hegab, S. A., Assem, H., Berkowsky, B., Gerhard, A., Gupta, O., and Reiter, S. (1993). Mechanisms of hormonal action on osmotic adaptation in teleost fish. *In* "Fish Ecotoxicology and Ecophysiology" (Braunbeck, T., Hanke, W., and Segner, H., Eds.), Proceedings of an International Symposium, Heidelberg, September 1991, pp. 315-325. VCH Verlagsgesellschaft mbH, Weinheim, Germany.

Hara, S., Duray, M. N., Parazo, M., and Taki, Y. (1986). Year-round spawning and seed production of the rabbitfish, *Siganus guttatus*. *Aquaculture* 59, 259-272.

Hartl, F. U. (1996). Molecular chaperones in cellular protein folding. *Nature* 381, 571-580.

Hawkins, A. J. S. (1985). Relationships between the synthesis and breakdown of protein, dietary absorption and turnovers of nitrogen and carbon in the blue mussel, *Mytilus edulis* L. *Oecologia* 66, 42-49.

Hazel, J. R., and Prosser, C. L. (1974). Molecular mechanisms of temperature compensation in poikilotherms. *Physiol. Rev.* 54, 620-677.

Heald, E. J., and Odum, W. E. (1970). The contribution of the mangrove swamps to Florida fisheries. *Proc. Gulf Carib. Fish. Inst.* 22, 130-135.

Heisler, N. (1982). Intracellular and extracellular acid-base regulation in the tropical freshwater teleost fish *Synbranchus marmoratus* in response to the transition from water breathing to air breathing. *J. Exp. Biol.* 99, 9-28.

Heisler, N., Toews, D. P., and Holeton, G. F. (1988). Regulation of ventilation and acid-base status in the elasmobranch *Scyliorhinus stellaris* during hyperoxia-induced hypercapnia. *Respir. Physiol.* 71, 227-246.

Heisler, N., Weitz, H., and Weitz, A. M. (1976). Hypercapnia and resultant bicarbonate transfer processes in an elasmobranch fish. *B. Eur. Physiopath. Res.* 12,

77-85.

Heming, T. A., and Bidani, A. (1992). Influence of proton availability on intracapillary CO_2-HCO_3^--H^+ reactions in isolated rat lungs. *J. Appl. Physiol.* 72, 2140-2148.

Heming, T., Stabenau, E., Vanoye, C., Magahadasi, H., and Bidani, A. (1994). Roles of intra-and extracellular carbonic anhydrase in alveolar-capillary CO_2 equilibration. *J. Appl. Physiol.* 77, 697-705.

Heming, T., Vanoye, C., Stabenau, E., Roush, E., Fierke, C., and Bidani, A. (1993). Inhibitor sensitivity of pulmonary vascular carbonic anhydrase. *J. Appl. Physiol.* 75, 1642-1649.

Hemminga, M. A., and Duarte, C. M. (2000). Seagrass Ecology. Cambridge University Press, Cambridge.

Henry, R. P., and Swenson, E. R. (2000). The distribution and physiological significance of carbonic anhydrase in vertebrate gas exchange organs. *Respir. Physiol.* 121, 1-12.

Hightower, L. E., Norris, C. E., diIorio, P. J., and Fielding, E. (1999). Heat shock responses of closely related species of tropical and desert fish. *Am. Zool.* 39, 877-888.

Hixon, M. A. (2001). Coral reef fishes. In "Encyclopedia of Ocean Sciences" (Steele, A. C., Turekian, J. H., and Thorpe, S. A., Eds.), Vol. 1, pp. 538-542. Academic Press, San Diego, CA.

Hochachka, P. W., and Somero, G. N. (1984). "Biochemical Adaptation." Princeton University Press, Princeton, NJ.

Hofmann, G. E., and Somero, G. N. (1996). Interspecific variation in thermal denaturation of proteins in the congeneric mussels *Mytilus trossulus* and *M. galloprovincialis*: Evidence from the heat shock response and protein ubiquitination. *Mar. Biol.* 126, 65-75.

Hoque, M. T., Yusoff, F. M., Law, A. T., and Syed, M. A. (1998). Effect of hydrogen sulphide on liver somatic index and Fulton's condition factor in *Mystus nemurus*. *J. Fish Biol.* 52, 23-50.

Horn, M. H. (1999). Convergent evolution and community convergence: Research potential using intertidal fishes. In "Intertidal Fishes: Life in Two Worlds" (Horn, M. H., Martin, K. L. M., and Chotkowski, M. A., Eds.), pp. 356-372. Academic Press, San Diego, CA.

Horowitz, M. (2001). Heat acclimation: Phenotypic plasticity and cues to the underlying molecular mechanisms. *J. Therm. Biol.* 26, 357-363.

Houlihan, D. F. (1991). Protein turnover in ectotherms and its relationships to energetics. *Adv. Comp. Env. Physiol.* 7, 1-43.

Hubbard, D. K. (1988). Controls of modern and fossil reef development. Common ground for biological and geological research. *Proc. Int. Coral Reef Symp.* 6*th* 1, 243-252.

Hutchings, P., and Saenger, P. (1987). *Ecology of Mangroves*. University of Queensland Press, St. Lucia, Australia.

Ingvorsen, K., and Jorgensen, B. B. (1979). Combined measurements of oxygen and sulfide in water samples. *Limnol. Oceanogr.* 24, 390-393.

Ip, Y. K., and Low, W. P. (1990). Lactate production in the gills of the mudskipper *Periophthalmodon schlosseri* exposed to hypoxia. *J. Exp. Zool.* 253, 99-101.

Ip, Y. K., Lee, C. G. L., Low, W. P., and Lam, T. J. (1991). Osmoregulation in the mudskipper, *Boleophthalmus boddaerti* I. Responses of branchial cation activated and anion stimulated adenosine triphosphatases to changes in salinity. *Fish Physiol. Biochem.* 9, 63-68.

Ip, Y. K., Low, W. P., Lim, A. L. L., and Chew, S. F. (1990). Changes in lactate content in the gills of the mudskippers *Periophthalmus chrysospilos* and *Boleophthalmus boddaerti* in response to environmental hypoxia. *J. Fish Biol.* 36, 481-487.

Ip, Y. K., Chew, S. F., and Randall, D. J. (2001a). Ammonia toxicity, tolerance, and excretion. *In* "Fish Physiology. Vol. 20: Nitrogen Excretion" (Wright, P. A., and Anderson, P. M., Eds.), pp. 109-148. Academic Press, San Diego, CA.

Ip, Y. K., Chew, S. F., Leong, I. W. A., Jin, Y., and Wu, R. S. S. (2001b). The sleeper *Bostrichthys sinensis* (Teleost) stores glutamine and reduces ammonia production during aerial exposure. *J. Comp. Physiol. B* 171, 357-367.

Ip, Y. K., Lim, C. B., Chew, S. F., Wilson, J. M., and Randall, D. J. (2001). Partial amino acid catabolism leading to the formation of alanine in *Periophthalmodon schlosseri* (mudskipper): A strategy that facilitates the use of amino acids as an energy source during locomo- tory activity on land. *J. Exp. Biol.* 204, 1615-1624.

Ip, Y. K., Randall, D., Kok, T. K., Bazaghi, C., Wright, P. A., Ballantyne, J. S., Wilson, J. M., and Chew, S. F. (2004). The giant mudskipper *Periophthalmodon scholsseri* facilitates active NH_4^+ excretion by increasing acid excretion and having a low NH_3 permeability in the skin. *J. Exp. Biol.* 207, 787-801.

Ishimatsu, A., and Itazawa, Y. (1983). Blood oxygen levels and acid-base status following air exposure in an air-breathing fish, *Channa argus*: The role of air ventilation. *Comp. Biochem. Physiol. A* 74, 787-793.

Ishimatsu, A., Aguilar, N. M., Ogawa, K., Hishida, Y., Takeda, T., Oikawa, S., Kanda, T., and Khoo, K. H. (1999). Arterial blood gas levels and cardiovascular function during varying environmental conditions in a mudskipper, *Periophthalmodon schlosseri*. *J. Exp. Biol.* 202, 1753-1762.

Ishimatsu, A., Hishida, Y., Takita, T., Kanda, T., Oikawa, S., Takeda, T., and

Khoo, K. H. (1998). Mudskippers store air in their burrows. *Nature* 391, 237-238.

Iwata, K. (1988). Nitrogen metabolism in the mudskipper, *Periophthalmus cantonensis*: Changes in free amino acids and related compounds in various tissues under conditions of ammonia loading, with special reference to its high ammonia tolerance. *Comp. Biochem. Physiol. A* 91, 499-508.

Iwata, K., Kakuta, I., Ikeda, M., Kimoto, S., and Nada, N. (1981). Nitrogen metabolism in the mudskipper, *Periophthalmus cantonensis*: A role of free amino acids in detoxification of ammonia produced during its terrestrial life. *Comp. Biochem. Physiol. A* 86, 589-596.

Izaurralde, R. C., Rosenberg, N. J., Brown, R. A., Legler, D. M., Tiscareño, M., and Sriniva-san, R. (1999). Modeled effects of moderate and strong 'Los Niños' on crop productivity in North America. *Agric. Forest Meteorol.* 94, 259-268.

Jablonski, D. (1986). Background and mass extinctions: The alternation of macroevolutionary regimes. *Science* 231, 129-133.

Jobling, M. (1995). "Environmental Biology of Fishes." Chapman & Hall, London.

Johansen, K., and Lenfant, C. (1972). A comparative approach to adaptability of O_2-Hb affinity. *In* "Oxygen Affinity of Hemoglobins and Red Cell Acid Base Status" (Astrup, P. and Rorth, M., Eds.), pp. 750-780. Academic Press/Munksgaard, Copenhagen.

Johansen, K., Mangum, C. P., and Lykkeboe, G. (1978). Respiratory properties of the blood of Amazon fishes. *Can. J. Zool.* 56, 898-906.

Jones, R. S., and Chase, J. A. (1975). Community structure and distribution of fishes in an enclosed high island lagoon in Guam. *Micronesica* 11, 127-148.

Jørgensen, B. B., and Fenchel, T. (1974). The sulphur cycle of a marine sediment model system. *Mar. Biol.* 24, 189-201.

Karatajute-Talima, V., and Predtechenskyi, N. (1995). The distribution of the vertebrates in the Late Ordovician and Early Silurian palaeobasins of the Siberian Platform. *Bull. Mus. Natl Hist. Nat. 4 Se'r., Sect. C: Sci. Terre* 27, 39-55.

Karnaky, K. J., Jr. (1998). Osmotic and ionic regulation. *In* "The Physiology of Fish" (Evans, D. H., Ed.), 2nd edn., pp. 157-176. CRC Press, Boca Raton, FL.

Khan, A. A., Schuler, M. M., and Coppock, R. W. (1987). Inhibitory effects of various sulphur compounds on the activity of bovine erythrocyte enzymes. *J. Toxicol. Environ. Health* 22, 481-490.

Kneib, R. T. (1987). Predation risk and the use of intertidal habitats by young fishes and shrimp. *Ecology* 68, 379-386.

Kobayaski, T., Dotsu, Y., and Takita, T. (1971). Nest and nesting behavior of the mud skipper, *Periophthalmus cantonensis* in Ariake Sound. *Bull. Fac. Fish. Nagasaki*

Univ. 32, 27-40.

Kohn, A., and Helfrich, P. (1951). Primary productivity of a Hawaiian coral reef. *Limnol. Oceanogr.* 2, 241-251.

Kok, W. K., Lim, C. B., Lam, T. J., and Ip, Y. K. (1998). The mudskipper *Periophthalmodon schlosseri* respires more efficiently on land than in water and vice versa for *Boleophthalmus boddaerti*. *J. Exp. Zool.* 280, 86-90.

Kong, H. Y., Kahatapitiya, N., Kingsley, K., Salo, W. L., Anderson, P. M., Wang, Y. X., and Walsh, P. J. (2000). Induction of carbamoyl phosphate synthetase III and glutamine synthetase mRNA during confinement stress in gulf toadfish (*Opsanus beta*). *J. Exp. Biol.* 203, 311-320.

Kuah, S. S. L., Chew, S. F. and Ip, Y. K. (In press a). The mudskipper *Boleophthalmus boddaerti* does not undergo anaerobic energy metabolism when exposed to 0.4 mmol/L sulphide in normoxia or 0.2 mmol/L sulphide in hypoxia. *J. Exp. Biol.*

Kuah, S. S. L., Chew, S. F. and Ip. Y. K. (In press b). The mudskipper *Boleophthalmus boddaerti* activates different mechanisms to detoxify sulphide in normoxia or hypoxia, producing mainly sulphate and sulfane sulphur, respectively. *J. Exp. Biol.*

Kuo, S., and Shao, K. (1999). Species composition of fish in the coastal zones of the Tsengwen Estuary, with descriptions of five new records from Taiwan. *Zoological Studies* 38, 391-404.

Lam, C. (1986). A new species of *Bathygobius* (Pisces: Gobiidae) from Hong Kong. *Asian Mar. Biol.* 3, 75-87.

Lam, C. (1990). Intertidal gobies (Pisces: Gobiidae) from Hong Kong. In "Proceedings of the Second International Marine Biological Workshop: The Marine Flora and Fauna of Hong Kong and Southern China, Hong Kong, 1986" (Morton, B., Ed.), pp. 673-690. Hong Kong University Press, Hong Kong.

Lande, M. B., Donovan, J. M., and Zeidel, M. L. (1995). The relationship between membrane fluidity and permeabilities to water, solute, ammonia, and protons. *J. Gen. Physiol.* 106, 67-84.

Larkum, A. W. D., and den Hartog, C. (1989). Evolution and biogeography of seagrasses. In "Biology of Seagrasses" (Larkum, A. W. D., McComb, A. J., and Shepherd, S. A., Eds.), pp. 112-156. Elsevier, New York.

Lee, C. G. L., Low, W. P., and Ip, Y. K. (1987). Na^+, K^+ and volume regulation in the mudskipper, *Periophthalmus chrysospilos*. *Comp. Biochem. Physiol. A* 87, 439-448.

Lee, C. G. L., Low, W. P., Lam., T. J., Munro, A. D., and Ip, Y. K. (1991). Osmoregulation in the mudskipper, *Boleophthalmus boddaerti* II. Transepithelial potential and hormonal control. *Fish Physiol. Biochem.* 9, 69-75.

Lee, R. W., Kraus, D. W., and Doeller, J. E. (1996). Oxidation of sulphide by *Spartina alterniflora* roots. *Limnol. Oceanogr.* 44, 1155-1159.

Leis, J. M. (1991). The pelagic stage of reef fishes: The larval biology of coral reef fishes. *In* "The Ecology of Fishes on Coral Reefs" (Sale, P. F., Ed.), pp. 183-230. Academic Press, San Diego.

Lenfant, C., and Johansen, K. (1967). Respiratory adaptations in selected amphibians. *Resp. Physiol.* 2, 247-260.

Lewis, R. R., III, Gilmore, R. G., Jr., Crewz, D. W., and Odum, W. E. (1983). Mangrove habitat and fishery resources in Florida. *In* "Florida Aquatic Habitat and Fishery Resources" (Seaman, W., Jr., Ed.), pp. 281-336. Florida Chapter of the American Fisheries Society, Eustis.

Ley, J. A., McIvor, C. C., and Montague, C. L. (1999). Fishes in mangrove prop-root habitats of northeastern Florida Bay: Distinct assemblages across an estuarine gradient. *Estuar. Coast Shelf Sci.* 48, 701-723.

Liley, N. R., and Stacey, N. E. (1983). Hormones, pheromones, and reproductive behaviour in fish. *In* "Fish Physiology. Volume 9: Reproduction, Part B, Behavior and Fertility Control" (Hoar, W. S., Randall, D. J., and Donaldson, E. M., Eds.), pp. 1-63. Academic Press, London.

Lillywhite, H. B., and Maderson, P. F. A. (1988). The structure and permeability of integument. *Am. Zool.* 28, 945-962.

Lim, C. B., Chew, S. F., Anderson, P. M, and Ip, Y. K. (2001). Mudskippers reduce the rate of protein and amino acid catabolism in response to terrestrial exposure. *J. Exp. Biol.* 204, 1605-1614.

Lin, H. J., and Dunson, W. A. (1999). Phenotypic plasticity in the growth of the self-fertilizing hermaphroditic fish *Rivulus marmoratus*. *J. Fish Biol.* 54, 250-266.

Lin, H. C., and Dunson, W. A. (1995). An explanation of the high strain diversity of a self-fertilizing hermaphroditic fish. *Ecology* 76, 593-605.

Lindquist, S., and Craig, E. A. (1988). The heat shock response. *Ann. Rev. Genet.* 22, 631-677.

Little, C., Reay, P. J., and Grove, S. J. (1988). The fish community of an East African mangrove creek. *J. Fish. Biol.* 32, 729-747.

Lobel, P. S. (1978). Diel, lunar and seasonal periodicity in the reproductive behaviour of the pomacanthid fish, *Centropyge potteri*, and some other reef fishes in Hawaii. *Pacif. Sci.* 32, 193-207.

Logan, A., and Cook, C. B. (1992). Seagrass beds. *In* "A Guide to the Ecology of Shoreline and Shallow-Eater Marine Communities of Bermuda" (Thomas, M. L. H., and Logan, A., Eds.), pp. 69-92. Wm. C. Brown, Iowa.

Logue, J., Tiku, P., and Cossins, A. R. (1995). Heat injury and resistance adaptation in fish. *J. Therm. Biol.* 20, 191-197.

Losey, G. S., Jr. (1969). Sexual pheromone in some fishes of the genus Hypsoblennius Gill. *Science N. Y.* 163, 181-183.

Low, W. P., Chew, S. F., and Ip, Y. K. (1992). Differences in electrophoretic patterns of lactate dehydrogenases from the gills, hearts and muscles of three mudskippers. *J. Fish Biol.* 40, 975-977.

Low, W. P., Lane, D. J. W., and Ip, Y. K. (1988). A comparative study of terrestrial adaptations of the gills in three mudskippers-*Periophthalmus chrysopilos*, *Boleophthalmus boddaerti*, and *Periophthalmodon schlosseri*. *Biol. Bull.* 175, 434-438.

Low, W. P., Peng, K. W., Phuan, S. K., Lee, C. Y., and Ip, Y. K. (1993). A comparative study on the responses of the gills of two mudskippers to hypoxia and anoxia. *J. Comp. Physiol. B* 163, 487-494.

MacNae, W. (1968). A general account of the fauna and flora of mangrove swamps and forests in the Indo-West-Pacific region. *Adv. Mar. Biol.* 6, 73-270.

MacNae, W., and Kalk, M. (1962). The ecology of the mangrove swamps of Inhaca Island, Mozambique. *J. Ecol.* 50, 19-34.

Maeda-Martinez, A, Contreras, S., and Maravilla, O. (1982). Fish diversity and abundance in three mangrove areas of the Bahia de Paz, Mexico. *Trans. Cibcasio.* 6, 138-151.

Magnus, D. B. E. (1972). On the ecology of the reproduction behaviour of *Periopthalmus kalolo* Lesson at the east African coast. *Proc. Int. Congr. Zool.* 17, Theme 6, 1-5.

Mahon, R., and Mahon, S. D. (1994). Structure and resilience of tidepool fish assemblage at Barbados. *Environ. Biol. Fish.* 41, 171-190.

Manickam, P., and Natarajan, G. M. (1985). Observations on the blood parameters of two air breathing mudskippers of South India. *Ind. J. Curr. Biosci.* 2, 19-22.

Martin, F. D., and Cooper, M. (1981). A comparison of fish faunas found in pure stands of two tropical Atlantic seagrasses, *Thalassia festudinum* and *Syringodium filiforme*. *Northeast Gulf Sci.* 5, 31-37.

Martin, J., Langer, T., Boteva, R., Schramel, A., Horwich, A. L., and Hartl, F. U. (1991). Chaperonin-mediated protein folding at the surface of groEL through a "molten globule" like intermediate. *Nature* 352, 36-42.

Martin, K. L. M. (1991). Facultative aerial respiration in an intertidal sculpin, *Clinocottus analis* (Scorpaeniformes: Cottidae). *Physiol. Zool.* 64, 1342-1355.

Martin, K. L. M. (1993). Aerial release of CO_2 and respiratory exchange ratio in intertidal fishes out of water. *Environ. Biol. Fishes* 37, 189-196.

Martin, K. L. M. (1995). Time and tide wait for no fish: Intertidal fishes out of water.

Environ. Biol. Fishes 44, 165-181.

Martin, T. J. (1988). Interaction of salinity and temperature as a mechanism for spatial separation of three co-existing species of Ambassidae (Cuvier) (Teleostei) in estuaries on the south east coast of Africa. *J. Fish Biol.* 33 (Suppl. A), 9-15.

May, R. C., Akiyama, G. S., and Santerre, M. T. (1979). Lunar spawning of the threadfin, *Polydactylus sexfilis*, in Hawaii. *US Natl. Mar. Service Fish. Bull.* 76, 900-904.

Meekan, M. G., Wellington, G. M., and Axe, L. (1999). El Niño-Southern Oscillation events produce checks in the otoliths of coral reef fishes in the Galápagos Archipelago. *Bull. Mar. Sci.* 64, 383-390.

Meredith, A. S., Davies, P. S., and Forster, K. E. (1982). Oxygen uptake by the skin of the Canterbury mudfish, *Neochanna burrowsius*. *N. Z. J. Zool.* 9, 387-390.

Moerland, T. S. (1995). Temperature: Enzyme and organelle. *In* "Biochemistry and Molecular Biology of Fishes" (Hochachka, P. W., and Mommsen, T. P., Eds.), pp. 57-71. Elsevier Science, Amsterdam.

Mommsen, T. P. (1984). Metabolism of the fish gill. *In* "Fish Physiology. Volume 10: Gills" (Hoar, W. S., and Randall, D. J., Eds.), pp. 203-238. Academic Press, New York.

Mommsen, T. P., and Walsh, P. J. (1992). Biochemical and environmental perspectives on nitrogen metabolism in fishes. *Experentia* 48, 583-593.

Montgomery, W. L. (1990). Zoogeography, behaviour and ecology of coral-reef fishes. *In* "Ecosystem of the World, Volume 25, Coral Reefs" (Dubinsky, Z., Ed.), pp. 329-364. Elsevier Science Publishers Amsterdam.

Moon, T. W., and Johnston, I. A. (1981). Amino acid transport and interconversions in tissues of freshly caught and food-deprived plaice, *Pleuronectes platessa* L. *J. Exp. Biol.* 19, 653-663.

Morgan, I. J., McDonald, D. G., and Wood, C. M. (2001). The cost of living for freshwater fish in a warmer, more polluted world. *Global Change Biol.* 7, 345-355.

Morimoto, R. I., Tissiéres, A., and Georgopoulos, C. (1990). The stress response, function of the proteins, and perspective. *In* "Stress Proteins in Biology and Medicine" (Morimoto, R. I., Tissiéres, A., and Georgopoulos, C., Eds.), pp. 1-36. Cold Spring Harbor Laboratory Press, New York.

Moring, J. R. (1990). Seasonal absence of fishes in tidepools of a boreal environment (Maine, USA). *Hydrobiologia* 194, 163-168.

Morris, R. W. (1960). Temperature, salinity, and southern limits of three species of Pacific cottid fishes. *Limnol. Oceanogr.* 5, 175-179.

Morris, R. W. (1962). Distribution and temperature sensitivity of some eastern Pacific cottid fishes. *Physiol. Zool.* 34, 217-227.

Morris, S., and Bridges, C. R. (1994). Properties of respiratory pigments in bimodal breathing animals: Air and water breathing by fish and crustaceans. *Am. Zool.* 34, 216-228.

Morris, S., and Taylor, A. C. (1983). Diurnal and seasonal variation in physico-chemical conditions with intertidal rock pools. *Estuar. Coast. Shelf Sci.* 17, 339-355.

Morton, B., and Britton, J. C. (2000). The origins of the coastal and marine flora and fauna of the Azores. *Oceanogr. Mar. Biol. Ann. Rev.* 38, 13-84.

Morton, B., and Lee, C. N. W. (2003). The biology and ecology of juvenile horseshoe crabs along the northwestern coastline of the New Territories, Hong Kong: Prospects and recommendations for conservation. Final Report. The Swire Institute of Marine Science, The University of Hong Kong, Hong Kong.

Moyer, J. T. (1975). Reproductive behaviour of the damselfish *Pomacentrus nagasakiensis* at Miyakejima, Japan. *Japan J. Ichthy.* 22, 151-163.

Nakamura, R. (1970). The Comparative Ecology of Two Sympatric Tidepool Fishes, *Oligocot-tus maculosus* (Girard) and *Oligocottus snyderi* (Greeley). PhD thesis. University of British Columbia, Vancouver.

Nakamura, R. (1971). Food of two cohabiting tide-pool cottidae. *J. Fish. Res. Bd. Canada* 28, 928-932.

Nakamura, R. (1976a). Temperature and the vertical distribution of two tidepool fishes (*Oligo-cottus maculosus*, *O. snyderi*). *Copeia* 1976, 143-152.

Nakamura, R. (1976b). Experimental assessment of factors influencing microhabitat selection by the two tidepool fishes *Oligocottus maculosus* and *O. snyderi*. *Mar. Biol.* 37, 97-104.

Nakano, K., and Iwama, G. K. (2002). The 70-kDa heat shock protein response in two intertidal sculpins, *Oligocottus maculosus* and *O. snyderi*: Relationship of hsp70 and thermal tolerance. *Comp. Biochem. Physiol.* A 133, 79-94.

Nakano, K., Takemura, A., Nakamura, S., Nakano, Y., and Iwama, G. K. (2004). Changes in the cellular and organismal stress responses of the subtropical fish, the Indo-Pacific sergeant (*Abudefduf vaigiensis*), due to the 1997-98 El Niño/Southern Oscillation. *Environ. Biol. Fish.* 70 (4), 321-329.

Nicholls, P. (1975). The effect of sulphide on cytochrome aa3. Isosteric and allosteric shrifts of the reduced a-peak. *Biochem. Biophys. Acta* 396, 24-35.

Nicholls, R. J., Hoozemans, F. M. J., and Marchand, M. (1999). Increasing flood risk and wetland losses due to global sea-level rise: Regional and global analyses. *Global Environ. Change* 9, S69-S87.

Nickerson, N. H., and Thibodeau, F. R. (1985). Association between pore water sulfide concentrations and the distribution of mangroves. *Biogeochem.* 1, 183-192.

Nikinmaa, M. (1990). "Vertebrate Red Blood Cells: Adaptations of Function to Respiratory Requirements." Springer-Verlag, Berlin.

Nonnotte, G. (1981). Cutaneous respiration in 6 fresh-water teleosts. *Comp. Biochem. Physiol.* 70A, 541-543.

Nonnotte, G., and Kirsch, R. (1978). Cutaneous respiration in seven sea-water teleosts. *Respir. Physiol.* 35, 111-118.

Norris, C. E., diIorio, P. J., Schultz, R. J., and Hightower, L. E. (1995). Variation in heat shock proteins within tropical and desert species of Poeciliid fishes. *Mol. Biol. Evol.* 12, 1048-1062.

Odum, W. E., and Heald, E. J. (1972). The detritus food web of an estuarine mangrove community. *In* "Estuarine Research" (Cronin, L. E., Ed.), pp. 265-286. Academic Press, New York.

Ogasawara, T., Ip, Y. K., Hasegawa, S., Hagiwra, Y., and Hirano, T. (1991). Changes in prolactin cell activity in the mudskipper, *Periophthalmus chrysospilos*, in response to hypo-tonic environment. *Zool. Sci.* 8, 89-95.

Ogden, J. C. (1976). Some aspects of plant-herbivore relationships on Caribbean reefs and seagrass beds. *Aquat. Bot.* 2, 103-116.

Ogden, J. C. (1980). Faunal relationships in Caribbean seagrassbeds. *In* "Handbook of Seagrass Biology: An Ecosystem Perspective" (Philips, R. C., and McRoy, C. P., Eds.), pp. 173-198. Garland STPM Press, New York and London.

Öhman, M. C., Rajasuriya, A., and O' lafsson, E. (1997). Reef fish assemblages in north-western Sri Lanka: Distribution patterns and influences of fishing practices. *Environ. Biol. Fish.* 49, 45-61.

Orr, A. P. (1933). Variations in some physical and chemical conditions on and near Low Isles Reef. *Sci. Rep. Great Barrier Reef Expedition*, 1928-29, Br. Mus. (Natl Hist.) 2, 87-98.

Oseid, D. M., and Smith, L. L. (1972). Swimming endurance and resistance to copper and malathion of bluegills treated by long-term exposure to sublethal levels of hydrogen sulphide. *Trans. Am. Fish. Soc.* 4, 620-625.

Pankhurst, N. W., and Peter, R. E. (2002). Changes in plasma levels of gonadal steroids and putative gonadotropin in association with spawning and brooding behaviour of male demoiselles. *J. Fish Biol.* 61, 394-404.

Park, J. Y. (2002). Structure of the skin of an air-breathing mudskipper, *Periophthalmus magnuspinnatus*. *J. Fish Biol.* 60, 1543-1550.

Parsell, D. A., and Lindquist, S. (1993). The function of heat-shock proteins in stress tolerance: Degradation and reactivation of damaged proteins. *Ann. Rev. Genet.* 27,

437-496.

Pelster, B., Bridges, C. R., and Grieshaber, M. K. (1988). Physiological adaptations of the intertidal rockpool teleost *Blennius pholis* L., to aerial exposure. *Respir. Physiol.* 71, 355-374.

Peng, K. W., Chew, S. F., Lim, C. B., Kuah, S. S. L., Kok, W. K., and Ip, Y. K. (1998). The mudskippers *Periophthalmodon schlosseri* and *Boleophthalmus boddaerti* can tolerate environmental NH_3 concentrations of 446 and 36 mmol/L, respectively. *Fish Physiol. Biochem.* 19, 59-69.

Perry, S. F., and Gilmour, K. (1993). An evaluation of factors limiting carbon dioxide excretion by trout red blood cells *in vitro*. *J. Exp. Biol.* 180, 39-54.

Peters, K. M., and McMichael, R. H. (1987). Early life history of the Red Drum *Sciaenops ocellatus* (Pisces Sciaenidae), in Tampa Bay, Florida. *Estuaries* 10, 92-107.

Phillips, R. R. (1977). Behavioural field study of the Hawaiian rockskipper *Istiblennius zebra* (Teleostei, Blenniidae) I. Ethogram. *Z. Tierpsychol.* 32, 1-22.

Plaut, I. (1999a). Effects of salinity acclimation on oxygen consumption in the freshwater blenny, *Salaria fluviatilis*, and the marine peacock blenny, *S. pavo*. *Mar. Freshwat. Res.* 50, 655-659.

Plaut, I. (1999b). Effects of salinity on survival, osmoregulation and oxygen consumption in the intertidal blenny, *Parablennius sanguinolentus*. *Copeia* 3, 775-779.

Pollard, D. A. (1984). A review of ecological studies on seagrass fish communities, with particular reference to recent studies in Australia. *Aquat. Bot.* 18, 3-42.

Por, F. D. (1984). Editor's note on mangal fishes of the world. *In* "Hydrobiology of the Mangal" (Por, F. D., and Dor, I., Eds.), pp. 207-209. W. Junk, The Hague.

Pörtner, H. O., and Sartoris, F. J. (1999). Invasive studies of intracellular acid-base parameters: Quantitative analyses during environmental and functional stress. *In* "Regulation of Tissue pH in Plants and Animals" (Taylor, E. W., Egington, S., and Raven, J. A., Eds.), pp. 68-98. Cambridge University Press, Cambridge.

Potts, D. C., and Swart, P. K. (1984). Water temperature as an indicator of environmental variability on a coral reef. *Limnol. Oceanogr.* 29, 504-513.

Powell, E. N., Bright, T. J., Woods, A., and Gittings, S. (1983). Meiofauna and the thiobios in the East Flower Garden brine seep. *Mar. Biol.* 73, 269-283.

Powers, D. A., Fyhn, H. J., Fyhn, U. E. H., Martin, J. P., Garlick, R. L., and Wood, S. C. (1979). A comparative study of the oxygen equilibria of blood from 40 genera of Amazonian fishes. *Comp. Biochem. Physiol.* A 62, 67-85.

Pradhan, V. (1961). A study of blood of a few Indian fishes. *Proc. Indian Acad. Sci.* 54, 251-256.

Prändle, R., Hinderhofer, K., Eggers-Schumacher, G., and Schöffl, F. (1998).

Pressley, P. H. (1980). Lunar periodicity in the spawning of yellowtail damselfish, *Microspathodon chrysurus*. *Environ. Biol. Fish.* 5, 153-159.

Prochazka, K. (1994). The reproductive biology of intertidal klipfish (Perciformes: Clinidae) in South Africa. *S. Afr. J. Zool.* 29, 244-251.

Prodocimo, V., and Freire, C. A. (2001). Ionic regulation in aglomerular tropical estuarine pufferfishes submitted to sea water dilution. *J. Expt. Mar. Biol. Ecol.* 262, 243-253.

Prosser, C. L. (1986). "Adaptational Biology: Molecules to Organisms." John Wiley, New York.

Pugh, D. T., and Rayner, R. F. (1981). The tidal regimes of three Indian Ocean atolls and some ecological implications. *Estuar. Coast. Mar. Sci.* 13, 289-407.

Rahman, M. S., Takemura, A., and Takano, K. (2000). Lunar synchronization of testicular development and plasma steroid hormone profiles in the golden rabbitfish. *J. Fish Biol.* 57, 1065-1074.

Randall, D. J., and Tsui, T. K. N. (2002). Ammonia toxicity in fish. *Mar. Pollut. Bull.* 45, 17-23. Randall, D. J., Burggren, W. W., Farrell, A. P., and Haswell, M. S. (1981). "The Evolution of Air Breathing in Vertebrates." Cambridge University Press, Cambridge.

Randall, D. J., Wilson, J. M., Peng, K. W., Kok, T. W. K., Kuah, S. S. L., Chew, S. F., Lam, T. J., and Ip., Y. K. (1999). The mudskipper, *Periophthalmodon schlosseri*, actively transports NH_4^+ against a concentration gradient. *Am. J. Physiol.* 277, R1562-R1567.

Randall, J. E., and Brock, V. E. (1960). Observations on the ecology of the epinepheline and lutjanid fishes of the Society Islands, with emphasis on food habitats. *Trans. Am. Fish. Soc.* 89, 9-16.

Rankin, J. C., Henderson, I. W., and Brown, J. A. (1983). Osmoregulation and the control of kidney function. *In* "Control Processes in Fish Physiology" (Rankin, J. C., Pitcher, T. J., and Duggan, R. T., Eds.), pp. 66-88. Croom Helm, Manuka, Australia.

Ravindran, J., Raghukumar, C., and Raghukumar, S. (1999). Disease and stress-induced mortality of corals in Indian reefs and observations on bleaching of corals in the Anda-mans. *Curr. Sci.* 76, 233-237.

Reid, S. D., Dockray, J. J., Linton, T. K., McDonald, D. G., and Wood, C. M. (1995). Effects of a summer temperature regime representative of a global warming scenario on growth and protein synthesis in hardwater- and softwater-acclimated juvenile rainbow trout (*Oncor-hynchus mykiss*). *J. Therm. Biol.* 20, 231-244.

Reid, S. D., Linton, T. K., Dockray, J. J., McDonald, D. G., and Wood, C. M. (1998). Effects of chronic sublethal ammonia and a simulated summer global warming scenario: protein synthesis in juvenile rainbow trout (*Oncorhynchus mykiss*). *Can. J. Fish. Aquat. Sci.* 55, 1534-1544.

Richards, D. V., and Engle, J. M. (2001). New and unusual reef fish discovered at the California Channel Island during the 1997-1998 El Niño. *Bull. South. Calif. Acad. Sci.* 100, 175-185.

Riggs, A. (1970). Properties of fish hemoglobins. *In* "Fish Physiology. Vol. 4: The Nervous System, Circulation, and Respiration" (Hoar, W. S., and Randall, D. J., Eds.), pp. 209-252. Academic Press, New York.

Riggs, A. (1979). Studies of the hemoglobins of Amazonian fishes: An overview. *Comp. Bio-chem. Physiol.* 62A, 257-272.

Robblee, M. B., and Zieman, J. C. (1984). Diel variation in the fish fauna of a tropical seagrass feeding ground. *Bull. Mar. Sci.* 34, 335-345.

Robertson, A. I. and Alongi, D. M. (Eds.) (1992). *In* "Tropical Mangrove Ecosystems." American Geophysical Union, Washington, DC.

Robertson, A. I., and Duke, N. C. (1987). Mangroves as nursery sites: Comparisons of the abundance and species composition of fish and crustaceans in mangroves and other near-shore habitats in tropical Australia. *Mar. Biol.* 96, 193-205.

Robertson, A. I., and Duke, N. C. (1990). Recruitment, growth and residence time of fishes in a tropical Australian mangrove system. *Estuar. Coast. Shelf Sci.* 31, 723-743.

Rojas, M. J. R., Pizarro, J. F., and Castro, V. (1994). Diversidad abundancia íctica en areas de manglar en el Golfo de Nicoya, Costa Rica. *Rev. Biol. Trop.* 42, 663-672.

Rosen, B. R. (1988). Progress, problems and patterns in the biogeography of reef corals and other tropical marine organisms. *Helgol. Wiss. Meeresunters* 42, 269-301.

Ross, R. M. (1983). Annual, semilunar and diel reproductive rhythms in the Hawaiian labrid *Thalassoma duperry*. *Mar. Biol.* 72, 311-318.

Rozemeijer, M. J. C., and Plaut, I. (1993). Regulation of nitrogen excretion of the amphibious blenniidae *Alticus kirki* (Guenther, 1868) during emersion and immersion. *Comp. Biochem. Physiol. A* 104, 57-62.

Sacca, R., and Burggren, W. W. (1982). Oxygen uptake in air and water in the air-breathing redfish *Calamoichthys calabaricus*: Role of skin, gills and lungs. *J. Exp. Biol.* 97, 179-186.

Sakamoto, T., and Ando, M. (2002). Calcium ion triggers rapid morphological oscillation of chloride cells in the mudskipper, *Periophthalmus modestus*. *J. Comp. Physiol. B* 172, 435-439.

Sakamoto, T., Yokota, S., and Ando, M. (2000). Rapid morphological oscillation of mitochondrion-rich cell in estuarine mudskipper following salinity changes. *J. Exp. Zool.* 286, 666-669.

Sanchez, Y., and Lindquist, S. L. (1990). HSP104 required for induced thermotolerance. *Science* 248, 1112-1115.

Sánchez-Velasco, L., Valdez-Holguín, J. E., Shirasago, B., Cisneros-Mata, M. A., and Zarata, A. (2002). Changes in the spawning environment of *Sardinops caeruleus* in the Gulf of California during El Niño 1997-1998. *Estuar. Coast. Shelf Sci.* 54, 207-217.

Santoro, M. G. (2000). Heat shock factors and the control of the stress response. *Biochem. Pharmacol.* 59, 55-63.

Sartoris, F. J., and Pörtner, H. O. (1997). Temperature dependence of ionic and acid-base regulation in boreal and arctic *Crangon crangon* and *Pandalus borealis*. *J. Exp. Mar. Biol. Ecol.* 211, 69-83.

Sartoris, F. J., Bock, C., and Pörtner, H. O. (2003). Temperature-dependent pH regulation in eurythermal and stenothermal marine fish: An interspecies comparison using ^{31}P-NMR. *J. Thermal. Biol.* 28, 363-371.

Sasekumar, A., Chong, V. C., Leh, M. U., and D'Cruz, R. (1992). Mangroves as a habitat for fish and prawns. *Hydrobiologia* 247, 195-207.

Schultze, H. P. (1996a). Terrestrial biota in coastal marine deposits: Fossil-Lagerstätten in the Pennsylvanian of Kansas, USA. *Palaeogeogr. Palaeoclimatol. Palaeoecol.* 119, 255-273.

Schultze, H. P. (1996b). The elpistostegid fish *Elpistostege*, the closest the Miguasha fauna comes to a tetrapod. *In* "Devonian Fishes and Plants of Miguasha, Quebec, Canada" (Schultze, H. P., and Cloutier, R., Eds.), pp. 316-327. Verlag Dr. Friedrich Pfiel, Munich.

Schultze, H. P. (1997). Umweltbedingungen beim Übergang von Fisch zu Tetrapode. *Sitzungsber. Gesell. Naturforsch. Freunde Berlin* 36, 59-77.

Schultze, H. P. (1999). The fossil record of the intertidal zone. *In* "Intertidal Fishes: Life in Two Worlds" (Horn, M. H., Martin, K. L. M., and Chotkowski, M. A., Eds.), pp. 373-392. Academic Press, San Diego, CA.

Sheaves, M. J. (1998). Spatial patterns in estuarine fish faunas in tropical Queensland: A reflection of interaction between long-term physical and biological processes. *Mar. Freshwat. Res.* 47, 827-830.

Sheppard, C., Price, A., and Roberts, C. (1992). "Marine Ecology of the Arabian Region" Academic Press, London.

Smith, L., Kruszyna, H., and Smith, R. P. (1977). The effect of methemoglobin on the inhibition of cytochrome c oxidase by cynide, sulphide or azide. *Biochem. Pharmacol.* 26, 2247-2250.

Soares, A. G., Scapini, F., Brown, A. C., and McLachlan, A. (1999). Phenotypic plasticity, genetic similarity and evolutionary inertia in changing environments. *J. Moll. Stud.* 65, 136-139.

Somero, G. N. (1995). Proteins and temperature. *Annu. Rev. Physiol.* 57, 43-68.

Somero, G. N., and Hofmann, G. E. (1997). Temperature thresholds for protein adaptation: When does temperature start to 'hurt'? *In* "Global Warming: Implicatiions for Freshwater and Marine Fish" (Wood, C. M., and McDonald, D. G., Eds.), SEB Seminar Series 61, pp. 1-24. Cambridge University Press, Cambridge.

Somero, G. N., Dahlhoff, E., and Lin, J. J. (1996). Stenotherms and eurytherms: Mechanisms establishing thermal optima and tolerance ranges. *In* "Animals and Temperature" (Johnston, I. A., and Bennett, A. F., Eds.), pp. 53-78. Cambridge University Press, Cambridge.

Soto, A., Allona, I., Collada, C., Guevara, M., Casado, R., Rodriguez-Cerezo, E., Aragoncillo, C., and Gomez, L. (1999). Heterologous expression of a plant small heat-shock protein enhances *Escherichia coli* viability under heat and cold stress. *Plant Physiol.* 120, 521-528.

Southward, A. J., Hawkins, S. J., and Burrows, M. T. (1995). Seventy years' observations of changes in distribution and abundance of zooplankton and intertidal organisms in the western English Channel in relation to rising sea temperature. *J. Ther. Biol.* 20, 127-155.

Stabenau, E. K., and Heming, T. (2003). Pulmonary carbonic anhydrase in vertebrate gas exchange organs. *Comp. Biochem. Physiol.* A 136, 271-279.

Stacey, N. E. (1993). Hormones and reproductive behaviour in teleosts. *In* "Control Processes in Fish Physiology" (Rankin, J. C., Pitcher, T. J., and Dugan, R. T., Eds.), pp. 117-129. Croom Helm, Manuka, Australia.

Steffensen, J. F., Lomholt, J. P., and Johansen, K. (1981). The relative importance of skin oxygen uptake in the naturally buried plaice, *Pleuronectes platessa*, exposed to graded hypoxia. *Respir. Physiol.* 44, 269-272.

Stepien, C. A., Phillips, H., Adler, J. A., and Mangold, P. J. (1991). Biogeographic relationships of a rocky intertidal fish assemblage in an area of Cold Water Upwelling off Baja California, Mexico. *Pac. Sci.* 45, 63-71.

Sunobe, T., and Nakazono, A. (1999). Alternative mating tactics in the gobiid fish

Eviota prasina. Ichthyol. Res. 46, 212-215.

Sunobe, T., Ohta, T, and Nakazono, A. (1995). Mating system and spawning cycle in the blenny, *Istiblennius enosimae*, at Kagoshima, Japan. *Environ. Biol. Fish.* 43, 195-199.

Swenson, R. O. (1999). The ecology, behaviour, and conservation of the tidewater goby, *Eucyclogobius newberryi. Environ. Biol. Fish.* 55, 99-114.

Takeda, T., Ishimatsu, A., Oikawa, S., Kanda, T., Hishida, Y., and Khoo, K. H. (1999). Mudskipper *Periophthalmodon schlosseri* can repay oxygen debts in air but not in water. *J. Exp. Zool.* 284, 265-270.

Tamura, S. O., Morii, H., and Yuzuriha, M. (1976). Respiration of the amphibious fishes *Periophthalmus cantonensis* and *Boleophthalmus chinensis* in water and on land. *J. Exp. Biol.* 65, 97-107.

Taru, M., and Sunobe, T. (2000). Notes on reproductive ecology of the gobiid fish *Eviota abax* at Kominato, Japan. *Bull. Mar. Sci.* 66, 507-512.

Taru, M., Kanda, T., and Sunobe, T. (2002). Alternative mating tactics of the gobiid fish *Bathygobius fuscus. J. Ethology* 20, 9-12.

Taylor, M. H. (1984). Lunar synchronization of fish reproduction. *Trans. Am. Fish. Soc.* 113, 484-493.

Taylor, M. H. (1990). Estuarine and intertidal teleosts. *In* "Reproductive seasonality in Teleosts: Environmental Influences" (Munro, A. D., Scott, A. P., and Lam, T. J., Eds.), pp. 109-124. CRC Press, Boca Raton, FL.

Teal, J. M., and Carey, F. G. (1967). Skin respiration and oxygen debt in the mudskipper *Periophthalmus sobrinus. Copeia* 1967, 677-679.

Thayer, G. W., Colby, D. R., and Hettler, W. F., Jr. (1987). Utilization of red mangrove prop habitat by fishes in South Florida. *Mar. Ecol. Progr. Ser.* 35, 25-38.

Todd, S. E., and Ebeling, A. W. (1966). Aerial respiration in the longjaw mudsucker *Gillichthys mirabilis* (Teleostei: Gobiidae). *Biol. Bull.* 130, 265-288.

Toews, D. P., Holeton, G. F., and Heisler, N. (1983). Regulation of the acid-base status during environmental hypercapnia in the marine teleost fish *Conger conger. J. Exp. Biol.* 107, 9-20.

Tomanek, L., and Somero, G. N. (1999). Evolutionary and acclimation-induced variation in the heat-shock responses of congeneric marine snails (genus *Tegula*) from different thermal habitats: Implications for limits of thermotolerance and biogeography. *J. Exp. Biol.* 202, 2925-2936.

Tomanek, L., and Somero, G. N. (2000). Time course and magnitude of synthesis of heat-shock proteins in congeneric marine snails (genus *Tegula*) from different tidal heights. *Physiol. Biochem. Zool.* 73, 249-256.

Torrans, E. L., and Clemens, H. P. (1982). Physiological and biochemical effects of acute exposure of fish to hydrogen sulfide. *Comp. Biochem. Physiol. C* 71, 183-190.

Truchot, J. P., and Duhamel-Jouve, A. (1980). Oxygen and carbon dioxide in the marine intertidal environment: Diurnal and tidal changes in rockpools. *Resp. Physiol.* 39, 241-254.

Tufts, B., and Perry, S. F. (1998). Carbon dioxide transport and excretion. *In* "Fish Physiology. Vol. 17: Fish Respiration" (Perry, S. F., and Tufts, B., Eds.), pp. 229-281. Academic Press, New York.

Turner, G. F. (1993). Teleost mating behaviour. *In* "Behaviour of Teleost Fishes" (Picher, T. J., Ed.), 2nd edn., pp. 307-331. Chapman & Hall, London.

Ulmasov, K. A., Shammakov, S., Karaev, K., and Evgen'ev, M. B. (1992). Heat shock proteins and thermoresistance in lizards. *Proc. Natl Acad. Sci. USA* 89, 1666-1670.

Val, A. L. (2000). Organic phosphates in the red blood cells of fish. *Comp. Biochem. Physiol.* 125A, 417-435.

Val, A. L., Lessard, J., and Randall, D. (1995). Effects of hypoxia on rainbow trout (*Oncorhynchus mykiss*): Intraerythrocytic phosphates. *J. Exp. Biol.* 198, 305-310.

Van der Velde, G., Gorissen, M. W., Den Hartog, C., van 't Hoff, T, and Meijer, G. J. (1992). Importance of the Lac-lagoon (Bonaire, Netherlands Antilles) for a selected number of reef fish species. *Hydrobiologia* 247, 139-140.

Vance, D. J. (1999). Distribution of shrimp and fish associated with the mangrove forest of Mai Po Marshes Nature Reserve, Hong Kong. *In* "The Mangrove Ecosystem of Deep Bay and the Mai Po Marshes, Hong Kong, Proceedings of the International Workshop on the Mangrove Ecosystem of Deep Bay and the Mai Po Marshes, Hong Kong, 3-20 September 1993" (Lee, S. Y., Ed.), pp. 23-32. Hong Kong University Press, Hong Kong.

Vilarrubia, T. V., and Rull, V. (2002). Natural and human disturbance history of the Playa Medina mangrove community (Eastern Venezuela). *Caribb. J. Sci.* 38, 66-76.

Vincent, A. C. J., Berglund, A., and Ahnesjo, I. (1995). Reproductive ecology of five pipefish species in one seagrass meadow. *Environ. Biol. Fish.* 44, 347-361.

Vivekanandan, E., and Pandian, T. J. (1979). Erythrocyte count and haemoglobin concentration of some tropical fishes. *J. Madurai Kamaraj Univ.* (*Sci.*) 8, 71-75.

Völkel, S., and Berenbrink, M. (2000). Sulphaemoglobin formation in fish: A comparison between the haemoglobin of the sulphide-sensitive rainbow trout (*Oncorhynchus mykiss*) and of the sulphide-tolerant common carp (*Cyprinus carpio*). *J. Exp. Biol.* 203, 1047-1058.

Völkel, S., Berenbrink, M., Heisler, N., and Nikinmaa, M. (2001). Effects of sulfide on K$^+$ pathways in red blood cells of crucian carp and rainbow trout. *Fish Physiol. Biochem.* 24, 213-223.

Walsh, P. J., Tucker, B. C., and Hopkins, T. E. (1994). Effects of confinement/crowding on ureogenesis in the Gulf toadfish *Opsanus beta*. *J. Exp. Biol.* 191, 195-206.

Ward, P. D., and Signor, P. W. (1983). Evolutionary tempo in Jurassic and Cretaceous ammonites. *Paleobiology* 9, 183-198.

Warner, R. R. (1975). The adaptive significance of sequential hermaphrodism in animals. *Am. Nat.* 109, 61-82.

Warner, R. R. (1982). Mating systems, sex change and sexual demography in the rainbow wrasse, *Thalassoma lucasanum*. *Copeia* 1982, 653-661.

Weaver, P. L. (1970). Species diversity and ecology of tidepool fishes in three Pacific coastal areas of Costa Rica. *Rev. Biol. Trop.* 17, 165-185.

Weber, R. E. (1990). Functional significance and structural basis of multiple hemoglobins with special reference to ectothermic vertebrates. *In* "Animal Nutrition and Transport Processes. Volume 6: Transport, Respiration and Excretion: Comparative and Environmental Aspects" (Truchot, J. P., and Lahlou, B., Eds.), pp. 58-75. Karger, Basle.

Weber, R. E., and Wells, R. M. G. (1989). Hemoglobin structure and function. *In* "Comparative Pulmonary Physiology" (Wood, S. C., Ed.), pp. 279-310. Marcel Dekker, New York.

Weinstein, M. P., and Heck, K. L., Jr. (1979). Ichthyofauna of seagrass meadows along the Caribbean coast of Panama and the Gulf of Mexico: Composition, structure and community ecology. *Mar. Biol.* 50, 97-107.

Wells, J. W. (1952). The coral reefs of Arno Atoll, Marshall Islands. *Atoll Res. Bull.* 9, 1-14.

Wells, J. W. (1956). Scleractinia. *In* "Treatise on Invertebrate Paleontology, Part F, Coelenterata" (Moore, R. C., Ed.), pp. F328-F444. Geological Society of America and University of Kansas Press, Lawrence, Kansas.

Whitear, M. (1986). The skin of fishes including cyclostomes. *In* "Biology of the Integument" (Bereiter-Hahn, J., Matoltsy, A. G., and Richards, K. S., Eds.), pp. 8-38. Springer-Verlag, Berlin.

Whitear, M. (1988). Variation in the arrangement of tonofilaments in the epidermis of teleost fish. *Biol. Cell* 64, 85-92.

Whitear, M., and Mittal, A. K. (1984). Surface secretions of the skin of *Blennius* (*Lipophrys*) *pholis*. *J. Fish Biol.* 25, 317-331.

Whitfield, A. K. (1996). A review of estuarine ichthyology in South Africa over the past 50 years. *Trans. R. Soc. S. Afr.* 51, 79-89.

Whitfield, A. K., Blaber, S. J. M., and Cyrus, D. P. (1981). Salinity ranges of some southern African fish species occurring in estuaries. *S. Afr. J. Zool.* 16, 151-155.

Wiens, H. J. (1962). "Atoll Environment and Ecology." Yale University Press, New Haven, CT.

Wilkinson, C., Lindén, O., Cesar, H., Hodgson, G., Rubens, J., and Strong, A. E. (1999). Ecological and socioeconomic impacts of 1998 coral mortality in the Indian Ocean: An ENSO impact and a warning of future change? *Ambio* 28, 188-196.

Wilson, D. T. (2001). Patterns of replenishment of coral-reef fishes in the nearshore waters of the San Blas Archipelago, Caribbean Panama. *Mar. Biol.* 139, 735-753.

Wilson, J. M., Kok, T. W. K., Randall, D. J., Vogl, W., and Ip, Y. K. (1999). Fine structure of the gill epithelium of the terrestrial mudskipper, *Periophthalmodon schlosseri*. *Cell Tissue Res.* 298, 345-356.

Wilson, J. M., Randall, D. J., Donowitz, M., Vogl, A. W., and Ip, Y. K. (2000a). Immunolocalization of ion-transport proteins to branchial epithelium mitochondria-rich cells in the mudskipper (*Periophthalmodon schlosseri*). *J. Exp. Biol.* 203, 2297-2310.

Wilson, J. M., Randall, D. J., Vogl, A. W., Harris, J., Sly, W. S., and Iwama, G. K. (2000b). Branchial carbonic anhydrase is present in the dogfish, *Squalus acanthias*. *Fish Physiol. Biochem.* 22, 329-336.

Wirtz, P. (1978). The behaviour of the Mediterranean Tripterygion species (Pisces, Blennioidei). *Z. Tierpsychol.* 48, 142-174.

Wolanski, E., and Chappell, J. (1996). The response of tropical Australian estuaries to a sea level rise. *J. Mar. Syst.* 7, 267-279.

Wolanski, E., and Jones, M. (1980). Water circulation around Britomart Reef, Great Barrier Reef, during July 1979. *J. Mar. Freshwat. Res.* 31, 415-430.

Wolanski, E., and Ruddick, B. (1981). Water circulation and shelf waves in the northern Great Barrier Lagoon. *Aust. J. Mar. Freshwat. Res.* 32, 721-740.

Wood, C. M., Hopkins, T. E., Hogstrand, C., and Walsh, P. J. (1995). Pulsatile urea excretion in the ureagenic toadfish *Opsanus beta*: An analysis of rates and routes. *J. Exp. Biol.* 198, 1729-1741.

Wood, C. M., Perry, S. F., Walsh, P. J., and Thomas, S. (1994). HCO_3^- dehydration by the blood of an elasmobranch in the absence of a Haldane effect. *Respir. Physiol.* 98, 319-337.

Wood, S. C., and Johansen, K. (1972). Adaptation to hypoxia by increased HbO_2 affinity and decreased red cell ATP concentration. *Nature* 237, 278-279.

Woodbury, D. (1999). Reduction of growth in otoliths of widow and yellowtail rockfish (*Sebastes entomelas* and *S. flavidus*) during the 1983 El Niño. *Fish. Bull.* 97, 680-689.

Wright, A. (1993). Shallow water reef-associated finfish. *In* "Nearshore Marine Resources of the South Pacific" (Wright, A., and Hill, L., Eds.), pp. 203-284. Institute of Pacific Studies, Suva, Fiji.

Yokoya, S., and Tamura, O. S. (1992). Fine structure of the skin of the amphibious fishes, *Boleophthalmus pectinirostris* and *Periophthalmus cantonensis*, with special reference to the location of blood vessels. *J. Morphol.* 214, 287-297.

Zander, C. D. (1975). Secondary sex characters of Belnnioid fishes (Perciformes). *Pubbl. Staz. Zool. Napoli* 39 (Suppl.), 717-727.

Zeidel, M. L. (1996). Low permeabilities of apical membranes of barrier epithelia: What makes watertight membranes watertight? *Am. J. Physiol.* 271, F243-F245.

Zhang, J., Taniguchi, T., Takita, T., and Ali, A. B. (2000). On the epidermal structure of *Boleophthalmus* and *Scartelaos* mudskippers with reference to their adaptation to terrestrial life. *Ichthyol. Res.* 47, 359-366.

Zhou, H. (2001). Meiofaunal community structure and dynamics in a Hong Kong mangrove. PhD thesis, University of Hong Kong, Hong Kong.

第12章 珊瑚礁鱼类的低氧耐性

12.1 导　　言

珊瑚礁鱼类并不因为它们的低氧耐性而众所周知，珊瑚礁通常并不认为是低氧的生境。然而，最近对澳大利亚大堡礁的研究描绘一种完全不同的景象。我们将在这里论述一些低氧的珊瑚礁生境和耐低氧的珊瑚礁栖居动物的例子，而且，我们甚至还会联想到低氧耐性是珊瑚礁鱼类当中普遍存在的现象。

珊瑚礁是任何海洋生境中最富于生物多样性的，在那里发现低氧耐性可能意味着在这个生态系统中存在一个低氧适应的特殊资源有待于去探索。研究得最好的低氧耐性脊椎动物包括北美的淡水龟、鲤鱼和金鱼（Lutz et al.，2003），它们都逐渐形成其低氧耐性以便在低氧生境的温度接近 0 ℃时顺利越冬。相比之下，珊瑚礁鱼类生活在水温接近 30 ℃中。这和恒温的脊椎动物如哺乳类的体温相差不多。因此，要揭示珊瑚礁鱼类逐渐进化形成低氧存活的作用机理，除了不断加深对珊瑚礁生态系统的了解之外，还要特别进行生物医学低氧和局部缺血的相关研究。

12.2　斑点长尾须鲨：一种耐低氧的热带板鳃鱼类

我们最早亦是研究得最好的低氧耐性和珊瑚礁低氧的例子是赫隆岛（Heron Island）上的斑点长尾须鲨（*Hemiscyllium ocellatum*）。赫隆岛是靠近大堡礁南端的一个小而低的珊瑚礁。在1966年，Kinsey 和 Kinsey 报道了围绕赫隆岛岩礁平台的水中氧水平的测量情况。在夜间低潮时，他们发现水的 [O_2] 可能降低到空气饱和度的30%以下（大约为 2.1 mg/L）。形成这种低氧状态的前提是在低潮时巨大的（大约 $3 \times 10 K_m$）岩礁平台从周围的海洋中隔离开来，形成一个非常大的潮间带水坑。当这种情况发生在安静的夜间时，很少水流动，珊瑚和所有相关生物有机体的呼吸都受到氧水平急剧下降的影响。最近的测定表明赫隆岛岩礁平台的水 [O_2] 能降低到空气饱和度的18%（Routley et al.，2002）。

在这些低氧的阵发期间，斑点长尾须鲨停留于岩礁平台。Wise 等（1998）首先证明这种鲨鱼是耐低氧的，能够在水 [O_2] 为空气饱和度 5% 中至少存活 3.5 h 而对神经功能 [如翻正反射（righting reflex）]、通气和节律性游泳都没有任何损害。随后的研究表明对低氧的耐受没有出现任何神经元死亡的延缓期（Renshaw and Dyson，1999），而这是哺乳类遭受低氧时常见的表现。此外，斑点长尾须鲨还能在温度接近 30 ℃的完全缺氧情况下存活大约 1 h，脑中 [ATP] 没有明显下降（Renshaw et al.，2002）。

12.2.1 岩礁上天然低氧的预先调节

斑点长尾须鲨在岩礁遇到低氧的情况不会突然发生。开始时经过一段时间的春潮，在随后的夜间，潮水变得越来越低，斑点长尾须鲨将经历越来越长的低氧期（图 12.1）。这就让鲨鱼逐渐顺应越来越长的超过数天的低氧阵发期。有意义的是，这种状态和在生物医学中称为低氧预先调节（hypoxic preconditioning）的低氧处理方案成为自然的平行。在哺乳动物中，暴露于相对温和的缺氧环境能够减轻随后在大脑和心脏中造成更严重的缺氧或缺血损伤（Dirnagl et al.，2003）。

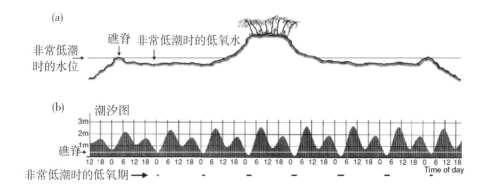

注：如同在赫隆岛珊瑚礁平台上的低氧预先调节。在非常低潮时，岩礁平台的水从周围海洋隔离开（a）。如果这种情况发生在夜间，岩礁生物有机体的呼吸作用将使水变得低氧。潮汛图（b）表示在随后的夜间低潮期，低氧的阵发期将会增加长度，给岩礁平台的栖居动物提供一个低氧预先调节的天然方案。

图 12.1　斑点长尾须鲨遇到岩礁上天然低氧的预先调节

对斑点长尾须鲨进行的实验表明重复的暴露在实验室的低氧中对这种鲨鱼的耗氧率（v_{O_2}）和临界氧浓度（$[O_2]$ crit）有很大的影响（图 12.2a 至 d）。临界氧浓度（$[O_2]$ crit）是指低于这个浓度鱼就不能够保持一个静止的不受环境 $[O_2]$ 影响的 v_{O_2}（Beacnish，1964）。顺应这种低氧状态的鲨鱼，平均的 v_{O_2} 是 59.5 mg·kg^{-1}·h^{-1}，而在没有经过这种低氧顺应的鲨鱼是 83.4 mg·kg^{-1}·h^{-1}。可能是这种状态的结果，顺应的鲨鱼，平均的 $[O_2]$ crit 是空气饱和度的 25%，而未经顺应的鲨鱼，平均的 $[O_2]$ crit 是空气饱和度的 32%。

12.2.2 斑点长尾须鲨低氧耐性的作用机理

直到目前，对斑点长尾须鲨的实验已经取得有意义的和令人惊喜的结果。斑点长尾须鲨暴露在严重低氧中（5% 空气饱和度）2 h，大脑的血流量没有变化（Soderstrom，Renshaw et al.，1999）。这是一个意料之外的发现，因为根据所有检测过的其他脊椎动物，包括哺乳动物、鳄鱼、龟和硬骨鱼类，低氧对脑部血流量都具有高度的刺激作用（Soderstrom，Renshaw et al.，1999；Soderstrom，Nllsson et al.，1999）。然而，在低氧

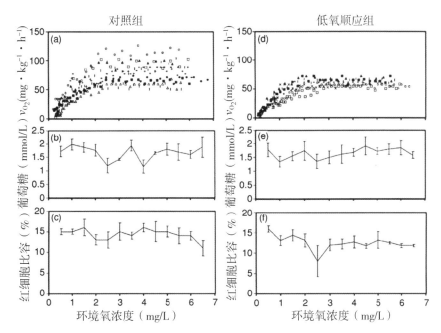

注：在（a）和（d）中的不同符号代表单个的鲨鱼，而其他的数值是平均值±标准误差；其中对照组10尾鱼，顺应组7尾鱼。顺应的鲨鱼暴露在低氧中（5%的空气饱和度）2 h，每天2次，连续4 d。（数据来自 Rautley et al., 2002）。

图 12.2 降低的环境氧浓度［O_2］对于对照组的斑点长尾须鲨（a 至 c）和低氧顺应组的斑点长尾须鲨（d 至 f）的耗氧率（a, d）、血葡萄糖（b, e）和血细胞比容（c, f）的影响

中斑点长尾须鲨至少能保持脑部血流量，虽然血压下降，那是由于低氧引起大脑的血管舒张（Soderstrom, Renshaw et al., 1999）。

暴露在低氧中，和许多脊椎动物（包括硬骨鱼类）产生的高血糖反应不同的是，斑点长尾须鲨在低氧中血葡萄糖水平仍保持恒定（图 12.2b 和 e）（Rautley et al., 2002）。另一种鲨鱼——小点猫鲨（*Scyliorhinus canicular*）的情况亦是这样（Butler et al., 1979），这可能是板鳃鱼类的特征。此外，斑点长尾须鲨血液的红细胞含量比较低（红细胞比容约为15%），它不像其他许多脊椎动物，对低氧的反应并不使血细胞比容增加（图 12.2c），甚至在重复暴露于低氧中亦不增加（图 12.2f）（Rautley et al., 2002）。

和其他脊椎动物一样，腺苷对斑点长尾须鲨的低氧耐性似乎起着重要作用。在脊椎动物，腺苷是一种抑制性的神经调质，如其功能是在低氧或缺氧时减少脑的 ATP 消耗（Lutz et al., 2003）。当一个细胞缺少能量时，ATP 的利用和 ATP 的产生不相匹配，腺苷就由高能量磷酸化腺苷的去磷酸化作用而形成：

$$ATP \Rightarrow APP \Rightarrow AMP \Rightarrow 腺苷$$

Renshaw 等（2002）发现斑点长尾须鲨在缺氧大约36 min 后失去它们的翻正反射（但在正常的氧气中立即恢复）。24 h 后，同样的鲨鱼注射生理盐水或腺苷受体阻断剂氨茶碱（aminophylline），然后再次暴露于缺氧中。生理盐水对照组表现为开始失去翻正反射的时间减少56%（可能是一种预先调节的效应），氨茶碱处理的鲨鱼表现为这个变数增加46%。此外，对照组鲨鱼在缺氧中能保持它们脑的ATP水平，而氨茶碱处理鲨鱼的脑的ATP明显下降。由于在缺氧之后发现脑腺苷水平增加3.5倍，这些结果表明，处于缺氧期间，腺苷起着一种报复性信号的作用，引起神经代谢的压抑作用，表现为丧失翻正反射。这就会使斑点长尾须鲨的脑减少ATP的消耗而保持细胞的ATP水平。因此，暴露于缺氧中的鱼一旦失去翻正反射通常就会联想到是神经能量缺乏的征兆，并且立即威胁到生存；对斑点长尾须鲨的研究表明失去翻正反射确实是一种节省能量的生存策略，可能由腺苷水平提高所介导，并为低氧的预先调节所增进。

板鳃鱼类对于在低氧中生存可能特别侥幸。最近的研究表明板鳃鱼类（包括斑点长尾须鲨）和其他脊椎动物相比较，有相对低的脑ATP消耗率，表现为非常低的Na^+/K^+-ATP酶（脑的主要ATP消耗者）活性（Nilsson et al.，2000）。鲨鱼和鳐鱼的质量特异脑Na^+/K^+-ATP酶活性只是硬骨鱼类的1/3。

除了说明板鳃类为何能够具有通常比硬骨鱼类大得多的脑（Nilsson et al.，2000），板鳃鱼类低的脑Na^+/K^+ ATP酶活性亦表明它们对板鳃鱼类低氧耐性所起的作用比较少。低氧主要的威胁在于难以保持足够高的ATP生产量以便和ATP消耗量相配。理由是简单的：厌氧的ATP生产要比需氧的ATP生产的效率低得多。一个器官的ATP利用率越高，这个器官将进入能量缺失的状态就越快。ATP水平开始下降时，细胞就不能够保持离子平衡，并且开始衰退过程的突变性连串反应。由于它们高的特异性能量消耗率，脑通常是低氧最敏感的器官（Lutz et al.，2003）。

同样的逻辑适用于温度。ATP的消耗随着温度呈指数式增加，因而，在热带珊瑚礁高温下的低氧生存所遇到的挑战要比温带寒冷水中的低氧生存多得多。于是，像鲨鱼那样，脑保持较低的能量消耗率，就能够延长它们耐受一个低氧期的时间，并减少产生ATP的能力。这就会提出一个问题：硬骨鱼类能够耐受低氧而在珊瑚礁温暖的水中生存吗？

12.3　珊瑚礁鱼类普遍的低氧耐性

对大堡礁北部蜥蜴岛（Lizard Island）口腔孵化的2种天竺鲷科鱼[长棘天竺鲷（*Apogon leptacanthus*）和脆棘天竺鲷（*A. fragilis*）]呼吸重要性的研究，我们发现这些鱼类的[O_2] crit在20%的空气饱和度以下（Ostlund-Nilsson and Nilsson，2004）。对于生存在热带珊瑚礁生境中的鱼类来说，这是一个出乎意料外的低[O_2] crit。第一，就我们所知，严重的低氧从未曾在这个过程中报道。第二，在海水的高温（30 ℃）下，由于在温暖海水中低的O_2溶解度和小的鱼在高温中高的耗氧率的综合效应，要能够保持在低氧中O_2的提取能力，并非易事。对于所有的动物，v_{O_2}随着身体温度升高而相对增加，随着身体质量增加而相对降低，天竺鲷科鱼类体重只是1~2 g。

从热带淡水鱼类得到的一些数据可以作为比较。一些非洲的丽鱼科鱼类，包括尼罗罗非鱼（*Oreochromis niloticus*），在25 ℃时，其[O_2] crit约为20 ℃的空气饱和度。然而，这些鱼类是适应于经常严重低氧的热带淡水生境中的相当大型的种类（Verheyen et al., 1994; Chapman et al., 1995）。的确，这些丽鱼科鱼类是以它们的低氧耐性而闻名。

我们的第一个设想是在天竺鲷科鱼类测定到的低[O_2]crit可能是适应口中孵化的反映，使鱼在面临鳃通气能力降低时能够从水中吸取较多的氧。天竺鲷科鱼类的雄鱼在它们的口内携带受精卵1~2周（Thresher, 1984; Okuda, 1999）。在我们研究的鱼类中，卵窝占鱼体重可达25%。很明显，在鱼口中充满了卵会造成严重的通气问题。我们通过比较在同一个生境中的几种天竺鲷科鱼类（都是口中孵化的鱼类）和其他鱼类（非口中孵化的鱼类）的[O_2]crit值来测试这个设想。这个生境是2~5 m深的岩礁，包含十分丰富的分枝珊瑚（图12.3），位于蜥蜴岛研究站的潟湖外侧。

注：该图由G. E. Nilsson拍摄（见书后彩图）。
图12.3 靠近蜥蜴岛研究站岩礁的分枝珊瑚——一个所有检测的鱼类都出现显著低氧耐性的生境（深3 m）

研究的9种天竺鲷科鱼的[O_2]crit变动于空气饱和度的17%~34%之间（表12.1），但出人意料的是，来自同一个生境的所有其他鱼类，7个科的31种，亦都表现明显低的[O_2]crit值，变动于13%~32%之间（Nilsson and Ostlund-Nilsson, 2004）。例如，几种雀鲷科（pomacentridae）鱼类表现低的[O_2]crit（表12.1），它们是大而以色彩鲜明著称的鱼类，亦是全世界珊瑚礁中占优势位置的鱼类类群之一。鰕虎鱼类和鳚鱼类检测结果亦表现低的[O_2]crit值。一些鱼类并不表现任何痛苦的征兆或者丧失协调能力，直到O_2水平下降到空气饱和度5%~10%，表明具有高度的无氧代谢能力。这种低氧耐性是和高的代谢率结合的。所研究的大多数鱼类体重都小于10 g，静止的v_{O_2}为200~700 mg·kg^{-1}·h^{-1}，这比寒冷的温带水中鱼类高几倍。

表 12.1　鱼类在大堡礁蜥蜴岛研究站的潟湖 30 ℃ 中的低氧耐性

科/种	数量	体重（g）	正常氧含量 v_{O_2} （mg·kg^{-1}·h^{-1}）	[O_2] crit（%）	[O_2] out（%）
天竺鲷鱼类（天竺鲷科）					
Apogon compressus	4	7.0 ± 67	179 ± 67	19 ± 5	6.7 ± 1.9
Apogon cyanosoma	1	2.2	259	30	
Apogon doederleipi	1	4.4	288	31	
Apogon exostigma	1	3.7	218	26	11.4
Apogon fragilis	14	1.9 ± 0.1	255 ± 17	17 ± 1	7.2 ± 1.0
Apogon Leptacanthus	14	1.5 ± 0.1	239 ± 19	19 ± 1	7.0 ± 1.2
Archamis fucata	1	5.8	225	34	
Cheilodipterus quinquelineatus	2	1.8～7.4	244～263	23～31	7.2～11.1
Sphaeramia nematoptera	1	7.3	131	17	10.0
雀鲷鱼类（雀鲷科）					
Acanthochromis polyacanthus	1	15.4	197	26	6.5
Chromis atripecyoralis	5	8.4 ± 2.5	358 ± 84	22 ± 2	8.8 ± 0.8
Chromis virids	6	2.5 ± 1.1	555 ± 108	23 ± 1.2	7.4 ± 0.9
Chrysiptera flavipinnis	1	2.4	384	30	12.0
Dascyllus aruanus	3	4.1 ± 1.3	306 ± 37	19 ± 0	5.9 ± 0.6
Neoglyphidodon melas	6	32.1 ± 8.8	216 ± 32	25 ± 2	5.9 ± 0.7
Neoglyphidodon nigroris	6	14.9 ± 2.4	162 ± 21	22 ± 3	8.9 ± 1,5
Neopomacentrus azysron	1	3.2	483	32	
Pomacentrus ambionensis	4	12.6 ± 1.7	201 ± 11	22 ± 4	7.1 ± 2.0
Pomacentrus bankanensis	1	7.8	237	19	
Pomacentrus coelestis	6	7.8 ± 3.0	387 ± 85	22 ± 4	9.3 ± 1.0
Pomacentrus lepidogenys	5	3.1 ± 0.6	516 ± 73	31 ± 2	12.5 ± 1.1
Pomacentrus moluccensis	4	5.2 ± 4.0	397 ± 85	25 ± 3	10.4 ± 1.9
Pomacentrus philippinus	1	2.2 - 6.9	320 - 348	26 - 33	9.3 - 10.5
鰕虎鱼类（鰕虎科）					
Amblygobius phalaena	1	2.4	333	21	2.8
Asteropteryx semipunctatus	1	1.4	403	26	1.4
Gobiodon histrio	10	1.2 ± 0.2	248 ± 31	18 ± 1	2.8 ± 0.5
鳚鱼类（鳚科）					
Atrosalarias fuscus	3	7.3 ± 1.9	208 ± 34	18 ± 2	1.6 ± 0.7
Atrosalarias fuscus 幼鱼	1	0.29	552	13	1.5

续表 12.1

科/种	数量	体重（g）	正常氧含量 v_{O_2} （mg·kg^{-1}·h^{-1}）	[O_2] crit (%)	[O_2] out (%)
单角鲀类（单角鲀科）					
Paramonacanthus japonicus	1	1.7	486	23	9.5
金线鱼类（金线鱼科）					
Scolopsis bilineata 幼鱼	1	1.9	375	28	12.8
隆头鱼类（隆头鱼科）					
Halichoeres melanurus	1	1.8	394	25	6.8
Labroides dimidiatus	3	0.56 ± 0.09	736 ± 35	24 ± 5	7.8 ± 0.9

说明：正常含氧量的 v_{O_2} 为在水中[O_2]大于70%空气饱和度时的耗氧率；[O_2] crit 为临界的[O_2]，低于这个水平 v_{O_2} 开始下降并且不再独立于环境[O_2]之外；[O_2] out 为鱼类表现激动不安的征兆或者出现平衡问题时的[O_2]，3尾或更多鱼的数值为平均值±标准误差。分类名称依照 Randall 等（1997）。（Nilsson and Ostlund Nilsson，2004）

显然，我们可以不考虑我们最初的设想。天竺鲷科鱼类通常并不表现比在同一个生境中的其他鱼类较低的[O_2] crit，说明它们低的[O_2] crit 不是对口中孵化的适应。

在这个生境中，为何实际上所有的鱼类表现的[O_2] crit 都要比粗略看起来能预期遇到的 O_2 水平要低得多？这可能和这些同样的鱼类亦出现在较浅的岩礁有关，就像赫隆岛附近的岩礁平台，在低潮时从周围的海洋隔离开来一样。

确实，蜥蜴岛周围浅的岩礁能够部分暴露在空气中，在特别例外的低潮期间就会形成潮间带水坑（tidepool）（图12.4）。然而，至今我们还未能去探索如此低潮的岩礁。在安静的夜间测定潮间带水坑的氧水平并且检测可能逗留在那里的鱼类区系组成将会是特别有意义的。

注：在夜间，这可能是一个低氧的环境。该图由蜥蜴岛研究站拍摄（见书后彩图）。

图12.4 靠近蜥蜴岛研究站一个浅岩礁的极端低潮

在蜥蜴岛检测的鱼类当中，至少有些表现低氧耐性，可能有另一种解释，就是它们游动到分枝珊瑚中觅食或者躲避捕食者。如果它们是在夜间这样做，如同许多夜间潜水员曾经报道看见的那样，它们可能进入由于珊瑚呼吸而变得低氧的微生境中。为了进一步检测这种设想，我们决定进行一项实例研究，较近距离的观察一种真正珊瑚栖居动物的呼吸特征。

12.3.1 岩礁上最胆小的鱼类：宽纹叶鰕虎鱼

宽纹叶鰕虎鱼（*Gobiodon histrio*）（图12.5），可以说是一种格外胆小的鱼类。这种鱼分泌有毒的黏液，所以对捕食者或许是不能食用的。它体色亮绿带有红色斑纹，可能对捕食者起着警戒的作用，曾经发现吃了宽纹叶鰕虎鱼的鱼在几分钟内死去（Schubert et al.，2003）。然而，宽纹叶鰕虎鱼实际上整个成鱼期生活在由鹿角珊瑚（*Acropora*）（优先种类是*Acropora nasuta*）分枝之间形成的5~10 mm宽的空间，这是大多数捕食者难以进入的隐蔽处。此外，离开珊瑚礁去寻找交配伴侣的需求因其性别变化能力而极度减少。因此，如果同一性别的两尾鱼最终都处在同一个珊瑚中，它们中的一个将改变其性别，除非它能够很快地迁移到附近另一个适宜的珊瑚中（Munday et al.，1998）。

注：该图由 G. E. Nilsson 拍摄（见书后彩图）。

图 12.5 宽纹叶鰕虎鱼（*Gobiodon histrio*）

这种罕见的生境准确性使宽纹叶鰕虎鱼非常适合于研究一个珊瑚生境是否要求低氧耐性。特别是，我们预期珊瑚分枝之间的水在安静的夜间会变得低氧，这是由夜间停止光合作用，珊瑚（和相关的生物有机体）继续呼吸作用，以及水缺少流动等的综合效应所致。这种低的夜间氧水平已为揭示珊瑚组织中夜间低氧的生理学研究所证明（Jones and Hoegh-Guldberg，2001）。

对于宽纹叶鰕虎鱼另一个有趣的问题是整个珊瑚群体有时会处在海水之外。在大堡礁的蜥蜴岛，在特别低潮的时候，曾经观察到一种鹿角珊瑚（*Acropora nasute*）处在海水之外 1~4 h，这种情况每年大约出现30次。因此，我们安排测定这种鹿角珊瑚在夜间平静水中（在蜥蜴岛研究站大形室外水池的模拟装置）的氧气水平，并且使用封闭的呼吸测量法检测宽纹叶鰕虎鱼对低氧和空气暴露的耐受能力（Nilsson et al.，2004）。结果表明宽纹叶鰕虎鱼的珊瑚"家"在安静的夜间变得严重的低氧。在珊瑚分枝之间平均 [O_2] 最低量在清晨的一段短的期间可以仅为3%的空气饱和度（图12.6）。

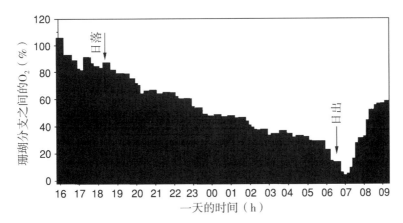

图12.6　宽纹叶鰕虎鱼度过整个成鱼期的生境，一种鹿角珊瑚（*Acropora nasute*）内氧气水平的追踪描绘图

呼吸测定计的测定表明宽纹叶鰕虎鱼（*Gobiodon histrio*）的 [O_2] crit 为18%的空气饱和度，它能够在甚至更低的氧水平中至少耐受2 h而不失去平衡，直到水的 [O_2] 下降到3%的空气饱和度以下。此外，在空气中暴露时，宽纹叶鰕虎鱼能耐受达4.5 h，保持耗氧率为在水中的60%。宽纹叶鰕虎鱼在空气中提取氧所利用的作用机理包括小水滴经过鳃的循环和通过皮肤的呼吸。鰕虎鱼类中有其他的例子表现空气呼吸的能力，特别是河口的宽鰕虎鱼（Graham，1976；Gee and Gee，1995；Martin，1995）。最著名的空气呼吸鰕虎鱼可能是弹涂鱼，它们当中有些在口腔中具有特化的呼吸上皮（Al-Kadhomiy and Hughes，1988）。

显然，宽纹叶鰕虎鱼具有能够耐受如此严重低氧的能力，其先决条件似乎是在低氧阵发期要能够停留在它们的珊瑚隐蔽处，而这种低氧阵发期最常发生是在平静的夜间。宽纹叶鰕虎鱼的空气呼吸能力在极度的低潮使它们的珊瑚"家"完全暴露在空气中时必定起着同样的作用。

这是我们所知道的珊瑚栖居鱼类通过低氧耐性回避捕食者的第一个有记载的例子。然而，另一种鰕虎鱼，长鳍凡塘鳢（*Valenciennea longipinnis*），生活在靠近珊瑚礁沙区的潜穴中，能够很好地耐受低氧（Takegaki and Nakazono，1999），其前提可能是它们要停留在有时会出现低氧的潜穴中。

12.4　结　束　语

珊瑚礁生境的低氧及珊瑚鱼类中的低氧耐性，可能是比一般想象中要普遍得多的现象。但是，为数不多的科学工作者开始研究珊瑚礁美丽环境中的低氧现象。唯一研究得比较深入的珊瑚礁低氧耐性鱼类的例子是赫隆岛的斑点长尾须鲨,它们在夜间低潮的随后几夜中对低氧发生预先调节。

最近的研究表明低氧耐性遍布于珊瑚礁硬骨鱼类当中,包括雀鲷类、天竺鲷类、鰕虎鱼类和鳚鱼类。在日间,雀鲷类和天竺鲷类都逗留在珊瑚上方氧气充足的水中,但在夜间,可能为了躲避夜间的捕食者,它们下沉进入珊瑚中,会遇到低氧。停留在夜间低潮时形成的临时水池中的鱼类亦可能会遇到低氧。在这两种情况下,因光合作用停止和水缺少流动的共同作用使这些生境严重的低氧。

对栖居珊瑚的鰕虎鱼的研究表明,低氧耐性及空气呼吸的前提是这些鱼类没有定期地停留在它们的珊瑚"家"中的隐蔽处。然而,我们对这些现象的了解还非常不完整,而且目前我们对低氧在珊瑚礁生境中的作用及珊瑚礁栖居动物对低氧的适应还了解得很不充分。

戈兰 · E. 尼尔森　萨拉 · 奥斯伦德-尼尔森　著
林浩然　译、校

参考文献

Al-Kadhomiy, N. K., and Hughes, G. M. (1988). Histological study of different regions of the skin and gills in the mudskipper, *Boleophthalmus boddarti* with respect to their respiratory function. *J. Mar. Biol. Ass. U. K.* 68, 413-422.

Beamish, F. W. H. (1964). Seasonal temperature changes in the rate of oxygen consumption of fishes. *Can. J. Zool.* 42, 189-194.

Butler, P. J., Taylor, E. W., and Davison, W. (1979). The effect of long term, moderate hypoxia on acid base balance, plasma catecholamines and possible anaerobic end products in the unrestrained dogfish. *Scyliorhinus canicula*. *J. Comp. Physiol. B.* 132, 297-303.

Chapman, L. J., Kaufman, L. S., Chapman, C. A., and McKenzie, F. E. (1995). Hypoxia tolerance in twelve species of East African cichlids: Potential for low oxygen refugia in Lake Victoria. *Conservation Biol.* 9, 1274-1288.

Dirnagl, U., Simon, R. P., and Hallenbeck, J. M. (2003). Ischemic tolerance and endogenous neuroprotection. *Trends Neurosci.* 26, 248-254.

Gee, J. H., and Gee, P. A. (1995). Aquatic surface respiration, buoyancy control and the evolution of air-breathing. *J. Exp. Biol.* 198, 79-89.

Graham, J. B. (1976). Respiratory adaptations of marine air-breathing fishes. *In* "Respiration of Amphibious Vertebrates" (Hughes, G. M., Ed.), pp. 165-187. Academic Press, New York.

Jones, R. J., and Hoegh-Guldberg, O. (2001). Diurnal changes in the photochemical efficiency of the symbiotic dinoflagellates (Dinophyceae) of corals: Photoreception, photoinactivation and the relationship to coral bleaching. *Plant Cell Environ.* 24, 89-99.

Kinsey, D. W., and Kinsey, B. E. (1966). Diurnal changes in oxygen content of the water over the coral reef platform at Heron Island. *Aust. J. Mar. Freshw. Res.* 1, 23-24.

Lutz, P. L., Nilsson, G. E., and Prentice, H. M. (2003). "The Brain without Oxygen," 3rd edn. Kluwer, Dordrecht.

Martin, K. L. M. (1995). Time and tide wait for no fish: Intertidal fishes out of water. *Environ. Biol. Fish.* 44, 165-181.

Munday, P. L., Caley, M. J., and Jones, G. P. (1998). Bi-directional sex change in a coral-dwelling goby. *Behav. Ecol. Sociobiol.* 43, 371-377.

Nilsson, G. E., and Östlund-Nilsson, S. (2004). Hypoxia in paradise. Widespread hypoxia tolerance in coral reef fishes. *Proc. R. Soc. B. (Biol. Lett. Suppl.)* 271, S30-S33.

Nilsson, G. E., Hobbs, J. -P., Munday, P. L., and Östlund-Nilsson, S. (2004). Coward or braveheart: Extreme habitat fidelity through hypoxia tolerance in a coral-dwelling goby. *J. Exp. Biol.* 207, 33-39.

Nilsson, G. E., Routley, M. H., and Renshaw, G. M. C. (2000). Low mass specific brain Na^+K^+ ATPase activity in elasmobranch and teleost fishes: Its implications for the large brain size of elasmobranchs. *Proc. R. Soc. Ser. B* 267, 1335-1339.

Okuda, N. (1999). Sex roles are not always reversed when the potential reproductive rate is higher in females. *Am. Nat.* 153, 540-548.

Östlund-Nilsson, S., and Nilsson, G. E. (2004). A mouth full of eggs: Respiratory consequences of mouthbrooding in cardinalfishes. *Proc. R. Soc. Ser. B* 271, 1015-1022.

Randall, J. E., Allen, G. R., and Steene, R. C. (1997). "Fishes of the Great Barrier Reef and Coral Sea," 2nd edn. Crawford House Press, Bathurst.

Renshaw, G. M. C., and Dyson, S. E. (1999). Increased nitric oxide synthase in the vasculature of the epaulette shark brain following hypoxia. *Neuroreport* 10, 1707-1712.

Renshaw, G. M. C., Kerrisk, C. B., and Nilsson, G. E. (2002). The role of adenosine in the anoxic survival of the epaulette shark. *Hemiscyllium ocellatum. Comp. Biochem. Physiol.* 131B, 133-141.

Routley, M. H., Nilsson, G. E., and Renshaw, G. M. C. (2002). Exposure to hypoxia primes the respiratory and metabolic responses of the epaulette shark to progressive hypoxia. *Comp. Biochem. Physiol.* 131A, 313-321.

Schubert, M., Munday, P. L., Caley, M. J., Jones, G. P., and Llewellyn, L. E. (2003). The toxicity of skin secretions from coral-dwelling gobies and their potential role as a predator deterrent. *Environ. Biol. Fish.* 67, 359-367.

Söderström, V., Nilsson, G. E., Renshaw, G. M. C., and Franklin, C. E. (1999). Hypoxia stimulates cerebral blood flow in the estuarine crocodile (*Crocodylus porosus*). *Neurosci. Lett.* 267, 1-4.

Söderström, V., Renshaw, G. M. C., and Nilsson, G. E. (1999). Brain blood flow and blood pressure during hypoxia in the epaulette shark (*Hemiscyllium ocellatum*), a hypoxia tolerant elasmobranch. *J. Exp. Biol.* 202, 829-835.

Takegaki, T., and Nakazono, A. (1999). Responses of the egg-tending gobiid fish *Valenciennea longipinnis* to the fluctuation of dissolved oxygen in the burrow. *Bull. Mar. Sci.* 65, 815-823.

Thresher, R. E. (1984). "Reproduction in Reef Fishes." T. F. H. Publications, Neptune City, NJ.

Verheyen, R., Blust, R., and Decleir, W. (1994). Metabolic rate, hypoxia tolerance and aquatic surface respiration of some lacustrine and riverine African cichlid fishes. *Comp. Biochem. Physiol.* 107A, 403-411.

Wise, G., Mulvey, J. M., and Renshaw, G. M. C. (1998). Hypoxia tolerance in the epaulette shark (*Hemiscyllium ocellatum*). *J. Exp. Zool.* 281, 1-5.

索 引

A

Abehaze (*Mugilogobius abei*)　鯔鰕虎鱼　297-298, 300
Absorption of nutrients　营养物质的吸收　143-146
Abudefduf luridus　豆娘鱼　100
Abudefduf vaigiensis (sergeant)　条纹豆娘鱼　464
Abyssal zone　深海区　5
Abyssopelagic zone　深渊层　3
Acanthodians　棘鱼类　462
Acanthopagrus australis　澳洲棘鲷　479
Acanthophora　鱼栖苔属　127
Acanthopterygii　棘鳍超目　239
Acanthuridae　刺尾鱼科　55, 93, 455
Acanthurus bahianus　月尾刺尾鱼　125
Acanthurus chirurgus (doctor fish)　小带刺尾鱼　455
Acanthurus nigrofuscus (surgeonfish)　双斑刺尾鱼　146
Acari-bodó (*Liposarcus pardalis*)　豹纹翼甲鲇　241, 245, 247, 375, 380
Acari-bodo (*Pterygoplichthys multiradiatus*)　翼甲鲇　242, 245
Acarichthys heckelli　赫氏菱鳃丽鱼　395
Acaronia nassa　大眼丽鱼　395
Accessory aerial respiration　辅助空气呼吸　53
N-Acetyltransferase　N-乙酰转移酶　87
Acid-base regulation　酸碱调节　261
　　gills　鳃　245
　　intertidal fishes　潮间带鱼类　474-475
　　water ionic composition effects　水离子组成效应　245
Acidic, ion-poor lakes　酸性, 缺离子湖　13
Acidic, ion-poor waters　酸性, 缺离子水　243
　　ammonia excretion　氨排泄　357-360
　　branchial epithelial damage　鳃上皮损伤　341
　　effects on model teleosts　对模式硬骨鱼的影响　335-336

effects on North American acidophilic teleosts 对北美嗜酸性硬骨鱼的影响 336-339
ionic regulation 离子调节 339
 calcium ion effects 钙离子效应 342，346，348
 disruption 破坏 335-336
 dissolved organic matter effects 溶解有机质的作用 346，354-357
 gill permeability reduction 鳃通透性降低 341，346，351
 sodium/chloride ion diffusive efflux 钠/氯离子扩散流量 335，341，346，348，351
 sodium/chloride ion uptake 钠/氯离子提取 349-350
 trans-epithelial potential measurements 跨上皮电位测量 343-344
tolerance 耐受性 336
 mechanisms 作用机理 341，351
 Rio Negro elasmobranchs 内格罗河板鳃鱼类 352-354
 Rio Negro teleosts 内格罗河硬骨鱼 339-352

Acropora 鹿角珊瑚 520
Acropora nasuta 鹿角珊瑚中的一种 520
Actinistians 空棘鱼类 462
Actinopterygii 辐鳍鱼类 49，192，194，387，462
Active transport 主动转运 266
 ammonia excretion 氨排泄 266-268，475-476
 sodium/chloride ion regulation 钠/氯离子 332-333
Activity rhythms 活动节律 83，88-96
 aggregative behavior synchronization 聚集行为同步 97
 aggressive behavior 攻击行为 96
 air-breathing behavior 空气呼吸行为 94，208
 cleaning activity 清扫活动 94
 crepuscular 黄昏时的活动 89，92-93
 diurnal 昼出，昼行 89，92-93，95
 dual phasing 双相位 89，90
 electric discharge 放电 94
 feeding 摄食 90，92
 food anticipatory activity 食物预期活动 90
 light-dark cycle 亮暗周期 90-93
  low light levels 低光亮水平 94
 nocturnal 夜行的 89，90，92-93
 phototactic behavior 趋光行为 95
 shoaling behavior 集群行为 112-113
 temporal resource exploitation 时间资源开发 95-96

索 引

Adenosine triphosphate（ATP） 腺苷三磷酸 241
  erythrocytes 红细胞 240–241，245，246
    intertidal fishes 潮间带鱼类 469，470
  hypoxia defenses 低氧耐性 516
Adrenergic mechanisms 肾上腺素能的作用机理 241
  Air-breathing 空气呼吸 216
  cardiovascular hypoxia responses 低氧的心血管反应 199，200
    gill oxygen uptake 鳃的氧提取 202
    systemic vascular resistance 全身血管阻力 202
  hypercarbia blood pressure response 碳酸过高的血压反应 204
Aestivation 夏眠 53，194，279，289，290，376，393，395
  energy metabolism 能量代谢 381，395
  lungfishes 肺鱼 278–279，289–292
  metabolic suppression 代谢抑制 372，376，381，387
Af climate（tropical moist） Af气候（热带湿润） 1，2
Africa 非洲 10，20，48
  freshwater fishes 淡水鱼类 46，48–51
  ichthiofaunal provinces 鱼类区系 49
  river basins 江河流域 17，20–22
  river fragmentation 河流破碎 20
  species richness 物种丰度 23，24
Age estimation 年龄估计 69
Aggressive behavior 攻击性行为 396
  circadian rhythms 昼夜节律 88，89，90，91，92
  dominance rank maintenance 优势顺位维持 96
Agnathans 无颌类 462
Air-breathing 空气呼吸 188，189–192，207–209，289，372，389，391
  acid-base regulation 酸碱调节 474–475
  aerial exposure-related ammonia accumulation 和空气暴露相关的氨积累 259
  amphibious species 两栖种类 232
  biochemical adaptations 生化适应 465–466
  breath timing neuroregulation 呼吸计时的神经调节 212
  carbon dioxide excretion 二氧化碳排泄 467，474
  cardiovascular responses 心血管的反应 214–216
    cardiac 心的 214
    vasomotor 血管舒缩 216
  central regulation 中枢调节 208

chemoreceptors in regulation 化学感受器调节 208，211-213
coral reef fishes 珊瑚礁鱼类 513
energy metabolism 能量代谢 377
episodic nature 阵发式的 204，209
evolutionary aspects 进化的 232，289
facultative 兼性的 94，188，209-210，375，392
 critical oxygen threshold 临界的氧阈值 205
 hypoxic ventilatory responses 低氧的通氧反应 207
gill modifications 鳃的修饰 192，233-234，465
hydrogen sulfide response 硫化氢反应 477
hypercarbic ventilatory responses 碳酸过高的通气反应 211-213
 central chemoreceptors 中枢化学感受器 212-213
 lung（airway）receptors 肺（呼吸道）受体 211-212
 peripheral chemoreceptors 外周的化学感受器 211
intertidal fishes 潮间带鱼类 213-214，465
metabolic enzyme activities 代谢的酶活性 375
 heart muscle 心肌 376
obligate 专性的 188，232，233-234，392
 respiratory control 呼吸调控 210
oxygen transport 氧的转运 231，242，247
 blood oxygen affnity 血液-氧亲和力 234-237，243-244，469-470
 Root effect 鲁特效应 237-239
 shunt systems 分流系统 469
periodic nature 周期性的性质 208
rhythmicity 节律性 94
 cave fishes/troglobites 洞穴鱼类 112
seasonality 季节性 208
ventilatory buccal pump 通气的口腔泵 192
Air-breathing organs 空气呼吸器官 189-192，209，232，233-234
 branchial chamber derivatives 鳃室衍生物 189-190
 buccal/pharyngeal surfaces 口腔咽腔表面 189-190，467，468
 circulation 循环 194
 classification 分类 189
 cutaneous 皮肤的 189，467-468
 digestive tract modifications 消化道修饰 189-190
 evolutionary aspects 进化方面 391-393
 lungs 肺 190-192

respiratory gas bladders 呼吸的气鳔 190-193
Air in spawning chambers 产卵室内的空气 481
Alanine aminotransferase 丙氨酸氨基转移酶 476
Alanine, production from amino acid catabolism 丙氨酸, 由氨基酸的分解代谢产生 279-282, 476
Alarm pheromones 警戒信息素 125
Albula (bonefish) 北梭鱼 4
Albulidae 北梭鱼科 4-5
Alcolapia grahami 马加迪湖罗非鱼 13, 288, 292-293
Aldolase 醛缩酶 402
Alestidae 鲱脂鲤科 46, 50
Algal feeders 藻类摄食者 127
 digestive enzymes 消化酶 137-143
 feeding periodicity 摄食周期性 127
 food quality (photosynthesis peaks) 食物质量（光合作用高峰）127
 gut microflora 肠道微生物区系 146-147
 intestinal adaptations 肠道适应 133-134
Alkaline conditions 碱性状态 13, 260, 266
Alkaline hot springs 碱性温泉 160
Alkaline phosphatase 碱性磷酸酶 140
Alkaline proteases 碱性蛋白酶 137, 138, 140, 141
Allantoicase 尿囊酸酶 298
Allantoinase 尿囊素酶 293, 298
Alligator gar (*Atractosteus spatula*) 鳄雀鳝 132
Apogonidae 天竺鲷科 55, 92
Alosa sapidissima 西鲱 91
α-ketoglutarate metabolism α-酮戊二酸代谢 265, 280, 476
Alpha-galactosidase α-半乳糖苷酶 127
Alticus kirki (leaping blenny) 跳弹䲁 275, 477
Alticus saliens 跳弹䲁中的一种 480
Aluminium 铝 355, 356
Am climate (tropical humid) Am气候（热带潮湿）1, 2
Amazon 亚马孙河 8, 10, 13, 16-19, 21, 57, 105, 128, 153, 245, 304, 331, 352, 370, 386
 dams 堤坝 19
 discharge 排放 8, 17
  impact on marine fauna 对海洋动物区系的影响 57

estuary　河口　8–9
fishes　鱼类　370，371，373，374，377，382，386，388，392，394
 feeding habits　捕食习性　135
 growth constraints　生长约束　73
 leaf-litter　落叶　73
 marine-derived groups　海洋衍生群　24
 metabolic/physiological adaptations　代谢和生理调节　370–405
 species richness　物种丰度　24，38，52，55，57
flood pulses　洪水脉动　21，371
 water level changes　水位波动　371
floodplain (várzea) lakes　泛滥平原湖泊　10
 cold-front fish kills　寒潮导致的鱼类死亡　370
geological changes　地质变化　371
igapós (acidic ion poor lakes)　酸性缺离子湖　13，372，373
igarapeés (small streams)　小溪　371
light availability　光照有效性　6
oxygen availability/hypoxic conditions　氧的有效性/低氧状况　84，208，233，386–387，389
paranaás (channels)　通道，河床　371
river basin　江河流域　17–18，45
seasonal variation in water level　水位季节变化　69
water types　水类型　18
Amazonian marine barrier　亚马孙河的海洋屏障　57–58
Ambassidae　双边鱼科　452
Ambassis natalensis　南非双边鱼　452，473
Ambassis productus　长棘双边鱼　452
Ambassius gymnocephalus　眶棘双边鱼　135
Amia　弓鳍鱼属　191，209–210，212
Amia calva (bowfin)　弓鳍鱼　209，213，237，465，466
Amino acids　氨基酸　143，145，147
 anaerobic energy metabolism　厌氧能量代谢　382
 catabolism to ammonia　氨的分解代谢　258
  reduction strategies　还原作用策略　276–279，476
 dietary requirements　饮食需求　147，150
 partial catabolism to alanine　丙氨酸的部分分解代谢　279–282，476
Aminopeptidases　氨肽酶　139
Ammonia　氨　266

branchial metabolism 鳃代谢 258
　　active ammonium ion excretion NH_4^+ 的主动转运 266–268, 475–476
　　expired water acidification 呼出水酸化作用 268–270
elimination by volatilization 为挥发作用所消除 272–275
　　alkalinization 碱化作用 274–275
　　transepithelial transport 跨上皮转运 273
epithelial surface permeability 上皮表面通透性 270–272
　　membrane composition 膜组分 270–272
　　membrane solubility-diffusion mechanism 膜溶解度-扩散作用机理 270–271
　　paracellular transport 旁细胞转运 271–272
　　transcellular pathway 跨细胞通路 271
excretion 排泄 258
　　acidic, ion-poor waters 离子贫乏酸性水 357–360
　　dissolved organic matter effects 溶解有机质的影响 259, 354–355
　　pH effects pH 的影响 260
glutamine synthesis 谷氨酸合成 282–287
ionized form (NH_4^+; ammonium ion) 电离类型（铵离子） 258, 357
membrane permeability 膜通透性 258, 476
production 生产, 生产量 258
　　amino acids transamination/deamination 氨基酸转氨基作用/脱氨基作用 258
　　reduction strategies 还原作用策略 276–279
　　temperature effects 温度效应 258
skin permeability 皮肤渗透性 259
tissue level elevation 组织水平提高 258–259
　　toxicity avoidance mechanisms 毒性回避作用机理 259
tolerance 耐性 199, 216, 235, 238, 513
　　active transport across gills 在鳃中的主动转运 475
　　extreme in cells/tissues 细胞/组织的极端 300–303
　　intertidal fishes 潮间带鱼类 475–477
　　membrane permeability alterations 膜通透性变化 476
total ammonia 总氨 258, 357
toxicity 毒性 475
　　blood ionic concentration effects 血液离子浓度的影响 263–265
　　branchial ionic transport 鳃离子运输 261–263
　　branchial/epithelial surface defenses 鳃/上皮表面解除 266–276, 301–302
　　cellular/subcellular defenses 细胞/亚细胞解除 276–303
　　defense strategies 解除策略 301–302

    mechanisms　作用机理　306-308
    pH effects　pH 的影响　260
    temperature effects　温度效应　258
  unionized molecular form（NH_3）　非离子的分子型（NH_3）　258，357
  urea synthesis（ornithine-urea cycle）　脲合成（鸟氨酸-尿素循环）　287-300
Ammonium ion（NH_4^+）　铵离子　258，357
    active excretion　主动排泄　266-268
    excretion in water　排泄到水中　258
    transport proteins/transporters　转运蛋白　261-262，267-268，359
Amphibious fish　两栖鱼类　213，469
    buccopharyngeal respiratory surfaces　口咽呼吸表面　189
    cutaneous gas exchange　皮肤气体交换　189
Amphiliidae　平鳍鲍科　50
Amphiprion melanopus（anemonefish）　黑双锯鱼　480
Amylase　淀粉酶　138，139，140，142
Anabantidae　攀鲈科　52
Anabantoidei　攀鲈亚目　190
Anabas　攀鲈　190，210
Anacardium occidentale（Cashew apple）　腰果　154
Anadromic migration　溯河洄游　127，128
Anaerobic metabolism　厌氧代谢　375，377，380，387，395
　enzyme levels　酶水平　374-376，381，391，396，397
　gills　鳃　466
　heart　心脏　376，377
　high sulfide response　高硫化物反应　478
　hypoxia response　低氧反应　402
    metabolic depression　代谢抑制　381
　lactic dehydrogenase isozymes　乳酸脱氢酶同工酶　394，395
　white muscle fibers　白肌纤维　382，385
Anchariidae　准海鲇科　40
Anchovies　鳀科　75
    growth rates in tropical versus colder regions　热带地区对寒冷地区的生长率　75-76
Ancistrus　长鳍钩鲇属　93，210
Ancistrus cryptophthalmus　长鳍钩鲇中的一种　113
Ancistrus spinosus　棘长鳍钩鲇　134
Androgen　雄激素　482
Anemia　贫血　156，242，246，247

ammonia toxicity 氨毒性 260
oxygen transport effects 氧转运效应 246-247
Angelfish (*Centropyge potteri*) 波氏刺尻鱼 479
Angelfish (*Pterophylum scalare*) 大神仙鱼（天使鱼） 246
Angiotensin 血管紧张素 473
Anguilla 鳗鲡属 190, 361
Anguilla anguilla (European eel) 欧洲鳗鲡 49, 146
Annual growth checks 年生长对照 69
Annual species 一年生种 48
Anthropogenic activities 人为的活动性 1, 26, 375
    hydrogen sulfide pollution 硫化氢污染 478
    mangroves loss 红树林丧失 456
    shallow dryland lake salinization 浅旱地湖泊盐碱化 13
Antiproteases 抗蛋白酶 142
Aphanius 秘鳉属 47, 49
Aphotic zone 无光层 4
Apistogramma 矮丽鱼 352
Aplocheilichthyini 灯鳉族 47
Aplocheilichthynae 灯鳉亚科 47
Apogon (cardinalfish) 天竺鲷 516-517
Apogon fragilis 脆棘天竺鲷 516
Apogon leptacanthus 长棘天竺鲷 516
Apogonids 天竺鲷 92
Apteronotus leptorhynchus 小吻翎电鳗 99
Aquaporins 水通道蛋白 271
Aquatic surface respiration 水表面呼吸 192, 205-207, 216
    evolutionary aspects 进化方向 391-393
    lower lip swelling 下唇膨大 188, 205, 207, 216
    oil contamination impact 油污染影响 247
    ventilatory mechanisms (pumps) 通气作用机理 192-194
    water oxygen threshold 水的氧阈值 209
Aracu (*Leporinus fasciatus*) 兔脂鲤 102, 242
Arapaima 巨骨舌鱼属 188, 194, 332
Arapaima gigas (pirarucu) 巨骨舌鱼 50, 73, 232, 234, 236, 238, 241, 242, 375, 376
Arapaimidae 巨骨舌鱼科 50
Arginase 精氨酸酶 289, 298

Arginine vasotocin 精氨酸催产素 473, 480
Argininolysis, urea synthesis 精氨酸分解, 尿素合成 287, 288
Argininosuccinate synthetase 精氨酸琥珀酸合成酶 290
Ariidae 海鲇科 40, 41, 43, 46, 50, 53, 452
Arius 海鲇属 452
Arius felis 海鲇 91
Arnoldichthys 红眼脂鲤属 45-46
Arrhamphus sclerolepis krefftii (snub-nosed garfish) 克氏圆吻鱵 136
Aruanaã (*Osteoglossum bicirrhosum*) 双须骨舌鱼 236, 382
Ascorbic acid (vitamin C) 抗坏血酸 (维生素 C) 145, 146, 154, 155, 159
Asia 亚洲 22, 51
    freshwater fishes 淡水鱼类 51-52
    major river basins 主要江河流域 16-17, 22-23
Aspredinidae 琵琶鲇科 41, 46, 52
Astaxanthin 虾青素 155, 158
Astroblepidae 视星鲇科 46
Astronotus 星丽鱼属 243, 396
Astronotus crassipinnis (oscar) 厚唇星丽鱼 395
Astronotus ocellatus (oscar) 星丽鱼中的一种 155, 244, 374, 375, 393, 394
Astyanax antrobius 乔氏丽脂鲤 109, 110, 111
Astyanax jordani 佐氏丽脂鲤 109
Astyanax mexicanus (Mexican tetra characin) 墨西哥丽脂鲤 88, 91, 108, 109, 110, 111
Atherinidae 银汉鱼科 52, 452, 482
Atlantic 大西洋 83
Atlantic salmon (*Salmo salar*) 大西洋鲑鱼 89, 264
Atractosteus spatula (alligator gar) 鳄雀鳝 132
Auchenipterichthys longimanus 长肢准项鳍鲇 128
Auchenipteridae 项鳍鲇科 41, 46
Auchenoglanidinae 项鲇亚科 51
Aulostomids 管口鱼科 93
Australia 澳大利亚 10, 43, 52, 83, 206, 277, 278, 404, 513
    freshwater fishes 淡水鱼类 52-54
    marine fishes 海洋鱼类 54
Austroglanididae 澳岩鲣科 40, 50, 51
Aw climate (tropical wet-dry/savannah) 热带潮湿-干旱/稀树干草原气候 1, 2
Ayu (*Plecoglossus altivelis*) 香鱼 91, 146

B

Bacterial symbionts 共生细菌 143

Bagre 海鲶属 43

Bagridae 鲿科 50，52

Balistidae 鳞鲀科 5，93

Balitoridae 爬鳅科 108，109

Banded sunfish (*Enneacanthus obesus*) 暗色九棘日鲈 336 – 339，341，347，349，351

Barber goby (*Elacatinus figaro*) 霓虹虾虎鱼 94

Barbopsis devecchii 德氏小髯鲀 95

Barbus 鲃属 49

Barbus neumayeri 鲃鱼中的一种 188，205

Barracuda (*Sphyraena*) 魣鱼 398，455

Bathygobius fuscus 深虾虎鱼 481

Bathygobius hongkongensis 香港深虾虎鱼 455

Bathylagus bericoides 热带深海鲑鱼 7 – 8

Bathypelagic zone 深层带 3，6，7 – 8

Batrachoididae 蟾鱼科 48，481

Behavioral responses 行为反应 243，399
    hypoxia 低氧 242 – 244
        lateral migration 侧洄游 243
        water column movements 水柱活动 243
    thermoregulation 热调节 470

Belonids 颌针鱼科 93

Beloniformes 颌针目 136

Benthic environment 底栖环境 3

Beta splendens (Siamese fighting fish) 五彩搏鱼 213

Beta-hydroxyacyl-CoA dehydrogenase β - 羟酰乙酸 - CoA 脱氨酶 384，386

Bicarbonate ion exchange 碳酸氢盐离子交换 261
    carbon dioxide excretion 二氧化碳排泄 466
    sodium/chloride ion uptake 钠/氯离子提取 333，334

Bichir (*Polypterus*) 多鳍鱼 49，191，194，210

Bioluminescence 生物发光 8

Biotin 生物素 145，146

Biotopes, marine environment 群落生境，海洋环境 2，3

Bisulfide ion 二硫化物离子 477

Black mudfish (*Neochanna diversus*)　黑新乳鱼　206
Black piranha (*Serrasalmus rhombeus*)　白锯脂鲤　242，244
Blackskirt tetra (*Gymnocorymbus ternetzi*)　裸顶脂鲤　347，350
Blackwater rivers　黑水河流　18
　　dissolved organic matter　溶解有机物　354–357，360–361
　　food as source of electrolytes　食物作为电解质来源　361
Blenniidae (blennies)　鳚科　55，452，455，480，481
Blennius pavo　鳚鱼中的一种　480
Blennius pholis　鳚鱼中的一种　190，272，467，475
Blind estuaries　封闭河口　9
Blood　血液　46，47，147，156，188，189，196，246，263
　　ammonia toxicity, pH/plasma ion effects　氨毒性，对pH/血浆离子浓度的影响　263–265
　　intertidal fishes　潮间带鱼类　469–470
　　oxygen affnity　氧亲和力　234–237
　　　air-breathing fishes　空气呼吸鱼类　189，198，207–216，233–234，469
Bluegills　蓝鳃太阳鱼　95
　　phototactic behavior　趋光行为　95，112，482
Bluehead wrasse (*Thalassoma bifasciatum*)　双带锦鱼　480
Bluestriped grunt (*Hemulon sciurus*)　蓝仿石鲈　455
Body size　体型　46，50，53，69，72，73，98
　　growth rates of small fish　小鱼生长率　72，73
Bohr effect　玻尔效应　237，239，244
Boleophthalmus　大弹涂鱼属　468
Boleophthalmus boddaerti (Boddart's goggle-eyed mudskipper)　薄氏大弹涂鱼　268，465，469，478，479
Boleophthalmus chinensis　青弹涂鱼　467，468
Boleophthalmus dussumierei　杜氏大弹涂鱼　481
Boleophthalmus koelreuteri　大西洋弹涂鱼　468
Boleophthalmus pectinirostris　大弹涂鱼　468
Bonefish (*Albula*)　北梭鱼属　4
Bonefishes (Albulidae)　北梭鱼科　4–5
Bonytongue (*Heterotis niloticus*)　非洲骨舌鱼　50
Bostrichthys sinensis (four-eyed sleeper)　中华乌塘鳢　273，277，284，288
Bothidae　鲆科　4
Bowfin (*Amia calva*)　弓鳍鱼　209，213，237，465，466
Bradycardia　心动过缓　200–202，204，207，216，243，381

  hypercarbia response　碳酸过高反应　204

  hypoxia response　低氧反应　200-202，243

Brain stem sensory nuclei　脑干内的感觉核　198

Branchial chemoreceptors　鳃化学感受器　197，198

Branchial seive　鳃筛　124

Breathing　呼吸　187-216

  catecholamines in regulation　儿茶酚胺调节　207

  hypercarbia response　碳酸过高反应　203

  neural regulation in air-breathing fishes　空气呼吸鱼类的神经调节　212

  pattern formation　型式形成　204-205

  respiratory rhythm generator　呼吸节律发生器　197

Broad-barred goby (*Gobiodon histrio*)　宽纹叶鰕虎鱼　5，520-521

Brochis　弓背鮠　210

Brotulas　线深鳚属　48

Brown bullhead (*Ictalurus nebulosus*)　棕鮰　89，90

Brown trout (*Salmo trutta*)　鳟鱼　49，89，91，400

Brycon　缺帘鱼　141，188，243

Brycon cephalus　头缺帘鱼　102，104，188

Brycon erythropterum　头石脂鲤　339

Brycon guatemalensis　缺帘鱼中的一种　128

Brycon melanopterus　热带黑鳍缺帘鱼　141

Brycon orbygnianus (piracanjuva)　大鳞缺帘鱼　102，103，133，140，141，150

Bryconins　缺帘鱼类　243

Buccal air bubble　口腔内的空气气泡　206

Bulbus arteriosus　动脉球　195，196

Butterfly fish (Chaetodontidae)　蝴蝶鱼科　5，455，480

Bythidae　胎鼬鳚科　48

C

Cachara (*Pseudoplatystoma fasciatum*)　条纹似平嘴鮠　102，103，130，138，140

Calcium　钙　158-159

  gill tight junction affnity　鳃紧密连接亲和力　336，337

  sodium/chloride ion regulation effects　钠/氯离子调节效应　344

  uptake in acidic, ion-poor waters　酸性离子贫乏水域　360

Calichthyids　美鮠类　190

California killifish (*Fundulus parvipinnis*)　北美底鳉　478

Callichthyidae 美鲇科 46, 97, 232, 383, 392
　　shoaling behavior 聚群行为 97
Callophysus macropterus 大鳍美须鲶 105
Camu-camu (*Myrciaria dubai*) 卡姆果（桃金娘科） 154
Cannibalism 种内的自相残杀 125
Capture-release studies 捕捉-释放研究 83
Carassius auratus (goldfish) 鲫鱼（金鱼） 82, 89, 91, 215, 262
Carbamoyl phosphate synthetase Ⅰ 氨甲酰磷酸合成酶Ⅰ 288, 289, 290
Carbamoyl phosphate synthetase Ⅲ 氨甲酰磷酸合成酶Ⅲ 283, 289, 290, 292, 293, 294, 300, 304, 477
Carbamoyl phosphate synthetases 氨甲酰基磷酸合成酶类 286, 288, 289, 296
Carbohydrate 碳水化合物 159–160
　　metabolism 代谢 404
　　　　heart 心脏 376, 377
　　　　red muscle fibers 红肌纤维 382, 386
Carbon cycling 碳循环 10
Carbon dioxide 二氧化碳 6
　　diffusion rate 扩散率 231
　　excretion 排泄 188, 189, 268, 269
　　　　air-breathing fishes 空气呼吸鱼类 208–209
　　　　intertidal fishes 潮间带鱼类 466–467
　　intertidal zone levels 潮间带水平 420
Carbon dioxide/pH chemoreceptors CO_2/pH 化学感受器 198
　　air-breathing fish ventilatory responses 空气呼吸鱼类通氧反应 211
　　　　central chemoreceptors 中枢化学感受器 212–213
　　breathing patterns influence 呼吸型式影响 204
　　　　external (water-sensing) 外在的（水感受的） 203
　　hypercarbia responses 碳酸过高的反应 204, 211, 213
　　　　cardiovascular 心血管的 204
　　　　ventilatory 通气的 203
　　internal (blood-sensing) 内在的（血液感受的） 199, 203
　　lungs 肺 211–212
　　water-breathing fishes 水呼吸鱼类 198
Carbonic anhydrase 碳酸酐酶 214, 261, 267, 333, 335, 466, 467, 475
Carboxypeptidase A 羧肽酶 A 138, 140
Carboxypeptidase B 羧肽酶 B 138, 140
Cardinal tetra (*Parcheirodon axelrodi*) 阿氏宽额脂鲤 347, 348, 350, 352, 361

Cardinalfish (*Apogon*) 天竺鲷 516–517
Cardiorespiratory control 心搏呼吸的调控 197–216
　　water-breathing fishes 水呼吸鱼类 198
Cardiorespiratory system 心搏呼吸系统 187–216
Cardiovascular responses 心血管反应 200, 214
　　air-breathing fishes 空气呼吸鱼类 214–216
　　　cardiac 心 214
　　　vasomotor 血管舒缩 216
　　hypercarbia 碳酸含量过高 204–207, 244–245
　　　blood pressure 血压 204
　　　bradycardia 心动过缓 204
　　　branchial responses 鳃的反应 204
　　hypoxia 低氧 200–202
　　　bradycardia 心动过缓 200–202
　　　branchial responses 鳃的反应 202
　　　coral reef sharks 斑点长尾须鲨 514–516
　　　systemic vascular resistance 身体血管阻力 202
　　temperature changes 温度变化 464
Carnivores 食肉动物 143, 266, 303
　　digestive enzymes 消化酶 137–143
　　intestinal adaptations 肠道适应性 133–135
Cashew apple (*Anacardium occidentale*) 腰果 154
Cassiquiare canal 卡西基亚雷运河 19
Catadromic migration 降河洄游 105
Catalase 过氧化氢酶 138, 477
Catecholamines 儿茶酚胺 187, 202, 227, 233, 241, 242, 244, 245, 261
　　ammonia toxicity 氨毒效应 260
　　breathing regulation 呼吸调节 207
　　erythrocyte pH regulation 红细胞的 pH 调节 241
Catfish eel (*Plotosus anguillaris*) 鳗鲇 99
Catfishes 鲇鱼类 40, 100, 239, 242
　　activity patterns 活动型式 89, 91
　　ammonia tolerance 氨耐性 300
　　cave fishes/troglobites 穴居鱼类 44, 82, 109–113
　　digestive enzyes 消化酶 137–143
　　digestive tract development 消化道发育 128
　　economically important 经济重要性 102

electric　电的　50
　　facultative air-breathers　兼性空气呼吸　94，188，209，210，212，213，216，232 - 234，380
　　feeding behavior　摄食行为　124，127，133
　　　　periodicity　周期性　127
　　hematophagy　食血动物　46
　　lipid requirements　脂类需求量　151 - 153
　　neotropics　新热带地区　45 - 48
　　Plotosidae　鳗鲇科　41，43，44，53
　　reproduction　生殖　100 - 104
　　shoaling behavior　聚群　97
　　Sisoroidea　鮡总科　46，52
　　urea production　尿素合成　287 - 288，294
　　　　embryonic development　胚胎发育　155，299，300
　　vitamin uptake　对维生素的吸收　145
Catla catla　喀拉鲃　140，150
Catostomidae　胭脂鱼科　91
Catostomus commersoni　白亚口鱼　91
Cave fishes　穴居鱼类　44，82，109 - 113
　　activity rhythms　活动节律　91，93
　　blindness/eyes loss　盲，失去眼睛　14，108
　　distribution　分布　106
　　phototactic behavior　趋光行为　95，112，482
　　pigment reduction　色素退化　107
　　rhythmic activity patterns　节律活动型式　107
　　　　free-running rhythms　自由运动的昼夜节律　110
　　　　light-dark cycle entrainment　光亮 - 黑暗周期内外偶联　110
　　troglomorphism　穴居形态性　107
Cave lakes　洞穴湖　14
Caves　洞穴　9，106
Cellulase　纤维素酶　143
Cellulose　纤维素　159 - 160
Central nervous system ammonia toxicity　中枢神经系统的氨毒效应　260 - 261
Central respiratory regulation　中枢呼吸调节　197
Central rhythm generators　中枢节律发生器　208，209，216
Centropomidae　锯盖鱼科　452，479
Centropomus　锯盖鱼　452

Centropomus undecimalis 锯盖鱼 479

Centropyge potteri（angelfish） 波氏刺尻鱼 479

Ceratodontidae 澳大利亚肺鱼科 278

Ceratoscopelus warmingii 瓦氏角灯鱼 8

Cetopsidae 鲸形鲇科 46

Chaetodon capistratus（foureye butterfly） 四斑蝴蝶鱼 452

Chaetodontidae 蝴蝶鱼科 455，480

Chaetodontoids 蝴蝶鱼 93

Chalceus 大鳞脂鲤属 45，50

Chandidae 双边鱼科 54

Chanidae 虱目鱼科 52

Channa 鳢鱼 189

Channa argus（Northern snakehead） 乌鳢 211

Channa asiatica（small snakehead） 月鳢 278，281-282，288，298

Channa gachua 缘鳢 298

Channel catfish（*Ictalurus punctatus*） 斑点鮰 91，198，200，204，262，477

Channidae 鳢科 278

Chanos chanos（milkfish） 遮目鱼 129，142，143，150

Characidae 脂鲤科 45，97，102，382
    digestive tract 消化道 133
    masticatory apparatus/feeding habits 咀嚼器/摄食生境 124，125
    reproduction 生殖 100-104
    shoaling behavior 聚群行为 97

Characiformes 脂鲤目 48，49，242
    cave fishes/troglobites 洞穴鱼类 106，108-112
    neotropics 新热带地区 45-48

Characins 脂鲤 45，46
    chemical signalling 化学信号 125-126
    feeding 摄食 127

Characoidei 脂鲤类 239

Chasmichthys gulosus 大口鰕虎鱼 95

Chaudhuriidae 鳗鳅科 52

Chauliodus atlanticus 大西洋蝰鱼 8

Chauliodus sloani 蝰鱼 8

Chelonodon 凹鼻鲀 452

Chemical communication 化学通讯 99
    alarm pheromones 警戒信息素 125

courtship behavior　求偶行为　278，480
   individual recognition　识别个体　99
   migratory homing　洄游回家　105
   reproductive pheromones　生殖信息素　99
   schooling behavior　结群行为　97
   shoaling behavior　聚群行为　97
Chemoreceptors　化学感受器　197-204，207-216
   air-breathing activity regulation　空气呼吸活动调节　208，209，215
   aquatic surface respiration regulation　水表面呼吸调节　207
   breathing patterns influence　呼吸型式影响　212-213
   external (water-sensing)　外在的（水感受的）　203
   hypercarbic ventilatory responses　碳酸过高的反应　204，211，213
      air-breathing fishes　空气呼吸鱼类　207-209
   internal (bood-sensing)　内在的（血液感受的）　199，203
   neuroendocrine (neuroepithelial) ells　神经内分泌（神经上皮）细胞　203
   oxygen　氧　199-202
      cardiovascular response to hypoxia　对低氧的心血管反应　200-202
      ventilatory response to hypoxia　对低氧的通气反应　199-200
   peripheral in water-breathing fishes　水呼吸鱼类外周　198-199
      gill-arches　鳃弓　199
      oro-branchial cavity　口-鳃腔　199
   respiratory regulation　呼吸调节　197-198
      carbon dioxide/pH　CO_2/pH　198
      oxygen　氧　198
Chewing　咀嚼　124，128
Chimaera　银鲛　5
Chlorella　小球藻　129
Chloride channels　氯通道　216，268
Chloride ions　氯离子　261
   low pH-related effux　低pH相关的流出　335-336，361
      calcium ion effects　钙离子的作用　344，355
      dissolved organic matter effects　溶解有机质的作用　355
      tolerant species　耐污染物种　339
   regulation disruption in acidic waters　在酸性水中调节破坏　336
   regulation in freshwater fishes　淡水鱼类调节　332
      apical membrane transport　顶膜转运　334
   uptake　吸收　261

acid water-tolerant species　酸性水耐性种类　350–352
ammonia toxicity　氨毒性　262
dissolved organic matter effects　溶解有机质的作用　355
mechanism　作用机理　261
Chloride-secreting cells　氯化物分泌细胞　261
Chloride/bicarbonate anion exchanger　氯化物/碳酸氢盐阴离子交换器　261，275，467
Chloride/bicarbonate ATPase　氯化物/碳酸氢盐 ATP 酶　474
Choline　胆碱　154
Cholinergic mechanisms, air-breathing　胆碱能作用机理，空气呼吸　216
Chondrichthyes　软骨鱼类　154，353，462
Choroid, rete system　脉络膜，网状系统　238
Chrococcus　色球藻　129
Chromis dispilus (demoiselle)　光鳃鱼　482
Chromobacterium violaceum　紫红色杆菌　146
Chymotrypsin　糜蛋白酶　137，138，139，140，141，142
Cichla　丽鱼属　69
Cichla monoculus　单丽鱼　394–395
Cichlasoma amazonarum　亚马孙丽体鱼　394
Cichlasoma citrinellum　双冠丽鱼　125，132
Cichlasoma nigrofasciatum (convict)　黑带丽体鱼　104
Cichlasoma synspilum　红头丽体鱼　149
Cichlids (Cichlidae)　丽鱼科　39，51，84，97，104，108，482
　African adaptive radiation　非洲的适应辐射　51，393
　Amazon basin　亚马孙河流域　393
　aquatic surface respiration　水表层呼吸　391
　carbohydrate/cellulose metabolism　碳水化合物/纤维素代谢　159–160
　feeding plasticity　摄食可塑性　126
　food quality　食物质量　126
　genetic-evolutionary characteristics　遗传进化特征　393
　hypoxia tolerance　低氧耐性　199，216，238，513–522
　　body mass relationship　身体质量关系　396–397
　intestinal adaptations　肠道适应　135
　lactic dehydrogenase isozymes　乳酸脱氢酶同工酶　394，395，466
　larval-juvenile digestive tract changes　幼鱼–稚鱼消化道变化　128
　lipid requirements　脂类需要量　151–153
　molluscivores　以软体动物为食的　125
　parental care　亲代抚育　382，396，462，481

protein requirements　蛋白质需求　147，148
　　reproduction　生殖　100-104
　　salt tolerance　对盐的耐受性　42
　　seasonal spawning　季节性产卵　84
　　shoaling behavior　聚群行为　97
　　soda lakes　纯碱湖　13
　　volcanic lakes　火山湖　13
Ciliata mustela（five bearded rockling）　小头五指岩鳕　204
Circadian rhythms　昼夜节律　87-96
　　activity　活动性　88-96
　　air-gulping behavior　吞气行为　94
　　cave fishes　穴居鱼类　109-113
　　electric discharge　放电　47，94，99
　　endogenous　内源性的　94
　　entrainment　内外偶联　86，88
　　evolutionary aspects　进化方面　106-113
　　feeding　摄食　88，90，91，92，93，95，97，100
　　food anticipatory activity　食物预期活动　90
　　free-running　自由运行的　91
　　phototactic behavior　趋光行为　95，112，482
　　seasonal changes　季节变化　89
　　sound emission　声音发射　100
　　zeitgebers　授时因子，定时因素　95，101，107，108，109，111，113
Circannual rhythms　年节律　94，102，104，113，403
　　air-gulping behavior　吞气行为　94
　　migration　洄游　105-106
　　reproduction　生殖　100-104
　　schooling behavior　集群行为　97-99
Circulation　循环　194-196
　　air-breathing fishes　空气呼吸鱼类　198，199，207
　　　　lungfishes　肺鱼类　194，195，196，208
　　gills　鳃　194
Citharinidae　琴脂鲤科　46，50
Citrate synthase　柠檬酸合成酶　375，382，384
　　lactic dehydrogenase ratio　乳酸脱氢酶比率　375
Clade diversity　进化枝多样性　40
Cladograms　进化树　44，58

Cladophora glomerata　团集刚毛藻　126
Clarias　胡鲇　137，210
Clarias batrachus　蟾胡鲇　141，142，143，208，288
Clarias gariepinus（African catfish）　非洲胡鲇　132，155，288，297
Clarias lazera　黄边胡鲇　130，132
Clarias macrocephalus　大头胡鲇　101
Clariidae　胡鲇科　50，52，94，392
Claroteidae　脂鲿科　50
Cleaning symbiosis　清除共生　94
Clear water rivers　清水河　18
Climate change　气候变化　25-26
　　eutrophication　富营养化　26
　　hydrological changes　水文变化　25-26
Climate classification　气候分类　1，2
Clingfishes（Gobiesocidae）　喉盘鱼科　5，457，484
Clinidae　胎鳚鱼科　484
Clinocottus analis　臀斜杜父鱼　470
Clupeidae　鲱科　69，75，454，481
　　growth estimation　生长估计　69-70
　　growth rates in tropical versus colder regions　热带地区对寒冷地区的生长率　75，76
Clupeiforms　鲱形目　52
Clupeomorphs　鲱形总目　40
Coastal lakes（coastal lagoons）　沿海湖泊　9
　　isolated lakes　独立湖泊　9
　　lagoonal inlets　潟湖入海口　9
　　percolation lakes　渗滤湖　9
　　silled lakes　分层湖　9
Coastal river　沿岸河流　45
Coastal waters, estuarine　沿岸水体，河口　8
Cobalamine　钴胺　153
Cobitidae　鳅科　51，273
Cobitis　鳅属　49
Cod　鳕鱼　5，202
Coelacanth（*Latimeria chalumnae*）　矛尾鱼（腔棘鱼目）　39，306
Coelacanths, urea osmoregulatory function　矛尾鱼，尿素渗透压调节功能　303，306
Coho salmon（*Oncorhynchus kisutch*）　银大马哈鱼　264
Colisa lalia（dwarf gourami）　小蜜鲈　149

Colossoma 巨脂鲤属 191，243，244

Colossoma bidens（pirapitinga） 双齿巨脂鲤 124

Colossoma macropomum（tambaqui） 大盖巨脂鲤 124，128，149，339，358，375，380

Communication 通讯 99-100

Competition 竞争 88

Congo river 刚果河 8，17，19，20，21，24，58，279
 endemic fauna 地方性动物区系 21
 estuary 河口 8
 river basin 江河流域 21，49
 species richness 种类丰度 24

Connectivity 连接作用 5
 coral reef 珊瑚礁 5
 dam construction 堤坝 19

Conus arteriosus 动脉圆锥 196，197

Convergence 趋同 44

Convict（*Cichlasoma nigrofasciatum*） 黑带丽体鱼 104

Copper 铜 158

Coral reef 珊瑚礁 5，9，48，55，56，57，83，420，421，448，455，462
 Amazonian discharge area 亚马孙河流域 57，58
 El Niño/Southern Oscillation（ENSO）effects 厄尔尼诺/南方振动效应 463，464
 evolutionary aspects 进化方面 462，463
 global distribution 全球分布 421
 habitats 生境 4
 hypoxic episodes 低氧阵发期 394，513，514，521
 impact of river outflows 江河外流的影响 57-58
 intertidal/shallow subtidal 潮间带/浅的低潮 4，93，420，452，455，456
  associated fish families 相关的鱼科 452，457-461
  diurnal fluctuations in physical conditions 在自然状态下的昼夜波动 438，453-454
  fringing reef 岸礁 438
  reef crest 礁顶 438
  shallow reef flats 浅礁滩 438
 temperature 温度 513

Coral reef fishes 珊瑚礁鱼类 54，57，93，455，463，464，480，482，513-522
 cleaning activity 清洁活动 94
 diurnal habit 昼夜生境 93
 hermaphroditism 雌雄同体 479，480

  hypoxia tolerance　低氧耐性　513－522

    critical oxygen concentration　临界氧浓度　514

  lunar-synchronized spawning　月周期同步产卵　482

  metabolism　代谢　517

   seagrass grazers　海草牧食者　455

   species richness　物种丰度　5，23，24，38，39，48，52，55，57

Coregonids　白鲑属　128

Coregonus lavaretus　白鲑　139

Cortisol　皮质醇　90，104，261，286，294，336，341，473，474

Corydoras　兵鲇属　97，353，392

Corydoras ambiacus　安毕卡兵鲇　97

Corydoras pygmaeus　小兵鲇　97

Cottidae　杜父鱼科　481

Cottus　杜父鱼属　89

Cottus gobio　米氏杜父鱼　89

Cottus poecilopus　花足杜父鱼　89

Courtship behavior　求偶行为　278，480

Cow fishes　箱鲀　5

Crenicichla　长丽鱼　395

Crenimugil crenilabrus　粒唇鲻　142

Crepuscular activity　晨昏性活动　89

Critical oxygen tension/threshold　临界氧张力/阈值　386

  coral reef fishes　珊瑚礁鱼类　516

Croakers (Sciaenidae)　石首鱼科　5，452

Croilia mossambica　裸头宽鳃鰕虎鱼　452

Crossopterygians　总鳍鱼类　387

Ctenoluciidae　舒脂鲤科　45，50

Ctenopharyngodon idella (grass carp)　鲩鱼（草鱼）　70，124，142，143，150，152

Curimatã (*Prochilodus nigricans*)　黑鲮脂鲤　384

Curimbatá (*Prochilodus scrofa*)　小口鲮脂鲤　102，105，384

Curimatidae　无齿脂鲤科　382，399

Cusk-eels (Ophidiidae)　鼬鳚科　5

Cyclopteridae　圆鳍鱼科　5

Cyclopterus lumpus (lumpfish)　圆鳍鱼　420

Cyprinidae　鲤科　23，51

  circadian rhythms　昼夜节律　91

  diet-intestinal morphology relationships　食物－肠形态学关系　133

digestive enzymes 消化酶 137
gut microflora 肠道微生物区系 146–147
larval-juvenile digestive tract changes 幼鱼-稚鱼消化道变化 128
protein requirements 蛋白质需求 147, 148
subterranean 地下的 51
volcanic lakes 火山湖 14
Cypriniformes 鲤形目 41, 45, 46, 49, 391
activity patterns 活动型式 93
cave fishes/troglobites 穴居鱼类 108, 109
neotropics 新热带地区 45
Cyprinodontidae 鳉科 91
Cyprinodontiformes 鳉形目 47
Cyprinodontini 鳉族 48
Cyprinus carpio (common carp) 鲤鱼 124, 132, 141, 142, 261, 478
Cysteine aminotransferase 半胱氨酸氨基转移酶 479
Cystic fibrosis transmembrane regulator (CFTR) anion channels 囊性纤维化跨膜转导调节因子阴离子通道 261, 268, 475
Cytochrome *c* oxidase 细胞色素 C 氧化酶 263, 477

D

Dallia pectoralis 阿拉斯加黑鱼 190
Dams 堤坝 19
cascade construction 梯级建筑 14, 15
hydrological cycles disruption 水文循环破坏 25
impact on fishes 对鱼类的影响 16
migration disruption 迁移破坏 16, 25
use of stairs/elevators/replacement stocks 使用梯/升降机/替代种群 106
river fragmentation 河流破碎 20, 22
Damselfish (*Microspathodon chrysurus*) 小叶齿鲷 482
Damselfishes (Pomacentridae) 雀鲷科 42, 55, 455, 464, 517
Danio rerio (zebrafish) 斑马鱼 91, 137, 144, 198
Dark adaptation 适应黑暗 7
subterranean habitats 地下生境 107
Dasyatidae (stingrays) 魟科 4, 304
Demoiselle (*Chromis dispilus*) 光鳃鱼 482
Density-dependent growth 密集依赖性生长 70

Denticeps clupeoides 齿头鲱 40
Denticipitoidei 齿鲱亚目 40
Detritus feeders 食碎屑动物 126
 food quality 食物质量 126
 intestinal adaptations 肠适应 133，134，135
 mangroves 红树林 421
 protein intake 蛋白质摄入 147
Diadromous species 洄游于海水淡水间的鱼类 41
Diapterus 连鳍银鲈 452
Diatom feeders 硅藻取食者 125
Diatomophyceae 硅藻纲 126
Dicentrarchus labrax（seabass） 舌齿鲈 139
Digestive enzymes 消化酶 137–143
Digestive tract 消化道 127–147
 air-breathing modifications 空气呼吸改进 190
 diet-morphology relationships 食物–形态学关系 133–136
  intestine 肠 133–135
  stomach 胃 135–136
 digestive enzymes 消化酶 137–143
 ion regulation 离子调节 473–474
 larval-juvenile ontogenetic changes 幼鱼–稚鱼个体发生的变化 128–133
  liver 肝脏 130
  pancreas 胰脏 130
  stomach 胃 132
 microflora/symbiotic organisms 微生物区系/共生生物体 146–147
 mucus function 黏液功能 136
 nutrient traffcking 营养物运输 143–146
Diodontidae 刺鲀科 5，93
Dipeptidase 二肽酶 144，145
Dipeptide uptake 二肽摄取 143
2，3 Diphosphoglycerate（DPG） 二磷酸苷油酸 241，246
Diplomystidae 二须鲇科 40，46
Dipnoi 肺鱼亚纲 54，154
Display 展现 236，480
 courtship behavior 求偶行为 278，480
 dominance rank maintenance 优势顺位维持 96
Dissolved organic matter 溶解有机质 332

    ammonia excretion effects 氨排泄的影响 259
    blackwaters 黑水 13，18，19，354-355
    gill stabilization at low pH 在低 pH 时鳃的稳定 355，356
    toxic components 毒性组成 355
    toxic metals binding 毒性金属结合 356
Distichodontidae 复齿脂鲤科 46，50
Distribution, global 全球分布 23-24
Diurnal activity 昼行活动 89
Diurnal hyperoxia 白天含氧量高的 244，387
Diurnal temperature fluctuations 昼夜温度波动 372
Diversity 多样性 38-39
    clade/species level 进化枝/物种水平 39-40
    freshwater fishes 淡水鱼类 44-54
    marine fishes 海洋鱼类 54-58
    measures 测定 39
    phylogenetic aspects 系统发育方面 39-40，58-59
Doctor fish (*Acanthurus chirurgus*) 小带刺尾鱼 455
Dogfish (*Scyliorhinus canicula*) 小点猫鲨 515
Dogfish shark 鲨鱼 5，6，98，204，261，304，306，513，514，515，516
Dolichopteryx anascopa 印度胸翼鱼 8
Dolichopteryx binocularis 双眼似胸翼鱼 8
Dominance rank 优势顺位 96
    energy costs 能量代谢 96
Doradidae 陶乐鮎科 46，383
Doradoidea 陶乐鮎总科 46
Dormitator 脂塘鳢属 452
Dourado (*Saliminus maxilosus*) 大颚小脂鲤 102，104，105，201
Drombus triangularis 裙鰕虎鱼 455
Drosophila, clock genes 果蝇，生物钟基因 88
Drums (Sciaenidae) 石首鱼科 5，452
Ductus arteriosus 动脉导管 195，196，216
Dwarf gourami (*Colisa lalia*) 小蜜鲈 149
Dysphotic zone 弱光层 4

E

Eastern Pacific Barrier 东太平洋屏障 56

Eastern Pacific (Panamanian Region)　东太平洋（巴拿马区）　56
Economically important fish　经济重要种类　102
Ecotones　群落交错区　8
　　estuaries　河口　8-9
　　freshwater environments　淡水环境　9
Ectotherms　变温动物　373
　　biological rhythms　生物节律　82
　　temperature effects on metabolism　温度对代谢的影响　373-374
Eels　鳗鲡　5，146，190，361
Egg brooding　卵孵育　482
　　mouthbrooding　口孵　482
Eigenmannia virescens　青电鳗　94
Elacatinus figaro (barber goby)　霓虹鰕虎鱼　94
Elasmobranchs　板鳃鱼类　8，204，288，289，303，304，306，308，354，473，515，516
　　adaptations to ion-poor, acidic waters　对离子贫乏酸性水体的适应　352-354
　　hypoxia tolerance　耐低氧的　513-516
　　ion regulation　离子调节　473-474
　　urea osmoregulatory function　尿素渗透压调节功能　303
　　　　freshwater species　淡水种类　304-305
　　　　marine species　海洋种类　304
Elastase　弹性蛋白酶　138
Electric catfish (Malapteruridae)　电鲇科　50
Electric eel (*Electrophorus*)　电鳗　210
Electric eels (Gymnotiformes)　电鳗目　47，49，92，391
Electric organs　发电器官　47，99
　　discharge　放电　47，99-100
　　　　gradual frequency rises　渐进频率升高　99-100
　　　　rhythms　节律　94
Electrocommunication　电子通信　47
Electrogenic/electro-sensory fishes　生电/电感受鱼类　46-47
　　electric discharge rhythms　放电节律　94
Electrolocation　电定位　50，99
Electronic tagging　电子标记　99
Electrophoridae　电鳗科　47
Electrophorus (electric eel)　电鳗　210
Electrophorus electricus　电鳗　47，232

Electroreceptors 电感受器 47
Eleotridae 塘鳢科 452
Eleotris 沙塘鳢 452
Elodea 伊乐藻属 124
Elops machnata 海鲢 473
Elpistostegalia 希望螈目 463
Embiotocidae 海鲫科 42
Embryos, urea synthesis 胚胎，尿素合成 299-300
Endothelin 内皮素 473
Endotherms, biological rhythms 恒温动物，生物节律 87
Energy metabolism 能量代谢 372
   down-regulation 下调 370
   enzyme levels 酶水平 374-376, 386
   fuel preferences 能源偏好 376-381
   high temperature adaptations 高温适应 371, 372, 386
   lactic dehydrogenase isozymes 乳酸脱氢酶同工酶 394, 395
   red/white muscle 红/白肌 382
   mode of life correlations 生活习性 384
Engraulidae 鳀科 75, 452
Enneacanthus obesus (banded sunfish) 暗色九棘日鲈 336-339
Enolase 烯醇化酶 402
Entomacrodus vermicularis 犁齿鳚 480
Enzyme thermal stability 酶热稳定 471
Epaulette shark (*Hemiscyllium ocellatum*) 斑点长尾须鲨 202, 513
Epinephelus 石斑鱼属 479
Epinephrine 肾上腺素 473
Epipelagic zone 海洋上层带 3, 6
Epulopiscium fishelsoni 费氏刺骨鱼菌 146
Erpetoichthys 芦鳗属 49, 191, 194
Erythrinidae 虎脂鲤科 45, 50
Erythrocytes 红细胞 84, 187, 234, 235, 238, 240-246, 260, 270, 303, 467, 515
   ammonia toxicity 氨毒性 260
   beta-adrenergic response β-肾上腺素能反应 241-242
   carbon dioxide excretion 二氧化碳排泄 466-467
   organic phosphate levels 有机磷酸盐水平 240-241
      hyperoxic responses 高氧含量反应 244
      hypoxia adaptations 低氧适应 187

water level-related changes 水位相关变化 245
oxygen transport 氧转运 241
pH regulation pH 调节 241
sulfide toxicity 硫化物毒性 477
Esocoids 狗鱼亚目（狗鱼类） 53
Esophagus, adaptations for air-breathing 食道，对空气呼吸的适应 190
Esox lucius（Northern pike） 白斑狗鱼 477
Estuaries 河口 8-9, 421
　associated fish families 和科相联系的 434-437
　blind 盲的 14
　coastal lakes 沿海湖泊 9
　definition 定义 8
　environmental oscillations 环境振动 8, 9
　estuarine coastal waters 河口沿岸水域 8
　fish sexual strategies 鱼类性策略 479
　mangroves 红树林 421
　mudflats 淤泥滩 214
　open 开放 8-9
　salinity fluctuations 盐度波动 473
　sulfide levels 硫化物水平 477-478
　water layers 水位 9
Etroplus 腹丽鱼属 42
Eugerres 真银鲈 452
European eel (*Anguilla anguilla*) 欧洲鳗鲡 49, 146
Eutrophication 富营养化 24, 25, 26, 404
　climate change 气候变化 25
　control policies 调控政策 25
　lakes 湖泊 24
Eutropius niloticus 尼罗龙骨鲇 140, 142
Evaporation 蒸发作用 3, 4
　marine salinity impact 海洋盐度作用 3
　shallow dryland lakes 浅水湖 12
Eviota abax 矶塘鳢 481
Eviota prasina 细纹矶塘鳢 481
Evolutionary aspects 进化方面 370
　adaptive radiation 适应辐射 125, 187
　air-breathing 空气呼吸 232, 387, 391

  air-breathing organs　空气呼吸器官　391-393
  aquatic surface respiration　水表面呼吸　391-393
  circadian rhythms　昼夜节律　106-113
  convergence　趋同　44
  coral reef　珊瑚礁　462-463
  gene duplication　基因复制　395-396
  glycolytic enzymes　糖酵解酶　374, 385, 397, 402, 466
  hypoxia tolerance　低氧耐性　199, 216, 238, 513-522
  intertidal zone fishes　潮间带鱼类　474-475
  isozyme studies　同工酶研究　395
  lactic dehydrogenase　乳酸脱氢酶　397
  lungfishes　肺鱼　278-279, 289-292
  mangroves　红树林　421
  seagrasses　海草　463
  trait comparisons　性状比较　44
  urea synthesis　尿素合成　145, 266, 278, 283, 287, 288, 290
Exercise, oxygen transport effects　运动，氧转运效应　246
Extrabranchial chemoreceptors　鳃外化学感受器　198
  hypercarbic ventilatory response　碳酸过高的通气反应　203
  hypoxic ventilatory response　低氧的通气反应　199-200
Extreme environments　极端环境　160

F

Facial (seventh) cranial nerve　面（第七对脑神经）神经　198, 199, 200, 207
Fatty acids　脂肪酸　126, 147, 151-153
  dietary requirements　食物需求　151-153
  metabolism　代谢　381
    heart　心脏　376-377
    red muscle fibers　红肌纤维　382
Feeding behavior　摄食行为　124-126
  circadian rhythms　昼夜节律　127
    dark-light cycle　黑暗与光明周期　84
    entrainment　内外偶联　82, 86, 88
  migrations　洄游　127-128
  stereotyped movement patterns　定型的行为模式　124
Feeding plasticity　摄食可塑性　124, 126

Fermentation processes 发酵 147
Fick's Law of Diffusion Fick的扩散定律 231
Ficus glabrata 无花果树（热带雨林河岸树木之一种） 128
Filefish (Balistidae) 鳞鲀科 5，93
FishBase 鱼类基础数据库 72–75，79
Fistularids 烟管鱼科 93
Five bearded rockling (*Ciliata mustela*) 小头五指岩鳕 204
Flatfish 比目鱼 24，394，420，468
Floodplain lakes 泛滥平原湖泊 10，161
    Amazon várzea 亚马孙浅湖 1，10，370
    oxygen scarcity 氧气缺乏 10，11
    rainfall seasonality, growth influence 降雨季节性，生长影响 77–78
Floridoside 甘油半乳糖吡喃 127
Flounders (Bothidae/Pleuronectidae) 鲆鲽鱼类（鲆科/鲽科） 4
Fluffy sculpin (*Oligocottus maculosus*) 寡杜父鱼 472
Fluviphylacini 溪花鳉族 47
Fluviphylax 溪花鳉属 47
Folate 叶酸 145，154
Food 食物 7，70，76，90，92，105，124
    anticipatory activity 预期活动 90
    availability in subterranean environment 地下环境有效性 107
    digestive tract morphology relationships 消化道形态学关系 133–136
    intake/processing 摄入/加工 124
        gut evacuation rate 消化道排出率 125
        processing rate 加工率 125
        stereotyped movement patterns 定型的行为模式 124
    preferences 偏爱 124–126
    quality 质量 124–126，127
        larval fish 仔鱼 128
    selective retention 选择性保留 124
Foraging 觅食 124，127
    group 群体 124–126
Four-eyed sleeper (*Bostrichthys sinensis*) 中华乌塘鳢 273，277，284，288
Foureye butterfly (*Chaetodon capistratus*) 四斑蝴蝶鱼 452
French grunt (*Hemulon flavolineatus*) 黄仿石鲈 455
Freshwater environments 淡水环境 9–23
    species richness 物种丰度 23，24

wet/dry seasons 潮湿/干旱季节 78
    growth influence 生长影响 77
    water level fluctuations 水位波动 242
Freshwater fishes 淡水鱼类 44–54
  ion regulation 离子调节 331–332
    mechanisms 作用机理 332–335
  neotropics 新热带地区 45–48
  salt tolerance 耐盐性 40–41，473
    cladogram 进化树 44，58
    evolutionary aspects 进化方面 40–44
    Peripheral division 外周部分 40–44
    phylogenetic aspects 系统发生方面 41–44
    Primary division 初级部分 40–44
    Secondary division 次级部分 40–44
Fruit feeders 食果实动物 128，149
  ascorbic acid (vitamin C) requirements 抗坏血酸（维生素 C）需求量 154
  protein requirements 蛋白质需求量 147，148
  seed dispersal 种子传播 128
Fulvic acid 灰黄霉酸 13，354，357
Fundulus 底鳉属 361，420，482
Fundulus heteroclitus (killifish) 底鳉 91，354，398
Fundulus parvipinnis (California killifish) 北美底鳉 478

G

Gadiidae 鳕科 5
Galaxias zebratus 非洲南乳鱼 51
Galaxiids 南乳鱼类 40
Galaxioidea 南乳鱼科 53
Galeichthys 雅首海鲇属 43
Ganges 恒河 8，16，22，23
  dams 水坝 14
  estuary 河口 8–9
Ganges-Brahmaputra delta 恒河-布拉马普特拉三角洲 23
Gar (*Lepidosteus*) 雀鳝 160，188，191，212，214
Gasterosteus aculeatus (stickleback) 三刺鱼 49，394
Gecarcoidea natalis 地蟹 274

Gene duplication　基因复制　239，395

Genetic aspects　遗传方面　370

Geograpsus grayi　方蟹　273，274

Geophagus　珠母丽鱼　355，395

Geophagus harreri　哈氏珠母丽鱼　395

Gerreidae　银鲈科　452，455

Gerres　银鲈属　455

Gibbonsia（kelpfish）　胎鳚科　5

Gilchristella aestuaria　南非吉氏鲱　452

Gill arches　鳃弓　188，192，196－204，209，216，233，465

　　chemoreceptors　化学感受器　197，198

　　　　air-breathing regulation　空气呼吸调节　209

　　　　aquatic surface respiration-related lip swelling　和水表面呼吸相关的唇部膨胀　207

　　　　hypercarbia responses　碳酸过高反应　204

　　　　hypoxia ventilatory response　低氧的通气反应　199－200

　　　　innervation　神经支配　198

　　mechanoreceptors　机械感受器　197

　　modifications in air-breathing fishes　空气呼吸鱼类的修饰　192

Gill chambers, adaptations for air-breathing　鳃腔，对空气呼吸的适应　189－190

Gill filaments　鳃丝　188，192，202，233，234，260，465，467

　　adaptations for air-breathing　对空气呼吸的适应　465

Gill lamellae　鳃瓣　188，189，192，202，233，234，465

　　adaptations for air-breathing　对空气呼吸的适应　189－190，465

　　ammonia toxicity　氨毒效应　260

Gillichthys mirabilis（mudsucker）　长颌姬鰕虎鱼　469，478

Gillichthys seta　刺毛姬鰕虎鱼　471

Gills　鳃　336，341，346，347

　　acid water tolerance　酸性水耐性　336

　　　　permeability reduction　通透性减少　341，347

　　　　trans-epithelial potential　跨上皮电位　341，345，355

　　acid waters-related epithelial damage　和酸性水相关的上皮损伤　341

　　acid-base regulation　酸碱调节　245

　　air-breathing adaptations　空气呼吸适应　189，190，192，233－234

　　　　carbon dioxide excretion　二氧化碳排泄　466

　　　　carbonic anhydrase　碳酸酐酶　466，467，475

　　　　intertidal fishes　潮间带鱼类　465

　　　　lactic dehydrogenase isoenzymes　乳酸脱氢酶　466

ammonia excretion 氨排泄 266-268, 357
 active transport 主动转运 475-476
ammonia toxicity 氨毒效应 260
 defenses 防御 266-271
 expired water acidification 呼出水酸化 268-270
 ionic transport 离子转运 261-263
aquaporins 水通道蛋白 271
blood flow 血流 191, 194, 196, 197, 200, 214, 216, 233
carbon dioxide exchange 二氧化碳交换 269, 270
 air-breathing fishes 空气呼吸鱼类 207-209
circulation 循环 200, 203
 hypercarbia responses 碳酸过高反应 204
 hypoxia responses 低氧反应 200, 202
diffusing capacity enhancement 扩散能力增强 188-189
dissolved organic matter stabilization at low pH 在低pH中溶解有机物稳定 354-355
epithelial tight junctions 上皮紧密结合 332-333
 calcium ion affinity 钙离子亲和力 336, 337
gas exchange 气体交换 233
 diffusion rates 扩散率 231
glutamine synthetase activity 谷氨酰胺合成酶活性 265, 285
hyperoxic damage 含氧量过高的损伤 244
ion regulation 离子调节 261-263
oil toxicity 油毒性 247
oxygen uptake 氧提取 231
sodium channels 钠离子通道 334
sodium/chloride ion regulation in freshwater 在淡水中的钠/氯离子调节 332-335
 active transport 主动转运 332, 333
 apical membrane transport 顶膜转运 333
 disruption at low pH 在低pH中的破坏 335-336
 ion loss 离子丢失 332-333
surface area-metabolic demand relationship 表面积/代谢需求关系 233
urea transporters 尿素转运蛋白 288, 289, 292, 303, 304, 305, 308
Gilthead seabream (*Sparus aurata*) 金头鲷 137
Glanapterygine trichomycterids 毛鼻鲇类 44
Glassy perchelet (*Ambassius*) 双边鱼属 135
Global distribution 世界分布 23-24
Global warming 全球变暖 24-25, 403, 456, 463, 464, 485

intertidal zone impact　对浅水环境的影响　463 – 464

Glossogobius callidua　美丽舌鰕虎鱼　452

Glossopharyngeal (ninth) cranial nerve　舌咽（第九对脑神经）神经　198，200，201，209

Glucose metabolism　葡萄糖代谢　159

　　heart　心脏　377，381

Glucose transporters　葡萄糖转运蛋白　159，377

Glucose uptake　葡萄糖的吸收　143

Glutamate　谷氨酸　265，266，277，279，280，281，282，283，285，305，476

　　glutamine synthesis　谷氨酰胺合成　259，277，285，287

Glutamate dehydrogenase　谷氨酸脱氢酶　279，474，476

Glutamine　谷氨酰胺　259，265，266，277，278，279，281，282 – 289，292，296，298，300，302，305，306，476，477

　　synthesis from ammonia　由胺合成　259，282 – 287

Glutamine synthetase　谷氨酰胺合成酶　265，284，285，476

　　isoenzymes　同工酶　283，284，286

Glutathione peroxidase　谷胱甘肽过氧化物酶　477

Glyceraldehyde phosphate dehydrogenase　磷酸甘油醛脱氢酶　402

Glycogen metabolism　糖原代谢　377，381

Glycolytic enzymes　糖酵解酶　374，385，397，402，466

Glyptoperychthys gibbceps　隆头雕甲鲇　380

Gobiesocidae　喉盘鱼科　5，457，484

Gobiidae (Gobies)　鰕虎鱼科　53，55，452，455，481

Gobiids　鰕虎鱼　95

　　activity patterns　活动型式　93

　　synchronized activity rhythms　同步的活动节律　97

Gobinellus　小鰕虎鱼属　452

Gobiodon histrio (broad-barred goby)　宽纹叶鰕虎鱼　5，520 – 521

Gobius　鰕虎鱼属　452

Gobiusculus flavescens　黄体尻鰕虎鱼　93

Gonadosomatic index　性腺成熟指数　102

Gonadotropin　促性腺激素　482

Gonadotropin releasing hormone (GnRH)　促性腺激素释放激素　480

　　neurons　神经元　480

Gondwana　冈瓦纳大陆　46，52，54，58，371

Gonochorism　雌雄异体　479，480

Gonorynchiformes　鼠鱚目　49

Gracilaria 江蓠属 127
Grass carp (*Ctenopharyngodon idella*) 草鱼，鲩鱼 70，124，142，143，150，152
Gray snapper (*Lutjanus griseus*) 灰笛鲷 452
Great barracuda (*Sphyraena barracuda*) 大魣（大鳞魣） 452
Great Barrier Reef 大堡礁 57，127，421，463，513，516，520
    hypoxia tolerant fishes 低氧耐性鱼类 518
    hypoxic episodes 低氧的阵发期 513，514，521
Greenback flounder (*Rhombosolea tapirina*) 绿背菱鲽 90
Group foraging 结群觅食 124–126
Growth 生长 69–79
    checks 抑制 69
        single annual 每年仅有1次的生长 69
    density-dependence 密度制约的 70
    food availability influence 食物有效性影响 70
    food quality influence 食物质量影响 126
    habitat-related variation 生境相关的变动 76
    individual variation 个体的变动 72
    lipid requirements 脂类需求 151–153
    mathematical descriptors 数学模式 70
    protein requirements 蛋白质需求 147，148
    rates in tropical versus colder regions 热带区域对寒带区域的比率 73–76
        Kruskal-Wallis Tests 克鲁士卡尔–华拉氏试验 75
        length of growing season 生长季节的长度 76
    seasonality 季节性 77–79
    temperature influences 温度影响 70，72，79
    von Bertalanffy growth equation von Bertalanffy生长方程 70–72
        parameters of tropical populations 热带种群参数 72–73
        seasonality adjustment 季节性调节 78
Growth hormone 生长激素 473
Guanosine triphosphate (GTP), erythrocytes 鸟苷三磷酸（GTP），红细胞 240–241
    intertidal fishes 潮间带鱼类 469，470
Gulf toadfish (*Opsanus beta*) 海湾豹蟾鱼 283，286，288，293–294，298，301，477
Guppy (*Poecilia reticulata*) 网纹花鳉 155
Gymnarchidae 裸臀鱼科 50
Gymnocorymbus ternetzi (blackskirt tetra) 裸顶脂鲤 347，350
Gymnotiformes 电鳗目 45，47，49，92，99，208，389，391
Gymnotis carapo 裸背鳗 100

Gymnotoidei 裸背鳗类 238

Gymnotus 裸背鳗属 210

H

Haddock 黑线鳕 5
Hagfish 盲鳗 5
Hake (Gadiidae) 鳕科 5
Halibut 比目鱼 5
Halichoeres chrysus 金色海猪鱼 91，92
Halocline 盐跃层 3
Haplochromis 朴丽鱼属 95，162
Hassar 美鲇 240
Hatchet fish 胸斧鱼 352
Heart 心脏 196-197
    air-breathing responses 空气呼吸反应 209
    chambers 腔室 190，196
    energy metabolism 能量代谢 370-374，375，377，386
        air-breathers 空气呼吸鱼类 375-376
        anaerobic 厌氧的 377
        enzyme levels 酶水平 381，385，391，397
        fuel preferences 能源偏好 376-381
    lactic dehydrogenase isozymes 乳酸脱氢酶同工酶 394
    lungfishes 肺鱼类 191，194，195，196，208，212，213，214，232，387，462
Heat shock proteins (HSPs) 热休克蛋白 471-473
Helogenidae 沼鲇科 46
Hematocrit 红细胞比容 187，237，243，245，246，515
    hypoxia adaptations 低氧适应 187
Hematophagy in catfishes 鲇鱼中的食血类 46
Hemigobius 半鰕虎鱼属 452
Hemigrammus 半线脂鲤 350，351
Hemiramphidae 鱵科 136
Hemiscyllium ocellatum (epaulette shark) 斑点长尾须鲨 202，513
Hemoglobin 血红蛋白 141，158，187，200，203，214，234，237，239，240，247，260，341，344，390，467，469，470，477，478
    air-breathing/water-breathing fishes comparison 空气呼吸/水呼吸鱼类比较 469
    hypoxia adaptations 低氧适应 187

isoforms 同种型 239，240
　　water level-related changes 水位相关的变化 245
　oxygen affnity 氧亲和力 245，469，470
　　Bohr effect 玻尔效应 237，244
　　hypercapnic conditions 碳酸过高的状态 244－245，469，470
　　intertidal fishes 潮间带鱼类 469，470
　　organic phosphate effects 有机磷酸盐的影响 240，241
　　Root effect 鲁特效应 237－239，240－241，244，470
　　temperature effects 温度的影响 246，469，470
　sulfide toxicity 硫化物毒性 477－479
Hemulidae 石鲈科 452
Hemulon flavolineatus（French grunt） 黄仿石鲈 455
Hemulon sciurus（bluestriped grunt） 蓝仿石鲈 455
Hepsetidae 鳡脂鲤科 45，50
Heptapterinae 鮰鲇亚科 91
Herbivores 草食性动物 124－125，127，146，159
　ascorbic acid（vitamin C）requirements 抗坏血酸（维生素C）需求 154
　digestive enzymes 消化酶 137
　ecosystem impact 生态系统影响 160－162
　feeding periodicity 摄食周期性 127
　food quality 食物质量 125－126
　intestinal adaptations 肠道适应 133
　seagrass grazers 食海草动物 455
Hering-Breuer reflex 肺牵张反射 212
Hermaphroditism 雌雄同体 48，479－480
　regulatory mechanisms 调节作用机理 480
　sex reversal 性别转变 479
　size-advantage hypothesis 大小－优势假设 480
Heros 英丽鱼属 380，395
Heros severum 英丽鱼 395
Herotilapia multispinosa（rainbow） 彩虹多棘始丽鱼 104
Heteropneustes 囊鳃鲇属 188，210
Heteropneustes fossilis 囊鳃鲇 94，101，156，288
Heteropneustidae 囊鳃鲇科 94，190，294
Heterotis niloticus（bonytongue） 非洲骨舌鱼 50
Hexagrammidae 六线鱼科 481
Hexokinase 己糖激酶 375

heart energy metabolism 心脏能量代谢 377
High altitude lakes 高海拔湖泊 14
Himantura 窄尾魟属 48
Himantura signifer（white-edge freshwater whip ray） 大窄尾魟 304，305
Holocentrids 鳂科 92
Holocephalans 全头鱼类 303，308
    urea osmoregulatory function 尿素渗透压调节功能 303
Hoplerythrinus 红脂鲤属 193
Hoplerythrinus unitaeniatus（jeju） 单带红脂鲤 209，233，236，242，392
Hoplias lacerdae 利齿脂鲤 200，233
Hoplias malabaricus（traira） 虎利齿脂鲤 200，201，202，203，204，207，233，234，236，242
Hoplosternum 护胸鲇属 210，232
Hoplosternum littorale（tamoataá） 滨岸护胸鲇 241，246，339
Horaglanis krishnai 印度盲胡鲇 50
HSP70 热休克蛋白70 464，472，473
Humic acid 腐殖酸 13，18，331，351，356，357
Humidity 湿度 1
Hydrocharitaceae 水鳖科 422
Hydrocynus goliath 条纹狗脂鲤 50
Hydrodictyon reticulatum 水网藻 126
Hydrogen ion exchange 氢离子交换 261
    sodium/chloride ion uptake 钠/氯离子摄取 333，334
        low pH waters 低pH水 350
Hydrogen ion H^+-ATPase 氢离子H^+-ATP酶 334，335，350，354，357
    ammonia active transport 氨主动转运 475
    ion regulation 离子调节 333，334，335
    low pH waters 低pH水 350
Hydrogen sulfide 硫化氢 245，477，478
    floodplain lakes 泛滥平原湖泊 10，161
Hydrological changes 水文变化 25–26
Hypercarbia 碳酸含量过高 244–245
    acid-base regulation 酸碱调节 245
    cardiovascular response 心血管反应 204
        blood pressure 血压 204
        bradycardia 心动过缓 204
        branchial responses 鳃的反应 204

intertidal fishes　潮间带鱼类　474
　　ventilatory response　通气反应　203
　　　air-breathing fishes　空气呼吸鱼类　211-213
Hyper-eutrophication　富富营养化　25
Hyperoxic conditions　高含氧量　10，244
Hyphessobrycon　鲃脂鲤　243
Hypophthalmichthys molitrix（silver carp）　白鲢　141
Hypophthalmus　低眼鮎属　153
Hyporhamphus knysnaensis　南非下鱵鱼　452
Hypostomus　下口鮎属　210，244，392
Hypostomus microstomus　小嘴下口鮎　135
Hypostomus plecostomus　一种下口鮎　202
Hypostomus regani　一种下口鮎　246
Hypoxia　低氧　232，242-244，386-395
　adaptations　适应　187，188，386，387
　air-breathing activity　空气呼吸活动　93-94，208
　anaerobic glycolysis activation　厌氧糖酵解的活化　387
　aquatic surface respiration　水表面的呼吸　205
　behavioral responses　行为反应　243，399
　　migration　洄游　243，246
　　water column movements　水柱移动　243
　cardiovascular responses　心血管反应　200-202，387，514-515
　　bradycardia　心动过缓　200，201，202，204，207，216，243
　　branchial response　鳃的反应　202
　　chemoreceptor mediation　化学感受器　199，200
　　systemic vascular resistance elevation　全身血管阻力升高　202
　catecholamine release（red cell adrenergic response）　儿茶酚胺释放（红细胞肾上腺素能反应）　242
　causes　原因　386
　coral reef platform　珊瑚礁平台　513，520-521
　critical oxygen tension/threshold　临界氧张力或阈值　386
　defenses　防御　515-516
　intertidal environment　潮间带环境　464
　lactic dehydrogenase　乳酸脱氢酶　394
　　gene regulation　基因调节　401-403
　　gills　鳃　466
　　isozymes　同工酶　394，395

lakes 湖泊 9-14
   floodplain 泛滥平原 10
   hypolimnion 湖下层 10
metabolic adaptations 代谢适应 370，391，396，404
oxygen transport effects 氧转运效应 242-244
   intertidal fishes 潮间带鱼类 474
phosphocreatine depletion 磷酸肌酸消耗 387
physiological adaptations 生理调节 370-405
pollution-related 污染相关的 386，403，404
respiratory adaptations 呼吸适应 187-188
respiratory organs 呼吸器官 188-192
   air-breathing 空气呼吸 189-192
   gill iffusing capacity 鳃扩散能力 188
tolerance 耐性 371
   body mass relationship 身体质量关系 396-397
   coral reef fishes 珊瑚礁鱼类 513-522
   energy metabolism 能量代谢 377
   evolutionary aspects 进化的 387-389
   glycolytic enzyme levels 糖酵解酶水平 374
   intertidal fishes 潮间带鱼类 474
   levels of response 反应水平 389-391
   metabolic depression 代谢阻抑 187
   preconditioning (acclimation) 预先调节（驯化） 514-516
   red/white muscle fibers 红/白肌纤维 382
ventilatory responses 通气反应 199-200
   air-breathing fishes 空气呼吸鱼类 209-210
   breathing amplitude 呼吸振幅 199，200
   breathing frequency 呼吸频率 199，200
   chemoreceptor mediation 化学感受器介导 198，200，203
   oxygen conformers 氧的随变者 199
   oxygen uptake regulation (oxygen regulators) 氧提取调节（氧调节者） 199

Hypoxia-inducible factor 1 (HIF-1) 低氧-诱导因子Ⅰ 402，404

Hypselecara 高地丽鱼 395

Hypsoblennius 高鳚属 481

I

Ictaluridae 北美鲶科 46

Ictalurus nebulosus (brown bullhead) 棕鲖 89，90

Ictalurus punctatus (channel catfish) 斑点鲖 91，198，200，204，262，477

Igapós (acidic ion poor lakes) 缺酸性离子的湖 13

Iliophagous fishes 食泥的鱼类 127

Infradian rhythms 超昼夜节律 86

Inositol 肌醇 154

Inositol diphosphate 肌醇二磷酸 241

Inositol pentaphosphate (IPP) 肌醇五磷酸 241

Insulin 胰岛素 159

Insulin-like growth factor 类胰岛素生长因子 473

Intertidal mud burrows 潮间泥洞 420

Intertidal zone 潮间带 3，4，420-485

 acid-base regulation 酸碱调节 474-475

 ammonia tolerance 氨耐性 474-477

 associated fish families 和鱼的科相关的 423-433，434-437，452-456

 elevated temperature adaptations 对高温的适应 470-473

 environmental conditions 环境条件 420，421-422

 eurythermal fishes 广温性的鱼类 470，471

 fish evolution 鱼类进化 456-463

 fluctuations in physical conditions 物理参数波动 456，464

  temperature 温度 464

 global warming impact 全球变暖影响 463-464

 ion regulation 离子调节 473-474

 low tide habitat shelters 低潮生境隐蔽处 420

 reproduction 生殖 479-482

 resident fishes 居住鱼类 420

 respiratory adaptations 呼吸的适应 464-470

  air-breathing 空气呼吸 213-214

  blood properties 血液性质 469-470

  buccopharyngeal respiratory surfaces 口咽的呼吸表面 467-468

  carbon dioxide excretion 二氧化碳排泄 466-467

  cutaneous gas exchange 皮肤气体交换 467-468

  gills 鳃 465

    lactic dehydrogenase isoenzymes　乳酸脱氢酶同工酶　465-466
  spatial fragmentation　空间的碎片化　462
  sulfide tolerance　硫化物耐受性　477-479
  transient visitor species　暂住物种　420
Intestine　肠　133-136
  adaptations for air-breathing　对空气呼吸的适应　190
  bacterial microflora　微生物区系　146
    cellulase activity　纤维素酶活性　143
    fermentation processes　发酵工艺　147
  enzymes　酶　142, 143
    development　发育　139, 140, 141
    dipeptidases　二肽酶　144, 145
  nutrient traffcking　营养物运输　143-146
    amino acids　氨基酸　144-146
    dipeptide uptake　二肽的吸收　143, 144, 145
    myoinositol　肌醇　146
    vitamins　维生素　146
Iodine　碘　158
Ion regulation　离子调节　331-362, 473-474
  energy costs　能量代价　473
  freshwater fishes　淡水鱼类　332-335
  intertidal fishes　潮间带鱼类　473-474
    hormonal regulation　激素调节　473
    osmoregulatory organs　渗透压调节器官　474
  ion-poor acidic waters　离子贫乏酸性水　331, 335-336, 339-340
    North American acidophilic teleosts　北美嗜酸性硬骨鱼类　336-339
  model species　模式种类　331
  sulfide toxicity　硫化物毒性　477
Iron　铁　158, 355, 356
Isoforms　同种型　395, 396
Isozymes　同工酶　395, 396
Istiblennius enosimae　暗纹动齿鳚　482

J

Japanese flounder (*Paralichthys olivaceus*)　牙鲆　138, 139
Jaraqui (*Semaprochilodus*)　真唇脂鲤　242

Jaú (*Pauliceia luetkeni*) 祖鲁鲶 102
Jurupensen (*Sorubim lima*) 铲吻长鮠 102

K

Kelpfish (*Gibbonsia*) 胎鳚科 5
Ketone bodies 酮体 303
Kidneys, ion regulation 肾脏，离子调节 331，473
Killifish (*Fundulus heteroclitus*) 底鳉 91，354，398
Killifishes (*Fundulus*) 底鳉属 361，420，482
Kingfish (Sciaenidae) 石首鱼科 5，452
Knifefishes 飞刀鱼 47
Köppen Climate Classification System 柯本气候分类法 1，2
Krebs cycle 三羧酸循环 266，269，270，279，280，282，285，476
Kyphosus cornelli 长体舵鱼 147
Kyphosus sydneyanus 悉尼舵鱼 147

L

Labeo rohita 南亚野鲮 143，150，156
Labridae 隆头鱼科 5，42，91，455，479，519
Labrisomidae 唇鳚科 455
Labroids 隆头鱼类 42
Labyrinthine apparatus 迷宫器官 190
Lactate metabolism 乳酸代谢 398
　　hypoxia tolerance 低氧耐性 377，381
　　mudskipper gills 弹涂鱼的鳃 465－466
Lactic dehydrogenase 乳酸脱氢酶 138，285，375，376，394，397，466，471
　　activity levels 活动水平 375
　　adaptation temperature in evolution 在进化中的适应温度 397
　　citrate synthase ratio 柠檬酸合酶比率 375
　　genes 基因 394，395，396
　　　duplication events 复制活动 395
　　　evolutionary analysis 进化分析 396－403
　　　regulation in hypoxic conditions 在低氧状况中的调节 401－403
　　heart energy metabolism 心脏能量代谢 376，377
　　hypoxia tolerance 低氧耐性 392

  isozymes 同工酶 394，395，396
    gene regulation 基因调节 370
    gill adaptations for air-breathing 对空气呼吸的鳃适应 465–466
  thermal stability 热稳定性 397–401
    habitat temperature adaptation 生境温度适应 471
    pH effects pH 的影响 400–401
    phylogenetic analysis 系统发生分析 399–400
Lactic dehydrogenase isozyme A 乳酸脱氢酶同工酶 A 394，395，396
Lactic dehydrogenase isozyme A_4 乳酸脱氢酶同工酶 A_4 394，395
  orthologs 直系同源物 397
  thermal stbility 热稳定性 471
Lactic dehydrogenase isozyme B 乳酸脱氢酶同工酶 B 394，395
Lactic dehydrogenase isozyme B_4 乳酸脱氢酶同工酶 B_4 376，399
  thermal stability 热稳定性 399，400
Lagone river 拉贡河 20
Lagoonal inlets 潟湖入海口 9
Lake Magadi 马加迪湖 160，292，293
Lake Malawi 马拉维湖 24，49
Lake Maracaibo 马拉开波湖 10
Lake Tanganyika 坦噶尼喀湖 10，12，24，49，125
Lake Victoria 维多利亚湖 9，10，24，39，49，125，161，162
Lakes 湖 9–14
  acidic, ion poor 酸性，缺离子 13
  cave 洞穴 14
  deep 深度 2
  ephemeral 短暂性的 1
  fish growth rates 鱼生长率 76
  global warming impact 全球变暖影响 24
    eutrophication 富营养化 24
  high altitude 高海拔 10，14
  hypolimnion 湖下层 10
  hypoxic conditions 低氧状况 10
  morphological characteristics 形态特征 11
  nitrogen：phosphorus ratios 氮与磷的比率 10
  oxygen fluctuations 氧波动 10
  reservoirs comparison 与水库比较 14–15
  salinization 盐碱化 13

shallow　浅的　1，10
　　soda　碱性　13
　　solar irradiance　太阳辐照度　10
　　stratification　分层　386
　　　　chemical　化学的　10
　　　　seasonal　季节的　24
　　volcanic　火山的　13，14
　　water surface processes　水表层　12
Laminarinase　昆布多糖酶　125
Lampreys　七鳃鳗　87，205，213
Largemouth bass　大嘴鲈鱼　90
Larval fish/juveniles　幼鱼　70，71，97，101，102，104，105，106，124，128，129，130，132
　　diet　食物　128
　　digestive enzyme development　消化酶发育　137－143
　　digestive processes　消化过程　138
　　digestive tract changes　消化道变化　128－133
　　exogenous feeding initiation　外源性摄食起始　129，144
　　intertidal zone inhabitants　潮间带居住的动物　420
　　intestinal nutrient uptake　肠营养物摄取　143－144
　　live first food　活的第一食物　137
　　mangrove nursery grounds　红树林育苗地　452，479
　　seagrass bed assemblages　海草床集聚　455
Lateral line organs　侧线器官　98
Lates calcarifer　尖吻鲈　137，138，140，479
Lates niloticus (Nile perch)　尼罗尖吻鲈　161
Latimeria chalumnae (coelacanth)　矛尾鱼　39，306
Latimeria menadoensis　矛尾鱼之一种　306
LDH-A gene　乳酸脱氢酶-A 基因　394，395
LDH-B gene　乳酸脱氢酶-B 基因　398
LDH-C gene　乳酸脱氢酶-C 基因　395
Leaf-litter fishes　叶枯鱼类　48
Leaping blenny (*Alticus kirki*)　跳弹䲁　275，477
Learning　学习　82，84，88，97
　　dark-light cycle association　黑暗与光亮周期相关　84
　　social behavior　社会行为　92，97
Lebias (*Aphanius*)　秘鳉属　47，79

Lebiasinidae　鳞脂鲤科　45，50

Lemna　浮萍　124，126

Length-age curves　一年龄生长曲线　69–70

　　growth seasonality　生长季节　77

Length-frequency analysis, growth estimation　长度–频率分析，生长估计　69

Lentic environments　静水环境　9

Lepisosteus　雀鳝属　160，188，191，212，214

Lepidogalaxias salamandroides (salamanderfish)　鳞南乳鱼　53

Lepidogalaxiidae　鳞南乳鱼科　53

Lepidosiren　美洲肺鱼属　49，53，191，209，210，211

Lepidosiren paradoxa　南美肺鱼　203，211，232，289，376

Lepidosirenidae　南美肺鱼科　45，278

Lepidosireniformes　美洲肺鱼目　49

Lepisosteus (gar)　雀鳝属　160，188，191，212，214

Lepisosteus oculatus (spotted gar)　眼斑雀鳝　212

Lepisosteus osseus　雀鳝之一种　213

Leporinus fasciatus (piau/aracu)　条纹兔脂鲤　102，242

*Leporinus frideric*i (piau)　弗氏兔脂鲤　133，140

Leporinus taeniofasciatus　带纹兔脂鲤　133

Lesser sandeel　玉筋鱼　90

Leuresthes tenuis　加州滑银汉鱼　482

Light　光亮　89，110

　　electric organ discharge relationship　发电器官放电关系　99–100

　　lakes　湖泊　10

　　marine biotopes　海洋生境　4

Light-dark cycles　光亮–黑暗周期　107

　　associated biological rhythms　相关的生物节律　84

　　field studies　野外研究　83

　　intertidal environment　潮间带环境　420

　　pineal gland melatonin release　松果体褪黑激素释放　87

　　zeitgeber function　授时因子功能　89

　　　　cycle entrainment in cave fishes　穴居鱼类的周期性内外偶联　109

Limanda limanda　欧洲鲽　420

Limnothrissa miodon　湖梭鲱　69

Linoleic acid　亚油酸　151，152，153

Linolenic acid　亚麻酸　152，153

Lipase　脂肪酶　138，139，140，141，142，143

Lipids, dietary 脂类膳食 126
    requirements 需要量 151-153
Liposarcus pardalis(acari-bodó) 豹纹翼甲鲇 241, 245, 247, 375, 380
Litodorus dorsalis 石陶乐鲇 128
Little skate (*Raja erinacea*) 猬鳐 304
Liver 肝脏 130, 132, 140, 141, 142, 152-158, 258, 263, 276, 279-299, 302, 304, 305, 394, 400, 464, 473, 474, 476, 477, 478, 479
    ammonia production 氨生产量 258
    development 发育 130-133
    hepatopancreas enzyme activity 肝胰脏酶活性 142-143
Liza 梭属 135
Liza macrolepis 大鳞梭 473
Logistic equation 逻辑方程 70
Long-jawed mudsucker (*Gillichthys mirabilis*) 长颌姬鰕虎鱼 469, 478
Loricariidae 甲鲇科 46, 93, 383
Loricarioidea 甲鲇超科 46, 50
Lota lota 江鳕 89, 91
Lotic environments 流水环境 9, 16-17
Lotidae 江鳕科 91
Lovettia 塔岛南乳鱼属 53
Lumpfish (*Cyclopterus lumpus*) 圆鳍鱼 420
Lumpfishes (Cyclopteridae) 圆鳍鱼科 5
Lunar periodicity 月周期性 102
    reproduction 生殖 482, 483-484
    spawning synchronization 产卵同步性 102
Lungfishes 肺鱼类 191
    aestivation 夏蛰 211
        energy metabolism 能量代谢 376, 381
    ammonia detoxification by urea synthesis 尿素合成使氨发生解毒作用 289-292
        ornithine-urea cycle 鸟氨酸-尿素循环 287-292
    ammonia production reduction 氨产生减少 278-279
    breathing regulation 呼吸调节 212-213
    evolutionary aspects 进化方面 232, 289
    heart 心脏 196
        energy metabolism 能量代谢 377
    pulmonary circulation 肺循环 194-196
Lungs 肺 190-192

carbon dioxide chemoreceptors 二氧化碳化学感受器 211
  mechanoreceptors 机械感受器 211, 212
  pulmonary circulation 肺循环 190, 194-196
Lutjanidae 笛鲷科 70, 455
Lutjanus apodus（schoolmaster） 八带笛鲷 452
Lutjanus griseus（gray snapper） 灰笛鲷 452
Lypophrys pholis（rock-pool blennie） 无眉鳚鱼 95

M

Mackerel 鲭鱼 6
Macrophytes 大型植物 10, 25, 127, 133, 161, 370, 386
  eutrophication 富营养化 24
  floodplain lakes 泛滥平原湖泊 10
Magnesium 镁 158, 159
Malapteruridae 电鲇科 50
Malapterus 电鲇属 50
Malapterus electricus 电鲇 50
Malate dehydrogenase 苹果酸脱氢酶 280, 384
Malic enzyme 苹果酸酶 280
Manganese 锰 158
Mangroves 红树林 9, 21, 420, 421, 422, 452, 455, 456, 462, 463, 479, 480
  associated fish families 和鱼科相关 423-433
  evolutionary aspects 进化方面 462, 463
  fluctuations in physical parameters 物理参数波动 456, 464
  global distribution 全球分布 421
  juvenile fish inhabitants 幼鱼栖居 452, 479
  loss 丧失 456
  oxygen availability 氧的有效性 421-422
  response to sea level changes 对海水平面变化的反应 456
  salinity variation 盐度变化 421
  species richness 物种丰度 420
  sulfide levels 硫化物水平 478
  temperature range 温度范围 373, 398, 400, 401, 422, 471, 472
Marble goby（*Oxyeleotris marmoratus*） 云斑尖塘鳢 278, 283, 284, 285, 288, 300
Marine environment 海洋环境 2-9
  biotopes 生物群落 2, 3

climate seasonality, growth influence　气候季节性，生长影响　78
Marine fishes　海洋鱼类　3，23，45，52，54，57，69，82，102，137，147，246，261，462，473
 air-breathing　空气呼吸　213-214
 branchial ionic transport　鳃的离子转运　261
 diversity　多样性　54-58
 osmoregulatory organs　渗透压调节器官　474
Marlin　旗鱼　6
Mastacembelidae　刺鳅科　52
Masticatory apparatus　咀嚼器　124
Matrinchã (*Brycon*)　缺帘鱼　141，188，243
Mechanoreceptors　机械感受器　197，204，205，208，211，212，214
 lungs　肺　211，212
 respiratory regulation　呼吸调节　197，205
Medaka (*Oryzias latipes*)　青鳉　89，90
Megalancistrus aculeatus　巴拉拿大钩鲇　135
Megalops atlanticus (tarpon)　大西洋大海鲢　478
Melanoteniidae　黑带银汉鱼科　53
Melatonin secretion　分泌褪黑激素　102
3-Mercaptopyruvate sulfurtransferase　3-巯基丙酮酸硫转移酶　479
Mesopelagic zone　大洋中层带　3，6
Metabolic adaptations　代谢适应　370-405
Metabolic depression　代谢阻抑　187
 aestivation　夏蛰　211
 hypoxia tolerance　低氧耐性　187，381
Metabolic rate　代谢率　129，201，233，234，246，258，273，276，281，371，373，464，473，517
Metabolism　代谢　107，160，258
 high temperature adaptations　高温效应　371
 Q_{10} values　Q_{10}的值　373，375
 temperature effects　温度适应　372-374
Mexican tetra characin (*Astyanax mexicanus*)　墨西哥丽脂鲤　88，91，109
Microhabitats　小型边缘微生境　38
Microspathodon chrysurus (damselfish)　小叶齿鲷　482
Midshipmen (*Porichthys*)　光蟾鱼　5
Migration　洄游　101，105-106
 anadromic　溯河的　105

behvioral thermoregulation　行为温度调节　470
  biological impact　生物学影响　106
  catadromic　降河的　105，127
  environmental cues　环境信号　105
  feeding　摄食　127 – 128
  hypoxia response　低氧反应　202，401，402，404
  intertidal zone inhabitants　潮间带栖居生物　420
  lateral　侧洄游　243
  oxygen transfer enhancement　氧转运增强　246
  reproduction following　生殖以后的　103，104
  river damming effects　江河筑坝拦水的影响　16，25，106
　　use of stairs/elevators/replacement tocks　使用鱼梯/电梯/替代的养殖种群　106
  schooling behavior　聚群行为　97
Milkfish (*Chanos chanos*)　遮目鱼　129，142，143，150
Mineral requirements　矿物质需求　158 – 159
Minnow (*Phoxinus phoxinus*)　小鲮鱼　99
Misgurnus (weatherfish)　泥鳅属　210
Misgurnus anguillicaudatus (weatherloach)　泥鳅　90，93，211，263，265，273，275，276，288，300，302，303
Mnierpes macrocephalus　大头沼爬鳚　467
Mochokidae　倒立鲇科　46，50
Molecular chaperones　分子伴侣　471 – 473
Molluskivores　以软体动物为食　125
Monodactylus falciformis　镰大眼鲳　473
Monopterus　黄鳝属　189，210
Monopterus albus (swamp eel)　黄鳝　192，277，283，285，288，302
Morays (Muraenidae)　海鳝科　5，55，455
Mordaciids　七鳃鳗类　40
Mormyridae　长颌鱼科（象鼻鱼科）　50
Morone saxatilis　条纹狼鲈　137
Mouth dimensions　口腔开口的大小　124
Mouthbrooding　口中孵化　517，519
Movement rhythms　移动节律　88
Mozambique tilapia (*Oreochromis mossambicus*)　莫桑比克罗非鱼　143，156，158，159，263
Mucus, digestive function　黏液，消化功能　136
Mudflats　淤泥滩　214

  associated fish families　和鱼科相关　534-537
  oxygen availability　氧有效性　422
  salinity　盐度　422
  temperature　温度　422

Mudskippers　弹涂鱼　4, 214, 259, 263, 264, 266, 276, 278, 280, 286, 298
  active ammonium ion excretion　氨离子主动排泄　266-268, 475-477
  aerial exposure-related nitrogenous excretion reduction　和空气暴露相关的氮源排泄减弱　276
  amino acid partial catabolism to alanine　氨基酸部分分解代谢为丙氨酸　280-281
  blood oxygen affnity　血液氧亲和力　469-470
  carbon dioxide excretion in air　二氧化碳排出到空气中　466-467
  epithelial permeability to ammonia　对氨的上皮通透性　271-272
  expired water acidification　呼出水的酸化　268-270
  gills　鳃　267, 465-466
    lactic dehydrogenase isoenzyme　乳酸脱氢酶同工酶　466
    modifications　修饰　465
  glutamine synthesis from ammonia　由氨合成谷氨酰胺　286-287
  ion regulation　离子调节　473-474
  parental care　亲代抚育　382, 396, 464, 481
  skin surface mucus　表皮上的黏液层　468
  urea synthesis　尿素合成　266, 278, 283, 287, 291-294, 298, 299, 305, 308

Mudsucker (*Gillichthys mirabilis*)　长颌姬鰕虎鱼　469, 478

Mugil　鲻属　135

Mugil auratus　金鲻　139

Mugil capito　薄唇鲻　139

Mugil cephalus　鲻鱼　142, 215, 473, 478

Mugil platanus　机鲻　138, 139

Mugil saliens　沟鳞鲻　139

Mugilidae　鲻科　452

Mugilogobius abei (abehaze)　鲻鰕虎鱼　297-298, 300

Muraenidae　海鳝科　51, 55, 455

Muscle fiber types　肌肉纤维类型　382-386
  glycolytic enzyme activity　糖酵解酶活性　382-383

Mylossoma　齿脂鲤　243

Mylossoma aureum　金四齿脂鲤　153, 188

Mylossoma duriventris (silver mylossoma)　银四齿脂鲤　188, 205

Myoinositol　肌醇　146, 154

Myoxocephalus octodecimspinosus（sculpin） 多刺床杜父鱼 263

Myrciaria dubai（camu-camu） 卡姆果（桃金娘科） 154

Mystus nemurus（river catfish） 丝尾鳠 478

Mytilus galloprovincalis 地中海贻贝 472

Mytilus trossulus 海湾贻贝 472

N

Nandidae 南鲈科 45

Nannochoris 小球藻 129

Natriuretic peptides 钠尿肽 473

Nemacheilus barbatulus 董氏条鳅 91

Nemacheilus evezardi 条鳅 95，109，112

Nematogenyidae 丝鼻鲇科 40，46

Nematogenys inermis 丝鼻鲇 40

Neoceratodus 澳洲肺鱼属 53，191，195，196，210，211

Neoceratodus forsteri 澳洲肺鱼 232，289

Neochanna diversus（black mudfish） 黑新乳鱼 206

Neon tetra（*Paracheirodon innesi*） 宽额脂鲤 347，348，350，351，352，357，358，359，360，361

Neoteleosts 新真骨鱼类 53

Neotropical freshwater fishes 新热带淡水鱼类 45–48

Neritic zone 浅海区（带） 3，4–6

Niacin 烟酸 154，156，158

Nibea japonica 日本黄姑鱼 263

Niger 尼日尔流域 49
  estuary 河口 8
  flood pulse 泛滥动向 21
  inland delta wetland 内陆三角洲湿地 21
  river basin 江河流域 20–21，49
    drought impact 干旱影响 21
  shallow lakes 浅湖 1
  species richness 物种丰度 24

Niger Delta 尼日尔三角洲 21

Nile perch（*Lates niloticus*） 尼罗尖吻鲈 161

Nile river basin 尼罗河流域 22，49
  species richness 物种丰度 24

Ninhydrin substances 茚三酮物质 474
Nitric oxide 一氧化氮 473
Nitrogen 氮 10, 25, 258, 266, 268, 277, 283, 300, 303
 cycling in lakes 湖的周期性 10
 eutrophication 富营养化 25
 excretion 排泄 258–308
  soda lake species 纯碱湖种类 13
NMDA receptors NMDA 受体 259, 265, 266, 300, 303
Nocturnal activity 夜间活动 86, 89, 90, 93, 94, 95, 98, 110
 feeding 摄食 127
Nocturnal hypoxia 夜间低氧 520
Norepinephrine 去甲肾上腺素 241, 473
North American freshwater fishes 北美淡水鱼类 46
Northern pike (*Esox lucius*) 白斑狗鱼 477
Northern snakehead (*Channa argus*) 乌鳢 211
Notopteridae 驼背鱼科 50, 52
Nutrient cycling 营养物周期 10
Nutrient requirements 营养物需求 147–160
 carbohydrates 碳水化合物 159–160
 lipids 脂质 151–153
 minerals 矿物质 158–159
 protein 蛋白质 147–151
 vitamins 维生素 153–158
Nutritional physiology 营养生理学 124–162

O

Oceanic zone 海洋带 3, 6
 subdivisions 纽分 3, 12–13
Ocellate river stingray (*Potamotrygon motoro*) 南美江魟 301, 305
Ocypode quadrata 沙蟹 274
Ocyurus chrysurus (yellowtail snapper) 敏尾笛鲷 455
Oil pollution 油污染 208
 oxygen transport effects 对氧转运的影响 247
 short chain hydrocarbons (water-soluble fraction) 短链烃（水溶解组分） 247
Oligocottus maculosus (sculpin) 寡杜父鱼 472
Omnivores 杂食性 108, 124, 133, 134, 140, 154, 161, 299

ascorbic acid (vitamin C) requirements 抗坏血酸（维生素C）需求 154

intestinal adaptations 肠适应 135

Oncorhynchus gorbuscha (salmon) 细鳞大马哈鱼 90

Oncorhynchus kisutch (coho salmon) 银大马哈鱼 264

Oncorhynchus mykiss (rainbow trout) 虹鳟鱼 101，105，133，142，145，202，203，242，245，246，260，262，263，264，266，299，336，464，467

Opercular cavity ventilatory pump 鳃盖腔通气泵 192

Ophichthyidae 蛇鳗科 455

Opsanus beta (Gulf toadfish) 海湾豹蟾鱼 283，286，288，293-294，298，301，477

Opsanus tau (toadfish) 毒棘豹蟾鱼 267

Oreochromis alcalicus 罗非鱼之一种 188，205

Oreochromis alcalicus grahami 格氏罗非鱼 160，292

Oreochromis aureus 蓝罗非鱼 127，156

Oreochromis esculentus 罗非鱼之一种 161

Oreochromis mossambicus (Mozambique tilapia) 莫桑比克罗非鱼 143，153，158，159，263

Oreochromis niloticus (Nile tilapia) 尼罗罗非鱼 84，96，97，99，100，104，125，129，136，138，140，144，145，146，148，149，150，153，154，159，161，293，516

Orestias 山鳉属 47

Organic phosphates 有机磷酸盐 238，240，241，244，469，470

discharge 放电 18

estuary 河口 8-9，57

floodplains 泛滥平原 161

river basin 江河流域 17，18

species richness 物种丰度 24

Ornamental discus (*Symphysodon aequifasciata*) 绿盘丽鱼 132，140

Ornithine-urea cycle 鸟氨酸-尿素循环 287

Oropharyngeal cavity 口咽腔 465，467，168，481

adaptations for air-breathing 对空气呼吸适应 189

intertidal fishes 潮间带鱼类 467-468

chemoreceptors 化学感受器 197-204

innervation 神经分布 198

mechanoreceptors 机械感受器 197

mucous cells/muscle fibers 黏液细胞/肌肉纤维 124

ventilatory pump function 通气泵功能 192-193

Orthologs 直系同源 395

Oryzias latipes（medaka） 青鳉 89，90

Oscar (*Astronotus ocellatus*) 星丽鱼 155，244，374，375，380，393，394，396

Oscillatoria 颤藻 129

Osmoregulation 渗透压调节 308，473
 accumulated nitrogenous products 含氮终端产物的积累 303-306

Ostariophysi 骨鳔类 41，43，44，45，47，48，49，53，54，239，387，391
 neotropics 新热带 44，45，47，48

Osteoglossidae 骨舌鱼科 54

Osteoglossiformes 骨舌鱼目 45

Osteoglossomorpha 骨舌鱼总目 49

Osteoglossum 骨舌鱼属 53，332

Osteoglossum bicirrhosum (aruanã) 骨舌鱼 236

Ostraciidae 箱鲀科 5

Otolith growth rate 耳石生长率 464
 age estimation 年龄估计 69
 circadian rhythms 昼夜节律 90
 daily growth increments 日生长增长率 69
 El Niño/Southern Oscillation (ENSO) event impact 厄尔尼诺/南方振动影响 464

Otophysi 骨鳔类 43

Oxuderces dentatus 钝牙鰕虎鱼 481

Oxudercinae 沃门鰕虎鱼科

Oxyeleotris marmoratus (marble goby) 云斑尖塘鳢 278，283，284，285，288，300

Oxygen 氧气 10，12，72，84，94，113，160，187-189，202，231，259，341，370-373，386，404，420，438，464，481，515
 affnity of whole blood 全血的亲和力 234-237
 diffusion rate 扩散 231
 transport 转运 231-247，469-470
  anemia effects 贫血影响 246-247
  Bohr effect 玻尔效应 237-239
  contaminant effects 污染的影响 247
  environmental factors 环境因子 242-247
  erythrocyte function 红细胞功能 240-242
  exercise effects 运动的影响 246
  Root effect 鲁特效应 237-239
  sulfide toxicity 硫化物毒性 477

Oxygen availability 氧有效性 208，233，386，387，389，394，396，403
 air-breathing activity 空气呼吸活动 94-95，208

    aquatic surface respiration 水表面呼吸 187-188
    fluctuations 波动 387
        Amazon basin habitats 亚马孙河流域生境 84, 370-374
        metabolic adjustments 代谢调节 84
        seasonal 季节的 386, 388
    gill surface area relationship 鳃表面关系 233
    hyperoxia 高含氧量 10, 244
    intertidal zone 潮间带 420, 474
        shallow coral reefs 浅珊瑚礁 438
    lakes 湖泊 9-14
    mangroves 红树林 421-422
    mudflats 泥滩 422
    respiratory adaptations 呼吸适应 187-188
    seagrass beds 海草床 422
Oxygen chemoreceptors 氧化学感受器 197, 198
    air-breathing regulation 空气呼吸调节 209
    aquatic surface respiration regulation 水表面呼吸调节 207
    breathing patterns influence 呼吸型式影响 204
    hypoxia responses 低氧反应 199
        cardiovascular 心血管 200
        ventilatory 通气 199
    neuroendocrine (neuroepithelial) cells 神经内分泌（神经上皮）细胞 198
    water-breathing fishes 水呼吸鱼类 198
Oxyntopeptic cells 泌酸胃酶细胞 136

P

Pacific salmon 太平洋鲑鱼 203
Palatal organs 腭部 124
Pancreas 胰脏 130, 132, 140, 141, 142, 143
    development 发育 130-133
        protease activity 蛋白酶活性 138, 139, 140
    enzyme activity 酶活性 138
Pantodon bucholzi 齿蝶鱼 50
Pantodontidae 全齿鱼科 50
Pantothenic acid 泛酸 157
Paracheirodon innesi (neon tetra) 宽额脂鲤 347, 348, 350, 351, 352, 357, 358,

359，360，361

Paradoxoglanis　副电鲇属　50

Paralabrax maculatofasciatus（spotted sand bass）　斑带副鲈　130

Paralichthys olivaceus（Japanese flounder）　牙鲆　138，139

Paralogs　旁系同源基因　395

Paraná　巴拉那　8，15，16，17，19，141，150，151，279
　dams　堤坝　15，16，17，19，20
　estuary　河口　8
　inner delta　内部三角洲　19
　river basin　江河流域　17-20

Paratilapia　副非鲫属　42

Paratrygon　副江魟属　48

Parcheirodon axelrodi（cardinal tetra）　阿氏宽额脂鲤　347，348，350，352，361

Parental care　亲代抚育　382，396，462，481

Paretroplus　副热鲷属　40

Parrotfish（*Sparisoma radians*）　发光鹦鲷　126

Parrotfishes（Scaridae）　鹦嘴鱼科　455，479

Pauliceia luetkeni（jaú）　祖鲁鲶　102

Pelagic environment　海洋环境　2

Pendrin　潘蛋白　354

Penicillus pyriformis（seagrass）　梨形画笔藻　126

Pepsin　胃蛋白酶　132，138，139，140，141，142

Perca flavescens（yellow perch）　黄鲈　336

Percichthyidae　真鲈科　53，54

Perciformes　鲈形目　22，54，266，268，275，277，278，391，393，463

Percoids　鲈亚目鱼类　42

Percolation lakes　渗滤湖　9

Periophthalminae　弹涂鱼科　452

Periophthalmodon schlosseri（giant mudskipper）　许氏齿弹涂鱼　263，465，466，467，475，476

Periophthalmus　弹涂鱼属　299，452，455，468

Periophthalmus barbarus　大西洋弹涂鱼　469

Periophthalmus cantonensis　弹涂鱼　467，468，474，481

Periophthalmus chrysospilos　金点弹涂鱼　288，465，466，474，480，481

Periophthalmus expeditionium　弹涂鱼中的一种　298

Periophthalmus gracilis　弹涂鱼中的一种　298

Periophthalmus kalolo　卡路弹涂鱼　480，481

Periophthalmus modestus 弹涂鱼中的一种 282，299，474
Periophthalmus sobrinus 银线弹涂鱼 469，482
Petrochromis orthognathus 直颌岩丽鱼 125
pH 酸碱度 341，350
    ammonia excretion influence 氨排泄的影响 258－259
    blackwater rivers 黑水河 18，332
    blood 血液 237，238，245，263，274，298，302，341，475
        ammonia toxicity 氨毒性 263－265
        oxygen transport influence (Root effect) 氧转运影响（鲁特效应） 237－238
        regulation in intertidal fishes 潮间带鱼类调节 474
    clear water rivers 清水河流 18
    intertidal environment 潮间环境 420
    intracellular regulation in eurythermal species 广温性种类的细胞内调节 471
    lactic dehydrogenase temperature-related activity 温度相关的乳酸脱氢酶活性 400－401
    regulation in erythrocytes 红细胞的调节 241－242
    seagrass beds 海草床 422
    sodium/chloride ion transport effects 对钠/氯离子转运的影响 335－336
    white water rivers 白水河流 18
Pharyngeal cavity 咽腔 124
    adaptations for air-breathing 对空气呼吸的适应 189－190
    masticatory apparatus 咀嚼器 124
    vascular rosettes 血管玫瑰花丛 190
Phenotypic plasticity 表型可塑性 462
Pholidae 锦鳚科 481
Phosphatidylcholine 磷脂酰胆碱 272
Phosphatidylethanolamine 磷脂酰乙醇胺 272
Phosphocreatine depletion 磷酸肌酸消耗 387
Phosphofructokinase 磷酸果糖激酶 375，466
Phosphoglycerate kinase 磷酸甘油酸激酶 402
Phosphorus 磷 158，159
    cycling in lakes 湖循环 10
    eutrophication 富营养化 25
Photic zone 透光层 4
Photoinhibition 光抑制 127
Photoperiod 光周期 84，101，102
    migratory rhythm entrainment 洄游节律的导引作用 105

Photoreceptors 光感受器 92
Photosensitivity 光敏性 93
   cave fishes/troglobites 洞穴鱼类 108
Photosynthesis 光合作用 4，6，10，104，127，243，244，259，386，438，448，474，520，522
   epipelagic zone 海洋上层带（区） 6
   hyperoxia 高含氧量的 244
   lakes 湖泊 9-10
   marine biotopes 海洋生境 4
Phototactic behavior 趋光行为 95，112，482
Phoxinus phoxinus（minnow） 小鳑鱼 99
Phreatichthys 坑鱼属 51
Phylogenetic aspects 系统发生方面 44
   Asian freshwater fishes 亚洲淡水鱼类 51-52
   comparative studies 比较研究 44
   diversity 多样性 39-40，58-59
   freshwater fish salt tolerance 淡水鱼类耐盐性 40-44
     cladogram 分支图 42
   lactic dehydrogenase gene distribution 乳酸脱氢酶基因分布 395
     thermal stability 热稳定 399-400
   Siluriformes 鲇形目 43，45，49
Physailia pellucida 非洲草鲇 140，142
Phytoplankton feeders 食浮游植物鱼类 134
   digestive enzymes 消化酶 137
   food quality 食物质量 126
   larval-juvenile fish 仔鱼-稚鱼 128
   mechanisms 作用机理 161-162
Piabucina 片鳞脂鲤 188，210
Piaractus brachypomum 短盖肥脂鲤 188
Piaractus mesopotamicus（pacu） 细鳞肥脂鲤 99，101，102，104，105，106，130，132，133，136，151，157
Piau（*Leporinus*） 兔脂鲤属 102，103
Pike 狗鱼 87，382
Pimelodella kronei 小穴居油鲇鱼 91，110
Pimelodella transitoria 麦穗小油鲇 91
Pimelodes 油鲇 351，355
Pimelodidae 油鲇科 91，102，105

Pineal gland rhythmic activity　松果体节律性活动　87
　　melatonin secretion　褪黑激素分泌　87
　　oscillator function　振荡器功能　92
Pinirampus pirinampu（piranambu）　蓝鸭嘴鱼　242
Pintado（*Pseudoplatystoma coruscans*）　似平嘴鲇　101，105，135，151
Pipefishes（Syngnathidae）　海龙科　5，482
Piracanjuva（*Brycon orbygnianus*）　大鳞缺帘鱼　102，103，133，140，141，150
Piranambu（*Pinirampus pirinampu*）　蓝鸭嘴鱼　242
Piranhas（Serrasalmidae）　锯脂鲤科　93，128，153，382
Pirapitinga（*Colossoma bidens*）　双齿巨脂鲤　124
Pituitary hormone, artificial induction of spawning　脑垂体激素，人工诱导产卵　103，104
Placoderms　盾皮类　462
Plainfin midshipman（*Porichthys notatus*）　斑光蟾鱼　482
Planktonic larval phase　浮游幼虫期　55
Platichthys flesus　川鲽　420
Platycephalidae　鲬科　479
Plecoglossidae　香鱼科　91
Plecoglossus altivelis（ayu）　香鱼　91，146
Placomorpha　鲈形总目　387
Plesiotrygon　近江魟属　48
Pleuronectes platessa　鲽鱼　244，420
Pleuronectidae　鲽科　4
Plotosidae　鳗鲇科　41，43，53
Plotosus anguillaris（catfish eel）　鳗鲇　99
Pneumatic duct, adaptations for air-breathing　鳔管，适应空气呼吸　190，233
Poecilia reticulata（guppy）　网纹花鳉　155
Poeciliids　花鳉科　47
Poeciliopsis　小花鳉属　472
Poeciliopsis gracilis（topminnow）　小花鳉　472
Pollocks（Gadiidae）　鳕科　4
Pollution　污染　21，22，23
　　air-breathing activity influence　空气呼吸活动影响　208
　　estuaries　河口　8
　　hydrogen sulfide　硫化氢　477
　　hypoxic conditions　低氧情况　386，403，404
　　oil　油　208，247
Polydactylus sexfilus　六丝多指马鲅　482

Polynemidae 马鲅科 452

Polypterids 多鳍鱼类 49, 191

Polypteriformes 多鳍鱼目 49

Polypterus（bichir） 多鳍鱼属 49, 191, 194, 210

Pomacanthidae 盖刺鱼科 455

Pomacentridae 雀鲷科 42, 55, 455, 464, 517

Pomacentrus nagasakiensis 长崎雀鲷 482

Pomadasys commersonnii 康氏石鲈 473

Pomatoschistus microps 小眼长臀鰕虎鱼 481

Pomatoschistus minutus 小长臀鰕虎鱼 93

Ponds 池塘 9

Porcellio scaber 陆生等足类动物 273

Porcupinefish（Diodontidae） 刺鲀科 5, 93

Porichthys（midshipmen） 光蟾鱼属 5

Porichthys notatus（plainfin midshipman） 斑光蟾鱼 482

Postlingual organs 舌后器官 124

Potamogetonaceae 眼子菜科 422

Potamotrygon 江魟属 48, 243, 304, 352, 355, 356, 360

Potamotrygon motoro（ocellate river stingray） 南美江魟 301, 305

Potamotrygonidae（stingrays） 江魟科 48, 305

Potassium 钾 158

Potassium channels 钾通道 300, 303

    chloride ion uptake mechanism 氯离子提取作用机理 261

Precipitation 降水 4

    subterranean environment seasonality 地下环境季节性 107

Predation risk 捕食的危险 208, 243

Predator-prey interactions 捕食者-捕获物相互关系 127

    circadian rhythms 昼夜节律 88-90

    feeding periodicity 摄食周期性 127

Predators 捕食者 88, 93, 96-111, 126-128, 420, 421, 422, 455, 479, 481, 482, 520, 521, 522

Pressure 压力 200, 370, 386

    adaptation 适应 6, 7

    circadian rhythm *zeitgeber* function 昼夜节律授时因子功能 95

Priacanthids 大眼鲷科 92

Primary productivity 初级生产 6

Prochilodontids 鲮脂鲤科 246

Prochilodus nigricans（curimatā） 黑鲮脂鲤 384

Prochilodus platensis 鲮脂鲤之一种 127，128

Prochilodus scrofa（curimbatá） 小口鲮脂鲤 102，105，384

Prolactin 催乳素 473

Prostaglandins 前列腺素 473

Protandrous sex reversal 雄性先熟性别反转 479

Protein 蛋白质 126，137，138，143，145，147

    dietary requirements 食物需求 147–150

    stability, molecular chaperones 稳定，分子伴侣 471–473

    temperature-related metabolism 与温度相关的代谢 258

Protogynous sex reversal 雌性先熟性别反转 479

Protopteridae 非洲肺鱼科 278

Protopterus 非洲肺鱼属 49，53

Protopterus aethiopicus 东非肺鱼 241，278，289

Protopterus annectens 非洲肺鱼 279，289

Protopterus dolloi 细磷非洲肺鱼 279，289，290，291

Psammophilic species 嗜沙（沙栖）种类 44

Pseudophoxinus 拟鱥属 49

Pseudoplatystoma coruscans 似平嘴鲇 101，105，135，151

Pseudoplatystoma fasciatum 条纹似平嘴鲇 102，103，130，138，140

Pterophylum 神仙鱼属 395

Pterophylum scalare（angelfish） 大神仙鱼 246

Pterygoplichthys 翼甲鲇属 241

Pterygoplichthys multiradiatus（acari-bodo） 翼甲鲇 242，245

Ptychochromines 褶丽鱼类 40

Pufferfish 鲀鱼 24

Puffers（Tetraodontidae） 鲀科 4，452

Pungitius pungitius 九刺鱼 263

Purine-N-oxides 嘌呤-N-氧化物 125

Pygocentrus nattereri（red bellied piranha） 纳氏臀点脂鲤 93

Pyloric caeca 幽门盲囊 133，136，139，140

Pyridoxine 吡哆醇 158

Pyruvate kinase 丙酮酸激酶 375，384，466

    heart energy metabolism 心脏能量代谢 377

Pyruvate metabolism 丙酮酸代谢 394，395

Q

Q_{10} values Q_{10}的值 373，375

R

Rabbitfish (*Siganus canaliculatus*) 白斑篮子鱼 102，140
Rainbow (*Herotilapia multispinosa*) 彩虹多棘始丽鱼 104
Rainforest environments 雨林环境 242
Raja erinacea (little skate) 猬鳐 304
Rajidae 鳐科 5
Ramphychthidae 吻电鳗科 232
Rastrineobola argentea 新耙波拉鱼 162
Rays 鳐类 5
Razor fishes 剃刀鱼 455
Rectal gland 直肠腺 261，473
Rectum 直肠 133-136
Red drum (*Sciaenops ocellatus*) 红拟石首鱼 138
Red muscle fibers 红肌纤维 382-386
 aerobic metabolism 有氧代谢 382
 enzyme levels 酶水平 374-376，386
 mode of life correlations 生活习性 384
Red tides 赤潮 25
Refuge theory 避难理论 24
Regeneration 再生 128
Relict species 残遗种 39
 Australian freshwater 澳大利亚淡水 53
Reproduction 生殖 127-128
 artificial induction 人工诱导 102-104
 courtship behavior 求偶行为 103
 following migration 迁徙后 102，103
 intertidal fishes 潮间带鱼类 479-482
  behavior 行为 480
  parental care 亲代抚育 481
 rhythms 节律 82，100-104
  circadian 昼夜节律的 88

circannual　近似年的　101，102

　　endogenous　内源性　105

　　environmental cues（*zeitgebers*）　环境信号（授时因子）　95，101，107，108，109，111，113

　　lunar　月的　482，483－484

Reproductive hormones　生殖激素　482

Reproductive pheromones　生殖信息素　99

Reservoirs　水库　9，14－16，20，25

　　floating plants colonization　浮游植物群集现象　25

　　hydrological cycles disruption　水文循环破坏　25

　　lakes comparison　湖泊比较　14－15

Respiratory adaptations　呼吸适应　187－188

　　intertidal zone　潮间带（区）　464－470

Respiratory control　呼吸调控　197－216

　　afferent inputs　传入性输入　197－198

　　air-breathing fishes　空气呼吸鱼类　207－216

　　breathing pattern formation　呼吸型式形成　204－205

　　respiratory rhythm generator　呼吸节律发生器　197

　　water-breathing fishes　水呼吸鱼类　198－207

Respiratory gas bladders　呼吸气鳔　190－192

Respiratory organs　呼吸器官　188－192

　　air-breathing　空气呼吸　189－192，233－234

　　metabolic heat loss　代谢热丢失　373

　　ventilatory mechanisms（pumps）　通气作用机理（泵）　192－194

　　water breathing　水中呼吸　188－189，233

Respiratory rhythm generator　呼吸节律发生器　197

Rete systems　网状系统　238

Retina, oscillator function　视网膜，振动器功能　88，92

Rhabdosargus sarba　平鲷　473

Rhesus proteins　猕猴蛋白质　359

Rhinelepis aspera　南美锉鳞甲鲇　135

Rhipidistians　扇鳍鱼类　462

Rhodanese　硫氰酸酶　479

Rhombosolea tapirina（greenback flounder）　绿背菱鲽　90

Rhythms　节律　82－114

　　anticipatory mechanisms　预期机制　84

　　clock genes　时钟基因　87－88

endogenous　内源性　87-88
    molecular basis　分子基础　88
  endogenous-clock hypothesis　内源性时钟假设　84,86-87
  entrainment　内外偶联　82,86,88
  exogenous (environmental cycle synchronization)　外源性（环境的周期同步性）　84,85,86
  exogenous-clock hypothesis　外源性时钟假设　84,86
  field studies　野外研究　83
  free-running　自由运动　86,87
  frequency of cycle　周期性频率　85,86
  laboratory investigations　实验室研究　82-83
  masking　遮蔽　82,84
  migration　洄游　105-106
  oscillators　振动器　82,90,92,103
    coupling　偶联　82
  period of cycle　周期性时期　84-86
  phase　周期　84,85
    adjustment　调节　86,87
  reproduction　生殖　100-104
  social organization　社会组织　96-100
  temperature effects　温度的影响　86,87
  timing systems　定时系统　84-87
  zeitgebers　授时因子　95,101,107,108,109,111,113
    hierarchy　序位，等级　82
Riboflavin　维生素 B_2　157
Richardson growth model　理查森生长模式　70
Rio Negro　里约内格罗　18,19,245,331,332,339,340,344,346
  ion concentrations　离子浓度　331
  ion-poor, acidic waters　离子贫乏酸性水　331,335-336,339-340
    adaptations in teleosts　硬骨鱼类适应　339-352
  organic acids　有机酸　331
River catfish (*Mystus nemurus*)　丝尾鳠　478
Rivers　江河　16-23
  dams　堤坝　14,15,16
  fragmentation　破碎　25
  headwaters　源头　17
  mouth　河口　17

Rivulidae 溪鳉科 48，479

Rivulus 溪鳉属 48

Rivulus marmoratus（mangrove killifish） 花斑溪鳉 267，275，288，462，468，478，480

Rockfish（Scorpaenidae） 鲉科 4

Rocky shore 岩石海岸 462

Root effect 鲁特效应 237－238，240，241，244，470

S

Saddle wrasse（*Thalassoma duperrey*） 杜佩锦鱼 480，482

Salamanderfish（*Lepidogalaxias salamandroides*） 鳞南乳鱼（螈鱼） 53

Saliminus maxilosus（dourado） 大颚小脂鲤 102，104，105，201

Salinity 盐度 3，4，8，9，13，21，57，95，150，268，271，420－422，438，448，462，464，473，480

 estuaries 河口 8－9

 fluctuations 变化 421，473

 intertidal environment 潮间环境 420，473

 mangroves 红树林 421－422

 marine environment 海洋环境 2－4

 mudflats 泥滩 422

 seagrass beds 海草床 422

 shallow dryland lakes/salt lakes 浅干地湖泊/盐湖 13

 shallow subtidal coral reefs 浅的低潮珊瑚礁 438

 tolerance in freshwater fishes, evolutionary aspects 淡水鱼类耐性，进化方面 40－44

 volcanic lakes 火山湖 13，14

Salinization 盐碱化 13

 lakes 湖泊 24

Salmo 鳟属 89

Salmo salar（Atlantic salmon） 大西洋鲑鱼 89，261

Salmo trutta（brown trout） 鳟鱼 49，89，91，400

Salmon migration 鲑鱼洄游 105

Salmonidae 鲑科 53，74，133，155，258，331，332，335，336，340，341，347

 acidic waters exposure 暴露于酸性水 335

 fatty acid requirements 脂肪酸需求 151－153

 larval-juvenile digestive tract changes 幼鱼－稚鱼消化道变化 128－133

Salt lakes 盐湖 13

  alkaline conditions　碱性状况　13
Salt marsh　盐沼　477
Sandy beach　沙滩　462
Sarcopterygians　肉鳍鱼类　39，41，192，213，306
Sargasso Sea　马尾藻海　78
Sarotherodon mossambicus　莫桑比克帚齿罗非鱼　126，141，147
Satanoperca acuticepts　四点宝石鲷　382
Satanoperca jurupari　宝石鲷之一种　349，380
Scaricchthys　纤鹦嘴鱼　452
Scaridae　鹦嘴鱼科　455，479
Scartelaos histophorous　大青弹涂鱼　298，299，481
Scenedesmus　栅藻　129
Schilbe mystus　锡伯鲇　142
Schilbidae　锡伯鲇科　50，52
Schizodon fasciatus　条纹裂齿脂鲤　69
Schooling　鱼群　97-99
  adaptive advantages　适应优势　97
  circadian rhythms　昼夜节律　88
Schooling substance　成群的物质　99
Schoolmaster (*Lutjanus apodus*)　八带笛鲷　452
Sciaenidae　石首鱼科　5，452
Sciaenops ocellatus (red drum)　红拟石首鱼　138
Scleropages　硬仆骨舌鱼属　53
Scolaplax empousa　亚马孙矮甲鲇　93
Scoloplacidae　矮甲鲇科　46，48，93
Scombroidei　鲭亚目　470
Scophthalmus maximus (turbot)　大菱鲆　139，143
Scorpaenidae　鲉科　4
Sculpin (*Myoxocephalus octodecimspinosus*)　多刺床杜父鱼　263
Sculpins (Cottidae)　杜父鱼科　4，481
Scyliorhinus canicola (dogfish)　小点猫鲨　515
Sea bream (*Sparus auratus*)　金头鲷　139
Sea robins　鲂鮄　205
Seabass (*Dicentrarchus labrax*)　舌齿鲈　139
Seagrass beds　海草床　422
  associated fish families　和鱼科相关的　423-433，455
  fluctuations in physical parameters　物理参数波动　456，464

global distribution　全球分布　421
　　oxygen availability　氧有效性　421-422
　　pH fluctuations　pH 波动　422
　　salinity　盐度　422
　　species richness　物种丰度　420
　　sulfide levels　硫化物水平　477-478
　　temperature　温度　422
Seagrass (*Penicillus pyriformis*)　梨形画笔藻　126
Seagrass rabbitfish (*Siganus canaliculatus*)　白斑篮子鱼　102
Seahorses (Syngnathidae)　海马（海龙科）　4
Searobins (Triglidae)　鲂鮄科　4
Seasonal variation　季节性变化　3，8，90，96，386，388
　　activity patterns　活动型式　88，89，91
　　aggressive behavior　攻击行为　96
　　air-breathing activity　空气呼吸活动　94，208
　　estuaries　河口　8
　　growth　生长　69，77-79
　　　　von Bertalanffy growth equation　von Bertalanffy 方程　78
　　intertidal environment　潮间带环境　420
　　lake oxygen levels　湖泊氧水平　12
　　oxygen availability　氧有效性　422
　　schooling behavior　结群行为　97-99
　　subterranean environment　地下环境　107
　　sulfide levels　硫化物水平　477-478
　　wet-dry seasons　湿润-干旱季节　83
Sebastes entomelas (widow)　寡平鲉　464
Sebastes flavidus (yellowtail rockfish)　黄尾平鲉　464
Sedimentation　沉积　21
Seed feeders　以种子为食　124
　　protein requirements　蛋白质需求　147，148
　　seed dispersal　种子散布　127-128
Selective food retention　选择性食物保留　124
Selenapsis　月盾鲇　452
Selenium　硒　158
Semaprochilodus insignis　真唇脂鲤　242
Semaprochilodus taeniurus　鲮脂鲤　246
Sennet fish　射水鱼　455

Sergeant (*Abudefduf vaigiensis*)　条纹豆娘鱼　464
Serine protease　丝氨酸蛋白酶　137，140
Serranidae　鮨科　479
Serrasalmidae (Piranhas)　锯脂鲤科　93，128，153，382
　　larval-juvenile digestive tract changes　幼鱼-稚鱼消化道变化　128-133
Serrasalmus marginatus　多斑锯脂鲤　93
Serrasalmus nattereri　纳氏臀点脂鲤（食人鱼）　153
Serrasalmus rhombeus (black piranha)　白锯脂鲤　242，244
Serrasalmus spilopleura　暗带锯脂鲤　93
Sex reversal　性别转变　479
Sharks (Squalidae)　鲨鱼（角鲨科）　5，6，98，204，261，304，306，513，514，515，516
Shoaling　聚群　97
　　adaptive value　适应值　97
Siamese fighting fish (*Beta splendens*)　五彩搏鱼　213
Siganidae　篮子鱼科　455
Siganus canaliculatus (rabbitfish)　白斑篮子鱼　102
Siganus vermiculatus　蠕纹篮子鱼　473
Sillanginidae　鱚科　455
Siltation　淤积　8
Siluridae　鲇科　91
　　larval-juvenile digestive tract changes　幼鱼-稚鱼消化道变化　128-133
Siluriformes　鲇形目　22，40，41，43，45，49，50，51，93，108，109，242，391
　　activity patterns　活动型式　93
　　cave fishes/troglobites　穴居鱼类　108，109
　　neotropics　新热带地区　45
　　phylogenetic analysis　系统发生分析　50-51
Siluroidei　鲇鱼类　238
Silurus asotus　鲇鱼　91
Silurus glanis　欧鲇　141
Silver carp (*Hypophthalmichthys molitrix*)　白鲢鱼　141
Silver mylossoma (*Mylossoma duriventris*)　银四齿脂鲤　188，205
Sisoroidea　鮡总科　46，52
Skates (Rajidae)　鳐科　5
Skin　皮肤　158，189，192，209，233，234，259，271，273，291，297，465，467，473，521
　　ammonia permeability　氨的通透性　259，270-272，476

gas exchange 气体交换 189，192
  carbon dioxide in air-breathing fishes 二氧化碳在空气呼吸鱼类 208-209
  intertidal fishes 潮间带鱼类 467-468
  penetration of capillaries into epidermis 毛细血管渗透到表皮 468
  ion regulation 离子调节 473-474
Sleep 睡眠 98，100
  dark-light cycle association 黑暗-光亮周期相关 84
  during continuous swimming 在连续的游泳期间 98
  unihemispheric 单个大脑半球的 99
Sleepers 塘鳢鱼 283-285
Small Amazon cichlid 亚马孙河小型丽鱼科鱼类 377
Small snakehead (*Channa asiatica*) 月鳢 278，281-282，288，298
Snailfish (Cyclopteridae) 圆鳍鱼科 420
Snakeheads (Channidae) 鳢科 278
Snub-nosed garfish (*Arrhamphus sclerolepis krefftii*) 克氏圆吻星䱵 136
Social organization 社会性组织 82
  biological rhythms 生物节律 84，96-100
  communication 通讯 99-100
  dominance rank 优势顺位 96
  schooling 鱼群 97-99
  shoaling 聚群 97
Soda lakes 纯碱湖 13
Sodium channels 钠离子通道 334-335
Sodium ion epithelial channel (ENaC) 上皮膜上的钠离子通道 261-263
Sodium ions 钠离子 331-362
  low pH-related efflux 低 pH 相关的流出 336，353
    calcium ion effects 钙离子的作用 344
    dissolved organic matter effects 溶解有机物的调节 354-357
    resistance in tolerant species 耐性种类的抵抗 336，339
  regulation in freshwater fishes 淡水鱼类的调节 332
    active transport 主动转运 332-333
    apical membrane transport 顶膜转运 333-334
  regulation in mudskippers 弹涂鱼调节 474
  uptake 吸收 261
    ammonia toxicity 氨毒效应 260
    ion-poor, acidic waters 离子贫乏酸性水 331，335-336，339-340
Sodium/ammonium ion exchange 钠离子/氨离子交换 357

acidic, ion-poor waters 酸性缺离子水 331, 335-336, 339-340
Sodium/hydrogen ion exchange (NHE) 钠离子/氢离子交换 334, 335, 350, 354, 357
 active ammonium ion excretion 氨离子主动排泄 267
 ammonia volatilization 氨的挥发作用 273-274
 low pH waters 低pH水 350
Sodium/potassium-ATPase (Na$^+$, K$^+$-ATPase) 钠/钾ATP酶 247, 300, 333, 354, 474, 475, 476, 516
 active ammonium ion excretion 氨离子主动排泄 267, 475-476
 ammonia toxicity 氨毒效应 260
 ion regulation 离子调节 247
  freshwater fishes 淡水鱼类 333, 354
  mudskippers 弹涂鱼 473, 474
 sulfide toxicity 硫化物毒性 477
Sodium/potassium/chloride ion cotransporter (NKCC) 钠/钾/氯离子协同转运蛋白 261
Soils 土壤 1
Solea senegalensis 塞内加尔鳎 137
Solea solea (sole) 鳎鱼 77
Solea vulgaris 欧洲鳎鱼 91
Soleidae (soles) 鳎科 4, 91
Solitary chemosensory cells 孤立化学感觉细胞 204
Sorubim lima (jurupensen) 铲吻长鮠 102
Sound emission 声音发射 100
 courtship behavior 求偶行为 103
South Africa 非洲南部 51
 dams/reservoirs 水坝/水库 20, 21
 major river basins 主要河流流域 21
southern part 南部 40, 51
South American 南美洲 40
 freshwater fishes 淡水鱼类 45-48
 major river basins 主要河流流域 17-20
 species richness 物种丰度 24
South American swamp eel (*Symbranchus marmoratus*) 合鳃鱼 393
Southwestern river 西南部河流 45
Sparidae 鲷科 479
Sparisoma radians (parrotfish) 发光鹦鲷 126
Sparisoma viride (stoplight parrotfish) 绿鹦鲷 455

Spartina 米草 477

Sparus aurata（gilthead seabream） 金头鲷 137

Sparus auratus（sea bream） 金头鲷 139

Spawning 产卵 69，84，92，94，101-105，109，113，246，266，300，384，481，482

    artificial induction 人工诱导 102-103

    behavior in intertidal fishes 潮间带鱼类行为 480

    endogenous rhythm 内源性节律 101

    lunar synchronization 月同步性 102，482，483-484

    seasonality 季节性 69，84

    wetter season/rain association 湿润季节/雨季相关 101

Species richness 物种丰度 23，24，38，39，48，52，55

    freshwater habitats 淡水生境 23，24

    latitudinal gradients 纬度梯度 23-24

    local incursions 局部侵入 24

    measures 测定 39

    refuge theory 避难理论 24

    species-area hypothesis 物种-区域假说 24

    tropical region 热带地区 23，24

Species-area hypothesis 物种-区域假说 24

Sphaeroides 圆鲀 452

Sphyraena（barracuda） 舒鱼 398，455

Sphyraena barracuda（great barracuda） 大舒 452

Sphyraenids 舒类 93

Spirodella 紫萍属 126

Spirulina 螺旋藻属 160

Spotted gar (*Lepisosteus oculatus*) 眼斑雀鳝 212

Spotted sand bass (*Paralabrax maculatofasciatus*) 斑带副鲈 130

Springs 泉水 9，17

Squalidae 角鲨科 5

Stegastes nigricans 黑眶锯雀鲷 127

Stickleback (*Gasterosteus aculeatus*) 三刺鱼 49，394

Stictorhinus potamius 巴西吻斑蛇鳗 48

Stingrays 尖嘴釭 4，304

Stolothrissa tanganicae 中非甲梭鲱 69

Stomach 胃 133

    adaptations 适应 133

air-breathing 空气呼吸 190
   feeding habit 摄食习性 135，136
  developmental changes 发育的变化 132-133，135
  enzymes 酶 138，139
  pH pH 142，146
  protein hydrolysis 蛋白质水解 145
Stoplight parrotfish (*Sparisoma viride*) 绿鹦鲷 455
Stratification 分层 10，12，24，386
Streams 小溪 9，16，19
Strichaeidae 线鳚科 481
Sublittoral zone 潮下带 5-6
Sulfhemoglobin 硫血红蛋白 477
Sulfide tolerance 硫化物耐受性 477-479
Sundasalangidae 透体细鲦科 52
Super-oxide dismutase 超氧化物歧化酶 477
Suprabranchial chambers 鳃上腔 190
Suprachiasmatic nucleus 交叉上核 86
Supralittoral (spray) zone 潮上带 4
Surfperch (Embiotocidae) 海鲫科 5
Surgeonfish (*Acanthurus nigrofuscus*) 双斑刺尾鱼 146
Surubim 似平嘴鮎 141
Surubim (*Pseudoplatystoma coruscans*) 似平嘴鮎 101，105，135，151
Surubim (*Pseudoplatystoma fasciatum*) 条纹似平嘴鮎 102，103，130，132，142，143
Swimbladder 气鳔 100，190-196，244，466
  adaptation for air breathing 适应空气呼吸 209，234
  rete system 网状系统 238
  space effects of gut contents 消化道容量的空间效应 157
Swimming 游动 98，105，124，241，242，381，382，520
  dark-light cycle association 黑暗-光亮周期相关 84
  energy metabolism 能量代谢 381，395
  muscle fiber types 肌肉纤维类型 382-386
  oxygen transport effects 氧转运效应 246
Symbiotic organisms, digestive tract 共生生物体，消化道 146-147
Symbranchus marmoratus (South American swamp eel) 合鳃鱼 393
Symphysodon 盘丽鱼属 395
Symphysodon aequifasciata (ornamental discus) 绿盘丽鱼 132，140
Synbranchidae 合鳃鱼科 232，277，283

索引

Synbranchiformes 合鳃目 277
Synbranchus 合鳃鱼 210
Syngnathidae 海龙科 5，482
Synodontids 狗母鱼科 93

T

Taeniura 条纹魟属 48
Taeniura lymma 蓝斑条纹魟 305
Tarpon (*Megalops atlanticus*) 大西洋大海鲢 478
Taste buds 味蕾 124
tau mutation *tau* 突变 88
Taunayia 项鲇属 91，110，111
Taunayia bifasciata 双带巴西项鲇 110
Tegula brunnea 海蜗牛 472
Tegula funebralis 海蜗牛之一种 472
Temperature 温度 1
 adaptations to elevation 对温度升高的适应 370 - 405，470 - 473
  heat-shock proteins 热休克蛋白质 471 - 472
  intracellular pH regulation 细胞内 pH 的调节 471
  protein stability 蛋白质稳定 471
 Amazon basin habitats 亚马孙流域生境 371 - 372
 ammonia 氨 13，148，149，258 - 308
  elimination by volatilization 为挥发作用所消除 274
  toxicity effects 毒性效应 260
 artificial induction of spawning 人工诱导产卵 102，103
 biological rhythm effects 生物节律效应 86 - 87
 cardiac output response 心脏血液输出量反应 464
 coral reef environment 珊瑚礁环境 455
  shallow subtidal reefs 浅的低潮珊瑚礁 438
 diurnal rhythms 昼夜节律 373
 El Niño/Southern Oscillation (ENSO) effects 厄尔尼诺/南方振动效应 463 - 464
 enzyme adaptive changes 酶适应变化 398 - 399
 fluctuations 波动 84，87，107，372，389，400，401
 growth rate influences 生长率影响 69 - 70
  seasonal variation 季节变化 77 - 79
 intertidal environment 潮间带环境 464

lactic dehydrogenase evolutionary lineage 乳酸脱氢酶进化谱系 397-399
lakes 湖泊 10
mangroves 红树林 421
marine environment 海洋环境 2-4
metabolic effects 对代谢的影响 372-374, 516-517
 enzyme levels 酶水平 375-376
 metabolic rate 代谢率 464
 nitrogen metabolism 氮代谢 278, 287
mudflats 泥滩 422
oxygen availability effects 对氧有效性的影响 259
oxygen transport effects 对氧转运的影响 246
seagrass beds 海草床 422
subterranean environment 地下层环境 106-107
tidepools 潮池 470, 472, 474, 482, 485
ventilatory response 通气反应 464-465

Temporary pools 临时水塘 48
Tenualosa macrura 长尾鲥 479
Tenualosa toil 托氏鲥 479
Teraponidae 鯻科 53
Terek 塔氏油白鱼 288
Territorality 领域性 96, 124-126
 intertidal rocky shore fishes 潮间带岩岸的常驻鱼类 480
Testosterone 睾酮 96, 482
Tetraodontidae 鲀科 4, 452
Thalassoma bifasciatum (bluehead wrasse) 双带锦鱼 480
Thalassoma duperrey (saddle wrasse) 杜佩锦鱼 480, 482
Thalassoma lucasanum 蓝首锦鱼 482
Thermocline 温跃层 3
 cold front-related water turnover 寒潮相关的水转换 370
 floodplain lakes 洪泛区湖泊 10
Thermoreceptors 热感受器 470
Thyroid hormones 甲状腺激素 473
Tidal disturbance, estuaries 潮汐失调,河口 8
Tidal rhythms 潮汐节律 86, 95
 intertidal salinity fluctuations 潮间带盐度波动 473, 474
Tidepool sculpin (*Oligocottus maculosus*) 寡杜父鱼 472
Tidepools 潮池 470, 472, 474, 482, 485

associated fish families　和鱼科相关　423-433

　　oxygen level fluctuations　氧水平波动　513

　　shallow coral reef　浅珊瑚礁　438

　　temperature fluctuations　温度波动　470

Tight junctions　紧密结合　270-271

　　calcium ion affnity　钙离子亲和力　336

　　　　low pH-tolerant species　低 pH 耐性种类　336

　　low pH effects　低 pH 的影响　336

Tilapia　罗非鱼　239

Tilapia galilea　罗非鱼　160

Tilapia rendalli　伦氏罗非鱼　76

Tilapia zilli　齐氏罗非鱼　126,133

Tinca tinca　丁鲅　142

Toadfish（*Opsanus tau*）　毒棘豹蟾鱼　267

Tocopherol　生育酚（维生素 E）　151,152,155

Topminnow（*Poeciliopsis gracilis*）　小花鳉　472

Total ammonia　总氨　258,260,272,295,357

Tribolodon　三齿雅罗鱼属　41

Trichomycteridae　毛鼻鲇科　40,46,93

Trichomycterus　毛鼻鲇属　93

Trichomycterus itacarambiensis　毛鼻鲇　110

Trigeminal（fifth）cranial nerve　三叉（第五对脑神经）神经　198,200,207

Triggerfish（Balistidae）　鳞鲀科　5,93

Trimethylamine oxide　氧化三甲胺　287,304

Trimma okinawae　冲绳磨虾虎　480

Triportheus　石斧脂鲤　243

Tripterygiidae　三鳍鳚科　480

Tripterygion　三鳍鳚属　481

Troglobites　穴居　107,108,109

Troglophiles　洞穴爱好者　107

Trogloxenes　洞穴游客　107

Tropical environment（climate zone）　热带环境　1-26

　　marine　海洋　2-9

Trout　鳟鱼　87,204

Trunkfish（Ostraciidae）　箱鲀科　5

Trypsin　胰蛋白酶　138,139,140,141,142

Tryptophan hydroxylase　色氨酸羟化酶　87

Tuna 金枪鱼 6, 73, 233, 376, 400
 growth rates 生长率 72
Turbot (*Scophthalmus maximus*) 大菱鲆 139, 143
Typha 香蒲属 124

U

Uegitglanis zammaronoi 无眼胡鲶 50, 95
Ultradian rhythms 超日节律 86
Upper jaw protrusion 上颌突出 124
Urate oxidase 尿酸氧化酶 298
Urea 尿素 259, 266, 275, 279, 283, 286, 287-308, 477
 osmoregulatory function 渗透压调节功能 303
 synthesis 化学合成 145, 259, 266, 278, 287
  argininolysis 精氨酸分解 287, 288, 293, 300
  fish embryos 鱼类胚胎 299-300
  from ammonia 从氨 287-300
  from uric acid (uricolysis) 从尿酸（尿酸分解作用） 287, 288, 293, 298
  ornithine-urea cycle 鸟氨酸-尿素循环 287
 transporters 转运蛋白 288, 289, 292, 303, 304, 305, 308
Ureogenesis 尿素生成 287, 288, 292, 295, 296
Ureotelism 排尿素型代谢 160
Ureotely 排尿素的 287-288, 292-293
 marine elasmobranchs 海洋板鳃鱼类 303
Uric acid, urea synthesis (uricolysis) 尿酸，尿素合成（尿酸分解作用） 287, 288, 293, 298
Urinary bladder 膀胱 473

V

Vagus (tenth) cranial nerve 迷走神经（第十对脑神经） 198, 199, 200, 201, 207, 209
Valenciennea longipinnis 长鳍凡塘鳢 521
Vandelliinae 寄生鲶亚科 46
Vascular heat exchangers 血管热交换器 470
Ventilation 通气 192-194
 during mouthbrooding 在口中孵化期间 516

hypercarbia response 碳酸含量过高反应 203
 air-breathing fishes 空气呼吸鱼类 211-213
hypoxia response 低氧反应 199-200
 facultative air-breathing fishes 兼性空气呼吸鱼类 209-210
 obligate air-breathing fishes 专性呼吸鱼类 210-211
mechanisms (pumps) 作用机理（泵） 192-194
temperature change response 温度变化反应 464

Visual function 视觉功能 97, 102, 208
 activity rhythms relationship 活动节律关系 91, 93, 97
 intertidal fishes reproductive behavior 潮间带鱼类生殖行为 480
 shoaling behavior 聚群行为 97
Vitamin D (cholecalciferol) 维生素 D 156
Vitamins 维生素 143, 145, 146, 153-158
 dietary requirements 食物需求 153-158
 intestinal microflora synthesis 肠道微生物群落合成 146, 154
 intestinal uptake 肠摄取 146
Vitellogin 卵黄 101
Vivipary 胎生 482
Volcanic lakes 火山湖 13, 14
 barrier lakes 堰塞湖 13, 14
 crater lakes 环形湖 13, 14
von Bertalanffy growth equation 冯·贝塔朗菲方程 70-72
 parameters of tropical populations 热带种群的参数 72-73
 seasonality adjustment 季节的调节 78-79
 Tilapia rendalli 伦氏罗非鱼 76

W

Wallace's line 华莱士线 51
Water abstraction 取水 25
 ecological impact 生态学影响 25
Water bodies 水体 1
 diversity 多样性 1, 39
Water level changes 水位变化 245
 Amazon basin 亚马孙流域 370-372
 coral reef impact 珊瑚礁影响 462
 mangroves response on geological timescale 红树林在地质时间尺度上的反应 456

Watershed species richness 水域物种丰度 23-24
Weatherfish (*Misgurnis*) 泥鳅属 210
Weight-age curves 体重-年龄曲线 70-72
Wet-dry seasonality 湿润-干旱季节性 83, 242
    migration cues 洄游信号 105
    spawning 产卵 101
Wetlands 湿地 9
    Niger river inland delta 尼日尔三角洲 21
White muscle fibers 白肌纤维 382-386
    anaerobic metabolism 厌氧代谢 382, 383
        enzyme levels 酶水平 385
White water rivers 白水河 18
White-edge freshwater whip ray (*Himantura signifer*) 大窄尾魟 304, 305
Widow (*Sebastes entomelas*) 寡平鲉 464
Wind 风 10
Wrasses (Labridae) 隆头鱼科 5, 42, 91, 455, 479, 519

X

Xenacanths 异棘鲨（古老的淡水软骨鱼类） 462

Y

Yangtze river 长江 16, 22
    dams 堤坝 16, 22
    fragmentation 破碎 22
    pollution 污染 22
    river basin 江河流域 22-23
    water abstraction 取水 22
Yangtze Three Gorges dam 长江三峡大坝 16, 22
Year classes 年份之间的差别 69
Yellow perch (*Perca flavescens*) 黄鲈 336
Yellowtail rockfish (*Sebastes flavidus*) 黄尾平鲉 464
Yellowtail snapper (*Ocyurus chrysurus*) 敏尾笛鲷 455
Yolk sac, larval feeding 卵黄囊，幼鱼摄食 129, 130
Yongeichthys nebulosus 云纹裸颊鰕虎鱼 455

Z

Zacco temmincki 纵纹鱲 91
Zambesi river 赞比西河 8, 16, 20, 21, 22, 24, 49
    dams 堤坝 16
    estuary 河口 8
    river basin 江河流域 16
    species richness 物种丰度 24
Zanclidae 镰鱼科 455
Zanclus 镰鱼属 455
Zebrafish (*Danio rerio*) 斑马鱼 91, 137, 144, 198
Zeitgebers 授时因子，同步因素 95, 101, 107, 108, 109, 111, 113
Zinc 锌 158
Zooplankton feeders 以浮游动物为食的鱼类 124, 129, 160
    gut microflora 消化道微生物群落 146–147
    larval-juvenile fish 仔鱼–稚鱼 128, 129
    lipid requirements 脂类需求 153
    protein requirements 蛋白质需求 147, 148

彩　　图

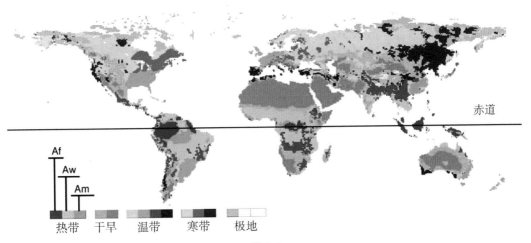

图 1.1

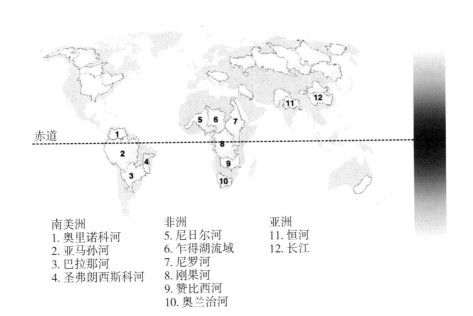

南美洲
1. 奥里诺科河
2. 亚马孙河
3. 巴拉那河
4. 圣弗朗西斯科河

非洲
5. 尼日尔河
6. 乍得湖流域
7. 尼罗河
8. 刚果河
9. 赞比西河
10. 奥兰治河

亚洲
11. 恒河
12. 长江

图 1.4

图 4.2

图 10.2

彩　图 | 609

图 11.2

图 11.3

图 11.4

图 11.5

图 12.3

图 12.4

图 12.5